Einführung in die Paläobiologie Teil 2

# Spezielle Paläontologie

Protisten, Spongien und Coelenteraten, Mollusken

von

Bernhard Ziegler

ordentlicher Professor für Geologie und Paläontologie
an der Universität Stuttgart und
Direktor des Staatlichen Museums für Naturkunde in Stuttgart

Mit 410 Abbildungen und 1 Tabelle im Text

2. unveränderte Auflage

ISBN 3-510-65038-7 (Gesamtausgabe)
ISBN 3-510-65316-5 (Teil 1, 3. Aufl.)
ISBN 3-510-65036-0 (Teil 2)

Alle Rechte, auch das der Übersetzung, vorbehalten.
Jegliche Vervielfältigung einschließlich photomechanischer Wiedergabe, auch einzelner Teile
und Darstellungen, nur mit ausdrücklicher Genehmigung durch den Verlag.
1. Auflage 1983
© E. Schweizerbart'sche Verlagsbuchhandlung (Nägele u. Obermiller), Stuttgart 1991
Satz: W. Huber, 7140 Ludwigsburg

Printed in Germany

# Vorwort

Im Abstand von zehn Jahren kann nunmehr der „Allgemeinen Paläontologie" ein erster Teil einer Einführung in die einzelnen Fossilgruppen folgen. Hierbei wird besonderes Gewicht auf die allgemeinen Zusammenhänge gelegt und das Spezielle weitgehend zurückgestellt. Das bedeutete für die Stoffauswahl, daß zunächst der Bau der Fossilien und seine Beziehung zur Weichteilanatomie zu schildern waren. Wichtig schien mir ferner eine eingehende Darstellung der Lebensweise und der ökologischen Bindungen zu sein. Die historisch-geologischen Gesichtspunkte fanden ihren Niederschlag in knappen Kapiteln über Phylogenie und Stratigraphie. Eine gewisse Ausführlichkeit und damit notgedrungen ein größerer Umfang des Bandes schienen mir unerläßlich zu sein. Andernfalls hätten wesentliche Bezüge nicht klar genug herausgearbeitet werden können, womit ein wichtiges Ziel dieses Buches in Frage gestellt worden wäre.

Systematik und Formenkunde blieben bewußt weitgehend unberücksichtigt. Das hat mehrere Gründe. Ich halte es nicht für sinnvoll, den in dieser Hinsicht unübertrefflichen „Treatise on Invertebrate Paleontology" gekürzt und damit verschlechtert wiederzugeben. Ferner ist die Systematik vieler Fossilgruppen so sehr im Fluß, daß ihre abgewogene Darstellung kaum möglich ist. Schließlich ist die Systematik vor allem für den Spezialisten wichtig; ihm aber kann im Rahmen eines solchen Buches ohnehin kaum etwas Neues geboten werden. Dem interessierten Nichtspezialisten wird es in vielen Fällen genügen, sich einen Eindruck vom Aussehen wichtiger Gattungen zu verschaffen. Diese sind – mit Abbildungsnachweisen – in Gruppen-Übersichten nach Gesichtspunkten zusammengestellt, die teilweise systematisch-stammesgeschichtlich, teilweise jedoch rein morphologisch sind.

Die einzelnen Fossilgruppen haben, je nach Häufigkeit, Erscheinungsvielfalt und Verwertbarkeit in der stratigraphischen Praxis, eine unterschiedliche Bedeutung. Dementsprechend sind sie im vorliegenden Band eingehender oder knapper geschildert. Das Detailwissen über sie ist in einer unübersehbaren Fülle von Einzelarbeiten in zahllosen Fachzeitschriften verstreut. Eine Auswahl und Gewichtung waren unvermeidlich; ein Spezialist einer bestimmten Gruppe hätte sie vielleicht auch anders treffen können. Ein vollständiger Quellennachweis würde sowohl den fortlaufenden Text unleserlich machen als auch zu einem voluminösen und nur den ohnehin informierten Spezialisten interessierenden Literaturteil führen. Deshalb beschränkte ich mich darauf, bei jeder Fossilgruppe eine kleine Auswahl weiterführender Quellen anzugeben. Hierbei fanden neben Standardwerken vor allem neuere oder wenig zitierte Arbeiten Berücksichtigung. Ihnen kann zusätzliche Literatur entnommen werden. Außerdem trachtete ich danach, bei ungeklärten oder strittigen Themen das Für und Wider auch in der Literaturauswahl zu Worte kommen zu lassen.

Alle Abbildungen sind eigenhändig gezeichnet, um eine einheitliche Gestaltung zu ermöglichen. In den meisten Fällen wurden sie dabei gegenüber ihrer Vorlage mehr oder weniger stark verändert. Oft besagen die in den Legenden angeführten Quellen nicht mehr als die Herkunft der dargestellten Informationen.

Hinweise und Unterstützung verdanke ich vor allem meinen Kollegen und Mitarbeitern am Staatlichen Museum für Naturkunde in Stuttgart, besonders Dr. R. DÜRR, Dr. H. JANUS, Prof. Dr. E. MÖHN, und Dr. M. URLICHS. Der Schweizerbart'schen Verlagsbuchhandlung danke ich für das stetige Interesse, mit dem sie den Fortgang der Arbeit verfolgte, und für ihr Entgegenkommen bei der Ausstattung dieses Bandes.

Auswahl weiterführender Literatur allgemeinen Inhalts:

W. N. BEKLEMISCHEW (1958–60), H. G. BRONN et al. (1859ff.), P.-P. GRASSÉ (Hrsg.) (1948ff.), W. B. HARLAND et al. (Hrsg.) (1967), M. R. HOUSE (Hrsg.) (1979), L. H. HYMAN (1940–67), A. KAESTNER (1963ff.), W. KÜKENTHAL & TH. KRUMBACH (Hrsg.) (1923ff.), R. C. MOORE (Hrsg.) (1952ff.), R. C. MOORE, C. G. LALICKER & A. G. FISCHER (1952), A. H. MÜLLER (1963ff.), JU. A. ORLOV (Hrsg.) (1958–64), J. PIVETEAU (Hrsg.) (1952–69).

Stuttgart, im Juli 1982　　　　　　　　　　　　　　　　　　　　　　　　　　　　　BERNHARD ZIEGLER

# Inhalt

|  | Seite |
|---|---|
| Die Einzeller (Protisten) | 1 |
| Allgemeines | 1 |
| 1. Definition | 1 |
| 2. Die Zelle | 1 |
| 3. Übersicht | 2 |
| Bakterien | 8 |
| Dinoflagellaten | 10 |
| 1. Definition | 10 |
| 2. Morphologie | 10 |
| 3. Entwicklungsstadien | 12 |
| 4. Acritarcha | 14 |
| 5. Phylogenie | 17 |
| 6. Stratigraphie | 18 |
| 7. Lebensweise | 18 |
| 8. Fossilisation | 19 |
| Coccolithophoriden | 20 |
| 1. Definition | 20 |
| 2. Morphologie | 20 |
| 3. Fortpflanzung | 22 |
| 4. Phylogenie | 22 |
| 5. Stratigraphie | 22 |
| 6. Lebensweise | 22 |
| 7. Fossilisation | 25 |
| Silicoflagellaten | 27 |
| 1. Definition | 27 |
| 2. Morphologie | 27 |
| 3. Fortpflanzung | 28 |
| 4. Phylogenie und Stratigraphie | 28 |
| 5. Lebensweise | 28 |
| 6. Fossilisation | 28 |
| Diatomeen (Bacillariophyta) | 29 |
| 1. Definition | 29 |
| 2. Morphologie | 29 |
| 3. Fortpflanzung | 30 |
| 4. Phylogenie | 30 |
| 5. Stratigraphie | 33 |
| 6. Lebensweise | 33 |
| 7. Fossilisation | 33 |
| Foraminiferen | 35 |
| 1. Definition | 35 |
| 2. Morphologie | 35 |
| 3. Generationswechsel | 47 |
| 4. Ontogenie | 50 |
| 5. Phylogenie | 50 |
| 6. Stratigraphie | 52 |
| 7. Lebensweise | 52 |

|   |   |
|---|---|
| 8. Fossilisation | 58 |
| 9. Gruppen-Übersicht | 59 |
| Radiolarien | 60 |
| 1. Definition | 60 |
| 2. Morphologie | 60 |
| 3. Fortpflanzung | 62 |
| 4. Phylogenie | 62 |
| 5. Stratigraphie | 64 |
| 6. Lebensweise | 64 |
| 7. Fossilisation | 64 |
| Calpionelliden | 67 |
| 1. Definition | 67 |
| 2. Morphologie | 67 |
| 3. Verwandtschaft | 67 |
| 4. Phylogenie | 69 |
| 5. Stratigraphie | 69 |
| 6. Lebensweise | 69 |
| 7. Fossilisation | 69 |
| Anhang: Chitinozoen | 71 |
| 1. Definition | 71 |
| 2. Morphologie | 71 |
| 3. Verwandtschaft | 74 |
| 4. Phylogenie und Stratigraphie | 74 |
| 5. Lebensweise | 74 |
| 6. Fossilisation | 75 |
| Spongien und Coelenteraten | 76 |
| Allgemeines | 76 |
| 1. Definition | 76 |
| 2. Abgrenzung | 76 |
| 3. Übersicht | 76 |
| Poriferen (Spongien, Schwämme) | 80 |
| 1. Definition | 80 |
| 2. Morphologie | 80 |
| 3. Ontogenie | 89 |
| 4. Phylogenie | 89 |
| 5. Stratigraphie | 91 |
| 6. Lebensweise | 91 |
| 7. Fossilisation | 95 |
| 8. Gruppen-Übersicht | 95 |
| Archaeocyathiden | 96 |
| 1. Definition | 96 |
| 2. Morphologie | 97 |
| 3. Ontogenie | 101 |
| 4. Phylogenie und Stratigraphie | 101 |
| 5. Lebensweise | 101 |
| 6. Fossilisation | 101 |
| Hydroideen | 102 |
| 1. Definition | 102 |
| 2. Morphologie | 102 |
| 3. Phylogenie und Stratigraphie | 105 |
| 4. Lebensweise | 106 |
| 5. Fossilisation | 107 |
| Stromatoporen | 107 |
| 1. Definition | 107 |
| 2. Morphologie | 107 |
| 3. Verwandtschaft | 111 |

## Inhalt

|  |  |
|---|---|
| 4. Phylogenie | 111 |
| 5. Stratigraphie | 111 |
| 6. Lebensweise | 113 |
| 7. Fossilisation | 114 |

### Tabulozoen ... 114
1. Definition ... 114
2. Morphologie ... 114
3. Verwandtschaft ... 115
4. Phylogenie und Stratigraphie ... 116
5. Lebensweise ... 116

### Medusen ... 116
1. Definition ... 116
2. Allgemeines ... 116
3. Hydromedusen ... 117
4. Scyphomedusen ... 117
5. Siphonophoriden ... 117
6. Chondrophoriden ... 119
7. Vorkommen ... 120
8. Lebensweise ... 120

### Conularien ... 121
1. Definition ... 121
2. Morphologie ... 121
3. Vergleich mit Scyphopolypen ... 124
4. Phylogenie und Stratigraphie ... 124
5. Lebensweise ... 125
6. Fossilisation ... 125

### Hexakorallen ... 126
1. Definition ... 126
2. Morphologie ... 126
3. Ontogenie ... 140
4. Koloniebildung ... 144
5. Phylogenie ... 147
6. Stratigraphie ... 153
7. Lebensweise ... 155
8. Fossilisation ... 161
9. Gruppen-Übersicht ... 161

### Oktokorallen ... 163
1. Definition ... 163
2. Morphologie ... 163
3. Phylogenie und Stratigraphie ... 169
4. Lebensweise ... 170
5. Fossilisation ... 171
6. Gruppen-Übersicht ... 171

### „Petalo-Organismen" ... 172
1. Definition ... 172
2. Morphologie ... 172
3. Verwandtschaft ... 173
4. Vorkommen ... 173

### Dörnchenkorallen (Antipatharia) ... 173
1. Definition ... 173
2. Morphologie ... 173
3. Vorkommen ... 173
4. Lebensweise ... 174

## Die Mollusken (Weichtiere) ... 175

### Allgemeines ... 175
1. Definition ... 175

|     |     |
| --- | --- |
| 2. Morphologie | 175 |
| 3. Ontogenie | 178 |
| 4. Phylogenie | 178 |
| 5. System | 182 |
| **Polyplacophoren (Loricata, Käferschnecken)** | 184 |
| 1. Definition | 184 |
| 2. Morphologie | 184 |
| 3. Ontogenie | 186 |
| 4. Phylogenie und Stratigraphie | 187 |
| 5. Lebensweise | 188 |
| 6. Fossilisation | 188 |
| **Monoplacophoren** | 188 |
| 1. Definition | 188 |
| 2. Morphologie | 188 |
| 3. Ontogenie | 189 |
| 4. Phylogenie und Stratigraphie | 189 |
| 5. Lebensweise | 191 |
| 6. Fossilisation | 191 |
| **Gastropoden (Schnecken)** | 192 |
| 1. Definition | 192 |
| 2. Morphologie | 192 |
| 3. Ontogenie | 206 |
| 4. Phylogenie | 208 |
| 5. Stratigraphie | 212 |
| 6. Lebensweise | 212 |
| 7. Fossilisation | 222 |
| 8. Gruppen-Übersicht | 224 |
| **Nautiloideen** | 226 |
| 1. Definition | 226 |
| 2. *Nautilus* | 226 |
| 3. Morphologie fossiler Nautiloideen | 235 |
| 4. Ontogenie | 244 |
| 5. Phylogenie | 247 |
| 6. Stratigraphie | 250 |
| 7. Lebensweise | 250 |
| 8. Fossilisation | 255 |
| 9. Gruppen-Übersicht | 257 |
| **Ammonoideen** | 258 |
| 1. Definition | 258 |
| 2. Morphologie | 258 |
| 3. Ontogenie | 271 |
| 4. Dimorphismus | 276 |
| 5. Phylogenie | 276 |
| 6. Stratigraphie | 282 |
| 7. Lebensweise | 282 |
| 8. Fossilisation | 289 |
| 9. Gruppen-Übersicht | 292 |
| **Coleoideen (Dibranchiaten)** | 293 |
| 1. Definition | 293 |
| 2. Morphologie | 293 |
| 3. Ontogenie | 299 |
| 4. Phylogenie | 302 |
| 5. Stratigraphie | 305 |
| 6. Lebensweise | 305 |
| 7. Fossilisation | 307 |
| 8. Gruppen-Übersicht | 310 |

| | |
|---|---:|
| Pelecypoden (Lamellibranchiata, Bivalvia, Muscheln) | 311 |
|     1. Definition | 311 |
|     2. Morphologie | 311 |
|     3. Ontogenie | 328 |
|     4. Phylogenie | 331 |
|     5. Stratigraphie | 336 |
|     6. Lebensweise | 336 |
|     7. Fossilisation | 347 |
|     8. Gruppen-Übersicht | 350 |
| Rostroconchiden | 353 |
|     1. Definition | 353 |
|     2. Morphologie | 353 |
|     3. Verwandtschaft, Phylogenie und Stratigraphie | 353 |
|     4. Lebensweise | 354 |
|     5. Fossilisation | 355 |
| Scaphopoden | 355 |
|     1. Definition | 355 |
|     2. Morphologie | 355 |
|     3. Ontogenie | 356 |
|     4. Phylogenie und Stratigraphie | 357 |
|     5. Lebensweise | 357 |
|     6. Fossilisation | 357 |
| Hyolithen | 357 |
|     1. Definition | 357 |
|     2. Morphologie | 358 |
|     3. Ontogenie | 360 |
|     4. Verwandtschaft, Phylogenie und Stratigraphie | 360 |
|     5. Lebensweise | 361 |
| Anhang: Tentakuliten | 361 |
|     1. Definition | 361 |
|     2. Morphologie | 361 |
|     3. Verwandtschaft und Phylogenie | 363 |
|     4. Stratigraphie | 363 |
|     5. Lebensweise | 363 |
|     6. Fossilisation | 365 |
| Literatur | 366 |
| Personenregister | 374 |
| Namensregister (Fossilien-, Pflanzen- und Tiernamen) | 379 |
| Sachregister | 397 |

# Die Einzeller (Protisten)

## Allgemeines

### 1. Definition

Die einzelligen Organismen nennt man Protisten. Sie sind keine stammesgeschichtliche Einheit, sondern umfassen die Prokaryota (ohne echten Zellkern) sowie einzellige Eukaryota (mit Zellkern). Zu den Protisten gehören sowohl einzellige Pflanzen (Protophyten) wie einzellige Tiere (Protozoen).

### 2. Die Zelle

In den Grundzügen sind die Zellen der Protisten, der vielzelligen Pflanzen und der vielzelligen Tiere einheitlich gebaut. Abwandlungen bei den Vielzellern ergeben sich aus den unterschiedlichen Aufgaben, welche die Zellen dort übernehmen.

Zellen sind die kleinsten Organisationseinheiten des Lebens. Sie bestehen aus Protoplasma, einem Gemisch von Kohlehydraten, Fetten, Nukleinsäuren, Eiweißen und anorganischen Stoffen, die in Wasser teils gelöst, teils in kolloidähnlicher Dispersion vorliegen. Der Wassergehalt lebender Zellen beträgt 60–90%, derjenige von Dauerstadien (Zysten) 5–15%.

Bei vielen Protisten ist das Protoplasma differenziert. Man unterscheidet ein äußeres, stärker verfestigtes Ektoplasma und ein inneres, flüssigeres Endoplasma. Beide unterscheiden sich durch den Kolloidalzustand und können bei Fließbewegungen des Plasmas ineinander überführt werden. Das Plasma wird von einer Zellmembran umschlossen, die aus verdichtetem Ektoplasma besteht und die bei den Pflanzen zur Zellwand verstärkt wird. In diese ist bei höheren Pflanzen Zellulose, bei Pilzen Chitin eingelagert. Die Zellmembranen sind selektiv permeabel.

In das Plasma sind verschiedene Strukturen eingelagert, die als Zellorganelle bezeichnet werden. Ihr Feinbau ist in der Regel nur elektronenoptisch erkennbar. Im Zellkern, der von einer Kernmembran umschlossen ist, ist die genetische Information gespeichert. Außerdem wird hier der Stoffwechsel der Zelle gesteuert. Im Dienste des Stoffwechsels stehen auch das endoplasmatische Retikulum (ein vielfach vernetztes Membransystem, in dem sich biochemische Austauschvorgänge abspielen), der Golgi-Apparat (ein Stapel membranbegrenzter Zisternen, in denen Sekrete produziert und transportiert werden) und die Mitochondrien (Körperchen mit stark vergrößerter innerer Oberfläche, in denen durch Atmung Energie gewonnen wird).

Die Plastiden oder Chromatophoren sind gegen die übrige Zelle abgegrenzte Membransysteme, in die Pigmente oder Reservestoffe eingelagert sind. Das wichtigste Pigment ist das Chlorophyll, das die Pflanzen befähigt, unter Einwirkung der Lichtenergie aus $H_2O$ und $CO_2$ Kohlenwasserstoffe zu synthetisieren. Chlorophyll kommt in verschiedenen Varianten vor, die bei Protophyten und Algen bestimmte Gruppen kennzeichnen. Neben Chlorophyll treten bei manchen Protophyten und Algen noch weitere Farbstoffe auf. Auch die Reservestoffe sind nicht einheitlich. Zwar ist Stärke am bekanntesten, doch kommen auch andere Stoffe vor (s. Tabelle 1).

Tabelle 1

|  | Chlorophyll | Weitere wichtige Farbstoffe (außer Karotinen) | Reservestoffe (Photosyntheseprodukte ohne Öle) |
|---|---|---|---|
| **Prokaryota:** | | | |
| Bacteriophyta | – | – | – |
| Cyanophyceae | a | Phykozyan z.T. Phykoërythrin | Cyanophyceenstärke |
| **Eukaryota:** | | | |
| Protisten: | | | |
| Flagellatae (Mastigophora): | | | |
| Euglenophyta | a + b | | Paramylum |
| Pyrrhophyta | a + c | gelbbraune Xanthophylle | Stärke |
| Chrysophyta | a + c | Fukoxanthin | Chrysolaminarin; Leukosin |
| Phytomonadina | a + b | | Stärke |
| Protomonadina | – | | – |
| Polymastigina | – | | – |
| Diatomeae (Bacillariophyta) | a + c | Fukoxanthin | Chrysolaminarin |
| Heterocontae (Xanthophyta) | a + c + e | | Chrysolaminarin |
| Conjugatae | a + b | | Stärke |
| Rhizopoda (Sarcodina) | – | | – |
| Sporozoa | – | | – |
| Protociliata | – | | – |
| Ciliata | – | | – |
| Höhere Algen: | | | |
| Chlorophyceae | a + b | | Stärke |
| Charophyceae | a + b | | Stärke |
| Phaeophyceae | a + c | Fukoxanthin | Laminarin |
| Rhodophyceae | a (+ d) | Phykoërythrin | Florideenstärke |

Plastiden kommen nur bei pflanzlichen Zellen vor; sie fehlen bei Tieren. Auch bei den Prokaryoten sind sie nicht entwickelt. Soweit dort photosynthetisch aktive Farbstoffe vorkommen, sind sie nicht in membranbegrenzten Strukturen konzentriert. Den Prokaryoten fehlen ferner der Zellkern und die meisten übrigen Zellorganelle. Auch Vakuolen sind auf die Eukaryoten beschränkt. Sie haben die Aufgabe, Stoffwechselendprodukte abzugeben.

Viele Protisten sind beweglich. Ihre Fortbewegungsorganelle sind meist Geißeln. Diese sind bei Flagellaten, Zoosporen höherer Pflanzen, Spermien von Tieren sowie den Wimpern der Ciliaten und mancher vielzelliger Tiere einheitlich gebaut. Sie wurzeln in einem röhrenförmigen Basalkörperchen (das mit dem sogenannten Zentriol in Verbindung steht). Aus ihm erhebt sich der Achsenfaden der Geißel, der 2 zentrale und $2 \times 9$ periphere „Fibrillen" enthält. Er ist in Plasma eingebettet und wird von einer Membran umgeben, die eine Ausstülpung der Zellmembran darstellt. Bei den Rhizopoden stehen formveränderliche Plasmafortsätze (Pseudopodien) im Dienste der Fortbewegung.

### 3. Übersicht

Die Systematik der Protisten wird sehr uneinheitlich gehandhabt. Eine Übersicht über die wichtigeren Gruppen gibt Tabelle 1. Zu den Prokaryoten zählen die Bacteriophyta (Bakterien, vgl.

S. 8) und die Cyanophyceen (Blaualgen). Manche Blaualgen scheiden Kalkkrusten ab; diese werden zusammen mit den Kalkalgen besprochen.

Unter den eukaryoten Protisten sind nur die Flagellaten, die Diatomeen (vgl. S. 29) und die Rhizopoden paläontologisch von Bedeutung.

*Flagellaten*

Als Flagellaten faßt man verwandtschaftlich oft recht lose zusammengehörige Formen zusammen, die im vegetativen Zustand eine oder mehrere Geißeln tragen. Plastiden können vorhanden sein oder fehlen. Formen mit Plastiden lassen sich als primitivste Pflanzen, solche ohne Plastiden als einfachste Tiere auffassen. Durch Züchtung ist es möglich, „Pflanzen" in „Tiere" zu verwandeln, wenn die Teilungsgeschwindigkeit der Zellen und der Kerne größer als die der Plastiden ist. Dann fällt mit dem Verlust der Plastiden auch die Fähigkeit zur Photosynthese fort.

Die Plastiden der pflanzlichen Flagellaten enthalten unterschiedliche photosynthetisch aktive Farbstoffe. Außerdem sind die Photosyntheseprodukte bei den einzelnen Flagellatengruppen unterschiedlich. Man betrachtet heute diese chemischen Unterschiede als Merkmale zur Erfassung der verwandtschaftlichen Zusammenhänge. Viele pflanzliche Flagellaten können sich zusätzlich heterotroph ernähren. Bei den tierischen Flagellaten ist dies die einzige Ernährungsart.

Obwohl anzunehmen ist, daß die Flagellaten als mutmaßliche Vorfahren von Tieren und Pflanzen schon früh im Präkambrium existierten, sind sie erst spät und lückenhaft nachgewiesen. Ihr Vorkommen in der Erdgeschichte ist fast ausnahmslos auf wenige mesozoische und känozoische Gruppen mit Hartteilen beschränkt. Ihre Phylogenie ist deshalb nur indirekt aus biochemischen Besonderheiten zu erschließen. Aus diesem Grund wird auch die Systematik sehr unterschiedlich gehandhabt. Die wichtigsten Teilgruppen der Flagellaten sind:

1. Kl.: **Euglenophyta.** Meist autotroph, mit Chlorophyll a und b. Photosyntheseprodukt ist Paramylum (ein glukoseähnliches Kohlehydrat). 1–2 Geißeln. Ohne Hartteile (außer bei Zysten). Überwiegend limnisch; auch marin. Einzelne fragliche Fossilfunde (ab Eozän). Vgl. Abb. 1.

2. Kl.: **Pyrrhophyta** (Dinophyta). Meist autotroph, mit Chlorophyll a und c. Photosyntheseprodukt ist Stärke. 2 Geißeln, eine davon oft in einer Ringfurche. Oft mit Hüllen aus Zellulose; vereinzelt auch Skelette. Überwiegend marin; auch limnisch. Bedeutungsvolle Teilgruppen sind:

Ord. Ebriophyceae. Mit kieseligem Skelett. Ohne Ringfurche. Seit Paleozän. Vgl. S. 28.

Ord. Desmophyceae. Skelettlos. Ohne Ringfurche. Geißeln am Apex. Nur rezent bekannt.

Ord. Ellobiophyceae. Skelettlos. Parasitisch. Nur rezent bekannt.

Ord. Dinophyceae (Dinoflagellatae). Meist mit Zellulosehülle. Mit Ringfurche. Einwandfrei seit Perm, möglicherweise schon im älteren Paläozoikum. Vgl. S. 10.

Ord. Cryptomonadales. Skelettlos. Ohne Ringfurche. Hierher gehören die symbiontisch in Riffkorallen und manchen Foraminiferen, Radiolarien, Schwämmen und Muscheln lebenden Zooxanthellen. Nur rezent bekannt.

3. Kl.: **Chrysophyta.** Meist autotroph, mit Chlorophyll a und c. Photosyntheseprodukt ist das Chrysolaminarin. 1–2 Geißeln; wenn 2 Geißeln, dann oft ungleich lang. Hüllen und Skelette kommen vor. Limnisch und marin. Bedeutungsvolle Teilgruppen sind:

Ord. Chrysomonadales. 1–2 platten- oder schalenförmige Chromatophoren, 1–2 Geißeln. Skelettlos, mit Zellulosehüllen (z. B. *Dinobryon*) oder mit zarten Kieselsäureschüppchen (z. B. *Synura*). Kleine, 3–25 µm große kugelige Zysten, deren Wand vielfach verkieselt ist und die fossil seit der Oberkreide bekannt sind. Vgl. Abb. 1 und 2.

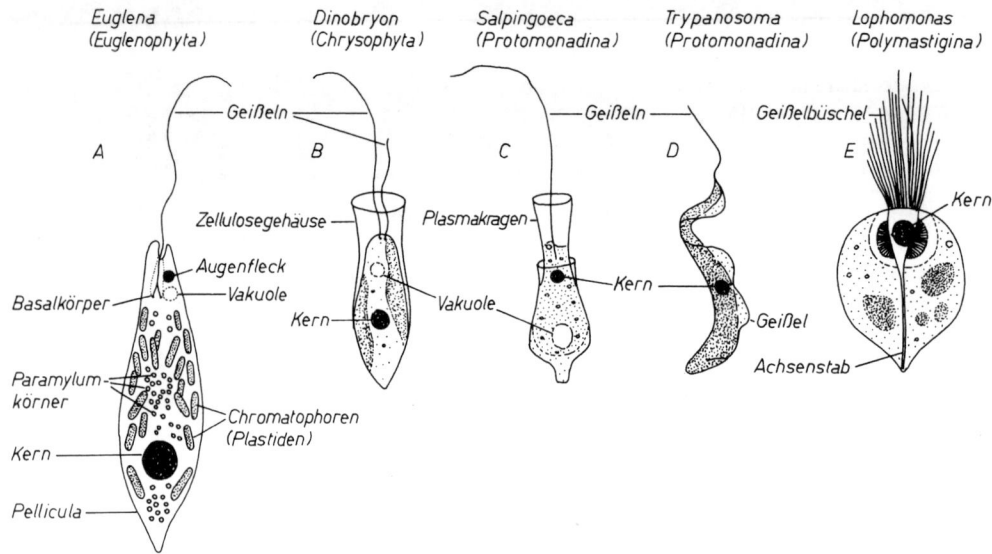

Abb. 1. Rezente Flagellaten und ihre Organisation. A: × 750 (nach F. Doflein); B: × 410 (nach G. Klebs); C: × 675 (nach C. Burck); D: × 1000 (nach A. Kühn); E: × 330 (nach C. Janicki).

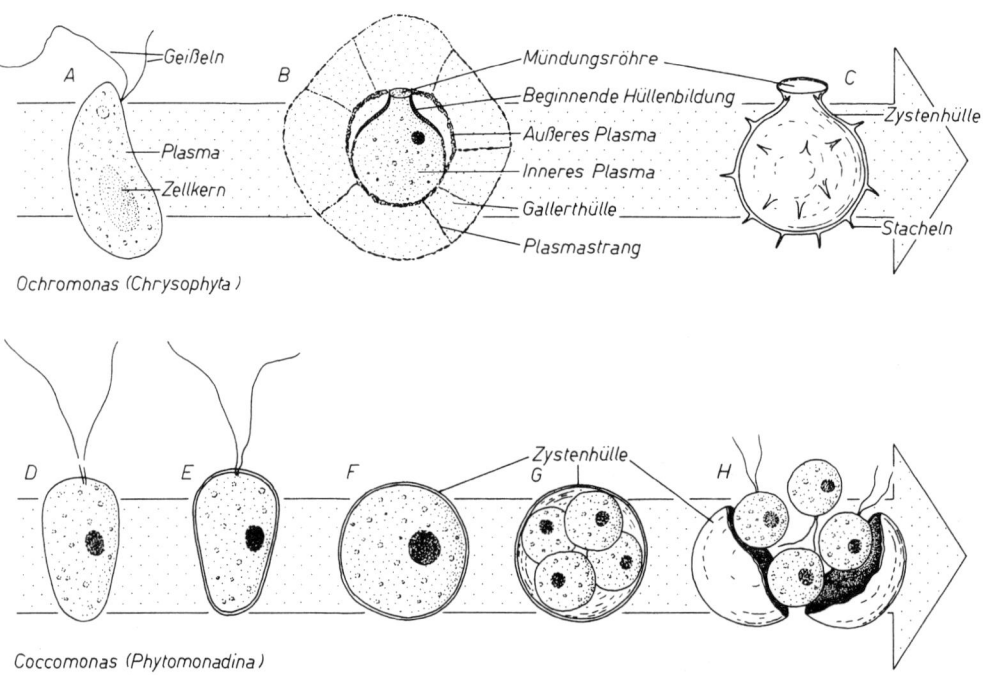

Abb. 2. Zysten und ihre Entstehung bei rezenten Chrysophyta (A–C) und Phytomonadina (D–H). A–C: × 150 (nach F. Doflein); D–H: × 75 (nach F. Stein).

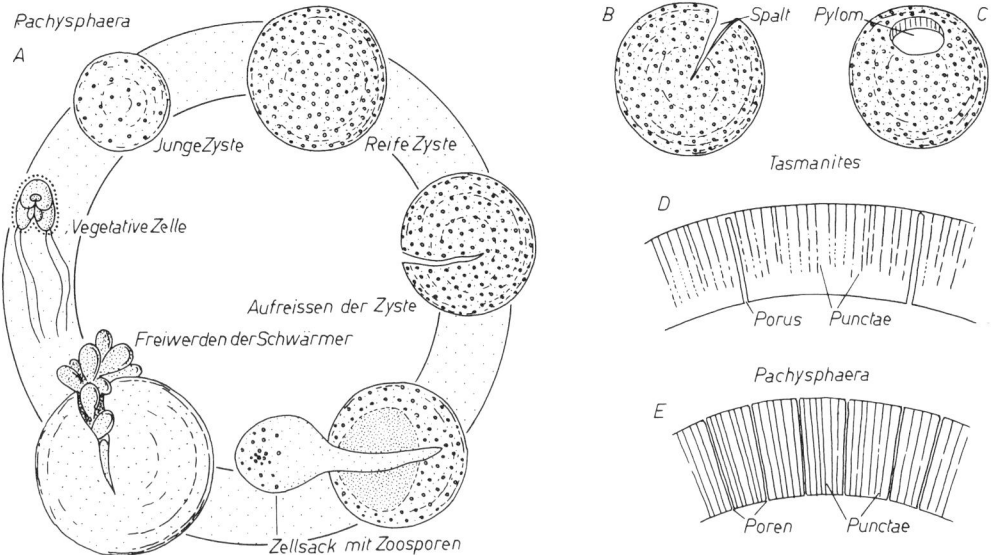

Abb. 3. Der Lebenszyklus der rezenten Prasinophyceen-Gattung *Pachysphaera* (A, nach U. Jux) und ein Vergleich von Gehäuse und Wandstruktur mit der Acritarcha-Gattung *Tasmanites* (Kambr. – rez.; nach G. L. Williams). B und C: ca. × 225; D: × 2000; E: × 1500.

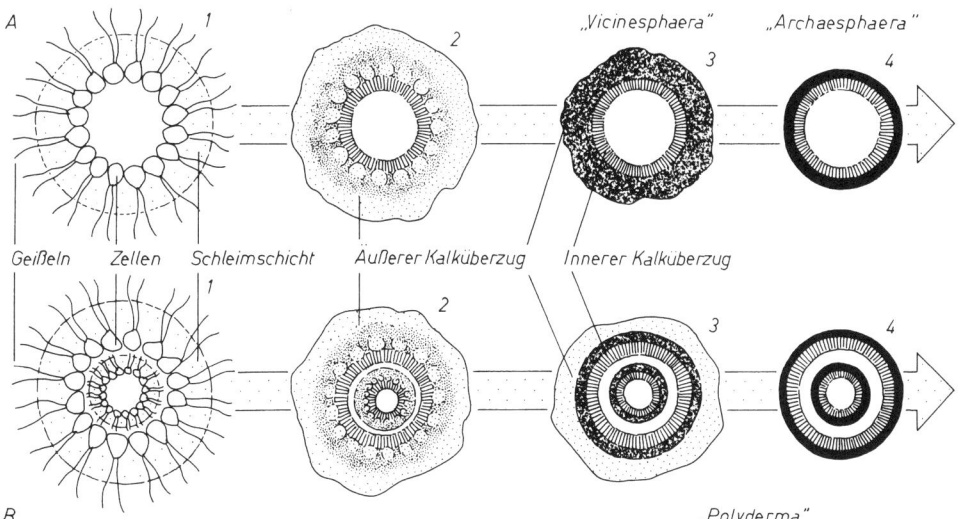

Abb. 4. Ableitung der paläozoischen „Calcisphaeren" aus *Volvox*-ähnlichen Phytomonadinen durch diagenetische Veränderungen. A: Kolonie ohne innere Tochterkolonie; B: Kolonie mit innerer Tochterkolonie. Nach J. Kazmierczak.

Ord. Silicoflagellata. Zahlreiche kleine Chromatophoren, 1 Geißel. Mit innerem Kieselskelett. Seit Kreide. Vgl. S. 27.

Ord. Coccolithophorida. 1–2 platten- oder schalenförmige Chromatophoren, 2 Geißeln und zusätzlich stummelförmiges „Haptonema". Mit Panzer aus Kalkplättchen. Einwandfrei seit Jura bekannt. Vgl. S. 20. Zusammen mit rezenten Formen mit langem Haptonema bilden die Coccolithophoriden die Gruppe der Haptophyta.

Von manchen Autoren werden die Diatomeen (Bacillariophyta) und Heterocontae (Xanthophyta) in die Verwandtschaft der Chrysophyta gestellt.

4. Kl.: **Phytomonadina** (Volvocales). Autotroph, mit Chlorophyll a und b. Photosyntheseprodukt ist Stärke. Meist 2 gleich lange Geißeln. Einzelzellen treten vielfach zu kugeligen Verbänden zusammen. Zellen und Zysten (Abb. 2 und 3) von einer zweischichtigen Wand umgeben, die oft aus Zellulose (innen) und Pektin (außen) besteht und bei einigen Arten verkalkt (z. B. *Phacotus*, Prasinophyceen-Zysten, anscheinend auch manche paläozoische „Calcisphaeren", Abb. 4). Die Phytomonadina leiten zu den Chlorophyceae über und werden von vielen Autoren zu diesen gerechnet. Limnisch und marin.

5. Kl.: **Protomonadina**. Heterogene Sammelgruppe mit heterotrophen Formen. 1 bis wenige Geißeln. Ohne Hartteile. Marin, limnisch und parasitisch. Hierher werden u. a. die Choanoflagellaten und Trypanosomiden (gefährliche Krankheitserreger, u. a. der Schlafkrankheit) gestellt. Nur rezent bekannt. Vgl. Abb. 1.

6. Kl.: **Polymastigina**. Heterotroph. 4 bis viele Geißeln. Ohne Hartteile. Meist parasitisch oder kommensalisch im Darm von Arthropoden und Wirbeltieren. Nur rezent bekannt. Vgl. Abb. 1.

### *Rhizopoden*

Die Rhizopoden sind einzellige Tiere, deren Zellkern nicht in Makro- und Mikronukleus differenziert ist. Die Fortbewegung erfolgt durch formveränderliche Plasmafortsätze (Pseudopodien). Die einfachsten Pseudopodien sind lappenartige Fortsätze (Lobopodien), in die das Plasma in breiter Front (vergleichbar mit Ebbe und Flut) strömt. Davon können die fadenförmigen Filopodien und Rhizopodien deutlich unterschieden werden. Sie sind entweder unregelmäßig verzweigt (Filopodien) oder anastomosierend (Rhizopodien). Ihre Formveränderung kommt durch eine scherende Körnchenströmung des Plasmas zustande. Die Axopodien sind ebenfalls fadenförmig; sie zeichnen sich jedoch durch eine gewisse Beständigkeit aus, die bei manchen Formen durch eine feste, jedoch einschmelzbare Achse bedingt wird. Die Pseudopodien dienen nicht nur der Fortbewegung, sondern auch der Ernährung.

Die Rhizopoden stammen sehr wahrscheinlich von Flagellaten ab, wobei unklar ist, ob sie monophyletisch sind. Für die Herleitung von Flagellaten sprechen das Auftreten begeißelter Stadien bei der Fortpflanzung und die Vermutung, daß die Flagellaten die primitivsten Protozoen sind. Die Aufspaltung der Rhizopoden in die einzelnen Klassen muß schon im Präkambrium erfolgt sein, denn diese sind, soweit sie erhaltungsfähige Hartteile besitzen, schon im Kambrium nachgewiesen. Ausnahmen bilden die Heliozoen und Acantharien.

Als Schlüssel zur Phylogenie der Rhizopoden gilt heute die Gestalt der Pseudopodien. Demzufolge lassen sich folgende wichtige Gruppen unterscheiden:

1. Kl.: **Lobosa.** Pseudopodien lappig, finger- bis zungenförmig (Lobopodien).

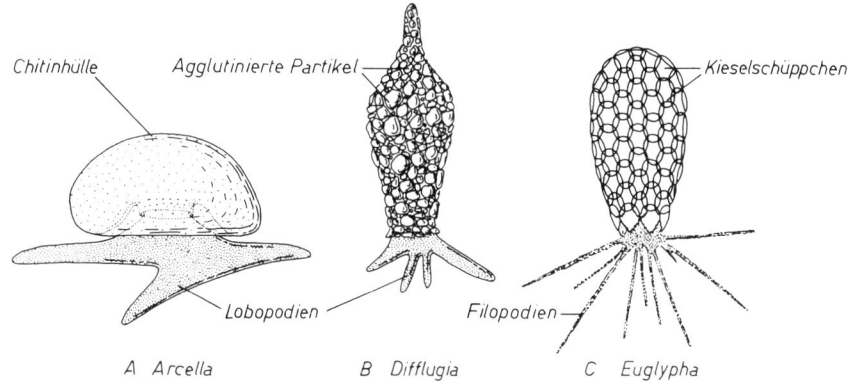

Abb. 5. Thekamöben und das unterschiedliche Baumaterial ihrer Schale. Alle Schalentypen kommen sowohl bei Arcelliniden als auch bei Gromiden vor. A: Arcellinide, Pleist. – rez., × 360; B: Arcellinide, Eoz. – rez., × 100; C: Gromide, Eoz. – rez., × 300. Nach A. R. LOEBLICH jr. & H. TAPPAN.

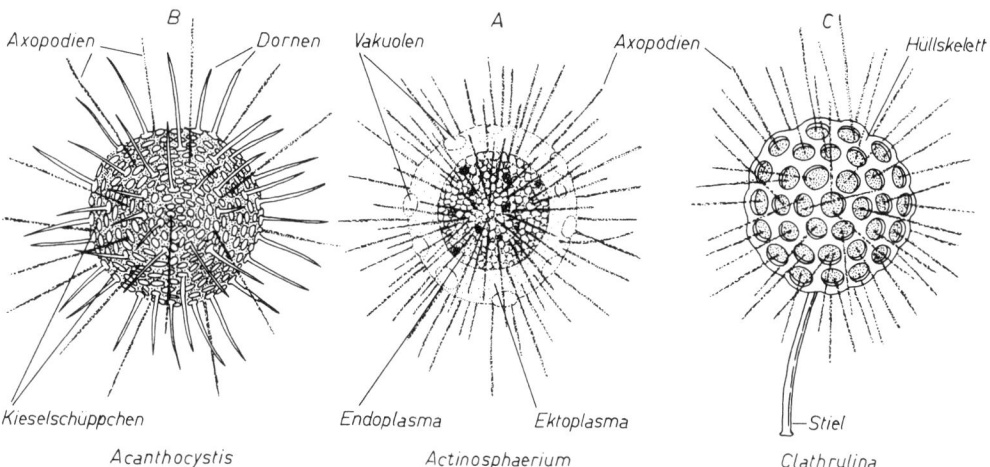

Abb. 6. Rezente Heliozoen. A: Bauplan einer skelettlosen Form (× 350); B: Skelett-tragende Form (× 375); C: Form mit starrem Hüllskelett, deren Zugehörigkeit zu den Heliozoen umstritten ist (× 350). Nach TH. GROSPIETSCH, W. HENNIG und R. C. MOORE.

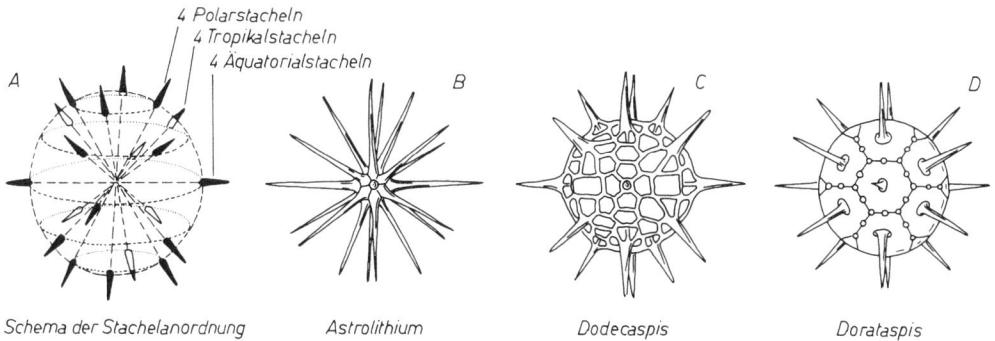

Abb. 7. Rezente Acantharien. A: Schema der Stachelanordnung nach dem MÜLLER'schen Gesetz; B–D: einige rezente Gattungen (B × 150; C × 125; D × 250). Nach A. S. CAMPBELL, R. C. MOORE und A. POPOFSKY.

Ord. Amoebacea (Amöben). Nackte, einkernige Einzeller. Rezent.

Ord. Arcellinida. Beschalte, einkernige Einzeller. Seit Karbon (Abb. 5 A, B).

Ord. Mycetozoa. Nackte, vielkernige Plasmodien. Rezent. Diese Gruppe wird z. T. auch unter dem Namen Myxomycetes (Schleimpilze) zu den Pflanzen gestellt.

2. Kl.: **Reticularea.** Pseudopodien fadenförmig, Filopodien oder Rhizopodien.

Ord. Gromida. Beschalt, einkammerig, Filopodien überwiegen. Seit Eozän nachgewiesen (Abb. 5 C). Gromida und Arcellinida werden auch als „Thekamöben" zusammengefaßt.

Ord. Foraminifera. Beschalt, ein- oder vielkammerig. Rhizopodien überwiegen. Vgl. S. 35.

3. Kl.: **Actinopoda.** Pseudopodien fadenförmig, radialstrahlig (Axopodien).

Ord. Heliozoa. Ekto- und Endoplasma nicht durch eine Membran getrennt. Skelett aus isolierten Platten oder Spangen aus $SiO_2$, auch fehlend. Meist im Süßwasser. Seit Pliozän (Abb. 6).

Ord. Radiolaria. Ekto- und Endoplasma durch eine Membran getrennt, die eine Zentralkapsel abteilt. Skelett kieselig, aus isolierten Spiculae oder zusammenhängenden Gitterkugeln oder -mützen bestehend; selten Skelett fehlend. Vgl. S. 60.

Ord. Acantharia. Ekto- und Endoplasma durch eine Membran getrennt. Skelett aus Strontiumsulfat, isolierte oder zusammenhängende Plättchen und Stacheln, die nach einer bestimmten Regel angeordnet sind und mittels kontraktiler Fasern (Myoneme) bewegt werden können. Marin. Seit Eozän (Abb. 7).

Auswahl weiterführender Literatur:
Z. M. ARNOLD (1972), W. C. CORNELL (1970), E. R. COX (Hrsg.) (1980), D. VON DENFFER et al. (1978), F. DOFLEIN & E. REICHENOW (1949), A. FARINACCI (Hrsg.) (1971), K. G. GRELL (1968), B. U. HAQ & A. BOERSMA (Hrsg.) (1978), A. R. LOEBLICH jr. (1974), H. W. MATTHES (1956), V. POKORNÝ (1958), A. T. S. RAMSAY (Hrsg.) (1977), H. TAPPAN (1980), H. TAPPAN & A. R. LOEBLICH jr. (1973).

# Bakterien

Bakterien sind i. d. R. einzellige Organismen mit einer Zellgröße von weniger als 1 bis zu einigen µm. Selten treten Zellkolonien oder Zellfäden auf. Die Zellen sind kugelig oder stäbchenförmig, geradegestreckt oder schraubenartig gewunden. Die Ernährung der Bakterien ist meist heterotroph; sofern Photosynthese vorkommt, wird hierbei kein Sauerstoff freigesetzt. Ein echter Zellkern fehlt den Bakterien.

Die Gruppe hat eine Fülle unterschiedlicher biochemischer Lebensprozesse entwickelt. Eine kleine Gruppe von Bakterien besitzt eine chemisch unterscheidbare Variante des Chlorophylls („Bakterienchlorophyll"), mit deren Hilfe Photosynthese betrieben wird. Im Gegensatz zu den echten Pflanzen werden Kohlehydrate aus $H_2S$ und $CO_2$ synthetisiert; Sauerstoff wird nicht freigesetzt; dafür werden elementarer Schwefel oder Oxydationsprodukte des Schwefels ausgeschieden. Diese Schwefelbakterien existieren meist unter Sauerstoffabschluß und bzw. oder bei Anwesenheit von Schwefel.

Den meisten Bakterien fehlt Chlorophyll. Trotzdem gibt es auch hierunter autotrophe Formen, die durch Oxydation anorganischer Stoffe die Energie zum Aufbau von Kohlenwasserstoffen beziehen und kein Licht benötigen. Beispiele sind Stickstoffbakterien sowie Eisenbakterien. Eine Sonderform dieser chemoautotrophen Bakterien sind die Methanbakterien. Sie reduzieren das $CO_2$

mit H$_2$ zu Methan (CH$_4$) und sind strikt anaerob. Da sie auch biochemische Unterschiede zu den übrigen Bakterien aufweisen und ihre Umweltansprüche weitgehend den Gegebenheiten in den frühesten Stadien der Erdgeschichte entsprechen dürften, werden sie heute z. T. als die stammesgeschichtlich primitivsten Bakterien („Archaebacteria") gedeutet.

Die große Mehrzahl der heutigen Bakterien lebt allerdings heterotroph, vorwiegend saprophytisch durch Zersetzung (Fäulnis, Verwesung) organischer Substanz, untergeordnet auch parasitisch.

Gegenüber den Umweltbedingungen sind Bakterien oft sehr resistent. Manche Formen ertragen mehrstündigen Aufenthalt in siedendem Wasser, andere sind an das dauernde Leben in heißen Quellen angepaßt. In neutralem oder basischem Milieu können bestimmte Arten bei 92–100 °C lebensfähig bleiben; mit zunehmender Azidität sinkt die maximale Temperatur; bei pH 2–3 liegt sie bei 75–80 °C. Auch auf Gletschereis sind Bakterien nachgewiesen. Ferner kommen sie in weiten Teilen der Erdkruste vor. Mit feinstem Staub werden sie auch überall in der Atmosphäre verbreitet.

Die rezenten Bakterien gehören zu den wichtigsten Organismen. Durch ihre rasche Vermehrungsfähigkeit (aus 1 Individuum können durch Teilung innerhalb eines Tages mehrere Millionen Nachkommen entstehen) sind sie außerordentlich häufig. Ein cm$^3$ Ackererde enthält bis zu einigen Milliarden, ein cm$^3$ festes Gestein oft mehrere Millionen Bakterien. Manche Bakterien sind dank ihrer Fähigkeit, Stickstoff zu binden, für die Landwirtschaft bedeutsam. Heterotrophe Formen spielen bei der Zersetzung abgestorbener organischer Substanzen eine große Rolle. Andere verursachen durch die Bildung von Giftstoffen bei Mensch, Tieren und Pflanzen Krankheiten. Sie sind z. B. die Erreger von Cholera, Pest, Ruhr, Typhus und Diphtherie.

In der Geologie sind Bakterien wichtig als eine der möglichen Ursachen für die Karbonatfällung im Meerwasser. Bei der bakteriellen Bildung von Ammoniak und der Reduktion stickstoff- und schwefelhaltiger Stoffe kann der pH-Wert in manchen Meeresteilen bis zu einem Betrag ansteigen, an dem die Fällung von Kalziumkarbonat einsetzt (pH 9,4). Außerdem beeinflussen die Bakterien das Redox-Potential des Meerwassers und die organische Produktion, indem sie die Nahrungsgrundlage höherer Organismen darstellen. Ferner können Bakterien Schwebstoffe besiedeln und verklumpen und sie zum Absetzen bringen. Im abgelagerten Sediment bauen die Bakterien die organische Substanz ab und verursachen hierbei erhebliche Veränderungen sowohl des Chemismus als auch der Struktur. An manchen Orten bilden Bakterien an der Sedimentoberfläche einen dichten Film. Hierbei können sie Umlagerungen des Sedimentes verhindern oder auch für die Ablagerung von Kalk- oder Kieselsäurekrusten verantwortlich sein.

Auch die Rolle der Bakterien bei der Entstehung von Lagerstätten ist bedeutend. Bei der Entstehung des Torfs und bei der Inkohlung sind Bakterien beteiligt. Außerdem vermutet man ihre Mitwirkung an den Umsetzungen, die vom Faulschlamm zum Erdöl führen. Ein großer Teil der Schwefellagerstätten verdankt seine Entstehung der Tätigkeit der Schwefelbakterien. Sedimentäre Eisenerze werden durch die chemoautotrophen Eisenbakterien gebildet. Auch bei der Entstehung von Mangankonkretionen vermutet man die Beteiligung von Bakterien.

In fossilem Zustand sind Bakterien nicht mehr mit Sicherheit nachzuweisen. Doch werden kugelige, stäbchenförmige oder fädige Gebilde entsprechender Größenordnung, die man im Präkambrium nachweisen konnte, als Bakterien gedeutet (Abb. 8). In vielen Fällen ist allerdings die Unterscheidung von anorganischen Strukturen problematisch.

Aus paläozoischen und jüngeren Sedimenten (z. B. aus hessischen Zechstein-Salzen) sind auch lebende Bakterien isoliert worden, die sich auf geeigneten Nährböden kultivieren ließen. Wahrscheinlich handelt es sich um junge Verunreinigungen und nicht – wie ursprünglich vermutet – um Formen, die aus dem Paläozoikum dadurch überlebten, daß sich die Zellen bei der Teilung immer wieder verjüngten. Darauf läßt auch das Vorkommen von Bakterien in tief unter der Erdoberfläche verborgenen orthokristallinen Gesteinen schließen.

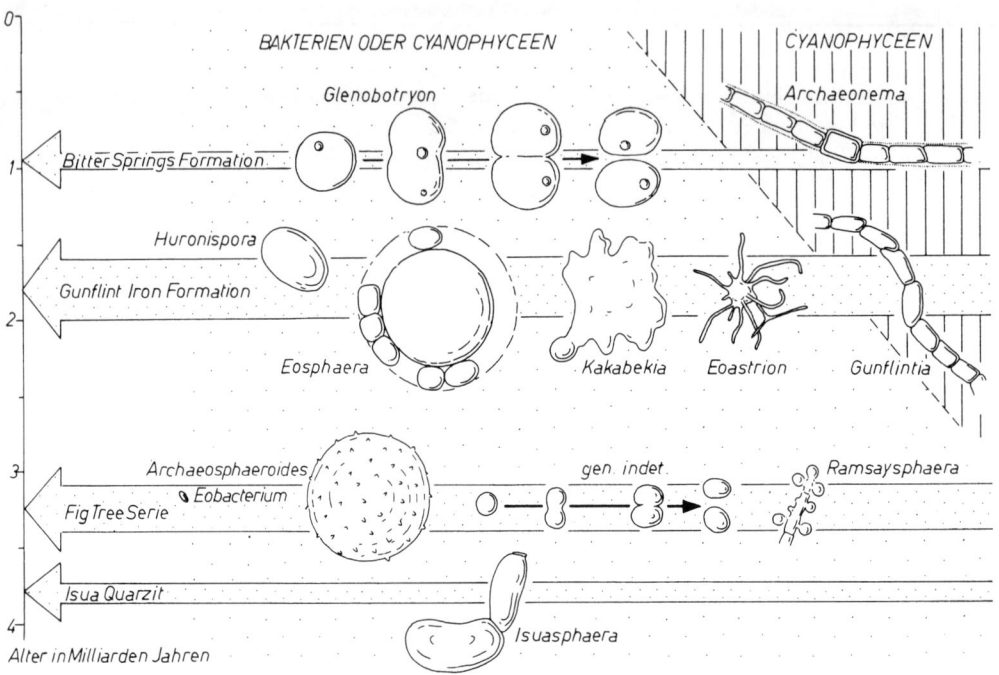

Abb. 8. Mikroskopische Strukturen in Gesteinen des Präkambriums und ihre (allerdings nicht unumstrittene) Deutung als Bakterien und (bzw. oder) Cyanophyceen. Alle Fig. × 800. Nach A. H. Knoll & E. S. Barghoorn, U. Kull, H. D. Pflug und J. W. Schopf.

Auswahl weiterführender Literatur:

G. Bignot (1980), O. Kandler (1981), O. Kandler (Hrsg.) (1982), W. E. Krumbein (1971), J. Neher & E. Rohrer (1959), G. Rheinheimer (1971), J. W. Schopf (1971), M. P. Starr et al. (Hrsg.) (1981).

# Dinoflagellaten

## 1. Definition

Dinoflagellaten sind pflanzliche Einzeller, die im vegetativen Zustand zwei ungleiche Geißeln tragen, Chlorophyll a und c sowie als Photosyntheseprodukt Stärke besitzen und an der Zelloberfläche meist einen Zellulosepanzer tragen.

## 2. Morphologie

Zu den Dinoflagellaten gehören Formen mit sehr vielgestaltigen Zellen, die rundlich, sack- oder glockenförmig, abgeplattet oder mit stachelartigen Fortsätzen versehen sein können (Abb. 9). Die Größe der Zellen schwankt zwischen 10 und 2000 µm, wobei die meisten Formen etwa 100 bis 200 µm messen. Die beiden bandförmigen Geißeln gehen von der sogenannten „Ventral"seite der Zelle aus; die eine folgt einer ringförmigen Querfurche (Gürtel, Cingulum), die andere einer

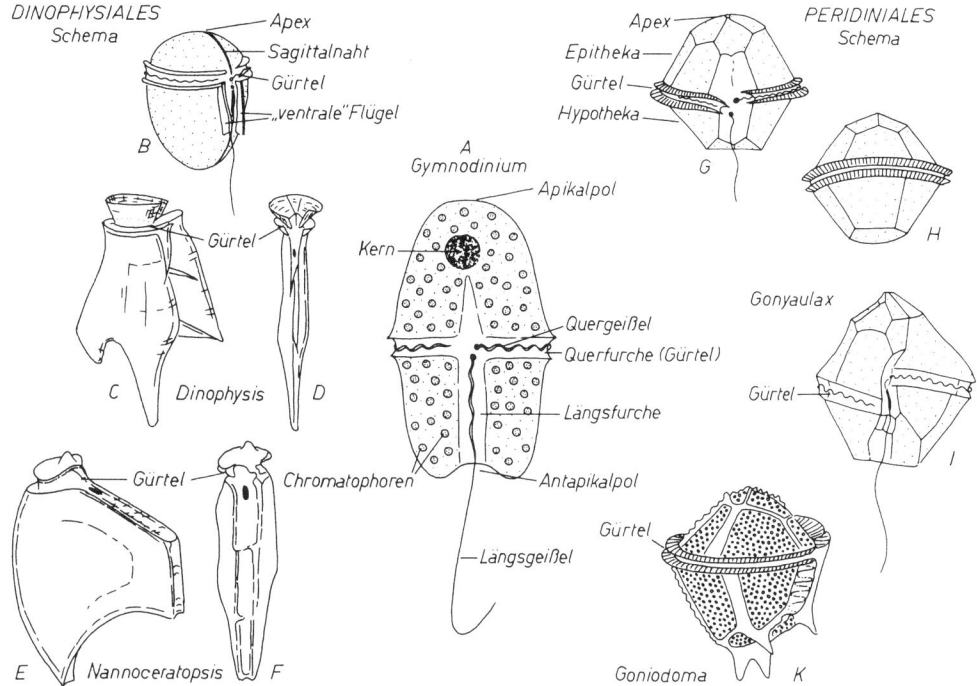

Abb. 9. Organisation der Dinoflagellaten. A: Bauplan einer rezenten nackten Form (× 600); B–F: Dinophysiales. B: Schema (× 250); C und D: rezente Form (× 400); E und F: jurassische Form (× 375). G–K: Peridiniales. G und H: Schema (× 250); I (× 600) und K (× 250): rezente Formen. Nach W. R. Evitt (C–F, I) und A. Kühn (A, B, G, H, K).

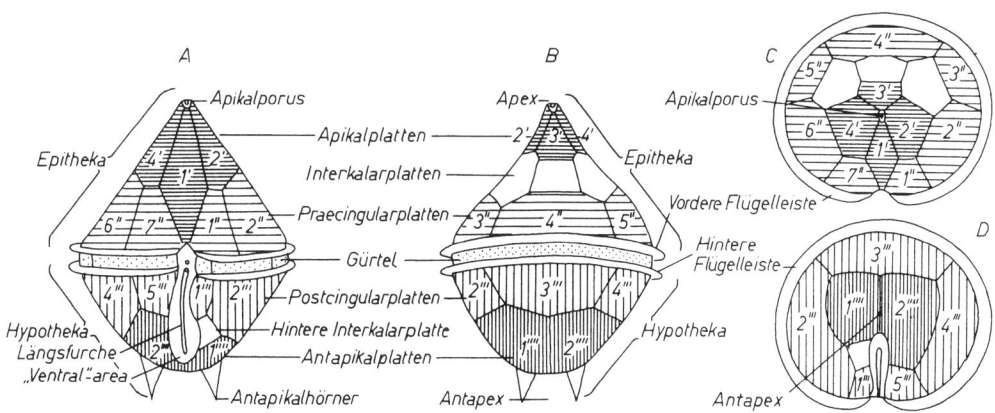

Abb. 10. Schema der Täfelung und morphologische Begriffe bei den Peridiniales (Dinoflagellaten). A: „Ventral"ansicht; B: „Dorsal"ansicht; C: Apikal-(„Vorder"-)ansicht; D: Antapikal-(„Hinter"-)ansicht. Nach W. R. Evitt.

Längsfurche (Sulcus), die nach „hinten" (zum antapikalen Pol) führt. Der „vordere" Pol heißt Apex. Die Chromatophoren enthalten Chlorophyll a und c, die jedoch durch gelbbraune Xanthophylle überlagert werden. Photosyntheseprodukt ist die Stärke.

Die Dinoflagellaten-Zellen werden von einer Serie übereinanderliegender organischer Membranen (der sogenannten Amphiesma) bedeckt. Unter der äußersten Membran kann ein Panzer aus Zellulose ausgeschieden werden. Eine solche Hülle wird Theka genannt. Sie kann einheitlich, zweiteilig mit annähernd symmetrischen Klappen oder aus einer mehr oder weniger großen Anzahl von Täfelchen zusammengesetzt sein. Die Täfelchen werden in gesetzmäßiger Anordnung gebildet (Abb. 10). Sie stoßen an Suturen aneinander; bei ihrem weiteren Wachstum entstehen (beidseits der Sutur oder nur einseitig von ihr) quergestreifte Interkalarstreifen (Abb. 11).

Die Zellulosehülle bzw. die Täfelchen tragen oft ein charakteristisches Netzwerk, das aus verdickten Leisten (Retikulationsleisten) auf der Außenseite des Panzers besteht. Außerdem sind Poren entwickelt, die entweder inmitten der vertieften Retikulationsfelder liegen oder die den Retikulationsleisten aufsitzen. Durch die Poren können Plasmafäden hindurchtreten. Das Plasma außerhalb der Zellulosehülle ist verantwortlich für das Dickenwachstum des Panzers, das somit durch Auflagerung vonstatten geht.

Die Querfurche trennt bei vielen Dinoflagellaten zwei etwa gleich große Panzerhälften, eine Epitheka (apikalwärts des Gürtels) und eine Hypotheka (antapikalwärts des Gürtels). Bei manchen Formen, besonders bei den Dinophysiales, ist die Querfurche hart an den Apex verschoben. Bei dieser Gruppe ist eine Sagittalnaht entwickelt, durch welche der Panzer in eine rechte und eine linke Hälfte geteilt wird.

Bei vielen Dinoflagellaten trägt der Panzer Fortsätze. Diese sind unterschiedlichen Ursprungs. Teilweise sind sie besonders stark ausgebildete Retikulationsleisten, teilweise vergrößerte Begrenzungsleisten der Gürtelfurche und bzw. oder der Längsfurche, teilweise auch zu Hörnern verlängerte Körperpartien. Die Fortsätze vergrößern die Oberfläche und erleichtern das Schweben.

Neben diesen „typischen" Dinoflagellaten gibt es auch nackte, mehr oder weniger kugelig aufgeblähte Formen, deren Zellinhalt überwiegend aus Gallerte besteht. In die nähere Verwandtschaft gehören ferner die Ebriaceen mit einem inneren Kieselskelett (vgl. S. 28). Auch die symbiontisch, z. B. in Korallen, lebenden, skelettlosen Zooxanthellen sind mit den Dinoflagellaten verwandt.

### 3. Entwicklungsstadien

Der Lebenszyklus vieler Dinoflagellaten wechselt zwischen dem beweglichen Normalstadium und einem unbeweglichen Ruhestadium (Zystenstadium) ab. Zysten werden bei der Fortpflanzung sowie vor allem dann gebildet, wenn sich die Lebensbedingungen vorübergehend verschlechtern. Im Zystenstadium können die Zellen ungünstige Zeiten überdauern. Die Dauerzysten der Dinoflagellaten werden im Inneren der Zellulosehülle gebildet und bestehen aus einer hochresistenten organischen Substanz, in die vereinzelt auch Kalk (möglicherweise auch Kieselsäure) eingelagert werden kann.

Die Zystenhüllen liegen in manchen Fällen der Innenseite des Zellulosepanzers dicht an (proximate Zysten). Die Skulptur der Panzeraußenseite kann sich dann auch auf die Zyste auswirken. Eigenartigerweise erscheint sie auf der Innenseite der Zystenwand als ein Negativ-Relief. Sie wird demnach nicht einfach abgeformt, sondern anscheinend durch genetische Steuerung neu gebildet.

Oft zieht sich der Zellinhalt bei der Zystenbildung stärker zusammen. Zystenhülle und Panzer liegen dann nicht aufeinander. Einzelne Plasmastränge haften bei der Schrumpfung zuweilen auf der Innenseite der Zellhülle. Sie sind es, welche die Hohlstacheln vieler Zystenhüllen verursachen (chorate Zysten, Abb. 12). An den auf diese Weise entstandenen „Stacheleiern" (Hystrichosphae-

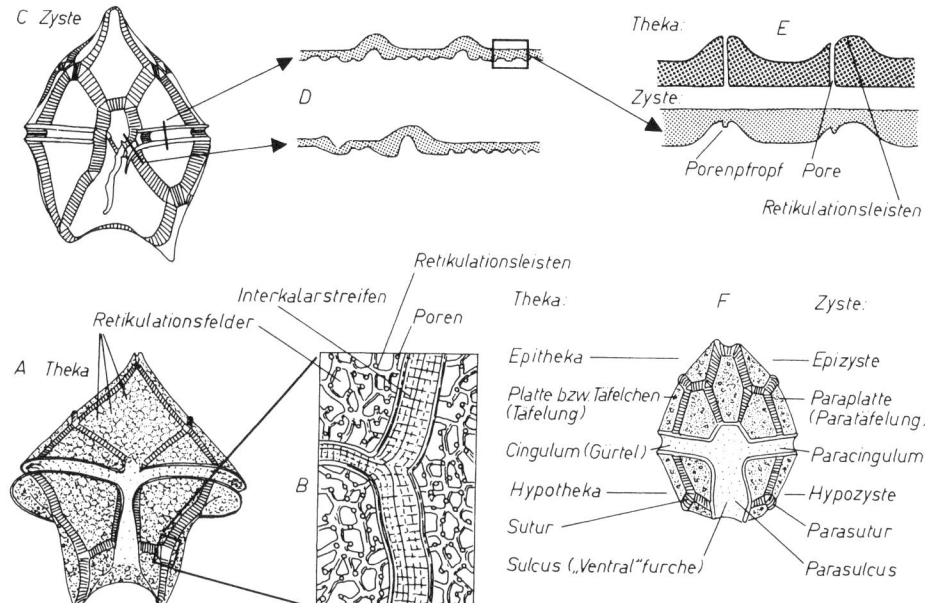

Abb. 11. Das Verhältnis von Theka zu proximater Zyste am Beispiel der Dinoflagellaten-Gattung *Peridinium*. A: Theka (*P. conicum*, rez., × 400); B: Ausschnitt aus A (× 1500); C: Zyste (*Palaeoperidinium pyrophorum*, Ob.-Kreide, × 300); D: reflektierte Skulptur auf der Innenseite der Zystenwand; E: Vergleich der Skulptur der Thekenwand mit derjenigen der Zystenwand; F: Terminologie bei Theken und Zysten. Nach W. R. EVITT et al. (F) und H. GOCHT & H. NETZEL (A–E).

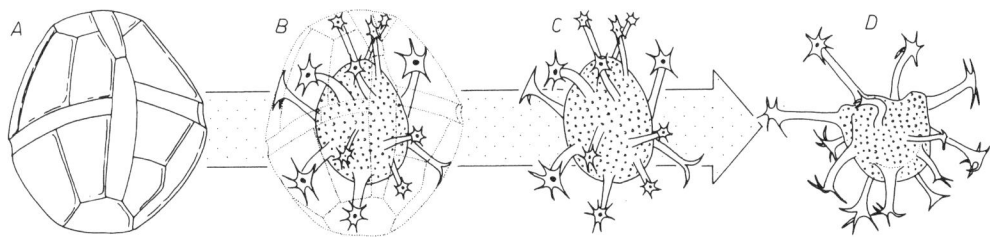

Abb. 12. Die Entstehung chorater Zysten bei den Dinoflagellaten. A: Theka (*Gonyaulax*, rez., × 700); B: Bildung der choraten Zyste im Inneren der Theka; C: isolierte chorate Zyste; D: leere und deformierte Zyste (*Oligosphaeridium*, Unt.-Kreide, × 275). Nach W. A. S. SARJEANT.

ren, Abb. 13) kann man oft noch die Lage der Querfurche und die Konfiguration der Täfelung beobachten. In vielen Fällen ist jedoch die Dinoflagellaten-Natur der Hystrichosphaeren nicht mehr zweifelsfrei festzustellen.

Manche Dinoflagellaten-Zysten besitzen eine doppelwandige Hülle. Eine Ektozyste umschließt dann eine Endozyste (cavate Zysten). Die Endozyste ist meist kugelig, die äußere fünfkantig. Aus Rezentbeobachtungen weiß man, daß innerhalb derselben Gattung unterschiedliche Zystenformen vorkommen. Andererseits können nicht näher verwandte Arten einander ähnliche Zysten bilden.

Beim Ausschlüpfen der inzystierten Zelle wird ein Schlüpfloch (Archaeopyle) an einer vorgegebenen Stelle, die bestimmten Täfelchen entspricht, geöffnet. Die Schlüpflöcher können an unterschiedlichen Stellen der Hülle liegen, doch scheint die Lage artlich konstant zu sein. Die Schlüpflöcher sind temporäre Bildungen, die erst geöffnet werden, wenn die inzystierte Zelle ihre Hülle verläßt. Sie sind darum nicht in allen Exemplaren einer Population nachweisbar und treten in einzelnen Populationen in unterschiedlicher Häufigkeit auf.

Die Fortpflanzung wird nicht bei allen Dinoflagellaten im Zystenstadium durchlaufen. Verbreitet ist auch die Zellteilung im normalen (vegetativen) Zustand. Bei Arten mit getäfelter Theka wird dabei der Plattenpanzer i. d. R. auf die beiden Tochterzellen aufgeteilt. Die Teilungsfuge verläuft nur selten im Gürtel, meist zieht sie schräg über Epitheka und Hypotheka hinweg (Abb. 14). Bei Formen mit zweiklappigem Panzer erfolgt die Teilung in der Sagittalnaht; jedes Tochterindividuum erhält eine Panzerhälfte. Wenn vor der Trennung der Tochterzellen Körperform und Panzerung regeneriert werden, können kettenförmige Dinoflagellaten-Kolonien entstehen.

Bei manchen Dinoflagellaten sind die unbeweglichen Zystenstadien die Normalstadien. Die beweglichen Phasen treten nur noch als Schwärmstadien von kurzer Lebensdauer auf. Man nennt solche Zysten „vegetative Zysten". Ihre Hüllen bestehen i. d. R. aus Zellulose.

## 4. Acritarcha

Die Hystrichosphaeren des Paläozoikums und manche meso- und känozoische Formen werden heute als „Acritarcha" bezeichnet (Abb. 15). Sie gelten als nicht genauer einzuordnende Reste von Einzellern. Einige Formen, die als Einzelfunde seit dem Silur vorkommen, stimmen in manchen Einzelheiten, wie Größe (50–100 µm), Bestachelung (Hohlstacheln, deren Spitzen offen sind), Lage und Gestalt des Schlüpfloches sowie Skulptur der Hülle, weitgehend mit Dinoflagellaten-Zysten überein. Eine enge Verwandtschaft zu ihnen ist deshalb wahrscheinlich.

Die Mehrzahl der Acritarcha hat jedoch keine engeren Beziehungen zu den Dinoflagellaten oder läßt sich mit diesen nur mit Vorbehalten vergleichen. Es handelt sich meist um hohle, runde oder längliche Gebilde von etwa 10–50 µm Größe. Die Wand besteht aus einer hochresistenten organischen Substanz, deren Chemismus noch unklar ist. Sie kann einfach oder doppelt, homogen oder laminiert, dicht oder von radialen Poren durchsetzt sein. Die Oberfläche der Wand ist skulpturlos oder trägt Leisten oder hohle Stacheln. Bei den meisten Acritarcha sind Schlüpflöcher (Pylome) bekannt. Diese sind entweder rund und oft von einem abweichend skulptierten Saum umgeben (Zyklopyle) oder öffnen die Wand spaltförmig. Ein gebogener Spalt kann eine Klappe oder einen Deckel abtrennen (Epityche), oder die Wand kann in einem Medianspalt aufreißen. Neben isolierten Körpern kommen auch kugelige, scheibenförmige oder kettenartige Aggregate vor.

Die ältesten Acritarcha sind im Präkambrium bis zu einem Alter von etwa 1 Milliarde Jahren häufig. Es sind undifferenzierte, rundliche, meist skulpturlose oder -arme Gebilde, deren Schlüpflöcher weitgehend unbekannt sind („Sphaeromorpha"). Diese vermutlich heterogene Gruppe wird ab dem Ordovizium zu einem untergeordneten Bestandteil der Acritarcha; im Mesozoikum ist sie

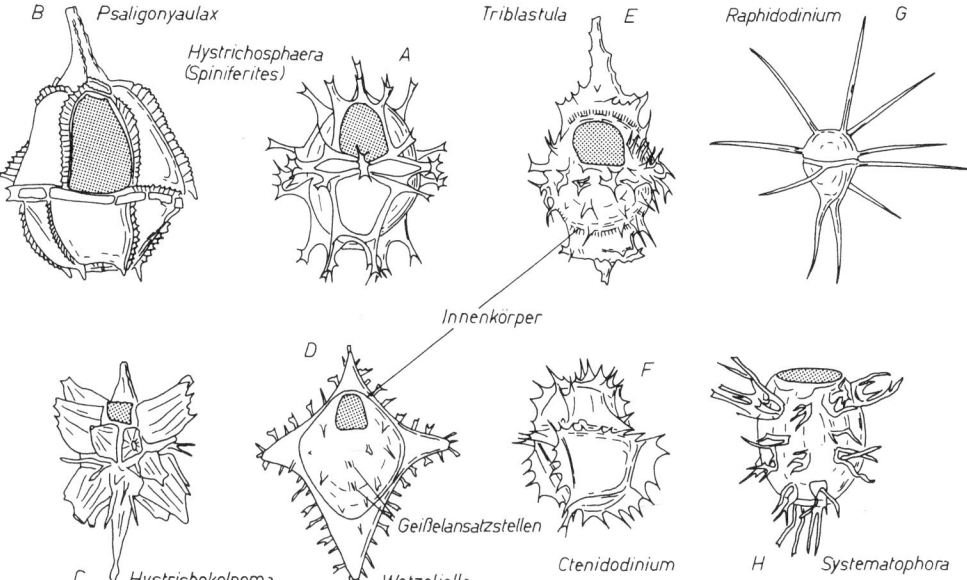

Abb. 13. Dinoflagellaten-Zysten. A: Jura-rez., × 500; B: Jura – Kreide, × 375; Kreide – Pleist., × 250; D: Eoz. – Olig., × 300; E: Kreide, × 375; F: Jura, × 300; G: Kreide, × 330; H: Jura – Kreide, × 325. Archaeopyle gerastert. Nach G. Deflandre, W. R. Evitt und H. Gocht.

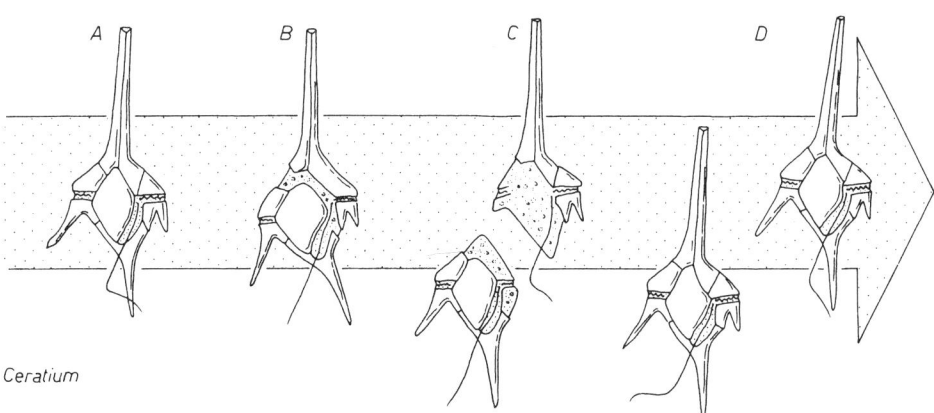

Abb. 14. Zellteilung und Aufteilung der Panzerplatten auf die Tochterindividuen bei rezenten Dinoflagellaten der Gattung *Ceratium*. × 90. Nach A. Kühn.

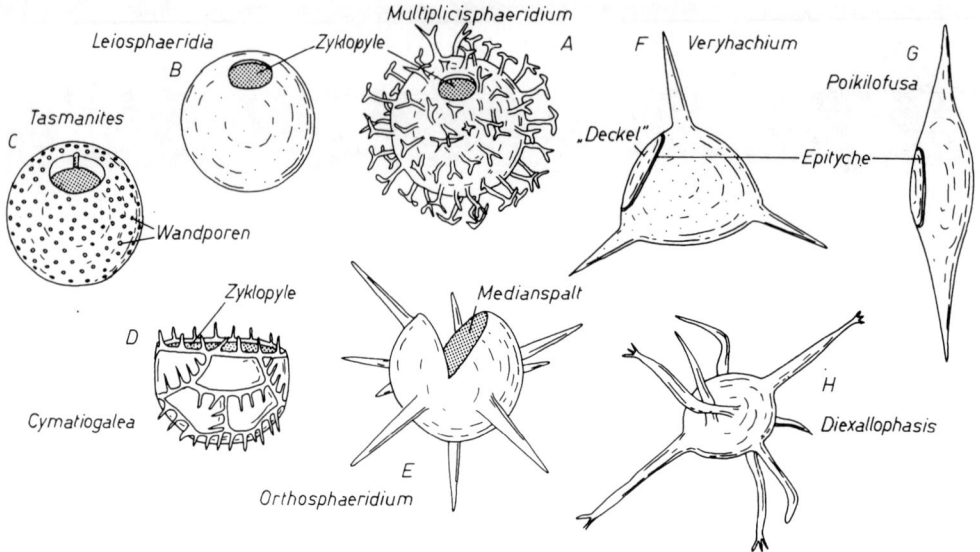

Abb. 15. Acritarcha. A–E: Formen mit Ähnlichkeiten zu Zysten der Protophyten-Gruppe der Prasinophyceen. A: Ord. – Karbon, × 125; B: Kambr. – Pleist., × 125; C: Kambr. – rez., × 225; D: Kambr. – Ord., × 500; E: Ord., × 500. F–H: Formen mit Analogien zu Dinoflagellaten-Zysten. F: Kambr. – Olig., × 500; G: Ord. – Silur, × 500; H: Silur, × 500. Nach C. Downie, A. Eisenack und M. Rasul.

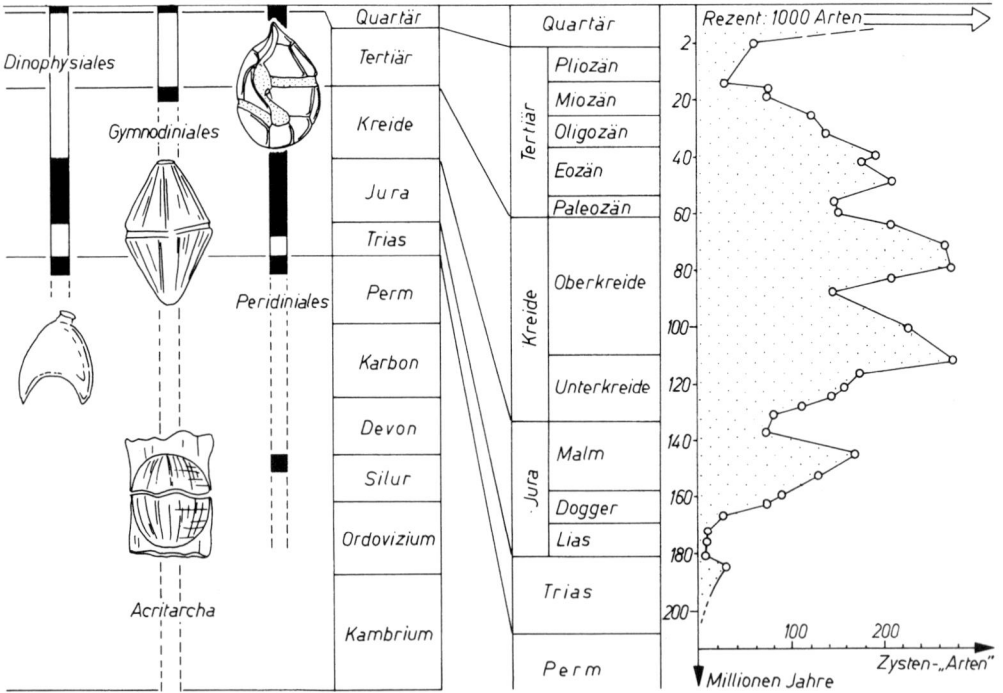

Abb. 16. Evolution der Dinoflagellaten. Links: Erdgeschichtliches Vorkommen der Hauptgruppen der Dinoflagellaten (nach G. L. Williams). Rechts: Entwicklung der Artenzahlen von Dinoflagellaten-Zysten im Meso- und Känozoikum (nach H. Tappan & A. R. Loeblich jr.).

nur noch vereinzelt nachweisbar. Die Sphaeromorphen werden als Sporen verschiedener, nicht näher ansprechbarer Algengruppen gedeutet. Ihre Aggregate könnten durch eine Entstehung in Algen-Sporangien erklärt werden.

Ab dem Kambrium sind Acritarcha verbreitet, deren Schlüpfmechanismus eine Zyklopyle oder ein Medianspalt ist und die in ihrer Wandstruktur mehr oder weniger große Ähnlichkeiten zu Zysten der Prasinophyceen aufweisen. Auch bei ihnen sind Aggregate nachgewiesen. Ein Teil dieser Formen könnte deshalb möglicherweise den Phytomonadina zuzuordnen sein. Ihre Blütezeit liegt im Paläozoikum, wo manche „Gattungen" relativ kurze Zeitabschnitte kennzeichnen.

Eine weitere Acritarcha-Gruppe trägt überwiegend spaltförmige Wandöffnungen (Epitychen). Auch hier kommen Aggregate vor. Manche Formen ähnen Zysten der Dinoflagellaten-Gruppe der Gymnodiniales, so daß hier möglicherweise Beziehungen vorhanden sind. Die Hauptverbreitung dieser Gruppe fällt in das Paläozoikum, wo einige „Gattungen" im Kambrium und im Silur leitend sind.

Neben diesen Hauptgruppen gibt es verschiedene Gattungen, die so abweichend gestaltet sind, daß ihre Zugehörigkeit völlig unbekannt ist. Die Acritarcha stellen im späten Präkambrium und im Altpaläozoikum die Masse des marinen Planktons. Im Mesozoikum werden sie in dieser Beziehung von Dinoflagellaten, Coccolithophoriden und Diatomeen abgelöst.

## 5. Phylogenie

Unter den rezenten Pyrrhophyta sind die Dinoflagellaten nur eine von mehreren Teilgruppen. Die übrigen Formen (mit Ausnahme der Ebriaceen, vgl. S. 28) sind skelettlos und deshalb fossil nicht nachweisbar. Darum gibt es über die Verwandtschaftsbeziehungen innerhalb der Pyrrhophyta nur Vermutungen.

Auch innerhalb der Dinoflagellaten selbst gibt es die skelettlose Teilgruppe der Gymnodiniales. Ihre Zysten sind nur schlecht erhaltungsfähig, weshalb sie fossil kaum nachgewiesen sind. Manche paläozoischen Acritarcha könnten unter Umständen zu den Gymnodiniales gehören.

Die Dinophysiales (Abb. 9) und die Peridiniales (Abb. 9) sind fossil als Zysten einwandfrei nachgewiesen, wobei die Peridiniales an Häufigkeit und Bedeutung bei weitem überwiegen. Die Herleitung beider Gruppen aus den Gymnodiniales ist zwar wahrscheinlich, aber am fossilen Material nicht zu belegen.

Wegen der oft noch unklaren Beziehungen von vegetativen Stadien und Zysten liegen die verwandtschaftlichen Zusammenhänge innerhalb der Peridiniales noch vielfach im Dunkeln. Entwicklungslinien fossiler Zysten lassen sich nach dem Täfelungsschema auf rezente Gruppen um die Gattungen *Gonyaulax, Peridinium* und *Ceratium* beziehen. Die *Gonyaulax*-Gruppe ist am ältesten. Sie kommt im Silur, im Oberperm und dann ab der Obertrias verbreitet vor. Die *Peridinium*-Gruppe ist ab dem unteren Jura häufig. Die *Ceratium*-Gruppe setzt im Oberjura ein. Sie fehlt eigenartigerweise im Tertiär, obwohl *Ceratium* in der Gegenwart eine oft dominante Dinoflagellaten-Gattung ist.

Die Evolution der Peridiniales – abgeleitet aus dem Vorkommen ihrer Zysten – zeigt ein Aufblühen in den Zeiten weltweiter Transgressionen (Oberdogger, Oberkreide, Eozän). Die Regressionsphasen der Jura/Kreide- und Kreide/Tertiär-Grenze überdauern sie mit stark verminderter Mannigfaltigkeit. Allerdings kann dieses Bild auch durch Überlieferungs- oder Bearbeitungslücken verfälscht sein (Abb. 16).

## 6. Stratigraphie

Die Erforschung der biostratigraphischen Brauchbarkeit der Dinoflagellaten und ihrer Zysten steht noch in den Anfängen. Gesicherte Verbreitungsangaben sind noch spärlich und auf wenige Gebiete beschränkt. Ein gewisser Leitwert vieler Formen ist nicht zu verkennen. Allerdings scheint die Lebensdauer vieler Arten relativ lang zu sein. Deshalb eignen sich die Dinoflagellaten nach den bisherigen Kenntnissen nur für Korrelationen auf Stufen-Ebene.

Im Mesozoikum scheinen die Dinoflagellaten-Zysten vielfach über große Gebiete verbreitet zu sein; die auf ihnen beruhende Korrelation arbeitet in vielen Fällen weltweit. Im Känozoikum sind die Dinoflagellaten-Arten mehr regional begrenzt. Im Quartär sind die Dinoflagellaten für die Biostratigraphie deshalb nur von lokaler bis regionaler Bedeutung. Verwertet wird das örtliche Häufigkeitsmaximum. Dieses unterliegt jedoch ebenso wie das Artenspektrum ökologischen Einflüssen.

Manche Acritarcha des Paläozoikums haben eine eng begrenzte vertikale Reichweite. Sie können deshalb für stratigraphische Zwecke herangezogen werden. Allerdings ist unbekannt, ob ihr Vorkommen nicht auch durch ökologische Faktoren beeinflußt wird.

## 7. Lebensweise

Die Dinoflagellaten sind planktische Organismen. Ihr Schweben wird durch Vergrößerung der Körperoberfläche mittels Schwebstacheln, flügelartiger Fortsätze oder Vakuolen und Öltröpfchen erleichtert. Auch der Schlag ihrer Geißeln unterstützt sie hierin, wobei die Quergeißel für die schraubenförmige Fortbewegung verantwortlich ist. Von der rezenten Gattung *Ceratium* ist bekannt, daß die Länge der Schwebstacheln mit der Wassertemperatur wegen der geringeren Dichte des wärmeren Wassers steigt (Abb. 17).

Den Zysten fehlt die Fähigkeit, sich durch Schlagen der Geißeln schwebend zu halten. Sie sinken allmählich zum Grund und werden so benthisch.

Die Dinoflagellaten bevorzugen das flache, lichtdurchflutete, zugleich aber freie Wasser. Sie sind deshalb zwar im neritischen Bereich, hier aber in Küstenferne, am häufigsten. Dasselbe läßt sich auch bei den Acritarcha beobachten.

Die Ernährung der Dinoflagellaten ist überwiegend autotroph. Deshalb sind die Formen im wesentlichen auf die durchlichteten Wasserzonen beschränkt. Man hat jedoch auch heterotrophe Ernährung bei Dinoflagellaten beobachtet. Eine ganze Reihe von Arten lebt parasitisch. Manche Dinoflagellaten halten sich tags nahe der Meeresoberfläche auf und steigen nachts in die Tiefe (bis über 10 m). Andere verhalten sich umgekehrt, wie *Noctiluca*, die in ruhigen Nächten an die Meeresoberfläche steigt und dort das Meeresleuchten erzeugt.

An die Salinität stellen die Dinoflagellaten unterschiedliche Ansprüche. Ein Großteil der Arten ist marin. Seit ihrem ersten Auftreten sind die Dinoflagellaten im Meer heimisch. Erst seit dem späten Mesozoikum sind sie auch im limnischen Bereich bekannt. Manche Dinoflagellaten des Meeres tolerieren auch verminderte Salinität; zuweilen haben sie hierbei ihre größte Teilungsgeschwindigkeit. Besonders die *Peridinium*-Gruppe stellt viele euryhaline Arten. Ein Teil der Dinoflagellaten ist limnisch und kommt überwiegend in nährstoffarmen Gewässern vor (ohne darauf beschränkt zu sein).

Manche Formen können unter Bedingungen, die man noch nicht völlig kennt (möglicherweise beim Aufquellen phosphat- oder nährstoffreicher Tiefenwässer), Massenvermehrungen hervorbringen („rote Tide"). Dabei werden hohe Konzentrationen von Phytoplankton-Giften erzeugt, die bei der marinen Tierwelt Massensterben auslösen können.

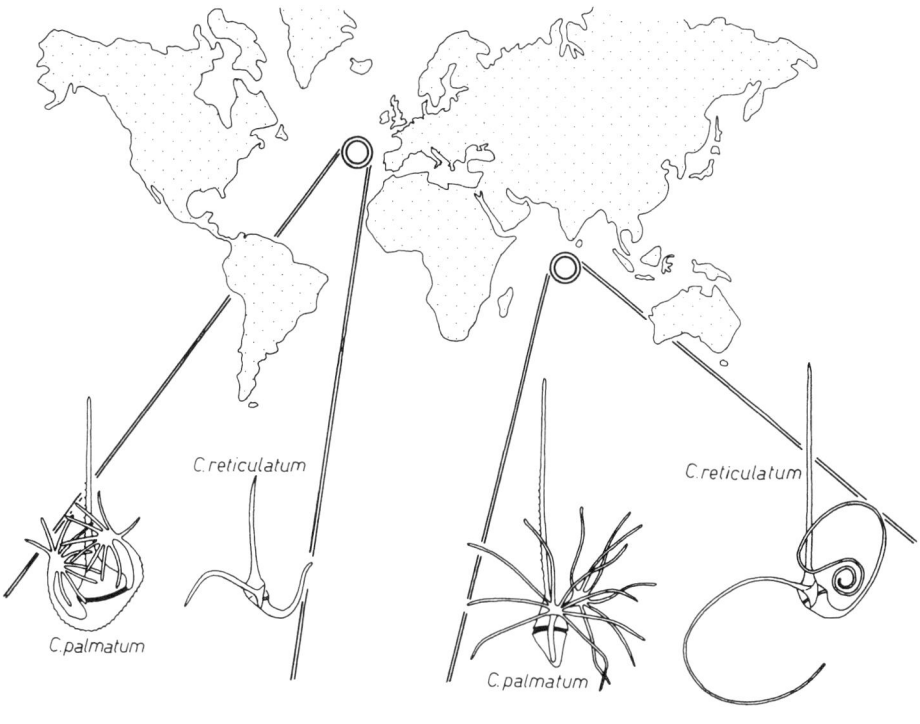

Abb. 17. Abhängigkeit der Länge der Schwebstacheln von der Wassertemperatur bei rezenten Arten der Dinoflagellaten-Gattung *Ceratium*. *C. palmatum*: × 90; *C. reticulatum*: × 50. Nach G. KARSTEN.

Die Abhängigkeit von der Temperatur ist bei marinen Arten noch unzureichend bekannt. Zwar scheinen sie in gemäßigten Breiten am häufigsten zu sein, doch mag dies durch den Nährstoffreichtum bedingt sein. In den Tropen ist die Vielgestaltigkeit der Formen am größten. Limnische Arten sind überwiegend temperaturgebunden. Im mitteleuropäischen Süßwasserplankton kommen sowohl Warmwasserarten (im Hochsommer) als auch Kaltwasserarten (im zeitigen Frühjahr und Spätherbst) vor. Die jeweils ungünstige Jahreszeit wird in inzystiertem Zustand überdauert. Nach Laborbeobachtungen kann die Keimfähigkeit von Zysten über 10 Jahre betragen. Die Zystenbildung bei marinen Arten scheint ebenfalls – mindestens teilweise – durch Temperaturunterschiede gesteuert zu werden.

Über die Ökologie der marinen Acritarcha ist nur wenig bekannt. Glattwandige Formen (z. B. *Leiosphaeridia*) bevorzugen das küstennahe Flachwasser. Bedornte Typen kommen mehr in küstenfernen, offenen Meeren vor.

## 8. Fossilisation

Die Zellulose der Dinoflagellaten-Theka ist fossil nicht erhaltungsfähig. Sämtliche fossile Formen werden deshalb heute als Zysten gedeutet. Diese allerdings sind gegen chemische Agentien außerordentlich resistent. Ungeklärt ist, inwieweit manche durch Kalk oder Kieselsäure imprägnierte Zysten die mineralischen Stoffe schon im Leben oder erst während der Diagenese aufgenommen haben.

Dinoflagellaten-Zysten sind außerordentlich leicht transportabel. Sie werden nach dem Ausschlüpfen der Zelle oder nach dem Tode weit verfrachtet. Auch Umlagerung aus aufgearbeiteten älteren Gesteinen ist nicht selten.

Auswahl weiterführender Literatur:

D. Artzner et al. (1979), R. L. Cox (1971), C. Downie (1973), G. L. Eaton (1980), A. Eisenack (1963, 1974), W. R. Evitt et al. (1977), H. Gocht & H. Netzel (1976), A. R. Loeblich jr. (1970), A. R. Loeblich III (1970), W. A. S. Sarjeant (1974), G. L. Williams (1977, 1978).

# Coccolithophoriden

## 1. Definition

Coccolithophoriden sind pflanzliche Einzeller, die im vegetativen Zustand meist zwei Geißeln tragen, Chlorophyll a und c sowie als Reservestoff Chrysolaminarin besitzen und an der Zelloberfläche einen Panzer aus Kalkplättchen tragen.

## 2. Morphologie

Die Zellen der Coccolithophoriden sind i. d. R. kugelig und haben einen Durchmesser zwischen etwa 2 und 30 µm (Abb. 18). Sie tragen 1–2 gleich lange Geißeln sowie einen kurzen, der Anheftung dienenden Faden (Haptonema) und besitzen Chromatophoren (Plastiden) mit Chlorophyll a und c sowie dem goldbraunen Farbstoff Fukoxanthin. Photosyntheseprodukt ist das Chrysolaminarin.

Im Plasma liegen organische Matrizen (Schüppchen) aus Zellulose, die im Golgi-Apparat gebildet werden. Ihnen wird Kalk in der Modifikation des Kalzits aufgelagert. Die so entstandenen Kalkkörperchen heißen Coccolithen. Die einzelnen Coccolithen sind meist kleiner als 10 µm und werden meist aus zahlreichen rhomboedrischen Kristalliten (Mizellen) aufgebaut. Nach der Feinstruktur lassen sich vor allem Heterococcolithen (mit vielen unterschiedlich großen Mizellen), Holococcolithen (mit vielen gleichartigen kleinen Kristalliten) sowie Pentalithen und Asterolithen (mit wenigen, relativ großen Einkristallen) unterscheiden (Abb. 19).

Die Coccolithen sind plättchen-, stäbchen- oder spangenförmig. Oft wird ihre Gestalt durch Fortsätze und bzw. oder Durchbrüche kompliziert. Ein typischer Heterococcolith besteht aus einer basalen und einer distalen ringförmigen Scheibe, einem Boden, einer Wand und einem zentralen Fortsatz (Abb. 19 A). Die einzelnen Coccolithentypen lassen sich durch Vereinfachung und Veränderung dieses Grundbauplans erklären (Abb. 20).

Die Zelluloseschüppchen, auf welche die Coccolithen aufgelagert werden, wandern allmählich an die Oberfläche der Zelle. Die Coccolithen können dort einen lockeren Panzer bilden. Sie können jedoch auch zu einer dichten Hülle (Coccosphaere) zusammentreten, so daß für den Durchtritt des Plasmas nur eine einzige Öffnung oder gar nur schmale Fugen frei bleiben.

Ein Coccolithophoriden-Gehäuse kann von Coccolithen verschiedener Typen gebildet werden (Abb. 18 D). Andererseits kann ein Coccolithen-Typ bei unterschiedlichen Formen vorkommen. Arten und Gattungen sind deshalb bei den Coccolithophoriden oft nur künstliche Formgruppen.

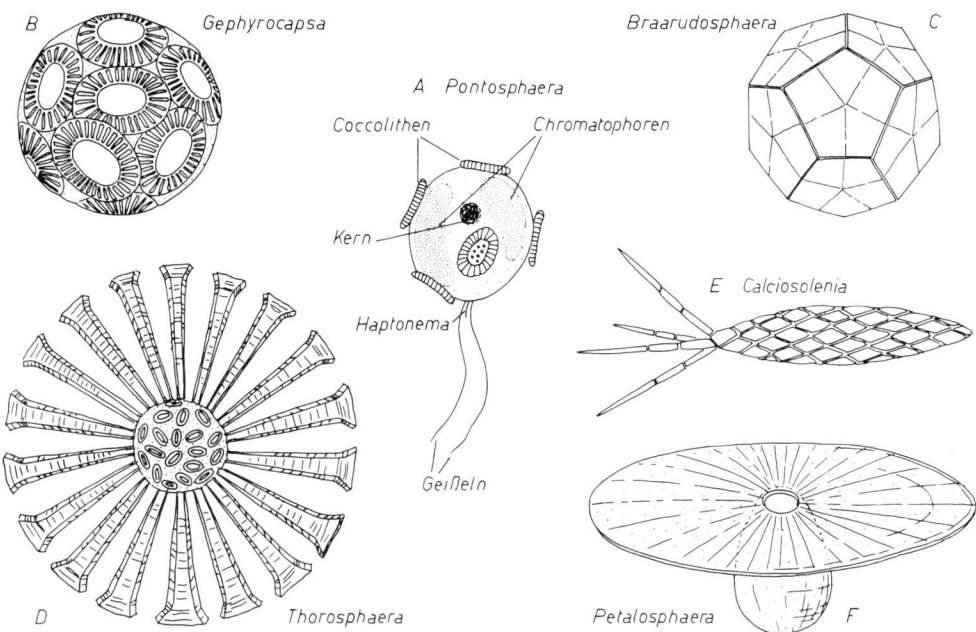

Abb. 18. Grund-Organisation und morphologische Varianten der Coccolithophoriden. A: Alttert. – rez., × 2500; B: Plioz. – rez., × 5000; C: Kreide – rez., × 1000; D: rez., × 500; E: rez., × 1300; F: rez., stark vergr. Nach G. Deflandre und P. Reinhardt. Vgl. auch Bd. 1, S. 121, Abb. 137 H und I.

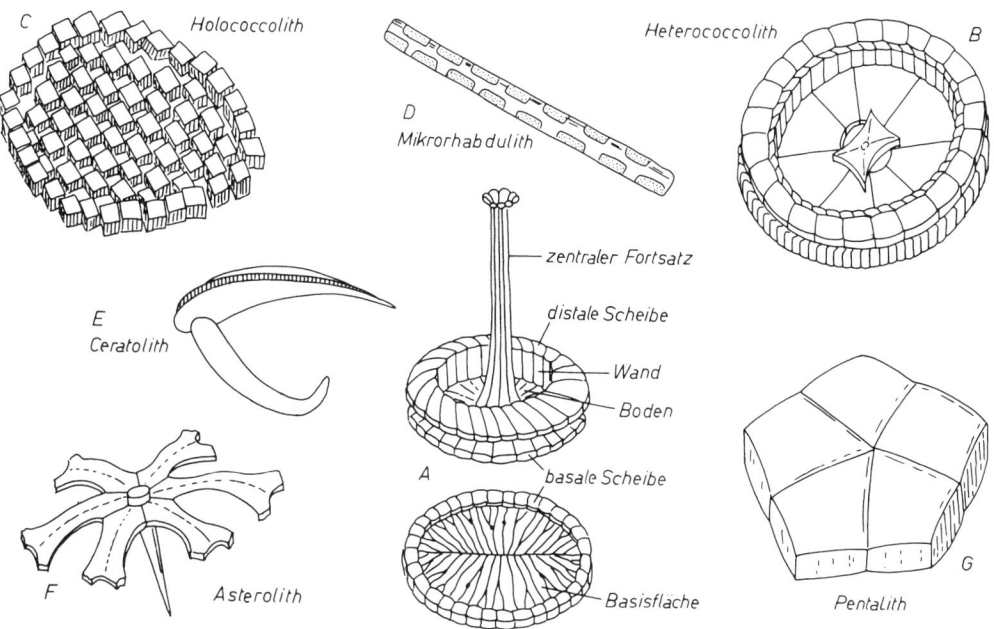

Abb. 19. Idealisiertes Schema eines Coccolithen (A) mit den Bezeichnungen seiner Teile sowie strukturelle Abwandlungen (B–G). B: × 3500; C: × 25000; D: × 3000; E: × 1500; F: × 3200; G: × 2000. Nach P. Reinhardt.

## 3. Fortpflanzung

Die Art der Fortpflanzung ist bisher erst von wenigen Coccolithophoriden bekannt. Nachgewiesen sind ungeschlechtliche und geschlechtliche Fortpflanzung. Bezeichnend ist Zellteilung mit einem Generationswechsel.

Bei *Coccolithus* alternieren Ruhestadium und Schwärmer. Sie entstehen ungeschlechtlich durch Zellteilung auseinander. Die Zellen des Ruhestadiums sind sessil und von Heterococcolithen bedeckt. Die Schwärmer sind kleiner, beweglich und tragen Holococcolithen. Bei *Hymenomonas* tragen Ruhestadien und Schwärmer Heterococcolithen. Hier und bei *Ochrosphaera* können die Ruhestadien auch als fädige Algen entwickelt sein. Von *Ochrosphaera* ist ferner bekannt, daß die Ruhestadien Gameten hervorbringen und sich so geschlechtlich fortpflanzen können. Die Teilungsgeschwindigkeit der Zellen ist groß. Soweit bekannt, kommen 1–4 tägliche Zellteilungen vor.

## 4. Phylogenie

Sicher nachgewiesen sind die Coccolithophoriden ab dem Lias. Funde aus dem Paläozoikum sind umstritten. Bis zur oberen Kreide nimmt die Mannigfaltigkeit stark zu. Auffallend ist der scharfe Einschnitt am Ende der Kreide. Nur wenige der im Maastrichtien vorkommenden Gattungen reichen ins Paleozän hinauf. Erst im Eozän erlangen die Coccolithophoriden wieder ihre frühere Mannigfaltigkeit. Ein zweiter Einschnitt fällt ins obere Oligozän.

Die verwandtschaftlichen Zusammenhänge zwischen den einzelnen Gruppen sind oft unklar. Möglicherweise wird die Verwandtschaftsforschung durch die plötzliche Mineralisierung vorher nicht mineralisierter Formen bzw. durch den plötzlichen Verlust des Kalkskelettes bei anderen Gruppen erschwert. Andererseits sind auch viele Beispiele allmählichen Formenwandels bekannt geworden (Abb. 21). Die Evolutionsgeschwindigkeit scheint vor allem im ältesten Tertiär recht hoch gewesen zu sein.

## 5. Stratigraphie

Die Coccolithophoriden erfüllen viele der Anforderungen an gute Leitfossilien. Neben Gruppen, die über mehrere Stufen hinweg vorkommen, gibt es Arten und Gattungen, die infolge einer schnellen Evolution für recht kurze Zeitabschnitte leitend sind. Vor allem im Tertiär kommen häufige, weit verbreitete und oft auch leicht kenntliche Arten von kurzer Lebensdauer vor, die sich für biostratigraphische Zwecke gut eignen (Abb. 22).

Da viele Coccolithophoriden wegen ihrer planktischen Lebensweise weltweit verbreitet sind, spielen sie für die überregionale Korrelierung eine große Rolle. Mit ihrer Hilfe läßt sich das Tertiär in 46 Zonen unterteilen, die zum großen Teil weltweit feststellbar sind. Die Mehrzahl der Coccolithen-Zonen wird allerdings nicht – wie bei Makrofossilien üblich – auf die gesamte vertikale Verbreitung der jeweiligen Formen begründet, sondern wird definiert als Zeitabschnitt zwischen dem Erstauftreten der namengebenden Form und dem Erscheinen der nächsten Zonen-Art (Abb. 23).

## 6. Lebensweise

Die Coccolithophoriden der Gegenwart gehören zu den häufigsten pflanzlichen Planktern der Meere. Im tropischen Atlantik stellen sie fast die Hälfte des Phytoplanktons. Sie sind demnach sowohl wichtige Sauerstoff-Produzenten als auch eine wesentliche Grundlage der Nahrungsketten im Meer.

Coccolithophoriden

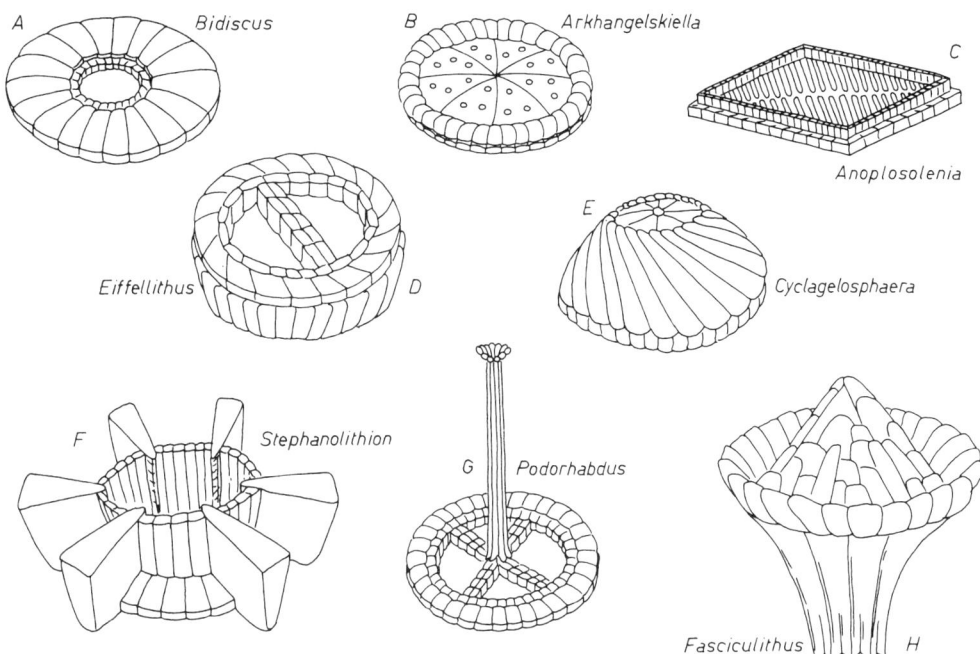

Abb. 20. Beispiele von Form-Varianten der Heterococcolithen. A: Kreide, × 10000; B: Kreide, × 3000; C: rez., × 12000; D: Kreide, × 4000; E: Jura – Kreide, × 6000; F: Jura – Kreide, × 2500; G: Jura – Kreide, × 3250; H: Alttert., × 2000. Nach H. Keupp, P. Reinhardt und J. W. Verbeek.

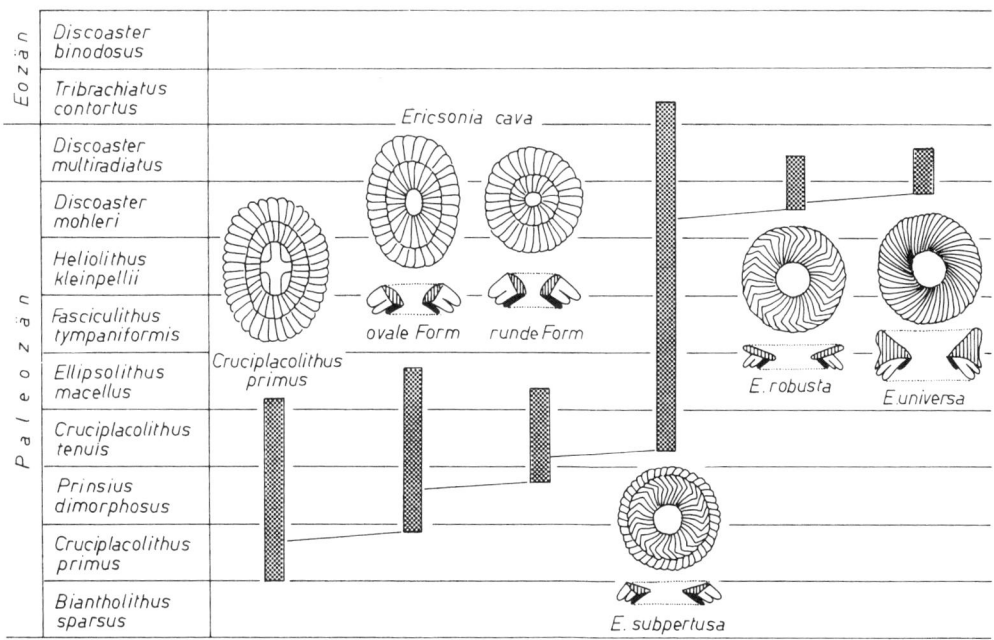

Abb. 21. Evolution einiger Form„arten" der Coccolithen„gattung" *Ericsonia* im Paleozän. Homologe Coccolithen-Elemente sind in übereinstimmender Signatur dargestellt. Nach A. J. T. Romein.

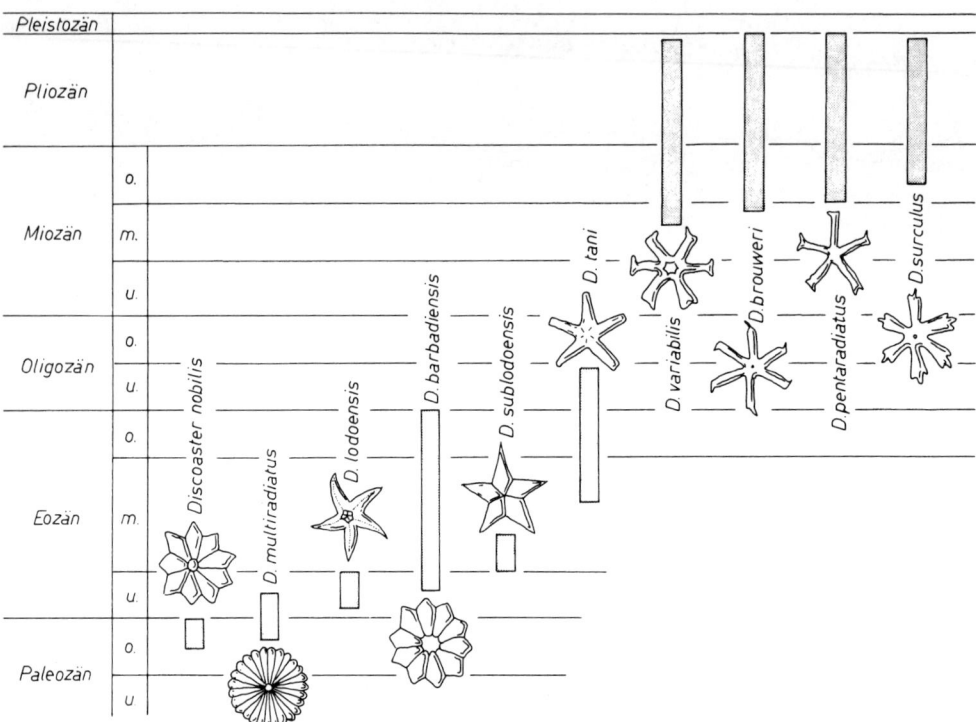

Abb. 22. Stratigraphische Verbreitung von Arten der Coccolithen-Form „gattung" *Discoaster* im Tertiär. Nach S. GARTNER, E. MARTINI und P. REINHARDT.

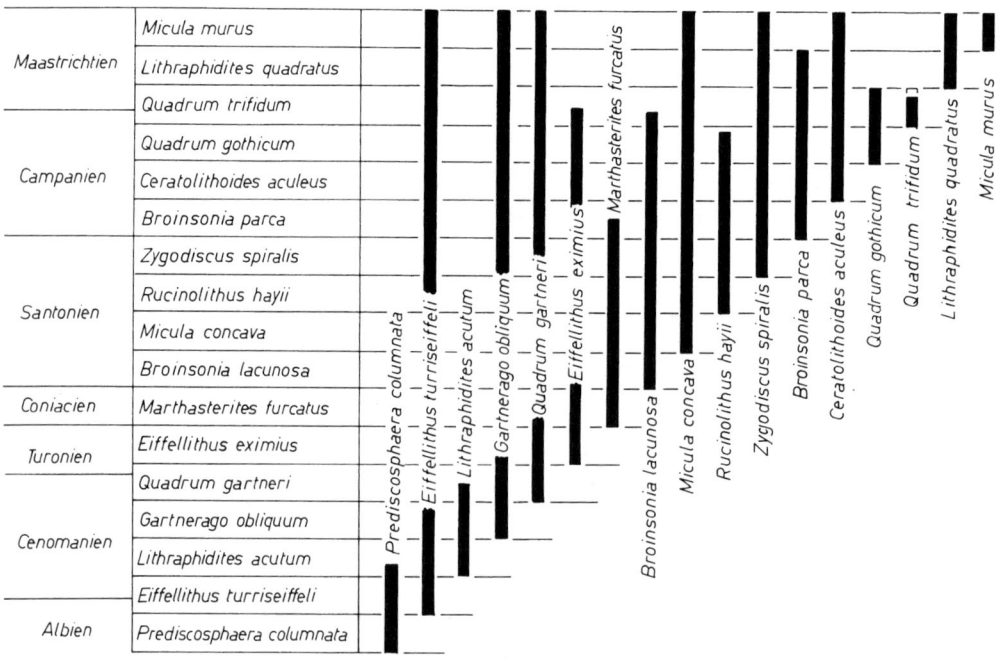

Abb. 23. Die Coccolithen-Zonierung in der Oberkreide des westlichen Mittelmeer-Gebietes. Nach J. W. VERBEEK.

Viele Coccolithophoriden sind Hochseeformen (ozeanische Arten). Von manchen Arten ist jedoch bekannt, daß mobile, planktische Stadien mit sessilen, benthischen Phasen abwechseln (hemipelagische Arten). Da die Coccolithophoriden photosynthetisch tätig sind, kommen sie vor allem in der durchlichteten Zone des Meeres vor, d. h. in niedrigen geographischen Breiten bis zu etwa 150 bis 200 m Tiefe, in höheren Breiten in noch flacherem Wasser. Die größte Häufigkeit liegt bei 50 bzw. 10–20 m. Da Coccolithophoriden sich anscheinend zusätzlich zur Autotrophie heterotroph ernähren können, kommen einzelne Zellen noch in größeren Tiefen vor.

Fast alle Coccolithophoriden sind marin. Nur wenige Formen kommen im Brack- oder Süßwasser vor. Das Optimum der Salinität liegt in den meisten Fällen zwischen 25 und 28‰.

Die Temperatur ist im Leben der Coccolithophoriden ein entscheidender Faktor. Nur wenige Arten sind eurytherm. Die meisten Formen sind stenotherm. Warmwasserbewohner überwiegen, doch kommen auch Arten vor, die niedrigere Temperaturen bevorzugen. *Umbellosphaera irregularis* ist rein tropisch. *Rhabdosphaera* kennzeichnet die Subtropen mit Temperaturen über 20 °C. *Coccolithus pelagicus* tritt bei Temperaturen von 6 bis 14 °C auf. In den arktischen Meeren fehlen Coccolithophoriden fast völlig.

Wegen der Temperatur-Abhängigkeit zeigen die Coccolithophoriden in den mittleren geographischen Breiten, in denen die saisonalen Temperaturunterschiede deutlich sind, ausgeprägte jahreszeitliche Häufigkeitsschwankungen (Abb. 24). Aus demselben Grund findet man bei manchen Arten eine – regional oft unterschiedliche – Anpassung an bestimmte Meerestiefen.

## 7. Fossilisation

Nach dem Absterben der Zellen löst sich der Panzer der Coccolithophoriden meist in die einzelnen Coccolithen auf, die mit einer Geschwindigkeit von etwa 10–20 cm je Tag absinken. Unzerfallene Panzer (Coccosphaeren) sind fossil selten. Die Mehrzahl der Coccolithophoriden wird allerdings von Copepoden und anderen tierischen Planktern gefressen. In deren Darm werden die Coccolithen nicht merklich verändert. Sie werden in Kotpillen eingepackt, die im freien Wasser mit einer Geschwindigkeit von etwa 150 m je Tag absinken. Die Kotpillen ihrerseits werden von einer Membran umhüllt, die nur langsam zersetzt wird und die Coccolithen schützt. So können Coccolithen in kurzer Zeit in große Tiefen befördert werden.

Am Meeresboden können Coccolithen gesteinsbildend werden. Jungmesozoische und känozoische Karbonate bestehen zu einem erheblichen Teil aus Coccolithen, rezenter „Globigerinen"-schlamm bis über 80 %, kretazische Schreibkreide bis über 75 %. In 1 cm$^3$ Gestein können mehrere Millionen Coccolithen enthalten sein. Coccolithophoriden sind somit seit dem Jura als Gesteinsbildner außerordentlich wichtig.

In kalkigen Sedimenten erleiden die Coccolithen oft erhebliche diagenetische Umwandlungen. Bei geringem Zementationsgrad (z. B. in der Schreibkreide) tritt vor allem Umkristallisierung auf, wobei größere Mizellen auf Kosten kleinerer Elemente weiterwachsen. Stärkere Zementation verursacht Aufwuchs von Kalzit auf den Kristallflächen der Mizellen, bis diese sich kaum mehr von anorganischen Kalzitkriställchen unterscheiden.

Lösung des Coccolithen-Kalzits tritt in kalkarmen Sedimenten sowie im kalten, $CO_2$-reichen Tiefsee-Milieu auf. Coccolithen in Sedimenten unterhalb der Löslichkeitsgrenze des Kalks stammen zum großen Teil aus zerfallenen Kotpillen. Bekannt ist auch Drucklösung auf Schichtflächen.

Auswahl weiterführender Literatur:

D. Bukry (1978), S. Gartner (1977), B. U. Haq (1978a), W. W. Hay (1977), E. Martini (1971), P. Reinhardt (1972), H. R. Thierstein (1976).

26  Die Einzeller (Protisten)

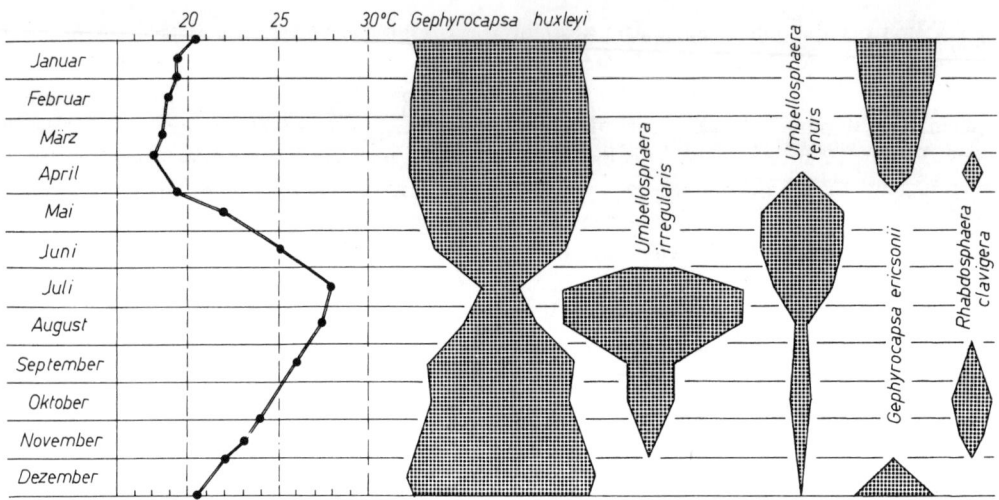

Abb. 24. Jahresgang der Verbreitung rezenter Coccolithophoriden im Oberflächenwasser der Bermudas (westlicher Nordatlantik). Die jahreszeitlichen Häufigkeitsschwankungen sind von der Temperatur abhängig. Nach A. McIntyre & A. W. H. Bé.

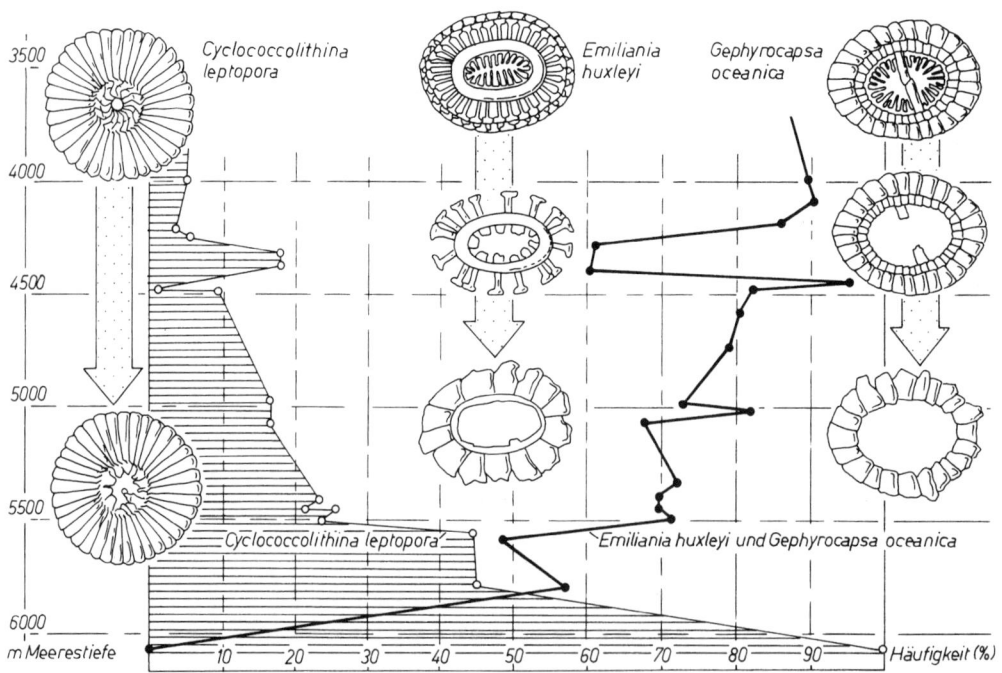

Abb. 25. Selektive Auflösung und Umkristallisierung rezenter Coccolithen im Atlantik. Bestimmte Arten werden mit zunehmender Meerestiefe bevorzugt aufgelöst, wodurch der Charakter der Coccolithenflora völlig verfälscht werden kann. Nach N. Schneidermann.

# Silicoflagellaten

## 1. Definition

Silicoflagellaten sind pflanzliche Einzeller, die im vegetativen Zustand eine Geißel tragen, Chlorophyll a und c sowie als Reservestoff Chrysolaminarin besitzen und mit einem Innenskelett aus Kieselspangen ausgestattet sind.

## 2. Morphologie

Die Zellen der Silicoflagellaten sind meist rundlich. Ihre Größe schwankt zwischen 10 und 150 µm. Normalerweise tragen sie eine Geißel, doch können daneben noch formveränderliche Plasmafortsätze vorkommen. Die Chromatophoren enthalten Chlorophyll a und c sowie den goldbraunen Farbstoff Fukoxanthin. Photosyntheseprodukt ist das Chrysolaminarin.

Die Zellen besitzen ein Skelett aus hohlen Kieselsäure-Stäben, die vom Plasma und der Zellmembran bedeckt werden. Die Spanne der morphologischen Vielfalt reicht von einfachen Ringen über hutförmige Gebilde, die an der Basis ringförmige Spangen besitzen, bis zu gegitterten Halbkugeln. Auch spikuläre Skelette aus isolierten Nadeln sind bekannt. Zusätzlich können radiale Hörner sowie Stacheln auftreten (Abb. 26).

Die hohlen Skelettspangen der Silicoflagellaten haben große Ähnlichkeiten mit den ebenfalls hohlen Spikularskeletten primitiver Phaeodarien (Radiolarien), mit denen sie lange Zeit verwech-

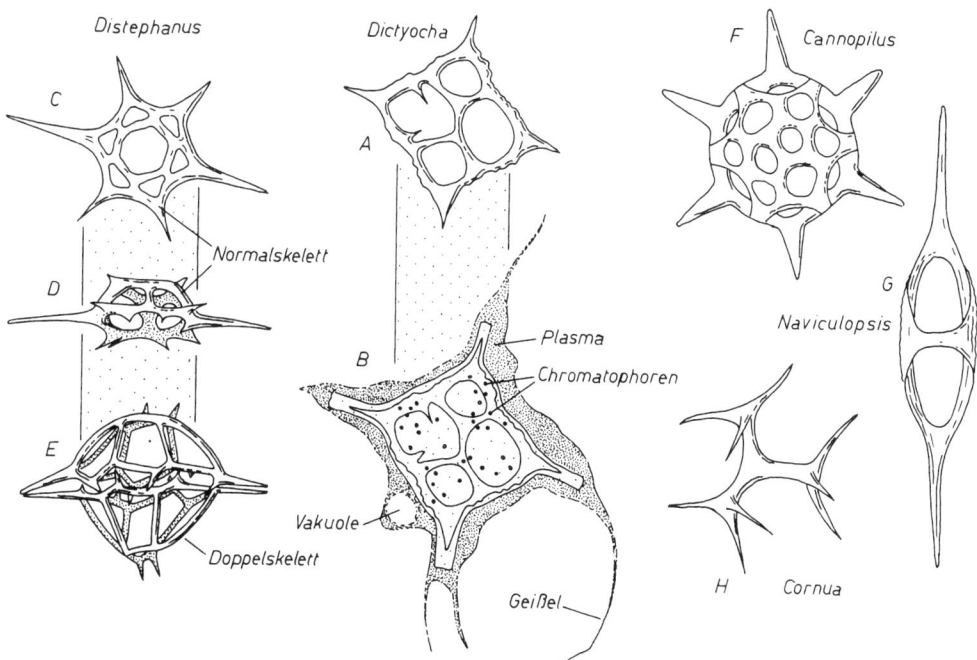

Abb. 26. Bauplan und Skelettformen der Silicoflagellaten. A: Kreide – rez., × 500; B: lebende Zelle, × 500; C–E: Verdoppelung des Skelettes bei der Zellteilung, × 500; F: Olig. – Mioz., × 500; G: Paleoz. – Mioz., × 500; H: Kreide, × 500, die Zuordnung zu den Silicoflagellaten ist umstritten. Nach K. Gemeinhardt, Z. I. Glezer und S. M. Marshall.

selt wurden. Ähnlich sind auch die inneren Kieselsäure-Skelette der Ebriaceen, einer mit den Dinoflagellaten verwandten Flagellaten-Gruppe. Bei ihnen sind die Skelettstäbe jedoch massiv. Das Zentrum des Skelettes bilden 3- oder 4strahlige Elemente, deren Strahlen so durch periphere Spangen verbunden sind, daß Gitterkorb-ähnliche Gebilde entstehen. Die Größenordnung der Ebriaceen-Skelette stimmt mit derjenigen der Silicoflagellaten überein (Abb. 27).

### 3. Fortpflanzung

Bei der Fortpflanzung der Silicoflagellaten durch Zellteilung wird in der Tochterzelle ein zur Mutterzelle spiegelbildlich symmetrisches Skelett gebildet, ehe sich beide Zellen voneinander lösen. Durch diesen Vorgang sind die sogenannten Doppelskelette zu erklären. Von den Ebriaceen sind Zystenstadien bekannt.

### 4. Phylogenie und Stratigraphie

Die Silicoflagellaten treten erstmals in der Unterkreide auf. Sie erreichen in der Oberkreide eine erste Blütezeit. Nur wenige Arten überleben die Wende Kreide/Tertiär. Eine zweite Blütezeit fällt ins Miozän, doch bleibt die Gruppe relativ arm an Gattungen. Rezent kommen noch 2 Gattungen vor. Einige Formen sind im Tertiär für relativ kurze Zeitabschnitte leitend, doch ist die Bedeutung der Silicoflagellaten für die Biostratigraphie wegen der begrenzten regionalen Verbreitung der Arten gering.

Die Ebriaceen sind erst seit dem Paleozän bekannt. Ihre größte Verbreitung fällt ebenfalls ins Miozän (ca. 10 Gattungen). Rezent überleben noch 2 Gattungen. Trotz der größeren Gattungszahl stehen die Ebriaceen den Silicoflagellaten an Häufigkeit und Bedeutung nach.

### 5. Lebensweise

Silicoflagellaten und Ebriaceen gehören zum marinen Phytoplankton. Ihr Salinitätsoptimum liegt bei 30–40‰, doch wird Brackwasser von weniger als 10‰ von manchen Arten toleriert. Unter den Silicoflagellaten gibt es ausgesprochene Warmwasserarten, die nur vereinzelt im kälteren Wasser gedeihen, ebenso wie Kaltwasserformen, die im warmen Wasser zurücktreten (Abb. 28). Im kälteren Wasser werden längere Radialhörner entwickelt, weil für die Photosynthese im schwächer durchlichteten Wasser der höheren geographischen Breiten eine größere Körperoberfläche benötigt wird. Wegen ihrer Lichtbedürftigkeit leben die Silicoflagellaten in oberflächennahen Wasserschichten, in norwegischen Küstengewässern überwiegend in 0–1 m Tiefe, im tropischen Atlantik in 15–70 m.

Die Ebriaceen können heterotroph leben.

### 6. Fossilisation

Die Skelette der Silicoflagellaten und Ebriaceen sind im Prinzip fossil erhaltungsfähig, jedoch sehr zerbrechlich. Im basischen Milieu von Karbonaten werden sie allerdings i. d. R. aufgelöst. Nur in kieseligen Ablagerungen (Diatomeen-Schlamme, Radiolarien-Tone) sind sie beständig.

Auswahl weiterführender Literatur:
Z. I. Glezer (1970), B. U. Haq (1978b), J. H. Lipps (1970), A. R. Loeblich III et al. (1968), E. Martini (1977).

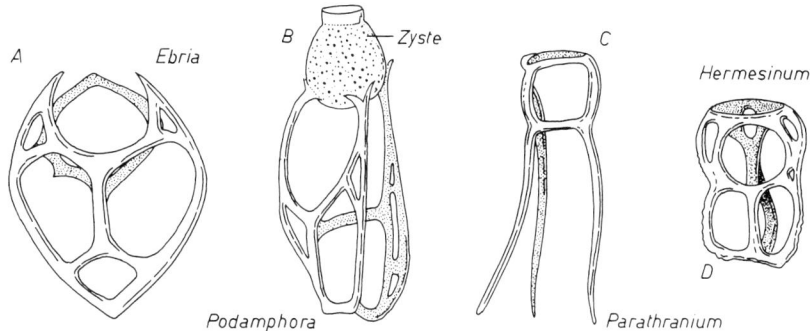

Abb. 27. Ebriaceen. A: Mioz. – rez., × 1500; B: Mioz., × 300; C: Mioz., × 1500; D: Paleoz. – rez., × 1000. Nach G. DEFLANDRE.

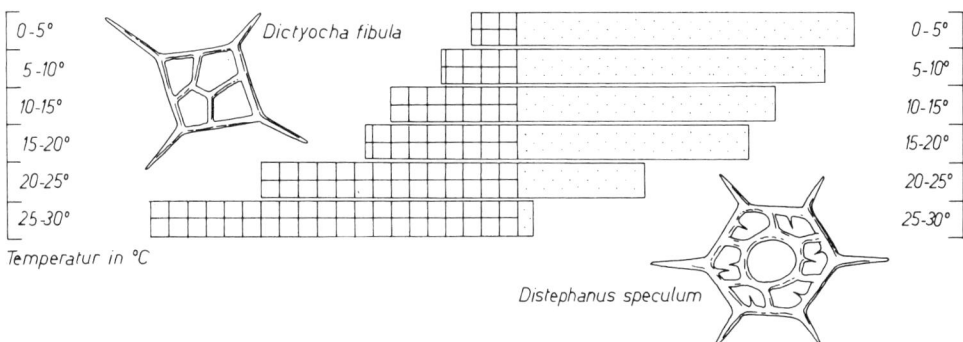

Abb. 28. Temperatur-Abhängigkeit im Vorkommen rezenter Silicoflagellaten. Die durchschnittliche Meerestemperatur beeinflußt das Häufigkeitsverhältnis der Arten *Dictyocha fibula* und *Distephanus speculum*. Nach T. YANAGISAWA.

# Diatomeen (Bacillariophyta)

## 1. Definition

Diatomeen sind einzellige Pflanzen, die im vegetativen Zustand unbegeißelt und in einem zweischaligen Kieselpanzer (Theka) eingeschlossen sind.

## 2. Morphologie

Die Zellform der Diatomeen ist variabel. In den meisten Fällen lassen sich kreisfömige bis elliptische (Centrales) von langgestreckten, mehr oder weniger symmetrischen Formen (Pennales) unterscheiden. Es gibt jedoch auch stab-, sichel- oder hantelförmige sowie dreieckige Gebilde. Die Größe der Zellen schwankt zwischen 0,005 und 0,5 mm; Extremwerte sind 0,0025 und 2 mm. Das Zellvolumen variiert demnach um den Faktor $10^8$.

Diatomeen tragen innerhalb ihrer Zellmembran einen auf einer Pektinmembran aufsitzenden Panzer (Theka, Frustel) aus amorpher, sehr reiner Kieselsäure. Dieser besteht aus zwei Schalenhälften (Valven), die wie Boden (Hypotheka) und Deckel (Epitheka) einer Schachtel übereinander gestülpt sind (Abb. 29). Die Seitenflächen heißen Gürtelbänder (Pleuren). Die Valven besitzen eine Vielzahl feiner Öffnungen. Beidseitig offene Durchbrüche heißen Poren. Kammern (Aureolen) sind Öffnungen, die innen, außen oder beidseitig durch eine Membran verschlossen sind. Die Membran kann ihrerseits durch ein einzelnes Foramen oder siebartig (Siebpore, Siebmembran) durchbrochen sein. Lichtmikroskopisch tritt diese Feinstruktur als Musterung der Valven in Erscheinung; sie ist nur elektronenoptisch in ihren Einzelheiten faßbar (Abb. 30).

Die Feinstruktur der Valven ist durch ihre Genese bedingt. Man nimmt an, daß die Kieselsäure in einem schaumartigen Medium ausgeschieden wird. Die Bildungsdauer einer Schale beträgt etwa 5 bis 20 Minuten. Die Kammern und Poren sind die Folgeerscheinung der Bläschenstruktur. Sie verleihen der Diatomeenschale bei geringem Materialverbrauch eine große innere Oberfläche. Diese ermöglicht die Absorption und Speicherung knapper Nährsalze. Da die Größe und Anordnung der Bläschen nicht nur genetisch fixiert ist, sondern anscheinend auch äußeren Faktoren gehorcht, kommt eine große Variationsbreite und Mannigfaltigkeit der Theken zustande.

Manche Theken der Centrales besitzen am Valvenrand Borsten oder Stacheln aus Kieselsäure. Diese sind offenbar Schwebeeinrichtungen, könnten aber auch dem Schutz gegen Freßfeinde dienen. Bei bestimmten Formen sind die Einzelzellen zu langen Ketten aneinander gereiht.

Viele pennate Diatomeen besitzen schlitzförmige Öffnungen der Valven, die als Raphen (Rhaphen) bezeichnet werden (Abb. 31). Zuweilen ist die Raphe auf eine, nämlich die dem Substrat aufliegende, Valve beschränkt (Monoraphideen). Öfter tragen beide Valven Raphen (Biraphideen). Bei manchen Formen sind die Raphen bis auf kurze Teilstücke reduziert. Die *Pinnularia*-Raphe ist ein falzartig verfugter Schalenspalt in der Mittellinie der Valven, der sich nach außen und innen in einer Raphenrinne öffnet. Im Valvenzentrum ist die Raphe durch einen massiven Zentralknoten unterbrochen. Bei der Kanalraphe liegt unter der äußeren Raphenspalte ein erweiterter Raphenkanal, der nach innen nicht in einer durchgehenden Spalte, sondern in porenförmigen Öffnungen oder in röhrenförmigen Kanälen mündet. Die Kanalraphe ist häufig aus der Mittellinie der Valven zur Seite verlagert und kann durch Verlängerung zur sogenannten umlaufenden Kanalraphe werden. Die Raphe ist das Bewegungsorganell der Pennaten; durch sie scheint Plasma auszutreten und Kriechbewegungen der Zellen zu bewirken.

### 3. Fortpflanzung

Bei der ungeschlechtlichen Fortpflanzung vermehren sich die Diatomeen durch Zellteilung. Sie sind dabei diploid. Jedes Tochterindividuum erhält eine der beiden Valven, verwendet sie als Epitheka und bildet die Hypotheka neu. Deshalb nimmt bei einem Teil der Population im Verlauf der ungeschlechtlichen Fortpflanzung die Thekengröße immer mehr ab (Abb. 32).

Bei einer bestimmten Mindestgröße tritt geschlechtliche Fortpflanzung auf. Die Gameten sind infolge einer Reduktionsteilung haploid, im weiblichen Geschlecht i. d. R. größer und meist unbeweglich, im männlichen Geschlecht bei den Centrales begeißelt, bei den Pennales unbegeißelt. Nach der Befruchtung wächst die skelettlose Zygote zur Normalgröße heran und scheidet erst danach eine neue Theka ab.

### 4. Phylogenie

Die engsten Beziehungen bestehen von den Diatomeen zu den Chrysophyten, wie die Chlorophyll-Varianten, Farbstoffe und Photosyntheseprodukte anzeigen. Die konkrete Wurzel der

Diatomeen (Bacillariophyta)

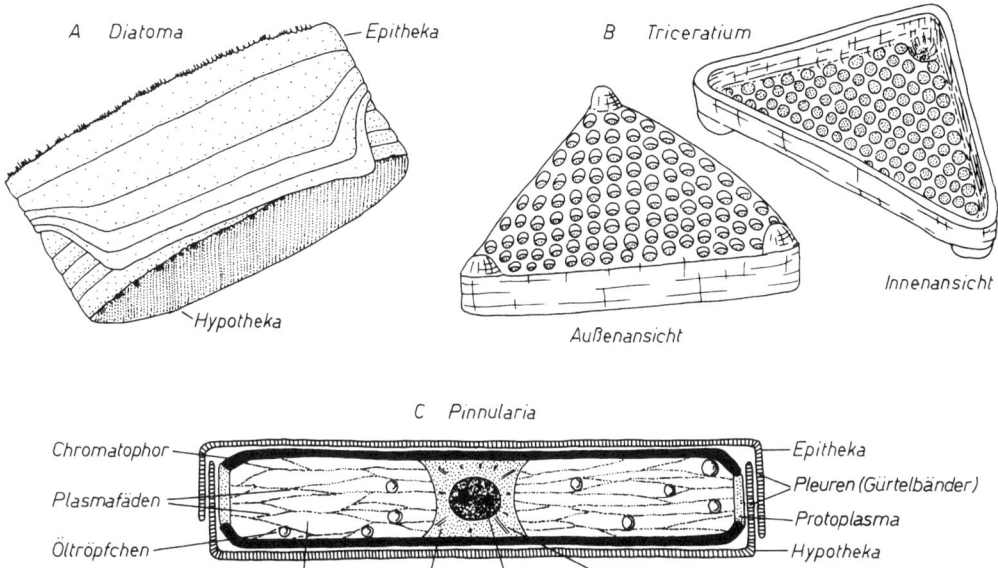

Abb. 29. Organisation der Diatomeen. A: Mioz. – rez., × 1700; B: Kreide – rez., × 400; C: Olig. – rez., schematisch. Nach J.-G. HELMCKE & W. KRIEGER und R. LAUTERBORN.

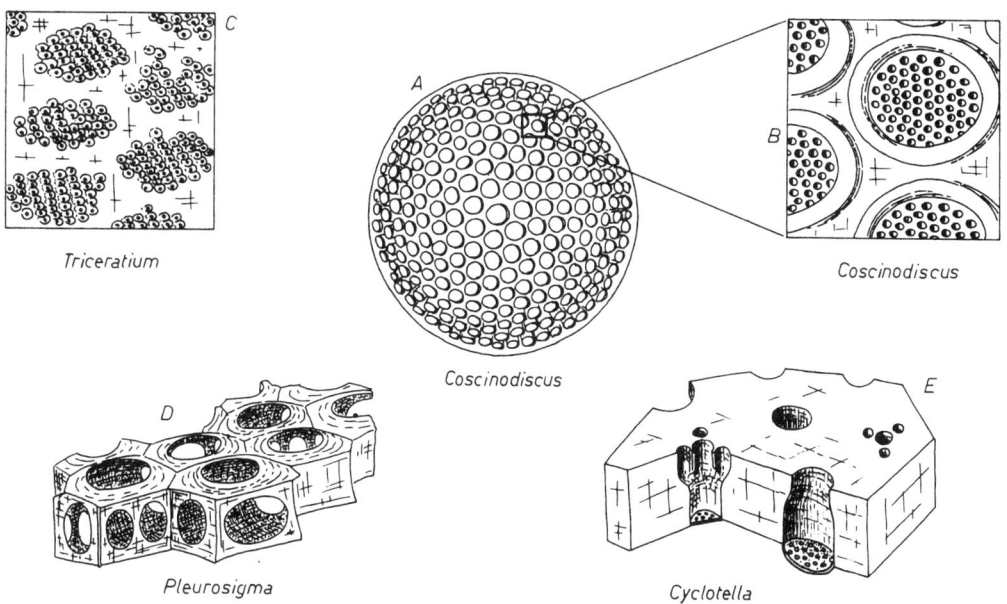

Abb. 30. Der Feinbau der Wand der Diatomeen-Schalen. Wandstrukturen: D und E; Poren: B, C und E. A: Kreide – rez., × 500; B: × 5000; C: Kreide – rez., × 2700; D: Mioz. – rez., × 25000; E: Mioz. – rez., × 10000. Nach J.-G. HELMCKE & W. KRIEGER.

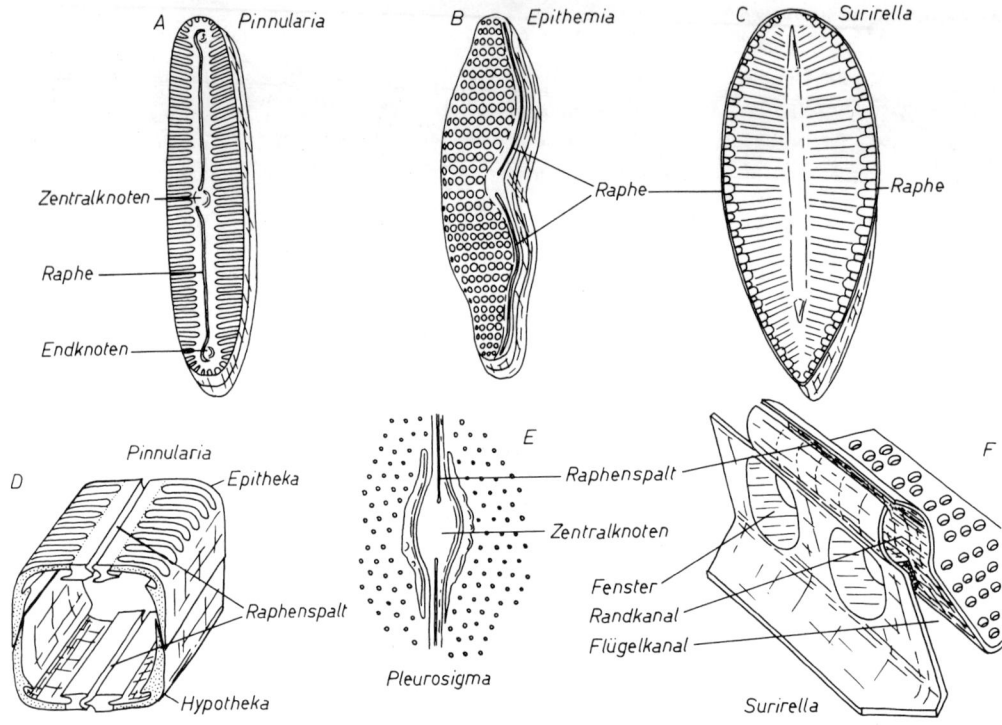

Abb. 31. Die Raphe der Diatomeen. A: Olig. – rez., × 500; B: Mioz. – rez., × 500; C: Mioz. – rez., × 250; D: schematisch; E: Mioz. – rez., × 5000; F: schematisch. Nach J.-G. HELMCKE & W. KRIEGER, F. HUSTEDT, L. KALBE und R. LAUTERBORN.

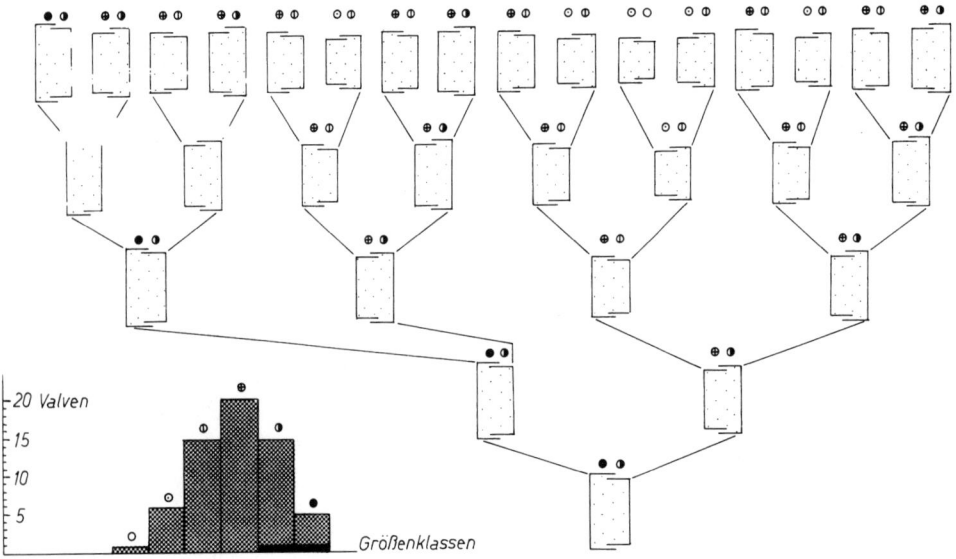

Abb. 32. Schema des Verlaufs der Gehäuseteilung bei der Zellteilung der Diatomeen. Im Verteilungsdiagramm der Größenklassen sind die ursprünglichen Valven schwarz gezeichnet. Nach L. H. BURCKLE.

Diatomeen ist jedoch unbekannt. Umstrittene Nachweise der Diatomeen stammen aus Devon und Lias. Eindeutig ist die Überlieferung ab der jüngeren Unterkreide. Die stammesgeschichtlich ältere Gruppe sind die Centrales (Abb. 33). Als Vorstufe zu den Pennales erscheinen im Paleozän stark verlängerte Theken, deren Porenanordnung noch nicht symmetrisch ist und denen eine Raphe fehlt („Mediales", Araphideen). Mit dem Beginn des Jungtertiärs (Untermiozän) blühen die raphentragenden Pennales auf; sie setzen vereinzelt jedoch schon im Eozän ein. Sie stellen heute die Mehrzahl der Gattungen. Rezent gibt es etwa 12000 Arten in etwa 160 Gattungen. Aus präquartären Ablagerungen sind über 200 Gattungen mit etwa 4000 Arten beschrieben worden.

## 5. Stratigraphie

Aus der Phylogenie der Diatomeen ergeben sich grobe stratigraphische Anhaltspunkte. Kretazische, alttertiäre und jungtertiäre Diatomeenfloren sind ohne weiteres unterscheidbar. Darüber hinaus scheinen die Diatomeen auch für eine feinere Zonierung gut brauchbar zu sein, doch erschwert die Variabilität der Arten eine korrekte Bestimmung.

## 6. Lebensweise

Die Diatomeen als ganze Gruppe haben eine außerordentliche Vielfalt von Biotopen besiedelt. Die einzelnen Arten sind jedoch nur zum Teil unempfindlich gegen Milieuänderungen; meist stellen sie ganz bestimmte Ansprüche an die Umweltfaktoren. Alle Diatomeen brauchen zum Leben Wasser, doch sind sie nicht auf Gewässer beschränkt. Manche Arten gedeihen auch auf dauernd oder zeitweise feuchten Plätzen und können selbst durch den Wind transportiert werden. Dies erklärt die weite Verbreitung vieler, vor allem limnischer Arten.

Rein planktisch leben die Centrales sowie einige Pennales. Öltröpfchen und Schalenfortsätze erleichtern das Schweben. In der Gegenwart stellen die planktischen Diatomeen einen erheblichen Anteil am gesamten Phytoplankton. Sie produzieren etwa ein Viertel der im Meer gebildeten organischen Substanz. Die Mehrzahl der Pennales lebt benthisch, am Grund der Gewässer oder auf Wasserpflanzen, und ist zu Ortsbewegungen befähigt.

Diatomeen leben teils marin (Mehrzahl der Centrales), teils brackisch oder limnisch (viele Pennales). Die einzelnen Arten sind ziemlich streng an bestimmte Salzgehalte gebunden, doch kommen oft innerhalb einer Gattung Arten unterschiedlicher Ökologie vor (Abb. 34). So sehr sich deshalb rezente Diatomeen als Indikatoren für Salinitätsstufen eignen, so schwierig ist die Deutung ausgestorbener Arten.

Auch bezüglich der Temperatur verhalten sich die einzelnen Arten unterschiedlich, doch haben Diatomeen das ganze Spektrum vom Polareis bis zu 40 °C warmen Quellen besiedelt. Marine Formen sind vor allem in gemäßigten und kalten Gewässern häufig. Im Umkreis der Antarktis sind Diatomeen die wichtigsten Primärproduzenten.

Die meisten Diatomeen bevorzugen sauerstoffreiche Gewässer. Sie kommen deshalb bevorzugt in turbulenten oder strömenden Bereichen vor. Auch im Litoral sind sie verbreitet. Diatomeen ernähren sich in der Regel autotroph. Es gibt jedoch viele Arten, die zusätzlich saprophag sind. Manche Formen sind ausschließlich heterotroph. Im Lichtbedarf sind die Diatomeen genügsam. Sie kommen deshalb in Gewässern noch in relativ großer Tiefe vor.

## 7. Fossilisation

Diatomeenpanzer sind mechanisch recht widerstandsfähig, aber löslich im alkalischen Wasser. Deshalb treten Diatomeen besonders in Sedimenten kalkarmer oder kühler Gewässer gehäuft auf.

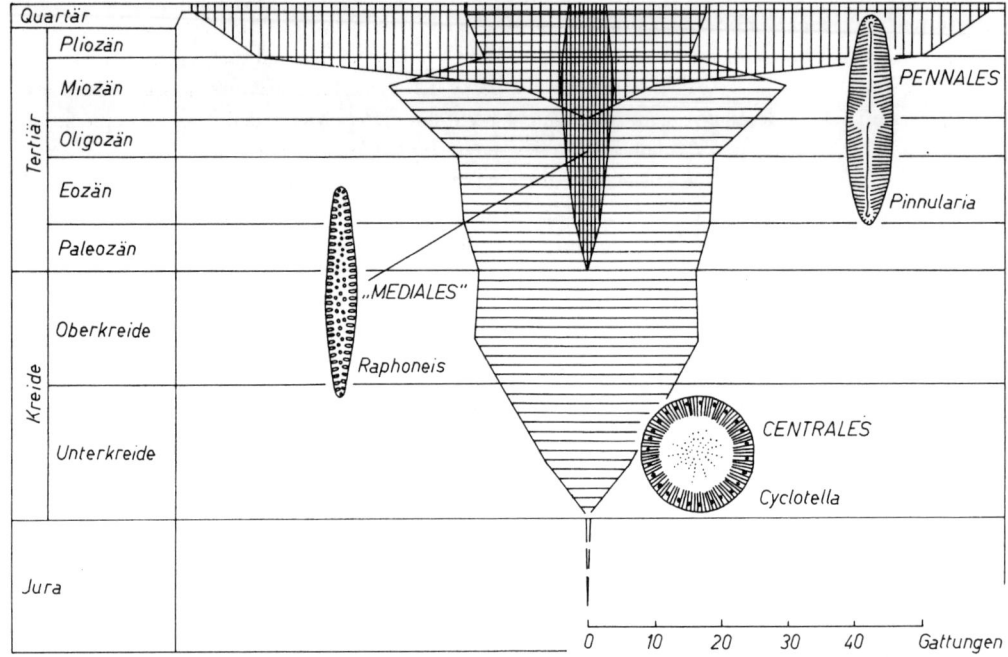

Abb. 33. Die Evolution der Diatomeen. Nach A. P. Schuze.

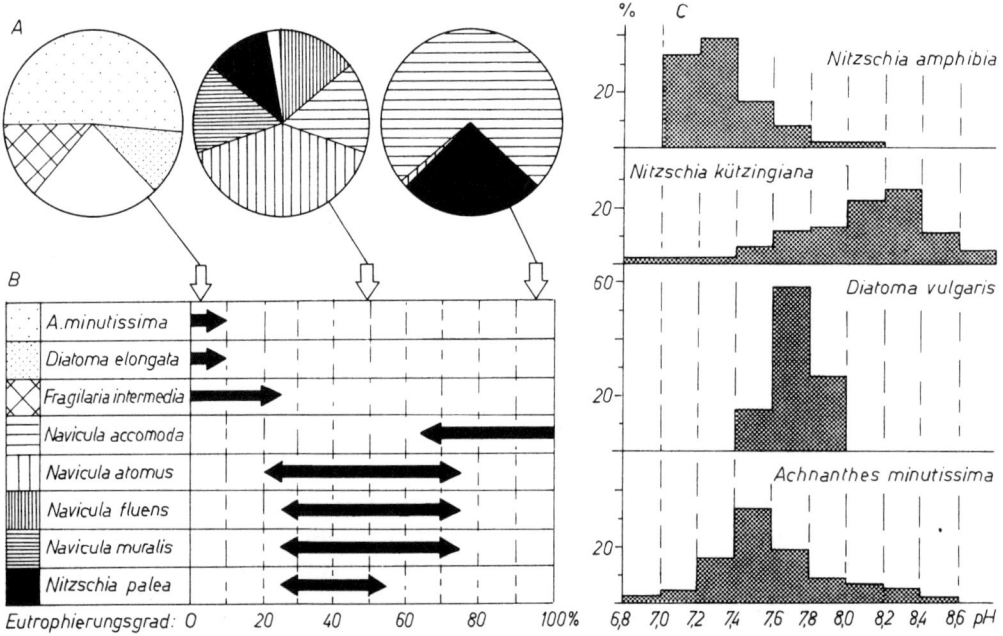

Abb. 34. Die Abhängigkeit rezenter nordwestdeutscher Süßwasser-Diatomeen von Umweltfaktoren. A: Drei charakteristische Diatomeen-Assoziationen (Individuen-Zahlen) in Gewässern unterschiedlichen Eutrophierungsgrades. B: Ökologisches Optimum (bzw. Maximum der Verbreitung) einiger Arten in Gewässern unterschiedlichen Eutrophierungsgrades. C: Abhängigkeit einiger Arten vom pH-Wert. Man beachte die unterschiedliche Anpassung der beiden *Nitzschia*-Arten sowie die unterschiedlich weiten Toleranzgrenzen. Nach N. Salden.

Dort entstehen oft durch das ständige Niederrieseln abgestorbener Theken aus dem Plankton regelrechte Diatomeen-Anhäufungen (Diatomite, Tripel). Polnahe Tiefseeböden sind in der Gegenwart weithin von Diatomeenschlamm bedeckt. Im Tertiär und Pleistozän entstanden auch am Grund von Binnenseen und Schelfmeeren mächtige Diatomeen-Ablagerungen. In unverfestigtem Zustand heißen sie Kieselgur (technisch verwertbar als Isoliermaterial, Filtermasse, Adsorptionsmittel und Schleifpulver). Verfestigt werden sie Polierschiefer genannt.

Auswahl weiterführender Literatur:
K. Bonik (1978–79), L. H. Burckle (1978), B. J. Cholnoky (1968), U. Geissler (1971), J.-G. Helmcke & W. Krieger (1961 ff.), F. Hustedt (1973), A. P. Jousé (1978), L. Kalbe (1973), H.-J. Schrader (1969), R. Simonsen (Hrsg.) (1979), D. Werner (Hrsg.) (1977).

# Foraminiferen

## 1. Definition

Foraminiferen sind einzellige Tiere mit fadenförmigen, wurzelartigen und anastomosierenden Pseudopodien. Sie sind beschalt, mit unterschiedlicher Schalensubstanz. Gehäuse ein- oder mehrkammerig; Gehäusewand mit Mündungen und vielfach mit Poren.

## 2. Morphologie

Die Größe der Foraminiferen ist sehr unterschiedlich. Die kleinsten Formen messen 0,02–0,05 mm; die größte Art erreicht einen Durchmesser von 15 cm und eine Dicke von über 1 cm. Auch die äußere Form der Foraminiferen ist sehr mannigfaltig.

Das Protoplasma erfüllt das ganze Gehäuse und bedeckt es von außen. Man kann ein körniges Endoplasma und ein hyalines (durchscheinendes) Ektoplasma unterscheiden, die sich ineinander überführen lassen. Der Kern liegt im Endoplasma und stets innerhalb des Gehäuses. Das Ektoplasma sondert die Schale ab. Die Pseudopodien sind wurzelförmig verzweigt und vielfach anastomosierend, d. h. wieder verschmolzen. Sie können sehr weit aus der Schale hervorgestreckt werden; ihre Länge kann ein Mehrfaches des Schalendurchmessers erreichen. Die Formveränderung der Pseudopodien vollzieht sich durch Körnchenströmung. Bei manchen primitiven Foraminiferen sind die Pseudopodien auf einen Zellpol beschränkt. Sie wurzeln dann in einem Plasmapfropf, der Podostyle genannt wird (Abb. 35).

Die Gehäuseform (Abb. 36) reicht von einfachen, einkammerigen Typen bis zu äußerst komplizierten Gebilden. Die primitivsten Formen sind eiförmige, kugelige oder röhrenartige Einzelkammern. Höher entwickelt sind mehrkammerige Gehäuse. Die Anfangskammer nennt man Proloculus. Die einzelnen Kammern werden durch sogenannte Septen voneinander getrennt. Neben diesen Primärsepten treten manchmal auch Sekundärsepten auf, welche die Kammern in Kämmerchen unterteilen. Bei manchen agglutinierenden Foraminiferen ragen innere Schalenvorsprünge in den Innenraum der Kammern, d. h. ins Kammerlumen, und engen ihn ein (Abb. 37, 38).

Die geometrische Anordnung der Kammern – einzeilig stabförmig, zwei- bis mehrzeilig zopfförmig, schraubenförmig trochospiral, planspiral mit kurzer Aufrollungsachse (linsenförmig), planspiral mit langer Aufrollungsachse (zigarrenförmig), ringförmig, knäuelförmig – ist ein wichtiges Kriterium zur Bestimmung der Formen (Abb. 39–42). Der Bauplan des Gehäuses kann sich im Laufe der Ontogenie ändern (z. B. in der Jugend zopfförmig, im Alter stabförmig). Beobachtungen an primitiven rezenten Formen haben gezeigt, daß hier die Gehäuseform auch Umwelteinflüssen unterliegt.

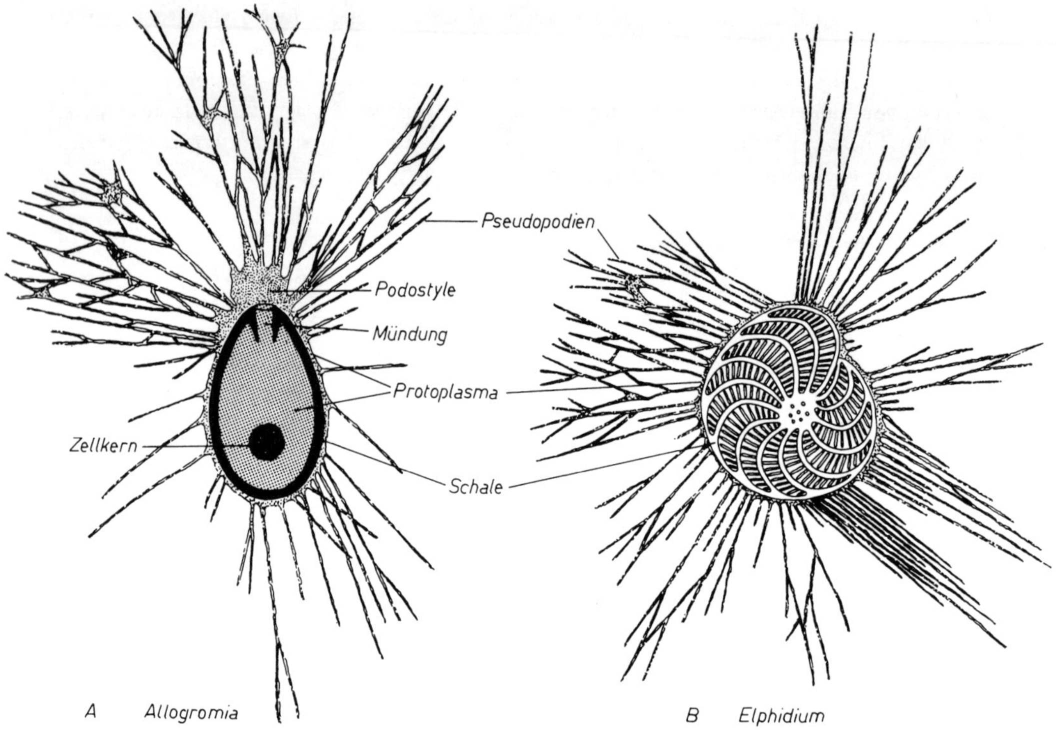

Die Einzeller (Protisten)

Abb. 35. Morphologie und Organisation der Foraminiferen. A: Einkammerige (monothalame) Form; B: mehrkammerige (polythalame) Form. A: rez., × 35; B: Eoz. – rez., × 70. Nach M. S. Schultze.

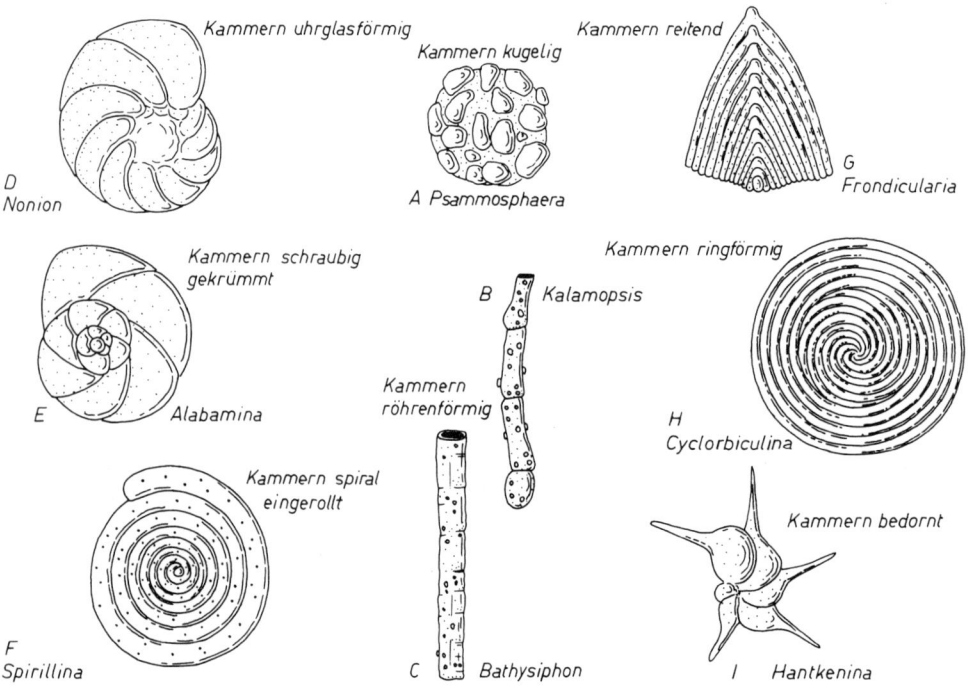

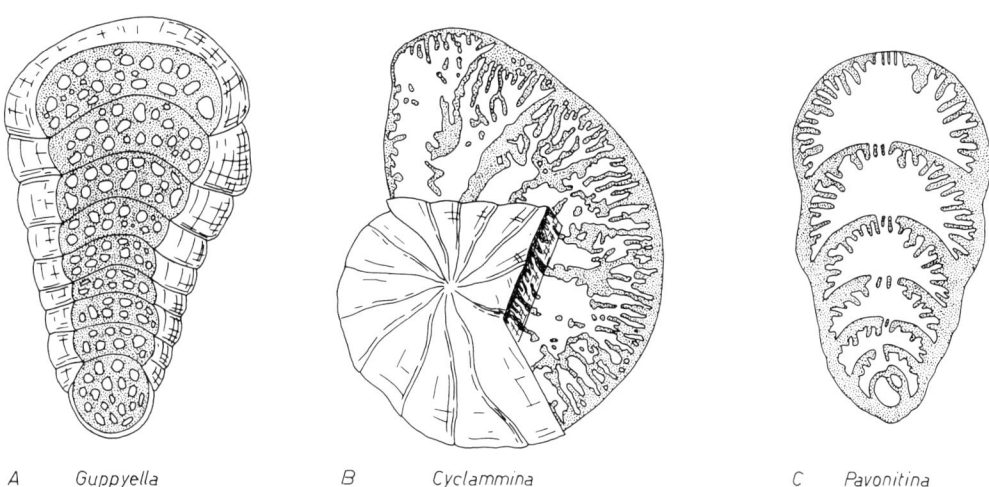

Abb. 37. „Alveoläre" Kammern bei agglutinierenden Foraminiferen. Punktiert: Kammerwände und ihre Auswüchse. A: Mioz., × 35; B: Kreide – rez., × 20; C: Mioz., × 20. Nach A. R. LOEBLICH jr. & H. TAPPAN.

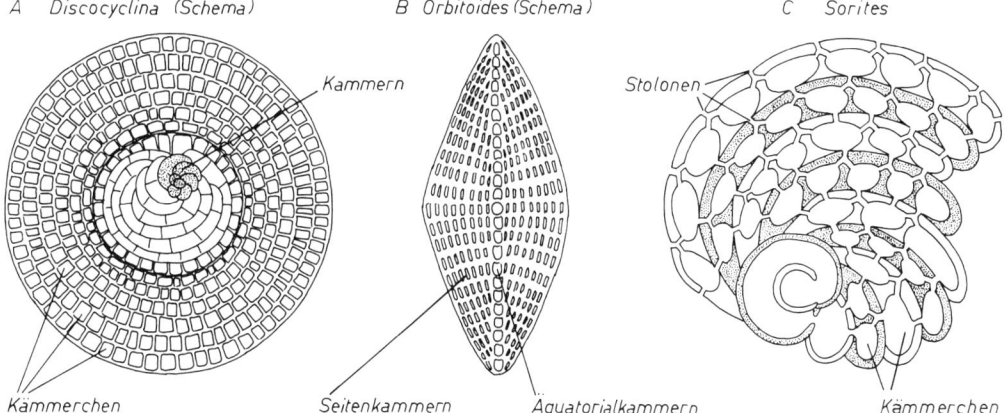

Abb. 38. Komplikationen der Kammerung bei Foraminiferen. A und C: Unterteilung der Kammern in Kämmerchen. In C sind die Kammern abwechselnd weiß und punktiert gezeichnet. B: Seitenkammern. A: Paleoz. – Eoz., × 100; B: Kreide, × 12; C: Mioz. – rez., × 50. Nach P. BRÖNNIMANN, J. A. CUSHMAN und M. F. GLAESSNER.

←

Abb. 36. Kammerformen bei Foraminiferen. A und C: Einkammeriges (monothalames) Gehäuse; F: zweikammeriges (bithalames) Gehäuse; B, D, E, G–I: vielkammeriges (polythalames) Gehäuse. A: Ord. – rez., × 80; B: rez., stark vergr.; C: Kambr. – rez., × 12; D: Paleoz. – rez., × 100; E: Kreide – rez., × 90; F: Jura – rez., × 90; G: Perm – rez., × 5; H: Olig. – rez., × 5; I: Eoz., × 13. Nach A. R. LOEBLICH jr. & H. TAPPAN.

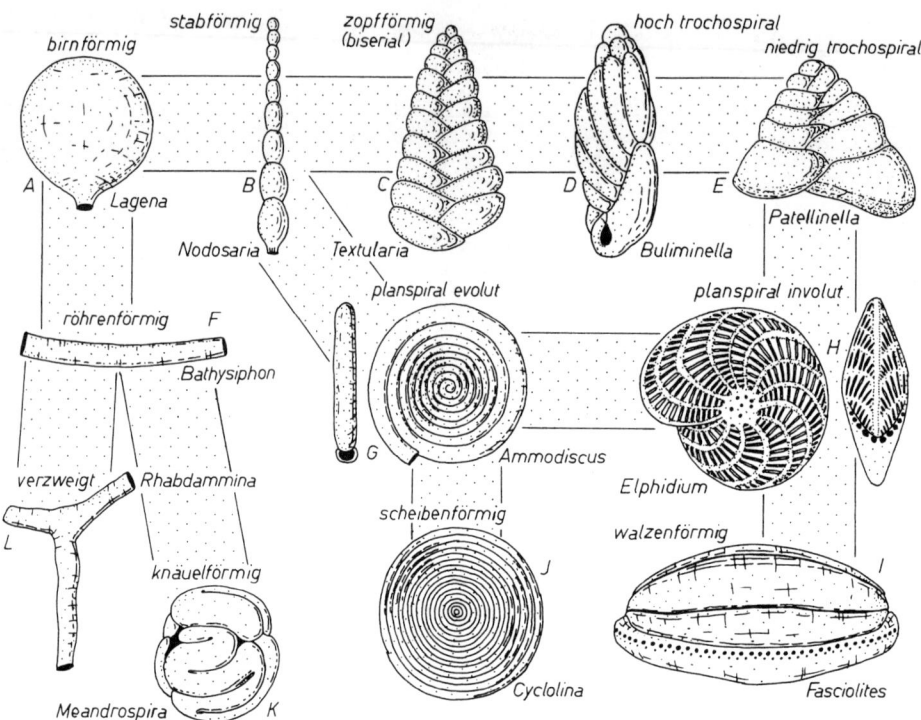

Abb. 39. Schematische Darstellung der Gehäuseformen bei Foraminiferen. Für stabförmige, einzeilige Gehäuse vgl. auch Bd. 1, S. 70, Abb. 75. A: Jura – rez., × 60; B: Perm – rez., × 10; C: Karbon – rez., × 25; D: Kreide – rez., × 180; E: rez., × 110; F: Kambr. – rez., × 12; G: Silur – rez., × 20; H: Eoz. – rez., × 70; I: Paleoz. – Eoz., × 12; J: Kreide, × 5; K: Perm – rez., × 100; L: Ord. – rez., × 5. Nach A. R. Loeblich jr. & H. Tappan.

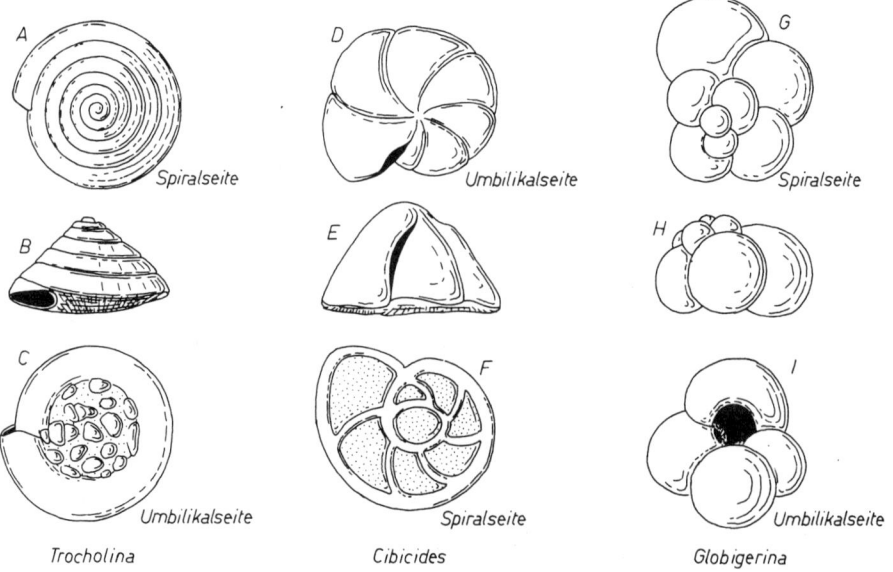

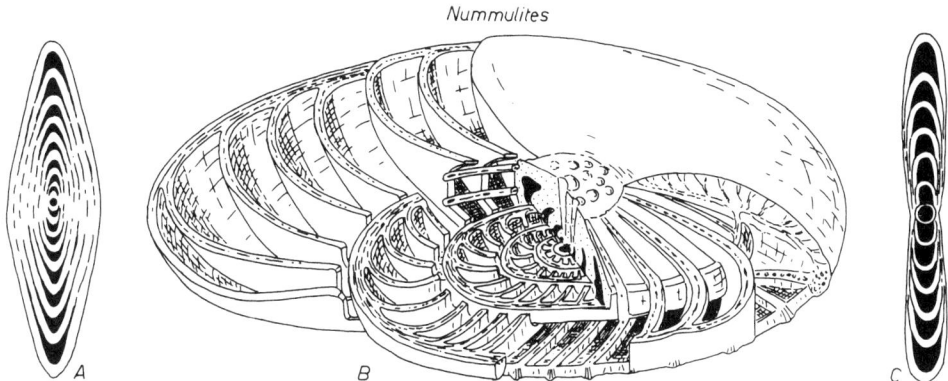

Abb. 41. Planspiral gewundene Foraminiferen-Gehäuse am Beispiel der Morphologie der alttertiären Großforaminiferen-Familie der Nummulitiden. A: Querschnitt einer involuten, niedermündigen Form *(Nummulites* s. str.), × 10. B: Modell einer involuten, hochmündigen Form *(Operculina)* (nach W. B. Carpenter), × 20. C: Querschnitt einer niedermündigen Form *(Assilina)*, × 10.

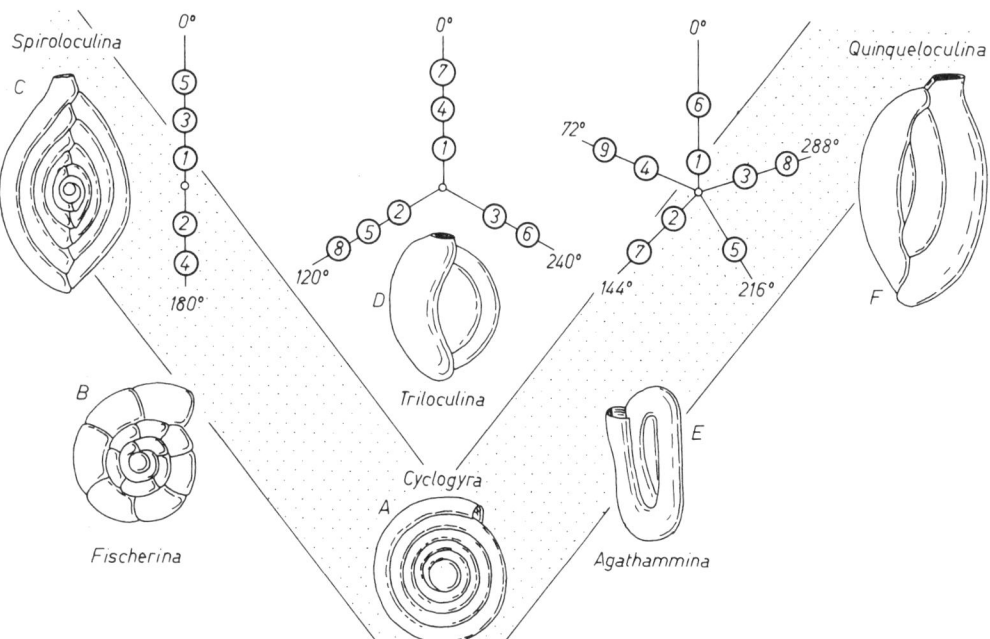

Abb. 42. Morphogenetische Ableitung der „gebrochenen" Miliolinen-Spirale. A: Karbon – rez., × 90; B: Olig. – rez., × 40; C: Kreide – rez., × 50; D: Jura – rez., × 15; E: Karbon – Perm, × 17; F: Jura – rez., × 25. Nach A. K. Bogdanovitz.

Abb. 40. Spiralseite und Umbilikalseite bei trochospiral gewundenen Foraminiferen-Gehäusen. A, D, G: Im Leben nach oben orientierte Seite. C, F, I: Im Leben nach unten orientierte Seite. A–C: Trias – Kreide, × 33; D–F: Kreide – rez., × 37; G–I: Paleoz. – rez., × 55.

Proximale Gehäuseteile oder Kammern sind dem Proloculus benachbart, distale werden im Alter gebildet. Bei trochospiralen Gehäusen läßt sich eine Spiralseite und eine Umbilikalseite (Nabelseite) unterscheiden; jede kann nach unten orientiert sein. Die Windungsrichtung (rechts- oder linksgewunden) ergibt sich aus der Betrachtung der Spiralseite, sie kann variabel oder gattungsspezifisch sein.

Jede Kammer besitzt an ihrer Stirnseite eine Öffnung (Mündung) zum Durchtritt des Protoplasmas ins Freie. Beim Wachstum des Gehäuses wird sie von der nächsten Kammer überdeckt; sie verbindet dann die Kammern untereinander. Form und Lage der Mündung sind vielfältig – rund, schlitzförmig, sternförmig, durch Schalenvorsprünge eingeengt, verästelt, in Poren aufgelöst, eingestülpt, in einen Tubus verlängert, terminal, peripher, basal, marginal, umbilikal – und stellen wichtige Bestimmungsmerkmale dar (Abb. 43 und 44).

Zum Schalenbau (Abb. 45) verwenden die Foraminiferen unterschiedliche Substanzen. Die einfachste Foraminiferenschale ist ein Gehäuse aus Tektin, das allseitig von Protoplasma bedeckt wird.

Komplizierter sind die agglutinierten Gehäuse. Bei ihnen werden Fremdkörper verschiedenster Herkunft (Quarzkörner, Schwermineralien, Ton- und Kalkstückchen, Schwamm- und Thekamöbennadeln, Diatomeenpanzer und andere Schalen oder Schalenbruchstücke) verkittet. Die Auswahl des benutzten Fremdmaterials ist manchmal artspezifisch, meist jedoch offensichtlich vom Angebot abhängig. Auch die Korngröße der agglutinierten Partikel ist unterschiedlich. Die Fremdkörper werden durch einen Zement verkittet. Dieser ist bei manchen Formen organisch (ein Mukopolysaccharid) und kann durch Einlagerung von Eisensalzen oder Kieselsäure mineralisiert sein. Bei anderen Arten besteht der Zement aus mikrogranularem Kalzit (Korngröße der Partikel 0,5–10 µm). Das Verhältnis von Fremdbestandteilen zu Zement ist außerordentlich variabel. Bei manchen Formen ist eine unvollständige Zementierung beobachtet, so daß zwischen den agglutinierten Körnern Lücken frei bleiben.

Manche der agglutinierten Schalen sind von porenähnlichen Öffnungen mit einem Durchmesser von ca. 1–10 µm durchzogen. Diese sind vielfach nahe der Schalenaußenseite verzweigt; manchmal bilden sie auch ein anastomosierendes Netzwerk von Kanälen (labyrinthische Struktur). Die porenähnlichen Röhren enden blind unmittelbar unter der Schalenoberfläche; nach innen sind sie durch eine organische Membran verschlossen (Abb. 46). Ihre Funktion ist unbekannt. Bei der jungpaläozoischen Großforaminiferengruppe der Fusulinen schließt sich an eine porentragende äußere Schale (Tectum) nach innen eine Schicht (Keriothek) an, deren wabenförmige Hohlräume (Alveolen) den Poren vorgeschaltet sind (Abb. 47).

Die meisten Foraminiferen scheiden aus dem Plasma Kalzit (einige Formen auch Aragonit) als Schalensubstanz ab. Die Schale wird einer primären organischen Schicht einseitig oder beidseitig aufgelagert. Die kristallbildenden Zentren können unregelmäßig oder regelmäßig verteilt sein. Bei der sekretierten Schale treten demnach unterschiedliche Mikrostrukturtypen auf.

Die mikrogranulare (bzw. inaequigranulare) Schale besteht aus Kalzit. Ihre Kristallite sind rhombisch und von ziemlich ungleicher Größe (0,3–6 µm). Sie zeigen keine bevorzugte Orientierung und sind locker gepackt. Mikrogranulare Schalen erscheinen im Schliffbild dunkel. In der Aufsicht sind sie dann, wenn sie sehr dünn sind, durchscheinend und dunkel, sonst porzellanartig.

Die Schale der Miliolina besteht aus Hochmagnesiumkalzit (5–16% $MgCO_3$). Ihre Kristalle sind nadelig, etwa 0,5–2 µm lang, mit einem Durchmesser von etwa 0,25 µm. Die Anordnung der Kristallite ist unregelmäßig. Die Schale wirkt weißlich und porzellanartig dicht. Im Schliffbild ist sie dunkel.

Ein weiterer Strukturtyp ist der hyalin-radiärfaserige. Hier sind die Kristallite rhombischtafelig und zu radiärfaserigen Kristalleinheiten zusammengesetzt. Mineralogisch besteht die Schale aus Kalzit. Nur bei einer kleinen Gruppe ist als Baumaterial Aragonit nachgewiesen; hier sind die

Foraminiferen 41

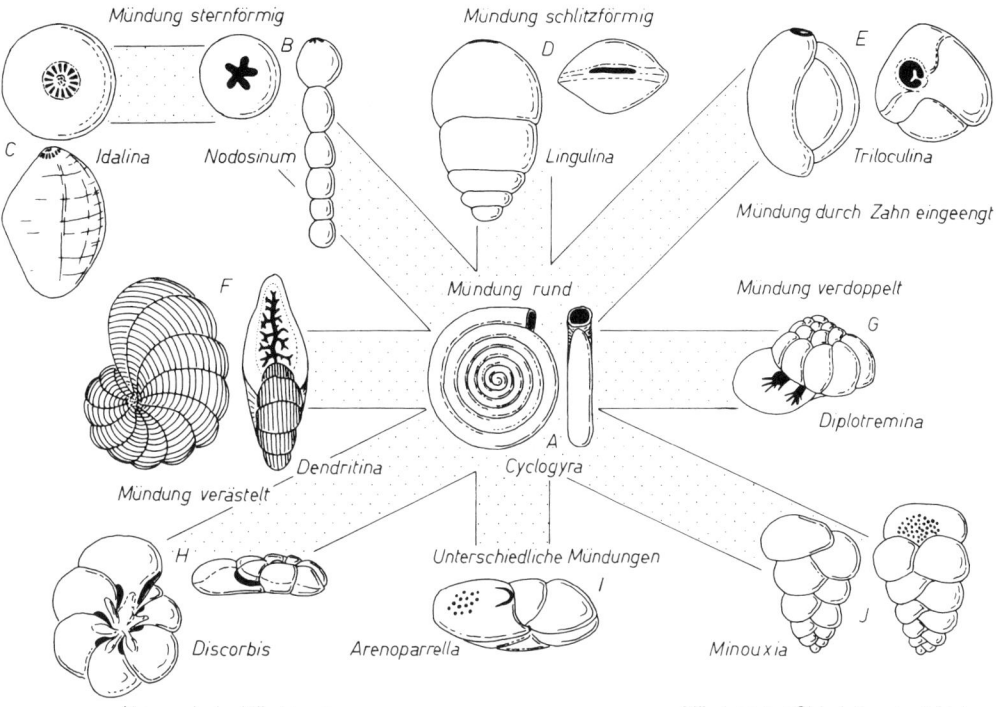

Abb. 43. Schematische Darstellung der Mündungsformen bei Foraminiferen. A: Karbon – rez., × 90; B: rez., × 2,5 und × 5; C: Kreide, × 4; D: Perm – rez., × 7,5; E: Jura – rez., × 15; F: Eoz. – rez., vergr.; G: Trias, × 60; H: Eoz. – rez., × 9; I: Mioz. – rez., × 55; J: Kreide, × 42. Nach A. R. LOEBLICH jr. & H. TAPPAN.

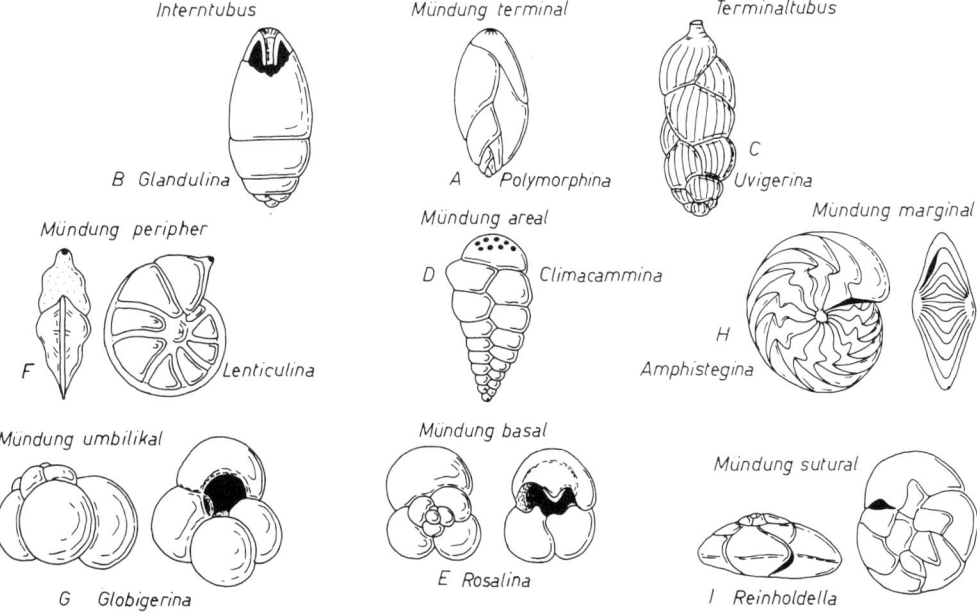

Abb. 44. Schematische Darstellung der Lage der Mündung bei den Foraminiferen. A: Paleoz. – rez., × 25; B: Paleoz. – rez., × 25; C: Eoz. – rez., × 50; D: Karbon – Perm, × 10; E: rez., × 60; F: Trias – rez., × 20; G: Paleoz. – rez., × 45; H: Eoz. – rez., × 10; I: Jura, × 90. Nach A. R. LOEBLICH jr. & H. TAPPAN.

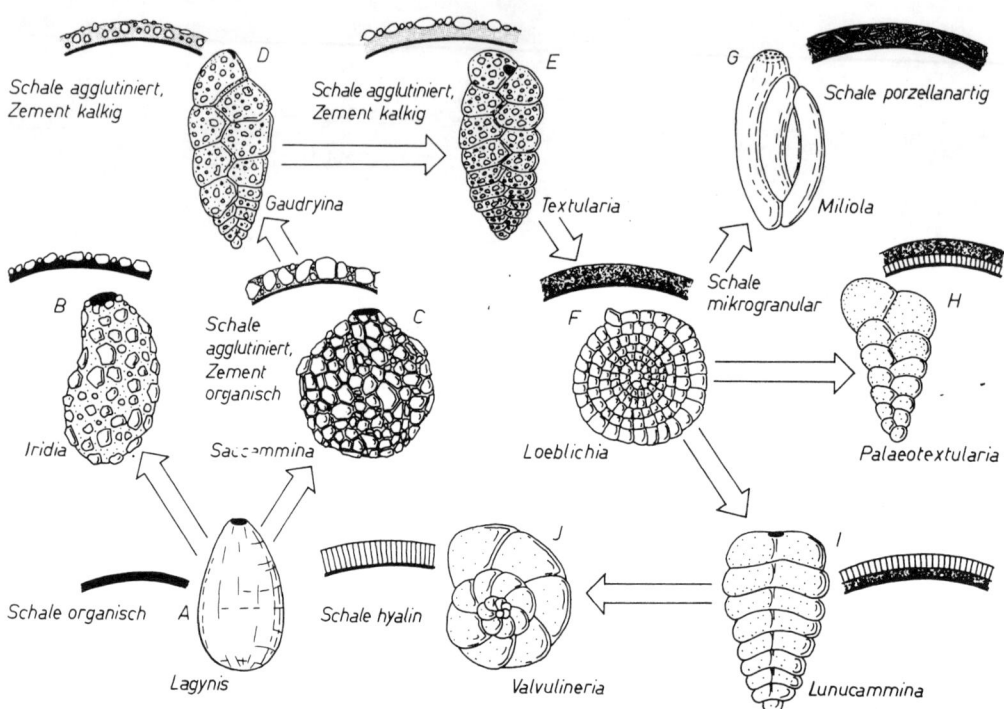

Abb. 45. Die Schalenstrukturen der Foraminiferen und ihre Evolution. A: rez., × 90; B: rez., × 22; C: Silur – rez., × 16; D: Trias – rez., × 20; E: Karbon – rez., × 20; F: Karbon, × 32; G: Eoz., × 20; H: Karbon – Perm, × 25; I: Devon – Perm, × 50; J: Kreide – rez., × 22. Schalenstrukturen schematisch. Nach J. Hohenegger & W. Piller, A. R. Loeblich jr. & H. Tappan und J. W. Murray.

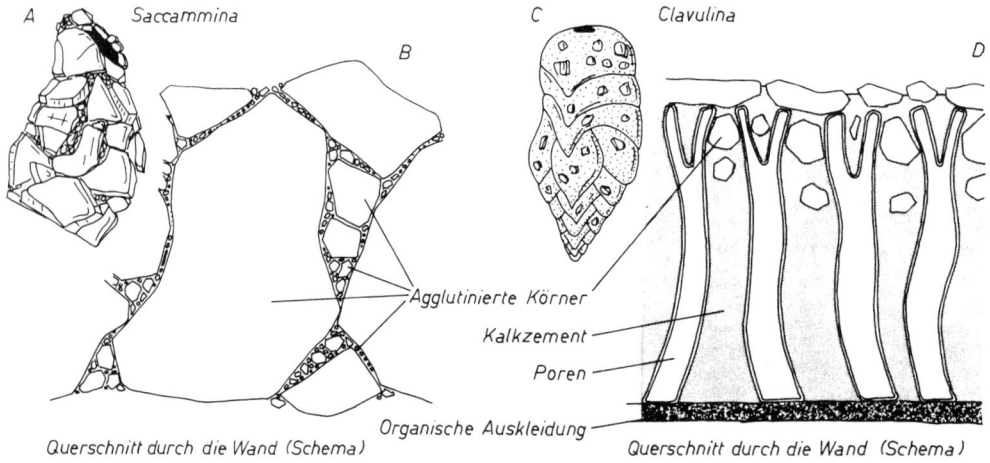

Abb. 46. Die Wandstrukturen agglutinierender Foraminiferen. A und B: porenlose Wand; C und D: Wand mit blind endenden, verzweigten Poren. A: Silur – rez., × 60; B: × 2000; C: Paleoz. – rez., × 35; D: × 1400. Nach J. W. Murray.

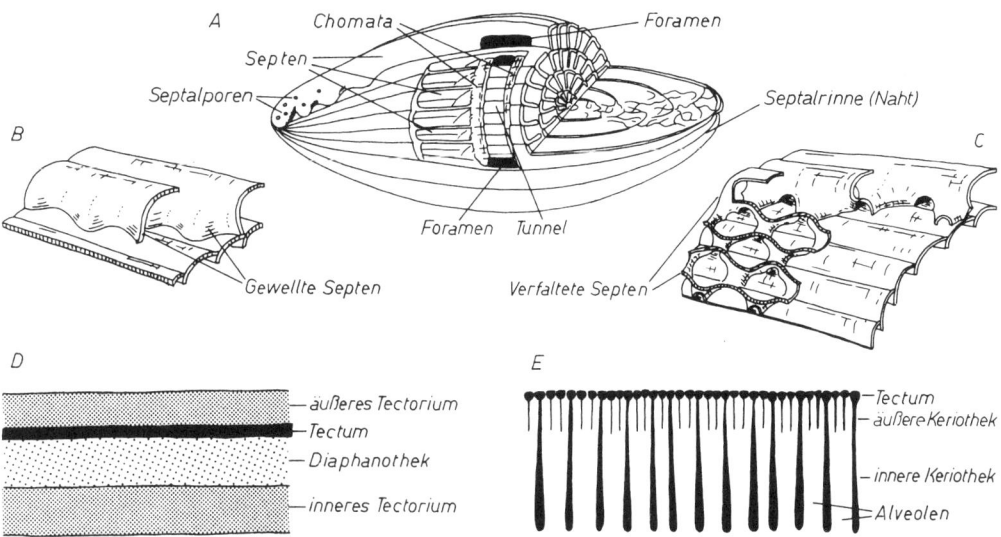

Abb. 47. Wandstrukturen und Organisation der jungpaläozoischen Großforaminiferen-Gruppe der Fusuliniden. A: Walzenförmiges Gehäuse der Gattung *Fusulinella* (Karbon) mit Kammern, deren Mündungen (Foramina) einen von seitlichen Wülsten (Chomata) begleiteten Tunnel bilden. × 25. B und C: Verfaltung der Septen. B: Typ *Fusulinella* (nur am Gehäusepol) und *Triticites*; C: Typ *Parafusulina*. D und E: Wandstrukturen. D: Typ *Fusulinella*; E: Typ *Schwagerina*. Nach R. Ciry, D. M. Rauzer-Chernousova und M. L. Thompson.

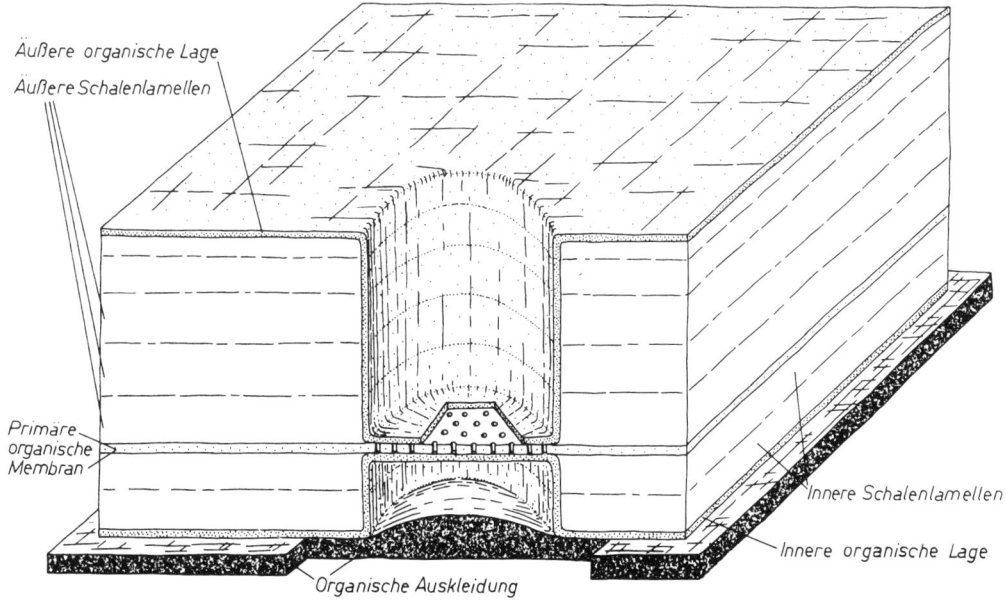

Abb. 48. Wandporen bei hyalinschaligen Foraminiferen am Beispiel einer Globigerinacee. × 9000. Nach Ch. Hemleben u. a.

Aragonitnädelchen einheitlich; ihre Länge entspricht der Dicke einer Wandlamelle. Beim hyalinen Strukturtyp wird das Licht kaum reflektiert. Die Schalen sehen im Auflicht dunkel, glasig, im Schliffbild hell aus.

Die Strukturtypen der Foraminiferenschalen können entweder rein oder kombiniert auftreten. Manche porzellanartigen Miliolinenschalen enthalten agglutinierte Einschlüsse. In agglutinierten Schalen können die Fremdbestandteile so sehr zurücktreten, daß allein mikrogranularer Kalkzement die Schale aufbaut. Hyaline und mikrogranulare Schale können übereinander folgen; die hyaline Schicht kann dabei außen oder innen liegen.

Die Schale der hyalinen und vieler mikrogranularer Foraminiferen ist durchsetzt von Poren mit einem Durchmesser von 0,5–15 µm (Abb. 48). Diese sind die Durchtrittsstellen der Pseudopodien. Die primäre organische Lage ist im Bereich der Poren zu Siebplatten umgebildet oder durch einen sogenannten Porenpfropf ersetzt. Dadurch ist ein Schutz gegen das Abströmen des Endoplasmas in die Pseudopodien gegeben. Die Poren sind ursprünglich klein; vielfach nehmen sie im Laufe der Ontogenie und Phylogenie an Größe zu. In manchen Fällen können sich Porenkanäle nach außen zu größeren Öffnungen (Deuteroporen) vereinigen. Die Poren fehlen (abgesehen von manchen Jugendstadien) den porzellanschaligen Miliolinen.

Außer in der Mikrostruktur zeigen die Wände der Foraminiferengehäuse noch weitere Bauplanunterschiede (Abb. 49). Im einfachsten Fall ist jede Kammer von einer einschichtigen Schale umgeben, welche die vorangegangenen Kammern nicht mit bedeckt. Dies trifft auf die agglutinierenden und die meisten mikrogranularen und porzellanschaligen Foraminiferen zu. Daneben gibt es Formen, die zwar einschichtige Schalen abscheiden, beim Fortbau des Gehäuses jedoch die vorangegangenen Kammern mit umhüllen. Dadurch entstehen lamelläre Kammerwände. Die Septen bleiben jedoch einschichtig. Dieser Bauplan ist vor allem für die Discorbaceen bezeichnend. Komplizierter wird der Gehäusebau, wenn nicht nur eine einschichtige Kammerwand und die Umhüllung des älteren Gehäuses abgeschieden, sondern auch die Stirnwand der jeweils vorletzten Kammer von außen her bedeckt wird. Dann ist nur noch die letzte Stirnwand einschichtig; die älteren Kammerwände und die Septen sind lamellär. Dies ist charakteristisch für die Rotaliaceen. Schließlich kann jede Wand, also auch die letzte Stirnwand, schon primär zweischichtig angelegt werden; die primäre organische Lage rückt dann ins Innere der Schale. Alle Septen und Wände werden lamellär. Dieser Bauplan ist bei den Globigerinaceen verwirklicht. Die Wandstrukturen werden als ein wichtiges Merkmal zur Klassifikation der Foraminiferen angesehen.

Beim Bau lamellärer Schalen vom rotaliiden Typ bleiben zwischen den Schalenschichten vielfach plasmaerfüllte Hohlräume offen. Aus ihnen leitet sich das Kanalsystem der Rotaliinen ab, das vor allem bei Großforaminiferen (z. B. Nummuliten) sehr kompliziert sein kann (Abb. 50). Kanäle können im Inneren der Septen (Septalkanäle) sowie in der Schale der Gehäuseperipherie oder des Nabelrandes (Spiralkanäle) verlaufen. Von ihnen aus können Poren ins Freie führen. Aus Rezentbeobachtungen wird geschlossen, daß das Kanalsystem als Reservebehälter für Pseudopodienplasma dient. Ob diese Deutung stets zutrifft, ist unbekannt.

Der Mechanismus des Kammerbaus ist von rezenten Foraminiferen her gut bekannt (Abb. 51). Am distalen Ende eines dicken, weit vorgestreckten Pseudopodienfächers wird eine Schutzzyste

Abb. 50. Das Kanalsystem bei hyalinschaligen Foraminiferen. A–D: *Cellanthus* (Plioz. – rez.). A: × 20; B: Septalfläche, × 50; C und D: Seitenansicht, × 60; C: megalosphärische, D: mikrosphärische Generation. Nach J. HOFKER und N. A. VOLOSHINOVA. E: *Nummulites (Operculina) complanatus*, Mioz., × 20. Nach J. HOFKER.

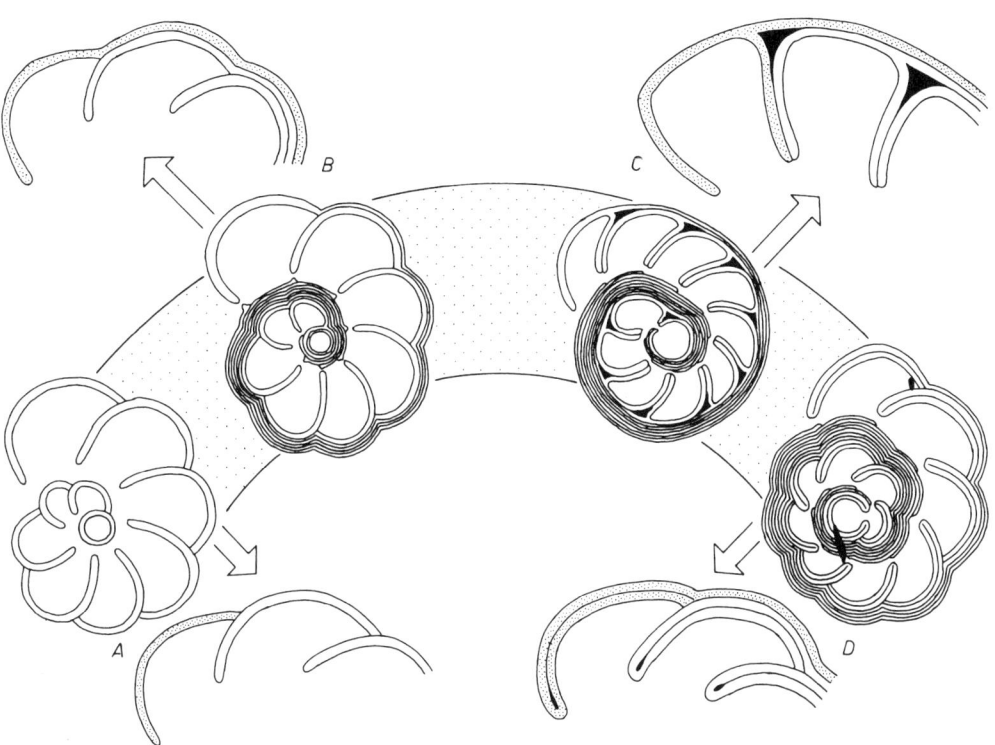

Abb. 49. Der Schalenaufbau der hyalinschaligen Foraminiferen. A: nicht-lamelläre Schale; B–D: lamelläre Schalen. B: Septen monolamellär; C: Septen bilamellär rotaliid (Kanalsystem schwarz); D: Septen bilamellär. Nach A. R. LOEBLICH jr. & H. TAPPAN.

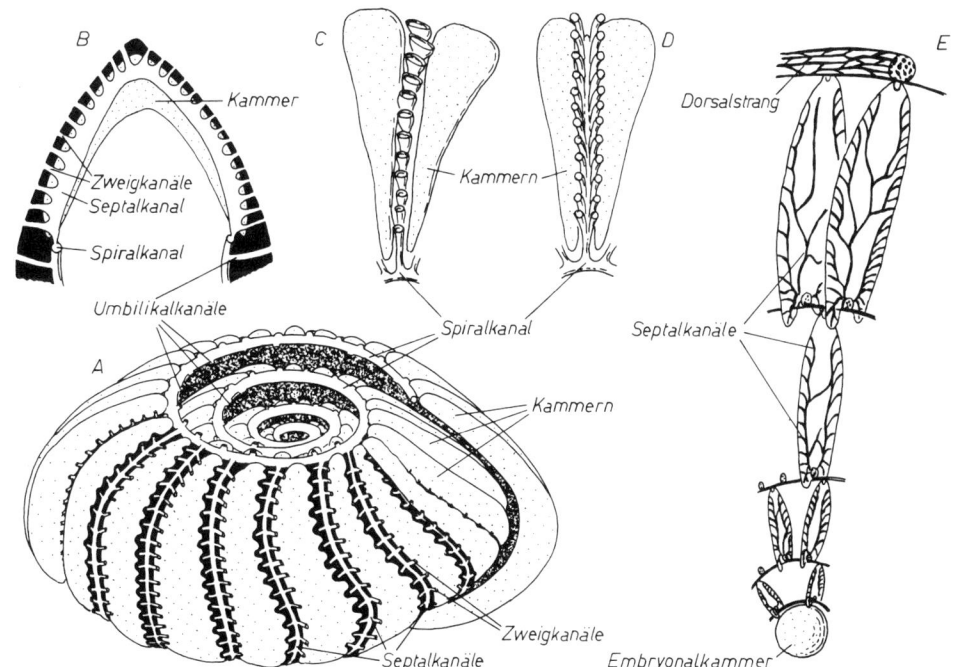

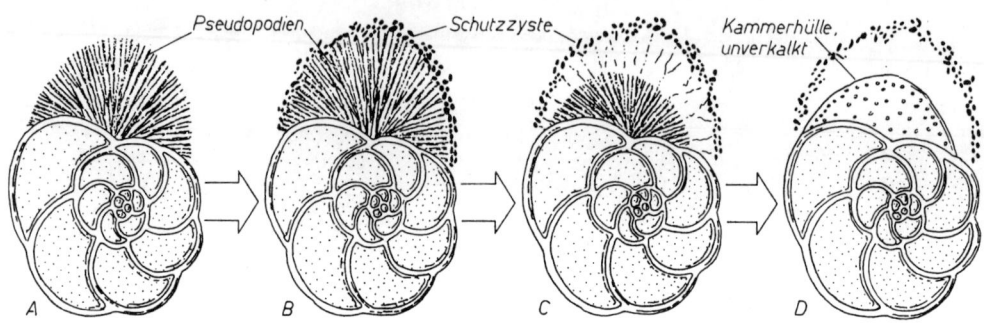

Abb. 51. Der Fortbau des Foraminiferen-Gehäuses am Beispiel der rezenten Gattung *Discorbinella*. × 30. Nach J. Le Calvez.

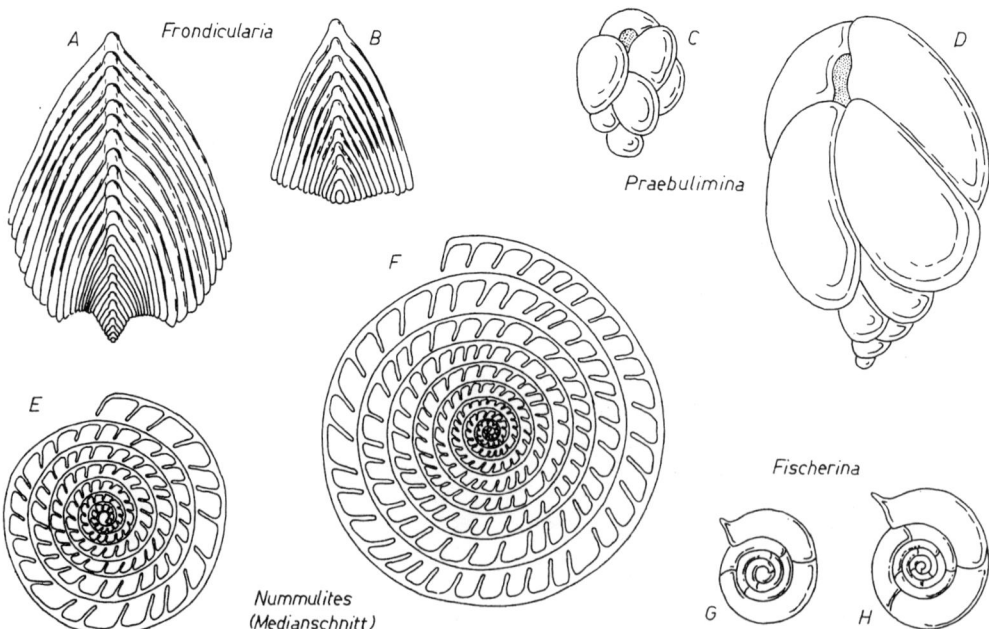

Abb. 52. Mikro- und megalosphärische Generation der Foraminiferen. Mikrosphärisch: A, D, F, H; megalosphärisch: B, C, E, G. A und B: Perm – rez., × 5; C und D: Jura – Kreide, × 65; E und F: Paleoz. – rez., × 6; G und H: Olig. – rez., × 55. Nach A. R. Loeblich jr. & H. Tappan.

agglutiniert. Anschließend ziehen sich die Pseudopodien bis zu der Linie zurück, bis zu der die neue Kammer reichen soll. Dort wird eine Tektinhülle gebildet. Erst dann strömt das Plasma in die neue Kammer ein, bedeckt die Tektinhülle beidseitig und beginnt mit der Sekretion von Kalzit auf die primäre organische Schicht. Der ganze Vorgang dauert in der Regel einige (5–12) Stunden.

### 3. Generationswechsel

Foraminiferen durchlaufen in ihrer Entwicklung einen Generationswechsel. Eine haploide Zelle (Gamont) zerfällt in begeißelte, haploide Gameten. Zwei Gameten verschmelzen miteinander (Befruchtung). Die befruchtete, diploide Zygote wächst zur diploiden Zelle (Schizont) heran. In diesem findet die Reifeteilung (Meiose) des Kernes statt. Anschließend teilt er sich in einkernige, haploide Embryonen, aus denen die Gamonten heranwachsen. Gamonten und Schizonten unterscheiden sich normalerweise auch in der Morphologie des Gehäuses. Der Gamont bleibt in der Regel kleiner; sein Gehäuse hat weniger Kammern und, wenn es spiral gebaut ist, weniger Windungen; seine Anfangskammer ist jedoch größer als beim Schizonten. Man bezeichnet deshalb den Gamonten als megalosphärische Generation (A-Form) und den Schizonten als mikrosphärische Generation (B-Form) (Abb. 52, 53 B).

Dieser normale Rhythmus kann in verschiedener Richtung abgewandelt werden. So gibt es Formen, bei denen die Gameten nicht begeißelt und klein (2–8 μm), sondern amöboid beweglich und relativ groß (bis 40 μm) sind. Bei den begeißelten Gameten kann man biflagellate und triflagellate Formen unterscheiden. Die Gameten der Miliolinen sind biflagellat, besitzen jedoch im Gegensatz zu den übrigen biflagellaten Gameten zusätzlich eine stabförmige Verankerung (Axostyle) der Geißeln in der Zelle.

Ferner können Gamont und Schizont gleichgestaltet sein (Abb. 53 A). Die beiden Generationen unterscheiden sich dann nur zytologisch durch die unterschiedlichen Chromosomensätze. Es kommt auch, allerdings selten, vor, daß der Schizont megalosphärisch und der Gamont mikrosphärisch ist. Schließlich ist nachgewiesen, daß bei manchen Arten ein mikrosphärischer Schizont schon vor der Reifeteilung in Embryonen zerfällt, aus denen nun megalosphärische Schizonten heranwachsen, in welchen dann erst die Meiose stattfindet. Hier folgt auf die B-Form (Schizont 1) eine A1-Form (Schizont 2) und eine A2-Form (Gamont); der Dimorphismus ist durch einen Trimorphismus abgelöst (Abb. 54). Eine spezielle Variante der geschlechtlichen Phase ist die Plastogamie (Abb. 55). Dabei legen sich zwei haploide Gamonten aneinander, bilden oft eine gemeinsame Schutzhülle aus und zerfallen (vielfach in dieser Zyste) in die Gameten. Diese kopulieren im Schutz der mütterlichen Gehäuse oder in der Zyste. Gelegentlich sind Arten beobachtet worden, bei denen nur der Gamont vorhanden ist, die sich also im Grunde genommen parthenogenetisch fortpflanzen. Auch andere Arten sind beschrieben, von denen nur der Schizont bekannt ist.

Die Lebensdauer der Generationen ist sehr unterschiedlich und hängt stark von äußeren Faktoren ab. Ein Zyklus kann zwischen wenigen Wochen und einigen Jahren dauern. Ungünstige Lebensumstände verzögern die Entwicklung und führen zu längerem Leben der Generationen (wodurch die Gehäuse oft größer werden). Schizonten und Gamonten reagieren hierbei unterschiedlich. Schizonten scheinen resistenter zu sein als Gamonten; diese schreiten zur geschlechtlichen Fortpflanzung, wenn ungünstige Bedingungen einsetzen.

Schizonten sind meist weniger häufig als Gamonten. Bei lebenden Foraminiferen sind Zahlenverhältnisse zwischen 1:2 und 1:30 beobachtet worden. Arten, deren Gameten frei schwimmen und im offenen Wasser kopulieren, bringen weniger Schizonten hervor als Formen mit Plastogamie und bzw. oder amöboiden Gameten. Auch im fossilen Zustand sind Schizonten seltener als Gamonten.

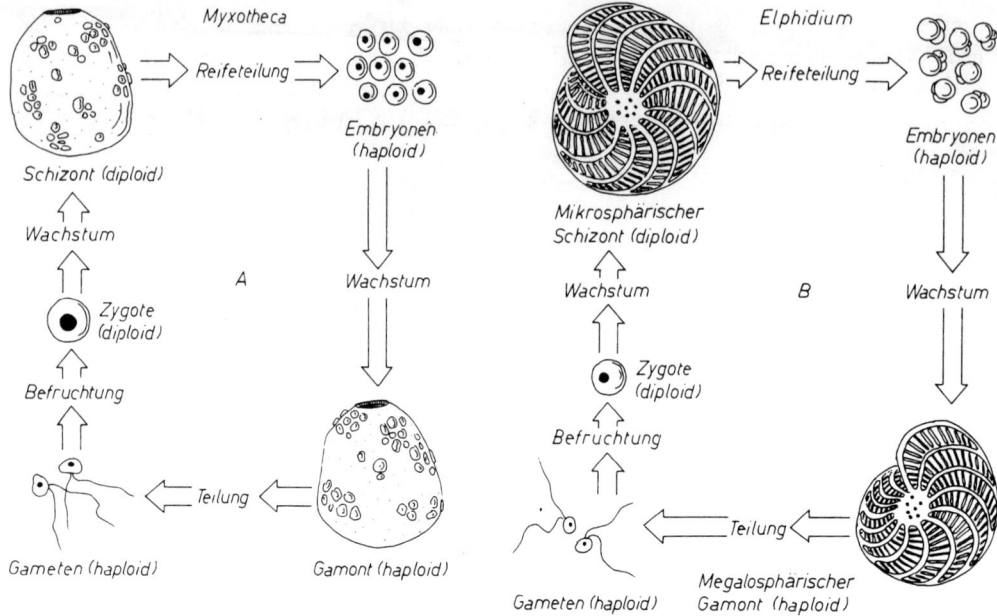

Abb. 53. Generationswechsel bei den Foraminiferen. A: rez., ca. × 125; Schizont und Gamont gleichgestaltet. B: Eoz. – rez., ca. × 50; Schizont mikrosphärisch, Gamont megalosphärisch. Nach K. G. GRELL und E. H. MYERS.

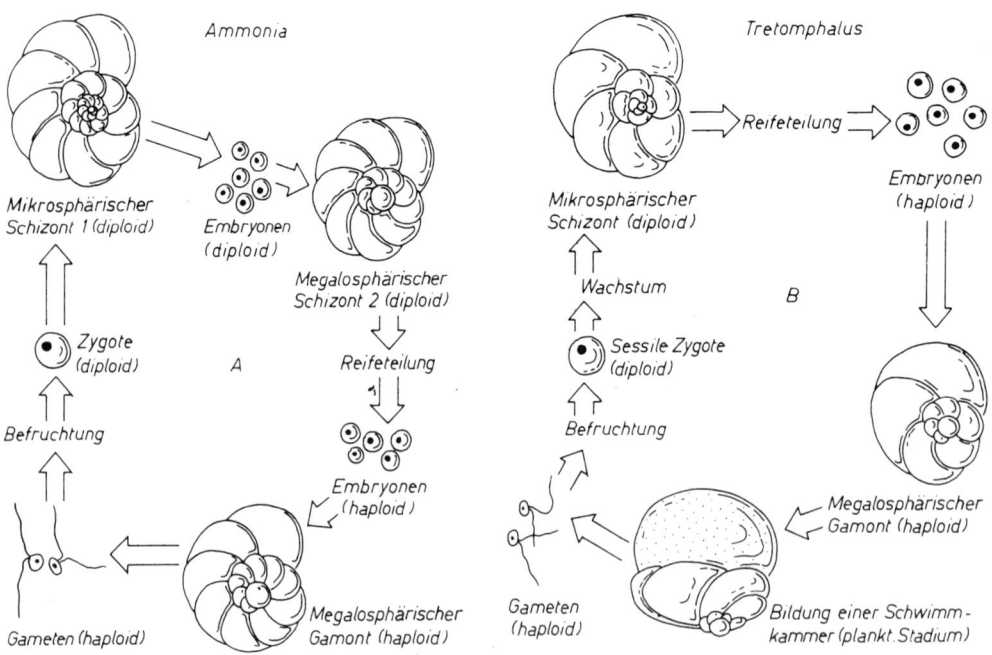

Abb. 54. Abwandlungen des Generationswechsels bei den Foraminiferen. A: Mioz. – rez., ca. × 15; Trimorphismus infolge Einschubs einer zweiten Schizonten-Generation. B: rez., ca. × 70; Änderung der Lebensweise beim Gamonten. Nach E. H. MYERS.

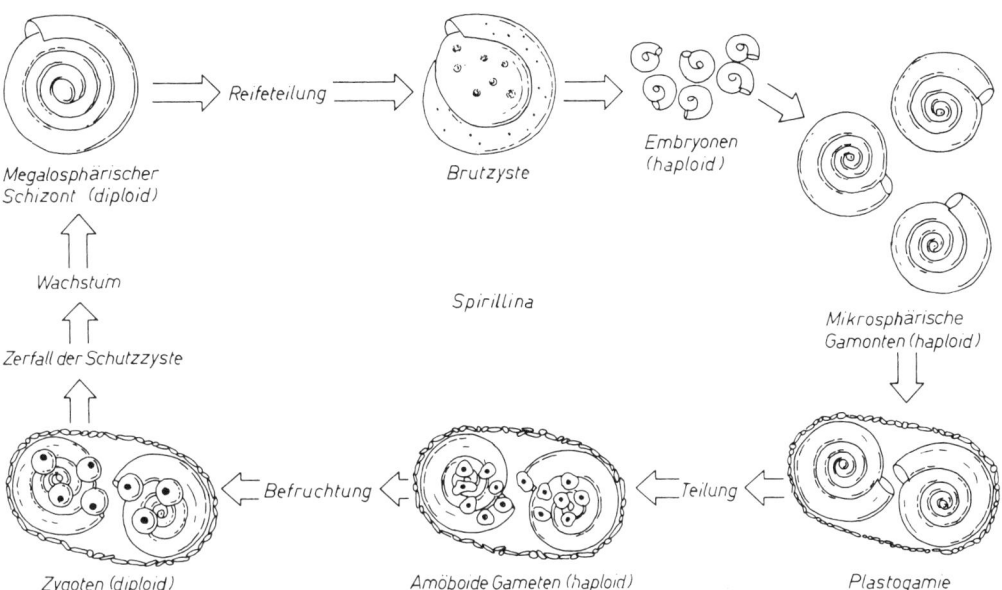

Abb. 55. Abwandlungen des Generationswechsels bei den Foraminiferen. Plastogamie bei der Gattung *Spirillina* (Jura – rez.), ca. × 75. Nach E. H. Myers.

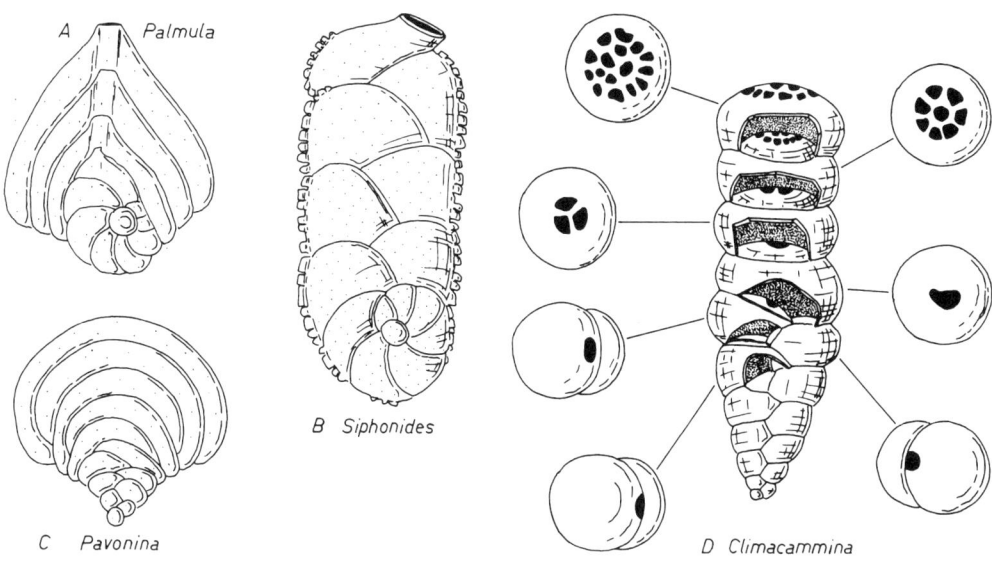

Abb. 56. Ontogenetische Veränderungen bei Foraminiferen-Gehäusen. A–C: Veränderung von Gehäuse- und Kammerform; A: Jura – rez., × 15; B: Eoz., × 200; C: Mioz. – rez., × 60. D: Veränderung von Gehäusebauplan und Mündungsform bei der Gattung *Climacammina* (Karbon – Perm), × 35. Nach J. A. Cushman & J. A. Waters.

## 4. Ontogenie

Gameten bzw. Embryonen verlassen das mütterliche Gehäuse und scheiden ein eigenes Skelett ab. Da die Embryonen in der Regel größer sind als die Gameten, ist auch die Anfangskammer der Gamonten größer als die der Schizonten. Ausnahmen gibt es bei den besonders großen amöboiden Gameten.

Die ontogenetische Entwicklung der Gehäuse läßt sich an der Abfolge der Kammern ablesen (Abb. 56, 57). Die Kammern stellen ein Schutzorganell dar. Das durch die Kammerung ausgedrückte rhythmische Wachstum ermöglicht einen optimalen Schutz des Plasmas. Unklar ist, ob die einkammerigen Formen ihr Gehäuse erst ausscheiden, nachdem die Zelle ihre definitive Größe erreicht hat, oder ob beim Wachstum die Zelle das Gehäuse verläßt und ein neues, geräumigeres bildet. Manche Formen resorbieren bei der Bildung einer neuen Kammerwand Teile des älteren Gehäuses.

## 5. Phylogenie

Die Foraminiferen werden im allgemeinen von den Flagellaten abgeleitet, was angesichts der bi- und triflagellaten Gameten plausibel erscheint. Es bestehen jedoch offensichtlich auch Beziehungen zu den Amöben.

Über die Stammesgeschichte der Foraminiferen besteht keine völlige Klarheit. Die zur Rekonstruktion der Verwandtschaftsbeziehungen wichtigsten Merkmale werden uneinheitlich gewertet. Sicherlich bedeutungsvoll, jedoch am lebenden Objekt nur stichprobenhaft untersucht und deshalb nicht auswertbar, sind die Vorgänge bei der Fortpflanzung und beim Generationswechsel. Ob auch dem Schalenbau und der Schalenstruktur stets eine überragende Bedeutung zukommt, ist umstritten. Die Komplikation der Gehäuseform und der Anordnung der Kammern ist nachweislich in parallelen Linien erfolgt und hat mehrfache Rückschläge erfahren.

Die ältesten mutmaßlichen Foraminiferen stammen aus dem Unterkambrium. Es handelt sich um Formen mit agglutinierter Schale (Textulariina). Bei ihnen dominieren im Altpaläozoikum einkammerige Typen mit kugeligem, gestrecktem oder knäueligem Gehäuse. Eine unregelmäßige Agglomeration von Kammern tritt erstmals im Ordovizium, ein spiral aufgerolltes zweikammeriges Gehäuse erst im Silur auf. Regelmäßige Kammerung und komplizierterer Gehäusebau (stab- oder zopfförmig sowie trochospiral) erscheinen ab dem Karbon. Manche Formen aus der Zeit vom Jura bis zum Alttertiär zeigen ein extrem kompliziertes Gehäuse mit starker Unterteilung der Kammern in Kämmerchen. Auch Großformen sind aus diesem Zeitraum bekannt.

Primitiver als die Textulariina sind Formen mit Tektinschale (Allogromiina). Man kennt sie sporadisch ab dem Oberkambrium. Erhaltungsgründe dürften für ihr Fehlen in älteren Schichten verantwortlich sein.

Im Ordovizium erscheinen die ersten Kalkschaler mit mikrogranularer Schalenstruktur (Fusulinina). Die Evolution dieser Gruppe beginnt mit ein- und zweikammerigen, gestreckten, knäuelförmigen oder spiralen Gehäusen. Echte Vielkammerigkeit und höher organisierter Gehäusebau treten im Devon auf und sind bis zur Trias bekannt. Ob jüngere Formen mit hyalin-granulärer Schale hier anzuschließen sind, ist unklar. Im Karbon und Perm entwickelten sich Großformen (Fusulinen s. str.) mit äußerst kompliziertem Schalen- und Gehäusebau.

Aus primitiven einkammerigen Fusulininen entstanden im Karbon die porzellanschaligen Miliolinen. Die Kammerung des Gehäuses entwickelte sich schon im Karbon, doch griff sie bis in den Jura hinein nicht auf die Anfangsstadien über, von der Abgrenzung der Anfangskammer abgesehen. Auch bei den Miliolinen entstanden Großformen mit äußerst kompliziertem Kammerbau. Sie sind ab der oberen Unterkreide bekannt (z. B. die Alveolinen).

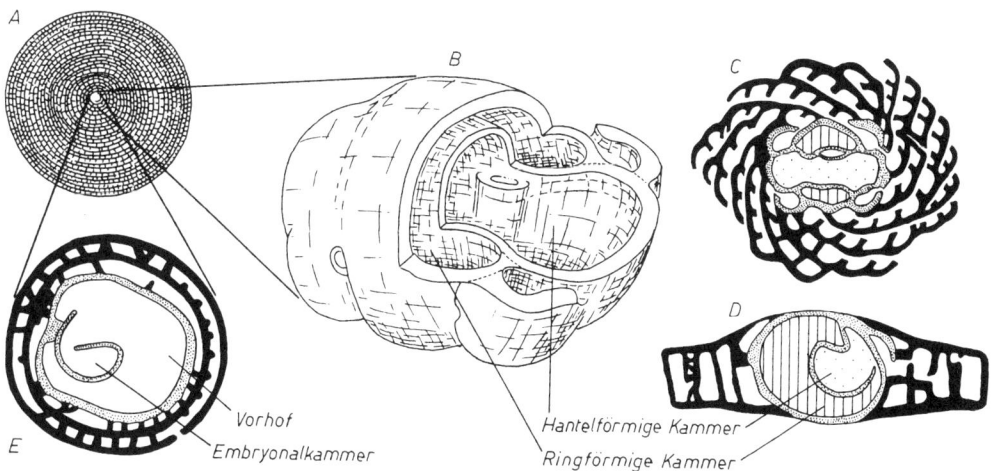

Abb. 57. Embryonalapparate am Beispiel porzellanschaliger Foraminiferen. A: Schema des Gehäuses von *Orbitolites* (Paleoz. – Eoz.) bzw. *Marginopora* (Mioz. – rez.), ca. × 4. B: Embryonalapparat von *Orbitolites* (× 200). C–D: Äquatorialschnitt (C) und Axialschnitt (D) durch den Embryonalapparat von *Orbitolites* (× 65). Eng punktiert: Wand des Embryonalapparates. Schwarz: Wände der darauf folgenden Kammern. E: Äquatorialschnitt durch den Embryonalapparat von *Marginopora* (× 50). Nach R. LEHMANN.

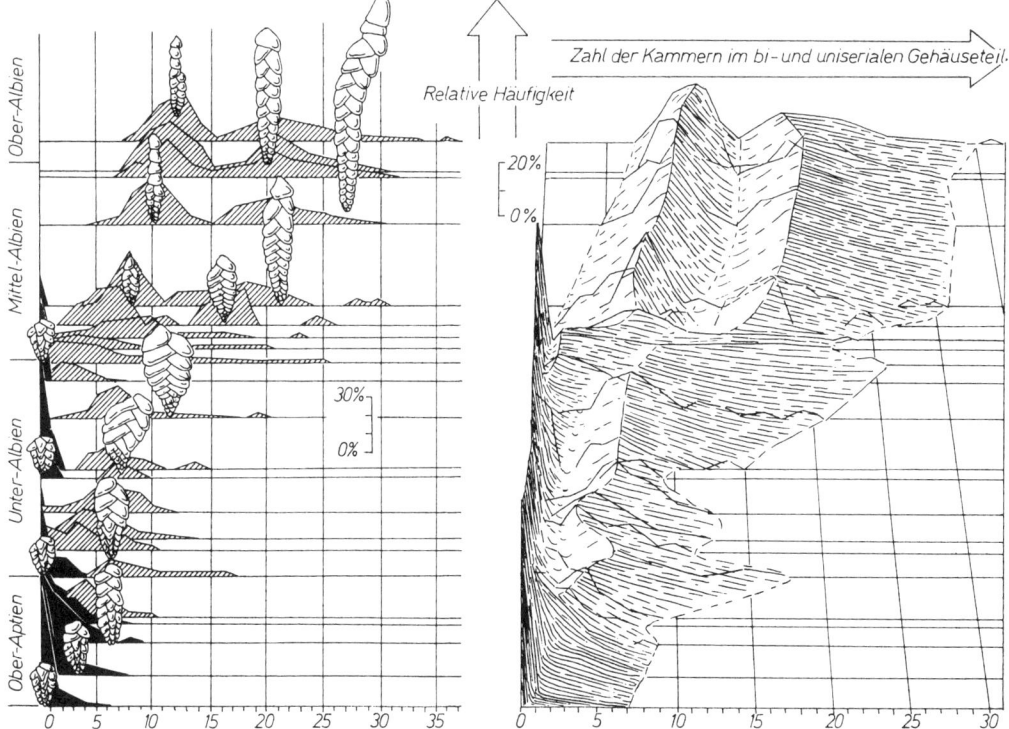

Abb. 58. Der phylogenetische Wandel bei Foraminiferen an einem Beispiel aus der nordwestdeutschen Unterkreide. Aus der Gattung *Gaudryina* (im linken Diagramm: schwarz) geht die Gattung *Spiroplectinata* (im linken Diagramm: schräg schraffiert) hervor. Aus einer ersten Art dieser Gattung entwickeln sich im mittleren Albien zwei deutlich unterschiedene Tochter-Arten. Nach F. BETTENSTAEDT und B. GRABERT.

Gleichzeitig mit den Miliolinen entwickelten sich die Spirillinen. Ihre Gehäuse werden heute als primär aragonitisch betrachtet. Sie blieben überwiegend auf dem zweikammerigen Stadium stehen. Gleichartige amöboide Gameten und das aragonitische Gehäuse sprechen dafür, auch die ab Jura bekannten, gekammerten und meist trochospiralen Robertinaceen hier anzuschließen.

Aus den Fusulininen entwickelten sich ferner – anscheinend in zwei getrennten Linien – die hyalinen Kalzitschaler. Übergangsformen mit innerer granulärer und äußerer hyaliner Schalenschicht und stabförmigem, gekammertem Gehäuse vermitteln ab dem Devon zu den meso- und känozoischen, überwiegend stab- oder zopfförmigen Lageniden. Die ab Trias nachgewiesenen Rotaliina mit meist trochospiralen Gehäusen werden von manchen Autoren von späten Fusulininen abgeleitet, von anderen auf frühe Lageniden zurückgeführt. An die Rotaliina schließen sich im mittleren Jura die planktischen Globigerinaceen und ab der Oberkreide in mehreren Linien Großformen (u. a. Orbitoididen, Nummuliten, Discocycliniden und Lepidocycliniden) an. Ob die hyalin-granulären Formen des Meso- und Känozoikums (Cassidulinaceen) an frühe Rotaliinen oder an die Fusulininen anknüpfen, ist unklar.

In allen Foraminiferen-Gruppen kommen sessile Formen vor, in denen die Merkmale in Anpassung an die Lebensweise mehr oder weniger stark abgewandelt sind. Von manchen Foraminiferen sind kontinuierliche Evolutionsreihen über relativ lange Zeitabschnitte bekannt (Abb. 58).

## 6. Stratigraphie

Foraminiferen sind wichtige Leitfossilien. Ihre große Häufigkeit auch in kleinen Gesteinsproben (z. B. Bohrkernen) macht sie auch dann zu wertvollen Hilfsmitteln vor allem in der Erdölgeologie, wenn der Leitwert der einzelnen Arten nicht groß ist. Neben vielen langlebigen Arten und Gattungen enthalten sie Gruppen, die sowohl rasch abwandeln, als auch gut kenntlich, weit verbreitet und häufig sind. Für die Gliederung des Jungpaläozoikums (Karbon und Perm) sind die Fusulinen (s. str.) unentbehrlich (Abb. 59). Ab der höheren Unterkreide sind die planktischen Globigerinaceen wichtige Leitformen (Abb. 60). Leitende Arten und Gattungen stellen ferner vor allem die Großforaminiferen-Gruppen der Orbitolinen (in der Kreide), der Alveolinen (hauptsächlich Oberkreide bis Eozän, Abb. 61), der Orbitoididen (Oberkreide), der Nummuliten (hauptsächlich Paleozän bis Eozän), der Discocycliniden (Paleozän bis Eozän) und der Lepidocycliniden (Eozän bis Miozän).

## 7. Lebensweise

Die meisten Foraminiferen sind vagil. Sie kriechen über das Substrat (Felsen, Sand, Schlick, Algen), indem sie ihre Pseudopodien ausstrecken und verankern und daran die restliche Plasmamasse und das Gehäuse nachziehen. Die Geschwindigkeit der Fortbewegung kann etwa 1 cm je Stunde betragen. Manche Formen pflügen sich so auch durch das unverfestigte Sediment. Die Globigerinaceen leben planktisch. Ihr Schweben wird durch Fett-Tröpfchen und Schwebstacheln ermöglicht. Zahlreiche Formen sind zum sessilen Leben übergegangen. Teilweise liegen die Gehäuse frei auf dem Substrat, teilweise sind sie mit der Schale fest am Untergrund verankert (Abb. 62).

Die Pseudopodien stehen nicht nur im Dienst der Fortbewegung, sondern auch der Ernährung. Sie halten Beute fest; manchmal lähmen sie diese auch. Bei Formen mit großer Mündung wird die Beute ins Innere des Gehäuses geführt und dort verdaut. Bei Formen mit kleiner Mündung wird die Nahrung durch die Pseudopodien verdaut. Als Beute kommen Flagellaten, Diatomeen und andere Algen, Radiolarien, Ciliaten und kleine Crustaceen (Copepoden) in Frage. Abfallstoffe (z. B. leere

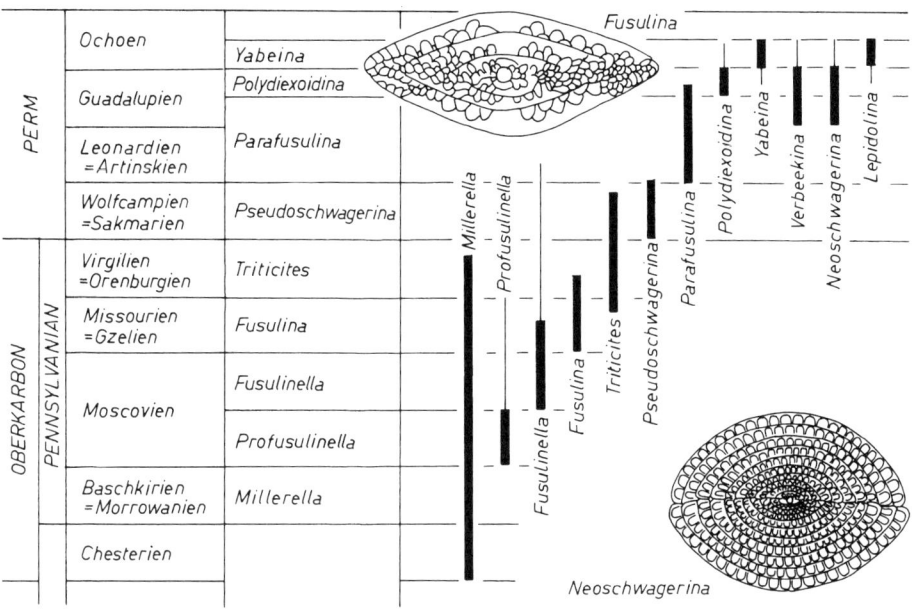

Abb. 59. Die stratigraphische Bedeutung der Großforaminiferen-Gruppe der Fusulinen im Jungpaläozoikum. *Fusulina* × 11; *Neoschwagerina* × 7,5. Nach D. M. Rauzer-Chernousova, J. Sigal und M. L. Thompson.

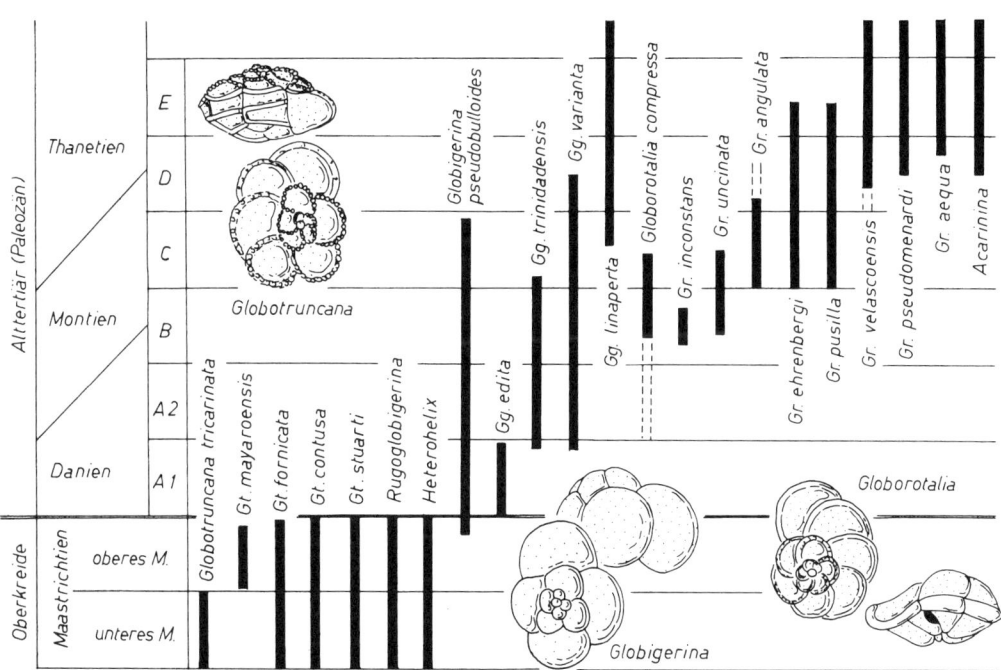

Abb. 60. Die stratigraphische Bedeutung der planktischen Foraminiferen-Gruppe der Globigeriniden an der Wende Kreide/Tertiär. Nach D. Herm und A. von Hillebrandt.

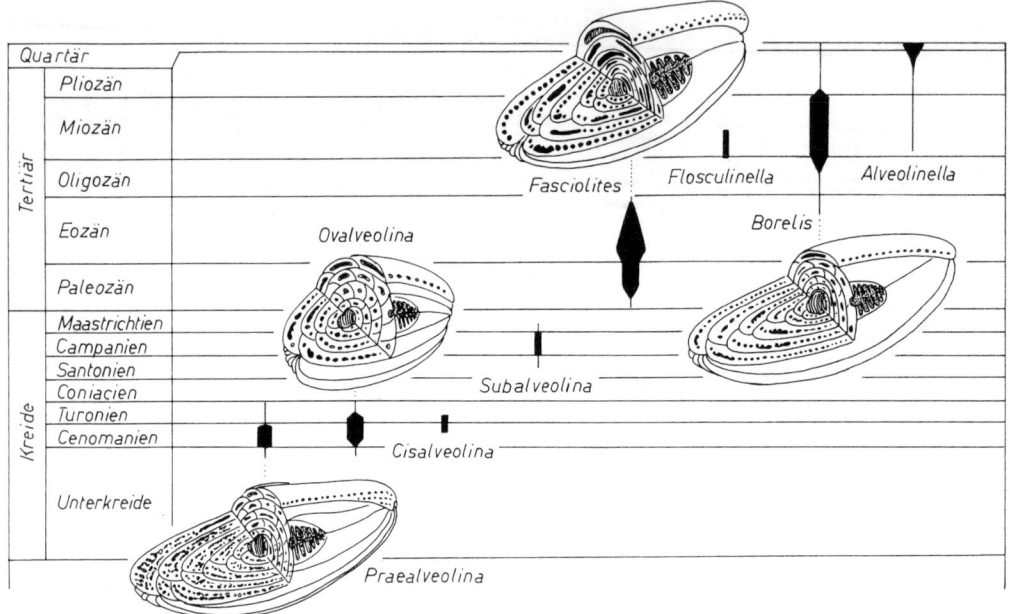

Abb. 61. Die stratigraphische Verbreitung einiger wichtiger Gattungen der Großforaminiferen-Gruppe der Alveolinen. Nach M. REICHEL.

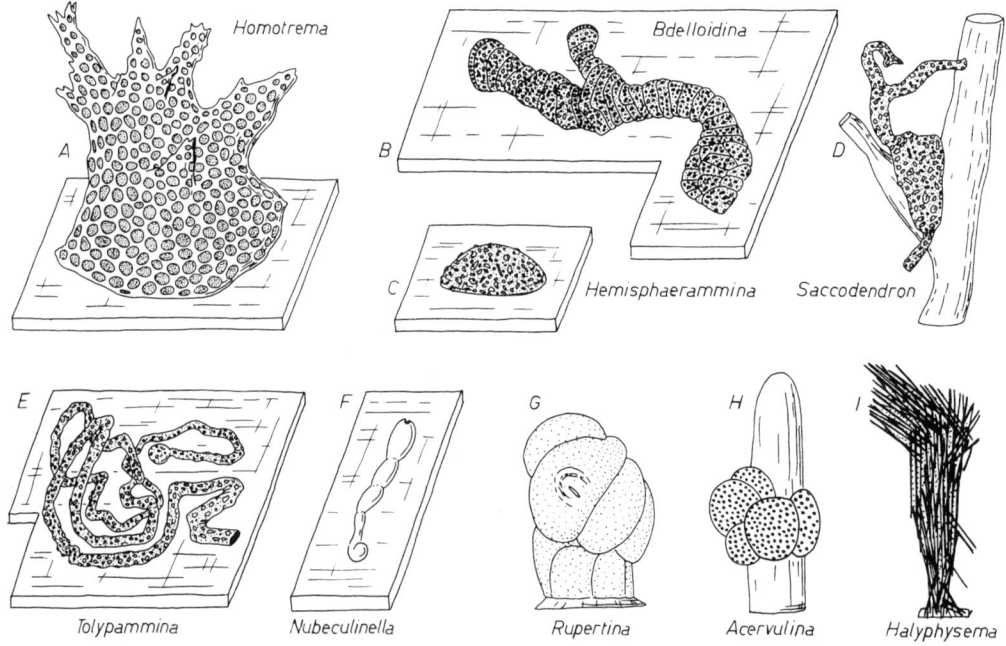

Abb. 62. Beispiele sessiler Foraminiferen. A, G, H: Hyalinschaler (Rotaliina). B–E, I: agglutinierende Formen (Textulariina). F: Porzellanschaler (Miliolina). A: rez., × 8,5; B: Paleoz. – rez., × 2,5; C: Devon – rez., × 8,5; D: rez., × 25; E: Silur – rez., × 15; F: Jura, × 32; G: Mioz. – rez., × 20; H: Jungtert. – rez., × 35; I: rez., × 36. Nach A. R. LOEBLICH jr. & H. TAPPAN.

Schalen) werden von den Pseudopodien eingeschleimt und am Substrat deponiert. Manche Foraminiferen enthalten Zooxanthellen als Symbionten. Da beobachtet ist, daß solche Formen lange Zeit ohne Nahrungsaufnahme am Leben bleiben können, wird vermutet, daß sie ihren Energiebedarf durch Stoffwechselprodukte der symbiontischen Flagellaten decken.

Fast alle Foraminiferen leben marin. Nur einige Tektinschaler (Allogromiina) sind limnisch. Ein Teil der marinen Formen ist euryhalin und kommt auch im Brackwasser vor. Euryhaline Vertreter gibt es bei agglutinierenden, porzellanschaligen und hyalinen Foraminiferen. Die Artenzahl nimmt mit der Salinität ab; da jedoch die Besiedelungsdichte im wesentlichen konstant bleibt, steigt der Individuenreichtum der persistierenden Arten. Viele Foraminiferen, vor allem die Globigerinaceen und die Großforaminiferen, scheinen an normale Salinität gebunden zu sein. Diese stenohalinen Formen tolerieren nur relativ geringfügige Schwankungen des Salzgehaltes (zwischen maximal 25 und 40‰). Jenseits dieser Grenzen erlischt zwar nicht ihre Lebens-, aber ihre Fortpflanzungsfähigkeit.

Die Temperatur beeinflußt die Verbreitung und das Leben der Foraminiferen sehr wesentlich. In kühlem Wasser sind die Lebensprozesse oft verlangsamt. Am ausgeprägtesten gilt das für die Fortpflanzung. Die Teilungsgeschwindigkeit ist verringert; die Folge ist, daß Formen aus kühlen Gewässern in der Regel größer werden als Artgenossen aus wärmeren Gebieten. Dies gilt vor allem für eurytherme Formen sowie für manche (nicht alle!) Warmwasserarten. Für Kaltwasserarten kann jedoch das wärmere Wasser eine Erschwerung der Lebensbedingungen und damit verringerte Teilungsgeschwindigkeit und größere Gehäuse bedeuten.

Die Ansprüche der Arten an die Wassertemperaturen sind sehr unterschiedlich. Im kalten Wasser des polaren Bereichs dominieren in der Gegenwart die agglutinierenden Formen mit organischem oder kieseligem Bindemittel. Viele Kalkschaler scheinen dort nicht mehr lebensfähig zu sein; möglicherweise spielt die Erschwerung in der Abscheidung des Kalkes eine Rolle. Das tropische Warmwasser wird durch große Kalkschaler gekennzeichnet. Großforaminiferen scheinen darauf beschränkt zu sein (vgl. Bd. 1, S. 208, Abb. 241). Ferner fördert das warme Wasser die Intensität der Skulptur. Mit zunehmender Temperatur steigt außerdem das Ausmaß der Salzgehaltstoleranz.

Temperaturabhängig ist auch die dominierende Windungsrichtung bei einigen planktischen Foraminiferen. Rechtsgewundene Gehäuse sind vor allem in wärmerem, linksgewundene in kälterem Wasser verbreitet (vgl. Abb. 63).

Der Untergrund hat auf das Vorkommen vieler Arten einen erheblichen Einfluß. Agglutinierende Foraminiferen benötigen das geeignete Baumaterial für ihre Schale, doch sind anscheinend die meisten Arten wenig wählerisch. Auf grobklastischem Substrat bleiben die Foraminiferen i. d. R. klein. Dasselbe gilt für feinen, wasserhaltigen Schlamm. Die größten Gehäuse kommen auf feinkörnigem, aber festem Untergrund vor. Hartböden sind der Siedlungsgrund für die festgewachsenen sowie für die frei liegenden Arten. Als Hartböden können auch die Oberflächen von Pflanzen (Tangen) wirken.

Manche Foraminiferen lösen sich im Laufe ihres Lebens vom Untergrund und flottieren frei. Dies wird durch die Bildung von Schwimmkammern, d. h. von geblähten Gehäuseabschnitten mit dünnen Wänden und Septen, ermöglicht.

Eine eigenartige Erscheinung sind die Siedlungsflecken. Sie entstehen dadurch, daß in bestimmten kleinräumigen Arealen durch stärkere Vermehrung und infolge der Ortstreue der Individuen die Siedlungsdichte überdurchschnittlich hoch wird (Abb. 64). Auch der Umstand, daß bei benthischen Foraminiferen die frei beweglichen Gameten sehr kurzlebig sind und bei vielen Arten kein echtes planktisches Jugendstadium vorkommt, begünstigt Siedlungsflecken. Eine enge Bindung an örtliche Faktoren bzw. an bestimmte Biotope ist von vielen Arten bekannt (Abb. 65).

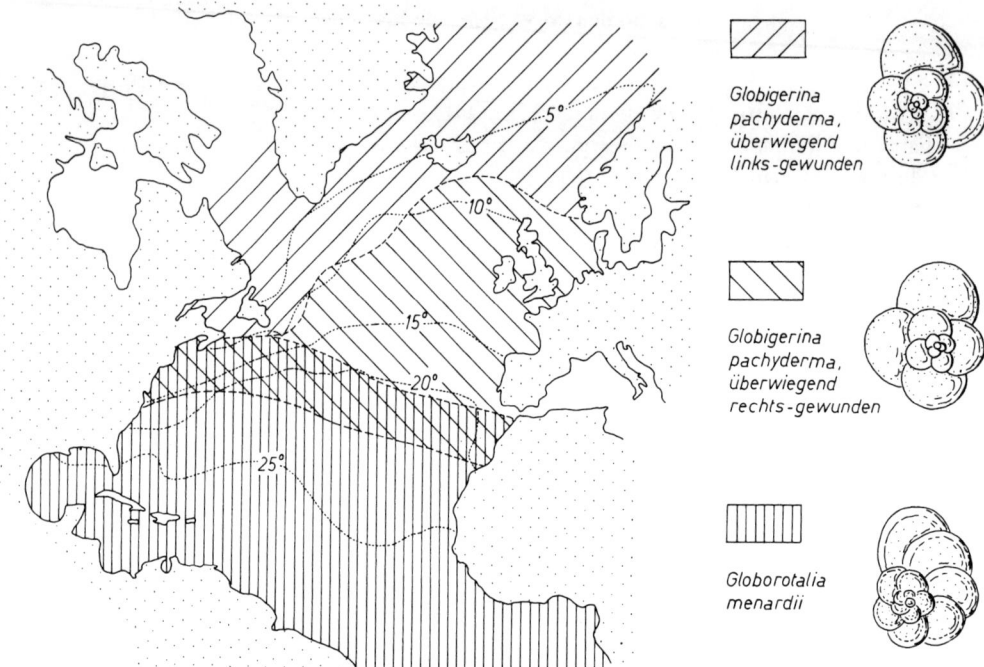

Abb. 63. Die heutige Oberflächen-Temperatur im nördlichen Atlantik und ihr Einfluß auf Verbreitung und Windungsrichtung einiger planktischer Foraminiferen. Nach E. THENIUS.

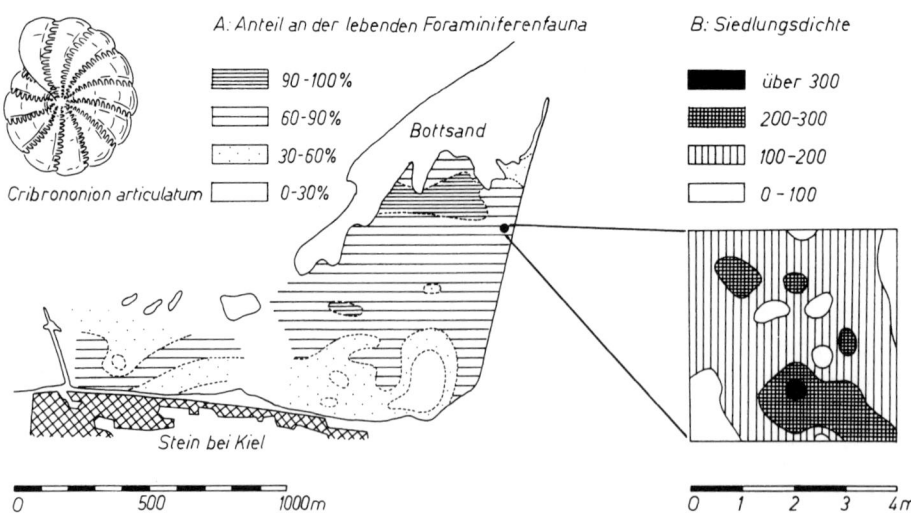

Abb. 64. Siedlungsstrukturen rezenter Foraminiferen. A: Anteil der Art *Cribrononion articulatum* (× 40) an der Foraminiferen-Fauna eines Gebietes der westlichen Ostsee. B: Siedlungsdichte der Foraminiferen im September 1966 (Zahl der Foraminiferen je Probe von 27 cm² bei 5 cm Sedimenttiefe). Nach G. LUTZE.

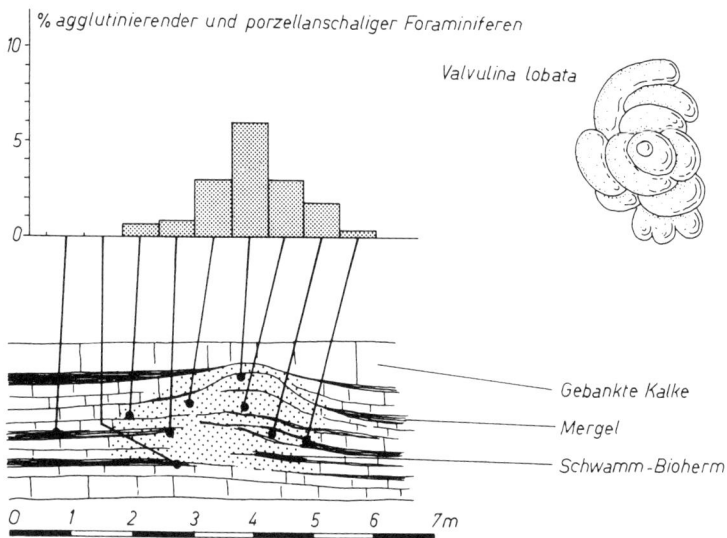

Abb. 65. Die Faziesabhängigkeit der Foraminiferen-Art *Valvulina lobata*. Die Art kommt im Oberjura Südwestdeutschlands bevorzugt in der Schwamm-Algen-Fazies vor. Nach E. & I. SEIBOLD.

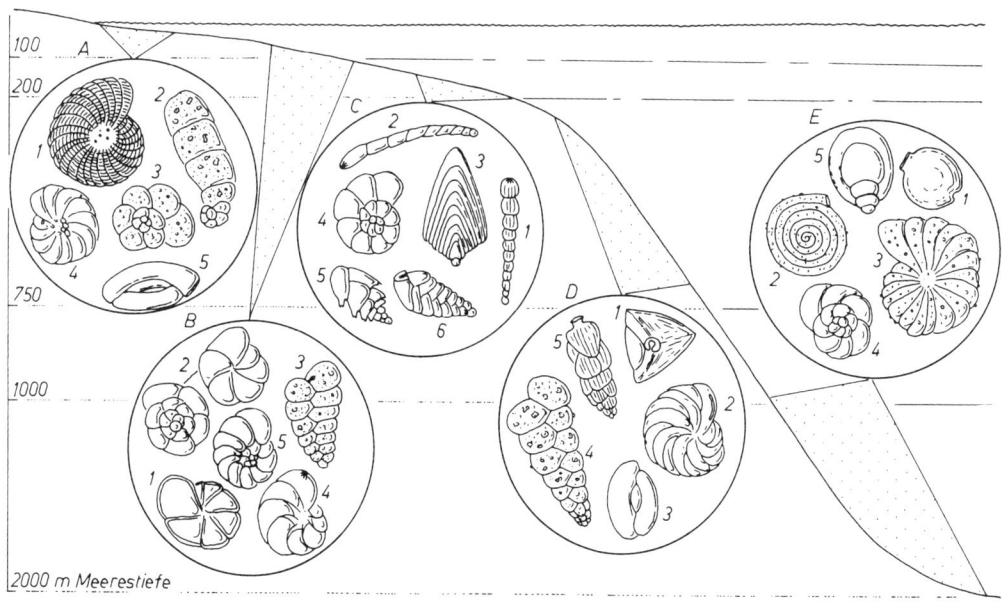

Abb. 66. Beispiele für rezente Foraminiferen-Gesellschaften aus verschiedenen Tiefenstufen des Meeres. A: Innerer Schelf; 1: *Elphidium*, 2: *Ammobaculites*, 3: *Trochammina*, 4: *Ammonia*, 5: *Quinqueloculina*. B: Mittlerer Schelf; 1: *Cibicides*, 2: *Eponides*, 3: *Textularia*, 4: *Lenticulina*, 5: *Discorbinella*. C: Äußerer Schelf; 1: *Nodosaria*, 2: *Dentalina*, 3: *Frondicularia*, 4: *Discorbis*, 5: *Bulimina*, 6: *Bolivina*. D: Oberer Kontinentalabhang; 1: *Triloculina*, 2: *Cassidulina*, 3: *Sigmoilina*, 4: *Karreriella*, 5: *Uvigerina*. E: Tiefer Kontinentalabhang und Tiefsee; 1: *Pyrgo*, 2: *Ammodiscus*, 3: *Cyclammina*, 4: *Epistominella*, 5: *Chilostomellina*. Nach A. BOERSMA, H. W. MATTHES und D. M. RAUZER-CHERNOUSOVA.

Die Verbreitung vieler Foraminiferen scheint von der Stärke der Wasserbewegung abhängig zu sein. Bei sonst gleichen Lebensbedingungen bevorzugen anscheinend die Elphidien stärker bewegtes, die Miliolinen ruhigeres Wasser. An geringe Wasserbewegungen sind offensichtlich auch die Fusulinen und die Nummuliten gebunden. Ähnliche Biotope, wie z. B. geschützte Karbonatplattformen, waren ferner die Siedlungsgebiete mancher mesozoischer Textulariina. Stark bewegtes Wasser ist der Lebensraum vieler festgewachsener Formen sowie mancher Nodosariiden.

Das Zusammenspiel von Licht, Temperatur, Wasserbewegung, Substrat und Nahrungsangebot beeinflußt die Abhängigkeit der Foraminiferen von der Meerestiefe. Vielfach lassen sich Lagunenfaunen, Küstenfaunen, Faunen des inneren (bis ca. 50 m Tiefe) und äußeren Schelfs, Faunen des Kontinentalabhangs und Tiefseefaunen unterscheiden (Abb. 66). Charakteristische Elemente des flachen Schelfs sind viele Miliolinen, die Großforaminiferen sowie viele Rotaliiden. Am Kontinentalabhang spielen heute (und etwa ab Oberkreide) vor allem Buliminiden, Uvigeriniden sowie einige Nodosariiden und Textulariinen eine Rolle. Andere Nodosariiden kennzeichnen jedoch die turbulente Küstenzone.

Die planktischen Foraminiferen leben vielfach in Symbiose mit Zooxanthellen. Sie bewohnen deshalb den durchlichteten Bereich des Meeres. Da sie Wassertrübung meiden, sind sie vor allem in Küstenferne anzutreffen. Dies erklärt, weshalb sie in erster Linie (aber nicht ausschließlich) in Ablagerungen des tieferen Wassers häufig sind (Abb. 67).

## 8. Fossilisation

Foraminiferen können bei Massenvorkommen und dann, wenn sie zusammengeschwemmt werden, gesteinsbildend auftreten. Beispiele sind die Nummulitenkalke des Alttertiärs. Der Globigerinenschlick der rezenten Tiefsee oberhalb der Löslichkeitsgrenze des Kalks verdankt seine Entstehung dagegen dem stetigen „Regen" abgestorbener Gehäuse bei sonst mangelnder Sedimentation.

Foraminiferen finden sich häufig auf sekundärer Lagerstätte. Hierbei spielt nicht nur die unmittelbare postmortale Umlagerung eine Rolle. Oft wurden auch Gehäuse aus älteren Sedimenten ausgewaschen und in jüngeren Schichten wieder eingebettet. Nicht immer läßt sich dies an einer dabei stattfindenden Korrosion der Gehäuse ableiten. Andererseits gibt es Korrosion der Schale auch bei manchen an die turbulente Zone angepaßten Formen schon beim lebenden Tier.

Foraminiferen können als Gehäuse oder als Steinkerne erhalten sein. Schalenerhaltung setzt voraus, daß keine Lösung stattfindet. Vor allem unter drei Bedingungen wird Kalk gelöst, so daß bei einer ursprünglich gemischten Faunenvergesellschaftung eine Verarmung an Kalkschalern und eine scheinbare Dominanz agglutinierender Formen eintritt. Dies betrifft kalkarme Sedimente, wie z. B. Tone oder Sande, Brackwasser-Ablagerungen sowie das Milieu des kalten Wassers.

Auch erhaltene Schalen sind oft diagenetisch verändert. Aragonitische Formen (z. B. *Involutina*) neigen zur Umwandlung in Kalzit, die von einer Kristallvergröberung oder von einer Mikritisierung begleitet sein kann und oft von einer Rekristallisierung gefolgt wird. Der Magnesium-Kalzit der porzellanschaligen Milioliden wird zunächst ohne Veränderung der Kristall-Morphologie in magnesiumarmen Kalzit überführt. Rekristallisation und Kornvergrößerung sind diagenetisch spätere Erscheinungen. Sogar der reaktionsträge reine Kalzit der meisten Hyalinschaler neigt zur Kornvergrößerung. Anscheinend wird ein Teil der sehr kleinen Kristallite aufgelöst, während andere weiterwachsen. Auch sekundäre Verkieselung von Foraminiferen kommt an vielen Orten vor.

Stoffaustausch und Rekristallisation betreffen nicht nur die Kalkschaler, sondern auch das Bindemittel der agglutinierenden Formen. Dieses kann in Pyrit umgewandelt werden und dabei eine labyrinthische Schalenstruktur vortäuschen oder verkieseln.

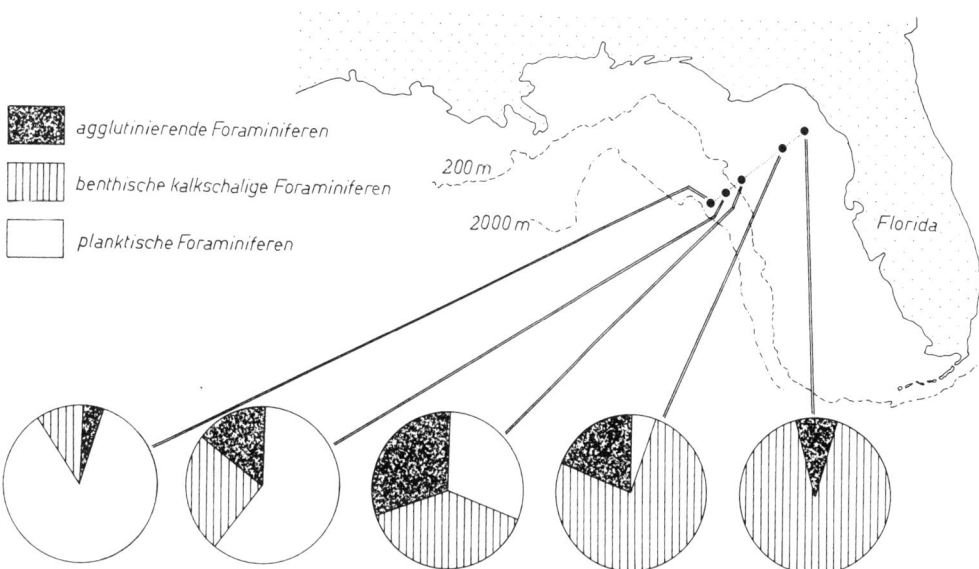

Abb. 67. Zusammensetzung der Foraminiferen-Faunen vor der Küste Floridas in Abhängigkeit von der Küstenferne bzw. Wassertiefe. Nach C. F. UPSHAW & F. G. STEHLI.

Foraminiferen-Steinkerne treten dort auf, wo die Schalen im Verlauf der Diagenese gelöst wurden. Da viele der diagnostischen Merkmale die Schale selbst oder ihre Oberfläche betreffen, sind Steinkerne oft nur schwer bestimmbar. Ein verbreitetes, die Steinkerne bildendes Mineral ist Pyrit.

## 9. Gruppen-Übersicht

A. **Allogromiina.** Tektinschaler; limnisch bis marin; Kambrium – rezent.
  Beispiele: *Allogromia* (Abb. 35 A), *Myxotheca* (Abb. 53 A).

B **Textulariina.** Agglutinierende Formen; marin bis brackisch; Kambrium – rezent.
  Beispiele: *Ammodiscus* (Abb. 39 G, 66 E 2), *Bathysiphon* (Abb. 36 C, 39 F), *Cyclammina* (Abb. 37 B, 66 E 3), *Psammosphaera* (Abb. 36 A), *Saccammina* (Abb. 45 C, 46 A), *Textularia* (Abb. 39 C, 45 E, 66 B 3), *Valvulina* (Abb. 65). Großforaminiferen: *Loftusia* (Bd. 1, S. 192, Abb. 219), Orbitolinidae.

C. **Fusulinina.** Schale mikrogranular; marin oder brackisch; Ordovizium – Trias.
  Beispiele: *Climacammina* (Abb. 44 D, 56 D), *Loeblichia* (Abb. 45 F). Großforaminiferen: Fusulinaceae (Abb. 47, 59).
  Zugehörigkeit jüngerer Formen mit mikrogranularer Schale (z. B. *Nonion*, Abb. 36 D) unklar.

D. **Miliolina.** Porzellanschaler; marin oder brackisch; Karbon – rezent.
  Beispiele: *Cyclogyra* (Abb. 42 A, 43 A), *Fischerina* (Abb. 42 B, 52 G–H), *Miliola* (Abb. 45 G), *Quinqueloculina* (Abb. 42 F, 66 A 5). Großforaminiferen: Alveolinidae (Abb. 39 I, 61), *Orbitolites* (Abb. 57).

E. **Rotaliina.** Hyalinschaler; marin oder brackisch; Perm – rezent.
  1. mit monolamellären Septen: *Bulimina* (Abb. 66 C 5), *Discorbis* (Abb. 43 H, 66 C 4), *Frondicularia* (Abb. 36 G, 52 A–B, 66 C 3), *Lagena* (Abb. 39 A), *Lenticulina* (Abb. 44 F), *Nodosaria* (Abb. 39 B, 66 C 1), *Uvigerina* (Abb. 44 C, 66 D 5).
  2. mit bilamellär rotaliiden Septen: *Ammonia* (Abb. 54 A, 66 A 4), *Elphidium* (Abb. 35 B, 39 H, 53 B, 66 A 1), *Rotalia;* Großforaminiferen-Gruppe Nummulitidae (Abb. 41, 50 E, 52 E–F).

3. mit bilamellären Septen und benthischer Lebensweise: *Cibicides* (Abb. 40 D–F, 66 B 1); Großforaminiferen-Gruppen Discocyclinidae (Abb. 38 A), Lepidocyclinidae, Orbitoididae (Abb. 38 B).
4. mit bilamellären Septen und planktischer Lebensweise: *Globigerina* (Abb. 40 G–I, 44 G, 60, 63), *Hantkenina* (Abb. 36 I).
5. mit aragonitischer Schale: *Reinholdella* (Abb. 44 I), *Robertina*, *Trocholina* (Abb. 40 A–C), eventuell *Spirillina* (Abb. 36 F, 55).

Auswahl weiterführender Literatur:

O. R. ANDERSON & A. W. H. BÉ (1978), H. BARTENSTEIN (1979), A. W. H. BÉ (1977), F. BETTENSTAEDT (1979), A. BOERSMA (1978), J. A. CUSHMAN (1948), G. O. G. GREINER (1974), K. G. GRELL (1979), J. R. HAYNES (1981), R. H. HEDLEY & C. G. ADAMS (Hrsg.) (1974ff.), J. HOHENEGGER & W. PILLER (1975), L. HOTTINGER (1978, 1980), J. J. LEE et al. (1979), A. R. LOEBLICH jr. & H. TAPPAN (1964), B. A. MASTERS (1977), J. W. MURRAY (1973), CH. A. ROSS (1972), H. SCHAUB (1981), R. M. STAINFORTH et al. (1975).

# Radiolarien

## 1. Definition

Radiolarien sind einzellige Tiere mit fadenförmigen, radialstrahligen Pseudopodien. Protoplasma durch eine Zentralkapselmembran in ein intrakapsuläres Endoplasma und ein extrakapsuläres Ektoplasma geteilt. Meist mit einem gitterförmigen Skelett aus Kieselsäure.

## 2. Morphologie

Die Radiolarien sind mikroskopisch kleine Einzeller, die meist solitär leben und nur selten lockere Zellaggregate („Kolonien") bilden. Die Zellen haben meist einen Durchmesser von etwa 0,1–0,5 mm, in Extremfällen bis 1 cm.

Für alle Radiolarien ist die Zentralkapselmembran typisch, die das Endoplasma vom Ektoplasma trennt. Sie besteht aus Tektin und ist stets von Öffnungen durchbrochen. Bei den Peripylea (Spumellarien) sind diese über die ganze Membran verteilt. Bei den Monopylea (Nassellarien) ist nur eine einzige Öffnung in der Wachstumsachse vorhanden. Die Tripylea (Phaeodarien) besitzen eine doppelte Zentralkapselmembran mit einer Hauptöffnung und zwei entgegengesetzt stehenden Nebenöffnungen.

Das Endoplasma der Radiolarien ist relativ dicht und enthält den Zellkern. Das Ektoplasma bildet grobe Vakuolen. In ihm befinden sich Fett-Tröpfchen, zuweilen Pigmente und oft symbiontische Zooxanthellen aus der Gruppe der Cryptomonadales. Das Ektoplasma ist differenziert; eine innere Lage bedeckt die Zentralkapselmembran; der äußere Teil bildet ein lockeres Netzwerk, zwischen das Gallerte (das Kalymma) eingelagert ist (Abb. 68).

Das Skelett wird vom äußeren Teil des Ektoplasmas gebildet und besteht aus amorpher Kieselsäure (wasserhaltigem Skelettopal). Seine Elemente sind bei Spumellarien und Nassellarien massiv. Bei den Phaeodarien sind sie hohl und enthalten einen ziemlich hohen Anteil an organischem Material. Bei allen drei Radiolariengruppen gibt es Arten, denen Skelette ganz fehlen oder bei denen isolierte Spiculae als einfachste Skelette vorkommen. Diese sind oft vierstrahlig, doch kommen auch Ein-, Sechs- und Vielstrahler vor. Die Spiculae sind in das Kalymma eingebettet. Durch Verschmelzung von Spiculae sowie Vermehrung, Verzweigung und (seltener) Reduktion von Strahlen entstehen einfache Spiculargerüste. Bei den Nassellarien ist dieser Vorgang besonders deutlich erkennbar. Verbreiterung und Zusammenwachsen tangentialer Elemente scheinen die Ursachen für die Bildung der Gitterskelette zu sein.

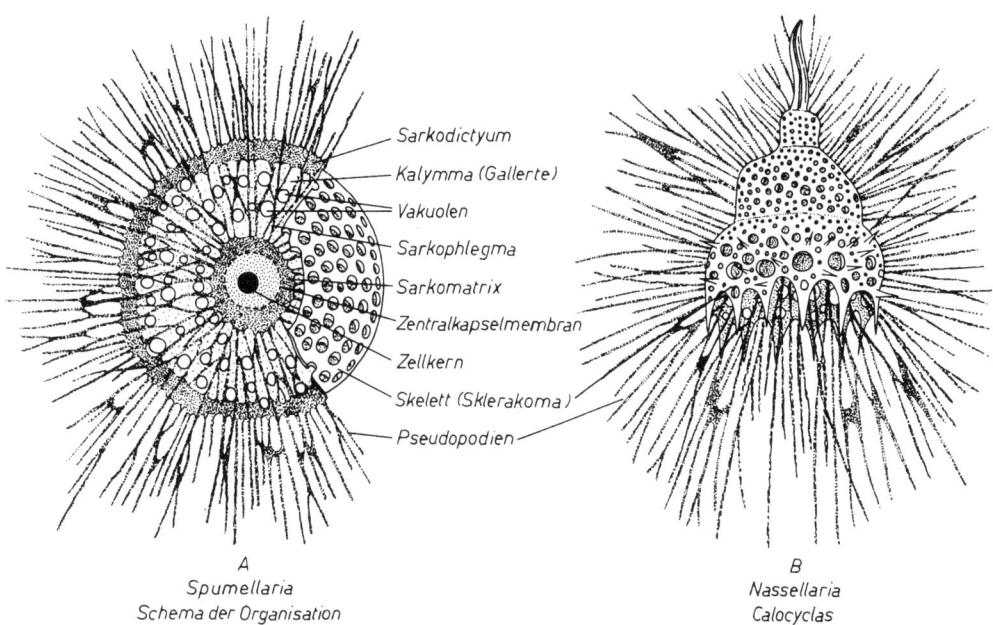

A
Spumellaria
Schema der Organisation

B
Nassellaria
Calocyclas

Abb. 68. Schema der Radiolarien-Organisation. A: Bauplan der Spumellaria (schematisch). B: Morphologie der Nassellaria am Beispiel der Gattung *Calocyclas* (Kreide – rez.), × 150. Nach E. Haeckel und A. A. Strelkov.

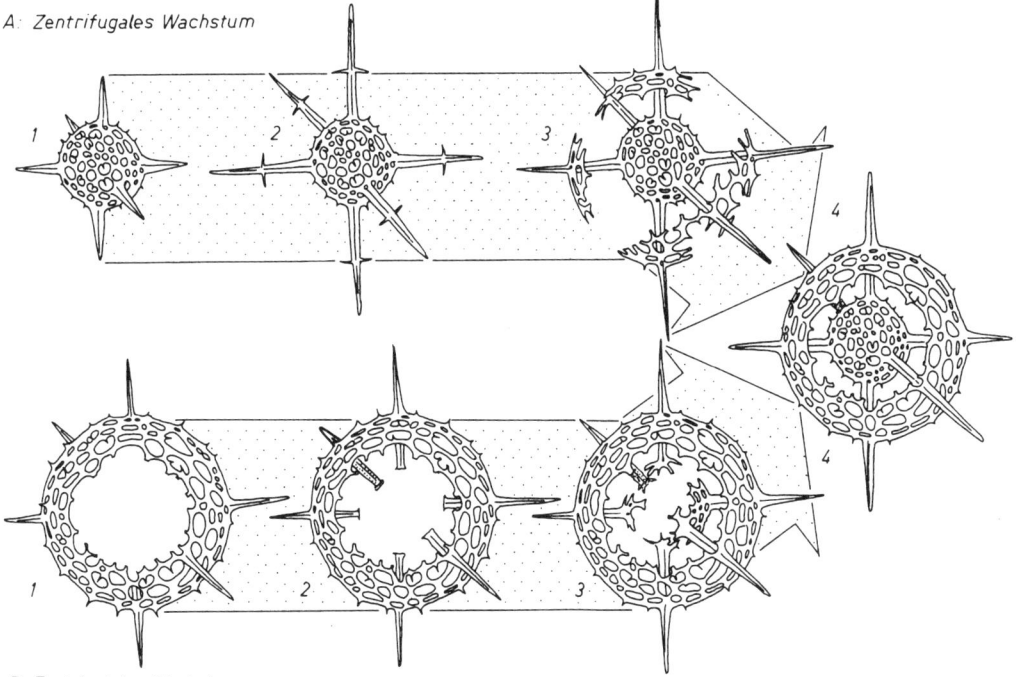

Abb. 69. Schema des zentrifugalen und des zentripetalen Wachstums der Radiolarien-Gruppe der Spumellarien. Bei B1 bis B4 ist die äußere Gitterschale aufgebrochen, um das innere Skelett zu zeigen.

Für die Spumellarien sind Gitterkugeln charakteristisch (Abb. 69, 70). Abgewandelte Formen sind eiförmig, scheibenförmig, dreilappig oder durch Einschnürungen unterteilt. Radiale Stacheln können den Gitterkugeln aufsitzen. Verbreitet sind Formen, bei denen mehrere Gitterkugeln konzentrisch ineinander geschachtelt sind. Das Wachstum kann anscheinend sowohl zentrifugal (nach außen) als auch zentripetal (nach innen) verlaufen. Obwohl die Gitterkugeln im Ektoplasma gebildet werden, kann es beim zentripetalen Wachstum zur Entstehung sogenannter intrakapsulärer Skelette kommen. Auch die Radialstacheln können bis ins Kugelzentrum reichen.

Für die Nassellarien ist polares Wachstum bezeichnend (Abb. 71). Als Apex bezeichnet man den der Wachstumsrichtung (Basis) abgewandten Pol. Die dort zuerst gebildete, mützenförmige und basalwärts vielfach offene Gitterschale nennt man „Kephalis". Die basalwärts anschließenden, meist glockenförmig erweiterten Gitterschalen heißen „Thorax" und „Abdomen". Die zuletzt gebildete Schale kann basal erweitert oder verengt, geöffnet oder durch ein Gitter verschlossen, ganzrandig oder durch abgespreizte Stacheln verziert sein.

### 3. Fortpflanzung

Die Fortpflanzung der Radiolarien scheint in den meisten Fällen ungeschlechtlich zu geschehen. Zuerst teilt sich der Kern, dann die Zentralkapsel und das Ektoplasma. Bei Gitterskeletten verläßt eines der Tochterindividuen das mütterliche Skelett und beginnt, ein neues Skelett auszuscheiden. Bei Spicularskeletten werden die Elemente auf die beiden Tochterindividuen aufgeteilt.

Bei anderen Formen zerfällt die Kernmasse in viele Kerne, und es bilden sich nach Anlagerung kleiner Protoplasmamengen begeißelte Schwärmer. Wie sich diese Schwärmer weiterentwickeln, ist unbekannt. Geschlechtsvorgänge sind nicht sicher beobachtet worden. In seltenen Fällen beschränkt sich die Teilung auf Kern und Endoplasma. Mehrere Tochterindividuen leben mit gemeinsamem Ektoplasma und bilden so Kolonien.

### 4. Phylogenie

Die Radiolarien werden allgemein von den Flagellaten abgeleitet. Zytologische Untersuchungen lassen es als wahrscheinlich erscheinen, daß die engste Verwandtschaft zu den Pyrrhophyta besteht. Diese sind allerdings eindeutig erst lange nach den ältesten Radiolarien nachgewiesen.

Das erste gesicherte Auftreten der Radiolarien scheint ins Kambrium zu fallen; die ältesten gut erhaltenen Formen stammen aus dem unteren Ordovizium. Die Auffassungen über die stammesgeschichtliche Entwicklung im Paläozoikum sind uneinheitlich. Eine ältere Meinung geht von der Existenz hochentwickelter Spumellarien und Nassellarien schon im Kambrium aus und vermutet, daß seither der Evolutionsfortschritt gering war. Neuerdings werden viele Literaturangaben über paläozoische Funde als revisionsbedürftig angesehen. Als primitivste Formen werden Spumellarien mit vier- oder sechsstrahligen Spiculae, ohne oder mit kugeligem Gitterskelett, betrachtet. Sie sind ab dem unteren Ordovizium nachgewiesen. Ebenfalls im unteren Ordovizium erscheinen Spumellarien mit Gitterkugeln ohne zentrale Spiculae sowie die ersten konischen, noch spikulären

---

Abb. 71. Bauplan und Evolutionsrichtungen bei der Radiolarien-Gruppe der Nassellarien. A: Idealisierter Grundbauplan des Skelettes. B und C: Entstehung des spikulären Skelettes der Plectellariaceen. C: rez., × 150. D und E: Vermehrung und Terminologie der Glieder im Gitterskelett. D: Kreide – rez., × 100; E: Kreide – rez., × 200. F und G: Zerteilung des Capitulums, rez., × 200. Nach V. V. DRUSCHTSCHITZ, G. GÖKE, V. HAECKER, C. NIGRINI und A. POPOFSKY.

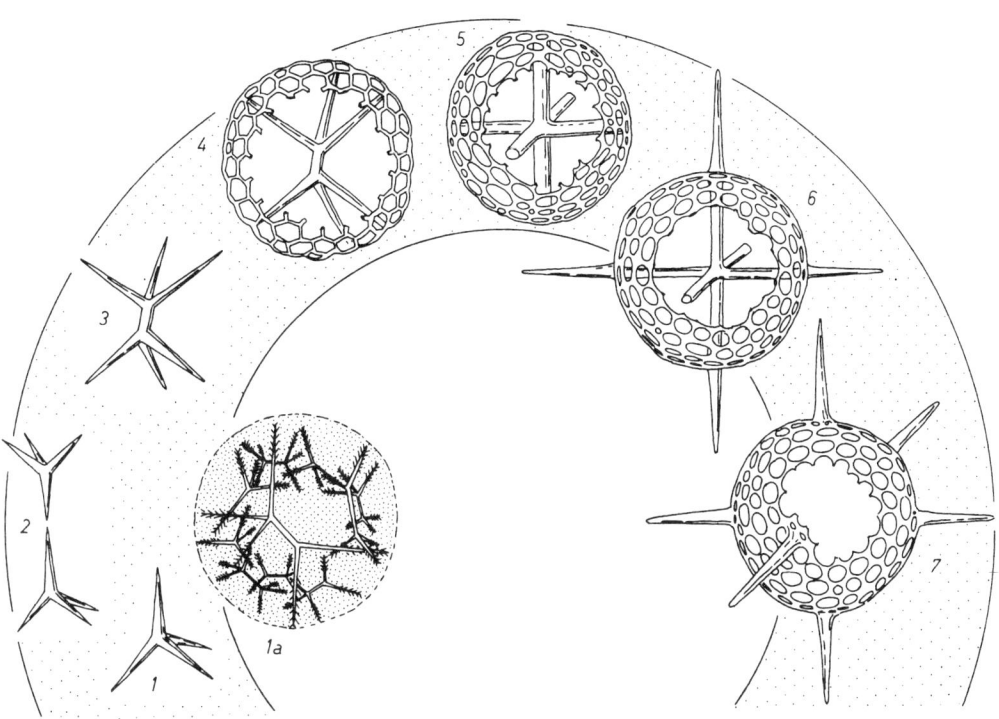

Abb. 70. Schema der morphogenetischen Entwicklung der Radiolarien-Gruppe der Spumellarien. Man beachte die Ableitung von spikulären Formen sowie die Entstehung und das spätere Verschwinden von Stacheln, die bis ins Kugelzentrum reichen. 1a: Schema der rezenten Gattung *Rhaphidonura* (× 50).

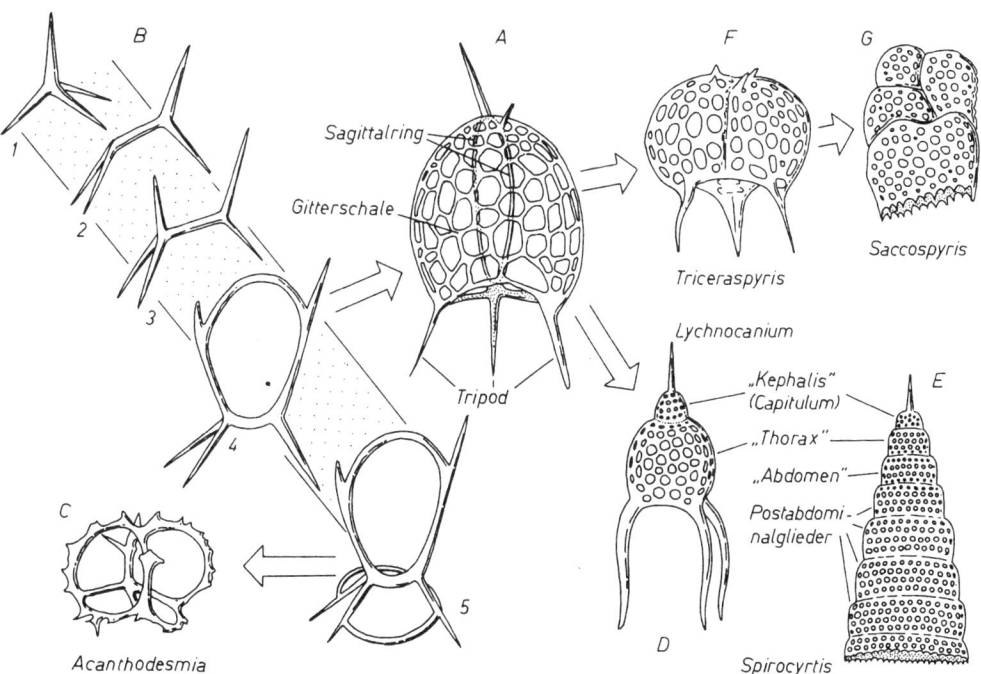

Gebilde. Echte Nassellarien sollen erst im Mesozoikum vorkommen. Die Phaeodarien sind erst ab der Kreide nachgewiesen. Ab dem Untermiozän scheint die Dicke der Skelette allgemein abzunehmen.

## 5. Stratigraphie

Die Eignung der Radiolarien für stratigraphische Zwecke gilt als gering. Neuere Untersuchungen deuten jedoch darauf hin, daß es neben Durchläufern (oder schlecht unterscheidbaren Formen) auch Arten mit geringer vertikaler Verbreitung gibt (Abb. 72).

## 6. Lebensweise

Die Radiolarien leben planktisch und sind ausnahmslos marin. Das Schweben wird durch Öltröpfchen im Plasma sowie durch Schwebstacheln erleichtert. Beobachtete Vertikalbewegungen finden ihre Erklärung in Stoffwechselvorgängen. Die Photosynthese der symbiontischen Zooxanthellen verbraucht tagsüber das vom Radiolar beim Stoffwechsel produzierte $CO_2$; die Zellen sinken ab. Nachts sammelt sich das $CO_2$ in Vakuolen; die Zellen werden spezifisch leichter und steigen auf. Außerdem können Radiolarien durch Einziehen der Pseudopodien die Körperoberfläche verkleinern und dadurch absinken. Man kennt neben der tageszeitlichen Migration, die 200 bis 350 m erreichen kann, auch jahreszeitliche und witterungsabhängige Wanderungen. Im Mittelmeer halten sich Radiolarien im Winter in der oberflächennahen Schicht bis 50 m Tiefe massenhaft auf; im Sommer sinken sie bis auf 400 m ab. Auch bei stürmischem Wetter können sie um etwa 50 m in die Tiefe ausweichen. Das Leben der Radiolarien ist demnach an das Vorhandensein einer größeren Meerestiefe gebunden, auch wenn sie normalerweise in Oberflächennähe vorkommen.

Die meisten Spumellarien und viele Nassellarien halten sich normalerweise in der belichteten Zone auf. Einige Nassellarien und viele Phaeodarien kommen jedoch auch in bodennahen Schichten der Tiefsee vor. Auf den Phaeodarien beruht überwiegend eine Tiefenzonierung rezenter Radiolarien (0–50 m: Collidenschicht; 50–400 m: Challengeridenschicht; 400–1000 m: Tuscarorenschicht; unter 1000 m: Pharyngellenschicht). Wegen des unzureichenden fossilen Nachweises der Phaeodarien ist diese Gliederung in der Paläontologie jedoch nicht anwendbar (Abb. 73).

Auch von rezenten Nassellarien- und Spumellarien-Arten ist ein besonders häufiges Vorkommen in bestimmten Meerestiefen beschrieben. Es lassen sich Faunen des oberflächennahen Wassers, solche des mittleren sowie des tieferen epipelagischen Bereiches und solche des tiefen Wassers unterscheiden.

Die meisten Radiolarien meiden die Küstennähe, können jedoch von Strömungen an den Strand gespült werden. Die Mannigfaltigkeit der Radiolarien ist in den warmen Gewässern am größten; in Polnähe ist die Artenzahl relativ gering (Abb. 74). Warmwasserformen sind – in Anpassung an die geringere Dichte des warmen Wassers – feiner gebaut als Kaltwasserformen. Ihr Skelett hat mehr Durchbrüche, zahlreichere oder längere Stacheln, Nadeln oder Apophysen, und ist breiter oder flacher gebaut. Kaltwasserformen sind schlanker, mit derberen Fortsätzen und massiverem Skelett. Da die Meerestemperatur mit der Tiefe abnimmt, haben Tiefwasserformen den Habitus der Kaltwasserformen.

Radiolarien ernähren sich von Mikroorganismen (Flagellaten, Diatomeen usw.), die von den Pseudopodien festgehalten werden. Zusätzlich verwerten sie Stoffwechselprodukte der Zooxanthellen.

## 7. Fossilisation

Als planktische Lebewesen können die Radiolarien in nahezu alle marinen und sogar in brackisch-limnische Sedimentationsräume verfrachtet werden. Am häufigsten sind sie jedoch in

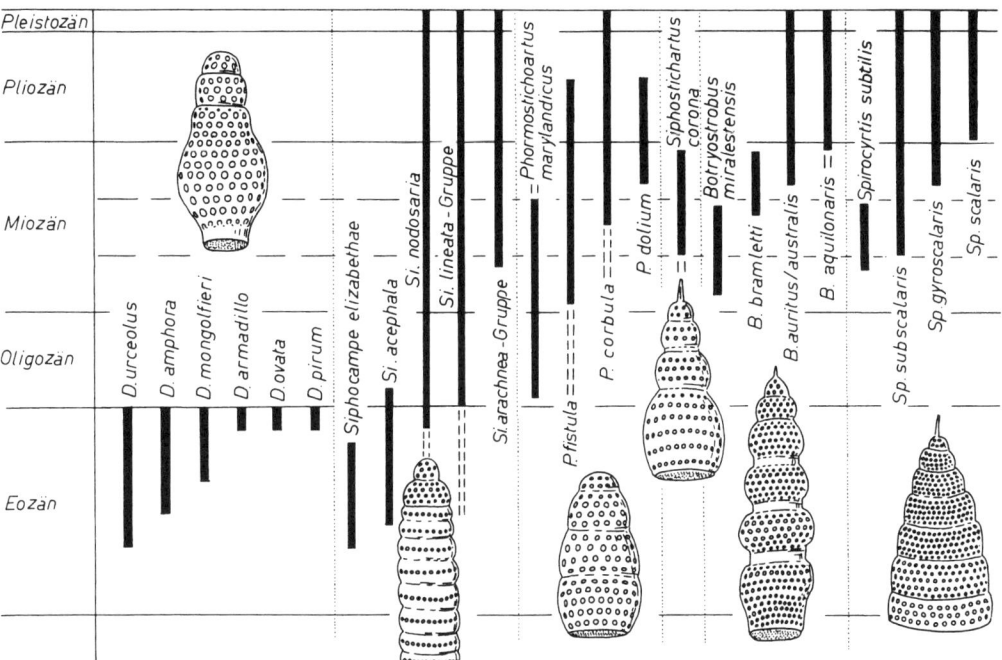

Abb. 72. Stratigraphische Verwertbarkeit von Radiolarien am Beispiel der Nassellarien-Familie der Artostrobiidae. D. = *Dictyoprora*. Nach C. NIGRINI.

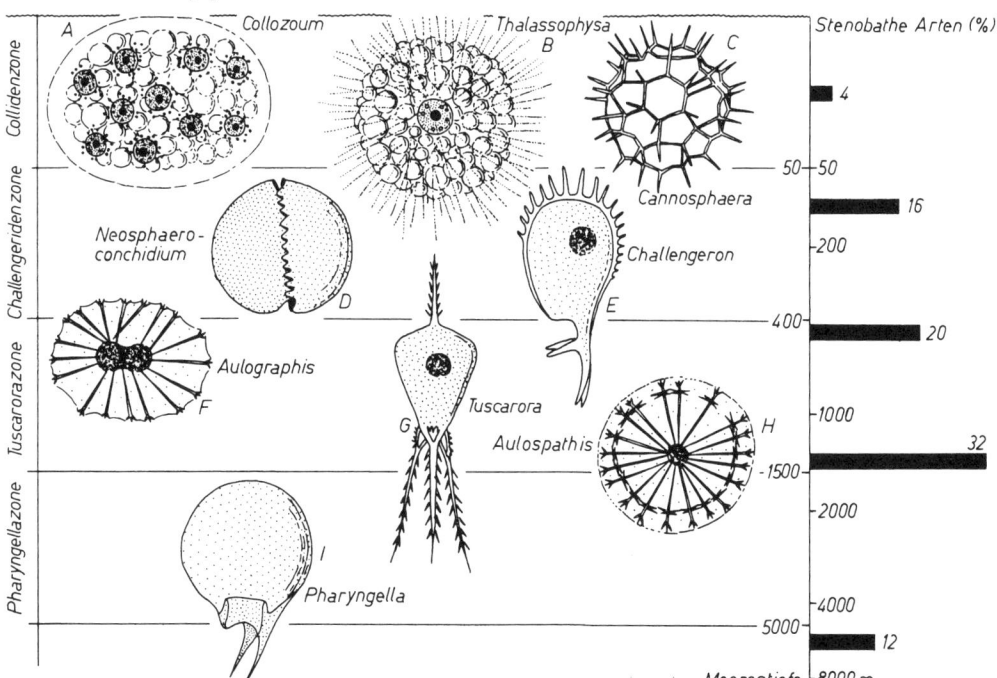

Abb. 73. Bathymetrie der Radiolarien. Links: Tiefenstufen rezenter Radiolarien, begründet überwiegend auf Phaeodarien (Ausnahmen: die Spumellarien-Gattungen *Collozoum* und *Thalassophysa*), nach V. HAECKER. Rechts: Anteil stenobather Arten an der Radiolarien-Fauna im Kurilen-Kamtschatka-Gebiet. Nach V. V. RESCHETNJAK.

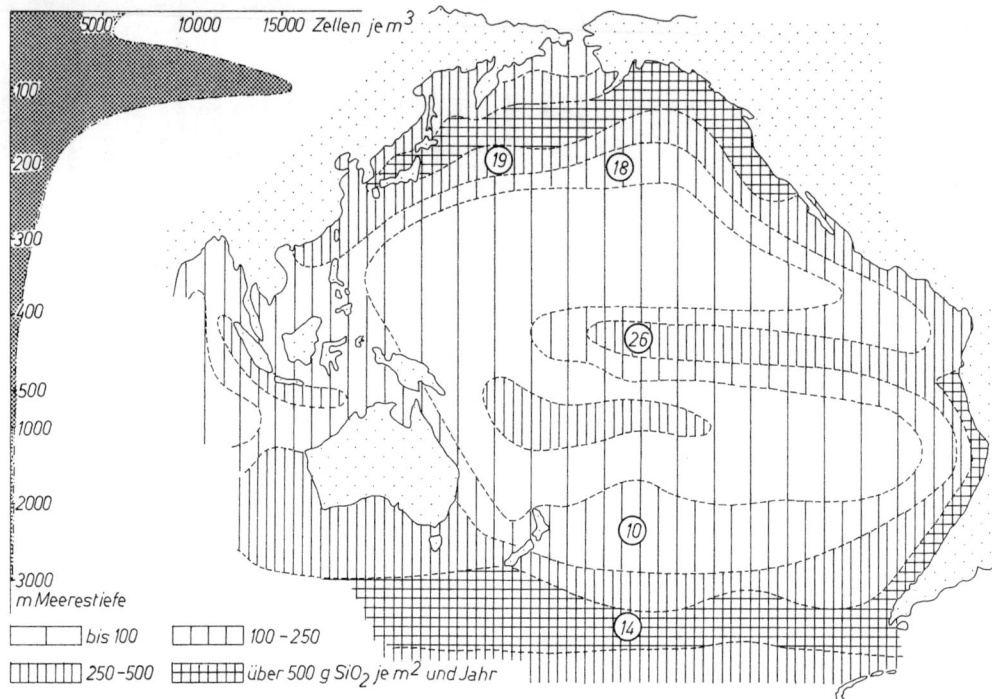

Abb. 74. Die Verbreitung rezenter Radiolarien (Spumellarien und Nassellarien) im Pazifik. Karte (rechts): Die Jahresproduktion von Kieselsäure im Plankton (Radiolarien und Diatomeen) sowie die Diversität in Abhängigkeit von Meerestemperatur und $SiO_2$-Produktion. Der Diversitätsfaktor (Kreise) ist die durchschnittliche Artenzahl je Gesichtsfeld pro Streupräparat. Diagramm (links): Radiolarienhäufigkeit in Abhängigkeit von der Meerestiefe im zentralen Pazifik. Nach A. P. LISITZIN und R. E. CASEY.

der Gegenwart in Sedimenten der Tiefseeböden unterhalb der Löslichkeitsschwelle des $CaCO_3$, das heißt, unterhalb von etwa 3000 m Meerestiefe. Hier häufen sich absinkende Skelette an und werden von der Kalklösung nicht erfaßt. Im sogenannten Radiolarienton können Radiolarien mehr als 75 % des Sedimentes stellen. Auch im Roten Tiefseeton sind sie häufig. Ob die weitverbreiteten fossilen „Radiolarite" die lithifizierten Produkte solcher Bildungen sind, ist umstritten und bedarf der sorgfältigen Untersuchung in jedem Einzelfall.

Die in Radiolariten, Kieselschiefern oder ähnlichen Kieselgesteinen eingebetteten Radiolarien lassen sich oft nicht isolieren. Vollständig freiätzbare Faunen sind selten. In manchen Fällen gestattet vorsichtiges Ätzen ein teilweises Freilegen von Skeletten. Oft muß sich die Untersuchung auf Dünnschliffe oder durchscheinende Abschläge beschränken, wodurch die Bestimmungsmöglichkeiten stark eingeengt werden.

Radiolarien, die in kalkiges Sediment eingebettet wurden, sind in den meisten Fällen aufgelöst. Seltener ist eine Verkalkung des Skelettes, wobei die feinen Strukturen zerstört werden.

Auswahl weiterführender Literatur:

A. S. CAMPBELL (1954), R. E. CASEY (1977), R. A. FORTEY & B. K. HOLDSWORTH (1971), S. A. KLING (1978), F. J. & M. R. MAURASSE (1979), E. A. PESSAGNO jr. (1977), W. R. RIEDEL & A. SANFILIPPO (1977), A. SCHAAF (1981).

# Calpionelliden

## 1. Definition

Die Calpionelliden sind mutmaßliche Einzeller unsicherer systematischer Zugehörigkeit. Sie besitzen etwa 0,1 mm lange, becherförmige, kalkige Gehäuse.

## 2. Morphologie

Die Gehäuse der Calpionelliden haben die Form eines Bechers und sind etwa 0,1 mm lang. Im Querschnitt sind sie kreisrund. Die Öffnung trägt bei vielen Formen einen abgesetzten Kragen. Am entgegengesetzten Pol des Gehäuses kann ein spitz zulaufender Fortsatz entwickelt sein (Abb. 75). Calpionelliden werden im allgemeinen in Gesteins-Dünnschliffen untersucht. Die Schnitt-Ebene kann dabei sehr unterschiedliche Teile des Gehäuses treffen und dementsprechend verschiedenartige Schnittbilder bewirken. Das ist zu berücksichtigen, wenn aus den Schnittbildern Artbestimmungen vorgenommen werden (Abb. 76).

Die Gehäuse der Calpionelliden bestehen aus Kalk. Unklar ist, ob es sich primär um Aragonit oder Kalzit handelt. Die kristallographische Orientierung des Karbonats weicht bei einigen Formen im Kragen von derjenigen der übrigen Gehäusewand ab. Daraus ist zu schließen, daß die Gehäuse primär kalkig sind. Der Kalk erscheint im Mikroskop durchscheinend (hyalin). Unter dem Elektronenraster-Mikroskop lassen sich winzige (0,3–0,4 µm große) polyedrische (vielflächige), schraubig angeordnete Kriställchen erkennen. Die ältesten Calpionellen unterscheiden sich durch ihre opaken (nicht durchscheinenden) Gehäuse. Wahrscheinlich sind sie mikrogranular. Bei Übergangsformen kann man feststellen, daß sich der Ersatz der opaken durch die hyaline Schale von innen nach außen und vom aboralen (der Öffnung abgewandten) Pol zum Kragen vollzieht.

Rezente Protisten sondern ihre Gehäuse entweder als Schalen oder als Hüllen ab. Schalen liegen dem Plasma direkt auf oder sind darin eingebettet. Hüllen (Loricae) lassen der Zelle Raum für Bewegungen. Nur Schalen sind bei rezenten Protisten mineralisiert (sie können jedoch auch aus organischer Substanz bestehen oder agglutiniert sein). Loricae rezenter Protisten bestehen aus organischer Substanz oder sind agglutiniert, niemals jedoch mineralisiert. Da das Calpionellen-Gehäuse kalkig ist, muß man es in Analogie zu den Rezent-Befunden als Schale deuten. Der oft für das Calpionellen-Gehäuse gebrauchte Ausdruck „Lorica" wäre demnach unzutreffend.

## 3. Verwandtschaft

Die verwandtschaftliche Zugehörigkeit der Calpionelliden ist unklar. Meist werden sie zur Ciliaten-Gruppe der Tintinniden gestellt. Allerdings sprechen dagegen gewichtige Gründe. Die Oberfläche der Ciliaten-Zelle trägt die charakteristischen Wimpern. Sie sind auch dort wohlentwickelt, wo eine Lorica vorhanden ist. Unter einer dem Plasma aufliegenden Schale könnten Wimpern nicht funktionieren. Auch sonst ist eine so weitgehende Reduktion der Wimpern bei den rezenten Ciliaten – außer bei den Suctorien – unbekannt. Deshalb sind bei den rezenten Ciliaten auch keine Schalen ausgebildet. Auch wenn man das Calpionelliden-Gehäuse im Gegensatz zu den Rezent-Befunden als mineralisierte Lorica auffaßt, ergeben sich Schwierigkeiten: Bei keinem rezenten Ciliaten kennt man eine Abscheidung von Kalk.

Auch manche Flagellaten (u. a. aus den Gruppen der Euglenophyten, der Chrysomonadales und der Choanoflagellaten) besitzen Hüllen, die in der Form den Gehäusen der Calpionelliden weitgehend ähneln. In den Dimensionen stimmen sie allerdings nicht überein. Die Flagellaten-

## Die Einzeller (Protisten)

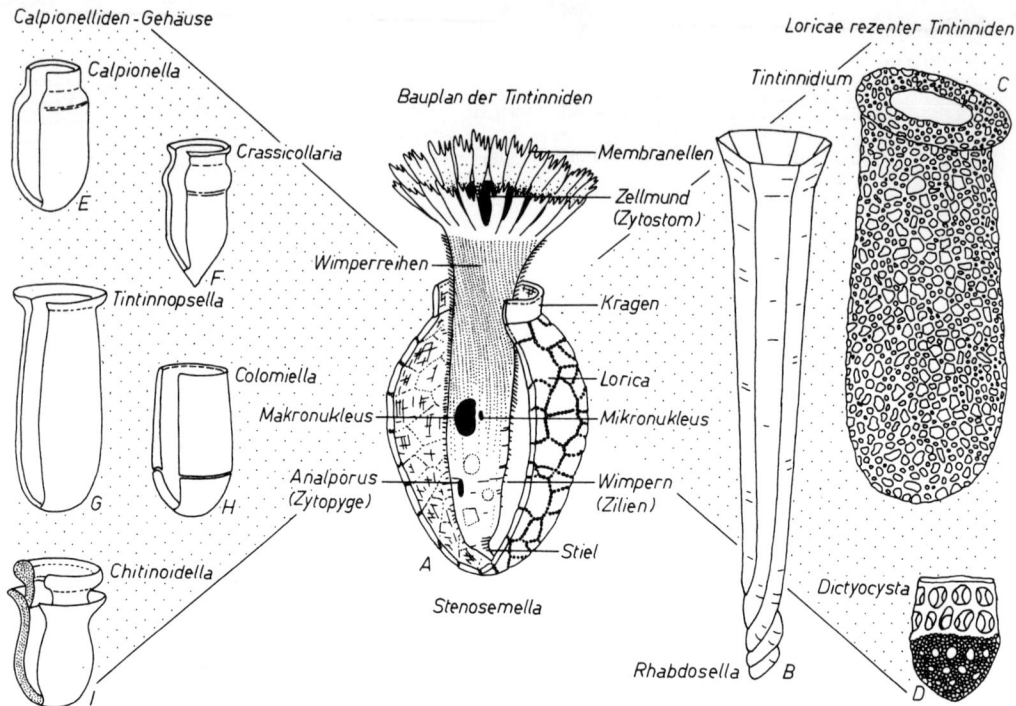

Abb. 75. Bauplan (A) und Formen (B–D) rezenter Tintinniden sowie Vergleich mit Calpionellen-Gehäusen (E–I). × 200. Nach A. S. CAMPBELL und J. REMANE.

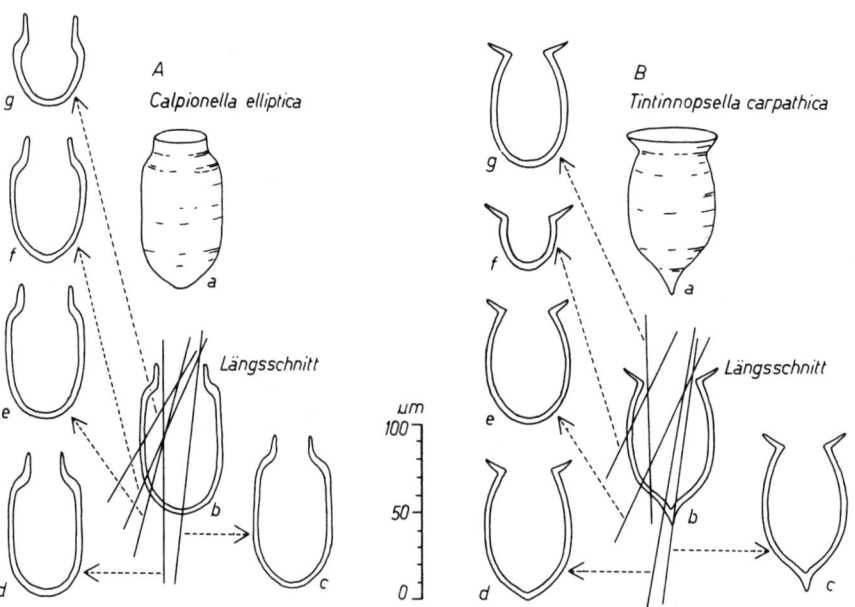

Abb. 76. Calpionellen-Gehäuse und aus ihnen abgeleitete Schnittbilder. Nach J. REMANE.

Hüllen sind meist wesentlich kleiner. Überdies ist ihr Chemismus unterschiedlich; sie bestehen aus organischer Substanz.

### 4. Phylogenie

Die Vorfahren der Calpionelliden sind unbekannt. Im höheren Tithon (Oberjura) und in der Unterkreide entwickeln sich vier Gruppen auseinander, die sich im wesentlichen durch die Form und durch die kristallographische Orientierung des Kalkes im Kragen unterscheiden. Im unteren Hauterivien (Unterkreide) erlöschen sie. Ob Beziehungen zu den ähnlichen Colomielliden der höheren Unterkreide bestehen, ist unsicher. Eindeutige Tintinniden werden seit dem Ordovizium vermutet, doch ist die Überlieferung sehr lückenhaft.

### 5. Stratigraphie

Die Calpionelliden sind im obersten Jura (Ober-Tithon) und in der untersten Kreide (Berriasien und Valanginien) hervorragende Leitfossilien (Abb. 77). Neben einigen Durchläufern gibt es eine Reihe von Arten, die auf kurze Zeitabschnitte beschränkt bleiben. Eingeschränkt wird der stratigraphische Wert der Calpionelliden nur durch die enge Bindung an eine bestimmte Fazies (pelagische, feinkörnige Kalke).

### 6. Lebensweise

Da die Calpionelliden nicht ohne weiteres mit rezenten Protisten verglichen werden können, darf ihre Lebensweise nur aus den geologischen Befunden rekonstruiert werden. Sie sind am häufigsten in küstenfernen pelagischen Kalken. Daraus ergibt sich, daß sie wahrscheinlich planktische Hochseeformen waren. Die Ähnlichkeiten in Form und Dimensionen mit vielen Tintinniden sind damit nicht zufällig, sondern beruhen auf Anpassung an gleichartige Lebensbedingungen. Ob man daraus auch folgern darf, daß die Calpionelliden einen den Tintinniden ähnlichen Lokomotionsapparat besaßen, ist zweifelhaft.

Die Calpionelliden sind in einem Gürtel von Mexiko über Südeuropa bis Südasien verbreitet. Daraus auf eine Temperaturabhängigkeit zu schließen, ist jedoch voreilig. Wahrscheinlich spiegelt die Verbreitung nur die damaligen Meereszusammenhänge wider. Über die sonstigen Lebensansprüche der Calpionelliden, u. a. die Nahrung, ist nichts bekannt.

### 7. Fossilisation

Die Calpionelliden müssen an der Wende Jura/Kreide häufige Mikro-Organismen des offenen Meeres gewesen sein. Die nach dem Tode absinkenden Gehäuse wurden eingebettet und stellen z. T. einen erheblichen Anteil am Sediment. Nach der Einbettung wurden die Gehäuse anscheinend zuweilen nicht wesentlich verändert (vgl. aber Abb. 78), wie sich aus dem Erhaltungszustand und der bei manchen Gruppen zu beobachtenden abweichenden kristallographischen Orientierung des Kalkes im Kragen ergibt. In anderen Fällen entstanden bei der Diagenese durch Kornvergröberung Gehäuse aus relativ großen Kristallen, die in kompakten Kalken zu plattenförmigen, gekrümmten Elementen verschmolzen sein können.

Auswahl weiterführender Literatur:
G. COLOM (1965), J. REMANE (1971, 1978).

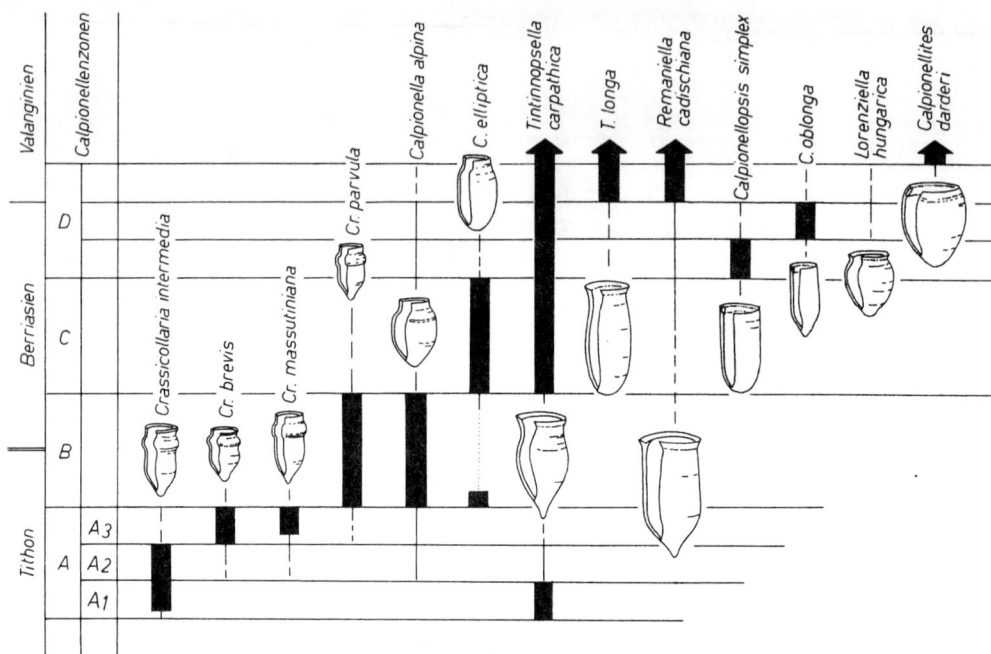

Abb. 77. Die stratigraphische Verbreitung wichtiger Calpionellen-Arten des Grenzbereichs Jura/Kreide im westlichen Mittelmeergebiet. Nach J. REMANE.

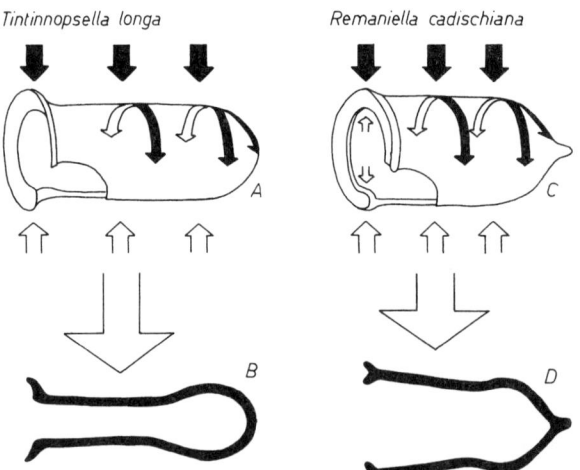

Abb. 78. Schema der Druckverteilung bei Calpionellen-Gehäusen und die sich daraus ergebenden Deformationstypen. Nach J. REMANE.

# Anhang: Chitinozoen

## 1. Definition

Chitinozoen sind Mikrofossilien unsicherer systematischer Zugehörigkeit. Sie besitzen etwa 0,05–2 mm lange, flaschenförmige Gehäuse aus organischer Substanz, die oft kettenförmig aneinander gereiht sind.

## 2. Morphologie

Die Einzelgehäuse der Chitinozoen haben die Grundform einer Flasche, doch können sie auch zylindrisch, topfförmig, nahezu kugelig oder von der Form eines Christbaumständers sein (Abb. 79). Ihre Länge beträgt 0,05 bis 2 mm. Die eigentliche Kammer (Blase, Vesikel) ist kreisrund und radiärsymmetrisch. Ihr einer Pol, der „Oralende" genannt wird, setzt sich meist in einen Hals fort und öffnet sich in der Mündung. Das Ende des Halses kann sich kragenförmig erweitern. Hals und Kragen bilden den sogenannten Oraltubus. Bei Formen mit verlängertem Hals enthält dieser eine interne Struktur, die als Prosoma bezeichnet wird. Sie besteht aus einer starren, dem Oraltubus anliegenden Röhre, deren Inneres durch dünne Querlamellen unterteilt wird. Die Mündung wird durch einen Deckel (Pfropf, Operculum) verschlossen.

Das aborale Ende des Gehäuses, die sogenannte Basis, trägt einen dünnen Porus, der nachträglich i. d. R. verschlossen wird. Sein Umkreis ist oft zu einem basalen Kallus verstärkt. Der Rand der Basis ist bei vielen Chitinozoen zu einer ringförmigen Struktur, der Carina, mehr oder weniger stark verlängert. Diese ist bei manchen Formen durchbrochen, in Spangen aufgelöst oder wird durch ringförmig angeordnete Fortsätze ersetzt (Abb. 80).

Die Wand des Gehäuses besteht aus einer organischen Substanz, die – wahrscheinlich fälschlicherweise – als Chitin angesprochen wurde. Bei gut erhaltenen Stücken ist sie durchscheinend und bernsteinfarben. Bei den meisten Chitinozoen ist die Gehäusewand zweischichtig, doch kommen auch einschichtige oder mehrschichtige Wände vor. Die äußere Schicht liegt der inneren meist dicht auf, es kann zwischen beiden jedoch auch ein Zwischenraum frei bleiben. Einige Formen entwickeln auf diese Weise einen aboralen, am Ende offenen Sack, der Siphon genannt wird (Abb. 80 G).

Die Oberfläche der Gehäusewand kann glatt oder skulptiert sein. Als Skulpturelemente kommen Höcker, einfache, gegabelte oder auf einer verzweigten Basis aufsitzende Fortsätze vor. Kurze Fortsätze sind i. d. R. massiv oder von schwammiger Wandsubstanz erfüllt, lange sind hohl und sitzen der Gehäusewand auf. Dies läßt darauf schließen, daß sie an das eigentliche Gehäuse nachträglich angebaut wurden. Bei manchen Chitinozoen schließen sich die Fortsätze distalwärts zu einem Netz oder gar zu einer dichten Hülle zusammen.

Wohl alle Chitinozoen waren ursprünglich zu Ketten vereinigt. Oft ist auf der Basalfläche im Umkreis des basalen Kallus eine rundliche Narbe zu beobachten. Zuweilen entspringt hier eine röhrenförmige oder in einzelne Spangen aufgelöste Struktur, die man „Copula" nennt. An ihr ist der Deckel der aboralwärts folgenden Kammer befestigt (Abb. 81). Die Deckel bzw. Pfropfe scheinen stets aus verfestigter, erhaltungsfähiger Substanz gebildet zu sein; die Copulae dagegen sind bei vielen Formen offenbar nicht erhaltungsfähig. Die Chitinozoen-Ketten sind oft mit nur wenigen Kammern erhalten. Es gibt jedoch auch Funde, bei denen die Ketten sehr lang, spiral aufgerollt und aus Hunderten von Kammern aufgebaut sind. Vereinzelt sind solche spiral aufgerollten Ketten in einer organischen Hülle („Kokon") eingeschlossen (Abb. 82).

# Die Einzeller (Protisten)

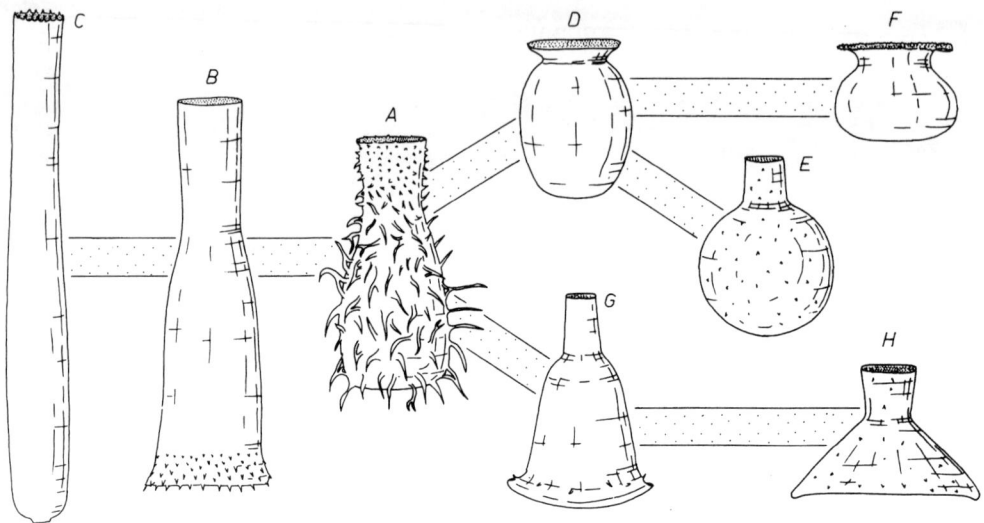

Abb. 79. Morphologie solitärer Chitinozoen. A–C: *Conochitina* (Ord. – Silur), × 200, × 400, × 100; D und F: *Desmochitina* (Ord. – Silur), × 250, × 175; E: *Lagenochitina* (Ord. – Silur), × 120; G und H: *Cyathochitina* (Ord. – Silur), × 100, × 70. Nach J. Jansonius und W. A. M. Jenkins.

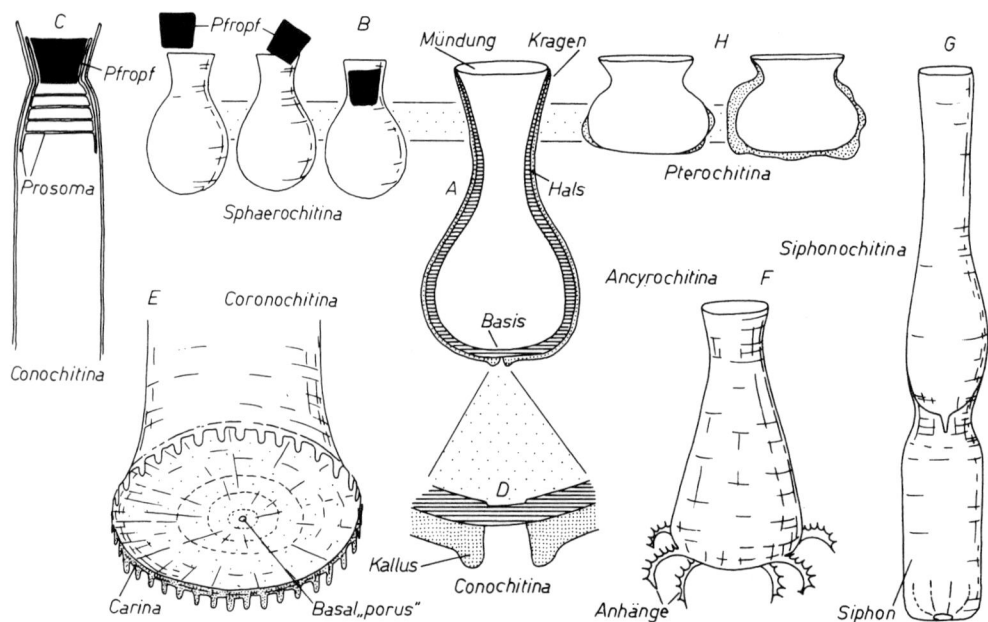

Abb. 80. Grund-Organisation der Chitinozoen. A: Schema; B: Ausstoßen eines Pfropfes (× 125); C: Prosoma (× 225); D–F: Strukturen der Basis (D: × 500; E: × 450; F: × 200); G: Siphon (× 180); H: äußere Hüllschicht (× 175). Nach A. Eisenack, J. Jansonius und W. A. M. Jenkins.

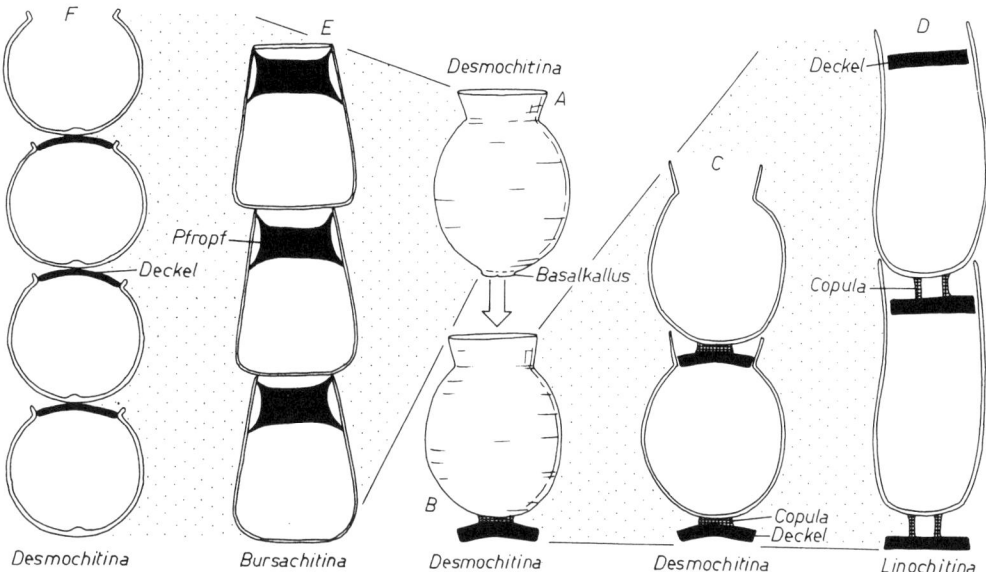

Abb. 81. Kettenbildung bei den Chitinozoen (× 200). Links (E und F): Copula nicht sklerotisiert. Rechts (C und D): Copula (kreuzschraffiert) sklerotisiert und fossil erhalten. Schwarz: Deckel bzw. Pfopfe. Nach A. EISENACK, J. JANSONIUS und W. A. M. JENKINS.

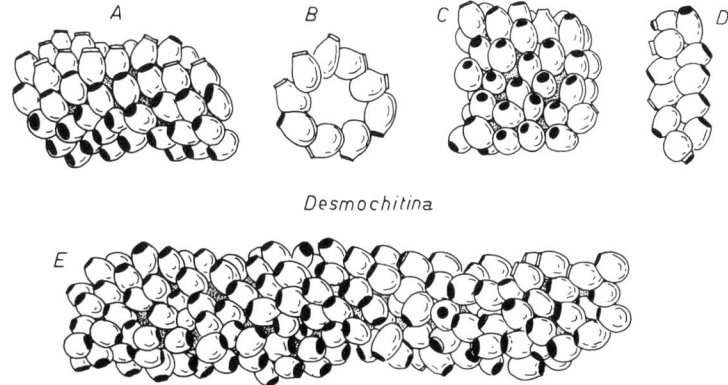

Abb. 82. Drei Beispiele von Chitinozoen-Kokons (A + B, C + D, E) (× 40). Nach R. KOZLOWSKI.

### 3. Verwandtschaft

Die verwandtschaftliche Zugehörigkeit der Chitinozoen ist unklar. Von manchen Autoren werden sie als eine ausgestorbene Gruppe von Einzellern betrachtet. Hiergegen spricht, daß die Kammern an beiden Enden dicht verschlossen waren, wodurch normale Lebensvorgänge unmöglich wurden. Größere Wahrscheinlichkeit hat die Deutung der Kammern als Entwicklungsstadien (Eier, Larven) mehrzelliger Tiere. Vor allem Graptolithen, Gastropoden und Polychaeten werden für die Herkunft in Betracht gezogen. Chitinozoen werden auch als Pilzsporen gedeutet.

### 4. Phylogenie und Stratigraphie

Chitinozoen kommen verbreitet vom unteren Ordovizium (Arenig) bis ans Ende des Devons vor. Darüber hinaus werden Funde aus dem späten Präkambrium und aus dem Karbon in der Literatur erwähnt.

Auch ohne Kenntnis der verwandtschaftlichen Zusammenhänge sind einige Entwicklungsrichtungen der Chitinozoen deutlich. Die frühen Chitinozoen des unteren Ordoviziums sind skulpturlos und oft relativ groß. Die Entwicklung führt im Laufe des Ordoviziums zu kleineren Formen. Ab dem Ober-Ordovizium (Caradoc) dominieren Gehäuse mit Dornen, wobei die Komplikation der Skulptur im Laufe des Ober-Ordoviziums zunimmt.

Eine auf das untere Ordovizium beschränkte Struktur ist der Siphon. Carinae entwickeln sich im Unter-Ordovizium, ab dem Ober-Ordovizium (Caradoc) werden sie ergänzt oder ersetzt durch lange Fortsätze. An der Grenze Ordovizium/Silur verschwinden Carinae fast völlig.

Während im Ordovizium konische Formen dominieren, überwiegen im Silur und Devon Gehäuse mit kugeligen Kammern und langem Hals. Schon im mittleren Ordovizium erscheinen niedrige, napfförmige Gehäuse. Chitinozoen dieses Typs mit einer flexiblen äußeren Hülle kommen bis ins obere Devon hinein vor. Ebenfalls ab dem mittleren Ordovizium ist die Fähigkeit zur Kettenbildung bei den Chitinozoen nachgewiesen.

Im Ordovizium und Silur sind die Chitinozoen gute Leitfossilien. Sie erlauben die regionale und interkontinentale Korrelation der einzelnen Stufen ohne Schwierigkeiten. In gut untersuchten Gebieten (Abb. 83) ist selbst eine sehr verfeinerte biostratigraphische Gliederung möglich. Für deren überregionale Korrelation fehlen jedoch noch viele Vorarbeiten. Im Devon werden die Chitinozoen seltener; auch ihre Mannigfaltigkeit nimmt ab. Dies beeinträchtigt ihre stratigraphische Bedeutung.

### 5. Lebensweise

Die Chitinozoen waren ausschließlich marin. Unklar ist, ob sie planktisch oder benthisch lebten. Für eine planktische Lebensweise vieler Formen sprechen ihre weite Verbreitung, ziemlich gleichbleibende maximale Artenzahl (Diversität von 6–8, maximal bis 12 Arten) und geringe Faziesbindung. Die Dickschaligkeit anderer Formen und einige Hinweise auf Festheftung sprechen für ein benthisches Leben dieser Arten.

Die Angaben zur Faziesbindung der Chitinozoen sind spärlich. Im Obersilur von Gotland nimmt die Häufigkeit und Mannigfaltigkeit mit Annäherung an die Riffgebiete ab. Am häufigsten sind Chitinozoen im Vorriff etwa 30–50 km von den Riffen entfernt. Außer in den Riffen selbst sind die Chitinozoen auch im Gebiet des Hinterriffes selten. Im Oberdevon Kanadas sind Chitinozoen nahe an den Riffen am häufigsten. Nach Befunden in Gotland steigert die Anlieferung terrigenen Materials der Ton-Silt-Fraktion die Häufigkeit.

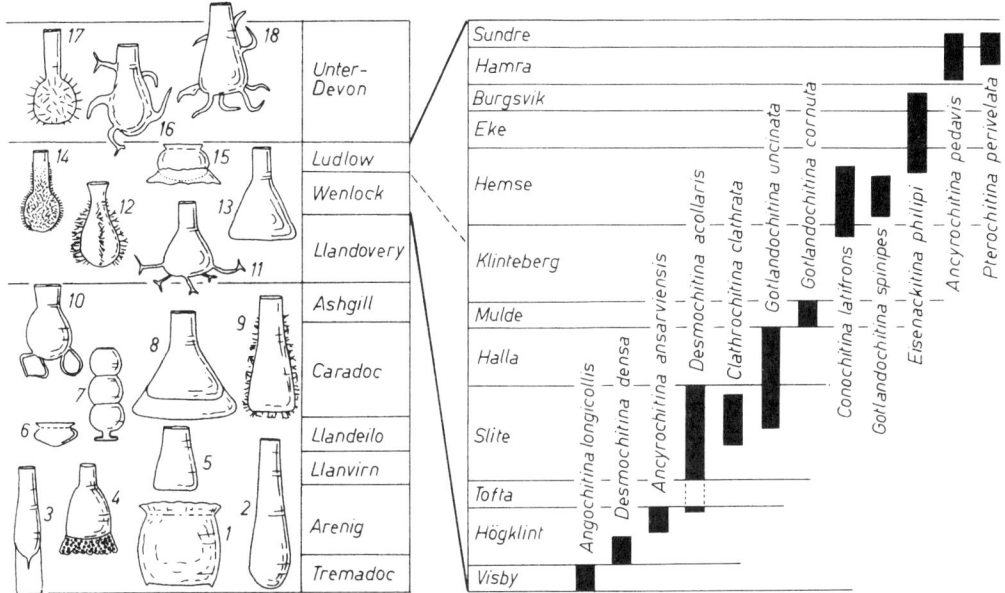

Abb. 83. Evolution und biostratigraphische Eignung der Chitinozoen. Links: Typische Chitinozoen des Ordoviziums, Silurs und Devons (nach J. JANSONIUS & W. A. M. JENKINS). Rechts: Vertikale Verbreitung einiger Chitinozoen-Arten im oberen Silur der Insel Gotland (nach S. LAUFELD). 1: *Ollachitina ingens;* 2: *Lagenochitina maxima;* 3: *Siphonochitina copulata;* 4: *Sagenachitina striata;* 5: *Lagenochitina baltica;* 6: *Hoegisphaera complanata;* 7: *Desmochitina nodosa;* 8: *Cyathochitina kuckersiana;* 9: *Hercochitina downiei;* 10: *Clathrochitina sylvanica;* 11: *Ancyrochitina ancyrea;* 12: *Gotlandochitina martinssoni;* 13: *Conochitina communis;* 14: *Angochitina echinata;* 15: *Pterochitina perivelata;* 16: *Ramochitina magnifica;* 17: *Angochitina comosa;* 18: *Cladochitina biconstricta.*

Die Chitinozoen-Arten scheinen innerhalb ihres vertikalen Vorkommens bestimmte, sich mehrfach wiederholende Horizonte einzuhalten. Es gibt Hinweise darauf, daß die Häufigkeitsmaxima in bestimmte Jahreszeiten fallen und daß die Maxima einzelner Arten innerhalb eines Jahres aufeinander folgen.

## 6. Fossilisation

Die Gehäuse der Chitinozoen waren biegsam und sind deshalb oft zerknittert, deformiert oder flachgedrückt. Ihre organische Substanz scheint nur selten völlig unverändert erhalten zu sein. In der Regel ist sie opak und schwarz. Sie ist jedoch außerordentlich widerstandsfähig und überdauert – wenn auch inkohlt – selbst mäßige Metamorphosegrade. Die Unempfindlichkeit der Gehäuse gegenüber Säuren (selbst Flußsäure) ist für die Präparation wichtig.

Auswahl weiterführender Literatur:

A. EISENACK (1976), J. JANSONIUS (1970), J. JANSONIUS & W. A. M. JENKINS (1978), R. KOZLOWSKI (1963a), S. LAUFELD (1974), R. SCHALLREUTER (1981a).

# Spongien und Coelenteraten

## Allgemeines

### 1. Definition

Spongien und Coelenteraten sind einfache vielzellige Tiere, deren Körper die Gliederung in die drei Zellschichten des Ektoderms, Mesoderms und Entoderms noch fehlt.

### 2. Abgrenzung

Während bei den Einzellern eine einzige Zelle sämtliche Lebensfunktionen erfüllt, ist bei den vielzelligen Tieren (Metazoen) die Arbeitsteilung unter den Zellen charakteristisch. Bei der großen Mehrheit der Metazoen bilden sich in der frühen Ontogenie des Embryos drei Keimblätter (Ektoderm, Mesoderm und Entoderm), aus denen die Organe entstehen.

Im Gegensatz dazu stehen die Spongien und Coelenteraten auf einer tieferen Entwicklungsstufe. Bei den Spongien (Poriferen, Schwämmen) besteht der Körper aus einem Aggregat weitgehend undifferenzierter Zellen, die sich nicht aus echten Keimblättern ableiten lassen. Organe fehlen. Selbst Epithelien sind nur an wenigen Körperstellen (Oberfläche, Kanalwände) vorhanden. Die Coelenteraten lassen sich zwar entwicklungsgeschichtlich aus einer Gastrula (vgl. Bd. 1, S. 57, Abb. 56) mit den beiden Keimblättern Ektoderm und Entoderm ableiten, ein mittleres Keimblatt fehlt ihnen jedoch (Abb. 84). Statt dessen ist eine Gallertschicht (Mesogloea) entwickelt. Ein sackförmiger Körper umschließt einen zentralen Gastralraum, der blind endet. Um den oralen Körperpol stehen i. d. R. Tentakel. Die Zellen bilden Epithelien; Organe sind jedoch nur schwach entwickelt.

Spongien und Coelenteraten stehen in ihrer Organisationsstufe zwischen den Protozoen und den Metazoen; eine stammesgeschichtliche Einheit sind sie jedoch nicht. Während die Spongien vielfach von den Choanoflagellaten (Protomonadina) abgeleitet werden (vgl. Abb. 85), ist die Herkunft der Coelenteraten unklar. Es steht nicht einmal fest, ob sie primär einfach gebaut oder sekundär vereinfacht sind (vgl. Bd. 1, S. 16, Abb. 11).

### 3. Übersicht

Die **Spongien** (vgl. S. 80) sind eine formenreiche Gruppe, die seit dem Unterkambrium nachgewiesen und in der Gegenwart noch mit fast 5000 Arten vertreten ist. In ihre Verwandtschaft dürften auch die auf das Kambrium beschränkten **Archaeocyathiden** (vgl. S. 96) gehören.

Die **Coelenteraten** lassen sich in zwei möglicherweise gar nicht näher miteinander verwandte Stämme einteilen. Die nur rezent mit 80 Arten bekannten **Ctenophoren** (Rippenquallen) sind durch kompliziert gebaute Klebzellen gekennzeichnet. Ihr Körper ist äußerlich radiär-symmetrisch. Seine inneren Organe sind jedoch bilateral-symmetrisch angeordnet. Bezeichnend sind 8

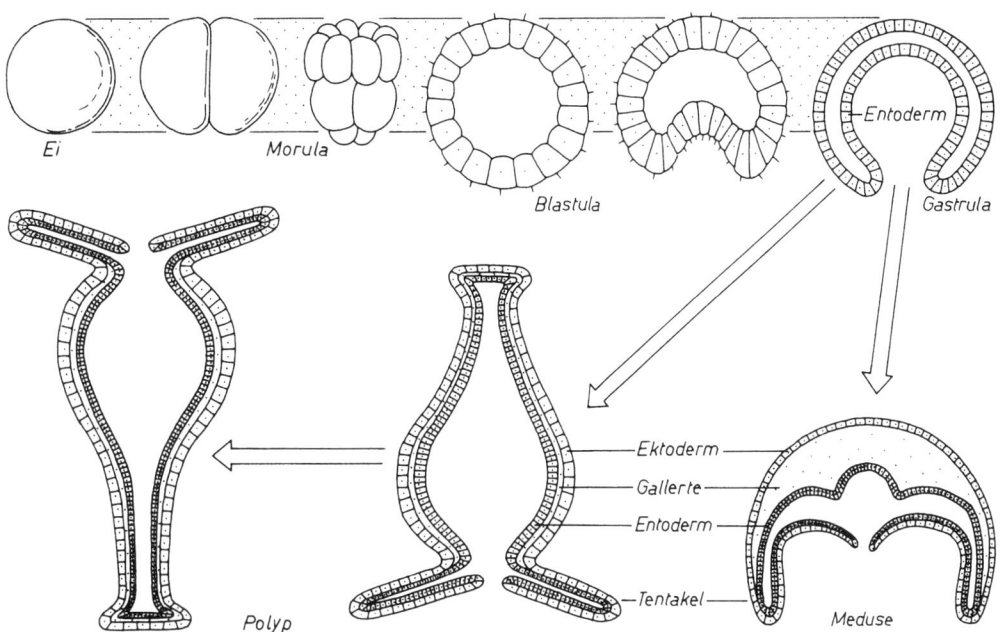

Abb. 84. Ableitung des Polypen- und Medusenstadiums der Coelenteraten aus dem ontogenetischen Stadium der Gastrula.

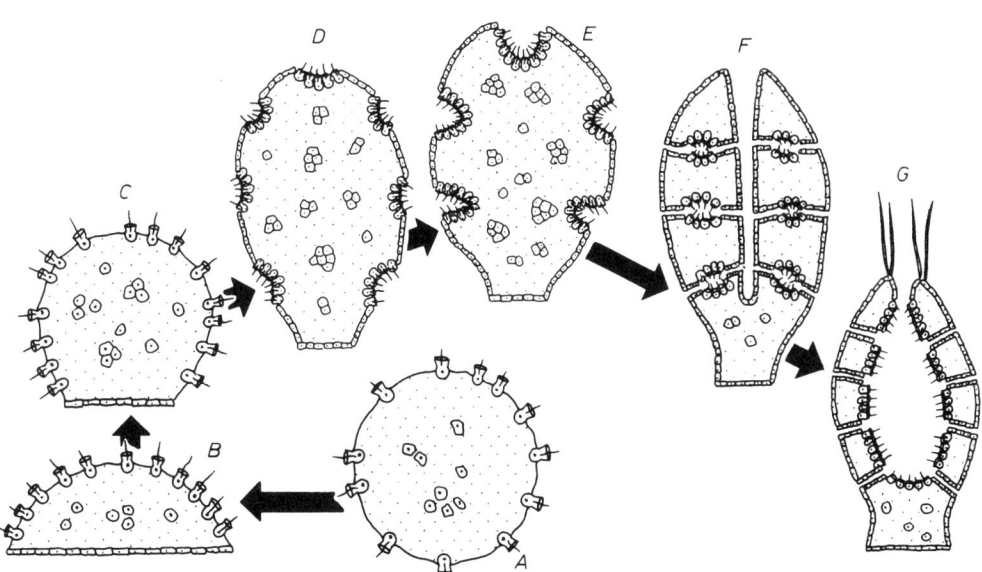

Abb. 85. Die theoretische Ableitung der Spongien von Choanoflagellaten. Nach J. HADŽI. Die Annahme, daß das Ascon-Stadium (G) eine sekundäre Vereinfachung des Leucon-Stadiums (F) sei, ist umstritten.

Längsreihen ("Rippen") von Wimperplättchen ("Ruderplättchen"), durch deren Schlag sich die Tiere schwimmend fortbewegen (Abb. 86). Die Ctenophoren sind skelettlos. Sie leben im Meer.

Die **Cnidarier** sind seit dem Präkambrium belegt und seit dem Ordovizium außerordentlich formenreich. Sie sind durch Nesselzellen (Abb. 87) charakterisiert, von denen mehrere Varianten vorkommen. Jede Cnidarier-Gruppe hat einen kennzeichnenden Bestand an Nesselzellentypen. Der Magenraum ist bei vielen Cnidariern durch Einfaltungen vom Rand her unterteilt. Von der Fußscheibe bis zum Schlund erstrecken sich senkrecht stehende, fleischige Magenleisten (Mesenterien), wodurch der Gastralraum in Gastraltaschen gegliedert wird. Die Mesenterien tragen Muskelfasern; durch ihre Kontraktion können sich die Tiere verkürzen. Außerdem wird durch die Mesenterien die innere Oberfläche des Gastralraumes vergrößert. Vorhandensein, Zahl und Anordnung der Mesenterien sind von großer Bedeutung für die Abgrenzung der Großgruppen innerhalb der Cnidarier. Es wird allgemein angenommen, daß der ungeteilte Gastralraum der Hydrozoen primitiv ist und die Mesenterien von Scyphozoen und Anthozoen abgeleitet sind (Abb. 88).

Viele Cnidarier sind durch einen typischen Generationswechsel ausgezeichnet. Eine geschlechtlich entstandene sessile Polypengeneration bringt durch Knospung nekto-planktische Medusen hervor, die sich wiederum geschlechtlich fortpflanzen (vgl. Bd. 1, S. 63, Abb. 64). Die – vermutlich sekundäre – Abwandlung des Generationswechsels kann dazu führen, daß die Medusengeneration dominiert (Scyphozoen) oder daß nur die Polypengeneration vorkommt (Anthozoen).

Die Polypen können zuweilen Skelette ausscheiden. Solche Gruppen sind paläontologisch bedeutungsvoll. Es ist sicher, daß die Mineralisierung bei den verschiedenen Polypengruppen unabhängig voneinander erfolgte. Wahrscheinlich haben in der Erdgeschichte Versuche zur Skelettbildung auch bei solchen Polypengruppen stattgefunden, die heute rein weichkörperig oder längst wieder erloschen sind. Manche in ihrer Zuordnung problematische Funde könnten hierdurch zu erklären sein. Am Meeresboden lebende skelettlose Polypen können Lebensspuren erzeugen. Einige mutmaßliche Wohnbauten des Altpaläozoikums und Mesozoikums werden so gedeutet. Aus solchen Einzelfunden wird ersichtlich, daß neben den gut erhaltungsfähigen Gruppen seit dem Kambrium auch weichhäutige Polypen vorkamen.

Medusen sind fast stets skelettlos. Ihre Fossilisation ist ein Ausnahmefall. Fossile Medusen sind außerordentlich selten. Die meisten der als Medusen beschriebenen Fossilien sind Lebensspuren vom Typ der Freßbauten (Sternspuren; vgl. Bd. 1, S. 146). Die unvollständige Überlieferung ist auch dafür verantwortlich, daß weder über die Zeit der Entstehung der Cnidarier-Klassen noch über ihre Wurzeln Genaueres bekannt ist.

Die Cnidarier umfassen folgende wichtige Gruppen:

1. Kl.: **Hydrozoa.** Gastralraum nicht von Mesenterien unterteilt. Bedeutungsvolle Teilgruppen sind:

Ord. Hydroidea (s. l.). Polypengeneration dominierend und meist sessil; Medusen frei schwimmend oder am Polypenstock festsitzend. Skelettlos oder mit chitinähnlichem oder kalkigem Außenskelett. Seit Kambrium. Vgl. S. 102 und S. 117.

Ord. Trachylinida. Polypengeneration fehlt; nur solitäre Medusen. Fragliche Fossilfunde seit dem späten Präkambrium. Vgl. S. 117.

Ord. Siphonophorida. Pelagische Kolonien mit polypiden und medusiden Individuen. Fraglich seit Kambrium. Vgl. S. 117.

Ord. Chondrophorida. Pelagische, i. d. R. als koloniebildend gedeutete Polypengeneration, von der sich Medusen ablösen. Seit spätem Präkambrium. Vgl. S. 119.

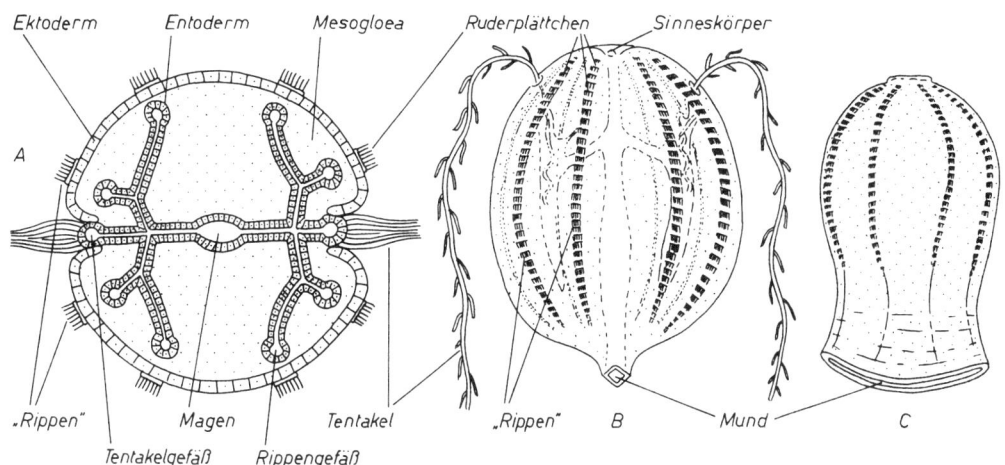

Abb. 86. Ctenophoren. A: Schema der Organisation (Querschnitt); B: *Pleurobrachia* (rez.), × 1,5; C: *Beroe* (rez.), × 0,75. Nach A. G. Mayer und W. Kükenthal.

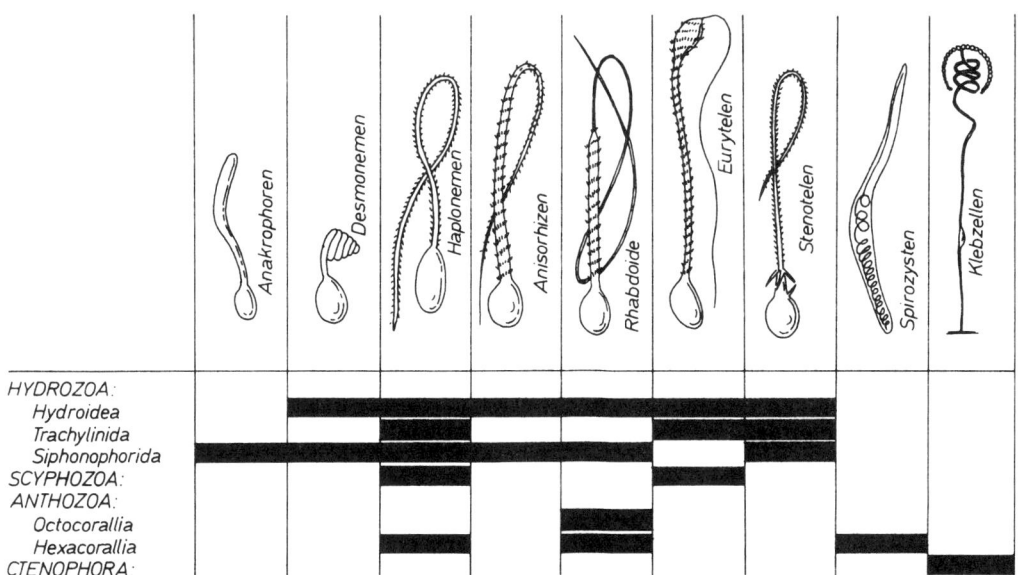

Abb. 87. Das Vorkommen einiger ausgewählter Nesselkapsel-Typen bei verschiedenen Gruppen der Cnidarier. Zum Vergleich die Klebzellen der Ctenophoren. Nach K. Chun, H. Schmidt und B. Werner.

Die Zuordnung weiterer Gruppen, vor allem der Stromatoporoiden (vgl. S. 107), zu den Hydrozoen ist umstritten.

2. Kl.: **Scyphozoa**. Gastralraum von 4 Mesenterien unterteilt. Medusengeneration dominiert, doch kommt auch eine Polypengeneration vor. Seit dem späten Präkambrium. Vgl. S. 117. In die Verwandtschaft der Scyphozoen werden meist auch die Conularien (vgl. S. 121) gestellt.

3. Kl.: **Anthozoa**. Gastralraum von mindestens 6 unpaaren oder 6 (oder einem Vielfachen von 6) paarigen Mesenterien unterteilt (Abb. 89). Medusengeneration fehlt. Bedeutungsvolle Teilgruppen sind:

Ord. Octocorallia. Koloniebildend; 8 unpaare Mesenterien. Tentakel gefiedert. Skelett fehlend oder meist als isolierte oder verschmolzene Kalksklerite im Inneren des Körpers entwickelt. Vermutete Vertreter ab dem späten Präkambrium (vgl. S. 172; „Petalo-Organismen"). Sichere Nachweise ab Ordovizium. Vgl. S. 163.

Ord. Antipatharia. Koloniebildend; 6, 10 oder 12 unpaare Mesenterien. Tentakel einfach oder gegabelt. Skelett hornähnlich, dörnchenbesetzt, im Inneren des Körpers. Seit Tertiär vermutet. Vgl. S. 173.

Ord. Ceriantharia. Solitär; Mesenterien zahlreich, unpaar. Tentakel einfach. Skelettlos, doch können Wohnröhren aus Sandkörnern agglutiniert werden (vgl. Abb. 90). Nur rezent (mit ca. 50 Arten) bekannt. Marin.

Ord. Hexacorallia (Zoantharia s. l.). Solitär oder koloniebildend; 6 (oder ein Vielfaches von 6) paarige Mesenterien. Tentakel ungefiedert. Skelett fehlend oder als kalkiges Außenskelett entwickelt. Seit Ordovizium; fragliche Funde im Kambrium. Vgl. S. 126.

Auswahl weiterführender Literatur:

J. Hadži (1963), W. J. Rees (Hrsg.) (1966), H. Schmidt (1972), C. T. Scrutton (1979).

# Poriferen (Spongien, Schwämme)

## 1. Definition

Poriferen sind tierische Vielzeller ohne echte Organe und ohne echte Gewebe. Zellen zum Teil frei (amöboid) beweglich. Kammern, die von Kragengeißelzellen ausgekleidet sind, stehen mit der Außenwelt durch ein System von zu- und abführenden Kanälen in Verbindung. Skelett meist in Form geometrisch regelmäßiger, isolierter oder verwachsener Spiculae aus Skelettopal oder Kalk.

## 2. Morphologie

Die **äußere Form** der Poriferen ist sehr vielgestaltig (Abb. 91). Grundtyp ist ein Zylinder, Becher oder Kegel. In seinem Inneren ist ein „Atrium" (Paragaster, Spongocoel, Kloakalhöhle) ausgespart, das nach außen durch eine Öffnung (Oskulum) mündet. Abwandlungen sind häufig.

Der **Weichkörper** (Abb. 92) besteht aus einer oberflächlichen, einschichtigen Zell-Lage, dem Pinakoderm, dem einschichtigen Choanoderm (Epithel der Kragengeißelzellen) und dem dazwischen liegenden, vielfältig differenzierten Mesohyl (kontraktile Faserzellen, skelettbildende Skleroblasten, Geschlechtszellen, undifferenzierte Archaeozyten u. a.). Die Zellen des Mesohyls sind

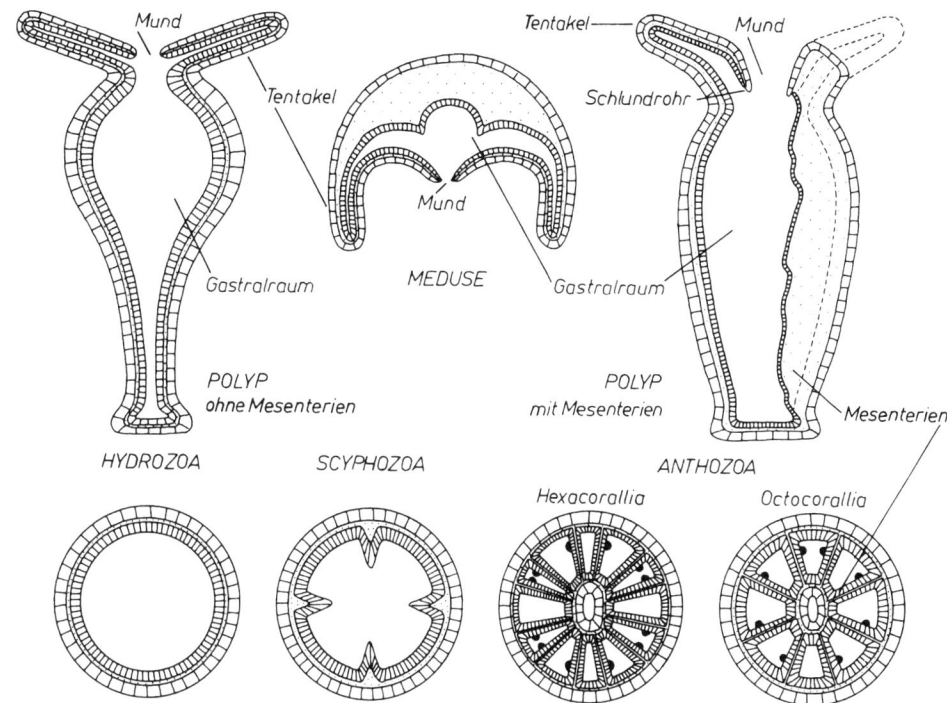

Abb. 88. Die Unterscheidung von Hydrozoen, Scyphozoen und den Anthozoen-Gruppen Hexacorallia und Octocorallia nach der Gliederung des Gastralraumes durch Mesenterien.

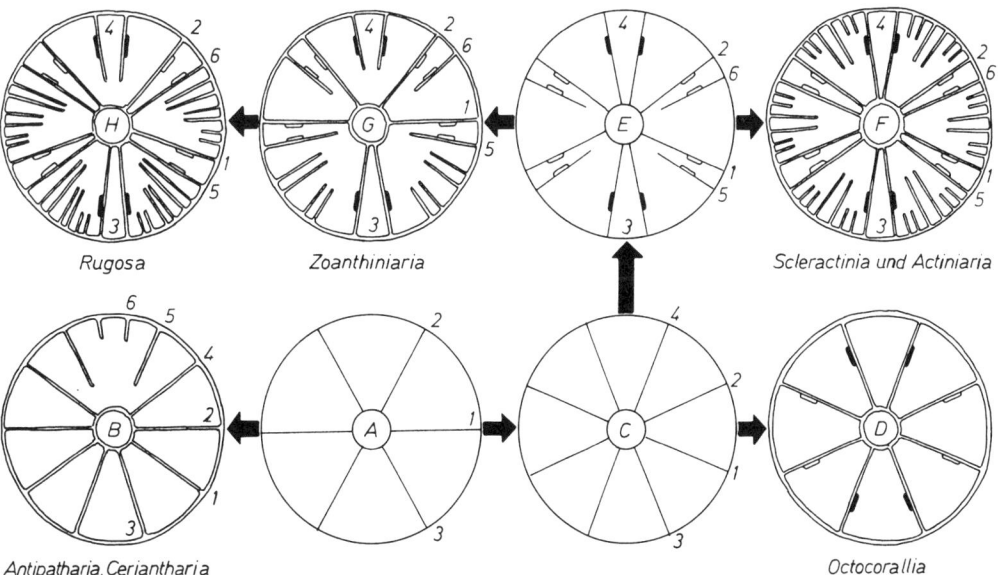

Abb. 89. Anordnung der Mesenterien bei verschiedenen Anthozoen-Gruppen und die daraus abgeleiteten stammesgeschichtlichen Beziehungen. A–D: Mesenterien unpaar; E–H: („Hexakorallen"): Mesenterien paarig. A, C, E: hypothetische Ausgangs- und Zwischenformen; H: hypothetische Rekonstruktion der Mesenterien aus der Septenontogenie: 1–6: Reihenfolge der Mesenterien-Entstehung. Nach J. W. WELLS & D. HILL.

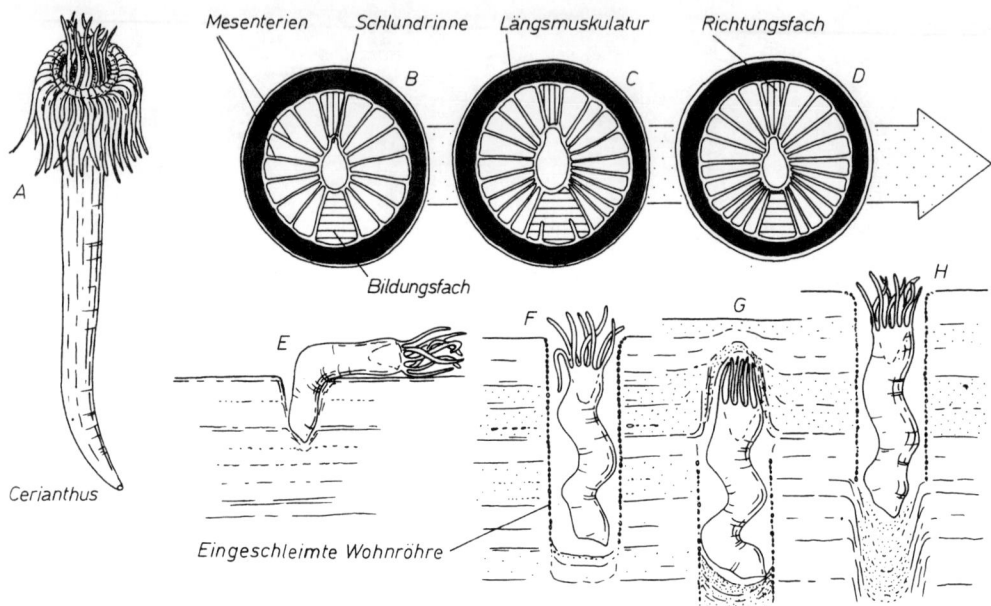

Abb. 90. Ceriantharia. A: typische Form (rez.), × 0,5; B–D: ontogenetische Entwicklung der Mesenterien; E–H: *Cerianthus* (rez.) in seiner eingeschleimten Wohnröhre (× 0,25); E: beim Einwühlen; F: in eingegrabenem Zustand; G: beim Hochstoßen; H: nach dem Hochstoßen nach Sediment-Überschüttung. Nach W. Hennig, L. H. Hyman und W. Schäfer.

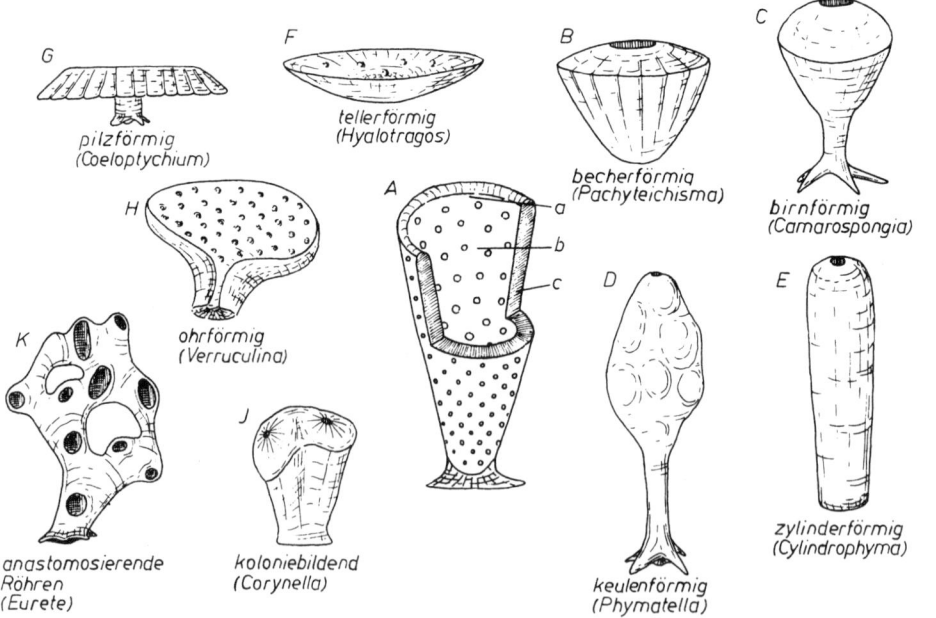

Abb. 91. Grundformen von Schwämmen. A: Schema, a: Oskulum, b: Atrium, c: Weichkörper; B: Jura, × 0,25; C: Kreide – Tert., × 0,5; D: Ob.-Kreide, × 0,25; E: Jura, × 0,25; F: Jura, × 0,25; G: Ob.-Kreide, × 0,35; H: Kreide, × 0,25; J: Trias – Kreide; × 0,5; K: Kreide – rez., × 0,5. Überwiegend nach M. W. De Laubenfels.

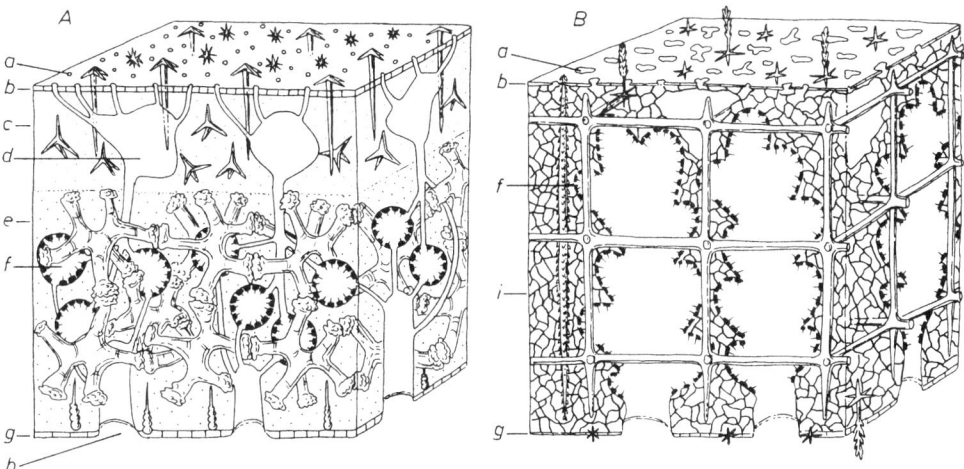

Abb. 92. Schema der Weichkörper-Organisation. A: Demospongien und Kalkschwämme; B: Hexactinelliden. a: Dermalporen, b: Dermalmembran, c: Cortex, d: subdermale Hohlräume, e: Choanosom, f: Geißelkammern, g: Gastralmembran, h: Gastralporen, i: Trabekel-Netzwerk. Nach L. MORET.

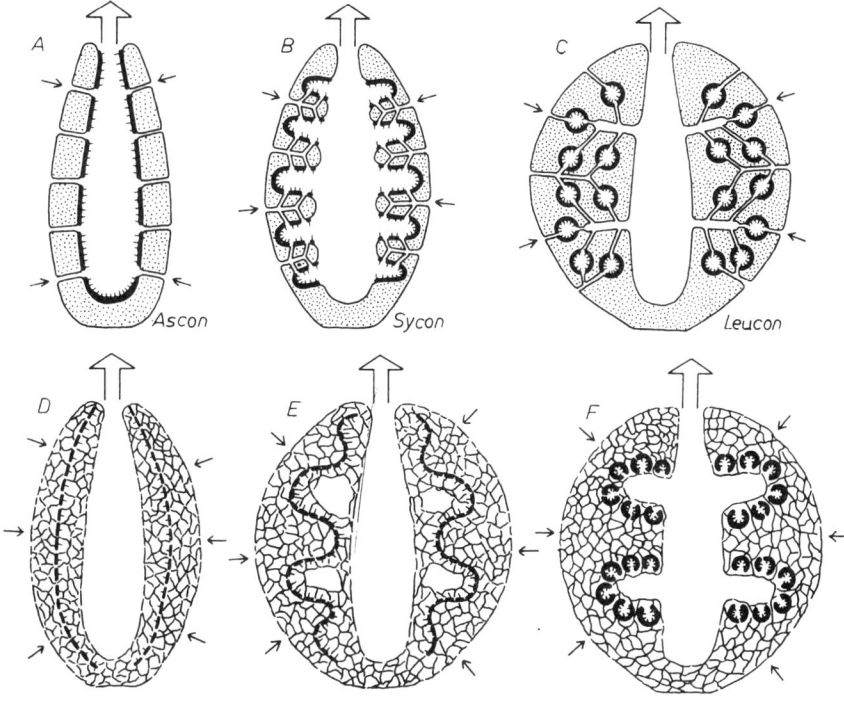

Abb. 93. Schema der Anordnung der Kragengeißelzellen bei rezenten Kalkschwämmen (A–C) und Demospongien (C) und der hypothetische Vergleich (D–F) mit entsprechenden Organisationsstufen der Hexactinelliden (rezent ist nur F verwirklicht). Die Pfeile zeigen in die Richtung der Wasserströmung. Nach R. E. H. REID.

frei (amöboid) beweglich. Der äußere Abschnitt des Mesohyls bildet oft eine Rinde (Cortex) wechselnder Dicke; in seinem inneren Teil (Choanosom) sind die Geißelkammern eingelagert. Cortex und Choanosom der Hexactinelliden sind durch ein Netzwerk von Trabekeln („Parenchym") ersetzt.

Das Geißelepithel bildet i. d. R. rundliche Kammern von maximal 100 μm Durchmesser im Inneren des Mesohyls (Leucon-Typ). Auch die Hexactinelliden besitzen rundliche Geißelkammern; sie sind hier von einem durchlaufenden Choanoderm inmitten des Mesohyls abzuleiten (Abb. 93). Bei manchen rezenten Kalkschwämmen (und vielleicht bei einigen altpaläozoischen Kieselschwämmen) kommen einfachere Typen des Geißelkammer-Systems vor. Beim Sycon-Typ ist das Choanoderm in Radialtuben, beim Ascon-Typ im Atrium selbst angeordnet.

Der Weichkörper wird von einem System von Kanälen durchzogen. Zuführende Kanäle leiten Wasser mit Nahrungsstoffen in die Geißelkammern; ableitende Kanäle führen es ins Atrium. Das zuführende System beginnt mit Poren inmitten oder mit Öffnungen zwischen den Pinakodermzellen. Darunter folgen „subdermale" Sammelräume und bzw. oder weite Einströmkanäle. Feine Zweigkanälchen münden durch Kammerporen in die Geißelkammern. Die Abgangswege führen von den Geißelkammern in weite Ausströmkanäle, ins Atrium und durch das Oskulum ins Freie. Bei flachen, tellerförmigen Schwämmen können die Kanäle direkt ins Freie treten.

Die meisten Poriferen besitzen ein **Skelett**. Es wird von den Skleroblasten ausgeschieden. Die Skelett-Elemente sind oft geometrisch sehr regelmäßig; sie heißen Spiculae (Nadeln, Skleren). Bei Kieselschwämmen (Skelettsubstanz Skelettopal, $SiO_2$) entstehen sie in einem Zellverband (Synzytium), zu dem die Skleroblasten zusammentreten. Sie lassen sich auf die Grundformen von Einachsern (monaxone Spiculae, Rhabde, Abb. 94), Vierachsern (tetraxone Spiculae, Abb. 95) und Dreiachsern mit einem Achsenwinkel von 90° (hexactinellide Spiculae, Abb. 96) zurückführen. Die gewöhnlichen Megaskleren sind von den wesentlich kleineren Mikroskleren (Abb. 97) zu unterscheiden. Die Kieselspiculae werden von konzentrisch umeinander wachsenden Lagen von Skelettopal aufgebaut. Sie umschließen einen Achsenkanal. Oft liegen sie isoliert im Weichkörper; sie können jedoch auch zu soliden Gerüsten verschmelzen oder sich (als „Desmen") mit wurzelartigen Fortsätzen verfilzen.

Bei den Kalkschwämmen ist der Grundtyp die monaxone Nadel aus Kalzit, die von zwei Skleroblasten („Bildner" und „Verstärker") gebildet wird. Mehrere monaxone Spiculae können zu komplizierteren Gebilden zusammentreten. So entstehen Dreiachser, Vierachser und Vielachser (Abb. 98), in deren Zentren Verwachsungsnähte sichtbar bleiben. Zu den Skleroblasten treten bei manchen Kalkschwämmen die sogenannten Telmatoblasten, die Kalk in Lagen abscheiden können. Sie können bereits fertig gebildete Spiculae in Faserzügen verkitten und bzw. oder nadelfreie Kalkskelette erzeugen. Der Kalk scheint als Aragonit oder Kalzit (rezent ist nur Kalzit bekannt) abgeschieden zu werden.

Bei einer Gruppe von Kieselschwämmen (den Sclerospongien) kommen neben freien Kieselspiculae Basisskelette aus Aragonit vor. Deren Oberfläche trägt grubige Einsenkungen, die Geißelkammern enthalten. Die Basisskelette wachsen nach oben. Hierbei werden die Grubenböden meist massiv verfüllt, selten durch Tabulae abgedämmt. Beim Höhenwachstum des Basisskelettes können zuweilen Kieselspiculae eingeschlossen werden (Abb. 99).

Bei Hornschwämmen treten neben den Kieselnadeln oder allein Fasern aus Spongin (einem Gerüsteiweiß) auf. Sie werden von besonderen Spongoblasten gebildet. Dieselben Schwämme können auch Fremdkörper in die Sponginfasern einbauen.

Die Form der Skelett-Elemente ist innerhalb des Körpers oft unterschiedlich (Abb. 100). Skelette im Pinakoderm bestehen meist aus isolierten Mikroskleren, seltener aus Gerüsten („Deckgespinsten"). Auch die Spiculae der Cortex sind i. d. R. frei. Das Choanosom-Skelett ist dagegen oft zu Gerüsten verlötet. Dabei können die Spiculae von der Grundform abgewandelt werden. An

Poriferen (Spongien, Schwämme)

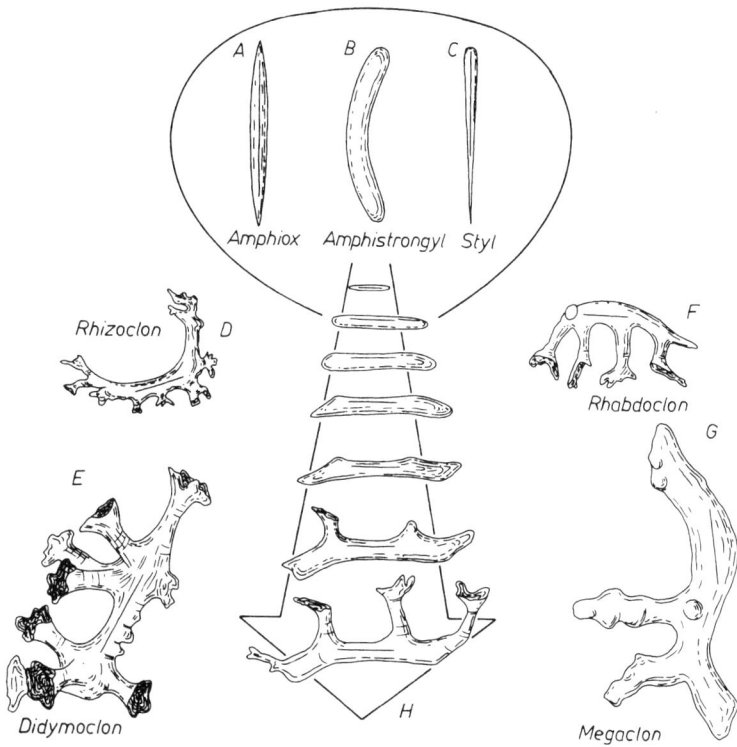

Abb. 94. Monaxone Spiculae und ihre Abwandlungen. Nach H. RAUFF. A: × 50; B: × 75; C: × 40; D: × 30; E: × 60; F: × 40; G: × 30; H: Entwicklung eines Rhabdoclons, ca. × 50.

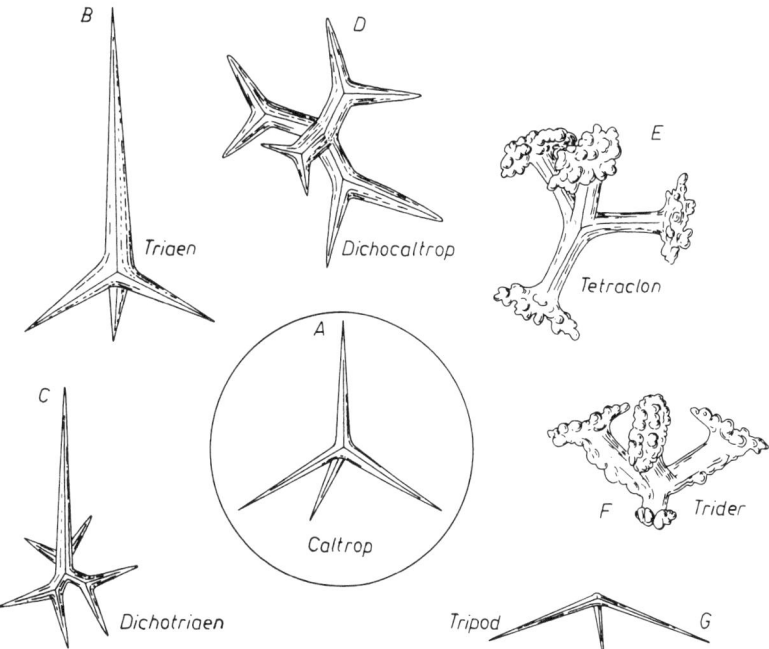

Abb. 95. Tetraxone Spiculae und ihre Abwandlungen. Nach H. RAUFF, A–D: × 50; E und F: × 60; G: × 30.

7 Ziegler, Paläobiologie 2

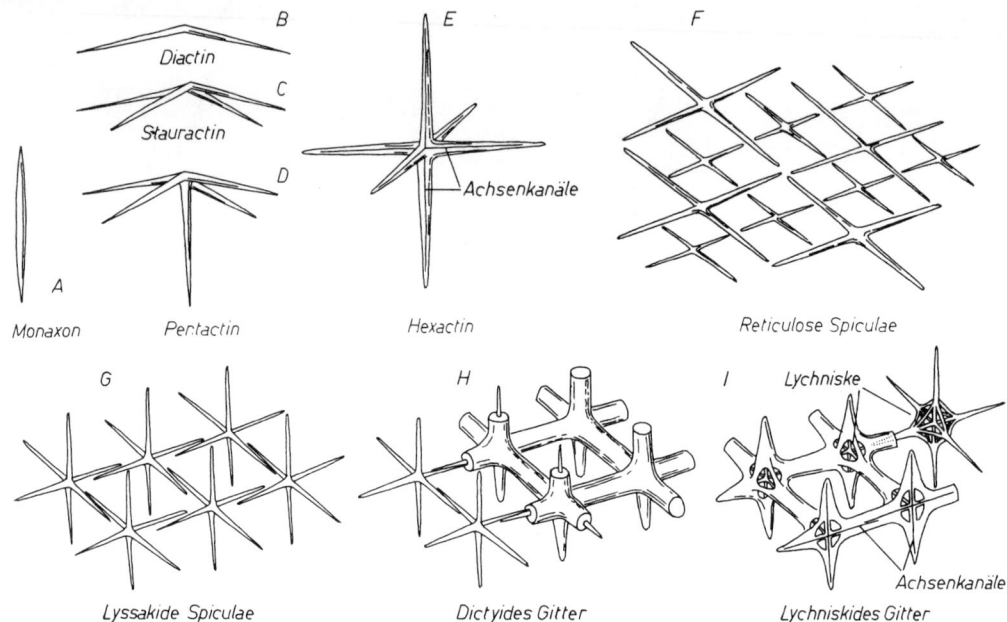

Abb. 96. Hexactinellide Spiculae, ihre Abwandlungen und ihre Anordnung im Raum. Überwiegend nach R. E. H. Reid. A–E: isolierte Spiculae (A: × 40; B: × 200; C: × 200; D: × 2; E: × 50); F: flächenhaft angeordnete unverlötete Spiculae; G: räumlich angeordnete unverlötete Spiculae; H und I: Gitter (F–I: schematisch).

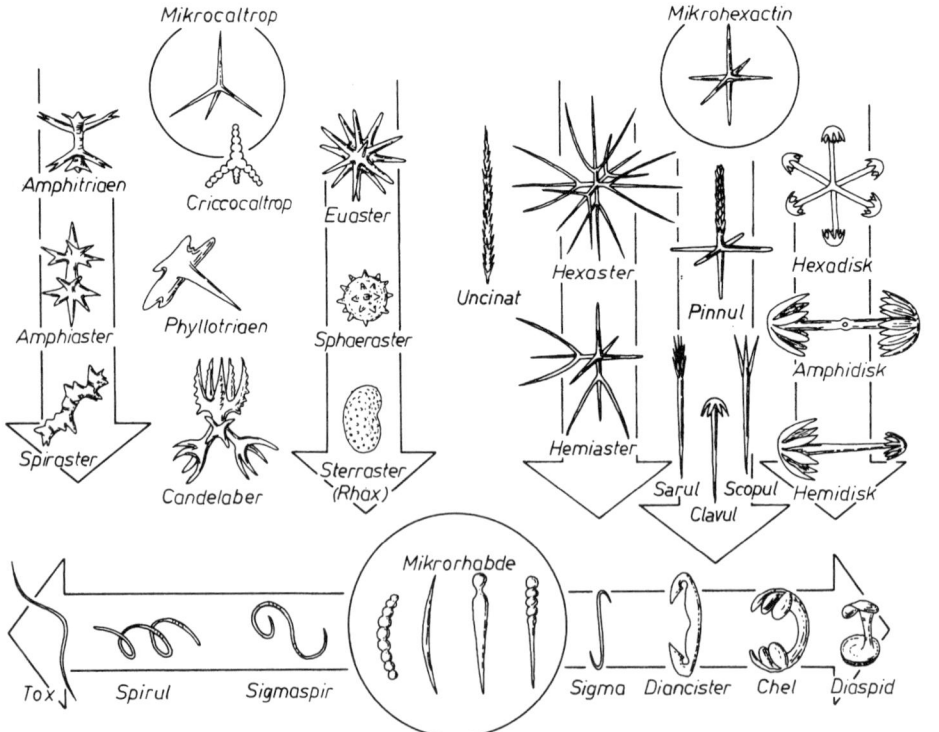

Abb. 97. Mikroskleren und ihre Ableitung von den Grundformen des Monaxons, des Tetraxons und des Hexactins. Nach M. W. De Laubenfels und H. Rauff. Überwiegend × 1000 bis × 5000.

Poriferen (Spongien, Schwämme)

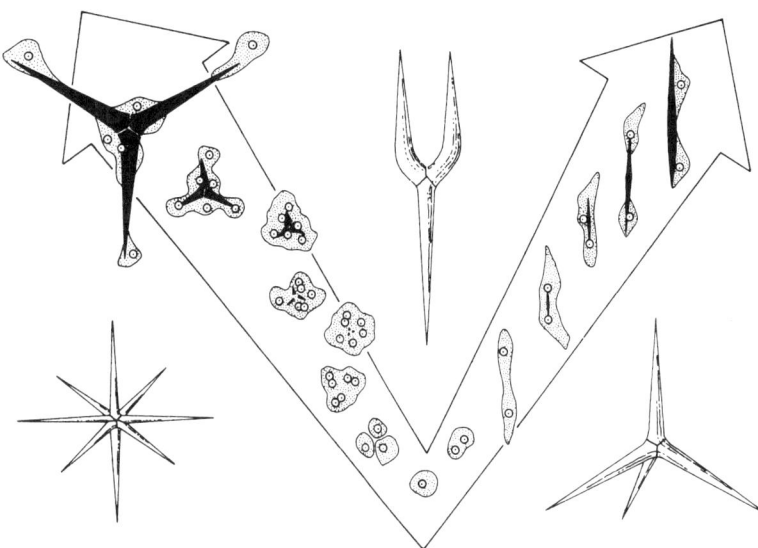

Abb. 98. Die Spicula-Bildung bei Kalkschwämmen. Nach W. WOODLAND. Man beachte, wie zwei Zellen (Bildner und Verstärker) je einen Spicula-Strahl aufbauen und mehrstrahlige Spiculae aus monaxonen Anteilen zusammengesetzt sind. Schematisch, vergr.

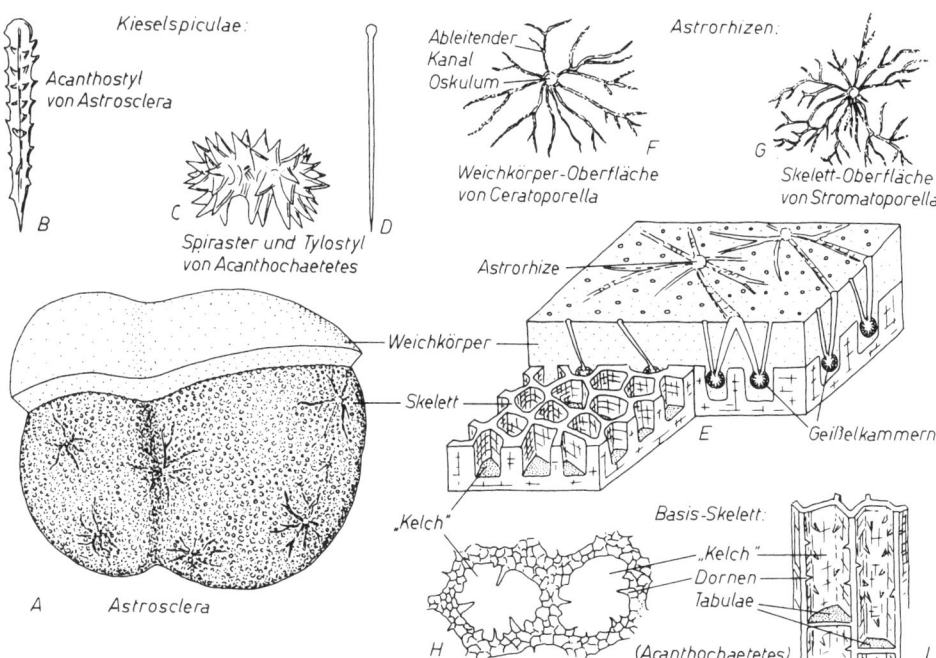

Abb. 99. Die Sclerospongien und ihre Organisation. Bezeichnende Merkmale sind isolierte Kieselspiculae und ein Kalk-Basisskelett. Manche Kennzeichen (z. B. Astrorhizen) teilen die Sclerospongien mit anderen Schwämmen und den Stromatoporen. Die grubigen „Kelche" der Sclerospongien haben Ähnlichkeiten mit manchen Tabulozoen. A: rez., × 2; B: × 500; C, D: Kreide – rez., × 1250, × 200; E: Skelettoberfläche von *Ceratoporella* (rez.), schematisch; F: × 1,25; G: Silur – Karbon, × 0,5; H: rez., × 30; I: rez., × 20. Nach W. D. HARTMAN & TH. F. GOREAU und J. VACELET.

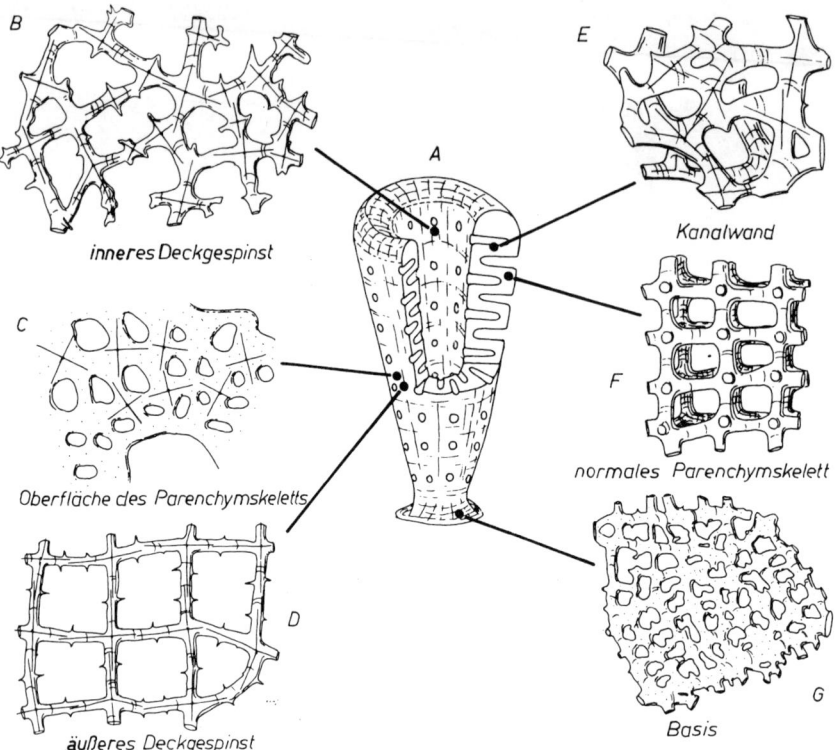

Abb. 100. Die unterschiedliche Form der Skelett-Elemente je nach ihrer Lage im Weichkörper am Beispiel des hexactinelliden Kieselschwammes *Craticularia* (Jura). A: Schema des Schwammkörpers; B und C: × 30; D: × 50; E: × 40; F und G: × 30. Nach R. Kolb, F. Oppliger und A. Schrammen.

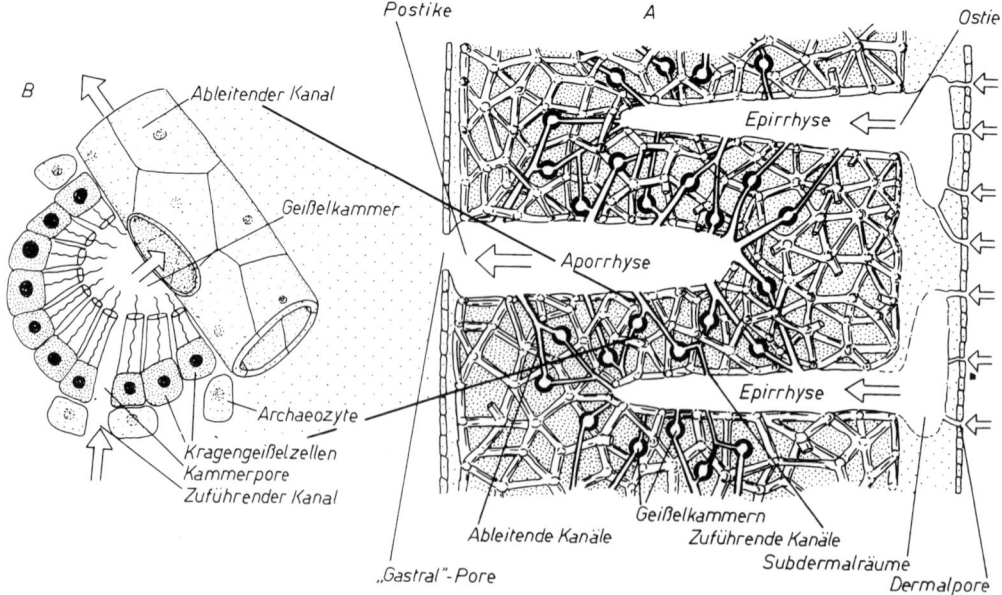

Abb. 101. Die räumlichen Beziehungen des Kanalsystems zum Skelett bei Schwämmen. A: Schema; B: Eine Geißelkammer und ihr zu- und abführender Kanal beim rezenten Süßwasserschwamm *Ephydatia* (× 500). Nach E. F. Kilian.

der Oberfläche des Choanosom-Skelettes sind sie oft zu Deckschichten verdichtet. Entlang den Kanälen passen sich Form und Richtung der Strahlen den räumlichen Gegebenheiten an.

Die feinsten Kanälchen und die Geißelkammern sind im Skelett nicht erkennbar. Ihr größter Durchmesser liegt weit unterhalb der Maschenweite der Spiculae. Nur die großen Sammelkanäle bilden sich ab (Abb. 101). Diejenigen des zuführenden Systems heißen Epirrhysen; ihre Öffnungen an der Oberfläche des Choanosom-Skelettes werden als Ostien bezeichnet. Die im Skelett erkennbaren Sammelkanäle des ableitenden Systems heißen Aporrhysen, ihre Mündungen Postiken.

Viele Poriferen sind Einzel-Individuen; sie besitzen ein einziges Atrium, ein einziges Oskulum und sind aus einer einzigen Larve entstanden. Andere Formen sind Stöcke, die aus einer Vielzahl von Individuen bestehen. Es kommt auch vor, daß mehrere Larven miteinander verschmelzen und ein scheinbar einheitliches Tier aufbauen. Die Individualitätsstufe der Schwämme ist deshalb schwer zu beurteilen.

Sämtliche Poriferen sind sessil. In der Regel sind sie an einer Unterlage mit breiter Basis, durch einen Stiel oder durch einen Schopf von Spiculae festgewachsen. Manche Formen umwachsen ihr Substrat. Selten fehlen Haftorgane.

## 3. Ontogenie

Poriferen pflanzen sich geschlechtlich oder ungeschlechtlich fort. Die befruchtete Eizelle verläßt das Muttertier über sein Oskulum. Die Larve setzt sich nach kurzer Zeit des Schwärmens (meist 1–2 Tage) fest. Drei ziemlich unterschiedliche Larventypen sind bekannt. Bei einem von ihnen wandern die Zellen der äußeren, bewimperten Schicht ins Innere und bilden als Kragengeißelzellen das Choanoderm. Aus der ursprünglich inneren Schicht entstehen Pinakoderm und Mesohyl. „Ektoderm" und „Entoderm" vertauschen also hier im Verlauf der Ontogenie ihre Position.

Das weitere Wachstum scheint sehr rasch vor sich zu gehen. Über die Lebensdauer der Schwämme ist wenig bekannt. Manche rezente Kalkschwämme werden nur einjährig. Hornschwämme dagegen können ein beträchtliches Alter erreichen. Gewisse Schwämme, z. B. die Süßwasserschwämme (Spongilliden) und Bohrschwämme (Clioniden), bilden Dauerkörper (Gemmulae), die jahrelang latent lebensfähig bleiben. Nach dem Auskeimen besiedeln sie erneut das leerstehende Skelett.

## 4. Phylogenie

Die Stammesgeschichte der Spongien liegt noch weitgehend im Dunkeln. Der Mangel an Merkmalen, die unvollständige Erhaltung und das nur sporadische Auftreten in der Erdgeschichte erschweren es, die Veränderungen an den Hartteilen im einzelnen zu verfolgen. Ob die Poriferen eine stammesgeschichtliche Einheit sind, ist angesichts der unterschiedlichen Larventypen umstritten. Ihre Vorfahren sind vermutlich unter den Flagellaten zu suchen. Die Gestalt der Kragengeißelzellen erinnert an die Choanoflagellaten (Protomonadina). Die Umkehr der Zellschichten mancher Larven kommt ähnlich auch bei *Volvox* (Phytomonadina) vor.

Die fossile Überlieferung der Poriferen beginnt im Kambrium. Obwohl sich die Mehrzahl der Funde klar einer der drei großen Gruppen der Demospongien, Hexactinelliden und Kalkschwämme zuordnen läßt, sind die Spiculae einander doch noch recht ähnlich.

Die ältesten **Demospongien** (Abb. 102) sind monaxon. Die Entwicklung führt zu komplizierteren Spiculaetypen, wobei allerdings auch sekundäre Vereinfachungen vorkommen und primitive Typen bis heute überleben. Die „Monaxonida" sind also eine uneinheitliche Sammelgruppe.

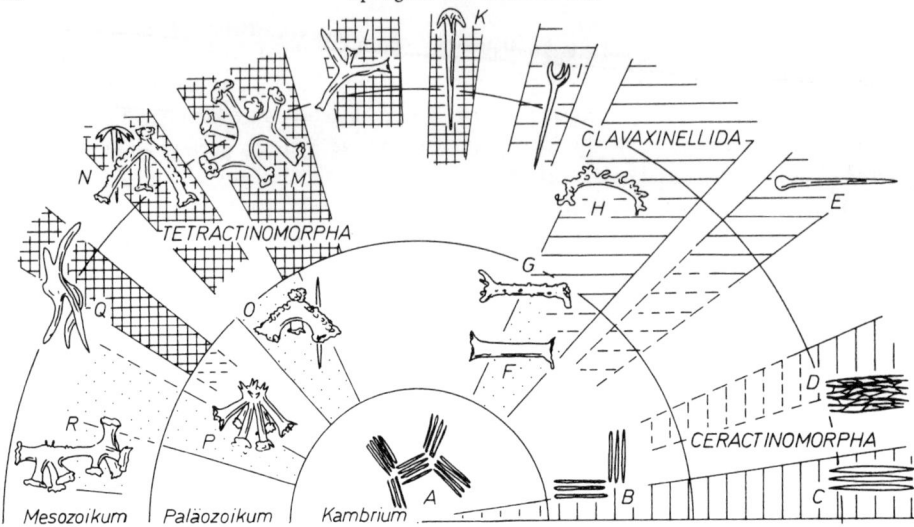

Abb. 102. Vermutete stammesgeschichtliche Beziehungen und stratigraphische Verbreitung einiger Gruppen der Demospongea. Überwiegend nach W. D. HARTMAN, J. W. WENDT & F. WIEDENMAYER. – Senkrechte Schraffur: Mikroskleren sind Sigmata, Chelae und Derivate. Waagrechte Schraffur: Mikroskleren sind Sigmaspiren und Derivate. Kreuzschraffur: Mikroskleren sind Euaster oder Derivate gegabelter Drei- und Vierstrahler. Punktraster: Mikroskleren sind ungenügend bekannt. – A: *Hazelia* (Kambr.); B: *Heliospongia* (Karbon – Perm: ?Haplosclerida); C: *Spongilla* (Tert. – rez.: Haplosclerida); D: *Euspongia* (rez.: Dictyoceratida); E: *Suberites* (rez.: Clavulina); F: *Archaeoscyphia* (Ord.: Orchocladina); G: *Haplistion* (Karbon – Perm: ?Rhizomorina); H: *Verruculina* (Kreide – Tert.: Rhizomorina); I: *Tetilla* (rez.: Spirosclerina); K: *Geodia* (rez.: Euasterophora); L: *Propachastrella* (Kreide: Streptosclerina); M: *Jerea* (Kreide: Tetracladina); N: *Corallistes* (Tert. – rez.: Dicranocladina); O: *Hindia* (Ord. – Devon: Eutaxicladina); P: *Astylospongia* (Ord. – Silur: Sphaerocladina); Q: *Doryderma* (Jura – Kreide: Megamorina); R: *Cylindrophyma* (Jura: Didymmorina).

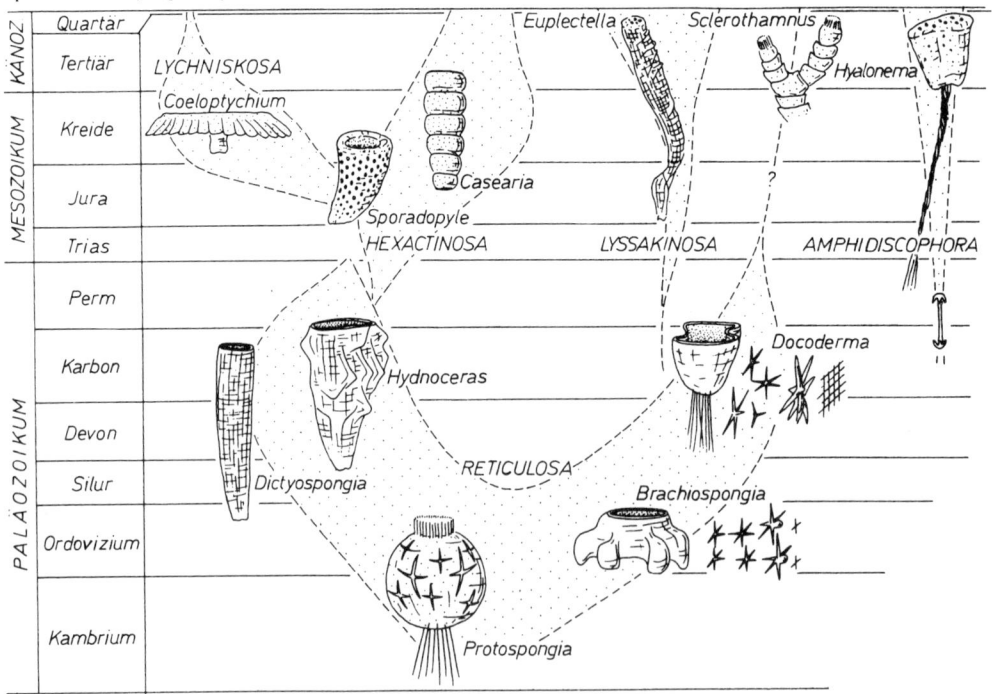

Abb. 103. Schema der Stammesgeschichte der Hexactinellida. Überwiegend nach R. M. FINKS.

Typische Vierstrahler („Tetraxonida") treten erst ab dem Mesozoikum auf. Weitere Entwicklungstendenzen führen zu Skeletten, die aus mehreren Nadeltypen aufgebaut sind, zur Differenzierung von Mega- und Mikroskleren sowie zum Erwerb unterschiedlicher Mikroskleren-Typen bei einzelnen Gruppen. In mehreren parallelen Linien entstehen aus Formen mit isolierten Spiculae („Choristiden") solche mit Gerüsten („Lithistiden"). Nadelgerüste können sowohl durch Verwachsung der Spiculae als auch durch Verfilzung konvergent entstehen.

Ob das Vorhandensein von Spongin ein ursprüngliches oder abgeleitetes Merkmal darstellt, ist unklar. Die Anordnung monaxoner Spiculae in Faserzügen ist jedoch seit dem Kambrium nachweisbar. Solche Faserzüge können bei Hornschwämmen sponginverkittet sein; bei den zu den Kalkschwämmen gehörenden Pharetroniden sind die Faserzüge kalkverkittet.

Aufgrund ihrer Kieselspiculae sind die **Sclerospongien** Abkömmlinge der Demospongien. Sie sind seit dem Karbon sicher nachgewiesen. Bei einer Vielzahl paläozoischer und mesozoischer Formen wird die Zugehörigkeit zu den Sclerospongien vermutet (vgl. S. 111). Wegen ihrer unterschiedlichen Kieselspiculae werden die Sclerospongien auf verschiedene Demospongien-Gruppen zurückgeführt; sie sind demnach polyphyletisch.

Die **Hexactinelliden** (Abb. 103) des Kambriums besitzen noch einschichtige Skelette. Sie könnten deshalb noch vom asconen Bauplan gewesen sein. Ab dem Ordovizium dominieren dickere Schwammkörper. Im Mesozoikum führt das Bestreben, die Skelette zu verfestigen, zur Bildung verschweißter Gitter. Ebenfalls mesozoisch ist das verbreitete Auftreten von Lychnisken, das wohl mehr eine „Modeströmung" als ein monophyletisch entstandenes Merkmal darstellt und das ein Maximum in der Kreide zeigt.

Die **Kalkschwämme** scheinen von ihrer noch rezent vorliegenden Grund-Organisation aus mehrfach Versuche zur Versteifung ihres Skelettes unternommen zu haben. Bei den Octactinelliden und Heteractinelliden des Paläozoikums sind die Spiculae nur innig verfilzt. Bei den überwiegend mesozoischen Pharetroniden (Abb. 104) sind die Spiculae durch kalkige (im Mesozoikum aragonitische, rezent kalzitische) Faserzüge verbunden. Die Sphinctozoen (Karbon-Kreide, Abb. 105) scheinen ihre nadelfreien, rhythmisch gegliederten Hüllschichten in ontogenetisch frühen Stadien, d. h. vor der Bildung der Spiculae, abgeschieden zu haben. Ob auch die unterkambrischen Archaeocyathiden (vgl. S. 96) in diesen Zusammenhang gehören, ist umstritten.

## 5. Stratigraphie

Das sporadische Auftreten der Poriferen und die (durch die Merkmalsarmut vielleicht nur vorgetäuschte) Langlebigkeit vieler Arten und Gattungen verhindern eine feinstratigraphische Auswertung. Nur wenige Typen sind als Leitformen brauchbar (z. B. *Coeloptychium*). Daneben geben jedoch Auftreten und Entwicklungshöhe der großen Gruppen z. T. wertvolle Hinweise. Die Octactinelliden bzw. Heteractinelliden und die Reticulosa kennzeichnen das Paläozoikum. Die Sphinctozoen sind von Oberkarbon bis Obertrias bezeichnend, die Pharetroniden darüber hinaus in Jura und Kreide. Echte Tetracladina kommen erst ab Trias vor, ebenso die Dictyida. In Oberjura und Kreide fällt das gehäufte Auftreten lychniskider Hexactinelliden.

## 6. Lebensweise

Alle Schwämme sind sessil und leben im Wasser. Nur die Spongilliden kommen im Süßwasser vor. Alle übrigen Schwämme sind marin. Im Brackwasser fehlen Kalkschwämme und Hexactinelliden; die Demospongien sind selten.

92    Spongien und Coelenteraten

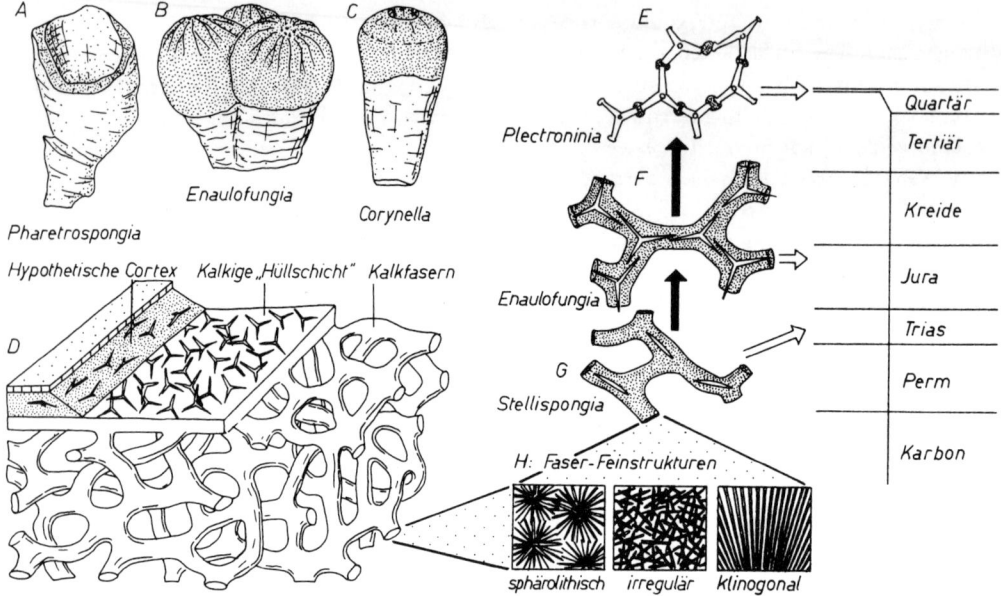

Abb. 104. Die Faserskelette der Pharetronen, ihre Strukturvarianten und ihre Veränderungen in der Erdgeschichte. A–C: Verschiedene Gattungen; A: Kreide, × 0,25; B: Jura, × 1; C: Trias – Kreide, × 1; D: Schema des Fasergeflechtes und der Hüllschicht; E–G: Aufbau der Fasern (schematisch) aus Spiculae und Zement und Reduktion des Faserkalks in der Erdgeschichte; H: Faser-Feinstrukturen (nach J. W. WENDT).

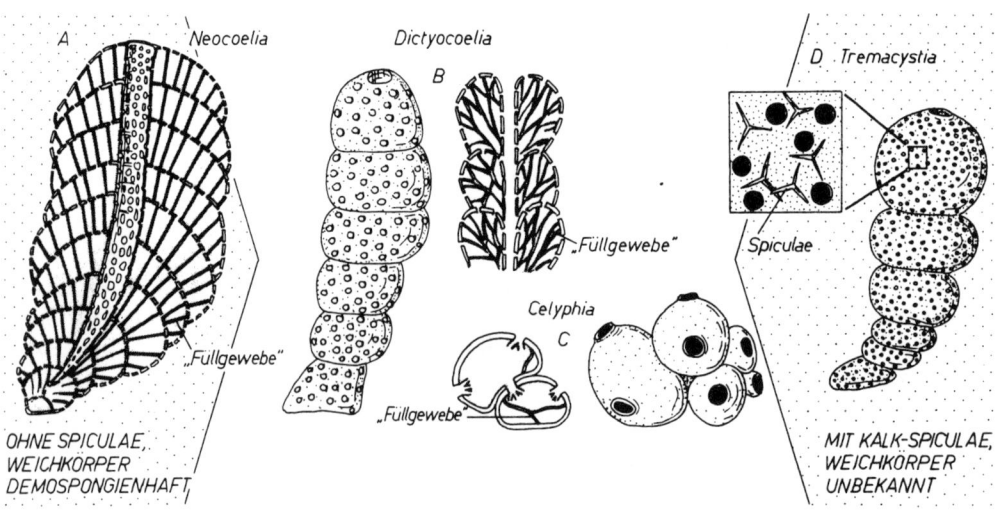

Abb. 105. Die Sphinctozoen mit einem segmentierten Kalkskelett sind möglicherweise eine heterogene Sammelgruppe. Bei der rezenten Gattung *Neocoelia* deutet der Weichkörper auf Demospongien-Verwandtschaft. Das Skelett besteht aus spiculafreien Kalkhüllen. Bei Kreide-Gattungen (z. B. *Tremacystia*) sind in der Kalkhülle Kalkschwamm-Spiculae nachgewiesen. Das Füllgewebe diente teilweise der Versteifung, teilweise der Abdämmung vom Weichkörper geräumter Skelettpartien. A: rez., × 7; B: Trias, × 5; C: Trias, × 2,5; D: Kreide, × 2. Vor allem nach G. J. HINDE, E. OTT, R. E. H. REID und J. VACELET.

Unter den marinen Schwämmen bevorzugen die rezenten Kalkschwämme das Flachwasser bis 10 m Tiefe, sind dabei jedoch vielfach lichtscheu. Auch die fossilen Kalkschwämme sind im Infralitoral am häufigsten. Kieselschwämme kommen von der Gezeitenzone bis in die Tiefsee vor. Die Hauptverbreitung der Hornschwämme liegt heute zwischen 20 und 50 m Wassertiefe, diejenige der kieseligen Demospongien zwischen 150 und 300 m. Die Hexactinelliden sind zwischen 500 und 1000 m Tiefe am häufigsten. Die fossilen Kieselschwämme scheinen insgesamt flacheres Wasser bevorzugt zu haben. Die fossilen Demospongien sind im flacheren Zirkalitoral am häufigsten, wobei die Rhizomorinen durchschnittlich flachere Bereiche bewohnten als die Tetracladinen. Die Hexactinelliden dominieren im tieferen Zirkalitoral (Abb. 106).

Über die Abhängigkeit der Schwämme von der Wassertemperatur ist wenig bekannt. Die rezenten Calcarea werden in den Tropen zwar größer, sind in polaren Breiten jedoch am formenreichsten. Die fossilen Vertreter sind als häufige Begleiter von Korallenriffen eindeutige Warmwassertiere. Bei den Kieselschwämmen ist keine eindeutige Beziehung festzustellen. Hornschwämme sind weitgehend an warmes Wasser gebunden.

Die Poriferen reagieren gegenüber Strömungen sehr empfindlich. Sie meiden stagnierendes Wasser, da in ihm der Abtransport der verbrauchten Stoffe erschwert wird. Auch starke Strömungen sind schädlich. Das Optimum bilden Stromgeschwindigkeiten von 2–3 km/h. Je nach den Strömungsverhältnissen können sich typische Körperformen herausbilden, die den Abtransport des verbrauchten Wassers begünstigen. Der Schlag der Geißeln des Choanoderms erzeugt einen ständigen Wasserstrom durch das Kanalsystem. Werden durch ihn viele Partikel mitgeführt, so kann das Kanalsystem völlig verstopfen. Rasche Sedimentation und Wassertrübung beeinträchtigen darum die Lebensfähigkeit der Schwämme.

Da die Schwammlarven nur kurze Zeit planktisch sind, leben die Schwämme oft gesellig. Es können dabei förmliche Rasen entstehen. Durch Beteiligung weiterer Organismen (vor allem von Algen) können die Rasen rascher emporwachsen als der nicht kolonisierte Meeresboden. Auf diese Weise bilden sich Riffe. Beispiele sind die Kieselschwammstotzen im Oberjura Süddeutschlands (Relief bis über 60 m, vgl. Abb. 107). Die Pharetroniden und Sphinctozoen der Trias scheinen sogar echte Riffbildner gewesen zu sein. Poriferen brauchen in vielen Fällen ein festes Substrat. Manche Formen können sich auch in weichem Schlamm mit Hilfe eines Nadelschopfes verankern.

Die kleine Gruppe der Clionidae bohrt in kalkigen Substraten (Molluskenskelette, Korallen, Gestein). Zunächst werden auf unbekannte Weise perlschnurartig aneinander gereihte Hohlräume gebildet, die durch enge Öffnungen mit der Außenwelt in Verbindung stehen. Später schließen sich die Kammerreihen zu einem Netz zusammen. Wenn der vorhandene Raum erschöpft ist, beginnt der Schwamm auch außerhalb des Substrates zu wachsen.

Sehr häufig leben die Schwämme mit anderen Organismen zusammen. Das Kanalsystem beherbergt Algen, Polychaeten, Arthropoden u. a. Meist handelt es sich dabei um Raumparasitismus; Fälle echter Symbiose sind nicht sicher nachgewiesen. Auch die Oberfläche der lebenden Schwämme ist oft von Epizoen bewachsen. Die Nahrung der Poriferen muß aus winzigen Einzellern bestehen, da gröbere Partikel das enge Kanalsystem nicht passieren können. Wahrscheinlich ernähren sich viele der Raumparasiten der Schwämme von den Zellen des Wirts. Von höheren Tieren (Fischen, Schnecken) werden die Schwämme nur wenig gefressen.

Viele Poriferen haben ein großes Regenerationsvermögen. Es scheint, daß es unter den fossilen Formen bei den Pharetroniden besonders ausgeprägt war, weniger indessen bei Demospongien und Hexactinelliden.

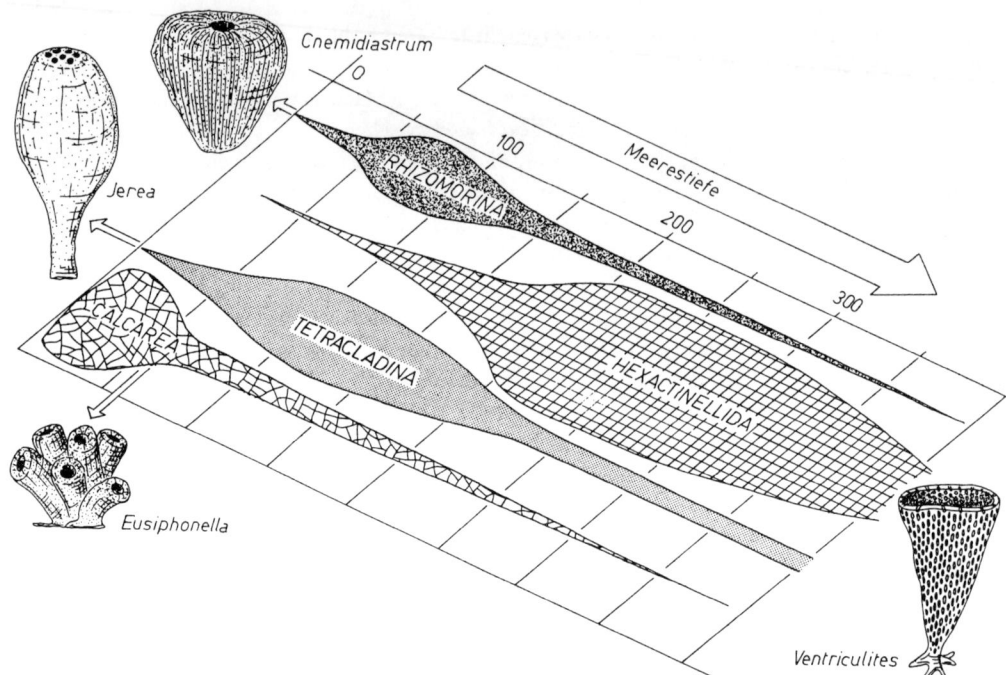

Abb. 106. Bathymetrische Verbreitung der wichtigsten Schwammgruppen im Meso- und Känozoikum. Die angegebenen Meerestiefen sind Schätzwerte; im Mesozoikum dürften eher etwas geringere, heute wenig höhere Werte gelten. Nach R. E. H. Reid und W. Wagner.

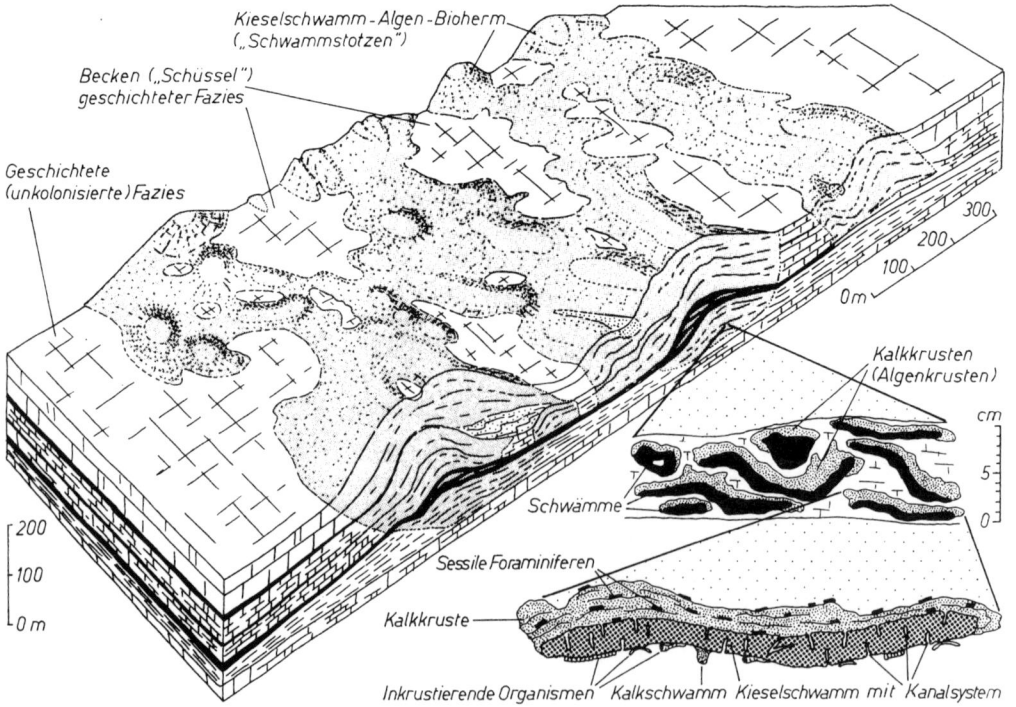

Abb. 107. Die Architektur der Schwamm-Algen-Bioherme im Oberjura Süddeutschlands. Nach K. Schädel.

## 7. Fossilisation

Schwämme, deren Skelett aus isolierten Spiculae besteht, zerfallen mit dem Tode und der Verwesung. Ihre Reste, die isolierten Spiculae, können gesteinsbildend auftreten (Spikulit, Gaize). Auch bei gerüsttragenden Formen lösen sich mit der Verwesung der Weichteile die Mikroskleren. Die mazerierten, d. h. vom Weichkörper befreiten, Gerüste sind dagegen z. T. sehr stabil und können allmählich mit Sediment erfüllt werden. Ein Sonderfall ist die Umkrustung der Skelette, welche sogenannte „Mumien" ergibt (Oberjura Süddeutschlands).

Die eingebetteten Skelettelemente können vielfach umgewandelt werden. Bei Kieselnadeln wird dabei fast stets der Achsenkanal erweitert. Sehr häufig sind metasomatische Vorgänge, durch die Kieselskelette verkalken oder Kalkskelette verkieseln können. Auch mehr oder weniger vollständige Auflösung der Spiculae kommt vor.

## 8. Gruppen-Übersicht

A. **Hexactinellida** (Triaxonida, Hyalospongea). Mit Kieselspiculae, die vom Hexactin abgeleitet sind; Kambrium – rezent.
  1. Reticulosa: Spiculae isoliert, in regelmäßig unterteilten Quadranten angeordnet; Kambrium – Perm, ?rezent. Beispiele: *Protospongia, Hydnoceras* (Abb. 103).
  2. Lyssakinosa: Spiculae isoliert, nicht in regelmäßig unterteilten Quadranten angeordnet; Mikroskleren der Oberfläche sind Hemi- und Hexaster; Perm – rezent. Beispiel: *Euplectella* (Abb. 103).
  3. Amphidiscophora: Spiculae isoliert, nicht in regelmäßig unterteilten Quadranten angeordnet; Mikroskleren der Oberfläche sind Amphidisken; Karbon – rezent. Beispiel: *Hyalonema* (Abb. 103).
  4. Dictyida (Hexactinosa): Spiculae zu Gittern verlötet; Kreuzungsknoten massiv; Mikroskleren der Oberfläche sind Hemi- und Hexaster; Trias – rezent. Beispiele: *Craticularia* (Abb. 100), *Eurete* (Abb. 91 K).
  5. Lychniskosa: Spiculae zu Gittern verlötet; Kreuzungsknoten mit Lychnisken; Mikroskleren der Oberfläche sind Hemi- und Hexaster; Jura – rezent. Beispiele: *Coeloptychium* (Abb. 91 G); *Pachyteichisma* (Abb. 91 B), *Ventriculites* (Abb. 106).

B. **Demospongea**. Mit Kieselspiculae, die vom Monaxon oder Tetraxon abgeleitet sind, und bzw. oder Sponginfasern; Kambrium – rezent.
  1. Homosclerophora: Keine Differenzierung von Mega- und Mikroskleren; manchmal skelettlos; ?Karbon, ?Kreide, rezent. Unwichtig.
  2. Ceractinomorpha (Cornacuspongia, Keratosa, Hornschwämme): Mega- und Mikroskleren i. d. R. differenziert; Mikroskleren meist vom Sigma abgeleitet; manchmal nur Sponginfasern; Kieselspiculae bilden keine Gerüste; ?Kambrium – rezent.
      a) Haplosclerida (Sigmatosclerophora p. p.): Spongin und Kieselspiculae eines einzigen monaxonen Typs; ?Paläozoikum – rezent. Beispiele: *?Heliospongia* (Abb. 102), *Spongilla* (Süßwasserschwamm).
      b) Poecilosclerida (Sigmatosclerophora p. p.): Spongin und Kieselspiculae mehrerer monaxoner Typen; ?Paläozoikum – rezent. Unwichtig.
      c) Dictyoceratida: Netzartig verzweigte Sponginfasern; ?Karbon – rezent. Beispiel: *Euspongia* (Badeschwamm).
      d) Dendroceratida: Baumförmig verzweigte Sponginfasern; rezent. Unwichtig.
  3. Clavaxinellida (Spirosclerophora; Mehrzahl der „Monaxonida"): Mega- und Mikroskleren differenziert; Mikroskleren leiten sich von spiral gedrehten Mikrorhabden (Sigmaspiren) ab; Kieselspiculae manchmal zu Gerüsten verfilzt; ?Ordovizium – rezent.
      a) Clavulina (Hadromerida): Megaskleren sind vorherrschend isolierte, meist stecknadelförmige Einachser; ?Devon – rezent. Beispiel: *Cliona* (Bohrschwamm, vgl. Bd. 1, S. 143, Abb. 160).
      b) Orchocladina: Megaskleren sind monaxone, an den Enden wurzelartig zerlappte Spiculae, die zu Gerüsten verschmelzen; Ordovizium – Perm. Beispiel: *Archaeoscyphia* (Abb. 102 F).
      c) Rhizomorina: Megaskleren sind überwiegend monaxone Rhizoclone, die zu Gerüsten verfilzen; Karbon – rezent. Beispiele: *Cnemidiastrum* (Abb. 106), *Hyalotragos* (Abb. 91 F), *Verruculina* (Abb. 91 H).

d) Spirosclerina: Megaskleren sind überwiegend isolierte Vierstrahler; Kreide – rezent. Beispiel: *Tetilla* (Abb. 102 I).

4. Tetractinomorpha (Mehrzahl der „Tetraxonida"): Mega- und Mikroskleren differenziert; Mikroskleren vom Euaster oder von gegabelten Drei- und Vierstrahlern abgeleitet; ?Ordovizium – Perm, Trias – rezent.

   a) Euasterophora: Mikroskleren vom Euaster abgeleitet; Megaskleren isoliert, vom Monaxon oder Tetraxon abgeleitet; Trias – rezent. Beispiel: *Geodia* (Abb. 102 K).

   b) Streptosclerina: Mikroskleren von Drei- oder Vierstrahlern abgeleitet; Megaskleren sind isolierte Vierstrahler; Jura – rezent. Beispiel: *Propachastrella* (Abb. 102 L).

   c) Tetracladina: Megaskleren sind gerüstbildende Tetraclone oder Tridere; Trias – rezent. Beispiele: *Jerea* (Abb. 106), *Phymatella* (Abb. 91 D).

   d) Dicranocladina: Megaskleren sind gerüstbildende Abkömmlinge des Tripods, sowie isolierte Vierstrahler und große Rhizoclone; Jura – rezent. Beispiel: *Corallistes* (Abb. 102 N).

   e) Eutaxicladina: Megaskleren sind gerüstbildende Abkömmlinge des Tripods, sowie isolierte Einachser (Mikroskleren für die Tetractinomorpha atypisch); Ordovizium – Perm. Beispiel: *Hindia* (Abb. 102 O).

   f) Megamorina: Megaskleren sind vorwiegend verfilzte Megaclone; ?Karbon, Trias – rezent. Beispiel: *Doryderma* (Abb. 102 Q).

   g) Sphaerocladina: Megaskleren sind gerüstbildende, meist sechsstrahlige Abkömmlinge des Tripods; Ordovizium – Perm, ?Jura. Beispiel: *Astylospongia* (Abb. 102 P).

   h) Didymmorina (Anomocladina): Megaskleren sind gerüstbildende Didymoclone; Jura. Beispiel: *Cylindrophyma* (Abb. 91 E).

   Anmerkung: Die Zugehörigkeit der Gruppen e, g und h zu den Tetractinomorpha ist fraglich.

C. **Sclerospongia.** Demospongien mit kalkigem Basisskelett. Kieselspiculae vom Monaxon oder vom Tetraxon abgeleitet; ?Altpaläozoikum, Karbon – rezent.
Beispiele: *Astrosclera* (Abb. 99 A, B), *Ceratoporella* (Abb. 99, E, F), ?*Chaetetes* (Abb. 126, A, C).

D. **Calcarea** (Calcispongea, Kalkschwämme). Schwämme mit Kalkskeletten; ohne Kieselspiculae; Kambrium – rezent.

1. Dialytina: Spiculae isoliert, ein-, drei- oder vierachsig; ?Kambrium – rezent. Masse der rezenten Kalkschwämme, z. B. *Leuconia, Leucosolenia* (ascon), *Sycon*.

2. Octactinellida und Heteractinellida: Spiculae sind miteinander verfilzte Acht- oder Vielstrahler; Kambrium – Perm. Beispiel: *Astraeospongium*.

3. Pharetronida: Spiculae in Bündeln, ein-, drei- oder vierachsig, von Kalkzement zu Fasern verkittet; Perm – rezent. Beispiele: *Corynella* (Abb. 91 J, 104 C), *Enaulofungia* (Abb. 104 B, F), *Plectroninia* (Abb. 104 E).

4. Sphinctozoa (Thalamida): Skelett meist nicht-spikulär; dichte oder poröse Kalkwände umschließen einen segmentierten Schwammkörper; Karbon – Kreide, ?rezent. Beispiele: *Celyphia* (Abb. 105 C), *Tremacystia* (Abb. 105 D).

Auswahl weiterführender Literatur:

P. R. BERGQUIST (1978), W. G. FRY (Hrsg.) (1970), D. I. GRAY (1980), W. D. HARTMAN, J. W. WENDT & F. WIEDENMAYER (1980), M. W. DE LAUBENFELS (1955), C. LÉVI & N. BOURY-ESNAULD (Hrsg.) (1979), W. WAGNER (1963).

# Archaeocyathiden

## 1. Definition

Archaeocyathiden sind mutmaßliche Vielzeller, deren Weichteile jedoch unbekannt sind. Skelett meist in Form kalkiger, doppelter, porentragender, konischer Wände, woraus ein System von zu- und abführenden Kanälen abgeleitet werden kann.

## 2. Morphologie

Die **Grundform** der Archaeocyathiden ist ein auf der Spitze stehender, kegelförmiger Hohlkörper, doch kommen zahlreiche Abwandlungen vor (Abb. 108). Der Durchmesser der Kelche erreicht normalerweise 1–2 cm, die Höhe 8–15 cm. Die kleinsten Formen haben einen Durchmesser von 1–3 mm, die größten (sehr flachen) von 50–60 cm.

Der zentrale Hohlraum wird von einem Körper umgeben, der i. d. R. außen und innen von je einer Wand (Außenwand und Innenwand) begrenzt ist. Beide Wände sind porös; Form und Anordnung der Poren und ihre Komplikation durch zusätzliche Strukturen (röhrenförmige Fortsätze, Dornen, Rinnen usw.) sind sehr unterschiedlich (Abb. 109 und 110). Meist sind die Poren der Innenwand gröber als die der Außenwand. Die Dicke der Wände ist variabel; manchmal sind die Wände zweischichtig, wobei die Poren der oberflächlichen Schicht feiner und zahlreicher sind als die der eigentlichen Wand. Über der Außenwand kann zuweilen eine dünne, meist porenlose Hülle („Pellis") beobachtet werden. Bei manchen Gattungen fehlt die innere Wand.

Das zwischen Außen- und Innenwand liegende „Intervallum" birgt ebenfalls eine Vielfalt von Strukturtypen. Radial stehende Elemente heißen „Septen", „Parietes" oder Radialwände (Abb. 111). Gekrümmte Abschnitte der Septen werden als „Taeniae" bezeichnet. Auch die radialen Elemente sind porös, wobei die Form und die Größe der Poren von Gattung zu Gattung variieren. Manchmal sind die Septen gegabelt, zuweilen völlig unregelmäßig. Bei einigen Gattungen kommen statt der Septen radiale Spangen vor. Solche Spangen können auch tangential zwischen benachbarten Septen verlaufen; sie heißen dann „Synapticulae".

Horizontale Elemente (Abb. 112) können die Intervallabschnitte unterteilen. Sie heißen „Tabulae" oder Böden, wenn sie relativ flach verlaufen und Poren besitzen, und „Dissepimente", wenn es sich um dichte, meist gekrümmte und porenlose Lamellen handelt. Dissepimente scheinen in einem ontogenetisch späten Stadium eingebaut zu werden. Sie können auch im basisnahen Teil des zentralen Hohlraumes vorkommen. Bei einer kleinen Gruppe von Archaeocyathiden ist das Intervallum in radial verlaufende Röhren („Tubuli") gegliedert.

Die Wände, Septen, Böden und Dissepimente der Archaeocyathiden bestehen aus Kalk, sehr wahrscheinlich in der Modifikation des Kalzits. Die Feinstruktur ist nur selten gut zu beobachten; sie wird als mikrogranular beschrieben. Die Skelett-Elemente werden aus Kriställchen von 0,01–0,02 mm Durchmesser aufgebaut. Die Körnchen können locker und in dichter gepackten Flecken verteilt sein. Späteres Dickenwachstum der Skelett-Elemente wird durch Zuwachs-Lamellen angedeutet.

An der Basis, d. h. an der Spitze des kegelförmigen Körpers, sind die Archaeocyathiden entweder flächenhaft oder mittels Haftscheiben oder durch Auswüchse am Substrat verankert. Andere Auswüchse sind problematischer Natur. Es ist umstritten, ob es sich um Knospen, um andere körpereigene Fortsätze unbekannter Funktion oder um artfremde Besiedelung der Oberfläche handelt.

Die Mehrzahl der Archaeocyathiden lebte solitär, doch ist auch Koloniebildung bekannt.

Der **Weichkörper** der Archaeocyathiden ist unbekannt. Aus der Form und Anordnung der Hartteile ist jedoch zu schließen, daß er im Intervallum lokalisiert war. Der zentrale Hohlraum dürfte – von einer Epithel-Auskleidung abgesehen – frei von Weichteilen gewesen sein. Das Porensystem der Außen- und Innenwand deutet darauf hin, daß ein Wasserstrom durch den Weichkörper geleitet wurde, der die Nahrung und den Sauerstoff an die aufnehmenden Körperstellen führte. Von den meisten Autoren wird angenommen, daß dieser Strom von außen zum zentralen Hohlraum hin gerichtet war. Funktionell stimmt somit der Weichkörper der Archaeocyathiden mit demjenigen der Schwämme überein. Es liegt deshalb nahe, auch an eine gleichartige Organisation zu denken. Die Archaeocyathiden waren demnach vermutlich Schwämme, doch läßt

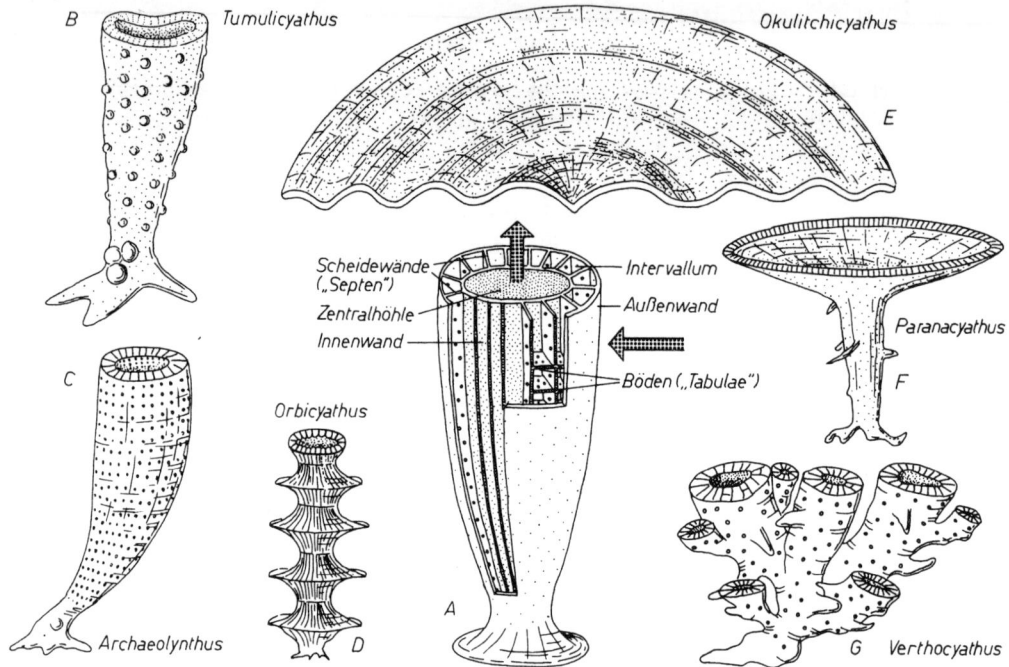

Abb. 108. Bauplan und Formenvielfalt der Archaeocyathiden. A: Schema der Organisation; B: Kambr., × 1; C: Kambr., × 1; D: Kambr., × 2; E: Kambr., × 0,35; F: Kambr., × 0,5; G: Kambr. Nach V. V. Druschtschitz, V. D. Fonin und I. T. Zhuravleva.

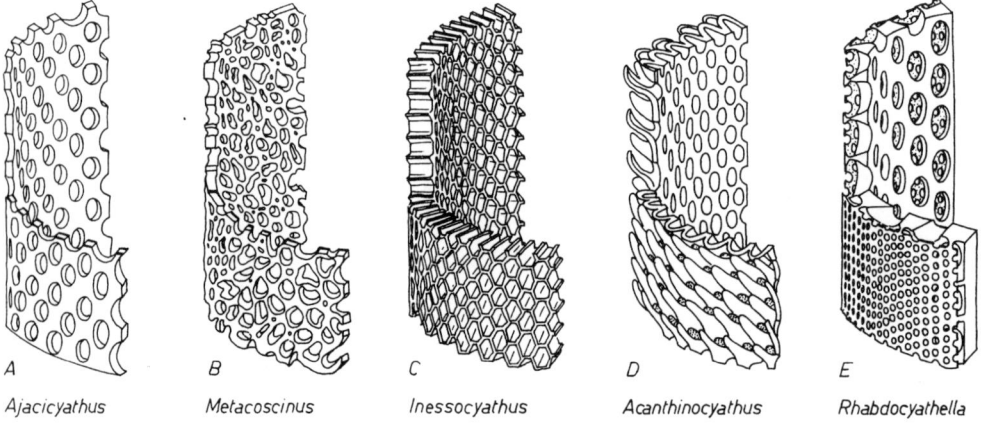

Abb. 109. Strukturen der Außenwand bei den Archaeocyathiden. Nach F. Debrenne.

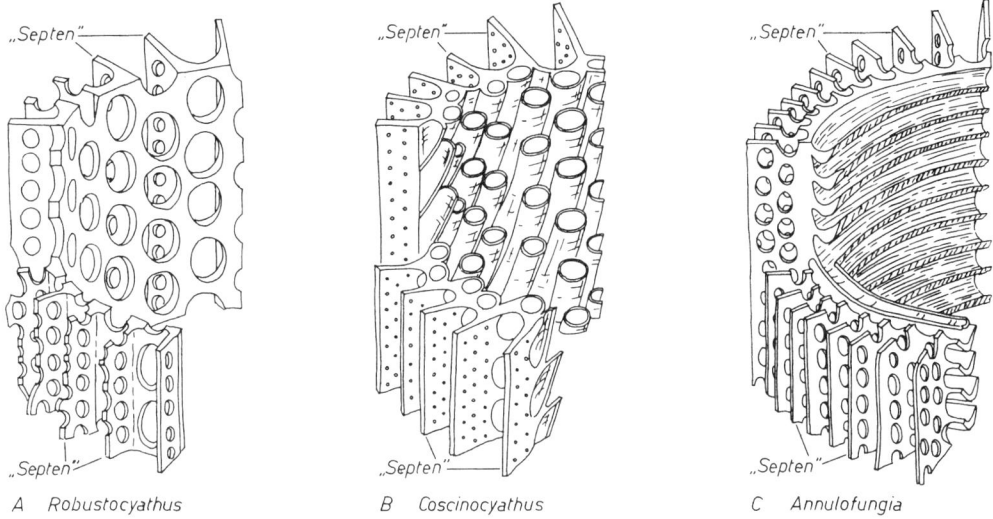

Abb. 110. Beispiele des Baues der Innenwand bei den Archaeocyathiden. Nach F. DEBRENNE.

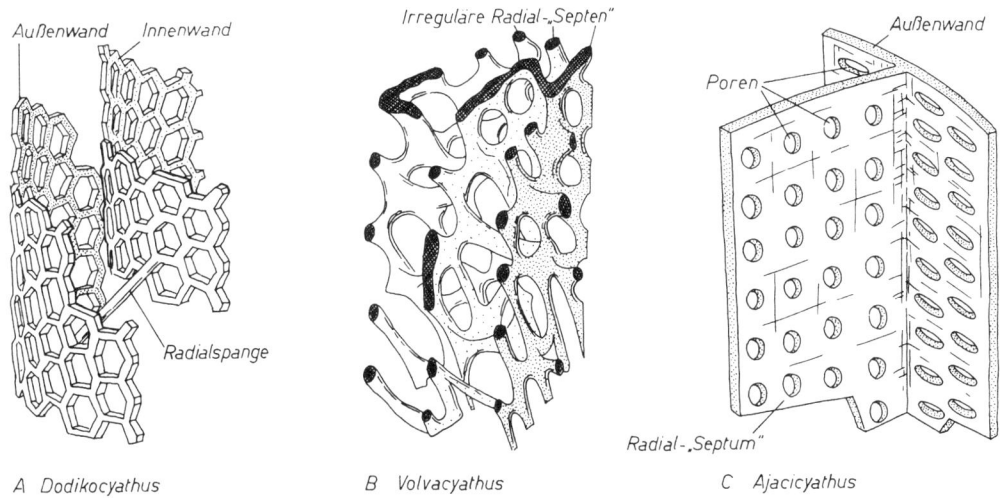

Abb. 111. Radiale Skelettelemente im Intervallum der Archaeocyathiden. Nach F. DEBRENNE und I. T. ZHURAVLEVA.

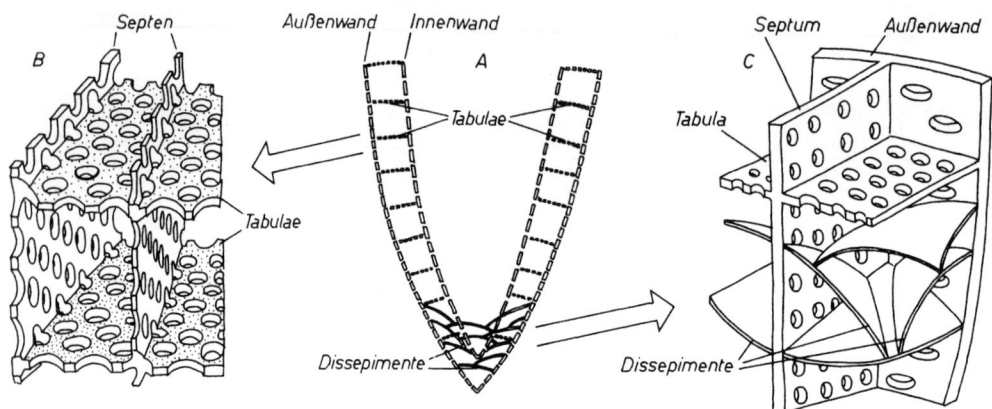

Abb. 112. Horizontale Skelettelemente im Intervallum der Archaeocyathiden (schematisch). B: *Coscinocyathus* (Kambr.). Nach F. DEBRENNE.

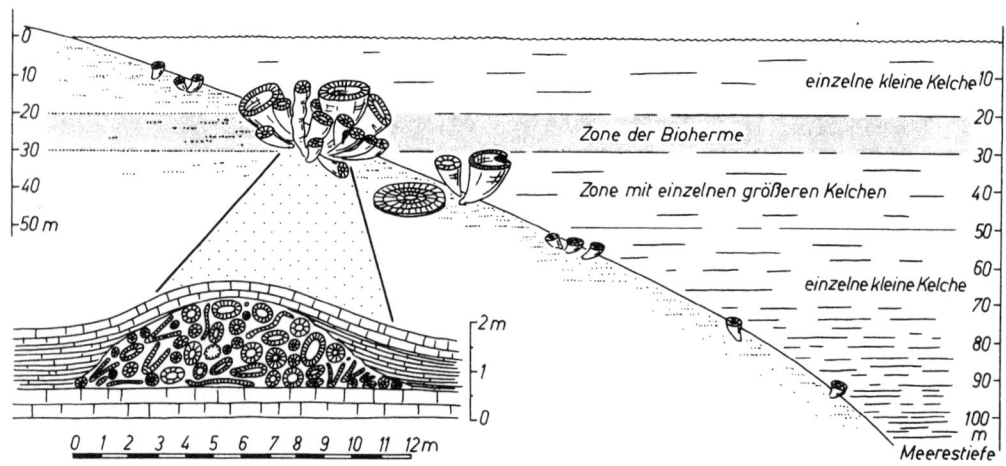

Abb. 113. Ökologie der Archaeocyathiden im Unterkambrium der sibirischen Plattform. Nach I. T. ZHURAVLEVA.

sich dies ohne die Überlieferung der Kragengeißelzellen und der Geißelkammern nicht eindeutig beweisen. Manche Autoren deuten die Archaeocyathiden allerdings als unabhängigen Tierstamm.

### 3. Ontogenie

Die Abscheidung des Archaeocyathiden-Skelettes begann mit einem dünnen, porenlosen Kalkblatt an der Basis (Spitze) der Kelche. Seine hochgebogenen Ränder wuchsen weiter und bildeten die poröse Außenwand. Die Innenwand, die Septen und die Tabulae sind ontogenetisch spätere Bildungen. Die Dissepimente wurden bei vielen Archaeocyathiden (bei den Regulares) als die letzten Skelett-Elemente abgeschieden, mit denen möglicherweise die Räumung basaler Kelchteile durch den Weichkörper einherging. Bei anderen Gattungen (bei den Irregulares) erfolgte die Abscheidung der Dissepimente dagegen schon vor der Bildung der Innenwand. Das Studium der Ontogenie eines Archaeocyathiden-Kelches ist mittels Serienschliffen durch die basalen Partien möglich.

### 4. Phylogenie und Stratigraphie

Da der Weichkörper der Archaeocyathiden unbekannt ist, weiß man auch nichts Definitives über ihre Herkunft. Die Archaeocyathiden setzen im unteren Unterkambrium unvermittelt ein. Am weitesten verbreitet und formenreichsten sind sie im mittleren Unterkambrium. Die letzten Vertreter reichen noch ins untere Mittelkambrium hinein. Das Unterkambrium läßt sich mit ihrer Hilfe biostratigraphisch gliedern.

Die primitivsten Formen schieden als einziges Skelett-Element die Außenwand ab. Parallele Entwicklungstrends führten zu zweiwandigen Formen, zur besseren Kanalisierung des Wasserstroms durch Komplikation der Wände und des Porensystems sowie zur Koloniebildung.

### 5. Lebensweise

Die Archaeocyathiden waren marine Formen, die anscheinend in warmem, mäßig tiefem Wasser am besten gediehen. Sie mieden das flachste Wasser ebenso wie Tiefen unter 100 m. Ihre große Mehrheit war am Meeresboden verankert. Vielerorts bildeten sie gemeinsam mit kalkabscheidenden Algen kleine Riffe (Abb. 113). Die geographische Verbreitung der Archaeocyathiden war weltweit, mit besonderer Häufigkeit in Sibirien.

Das Porensystem und die Sessilität lassen darauf schließen, daß die Archaeocyathiden Strudler waren, die sich von mikroskopisch kleinen Schwebstoffen ernährten. Vergesellschaftet waren sie außer mit Algen vor allem mit Brachiopoden und Trilobiten. Den Lebensraum der Schwämme mieden sie.

### 6. Fossilisation

Das karbonatische Skelett bot den Archaeocyathiden gute Überlieferungsmöglichkeiten. Allerdings führte das Leben im Schelfmeer oft zur Umlagerung und Zertrümmerung der Kelche.

Auswahl weiterführender Literatur:
F. DEBRENNE (1964), D. HILL (1972).

# Hydroideen

## 1. Definition

Hydroideen sind Hydrozoen mit benthischer Polypengeneration, die frei schwimmende oder am Polypenstock festsitzende Medusen hervorbringt. Skelettlos oder mit ektodermal entstandenem chitinähnlichem Periderm, in das Aragonit eingelagert sein kann.

## 2. Morphologie

Bei den meisten Hydroideen wechselt eine sessile Polypengeneration mit einer frei schwimmenden Medusengeneration ab. Oft lösen sich die Medusen allerdings nicht von den Polypen ab. Die Medusen der Hydroideen (Hydromedusen) sind im Abschnitt „Medusen" (S. 117) besprochen. Hier wird nur die Polypengeneration abgehandelt.

Die Hydroideen-Polypen leben einzeln (solitär) oder bilden Kolonien. Ihre Gestalt ist mehr oder weniger zylindrisch oder sackförmig. Die Größe reicht von Teilen eines mm bis zu etwa 2 m Länge. Man kann über einer Haftscheibe einen Stiel (Hydrocaulus) von einem kelchartigen Gebilde (Hydranth) unterscheiden. Am Hydranthen sitzen die Tentakel. Vielfach sind zwei Tentakelkränze entwickelt. Zwischen dem äußeren (aboralen) Kranz kann sich ein Rüssel (Proboscis, Peristom) erheben, der den inneren (oralen) Kranz trägt. Im Zentrum der Proboscis bzw. der Tentakel liegt die Mundöffnung, die zum Magenraum führt. Dieser ist einfach, nicht durch Leisten, Septen oder Mesenterien unterteilt (Abb. 114).

Im Umkreis der Haftscheibe entspringen bei vielen Formen schlauchförmige Ausläufer. Sterile Fortsätze können ein wurzelartiges Geflecht (Hydrorhiza) bilden, mit dem der Polyp am Untergrund verankert ist. Ausläufer, aus denen Tochterpolypen sprossen, nennt man Stolonen. Durch sie entstehen Kolonien. Das Stolonengeflecht schmiegt sich meist dem Untergrund an. Seltener wächst es stammartig als Rhizocaulom in die Höhe. Bei manchen Formen sind die (von Entoderm ausgekleideten) Stolonen von einem ektodermalen Gewebe (dem Coenosark) vollständig eingeschlossen.

Hydroideen-Kolonien können außer durch stoloniale Knospung auch dadurch entstehen, daß Tochterpolypen am Hydrocaulus eines Mutterpolypen sprossen. Hierbei sind zwei unterschiedliche Arten der Verzweigung bekannt. Bei der monopodialen Verzweigung liegt die Wachstumszone an der Spitze eines jeden Astes. Bei der sympodialen Verzweigung erfolgt das Wachstum durch Seitenknospen unterhalb der Astspitzen (Abb. 115).

Verbreitet ist bei den koloniebildenden Hydroideen ein Polymorphismus der Polypen. Unterschiedliche Aufgaben prägen sich in abweichender Morphologie aus. Die „normalen" Polypen bezeichnet man auch als Ernährungspolypen (Gastrozoide). Wehrpolypen (Dactylozoide oder Nematophoren) dienen der Verteidigung des Stockes. Sie sind meist schlank, oft fadenförmig, und tragen besonders zahlreiche Nesselzellen. Fortpflanzungspolypen (Blastozoide, Gonozoide) bringen Medusen hervor, die entweder ins freie Wasser entlassen werden oder als Gonophoren am Mutterpolypen hängen bleiben und hier für die geschlechtliche Fortpflanzung sorgen.

Die Mehrzahl der Hydroideen ist skelettlos (Abb. 116). Bei manchen Formen scheidet das Ektoderm eine chitinähnliche Hülle aus, die als Periderm bezeichnet wird. Dieses kann dadurch verdickt werden, daß innen zusätzliche Substanz aufgelagert wird. Das Periderm kann entweder vom Coenosark des Stolonengeflechtes als ein Basisskelett ausgeschieden werden, in dem Röhren und Öffnungen für die Stolonen ausgespart bleiben, oder es kann Stiel und Kelch der Polypen als sogenannte Hydrothek umhüllen. Die Polypen können sich vom Periderm lösen und innerhalb ihrer Hydrotheken frei bewegen. Bei manchen Formen ist die Hydrothek an der Basis des

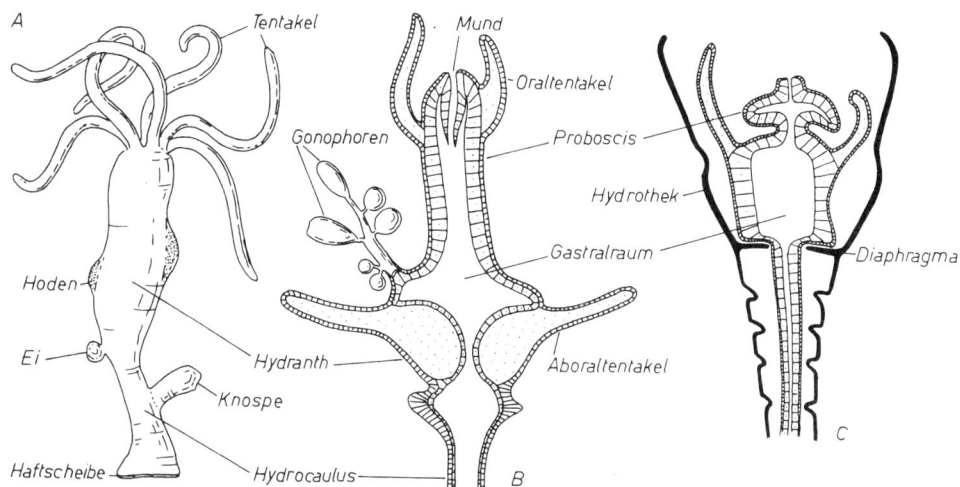

Abb. 114. Die Organisation der Polypen der Hydroideen. A: *Hydra* (rez.), schematisch, × 10; B: *Tubularia* (rez.), Schnitt durch den Hydranthen, × 10; C: *Laomedea* (rez.), Periderm (schwarz), × 25. Nach A. Kühn und W. Kükenthal.

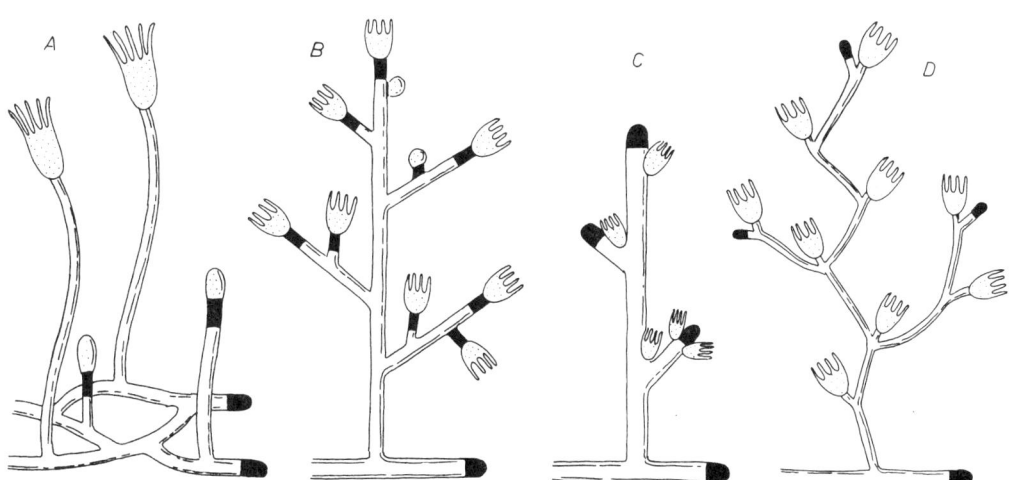

Abb. 115. Schema der Knospung bei den Hydroideen. A: stolonial; B: monopodial mit terminalem Polypen; C: monopodial mit terminalem Sprossungspunkt; D: sympodial. Schwarz: Wachstumszonen. Nach A. Kühn.

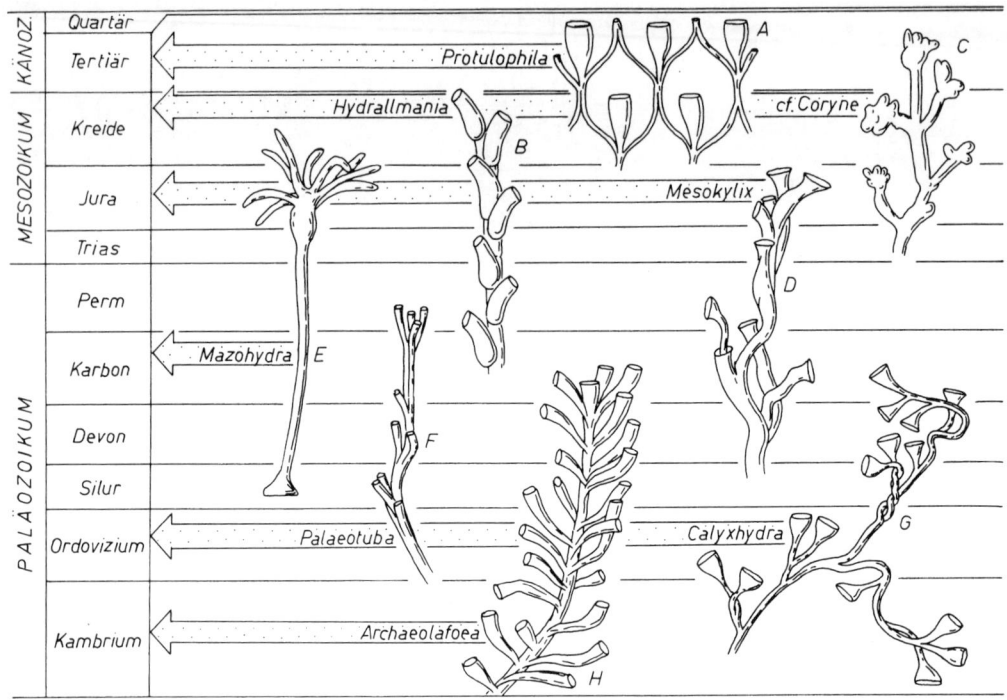

Abb. 116. Fossile Hydroideen ohne Kalkskelett. A, B und C: × 10; D, F und G: × 30; E und H: × 2,5. Nach F. CHAPMAN, A. EISENACK, R. KOZLOWSKI, F. R. SCHRAM & M. H. NITECKI, C. T. SCRUTTON und E. VOIGT.

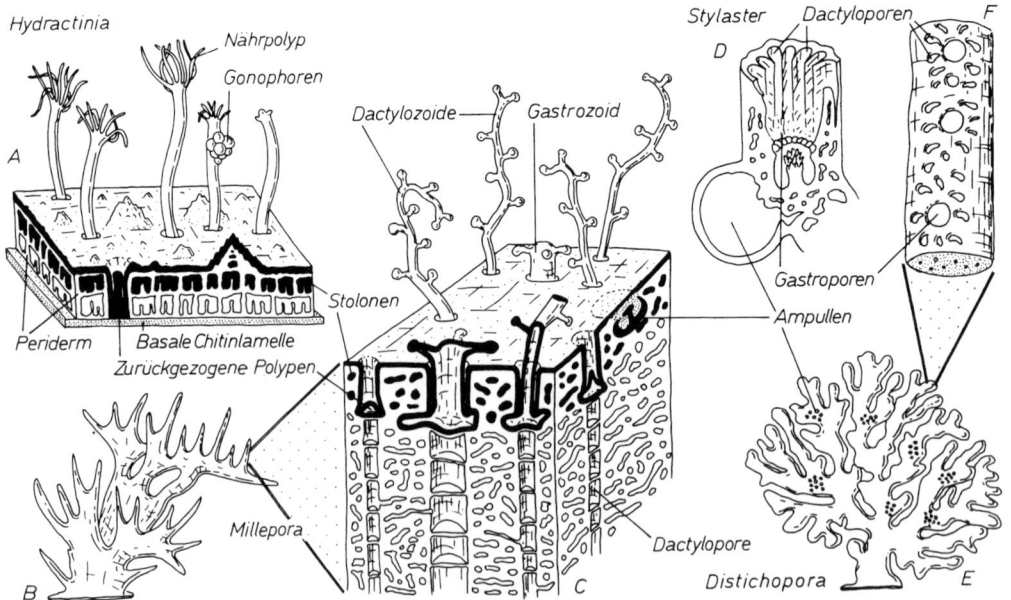

Abb. 117. Kalkskelette der Hydroideen. A: *Hydractinia* (Tert. – rez.), Ausschnitt aus einer Kolonie mit basalem Coenosark (im Schnitt schwarz), dem lebenden (schwarz) und abgestorbenen Stolonengeflecht, dem primär chitinösen und verkalkten Periderm (weiß) und der basalen Chitinlamelle (punktiert); × 7,5. B: *Millepora* (Tert. – rez.); × 0,2. C: *Millepora*, Ausschnitt aus einer Kolonie mit basalem Coenosark (im Schnitt

Hydranthen durch ein Diaphragma mehr oder weniger eingeengt. Die Hydrothek kann bei einigen Gattungen so kurz sein, daß der Hydranth nur an seiner Basis umhüllt wird. Andere Gattungen mit langen Hydrotheken können deren Mündung mit einem Deckel verschließen.

Bei einigen Hydroideen wird in das chitinähnliche basale Periderm Kalk (meistens Aragonit) eingelagert. Es entstehen hierbei lagenhafte Kalkkrusten, die aus aufeinander folgenden, horizontalen Lamellen aufgebaut werden. Zwischen diesen bleiben die Interlaminarräume für das Stolonengeflecht frei, die von senkrechten Pfeilern oder Stützplatten unterteilt werden. Morphologisch ähnliche krustenartige Skelette können auch von manchen Sclerospongien (vgl. S. 84), von Stromatoporen (vgl. S. 107) und von Kalkalgen gebildet werden. Die Zuordnung vor allem mesozoischer lagen- und krustenbildender Kalkskelette zu den Hydroideen ist deshalb umstritten.

Andere Hydroideen (die sogenannten Hydrocorallinen) lagern zwischen das Stolonennetzwerk ihrer Rhizocaulome Aragonit ein (Abb. 117). Bei den Milleporiden entstehen dadurch grobporige, buschförmig verzweigte Stöcke. Die Kalkausscheidung wird dadurch erleichtert, daß im Weichkörper symbiontische Zooxanthellen (vgl. S. 3) eingelagert sind, die $CO_2$ zum Aufbau organischer Substanz verbrauchen und so die Löslichkeit des Kalziumkarbonats herabsetzen. Die Polypen der Milleporiden sitzen in Röhrchen, die nach unten durch Querböden unterteilt werden. Die Stylasteriden bilden bäumchenförmig verzweigte Kolonien, deren Kalkskelette nur von wenigen und dünnen Stolonenröhren durchzogen werden und die deshalb recht dicht erscheinen. Die Polypen sitzen entweder in isolierten Röhrchen, oder es gruppieren sich mehrere Wehrpolypen so um einen zentralen Nährpolypen, daß dessen Nische mit peripheren „Logen" in Verbindung steht (Abb. 117 D). Die ins verkalkte Periderm eingesenkten Polypenröhrchen unterscheiden sich nach der Funktion der Polypen. Man kann die weitlumigen Röhren der Gastrozoide, die man Gastroporen nennt, von den engeren Röhren der Dactylozoide, d. h. den Dactyloporen, unterscheiden. Die Behausungen der Gonozoide heißen Ampullen. Diese sind entweder als Vertiefungen ins Kalkskelett eingesenkt, oder sie erheben sich als Bläschen über dessen Oberfläche. Die Stylasteriden können bei niedrigen Meerestemperaturen Kalzit statt Aragonit abscheiden.

### 3. Phylogenie und Stratigraphie

Die Stammesgeschichte der Hydroideen läßt sich anhand der fossilen Überlieferung nur unvollkommen aufhellen. Als Schlüsselmerkmale scheinen der Bestand an Nesselkapseltypen, der Bau der Medusen und die Art der Fortpflanzung sowie das Vorhandensein oder Fehlen chitinähnlicher Hydrotheken brauchbar zu sein. Danach lassen sich – neben kleinen, nur rezent nachweisbaren Gruppen – vor allem zwei Hauptgruppen unterscheiden:

Die Athecata (= Gymnoblastina) sind u. a. durch das Fehlen von Hydrotheken und durch glockenförmige Medusen gekennzeichnet, deren Gonaden sich im Ektoderm des Magenschlauches entwickeln. Kalkige Basisskelette haben sich bei ihnen in mehreren Linien unabhängig entwickelt und sind seit dem Alttertiär (Paleozän) sicher nachweisbar. Die hierher gehörenden Milleporiden und Stylasteriden werden von manchen Autoren den Hydroideen gleichrangig gegenübergestellt. Die Zuordnung mesozoischer Formen mit kalkigem Basisskelett ist umstritten. Skelettlose Athecaten sind seit dem Karbon belegt.

←

schwarz), dem lebenden (schwarz) und abgestorbenen Stolonengeflecht und dem aragonitischen Kalkskelett (weiß); × 15. D: *Stylaster* (Tert. – rez.), Ausschnitt aus dem Kalkskelett einer Kolonie; × 5. E: *Distichopora* (Tert. – rez.); × 0,5. F: *Distichopora*, Blick auf die Schmalseite eines Astes (Weichteile entfernt); × 10. Nach H. BOSCHMA, H. BROCH, J. ELLIS & D. SOLANDER, A. KAESTNER und J. LAHUSEN.

Die Thecata (Thecaphora, Calyptoblastina) besitzen chitinähnliche Hydrotheken. Ihre Medusen sind flach und mit Gonaden ausgestattet, die sich an den Radialkanälen (vgl. S. 117) entwickeln. Kalkskelette sind bei den Thecaten nicht bekannt. Hydrotheken-Funde sind seit dem Kambrium beschrieben, in ihrer Zuordnung allerdings nicht immer eindeutig.

Stratigraphische Bedeutung haben einwandfreie Hydroideen kaum. Nur Formen, deren Zuordnung unklar ist, eignen sich im Mesozoikum zur groben Datierung (Abb. 118).

### 4. Lebensweise

Alle Hydroideen sind aquatische Tiere; die Mehrzahl lebt im Meer. Nur wenige Arten kommen im Brack- oder Süßwasser vor. Rein marin sind die Gattungen mit kalkigem Skelett. Obwohl die Mehrzahl dieser Formen im Flachwasser heimisch ist (die Milleporiden sind auf die obersten 30 m beschränkt), steigen einzelne Arten doch in größere Tiefe (bis über 2000 m) hinab. Auch die skelettlosen oder mit chitinähnlichen Hydrotheken ausgestatteten Hydroideen kommen zwar vor allem, aber nicht ausschließlich, im flachen Wasser vor.

Die Temperaturbindung der Hydroideen als ganzer Gruppe ist gering. Auch unter den Gattungen mit kalkigem Skelett (vor allem bei den Stylasteriden) gibt es viele Formen nicht nur im warmen, sondern auch im kühlen Wasser. Bei niedrigeren Meerestemperaturen scheiden die Stylasteriden als Skelettsubstanz Kalzit statt Aragonit ab. Die Milleporiden sind auf den Tropengürtel beschränkt.

Hydroideen besiedeln vorwiegend Hartböden. Bei manchen Formen hat sich eine enge Bindung zu bestimmten Mollusken und in ihren Gehäusen lebenden Einsiedlerkrebsen entwickelt. Sie

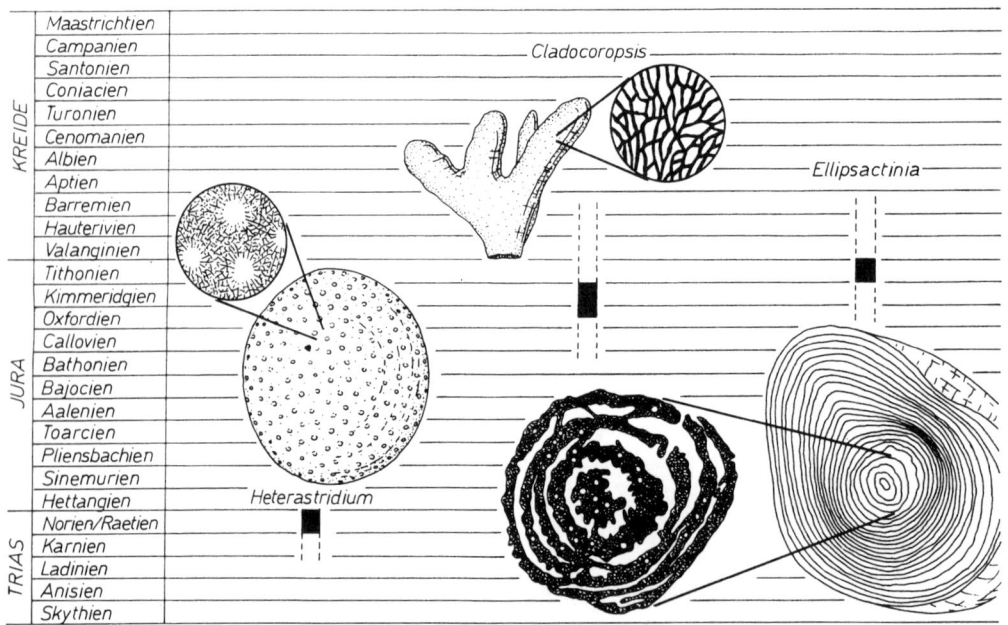

Abb. 118. Die stratigraphische Bedeutung einiger fraglicher Hydroideen im Mesozoikum. *Heterastridium:* × 0,5, × 5; *Cladocoropsis:* × 0,5, × 3; *Ellipsactinia:* × 0,5, × 5. Nach A. FENNINGER & H. HÖTZL, F. FRECH und G. STEINMANN.

ist schon im Tertiär nachweisbar. Die Krebse werden durch die Nesselkapseln der Hydroideen beschützt und erhalten durch das Vorwachsen des Periderms einen erweiterten Wohnraum. Die Hydroideen werden durch die Ortsveränderung der Krebse besser ernährt. Symbiose herrscht auch häufig mit einzelligen Algen, doch ist sie nur vereinzelt für die Hydroideen von vitaler Bedeutung.

Als Seltenheit kommt es vor, daß Hydroideen-Polypen zum pelagischen Leben übergehen. Auch manche mesozoischen, kugelig wachsenden Kolonien mit kalkigem Skelett können als pelagisch gedeutet werden. Häufig ist allerdings die Besiedelung treibender Gegenstände durch Hydroideen-Polypen, die damit pseudoplanktisch werden.

Hydroideen fressen nur tierische Beute. Diese wird von den Tentakeln ergriffen, von den Nesselzellen gelähmt, getötet und zum Mund geführt. Feinde der Hydroideen sind vor allem Nacktschnecken, Pantopoden, Würmer und Fische.

## 5. Fossilisation

Die aragonitischen Skelette neigen zur Umkristallisation und Auflösung. Bei der Umwandlung in Kalzit wird oft die primäre (sphärolithische) Feinstruktur verändert.

Die chitinähnlichen Peritheken werden rasch zerstört. Den Abbau dürften vor allem Bakterien beschleunigen. Daß im Paläozoikum relativ oft chitinöse Hydroideen-Skelette erhalten sind, während sie ab dem Mesozoikum fast völlig fehlen, könnte entweder auf unterschiedlichen Chemismus des Skeletts oder auf die erst allmähliche Entwicklung chitinzerstörender Bakterien zurückzuführen sein.

Die postpaläozoischen chitinösen Hydroideenskelette verdanken ihren Nachweis teilweise der Biomuration. Man versteht darunter das Bewachsen, Umkrusten und Abbilden eines vergänglichen Substrates durch die Basis erhaltungsfähiger Organismen.

Auswahl weiterführender Literatur:

H. BOSCHMA (1956), J. P. CUIF (1971), A. FENNINGER & G. FLAJS (1974), E. FLÜGEL (1975), D. HILL & J. W. WELLS (1956), R. KOZLOWSKI (1959), F. R. SCHRAM & M. H. NITECKI (1975), C. T. SCRUTTON (1975), E. VOIGT (1973).

# Stromatoporen

## 1. Definition

Stromatoporen sind Organismen unsicherer systematischer Zugehörigkeit. Sie besitzen kalkige Skelette aus waagrechten und senkrechten Elementen, die unterschiedlich geformte Zwischenräume frei lassen. Astrorhizen sind verbreitet. Weichkörper unbekannt.

## 2. Morphologie

Die kalkigen Skelette der Stromatoporen nennt man Coenostea (sing.: Coenosteum). Sie sind recht unterschiedlich gestaltet. Die Morphologie reicht von krusten- oder lagenförmigen (laminaren) Gebilden bis zu kugeligen (globularen), kissenartigen oder knolligen (massiven), zylindrischen oder ästigen (dendroiden) Formen. Die Coenostea können unter 1 cm bis über 1 m groß sein (Abb. 119).

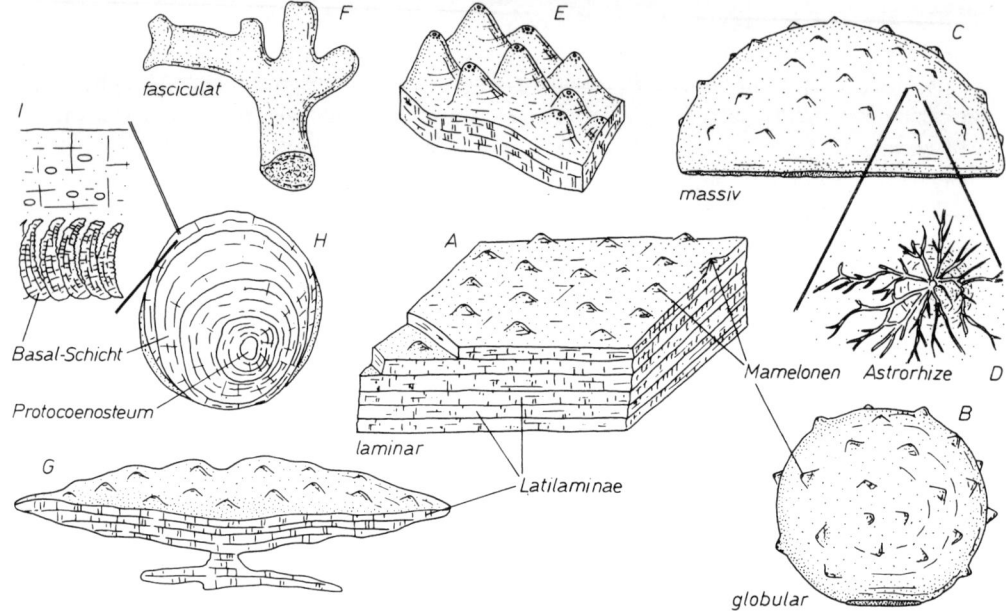

Abb. 119. Morphologie der Coenostea der Stromatoporen. A: Aufbau eines Coenosteums aus Latilaminae (schematisch); B, C, E, F, G: Coenosteum-Formen, ca. × 1; D: Astrorhize, × 2; H und I: Basalschicht eines Coenosteums und ihr Feinbau, × 0,5, × 10. Nach V. V. Druschtschitz, M. Lecompte, R. Riding und W. I. Yaworski.

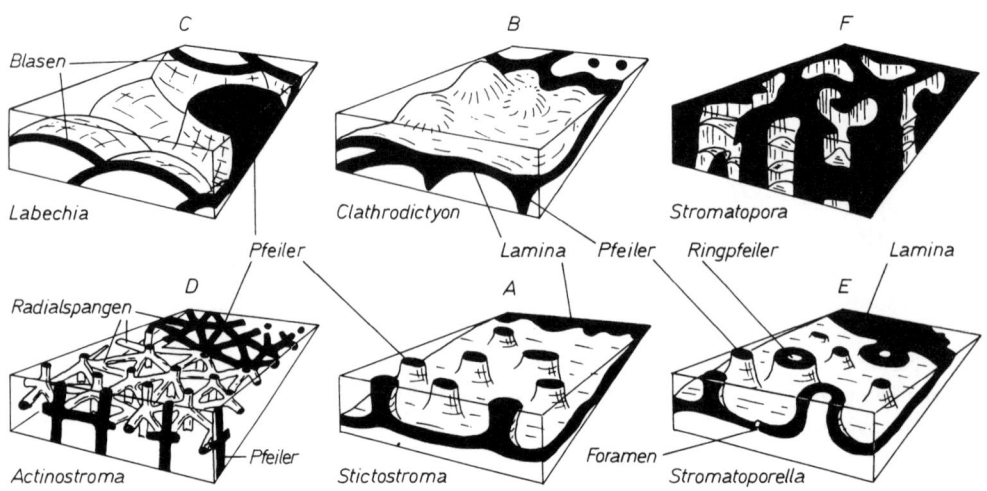

Abb. 120. Der Skelettbau der Stromatoporen, × 25. Nach C. W. Stearn.

Die Basis mancher Coenostea wird von einer dünnen, konzentrisch gestreiften Lage bedeckt, die als Basalschicht, Epithek, Perithek oder Holothek bezeichnet wird. Im Schnitt zeigt diese Schicht Wachstumsstrukturen. Das Zentrum der Basis ist das sogenannte Protocoenosteum. Andere Coenostea wachsen direkt vom Substrat hoch; sie sind inkrustierend.

Die Oberfläche der Coenostea trägt in vielen Fällen niedrige oder höhere Höcker (Mamelonen). In deren Spitzen mündet ein Röhrensystem, das vor allem bei angewitterten Stücken sichtbar wird. Diese Röhrensysteme heißen Astrorhizen. Ihre Bedeutung für den Weichkörper ist umstritten (vgl. S. 111).

Die Stromatoporen-Skelette bestehen aus horizontalen und vertikalen Elementen (Abb. 120). Die Horizontal-Elemente werden als Abscheidungen der Basis des Weichkörpers gedeutet. Ihre Aufeinanderfolge entsteht beim Wachstum des Organismus in die Höhe. Plattenförmige Horizontal-Elemente heißen Laminae. Sie können eine unterschiedliche Erstreckung und Dicke haben. Bei manchen Stromatoporen werden die Laminae von Öffnungen durchsetzt. Statt der Laminae können blasige, gebogene „Dissepimente" oder kürzere oder längere, rundliche Spangen vorhanden sein.

Der Abstand der Horizontal-Elemente voneinander variiert stark. Er ist Ausdruck des jeweiligen Wachstumsschrittes. Bei vielen Stromatoporen kommt ein rhythmischer Wechsel von weitstehenden mit dicht gedrängten Horizontal-Elementen vor. Eine so gekennzeichnete Zone heißt Latilamina. Sie ist einem Jahresring im Holz von Baumstämmen vergleichbar und wird mit jahreszeitlich unterschiedlicher Wachstumsgeschwindigkeit infolge von Klimaschwankungen oder wegen Änderung der Strömungsrichtung oder Sedimentation gedeutet. Das jährliche Höhenwachstum scheint nur wenige mm betragen zu haben. In der Fläche war der Zuwachs zehnmal schneller.

Die Vertikal-Elemente sind parallel zum Höhenwachstum des Weichkörpers orientiert. Ihre Form richtet sich nach dem Relief des kalkabscheidenden Epithels. Verbreitet sind senkrechte Pfeiler. Auch Vertikalwände und Vertikalröhren (Ringpfeiler) kommen vor. Manchmal sitzen zähnchenartige „Villi" senkrecht auf den Horizontal-Elementen auf. Bei einigen Stromatoporen sind die vertikalen Elemente so üppig entwickelt, daß sie zu einer Skelettmasse geworden sind, zwischen der vertikale Hohlräume ausgespart werden.

Zwischen den horizontalen und vertikalen Elementen bleiben Skelett-Zwischenräume frei, die als Galerien oder Kammern bezeichnet werden. Auch röhrenförmige Zwischenräume kommen vor. Sind sie senkrecht zur Coenosteum-Oberfläche angeordnet, heißen sie Autotuben; verlaufen sie ungerichtet, werden sie Coenotuben genannt. Röhrenförmig sind auch die Astrorhizen-Kanäle, die sternförmig auf ein Zentrum zulaufen und sich zur Peripherie oft verzweigen. Galerien und Röhren können durch dünne Querböden („Tabulae") unterteilt sein (Abb. 121).

Das Baumaterial der Coenostea liegt heute als Kalzit vor. Nur bei wenigen mesozoischen Formen fraglicher Zugehörigkeit ist es aragonitisch. Ob die typischen (paläozoischen) Stromatoporen primär kalzitisch oder aragonitisch waren, ist umstritten.

Im Feinbau des Skelettes sind zahlreiche Varianten bekannt. Ob und in welchem Umfang diese primär oder sekundär verändert sind, ist ebenfalls unklar (Abb. 122). Bei mesozoischen Formen ist ein Faserbau der Skelett-Elemente verbreitet. Auch bei paläozoischen Gattungen kommt er vor. Die Fasern können senkrecht (orthogonal) oder schräg (klinogonal) zur Oberfläche stehen oder irregulär angeordnet sein. Zuweilen sind die Skelett-Elemente durch die Aussparung zelliger Hohlräume aufgelockert.

Paläozoische Stromatoporen zeigen diesen zelligen Feinbau häufig. Er ist durch Übergänge mit dem granulären (melanosphärischen bzw. makulaten) Bau verknüpft, bei dem körnige Strukturen von ca. 50 (im Extremfall 15–110) µm sichtbar sind. Zuweilen erscheinen die Granulae aus

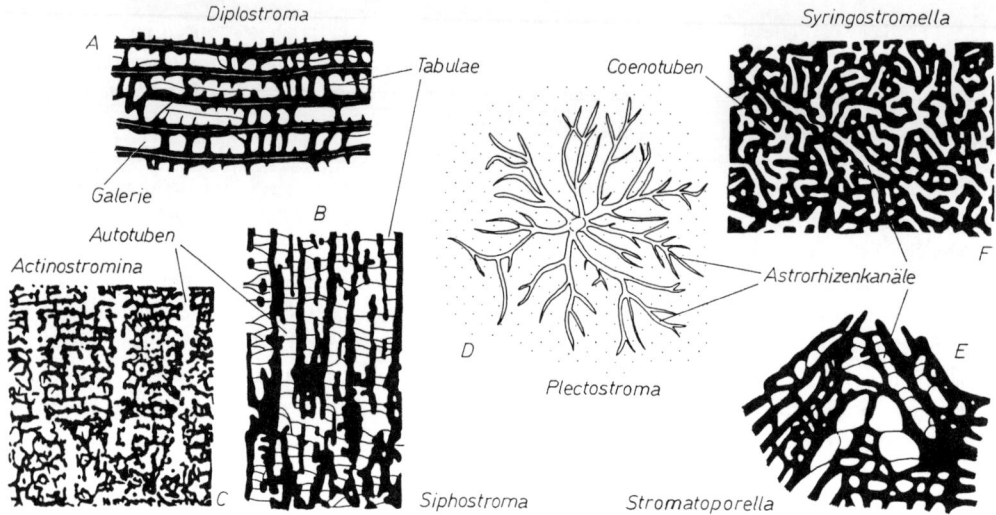

Abb. 121. Der Skelettbau der Stromatoporen im Vertikalschliff, × 5. A, D–F: paläozoische Formen; B, C: mesozoische Formen. A, B und E: tabulierte Coenostea; C und F: ohne Tabulae. Nach Y. Dehorne, R. G. S. Hudson, M. Lecompte und K. Mori.

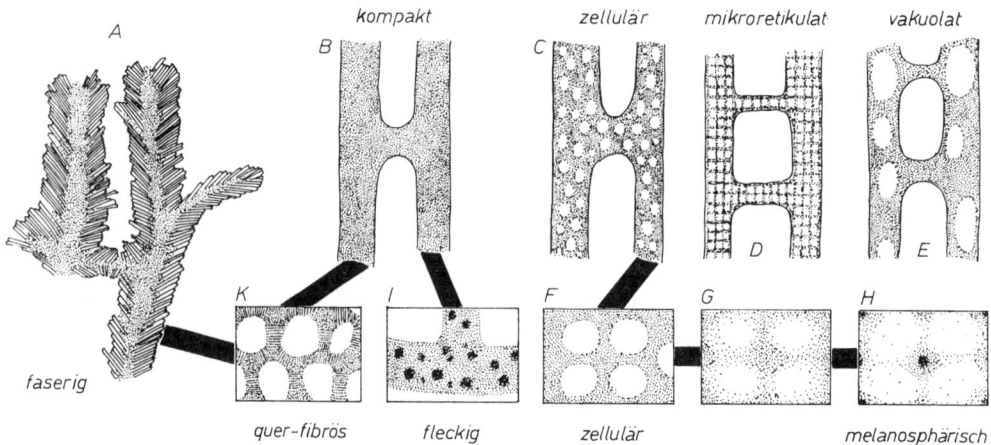

Abb. 122. Mikrostrukturen des Stromatoporen-Skelettes, schematisch. A: Faserstruktur einer mesozoischen Form; B–E: häufige paläozoische Strukturtypen; F–H: Übergang vom zellulären zum melanosphärischen Bau; I und K: mögliche diagenetische Abwandlungen von A und B. Nach Y. Dehorne, K. Mori und C. W. Stearn.

Aggregaten von ca. 10 μm großen Sphärolithen zusammengesetzt. Außerdem kommt auch die sogenannte kompakte Feinstruktur vor, bei der die Elemente aus mikritischem Kalzit bestehen.

### 3. Verwandtschaft

Die verwandtschaftlichen Beziehungen und die stammesgeschichtliche Einheitlichkeit der Stromatoporen sind umstritten. Eine früher verbreitete Auffassung sieht Übereinstimmungen mit den Hydroideen. Die horizontalen Skelett-Elemente werden als Abscheidungen des basalen Coenosarks gedeutet, die vertikalen Elemente durch Einfaltungen des Coenosarks und durch ungleichmäßige Verteilung der skelettbildenden Zellen erklärt. Die Astrorhizen sind nach dieser Auffassung entweder Hydrorhiza-Röhren oder die Logen polymorpher Polypen. Die vor allem bei mesozoischen Formen verbreiteten Autotuben entsprechen eingesenkten Polypenröhren. Nach dieser Theorie ist das Stromatoporen-Coenosteum das Skelett einer Tierkolonie.

Ähnlichkeiten bestehen jedoch auch mit den Sclerospongien. Das Coenosteum entspricht bei diesem Vergleich dem basalen Aragonit-Skelett eines Schwammes. Die oberflächlichen Skelett-Zwischenräume des Coenosteums sind dann Nischen für Geißelkammern, und die Astrorhizen sind Sammelrinnen des ableitenden Kanalsystems. Allerdings sind bei Stromatoporen bisher keine Spiculae nachgewiesen.

Auch die Anklänge an kalkige Basis-Skelette mancher Algen (insbesondere Cyanophyceen) dürfen nicht übersehen werden. Die zelligen bzw. granulären Mikrostrukturen des Skelettes lassen sich als verkalkte Zellaggregate deuten, wobei die Sphaeroide einzelnen Zellen entsprechen. Der lagenhafte Aufbau der Coenostea entstand demnach durch rasche Verkalkung mattenförmig ausgebreiteter Zellkolonien. Aus keimenden Sporen entwickelten sich nur schwach verkalkte Tochterkolonien; diese sollen die Astrorhizen hervorgebracht haben. Astrorhizen wurden jedoch auch als Spuren bohrender oder kommensalisch im Stock lebender Fremdorganismen gedeutet.

### 4. Phylogenie

So unklar wie die Wurzeln sind auch die phylogenetischen Zusammenhänge innerhalb der Stromatoporen. Die (typischen) Stromatoporen des Paläozoikums sind vom mittleren Ordovizium bis ins basale Karbon nachgewiesen. Ihre Blütezeit fällt ins Silur und ins mittlere Devon. Zwischen beiden Zeitabschnitten klafft ein fühlbarer Einschnitt. Formen aus dem Kambrium lassen sich nicht mit Sicherheit zuordnen. Die ältesten echten Stromatoporen (Labechiiden) sind durch das Vorherrschen blasenförmiger Skelett-Elemente gekennzeichnet. Sie reichen noch bis ins Karbon hinein. Formen mit einem Überwiegen der Laminae werden erst ab dem oberen Ordovizium häufiger.

Nach einer langen Fundlücke setzen ähnliche Formen erst wieder in der mittleren Trias ein und sind bis zur oberen Kreide verbreitet. Autotuben sind häufige Strukturen. Ob es sich bei dieser Gruppe, die auch als Sphaeractinoidea bezeichnet wird, um Abkömmlinge der altpaläozoischen Stromatoporen oder um konvergente Entwicklungen aus Hydroideen- oder Sclerospongien-Wurzeln handelt, ist unbekannt (Abb. 123).

Noch unsicherer sind die verwandtschaftlichen Beziehungen einiger Formen aus dem obersten Karbon und dem Perm.

### 5. Stratigraphie

Auch die stratigraphische Bedeutung der Stromatoporen ist weitgehend unklar. Sie wird verdunkelt durch Unklarheiten über diagenetische Vorgänge, Unklarheiten der taxonomischen Abgrenzung und möglicherweise erhebliche innerartliche Variabilität in Anpassung an ökologische

112    Spongien und Coelenteraten

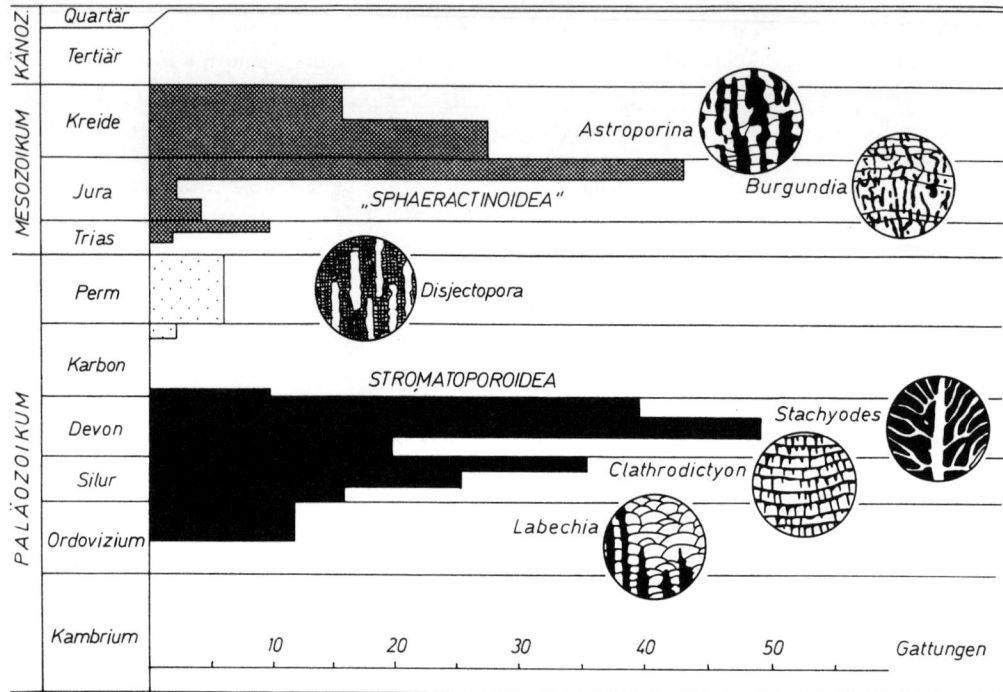

Abb. 123. Diversität der paläozoischen Stromatoporen und ihrer mutmaßlichen mesozoischen Verwandten sowie Schliffbilder durch einige bezeichnende Gattungen. Zahlen nach E. FLÜGEL.

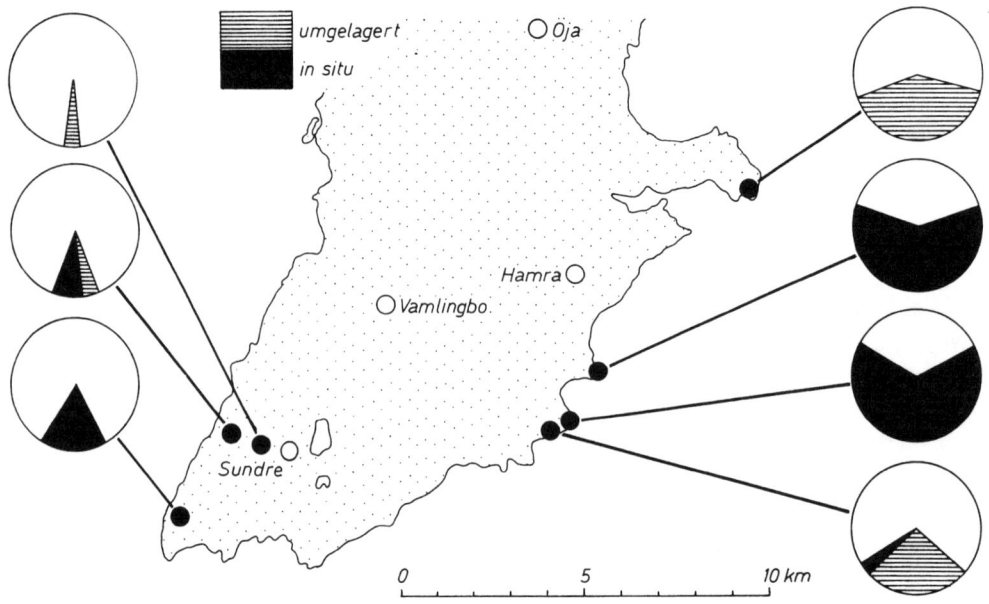

Abb. 124. Die Häufigkeit von Stromatoporen (in % der Fläche) in Aufschlüssen der Sundre-Schichten (Obersilur) an der Südspitze der Insel Gotland. Nach K. MORI.

Faktoren. Es scheint jedoch, als ob nach entsprechenden Vorarbeiten auch Stromatoporen auf Gattungs- und Artebene stratigraphisch nutzbar sein können.

## 6. Lebensweise

Die Stromatoporen des Paläozoikums waren sessile Benthonten flacher und überwiegend warmer Meere. Im Silur und Devon waren sie wichtige Riffbildner, die wellenresistente Strukturen aufbauten und in Riffkalken etwa 60–90 % des Gesteins ausmachen (Abb. 124). Ihre Coenostea sind hier überwiegend massig und erreichen eine erhebliche Durchschnittsgröße, zeichnen sich allerdings vielfach durch unregelmäßige Wuchsformen aus. Diese entstanden vermutlich durch häufige Änderung von Umweltfaktoren (z. B. Strömungsrichtung) im wellenbewegten Bereich zwischen dem Meeresspiegel und einer Wassertiefe von ca. 10 m.

In diesem Biotop sind die Stromatoporen oft mit Kalkalgen, Rugosen und Tabulaten sowie Brachiopoden, Gastropoden und Echinodermen vergesellschaftet. Zuweilen werden die Coenostea von den Kelchen der Tabulate *Syringopora* durchzogen, die offenbar hier oft als Kommensale von Stromatoporen lebte.

Im stillen Wasser (entsprechend einer Tiefe zwischen ca. 10 m und 20–25 m) mit vorherrschender Mergelsedimentation waren kleinere, meist lagenhaft gebaute oder ästige Coenostea mit regelmäßiger Wuchsform verbreitet. Ihr Anteil am Sediment ist weitaus geringer (meist unter 2 %). Riffstrukturen treten nicht mehr auf, allenfalls kommen Stromatoporen-Rasen vor. Noch tieferes Wasser scheinen die Stromatoporen gemieden zu haben. Ob dies mit ihrem Lichtbedürfnis zusammenhängt, ist unbekannt.

Das Substrat der Coenostea scheint vielfach ein Hartboden oder ein fester Organismenrest (Schale etc.) gewesen zu sein. Das Vorkommen in mikritischen Kalken und in Mergeln deutet jedoch darauf hin, daß auch Weichböden besiedelt werden konnten.

Die mesozoischen Formen waren ebenfalls Flachwasserbewohner im warmen Meer. Sie kommen vor allem in Plattform-Kalken der Tethys vor, scheinen jedoch – im Gegensatz zu den paläozoischen Stromatoporen – die Zone größter Wellenenergie zu meiden. Riffe bildeten sie nicht. Dagegen waren sie als Begleiter von Riffkorallen und in Biostromen stellenweise verbreitet (Abb. 125).

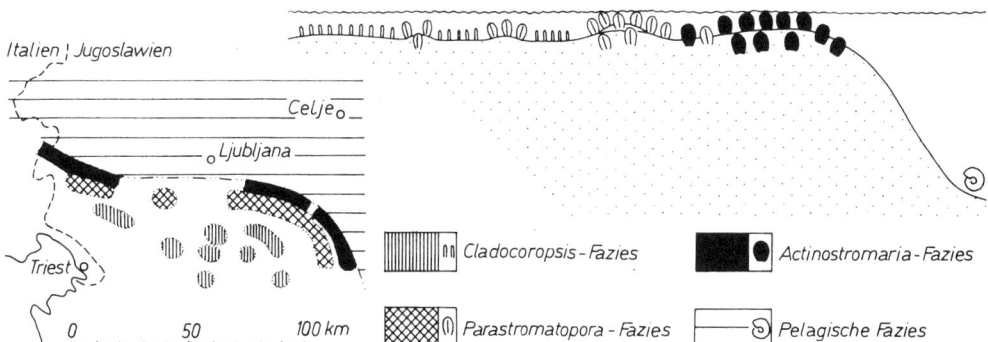

Abb. 125. Regionale Verbreitung und bathymetrische Deutung von „Stromatoporen"-Faunen im Oberjura Sloweniens. Nach D. TURNŠEK.

## 7. Fossilisation

Über die diagenetischen Vorgänge im Skelett der Stromatoporen herrscht keine Einigkeit. Die eine Auffassung, welche die Stromatoporen als Cyanophyceen betrachtet, hält die melanosphärische (bzw. granuläre oder makulate) Struktur für primär und betrachtet andere Baupläne als sekundär verändert. Als ursprünglicher Baustoff wird Aragonit angenommen.

Verbreiteter ist die Auffassung, daß gewisse mesozoische Formen mit einer Faserstruktur aus Aragonit dem primären Feinbau entsprechen. Die zelligen und kompakten Strukturen gelten ebenfalls als relativ ursprünglich, doch dürften auch sie durch die Umwandlung von Aragonit in Kalzit beeinflußt sein. Als stärker verändert werden die flockigen und melanosphärischen Strukturen gedeutet. Bei diesem Diagenesegrad beginnt sich auch die Abgrenzung der Pfeiler und Laminae zu verwischen. Noch stärker verändert sind Coenostea mit fleckiger Feinstruktur, vergröberten Kalzit-Kristalliten und Skelett-Elementen, die dadurch undeutlich werden, daß sie sich von der Sediment- oder Zementfüllung der Skelett-Zwischenräume kaum mehr unterscheiden.

Die Diagenese pflegt die oberen Teile der Latilaminae stärker zu erfassen, während deren Basis der Umwandlung länger widersteht.

Auswahl weiterführender Literatur:

B. M. ABOTT (1973), E. FLÜGEL (1975), J. KAZMIERCZAK (1980), M. LECOMPTE (1956), K. MORI (1968, 1970), H. NESTOR (1981), R. RIDING (1974), C. W. STEARN (1966, 1975, 1980), J. ST. JEAN jr. (1971), B. D. WEBBY (1980).

# Tabulozoen

## 1. Definition

Unter Tabulozoen versteht man Organismen, die ein kalkiges Skelett aus dichtstehenden Röhren besitzen, welche durch Querböden unterteilt sind. Weichkörper unbekannt.

## 2. Morphologie

Die Skelette der Tabulozoen bestehen aus zahlreichen, untereinander mehr oder weniger parallel verlaufenden Röhrchen. Deren Durchmesser beträgt im allgemeinen zwischen 0,1 und 1 mm. Die Röhrchen erscheinen im Querschnitt rund, polygonal oder oval. Sie stehen miteinander in ihrer ganzen Länge in Kontakt. Die Wände können dünn oder verdickt sein. Nur selten sind die Wände durch Öffnungen durchbrochen, durch welche die Röhrenlumina miteinander in Verbindung stehen.

Beim Wachstum können sich die Röhrchen teilen. Dies geschieht manchmal dadurch, daß die Röhrenwände nach innen gerichtete Auswüchse („Pseudosepten") bilden, welche allmählich bis zur gegenüberliegenden Wand reichen und damit das Röhrenlumen gliedern. Gelegentlich unterbleibt der Einbau von Trennwänden zwischen den Tochterröhren. Im Querschnitt erscheinen dann mäandrische Strukturen. Zuweilen entstehen auch in den Berührungswinkeln zwischen normalen Röhren viel kleinere Tuben, die zu normalen Röhren heranwachsen („Zwischensprossung").

Die Röhren werden durch Querböden (Tabulae) unterteilt. Diese können dicht oder weit stehen und unregelmäßig oder in bestimmten Niveaus angeordnet sein (Abb. 126).

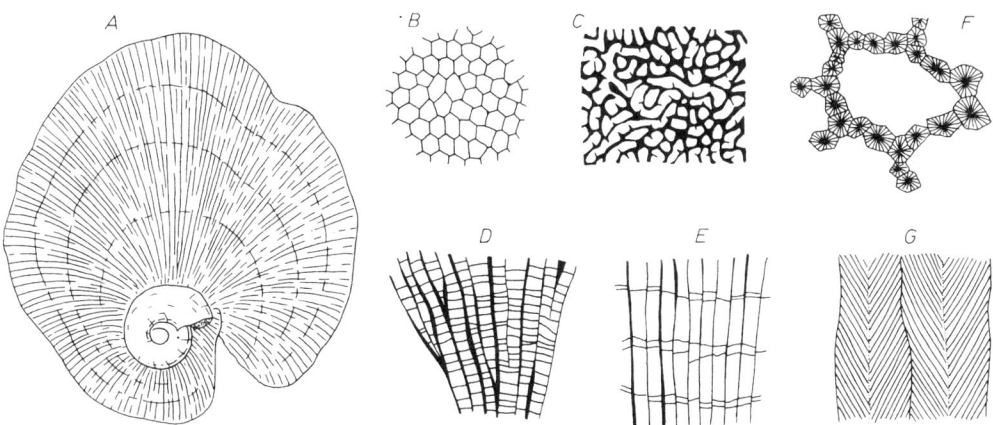

Abb. 126. Tabulozoen (Chaetetiden). A: Querschnitt durch *Chaetetes* (Ord. – Perm, ?Mesozoikum) mit umkrustetem Gastropoden, × 0,5; B: Tangentialschnitt durch *Hattonia* (Silur), × 2; C: Tangentialschnitt durch *Chaetetes*, × 4; D: Schnitt durch ?*Chaetetes* (Jura), × 3; E: Schnitt durch *Hattonia*, × 2; F und G: Mikrostrukturen bei *Chaetetes*, vergr. Nach A. FENNINGER und H. HÖTZL, D. HILL & E. C. STUMM und B. S. SOKOLOV.

Im Feinbau der Tabulozoen-Skelette lassen sich schrägstehende Kalkfasern („Trabekelstrukturen") erkennen. Als primäres Baumaterial wird Aragonit vermutet.

Da der Weichkörper der Tabulozoen unbekannt ist, weiß man nicht, ob ihre Skelette als Stöcke (Kolonien) oder Hartgebilde solitärer Tiere (oder Pflanzen) zu deuten sind. Sie sitzen meist einem festen Substrat auf. Ihre Größe kann mehrere cm bis über 10 cm betragen.

### 3. Verwandtschaft

Die systematische Zugehörigkeit der Tabulozoen ist unklar. Es steht auch nicht fest, ob sie eine einheitliche Gruppe darstellen. Möglicherweise handelt es sich um konvergente Linien aus unterschiedlichen Wurzeln.

Morphologische Beziehungen bestehen zunächst zu den Hexakorallen. Die Chaetetiden des Paläozoikums zeigen viele Ähnlichkeiten zu tabulaten Korallen und werden oft zu diesen gestellt. Unterschiede betreffen das durchschnittlich geringere Lumen der Röhren und das Fehlen von Septen oder Septaldornen. Die Tabulozoen wurden auch als Verwandte der Hydrozoen oder als Cnidarier, die der Wurzel der Hydrozoen und Anthozoen nahestehen, betrachtet.

Seit der Entdeckung von Kieselspiculae in einigen paläozoischen und mesozoischen Vertretern der Tabulozoen werden die Übereinstimmungen mit den Sclerospongien besonders herausgestellt. Im Unterschied zu den meisten Sclerospongien werden beim Höherrücken des Weichkörpers die verlassenen Skelettpartien jedoch nicht massiv verfüllt, sondern durch Böden abgetrennt. Obwohl einige Tabulozoen sicher Sclerospongien sind, ist zweifelhaft, ob dies für alle Formen gilt.

Die Tabulozoen erinnern mit ihren Skeletten aus dicht aneinander grenzenden Röhrchen auch an manche Bryozoen (Trepostomata) und Rotalgen (Solenoporaceen), doch ist dort das Röhrenlumen durchschnittlich geringer.

## 4. Phylogenie und Stratigraphie

Die ältesten Tabulozoen sind die Chaetetiden des Paläozoikums. Sie sind vom Ordovizium bis zum Perm bekannt. Ob sie insgesamt zu den Sclerospongien gehören, von Tabulaten abstammen, eine im Weichkörper unbekannte Stammgruppe von Hydrozoen und Anthozoen darstellen oder eine konvergent entstandene Sammelgruppe bilden, ist ungeklärt. Ähnliche Formen treten vom Lias bis in die Oberkreide auf. Ihre Abstammung von den paläozoischen Chaetetiden ist umstritten, zumal die Tabulozoen der Trias morphologisch nicht zwischen den älteren und jüngeren Formen vermitteln. Auch, ob die mesozoischen „Chaetetiden" eine phylogenetische Einheit sind, ist unklar. Die jüngsten Tabulozoen werden aus dem Alttertiär erwähnt, doch kommen rezent unter den Sclerospongien ähnliche Formen vor.

Für die Stratigraphie spielen die Tabulozoen keine Rolle.

## 5. Lebensweise

Die Tabulozoen waren marin und an warmes und flaches Wasser angepaßt. Örtlich und zu gewissen Zeiten (z. B. Karbon, Jura) waren sie in Plattformkalken nicht selten; eigentliche Riffbildner waren sie jedoch nicht.

Auswahl weiterführender Literatur:
 J.-C. Fischer (1970), E. Flügel (1975), D. I. Gray (1980), D. Hill (1981).

# Medusen

## 1. Definition

Unter Medusen versteht man frei schwebende oder schwimmende, mit Nesselzellen ausgestattete Coelenteraten. Teilweise handelt es sich um die von Polypen gebildete Geschlechtsgeneration, teilweise um die einzige, frei bewegliche Generation, teilweise anscheinend auch um stark abgewandelte Polypen.

## 2. Allgemeines

Medusen oder Quallen sind frei schwimmende Cnidarier. Sie sind typischerweise glocken- oder schirmförmig. Die konvexe Oberseite wird als Exumbrella bezeichnet. Die oft konkave Unterseite heißt Subumbrella. Exumbrella und Subumbrella werden vom Ektoderm überzogen. Auch der in der Mitte der Subumbrella liegende Mund, der oft zu einem herabhängenden Mundrohr (Rüssel, Manubrium, Magenschlauch) verlängert ist, ist ektodermal. Der Magenraum wird vom Entoderm ausgekleidet. Zwischen Ektoderm und Entoderm befindet sich eine sehr wasserhaltige Gallertschicht (Mesogloea). An der Peripherie des Medusenkörpers stehen die Tentakel, die hohl oder solide sind und Nesselzellen tragen.

Ein Skelett fehlt. Nur in seltenen Fällen kommen chitinöse Ausscheidungen der Exumbrella vor. Der hohe Wasseranteil im Körper (oft über 95%) im Verein mit den bei einigen Formen auftretenden Luftblasen oder -kammern fördert das Schwebvermögen der Tiere.

### 3. Hydromedusen

Als Hydromedusen (Abb. 127) bezeichnet man die Medusen der Hydrozoen. Sie sind meist relativ klein (Durchmesser i. d. R. 1–3 cm). Ihre Mesogloea ist zellfrei. Das Ektoderm von Exumbrella und Subumbrella ist zu einem ringförmigen Segel (Velum) verlängert, das ein typisches Merkmal der Hydromedusen darstellt. Das Mundrohr ist oft vierkantig; auch der Magenraum ist vielfach – mindestens in der Jugend – tetramer. Zwar fehlen fleischige Magenleisten, doch entspringen vom Magen vier Radialkanäle, die in einen peripher verlaufenden Ringkanal münden. Die Tentakel sind in der Jugend ebenfalls oft tetramer angeordnet. Im Alter ist die Tetramerie des Magenraums und der Tentakel meist verwischt.

Die Gonaden entstehen ektodermal. Sie liegen subumbrellar, entweder an den Radialkanälen des Magenraumes oder am Mundrohr. Sinnesorgane (Augenflecken und Schweresinnesorgane) liegen an der Peripherie des Schirmes.

Hydromedusen sind bei der Hydrozoengruppe der Trachylinida die einzigen in der Ontogenie auftretenden Adultstadien. Bei anderen Hydrozoen wechselt die Medusengeneration mit der Polypengeneration ab.

### 4. Scyphomedusen

Die Scyphomedusen (Abb. 128) sind die Medusen der Scyphozoen. Sie sind wenige cm bis über 50 cm groß. Ihre Mesogloea enthält eingewanderte Ektoderm-Zellen. Die Peripherie des Schirmes ist meist durch Einkerbungen in Lappen gegliedert. Ein Velum fehlt. Das Mundrohr ist vierkantig und am Ende oft in vier Lappen („Mundarme") verlängert. Die Mundöffnung ist kreuzförmig gestaltet und bezeichnet damit die vier Perradien. Mit ihnen alternieren die vier Interradien. Die acht Adradien stehen zwischen Perradien und Interradien.

Bei manchen Scyphomedusen sind die Mundränder verwachsen und lassen nur Porenreihen offen. Der Magenraum wird ursprünglich von vier interradialen fleischigen Magenleisten so unterteilt, daß ein Zentralmagen von vier perradialen Magentaschen umgeben wird. Oft sind die Magenleisten in tentakelähnliche Gastralfilamente aufgelöst. Manche Scyphomedusen unterteilen ihren Magenraum im Alter sekundär in 16 Taschen. Von den Magentaschen gehen Radialkanäle aus, die verzweigt sein können und in einen peripheren Ringkanal münden. Bei einigen Formen sind in die Subumbrella Trichter eingesenkt, die interradial stehen und in die fleischigen Magenleisten hineinreichen.

Die Tentakel am Schirmrand entspringen bei manchen Formen an der Subumbrella, bei anderen an der Exumbrella. Sie sind ursprünglich in den Adradien angeordnet. Die Gonaden entstehen vom Entoderm aus. Sie liegen interradial neben der Mundrohrbasis in Einstülpungen des Magenraumes. Sinnesorgane an der Peripherie des Schirmes sind in den Perradien und in den Interradien vorhanden. Sie sind hochkompliziert, werden Rhopalien genannt und wirken als Schwere- und Lichtsinnesorgane sowie als Chemorezeptoren.

Die Scyphomedusen stellen die sich geschlechtlich fortpflanzende Generation der Scyphozoen dar. Nur vereinzelt fehlt eine Polypengeneration. Oft – aber nicht stets – entstehen die Scyphomedusen aus den Scyphopolypen durch „Strobilation", d. h. durch seriale ringförmige Abschnürung im oralen Abschnitt des Scyphopolypen (vgl. Bd. 1, S. 63, Abb. 64). Manche Scyphopolypen wandeln sich jedoch direkt in eine Scyphomeduse um. Scyphopolypen siehe auch S. 124.

### 5. Siphonophoriden

Die Siphonophoriden (Abb. 129) oder Staatsquallen sind stark spezialisierte, pelagische Hydrozoen-Kolonien mit polypiden und medusiden Individuen. Die Länge der Kolonien beträgt meh-

118  Spongien und Coelenteraten

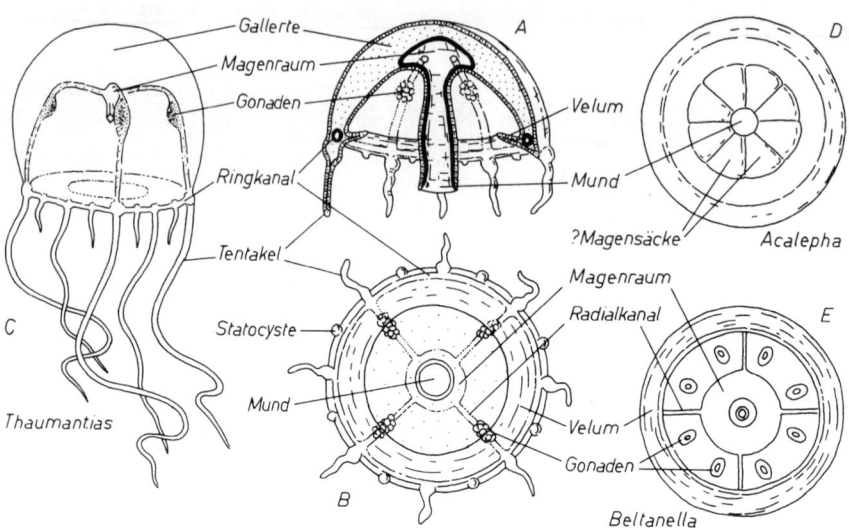

Abb. 127. Hydromedusen. A: schematischer Schnitt (schwarz: Entoderm, punktiert: Mesogloea, Zellsignatur: Ektoderm); B: schematische Aufsicht auf die Subumbrella; C: rezente Hydroideen-Meduse, × 2,5; D: Jura, × 0,35; E: Kambr., × 0,3. Nach E. HAECKEL, A. G. MAYER, A. REMANE und R. G. SPRIGG.

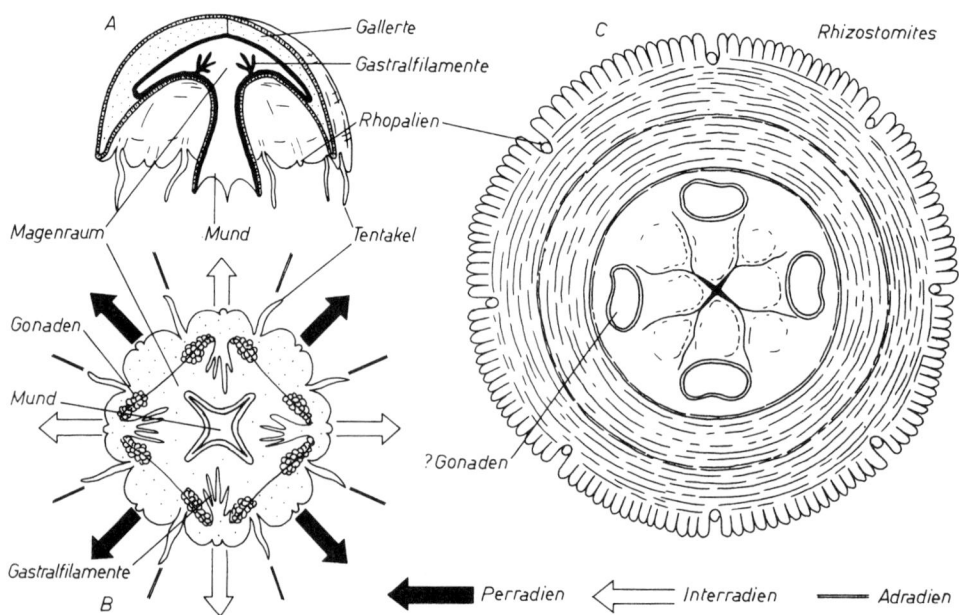

Abb. 128. Scyphomedusen. A: schematischer Schnitt (schwarz: Entoderm, punktiert: Mesogloea, Zellsignatur: Ektoderm); B: Schema der Durchsicht durch die Subumbrella; C: Jura, × 0,6. Nach A. BRANDT, E. HAECKEL, A. LANG und A. REMANE.

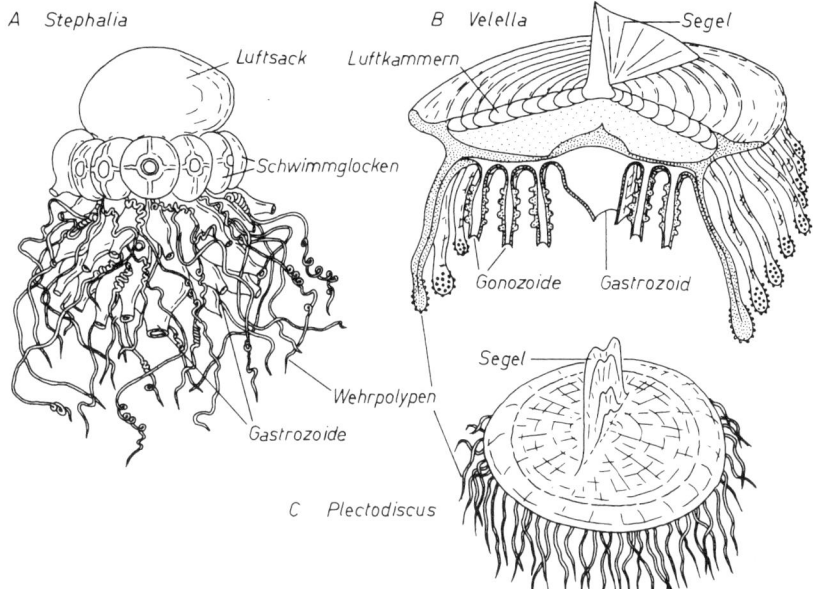

Abb. 129. Siphonophoriden und Chondrophoriden. A: rezente Siphonophoride mit Luftsack und Schwimmglocken (= umgebildeten Medusen) sowie differenzierten Polypen; B: rezente Chondrophoride mit Schwimmscheibe und differenzierten Polypen; C: devonische Chondrophoride, × 0,3. Nach K. Caster, Y. Delage & E. Hérouard und E. Haeckel.

rere cm bis einige m. Im oberen, ontogenetisch älteren Teil der Kolonie (d. h. dem Nektosom) bewirken Schwimmglocken, Gasflaschen oder Luftsäcke den Auftrieb. Sie werden im allgemeinen als umgebildete, sterile Medusen angesehen. Vom Nektosom geht ein stark verlängerter Polyp aus, der die hängende Achse (bzw. den Stamm) des Siphonophoriden bildet. Dieser bringt durch Knospung eine Reihe unterschiedlich gestalteter Polypen hervor: Nähr- oder Freßpolypen (Gastrozoide), Geschlechtstiere (Gonozoide) und Wehr- oder Tastpolypen (Dactylozoide). Durch Knospung entstehen auch Seitenäste (Kormidien) des Stammes. Dieser polypide Anteil der Kolonie heißt Siphonosom.

Von manchen Autoren werden die Siphonophoriden nicht als Kolonien, sondern als Einzeltiere mit z. T. mehrfach gleichartig vorhandenen, stark spezialisierten Organen gedeutet.

## 6. Chondrophoriden

Die Chondrophoriden (Abb. 129) sind ebenfalls stark spezialisierte Hydrozoen. Sie besitzen eine von Luftkammern erfüllte, mehrere cm große Schwimmscheibe, die häufig ein vertikales Windsegel trägt. Auf der Unterseite der Schwimmscheibe sitzt zentral ein großer Freßpolyp (Gastrozoid). Er wird umgeben von Gonozoiden (Blastozoiden), die in mehreren Kränzen angeordnet sein können. Zum Rand der Schwimmscheibe folgen mehrere Kränze von „Tentakeln" (Dactylozoide). Die Oberfläche der Schwimmscheibe scheint bei einigen fossilen Formen von einem chitinösen Periderm bedeckt gewesen zu sein. Die Luftkammern und -röhren sind ebenfalls von Chitin ausgekleidet.

Die Blastozoide stehen im Dienst der Fortpflanzung. Von ihnen lösen sich typische Hydromedusen ab, aus denen auf geschlechtlichem Wege wiederum Chondrophoriden entstehen. Diese entsprechen deshalb – trotz der pelagischen Lebensweise – der Polypengeneration der Hydrozoen. Dabei werden die morphologischen Besonderheiten der Chondrophoriden unterschiedlich gedeutet. Manche Autoren interpretieren sie als Kolonien; Blastozoide, Gastrozoide und Dactylozoide entsprechen dann unterschiedlich spezialisierten Individuen. Für andere Autoren sind die Chondrophoriden solitär; Blastozoide und Tentakel sind dann mehrfach vorhandene, unterschiedliche Organe.

## 7. Vorkommen

Das Vorkommen von Medusen hängt entscheidend von ihrem Fossilisationspotential ab. Medusen enthalten in ihrem Körper einen sehr hohen Anteil an Wasser (über 95 %). Außerdem fehlen ihnen Skelette. Sie sind deshalb nur in seltenen Ausnahmefällen erhaltungsfähig. Aus Rezentbeobachtungen wurde geschlossen, daß Medusen nur nach dem Anschwemmen an den Strand und rascher Eindeckung überliefert werden. Es gibt jedoch auch fossile Medusenvorkommen, die offensichtlich submarin entstanden sind.

Aus der schlechten Fossilisierbarkeit wird auch verständlich, daß an Medusen diagnostisch wichtige Merkmale oft nicht erhalten sind. Ein wesentlicher Anteil der fossilen Medusen läßt sich deshalb nur mit Vorbehalten deuten.

Medusen kennt man schon seit dem späten Präkambrium, wobei es oft nicht möglich ist, sie rezent noch vorkommenden Gruppen zuzuordnen. Fragliche Hydromedusen sind ab dem späten Präkambrium beschrieben. Auch Scyphomedusen scheinen schon ab dem späten Präkambrium vorzukommen. Die Siphonophoriden sind fossil nur in einer fraglichen kambrischen Art bekannt. Auffallend ist, daß die stark spezialisierten Chondrophoriden schon ab dem späten Präkambrium belegt sind und im älteren Paläozoikum einen hohen Anteil an den – insgesamt jedoch seltenen – Medusenfunden stellen. Demnach sind die heute noch lebenden etwa 10 Chondrophoriden-Arten nur ein Rest einer sehr alten Tiergruppe. Die lückenhafte Überlieferung reicht aber nicht aus, um die Stammesgeschichte der Medusen eindeutig zu klären.

## 8. Lebensweise

Medusen sind Organismen, die frei im Wasser treiben und zum Teil auch aktiv schwimmen. Hydromedusen schwimmen, indem die Muskeln der Subumbrella und des Velums das Wasser aus dem Magenraum auspressen. Hierdurch wird ein Rückstoß erzeugt, der die Tiere fortbewegt. Scyphomedusen können in allen Richtungen schwimmen, indem die Muskeln der Subumbrella rhythmische Bewegungen vollführen. Manche Scyphomedusen sind imstande, am Grund zu ruhen; andere kriechen. Selbst sessile, gestielte Scyphomedusen sind bekannt. Die Siphonophoriden schweben im Wasser, können durch Auspressen bzw. Neuabscheiden von Gas ihr spezifisches Gewicht verändern und dadurch auf- und absteigen. Außerdem können manche Formen durch Pulsieren der Schwimmglocken aktiv in der Waagrechten schwimmen. Manche Siphonophoriden sowie die Chondrophoriden treiben an der Wasseroberfläche. Sie werden durch den Wind passiv verfrachtet.

Die Mehrzahl aller Medusen ist marin. Nur einige wenige Hydromedusen kommen auch im Süßwasser vor.

Die meisten Medusen sind Räuber, die andere Medusen, Fische und vor allem Copepoden ergreifen, mit Hilfe ihrer Nesselzellen töten und fressen. Nur wenige Scyphomedusen mit umgebildeter Mundöffnung sind mikrophag.

Auswahl weiterführender Literatur:

M. F. Glaessner (1971), G. Hahn & H. D. Pflug (1980), H. J. Harrington & R. C. Moore (1956), R. Huckriede (1967), R. C. Moore & H. J. Harrington (1956), M. Wade (1972).

# Conularien

## 1. Definition

Conularien sind pyramiden- oder kegelförmige Gebilde mit einem chitino-phosphatischen Periderm und einer tetrameren Symmetrie. Sie werden meist als ausgestorbene Verwandte von Scyphopolypen gedeutet.

## 2. Morphologie

Das Skelett der Conularien (Abb. 130) besteht ursprünglich anscheinend aus Chitin. Es wird als Periderm, d. h. als Hüllskelett, gedeutet. Es ist i. d. R. außerordentlich dünn (Teile eines mm) und biegsam, besteht dabei jedoch aus mehreren, in sich feingeschichteten Lagen unterschiedlicher Färbung. In diesen Schichten kann Kalziumphosphat in unterschiedlichen Anteilen (bis über 70%) eingelagert sein.

Die Hüllskelette sind in den meisten Fällen etwa 4 bis 10 cm (maximal bis 40 cm) lang. Sie sind i. d. R. spitz pyramidenförmig, seltener kegelförmig. Der Apikalwinkel ist in der Jugend meist größer als im Alter. Er nimmt normalerweise von 15–30° auf unter 10° ab. Die Pyramiden sind vierseitig; ihre Kanten sind nur selten einfach gewinkelt oder abgerundet, sondern meist längs gefurcht. Weitere Furchen können der Mittellinie zwischen den Pyramidenkanten folgen, doch kann diese auch gratartig aufgefaltet sein.

Der Querschnitt der Pyramiden ist meist rhombisch, selten quadratisch. Wo die Seitenflächen zwischen den Pyramidenkanten nach außen gebuchtet sind, können auch rundliche Querschnitte auftreten.

Die Spitzen der Hüllskelette setzen sich in Haftscheiben fort, die mindestens in der Jugend ausgebildet waren und mit denen sich die Conularien am Substrat verankerten. Am oralen Ende des Periderms sind die Seitenflächen zu Mündungsklappen verlängert. Diese können die Öffnung durch unterschiedliche Methoden des Einfaltens (Abb. 131) verschließen.

Die Seitenflächen der Conularien sind meist skulptiert und tragen charakteristische, dichtstehende Querrippchen, die von Längsrippchen gekreuzt werden. Die Querrippchen treffen in den Längsfurchen winklig aufeinander oder alternieren (vgl. Abb. 130 E, F). Die Innenseite des Periderms ist glatt.

Das Innere der Pyramiden wird bei ausgewachsenen Exemplaren nahe der Haftscheibe oft von einem gewölbten Querboden (Diaphragma, Schott) unterteilt. Bei manchen Individuen entsteht durch den Einbau mehrerer Diaphragmen eine Art Kammerung. Möglicherweise bedingt die Bildung der Diaphragmen das Ablösen vom Untergrund (Abb. 132).

Entlang der Mittellinie verläuft auf der Innenseite der Seitenflächen eine wulstartige Leiste, die als Septum bezeichnet wird. Entsprechend ihrer tetrameren äußeren Symmetrie besitzen die Conularien vier Septen. Sie sind aus zahlreichen Lamellen aufgebaut, die sich vom eigentlichen Hüllskelett mehr und mehr abwölben, was auf stetigen Zuwachs nach innen schließen läßt. Nur selten springen die Septen weit ins Innere der Hüllskelette vor; vereinzelt gabeln sie sich dabei noch.

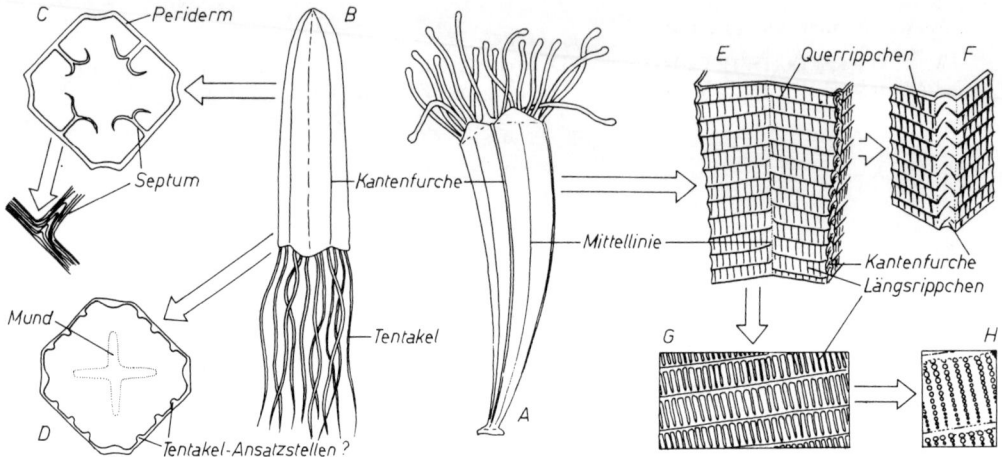

Abb. 130. Die Morphologie der Conularien. A und B: Rekonstruktion einer sessilen (A) und einer treibenden (B) Conularie (× 0,5); C und D: Schnitte durch verschiedene Abschnitte des Periderms, ca. × 1; E–H: Skulptur der Oberfläche des Periderms. A: *Archaeoconularia* (Ord. – Silur); B: *Exoconularia* (Ord.). Nach J. Hall, F. Kiderlen und W. Waagen.

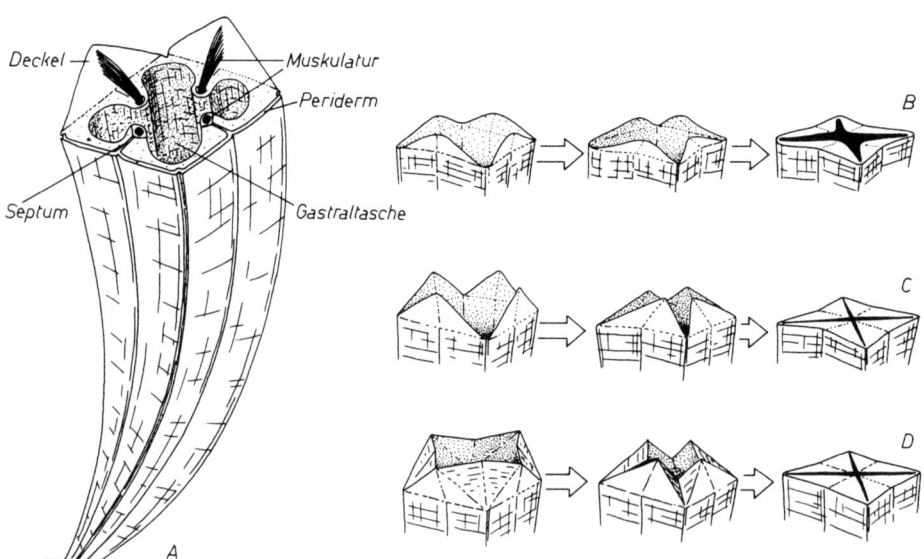

Abb. 131. Deckelorgane der Conularien. A: Rekonstruktion der Muskulatur des Deckels. Man beachte die Übereinstimmung mit dem Septaltrichter der Scyphopolypen. B–D: Unterschiedliche Deckel-Typen und ihre voneinander abweichenden Mechanismen der Einfaltung. Nach R. C. Moore & H. J. Harrington.

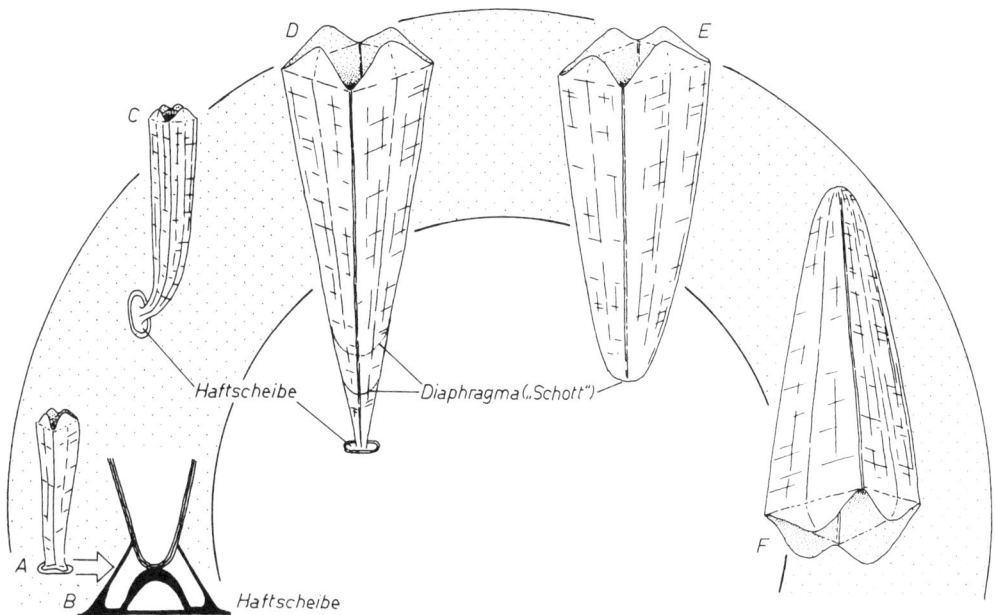

Abb. 132. Festgeheftete und treibende Conularien. A–C: Festheftung mittels einer Haftscheibe (× 1, × 5, × 1); D: Einbau von Diaphragmen (× 0,5); E: Ablösung entlang eines Diaphragmas (× 0,5); F: freies Treiben (× 0,5). Nach F. KIDERLEN und R. RUEDEMANN.

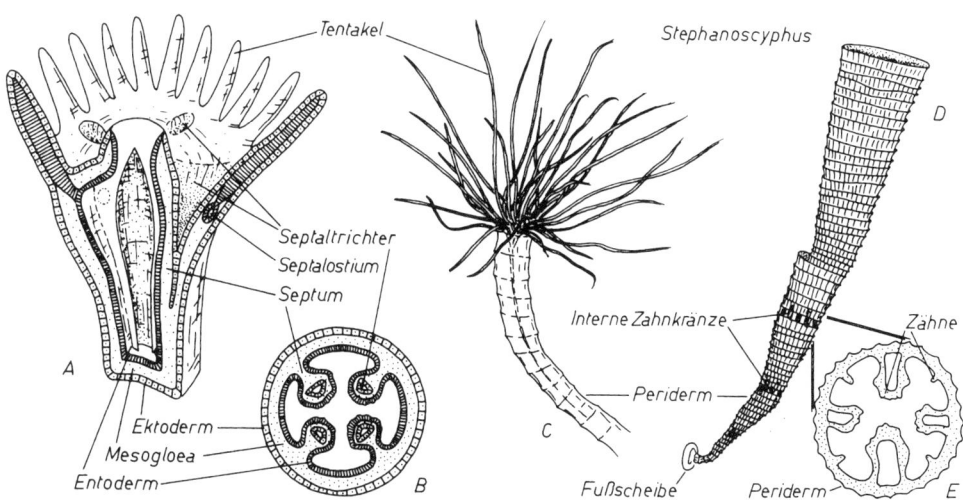

Abb. 133. Scyphopolypen. A und B: Schema eines rezenten Scyphopolypen mit Längsschnitt (A) und Querschnitt (B); C: Scyphopolyp von *Nausithoe* (rez.), × 4; D: Periderm des Scyphopolypen von *Atorella* (rez.), × 6; E: Querschnitt hierzu, × 24. Die Scyphopolypen vom Habitus von *Nausithoe* und *Atorella* werden auch als „Stephanoscyphus" bezeichnet. Nach B. HATSCHEK, A. KAESTNER und B. WERNER.

## 3. Vergleich mit Scyphopolypen

Einige rezente Scyphopolypen zeigen in manchen Eigenschaften verblüffende Ähnlichkeiten mit den Conularien. Sie besitzen röhrenförmige Hüllen (Periderm-Skelette) von etwa 1–3 (maximal 6) cm Länge, die aus Chitin ohne Einlagerung von Kalziumphosphat bestehen und außerordentlich dünn und biegsam sind (Abb. 133). Ihr Querschnitt ist rundlich. Innen sind die Hüllskelette – abgesehen von Zahnkränzen im Basalteil – glatt; außen tragen sie Querringe, die von Längsstreifen gekreuzt werden. Die Querringe entstehen infolge einer diskontinuierlichen Abscheidung von Peridermsubstanz durch Drüsenzellen, die unterhalb der Tentakelansatzstellen auf der Außenseite der Oralregion der Polypen angeordnet sind. Die Längsstreifen sind durch das Verteilungsmuster der Drüsenzellen verursacht. Die Glättung der Innenseite des Periderms erfolgt durch Abscheidung von Chitin auf der Außenwand des Polypen. Da die Skulptur weitgehend derjenigen der Conularienhüllen entspricht, dürfte diese auf ähnliche Weise entstanden sein.

Septen aus Skelettsubstanz kommen bei diesen Scyphopolypen nicht vor. In einer entsprechenden Lage (interradial) sind jedoch weichhäutige Magenleisten entwickelt, die von ektodermalen Muskeln von der Kelchbasis bis zur Oralregion längs durchzogen werden. Bei anderen Scyphopolypen ist die Muskulatur in sogenannten Septaltrichtern angeordnet. Diese Muskulatur der Scyphopolypen wird erst dann verständlich, wenn man sie von der Längsmuskulatur der Conularien ableitet, welche die Mündungsklappen bedient haben muß und die an den Septen verankert gewesen sein dürfte. Dadurch gewinnt die Verwandtschaft der Conularien mit den Scyphopolypen an Wahrscheinlichkeit.

Allerdings folgt aus den Mündungsklappen der Conularien und ihrer Verschlußmuskulatur, daß bei ihnen der Weichkörper mindestens im Bereich der Mündung fest mit dem Hüllskelett verwachsen war. Bei Scyphopolypen mit Periderm kann sich der Weichkörper dagegen – abgesehen vom Basalteil – vollständig von der Röhrenwand ablösen. Für Scyphopolypen ist die „Strobilation", d. h. die Abschnürung von Medusen durch Querteilung des oralen Körperabschnittes, bezeichnend. Diese ungeschlechtliche Vermehrungsweise ist bei Scyphopolypen mit Periderm einer lateralen Knospung funktionell überlegen. Sie setzt die Loslösung des Weichkörpers vom Periderm voraus. Bei den Conularien wird man deshalb am Vorgang der Strobilation zweifeln müssen.

Eine andere Deutung nimmt an, daß die Septen der Conularien beiderseits von paarigen Magenleisten (Mesenterien) eingefaßt waren. Trifft dies zu, dann waren die Conularien keine Scyphozoen, sondern eine eigene, ausgestorbene Gruppe der Anthozoen.

Als koloniebildende Scyphopolypen werden Tierstöcke aus dem Jung-Präkambrium gedeutet. Von einem hohlen, durch 4 Längsleisten (Septen) gegliederten „Stiel" gehen im distalen Abschnitt fiederförmig angeordnete Röhrchen (? Sitz der Polypen) aus. Das Hüllskelett ist chitinartig. Die fiederförmige Anordnung der mutmaßlichen Polypenröhrchen zeigt Ähnlichkeiten mit manchen Oktokorallen (Pennatularien, vgl. S. 165) und den „Petalo-Organismen" (vgl. S. 172). Ausschlaggebend für die Zuordnung zu den Scyphozoen ist die Vierzahl der Septen und das chitinartige Periderm.

## 4. Phylogenie und Stratigraphie

Die Conularien treten im mittleren Kambrium unvermittelt auf und sind bis zur unteren Trias nachgewiesen. Wegen ihrer Ähnlichkeiten mit Scyphopolypen wurden sie als deren Vorfahren gedeutet, die sich vor allem durch das noch vorhandene Periderm unterscheiden sollten. Da man jedoch mutmaßliche Scyphomedusen schon ab dem späten Präkambrium kennt, wird man die Conularien – sofern sie überhaupt Scyphozoen sind – wohl eher als Seitenzweig ansehen müssen.

Die evolutive Veränderung der Conularien während ihres Vorkommens ist gering. Als Leitfossilien haben sie wenig Bedeutung.

## 5. Lebensweise

Die Conularien sind marine Organismen, die mindestens in ihrer Jugend sessil waren. Im Alter scheinen sie sich vom Untergrund abgelöst zu haben. Ob sie dann frei am Boden lagen, passiv trieben oder gar aktiv schwammen, ist unbekannt. Ebenso unklar ist, ob die Oralseite im freien Stadium nach oben oder sekundär nach unten zeigte (Abb. 132).

Conularien kommen in den unterschiedlichsten Sedimenten vor, was auf eine relativ geringe Faziesbindung schließen läßt. Ihre Begleitfauna (u. a. Brachiopoden, Trilobiten, Korallen, Kalkschwämme und Echinodermen) kennzeichnet sie als Bewohner mäßig tiefen bis flachen Wassers. Nicht selten sind Conularien von Jugendstadien besiedelt. Die Häufung des Bewuchses deutet auf ein geselliges Leben der Jungtiere oder auf ein frühzeitiges Festsetzen der Larven am Muttertier. Auch andere Organismen inkrustierten die Conularien schon im Leben.

## 6. Fossilisation

Der Gehalt an Kalziumphosphat erklärt die Erhaltung der dünnen Hüllskelette. Deren Biegsamkeit wird an den häufigen, bruchlos deformierten Exemplaren deutlich. Diese zeigen sowohl eingedellte Seitenflächen als auch Deformationen des Querschnitts (Abb. 134).

Auswahl weiterführender Literatur:

G. C. O. Bischoff (1978), G. Hahn et al. (1982), R. Kozlowski (1963b), R. C. Moore & H. J. Harrington (1956), B. Werner (1967).

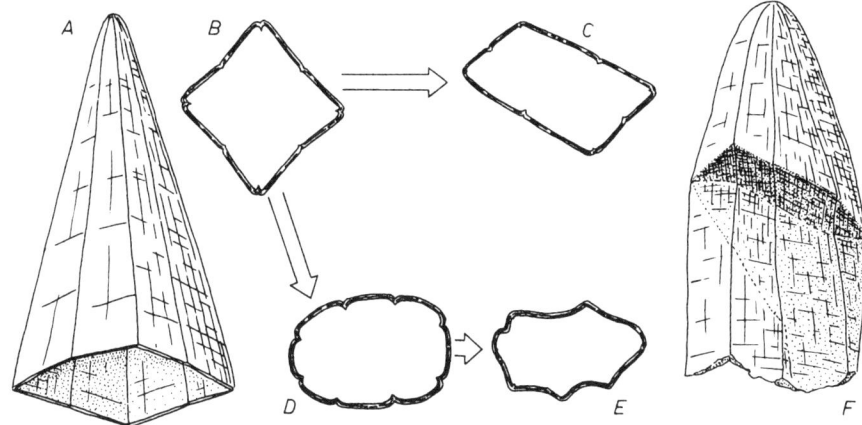

Abb. 134. Die Deformation von Conularien am Beispiel von *Exoconularia* (Ord.). A und B: undeformiertes Exemplar in Seitenansicht und im Querschnitt; C–E: Deformationsformen im Querschnitt; F: eingedrücktes, bruchlos deformiertes Exemplar. × 0,5. Vor allem nach F. Kiderlen.

# Hexakorallen

## 1. Definition

Hexakorallen sind Anthozoen, deren Magenraum von paarigen Mesenterien unterteilt wird. Rezente Hexakorallen haben primär sechs Mesenterienpaare. Um den Mund stehen ungefiederte Tentakel. Sofern ein Skelett entwickelt ist, springt es als Außenskelett von der Fußscheibe her in die Gastraltaschen vor. Es besteht aus Aragonit oder Kalzit.

## 2. Morphologie

Die Hexakorallen besitzen einzeln lebende (solitäre) oder koloniebildende, meist mehr oder weniger zylinderförmige **Polypen** (Abb. 135), deren Größe von wenigen mm bis über 1 m reicht. Eine Medusengeneration fehlt. Der Magenraum der Polypen wird von paarigen Mesenterien unterteilt. Diese Magenleisten („Sarkosepten") verankern das Schlundrohr und tragen Längsmuskeln, welche es dem Polypen ermöglichen, sich zu kontrahieren. Gastraltaschen zwischen zwei zueinander gehörenden Mesenterien heißen Binnenfächer; diejenigen außerhalb der Mesenterienpaare werden Zwischenfächer genannt. Die Längsmuskulatur auf den Mesenterien ist bilateralsymmetrisch angeordnet. Die Symmetrieebene verläuft durch zwei Mesenterienpaare, deren Muskelfahnen in den Zwischenfächern stehen (Abb. 136). Die beiden muskelfreien Binnenfächer heißen demzufolge Richtungsfächer. Bei den übrigen Mesenterienpaaren verläuft die Muskulatur in den Binnenfächern.

Bei allen rezenten Hexakorallen werden zuerst sechs Mesenterienpaare (Protomesenterien) gebildet, die von der Basis des Polypen bis zum Schlundrohr reichen. Dieses ist in der Richtung der Symmetrieebene gestreckt und wird auch als Actinopharynx oder Stomadaeum bezeichnet. An den Schmalseiten des Schlundrohres können 1 oder 2 Wimperrinnen (Schlundrinnen, Siphonoglyphen) vorhanden sein. Zuweilen prägen sich die Mesenterien auf dem Schlundrohr als Rippen durch.

Die Vermehrung der Zahl der Mesenterienpaare im Verlauf der Ontogenie läßt sich nur bei rezenten Hexakorallen untersuchen. Bei den Actinien (Seeanemonen) und Scleractiniern werden die zusätzlichen Mesenterienpaare im wesentlichen zyklisch in allen Zwischenfächern angelegt. Sie werden Metamesenterien genannt, wobei in der Reihenfolge des Erscheinens Metamesenterien 1., 2., 3. bis n. Ordnung vorkommen. Sie sind kürzer als die Protomesenterien und erreichen das Schlundrohr meist nicht.

Bei den Zoanthiniariern erfolgt die Neubildung von Metamesenterienpaaren nur in den beiden Zwischenfächern, die an das Richtungsfach grenzen, das der einzigen Siphonoglyphe benachbart ist (Abb. 136). Ob die paläozoischen Rugosen 2, 4 oder 6 Protomesenterienpaare besaßen, ist umstritten. Ihre Metamesenterien haben sich – sofern die Septenontogenie (vgl. S. 132) entsprechend interpretiert werden darf – serial in vier Sektoren entwickelt.

Die freien Ränder der Mesenterien sind stark verfältelt und setzen sich vielfach in fransenartige Mesenterialfilamente fort. Hier befinden sich Zellen, die Verdauungsfermente absondern, und solche, die zur Resorption verdauter Partikel befähigt sind. Ob auch bei den Rugosen Mesenterialfilamente vorhanden waren oder ob dort die Verdauung auf der gesamten Innenfläche des Gastralraumes erfolgte, ist unbekannt. Auf den Mesenterien sitzen auch die Gonaden. Reife Geschlechtszellen werden in die Gastraltaschen entleert.

Die Tentakel stehen um den Mund und sind meist einfach, selten gegabelt, aber nie gefiedert. Sie erheben sich über den Gastraltaschen, welche sich als Höhlungen ins Innere der Tentakel hinein fortsetzen. Die Zahl der Tentakel entspricht i. d. R. der Zahl der Gastraltaschen. Nur bei einer

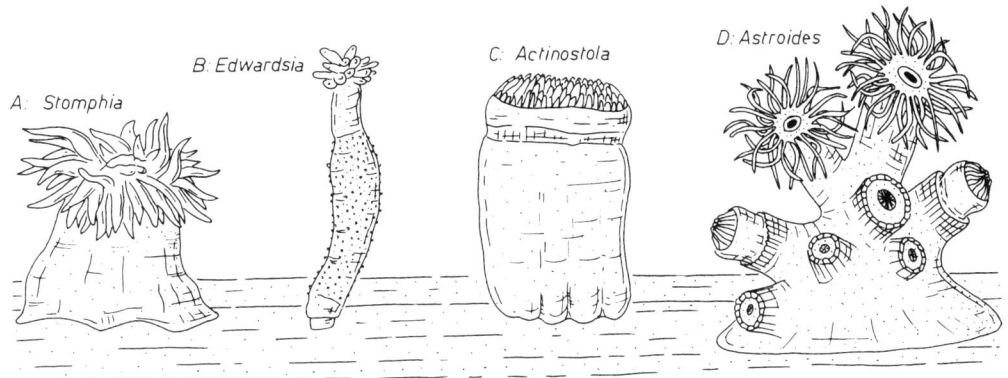

Abb. 135. Die Polypenformen bei solitären (A–C) und koloniebildenden rezenten Hexakorallen. A–C: Actiniaria; D: Scleractinia. A: × 0,5; B: × 1,8; C: × 0,5; D: × 1,2. Nach O. CARLGREN, F. PAX, P. PFURT-SCHELLER und J. W. WELLS & D. HILL.

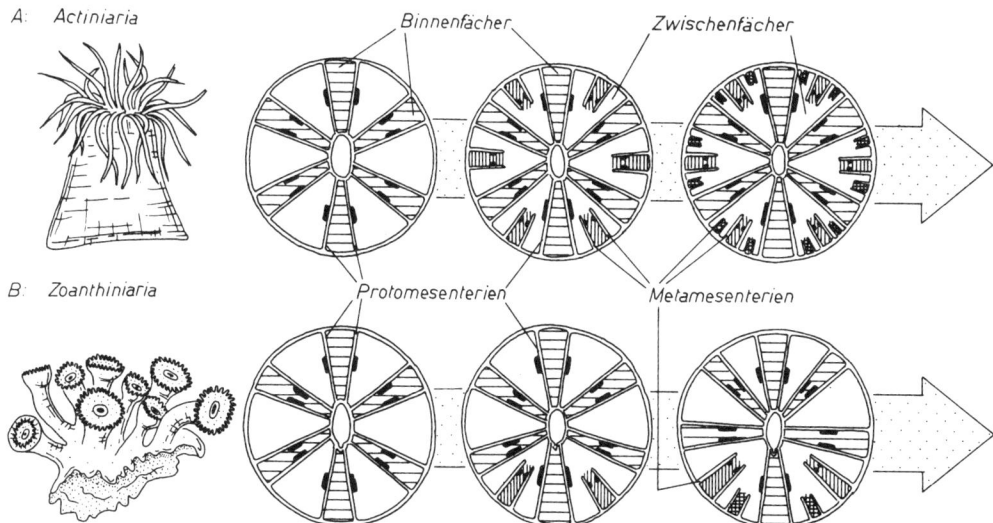

Abb. 136. Anordnung und Einbau der Metamesenterien bei den rezenten Hexakorallen. A: zyklischer Einbau bei den Actiniaria (ist auch bei den Scleractinia verwirklicht); B: Einbau nur in zwei Zwischenfächern bei den Zoanthiniaria. Nach J. W. WELLS & D. HILL.

kleinen Gruppe (Corallimorpharia) wurzeln mehrere Tentakel in einer Gastraltasche. Form und Zahl der Tentakel bei den Rugosen und Tabulaten sind unbekannt.

Die Basis der Polypen bildet eine Fußscheibe. Diese ist oft abgeflacht und dient der Festheftung am Untergrund.

Bei koloniebildenden Formen sind die einzelnen Polypen durch ein Gewebe, das als Coenosark bezeichnet wird, miteinander verbunden. Dieses ist sowohl an seiner Oberfläche wie an seiner Basis vom Ektoderm überzogen.

Viele Hexakorallen besitzen ein **Skelett** (Abb. 137). Es fehlt den Actinien (Seeanemonen), ist dagegen ein beständiges Kennzeichen der Rugosen und Scleractinier. Es wird vom Ektoderm ausgeschieden, das im Bereich der Skelettbildung zur sogenannten Kalzioblasten-Schicht differenziert ist (Abb. 138). Diese wird von einer organischen Matrix bedeckt, in der die Abscheidung der Hartteile, unterstützt von organischen Fibrillen, stattfindet (Abb. 139 D). Skelettsubstanz ist bei allen rezenten Hexakorallen der Aragonit. Offensichtlich gilt dies auch für sämtliche mesozoische Scleractinier. Für die Rugosen dagegen wird vielfach angenommen, daß Kalzit die primäre Skelettsubstanz war. Die Ausscheidung des Karbonats erfolgt in Form von winzigen Kristallen mit einem Durchmesser um 0,3 µm und einer Länge von 1–10 µm, die zu nadelartigen Aggregaten mit einem Durchmesser von 1–5 µm und einer Länge von 30–50 µm zusammentreten.

Wo die Kalzioblasten-Schicht flächig ausgebreitet ist, wird das Skelett aus einer 1–2 µm dicken Primärschicht und einer diese durch Auflagerung einseitig verstärkenden sekundären Schicht aus fächerförmig angeordneten Karbonatnadeln gebildet. Wesentliche Teile des Hexakorallen-Skelettes werden allerdings in hochgewölbten Ektodermfalten abgeschieden. Hierbei treffen die Karbonatnadeln in einer zentralen Linie mehr oder weniger fächerförmig aufeinander. Verbreitet ist auch eine sphärolithische Anordnung der Skelettbausteine. Die einzelnen Sphärolithe werden als Sklerodermite bezeichnet. Ihre Zentren heißen Verkalkungszentren. Diese sind entlang der zentralen Linie aufgereiht. Die Sphärolithe können einen Durchmesser von bis zu 0,1 mm haben. Sie sind mit benachbarten Sphärolithen zu säulenförmigen Gebilden verwachsen, die man Trabekel nennt (vgl. Abb. 138–140).

Das Hexakorallen-Skelett wird als Kelch oder Polypar bezeichnet. Es ist ein Basis-Skelett, über dem sich der Weichkörper erhebt (Abb. 137). Es besteht aus horizontalen und vertikalen Elementen. Die auffälligsten vertikalen Strukturen sind die radial stehenden Septen. Sie werden – von wenigen Ausnahmen abgesehen – durch hochgewölbte Ektodermgrate in den Binnenfächern gebildet und haben einen trabekulären Feinbau. Normalerweise sind die Septen blattförmige Gebilde. Sie können von einem einzigen oder aus mehreren Trabekelfächern aufgebaut sein. Zuweilen sind die Trabekel zu Bündeln vereinigt. Durchbrüche im Septum (Poren) entstehen, wenn zwei benachbarte Trabekel örtlich auseinanderweichen. Auch am Septenrand lösen sich oft die Trabekel voneinander und bilden abstehende Dornen. Bei manchen Hexakorallen sind die Septen bis auf solche Dornen reduziert (Abb. 140).

Die im Verlauf der Ontogenie zunächst entstehenden sechs Septen heißen Primärsepten; die später entstehenden werden Sekundärsepten genannt. Bei diesen lassen sich sogenannte Großsepten und viel kürzere Kleinsepten unterscheiden. Die Anordnung der Septen ist bei den verschiedenen Hexakorallengruppen unterschiedlich.

Bei fast allen Scleractiniern werden die Primärsepten gleichzeitig gebildet, weshalb sie einander gleichwertig sind. Der Einschub neuer Septen im Verlauf der Ontogenie erfolgt i. d. R. zyklisch in allen sechs durch die Primärsepten gebildeten Sektoren (Abb. 141). In vielen Fällen lassen sich so die Primärsepten und Sekundärsepten bzw. die Ordnungszahlen der Septengenerationen klar erkennen. Oft allerdings, vor allem bei koloniebildenden Scleractiniern und bei solchen mit großer Septenzahl, sind die einzelnen Septenzyklen nicht mehr unterscheidbar.

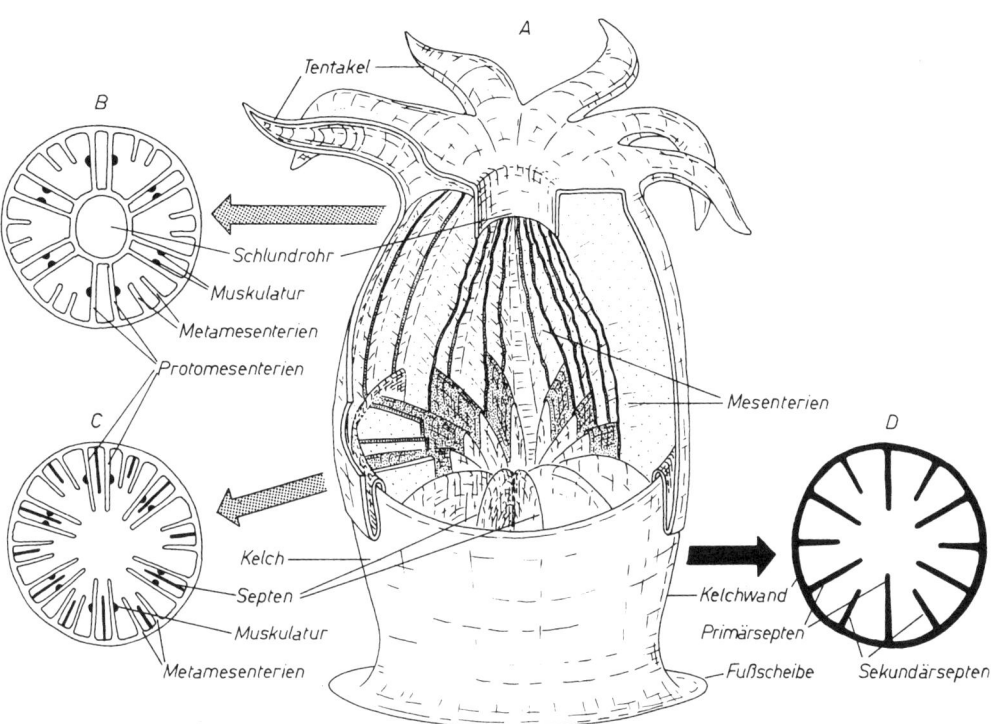

Abb. 137. Schema einer skelett-tragenden Hexakoralle. A: seitlich geöffneter Polyp mit Blick auf die Mesenterien und die Septen; B und C: Schnitte durch den Polypen in verschiedener Höhe; D: Schnitt durch das Basisskelett. In Anlehnung an P. PFURTSCHELLER.

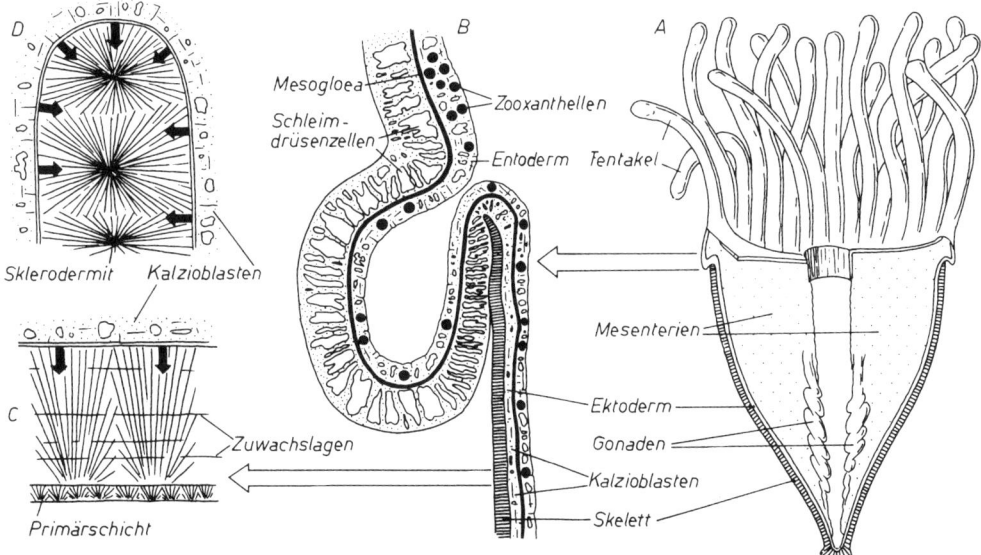

Abb. 138. Das Skelett der Hexakorallen und seine Beziehung zum Weichkörper. A: Schnitt durch einen Polypen von *Flabellum* (Eoz. – rez.), der so gewählt ist, daß keine Septen getroffen sind, × 1; B: vergrößerter Ausschnitt; C: Skelettbildung in einseitig vom Ektoderm begrenzten Zonen; D: Skelettbildung in Ektodermtaschen. C und D: schematisch, die schwarzen Pfeile bezeichnen die Richtung, aus der die Anlagerung von Skelettmaterial erfolgt. Nach D. J. BARNES und T. W. VAUGHAN & J. W. WELLS.

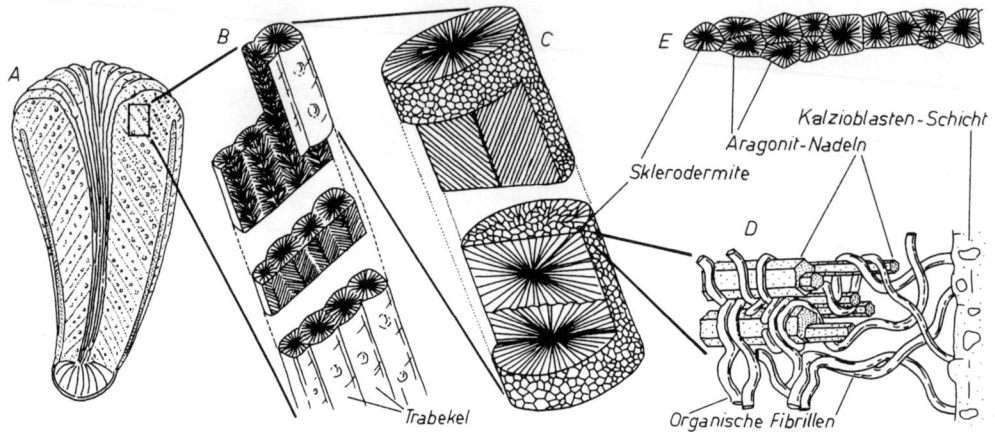

Abb. 139. Mikrostruktur der Korallen-Septen. A–C: Aufbau der Septen aus Trabekeln; C oben: Trabekel aus fiederförmig angeordneten Aragonitnadeln aufgebaut; C unten und E: Trabekel aus sphärolithischen Sklerodermiten aufgebaut; E × 24; D: Skelettbildung durch organische Fibrillen. In Anlehnung an H. W. FLÜGEL und J. ALLOITEAU.

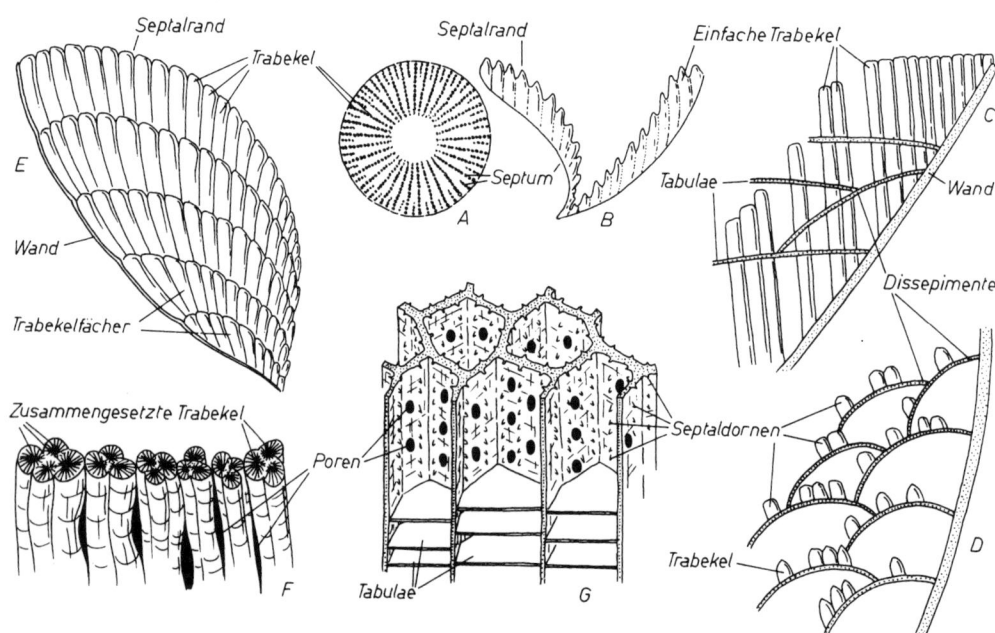

Abb. 140. Septen und Septalstrukturen bei Hexakorallen. A–C: Septum aus einem einfachen Fächer einfacher Trabekel bestehend; E: Septum aus mehreren Fächern von Trabekeln bestehend; F: Septum aus einer Palisade zusammengesetzter Trabekel bestehend; C, D, G: Septen ± stark in einzelne Trabekel (Dornen) aufgelöst; F, G: Lücken (Poren) zwischen den Trabekeln; F: Poren im Septum; G: Poren in der Wand von *Favosites* (Ord. – Devon), schematisch. Vor allem nach J. ALLOITEAU, W. D. LANG & S. SMITH und W. PRATZ.

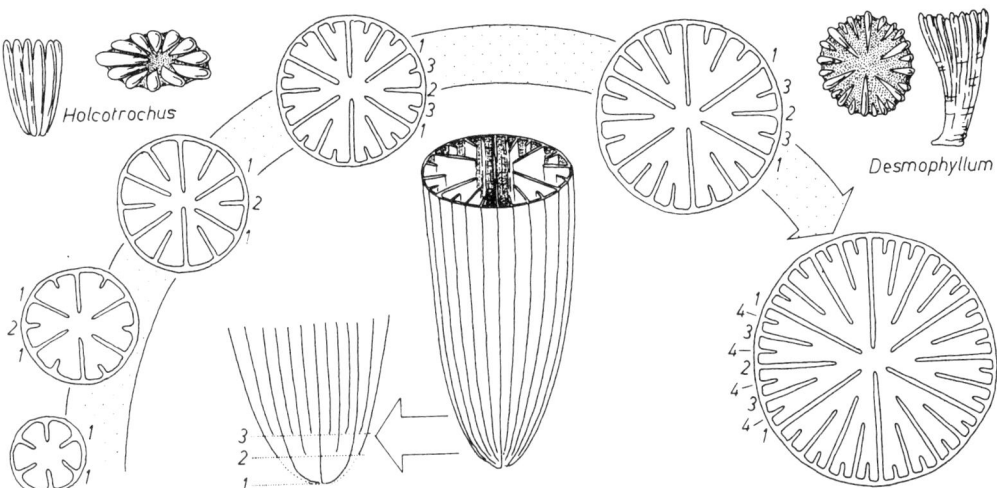

Abb. 141. Die Ontogenie der Septen bei den Scleractinia. Die Ziffern bezeichnen die Reihenfolge der Bildung der Septengenerationen. *Desmophyllum:* Kreide – rez., × 0,25; *Holcotrochus:* Mioz. – rez., × 2,5. In Anlehnung an J. W. WELLS.

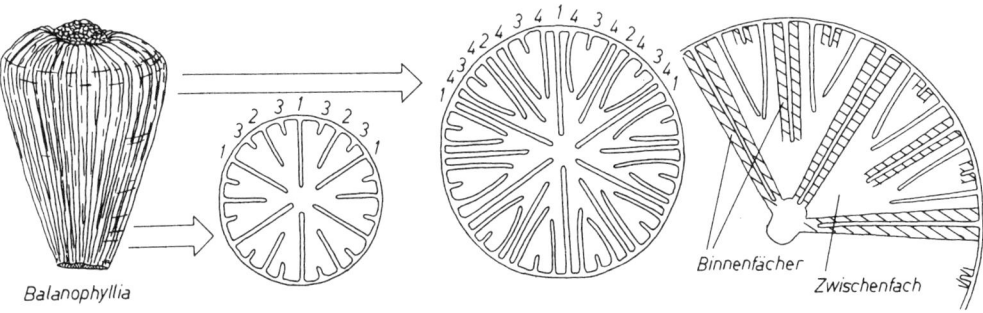

Abb. 142. Abwandlung der Septen-Einschaltung bei den Scleractinia entsprechend der POURTALÈS'schen Regel. *Balanophyllia:* Eoz. – rez., × 2. Nach T. W. VAUGHAN & J. W. WELLS.

In einer kleinen Gruppe von Scleractiniern werden die Septen des 4. Zyklus (d. h. die Sekundärsepten 3. Ordnung), die hier in den Zwischenfächern gebildet werden, stark verlängert. Sie überragen die Septen des vorhergehenden Zyklus, sind oft gekrümmt und können zum Zentrum des Polypen hin miteinander verschmelzen (POURTALÈS'sche Regel, vgl. Abb. 142).

Bei den Rugosen entstehen die Primärsepten nacheinander. Zunächst werden das Haupt- oder Kardinalseptum und das Gegenseptum, anschließend die Seitensepten (Lateralsepten, Alarsepten) gebildet. Zuletzt folgen die Gegenseitensepten, die von manchen Autoren nicht mehr zu den Primärsepten, sondern zum 1. Zyklus der Sekundärsepten gezählt werden. Die Einschaltung weiterer Septen ist auf vier Sektoren beschränkt. Die Großsepten bilden sich serial in Richtung auf das Hauptseptum (Abb. 143). Da die Bildung der Kleinsepten sich zeitlich oft mit derjenigen der Großsepten überschneidet, kann es zu schwierig zu deutenden Anordnungen kommen, die sich manchmal durch einen retroserialen Einschub der Septen erklären lassen.

Viele Rugosen zeigen den serialen Einschub der Sekundärsepten dadurch, daß die Septen der aufeinanderfolgenden Zyklen mehr und mehr an Länge abnehmen und sich fiederförmig an die vorhergehenden Septen anlehnen. Dadurch entstehen septenfreie Bereiche im Inneren des Kelches, die man Fossulae nennt (Abb. 145). Eine Fossula zwischen Seiten- oder Alarseptum und den sich ans Gegenseitenseptum anschmiegenden Sekundärsepten nennt man Alarfossula. Ist das Hauptseptum verkürzt, so kann eine geräumige Kardinalfossula entstehen. Ein weiteres Kennzeichen der Fossula ist die verbreitete Eindellung der Tabulae.

Eine kleine Gruppe jungpaläozoischer Hexakorallen (Heterokorallen) ist ebenfalls durch den Einschub von Sekundärsepten in nur vier Sektoren gekennzeichnet. Sie zeichnet sich ferner dadurch aus, daß die vier Primärsepten sich gabeln und die Sekundärsepten auf die Zonen zwischen den Gabelästen beschränkt bleiben (Abb. 146).

Bei paläozoischen koloniebildenden Formen, deren systematische Stellung und deren Zusammengehörigkeit umstritten ist (Tabulaten), ist keine Differenzierung von Primär- und Sekundärsepten erkennbar. Soweit Septen überhaupt deutlich sind, überwiegt die Zwölfzahl.

Die Bedeutung der Septen für das lebende Tier ist nicht völlig geklärt. Sie bewirken auf jeden Fall eine Vergrößerung der basalen Oberfläche des Polypen und damit seine bessere Haftung am Skelett. Die engere Verbindung von Weichkörper und Skelett dürfte außerdem eine erhöhte Aktivität des Polypen gestatten. Ferner könnte sie die Funktion der Längsmuskulatur, d. h. das Zurückziehen der Mundpartie des Polypen und seiner Tentakel, erleichtern. Noch unklarer ist die Funktion der Fossula. Die Deutungsversuche reichen von einem Sammelbecken unverdaulicher Abfallprodukte bis zum Sitz der Gonaden. Auffällig ist ihre Seltenheit bei koloniebildenden Formen.

Die Septen selbst zeigen vielfach eine Tendenz zur Oberflächenvergrößerung. Ihre Seitenflächen können regel- oder unregelmäßig angeordnete Höcker tragen. Manche Rugosen sind dadurch ausgezeichnet, daß Leisten in bestimmter Anordnung (Abb. 147) schräg über die Septalfläche ziehen. Diese Leisten werden durch Vergrößerung übereinander liegender Sklerodermite gebildet. Bei vielen Scleractiniern sind benachbarte Septen durch Skelettbrücken, die Synapticulae genannt werden, miteinander verbunden. Die Synapticulae sind aus Sklerodermiten aufgebaut und bilden isolierte Pfeiler. Brettartige Strukturen heißen Fulturae.

Ebenfalls bei den Scleractiniern kommen vertikale Pfeiler vor den inneren Rändern mancher Septen vor. Sie entstehen als Abspaltung von Trabekeln vom Septum (Abb. 148). Sind die Pfeiler hochwachsende Teile ursprünglich gegabelter, in den Zwischenfächern entstandener Septen, so bezeichnet man sie als Pali. Sind sie Abspaltungen von Septen, die in Binnenfächern entstanden, so werden sie paliforme Loben genannt.

Viele Hexakorallen besitzen eine hochwachsende zentrale Struktur, die Columella heißt. Die Bildungsweise der Columellae ist sehr unterschiedlich. Sie kann als solide oder schwammige

Hexakorallen

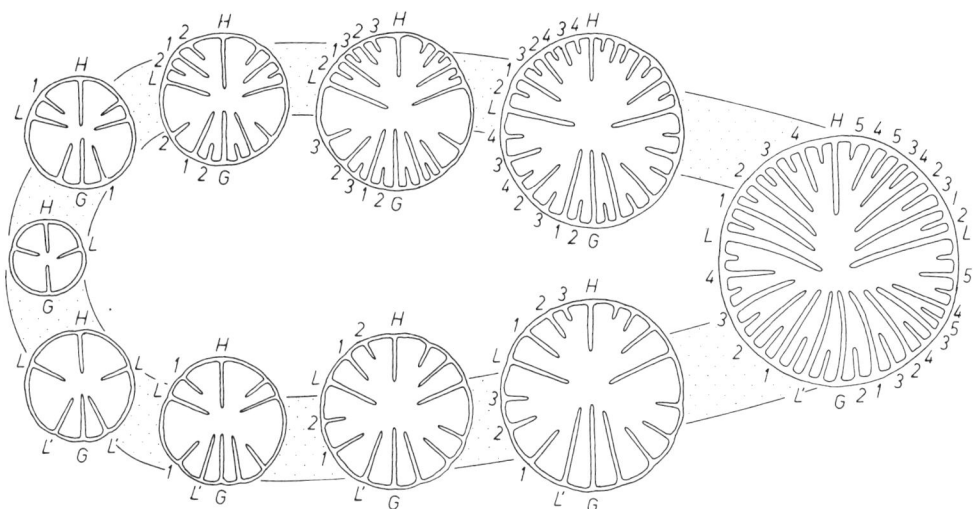

Abb. 143. Die Ontogenie der Septen bei den Rugosa. Unten: Seriale Einschaltung der Großsepten nach herkömmlicher Auffassung (Kleinsepten vernachlässigt). Oben: Anordnung der Septen durch retroserialen Einschub der Kleinsepten unter der Annahme, daß das Gegenseitenseptum ein Element des ersten Zyklus der Sekundärsepten ist. G: Gegenseptum; H: Hauptseptum; L: Seitenseptum (Lateralseptum); L': Gegenseitenseptum. Die Ziffern bezeichnen die Reihenfolge der Bildung der Sekundärseptengenerationen. Nach H. W. Flügel.

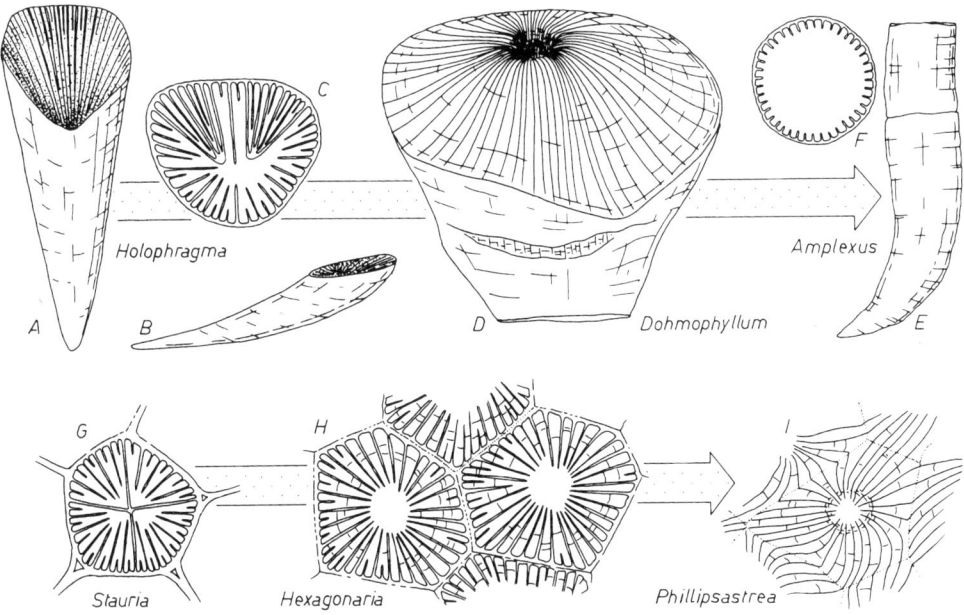

Abb. 144. Abwandlungen in der Septen-Anordnung bei den Rugosa. A–F: solitäre Formen; G–I: koloniebildende Formen. A, B: Ord. – Silur, × 1,5; C: × 2; D: Devon, × 1,5; E: Karbon, × 0,35; F: × 0,5; G: Silur, × 2; H: Devon – Karbon, × 1,5; I: Devon, × 2. Nach D. Hill.

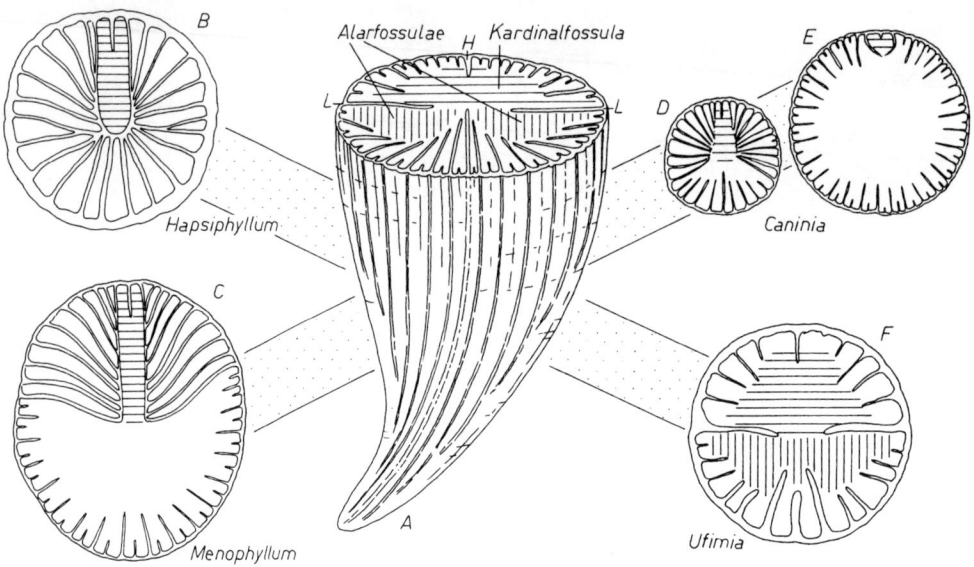

Abb. 145. Die Fossula der Rugosa. A: Schema (H: Hauptseptum, L: Seitensepten); B–F: Auswahl bezeichnender Formen; B: Karbon, × 5; C: Karbon, × 2; D, E: Karbon – Perm, × 1,5; F: Devon – Perm, × 4. Nach D. Hill und J. Kullmann.

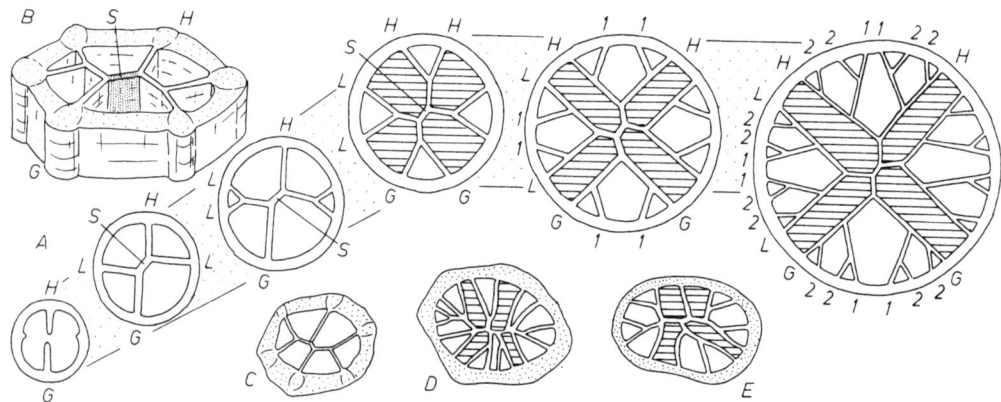

Abb. 146. Die Anordnung der Septen bei den Heterocorallia. A: Schema der Septenentwicklung (G: Gegenseptum, H: Hauptseptum, L: Seitensepten (Lateralsepten), S: schiefes Septum; schraffiert: Räume, in denen keine Septen entstehen); B: Räumlich gezeichnetes Schema der Septenanordnung; C–E: Schnitte durch Heterokorallen; C: *Hexaphyllia* (Karbon), × 15; D: *Heterophylloides* (Karbon), × 4; E: *Heterophyllia* (Karbon), × 6,5. Nach J. Lafuste und O. H. Schindewolf.

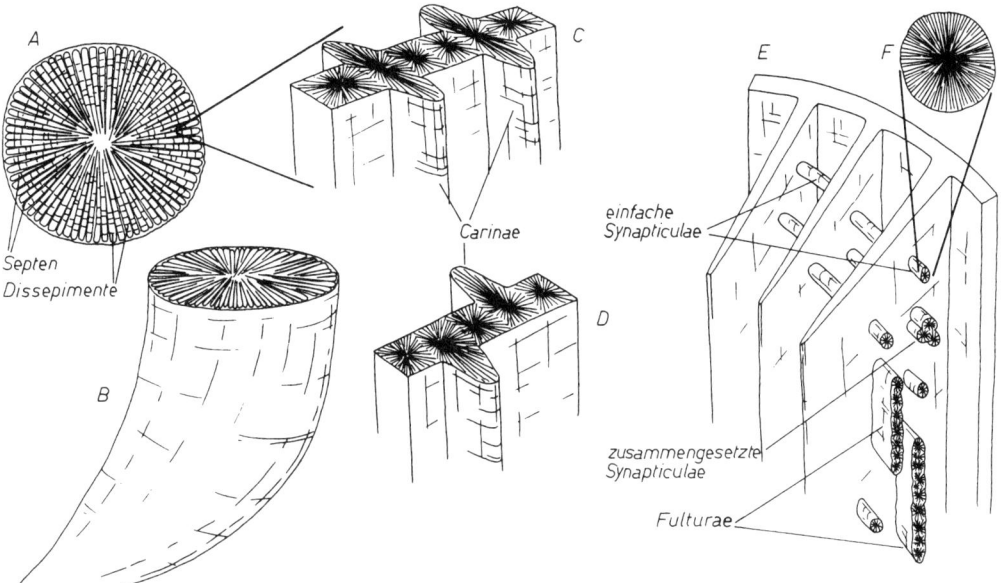

Abb. 147. Strukturen auf den Seitenflächen von Septen. A, B: Schema einer solitären Koralle mit Dissepimenten; C, D: Leisten (Carinae) bei Rugosa, schematisch; E: Synapticulae bei Scleractinia; F: sphärolithischer Bau der Synapticulae, schematisch.

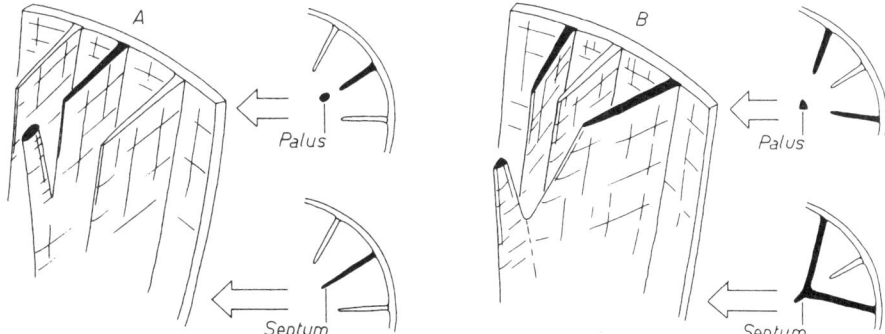

Abb. 148. Die Pali als Abspaltungen von Septen. A: Palus vor einfachem Septum; B: Palus vor gegabeltem Septum. Nach R. C. MOORE, C. G. LALICKER & A. G. FISCHER.

Aufwölbung der Fußplatte, als Abspaltung eines Septums, durch die Vereinigung von Pali oder paliformen Loben oder durch die Verwachsung von Septen im Kelchzentrum entstehen (Abb. 149–150). Auch aus Dissepimenten (vgl. S. 140) kann eine Columella gebildet werden. Bei rezenten Hexakorallen fördert das Vorhandensein einer Columella die Fähigkeit der Polypen, sich über das Skelett hochzurecken. Hierdurch wird es den Tentakeln erleichtert, Beute zu fangen. Da eine Columella die innere Oberfläche des Polypen vergrößert, könnte sie auch im Dienste der Verdauung stehen.

Bei manchen Rugosen kommt eine röhrenförmige Axialstruktur unbekannter Funktion vor. Sie wird Aulos genannt und durch die Verwachsung seitlich abgebogener Septalenden gebildet (Abb. 151). Sind die seitlich abgebogenen Septalenden im Kelchzentrum ineinander verdreht, so entsteht eine Vortex (Abb. 149 H).

Eine weitere Vertikalstruktur ist die Wand (Abb. 152). Sie umgibt und schützt den Magenraum des Polypen und grenzt diesen ab. Den durch die Wand umgebenen Raum nennt man den Kelch. Die Wand kann durch die randlich umbiegende und hochwachsende Basalplatte gebildet sein. Sie wird dann Epithek genannt und von einer äußeren Primärschicht und einer diese nach innen verstärkenden sekundären Schicht aufgebaut. Sie kann jedoch auch von einer ringförmigen Ektodermfalte abgeschieden werden, die wulstartig hochwächst. Sie heißt dann Theka oder Euthek und hat trabekuläre Struktur. Ein äußerer Abschluß eines Korallenkelches kann auch durch die zur Peripherie hin verwachsenen Septen (Septothek), durch dicht stehende Synapticulae (Synapticulothek) oder durch einen Ring dicht gepackter Dissepimente (Parathek) gebildet werden.

Nur die Epithek ist eine äußerliche Bildung, die den Polypen umhüllt. Sie ist bei den Rugosen verbreitet, kommt jedoch bei den Scleractiniern nur selten vor. Alle anderen Wandstrukturen werden von innen **und** außen vom Weichkörper umgeben. Sie trennen somit einen endothekalen Raum bzw. endothekale Strukturen von einer exothekalen Randzone bzw. exothekalen Strukturen. Vor allem bei den Scleractiniern setzen sich die Septen in den exothekalen Bereich (d. h. die Randzone) hinein fort. Sie werden dort Costae (Rippen) genannt. Die aus Trabekeln aufgebauten Wandstrukturen (Theka, Septothek, Synapticulothek) besitzen häufig Öffnungen und Poren, wenn die Trabekel örtlich auseinander weichen.

Das Wachstum der vertikalen Skelettstrukturen (außer der Epithek) hat zur Folge, daß der Weichkörper von der Basis her immer stärker und tiefer gegliedert wird. Dadurch ändern sich allmählich auch seine Proportionen. Um dies zu verhindern, werden von der Polypenbasis nach unten horizontale Skelettelemente abgeschieden.

Die primäre horizontale Struktur, die den vertikalen Elementen vorangeht, ist die von der Fußscheibe abgeschiedene Basalplatte. Bei den Scleractiniern ist sie relativ groß und dient i. d. R. zeitlebens als Festheftungsorgan. Sie hat schichtige Struktur. Bei den Rugosen scheint sie so schwach entwickelt gewesen zu sein, daß die Polypen sich seitlich, mit der Epithek, verankerten. Zusätzlichen Halt boten vielfach wurzelförmige Auswüchse der Epithek (Abb. 157 G). Die seitliche Festheftung der Rugosen erfolgt überwiegend so, daß die Ebene Haupt-/Gegenseptum senkrecht steht. Meist zeigt dabei das Hauptseptum nach unten.

Beim Hochwachsen des Polypen werden mehr oder weniger parallel zur Basalplatte Tabulae und Dissepimente abgeschieden (Abb. 153). Die Bildung der Böden erfolgt so, daß oberhalb der Fußscheibe von der Polypenwand aus eine ringförmige Weichkörper-Duplikatur zur Kelchmitte hin wächst, zu einer neuen Fußscheibe wird und anschließend mit der Absonderung von Kalk beginnt. Die darunter liegenden, vom Polypen nun getrennten Weichteile sterben ab. Die Tabulae (Böden) sind überwiegend flach, manchmal hochgewölbt („Gewölbeböden"), manchmal durchgebogen („Trichterböden") und oft auf den zentralen Teil des Kelches beschränkt. In vielen Fällen spannen sich die Tabulae nicht von Wand zu Wand, sondern bilden aufeinander aufsitzende

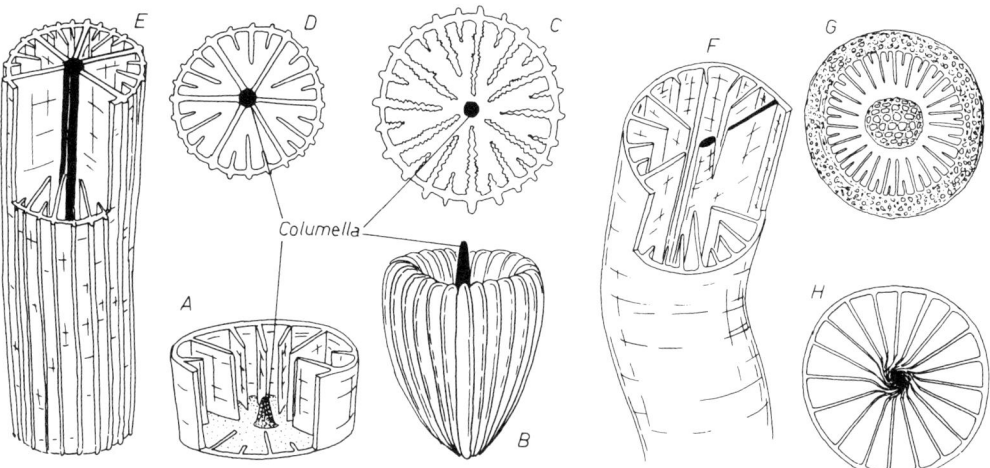

Abb. 149. Die Columella der Hexakorallen. A: die Columella als hochgewölbte Basalplatte, schematisch; B, C: *Kionotrochus* (rez.), × 7; D, E: die Columella als Verschmelzungsprodukt der Primärsepten, schematisch; F: die Columella als Abspaltungsprodukt eines Septums, schematisch; G: die Columella als spongiöse Masse, *Turbinaria* (Olig. – rez.), × 6; H: die Columella als Produkt ineinander gedrehter Septen. Nach D. HILL und J. W. WELLS.

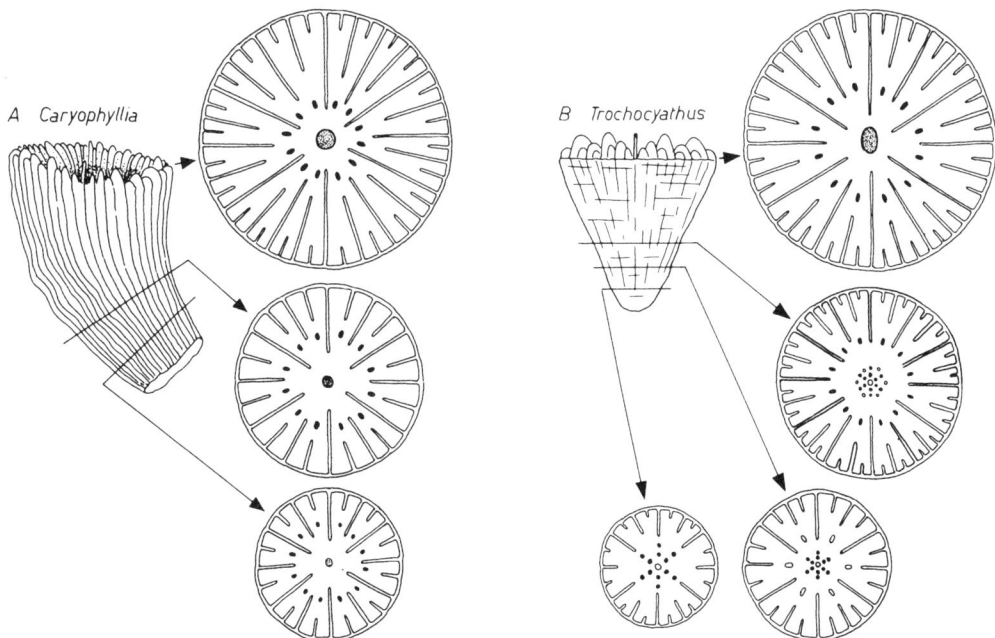

Abb. 150. Columella und paliforme Loben bei Scleractinia. A: Eine zentrale Columella wird von einem Kranz von paliformen Loben umgeben (Jura – rez.), Kelch × 2. B: Im Adultstadium wird die Columella wie bei A von einem Kranz von paliformen Loben umgeben. Die Columella entsteht jedoch ontogenetisch aus mehreren Kränzen von paliformen Loben, die zur Kelchmitte rücken (Jura – rez.), Kelch × 4. Nach J. S. GARDINER.

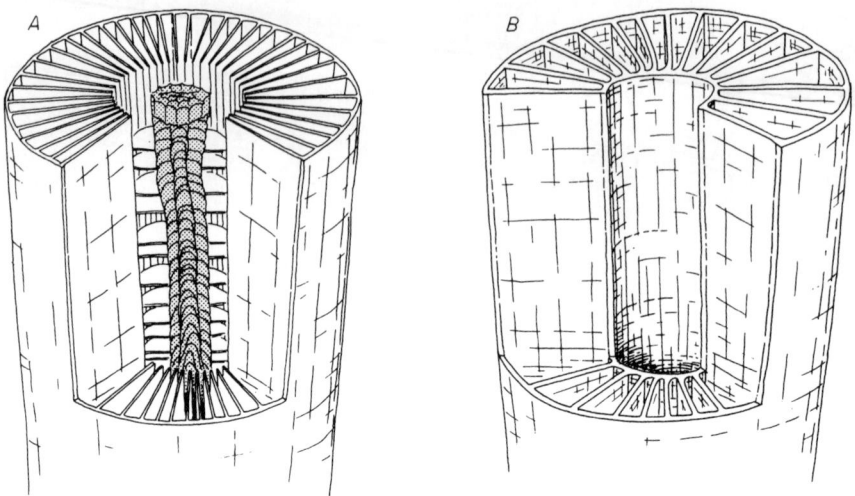

Abb. 151. Vertikale Axialstrukturen bei Rugosa. A: Columella, aufgebaut aus Dissepimenten, am Beispiel von *Dibunophyllum* (Karbon), × 1,5, schematisch; B: Aulos am Beispiel von *Syringaxon* (Silur – Devon), × 5, schematisch.

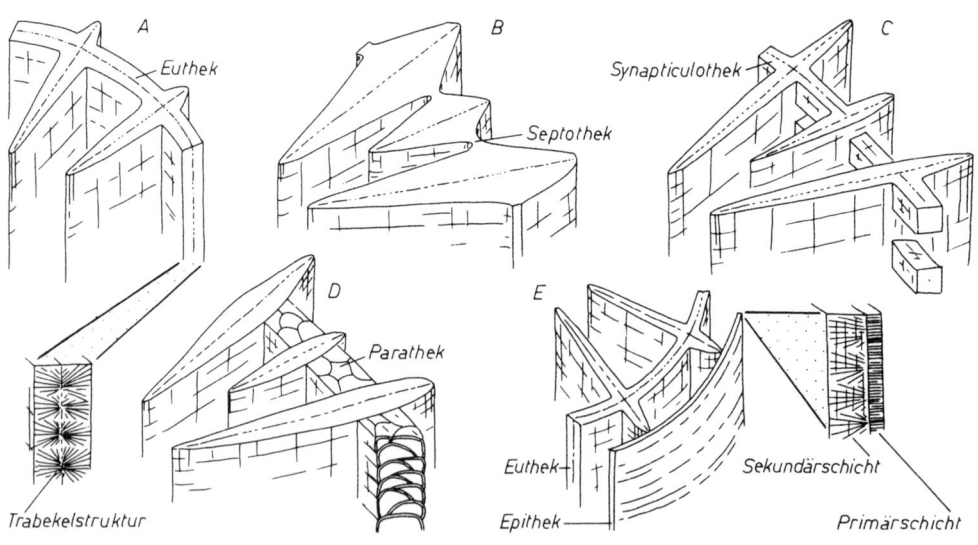

Abb. 152. Wandstrukturen bei Hexakorallen. Nach J. W. Wells.

Abb. 154. Die Tabulae bei paläozoischen Hexakorallen. A–F, H: Rugosa; G: Tabulata. A: Devon, × 1; B: Devon, × 0,5; C: Silur – Devon, × 1; D: Karbon – Perm, × 1; E: Devon, × 1; F: Silur – Devon, ×2,5; G: Ord. – Silur, × 5; H: Karbon, × 1,5. Nach D. Hill und D. Hill & E. C. Stumm.

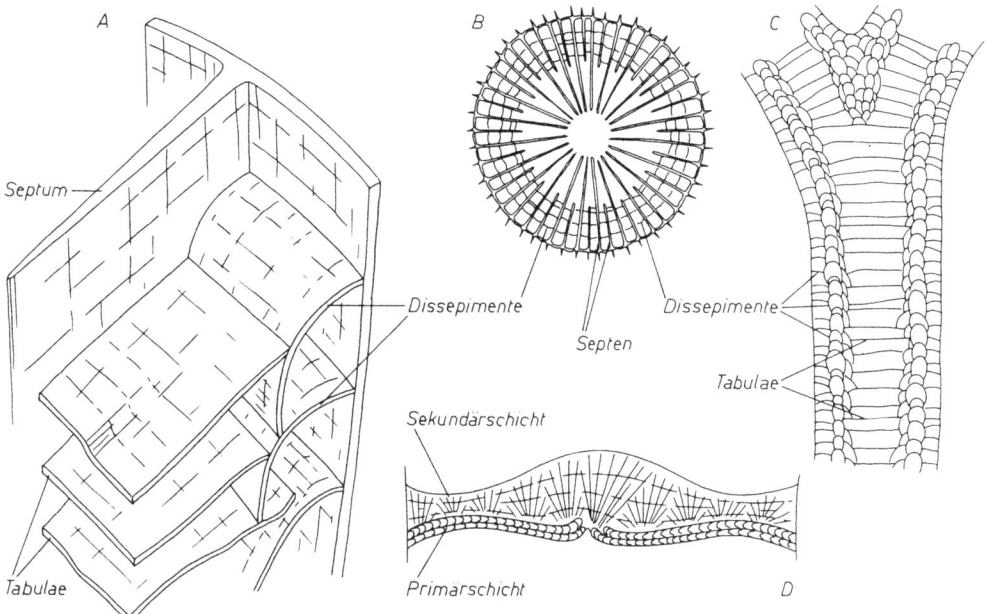

Abb. 153. Tabulae und Dissepimente der Hexakorallen. A: Schema der Anordnung von Tabulae und Dissepimenten; B, C: Querschnitt (B) und Längsschnitt (C) durch *Phacellophyllum* (Devon), × 3, × 2, mit Tabulae und Dissepimenten; D: Feinstruktur einer Tabula, schematisch. Nach W. D. Lang & S. Smith und J. E. Sorauf.

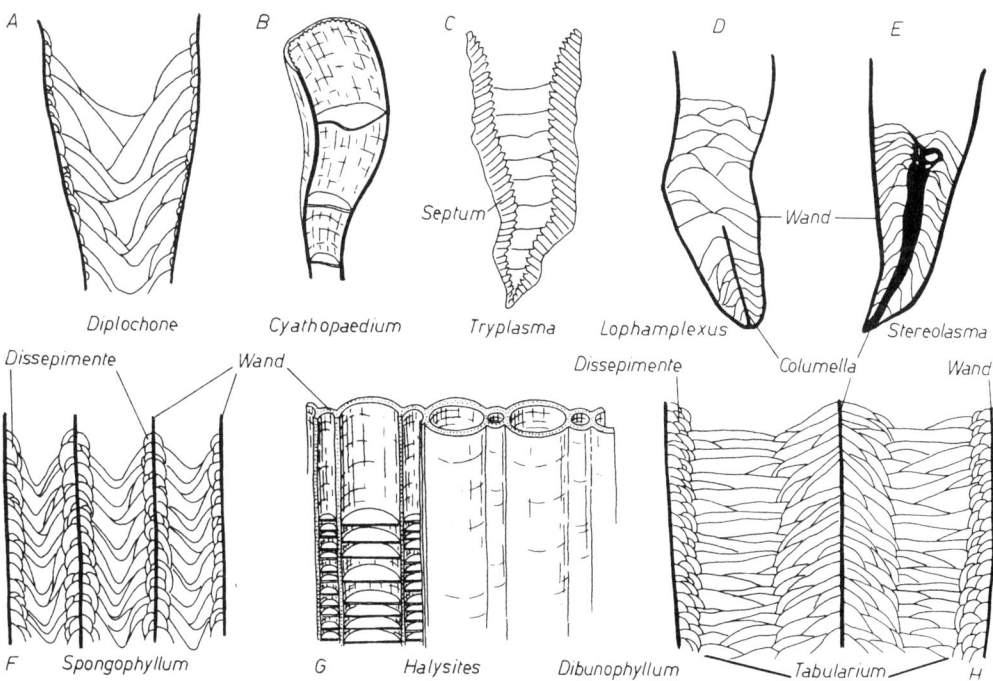

Teilstücke, die dann Tabellae genannt werden. Eine aus Tabulae und Tabellae aufgebaute Zone nennt man ein Tabularium (Abb. 154).

Die Dissepimente (Blasen) werden überwiegend in den randlichen Bereichen der Kelche (und zwar sowohl endothekal als auch exothekal) gebildet, wo sie ein Dissepimentarium aufbauen können. Die Form der Dissepimente ist vor allem innerhalb der Rugosen unterschiedlich und wird für systematische Zwecke verwertet. Dissepimente können Kugelkalotten, gewölbte Lamellen oder (seltener) fast flache Plättchen darstellen. Sie können zeitlich nach oder vor den Septen entstehen. Meist sind sie zwischen zwei Septen ausgespannt. Bei einer Rugosengruppe (Cystiphyllina) erfüllen sie die gesamte Kelchbasis; die Septen sind hier bis auf einzelne, den Dissepimenten aufsitzende Trabekel reduziert (Abb. 140 D, 155). Den primitivsten Rugosen, den meisten Tabulaten und manchen Scleractiniern fehlen Dissepimente.

Vor allem bei manchen Rugosen und Tabulaten werden horizontale und vertikale Skelettelemente durch nachträgliche Auflagerung zusätzlicher Skelettsubstanz verdickt. Man nennt diese sekundären Bildungen, die unterschiedlicher Entstehung sind, „Stereoplasma", „Stereom" oder „Sklerenchym" (Abb. 156).

Eine kleine Gruppe von Rugosen ist durch den Besitz eines Deckels gekennzeichnet, der entweder einheitlich ist oder aus vier Teilstücken besteht. Die Deckel sind abgegliederte Teile der Kelchwand und werden wie diese aus „Sklerenchym" aufgebaut. Beim aktiven Polypen waren die Deckel geöffnet, so daß die Tentakel heraustreten konnten. Bei Gefahr konnten sie vor die Kelchöffnung geklappt werden und diese vollständig verschließen (Abb. 157).

Die äußere Form der solitären Kelche ist sehr unterschiedlich (vgl. Abb. 158). Sie ist nicht nur art- und gattungstypisch, sondern hängt auch von äußeren Faktoren ab (z. B. Strömungsintensität, vgl. Bd. 1, S. 127, Abb. 146).

### 3. Ontogenie

Soweit sich Hexakorallen geschlechtlich fortpflanzen, bilden sie planktische Larvenstadien vom Planula-Typ (vgl. Bd. 1, S. 57, Abb. 57). Diese entwickeln sich bei vielen Formen zunächst im Muttertier. Nach einer Schwärmdauer von wenigen Tagen, längstens nach ca. 6 Wochen, setzen sie sich am Untergrund fest.

Noch im Larvenstadium entstehen die Längsmuskelstränge und die Protomesenterien. Ihre Bildungsfolge ist nur bei rezenten Formen – vor allem Actinien und Scleractiniern – untersuchbar. Sie ist hier deutlich bilateral-symmetrisch geprägt. Spiegelbildlich zur Symmetrieebene entstehen zunächst nacheinander jederseits vier Mesenterien. Die der Symmetrieebene benachbarten Mesenterien werden zu den Mesenterienpaaren der Richtungsfächer. Zu den lateralen Mesenterien treten anschließend beiderseits zwei weitere Mesenterien hinzu und bilden dann erst die charakteristischen sechs Protomesenterienpaare. Die Reihenfolge der Entwicklung der ersten acht Mesenterien ist nicht streng festgelegt, doch scheint sowohl bei den Actinien als auch bei den Scleractiniern jeweils eine bestimmte Abfolge vorzuherrschen (Abb. 159).

Die Bildung der ersten Skelett-Elemente erfolgt erst, nachdem sich die Larve festgesetzt hat. Zur Entwicklung der Septen bei den Scleractiniern und Rugosen vgl. S. 128–132 und Abb. 141–143. Die Untersuchung der Ontogenie des Skelettes ist bei den Hexakorallen deshalb möglich, weil die frühen Stadien in den Kelchspitzen vielfach überliefert sind.

Die Wachstumsgeschwindigkeit der Hexakorallen scheint sehr unterschiedlich zu sein. Bei solitären Scleractiniern ist sie meist gering und beträgt i. d. R. wenige mm im Jahr. Der Zuwachs erfolgt rhythmisch und ist am besten auf der Epithek erkennbar. Die einzelnen Zuwachsstreifen haben eine Breite bis ca. 0,04–0,05 mm und werden als Tagesrhythmen gedeutet, da die Ausscheidung von Kalk tagsüber durch die $CO_2$-Bindung der symbiontischen Zooxanthellen begünstigt

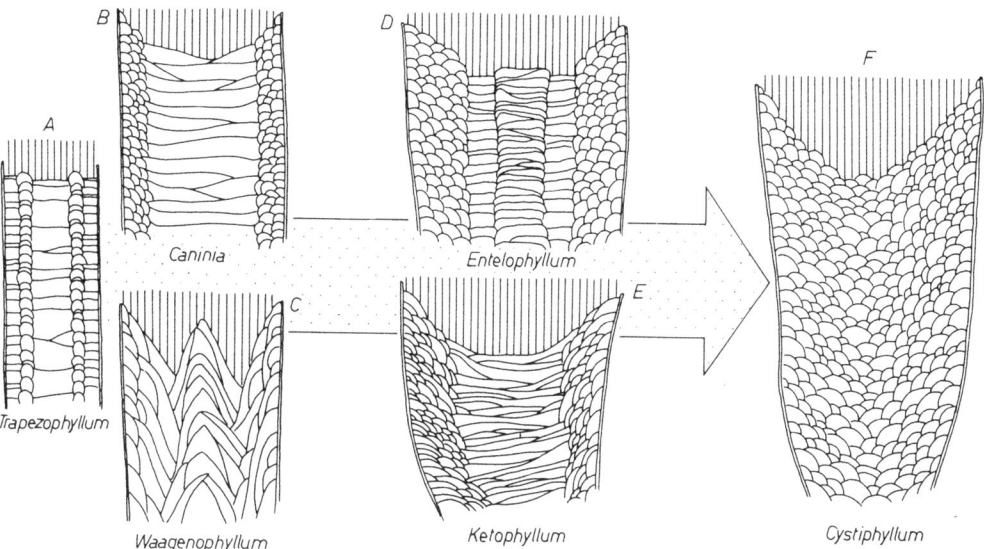

Abb. 155. Dissepimente bei Hexakorallen am Beispiel der Rugosa. A: Devon, × 2; B: Karbon – Perm, × 1,5; C: Perm, × 8; D: Silur, × 2; E: Silur, × 0,5; F: Silur, × 1,5; Senkrecht schraffiert: vom Weichkörper ausgefüllter Raum. Nach D. HILL.

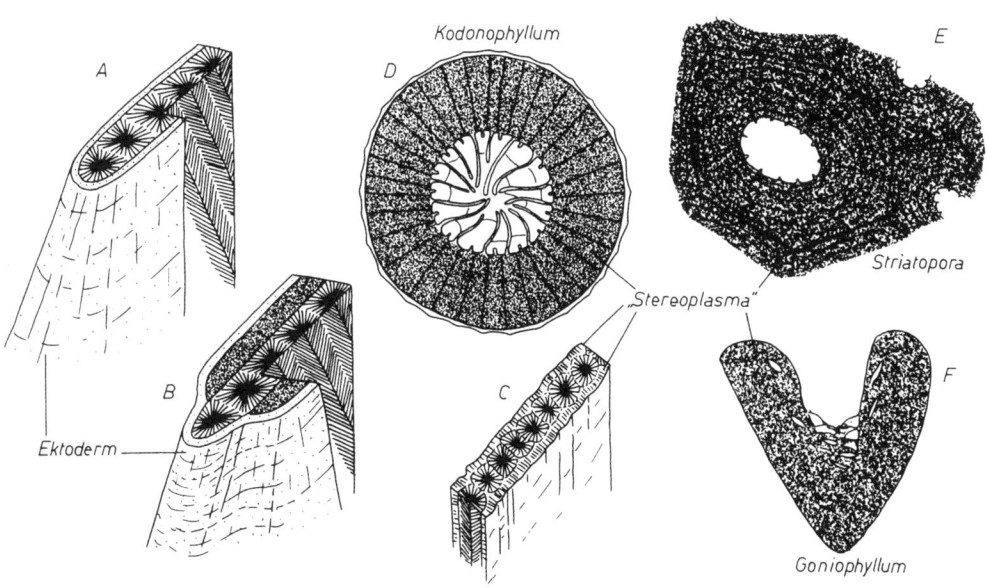

Abb. 156. „Stereoplasmatische" Bildungen bei Hexakorallen. A, B: Schema eines Septums ohne (A) und mit (B) „stereoplasmatischen" Auflagerungen; C: Septum von *Mussa* (Plioz. – rez.: Scleractinia) mit „stereoplasmatischer" Verdickung, × 24; D: Querschnitt durch *Kodonophyllum* (Silur: Rugosa) mit „stereoplasmatisch" verdickten Septen, × 2; E: Querschnitt durch *Striatopora* (Silur – Perm: Tabulata) mit „stereoplasmatisch" verdickter Wand, × 15; F: Längsschnitt durch *Goniophyllum* (Silur: Rugosa) mit „stereoplasmatisch" verdickten Dissepimenten, × 0,5. Nach J. ALLOITEAU, D. HILL, D. HILL & E. C. STUMM und A. VON SCHOUPPÉ & P. STACUL.

Spongien und Coelenteraten

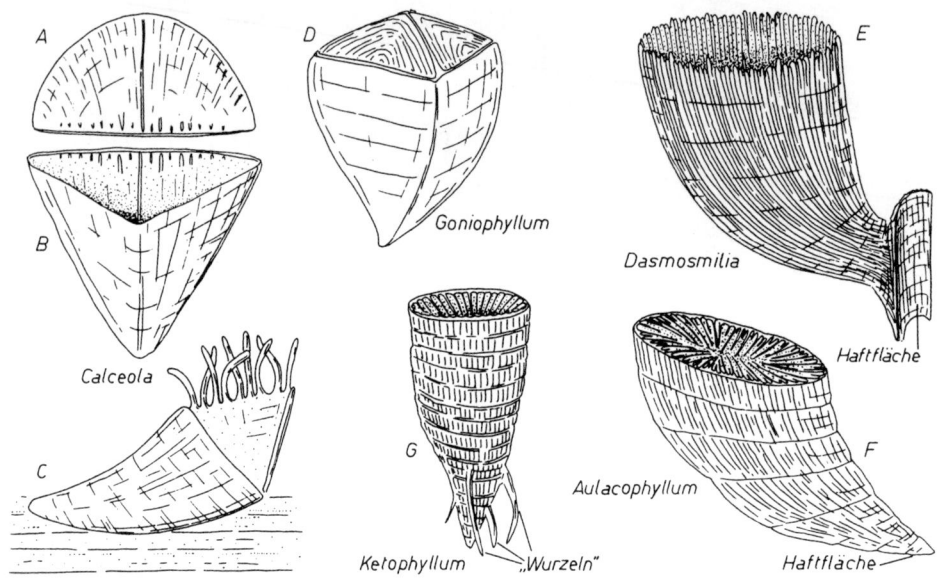

Abb. 157. Deckel (A–D) und Anheftung (E–G) bei Hexakorallen. A–D, F, G: Rugosa; E: Scleractinia. A–C: Devon, × 0,5; D: Silur, × 0,6; E: Kreide – rez., × 1,5; F: Devon, × 0,8; G: Silur, × 0,5. Nach J. W. WELLS und D. HILL.

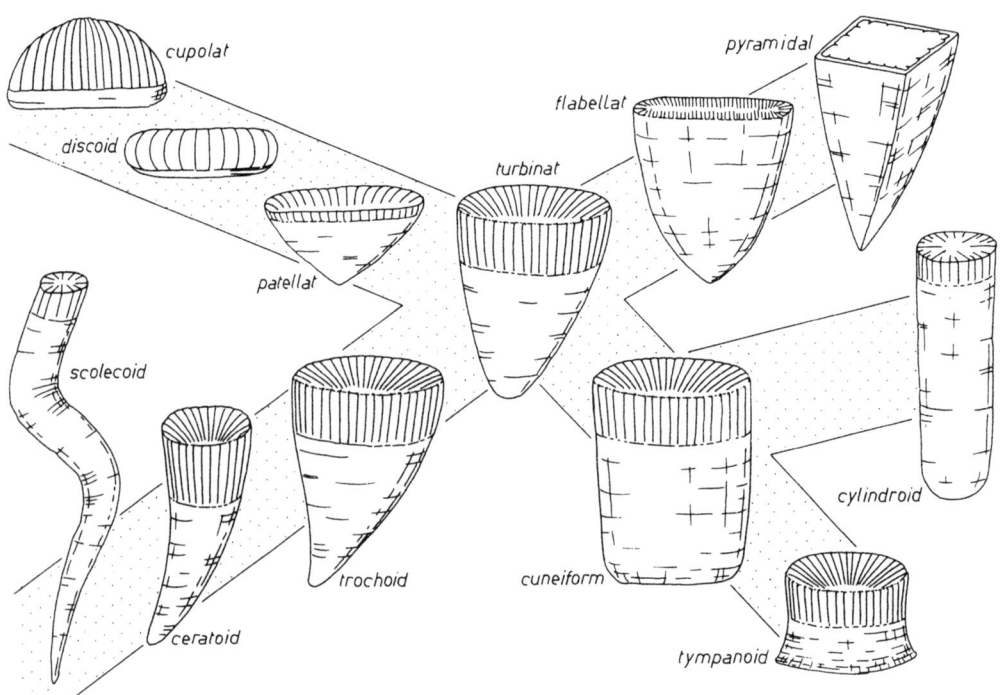

Abb. 158. Die äußere Form solitärer Kelche, schematisch. Nach D. HILL und J. W. WELLS.

# Hexakorallen

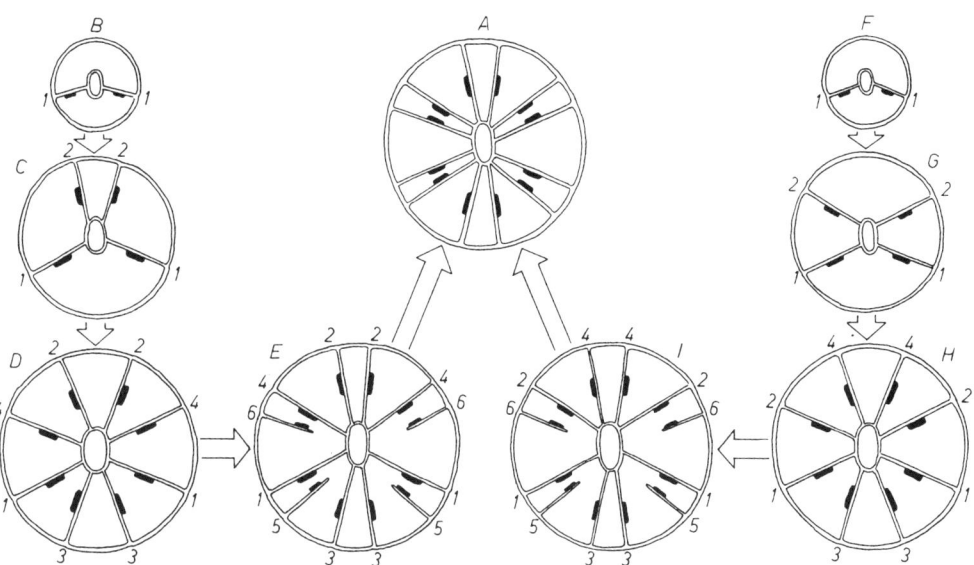

Abb. 159. Die frühe Ontogenie der Mesenterien bei rezenten Hexakorallen. A: typisches Stadium mit den 6 Mesenterienpaaren; B–E: vor allem bei den Actiniaria häufige Bildungsfolge der Mesenterien; F–I: vor allem bei den Scleractinia häufige Bildungsfolge. Man beachte, daß die Variabilität erheblich ist und beide (sowie weitere) Varianten bei allen rezenten Gruppen vorkommen. Nach A. Krempf und F. Pax.

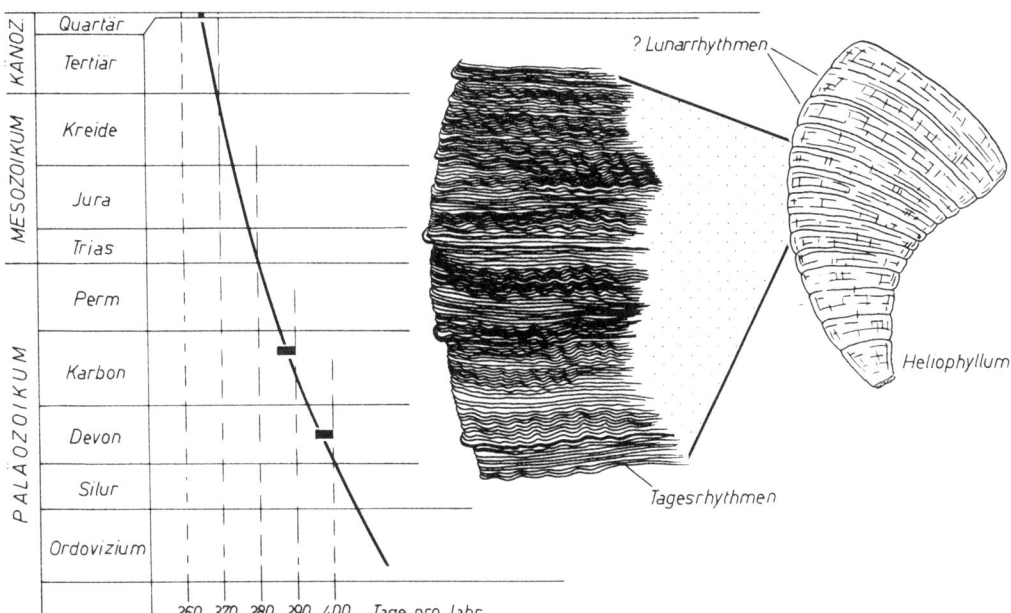

Abb. 160. Zuwachslinien bei Hexakorallen am Beispiel der Rugose *Heliophyllum* (Devon), × 0,75. Aus den Rhythmen höherer Ordnung läßt sich auf die Zahl der Tage im Jahr zur Lebenszeit der Korallen schließen. Nach O. F. Geyer, C. T. Scrutton und E. Thenius.

wird. Die täglichen Zuwachsstreifen sind zu Wachstumsbändern zusammengefaßt, die durch Einkerbungen, d. h. Stillstandsphasen, voneinander getrennt sind. Die Wachstumsbänder werden wegen der Zahl ihrer Zuwachsstreifen als Lunarrhythmen gedeutet; außerdem werden Jahresrhythmen vermutet. Die Zahl der Tageslamellen innerhalb der mutmaßlichen Lunar- und Jahresrhythmen nimmt mit dem geologischen Alter zu (Abb. 160). Hieraus kann auf eine sich verlangsamende Erdrotation geschlossen werden.

Hexakorallen können ein beträchtliches Lebensalter erreichen. Bei Actinien und solitären Scleractiniern kann es mehrere Jahrzehnte betragen, doch dürften viele Arten nur wenige Jahre alt werden.

Die Hexakorallen verfügen über ein erhebliches Regenerationsvermögen. Selbst schwere Verletzungen und Verstümmelungen können oft repariert werden. In diesen Zusammenhang dürfte auch die bei einigen Rugosen verbreitete „Verjüngung" (Abb. 161) gehören. Bei manchen Actinien kommt es vor, daß aus kleinen abgelösten Teilstücken des Körpers neue Polypen heranwachsen (Lazeration).

Eine Querteilung des Körpers mit mehrmaliger Abschnürung von Tochterpolypen ist in der Ontogenie der Scleractinier-Gattung *Fungia* bekannt. Dieser Vorgang erinnert an die Strobilation der Scyphozoen (S. 124, vgl. auch Bd. 1, S. 63, Abb. 64) und wird als Generationswechsel mit ungeschlechtlicher Fortpflanzung gedeutet.

### 4. Koloniebildung

Viele Hexakorallen leben nicht solitär, d. h. als Einzeltiere, sondern bilden durch Knospung Kolonien. Man nennt diesen Vorgang auch Astogenese.

Die Neubildung von Polypen kann auf unterschiedlichen Wegen erfolgen. Bei der **extratentakulären** Knospung entspringen die jungen Polypen außerhalb des Tentakelkranzes der Elterntiere, oberhalb des Basisskelettes. Im Skelett wirkt sich das so aus, daß die jungen Kelche von Anfang an scharf von den alten getrennt sind (Abb. 162).

Verschiedene Varianten der extratentakulären Knospung sind bekannt. Bei der Lateral-Knospung entspringt der junge Polyp unmittelbar an der Seitenwand des Elterntieres. Von Coenosark-Knospung spricht man, wenn der junge Polyp inmitten des Coenosarks entspringt, d. h. im Gewebe, das die Polypen einer Kolonie miteinander verbindet und das sich aus den exothekalen Anteilen der Polypen ableitet. Als Seltenheit kommt auch eine stoloniale Knospung vor, bei der neue Polypen röhrenförmigen Fortsätzen entwachsen, welche die Individuen miteinander verbinden.

Die **intratentakuläre** Knospung (Abb. 163–164) ist dadurch gekennzeichnet, daß bei der Teilung eines Polypen die Tochterindividuen innerhalb des Tentakelkranzes des Elterntieres entstehen. Während der Gastralraum zunächst noch einheitlich bleibt, bildet der teilungsbereite Polyp zwei, drei oder mehrere Schlundrohre (distomodäale, tristomodäale oder polystomodäale Polypen). Die Individualitätsstufe solcher Polypen ist nur schwer zu beurteilen.

Im Skelett bildet sich die Knospung dadurch ab, daß bei di- bzw. tristomodäalen Polypen zwei bzw. drei Kelchzentren entstehen. Im Verlauf des weiteren Wachstums können sich die jungen Kelche völlig trennen. Ihre Abgrenzung kann auf unterschiedliche Weise erfolgen. Die Septen können sich so neu gruppieren, daß eine Septothek entsteht. Auch Synapticulotheken oder Paratheken können neu gebildet werden. Es kommt auch vor, daß zwei miteinander verwachsende Septen die Funktion einer Wand übernehmen (Abb. 163 E) oder daß ein hochbiegender Boden zur neuen Wand wird (Abb. 163 F).

Unterbleibt die Ausbildung von Wandstrukturen zwischen den Tochterpolypen, so können deren Kelchzentren durch trabekuläre Pfeiler, lamelläre Platten oder konfluente Septen verbunden

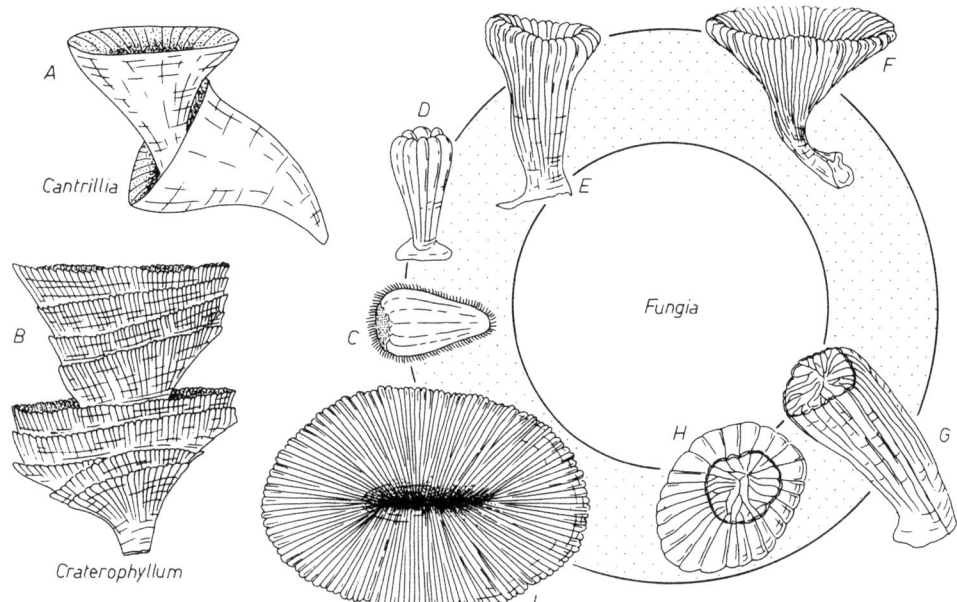

Abb. 161. „Verjüngung" (A–B) und Horizontalteilung (C–I) bei Hexakorallen. A: Silur, × 5; B: Silur, × 0,5; C–I: *Fungia* (Mioz. – rez.); C: Planula-Larve, ca. × 20; D: Larve nach der Festheftung, ca. × 10; E: „Anthoblast"-Stadium (= Trophozoid), × 3; F: „Anthoblast" mit Gliederung in „Anthocaulus" (Stiel) und „Anthocyathus", ca. × 1; G. „Anthocaulus", × 1; H: „Anthocyathus" von unten, × 1; I: adulter Polyp, × 0,4. Nach G. C. Bourne, J. E. Duerden, E. D. Soschkina, E. C. Stumm und J. W. Wells.

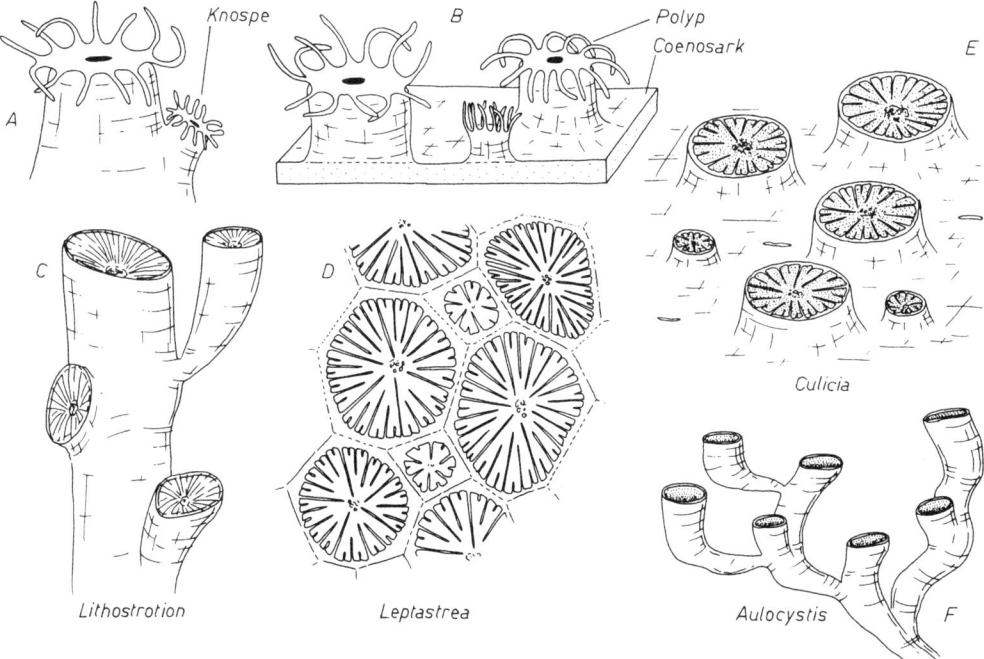

Abb. 162. Extratentakuläre Knospung bei Hexakorallen. A: Lateralknospung, schematisch. B: Coenosark-Knospung, schematisch. C–F: Beispiele; C: Rugosa, D, E: Scleractinia, F: Tabulata; C: Karbon, × 1,25, D: Olig. – rez., × 4, E: Pleist. – rez., × 3, F: Devon, × 1,25. Nach D. Hill, D. Hill & E. C. Stumm und J. W. Wells.

Abb. 163. Intratentakuläre Knospung bei Hexakorallen. A–C: Schema der Entstehung eines distomodäalen Polypen; D: tristomodäaler Polyp von *Favia* (Kreide–rez.), × 10; E, F: Beispiele der Reaktion des Skelettes auf die intratentakuläre Knospung; E: Septalknospung; F: Tabularknospung. Nach A. KAESTNER, G. MATTHAI und A. H. MÜLLER.

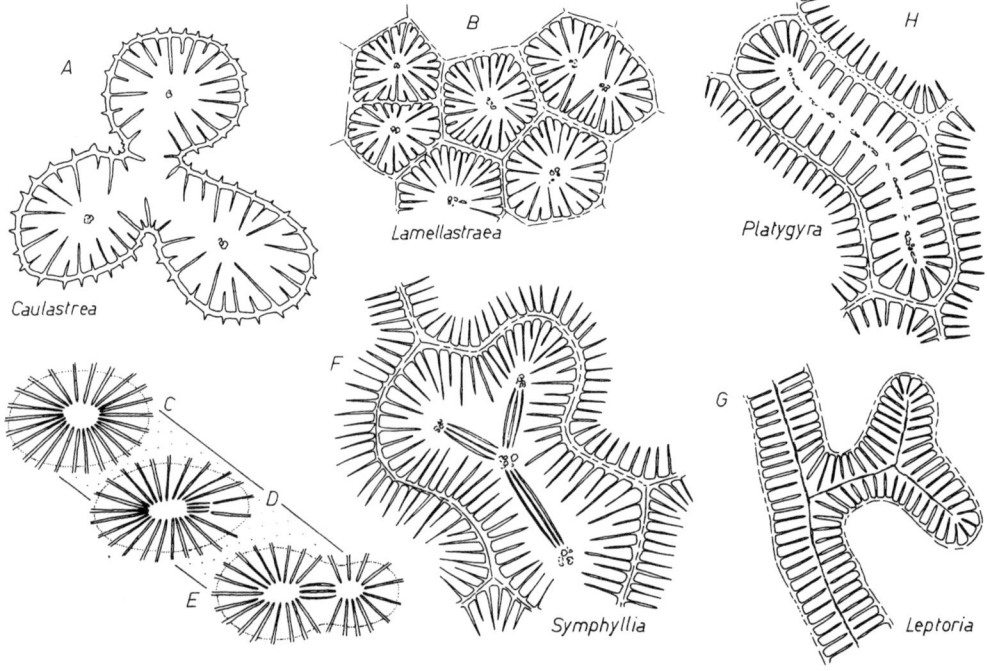

Abb. 164. Intratentakuläre Knospung bei Hexakorallen, Beispiele. A: Kelch eines tristomodäalen Polypen, Eoz. – rez., × 2; B: distomodäale Knospung (links oben: junge Kelche kurz nach der Teilung; rechts oben: Kelch eines distomodäalen Polypen vor der Teilung), Olig., × 3,5; C–E: Schema der distomodäalen Knospung bei *Complexastrea* (Jura – Kreide); F: tristomodäale Knospung mit lamellären Verbindungen zwischen den

sein. Auch bei polystomodäalen Polypen entstehen durch die Ausrichtung der Septen oft deutliche Zentren, doch werden die Tochterkelche nur selten durch Wandstrukturen abgegrenzt. Die polystomodäale Knospung kann rings um einzelne Ausbreitungszentren oder am Rand der Kolonien erfolgen. Sind die Knospen entlang einer bestimmten Richtung angeordnet, so entstehen lange, oft mäanderförmig gewundene Kelchrinnen.

Bei der Knospung trennen sich die Tochterpolypen in unterschiedlichem Ausmaß voneinander. Bei benachbarten Polyparen können die Kelchwände (Thekalstrukturen) gut, schwach oder gar nicht entwickelt sein. Im letzten Fall verbinden „konfluente" Septen die einzelnen Kelche. Diese gehen somit ohne Begrenzung ineinander über. Sind Wände vorhanden, so können trotzdem die Polypen über Wandporen oder Stolonenröhren miteinander in Verbindung stehen.

Auch die exothekalen Anteile der Polypen (vgl. S. 136) können unterschiedlich stark ausgeprägt sein. Septen können außerhalb der Kelchwand Rippen (Costae) bilden oder zwischen einzelnen Kelchen übergreifen. Auch Dissepimente und Tabulae können in den exothekalen Teilen der Polypen gebildet werden. Das exothekale Gewebe, das die Polypen einer Kolonie verbindet, nennt man Coenosark (vgl. S. 128). Die von ihm abgeschiedenen Hartteile, d. h. die exothekalen Skelettelemente, werden Coenosteum oder Coenenchym genannt (Abb. 165).

Die unterschiedlich intensive Verschmelzung der Polypen in einer Kolonie bewirkt verschiedene Wuchsformen der Basisskelette, d. h. der Coralla (sing.: Corallum). Verbreitete Kolonietypen sind die ästigen (dendroiden und ramosen), verzweigten (phaceloiden), massigen (plocoiden, cerioiden und maeandroiden), blattförmigen (foliosen) und kriechenden (reptoiden) Formen (Abb. 166). Diese Wuchsformen sind stark von ökologischen Faktoren bestimmt (vgl. S. 157).

Die Wachstumsgeschwindigkeit ist bei den unterschiedlichen Wuchsformen der Hexakorallen-Kolonien sehr verschieden. Am raschesten wachsen ästige Formen, für die ein jährlicher Zuwachs von über 20 cm möglich ist. Für massige Formen wird ein jährlicher Zuwachs von höchstens wenigen cm angegeben. Aus diesen geringen Zuwachsraten folgt, daß massige Kolonien mit einem Durchmesser von einigen Metern ein Alter von über 100 Jahren erreichen können.

Nicht alle Partien einer Hexakorallen-Kolonie bleiben gleich lange am Leben. Verbreitet ist das vorzeitige Absterben („Partialtod") einzelner Stellen, wo nach der Zersetzung der Weichteile das Skelett bloßliegt.

Bei manchen Hexakorallen kennt man eine Differenzierung der Polypen (Abb. 167). So sind z. B. bei *Acropora* die endständigen Kelche (Terminalpolypen) größer als die seitenständigen. Die Tabulaten-Gattung *Halysites* ist durch das regelmäßige Alternieren normaler Polypare mit sogenannten Mikropolyparen gekennzeichnet. Bei der Tabulaten-Gattung *Heliolites* wird jeder Kelch von einer Anzahl dünner Röhren unbekannter Funktion umgeben, wodurch große Ähnlichkeit zur Oktokoralle *Heliopora* entsteht (vgl. S. 169).

## 5. Phylogenie

Hexakorallen werden erstmals aus dem oberen Kambrium genannt, sind dort jedoch umstritten. Ab dem Ordovizium sind sie sicher belegt. Sie durchlaufen im Paläozoikum eine erste Blütezeit, die jedoch nach einem Diversitätsmaximum im Devon durch einen scharfen Einschnitt am Ende des Devons gegliedert wird. Am Ende des Perms reißt die fossile Überliefe-

---

← Kelchzentren, rez., × 0,75; G, H: polystomodäale Knospung ohne unterscheidbare Kelchzentren; G: lamelläre Strukturen, Kreide – rez., × 3,5; H: trabekuläre Strukturen, Eoz. – rez., × 2. Nach E. RONIEWICZ und J. W. WELLS.

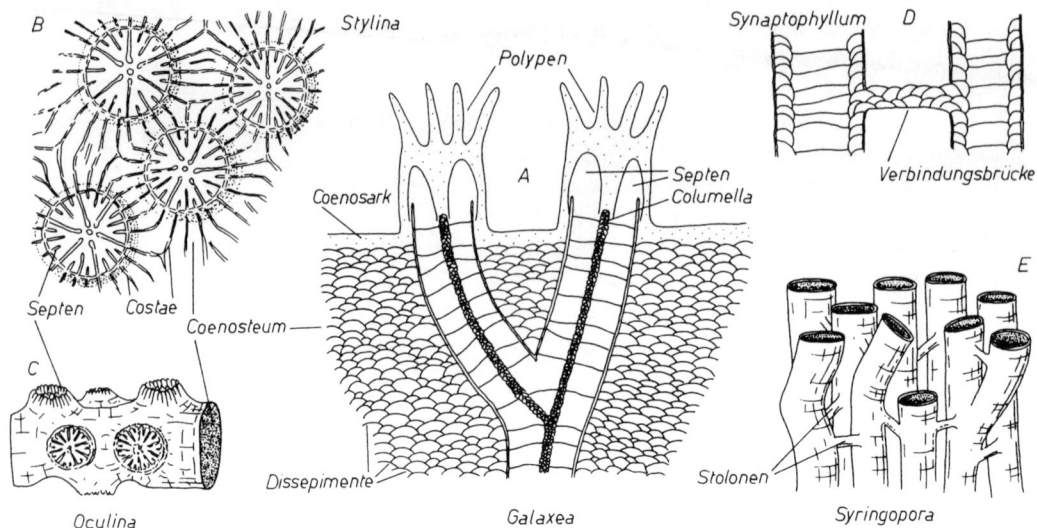

Abb. 165. Das Coenosteum (Coenenchym) der Hexakorallen (A–C) und kelchübergreifende Strukturen (D, E). A: Schema des Aufbaues des Coenosteums bei *Galaxea* (Mioz. – rez.), ca. × 2; B: Coenosteum mit Costae (Jura – Kreide), × 2; C: dichtes Coenosteum mit glatter Oberfläche (Kreide – rez.), × 1,5; D: aus Dissepimenten aufgebaute Verbindungsbrücke bei einer Rugose (Devon), × 3,5; E: Stolonen bei einer Tabulate (Ord. – Silur), × 1,5. Nach D. Hill, D. Hill & E. C. Stumm und J. W. Wells.

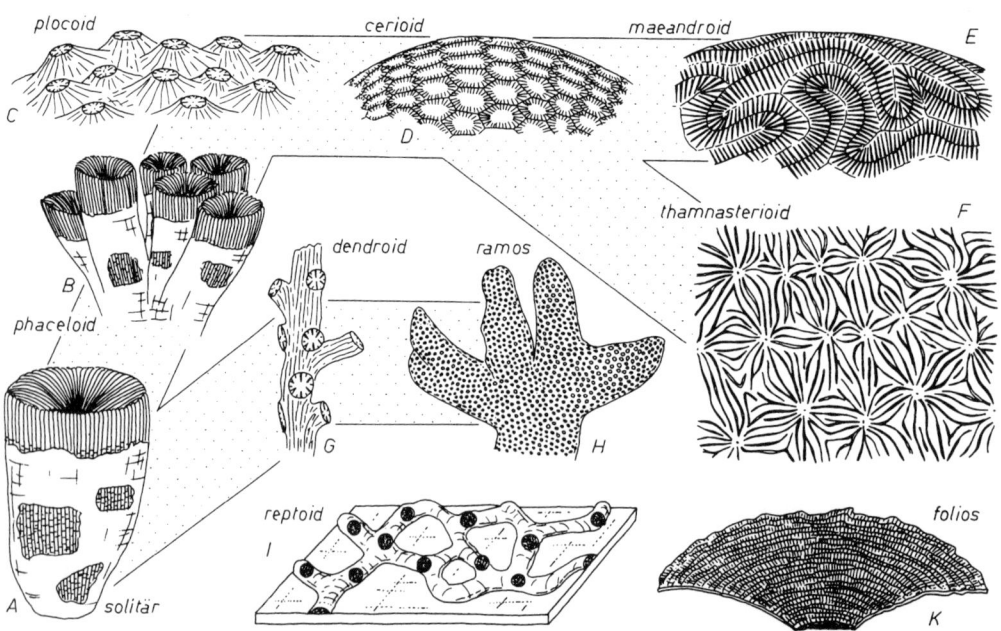

Abb. 166. Wuchsformen koloniebildender Hexakorallen. A: zum Vergleich die solitäre Gattung *Montlivaltia* (Jura – Kreide: Scleractinia), × 0,4; B: *Thecosmilia* (Jura – Kreide: Scleractinia), × 0,25; C: *Stylina* (Jura – Kreide: Scleractinia), × 1; D: *Isastrea* (Jura – Kreide: Scleractinia), × 1; E: *Meandrina* (rez.: Scleractinia), × 0,4; F: *Thamnasteria* (Jura – Kreide: Scleractinia), × 3; G: *Dendrophyllia* (Eoz. – rez., Scleractinia), × 0,5; H: *Porites* (Eoz. – rez.: Scleractinia), × 0,4; I: *Aulopora* (Devon: Tabulata), × 1,5; K: *Pachyseris* (Mioz. – rez.: Scleractinia), × 0,3. Nach D. Hill & E. C. Stumm und J. W. Wells.

Hexakorallen

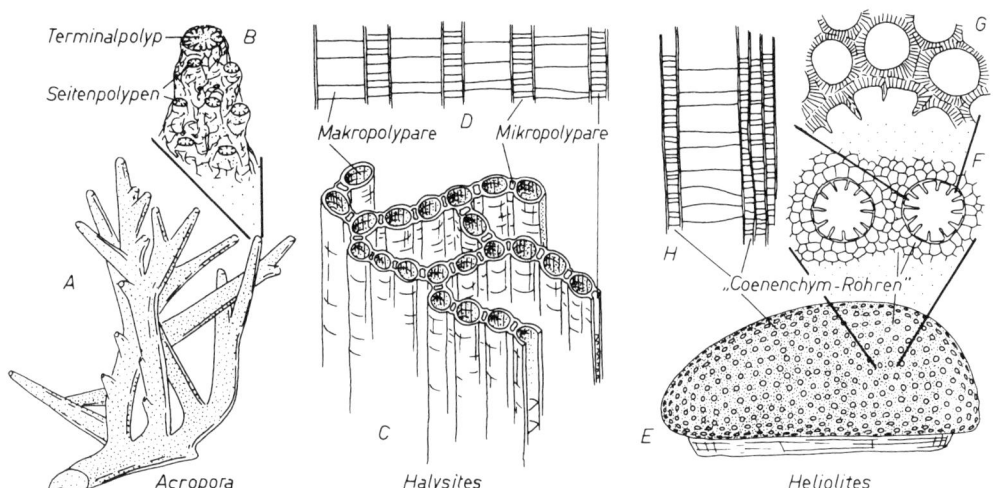

Abb. 167. Heteromorphe Kelche bei koloniebildenden Hexakorallen. A, B: vergrößerter Terminalpolyp bei einer ramosen Scleractinie (Eoz. – rez.), × 0,5, × 2; C, D: Makro- und Mikropolypare bei einer catenulaten Tabulate (Ord. – Silur), × 1, × 4; E–H: Polypare und „Coenenchym-Röhren" bei einer cerioiden Tabulate (Silur – Devon), × 0,3, × 6, × 18, × 6. Nach G. Brook, D. Hill & E. C. Stumm und G. Lindström.

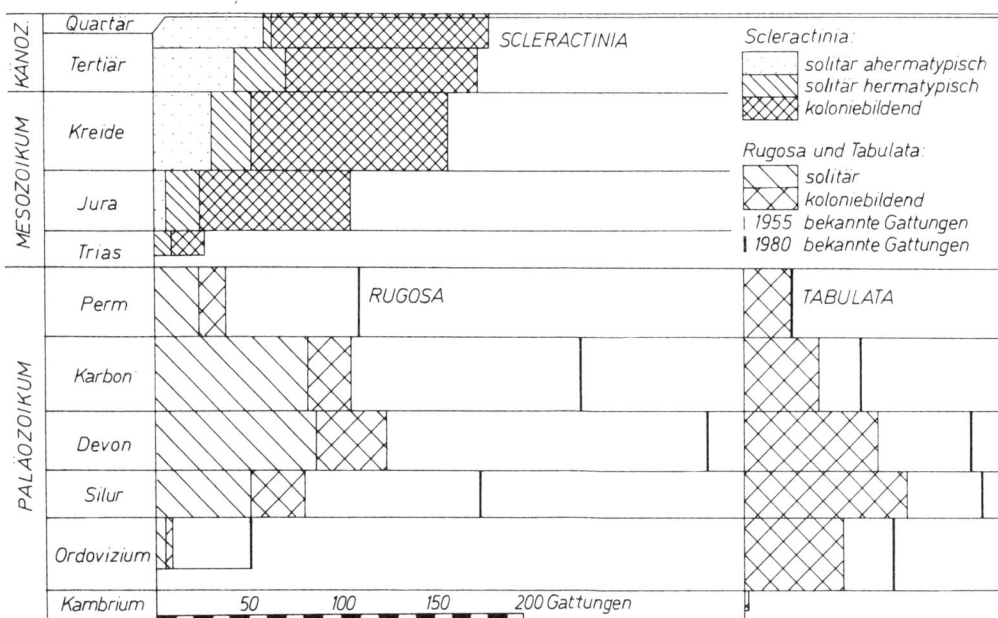

Abb. 168. Die Evolution der Hexakorallen. Diversität (Anzahl bekannter Gattungen) solitärer und koloniebildender Formen in der Erdgeschichte. Berücksichtigt sind nur fossil erhaltungsfähige Gruppen. Nach A. G. Coates & W. A. Oliver jr. und D. Hill.

rung ab. Ab der mittleren Trias beginnt ein erneuter Aufschwung, der bis in die Gegenwart anhält (Abb. 168).

Die Hexakorallen des Paläozoikums gehören zu den Rugosen und Tabulaten, diejenigen des Meso- und Känozoikums zu den Scleractiniern. Actinien, Zoanthiniarier und Corallimorpharier sind nur rezent eindeutig nachgewiesen, wenn auch gewisse fossile Lebensspuren auf sie zurückgehen könnten. Über ihre Verwandtschaftsbeziehungen gibt es nur Vermutungen, die sich auf die Anordnung und Ontogenie der Mesenterien und Tentakel sowie auf die Nesselkapseln stützen.

Die Phylogenie der **Rugosen** (Abb. 169), beginnt mit Einzelfunden im oberen Mittelordovizium. Ab dem Oberordovizium ist die Gruppe weltweit verbreitet. In der weiteren Entwicklung werden Kelchform, Ausbildung der Septen und die Basalelemente aufs mannigfaltigste variiert. Die Lebensdauer der Arten und Gattungen ist relativ gering. Nur wenige primitive Formen ohne Dissepimentarium überdauern auch längere Zeitabschnitte. Abgeleitete Formen erwerben ab Silur ein randliches Dissepimentarium („Zweizonigkeit" des Kelches); nach der Krise am Ende des Devons wird eine Axialstruktur vorherrschend („Dreizonigkeit" des Kelches). Da diese Spezialisierungen mehrfach in unabhängigen Linien erworben wurden, ist die Systematik der Rugosen umstritten.

In einer Rugosen-Gruppe (Cystiphyllina) ist die Rückbildung der Septen zu einzelnen Dornen verbreitet. Eine Seitenlinie ist durch die Neubildung von Deckeln gekennzeichnet. Die Koloniebildung bleibt bei den Rugosen untergeordnet, kommt jedoch schon von Anfang an vor. Im oberen Perm sterben nacheinander zunächst die stärker, dann auch die weniger spezialisierten Formen aus. Aus der Trias sind keine Rugosen mehr nachgewiesen.

Ob die kurzlebige Gruppe der **Heterokorallen** mit ihrer charakteristischen Septenontogenie sich von oberdevonischen Rugosen ableitet oder andere, unbekannte Wurzeln hat, ist unklar.

Auch die Stammesgeschichte der **Tabulaten** (Abb. 170) ist unklar und umstritten. Die Tabulaten sind älter als die Rugosen; erste, zweifelhafte Nachweise stammen aus dem oberen Kambrium, sichere Funde aus dem unteren Ordovizium. Die Blütezeit der Tabulaten fällt ins ältere Paläozoikum. Am Ende des Devons durchlaufen sie wie die Rugosen eine Krise. Abgesehen von umstrittenen Formen (vgl. S. 114) erlöschen die Tabulaten mit dem Ende des Paläozoikums. Ungeklärt ist, ob die Gruppe überhaupt eine stammesgeschichtliche Einheit bildet und ob einige ihrer Gattungen wirklich zu den Hexakorallen gehören. Ähnlichkeiten bestehen insbesondere zu den Sclerospongien (vgl. S. 91, Abb. 99) und zu Oktokorallen (vgl. S. 169, Abb. 191).

Lange Zeit wurde allgemein angenommen, daß sich die **Scleractinier** aus Rugosen, und zwar aus späten Vertretern der Konservativ-Formen, ableiten und daß sich dabei die Umstellung von der serialen zur zyklischen Einschaltung der Septen vollzogen habe. Schwerwiegende Einwände stützen sich auf den unterschiedlichen Skelettbaustoff (Kalzit bei den Rugosen, Aragonit bei den Scleractiniern), auf die nicht nur graduelle, sondern prinzipielle Verschiedenheit der Septenontogenie und auf das Fehlen jeglicher Funde aus der unteren Trias. Deshalb wird auch erwogen, die Scleractinier direkt von skelettlosen Vorfahren aus der Verwandtschaft der Actinien abzuleiten.

Die Scleractinier neigen in weit stärkerem Ausmaß als die Rugosen zur Koloniebildung. Deshalb sind alle Merkmale, die hiermit im Zusammenhang stehen, stammesgeschichtlich und systematisch wertlos. Der Schlüssel zum Verständnis der Phylogenie scheint im Feinbau der Septen zu liegen (Abb. 171). Die Bedeutung der einzelnen Merkmale (lamellärer oder trabekulärer Bau, Zahl und Anordnung der Trabekel, Vorhandensein oder Fehlen von Poren im Septum, glatter oder gezähnter Septalrand, Vorkommen und Art von Synapticulae) wird jedoch unterschiedlich bewertet. Entsprechend gibt es auch über die gegenseitige Abgrenzung einzelner Gruppen und die Zugehörigkeit vieler Gattungen keine Einigkeit.

Ob die Scleractinier mono- oder polyphyletisch sind, ist unklar. In der Trias dominieren primitive Formen mit vorherrschend lamellären Septen und oft dicker Epithek (Pachythecalina).

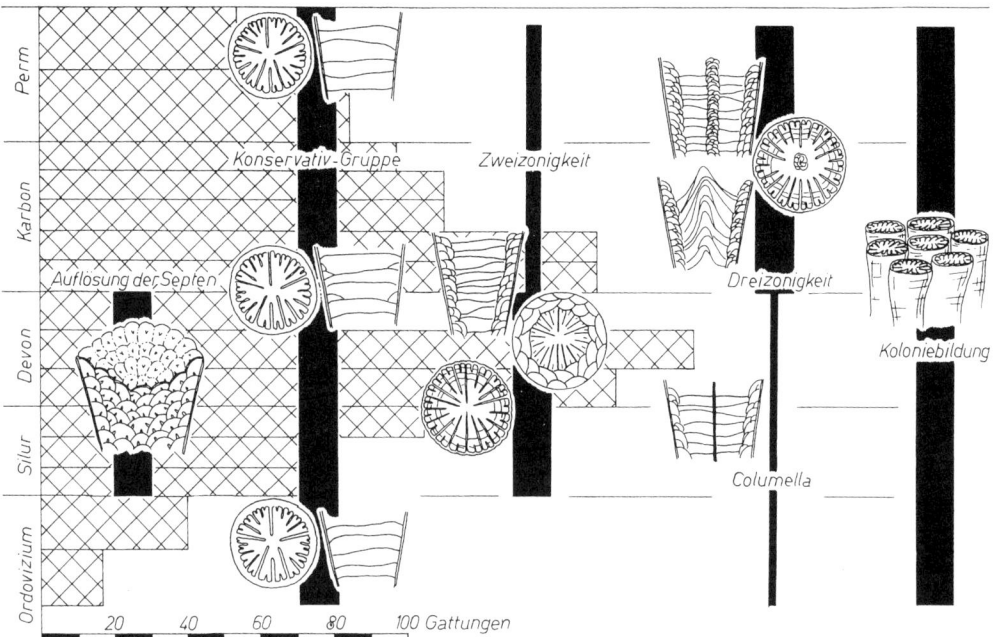

Abb. 169. Die Entwicklungstendenzen der Rugosa. Verbreitung und relative Häufigkeit einiger Strukturtypen sowie Veränderung der Diversität (Anzahl bekannter Gattungen) im Paläozoikum. Nach D. HILL und R. WEDEKIND.

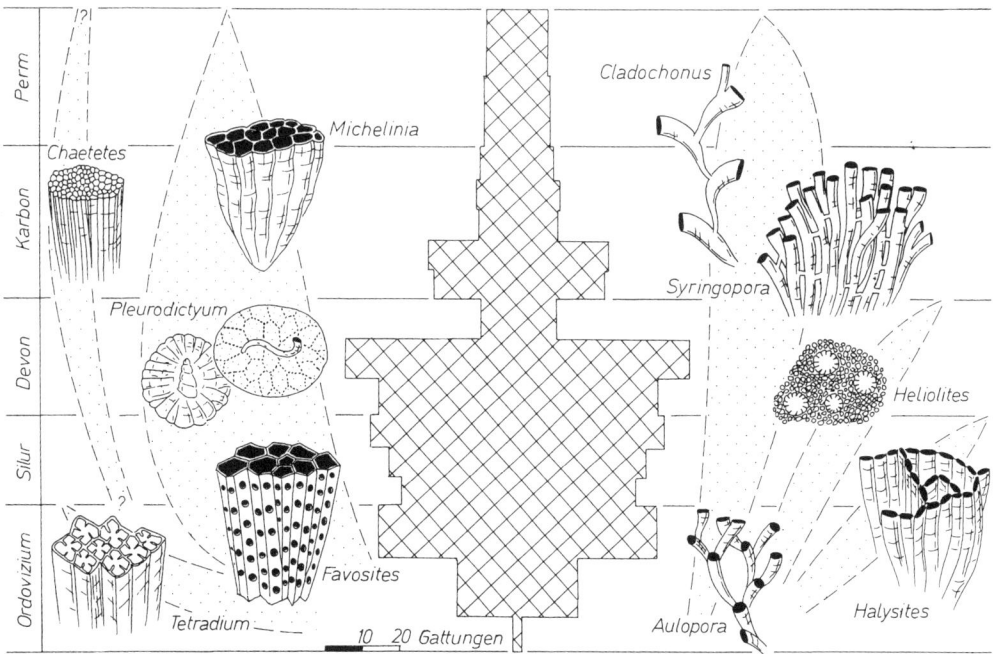

Abb. 170. Hauptgruppen und Diversität (Zahl bekannter Gattungen) bei den Tabulaten. Nach D. HILL.

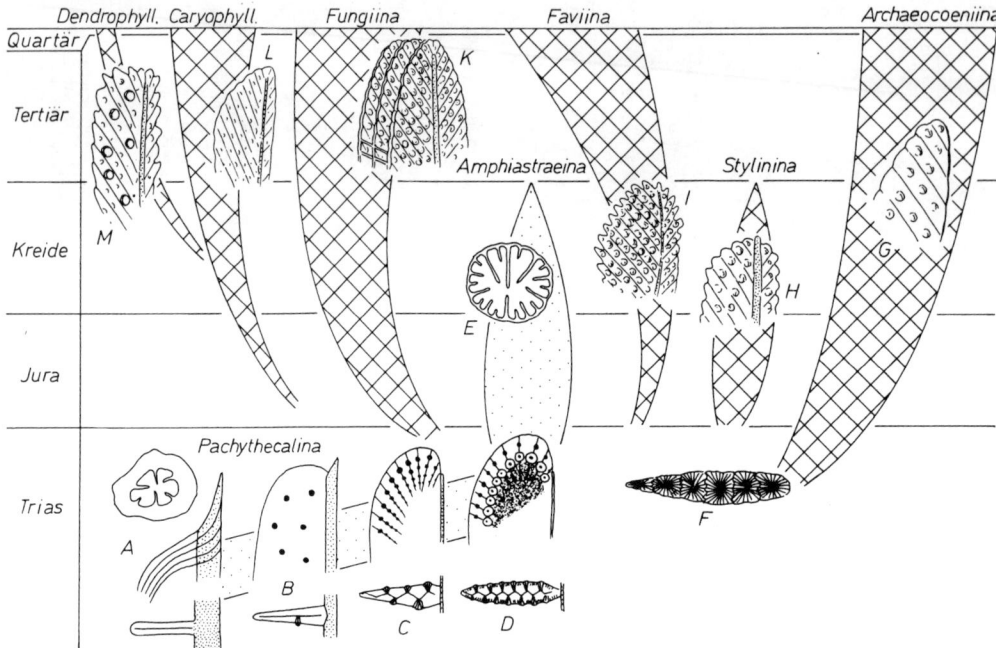

Abb. 171. Mutmaßliche stammesgeschichtliche Beziehungen innerhalb der Scleractinia. Punktraster: Septen fibrös, nicht trabekulär; Kreuzschraffur: Septen trabekulär. A: *Pachythecalis* (Trias); B: *Volzeia* (Trias – Unt. Jura); C: *Retiophyllia* (Trias – Unt. Jura); D: *Distichophyllia* (Trias); E: *Pleurophyllia* (Jura); F: Schema eines Septums mit trabekulärem Bau; G: *Actinastrea* (Jura – Kreide); H: *Eugyra* (Kreide); I: *Montlivaltia* (Jura – Kreide); K: *Pachyseris* (Mioz. – rez.); L: *Caryophyllia* (Jura – rez.); M: *Eupsammia* (Kreide – rez.). Nach J. ALLOITEAU, L. BEAUVAIS, J. P. CUIF und E. RONIEWICZ.

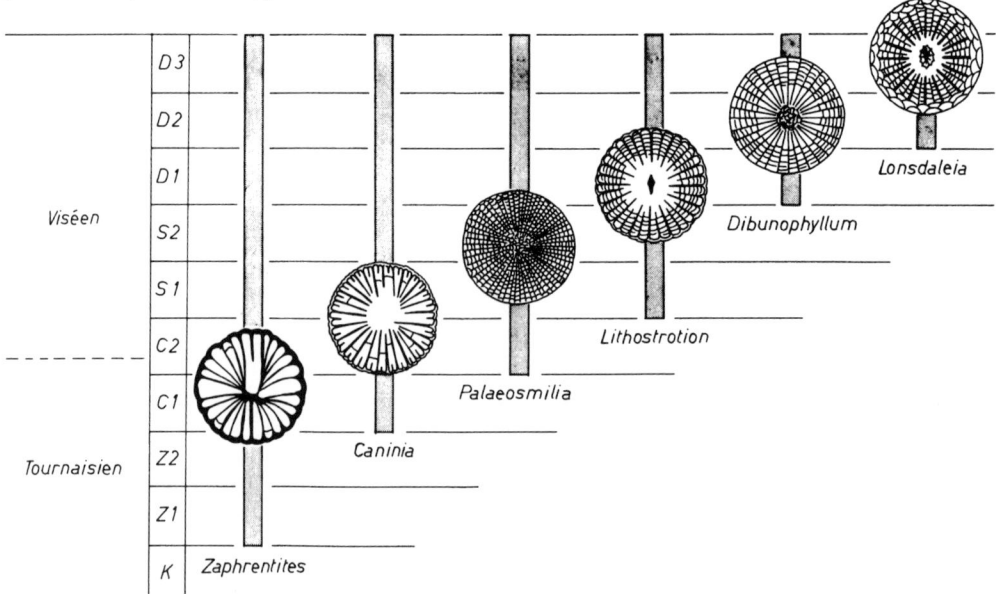

Abb. 172. Die stratigraphische Bedeutung rugoser Hexakorallen im britischen Unterkarbon. Für die Biostratigraphie verwertbar sind sowohl das Einsetzen der Gattungen als auch die Reichweite einzelner Arten. Neben den Korallen leiten auch Brachiopoden, auf die sich ein Teil der Zonensymbole bezieht. Nach W. D. LANG.

An sie knüpfen die Amphiastraeina (ob. Trias – Kreide) an, deren Septen – trotz grundsätzlich zyklischem Bauplan – bilateral-symmetrisch eingeschaltet werden. Daneben treten schon in der Trias Formen mit trabekulären Septen auf, die sich den rezenten Großgruppen zuordnen lassen. Die Archaeocoeniina fallen wegen ihrer etwas abweichenden Organisation etwas aus dem Rahmen (vgl. S. 162). Die hierher gehörenden Acroporiden erwerben in der Oberkreide ihren besonders leichten Skelettbau. Dieser ermöglichte ihnen hohe Wachstumsgeschwindigkeiten. Weil dies im Pleistozän einen hohen Selektionsvorteil brachte, stellen die Acroporiden heute fast 40% aller Scleractinier.

Aus den komplexer gebauten Scleractiniern entfalteten sich konvergent mehrere überwiegend ahermatypische Linien, die in der Besiedelung auch extremer Biotope erfolgreich waren. Seit dem Jura sind die vorherrschend solitären Caryophylliina nachgewiesen. In der Unterkreide spalteten sich, vermutlich aus Faviinen, die koloniebildenden Tiefwasserformen um *Oculina* und *Madrepora* ab. In der Oberkreide entstanden die Dendrophylliina. Bezeichnend für die Mehrzahl der Scleractinier ist die relativ lange Lebensdauer der Arten und Gattungen und der insgesamt geringe Formenwandel.

## 6. Stratigraphie

Die großen Züge der Stammesgeschichte der Hexakorallen lassen sich auch für die Stratigraphie nutzen. Rugosen und Tabulaten kennzeichnen das Paläozoikum, die Scleractinier das Meso- und Känozoikum.

Die Entwicklungstrends der Rugosen (vgl. S. 150, Abb. 169) sind wichtige Hilfsmittel zur stratigraphischen Orientierung im Paläozoikum. Darüber hinaus stellt die Ordnung vom Silur bis zum Karbon zahlreiche gute Leitfossilien (Abb. 172). Sowohl das erste Einsetzen vieler Gattungen als auch ihre vertikale Verbreitung geben willkommene stratigraphische Hinweise vor allem in Flachwassersedimenten, in denen die klassischen Leitfossilien (Graptolithen, Goniatiten) fehlen. Beispiele leitender Formen sind im Silur *Strombodes, Ketophyllum* und *Stauria*, im Devon *Calceola, Digonophyllum* und *Mesophyllum* und im Karbon *Dibunophyllum, Lonsdaleia* und *Palaeosmilia*. Allerdings sind alle Hexakorallen wegen ihrer Faziesabhängigkeit (vgl. S. 155) nur in der lokalen und regionalen Stratigraphie gut brauchbar. Überregionalen Korrelationen mit ihrer Hilfe sind enge Grenzen gesetzt.

Der Leitwert der Tabulaten ist geringer als derjenige der Rugosen. Trotzdem lassen sich verschiedene Gattungen für stratigraphische Zwecke gut nutzen. Beispiele sind *Tetradium* (Ordovizium), *Thecia* (Silur) und *Pleurodictyum* (unt. Devon). Außerdem ist die Mehrzahl der Gattungen auf das ältere Paläozoikum (Ordovizium bis Devon) beschränkt.

Auch die Scleractinier lassen sich biostratigraphisch verwenden. Zahlreiche Gattungen und Familien kennzeichnen das Mesozoikum, andere treten erst im Känozoikum auf (Abb. 173). Gattungen von thamnasterioidem Gepräge (Abb. 166 F) sind im Mesozoikum häufig, wenn auch nicht darauf beschränkt. Andererseits fällt die Hauptverbreitung maeandroider Gruppen ins Känozoikum. Formen von känozoischem Gepräge treten schon in der Oberkreide auf. Nachzügler der mesozoischen Gruppen reichen noch bis ins Eozän hinauf. Eine feinere Gliederung mit Hilfe von Scleractiniern ist nur unter Schwierigkeiten möglich. Nur wenige Gattungen haben die hierfür erforderliche geringe Lebensdauer. Beispiele sind *Rhipidogyra* (Oberjura), *Aspidiscus* (mittl. Kreide) und *Cyclolites* (Kreide–Eozän). Auch die Evolutionsgeschwindigkeit der Arten ist gering. Versuche zur stratigraphischen Auswertung von Scleractinier-Faunen fußen auf der Beobachtung, daß ihre Zusammensetzung aus bestimmten Familiengruppen sich mit der Zeit ändert (Abb. 174).

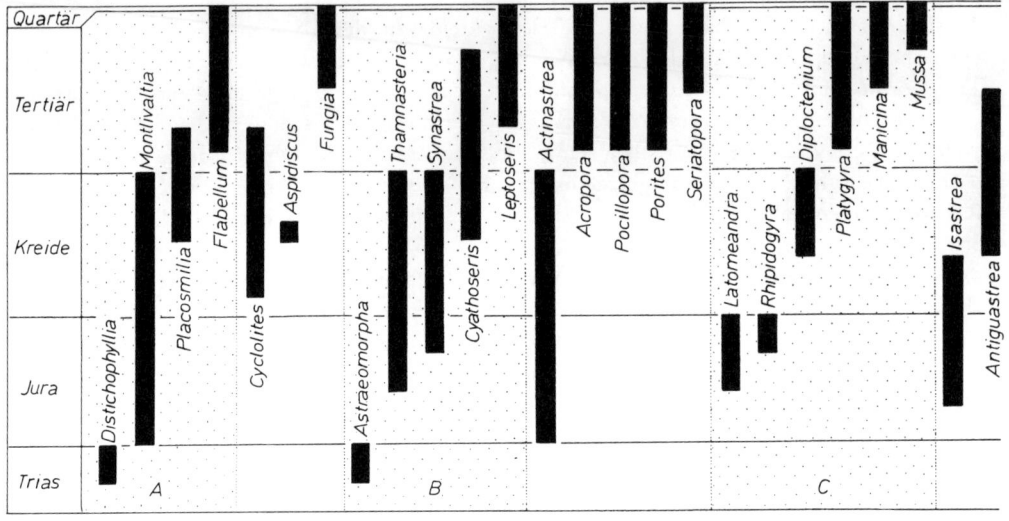

Abb. 173. Die stratigraphische Verbreitung einiger typischer Scleractinier im Meso- und Känozoikum. A: solitäre Formen; B: thamnasterioide Formen; C: maeandroide Formen. Daten nach L. BEAUVAIS und J. W. WELLS.

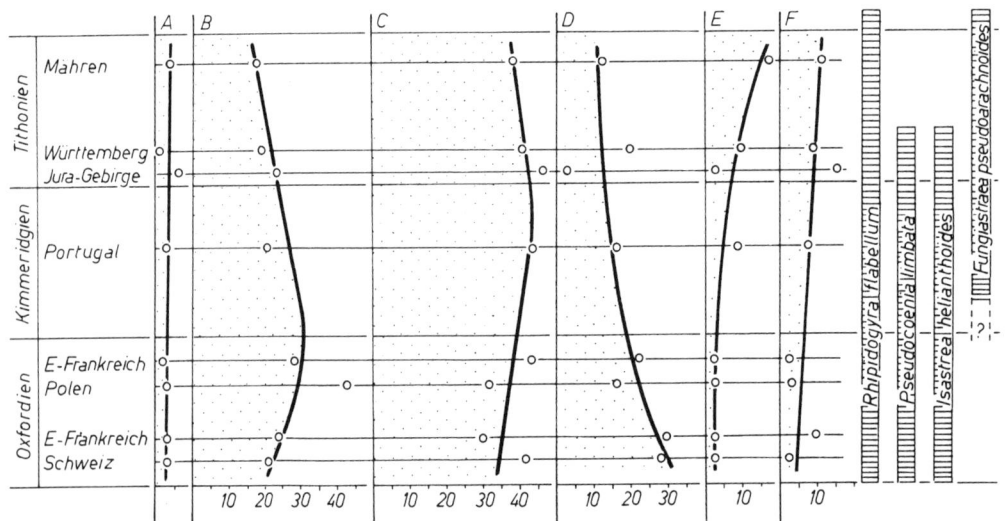

Abb. 174. Stratigraphische Reichweite einiger Scleractinier-Arten im oberen Jura sowie Veränderung der prozentualen Zusammensetzung der Scleractinier-Fauna aus einzelnen Arten. A: Archaeocoeniina; B: Stylinina; C: Fungiina; D: Faviina; E: Amphiastraeina; F: Caryophylliina. Nach L. BEAUVAIS, O. F. GEYER und E. RONIEWICZ.

## 7. Lebensweise

Hexakorallen sind normalerweise sessile, marine Organismen. Eine Ortsbewegung ist jedoch einer Anzahl von Actinien möglich. Diese können auf ihrer Fußscheibe kurze Strecken kriechen oder durch Schlagen der Tentakel schwimmen. Von einigen Scleractiniern ist bekannt, daß sie sich mit Hilfe ihrer Tentakel wieder aufrichten können, wenn sie durch Wellenschlag umgekippt wurden. Andere können in der Brandung frei rollen. Möglicherweise waren auch manche Tabulaten hierzu befähigt.

Die sessilen Formen sind meistens auf einem harten Substrat festgewachsen, das die Larve zu ihrer Ansiedelung benötigt. Manche Arten können jedoch auch auf Weichböden leben. Dies trifft in erster Linie für zahlreiche Actinien zu, gilt jedoch auch für einige Scleractinier und für manche Rugosen. Die Mehrzahl der Tabulaten lag frei am Boden; die flache Basis der Kolonien verhütete oder verlangsamte das Einsinken. Die Verankerung am Substrat ist um so wirkungsvoller, je größer die Fläche ist, auf der der Weichkörper mit dem Untergrund in Berührung kommt. Die meist gut entwickelte Randzone der Scleractinier gestattet eine so stabile Befestigung, wie sie bei den Rugosen nur untergeordnet vorkommt. Dies hat Rückwirkungen auf die Lebensräume, die besiedelt werden können (vgl. S. 157).

Die ökologischen Ansprüche vieler Hexakorallen werden dadurch beeinflußt, daß ihr Gewebe symbiontische Flagellaten (Zooxanthellen) enthält. Skelett-abscheidende Hexakorallen **mit** Zooxanthellen nennt man hermatypisch, solche **ohne** Zooxanthellen heißen ahermatypisch. Es gibt jedoch auch unter den skelettlosen Actinien Formen mit und ohne Zooxanthellen.

Die Zooxanthellen fördern bei den skelett-abscheidenden Hexakorallen den Kalkstoffwechsel ganz wesentlich. Die Flagellaten verbrauchen bei der Photosynthese $CO_2$, was die Abscheidung von Kalk durch die Koralle erleichtert. Die Wachstumsgeschwindigkeit und Üppigkeit der Skelette hermatypischer Formen ist darum bedeutend größer als diejenige ahermatypischer Arten, die außerdem überwiegend solitär bleiben. Die hermatypischen Hexakorallen gehören wegen ihrer Fähigkeit zur Kalkbindung zu den wichtigsten Riffbildnern der Erdgeschichte.

Die symbiontischen Flagellaten beeinflussen auch den Energiehaushalt der Korallen. Diese sind ursprünglich Tentakelfänger, die sich von tierischen Kleinlebewesen ernähren. Große Formen, wie manche Actinien, fressen auch kleine Fische, Krebse und Chaetognathen. Viele Arten erbeuten ihre Nahrung dadurch, daß Wimpern der Körperhaut kleine Partikel herbeistrudeln. Pflanzliche Kost wird stets verweigert. Die Symbionten verwerten Abfallstoffe der Korallen und scheinen durch bestimmte Substanzen das Wachstum ihrer Wirte zu stimulieren. Außerdem geben sie Sauerstoff an die Korallen ab.

Ahermatypische Hexakorallen und viele Actinien kommen in fast allen Meerestiefen vor. Sie sind als Gesamtheit an keine bestimmten Meerestemperaturen gebunden, obwohl die einzelnen Arten durchaus ihre Präferenzen haben. Rezente ahermatypische Scleractinier (vor allem Caryophylliina) und Actinien kommen vom Gezeitenbereich bis in die Tiefsee und vom Äquator bis in die polaren Meere vor. Eine vergleichbare Verbreitung ist auch von einer Rugosen-Gruppe bekannt. Die Mehrzahl dieser Formen ist solitär. Daneben gibt es aber auch koloniebildende Typen, die zuweilen so dicht siedeln, daß sie förmliche Dickichte bilden (Abb. 175).

Für die hermatypischen Hexakorallen gelten ganz andere Bedingungen. Ihre Anforderungen an die Umwelt werden in hohem Maße durch die Ansprüche der Zooxanthellen gesteuert. Deren Lichtbedürfnis erklärt, weshalb hermatypische Korallen an das lichtdurchflutete, flache Wasser gebunden sind. Ihr Optimum liegt oberhalb von 20 m Meerestiefe; darunter kommen nur noch wenige Formen vor (Abb. 176). Die tiefsten Funde einzelner Arten unterhalb von 90 m Meerestiefe sind an extrem klares und durchsichtiges Wasser gebunden. Von vielen Orten ist eine Tiefen-Zonierung der Arten beschrieben worden (Abb. 177). Diese wird jedoch nicht allein von der

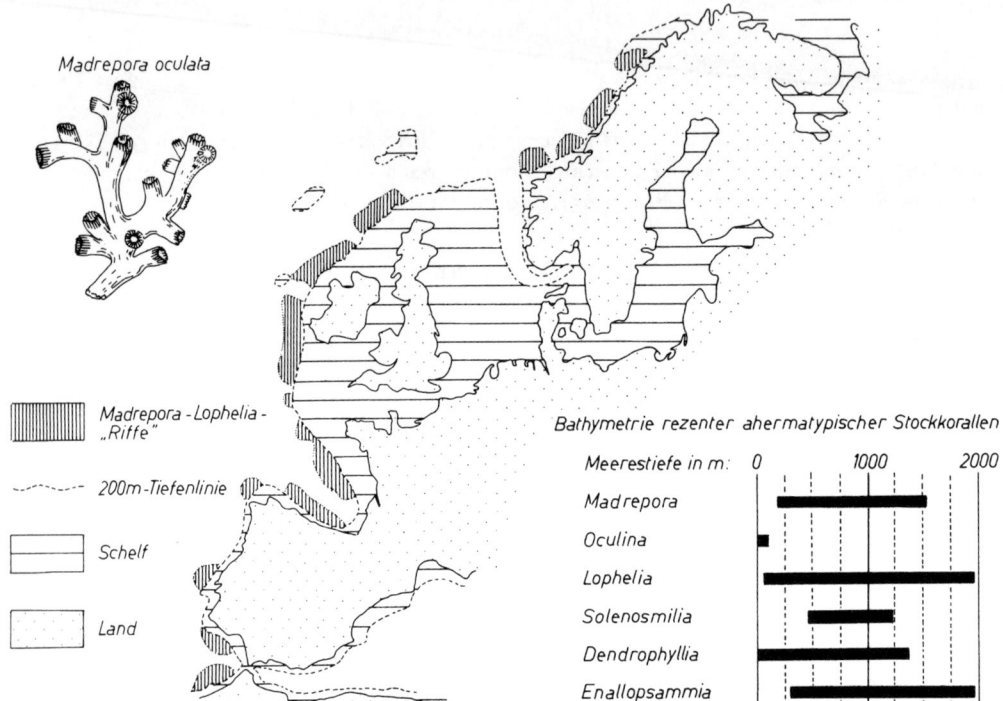

Abb. 175. Bathymetrische Verbreitung rezenter Scleractinier-Dickichte im Nordatlantik sowie einiger ahermatypischer koloniebildender Gattungen. Nach W. SCHÄFER und J. W. WELLS.

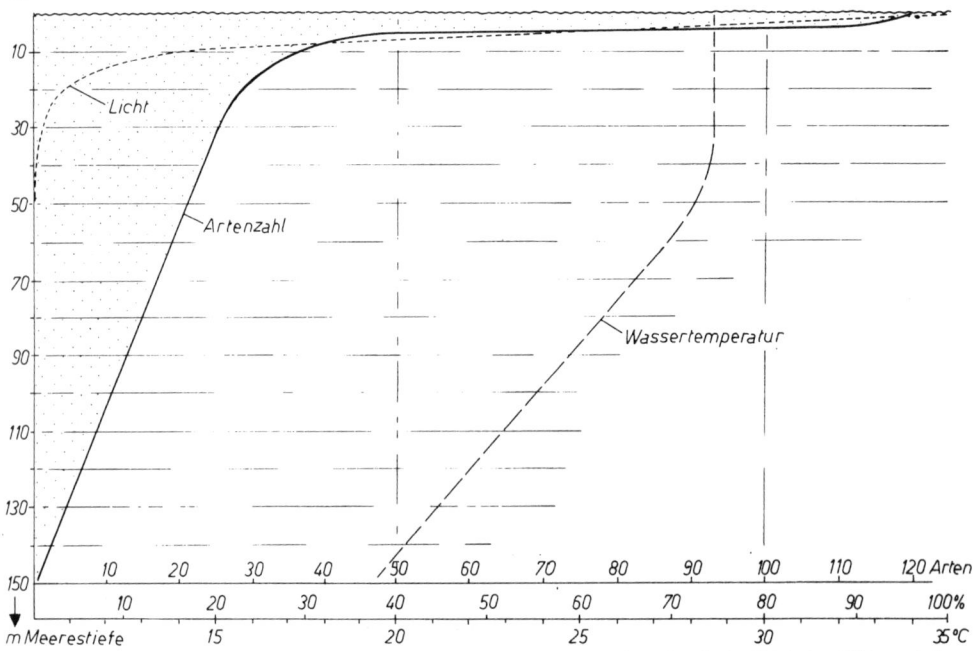

Abb. 176. Die Artenzahl (Diversität) hermatypischer rezenter Hexakorallen bei Bikini (Pazifik) und ihre Abhängigkeit von der Meerestiefe bzw. dem Lichteinfall. Die Lichtmenge ist angegeben in % des Lichtes an der Meeresoberfläche. Die Wassertemperatur übt keinen direkten Einfluß aus. Nach J. W. WELLS.

Lichtintensität, sondern u. a. auch von der Stärke der Wasserbewegung beeinflußt. Auch die Rugosen und Tabulaten waren überwiegend Flachwasser-Bewohner.

Hermatypische Hexakorallen sind streng an das warme Wasser gebunden. Die minimale Temperatur, bei der ein Wachstum möglich ist, liegt bei 19 °C. Kurzzeitig werden noch Temperaturen von 16 °C ertragen. Oberhalb von 29 °C ist das Temperatur-Optimum überschritten; bei 36 °C sterben die Polypen ab. Innerhalb dieser Temperaturspanne herrscht dort die größte Mannigfaltigkeit, wo die jährlichen Temperaturschwankungen wenige °C nicht überschreiten. Je größer die Schwankungen werden, desto weniger Arten kommen vor (Abb. 178, 179; vgl. auch Bd. 1, S. 160, Abb. 177). Hermatypische Hexakorallen sind somit eindeutig Anzeiger tropischer Klimate. Mit ihrer Hilfe lassen sich die Klimagürtel der Erdgeschichte rekonstruieren.

Alle skelett-abscheidenden Hexakorallen, sowohl ahermatypische wie hermatypische Vertreter, benötigen zum Leben vollmarine Verhältnisse. In der Gegenwart liegt der minimale zuträgliche Salzgehalt bei 27 ‰, der maximale bei 40 ‰ und die optimale Salinität bei 36 ‰. Deshalb fehlen Korallen in brackisch beeinflußten Neben- und Randmeeren und vor der Mündung von Flüssen (vgl. Abb. 178). Manche Actinien ertragen allerdings Brackwasser.

Viele Hexakorallen – vor allem die skelett-abscheidenden Formen, weniger die Actinien – benötigen klares Wasser. Hierfür verantwortlich sind in erster Linie die Zooxanthellen mit ihrem Lichtbedürfnis. Die meisten Formen können mit Hilfe von Wimpern eine nicht allzu mächtige Sedimentschicht wieder entfernen. Ständige Aufhäufung von Sediment führt dagegen zum Absterben der Polypen.

Von entscheidendem Einfluß auf das Gedeihen der Hexakorallen ist die Wasserbewegung. Diese führt im nährstoffarmen tropischen Meer die für das Leben unerläßliche Nahrung, das $CO_2$ und den Sauerstoff herbei. Außerdem verhindert sie die Bedeckung durch Sediment.

Die Polypen wachsen häufig der Strömung entgegen. Bei solitären Formen kann sich das so auswirken, daß die Kelche sich dem Strom entgegen krümmen, sofern dieser vorherrschend gerichtet verläuft. Jenseits einer bestimmten Intensität der Wasserbewegung steigt allerdings die Gefährdung durch Zertrümmerung stark an. Dann sind die Kelche gedrungen und an den Untergrund angeschmiegt (vgl. Bd. 1, S. 63, Abb. 65 und S. 127, Abb. 146). Die nur auf kleiner Basis festgehefteten Rugosen kommen in der Zone stärkster Wasserbewegung nur untergeordnet vor, während die Scleractinier dort überaus formenreich sind (Abb. 180, 181).

Die Scleractinier-Kolonien wachsen im stark bewegten Wasser am raschesten. In bestimmten Grenzen gilt dies auch für die Rugosen und Tabulaten. Dies erklärt, weshalb Korallenriffe bis in die Nähe des Meeresspiegels aufragen und ihr steilster Abfall der Hauptwindrichtung entgegen zeigt. Unterschiedliche Rifftypen entstehen in Abhängigkeit von der Lage zur Küste, von der Wind- und Strömungsrichtung und von Meeresspiegelschwankungen bzw. vom Aufsteigen oder Absinken des Meeresbodens. Das **Saumriff** ist der Küste unmittelbar vorgelagert. Durch Vorwachsen in den offenen Schelf hinein, beim Absinken der Küste oder beim Anstieg des Meeresspiegels entsteht aus ihm das **Wall-** oder **Barriereriff**. Aus Saumriffen um absinkende Inseln entstehen die **Atolle** (vgl. Bd. 1, S. 188, Abb. 216). Submarine Plattformen können – vor allem bei stabiler Lage des Meeresspiegels – **Plattformriffe** tragen. **Fleckenriffe** (Patch-reefs) nennt man kleine Riffe inmitten andersartiger Flachwasserfazies (Abb. 181).

Innerhalb der Riffe zeigen die Hexakorallenfaunen deutliche Unterschiede. Manche Arten reagieren auf Besonderheiten des Standortes durch spezielle Wuchsformen. Meist sind allerdings die einzelnen Biotope durch eigene Arten mit bestimmter Wuchsform gekennzeichnet. Die Zone stärkster Wasserbewegung wird bevorzugt von massigen Formen bewohnt. Im Känozoikum sind hier außerdem besonders schnellwüchsige Gattungen heimisch. Je ruhiger das Wasser ist, desto stärker verästelt können die Kolonien sein. Faunen bewegteren und stilleren Wassers lassen sich somit anhand der Wuchsformen statistisch unterscheiden (Abb. 181 D). Da auch die Brandungs-

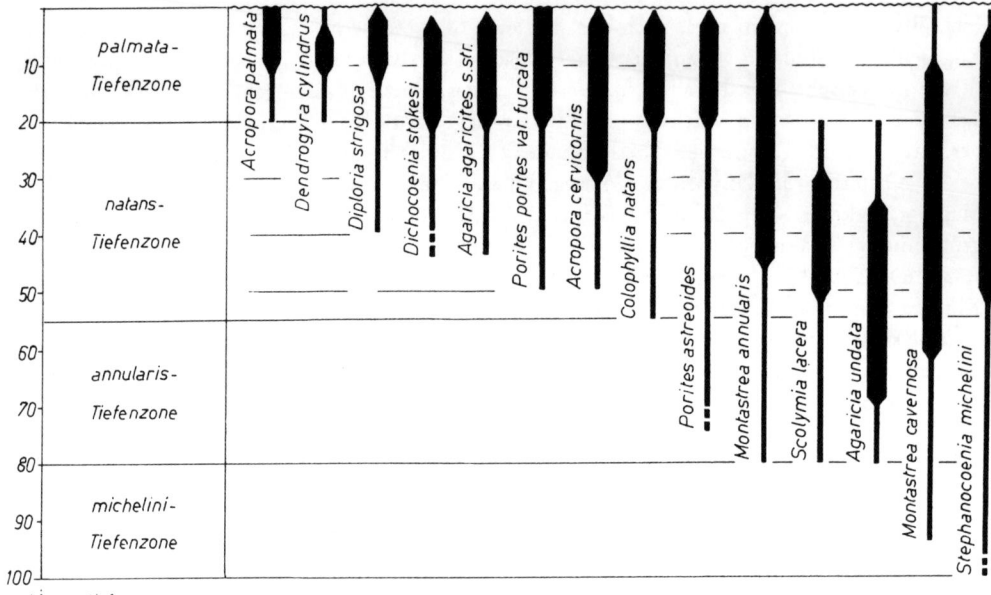

Abb. 177. Die bathymetrische Verbreitung einiger Scleractinier-Arten im Karibischen Meer. Nach J. GEISTER.

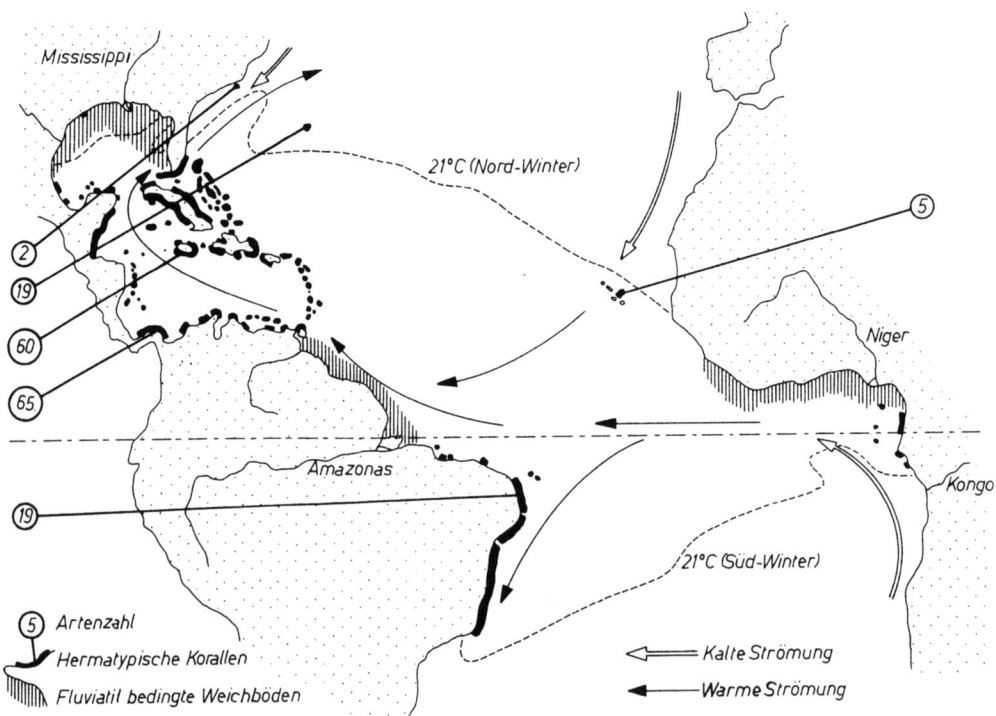

Abb. 178. Die Abhängigkeit des Vorkommens und der Diversität (Artenzahl) hermatypischer Hexakorallen von Temperatur und Substrat am Beispiel rezenter Scleractinier des Atlantiks. Nach H. SCHUHMACHER und J. W. WELLS.

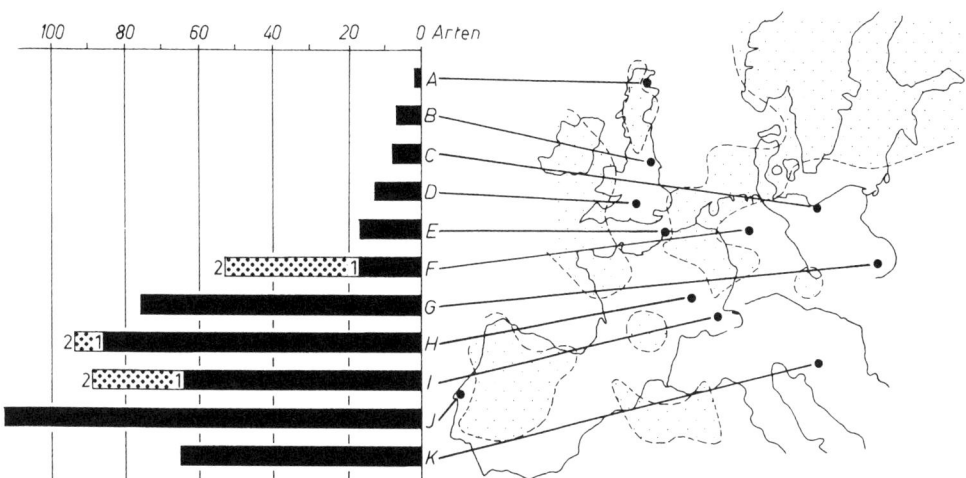

Abb. 179. Die Abnahme der Artenzahl hermatypischer Scleractinier im Jura (Oberoxf. – Unterkimm.) Europas gegen Norden, d. h. mit abnehmenden Meerestemperaturen. A: Schottland (?Unterkimm.); B: Yorkshire (Oberoxf.); C: Pommern (Unterkimm.); D: Südengland (Oberoxf.); E: Normandie (Oberoxf.); F: Niedersachsen (1: Kimm.; 2: Oberoxf.); G: Polen (Oberoxf.); H: Ostfrankreich (1: ob. Oberoxf.; 2: unt. Oberoxf.); I: Schweizer Jura (1: Roche au Vitain bei St. Ursanne, unt. Oberoxf.; 2: Gesamtgebiet, unt. Oberoxf.); J: Portugal (Unterkimm.); K: Slowenien (Oberoxf. – Kimm.). Nach W. J. Arkell, L. Beauvais, O. F. Geyer, V. F. Pümpin, E. Roniewicz und D. Turnšek.

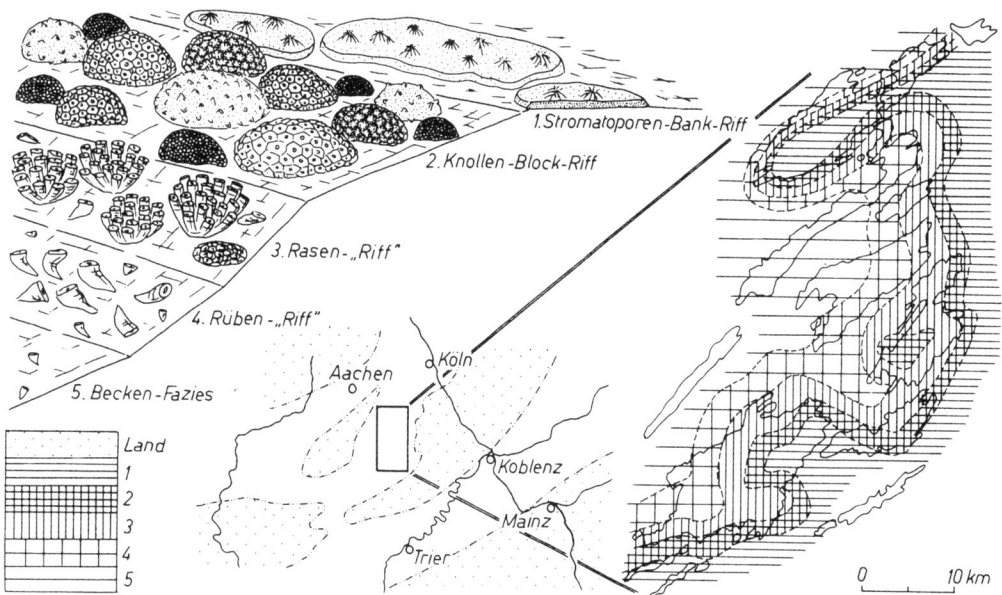

Abb. 180. Die Zonierung der Korallenfaunen im Mitteldevon der Eifel. Nach R. Birenheide und W. Struwe.

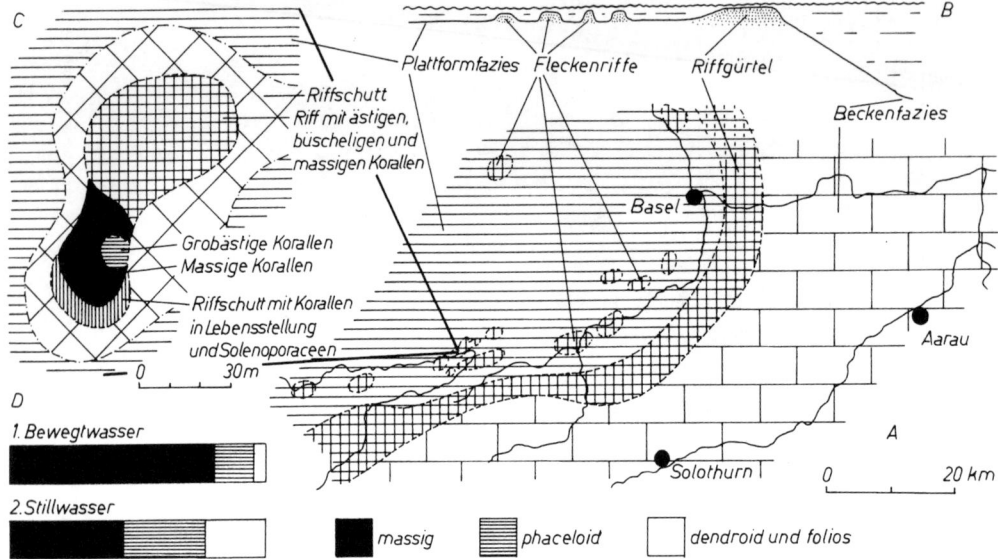

Abb. 181. Korallenriffe im oberen Jura. A: Riffgürtel im unteren Oberoxfordien des Jura-Gebirges; B: schematisches Profil; C: Fleckenriff bei St. Ursanne (Schweizer Jura) und die räumliche Verbreitung bestimmter Stockformen; D: Zusammensetzung zweier Faunen aus dem unteren Tithonien Württembergs (1: Arnegg; 2: Sinabronn) aus unterschiedlichen Stockformen. Nach O. F. GEYER, R. GYGI und V. F. PÜMPIN.

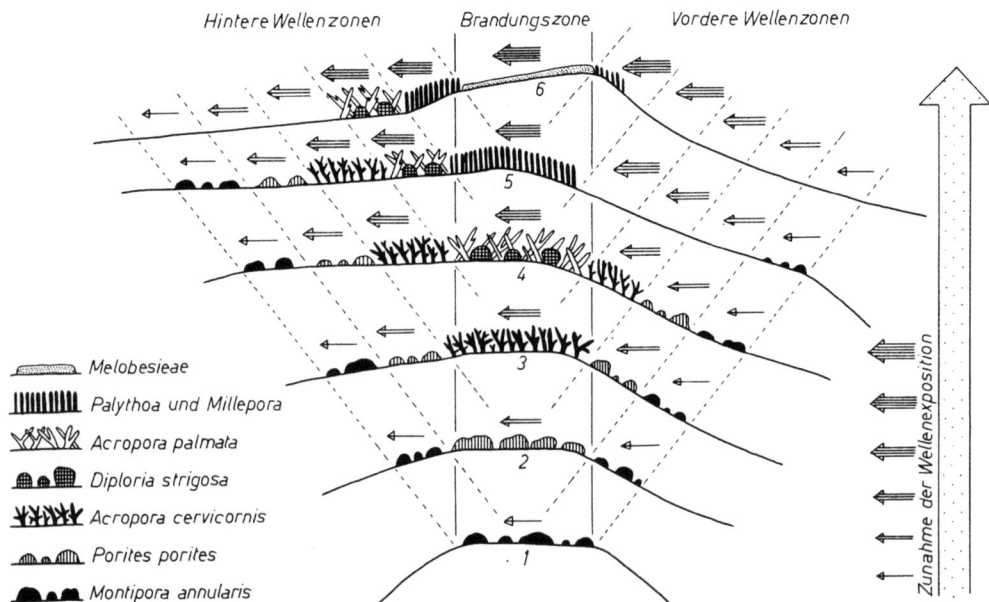

Abb. 182. Rezente westkaribische Korallenriffe. Schema der Abhängigkeit Brandungsriff-bildender Korallen von der Stärke der Wellenexposition. 1: *annularis*-Brandungsriff; 2: *porites*-Brandungsriff; 3: *cervicornis*-Brandungsriff; 4: *strigosa-palmata*-Brandungsriff; 5: *Palythoa-Millepora*-Brandungsriff (*Palythoa*: Zoanthiniarie; *Millepora*: Hydrozoe); 6: Melobesieae-Brandungsriff (Rotalgen). Nach J. GEISTER.

zone selbst nicht überall gleich stark den Wellen ausgesetzt ist, ergeben sich komplizierte Abfolgen von Hexakorallen-Gemeinschaften (Abb. 182).

Koloniebildende Hexakorallen beherbergen eine Vielzahl von Kleinbiotopen, in denen andere Organismen leben. Verbreitet ist vor allem das Zusammenleben mit Anneliden und Krebsen. Auf abgestorbenen Skelettpartien siedeln zahlreiche Epibionten, vor allem Algen, Bryozoen, Hydroidpolypen, Oktokorallen und Serpuliden. Manche rezente Scleractinier leben in Symbiose mit Sipunculiden. Ein entsprechendes fossiles Beispiel ist die devonische Tabulate *Pleurodictyum*, die normalerweise den Wurm *Hicetes* beherbergt.

Feinde haben die Hexakorallen im allgemeinen nur wenige. In vielen Fällen bieten die Nesselkapseln hinreichenden Schutz. Actinien und rezente Scleractinier werden vor allem von manchen Gastropoden, Fischen und Seesternen gefressen. In jüngerer Zeit ist der Seestern *Acanthaster* als gefährlicher Feind von Riffkorallen bekannt geworden.

## 8. Fossilisation

Die Hexakorallen stellen eine Reihe wichtiger Gesteinsbildner. Ihre hermatypischen Vertreter, d. h. die Riffkorallen, bauen Gerüste, in denen sich Schutt und Sediment fängt. Die so gebildeten Gesteine sind die Riffkalke. Der im Überschuß vorhandene Kalk füllt nachträglich Hohlräume aus und zementiert die einzelnen Bestandteile. Riffkalke zeichnen sich i. d. R. durch besondere Festigkeit aus; bei der Verwitterung bilden sie Härtlinge. Sie sind also auch geomorphologisch von Bedeutung.

Das Leben im flachen und bewegten Wasser hat zur Folge, daß Einzelkorallen und Kolonien einer starken mechanischen Beanspruchung (Zertrümmerung, Abrollung etc.) unterliegen. Darüber hinaus sind zahllose Bohrorganismen (Algen, Würmer, Bryozoen, Muscheln etc.) tätig, die ebenfalls zerstörend wirken. Beide Faktoren sind dafür verantwortlich, daß ein großer Teil der Korallenskelette zu Riffschutt aufgearbeitet wird. Die umgelagerten Trümmer werden von Kalkalgen, Bryozoen und anderen Epibionten umkrustet, so daß in den meisten Fällen Riffkorallen schon vor der Einbettung bis zur Unkenntlichkeit verändert werden.

Die aragonitischen Skelette der Scleractinier neigen zur Umkristallisierung. Dabei werden die Feinstrukturen (Trabekel, Sklerodermite) i. d. R. zerstört (Abb. 183). Sofern einzelne Septen überhaupt noch erkennbar sind, ist ihr Feinbau oft stark verändert. Neben mikritisierten Septen kommen u. a. granuläre, spätige und lamelläre Strukturen vor. Verbreitet ist bei Scleractiniern auch die völlige Auflösung des Skelettes, so daß Hohlformen entstehen, sowie die Verkieselung.

Auch bei den Rugosen (und Tabulaten), die möglicherweise primär kalzitisch waren, sind Veränderungen der Feinstrukturen häufig. Oft können sekundäre faserige Kristalltapeten auf Septen und Wänden beobachtet werden. Zuweilen sind die basalen Teile der Kelche ganz oder überwiegend verfüllt. Allerdings ist es in vielen Fällen schwierig oder unmöglich, zwischen intravitalen Skelettauflagerungen („Stereoplasma") und diagenetischen Bildungen zu unterscheiden.

## 9. Gruppen-Übersicht

A. **Zoanthiniaria.** Skelettlos, Metamesenterien nur in zwei der Schlundrinne benachbarten Zwischenfächern. Nur rezent bekannt.

B. **Actiniaria** (Seeanemonen). Skelettlos, Metamesenterien in allen 6 Zwischenfächern. Zwischen- und Binnenfächer mit je 1 Tentakel. Rezent verbreitet; zweifelhafte Fossilfunde ab Kambrium.

C. **Corallimorpharia.** Skelettlos, Metamesenterien in allen 6 Zwischenfächern. Zwischen- und Binnenfächer mit mehr als je 1 Tentakel. Nur rezent bekannt.

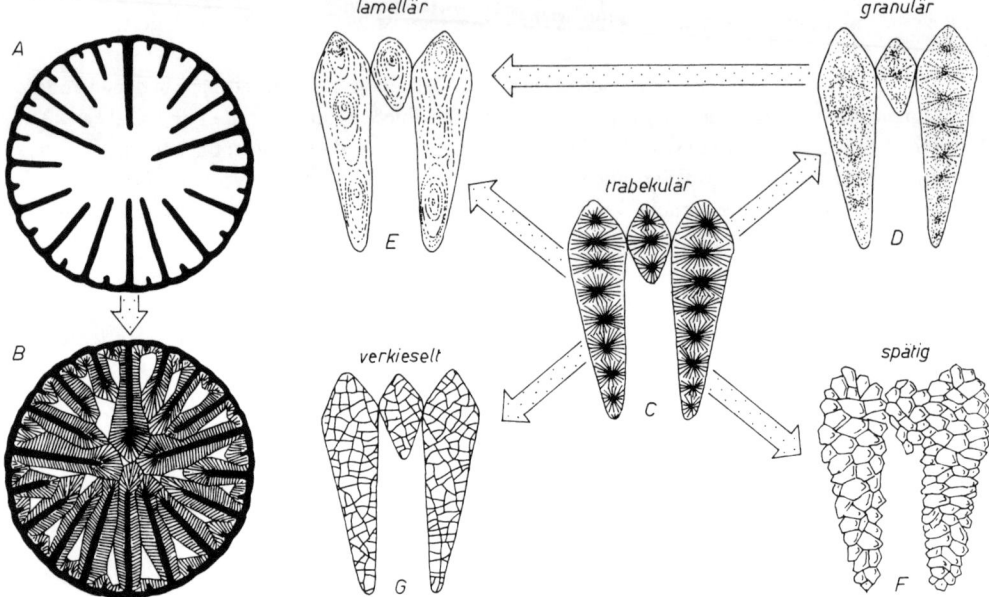

Abb. 183. Diagenetische Veränderungen bei Hexakorallen. A, B: teilweise Verfüllung eines Rugosen-Kelches durch Kristall-Auflagerungen auf Septen, schematisch; C–G: Veränderungen im Feinbau der Septen (schematisch). Nach J. ALLOITEAU und K. OEKENTORP.

D. **Rugosa** (Pterocorallia, Tetracorallia). Mit Kalkskelett (vermutlich aus Kalzit); Septeneinschub serial in 4 Sektoren. Ordovizium – Perm.
   1. Solitäre, meist kleine Kelche, ohne Dissepimentarium, mit vollständigen Septen: *Amplexus* (Abb. 144 E, F), *Hapsiphyllum* (Abb. 145 B), *Stereolasma* (Abb. 154 E), *Ufimia* (Abb. 145 F), *Zaphrentites* (Abb. 172).
   2. Meist solitäre oder lockere Kolonien bildende, größere Kelche, mit randlichem Dissepimentarium, mit vollständigen Septen: *Aulacophyllum* (Abb. 157 F), *Caninia* (Abb. 145 D, E, 155 B, 172), *Cyathophyllum*, *Heliophyllum* (Abb. 160), *Ketophyllum* (Abb. 155 E, 157 G).
   3. Kolonien mit randlichen Dissepimenten und vollständigen Septen: *Hexagonaria* (Abb. 144 H), *Lithostrotion* (Abb. 162 C, 172), *Lonsdaleia* (Abb. 172), *Spongophyllum* (Abb. 154 F), *Stauria* (Abb. 144 G).
   4. Solitär oder koloniebildend, Septen aus wenigen Trabeculae zusammengesetzt oder zugunsten eines üppigen Dissepimentariums zu Dornen rückgebildet (Cystiphyllina): *Cystiphyllum* (Abb. 155 F), *Digonophyllum*, *Rhabdocyclus* (Abb. 140 A, B), *Tryplasma* (Abb. 154 C).
   5. Deckelkorallen: *Calceola* (Abb. 157 A–C), *Goniophyllum* (Abb. 157 D).

E. **Heterocorallia**. Mit Kalkskelett, Septeneinschub in 4 Sektoren zwischen „gegabelte" Primärsepten. Unt. Karbon. Beispiel: *Hexaphyllia* (Abb. 146 C).

F. **Scleractinia** (Cyclocorallia, Madreporaria). Mit Kalkskelett aus Aragonit; Septeneinschub zyklisch in 6 Sektoren. Trias – rezent.
   1. Septen „lamellär", d. h. aus Fasern aufgebaut, die von der Mittellinie des Septums ausstrahlen.
      a) Septeneinschaltung irregulär; Epithek dick (Pachythecalina): *Pachythecalis* (Abb. 171 A).
      b) Septeneinschaltung bilateral-symmetrisch (Amphiastraeina): *Distichophyllia* (Abb. 171 D), *Pleurophyllia* (Abb. 171 E):
   2. Septen aus wenigen, einseitig divergierenden Trabekeln aufgebaut; Polypen ohne Schlundrippen, selten mehr als 2 Tentakelkränze; koloniebildend und hermatypisch (Archaeocoeniina): *Acropora* (Abb. 167 A, B), *Actinastrea* (Abb. 171 G), *Astrocoenia*.

3. Septen aus wenigen, zweiseitig divergierenden Trabekeln aufgebaut; Polypen unbekannt; koloniebildend und hermatypisch (Stylinina): *Stylina* (Abb. 165 B).
4. Septen aus zahlreichen, zweiseitig divergierenden Trabekeln aufgebaut; Polypen mit Schlundrippen, meist mehr als 2 Tentakelkränze.
   a) Septen durch Synapticulae verbunden (Fungiina): *Cyclolites* (Abb. 140 F), *Fungia* (Abb. 161), *Porites* (Abb. 166 H), *Thamnasteria* (Abb. 166 F).
   b) Ohne Synapticulae, Septalränder gezähnt (Faviina):
      b1: hermatypisch: *Favia, Galaxea* (Abb. 165 A), *Montlivaltia* (Abb. 166 A), *Platygyra* (Abb. 164 H), *Thecosmilia* (Abb. 166 B);
      b2: ahermatypisch: *Oculina* (Abb. 165 C), *Madrepora* (Abb. 175).
   c) Ohne Synapticulae, Septalränder glatt, meist ahermatypisch (Caryophylliina): *Caryophyllia* (Abb. 150 A), *Flabellum, Trochocyathus* (Abb. 150 B).
   d) Septeneinschub nach der POURTALÈS'schen Regel, meist ahermatypisch (Dendrophylliina): *Balanophyllia* (Abb. 142), *Dendrophyllia* (Abb. 166 G), *Astroides* (Abb. 135 D).

G. **Tabulata.** Mit Kalkskelett (vermutlich aus Aragonit); stets koloniebildend; Septen kurz, oft zu Dornenreihen aufgelöst, ohne gesetzmäßigen Einschub. ? Oberkambrium, Ordovizium – Perm.
   1. Polypen-Röhren durch Coenenchym getrennt (Heliolitina): *Heliolites* (Abb. 167).
   2. Ohne Coenenchym; Septen deutlich; Wandporen vorhanden oder fehlend (Sarcinulina): *Thecia*.
   3. Ohne Coenenchym; Septen zu Dornen aufgelöst; Wandporen sehr regelmäßig (Favositina): *Favosites* (Abb. 140 G, 170); *Pleurodictyum* (Abb. 170).
   4. Ohne Coenenchym; Septen zu Dornen aufgelöst oder fehlend; Wandporen unregelmäßig oder fehlend.
      a) Kelche bilden lockere Kolonien (Auloporina): *Aulopora* (Abb. 166 I, 170), *Syringopora* (Abb. 165 E, 170).
      b) Kelche bilden Ketten (Halysitina): *Halysites* (Abb. 154 G, 167, 170).
      c) Kelche bilden massige Kolonien; Septen fehlen:
         c1: vier Längsleisten verwachsen zu Wänden (Tetradiina): *Tetradium* (Abb. 170);
         c2: ohne Längsleisten; Zugehörigkeit zu den Tabulata umstritten (Chaetetina): *Chaetetes* (Abb. 126, vgl. S. 114).

Auswahl weiterführender Literatur:

J. ALLOITEAU (1957), R. BIRENHEIDE (1978), J. P. CUIF (1977), J. FEDOROWSKI (1981), H. W. FLÜGEL (1975, 1980), D. HILL (1981), L. F. LAPORTE (Hrsg.) (1974), K. OEKENTORP (1980), W. A. OLIVER jr. (1980), H. OSMÓLSKA (Hrsg.) (1980), TH. PFISTER (1980), H. SCHUHMACHER (1976), J. E. SORAUF (1972, 1978), D. R. STODDART & SIR M. YONGE (Hrsg.) (1978), J. W. WELLS (1956).

# Oktokorallen

## 1. Definition

Oktokorallen sind Anthozoen, deren Magenraum von acht unpaaren Mesenterien unterteilt wird. Das Schlundrohr besitzt nur eine einzige Schlundrinne. Um den Mund stehen acht gefiederte Tentakel. Als Skelett sind meist mikroskopisch kleine kalzitische Sklerite vorhanden.

## 2. Morphologie

Die **Polypen** der Oktokorallen sind durch ihre acht gefiederten Tentakel und die Unterteilung des Magenraumes durch acht unpaare Mesenterien gut gekennzeichnet. Die Anordnung der Längsmuskulatur auf den Mesenterien zeigt deutlich eine bilaterale Symmetrie. In einer Tasche des Magenraumes sind keine, in der gegenüberliegenden Tasche (an deren Mundabschnitt die einzige Schlundrinne verläuft) dafür zwei Muskelfahnen vorhanden (Abb. 184).

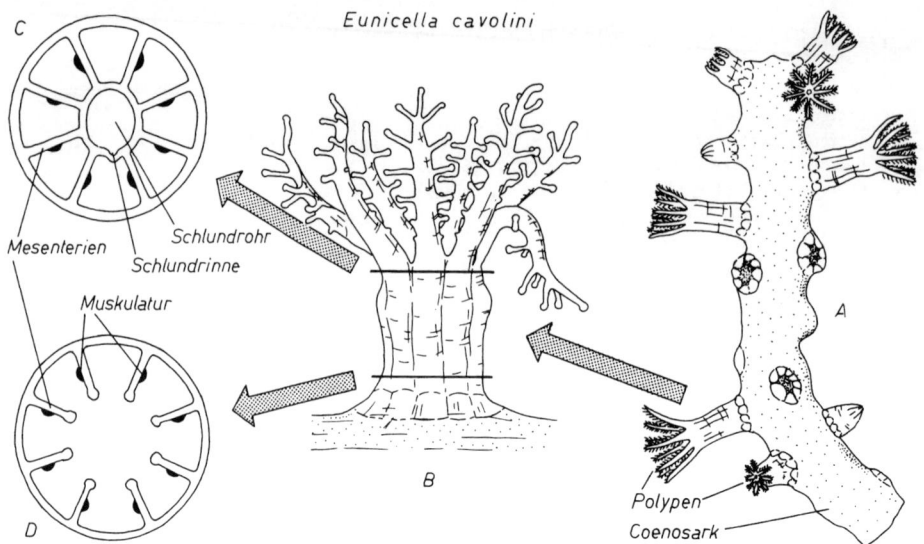

Abb. 184. Der Bauplan einer Oktokoralle. A: Kolonie (rez.), × 5; B: einzelner Polyp, × 15; C, D: Schnitte durch Polypen in unterschiedlicher Höhe. Nach G. VON KOCH.

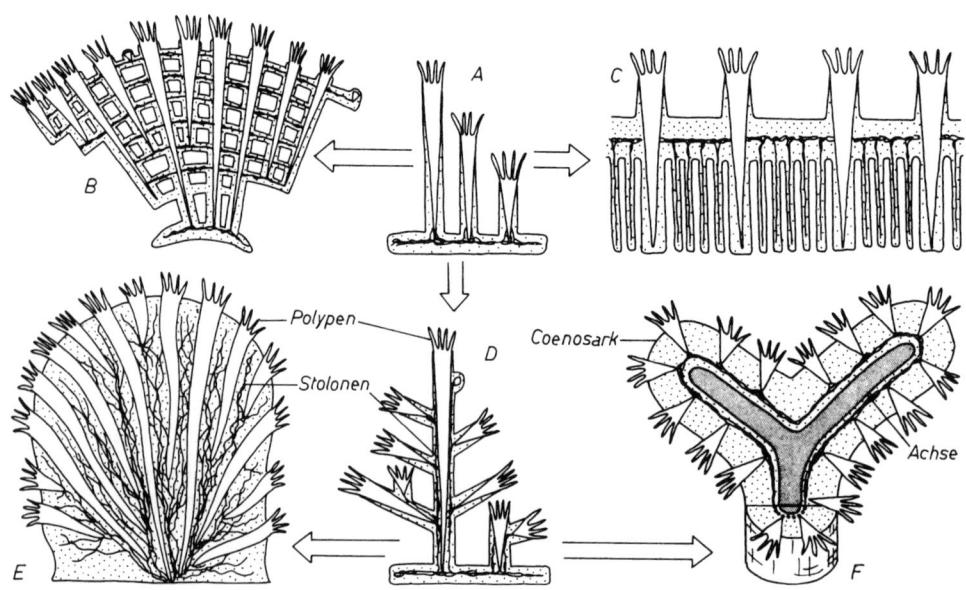

Abb. 185. Knospung und Koloniebildung bei Oktokorallen. A: stoloniale Knospung bei primitiven Alcyonaria; B: Stolonen sowie Solenien in bestimmten Niveaus angeordnet; das Schema zeigt die Verhältnisse bei *Tubipora;* C: Stolonen mit nach unten gerichteten Fortsätzen; das Schema zeigt die Verhältnisse bei *Heliopora;* D, E: soleniale Knospung bei den Alcyonaria; D zeigt die Verhältnisse bei *Telesto;* E zeigt die Verhältnisse bei *Alcyonium;* F: Knospung bei den Gorgonaria. Nach F. M. BAYER.

Von wenigen Ausnahmen abgesehen sind die Oktokorallen koloniebildend. Ihre meist wenige mm bis einige cm (bei den Pennatularien jedoch bis über 2 m) großen Polypen stehen durch ein Geflecht von netzartig verknüpften entodermalen Röhren (Solenien) oder röhrenförmigen Fortsätzen der Polypenbasis (Stolonen) miteinander in Verbindung (Abb. 185). Nur bei den Pennatularien knospen junge Polypen aus der Wand älterer. Die Polypen einer Kolonie und das Solenien- bzw. Stolonengeflecht werden von einem gemeinsamen Ektoderm und einer gemeinsamen Mesogloea, dem Coenosark, umhüllt. Die Sockel der Polypen sind in das Coenosark eingesenkt. Sie werden als Kelche bezeichnet und besitzen zuweilen einen erhabenen Rand. Die Polypen können bei Gefahr in die Kelche zurückgezogen werden. Manche Arten schlagen dabei die Tentakel so vor die Mündung, daß eine Art Deckel gebildet wird.

Bei vielen Oktokorallen gibt es nur eine einzige Polypenform, die man Autozoide nennt. Manche Formen besitzen neben den normalen Autozoiden noch sogenannte Siphonozoide, die – u. a. zur Wasseraufnahme – spezialisierte Polypen darstellen. Die Seefedern (Pennatularien) besitzen einen stark verlängerten Gründungspolypen, der zum Stiel umgebildet wird und i. d. R. lose im Boden steckt. Aus seiner Wand knospen im oralen Teil Tochterpolypen, die getrennt bleiben oder miteinander zu Fiederblättern verwachsen können.

Das **Skelett** der Oktokorallen leitet sich im Normalfall (Ausnahme: Helioporiden) von kalzitischen Skleriten ab, die durchschnittlich 0,1 bis 1 mm (im Extremfall 0,01 bis 10 mm) lang sind. Diese werden von Zellen gebildet, die aus dem Ektoderm in die Mesogloea eingewandert sind. Die Skleriten sind sehr mannigfaltig gestaltet. Ihre Formen reichen von glatten Spindeln, Nadeln oder Scheiben bis zu reich bedornten und mit Höckern verzierten Hanteln, Kandelabern oder Mehrachsern (Abb. 186). Der systematische Wert vieler Skleritentypen ist gering; andere dagegen kennzeichnen nur eine einzige Art. Innerhalb eines einzigen Polypen können je nach Lage im Körper (Tentakeln, Schlundregion, Kelch, Cortex) unterschiedliche Skleritentypen vorkommen (Abb. 187).

Bei manchen Oktokorallen sind die Sklerite miteinander verwachsen und bilden so feste Gerüste. Dies ist – außer bei den Tubiporiden – bei einigen Gorgonariern (Scleraxonia) der Fall. Bei ihnen sind entlang der Stammachse die Sklerite entweder durch Fasern aus Gorgonin (einem Gerüsteiweiß) oder durch Ausscheidung von Kalk verlötet (Abb. 188). Das Achsenskelett der Scleraxonia ist deshalb eine Bildung der Mesogloea. Es besteht entweder aus einem einheitlichen, oft bäumchenartig verzweigten Hartgebilde oder aus einer Aneinanderreihung kalkiger Internodalglieder und „horniger" Nodalglieder (Abb. 189). Verzweigungen können sowohl im Nodal- wie im Internodalbereich vorkommen. Um die feste Achse der Scleraxonia legt sich eine Rinde (Cortex) aus Coenosark, in der isolierte Sklerite vorkommen.

Bei anderen Gorgonariern (Holaxonia) ist eine von der Basis der Kolonie hochwachsende ektodermale Röhre vorhanden, in die hinein ein von Vakuolen durchsetztes, skleritenfreies Gorgonin entweder allein oder mit Kalzit vermengt abgeschieden wird. Um den so entstandenen Zentralstrang wird vom Achsenepithel die Achsenrinde gebildet, die aus dicht aufeinander folgenden skleritenfreien Gorgoninlamellen besteht. In das Gorgonin kann wiederum Kalk eingelagert sein. Wie bei den Scleraxonia kann das Achsenskelett in kalkige Internodalglieder und „hornige" Nodalglieder zerfallen. Um das Achsenskelett folgt die Cortex mit freien Skleriten (Abb. 188).

Die Mehrzahl der Pennatularien besitzt im unteren Teil des Primärpolypen einen skleritenfreien Achsenstab aus Gorgonin, der manchmal mehr oder weniger stark verkalken kann (Abb. 190). Die Enden des Stabes bleiben jedoch rein „hornig". Der Achsenstab beginnt stets oberhalb der Basis und reicht im Stiel unterschiedlich weit hoch. Er wird von Ektodermzellen der Mesogloea ausgeschieden und liegt dort, wo sich die (bei den Pennatularien morphologisch stark abgewandelten) Mesenterien im Zentrum des Polypen kreuzen. In der Mesogloea der Polypenwandung sind isolierte Sklerite vorhanden.

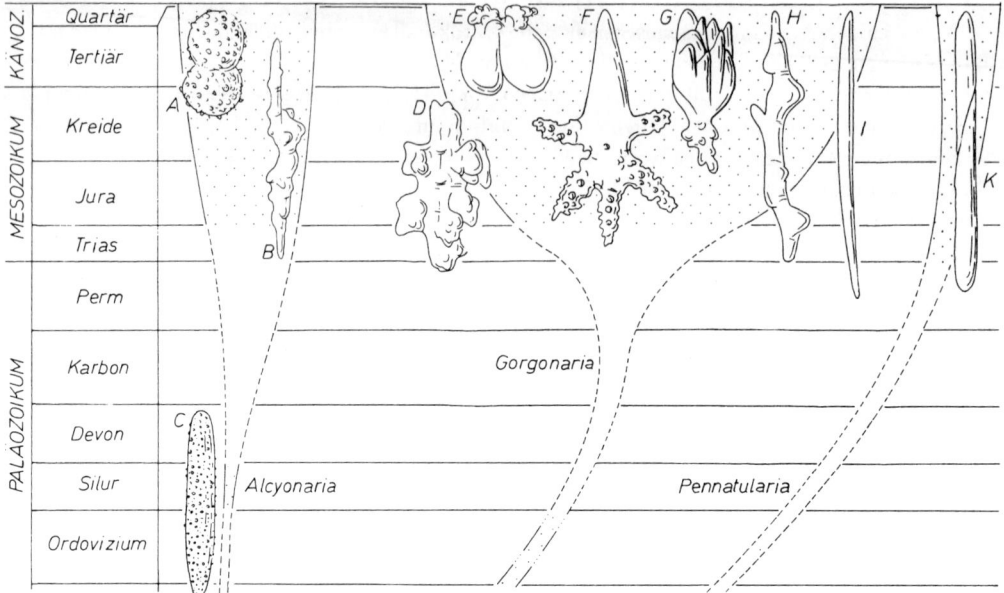

Abb. 186. Sklerite von Oktokorallen und die stratigraphische Verbreitung der Hauptgruppen. A: *Tubipora* (rez.), Schlundregion, × 350; B: *Alcyonium* (rez.), × 200; C: *Atractosella* (Silur), × 7; D: *Corallium* (Kreide – rez.), Cortex, × 200; E: *Corallium*, Cortex, × 100; F: *Echinomuricea* (rez.), Cortex, × 150; G: *Mopsella* (rez.), Cortex, × 200; H: *Parisis* (Tert. – rez.), Cortex, × 100; I: *Lepidisis* (rez.), Kelch, × 10; K: *Pennatula* (rez.), Stiel, × 70. Nach S. BENGTSON und F. M. BAYER.

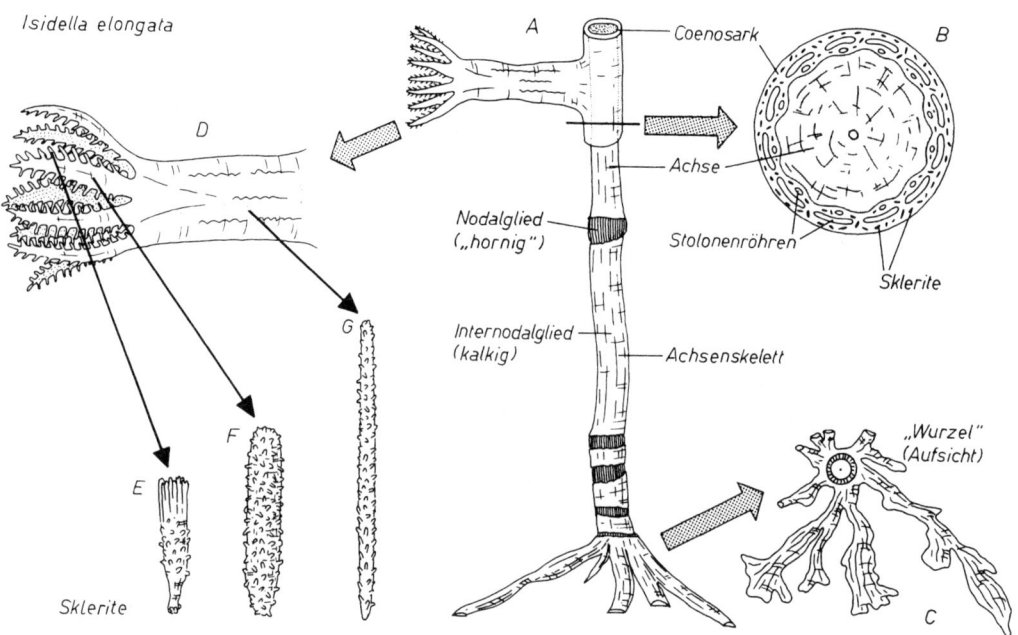

Abb. 187. Der Bauplan der Gorgonaria (schematisch am Beispiel der rezenten Gattung *Isidella*). A: Teil einer Kolonie mit teilweise entfernter Cortex, × 1; B: Querschnitt, × 5; C: Wurzel, × 0,5; D: Polyp, × 2; E–G: Sklerite aus verschiedenen Teilen des Polypen, × 100. Nach G. VON KOCH.

Oktokorallen

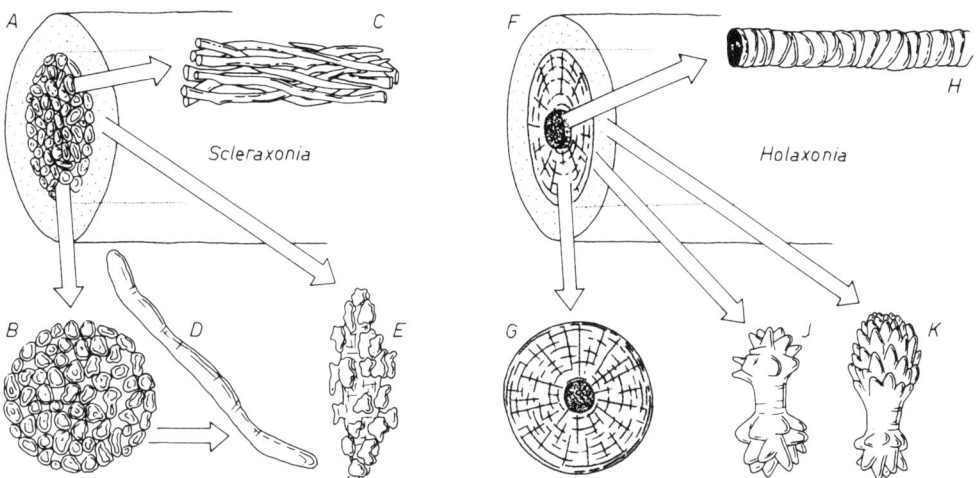

Abb. 188. Der Skelettbau der Gorgonaria. A–E: Scleraxonia; F–K: Holaxonia. A, F: Schematischer Schnitt durch Stämme (locker punktiert: fleischige Cortex); B, G: Schematische Querschnitte durch die Skelettachsen (B: Aufbau aus Skleriten; G: ohne Sklerite); C, D: Sklerite der Skelettachse; H: Zentralstrang; E, J, K: Sklerite der Cortex. D, E: *Subergorgia* (rez.), × 25; J, K: *Junceella* (rez.), × 225. D, E, J, K nach F. M. BAYER.

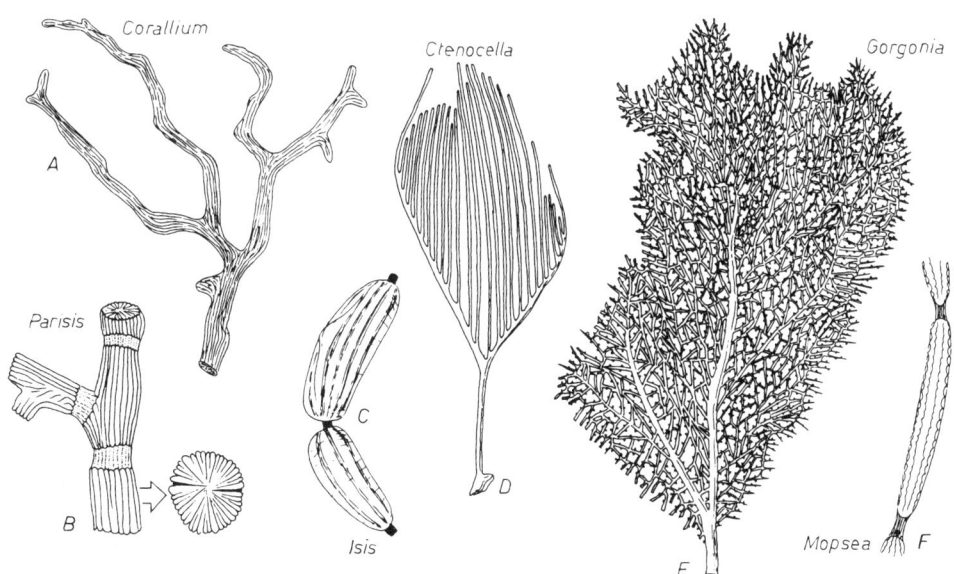

Abb. 189. Achsenskelette von Gorgonariern. A: Kreide – rez., × 0,5; B: Tert. – rez., × 3; C: rez., × 3,5; D: rez., verkl.; E: rez., × 0,5; F: Eoz. – rez., × 10. Nach F. M. BAYER und F. PAX.

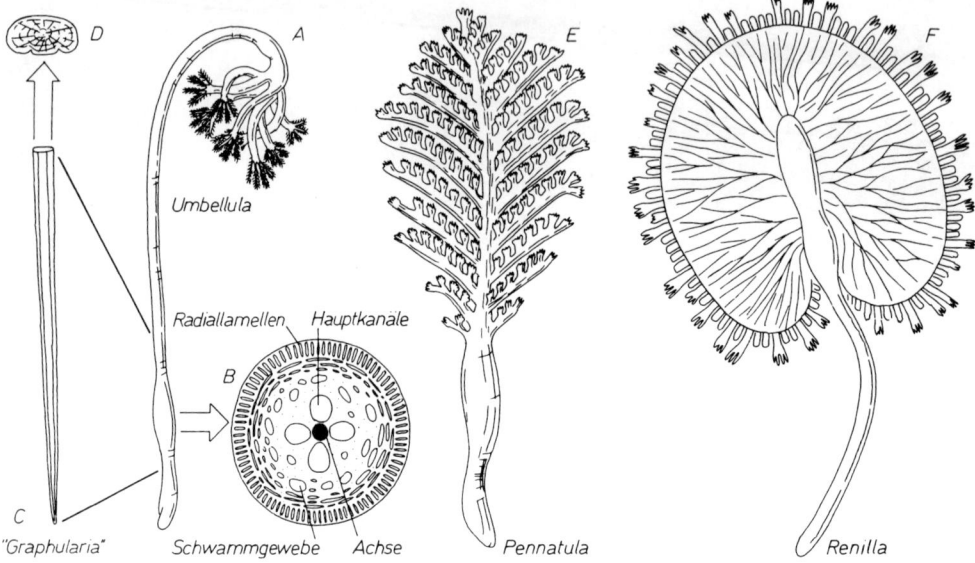

Abb. 190. Pennatularien. A: rezente Gattung mit Knospen im oberen Teil des Gründungspolypen, × 0,3; B: Schnitt durch den tieferen Teil eines Gründungspolypen von *Pteroeides* (rez.), schematisch; die Hauptkanäle entsprechen dem Magenraum, sie werden durch die verwachsenen Mesenterien getrennt; C, D: Achsenskelett einer triassischen Gattung, × 1, × 3; E: rezente Gattung mit fiederförmigen Zweigpolypen, × 0,3; F: rezente Gattung mit blattförmig verwachsenen Zweigpolypen, von der Unterseite, × 1. Überwiegend nach W. KÜKENTHAL.

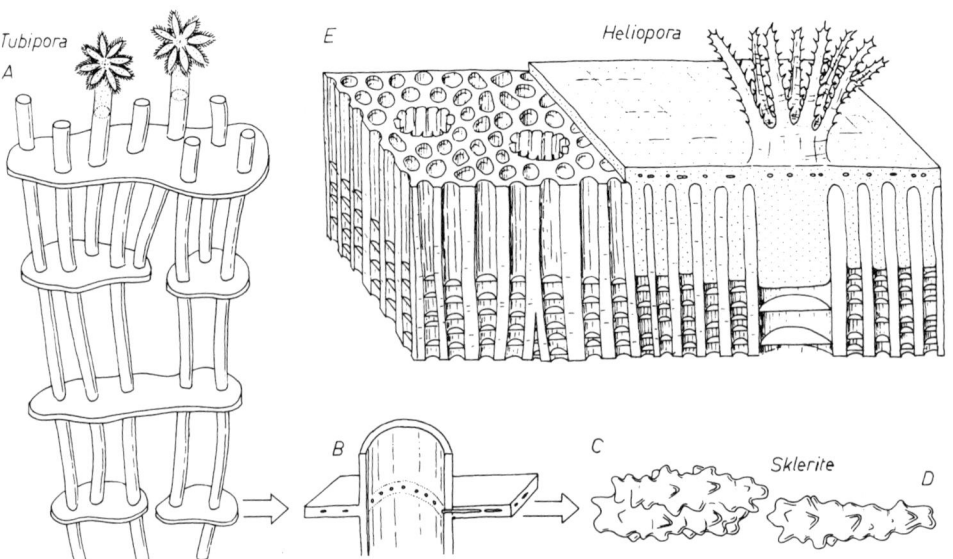

Abb. 191. Skelette der Oktokorallen *Tubipora* (A–D, rez.) und *Heliopora* (E, rez.). Punktiert: Weichkörper. A: × 1; B: × 6; C, D: × 60; E: schematisch, ca. × 10. Nach F. M. BAYER.

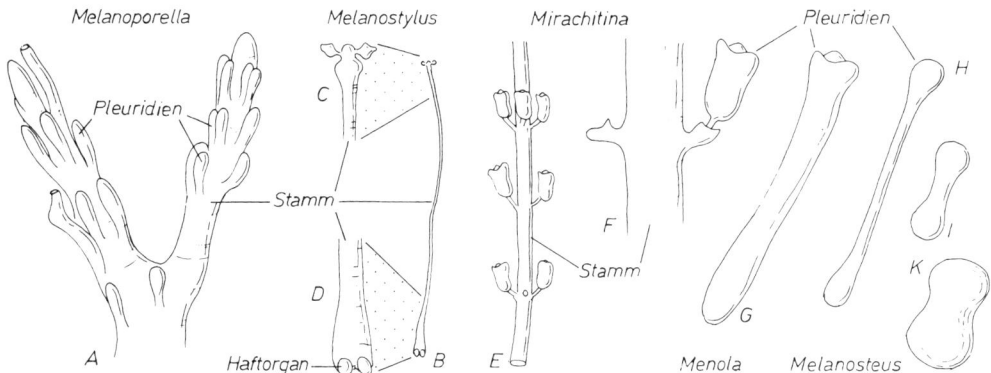

Abb. 192. Melanosklerite. A: Ord., × 30; B: Silur, × 20; C, D: × 65; E: Ord., × 70; F: × 200; G: Ord., × 60; H: Ord., × 100; I, K: Silur, × 140. Nach A. Eisenack und R. Schallreuter.

Den Helioporiden fehlen Sklerite. Ihr Skelett besteht aus Aragonitfasern, die vom basalen Ektoderm abgeschieden werden. Querböden trennen den belebten vom verlassenen Teil des Basisskelettes. Enge Röhrchen beherbergen dünne vertikale Fortsätze an der Basis der Kolonien. Weitere Röhrchen enthalten die Sockel der Polypen. In ihnen stehen radiale septenähnliche Leisten, die jedoch keine Beziehung zu den Mesenterien haben. Die Analogie des Helioporiden-Skelettes (Abb. 191) zu den Basisskeletten von Hydrozoen, Hexakorallen und Sclerospongien ist verblüffend.

Eine gewisse Ähnlichkeit mit den Skleriten der Oktokorallen haben die altpaläozoischen Melanosklerite (Abb. 192). Dies sind Körper aus einer chitinartigen Substanz, die etwa 0,05 bis mehrere mm Länge erreichen können. Anscheinend sind sie aus einer schwammartigen Innenschicht und einer kompakteren Außenschicht aufgebaut. Man kann längliche, unverzweigte oder verzweigte Stämmchen und knospen-, glocken- oder hantelförmige „Pleuridien" unterscheiden, die mit dem Stamm fest verbunden, mit einem dünnen Stiel angeheftet oder völlig isoliert sein können. Zwar wird angenommen, daß die Melanosklerite Stützskelete von Cnidariern sind, doch ist die Zugehörigkeit zu einer bestimmten Gruppe nicht bekannt.

### 3. Phylogenie und Stratigraphie

Die Verwandtschaftsbeziehungen der Oktokorallen zu den übrigen Anthozoen sind hypothetisch. Sie lassen sich auch an der fossilen Überlieferung nicht überprüfen. Man nimmt an, daß sich die Oktokorallen sehr früh von einer gemeinsamen Stammform der Anthozoen abspalteten (vgl. S. 81, Abb. 89).

Als primitivste Oktokorallen können die Alcyonarier (s. l.) gelten. Von ihnen dürften sich sowohl die beiden Linien der Gorgonarier ableiten – wobei umstritten ist, ob sie aus einer Wurzel stammen – als auch die Pennatularien. Sichere Gorgonarier-Achsenskelette sind seit der Kreide bekannt. Ein Einzelfund aus dem Ordovizium wird ebenfalls hier eingeordnet. Isolierte Sklerite, die von Gorgonariern oder von Alcyonariern stammen können, sind seit dem Jura nachgewiesen. Sklerite aus dem Silur deuten darauf hin, daß die Alcyonarier damals schon existierten. Ob die Melanosklerite, die vom Ordovizium bis ins Devon belegt sind, von Oktokorallen herrühren, ist unbekannt.

Die Pennatularien sind so hoch spezialisiert, daß sie erst relativ spät in der Erdgeschichte erwartet werden sollten. Ihre Achsenstäbe kennt man seit der Trias. Im späten Präkambrium spielten jedoch die „Petalo-Organismen", die von den meisten Autoren als Pennatularien angesehen werden, eine bedeutende Rolle. Sofern ihre Deutung als Oktokorallen richtig ist, muß diese Gruppe insgesamt noch älter sein. Ob die zeitliche Lücke zwischen den präkambrischen „Petalo-Organismen" und den triassischen und jüngeren Pennatularien auf Unterschiede in Mannigfaltigkeit und Häufigkeit, auf andersartige Fossilisationsbedingungen oder darauf zurückzuführen ist, daß beide Gruppen gar nicht miteinander verwandt sind, bleibt unklar.

Die Helioporiden sind ab der Oberkreide bekannt. Es ist unbekannt, auf welche Wurzel sie zurückzuführen sind. Ihre auffallende Ähnlichkeit mit der paläozoischen Tabulaten-Gruppe der Heliolitina (S. 163) kann auf Konvergenz oder auf stammesgeschichtlicher Verknüpfung beruhen. Trifft die zweite Deutung zu, so würde die Phylogenie und Skelettentwicklung der Oktokorallen in einem völlig anderen Licht erscheinen.

Wegen dieser ungeklärten Zuordnung präkambrischer und paläozoischer Fossilgruppen und wegen der lückenhaften Überlieferung im Mesozoikum bleibt die Stammesgeschichte der Oktokorallen ungeklärt.

Stratigraphisch verwertbar sind die Oktokorallen – vom Auftreten der „Petalonamae" im späten Präkambrium abgesehen – nach dem derzeitigen Stand der Kenntnis nicht.

### 4. Lebensweise

Alle Oktokorallen sind marin. Nur vereinzelte Arten ertragen eine Abnahme der Salinität des Wassers. Obwohl die meisten Arten an bestimmte Meerestemperaturen angepaßt sind, kommen Oktokorallen von den Tropen bis in die Polarmeere hinein vor. Allerdings ist die Mannigfaltigkeit im warmen Wasser am höchsten. Oktokorallen reichen vom Gezeitenbereich bis in die Tiefsee. Die Mehrzahl der Arten ist dabei auf bestimmte Tiefenbereiche beschränkt. Ausschlaggebend hierfür scheinen vor allem die Beschaffenheit des Untergrundes und die Wasserbewegung zu sein.

Die Oktokorallen sind sessil. Manche Formen stecken lose im Substrat. Die Pennatularien, die tagsüber schlaff am Boden liegen, bohren nachts den Stiel in den weichen Untergrund und pressen Wasser in den Primärpolypen, so daß dieser anschwillt, sich festkeilt und aufrichtet. Da Weichböden vor allem im ruhigen und tieferen Wasser verbreitet sind, kommen Pennatularien und andere lose im Substrat steckende Formen überwiegend dort vor.

Die meisten Alcyonarier und die Gorgonarier sind mit einer Fußplatte festgewachsen. Sie sind deshalb vor allem auf Hartböden und damit überwiegend im weniger tiefen Wasser verbreitet. Arten der stark turbulenten Zone besitzen meist eine scheibenförmige Basis. Arten des weniger stark bewegten Wassers heften sich vorwiegend durch wurzelartige Ausläufer der Basis fest. Als Substrate kommen dabei nicht nur die Meeresböden selbst, sondern auch auf ihnen liegende Hartgebilde (Molluskenschalen, Echinidengehäuse etc.) in Betracht.

Von der Intensität der Wasserbewegung wird auch die Form der Kolonien beeinflußt. Im stillen Wasser wachsen die Äste der Stöcke in alle Richtungen. Beim Vorherrschen gerichteter Strömungen ist die Verzweigung in einer Ebene bevorzugt. Die Stock-Ebene steht dann senkrecht zur Strömungsrichtung, wodurch die Kolonien wie Netze die Nahrung abfangen können. In der Brandungszone sind vielfach benachbarte Äste einer Kolonie miteinander verschmolzen. Hierdurch entstehen fächerförmige oder blattartige Gebilde, deren Stabilität größer ist als diejenige lose verzweigter Kolonien. Stabilität und Elastizität der Gorgonarier-Kolonien wird durch ihre feste Achse erhöht. In der Brandungszone dominieren Formen mit hornigen Nodalgliedern und kurzen Internodalgliedern, weil dann die Biegsamkeit besonders groß ist. Im tiefen und ruhigeren Wasser sind die Internodalglieder viel länger, oder eine Gliederung der Achse fehlt überhaupt, womit die Starrheit wächst.

Die Nahrung der Oktokorallen besteht aus Plankton (Larven von Crustaceen und Mollusken, Diatomeen u. a.), das durch Strudeln erbeutet wird. Manche Arten enthalten im Weichkörper große Mengen symbiontischer Flagellaten (Zooxanthellen) und ernähren sich ausschließlich von deren Stoffwechselprodukten. Solche Formen sind an klares, flaches, lichtdurchflutetes Wasser gebunden. Feinde, welche die Polypen abfressen, haben die Oktokorallen kaum. Manche Krebse leben als Parasiten in den Polypen. Einige Gastropoden sind ständige Kommensalen der Oktokorallen.

Das Regenerationsvermögen der meisten Oktokorallen ist groß. Abgebrochene Teile von Kolonien können in kurzer Zeit ergänzt werden. Wie alt die Oktokorallen-Kolonien werden können, ist unbekannt.

## 5. Fossilisation

Da die meisten Oktokorallen überwiegend isolierte Sklerite besitzen, löst sich das Skelett mit dem Tode der Organismen in Einzelteile auf. Dasselbe geschieht mit den gegliederten Achsen der Gorgonarier. Die Achsenskelette der Gorgonarier und Pennatularien enthalten überdies einen hohen Anteil organischer Substanz. Hierdurch wird die Erhaltungsfähigkeit deutlich vermindert.

Isolierte Oktokorallen-Sklerite können in der Gegenwart in erheblichem Ausmaß zur Sedimentation beitragen. In Riffbereichen vor der Küste Floridas fallen 250 g Sklerite je $m^2$ und Jahr an.

## 6. Gruppen-Übersicht

A. **Alcyonaria** (s. l.). Koloniebildend durch soleniale oder stoloniale Knospung. Skelett-Elemente sind isolierte Sklerite, die nur selten (und nie als Achse) verschmelzen. Silur – rezent. Beispiele: *Alcyonium*, *Tubipora* (Abb. 191 A).

B. **Gorgonaria.** Koloniebildend durch soleniale oder stoloniale Knospung. Skelett-Elemente sind isolierte Sklerite und eine feste Skelettachse. Ordovizium – rezent.
1. Skelettachse aus Skleriten aufgebaut (Scleraxonia): *Corallium* (Abb. 186 D, E, 189 A), *Subergorgia* (Abb. 188 D, E), *Parisis* (Abb. 189 B).
2. Skelettachse skleritenfrei, aus Gorgonin aufgebaut, in das Kalk eingelagert sein kann (Holaxonia): *Gorgonia* (Abb. 189 E), *Isidella* (Abb. 187), *Isis* (Abb. 189 C).

C. **Pennatularia.** Koloniebildend durch Knospung aus der Wand eines Gründungspolypen. Skelett-Elemente sind isolierte Sklerite, manchmal auch Achsenstäbe. Trias – rezent. Beispiele: *Pennatula* (Abb. 190 E), *Umbellula* (Abb. 190 A). Möglicherweise gehören hierher auch die „Petalo-Organismen" (vgl. S. 172, Abb. 193).

D. **Coenothecalia.** Koloniebildend durch soleniale oder stoloniale Knospung. Ohne Sklerite; Basis-Skelett aus Aragonitfasern. Oberkreide – rezent. Beispiel: *Heliopora* (Abb. 191 E).

Auswahl weiterführender Literatur:

F. M. BAYER (1956), S. BENGTSON (1981), J. BOUILLON & N. HOUVENAGHEL-CREVECOEUR (1970), M. DEFLANDRE-RIGAUD (1957), W. KÜKENTHAL (1925), M. LINDSTRÖM (1978), R. SCHALLREUTER (1981b), E. VOIGT (1958).

Spongien und Coelenteraten

## „Petalo-Organismen"

### 1. Definition

Als „Petalo-Organismen" bezeichnet man Organismen ungeklärter verwandtschaftlicher Zugehörigkeit, die durch mehrfach fiederförmig verzweigte Strukturen gekennzeichnet sind.

### 2. Morphologie

Die „Petalo-Organismen" oder „Petalonamae" erreichen eine Größe von wenigen bis über 25 cm. Sie sind blattförmig, oval bis länglich und teilweise gestielt, oder sackförmig und mit breiter Fläche auf dem Substrat aufsitzend. Die Symmetrieebene folgt der Längsachse der blatt- oder sackförmigen Gebilde. Von hier gehen fiederförmige Streifen aus, die ihrerseits wiederum, z. T. mehrfach, fiederförmig gegliedert sind. Die Einheiten dieser Gliederung sind mikroskopisch klein. Sie überschreiten i. d. R. den mm-Bereich nicht. Es wird vermutet, daß sie trichterförmig gestaltet sind (Abb. 193).

Bei blattförmigen „Petalo-Organismen" sind die beiden Seiten des Blattes oft unterschiedlich gestaltet, wobei die Trichter der Fiedereinheiten auf eine Blattseite beschränkt bleiben. Sackförmige „Petalo-Organismen" scheinen eine innere Höhlung zu besitzen, die durch die Trichter der Fiedereinheiten ausgekleidet ist und sich in der Symmetrieebene nach oben öffnet.

Die „Petalo-Organismen" scheinen Hartteile besessen zu haben, die als faserige Relikte vor allem in den Zwickeln der Fiedern erhalten sein können. Chemismus, ursprüngliche Struktur und Bildungsweise dieser Skelette sind unbekannt.

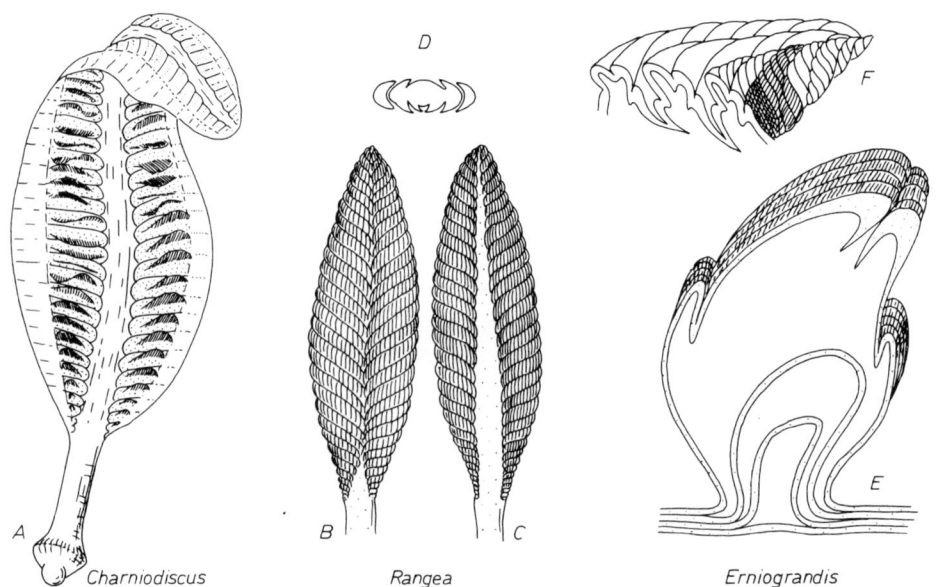

Abb. 193. Die „Petalo-Organismen" des Jung-Präkambriums. A: × 0,3; B, C, D: × 0,3 (D: Querschnitt); E: × 0,4; F: Ausschnitt der Fiederstruktur von E, × 3. Nach M. F. GLAESSNER & M. WADE, R. J. F. JENKINS & J. G. GEHLING und H. D. PFLUG.

### 3. Verwandtschaft

Die mehrfach wiederholte fiederförmige Gliederung der „Petalo-Organismen" deutet darauf hin, daß sie koloniebildend waren. Dadurch lassen sie sich gut mit den zu den Oktokorallen gehörenden Pennatularien vergleichen, die ähnliche fiederförmige Strukturen zeigen. Eine Zugehörigkeit der „Petalo-Organismen" zu den Pennatularien ist jedoch nicht beweisbar. Deshalb werden sie auch als eigenständiger Verwandtschaftskreis gedeutet.

### 4. Vorkommen

Die „Petalo-Organismen" sind kennzeichnende Fossilien des Jung-Präkambriums (Vend-Stufe). Ob Nachläufer noch ins Kambrium hineinreichen, ist nicht eindeutig entschieden.

Auswahl weiterführender Literatur:
M. F. GLAESSNER & M. WADE (1966), M. F. GLAESSNER & M. R. WALTER (1975), R. J. F. JENKINS & J. G. GEHLING (1978), H. D. PFLUG (1974).

## Dörnchenkorallen (Antipatharia)

### 1. Definition

Dörnchenkorallen sind koloniebildende Anthozoen, deren Magenraum von 6, 10 oder 12 unpaaren Mesenterien unterteilt wird. Schlundrohr mit 2 Schlundrinnen. Um den Mund stehen 6 oder 8 kurze, dicke, ungefiederte Tentakel. Hornähnliches Achsenskelett vorhanden.

### 2. Morphologie

Die **Polypen** der Dörnchenkorallen sind napfförmig und haben einen Durchmesser von nur 1–2 mm. Ihr Magenraum wird von 6, 10 oder 12 unpaaren Mesenterien unterteilt. Die auf ihnen verlaufenden Muskeln sind bilateral-symmetrisch angeordnet (Abb. 194 B–D). Die quer zur Symmetrieebene stehenden Mesenterien tragen die Gonaden. Das Schlundrohr ist in der Symmetrieebene gestreckt. An seinen beiden Schmalseiten ist je eine Schlundrinne vorhanden. Die Polypen, die miteinander durch ein als Coenosark bezeichnetes Gewebe verbunden sind, bilden stets Kolonien.

An der Basis der Polypen sind Ektodermzellen eingefaltet, die einen im Zentrum der Kolonien verlaufenden Strang bilden. In seinem Inneren wird das **Achsenskelett** (vgl. Abb. 194 E–H) ausgeschieden. Es besteht aus einer unverkalkten, schwarzen, horn- oder gorgoninähnlichen Substanz, die als dörnchenbesetzte „Rinde" schichtig um einen Zentralstrang abgelagert wird. Wegen der Farbe des Achsenskeletts werden die Dörnchenkorallen auch als „Schwarze Korallen" bezeichnet. Die Skelette sind buschig oder netzartig, teils im Raum, teils in der Fläche, verzweigt. Die Formen bilden eine auffallende Konvergenz zu den Gorgonariern. Sie können eine Höhe von mehreren Metern erlangen.

### 3. Vorkommen

Dörnchenkorallen sind wegen der fehlenden Verkalkung kaum erhaltungsfähig. Sie sind fossil nur als fragliche Einzelfunde im Miozän bekannt geworden. In der Gegenwart kommen etwa 100 Arten vor.

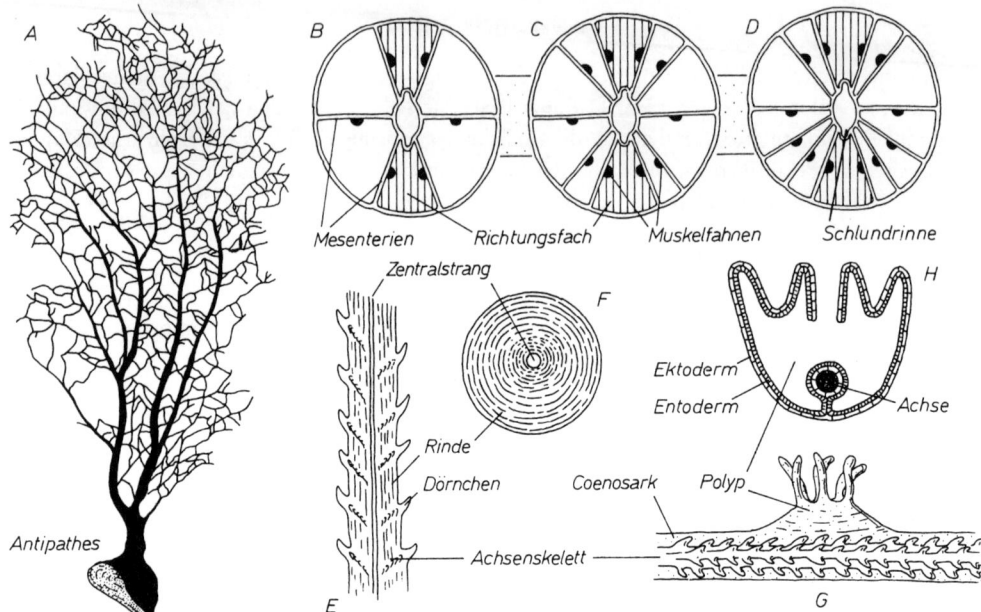

Abb. 194. Antipatharia (Dörnchenkorallen). A: typische Form (rez.), × 0,04; B–D: ontogenetische Entwicklung der Mesenterien; E, F: Längs- und Querschnitt durch das Achsenskelett (E: × 7,5; F: × 20); G: Beziehungen von Achsenskelett zu Weichkörper (× 5); H: Querschnitt durch einen Polypen (× 12). Nach W. Hennig, G. von Koch und F. Pax.

#### 4. Lebensweise

Die Dörnchenkorallen sind marin. Sie leben in Tiefen zwischen 1 und 3500 m, wo sie feste Substrate besiedeln, ohne jedoch Riffe zu bilden. Ihre Nahrung besteht aus Plankton.

Auswahl weiterführender Literatur:

F. Pax (1940).

# Die Mollusken (Weichtiere)

## Allgemeines

### 1. Definition

Die Mollusken sind vielzellige Tiere mit echten Geweben und echten Organen. Sie sind Protostomier mit kurzem, meist ungegliedertem Coelom. Die Ventralseite des Körpers ist zu einem „Fuß" umgestaltet. Von der Dorsalseite geht eine Hautduplikatur, der Mantel, aus, der nach außen meist eine kalkige Schale absondert, selten nur mit einer Kutikula bedeckt oder rein häutig ist. Am Vorderdarm ist meist eine Radula entwickelt.

### 2. Morphologie

Die äußere Form der Mollusken wird durch die Anpassung an die verschiedenartigsten Biotope bestimmt und ist entsprechend vielgestaltig. Es gibt unter ihnen sessile und hemisessile Suspensionsfresser, kriechende Weidegänger und schwimmende Räuber. Sie bevölkern das Meer, das Süßwasser und das Festland. Zwei Grundtypen der Körperform lassen sich unterscheiden. Im ersten Fall ist die Dorsoventral-Achse wie bei den wurmförmigen Protostomiern (vgl. Bd. 1, S. 13, Abb. 23) kürzer als die Mund-After-Längsachse, im zweiten Fall ist sie länger.

Die Ventralseite des Körpers oder Teile davon sind zum **Fuß,** einem muskulösen Fortbewegungsorgan, umgebildet. Drei Grundformen dieses Organs sind erkennbar: als breite, flache Kriechsohle (Poly- und Monoplacophoren, Schnecken), als finger- oder zungenförmiger Fortsatz (viele Muscheln, Scaphopoden) oder als freie oder verwachsene Hautlappen, die einen Trichter bilden und von Fangarmen oder Tentakeln begleitet werden (Cephalopoden). Den Solenogastren und Caudofoveata fehlt ein Fuß; sie bewegen sich wie Würmer durch Kontraktionen des Hautmuskelschlauches fort.

Von der Dorsalseite des Körpers (Abb. 195) geht eine Hautduplikatur, der **Mantel,** aus. Er überdeckt die Mantelhöhle, die ursprünglich als mehr oder weniger flache Rinne den Eingeweidesack rings umgibt (Poly- und Monoplacophoren), oft jedoch (z. B. Gastropoden und Cephalopoden) in einem bestimmten Gebiet besonders vertieft ist. Die Mantelhöhle ist Sitz der Kiemen, deren Anzahl innerhalb der Mollusken unterschiedlich ist. Die primitiven Monoplacophoren besitzen 5–6 Paar, die rezenten Cephalopoden 1 (Coleoideen) oder 2 *(Nautilus)* Paar, die Muscheln 1 Paar und die Gastropoden 1 Paar, von dem allerdings eine oder beide Kiemen rückgebildet sein können. Den Scaphopoden fehlen Kiemen; sie atmen durch die Oberfläche der Mantelhöhle. Sekundäre Vermehrung der Kiemen wird bei den Polyplacophoren vermutet; auch bei manchen Gastropoden kommt sie vor. Die Umbildung der Mantelhöhle zur Lunge ist für viele kiemenlose Schnecken kennzeichnend.

Die Mollusken besitzen ein Blutgefäßsystem, welches das sauerstoffreiche Blut aus den Kiemen durch das Herz in den Körper leitet. Nur bei den Cephalopoden ist es geschlossen. Bei den übrigen Mollusken mündet es in wandlose Lakunen zwischen den Organen.

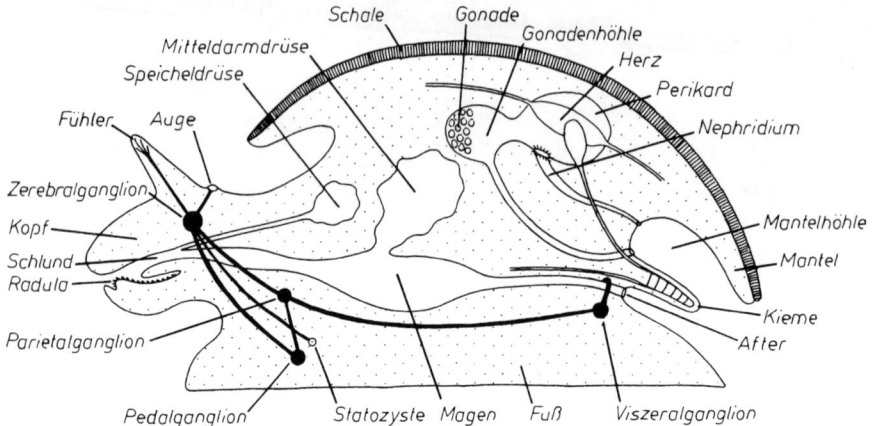

Abb. 195. Der Grundbauplan der Mollusken. Nach W. STEMPELL.

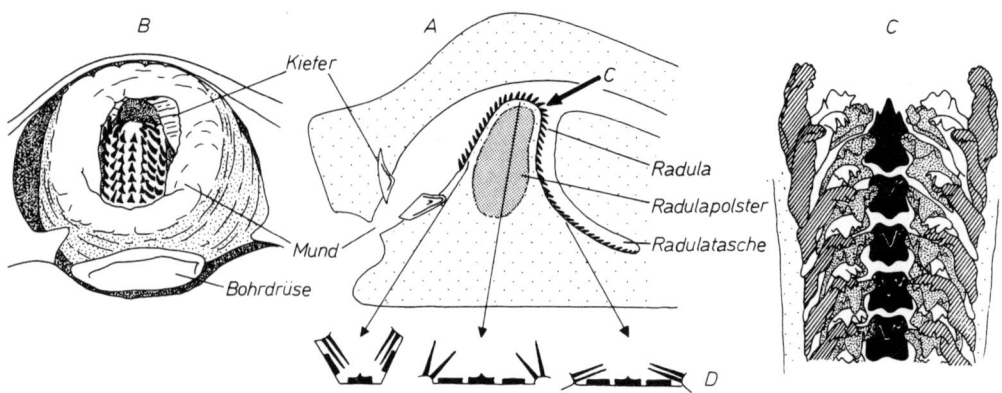

Abb. 196. Die Radula der Mollusken. A: Schema der Radula; B: Blick auf die Radula von *Natica* (Paleoz. – rez.: Gastropoda), × 4; C: Radula von *Littorina* (Plioz. – rez.: Gastropoda), × 60; D: Stellung der Zähne entlang einer taenioglossen Radula (vgl. Abb. 211). Nach W. E. ANKEL, A. KAESTNER und G. RICHTER.

Die Mundregion ist bei den meisten Mollusken als **Kopf** deutlich abgesetzt. Nur bei den Muscheln (und vermutlich auch den Rostroconchiden) ist der Kopf verschwunden; bei den Scaphopoden ist er stark reduziert. Der Verdauungstrakt führt über den Darm zum After. Bezeichnend ist eine i. d. R. paarige, große Mitteldarmdrüse. Am Eingang des Schlundes liegen bei den meisten Mollusken (außer den Muscheln) paarige oder unpaare Platten (Kiefer) aus Konchiolin („Horn"), in das manchmal Kalk eingelagert wird. Dahinter ist ein schwell- und vorstülpbares Bindegewebspolster entwickelt, das die **Radula** trägt (Abb. 196). Diese besteht aus Querreihen hohler Zähnchen aus einer chitinähnlichen Substanz, die auf einer biegsamen Membran stehen. Sie wird in der Radulatasche gebildet und von dort aus ständig nach vorne nachgeschoben. Verbrauchte Zähnchen werden am vorderen Rand der Radula abgestoßen. Aufgabe der Radula ist es, von der Nahrung kleine Stücke abzuschaben und den Schlingakt zu unterstützen.

Ursprünglich besteht jede Radula-Querreihe aus zahlreichen Zähnchen. Außer dem Mittelzahn sind bei primitiven Schnecken 8 und mehr, bei Polyplacophoren 8, bei *Nautilus* 6 und bei Monoplacophoren 5 Seitenzähne und Zahnplatten vorhanden. Bei verschiedenen Molluskengruppen wird die Zahl der Zähnchen je Querreihe in konvergenter Entwicklung reduziert. Bei den Schnecken ist diese Reduktion systematisch verwertbar; hier ist im Endstadium nur noch 1 Seitenzahn vorhanden (es gibt auch Schnecken mit völlig rückgebildeter Radula). Bei Scaphopoden sind noch 2, bei rezenten Coleoideen und bei Ammoniten 3–4 Seitenzähne entwickelt. Bei Muscheln ist die Radula völlig rückgebildet.

Das **Coelom** der Mollusken ist kurz, meist ungeteilt und umgibt das Herz als Perikard. Meist (außer bei den Scaphopoden) entspringen in ihm die paarigen Nieren. Nur die Monoplacophoren besitzen 6 Paar Nieren (Nephridien), die übrigen Mollusken 1 Paar, von dem bei den meisten Schnecken die eine rückgebildet ist. Ihre Ausführungsgänge münden in die Mantelhöhle. Auch die Gonaden liegen entweder in Aussackungen (Cephalopoden, Solenogastren) oder abgeschnürten Teilen des Coeloms (Muscheln, Schnecken). Nur selten sind sie vom Perikard völlig getrennt (Polyplacophoren, Scaphopoden). Die meisten Mollusken sind getrenntgeschlechtig. Nur manche Muscheln sowie ein Teil der Gastropoden und die Solenogastren sind Zwitter.

Das **Nervensystem** ist ziemlich primitiv. Zentren (Ganglien) sind im Kopf entwickelt. Von ihnen gehen paarige Längsstränge aus. Diese sind z. T. ebenfalls zu Ganglien konzentriert. Verbunden sind sie durch Kommissuren.

**Sinnesorgane** sind in unterschiedlicher Weise ausgebildet. Verbreitet sind Organe für den Gleichgewichtssinn (Statozysten). Sie fehlen jedoch bei den Polyplacophoren, Solenogastren und Caudofoveata. Dem Tastsinn dienen die Fühler der Schnecken und die Captacula der Scaphopoden. Das Osphradium der Schnecken, Muscheln und des *Nautilus* nimmt chemische Reize auf. Leistungsfähige Augen sind fast ausschließlich auf Gastropoden und besonders Cephalopoden beschränkt. Sinneszellen am Mantelrand von Muscheln können Lichtreize aufnehmen.

Die meisten Mollusken besitzen eine kalkige **Schale**. Bei einigen Gruppen wird sie als Gehäuse bezeichnet. Sie wird von Drüsenzellen des Mantels ausgeschieden. Die Schale der Conchiferen besteht ursprünglich aus einer einheitlichen, flachen, dorsalen Kalotte, die nur bei den Muscheln längs in zwei Klappen zerlegt ist. Sie überlagert den Mantel, der mit ihr nur an wenigen Stellen (Muskelansatzstellen) fest verbunden ist. Sonst trennt ein Flüssigkeitsfilm Schale und äußeres Mantelepithel. Der Zuwachs, d. h. die Vergrößerung der Schale, wird durch Drüsenzellen des Mantelrandes besorgt; das Dickenwachstum geschieht durch Drüsenzellen der Mantelfläche.

Das organische Gerüst der Schale ist Konchiolin, in das ein hoher Prozentsatz von Kalk (meist Aragonit, seltener Kalzit) eingelagert ist. Die Conchiferen-Schalen werden i. d. R. aus 1–2 Schichten aufgebaut, die verschieden strukturiert sind. Verbreitet und vermutlich ursprünglich ist die Entwicklung einer äußeren Schalenschicht (Außenostrakum) aus senkrecht oder schräg zur Schalenoberfläche stehenden Fasern oder Prismen und einer inneren Lage (Innenostrakum) aus dünnen

Plättchen („Perlmutterschicht"). Bei vielen Mollusken fehlt jedoch diese Differenzierung, die durch einen Funktionswechsel der Zellen des Mantelepithels zustandekommt (vgl. Abb. 197 B, C). Die Schale kann dann auch abweichend, z. B. lamellär oder kreuzlamellär, strukturiert sein. Die Strukturunterschiede beruhen auf einer unterschiedlichen Anordnung der kleinsten Schalenbauteile, die als winzige Täfelchen gebildet werden. Den Abschluß der Schale nach außen bildet meist ein organisches Periostrakum aus Konchiolin, das die Kalkschale schützt und in einer Rinne am Mantelrand entsteht.

Bei manchen Schnecken und Cephalopoden ist das Drüsenepithel vom Mantel sekundär überwachsen. Es kann dann ein mehr oder weniger reduziertes inneres Skelett gebildet werden. Zuweilen unterbleibt die Kalkabsonderung auch völlig.

Bei den Amphineuren besteht die Schale, soweit sie überhaupt ausgebildet ist, aus 8 Teilstücken, die sich dachziegelartig überlappen. Sie ist ebenfalls mehrschichtig und besteht aus Aragonit. Ein organisches Periostrakum ist, wie bei den Conchiferen, vorhanden. Die nicht von der Schale bedeckten Teile des Mantels tragen eine schuppige oder von Kalkstacheln besetzte Kutikula, die bei den Polyplacophoren als Gürtel (Perinotum) bezeichnet wird (vgl. Abb. 197 D).

## 3. Ontogenie

Die Mollusken sind solitäre Tiere, die sich ausnahmslos geschlechtlich fortpflanzen. Weder Knospung noch Generationswechsel sind bei ihnen bekannt. Normalerweise entwickelt sich aus dem befruchteten Ei mit einer Spiralfurchung des Keimes, wie sie die meisten primitiven Würmer und die Anneliden zeigen (vgl. Bd. 1, S. 57, Abb. 56), eine planktische Larve. Diese trägt vor der Mundöffnung ein von einem Wimperkranz umgebenes Segel (Velarfeld, Stirnfeld) und wird danach Veligerlarve genannt. Nur die Larven der Amphineuren besitzen am Vorderpol eine gewölbte Episphäre. Sie entsprechen deshalb einer Trochophora-Larve. An den Larven sind die typischen Mollusken-Organe Fuß und Mantel (z. T. schon mit embryonaler Schale) bereits angelegt. Der Wimperkranz des Velarfeldes dient der Fortbewegung. Die Dauer des planktischen Larvenstadiums ist sehr unterschiedlich. Sie hängt u. a. vom Dotterreichtum des Eies ab. Sie schwankt zwischen wenigen Stunden und einigen Wochen. Das Larvenstadium wird durch eine Metamorphose beendet, aus der die junge Imago hervorgeht.

Direkte Entwicklung, d. h. Ausschlüpfen des fertigen Jungtieres aus dem Ei, kommt nicht selten vor. Sie ist besonders bei limnischen und terrestrischen Muschel- und Schnecken-Arten verbreitet. Auch bei den Cephalopoden scheint meist ein eigentliches Larvenstadium zu fehlen. Trotzdem leben die Jugendstadien auch benthischer Formen z. T. wochenlang im Plankton.

Mollusken erreichen überwiegend ein Alter von wenigen Jahren. Einjährige Formen sind jedoch ebenso bekannt (viele rezente Cephalopoden) wie Arten mit sehr hohem individuellem Alter (manche Muscheln).

## 4. Phylogenie

Die Mollusken sind einer der erfolgreichsten Stämme des Tierreichs. Sowohl rezent (128 000 Arten) als auch fossil stellen sie einen erheblichen Anteil am gesamten Formenbestand. Ursache ist nicht allein, durch das Skelett bedingt, die bessere Erhaltungsfähigkeit, sondern vor allem die biologische Überlegenheit. Diese verdanken die Mollusken in erster Linie zwei Organen: der Radula, die Nahrungsquellen erschließt, welche den Konkurrenten unzugänglich bleiben, und der Schale, die erhöhten Schutz verleiht. Folge der Überlegenheit ist das Eindringen in die verschiedensten Biotope im Wasser und sogar auf dem Land mit den damit verbundenen Anpassungen.

Allgemeines

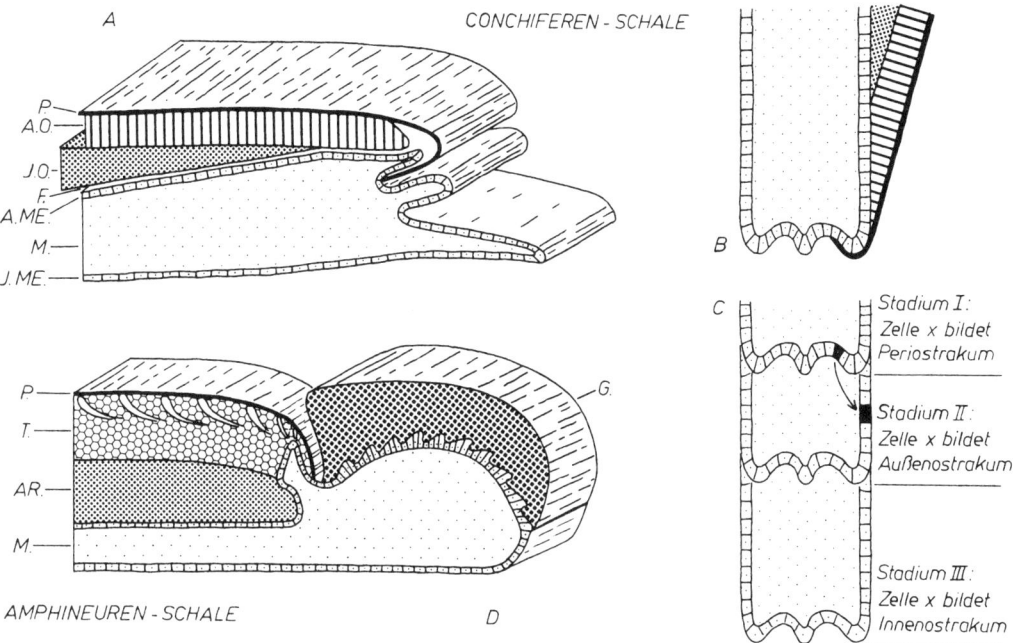

Abb. 197. Der Schalenbau der Mollusken (vgl. auch Abb. 225, 252, 263, 304 und 358). A: Schema einer Conchiferen-Schale; B, C: Entstehung der mehrschichtigen Schale durch Funktionswechsel der Zellen des Mantelepithels; D: Schema der Amphineuren-Schale. – A. ME.: Äußeres Mantelepithel; A. O.: Außenostrakum, AR.: Articulamentum; F.: Flüssigkeitsfilm; G.: Gürtel (Perinotum); I. ME.: Inneres Mantelepithel; I. O.: Innenostrakum; M.: Mantel; P.: Periostrakum; T.: Tegmentum. Nach A. KAESTNER.

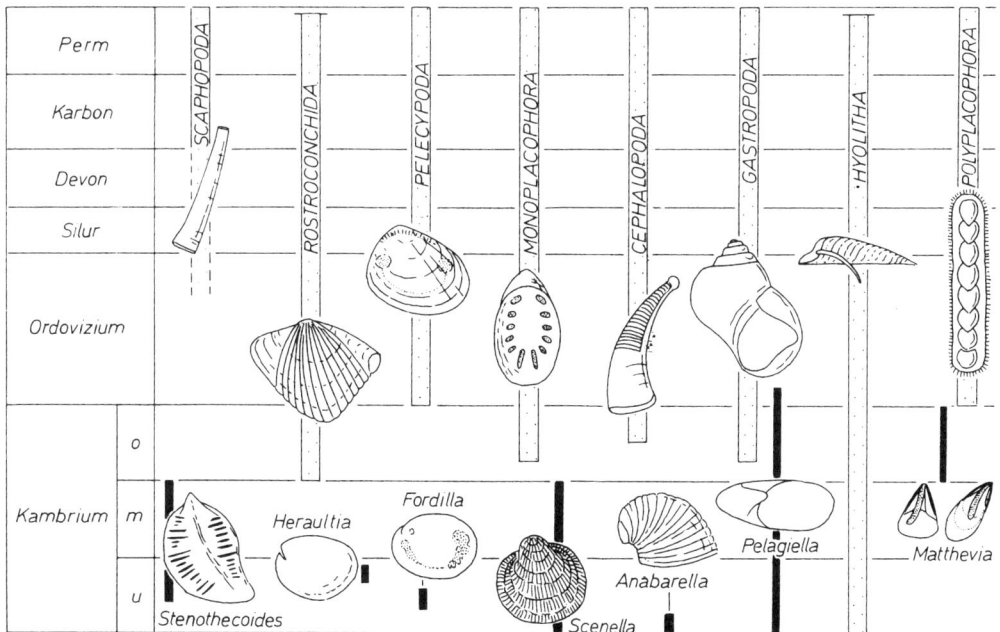

Abb. 198. Auswahl kambrischer Mollusken, die sich nicht eindeutig den jüngeren Klassen zuordnen lassen, und Vorkommen der Molluskenklassen im Paläozoikum. Nach B. RUNNEGAR & J. POJETA jr. und E. L. YOCHELSON.

Die Verwandtschaftsverhältnisse der Mollusken werden durch die Keimesentwicklung und die Ausbildung eines Coeloms angedeutet. Zwar ist die Spiralfurchung ein Merkmal, das für die meisten der primitiveren Protostomier zutrifft, doch sprechen die Ähnlichkeiten der Larven (Veliger- bzw. Trochophora-Larve, vgl. Bd. 1, S. 57, Abb. 57) und das Vorhandensein eines Coeloms für enge Beziehungen zu Echiuriden, Sipunculiden und Anneliden. Seit von *Neopilina* vermutet wird, daß Nieren, Gonaden, Kiemen und Dorsoventralmuskeln segmental angeordnet sind, gibt es verstärkt Argumente dafür, daß die Urmollusken von segmentierten Protostomiern, d. h. den Anneliden oder ihren Vorfahren, abstammen. Sofern die Monoplacophoren allerdings nicht echt segmentiert sind, kommt auch die Ableitung der Mollusken von niederen Würmern, z. B. von primitiven Plathelminthen (Turbellarien), in Betracht.

Die ältesten Mollusken stammen aus der Basis des Kambriums. Es handelt sich schon hier um verschiedenartige Anpassungen und Baupläne, so daß eine längere präkambrische Vorgeschichte wahrscheinlich ist. Eine eindeutige Zuordnung der unter- und mittelkambrischen Mollusken zu den rezenten Klassen ist noch nicht möglich. Sie werden teils als atypische Vorläufer der rezenten Klassen gedeutet, teils jedoch auch als Vertreter anders organisierter, schon früh wieder erloschener Mollusken-Gruppen angesprochen. Erst im oberen Kambrium sind unzweifelhafte Monoplacophoren, Gastropoden und – etwas später – Cephalopoden nachweisbar. Muscheln und Polyplacophoren sind ab dem unteren Ordovizium unbestritten belegt. Die Scaphopoden scheinen noch jünger zu sein (Abb. 198).

Die verwandtschaftlichen Beziehungen der Molluskenklassen zueinander (Abb. 199) sind nur mit Vorbehalten rekonstruierbar, da es nur wenige Fossilbelege gibt und die Argumente der vergleichenden Anatomie widersprüchlich sind. So ist unklar, ob die Amphineuren oder die Conchiferen die ursprünglichere Gruppe darstellen. Für die erste Möglichkeit spricht eine ursprünglichere Larve und die gegliederte Schale der Polyplacophoren. Die Gliederung kann jedoch auch durch die Achtzahl von Dorsoventralmuskeln in Verbindung mit der Einrollungsfähigkeit erklärt werden. Gegen die Ursprünglichkeit der Amphineuren spricht ferner, daß weder Nieren noch Gonaden noch Kiemen segmental angeordnet sind. Innerhalb der Amphineuren können die Solenogastren und Caudofoveata unter Verlust von Gehäuse und Fuß und unter Vereinfachung der Organisation des Weichkörpers aus den Polyplacophoren abgeleitet werden. Sie werden zuweilen jedoch auch als die primitivsten Amphineuren betrachtet, aus denen sich skeletttragende Formen entwickelt haben.

Unter den Conchiferen sind die Monoplacophoren unbestritten die primitivste Gruppe. Sie entsprechen in ihrem Bau weitgehend den hypothetischen Urmollusken. Eine segmentale Anordnung der Nieren, Gonaden und Kiemen wird vermutet. Von den Monoplacophoren ausgehend, lassen sich mehrere Entwicklungsrichtungen erkennen. Ein einheitlicher Mantel kennzeichnet die sogenannten Cyrtosoma. Bei ihnen wird die Dorsoventralachse verlängert. Die Torsion des Eingeweidesackes führt zu den Gastropoden. Der Einbau von Septen im Gehäuse ermöglicht den Auftrieb, der das Schlüsselmerkmal in der Entwicklung der Cephalopoden darstellt und die Entstehung des Trichters bedingt. Ein zweilappiger Mantel und die Rückbildung der Kopfregion ist für die sogenannten Diasoma bezeichnend. Rostroconchiden und Pelecypoden behalten die kurze Dorsoventralachse bei; die Pelecypoden erwerben die typische zweiklappige Schale mit Ligament, Schloß und Schließmuskeln. Konvergent zu Gastropoden und Cephalopoden wird auch bei den Scaphopoden die Dorsoventralachse verlängert.

Allgemeines

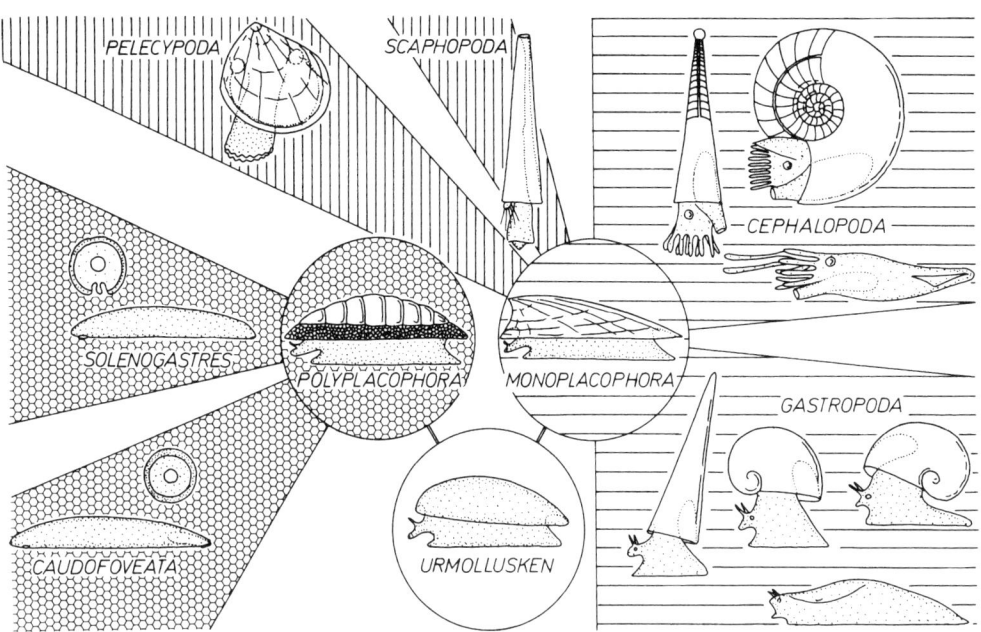

Abb. 199. Die Ableitung der rezenten Molluskenklassen. Waagrecht schraffiert: „Cyrtosoma"; senkrecht schraffiert: „Diasoma"; Wabenraster: Amphineura. Nach A. KAESTNER und B. RUNNEGAR & J. POJETA jr.

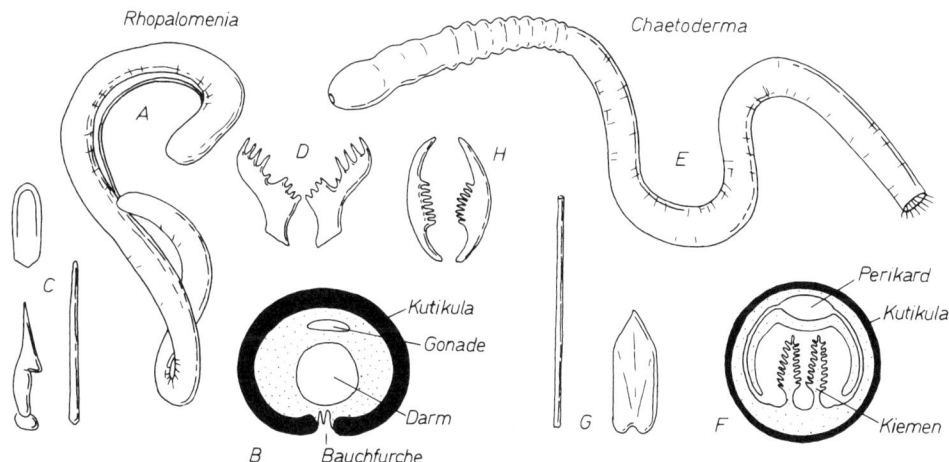

Abb. 200. Solenogastres (A–D) und Caudofoveata (E–H). A: rez., × 3; B: schematischer Querschnitt; C: Kalkspiculae von *Hemimenia* (rez.), ca. × 100; D: Radula von *Epimenia* (rez.), ca. × 500; E: rez., × 1,5; F: schematischer Querschnitt; G: Kalkspiculae von *Chaetoderma*, × 30; H: Radula von *Prochaetoderma*, ca. × 250. Nach E. FISCHER-PIETTE & A. FRANC, E. KORSCHELT & K. HEIDER und L. VON SALVINI-PLAWEN.

## 5. System

A. Unterstamm: **Amphineura**. Rücken und Flanken vollständig von stacheliger oder schuppiger Kutikula bedeckt, aus der z. T. Kalkplatten oder -stacheln herausragen. Nur Ventralseite ganz oder teilweise weichhäutig. Statozysten fehlen.

1. Kl.: **Polyplacophora**. Längsovale Tiere mit kurzer Dorsoventralachse und einer dorsalen Schale aus 8 Kalkplatten, die von einem biegsamen Kutikularrahmen (Gürtel, Perinotum) umgeben werden. Seit Ordovizium. Vgl. S. 184.

2. Kl.: **Solenogastres** (Abb. 200). Wurmförmige Tiere von meist 0,5–3, maximal bis 30 cm Länge. Fuß rückgebildet (oder primär fehlend?), Ventralseite mit Bauchkiel, der von 2 Bauchfurchen begleitet wird. Kiemen fehlen. Ohne Statozysten. Radula mit wenigen Zähnen. Die Tiere sind Zwitter. Körper außer im Ventralbereich von einer Kutikula bedeckt, in die aragonitische Spiculae eingelagert sind. Die Solenogastren sind sämtlich marin. Sie sind teils Sedimentbewohner, teils leben sie auf Tangen oder Coelenteraten. Von den Solenogastren sind rezent ca. 160 Arten bekannt. Fossil sind sie nicht nachgewiesen.

3. Kl.: **Caudofoveata** (Abb. 200). Wurmförmige Tiere von 0,3–14 cm Länge. Ein Fuß fehlt; die Ventralseite ist gerundet. Am hinteren Körperende ist in einer höhlenförmigen Einstülpung ein Paar Kiemen vorhanden. Ohne Statozysten. Radula mit wenigen Zähnen. Die Tiere sind getrenntgeschlechtig. Körper rundum von einer Kutikula bedeckt, in die aragonitische Spiculae eingelagert sind. Die Caudofoveata sind sämtlich marin und leben als Sedimentbewohner im tieferen Wasser. Rezent sind 27 Arten bekannt. Fossil sind sie nicht nachgewiesen.

B. Unterstamm: **Conchifera**. Rücken und Flanken stets weichhäutig, entweder nackt oder (meist) von einer kalkigen Schale bedeckt. Kalkschale wird über einen Flüssigkeitsfilm abgeschieden. Statozysten sind vorhanden.

1. Kl.: **Monoplacophora**. Längsovale Tiere mit kurzer Dorsoventralachse. Weichkörper bilateralsymmetrisch. Schale einteilig, meist mützenförmig. Dorsoventralmuskeln, Kiemen, Nieren und Gonaden segmental angeordnet. Seit Kambrium. Vgl. S. 188.

2. Kl.: **Gastropoda**. Tiere mit meist langer Dorsoventralachse. Weichkörper asymmetrisch verdreht. Mantelhöhle zur Seite oder nach vorne verlagert. Gehäuse einteilig, mützenförmig oder spiral aufgerollt röhrenförmig, ohne Septen, im Apex geschlossen. Seit Kambrium. Vgl. S. 192.

3. Kl.: **Cephalopoda**. Tiere mit meist langer Dorsoventralachse und bilateral-symmetrischem Weichkörper. Mantelhöhle hinten. Fuß zum Trichter umgebildet, von Armen oder Tentakeln begleitet. Gehäuse einteilig, röhrenförmig, mit Septen, die von einem Sipho durchbrochen werden, apikal geschlossen; oft rückgebildet. Innerhalb der Cephalopoden lassen sich mehrere Teilgruppen unterscheiden (Abb. 201), die wegen ihrer morphologischen Verschiedenheiten und ihrer geologischen Bedeutung getrennt besprochen werden müssen. Sie lassen sich folgendermaßen kennzeichnen:

Nautiloideen im weiteren Sinn: Gehäuse äußerlich, von sehr unterschiedlicher Form. Sipho oft stark spezialisiert. Septen konkav, normalerweise nicht verfaltet. Seit Kambrium. Vgl. S. 226.

Ammonoideen: Gehäuse äußerlich, meist planspiral aufgerollt. Sipho unspezialisiert. Septen konkav oder konvex, stets randlich verfaltet. Devon–Kreide. Vgl. S. 258.

Coleoideen: Schale ins Körperinnere verlagert oder ganz reduziert. Seit Devon. Vgl. S. 293.

Allgemeines 183

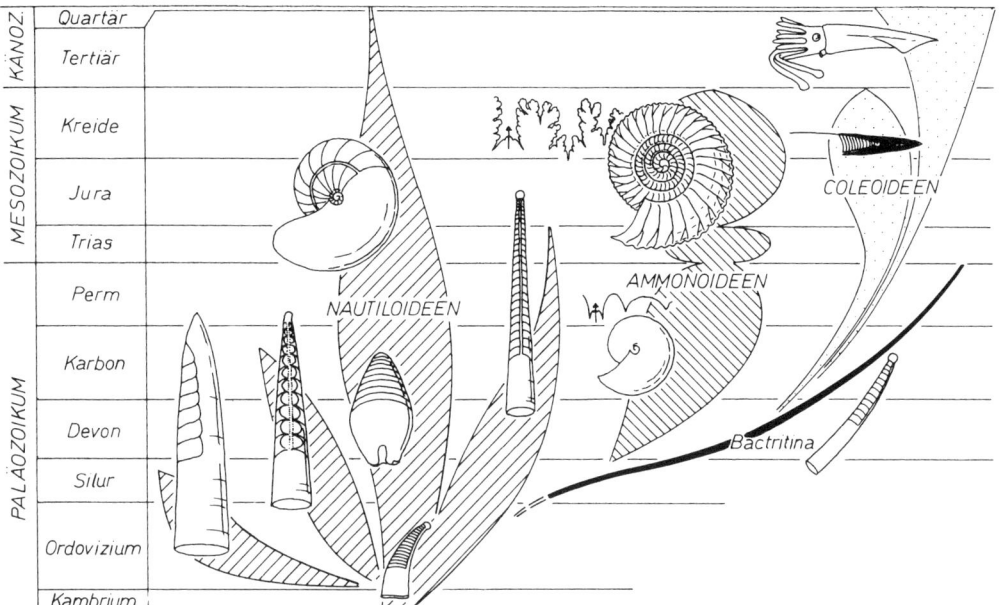

Abb. 201. Die Evolution und Gliederung der Cephalopoden. Schräg weit schraffiert: Nautiloideen s. l.; schwarz: Bactritina; schräg eng schraffiert: Ammonoideen; punktiert: Coleoideen (Dibranchiata).

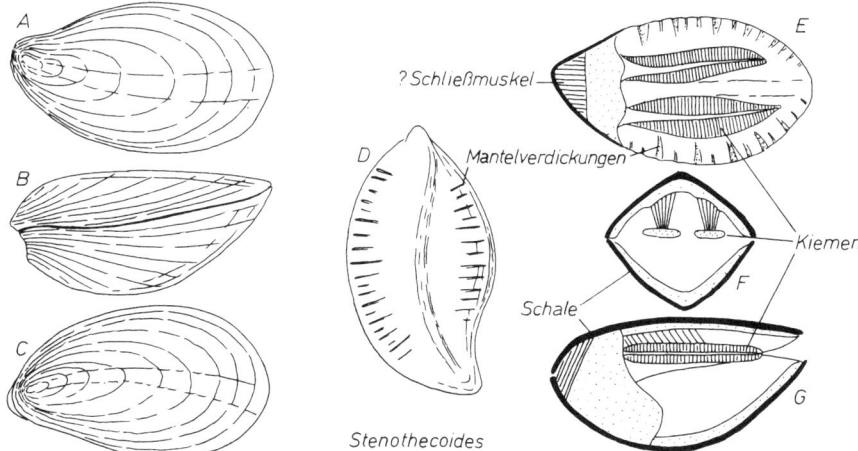

Abb. 202. *Stenothecoides* als Vertreter der Stenothecoida. A: Dorsalansicht; B: Seitenansicht; C: Ventralansicht; D: Steinkern; E–G: hypothetische Rekonstruktion der Weichteile; E: Ansicht von dorsal, Klappe und dorsaler Mantel entfernt; F: Querschnitt; G: Längsschnitt; ca. × 5. Nach E. L. YOCHELSON.

4. Kl.: **Rostroconchida**. Tiere mit kurzer Dorsoventralachse und bilateral-symmetrischem Weichkörper. Mantel anscheinend zweilappig, da zweiklappige Schale vorhanden, deren Klappen dorsal verwachsen sind. Ligament, echtes Schloß und Schließmuskeln fehlen. Kambrium–Perm. Vgl. S. 353.

5. Kl.: **Pelecypoda**. Tiere mit kurzer Dorsoventralachse und meist bilateral-symmetrischem Weichkörper. Mantel zweilappig. Schale aus zwei Klappen bestehend; Ligament, Schloß und Schließmuskeln vorhanden. Seit Ordovizium. Vgl. S. 311.

6. Kl.: **Scaphopoda**. Tiere mit langer Dorsoventralachse und bilateral-symmetrischem Weichkörper. Schale röhrenförmig, an beiden Enden offen. Seit Devon. Vgl. S. 355.

Außer manchen paläozoischen Formen unsicherer Klassen-Zugehörigkeit (vgl. Abb. 198) werden noch einige weitere Fossilgruppen als Mollusken betrachtet.

Die **Stenothecoida** waren Tiere von 1–2 cm Länge, die eine zweiklappige Schale trugen. Schalensubstanz war anscheinend Aragonit. Der Wirbel der Klappen liegt nahe dem Rand. Die Klappen sind ungleichseitig und schüsselförmig. Sie sind auch untereinander ungleich, weshalb vermutet wird, daß es sich um eine dorsale und um eine ventrale Klappe handelte. Ein Festheftungsorgan ist nicht beobachtet. Auch ein Schloß und ein Ligament sind nicht bekannt. Die Innenseite der Klappen (möglicherweise nur der „ventralen" Klappe?) trug auf den Rand zulaufende Leisten, denen auf dem Steinkern Rinnen entsprechen. Zwischen ihnen werden Mantelverdickungen vermutet, die beim Anschwellen das Öffnen der Klappen ermöglicht haben könnten. Als Antagonist scheint ein Schließmuskel nahe dem Wirbel vorhanden gewesen zu sein (Abb. 202). Die Stenothecoida sind auf das untere und mittlere Kambrium beschränkt.

Als **Hyolithen** werden kleine, konische Gehäuse bezeichnet, die am Apex geschlossen sind, meist einen dreiseitigen Querschnitt aufweisen und einen Deckel besitzen. Sie kommen vom unteren Kambrium bis ins Perm vor. Vgl. S. 357.

In ihrer Zuordnung zu den Mollusken umstritten sind die **Tentakuliten**, die sich durch kleine, konische, kreisrunde, am Apex geschlossene Gehäuse ohne Deckel auszeichnen. Sie kommen vom Ordovizium bis zum Devon vor. Vgl. S. 361.

Auswahl weiterführender Literatur:
V. Fretter (Hrsg.) (1968), K.-J. Götting (1974), W. F. Gutmann (1974), J. E. Morton (1979), P. Pelseneer (1935), C. P. Raven (1966), B. Runnegar & J. Pojeta jr. (1974), L. von Salvini-Plawen (1971), J. Thiele (1931, 1935), E. L. Yochelson (1969, 1978, 1979), C. M. Yonge (1960).

# Polyplacophoren (Loricata, Käferschnecken)

## 1. Definition

Die Polyplacophoren sind Mollusken mit stacheliger oder schuppiger Kutikula, in die auf dem Rücken 8 Kalkplatten eingelagert sind. Statozysten fehlen.

## 2. Morphologie

Der **Weichkörper** der Polyplacophoren (Abb. 203) ist längsoval und besitzt eine kurze Dorsoventralachse. Die Körperlänge beträgt durchschnittlich 1–10 cm, maximal 43 cm. Der ventrale Teil

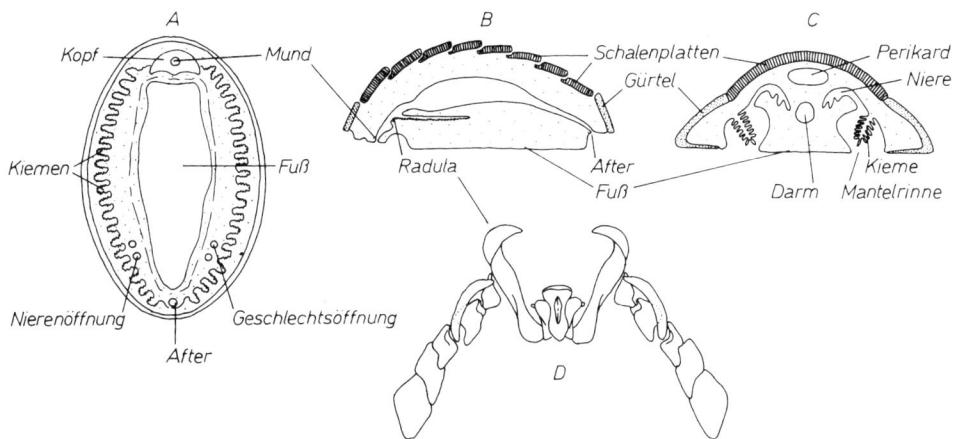

Abb. 203. Die Organisation der Polyplacophoren. A: Blick auf die Ventralseite, × 1; B: vereinfachter Längsschnitt; C: vereinfachter Querschnitt, × 1,5; D: Radula von *Lepidozona* (Tert. – rez.), vergr. Nach J. E. V. Boas, E. Fischer-Piette & A. Franc, und R. C. Moore, C. G. Lalicker & A. G. Fischer.

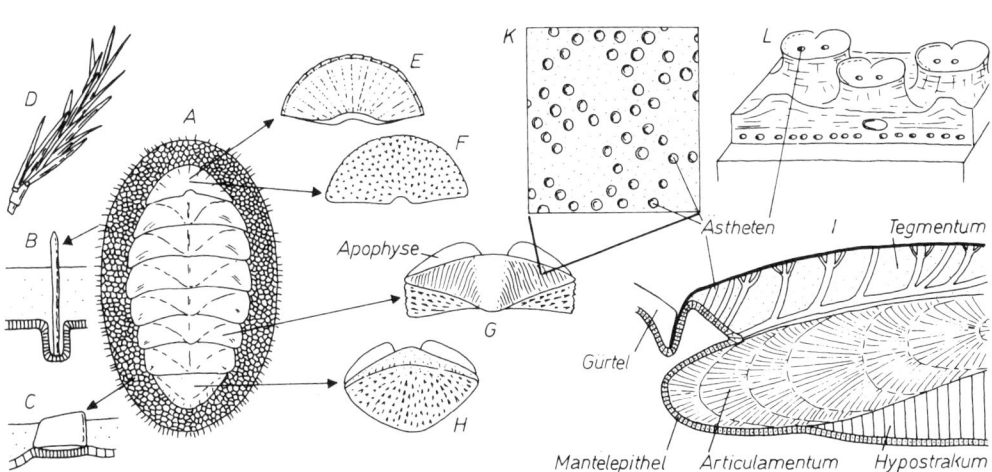

Abb. 204. Das Skelett der Polyplacophoren. A: schematische Dorsalansicht am Beispiel von *Chiton* (Kreide – rez.), × 1; B, C: Spiculae und Schuppen der Kutikula, vergr.; D: Spiculae-Bündel von *Placiphorella* (Pleist. – rez.), vergr.; E–H: Valven von *Chiton*, × 1,8; E, F: Kopfplatte von innen (E) und außen (F); G: 6. Platte; H: letzte Platte; I: Schema des Schalenbaus; K: Ästheten-Muster von *Chiton*, × 225; L: Ästheten-„Papillen" von *Acanthochiton* (Mioz. – rez.), × 125. Nach J. R. M. Bergenhayn, E. Fischer-Piette & A. Franc, F. P. Fischer & M. Renner, L. Plate und I. Taki.

des Weichkörpers bildet einen Fuß, der eine breite Kriechsohle besitzt. Vor ihm, durch eine flache Rinne abgesetzt, läßt sich ein Kopf erkennen, der durch die Mundöffnung gekennzeichnet ist. Im Schlund liegt die Radula, die aus einer langen Radulatasche entspringt. Die Radula besteht aus etwa 50 Querreihen, auf denen jeweils 17 Zähne stehen.

Rings um Kopf und Fuß verläuft als Grube die Mantel- oder Kiemenrinne. In sie ragen die Kiemen hinein, deren Zahl jederseits 6 bis 88 betragen kann. Obwohl die Kiemenzahl zuweilen artspezifisch ist, kann sie auch von Alter und Größe der Tiere abhängen und rechts und links unterschiedlich sein. Deshalb können die Kiemen der Polyplacophoren nicht als Hinweis auf eine ursprüngliche Segmentierung gedeutet werden. Ebenfalls in die Mantelrinne mündet ein Paar Nieren, ein Paar Gonaden, die allerdings oft zu einem unpaaren Organ verwachsen sind, sowie der After. Die Polyplacophoren sind getrenntgeschlechtig.

Der Rücken und die Flanken des Weichkörpers werden vom Mantel bedeckt. Dieser scheidet als **Skelett** (Abb. 204) eine Serie von 8 Schalenplatten („Valven") aus Aragonit ab, die sich dachziegelartig überlagern. Die vorderste und die hinterste Platte weichen in ihrem Aussehen ab; die übrigen 6 Platten sind untereinander ähnlich. Die Platten (außer der vordersten) tragen i. d. R. zwei nach vorn gerichtete Apophysen (Suturallamellen), mit denen sie unter den Hinterrand der vorn anschließenden Platte greifen. Den primitivsten Polyplacophoren fehlen diese Apophysen. Die mittleren Platten sind an ihrer Oberfläche meist in unterschiedlich skulptierte Felder gegliedert.

Die Struktur der Aragonitplatten ist kompliziert. Von außen nach innen folgen mehrere Schalenschichten untereinander. Das Periostrakum ist rein organisch und sehr dünn. Das Tegmentum ist porös. Vom Mantelrand her wird es von engeren oder weiteren Kanälen durchzogen, die nach außen zuweilen mit einer Linse abschließen. Die Kanäle enthalten Lichtsinnesorgane („Ästheten"), die in bestimmten Mustern angeordnet sind und damit für die Skulptur der Plattenoberfläche verantwortlich sind. Unter dem Tegmentum folgt das porzellanartig dichte Articulamentum. Es ist i. d. R. besonders an den Plattenrändern gut entwickelt und bildet dort die Apophysen. Bei manchen Polyplacophoren ist zwischen Tegmentum und Articulamentum noch ein Mesostrakum vorhanden. Die zentralen Teile der Platten beherbergen als weitere, nach innen abschließende Schalenschicht das Hypostrakum. Es ist faserig oder prismatisch gebaut und dient der Verankerung der Muskeln an der Schale.

Rings um die Kalkplatten sondert der Mantel eine Kutikula ab, in die Kalkschüppchen und -stacheln eingelagert sind. Man bezeichnet diese Struktur als Gürtel oder Perinotum. Bei manchen Polyplacophoren wächst das Perinotum randlich auf die Schalenplatten hinauf; vereinzelt überdeckt es die Platten vollständig.

Die Kalkplatten sind miteinander durch Muskeln und Bänder verbunden, die vor allem im zentralen Plattenbereich inserieren. Von den Seitenteilen jeder Platte gehen jederseits zwei Muskelstränge aus, die zum Fuß führen. Mit ihnen kann sich das Tier am Untergrund festsaugen. Ein seitlich verlaufender Längsmuskel erlaubt es den Tieren, sich einzurollen. Die seriale Anordnung der Fußmuskeln braucht kein Überbleibsel segmentierter Ahnen zu sein, sondern dürfte funktionell zu erklären sein.

### 3. Ontogenie

Die meisten Polyplacophoren geben ihre Eier (mehrere hundert) ins Wasser ab, wo sie befruchtet werden. Nur vereinzelt erfolgt die Entwicklung in der Mantelrinne. Aus den befruchteten Eiern schlüpft nach einem knappen Tag die Trochophora-Larve, die nach einem planktischen Leben von wenigen Stunden bis maximal 10 Tagen zur Metamorphose schreitet. Die Jungtiere werden benthisch und beginnen mit der Bildung der Schalenplatten. Das Wachstum der Valven erfolgt durch randliche Anlagerung. Die hinterste (achte) Platte wird später angelegt als die übrigen. Die Tiere sind mehrjährig und erreichen die Geschlechtsreife mit 1–2 Jahren.

### 4. Phylogenie und Stratigraphie

Die ältesten Polyplacophoren sind aus dem unteren Ordovizium bekannt. Sie sind damit jünger als die ältesten Monoplacophoren und Gastropoden. Auch aufgrund der Weichteil-Anatomie dürften die Polyplacophoren nicht die Vorfahren der Conchiferen sein, obwohl sie deren Wurzel nahestehen.

In ihrer Stammesgeschichte zeigen die Polyplacophoren nur wenige Veränderungen. Die primitivsten Formen des älteren Paläozoikums (die wenig abgewandelte Verwandte noch bis zur Kreide besaßen) entwickelten noch kein Articulamentum und hatten dementsprechend keine Apophysen an ihren Valven. Beide Strukturen sind jedoch auch schon im Ordovizium bekannt. Aus dem Tertiär ist erstmals auch die Entwicklung des Mesostrakums nachgewiesen. Ebenfalls im Tertiär begann das Übergreifen des Perinotums über die Kalkplatten bei einigen Gattungen.

Eine erste Blütezeit erlebten die Polyplacophoren im Jungpaläozoikum. Im Mesozoikum treten sie sehr stark in den Hintergrund. Ab dem Miozän setzt eine zweite Blütezeit ein, die in der Gegenwart mit 1000 Arten gipfelt (Abb. 205).

Für die Stratigraphie sind die Polyplacophoren bedeutungslos.

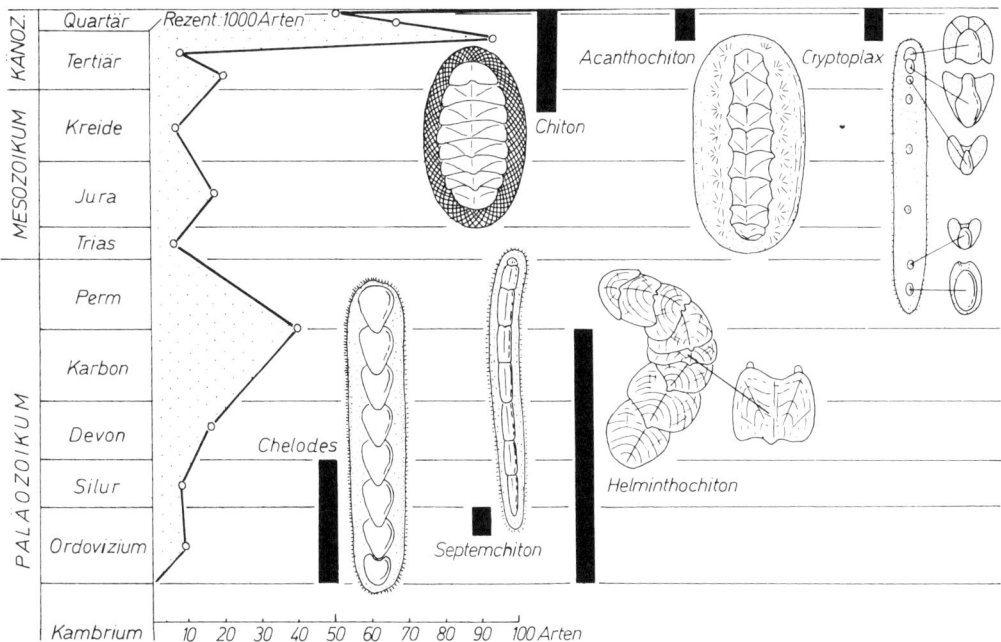

Abb. 205. Evolution der Polyplacophoren und stratigraphische Verbreitung einiger Gattungen. *Acanthochiton*: × 1; *Chelodes*: × 0,4; *Chiton*: × 0,5; *Cryptoplax*: × 0,5; *Helminthochiton*: × 0,5; *Septemchiton*: × 0,8. Nach A. G. SMITH.

## 5. Lebensweise

Alle Polyplacophoren sind marin. Nur wenige Formen ertragen Brackwasser (bis 15 ‰ Salzgehalt). Sie leben meist auf Hartböden des flachen Wassers und der Gezeitenzone. Gegen Austrocknung beim Trockenfallen schützt ihre Fähigkeit, sich dicht an den Untergrund anzuschmiegen. Viele Arten meiden das Licht und suchen unter Steinen und Schalen oder in Felsspalten Schutz. Bei anderen Arten sind nur die Jungtiere lichtscheu, während die adulten Exemplare der Sonne nicht ausweichen.

Manche Polyplacophoren sind kosmopolitisch, andere auf kleinere Areale beschränkt. Es gibt Kaltwasser- und Warmwasserbewohner.

Die Mehrzahl der Arten ernährt sich durch das Abweiden von Algen und Diatomeen, z. T. auch durch das Abschaben von Tangstücken mit Hilfe der Radula. Manche Arten nehmen dabei auch kleinere Tiere auf. Wenige Formen sind rein karnivor und fressen u. a. kleine Crustaceen. Solche Arten kommen auch in größeren Meerestiefen (bis über 4000 m) vor.

Die Polyplacophoren sind vagil. Sie kriechen mit Hilfe ihres Fußes und legen dabei ca. 1 bis 15 cm je Minute zurück.

## 6. Fossilisation

Der Lebensraum der Polyplacophoren im turbulenten Flachwasser bietet nur geringe Chancen zur Fossilisation. Dies erkärt ihre Seltenheit als Fossilien. Die Platten des Skelettes lösen sich bei der Verwesung des Weichkörpers voneinander, so daß meist nur Einzelplatten erhalten sind. Da sie aus Aragonit bestehen, sind sie leicht löslich. Besonders empfindlich ist das poröse Tegmentum. Stacheln und Schuppen des Gürtels sowie Radulazähne sind nur in Einzelfällen bekannt geworden.

Auswahl weiterführender Literatur:

G. C. O. BISCHOFF (1981), E. FISCHER-PIETTE & A. FRANC (1960), H. F. NIERSTRASZ & H. HOFFMANN (1929), A. G. SMITH (1960).

# Monoplacophoren

## 1. Definition

Die Monoplacophoren sind Mollusken mit weichhäutigem Mantel (Conchiferen) und kurzer Dorsoventralachse. Weichkörper meist bilateral-symmetrisch, mit Resten ursprünglicher Segmentierung. Dorsalseite trägt einheitliche, meist mützenförmige Schale. Statozysten vorhanden.

## 2. Morphologie

Der **Weichkörper** der Monoplacophoren (Abb. 206) ist längsoval und besitzt meist eine kurze Dorsoventralachse. Die Körperlänge beträgt 1 bis wenige cm, vereinzelt nur einige mm. Auf der ventralen Seite liegt der Fuß, der mit einer breiten Kriechsohle ausgestattet ist. Vom Fuß zur Dorsalseite des Weichkörpers führen mehrere (i. d. R. 5–8) Paar Muskeln, durch deren Kontraktion sich die Tiere an den Untergrund anschmiegen können. Bei rezenten Arten mit 8 Fußmuskelpaaren sind der 1. und 7. Muskel zweiteilig. Bei manchen altpaläozoischen Formen ist eine Reduktion der Zahl der Fußmuskeln feststellbar.

Vor dem Fuß ist der Kopf durch eine flache Rinne abgesetzt. Im Zentrum des Kopfes liegt der Mund, der nach vorn und hinten von Lippen begrenzt ist und um den sich Tentakel erheben. Im Schlund liegt die Radula. Sie besteht, soweit bekannt, aus etwa 40 Querreihen mit je 11 ziemlich stark differenzierten, zur Mittellinie spitzwinklig aufeinander zulaufenden Zähnen. Der After liegt hinter dem Fuß.

Rings um Kopf und Fuß verläuft die Mantelrinne. In sie ragen bei den rezenten Monoplacophoren 5–6 Paar Kiemen hinein. Ferner münden hier 6 Paar Nieren. Auch die Gonaden sind paarig und mehrfach entwickelt. Die Monoplacophoren sind getrenntgeschlechtig. Da mit der serialen Anordnung von Kiemen, Nieren, Fußmuskeln und Gonaden auch die Gliederung des Nervensystems übereinstimmt, wird die Anatomie der Weichteile von einigen (nicht allen!) Autoren als Hinweis auf eine ursprüngliche Segmentierung gedeutet.

Die **Schale** der Monoplacophoren ist mützenförmig, bedeckt die gesamte Dorsalseite des Weichkörpers und wird vom Mantel abgeschieden. Die Schalenaußenseite ist glatt, radial berippt oder konzentrisch gestreift. Die Schaleninnenseite trägt die serialen Anheftungsstellen der Fußmuskulatur als deutliche Eindrücke. Die Spitze der Schale wird als Apex bezeichnet. Sie liegt meist (aber nicht stets) vorn und ist i. d. R. nach vorne eingekrümmt, doch kommt auch Aufrollung nach hinten vor.

Bei einigen Monoplacophoren sind auch stärker abgewandelte Schalenformen bekannt. Es gibt Arten mit stark verlängerter Dorsoventralachse und dementsprechend spitzkegeliger Schale, Arten mit einer spiraligen, anscheinend nach hinten eingekrümmten Schale und Formen, bei denen die Schale im apikalen Teil durch Querwände unterteilt ist. Auch eine Gattung mit einem Sinus, der dem verbrauchten Wasser samt Exkrementen den Austritt erleichtert, wird wegen ihrer serialen Muskeleindrücke zu den Monoplacophoren gestellt.

Die Schalenstruktur der rezenten Monoplacophoren ist primitiv conchiferenhaft. Unter einem organischen Periostrakum folgt eine prismatische Schicht, die ihrerseits von einer perlmuttrigen Schicht unterlagert wird. Schalensubstanz ist Aragonit. Manche paläozoische Formen zeigen abweichende Verhältnisse. Vereinzelt wurden feine, verzweigte Röhrchen beobachtet, welche die Schale durchsetzen und an die Ästheten der Polyplacophoren erinnern. Außerdem wurde Kalzit als Schalenbaustoff der äußeren Schalenschicht festgestellt.

### 3. Ontogenie

Über die ontogenetische Entwicklung der Monoplacophoren ist wenig bekannt. Da Kopulationsorgane fehlen, erfolgt die Befruchtung der reifen Eizellen im Wasser. Planktische Larvenstadien werden vermutet, sind jedoch noch nicht nachgewiesen. Bei einigen rezenten Funden wurden spiral gewundene Larvalschalen beobachtet. Das Wachstum der Schale erfolgt unter Anlagerung von Schalensubstanz am Schalenrand. Wie alt die Tiere werden, wie schnell sie wachsen, und wann sie geschlechtsreif werden, ist unbekannt.

### 4. Phylogenie und Stratigraphie

Wegen der mutmaßlichen Relikte ursprünglicher Segmentierung werden die Monoplacophoren als die primitivsten Mollusken betrachtet, die der gemeinsamen Stammform aller Klassen am nächsten stehen. Sowohl die Segmentierung als auch die frühe Keimesentwicklung der Mollusken (Spiralfurchung) zeigen Beziehungen zu den Anneliden an, doch kennt man keine vermittelnden Formen. Andererseits lassen sich aus den Monoplacophoren bzw. ihren Vorfahren die Schnecken (Gastropoden) und, unter stärkerer Abwandlung, die Cephalopoden und die Muscheln (Pelecypoden) ableiten.

190  Die Mollusken (Weichtiere)

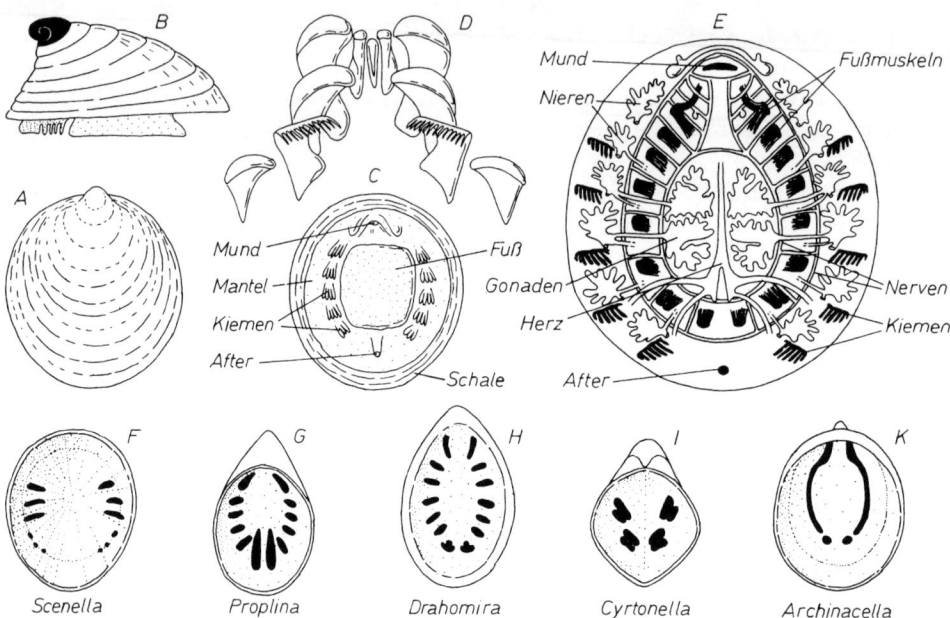

Abb. 206. Monoplacophoren. A–E: Organisation von *Neopilina* (rez.); A: Aufsicht auf die Schale, × 0,8; B: Seitenansicht eines jungen Tieres mit der spiralig aufgerollten Embryonalschale (schwarz), × 40; C: Blick auf die Ventralseite, × 0,8; D: Radula, × 50; E: Schema der Organisation. F–K: Fossile Monoplacophoren und ihre Muskeleindrücke; F: Kambr., × 1,8; G: Kambr. – Ord., × 0,7; H: Silur, × 1,4; I: Silur – Devon, × 0,7; K: Ord. – Silur, × 0,7. Bei F und K ist die Zugehörigkeit zu den Monoplacophoren unsicher. Nach J. B. KNIGHT & E. L. YOCHELSON.

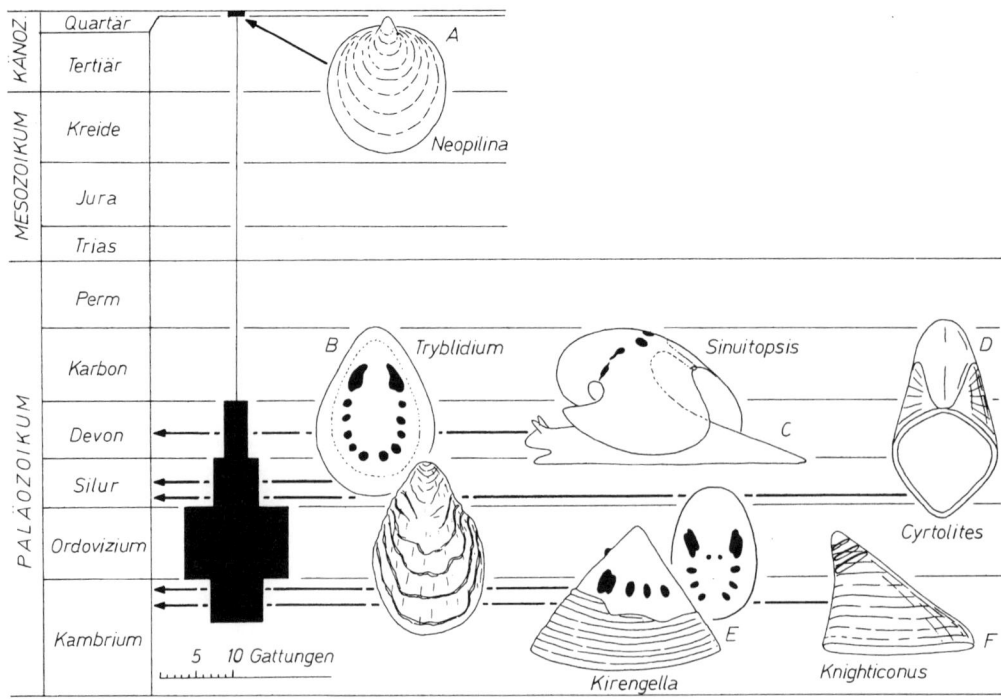

Die ältesten Monoplacophoren stammen aus dem Kambrium. Die Gruppe war im Ordovizium am formenreichsten und ist bis ins Devon hinein belegt. Anschließend fehlen fossile Nachweise (Abb. 207). Erst aus der Gegenwart sind wieder wenige (ca. 6) Arten beschrieben. Ob die vom oberen Kambrium bis in die basale Trias vorkommenden Bellerophontina (vgl. S. 224) Monoplacophoren oder Gastropoden waren, ist umstritten.

Die Monoplacophoren haben keine Bedeutung für die Stratigraphie.

## 5. Lebensweise

Die rezenten Monoplacophoren leben als Depositfresser in der Tiefsee auf schlickigen Böden. Sie ernähren sich von Foraminiferen, Radiolarien und Diatomeen. Entsprechend ihrem Vorkommen im stillen und kalten Wasser sind sie dünnschalig.

Die altpaläozoischen Monoplacophoren sind aus Flachwassersedimenten bekannt. Wegen ihrer z. T. kräftigen Schalen lassen sie sich als Flachwasserbewohner deuten. Sie dürften nach Art der Polyplacophoren und der Napfschnecken (z. B. *Patella*) Hartbodenbewohner gewesen sein, die sich bei Gefahr, u. U. auch beim Trockenfallen, ans Substrat anschmiegen konnten. Ob sie Depositfresser oder herbivore Weidegänger waren, ist unbekannt. Bei den Formen mit stärker abgewandelter Schale ist ein Leben in ruhigerem Wasser wahrscheinlich.

Das Abwandern aus der Flachsee in die Tiefsee, das mit dem Abbrechen der Dokumentation im Devon zusammenfallen dürfte, könnte durch das Aufblühen der paläozoischen Gastropoden bedingt gewesen sein.

## 6. Fossilisation

Als Aragonitschaler unterliegen die Monoplacophoren frühzeitiger Auflösung. Nur bei rascher Kalzitisierung, oder wenn Kalzit schon primär Schalensubstanz war, konnten die Schalen erhalten bleiben. Begünstigt wurde die Überlieferung im Altpaläozoikum durch die Dickschaligkeit mancher Formen. Die Fundlücke seit dem Devon dürfte sowohl durch die Dünnschaligkeit und Vergänglichkeit der Tiefseeformen als auch durch die spärlichen Aufschlüsse in Tiefseesedimenten bedingt sein.

Auswahl weiterführender Literatur:

J. Dzik (1981a), J. B. Knight & E. L. Yochelson (1960), H. Lemche & K. G. Wingstrand (1960), H. B. Rollins & R. L. Batten (1968), B. Runnegar & P. A. Jell (1976), E. L. Yochelson, R. H. Flower & G. F. Webers (1973).

Abb. 207. Diversität (Zahl bekannter Gattungen) der Monoplacophoren und Beispiele ihrer Abwandlung vom Grundbauplan. A, B: typische, mützenförmige Schale; A: × 0,5; B: × 0,7; C: Form mit Analsinus, × 1,5; D: planspirale Schale, × 1,5; E: hochkonische Schale, × 1,5; F: Apex der Schale durch Septen gegliedert, × 1. Nach J. B. Knight & E. L. Yochelson, H. B. Rollins & R. L. Batten und E. L. Yochelson, R. H. Flower & G. F. Webers.

## Gastropoden (Schnecken)

### 1. Definition

Die Gastropoden sind zu den Conchiferen gehörende Mollusken mit oft verlängerter Dorsoventralachse. Weichkörper asymmetrisch: Mantelhöhle zur Seite (i. d. R. rechts) oder nach vorne verschoben; Eingeweidesack meist spiralig aufgewunden und nach der Seite (i. d. R. rechts) gekippt. Fuß mit breiter Kriechsohle, selten mit Schwimmflossen. Die Schale ist ein einheitliches, mützenförmiges oder spiralig aufgerollt röhrenförmiges, im Apex geschlossenes Gehäuse ohne Querwände. Bei abgeleiteten Formen Schale vielfach rückgebildet.

### 2. Morphologie

a) Anatomie der Weichteile

Die Anatomie der Gastropoden wird von der Torsion des Weichkörpers geprägt. Die Grundzüge des Baues werden am klarsten, wenn man die hypothetische **Ausgangsform** betrachtet, welche noch keine Torsion erfahren hat (Abb. 208–209).

Sie besitzt einen kräftigen Fuß mit breiter Kriechsohle, an den sich vorne ein Kopf anschließt. Dorsalwärts über dem Fuß lagern die Eingeweide in einem relativ hohen Eingeweidesack. Von ihm geht der Mantel aus. Die Mantelhöhle zwischen Mantel und Eingeweidesack ist hinten besonders vertieft. Hier münden der After, die Nieren und die Gonade. Ferner liegen hier ein Kiemenpaar und ein paariges chemisches Sinnesorgan (Osphradium). In den Darm mündet eine paarige Mitteldarmdrüse, die Verdauungsfermente liefert. Das Nervensystem besteht aus einer Folge von paarigen Ganglien im vorderen Körperabschnitt (Zerebral-, Buccal-, Pleural- und Pedalganglien). Vom Pedalganglion aus innerviert der Pedalstrang den Fuß. Vom Pleuralganglion führen Kommissuren zu den Parietalganglien und weiter zum (paarigen oder unpaaren) Viszeralganglion, die sämtlich im Eingeweidesack liegen. Die hintere Nervenkommissur verläuft ventralwärts vom Enddarm.

Die **Torsion** der Weichteile erfaßt den Eingeweidesack mit seinen Nervenbahnen und verschiebt die Mantelhöhle, i. d. R. nach rechts und weiter nach vorne. Bei den primitivsten mit Weichteilen bekannten Gastropoden liegt sie, nach vorne geöffnet, hinter und über dem Kopf. Die ursprünglich rechte Kieme liegt jetzt links, die ursprünglich linke rechts. Entsprechendes gilt auch für die Parietalganglien. Die Kommissuren zwischen Pleural- und Parietalganglien sind überkreuzt (Streptoneurie).

Die **Spiralisierung** ist von der Torsion unabhängig. Durch sie wird der dorsale Teil des Eingeweidesackes mit der Mitteldarmdrüse spiralig eingerollt. Die Aufrollung kann planspiral („isopleur") erfolgen; die Regel ist jedoch, daß der dorsale Teil des Eingeweidesackes trochospiral („anisopleur") nach rechts gewunden ist.

Bei den meisten Gastropoden ist infolge der Torsion je eines der ursprünglich paarigen Organe des Eingeweidesackes und der Mantelhöhle rückgebildet worden. Das gilt vor allem für die ursprünglich linke, später rechte Kieme samt zugehörigem Herzvorhof sowie für Osphradium und Niere, ferner – abgeschwächt – für die rechte Mitteldarmdrüse. Abgeleitete Gastropoden haben die Überkreuzung der Nervenkommissuren sekundär rückgängig gemacht und alle Ganglien im Umkreis des Schlundes konzentriert. Sie lassen sich von Formen mit reduzierten ursprünglich linken Organen ableiten. Ihre Mantelhöhle ist nicht mehr nach vorne, sondern nach der Seite (i. d. R. nach rechts) geöffnet (Abb. 210).

Der **Verdauungstrakt** der Gastropoden zeigt sehr vielfältige Abwandlungen. Der Mund liegt oft auf einer Schnauze, die in einen Rüssel verlängert sein kann, vielfach auch unmittelbar auf der Ventralseite des Kopfes. Im Inneren der Mundöffnung sitzen „hornige", teils paarige, teils

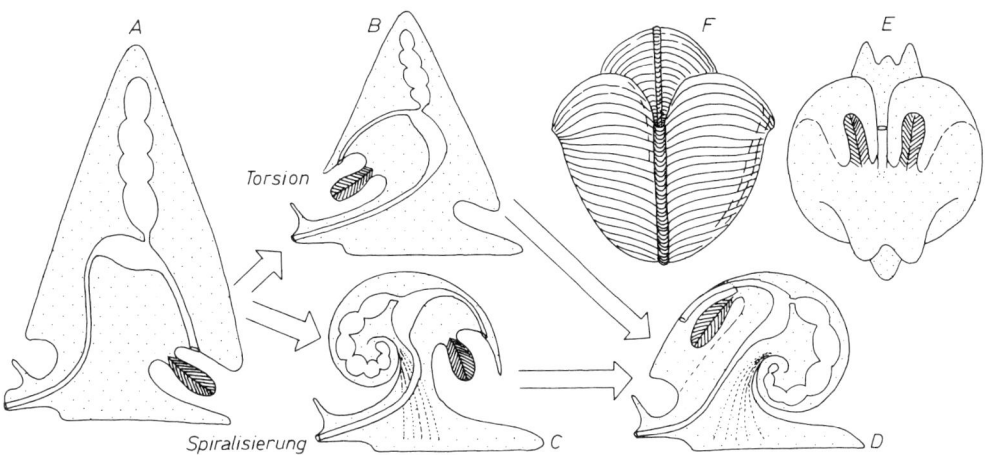

Abb. 208. Torsion und Spiralisierung als Schlüsselmerkmale der Gastropoden. A: hypothetische Ausgangsform der Gastropoden; B: hypothetische Frühform, bei der zwar die Torsion, nicht aber die Spiralisierung stattgefunden hat; C: hypothetische Frühform, bei der zwar die Spiralisierung, nicht aber die Torsion stattgefunden hat; D, E: früher Gastropode mit Torsion und Spiralisierung, der planspiral aufgerollt ist; F: zum Vergleich: *Bellerophon* (Silur – Trias), × 2. E und F nach J. B. KNIGHT et al.

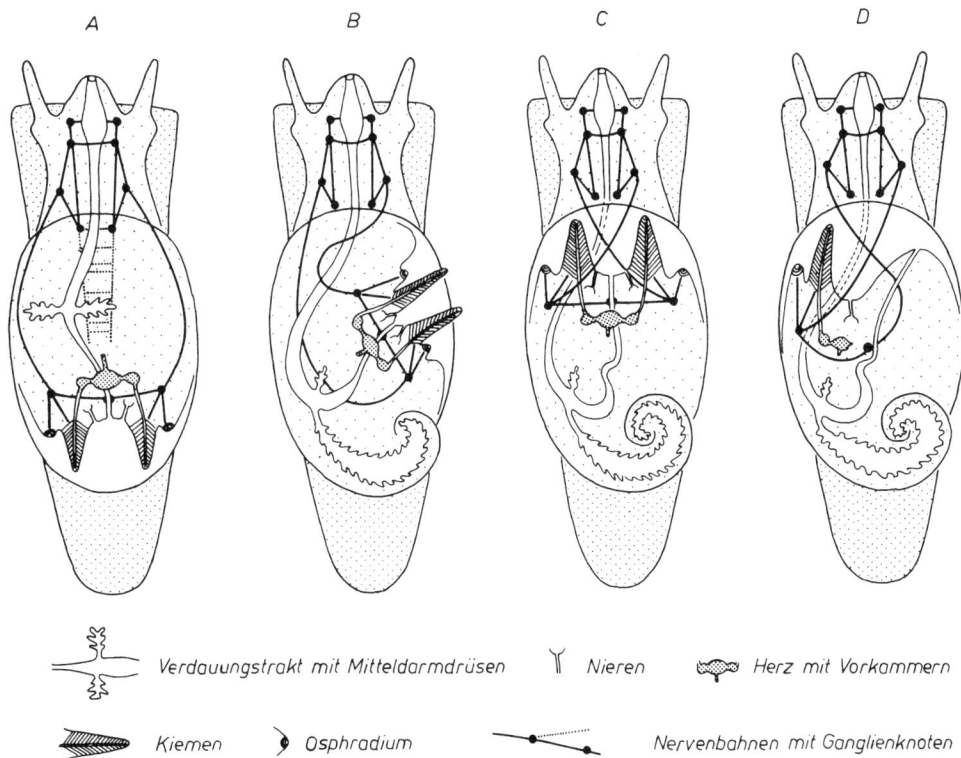

Abb. 209. Die Verlagerung der inneren Organe als Folge der Torsion des Eingeweidesackes der Gastropoden. A: Urform vor der Torsion, Mantelhöhle liegt hinten; B: unvollständige Torsion; C: vollständige Torsion, Mantelhöhle öffnet sich nach vorn; D: Reduktion der ursprünglich linken Kieme. Nach W. STEMPELL.

194                           Die Mollusken (Weichtiere)

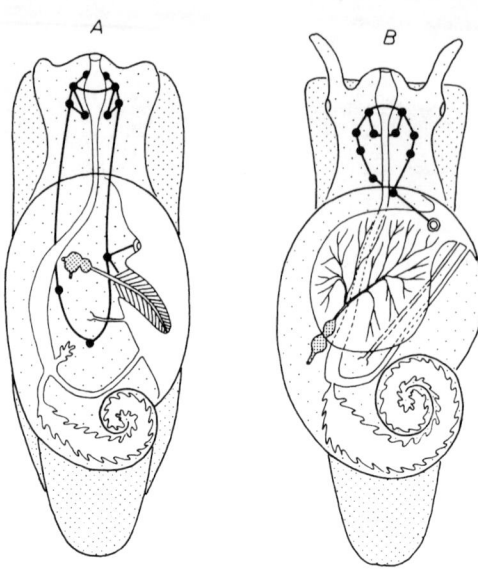

Abb. 210. Die Rückdrehung des Eingeweidesackes bei Opisthobranchiern (A) und Pulmonaten (B). Nach W. Stempell, Signaturen wie in Abb. 209.

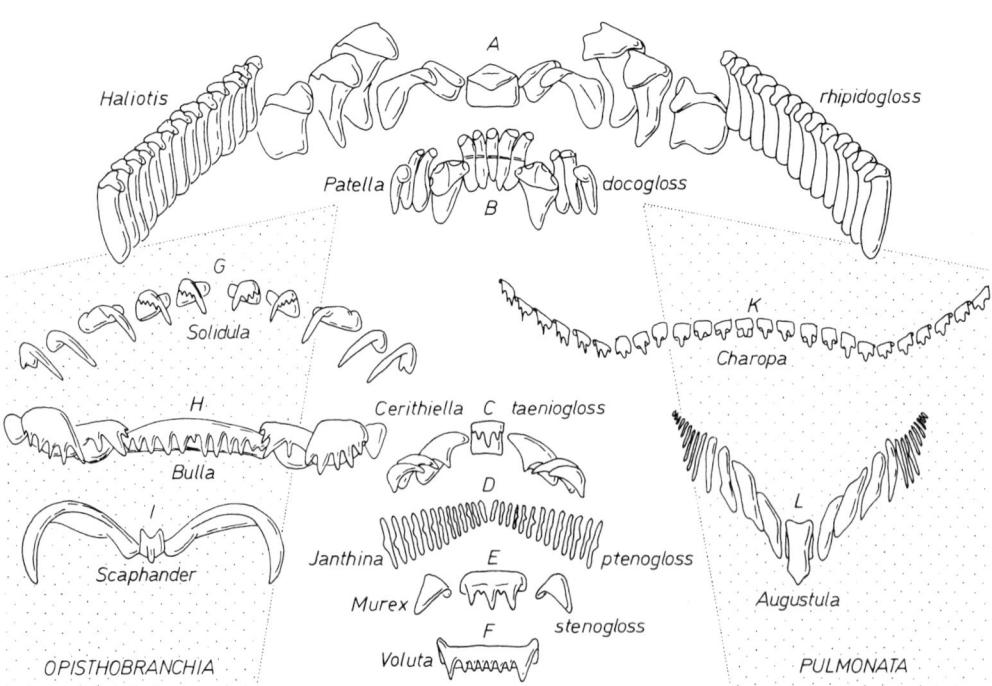

Abb. 211. Die Radula der Gastropoden und die Reduktion der Zahl der Zähne bei Prosobranchiern (A–F), Opisthobranchiern (G–I) und Pulmonaten (K, L). Stark vergrößert. Nach J. B. Knight et al. und J. Thiele.

unpaare Platten, die Kiefer. Hinter ihnen folgt im Schlund die Radula, die – obwohl bisher nur bei rezenten Schnecken bekannt – für die Systematik sehr wichtig ist. Der ursprünglichste Typ ist die rhipidoglosse Radula (Abb. 211 A). Für sie ist bezeichnend, daß auf einen Mittelzahn mehrere Zwischenzähne und sehr viele gleichartige Seitenzähne folgen. Von ihr lassen sich sowohl die übrigen Typen der Prosobranchier-Radulae, als auch die – systematisch weniger bedeutsame – Radula der Opisthobranchier (Abb. 211 G–I) und Pulmonaten (Abb. 211 K, L) ableiten. Bei der ähnlichen docoglossen Radula (Abb. 211 B) fehlen die Seitenzähne. Stärker rückgebildet sind der taenioglosse Typ (Abb. 211 C) mit 4–7 Zähnen je Querreihe und der stenoglosse Typ (Abb. 211 E, F) mit 1–3 Zähnen. Die Verminderung der Zahnzahl steht in engem Zusammenhang mit der Ernährungsweise. Herbivore Weidegänger benötigen eine Radula mit zahlreichen Zähnen. Bei Fleischfressern müssen die Zähne größer und kräftiger, dafür jedoch weniger zahlreich sein. Bei *Conus* und Verwandten sind hohle, nadelförmige Zähne mit einer Giftdrüse verbunden (toxogloss); ihr Stich kann selbst Menschen töten. Manche, vor allem parasitische Arten haben die Radula völlig eingebüßt.

Im weiteren Verlauf des Verdauungstraktes folgen Einmündungen von Schlunddrüsen, dann ein z. T. kropfartig erweiterter Schlund (Ösophagus) und ein Magen, der aus mehreren Abteilungen bestehen kann (Analogie zum Wiederkäuermagen!) und in den die Mitteldarmdrüsen münden. Deren linke ist stark vergrößert und erfüllt einen großen Teil des spiralig aufgewundenen Eingeweidesackes. Der Enddarm mündet mit dem After in die Mantelhöhle. Bei den primitivsten Schnecken liegt er median vorne, sonst nach rechts verschoben.

In der Mantelhöhle liegen außerdem die **Kiemen**. Es besteht deshalb die Gefahr, daß das frische Atemwasser durch Abfallstoffe verunreinigt wird. Bei Tieren ohne Torsion des Eingeweidesackes und damit ohne Verlagerung der Mantelhöhle wird das dadurch vermieden, daß ein Wasserstrom von vorn nach hinten streicht, zuerst die Kiemen erreicht und dann die Exkremente wegführt. Primitive Schnecken mit median vorne liegendem After leiten die Wasserzirkulation seitlich in die Mantelhöhle hinein, an den Kiemen vorbei und in der Mittellinie wieder hinaus. Die Reduktion der rechten (ursprünglich linken) Kieme und die Verlagerung des Afters nach rechts ermöglichen einen wirkungsvolleren Verlauf des Wasserstroms: Er tritt links vorne ein und rechts vorne wieder aus (Abb. 212). Seine Führung wird noch verbessert, wenn die Atemöffnung zu einem Sipho verlängert ist.

Die Kiemen der Gastropoden sind ursprünglich bipectinat, d. h. zweizeilig mit Kiemenblättchen versehen. Alle Formen mit paarigen Kiemen und die primitiveren Gattungen mit nur einer Kieme haben diesen Kiemenbau beibehalten. Höhere Schnecken besitzen monopectinate Kiemen, die nur einzeilig mit Kiemenblättchen besetzt sind. Manche Gastropoden haben auch die zweite Kieme verloren. Entweder atmen sie dann durch den Mantelsaum, der z. T. besondere Anhänge („akzessorische Kiemen", z. B. bei *Patella*) tragen kann, oder die Mantelhöhle ist zur Lunge umgebildet (z. B. bei den Pulmonaten). Ihre Öffnung kann bis auf ein Atemloch verschlossen sein.

Wichtige Sinnesorgane der Schnecken sind das Osphradium in der Mantelhöhle, das chemische Reize empfängt, und die paarigen Augen, die im Kopf bei oder auf Tentakeln liegen. Die Tentakel selbst dienen als Fühler.

Alle mit Weichteilen bekannten Gastropoden besitzen eine unpaare **Gonade**. Ihr Ausführungsgang mündet in die Mantelhöhle. Die Prosobranchier sind meist getrenntgeschlechtig. Bei den ursprünglicheren Gattungen werden die Geschlechtsprodukte ins Wasser abgegeben, wo eine äußere Befruchtung erfolgt. Bei höher entwickelten Formen besitzen die Männchen oft an der rechten Seite des Kopfes einen Penis, in den eine Flimmerrinne von der Geschlechtsöffnung her führt. Hierdurch wird eine innere Begattung möglich.

Die abgeleiteten Schnecken (Opisthobranchier und Pulmonaten) sind zwittrig. Bei ihnen kann demnach sowohl eine weibliche Geschlechtsöffnung als auch ein Penis vorhanden sein. Zwittrig-

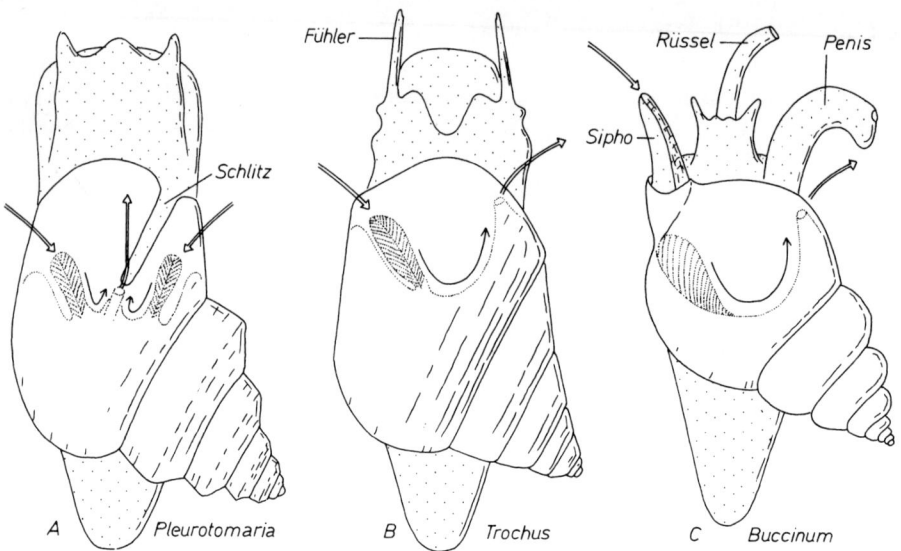

Abb. 212. Der Wasserstrom in der Mantelhöhle primitiver (A) und abgeleiteter (B, C) Gastropoden. A: Jura – Kreide, × 0,7; B: Mioz. – rez., × 1,5; C: Olig. – rez., × 0,6. Nach L. R. Cox und C. M. Yonge.

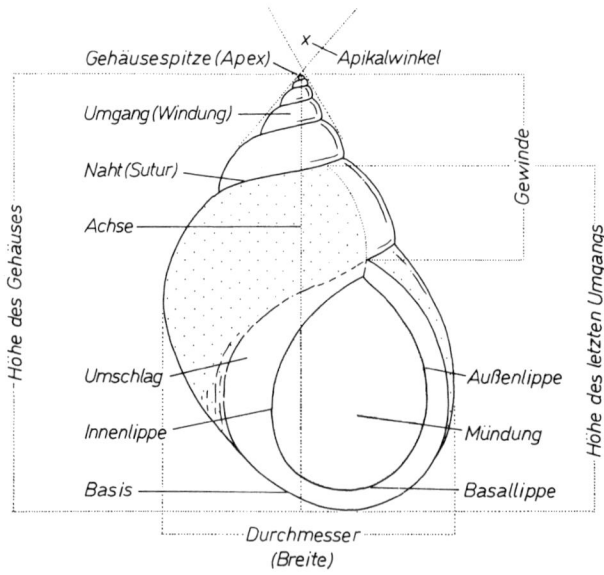

Abb. 213. Die Terminologie des Gastropodengehäuses am Beispiel von *Littorina littorea* (rez.), × 5.

keit kommt auch bei manchen Prosobranchiern vor. Die Tiere können zeitlebens Zwitter sein. Oft ändern sie jedoch ihr Geschlecht mit dem Alter ein- oder mehrmals. Meist sind sie erst männlich, dann weiblich. Manche Pulmonaten besitzen eine Drüse, in der Kalkpfeile von bis ca. 1 cm Länge entstehen. Diese werden dem Geschlechtspartner vor der Begattung als Reizmittel in die Haut gestoßen.

Das Fortbewegungsorgan der Gastropoden ist der **Fuß**. Bei den meisten Formen besitzt er eine breite Kriechsohle, die durch Schleimabsonderung aus einer Fußdrüse „geschmiert" wird. Bei einer Reihe von Prosobranchiern ist der Fuß durch eine mediane Längsfurche zweigeteilt. Beide Fußhälften können unabhängig voneinander wirken. Bei pelagischen Schnecken ist der Fuß zu Schwimmflossen umgebildet, die bei den Pteropoden horizontal, bei den Heteropoden vertikal stehen. Andere schwimmende Schnecken können am Fuß seitliche Fortsätze (Parapodien) oder Flossen besitzen.

In der Regel können zuerst der Kopf und dann der Fuß zum Schutz in das Gehäuse zurückgezogen werden. Bewerkstelligt wird dies durch den Fußmuskel, der bei sehr primitiven Formen paarig ist, bei den höher entwickelten Formen jedoch unpaar geworden ist (vgl. S. 200). Ein auf der Dorsalseite des hinteren Fußabschnittes liegender Deckel (Operculum) ermöglicht es, die Mündung weitgehend zu verschließen (vgl. S. 206).

b) Das Gehäuse

Das Gehäuse der Gastropoden (Abb. 213) ist im Normalfall kegelförmig spiralig aufgewunden, seltener mützenförmig (i. d. R. als Anpassung an das Leben in stark bewegtem Wasser) oder planspiral (vgl. Abb. 214). Entsprechend der Spiralisierung des Eingeweidesackes mit der Mitteldarmdrüse nach rechts ist auch das Gehäuse rechtsgewunden. Von der Gehäusespitze (d. h. dem Apex) her betrachtet wachsen die Umgänge im Uhrzeigersinn an. Aufrecht orientierte Gehäuse zeigen die Mündung rechts unten. Im Leben wird die Gehäusespitze nach rechts hinten getragen.

Es kommen auch Tiere mit linksgedrehtem Weichkörper und entsprechend linksgewundenem Gehäuse vor. Hier weist die Gehäusespitze im Leben nach links hinten. Teilweise ist dies Art-, Gattungs- oder Familienmerkmal, teilweise individuelle Abnormität. Am Gehäuse allein sind von linksgewundenen nicht zu unterscheiden die hyperstroph rechtsgewundenen Gehäuse. Hier besitzen die Tiere rechtsgedrehte Weichteile, das Gehäuse wird jedoch wie ein linksgewundenes getragen (Abb. 215).

Die Windungen des Gehäuses verlaufen in den meisten Fällen gleichsinnig vom Apex bis zur Mündung (homöostroph). Zuweilen ist die Aufrollungsachse auch abgewinkelt (alloiostroph). Bei einigen Prosobranchiern und den meisten Opisthobranchiern ist der Windungssinn der Jugendwindungen (d. h. des Protoconchs) gegenüber demjenigen des späteren Gehäuses (d. h. des Teloconchs) umgekehrt (heterostroph) (Abb. 216). In manchen Fällen, jedoch nicht immer, fällt die Diskontinuität zeitlich mit dem Ende des Larvenstadiums zusammen. Zuweilen werden die Jugendwindungen durch Schalensubstanz abgekapselt und abgestoßen.

Beim Wachstum des Gehäuses legen sich die Windungen aneinander und verwachsen nur teilweise. Auf der Außenseite des spiraligen Gehäuses sind sie durch Nähte (Suturen) abgegrenzt. Im Inneren entsteht um die Achse eine spiralige Struktur, die Spindel (Columella). Sie kann hohl sein, wenn die Windungen nicht vollständig miteinander verwachsen sind. Ihre Öffnung an der Basis heißt Nabel (Umbilicus). Dieser kann eng oder weit sein und manchmal durch Schalensubstanz von der Mündung her mehr oder weniger eingeengt werden. Eine massive Spindel entsteht, wenn die Wände der Umgänge entlang der Aufrollungsachse vollständig miteinander verschmolzen sind (Abb. 217).

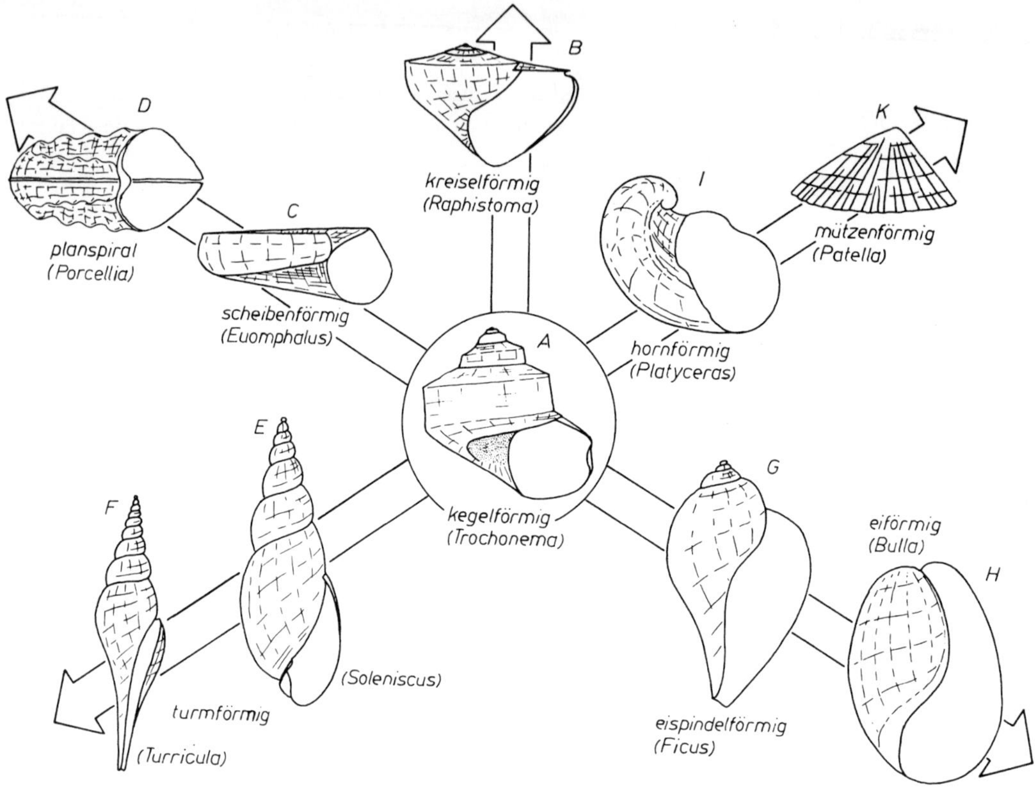

Abb. 214. Gehäuseformen der Gastropoden. A: Ord. – Devon, × 1; B: Ord. – Silur, × 0,7; C: Silur – Perm, × 0,7; D: Devon – Karbon, × 1; E: Karbon – Perm, × 0,7; F: Ob.-Kreide – rez., × 0,5; G: Eoz. – rez., × 0,4; H: Jura – rez., × 0,5; I: Silur – Karbon, × 0,7; K: Eoz. – rez., × 0,6. Nach J. B. Knight et al. und W. Wenz.

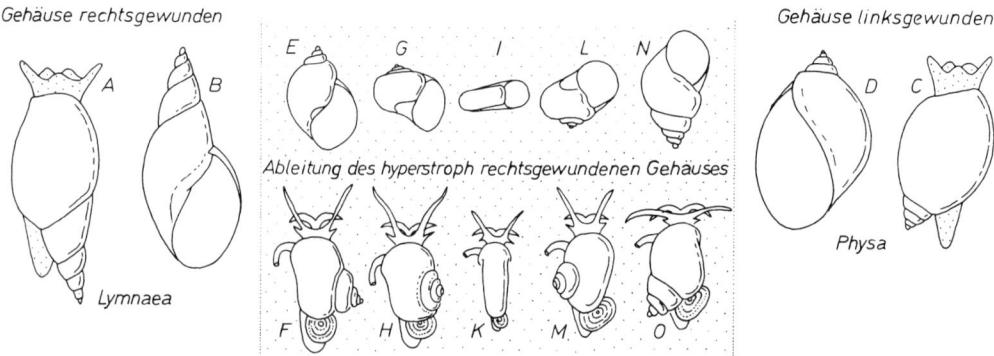

Abb. 215. Rechts- und linksgewundene Gastropodengehäuse (A–D) sowie Ableitung des hyperstroph rechtsgewundenen Gehäuses (E–O, schematisch). A, B: Eoz. – rez., × 0,5; C, D: Jura – rez., × 4; E, F: *Pila ovata;* G, H: *Ampullarius gevesensis;* I, K: *Marisa cornuarietis;* L, M: *Lanistes carinatus;* N, O: *Meladomus pyramidalis.* Nach H. Janus, W. Kobelt und A. Lang.

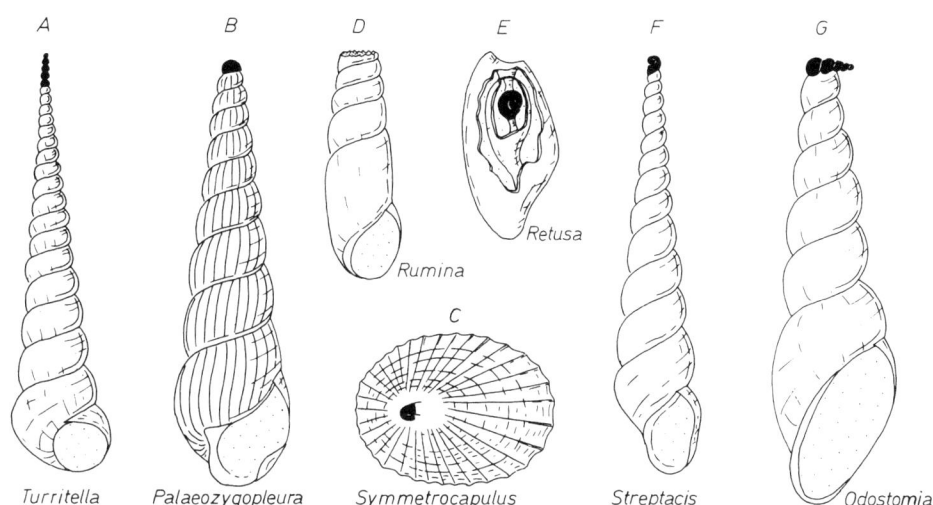

Abb. 216. Protoconche von Gastropoden. A–C: homöostrophe Jugendwindungen (schwarz); D: Jugendwindung abgeworfen; E–G: heterostrophe Jugendwindungen. A: Ob.-Kreide – rez., × 0,7; B: Devon – Karbon, × 5; C: Jura, × 1; D: rez., × 1; E: rez., × 9; F: Karbon, × 7; G: rez., × 20. Nach J. B. Knight et al., H. Lemche und W. Wenz.

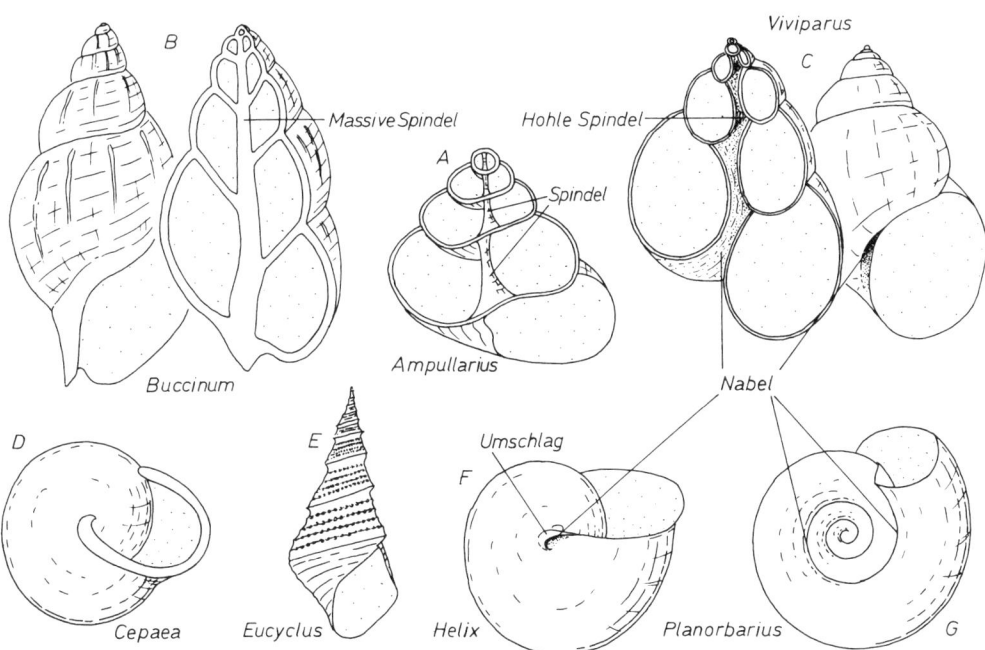

Abb. 217. Spindelstrukturen und Nabel der Gastropoden. A: aufgeschnittenes Gehäuse mit Blick auf die Spindel (Plioz. – rez.), × 0,3; B: Schnitt durch eine massive Spindel (Olig. – rez.), × 0,6; C: Schnitt durch ein Gehäuse mit hohler Spindel (Jura – rez.), × 1; D, E: ungenabelte Gehäuse: D: Olig. – rez., × 1; E: Trias – Olig., × 0,5; F: enggenabeltes Gehäuse (Plioz. – rez.), × 0,7; G: weitgenabeltes Gehäuse (Eoz. – rez.), × 1. C nach W. E. Ankel, D, F, G nach H. Janus, E nach E. Eudes-Deslongchamps.

Ein typisches Gastropodengehäuse mit kegelförmig erhabenem Gewinde und Apex heißt evolut. Wachsen die Windungen so sehr in die Höhe, daß der Apex zwar sichtbar ist, aber versenkt liegt, so heißt das Gehäuse involut. Umfaßt der letzte Umgang alle älteren, so ist das Gehäuse convolut. Ein Gehäuse, das so lose aufgewunden ist, daß sich die Umgänge nicht berühren, wird als devolut bezeichnet (Abb. 218).

Die Form der Mündung eines Schneckengehäuses steht meist in engem Zusammenhang mit der Organisation der Weichteile. Sie zeigt deshalb eine Reihe wichtiger Merkmale (Abb. 219). Die Abschnitte des Mündungsrandes heißen, je nach ihrer Lage, Außenlippe, Basallippe und Innenlippe (bzw. Columellarlippe). Bei primitiven Formen mit paarigen Kiemen und median liegendem After (selten auch in anderen Fällen) ist in der Außenlippe ein Sinus oder ein Schlitz ausgespart. Seine Funktion ist es, die Exkremente auf kürzestem Weg aus der Mantelhöhle zu entfernen. Er liegt deshalb stets über dem After. Beim weiteren Zuwachs des Gehäuses wird er i. d. R. mit abweichender Skulptur verfüllt. Es entsteht so ein Schlitzband. Bei höher entwickelten Formen rückt der After nach rechts. Zum Abtransport des Kotes findet sich hier oft ein Einschnitt im oberen Winkel der Mündung zwischen Außen- und Innenlippe.

Bei Gastropoden mit unpaarer, nach links verlagerter Kieme sind Schalenbildungen im basalen Winkel der Mündung, zwischen Basal- und Innenlippe, verbreitet. Ein Ausschnitt verbessert die Beweglichkeit des Siphos, d. h. der verlängerten Mantelfalte, die zur besseren Versorgung mit Frischwasser entwickelt sein kann. Ein kurzer, geradegestreckter oder gekrümmter Ausguß schützt dessen Basis, ein langer Siphonalkanal auch den weiteren Verlauf. Da die Spitze des Siphos frei beweglich ist, wird die Schnecke befähigt, durch den Atemwasserstrom, der außer der Kieme auch das Osphradium umspült, den von einer Beute ausgehenden Duft zu orten. Deshalb sind fleischiger Sipho und kalkiger Siphonalkanal i. d. R. – allerdings mit Ausnahmen – bei Fleischfressern am längsten. Allerdings stimmen die Länge von Siphonalkanal und Sipho nicht immer überein.

Weitere Merkmale am Mündungsrand sind funktionell nur schwer verständlich, oder ihre Bedeutung ist überhaupt unklar. Das gilt z. B. für die fingerförmigen Fortsätze der Außenlippe, die bei vielen Strombiden im Adultstadium auftreten, oder für die Stacheln, die manche Muriciden während einer Wachstumspause an Mündung und Siphonalkanal bilden (Abb. 220). Es trifft auch auf die als Zähne bezeichneten Schalenverdickungen zu, die oft auf Außen- und bzw. oder Basallippe vorhanden sind (Abb. 221). Nur bei den Clausiliiden sind die Zähne Führungsleisten für das Clausilium (vgl. S. 206).

Spuren periodischen Wachstums sind die Varizen (Abb. 222). Sie entstehen als verdickte Mündungsränder, wenn das Wachstum zeitweise stockt. Beim Fortbau des Gehäuses bleiben sie als mündungsparallele Schalenwülste erhalten. Bei manchen Arten folgen die Varizen in regelmäßigen Abständen aufeinander; in anderen Fällen sind sie regellos angeordnet. Ist das Gehäuse um einen vollen Umgang gewachsen, so rückt der basale Teil eines Varix (und anderer Gebilde, wie z. B. Stacheln) in den Bereich der Innenlippe der jetzigen Mündung. Da solche gröberen Strukturen die Regelmäßigkeit des Gehäusebaues stören würden, werden sie dann meist vom Mantelrand wieder resorbiert.

Resorption der Spindel, wie sie u. a. bei vielen Neritiden vorkommt, schafft dem Eingeweidesack mehr und freieren Raum. Stets wird der Abbau von Schalensubstanz dadurch ermöglicht, daß der Mantel das bei der Atmung in den Zellen entstehenden $CO_2$ ausscheidet und die hierbei entstehende Kohlensäure ätzt.

Der Mantel eines Gastropoden ist nur an zwei Stellen fest mit dem Gehäuse verbunden, nämlich am Mantelrand um die Mündung und im Bereich des Dorsoventralmuskels. Dieser ist normalerweise unpaar und entlang der Spindel von den apikalen Windungen bis zu einiger Entfernung von der Mündung befestigt. Er wird deshalb als Spindelmuskel bezeichnet (Abb. 223). Er spaltet sich

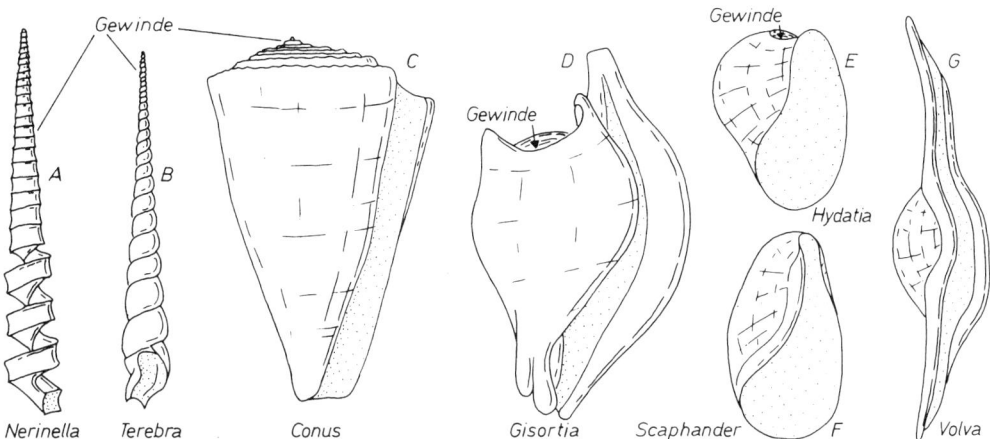

Abb. 218. Die Aufrollung von Gastropoden-Gehäusen. A: zunächst evolut, zuletzt devolut (Jura – Kreide), × 0,7; B: evolut, mit hohem Gewinde (Kreide – rez.), × 0,5; C: evolut, mit niedrigem Gewinde (Tert. – rez.), × 0,7; D, E: involut, D: Paleoz. – Eoz., × 0,25, E: rez., × 0,7; F. G: convolut, F: Tert. – rez., × 0,5, G: Plioz. – rez., × 0,5. Nach L. R. Cox, J. B. Knight et al. und W. Wenz.

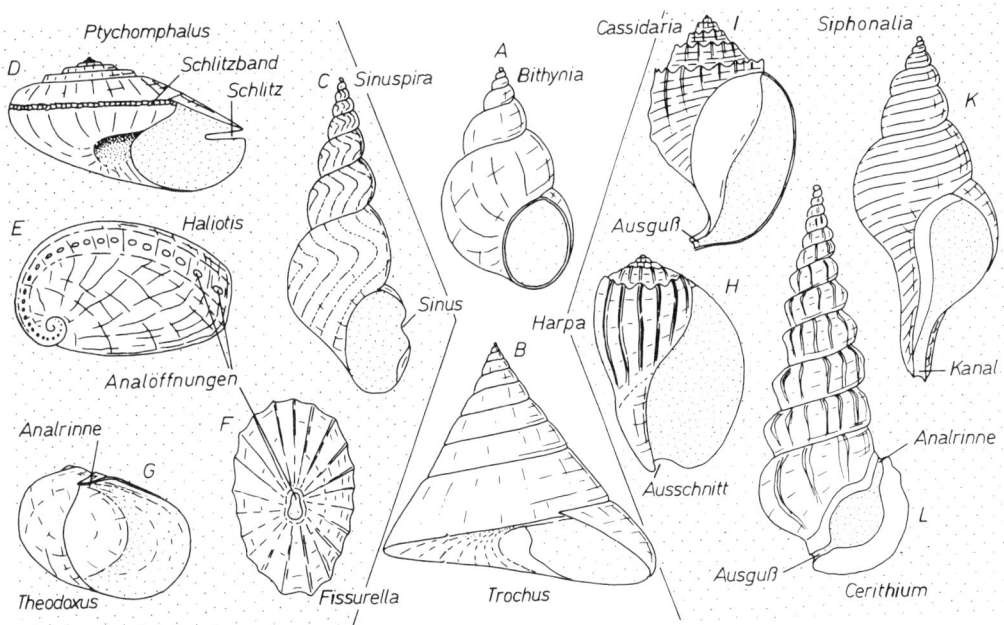

Abb. 219. Die Mündung des Gastropodengehäuses und damit zusammenhängende Analstrukturen (links) und Siphonalstrukturen (rechts). A, B: holostome Mündung, A: Mundränder zusammenhängend, B: Lippen des Mundrandes getrennt; C–G: Analstrukturen; H–L: Siphonalstrukturen. A: Eoz. – rez., × 3; B: Mioz. – rez., × 0,7; C: Silur, × 1,3; D: Jura, × 0,7; E: Mioz. – rez., × 0,5; F: Eoz. – rez., × 0,6; G: Olig. – rez., × 2,5; H: Eoz. – rez., × 0,3; I: Eoz. – rez., × 0,5; K: Paleoz. – rez., × 0,5; L: Pleist. – rez., × 0,5. Nach J. B. Knight et al. und W. Wenz.

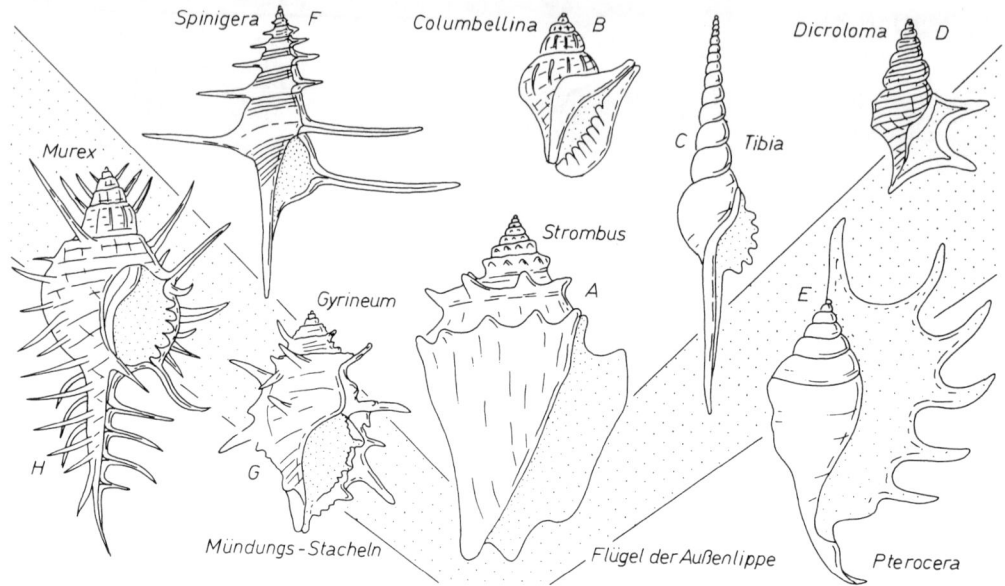

Abb. 220. Die Mündung der Gastropoden und ihre Komplikation durch Flügel der Außenlippe (rechts) und Mündungsstacheln (links). A: Tert. – rez., × 0,5; B: Kreide, × 1; C: Tert. – rez., × 0,5; D: Jura, × 0,5; E: rez., × 0,35; F: Jura, × 0,5; G: Plioz. – rez., × 0,5; H: Tert. – rez., × 0,5. Nach W. Wenz.

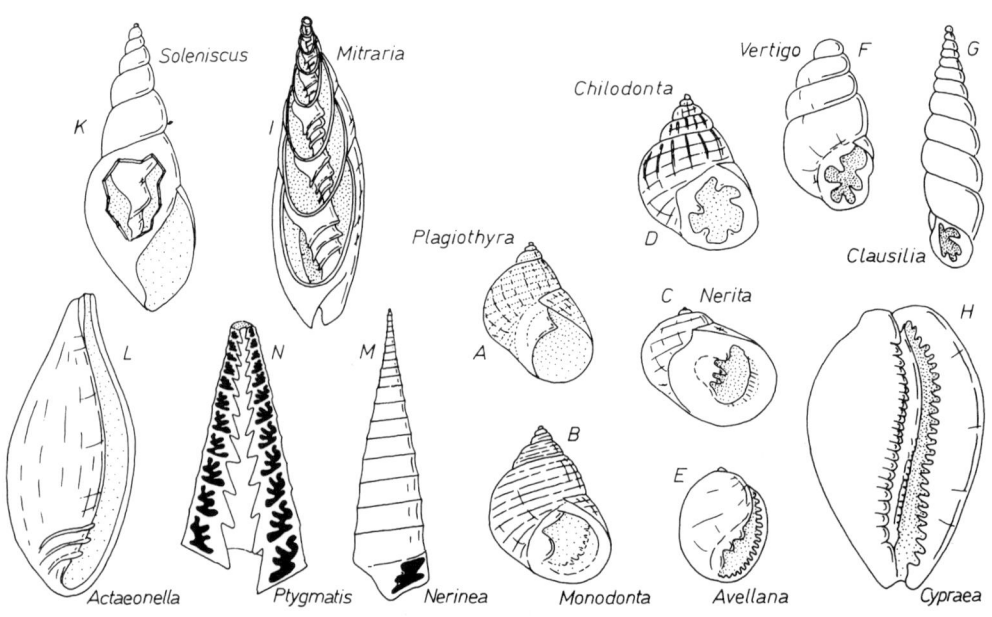

Abb. 221. Mündungszähne (A–H) und Spindelfalten (I–N) bei den Gastropoden. A: Devon, × 1; B: Paleoz. – rez., × 0,5; C: Paleoz. – rez., × 0,5; D: Jura – Kreide, × 2; E: Kreide, × 0,75; F: Paleoz. – rez., × 10; G: Plioz. – rez., × 2,5; H: Mioz. – rez., × 0,5; I: Eoz. – rez., × 0,4; K: Karbon – Perm, × 0,7; L: Kreide, × 0,5; M: Jura – Kreide, × 0,3; N: Jura – Kreide, × 0,5. Nach J. B. Knight et al., W. F. Ptschelintsev & I. A. Korobkov und W. Wenz.

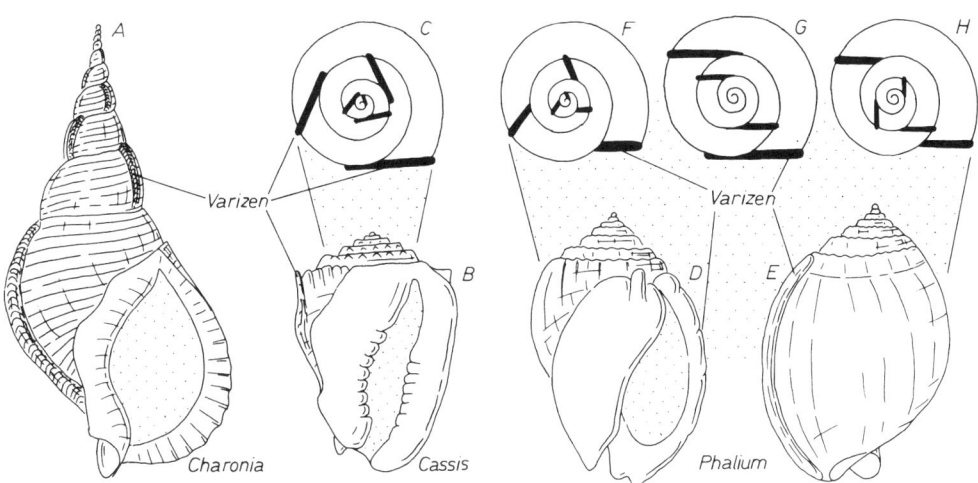

Abb. 222. Die Varizen der Gastropoden. A: Varizen an Mündung und Gewinde von *Charonia* (Ob.-Kreide – rez.), × 0,25; B–H: Anordnung der Varizen bei verschiedenen Arten, C, F–H: Blick auf das Gewinde, schematisch, B: Eoz. – rez., × 0,33, D, E: Eoz. – rez., × 0,5. Nach W. Wenz und A. Wrigley.

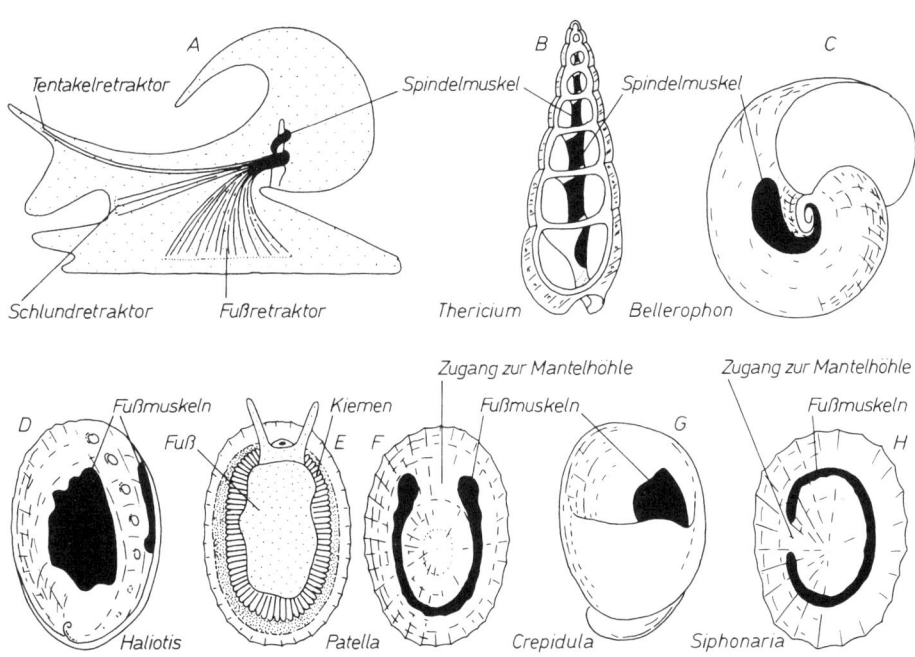

Abb. 223. Der Spindelmuskel der Gastropoden und seine Eindrücke. A: Schema der Muskulatur; B: Muskulatur auf der Spindel; C: Schrägansicht eines Steinkerns eines planspiralen Gastropoden mit paarigem Muskeleindruck; D–H: Muskeleindrücke bei mützenförmigen Gehäusen. B: Ob.-Kreide – rez., × 0,7; C: Silur – Trias, × 1,5; D: Mioz. – rez., × 0,4; E, F: Eoz. – rez., × 0,7; G: Ob.-Kreide – rez., × 0,7; H: Ob.-Kreide – rez., × 0,5. Nach W. E. Ankel, R. Kilias und J. B. Knight.

auf und bedient den Kopf mit den Tentakeln, den Schlund (Radula) und den Fuß. Seine Anheftungsstelle ist selbst bei rezenten Gehäusen i. d. R. nicht erkennbar. Nur bei mützenförmigen Gehäusen (z. B. *Patella*) hinterläßt er einen hufeisenförmigen, nach vorne geöffneten Eindruck. Bei den planspiralen Bellerophonten ist der Dorsoventralmuskel paarig und auf der Innenseite der Windungen, d. h. entlang der Achse, befestigt.

Bei zahlreichen Gattungen sind auf der Spindel spiralige Falten vorhanden (Spindelfalten), deren Funktion unbekannt ist (Abb. 221). Sie könnten jedoch dem Spindelmuskel besseren Halt und Führung verleihen. Die Nerineaceen tragen außer komplizierten Spindelfalten weitere Falten auf der Außenlippe.

Der Mantelrand ist bei vielen Schnecken stets im Inneren des Gehäuses verborgen. Wenn er über den Mündungsrand vorragt, dann legt sich im Bereich der Innenlippe auf die Oberfläche des Gehäuses oft eine Schalenschicht, die als Umschlag (Inductura) bezeichnet wird.

Ursprünglich kann der gesamte Weichkörper in das Gehäuse zurückgezogen werden. Abgeleitete Typen sind dazu jedoch oft nicht mehr imstande. Sie besitzen keinen Deckel, und Teile von Kopf und Fuß bleiben außerhalb des Gehäuses. Erstreckt sich auch der Mantel teilweise auf die Gehäuseaußenseite, so wird Schalensubstanz von innen und außen ausgeschieden; die Gehäuseoberfläche erhält einen glänzenden, schmelzartigen Überzug. Im Extremfall wird das Gehäuse völlig und ständig vom Mantel umhüllt; es wird zum Innenskelett (z. B. bei den Cypraeaceen).

Die Schalenoberfläche trägt oft deutlich sichtbare Zuwachslinien. Diese können zu Rippen verstärkt sein. Weitere Skulpturelemente sind spiralig verlaufende Rippen sowie Wülste, Höcker, Stacheln u. a. (Abb. 224). Solche Bildungen dienen vielfach zur Unterscheidung von Arten und Gattungen. Bei rezenten Formen können hierzu auch Farbmuster herangezogen werden, die jedoch am Fossil nur selten erhalten sind. Die Färbung der Gehäuse hat nicht nur Schutzfunktion, denn Farbmuster können auch dort vorhanden sein, wo das Gehäuse vom Mantel bedeckt ist (z. B. Cypraeaceen).

Die größten Gastropodengehäuse erreichen eine Höhe von 60 cm. Die kleinsten Gehäuse liegen im mm-Bereich. Bei mehreren, nicht direkt miteinander verwandten Gruppen wurde die Schale erleichtert, ins Innere des Körpers verlagert oder ganz rückgebildet. Beispiele sind die zum pelagischen Leben oder zum Schwimmen übergegangenen Heteropoden, Pteropoden und Nudibranchier sowie die Nacktschnecken unter den Pulmonaten.

Der Feinbau der Schale folgt dem für die Conchiferen typischen Muster. Die Kalkschale (Ostrakum) wird von einem organischen Periostrakum bedeckt und geschützt. Sie selbst besteht i. d. R. aus mehreren Schichten, die unterschiedlich strukturiert sein können (Abb. 225).

Prismatische Strukturen senkrecht zur Schalenoberfläche treten i. d. R. als äußerste Lage auf. Die Prismen haben einen Durchmesser zwischen 5 und 100 µm und eine Länge von 200 bis maximal 800 µm. Die Faserstruktur unterscheidet sich durch den geringeren Durchmesser der Elemente (Fibrillen), der nur 1–2 µm beträgt, und ihre Anordnung schräg zur Schalenoberfläche.

Vor allem bei primitiven Gastropoden ist die innere Schicht des Ostrakums als Perlmutterschicht entwickelt. Sie wird aus dünnsten, maximal 1 µm messenden Lamellen aufgebaut, die parallel zur Schaleninnenseite angeordnet sind. Ebenflächige Trennfugen sind für die leichte Spaltbarkeit, die Reflexion des Lichtes und damit für den Perlmutterglanz verantwortlich. Bei der lamellären Schalenstruktur sind die Lamellen gegen die Schaleninnenseite mit einem Winkel von ca. 4–7° geneigt.

Bei den meisten Gastropoden ist die Schale überwiegend kreuzlamellär strukturiert, wobei mehrere Schichten übereinander folgen können. Hierbei werden die Schalenschichten aus senkrecht stehenden, ca. 20–40 µm dicken, rechteckigen und zueinander parallelen Tafeln aufgebaut. Diese zerfallen in Täfelchen 2. Ordnung, die etwa 1 µm dick sind und in spitzem Winkel zur Basis

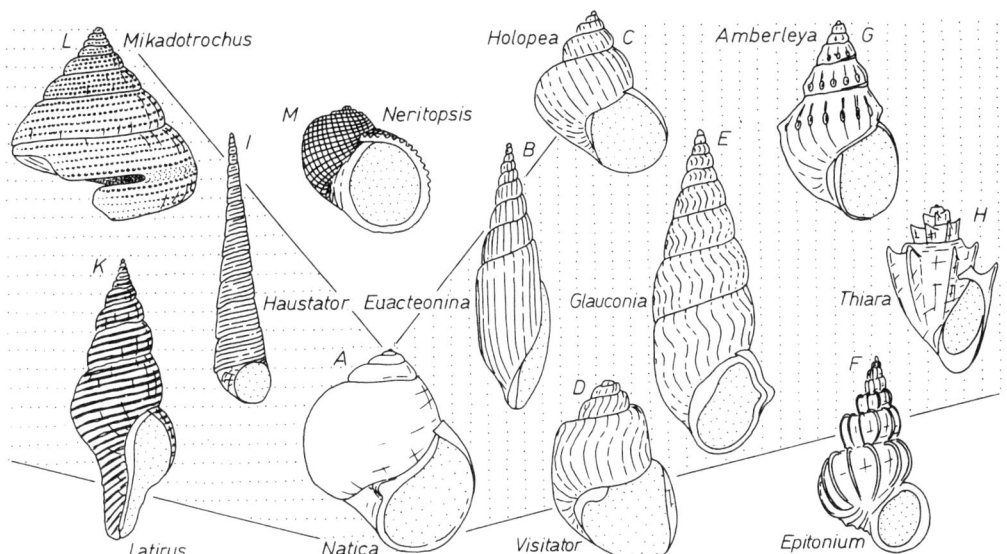

Abb. 224. Spiralige (links) und axiale (rechts) Skulptur der Gastropoden. A: Paleoz. – rez., × 0,6; B: Jura – Kreide, × 0,25; C: Ord. – Devon, × 1,4; D: Silur – Devon, × 0,4; E: Kreide, × 0,5; F: rez., × 0,4; G: Trias – Olig., × 0,5; H: Paleoz. – rez., × 0,4; I: Kreide – rez., × 0,5; K: Eoz. – rez., × 0,5; L: Plioz. – rez., × 0,35; M: Trias – rez., × 0,5. Nach J. B. Knight et al., W. F. Ptschelintsev & I. A. Korobkov und W. Wenz.

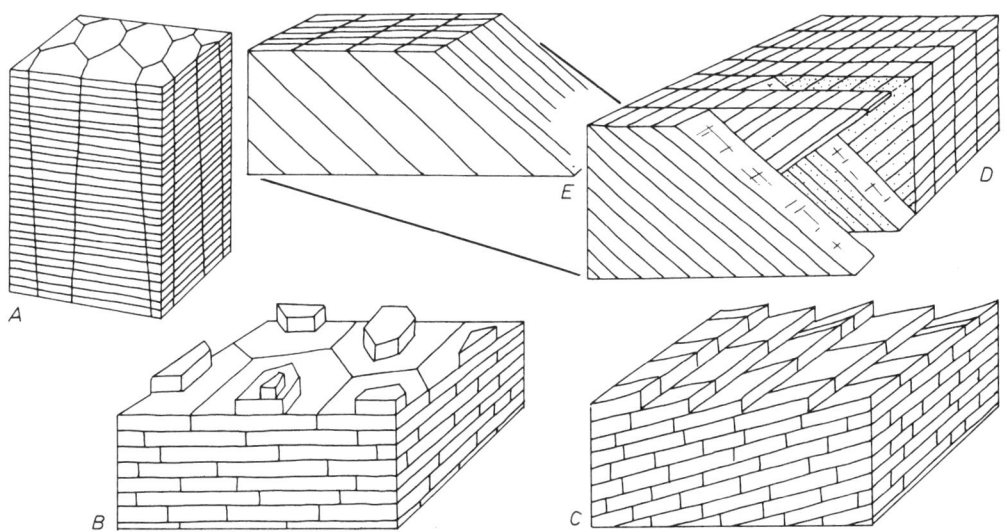

Abb. 225. Schalenstrukturen der Gastropoden (schematisch). A: prismatische Struktur; B: Perlmutterstruktur; C: lamelläre Struktur; D, E: kreuzlamelläre Struktur; E: Ausschnitt aus D, um den Aufbau einer Lamelle 1. Ordnung aus Lamellen 2. und 3. Ordnung zu zeigen. Nach C. McClintock.

der Tafeln stehen. Bei benachbarten Tafeln sind die Täfelchen gegenläufig geneigt. Auch sie bestehen wiederum aus übereinander gestapelten, noch kleineren Elementen 3. Ordnung.

Neben diesen hauptsächlichen Strukturen kennt man auch Schalen, die granulär sind oder aus so kleinen Kriställchen bestehen, daß sie homogen erscheinen. Die Ansatzstellen der Muskulatur, d. h. das Myostrakum, sind i. d. R. prismatisch gebaut, um die Zugbeanspruchung aufnehmen zu können. Sie sind vor allem bei mützenförmigen Gehäusen gut entwickelt, wandern mit dem Gehäusewachstum nach außen und werden vom Apex her von andersartiger Schalenstruktur unterlegt.

Der Schalenbaustoff ist bei den Gastropoden in den meisten Fällen Aragonit. Das prismatische Außenostrakum, das lamelläre Innenostrakum und vereinzelt auch Varianten des kreuzlamellären Ostrakums können jedoch aus Kalzit bestehen.

c) Der Deckel

Auf der Dorsalseite des hinteren Fußabschnittes ist bei den meisten Prosobranchiern ein Deckel (Operculum) vorhanden. Er besteht ursprünglich aus dem hornähnlichen Konchiolin; sekundär kann er bei manchen Gruppen verkalken. Sein Wachstum ist entweder entgegen dem Uhrzeigersinn spiralig (paucispiral oder multispiral) oder konzentrisch. Der Kern (Nucleus) liegt randlich oder zentral (Abb. 226).

Bei den meisten adulten Opisthobranchiern fehlt ein Deckel, obwohl er bei den Larven oft noch entwickelt ist. Die Pulmonaten haben ihn mit einer Ausnahme völlig verloren. Bei vielen Prosobranchiern füllt er nicht die ganze Gehäusemündung. Eine Reduktion des Deckels bei den Prosobranchiern ist vor allem dann zu beobachten, wenn die Tiere entweder zum pelagischen Leben übergehen (Heteropoden) oder wenn sie sich mit dem Fuß an Hartböden im Brandungsbereich festsaugen.

Deckelähnliche Neubildungen sind die am Substrat festgewachsene Stützklappe von *Hipponix* (Abb. 227) und *Rothpletzia* (Bd. 1, Abb. 147, S. 129) sowie das Clausilium, eine gestielte Verschlußklappe der Clausiliiden. Auch das Epiphragma (der Winterdeckel) mancher Pulmonaten ist kein dem echten Deckel homologes Gebilde, sondern wird jeweils im Herbst ausgeschieden und im Frühjahr abgeworfen.

## 3. Ontogenie

Die Gastropoden sind teils getrenntgeschlechtig (Mehrzahl der Prosobranchier), teils Zwitter (Opisthobranchier und Pulmonaten). Männliche und weibliche Gehäuse getrenntgeschlechtiger Arten sind i. d. R. sehr ähnlich. Nur selten ist ein merklicher Sexualdimorphismus entwickelt.

Die meisten wasserlebenden Formen legen zahlreiche (mehrere Millionen) kleine, Bruchteile von Millimetern messende Eier ab. Diese sind, z. T. zu Tausenden, in etwa erbsengroßen Kokons vereinigt, welche Schnüre oder gallertartige Klumpen bilden können. Sie werden meist am Substrat (Steine, Pflanzen) angeheftet, seltener treiben sie. Aus den Eiern entstehen planktische Veligerlarven, deren Lebensdauer sehr unterschiedlich ist. Sie beträgt oft wenige (2–4) Wochen, manchmal auch nur einige Tage. Innerhalb der Gattung *Nassarius* gibt es Arten, deren Larven 2 Monate, neben solchen, deren Larven nur 9 Tage im Plankton leben.

Während des Larvenstadiums wird die Torsion des Weichkörpers eingeleitet. Sie beginnt mit positiv allometrischem Wachstum der Epidermis des Rückens, wodurch die Afterregion ventralwärts nach vorne gedrückt und anschließend über die rechte Körperflanke ins „Genick" verlagert wird. Gleichzeitig oder anschließend rollt sich der Eingeweidesack spiralig ein. Schon Larven tragen Gehäuse (Protoconche), z. T. von mehreren Umgängen.

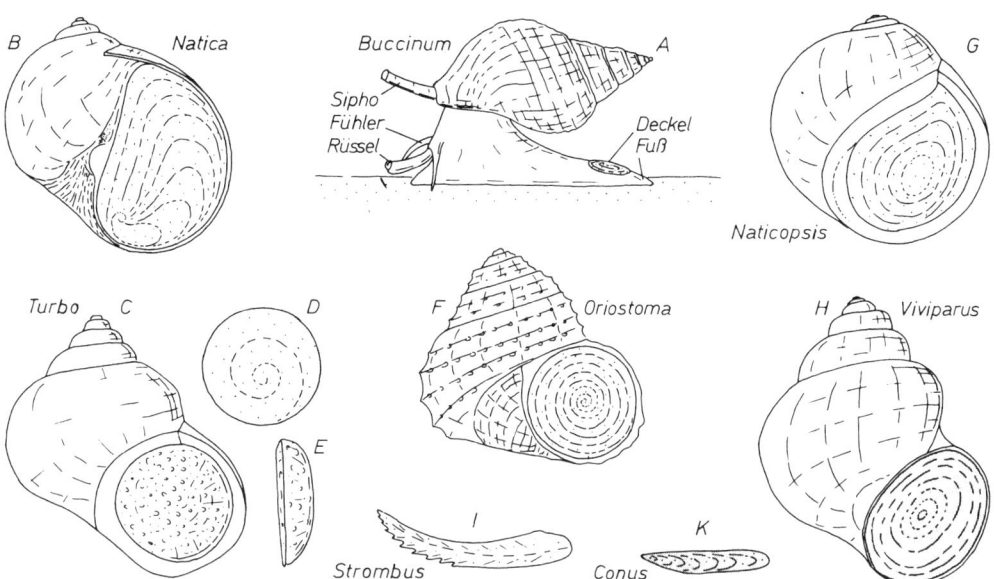

Abb. 226. Der Deckel (das Operculum) der Gastropoden. A: lebendes Tier mit dem Deckel am Hinterrand des Fußes, × 0,4; B–G, I: kalkige Opercula; H, K: „hornige" Opercula. B–E: Operculum paucispiral; F: Operculum multispiral; G, H: Operculum konzentrisch. B: Paleoz. – rez., × 1; C–E: Ob.-Kreide – rez., × 0,6; F: Silur – Devon, × 1,5; G: Devon – Trias, × 0,5; H: Jura – rez., × 1; I: Mioz. – rez., × 1,2; K: Plioz. – rez., × 3. Nach W. E. ANKEL, L. R. COX und E. VON MARTENS.

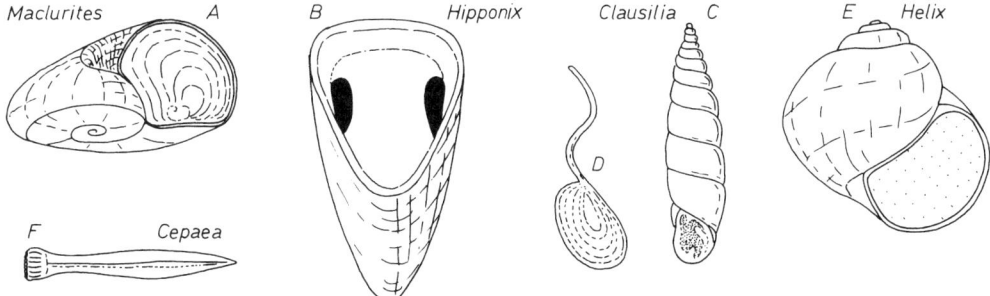

Abb. 227. Deckel, deckelähnliche Gebilde und sonstige Hartteile bei Gastropoden. A: normal gewundener, kalkiger, paucispiraler Deckel bei *Maclurites* (Ord.), × 0,4, der anzeigt, daß das Gehäuse dieser Gattung hyperstroph rechtsgewunden ist; B: kalkige Stützklappe (Ob.-Kreide – Mioz.), × 1; C–E: deckelähnliche Gebilde bei Pulmonaten, C: Plioz. – rez., × 3, D: × 12, E: Plioz. – rez., × 0,7; F: Liebespfeil von *Cepaea* (Olig. – rez.), × 3. Nach L. R. COX, S. JAECKEL, H. JANUS, A. LANG und W. WENZ.

Mit der Metamorphose geht die Jungschnecke normalerweise zum Bodenleben über. Diesem Ereignis entspricht bei den Opisthobranchiern der Sprung vom heterostrophen Protoconch zum Teloconch. Bei manchen wasserlebenden und allen landbewohnenden Formen erfolgt die Entwicklung direkt. Die Eier werden hier i. d. R. einzeln abgelegt (bei *Helix* z. B. im Boden). Aus ihnen schlüpfen unmittelbar die Jungtiere. Auch Brutpflege ist bekannt. Bei *Viviparus* werden die Eier so lange in der Mantelhöhle zurückgehalten, bis Schneckchen von einigen mm Länge herangewachsen sind.

Beim Wachstum des Tieres wird Schalensubstanz i. d. R. parallel zum Mündungsrand angelagert. Die hierbei entstehenden Zuwachslinien erlauben – mit Einschränkungen – die Rekonstruktion des Mündungsrandes auch bei unvollständig erhaltenen Exemplaren. Manche Gastropoden, vor allem hochentwickelte Prosobranchier, bilden jedoch typische Adultmerkmale aus, wie z. B. Mündungszähne, erweiterte Mündungsränder (z. B. bei Strombiden) oder verdickte Mündungslippen.

Die meisten Schnecken sind mit einem Jahr geschlechtsreif. Viele Opisthobranchier und Pulmonaten sowie einige Prosobranchier werden nur einjährig. Die meisten Prosobranchier wachsen jedoch noch nach der Geschlechtsreife weiter, erlangen ein Alter von ca. 5–10 Jahren und zeigen erst dann die typischen Adultmerkmale. Manche Schnecken können 13–17 Jahre alt werden. Das Wachstumsende ist hormonal gesteuert. Durch Parasitenbefall der Gonaden kann es verzögert werden; es entstehen dann Riesenformen.

### 4. Phylogenie

Die ältesten eindeutigen Gastropoden stammen aus dem oberen Kambrium. Ältere Funde (unteres und mittleres Kambrium) lassen sich nicht mit Sicherheit einordnen. Ob sich die Gastropoden aus den Monoplacophoren entwickelten, indem ihr Eingeweidesack der Torsion unterlag, oder ob beide Gruppen auf gemeinsame Vorfahren zurückgehen, ist unbekannt. Monoplacophoren mit Merkmalen, die zu den Gastropoden überzuleiten scheinen, kennt man, jedoch erst aus dem Ordovizium und Devon, also nach dem Erscheinen echter Gastropoden.

Unklar ist außerdem, ob die ursprünglichsten Gastropoden die planspiralen Bellerophonten (die z. T. auch als Monoplacophoren gedeutet werden) oder die trochospiralen Pleurotomarien waren. Für beide Auffassungen gibt es Argumente. Die Pleurotomarien werden als die Wurzel der übrigen Archaeogastropoden gedeutet. Mit ihren 2 Kiemen verkörpern sie tatsächlich die primitivste bekannte Evolutionsstufe. Bei höher entwickelten Archaeogastropoden wird die nach der Torsion rechts liegende Kieme reduziert. Dieser Evolutionsschritt war – wahrscheinlich in mehreren Linien – vermutlich spätestens im Devon vollzogen. Die rezenten Pleurotomariiden sind, was ihre Nieren und Gonaden betrifft, stärker abgeleitet als die rezenten Trochiden (Abb. 228 D, E). Das Exkretionssystem der Neritaceen (Abb. 228 I) läßt sich weder auf dasjenige rezenter Trochiden noch das rezenter Pleurotomariiden zurückführen. Deshalb ist zu vermuten, daß die frühen Archaeogastropoden (d. h. die paläozoischen Pleurotomarien sowie weitere Gruppen) noch eine ursprünglichere Weichkörperorganisation besaßen als ihre rezenten Verwandten. Die Archaeogastropoden waren im Paläozoikum und Mesozoikum nur mäßig formenreich. Im Tertiär entwickelten ihre moderneren Vertreter (Trochaceen und Patellaceen) eine Fülle neuer Gattungen.

Abb. 229. Die Entwicklung der Diversität (Zahl bekannter Gattungen) bei den Prosobranchiern. Daten nach W. WENZ.

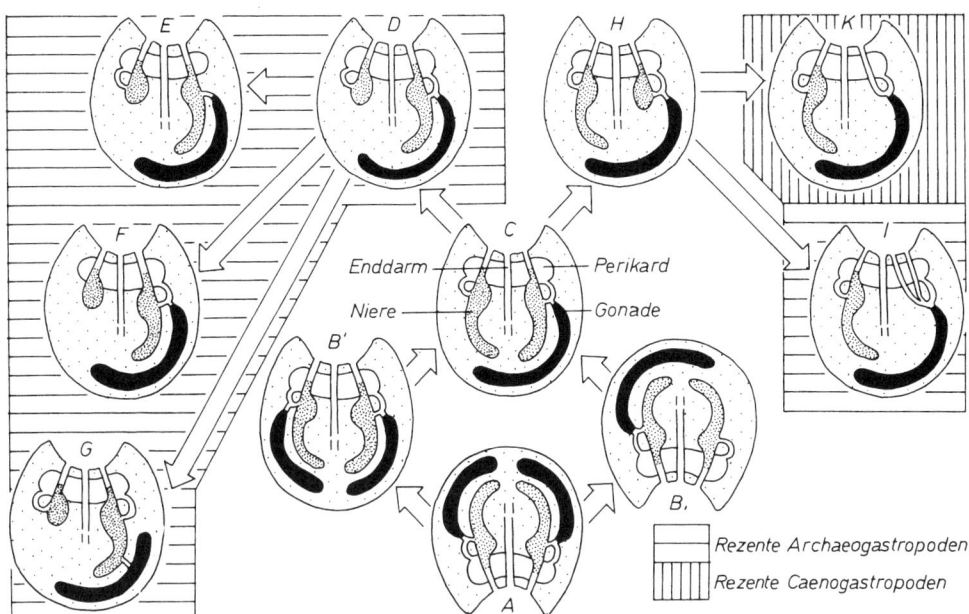

Abb. 228. Nieren und Gonaden bei prosobranchen Gastropoden und ihre stammesgeschichtliche Ausdeutung. A: hypothetische Urform vor der Torsion; B: hypothetische Zwischenformen, die zu C überleiten. Es ist unbekannt, ob die Reduktion der rechten Gonade oder die Torsion zuerst stattfand; C: hypothetische Ausgangsform nach der Torsion; D–G: Verkleinerung der (posttorsional) linken Niere, D: rezent bei Trochiden und *Puncturella* (Fissurellidae), E: rezent bei Pleurotomariiden und *Haliotis*, F: rezent bei *Diodora* (Fissurellidae), G: rezent bei Patelliden; H–K: Reduktion der (posttorsional) rechten Niere, H: hypothetische Zwischenform, I: rezent bei Neritaceen, K: rezent bei Caenogastropodern, Opisthobranchiern und Pulmonaten. Nach C. M. YONGE.

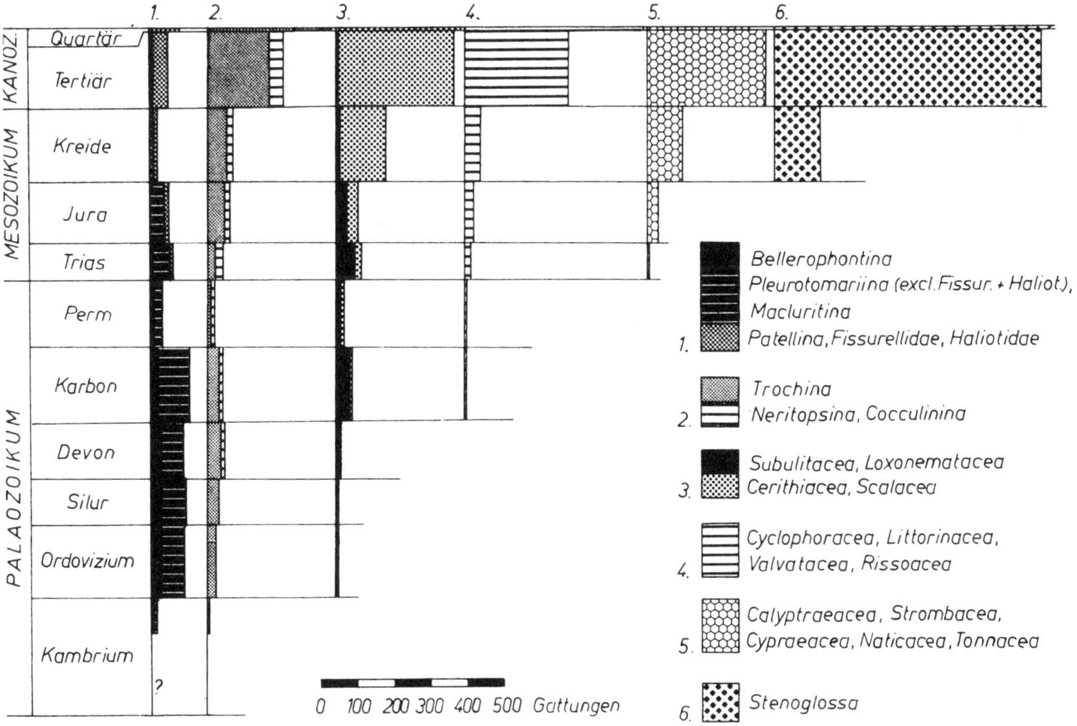

Von den Archaeogastropoden stammen die Caenogastropoden ab, indem die verbliebene Kieme monopectinat (Ausnahme: Valvataceen) und die Radula taenioglossk wird. Auch diese Entwicklung erfolgte anscheinend in mehreren Linien und geht aufs ältere Paläozoikum (Devon, vielleicht schon Ordovizium) zurück. Da Weichteile und Radula nur indirekt erschlossen werden können, ist die Deutung einiger Gruppen (z. B. Loxonemataceen, Subulitaceen) umstritten. Es scheint, als ob man die meist turmförmigen Cerithiaceen auf die Murchisoniaceen zurückführen könnte. Die übrigen, meist niedriger gebauten Taenioglossen werden oft an die Trochiden bzw. Trochonemataceen angeschlossen. Allerdings steht mit dieser Ableitung der Bau der Nieren und Gonaden (Abb. 228 K) nicht im Einklang. Die Tonnaceen als höchstentwickelte Taenioglossen bilden die Wurzel der Stenoglossen, die erst im Verlauf der Kreide entstanden. Die Diversität der Caenogastropoden war im Paläozoikum und älteren Mesozoikum gering. Erst in der Kreide begann eine Radiation, die im Tertiär zu einer enormen Formenfülle führte (Abb. 229).

Die ältesten Funde, die als Opisthobranchier gedeutet werden, stammen aus dem mittleren Paläozoikum (Devon, Karbon). Die Opisthobranchier müssen von hochentwickelten Archaeogastropoden abstammen, da die ursprünglich linke Kieme schon reduziert ist, die Radula aber meist noch eine große Zahl von Zähnen zeigt. Die weitere Evolution der Opisthobranchier ist schlecht belegt, da die Gehäuse meist rückgebildet werden und so nicht mehr erhaltungsfähig sind. Die planktischen Pteropoden sind erst seit dem Tertiär sicher nachgewiesen; Funde aus der oberen Kreide sind zweifelhaft.

Die Pulmonaten entspringen aus primitiven Opisthobranchiern. Ihre ältesten einwandfreien Vertreter sind Basommatophoren aus dem Jura. Funde aus dem Jungpaläozoikum sind in ihrer Zuordnung umstritten. Stylommatophoren erscheinen erst in der Kreide.

Die bedeutendsten evolutiven Ereignisse bei den Gastropoden betreffen die Organe der Mantelhöhle. Im Gefolge der Torsion wird die ursprünglich linke (später rechte) Kieme reduziert und der After nach rechts verschoben. Damit gekoppelt ist die allmähliche Verlagerung und Reduktion des Analschlitzes bzw. -sinus und der Erwerb eines Atemsipho mit den Auswirkungen auf die Mündungsform. Diese ist ursprünglich durch Sinus oder Schlitz geprägt; schon im unteren Ordovizium war jedoch die holostome (ganzrandige) Mündung entwickelt. Siphonalstrukturen treten im Paläozoikum nur ganz vereinzelt auf; erst ab dem Jura werden sie häufiger.

Bei den Gastropoden spielen konvergente Entwicklungen eine große Rolle. Außer den Umbildungen bei Kiemen und Mündung sind hiervon die Radula sowie weitere Hartteile betroffen. Der Deckel, ursprünglich „hornig" und spiralig, kann in mehreren nicht näher miteinander verwandten Gruppen konzentrisch werden und verkalken. Vielfach wird er auch rückgebildet. Rückbildungen des Gehäuses sind u. a. beim Übergang zum Schwimmen verbreitet und finden sich bei Caenogastropoden (Heteropoden) und Opisthobranchiern (Pteropoden, Nudibranchier). Bei Tieren, die sich in der Gezeitenzone und im stark bewegten Wasser mit dem Fuß ansaugen, tritt die Mützenform mehrfach unabhängig auf (Fissurelliden, Patelliden, Calyptraeaceen, manche Basommatophoren). Auch sonst sind ähnliche Gehäuseformen in Anpassung an ähnliche Lebensweise verbreitet.

Bei Süßwasserschnecken unterschiedlicher Zugehörigkeit (Vivipariden, Planorbiden) sind im Tertiär an verschiedenen Orten und zu verschiedenen Zeiten Veränderungen der Gehäuseform und Skulptur bekannt. Dieses Phänomen wird teils durch Veränderungen der Umwelt (z. B. Salinitätsschwankungen im semiariden Klima), teils durch kleinräumigen Endemismus erklärt. Ob die Merkmalsänderungen erblich oder nur modifikativ waren, ist umstritten (Abb. 230).

Viele Schneckengruppen haben ihr ursprüngliches Habitat, das Meer, verlassen und sind Landbewohner geworden. Voraussetzung war, daß die Tiere statt mit Kiemen mit Lungen oder entsprechend umgebildeten Mantelflächen atmen konnten (manche Neritaceen, einige primitive Caenogastropoden, Pulmonaten). Ferner mußte die Fortpflanzung durch innere Begattung gesi-

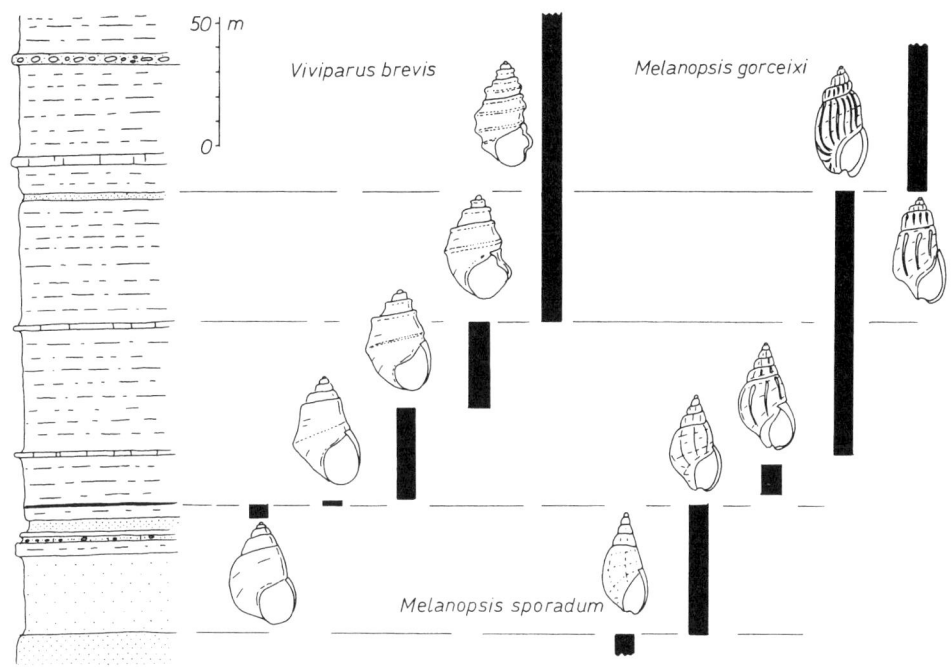

Abb. 230. Die Evolution von Süßwassergastropoden im Jungtertiär der griechischen Insel Kos. *Viviparus:* × 0,5; *Melanopsis:* × 0,5. Nach R. WILLMANN.

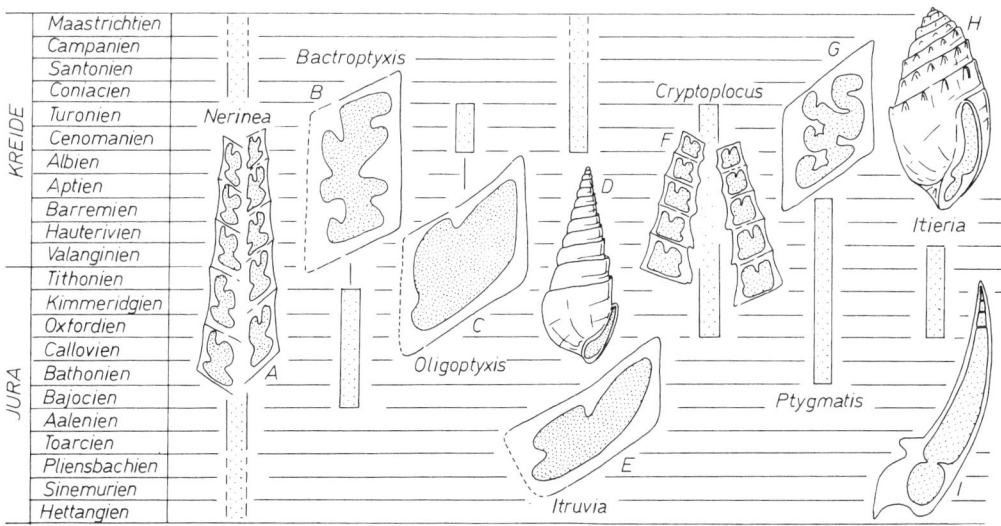

Abb. 231. Stratigraphisch verwertbare Gastropoden aus der Gruppe der Nerineaceen. A–E: Spindel massiv; F–I: Spindel hohl. A und F: Axialschnitte (× 0,5); B, C, E, G, I: Windungshohlraum (punktiert) und Spindelfalten, schematisch; die gestrichelte äußere Begrenzung bei B, C und E bezeichnet das Zentrum der Spindel; D: × 0,5; H: × 0,25. Nach W. F. PTSCHELINTSEV & I. A. KOROBKOV und J. WIECZOREK.

chert sein. Hierzu war eine Trennung der Ausführungsgänge von Nieren und Gonaden erforderlich. Diese ist wohl bei Caenogastropoden, Opisthobranchiern und Pulmonaten, unter den Archaeogastropoden jedoch nur bei den Neritopsinen verwirklicht. Die Besiedelung des Landes durch die Gastropoden scheint erst im Jungmesozoikum erfolgt zu sein.

Die Vielzahl der Lebensräume, welche von Gastropoden besiedelt wurden, ließ eine große Artenfülle entstehen. Mit über 100 000 rezenten Arten sind die Gastropoden nach den Insekten die formenreichste Tierklasse. Über 50 000 Arten gehören zu den Prosobranchiern, etwa 35 000 Arten sind Pulmonaten.

### 5. Stratigraphie

Der biostratigraphische Wert der Gastropoden ist im allgemeinen gering. Die Ursachen hierfür sind der meist relativ langsame Formenwandel, die schlechte Erhaltungsfähigkeit der Gehäuse und die Merkmalsarmut der Steinkerne.

Angenäherte Altersangaben sind durch die großen Evolutionsschritte (z. B. Aufblühen der Taenioglossen im Jura, Entstehung der Stenoglossen in der Kreide) sowie durch das Vorkommen und die Blütezeit bestimmter Familien und Gruppen (z. B. der Nerineaceen in Jura und Kreide, vgl. Abb. 231) möglich. Nur wenige Gattungen haben eine so kurze Lebensdauer, daß sie als gut leitend betrachtet werden können, doch auch sie kommen i. d. R. über mehrere Stufen hinweg vor. Selbst die einzelnen Arten überdauern meist mehrere Stufen. Nur selten sind sie so kurzlebig und zugleich so charakteristisch, daß sie gute Leitfossilien darstellen (Abb. 232). So dürften z. B. in neogenen pelagischen Sedimenten die planktischen Pteropoden für Altersbestimmungen aussichtsreich sein (Abb. 233).

Im Tertiär spielen die Gastropoden trotzdem für die Biostratigraphie eine große Rolle. Dies gilt vor allem für limnische, brackische und neritische Ablagerungen. Die Zahl heute noch lebender Taxa (Arten, Untergattungen, Gattungen) nimmt generell mit der Annäherung an die Gegenwart zu (Abb. 234). Mit Vorbehalten kann man somit aus der Zusammensetzung einer Gastropodenfauna auf ihr Alter rückschließen.

Andere Ursachen hat der Leitwert der „Lößschnecken" im Pleistozän (Abb. 235). Hier wird die ökologische Abhängigkeit einzelner Gattungen benutzt, um Fundhorizonte auf dem Umweg über Änderungen in den Umweltbedingungen zu datieren. Aus demselben Grund sind Muscheln und Schnecken in der postglazialen Stratigraphie der Ostsee wichtig (vgl. Bd. 1, S. 116, Abb. 132).

### 6. Lebensweise

a) Fortbewegung

Die allermeisten Schnecken sind vagil und bewegen sich auf einem Schleimfilm fort, der von der Fußdrüse ausgeschieden wird. Sie kriechen mit Hilfe des Fußes, dessen Muskulatur sich wellenförmig kontrahiert und dabei die Sohle nach vorne stemmt (Abb. 236). Andere Formen (z. B. die Süßwasserpulmonaten *Lymnaea* und *Planorbis*) bewegen sich mit Hilfe von Sohlenwimpern.

Die Kriechgeschwindigkeit ist gering. *Helix* erreicht 7, *Lymnaea* 12 und *Buccinum* 16 cm/min. Solche Geschwindigkeiten setzen voraus, daß das Gehäuse frei getragen wird. Sobald die Tiere ihr Gehäuse hinter sich auf dem Grund herschleppen, was für manche turmförmigen Gastropoden gilt, sind sie wesentlich langsamer. Lebhaftere Bewegungen sind bei Schnecken selten und hängen meist davon ab, daß das Gehäuse vom Mantel oder vom Fuß ganz oder teilweise bedeckt wird. So legt *Bullia* auf feuchtem Sandstrand über 80 cm/min zurück. Andere Gastropoden pflügen mit dem hierfür umgebildeten Fuß durch das Substrat. Einige Formen wühlen im Inneren des Sedimentes.

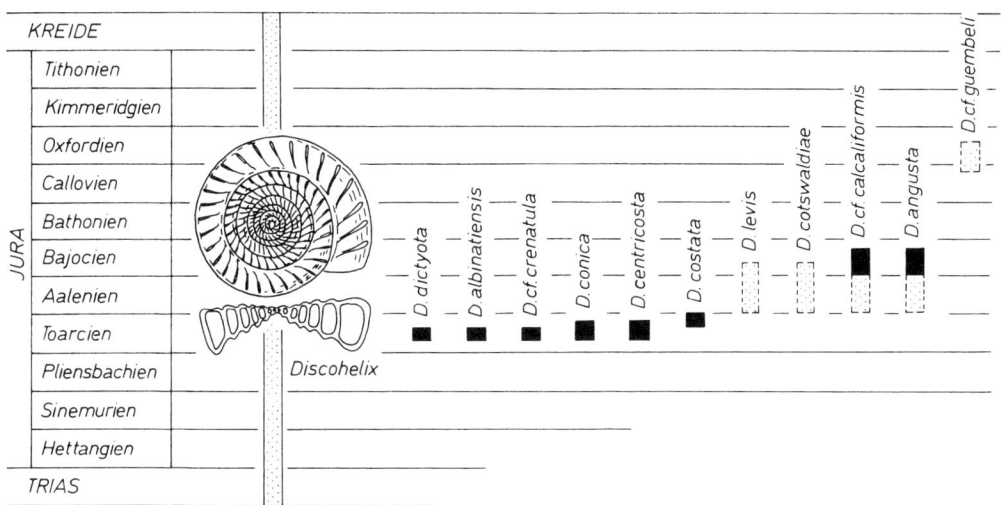

Abb. 232. Stratigraphisch verwertbare Gastropoden der Gattung *Discohelix* im Jura Siziliens. *Discohelix:* × 1,6. Nach J. W. WENDT.

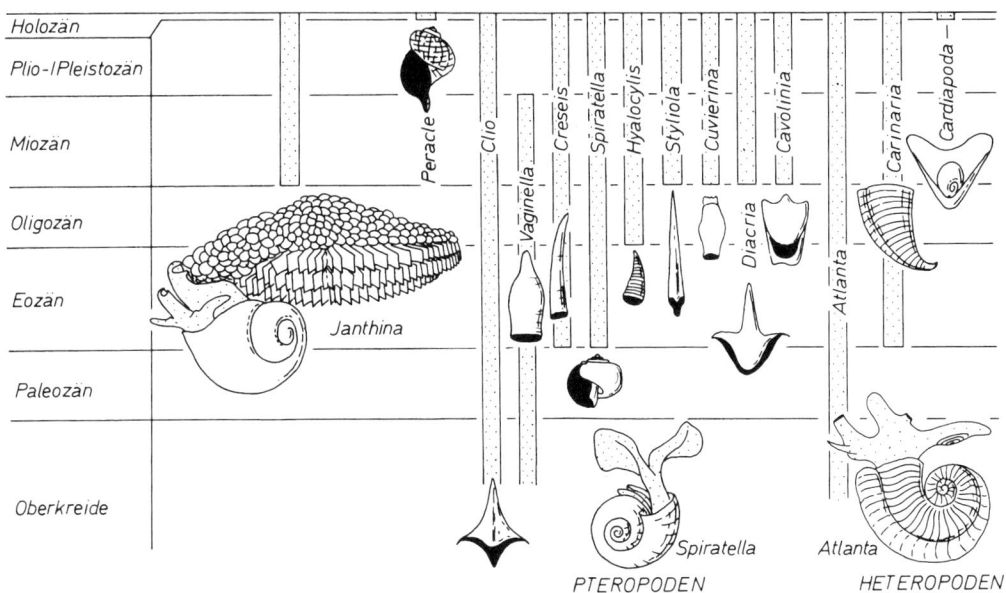

Abb. 233. Die stratigraphische Verbreitung planktischer Gastropoden. *Janthina* (× 0,7) treibt an einem Floß aus Schaumblasen und Eihüllen; die Gattung gehört zu den Scalaceen. Pteropoden: *Cavolinia:* × 1; *Clio:* × 0,5; *Creseis:* × 2; *Cuvierina:* × 1; *Diacria:* × 1,5; *Hyalocylis:* × 1,5; *Peracle:* × 5; *Spiratella:* × 2 und × 3; *Styliola* × 3,5; *Vaginella:* × 2,5. Heteropoden: *Atlanta:* × 1,5; *Cardiapoda:* × 5; *Carinaria:* × 0,4. Nach G. RICHTER und W. WENZ.

214                    Die Mollusken (Weichtiere)

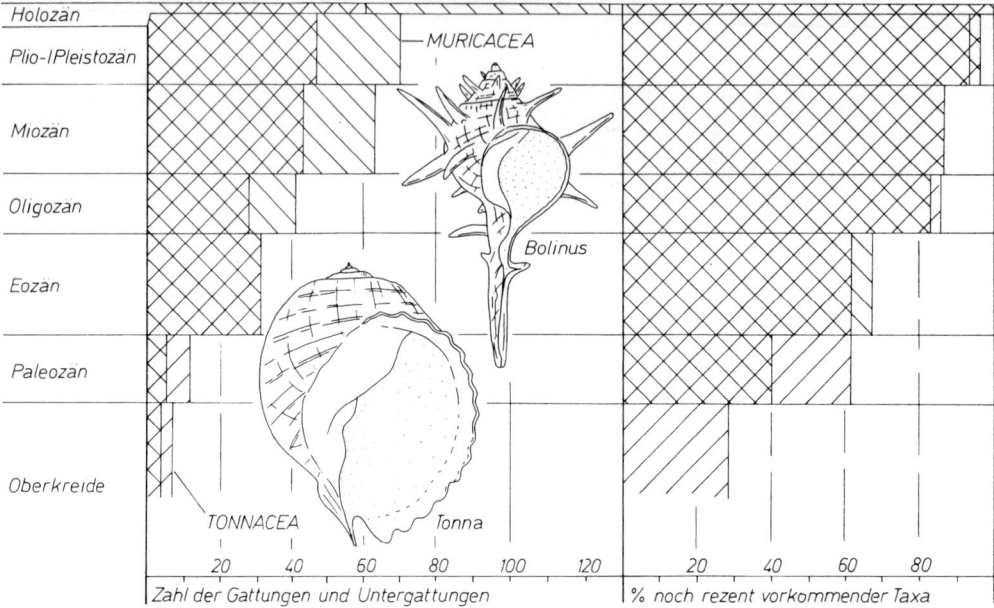

Abb. 234. Die Evolution (Zunahme der Gattungszahl) und die stratigraphische Verwertbarkeit des Anteils noch rezent vorkommender Formen bei den Tonnaceen und Muricaceen. *Tonna:* × 0,2; *Bolinus:* × 0,5. Daten nach W. WENZ.

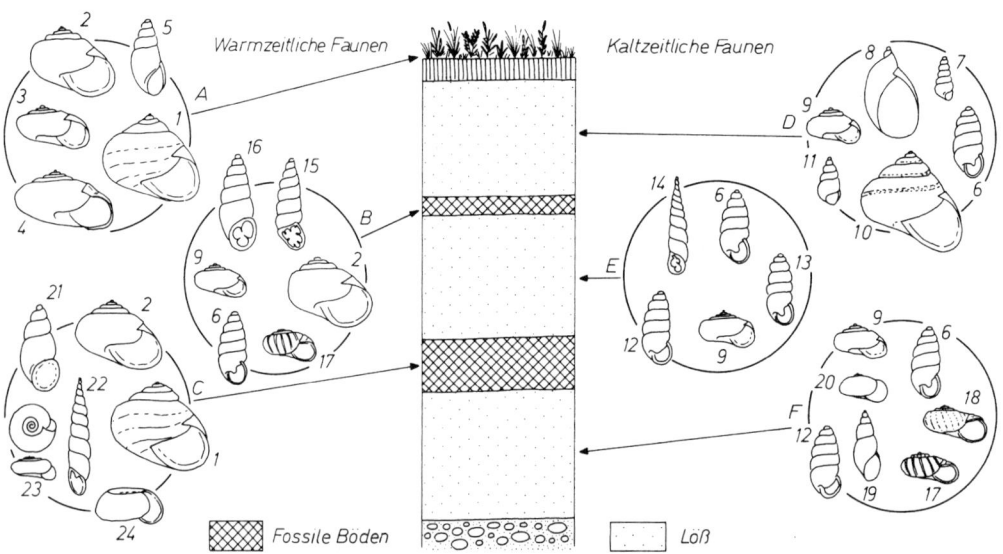

Abb. 235. Die ökostratigraphische Verwertbarkeit von Lößschnecken-Faunen (schematisch). A: rezente Fauna; B: Fauna eines Würm-Interstadials; C: Interglazial-Fauna; D: würmeiszeitliche *Columella*-Fauna (Fauna eines kalt-trockenen Klimas); E: würmeiszeitliche *Pupilla*-Fauna; F: kaltzeitliche Fauna aus dem Prä-Eem.
1: *Cepaea nemoralis,* × 0,5; 2: *Bradybaena fruticum,* × 0,6; 3: *Helicella obvia,* × 0,6; 4: *Monacha cartusiana,* × 1; 5: *Zebrina detrita,* × 0,5; 6: *Pupilla muscorum,* × 2,5; 7: *Columella columella,* × 1,5; 8: *Succinea oblonga,* × 0,75; 9: *Trichia hispida,* × 1; 10: *Arianta arbustorum alpicola,* × 0,75; 11: *Vertigo parcedentata,* × 2,5; 12: *Pupilla loessica,* × 2,5; 13: *Pupilla sterri,* × 2,5; 14: *Clausilia parvula,* × 1,5; 15: *Abida secale,* × 1,5; 16:

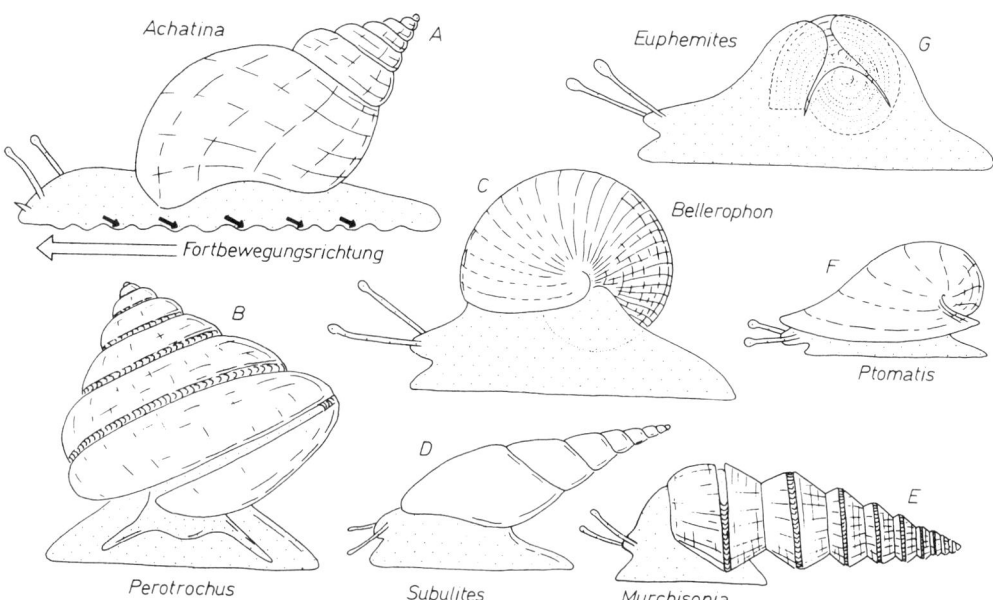

Abb. 236. Das Sohlenkriechen der Gastropoden und die Haltung des Gehäuses. A: rezente Pulmonate; B–G: Archaeogastropoden. A: × 0,25; B: Olig. – rez., × 0,75; C: Silur–Trias, × 1,5; D: Ord. – Silur, × 1,2; E: Silur – Perm, × 1,4; F: Devon, × 1; G: Karbon – Perm, × 1,2. Nach H. Bonse und R. M. Linsley.

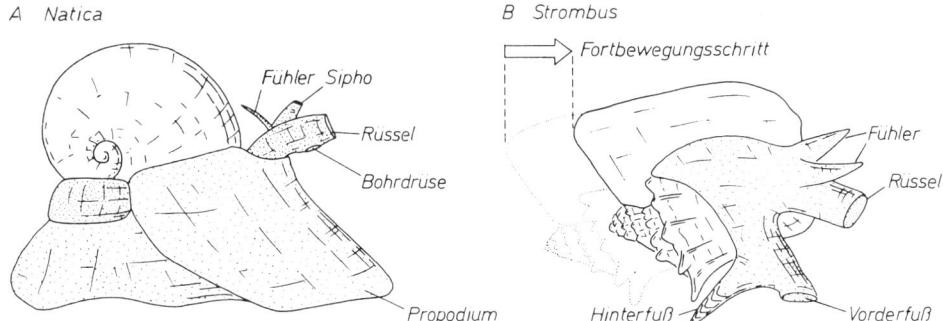

Abb. 237. Abwandlungen der Fortbewegung bei prosobranchen Gastropoden. A: Pflügen im Sediment (Paleoz. – rez.), × 0,9; B: Springen (Mioz. – rez.), × 0,25. Nach G. H. Parker und P. Schiemenz.

*Chondrula tridens*, × 0,5; 17: *Vallonia costata*, × 2,5; 18: *Vallonia tenuilabris*, × 2,5; 19: *Cochlicopa lubrica*, × 1,5; 20: *Vitrea crystallina*, × 2; 21: *Belgrandia germanica*, × 5; 22: *Cochlodina laminata*, × 1; 23: *Discus perspectivus*, × 1; 24: *Drepanostoma nautiliforme*, × 1,5. Nach D. Geyer, K. Münzing und E. Thenius.

Manche Gastropoden können springen. Die Strombiden stoßen sich mit ihrem Hinterfuß ruckartig nach vorne und können so Strecken von etwa der halben Gehäuselänge zurücklegen (Abb. 237).

Bei der Fortbewegung auf dem oder im Inneren des Sedimentes können erhaltungsfähige Lebensspuren (vgl. Bd. 1, S. 139–153) entstehen. Oberflächenspuren von Schnecken sind einfache Rinnen. Oft werden sie von Wällen begleitet, in denen das beiseitegeschaffte Sediment aufgehäuft ist. Manchmal zeigen sie Strukturen. Einfache Querbögen entstehen beim Stemmen des ungeteilten Fußes. Doppelbögen rühren von Kriechsohlen her, die durch eine mediane Längsfurche zweigeteilt sind. Beide Fußhälften können unabhängig voneinander wirken. Die Breite der Spur entspricht der Breite des Fußes (Abb. 238).

Komplizierter sind Innenspuren. Das Sediment muß vor dem Tier beiseite geschafft und hinter ihm wieder abgelagert werden. Dabei entstehen Stopfstrukturen, welche die Bewegungsbahnen von Fuß und Gehäuse markieren. Der Transport des Sedimentes geschieht auf den Seitenteilen des Fußes, die oft hochgebogen sind und manchmal das Gehäuse von außen umfassen. Auch Mantellappen können beim Wühlen um das Gehäuse geschlagen sein.

Manche Schnecken des Brandungsbereiches mit mützenförmigen Gehäusen oder breit ausladender Mündung haben ihre freie Beweglichkeit stark eingeschränkt (Abb. 239). *Patella* saugt sich mit dem Fuß am Substrat fest. Nur nachts verläßt sie ihren Sitzplatz, zu dem sie stets wieder zurückkehrt. Auch *Haliotis* und Jungtiere von *Crepidula* können sich mit dem Saugfuß am Felsen festheften. Alte Exemplare von *Crepidula* verlassen ihren Sitzplatz nicht mehr. Sie sind dauernd sessil geworden, obwohl sie nicht angewachsen sind. Auch *Turritella* ist faktisch sessil. Ihr Fuß ist rückgebildet; sie lebt in Sandböden mit der Schalenspitze nach unten eingegraben.

Echte Sessilität ist bei Schnecken selten. Verwandte von *Crepidula* (*Hipponix* und *Rothpletzia*) wachsen mit einer vom Fuß ausgeschiedenen Stützklappe am Substrat fest. Die Vermetiden und *Magilus* sind mit dem Gehäuse selbst angeheftet.

Einige Gastropoden, vor allem unter den Opisthobranchiern, können schwimmen. Oft ist es ihnen nur über kurze Strecken möglich, und die Tiere bewegen sich gewöhnlich durch Kriechen fort (z. B. viele Nudibranchier). Einige pelagische Nudibranchier sowie die pelagischen Heteropoden und Pteropoden sind jedoch Dauerschwimmer. Das Schweben wird ihnen ermöglicht durch die Schwimmflossen sowie durch ein geringeres spezifisches Gewicht. Dies kommt dadurch zustande, daß die Schale sehr dünn oder ganz rückgebildet ist (Abb. 240). Ferner ist die Körperflüssigkeit leichter als das Meerwasser. Einige Schnecken schweben auf andere Weise. *Janthina* erzeugt mit ihrer Fußdrüse ein Schaumfloß, an dem sie im offenen Meer treibt. *Lymnaea* kann die Mantelhöhle mit Gas füllen und dadurch an die Wasseroberfläche aufsteigen.

b) Ernährung

Die Ernährungsweise der Schnecken ist außerordentlich vielfältig. Die meisten (und zugleich die Mehrheit der ursprünglichen Typen) sind Weidegänger (z. B. Trochaceen, *Littorina*, Strombiden, Süßwasserpulmonaten). Sie kriechen über das Substrat und schaben dabei mit Hilfe ihrer Radula den organischen Belag von Algen, Diatomeen oder Bryozoen ab. Sie vollführen mit dem Kopf Pendelbewegungen nach rechts und links; oft kriechen sie auch in Mäandern. Die dabei entstehenden Fraßspuren sind sehr charakteristisch.

Vor allem größere Schnecken und viele Pulmonaten begnügen sich oft nicht mehr mit den mikroskopisch kleinen Partikeln, die sie beim Weidegang aufnehmen, sondern beschaben mit ihrer Radula größere Pflanzen. Seltener nehmen sie weiche tierische Substanzen zu sich (z. B. Schwämme: manche Pleurotomariiden und Nudibranchier; Coelenteraten: einige Nudibranchier). Einige Formen (Rissoaceen) fressen auch Schlamm, dem sie im Darm verdauliche Bestandteile entziehen.

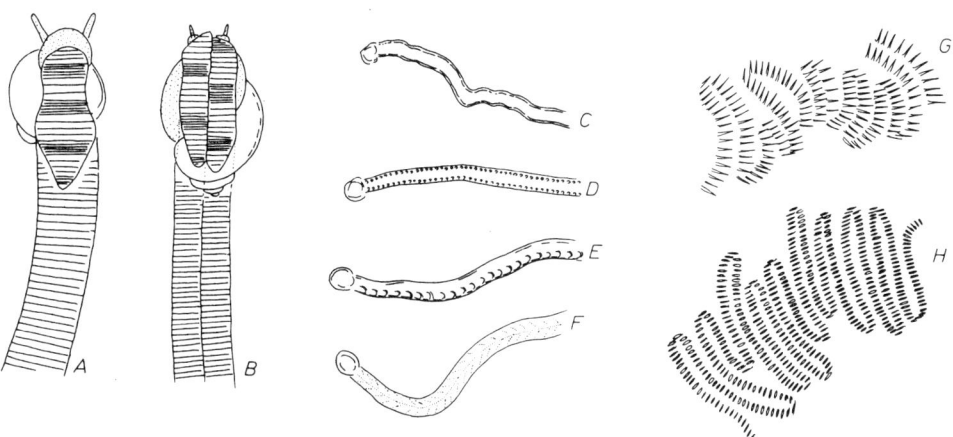

Abb. 238. Kriech- und Weidespuren von Gastropoden. A: ungeteilte (monotaxische) Fußsohle und Kriechfährte von *Radix* (Paleoz. – rez.), × 1; B: zweigeteilte (ditaxische) Fußsohle und Kriechfährte von *Littorina* (Plioz. – rez.), × 1; C–F: Kriechspuren von *Bullia* auf unterschiedlich durchfeuchtetem Sand, ca. × 0,1; G: Weidespur von *Radix*, × 1,5; H: Weidespur von *Helcion* (Kreide – rez.), × 1,5. Nach O. Abel, W. E. Ankel, W. Schäfer, E. Schermer und J. W. Taylor.

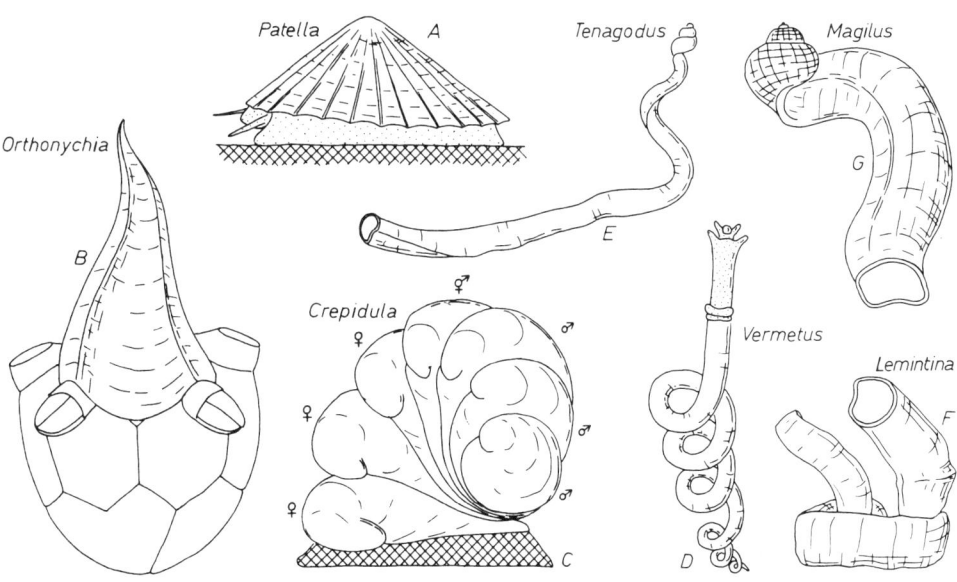

Abb. 239. Sessilität bei Gastropoden. A–C: nicht obligatorisch sessile Formen; D–G: obligatorisch sessile Formen. A: Eoz. – rez., × 1; B: koprophage Schnecke (Silur – Karbon) über Kelchdecke und After eines Crinoideen-Kelches, × 2; C: Kette zwittriger Tiere der Gattung *Crepidula* (Ob.-Kreide – rez.) mit unterschiedlicher Ausprägung des Geschlechts; D: Plioz. – rez., × 0,7; E: Trias – rez., × 0,3; F: Eoz. – rez., × 0,5; G: aus einem Korallenblock isolierte Schnecke (Eoz. – rez.), × 0,5. Nach A. L. Bowsher, J. H. Orton, W. F. Ptschelintsev & I. A. Korobkov und W. Wenz.

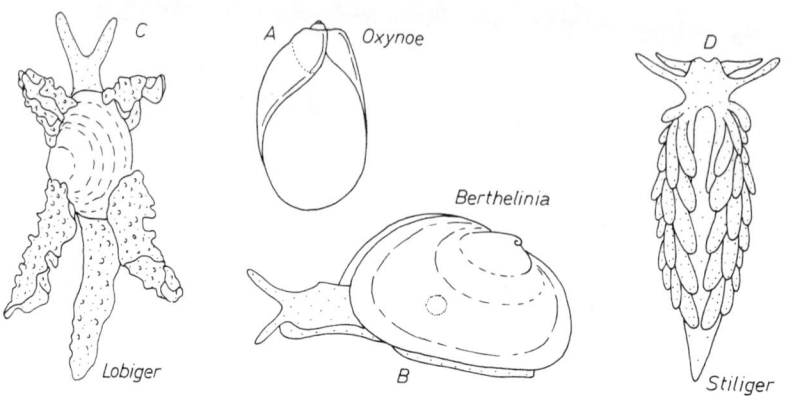

Abb. 240. Abgewandelte und rückgebildete Gehäuse bei Gastropoden am Beispiel der Saccoglossa (Opisthobranchia). A: eiförmiges äußeres Gehäuse (rez.), × 3; B: zweiklappiges Gehäuse; punktiert ist die Lage des quer von Klappe zu Klappe ziehenden Schließmuskels (Mioz. – rez.), × 5; C: kappenförmiges Gehäuse (rez.), × 1,5; D: Gehäuse völlig rückgebildet (rez.), × 5. Nach K. Baba, J. Gonor, S. Kawaguti und A. Zilch.

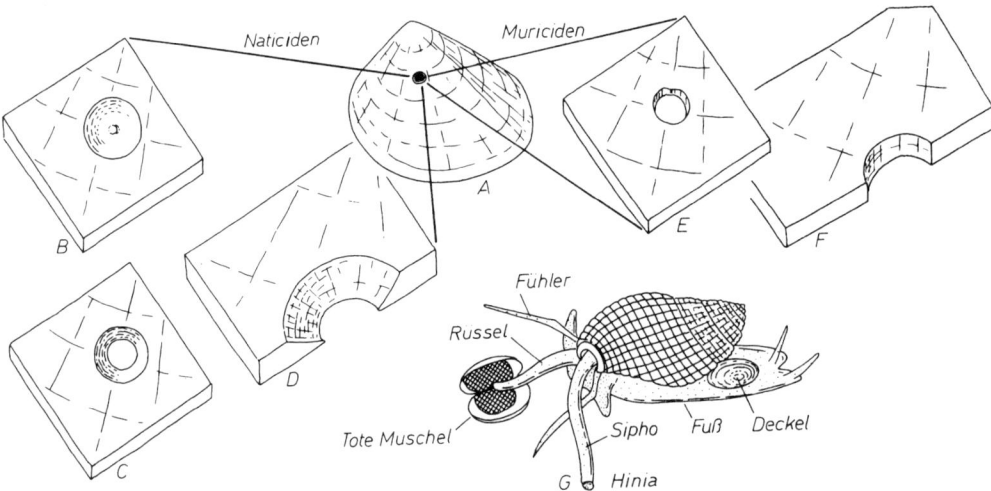

Abb. 241. Raubschnecken. A: angebohrte Muschel, schematisch; B–D: Naticiden-Bohrlöcher (B: unfertiges Loch, × 3; C, D: fertige Löcher, × 3, × 7,5); E, F: Muriciden-Bohrlöcher, × 10, × 20; G: Ausfressen einer Muschel durch *Hinia* (Eoz. – rez.), × 1,5. Nach H. A. Meyer, K. Möbius und P. Schiemenz.

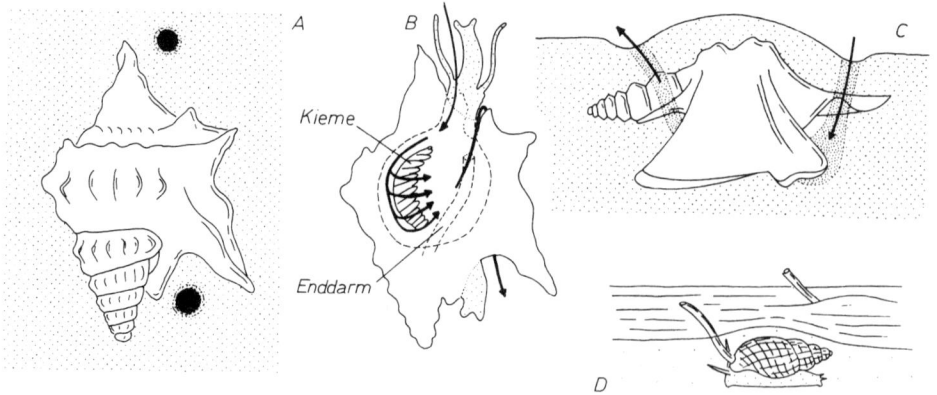

Aasfresser, die entweder große Stücke aus ihrer Beute herausreißen oder sie unzerkleinert verschlingen, brauchen eine abgewandelte Radula, die aus wenigen, aber großen Zähnen gebildet wird. Deshalb sind vor allem viele Stenoglossen und hochentwickelte Taenioglossen (Tonnacea) zu dieser Nahrung übergegangen. Das langsame Reaktionsvermögen erschwert es den Schnecken, lebende Tiere zu jagen. So gibt es unter ihnen nur wenige Räuber, die zu denselben Gruppen gehören wie die Aasfresser.

Abgewandelte Räuber sind die Conaceen. Sie lähmen ihre Beute durch das Gift ihrer toxoglossen Radula und schlingen sie dann hinunter. Die Naticaceen und manche Muricaceen bohren Schalen lebender Tiere (vor allem von Muscheln) an und fressen den Inhalt mit dem Rüssel aus. Beim Bohrvorgang selbst wirken zwei Mechanismen zusammen. Teilweise wird das Bohrloch durch die Radula ausgefräst, die dabei stark abgenutzt und entsprechend rasch erneuert wird. Außerdem sind Bohrdrüsen entwickelt, die Säure bilden, mit der die Schale an der Bohrstelle angeätzt wird. Die Bohrlöcher von Naticaceen und Muricaceen zeigen charakteristische Unterschiede (Abb. 241). Außerdem unterscheiden sich beide Gruppen im Verhalten. Naticaceen fallen ihre Beute nur unter Sedimentbedeckung an; Muricaceen jagen an der Sedimentoberfläche. Bohrlöcher von Raubschnecken sind seit dem Paläozoikum bekannt. Dies deutet darauf hin, daß ein entsprechendes Verhalten auch bei anderen Gastropoden (Archaeogastropoden) vorkam. Manche Muriciden sind Muschelknacker. Sie klemmen ihre Gehäusestacheln in den Schalenspalt einer Muschel und fressen dann die Schale leer.

Einige Gastropoden nutzen den Strom des Atemwassers aus, filtrieren die darin enthaltene Nahrung und führen sie auf Schleimbahnen zum Mund. Sie sind also Strudler (Abb. 242). Bei Gattungen wie *Viviparus* und *Aporrhais* ergänzt die so gewonnene Kost das Weiden. Bei *Turritella*, *Crepidula*, *Struthiolaria* und einem Teil der Pteropoden ist sie die einzige Nahrungsquelle.

Nur wenige Formen haben besondere Fangvorrichtungen entwickelt, um das Geschwebe als Nahrung einzufangen. Die sessilen Vermetiden benutzen dazu Schleimfäden, die Gattung *Olivella* ein Schleimnetz, die samt der Beute in den Mund gezogen und gefressen werden.

Auch Parasitismus ist bei Schnecken selten entwickelt. Die Pyramidelliden saugen an der Körperoberfläche von Anneliden und Mollusken. Verwandte Gattungen sind endoparasitisch, schalenlos und fossil unbekannt. Koprophag sind die paläozoischen Platyceratiden. Sie setzten sich auf die Analregion von Crinoideen und hinterließen dort, da sie wie *Patella* wenig beweglich waren, die Eindrücke ihres Schalenrandes.

Als Exkremente erzeugen viele Schnecken Kotpillen (fecal pellets). Im Enddarm wird der Kot durch Drüsensekrete zu Würsten verfestigt, die beim Ausstoßen in längliche Teilstücke zerbrechen. Der Durchmesser der Kotpillen liegt im Millimeterbereich; ihre Länge beträgt meist das 3–6fache des Durchmessers. Die Form der Kotpillen scheint bei verschiedenen Erzeugern unterschiedlich zu sein (Abb. 243).

c) Habitat

Die meisten Schnecken leben im Wasser, und zwar im Meer. Nahrung und Art der Fortbewegung entscheiden über ihr Vorkommen in bestimmten Biotopen. Die Mehrzahl der marinen Schnecken kriecht auf festem Substrat und nimmt dabei pflanzliche Nahrung zu sich. Sie ist also für

---

Abb. 242. Im Sediment lebende Gastropoden. A–C: Strudeln und der dabei erzeugte Wasserstrom bei *Aporrhais* (Ob.-Kreide – rez.), × 1; D: *Hinia reticulata*, im Sediment eingegraben und mit dem Sipho der Strömung entgegen orientiert, × 0,5. Nach W. E. ANKEL und W. SCHÄFER.

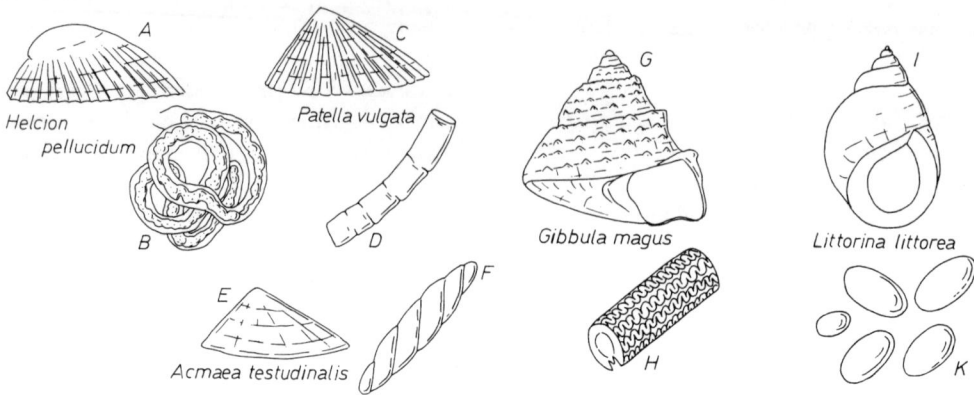

Abb. 243. Kot (Faeces) rezenter Gastropoden. A: × 1,25; B: × 5; C: × 0,5; D: × 5; E: × 1; F: × 5; G: × 1; H: × 5; I: × 1,5; K: × 5. Nach W. E. ANKEL.

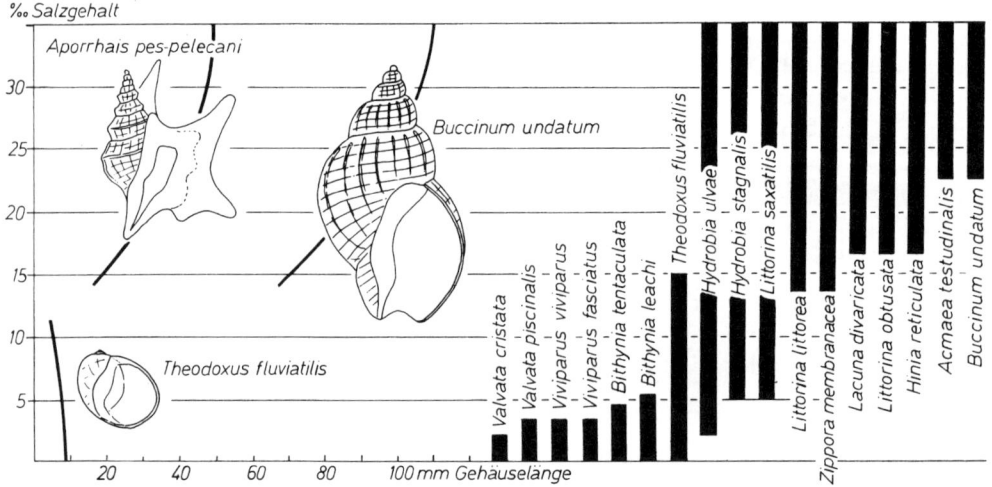

Abb. 244. Der Einfluß der Salinität auf Gastropoden. Links: Abnahme der Gehäuselänge im Brackwasser. Rechts: Verbreitung limnischer und mariner Gastropoden im Randersfjord (Jütland, Dänemark). *Aporrhais*: × 0,5; *Buccinum*: × 0,5; *Theodoxus*: × 1,5. Nach A. C. JOHANSEN.

Hartböden der durchlichteten Zone (z. B. Felsen, Steine) bezeichnend. Seltener bevölkern sie sandige Oberflächen (z. B. *Strombus, Buccinum*) oder Schlick (z. B. *Aporrhais,* manche Rissoaceen).

Hinsichtlich der **Meerestiefe** sind die Ansprüche unterschiedlich. Im Gezeiten- und Brandungsbereich finden sich vor allem Tiere mit mützenförmigen Gehäusen und einem Saugfuß (*Patella, Haliotis, Fissurella, Crepidula*) sowie kleine, festschalige Typen, deren Gehäuse dem Wasser wenig Angriffsfläche bietet (kleine Trochaceen, Neritiden, *Littorina, Hydrobia*). In größerer Tiefe (bis ca. 30 m) dominieren größere Pflanzenfresser. Hier sind u. a. Trochiden und Strombaceen verbreitet. Auch die Mehrzahl der fossilen Pleurotomariaceen, der Loxonemataceen und der Cerithiaceen (soweit sie marin sind) scheint hier ihren Schwerpunkt zu haben. Ferner kommen hier Fleischfresser (z. B. *Buccinum, Conus, Voluta*) vor.

In Tiefen von ca. 30–70 m überwiegen in der Gegenwart die Fleischfresser (z. B. *Charonia*). Unterhalb von 70 m Meerestiefe werden Gastropoden selten. Tiefwasserschnecken gibt es nur wenige. In der Gegenwart gehören hierzu die Cocculinaceen und die Pleurotomarien, deren Vorstoß ins tiefere Wasser sich schon im Mesozoikum anbahnt.

Hochseetiere sind die planktischen Heteropoden und Pteropoden, ferner *Janthina*. Die Gastropoden scheinen diesen Biotop erst während der Kreide besiedelt zu haben. Die meisten planktischen Schnecken sind epipelagisch. Nur wenige Pteropoden sind mesopelagisch. Pseudoplanktisch in Tangwiesen sind vor allem kleine Typen verbreitet. Manche Trochiden und Rissoaceen sowie viele Nudibranchier kommen hier vor.

Die **Temperatur** des Wassers wirkt sich in verschiedener Weise aus. Manche Gruppen sind ganz an tropische Verhältnisse gebunden (z. B. Nerineaceen), andere reichen noch in warmgemäßigte Klimate hinein (z. B. Cypraeaceen). Es gibt auch Formen, die an kühles Wasser angepaßt sind. Verschiedene Gattungen entsenden Arten in mehrere Klimabereiche (z. B. *Gibbula, Littorina*). Solche des warmen Wassers sind dann größer und ihre Schale ist dicker als bei denjenigen aus kühleren Gebieten. Bei *Conus* werden Gehäuse im Indischen Ozean über 10 cm, im Mittelmeer höchstens 3–4 cm hoch. Warmwasserschnecken sind durchschnittlich größer, ihr Gehäuse ist dicker und reicher skulptiert. Am mannigfaltigsten sind die Skulpturen in den Tropen. Auch die Arten- und Gattungszahlen sind im tropischen Bereich am höchsten (vgl. Bd. 1, S. 160, Abb. 179).

Viele Schnecken stoßen vom Meer ins **Brackwasser** vor. *Littorina* erträgt in der Ostsee eine Abnahme der Salinität bis auf 8‰. *Hydrobia* gedeiht im Asowschen Meer bei 10‰ Salzgehalt. Auch von kretazischen Nerineaceen und Actaeonelliden wird angenommen, daß sie Schwankungen des Salzgehaltes tolerierten. Eine Reihe von Gattungen, vor allem der Cerithiaceen, hat sich speziell an das Leben im Brackwasser angepaßt (z. B. die Potamiidae). Sie fehlen i. d. R. sowohl im Meer als auch im reinen Süßwasser. Bei Formen des Brackwassers ist meist die Gehäusegröße und Schalendicke gegenüber dem vollmarinen Bereich verringert (Abb. 244). Auch die meisten Schnecken, die heute das Süßwasser bevölkern, können ins Brackwasser vordringen. Auch bei ihnen nimmt dabei die Gehäusegröße ab. Ferner tendiert ihre Skulptur dazu, stärker zu werden.

Echte **Süßwasserschnecken** sind heute vor allem die höheren Basommatophoren. Auch unter den Prosobranchiern gibt es einige Gruppen, die diesen Biotop besiedelt haben (u. a. einige Neritaceen, *Viviparus, Valvata,* einige Rissoaceen). Sie sind z. T. erst während des Mesozoikums aus dem Meer eingewandert. Ihre frühen Vertreter sind deshalb meist noch nicht völlig ans Süßwasser gebunden, sondern auch im Brackwasser verbreitet. Bezeichnend für Süßwasserschnecken ist ihr relativ dünnschaliges Gehäuse. Manche Gattungen ertragen ungewöhnlich hohe Temperaturen und kommen heute in Thermen bis nahe 50 °C vor. Viele Süßwasserschnecken bilden eine Fülle nichterblicher Standortvarietäten.

Für **Landschnecken** gelten besondere ökologische Bedingungen. Sie sind gegenüber Temperaturschwankungen weniger empfindlich als Wasserschnecken. Außerdem müssen sie große Wasserverluste ertragen und rasch durch Resorption durch die Haut ersetzen können. So kann *Arion* bis 50 % des Körpergewichtes verdunsten und 30 % innerhalb von 2 Stunden aufnehmen. Die Atmung erfolgt durch die zur Lunge umgebildete Mantelhöhle. Die weitaus dominierende Gruppe sind die Stylommatophoren. Nur wenige Prosobranchier sind ebenfalls ans Land gegangen. Ständig am Land leben die Cyclophoraceen, *Helicina* und *Pomatias*. Andere, deren Mantelhöhle zusätzlich zur Kiemenatmung direkt respirieren kann (*Littorina*, manche Rissoaceen) begeben sich vom Meer aus zeitweise auf den Strand. Die primitiven Basommatophoren sind ebenfalls Strandbewohner des Meeres.

Die Landschnecken sind wie die marinen Typen in den Tropen am formenreichsten. Dort finden sich auch die größten Gehäuse (z. B. *Achatina*). In Mitteleuropa lassen sich mehrere Anpassungstypen an verschiedene Biotope erkennen. Formen mit dünnen, durchsichtigen Gehäusen (z. B. *Succinea, Vitrea*) können nur in ständig feuchter Umgebung leben. Tiere mit festen, dichten, weißen Gehäusen (z. B. *Helix, Cepaea*) ertragen dagegen auch zeitweilige Trockenheit. Kleine Typen, wie *Vertigo, Pupilla* usw., leben im Moos, Gras oder Mulm. Die mittelgroßen Formen, wie *Helix, Cepaea, Zonites* usw., sind Buschschnecken. An Bäumen und glatten Felsen kommen die Clausiliiden vor. Nahe verwandte Arten können an ganz unterschiedliche Kleinklimate angepaßt sein. Aus der Kenntnis der rezenten Gastropoden sind Rückschlüsse auf die Ökologie der pleistozänen Lößschnecken möglich.

### 7. Fossilisation

Da die meisten Gastropoden im flachen und bewegten Wasser leben, werden ihre Gehäuse nach dem Tode umgelagert. Dabei unterliegen sie bevorzugt mechanischer Zerstörung (Abb. 245). Welche Erscheinungen dabei auftreten, wird durch Form, Baueigentümlichkeiten und Skulptur des Gehäuses bestimmt. Bauchige Gehäuseteile werden eingedrückt. Spitze und Basis turmförmiger Gehäuse werden ebenfalls früh zerstört. Besonders verfestigte Schalenabschnitte bleiben länger erhalten. Deshalb bleibt bei Arten mit verdickten Mundrändern die Mündung als letztes übrig. In anderen Fällen kann die massive Columella am längsten erhalten bleiben. Niedrige Gehäuse mit offenem Nabel haben nur geringe Stabilität und brechen bevorzugt quer durch. Bei mützenförmigen Gehäusen wird zunächst die Spitze abgeschliffen. Es entsteht eine Rundlochfacette, die zur Hufeisenfacette erweitert werden kann (vgl. Bd. 1, S. 36).

Gastropodengehäuse werden im bewegten Wasser oft eingeregelt. Mützenförmige Gehäuse werden in die stabile Lage „gewölbt oben" eingekippt (vgl. Bd. 1, S. 38–39, Abb. 40). Kegelförmige Gehäuse rollen am Grund und werden eingesteuert (vgl. Bd. 1, S. 39–40, Abb. 41).

Weichteile von Schnecken sind fossil nicht erhalten. Bisher einmalig ist die überlieferte Füllung des Darmtraktes bei *Margarites* aus der Unterkreide Englands. Erhaltungsfähig sind außer dem Gehäuse die Radula und der Deckel. Fossile Radulae sind noch nicht nachgewiesen; wahrscheinlich ist dies nur eine Beobachtungslücke. Deckel und Gehäuse sind nur sehr selten im Zusammenhang erhalten. Hornige Opercula sind kaum erhaltungsfähig. Die meisten Funde sind isolierte, kalkige Deckel. Bei der Verwesung der Gastropodenleichen lösen sie sich vom Hinterfuß. Da die Deckel meist eine größere Schwebfähigkeit besitzen als die Gehäuse, werden sie i. d. R. weiter transportiert.

Gastropoden-Schalen bestehen überwiegend aus Aragonit. Sie sind deshalb nur wenig beständig. Meist sind sie aufgelöst, seltener in Kalzit umgewandelt. Unverändert erhalten sind sie allerdings oft in känozoischen Sedimenten mit geringem Porenwasseraustausch. In älteren Schichten liegt Schalenerhaltung fast nur dort vor, wo primär kalzitische Schalenanteile vermutet werden.

Fossile Schnecken sind deshalb oft nur als Steinkerne erhalten. Da die Ausfüllung des Gehäuses meist völlig anders aussieht als dessen Oberfläche, ist die Bestimmung von Steinkernen sehr

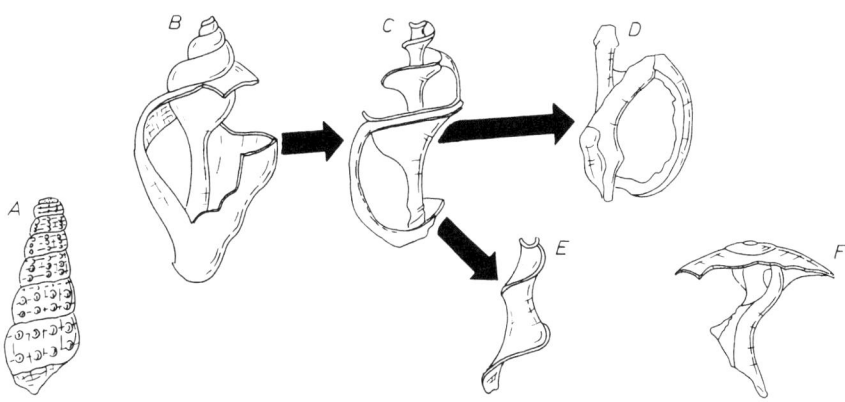

Abb. 245. Bruchfiguren bei Gastropoden. A: abgerolltes Gehäuse von *Thericium* (Ob.-Kreide – rez.), × 1; B–F: typische Brüche bei spindelförmigen (B–E) und kreiselförmigen (F) Gehäusen; B, D: *Buccinum undatum;* C: *Hinia reticulata;* E: *Littorina littorea;* F: *Littorina obtusata;* unterschiedlich vergr. oder verkl. Nach W. SCHÄFER.

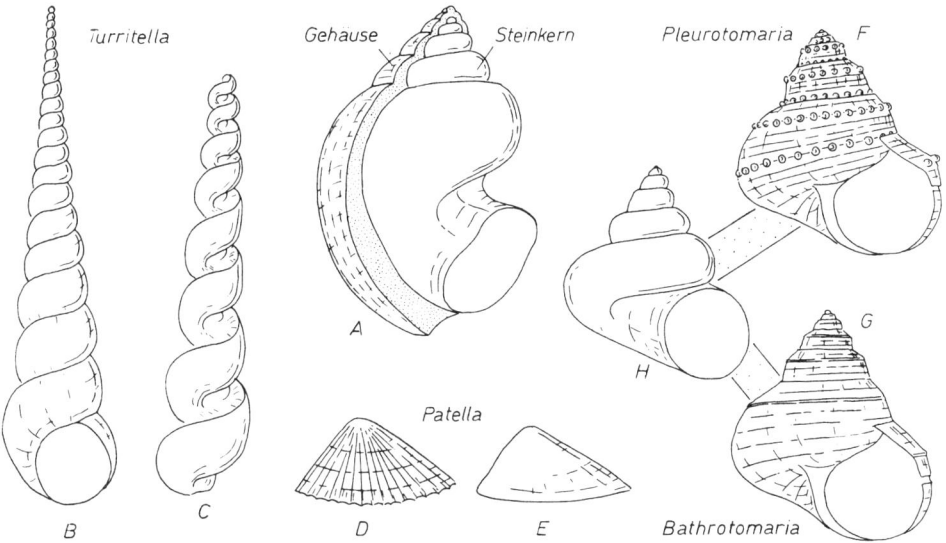

Abb. 246. Gehäuse und Steinkern bei Gastropoden. A: Schema eines aufgeschnittenen Gehäuses, um das Verhältnis von Gehäuse (punktiert) zu Steinkern (weiß) zu zeigen (nach E. FRAAS); B, C: Gehäuse und Steinkern von *Turritella* (Ob.-Kreide – rez.), × 1; D, E: Gehäuse und Steinkern von *Patella* (Eoz. – rez.), × 0,7; F–H: skulpturell unterschiedliche Gehäuse und übereinstimmender Steinkern zweier Pleurotomarien-Gattungen (Jura – Kreide), × 0,4.

schwierig und oft unmöglich. Hinzu kommt, daß die charakteristischen Merkmale der Mündung am Steinkern i. d. R. nicht überliefert sind (Abb. 246).

Der Lebensort der Gastropoden im flachen und bewegten Wasser und ihre Häufigkeit führt zur Anreicherung ihrer Gehäuse in Schillbänken und Pflastern. Wenn ein Gestein überwiegend aus den Gehäusen von Gastropoden besteht, wird es Schneckenkalk genannt.

Der Pteropoden-Schlamm ist eine Ablagerung der Tiefsee oberhalb der Löslichkeitsgrenze des Kalks. Er entsteht, wenn leere Pteropodengehäuse in großer Zahl über lange Zeiträume hinweg zum Meeresboden niedersinken und dort das dominierende Sediment darstellen. Pteropoden-Schlamm bedeckt heute große Flächen im subtropischen Atlantik.

## 8. Gruppen-Übersicht

A. **Prosobranchia.** Nervensystem mit gekreuzten Nervenkommissuren, Mantelhöhle nach vorne geöffnet. Kiemen **vor** dem Herzen. Gehäuse meist kräftig, i. d. R. mit Deckel. Kambrium – rezent.
   1. Archaeogastropoda. Kiemen doppelfiederig, Nervensystem mit Pedalstrang, Radula rhipidogloss oder docogloss. Kambrium – rezent.
      a) Mündung mit Sinus oder Schlitz; 2 Kiemen, 2 Nieren (soweit Weichteile bekannt).
         a1: Schale nicht perlmuttrig; Gehäuse bilateral-symmetrisch, meist planspiral (Bellerophontina, Kambrium–Trias): *Bellerophon* (Abb. 208, 223, 236), *Euphemites* (Abb. 236), *Ptomatis* (Abb. 236);
         a2: Schale nicht perlmuttrig; Gehäuse niedrig kreiselförmig (Macluritina, Kambrium–Kreide): *Discohelix* (Abb. 232), *Euomphalus* (Abb. 214), *Maclurites* (Abb. 227);
         a3: Schale nicht perlmuttrig; Gehäuse mützenförmig (Fissurellidae, Trias – rezent): *Fissurella* (Abb. 219);
         a4: Schale perlmuttrig; Gehäuse kegel- bis mützenförmig (Pleurotomariina, Kambrium – rezent): *Haliotis* (Abb. 219, 223), *Perotrochus* (Abb. 236), *Pleurotomaria* (Abb. 212, 246), *Trochonema* (Abb. 214);
         a5: Schale perlmuttrig; Gehäuse turmförmig (Murchisoniina, Ordovizium–Trias): *Murchisonia* (Abb. 236).
      b) Mündung ohne Sinus oder Schlitz; 1 Kieme oder Kiemen reduziert:
         b1: Schale perlmuttrig; Gehäuse kegelförmig; 2 Nieren (Trochina, Ordovizium – rezent): *Amberleya* (Abb. 224), *Gibbula* (Abb. 243), *Platyceras* (Abb. 214), *Trochus* (Abb. 212, 219), *Turbo* (Abb. 226);
         b2: Schale nicht perlmuttrig; Gehäuse i. d. R. kegelförmig; 1 (linke) Niere (Neritopsina, Devon – rezent): *Helicina, Naticopsis* (Abb. 226), *Nerita* (Abb. 221), *Theodoxus* (Abb. 219, 244);
         b3: Schale nicht perlmuttrig; Gehäuse mützenförmig, akzessorische Kiemen, 2 Nieren, Radula docogloss (Patellina, ?Silur, Trias – rezent): *Patella* (Abb. 214, 223, 239, 243, 246);
         b4: Schale nicht perlmuttrig; Gehäuse mützenförmig, akzessorische Kiemen, 1 (linke) Niere, Radula rhipidogloss (Cocculinina, Tertiär – rezent): *Cocculina*.
   2. Mesogastropoda (Caenogastropoda p. p.). Kiemen i. d. R. einfiederig, Nervensystem i. d. R. ohne Pedalstrang, 1 Kieme, die reduziert sein kann, 1 (linke) Niere, Radula taeniogloss oder ptenogloss, Schale nicht perlmuttrig, ?Ordovizium, Devon – rezent.
      a) Gehäuse turm- bis spitzkegelförmig, Männchen ohne Penis:
         a1: Weichteile, Deckel und Radula unbekannt; Mündung manchmal noch mit Analsinus (Loxonematacea, Ordovizium–Jura; Subulitacea, Ordovizium–Perm): *Loxonema, Zygopleura, Soleniscus* (Abb. 214, 221), *Subulites* (Abb. 236);
         a2: Weichteile, Deckel und Radula unbekannt; Mündung ohne Sinus und ohne Siphonalstrukturen; meist mit komplizierten Falten auf Spindel und Außenlippe (Nerineacea, Jura–Kreide): *Bactroptyxis* (Abb. 231), *Cryptoplocus* (Abb. 231), *Nerinea* (Abb. 221, 231), *Ptygmatis* (Abb. 221, 231);
         a3: Deckel spiral, Radula taeniogloss; Mündung holostom oder mit Siphonalstrukturen (Cerithiacea, Devon – rezent): *Cerithium* (Abb. 219), *Potamides, Thiara* (Abb. 224), *Turritella* (Abb. 216, 246), *Vermetus* (Abb. 239);
         a4: Deckel spiral, zuweilen fehlend, Radula ptenogloss; Mündung holostom oder mit Siphonalstrukturen; (Scalacea, Jura – rezent): *Epitonium* (Abb. 224), *Janthina* (Abb. 233).

b) Gehäuse kreisel- bis kegelförmig. Männchen mit Penis. Mündung holostom:
  b1: Nervensystem mit Pedalstrang (Ausnahme!), Kiemen einfiederig (Cyclophoracea, Karbon – rezent): *Cyclophorus, Viviparus* (Abb. 217, 226, 230);
  b2: Nervensystem ohne Pedalstrang, Kiemen doppelfiederig (Ausnahme!) (Valvatacea, Jura – rezent): *Valvata;*
  b3: Nervensystem ohne Pedalstrang, Kiemen einfiederig, Kieferplatten vorhanden (Rissoacea, Perm – rezent): *Hydrobia, Rissoa;*
  b4: Nervensystem ohne Pedalstrang, Kiemen einfiederig, Kieferplatten rückgebildet (Littorinacea, Trias – rezent): *Littorina* (Abb. 213, 243), *Pomatias;*
  b5: Nervensystem ohne Pedalstrang, Kiemen einfiederig, Bohrschnecken (Fleischfresser) (Naticacea, Trias – rezent): *Ampullina, Natica* (Abb. 224, 226, 237).
c) Gehäuse unterschiedlich gestaltet. Männchen mit Penis:
  c1: Gehäuse überwiegend mützenförmig; Mündung ohne Fortsätze; Fuß nicht zur Flosse umgebildet (Calyptraeacea, Jura – rezent): *Crepidula* (Abb. 223, 239), *Hipponix* (Abb. 227);
  c2: Gehäuse weitgehend oder völlig reduziert; Fuß mit vertikaler Schwimmflosse (Atlantacea = Heteropoden, Kreide – rezent): *Atlanta* (Abb. 233), *Carinaria* (Abb. 233);
  c3: Gehäuse mit komplizierter Mündung; Außenlippe mit Fortsätzen (Strombacea, Jura – rezent): *Aporrhais* (Abb. 242, 244), *Pterocera* (Abb. 220), *Strombus* (Abb. 220, 237), *Tibia* (Abb. 220);
  c4: Gehäuse mit komplizierter Mündung, die Siphonalstrukturen trägt (Tonnacea, Kreide – rezent): *Cassis* (Abb. 222), *Charonia* (Abb. 222), *Tonna* (Abb. 234);
  c5: Gehäuse vom Mantel umhüllt; Endwindung umschließt i. d. R. das Jugendgehäuse; Mündung ± schlitzförmig (Cypraeacea, Jura – rezent): *Cypraea* (Abb. 221), *Gisortia* (Abb. 218).
3. Neogastropoda (Caenogastropoda p. p.). Kiemen einfiederig, Nervensystem ohne Pedalstrang, 1 Kieme, 1 (linke) Niere, Radula stenogloss oder toxogloss, Schale nicht perlmuttrig. Mündung stets mit Siphonalstrukturen, Männchen mit Penis. Kreide – rezent.
  a) Radula stenogloss:
    a1: Mantel ohne Purpurdrüse; Varizen und Spindelfalten meist fehlend; Skulptur spiralig und bzw. oder axial (Buccinacea, Kreide – rezent): *Buccinum* (Abb. 212, 217, 226, 244), *Hinia* (Abb. 241), *Siphonalia* (Abb. 219);
    a2: Mantel ohne Purpurdrüse; Varizen meist fehlend, Spindelfalten i. d. R. vorhanden; Schale meist glatt (Volutacea, Kreide – rezent): *Harpa* (Abb. 219), *Mitraria* (Abb. 221), *Oliva, Voluta;*
    a3: Mantel mit Drüse, die Purpurfarbstoff absondert; Varizen meist vorhanden, Spindelfalten fehlen; Schale meist mit Rippen und Stacheln (Muricacea, Kreide – rezent): *Magilus* (Abb. 239), *Murex* (Abb. 220).
  b) Radula toxogloss, selten fehlend (Conacea, Kreide – rezent): *Conus* (Abb. 218), *Terebra* (Abb. 218), *Turris.*

B. **Opisthobranchia.** Nervenkommissuren nicht gekreuzt, Mantelhöhle nach rechts geöffnet, Kiemen i. d. R. hinter dem Herzen, oft rückgebildet, Mantelhöhle jedoch nicht zur Lunge umgebildet. Gehäuse selten kräftig, meist dünn, oft vom Mantel überwachsen oder reduziert; Deckel i. d. R. fehlend. ?Devon, Karbon – rezent.
  1. Meist mit äußerem Gehäuse, mit Mantelhöhle, Fuß mit Kriechsohle, Radulaquerreihen mit mehreren Zähnen.
    a) Gehäuse meist eiförmig; Kopf mit 4, zu einer schildartigen Verbreiterung verwachsenen Fühlern (Cephalaspidea, Karbon – rezent): *Actaeonella* (Abb. 221), *Bulla* (Abb. 214).
    b) Gehäuse ei- oder blattförmig, z. T. vom Mantel bedeckt; 4 freie Fühler (Aplysiacea, Tertiär – rezent): *Aplysia.*
    c) Gehäuse klein, turmförmig; Tiere sind Ektoparasiten an Mollusken (Pyramidellacea, ?Devon, Karbon – rezent): *Odostomia* (Abb. 216), *Pyramidella.*
  2. Kleine pelagische Schnecken, z. T. mit äußerem Gehäuse, z. T. schalenlos; Fuß zu vertikalen Schwimmflossen verlängert (Pteropoden).
    a) Mit Gehäuse; Fühler verwachsen, Magen mit Kauplatten (Thecosomata, Kreide – rezent): *Clio* (Abb. 233), *Peracle* (Abb. 233), *Spiratella* (Abb. 233).
    b) Meist schalenlos; Fühler frei, Magen ohne Kauplatten (Gymnosomata, rezent): *Clione.*
  3. Gehäuse klein, dünn, oft rückgebildet; Radula nur mit 1 Längsreihe von Zähnen (Saccoglossa, Tertiär – rezent): *Berthelinia* (Abb. 240), *Oxynoe* (Abb. 240).
  4. Gehäuse klein, vom Mantel überwachsen oder fehlend. Mantelhöhle als flache seitliche Rinne mit 1 Kieme; Radulaquerreihen mit mehreren Zähnen (Notaspidea, Tertiär – rezent): *Umbraculum.*

5. Schalenlos, ohne Mantelhöhle, Kiemen rückgebildet, dafür mit akzessorischen Körperanhängen. Fuß i. d. R. schmal, bei pelagischen Formen mit Schwimmflossen (Nudibranchia, rezent).

C. **Pulmonata.** Nervenkommissuren nicht gekreuzt, Mantelhöhle nach der Seite gewandt, ohne Kieme, als Lunge wirkend. Gehäuse meist gut ausgebildet, i. d. R. ohne Deckel. Jura – rezent.
1. Stets mit Gehäuse. Augen am Grund der Fühler (Basommatophora, Jura – rezent): *Ancylus, Gyraulus, Lymnaea* (Abb. 215), *Physa* (Abb. 215), *Planorbis, Siphonaria* (Abb. 223).
2. Gehäuse vorhanden oder rückgebildet. Augen am Ende eines einstülpbaren Fühlerpaares (Stylommatophora, Kreide – rezent).
   a) Niere parallel zum Herzen, Ausführgang läuft ohne Biegung nach vorn (Orthurethra, Tertiär – rezent): *Pupilla* (Abb. 235).
   b) Niere quer zum Herzen, Ausführgang läuft in der letzten Falte der Eingeweide zum Mantelrand (Heterurethra, Tertiär – rezent): *Succinea* (Abb. 235).
   c) Nierenausführgang zurückgebogen, ventralwärts von Lunge und Eingeweidesack nach außen führend (Sigmurethra, Kreide – rezent): *Achatina* (Abb. 236), *Arion, Cepaea* (Abb. 217, 235), *Clausilia* (Abb. 221, 227, 235), *Helix* (Abb. 217, 227), *Rumina* (Abb. 216), *Zonites*.

Auswahl weiterführender Literatur:
W. E. Ankel (1936), L. R. Cox (1960), L. Sch. Davitaschvili & R. L. Merklin (Hrsg.) (1968), A. Franc (1968), V. Fretter & A. Graham (1962), V. Fretter & J. Peake (1975, 1978), J. B. Knight et al. (1960), R. M. Linsley (1978), W. Wenz (1938–44), W. Wenz & A. Zilch (1959–60).

# Nautiloideen

## 1. Definition

Die Nautiloideen in weitestem Sinne sind Cephalopoden mit äußerem Gehäuse von sehr unterschiedlicher Form, einem Sipho, der oft stark spezialisiert ist, und konkaven Kammerscheidewänden, die normalerweise nicht verfaltet sind.

## *2. Nautilus*

Die einzige überlebende Gattung der Nautiloideen ist *Nautilus*. Obwohl er ziemlich stark und einseitig spezialisiert sein dürfte, ist die Kenntnis seiner Morphologie (Abb. 247) und Biologie für das Verständnis der gesamten Nautiloideen sowie der Ammonoideen unerläßlich.

a) Morphologie

*Nautilus* besitzt ein Gehäuse, das planspiral aufgerollt ist, einen Scheibendurchmesser von etwa 20 cm hat und aus etwa 3 Windungen besteht. Etwas mehr als 1/3 des letzten Umgangs beherbergt den etwa 15 cm langen Weichkörper. Man nennt diesen Gehäuseabschnitt die Wohnkammer. Die weiter zurückliegenden Teile des Gehäuses sind durch Querwände (Kammerscheidewände oder Septen) in Kammern unterteilt. Dieser Kammerapparat wird auch als Phragmokon bezeichnet. Die Septen sind nahe ihrer Mitte von einer Öffnung durchbrochen, durch die ein Weichkörperstrang, der Sipho, bis zu der ersten Kammer zieht.

Aus der Wohnkammer ragt beim lebenden Tier der „Kopffuß" heraus. Ein eigentlicher Kopf ist nicht erkennbar. Der Mund liegt inmitten fleischiger Ringe oder „Loben", auf denen sich zahlreiche Tentakel erheben. Da sie vom Pedalganglion aus innerviert werden, sind sie dem Fuß homolog. Ihre Spitzen tragen zurückziehbare Zirren. Da die Tentakel dem Molluskenfuß entsprechen, bilden sie die Ventralseite des Körpers. Die Dorsalseite wird durch den Sipho bezeichnet. Die

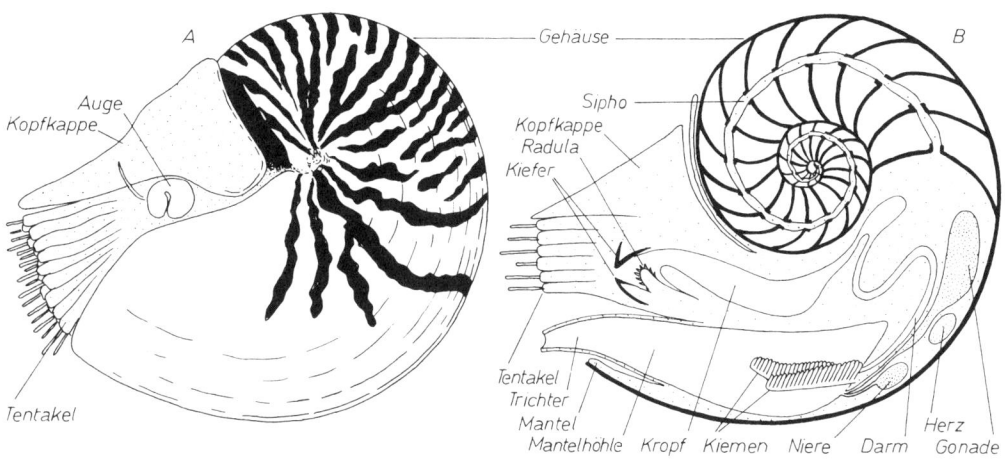

Abb. 247. *Nautilus*. A: Tier mit Weichkörper im Gehäuse, × 0,4; B: schematischer Medianschnitt, um die Lage der Organe zu zeigen. Nach A. Naef und H. B. Stenzel.

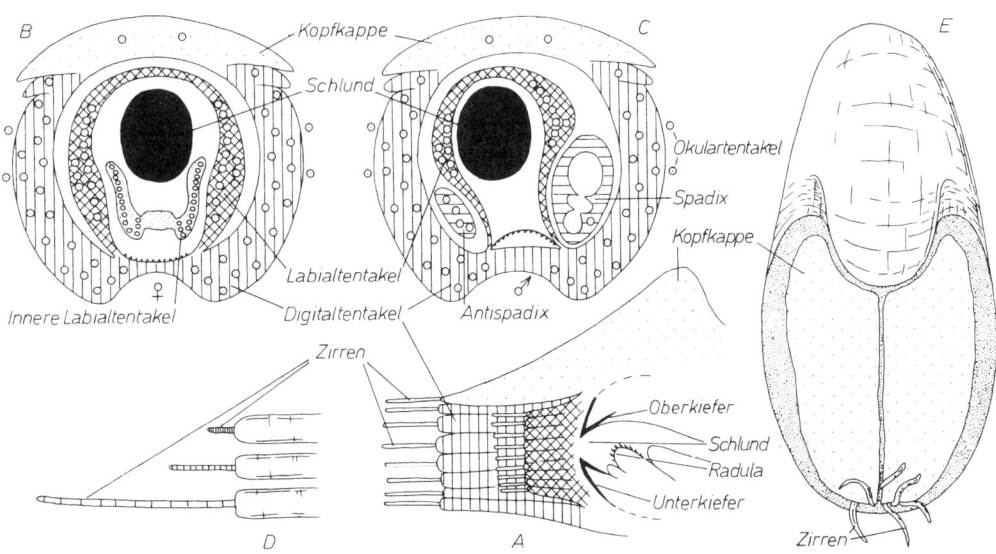

Abb. 248. Die Tentakel von *Nautilus*. A: schematischer Längsschnitt durch den Kopffuß mit der Anordnung der Tentakel vor dem Schlund; B, C: Blick auf die Tentakelkränze, schematisch; D: Tentakel und ihre Zirren, in unterschiedlichem Ausmaß zurückgezogen, × 0,3; E: Weichkörper in der Wohnkammer, mit vorgezogener Kopfkappe, × 0,4. Nach B. Dean, A. Naef, O. H. Schindewolf und H. B. Stenzel.

Hinterseite entspricht der Gehäuseperipherie und die Vorderseite der Auflage auf der nächstinneren Gehäusewindung.

Zahl und Anordnung der Tentakel sind bei weiblichen und männlichen Tieren unterschiedlich (Abb. 248). Ein äußerer Ring trägt in beiden Geschlechtern links und rechts je 19 Tentakel. Die Sockel der 2 vordersten sind zu einer kräftigen Kopfkappe umgebildet, die vor die Gehäusemündung geschlagen wird, wenn sich das Tier in die Wohnkammer zurückzieht. Die übrigen Tentakel des äußeren Kranzes werden als Digitaltentakel bezeichnet. Ein innerer Tentakelring (Labialkranz) ist zwar in beiden Geschlechtern vorhanden, doch ist die Zahl seiner Tentakel unterschiedlich. Beim Weibchen sind 12, beim Männchen nur 8 Labialtentakel auf jeder Körperseite vorhanden. Beim Männchen sind die verbleibenden je 4 Labialtentakel zu Kopulationsorganen umgebildet, die zwischen Labial- und Digitalkranz stehen. Der Spadix, der meist (nicht immer) links liegt, dient der Übertragung der Spermatophoren auf das Weibchen. Spadix und Antispadix unterscheiden sich erst beim ausgewachsenen Tier; bei Jugendstadien sind beide gleichartig und klein. Bei den Weibchen ist noch ein innerer Kranz mit insgesamt 28 inneren Labialtentakeln vorhanden. Beide Geschlechter besitzen außerhalb der Digitaltentakel noch 4 Okulartentakel, die rechts und links vor und hinter dem Auge stehen. Weibchen tragen somit insgesamt 94, Männchen nur 66 Tentakel.

Die Augen liegen seitlich hinter der Kopfkappe. Sie sind nach der Art einer Lochkamera gebaut. Sie stellen Hohlkörper dar, deren Inneres von der Retina ausgekleidet ist und die durch eine Öffnung mit dem Meerwasser in Verbindung stehen. Diese Konstruktion erlaubt ein Bildsehen allenfalls bei Tage in flachem Wasser, d. h. bei größter Helligkeit.

Der Schlund enthält mehrere charakteristische Organe (Abb. 249). Er wird von schnabelähnlichen Kiefern (Oberkiefer und Unterkiefer) umgeben, deren Spitzen verkalkt sind. Hinter ihnen folgt die Radula. Sie trägt in jeder Querreihe 9 Zähne sowie 4 Stützplatten.

Dorsalwärts vom Kopffuß, also im Inneren der Wohnkammer, liegen die Eingeweide. Der Verdauungstrakt ist U-förmig. Der Enddarm mündet in die Mantelhöhle, die entlang der hinteren Gehäuseperipherie einen großen Teil der Wohnkammer einnimmt. In die Mantelhöhle ragen 2 Kiemenpaare, weshalb die Nautiliden auch als Tetrabranchiata bezeichnet werden. Auch die Exkretionsorgane (Nieren) sind mit 2 Paaren vorhanden. Es ist unklar, ob dies Anklänge an eine ursprüngliche Segmentierung sind oder ob die Organe sekundär verdoppelt wurden. Die Gonade ist unpaar. Auch ihr Ausführungsgang mündet in die Mantelhöhle. Die Tiere sind getrenntgeschlechtig.

Die Geschlechtsunterschiede von Weibchen und Männchen äußern sich im Fehlen bzw. Vorhandensein der Kopulationsorgane (Spadix) sowie in weiteren Merkmalen im Bereich der hinteren Labialtentakel. Dort ist beim Weibchen das VALENCIENNES'sche Organ vorhanden, auf welches das Männchen mit seinem Spadix die Spermatophoren überträgt. Im Gehäuse sind die Geschlechter nicht wesentlich verschieden; die der Männchen sind durchschnittlich etwas breiter.

Die Mantelhöhle wird im ventralen Bereich durch den Trichter (Abb. 250), einen vom Fuß abgegliederten, paarigen Hautlappen, umfaßt. Seine Enden sind am Hinterrand des Tieres übereinandergeschlagen und bilden so ein Rohr, sind aber nicht miteinander verwachsen. Der Trichter ist das Fortbewegungsorgan von *Nautilus*. Beim Auspressen von Wasser aus der Mantelhöhle entsteht ein Rückstoß, der die Tiere antreibt. Da die Enden des Trichters beweglich sind, können die Tiere in begrenztem Ausmaß manövrieren. Der Einstrom des Wassers in die Mantelhöhle erfolgt hinter der Kopfkappe bei den Augen.

Am Gehäuse ist der Weichkörper nur an wenigen Stellen verankert (Abb. 251). Im rückwärtigen Teil der Wohnkammer ist er durch Muskeln befestigt. Haftmuskeln des dorsalen Mantelabschnittes (Subepithelialmuskeln) bilden eine ringförmige Struktur an der Gehäuseinnenwand knapp ventralwärts vom letzten Septum. Der paarige Retraktionsmuskel greift an der Seitenwand

Nautiloideen

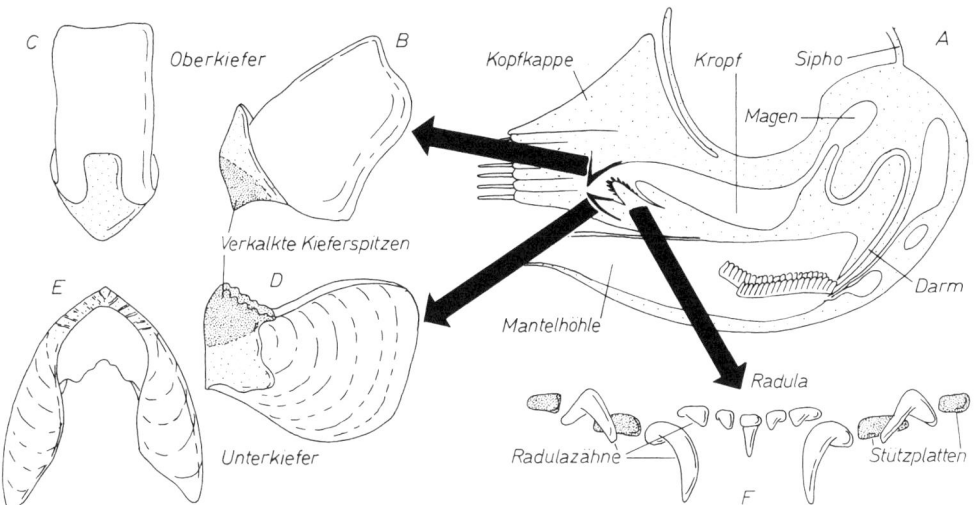

Abb. 249. Kiefer und Radula von *Nautilus*. A: Schema des Weichkörpers mit der Lage der Kiefer und der Radula; B, C: Oberkiefer, × 1,2; D, E: Unterkiefer, × 1,2; B, D: Seitenansicht; C: Blick auf die der Kaufläche abgewandte Seite; E: Blick auf die Kaufläche; F: Radula, × 5. Nach H. B. Stenzel.

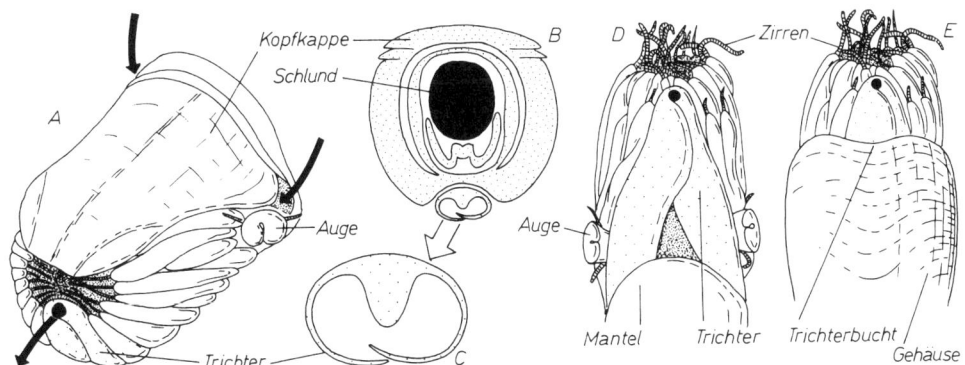

Abb. 250. Der Trichter von *Nautilus*. A: schräge Aufsicht auf den Weichkörper mit Eintritts- und Ausstoßrichtung des Wassers (schwarze Pfeile), × 0,5; B: Schema der Lage des Trichters hinter den Tentakeln des Kopffußes; C: Ausschnitt aus B mit dem Trichter als Tüte; D: Aufsicht auf den Trichter von hinten, Gehäuse entfernt, × 0,3; E: wie D, aber mit Gehäuse, × 0,3. Nach B. Dean und H. B. Stenzel.

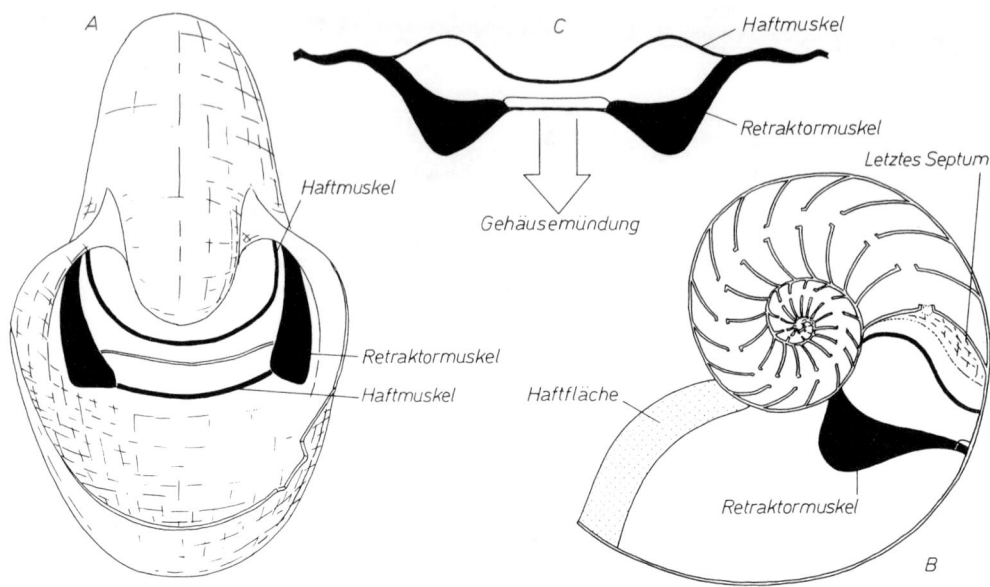

Abb. 251. Die Muskelansatzstellen bei *Nautilus* (schwarz). A: Blick in ein von der Mündung her aufgebrochenes Gehäuse, × 0,5; B: Blick in ein seitlich aufgeschnittenes Gehäuse, × 0,35; C: schematische Darstellung der abgewickelten und in eine Ebene projizierten Muskulatur. In der Mitte: Gehäuseperipherie. Nach H. Mutvei und H. B. Stenzel.

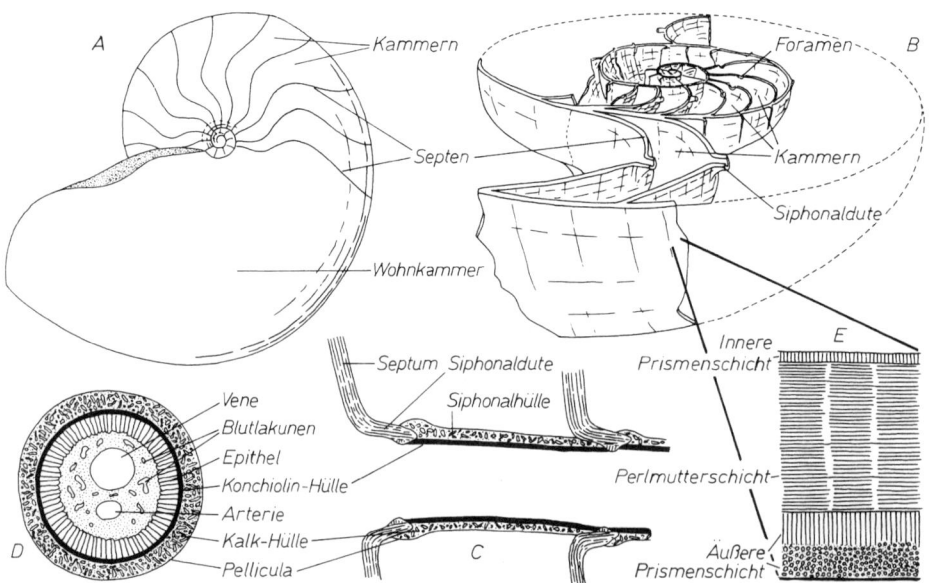

Abb. 252. Kammerbau, Sipho und Schalenstruktur von *Nautilus*. A: Steinkern eines *Nautilus*, um die Lagebeziehungen von Kammern und Wohnkammer zu zeigen, × 0,35; B: aufgebrochenes Gehäuse mit Septen und Siphonalduten, × 0,4; C: Längsschnitt durch Siphonalduten und Siphonalhülle, schematisch; D: Querschnitt durch den Sipho, ca. × 12; E: Schema der Schalenstruktur. Nach W. Blind, E. J. Denton & J. B. Gilpin-Brown, A. K. Miller und H. Mutvei.

des Gehäuses etwas weiter ventralwärts an. Er kann den Kopffuß so in die Wohnkammer zurückziehen, daß die Kopfkappe deren Mündung verschließt. Die beiden Retraktionsmuskeleindrücke werden durch ein Band weiterer Haftmuskeln sowie durch ein Ligament miteinander verbunden. Im Bereich der Gehäusemündung ist der Mantel mit einem Haftepithel an der Schale befestigt.

Der Sipho (Abb. 252) besteht aus einer weichkörperigen Röhre, die Blutgefäße enthält und von einem Epithel bedeckt ist, sowie einer Siphonalhülle. Diese besteht von innen nach außen aus einer Konchiolinlage, einer porösen, mit Kalk imprägnierten Schicht und einem abschließenden organischen Häutchen (Pellicula). Dieses Häutchen bedeckt auch die Innenfläche der Kammern, durch die der Sipho zieht.

Die Aufgabe des Siphos ist die Drainage des Kammerapparates. Die zuletzt entstandenen Kammern sind von Flüssigkeit erfüllt. Aus weiter zurückliegenden Kammern pumpt der Sipho die Flüssigkeit ab. An ihrer Stelle erfüllt ein Gas die Kammern, das zu über 90 % aus Stickstoff besteht und dessen Druck mit zunehmender Entfernung von der Wohnkammer von etwa 0,4 auf über 0,8 Atmosphären ansteigt.

Der Weichkörper wird dort, wo er die Wohnkammer erfüllt, von einem Epithel bedeckt, das als Mantel bezeichnet wird. Es sondert Aragonit ab und baut daraus das Gehäuse auf. Dieses ist spiralig aufgerollt; die Hinterseite des Weichkörpers liegt der Gehäuseperipherie an. Da das lebende Tier so orientiert ist, daß der Weichkörper ± horizontal liegt und damit die Hinterseite nach unten zeigt, wird die Peripherie (Externseite) des Gehäuses fälschlicherweise als Ventralseite bezeichnet.

Das Gehäuse besteht außer aus der Wohnkammer, die mit dem Mundsaum endet, aus etwa 30 Kammern. Die Kammerscheidewände sind ± uhrglasförmig und zur Gehäusemündung hin konkav (procoel). Sie schmiegen sich der Gehäuseröhre an, wobei sie einer Verdickung der innersten Schalenlage, der sogenannten Muralleiste, aufsitzen (Abb. 253). Ihre Begrenzungslinie mit der Gehäuseröhre bildet die Sutur. Diese ist – vom letzten Septum abgesehen – nur an aufgebrochenen Gehäusen oder an Steinkernen sichtbar. Die Sutur springt auf den Flanken des Gehäuses in einem leichten Bogen zurück. Sie ist also schwach gewellt (Abb. 252).

Im Zentrum jedes Septums öffnet sich ein Foramen zum Durchtritt des Siphos. In seinem Umkreis ist das Septum röhrenförmig verlängert. Diese Siphonalduten zeigen bei *Nautilus* in die der Wohnkammer abgewandte Richtung. Sie sind „retrochoanitisch".

Im Zentrum des *Nautilus*-Gehäuses (Abb. 254) klafft eine Nabellücke. Die Windungen berühren sich hier nicht. Die erste Kammer besitzt nur ein enges Lumen. Ihre Rückwand zeigt auf der Außenseite eine Vertiefung, die als Cicatrix bezeichnet wird. Der Sipho reicht bis an die Rückwand. Er füllt große Teile der Kammer aus und heißt hier „Caecum".

Die Schale wird aus mehreren Schichten aufgebaut (Abb. 252). Außen liegt die „äußere Prismenschicht", die ein porzellanartiges Aussehen hat. Sie besteht aus Aragonitkörnchen, die in Konchiolin eingebettet sind. Nur an ihrer Basis ist sie deutlich prismatisch. Sie wird unterlagert von der Perlmutterschicht, in der Aragonitplättchen in Lamellen angeordnet sind. Die Plättchen sind zugleich in Stapeln übereinander geschichtet, die durch Konchiolin verbunden werden. Die Perlmutterschicht wird beim Fortbau des Gehäuses im rückwärtigen Teil der Wohnkammer ausgeschieden; sie fehlt im Bereich der Gehäusemündung. Als innerste Schicht ist im Bereich der Muskelansatzstellen noch eine innere Prismenschicht vorhanden. Diese ist nicht überall in gleicher Dicke entwickelt. Wo die Haftmuskeln längere Zeit verankert waren, ist die innere Prismenschicht zur sogenannten Muralleiste verstärkt.

Der Mantel bildet vor der Kopfkappe eine Falte, welche sich über die nächstinnere Windung legt. Hier wird eine schwarze, melaninhaltige organische Lage von außen auf die Schale aufgebracht.

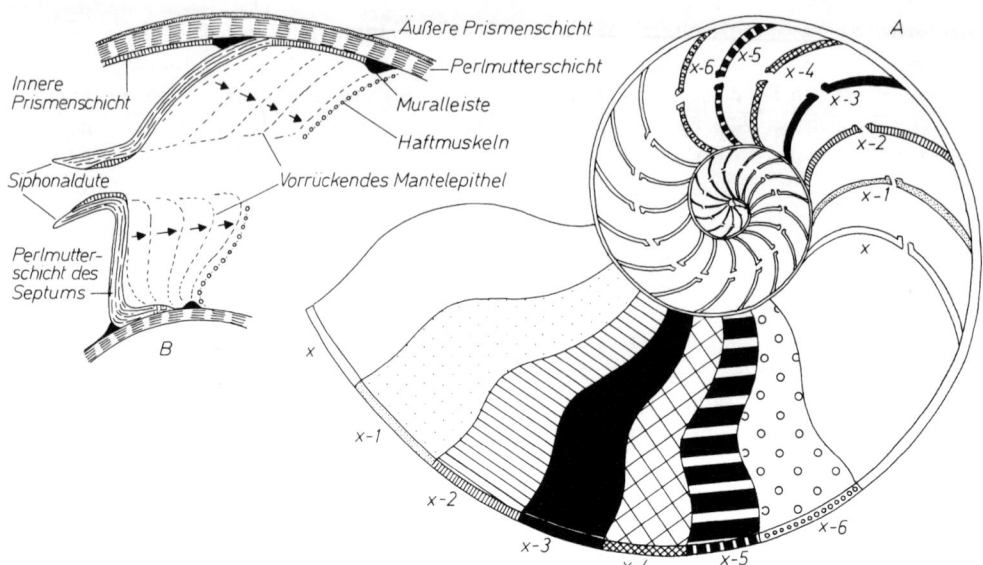

Abb. 253. Der Fortbau des Gehäuses bei *Nautilus*. A: Dem Fortbau am Mundsaum entspricht der Einbau eines fast 1/2 Umgang zurückliegenden Septums. Gleichzeitig gebildete Septen und Gehäuseteile mit gleichartiger Signatur. B: Schema des Vorbaus eines Septums. Nach W. BLIND.

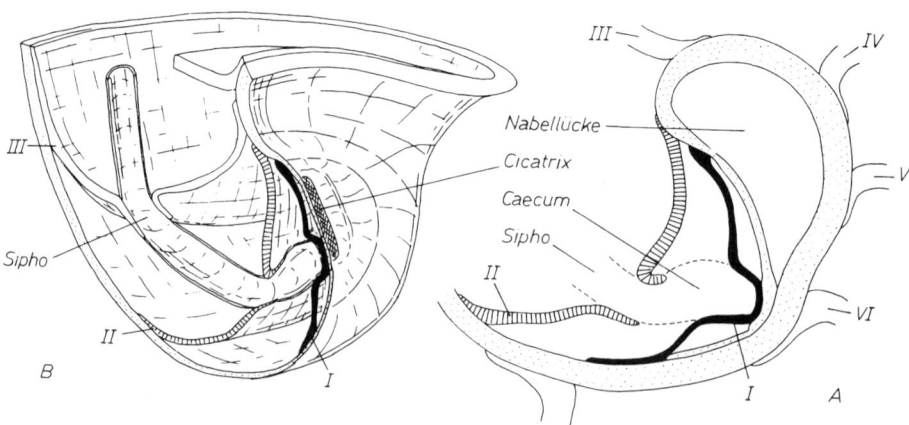

Abb. 254. Die innersten Kammern eines *Nautilus*-Gehäuses. A: Schnitt durch das Zentrum eines *Nautilus*-Gehäuses, × 15; B: innerster Teil eines *Nautilus*-Gehäuses, räumlich gezeichnet und längs geöffnet. Die Reihenfolge der Entstehung der Septen ist mit I bis VI angegeben. × 10. Nach A. APPELLÖF und W. BLIND.

Die Septen werden überwiegend von der Perlmutterschicht gebildet. Sie werden so in die Gehäuseröhre eingebaut, daß sie auf einer vorher gebildeten Muralleiste aufliegen und die innere Prismenschicht unterschichten. Im Bereich der Siphonalduten ist die Perlmutterschicht durch prismatisch-sphärolithische Schalensubstanz ersetzt.

b) Biologie

*Nautilus* ist rein marin und lebt in mehreren (6) Arten in einem Reliktvorkommen im westlichen Pazifik. Vorkommen im Indischen Ozean und südlich Australien sind teils umstritten, teils isoliert. Die Tiere halten sich normalerweise im tieferen Wasser (ca. 200–500 m) auf. Ausgedehnte Schelfgebiete (z. B. der Sundaschelf zwischen Java, Sumatra und Borneo oder der Arafuraschelf zwischen Australien und Neuguinea) werden gemieden (Abb. 255).

Das Gehäuse dient sowohl dem Schutz des Weichkörpers als auch als hydrostatischer Apparat. Die gasgefüllten Kammern bewirken einen Auftrieb, der das Gewicht der Schale und des Weichkörpers kompensiert. Anscheinend können die Tiere damit im Wasser schweben, ohne niederzusinken oder aufzusteigen. Man hat jedoch im Aquarium beobachtet, daß Tiere, die sich mit ihren Tentakeln festhielten, innerhalb eines Tages ihr Gehäuse zeitweise nach unten und zeitweise nach oben ziehen mußten. Ob die Tiere befähigt sind, den Gasdruck und damit das spezifische Gewicht in längeren Zeiträumen in Anpassung an die Meerestiefe zu regulieren, ist unbekannt. Berechnungen und Experimente haben gezeigt, daß das Gehäuse bei einer Meerestiefe von 700 bis 800 m (d. h. einem Druck von 70–80 atü) eingedrückt wird.

Die Tiere bewegen sich durch Rückstoß mit einer Geschwindigkeit von wenigen (bis maximal 25) cm/sec fort. Die Tentakel werden hierbei nicht eingesetzt. Sie werden allenfalls zum Festhalten am Untergrund benutzt. Außerdem dienen sie dem Festhalten der Nahrung. Diese ist ausschließlich tierisch. Lebende Beute scheint nicht aufgenommen zu werden, da sie i. d. R. schneller als *Nautilus* ist und entkommt. Dagegen wurde im Aquarium beobachtet, daß *Nautilus* tote Krebse, Fische und Würmer frißt. Von der Beute werden mit den Kiefern Stücke abgebissen und mit der Radula weiter zerkleinert.

In den Wassertiefen, in denen sich *Nautilus* normalerweise aufhält, herrscht eine Temperatur zwischen 14 und 22 °C. Höhere Wassertemperaturen werden nur kurzzeitig ertragen. Zur Fortpflanzung kommen die Tiere nach den bisherigen Beobachtungen einmal jährlich in flacheres Wasser. Dort erfolgen Kopulation und Eiablage. Ein Teil der Tiere stirbt danach ab; die leeren Gehäuse (? ob alle), steigen wegen ihrer Gasfüllung zur Meeresoberfläche auf und werden dort durch Strömungen weit verfrachtet. Die Entfernungen, die hierbei passiv zurückgelegt werden können, betragen bis zu mehreren 1000 km. Bis die Gehäuse vollaufen und zu Boden sinken, können einige Wochen vergehen. Die Füllung der Kammern mit Wasser scheint teilweise durch den sich zersetzenden Sipho, teilweise durch die Schale zu erfolgen, die bei der Zersetzung des hohen Anteils an organischer Substanz durchlässig wird.

Die nach der Paarung überlebenden Tiere wandern wieder in tiefere Meeresbereiche ab. Da nach der Eiablage und Paarung mehr Weibchen als Männchen sterben, überwiegen bei Fängen im allgemeinen die Männchen.

Die abgelegten Eier haben ein Gewicht von 2–3 g und sind einschließlich ihrer Hüllen 3–5 cm lang und 2–2,5 cm breit. Wie weit die Jungtiere entwickelt sind, wenn sie die Eihüllen verlassen, ist nicht bekannt. Ein planktisches Larvenstadium scheint nicht vorzukommen. Die Jungtiere schlüpfen anscheinend erst mehrere Monate nach der Eiablage. Bis zu einem Stadium von ca. 1½ Umgängen bzw. ca. 7 Kammern bleiben die Tiere im flachen Wasser, dann wandern sie in die Tiefe ab (Abb. 256). Über die Wachstumsgeschwindigkeit ist wenig bekannt. Als Gehäusezuwachs wurden im Aquarium ca. 0,25 mm pro Tag beobachtet. Ältere Tiere dürften für die Bildung einer

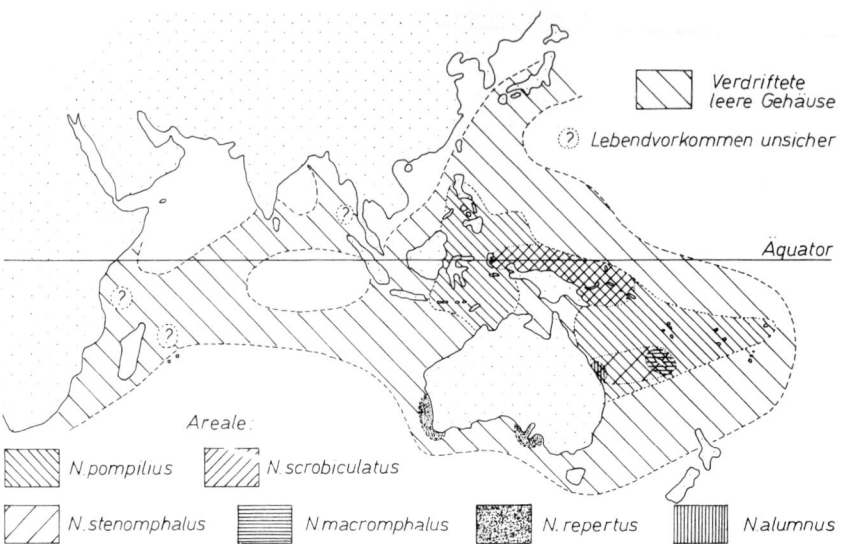

Abb. 255. Das Vorkommen der rezenten *Nautilus*-Arten und die Verbreitung leerer Gehäuse durch Strömungen. Nach T. HAMADA, I. OBATA & T. OKUTANI und U. LEHMANN.

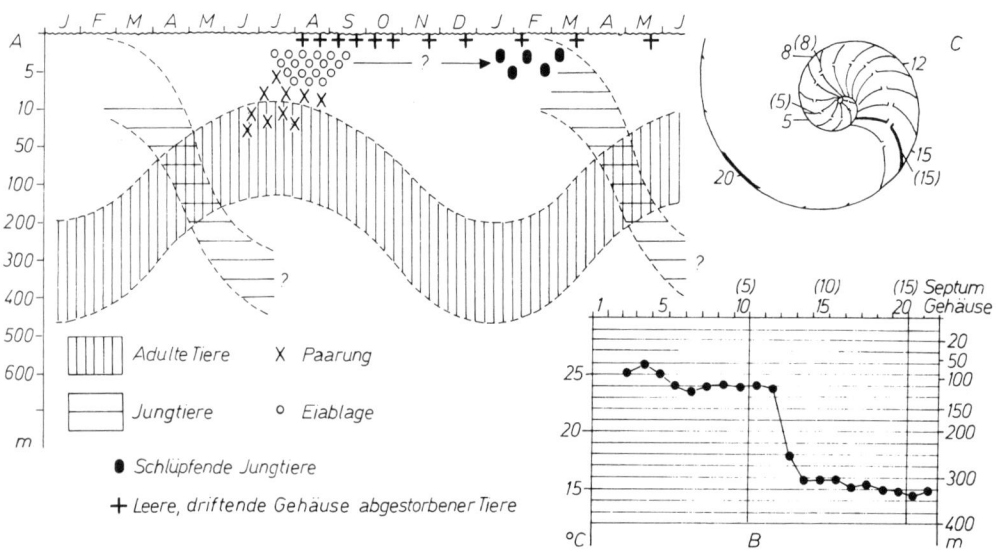

Abb. 256. Die Ökologie von *Nautilus*. A: Jahresgang der bathymetrischen Verbreitung adulter Tiere und von Jungtieren; jahreszeitliche Abhängigkeit der Paarung, der Eiablage und des Schlüpfens. Nach der Paarung sterben adulte Tiere gehäuft; ihre Gehäuse werden verdriftet. B: Temperatur des Meerwassers während der Schalenbildung juveniler Stadien am Beispiel zweier Individuen von den Philippinen. Die Meßwerte beider Individuen sind gemittelt; ferner sind die Mittelwerte aus den gleichzeitig gebildeten Septen und Gehäuseabschnitten gebildet. Die Temperatur wurde aus dem $O^{16}/O^{18}$-Verhältnis errechnet. C: Diagramm zur Verdeutlichung der Skizze B; Nummern der Gehäuseabschnitte ohne Klammern, Nummern der Septen in Klammern. Der Gehäuseabschnitt 20 wurde gleichzeitig mit dem Septum (15) gebildet. Nach R. EICHLER & H. RISTEDT und T. HAMADA, I. OBATA & T. OKUTANI.

Kammer ca. 1 Monat benötigen. Daraus ergibt sich für ausgewachsene Tiere ein Alter von mehreren Jahren.

### 3. Morphologie fossiler Nautiloideen

Fossile Nautiloideen (in weitestem Sinn) umspannen ein weites Spektrum unterschiedlicher Größenklassen. Die kleinsten Gehäuse sind wenig über 1 cm lang. Die größten Formen messen fast 10 m Länge und erreichen einen Durchmesser der Gehäuseröhre von über 30 cm.

Auch die Form des Gehäuses ist sehr unterschiedlich (Abb. 257). Die Gehäuseröhre kann geradegestreckt (orthokon) und dabei stabförmig (longikon) oder tonnenförmig (brevikon) sein. Sie kann gebogen (cyrtokon), stärker eingekrümmt (gyrokon) oder aufgerollt sein. Die Aufrollung kann in der Ebene (planspiral) oder wie bei einem Schneckengehäuse im Raum (tortikon) erfolgen. Planspirale Gehäuse, deren Windungen sich nur wenig umfassen, so daß ein weiter Nabel frei bleibt, heißen evolut. Als Nabel bezeichnet man diejenige Strecke, die durch die jeweils letzte Windung umschlossen wird. Ist der Nabel enger oder fast ganz geschlossen, so sind die Formen convolut oder involut. Für manche Gattungen ist ein Wechsel der Gehäuseform im Laufe der Ontogenie bezeichnend.

Im Querschnitt (Abb. 258) sind gestreckte oder gekrümmte Gehäuse rundlich oder oval. Im allgemeinen scheint die längere Achse zugleich der anatomischen Längsachse (vgl. S. 244) zu entsprechen. Gelegentlich ist jedoch die Querachse länger. Bei spiralig aufgerollten Gehäusen legen sich die Umgänge meist so über die vorangehenden Windungen, daß die Innenfläche, der sogenannte Umschlag, konkav ist. Der Querschnitt ist meist hoch-, seltener queroval. Die Spirallinie, entlang derer die Umgänge auf die vorangehende Windung auftreffen, nennt man die Naht.

Die Mündung (Abb. 259) ist nur selten undifferenziert und ganzrandig. Oft ist ihr hinterer Abschnitt durch einen Sinus markiert, der die Bucht für den Trichter darstellt. Verbreitet sind Gehäusevorsprünge, die bei ausgewachsenen Tieren einwärts biegen und die Mündung einengen. Auch eine Verlängerung des Mundrandes durch Gehäusefortsätze kommt vor. Bei wenigen Arten erweitert sich die Mündung trompetenartig.

Die Wohnkammer ist bei planspiral aufgerollten Gehäusen im allgemeinen etwa 1/2 Umgang (manchmal etwas weniger) lang. Selten – vor allem bei evoluten Formen mit enger Gehäuseröhre – nimmt sie eine ganze Windung ein. Bei gestreckten Gehäusen ist die Länge der Wohnkammer verschieden. Bei manchen Formen nimmt sie den überwiegenden Teil des Gehäuses, bei anderen nur einen kleinen Abschnitt ein (Abb. 260).

Der gekammerte Teil des Gehäuses, d. h. der Phragmokon, wird von Septen (Kammerscheidewänden, Abb. 261), unterteilt, die im allgemeinen uhrglasförmig gekrümmt und zur Mündung hin konkav sind. Die Septen stehen bei manchen Formen dicht gedrängt; das Kammerlumen ist hier gering. Bei anderen Gattungen sind Septenabstände und Kammerlumina groß. Die Septen können die Gehäuseröhre quer gliedern, oder sie können schief eingebaut sein. Bei manchen Gattungen sind die Ränder der Septen gewellt. Die Sutur ist dann in Loben (von der Mündung zurückspringende Abschnitte) und Sättel (zur Mündung vorgebogene Abschnitte) gegliedert. Als Sutur (Systegnosis) bezeichnet man diejenige Linie, entlang welcher die Septen auf die Gehäuseröhre auftreffen und mit ihr verwachsen (Abb. 262).

Der Bau der Septen (und der Schale) enspricht anscheinend den Verhältnissen bei *Nautilus*. Ein Septum sitzt auf einem vorher gebildeten Kissen (Muralleiste, parietaler Stützring) auf, schmiegt sich der Innenwand der Gehäuseröhre an (muraler Teil des Septums) und folgt ihr in Richtung auf die Mündung ein beträchtliches Stück. Der freie Teil des Septums ist perlmuttrig, der murale Teil prismatisch gebaut. Dem der Gehäuseröhre anliegenden Ende des Septums wird anschließend wiederum eine Muralleiste aufgelagert. Sie dient der Haftmuskulatur des Eingeweidesackes als Ansatzstelle (Abb. 263).

Abb. 257. Gehäuseformen der Nautiloideen. Orthokon: A, C; cyrtokon: B; gyrokon: E, F; tortikon: G; evolut: H; convolut: I; involut: K; longikon: A, D; brevikon: B, C; biform: D. A: *Orthoceras* (Ord.), × 0,15; B: *Campyloceras* (Karbon), × 0,5; C: *Gomphoceras* (Silur), × 0,25; D: *Lituites* (Ord.), × 0,25; E: *Phragmoceras* (Silur), × 0,35; F: *Peismoceras* (Silur), × 0,25; G: *Foersteoceras* (Silur), × 0,25; H: *Discoceras* (Ord.), × 0,5; I: *Phacoceras* (Karbon – Perm), × 0,5; K: *Eutrephoceras* (Jura – Mioz.), × 0,25. Nach C. Teichert et al.

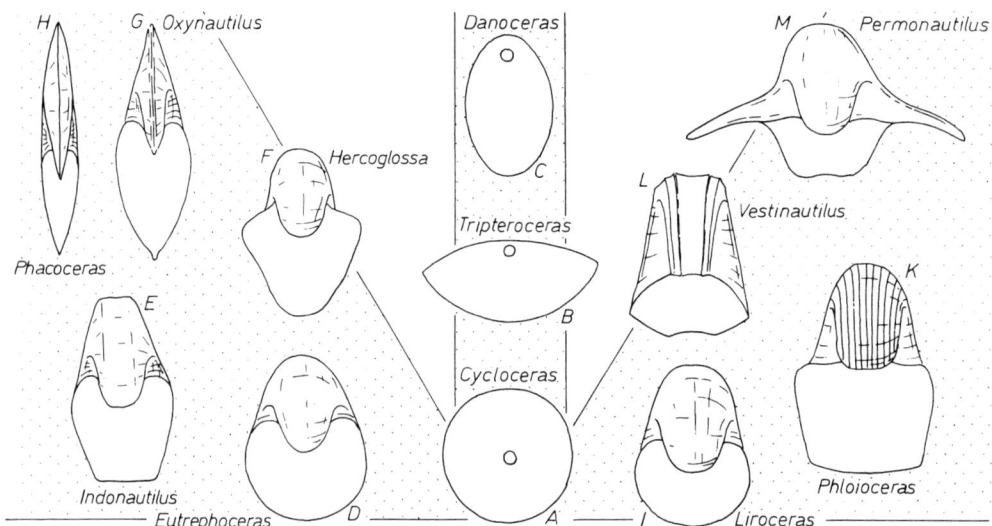

Abb. 258. Windungsquerschnitte der Nautiloideen. A: Querschnitt kreisrund, Sipho zentral, Karbon, × 1,25; B: Querschnitt queroval, Devon, × 1,5; C: Querschnitt hochoval, Ord., × 0,5; D–H: Windung hochmündig, D: Jura – Mioz., × 0,15, E: Trias, × 0,4, F: Paleoz. – Eoz., × 0,25, G: Trias, × 0,2, H: Karbon – Perm, × 0,5; I–M: Mündung breitmündig, I: Karbon – Perm, × 0,6, K: Trias, × 0,25, L: Karbon, × 0,3, M: Perm, × 0,2. Nach C. Teichert et al.

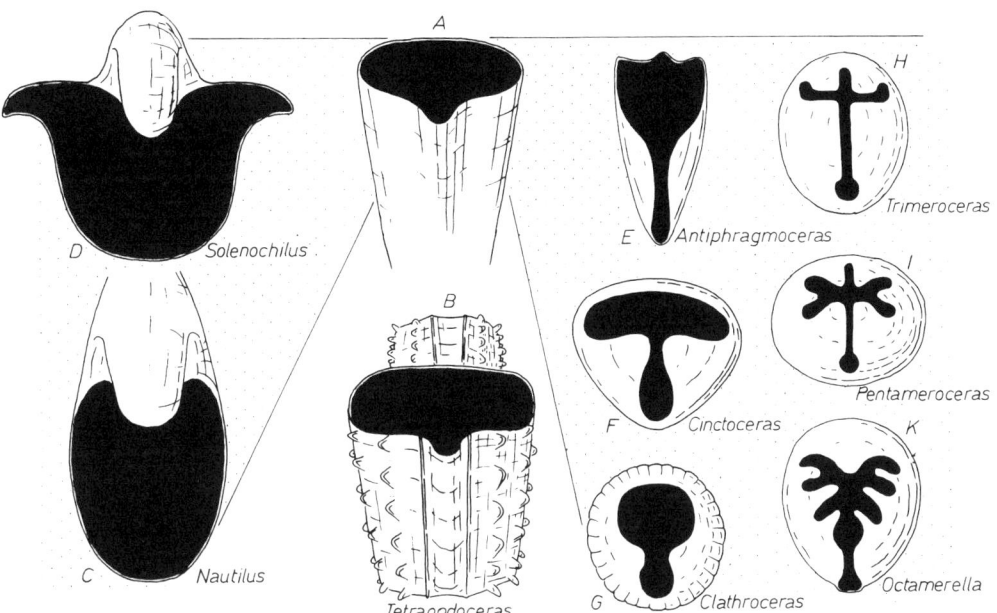

Abb. 259. Gehäusemündungen bei Nautiloideen. A: Schema einer undifferenzierten Mündung mit Trichterbucht am Hinterrand; B: Devon, × 0,5; C: Olig. – rez., × 0,4; D: Karbon – Perm, × 0,25; E: Ord., × 0,35; F: Silur, × 0,4; G: Silur, × 0,5; H: Silur, × 1; I: Silur, × 1,1; K: Silur, × 0,75. Nach C. Teichert et al.

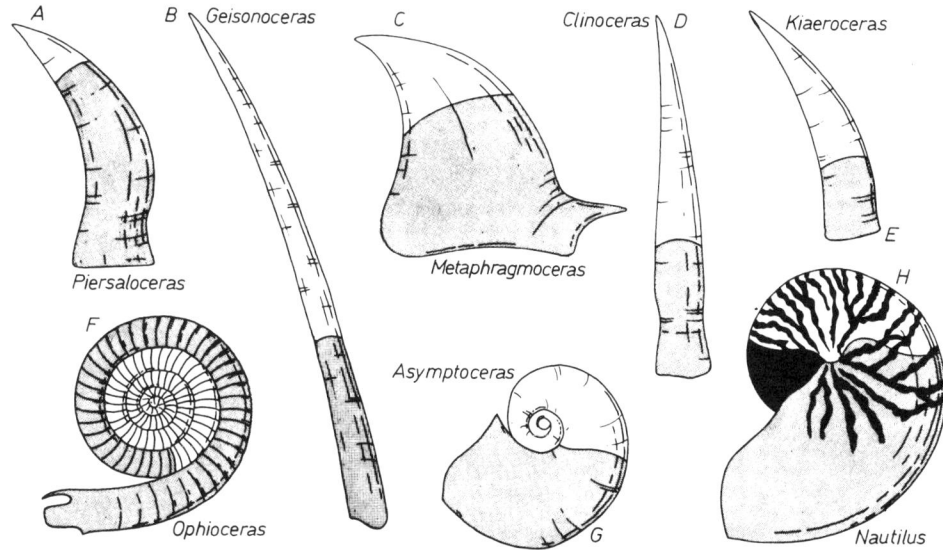

Abb. 260. Die Länge der Wohnkammer (Punktraster) bei den Nautiloideen. A: Ord., × 0,5; B: Ord. – Devon, × 0,12; C: Devon, × 0,2; D: Ord., × 0,5; E: Ord., × 0,1; F: Silur, × 0,5; G: Karbon, × 0,35; H: Olig. – rez., × 0,12. Nach C. Teichert et al.

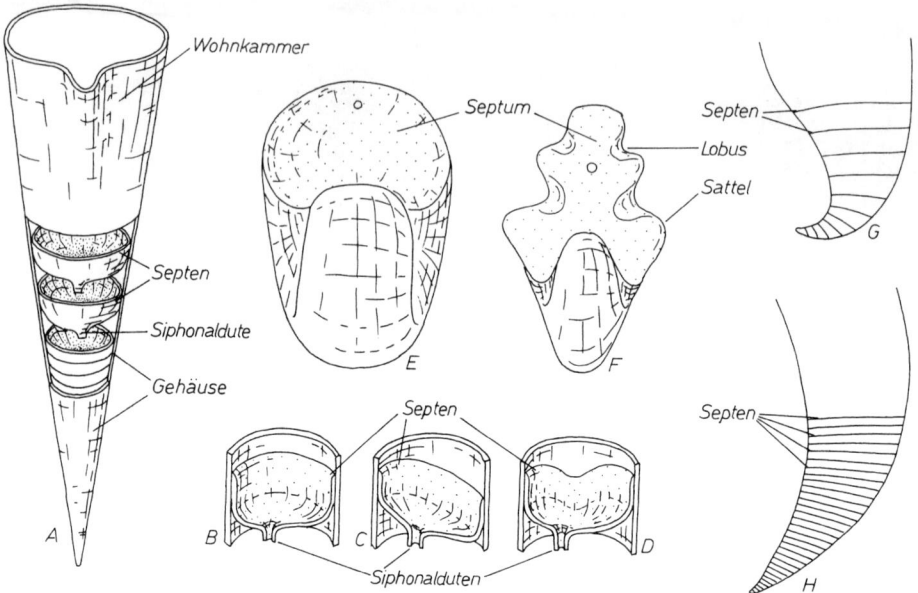

Abb. 261. Der Kammerapparat (Phragmokon) der Nautiloideen. A: Schema der Anordnung der Kammerscheidewände (Septen) bei einem stabförmigen Gehäuse; B–D: Varianten des Einbaus der Septen, schematisch, B: Septum normal, quer, C: Septum schief, D: Septum verfaltet; E: einfaches, uhrglasförmiges Septum am Beispiel von *Potoceras* (Devon oder Karbon), × 1; F: verfaltetes Septum bei *Clydonautilus* (Trias), × 0,35; G: Septen weitständig am Beispiel von *Welleroceras* (Karbon), × 1,5; H: Septen dichtstehend am Beispiel von *Reedsoceras* (Ord.), × 0.25. Nach C. Teichert et al.

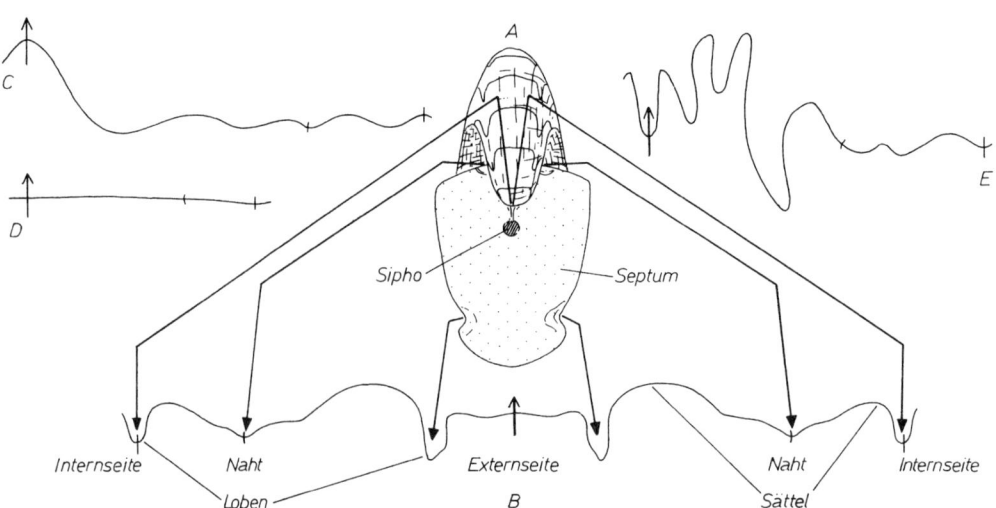

Abb. 262. Die Suturen der Nautiloideen. A, B: Abwicklung der Sutur von *Aturia* (Paleoz. – Mioz.), × 0.4, × 1,5; C: Sutur von *Megaglossoceras* (Karbon), × 0,7; D: Sutur von *Cymatoceras* (Kreide), × 0,2; E: Sutur von *Siberionautilus* (Trias), × 0,5. Nach W. E. Ruschentsev et al. und C. Teichert et al.

Nautiloideen

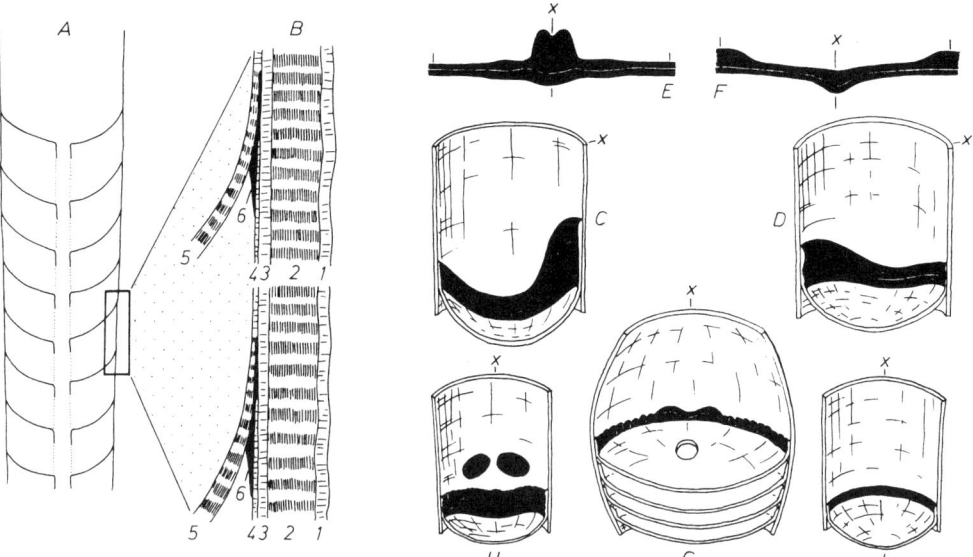

Abb. 263. Schalenstrukturen und Muskulatur bei den Nautiloideen. A, B: *Orthoceras* (Ord.), × 0,5, und die Struktur seiner Schale (schematisch); 1: äußere Prismenschicht; 2: Perlmutterschicht; 3: innere Prismenschicht; 4: prismatischer (muraler) Teil des Septums; 5: perlmuttriger (freier) Teil des Septums; 6: Muralleiste. Nach W. BLIND. C–I: Muskelansatzstellen (schwarz), x: Hinterrand („Ventralrand") der Gehäuse; C, D, G–I: schematischer Blick in aufgeschnittene Gehäuse, C: *Estonioceras* (Ord.), D: *Geisonoceras* (Ord. – Devon), G: Oncoceride (Ord. – Silur), H: *Discoceras* (Ord.), I: *Lyecoceras* (Silur); E, F: Schema der abgewickelten und in eine Ebene projizierten Muskulatur, E: *Uranoceras* (Silur), F: *Lyecoceras*. C, E, H: „ventromyar"; D, F, I: „dorsomyar". Nach H. MUTVEI und C. TEICHERT et al.

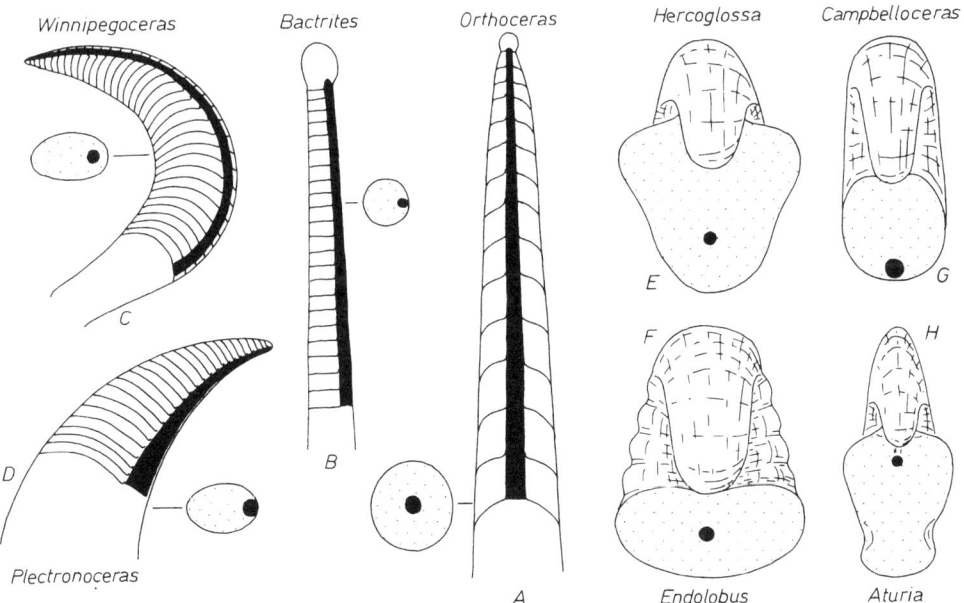

Abb. 264. Lage des Siphos (schwarz) bei Nautiloideen. A: Ord., × 0,5; B: Devon – Perm, × 10; C: Ord., × 0,25; D: Kambr., × 4; E: Tert., × 0,4; F: Karbon – Perm, × 0,3; G: Ord., × 0,5; H: Paleoz. – Mioz., × 0.3. Nach C. TEICHERT et al.

Während des Wachstums rückt die Muskulatur in relativ kurzen Intervallen weiter in Richtung auf die Mündung vor. Außer der Muralleiste hinterläßt sie dabei i. d. R. keine Strukturen. Erst in der Endwohnkammer ausgewachsener Exemplare bleiben auch die Ansatzstellen der Retraktormuskeln erhalten. Diese liegen bei *Nautilus* und verwandten Gattungen seitlich; dementsprechend werden diese Formen als Pleuromyarier bezeichnet. Vor allem bei den stabförmigen Orthoceriden und Endoceriden liegen die Retraktormuskeleindrücke vorn („dorsal"). Man nennt diesen Bau (fälschlicherweise) dorsomyar. Von Ascoceriden, Oncoceriden, Discosoriden, Barrandeoceriden und Tarphyceriden mit tonnenförmigem oder gekrümmtem Gehäuse kennt man hintere („ventrale") Retraktormuskeleindrücke, weshalb diese Formen (fälschlicherweise) ventromyar heißen. Allerdings reicht die Zahl der Beobachtungen nicht aus, um zuverlässig über die Verbreitung der Merkmale urteilen zu können. Die Eindrücke der Retraktormuskeln sind oft von denen der Haftmuskeln nicht abgesetzt, manchmal jedoch auch deutlich getrennt. Sie sind teils paarig, teils zu einem unpaaren Eindruck verschmolzen.

Der Phragmokon wird in seiner ganzen Länge vom Sipho durchzogen. Dieser liegt oft randlich und dann i. d. R. hinten („ventral") und nur vereinzelt vorn („dorsal"). Verbreitet ist auch, daß der Sipho mehr oder weniger zentral durch die Kammern zieht (Abb. 264). Die Durchtrittsstellen des Siphos durch die Septen sind zu Siphonalduten verlängert, die innerhalb der Nautiloideen eine große Mannigfaltigkeit aufweisen. Zwar zeigen sie ausnahmslos von der Wohnkammer weg – d. h. sie sind retrochoanitisch –, doch kennt man in Bezug auf Länge und Krümmung zahlreiche Abwandlungen (Abb. 265).

Zwischen den Siphonalduten zweier benachbarter Septen ist die Wand des eigentlichen Siphos (Siphonalhülle) ausgespannt. Diese ist bei manchen Gruppen dünn und anscheinend gleich wie bei *Nautilus* gebaut. Bei anderen Gruppen ist sie dick, mehrschichtig und oft recht kompliziert (Abb. 265 E). Soweit bekannt, besteht sie aus Kalziumkarbonat mit einer Beimengung von Kalziumphosphat. Das Lumen des Siphos ist sehr unterschiedlich. Enge Siphonen, wie bei *Nautilus*, heißen stenosiphonat. Formen, bei denen der Sipho fast den halben Durchmesser der Gehäuseröhre einnimmt, werden eurysiphonat genannt.

Von eurysiphonaten Formen wird vermutet, daß der Sipho einen Teil der Eingeweide beherbergte. Derjenige Abschnitt des Siphos, welcher der Wohnkammer abgewandt ist, wird allerdings oft von kalkigen Ablagerungen ganz oder nur so weit verfüllt, daß ein dünner sogenannter Endosipho frei bleibt. Die Endosiphonalablagerungen sind unterschiedlich gebaut. Kalkablagerungen können um die Siphonalduten Manschetten bilden oder die Siphonalhülle von innen verstärken (Abb. 266). Von manchen Formen (Endocerida) sind trichterförmige Einlagerungen (Endokonusse) im Sipho bekannt (Abb. 267). Als actinosiphonate Strukturen bezeichnet man radialstehende Leisten im Sipho (Abb. 268). Diese können entweder längs durchlaufen oder an die einzelnen Kammerabschnitte gebunden sein. Im zweiten Fall entstehen sie oft aus der Verlängerung manschettenartiger Polster um die Siphonalduten. Annulosiphonate Strukturen sind Polster, die von den Siphonalduten ins Innere des Siphos wachsen und diesen bis auf einen Endosipho, ein von diesem ausgehendes Röhrensystem sowie der Siphonalwand anliegende ringförmige Perispatialräume, verfüllen (Abb. 269). Siphonen oder Endosiphonen können durch querstehende Böden (Diaphragmen) abgedämmt werden.

Die Endosiphonalablagerungen erhöhen das Gewicht des Gehäuses erheblich. Sie bewirkten sicher oft eine Änderung seiner Schweblage. Diese Vermutung wird dadurch bestärkt, daß die Endosiphonalbildungen zwar bilateral-symmetrisch, aber oft vorn („dorsal") und hinten („ventral") unterschiedlich stark entwickelt sind.

Sekundäre Ablagerungen, anscheinend aus Aragonit mit organischer Substanz, finden sich bei vielen Nautiloideen auch im Kammerlumen (Abb. 270). Man kann wandständige Ablagerungen, Ablagerungen auf den Septen (episeptal: der Mündung zugewandte Septalfläche; hyposeptal: der

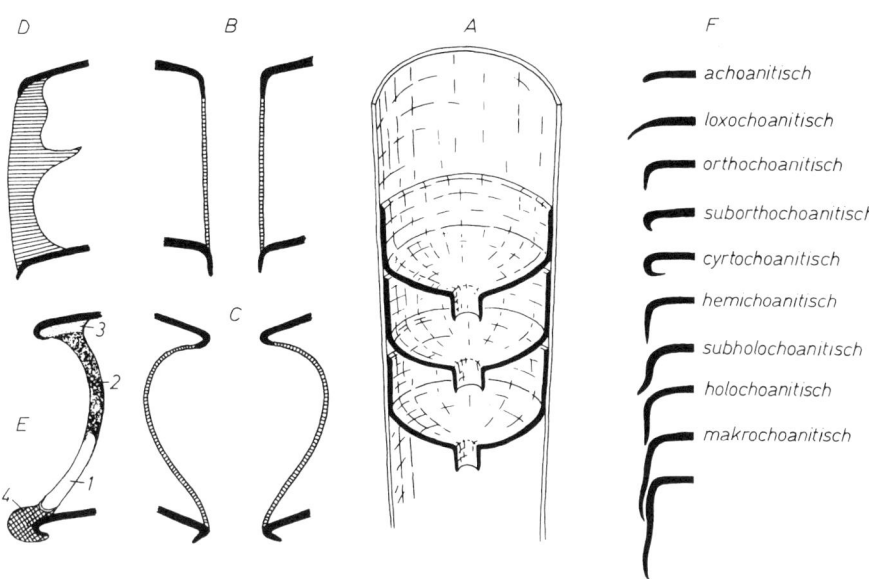

Abb. 265. Siphonalduten und Siphonalhüllen der Nautiloideen. A: Schema eines *Orthoceras*-Gehäuses mit den Septen und Siphonalduten; B: orthochoanitische Siphonalduten mit der Siphonalhülle (schraffiert); C: cyrtochoanitische Siphonalduten mit der Siphonalhülle (schraffiert); D: verstärkte Siphonalhülle (schraffiert); E: Bau der Siphonalhüllen bei Discosoriden am Beispiel von *Ruedemannoceras* (Ord.), schematisch, 1: Konchiolin-Zone, 2: granuläre Zone, 3: Vinculum, 4: Manschette; F: Nomenklatur der Siphonalduten. Nach R. H. FLOWER, W. E. RUSCHENTSEV et al. und C. TEICHERT et al.

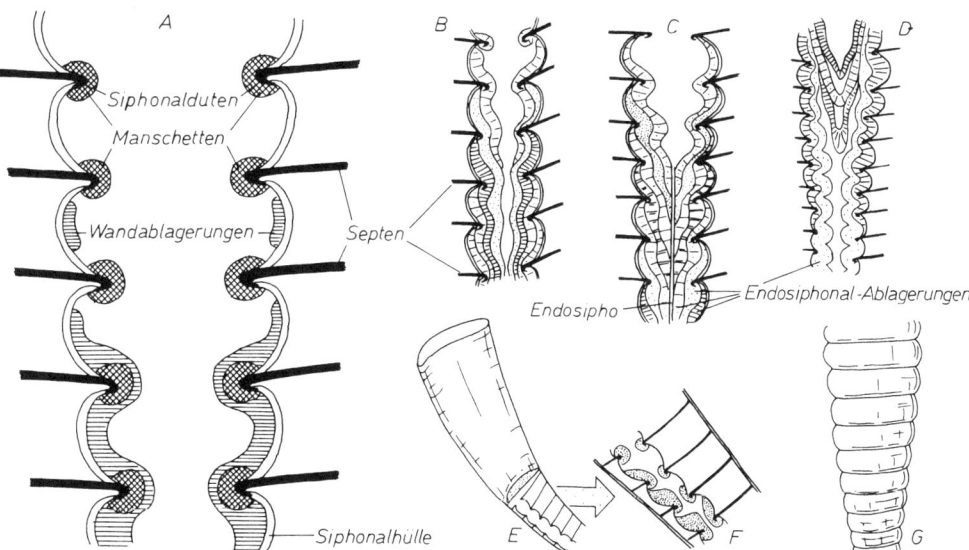

Abb. 266. Endosiphonalablagerungen bei Nautiloideen. A: Schema der Ablagerungen auf den Siphonalhüllen und Siphonalduten; B–D: Beispiele unterschiedlicher Verfüllung des Siphos; B: *Faberoceras* (Ord.), × 1, C: *Tuyloceras* (Silur), × 1, D: *Alpenoceras* (Devon), × 1; E, F: ungleich mächtige Endosiphonalablagerungen bei *Cyrtactinoceras* (Silur), × 0,5, × 1,5; G: durch Endosiphonalablagerungen gebildeter „Perlschnursipho" von *Stokesoceras* (Silur), × 0,5. Nach W. E. RUSCHENTSEV et al. und C. TEICHERT et al.

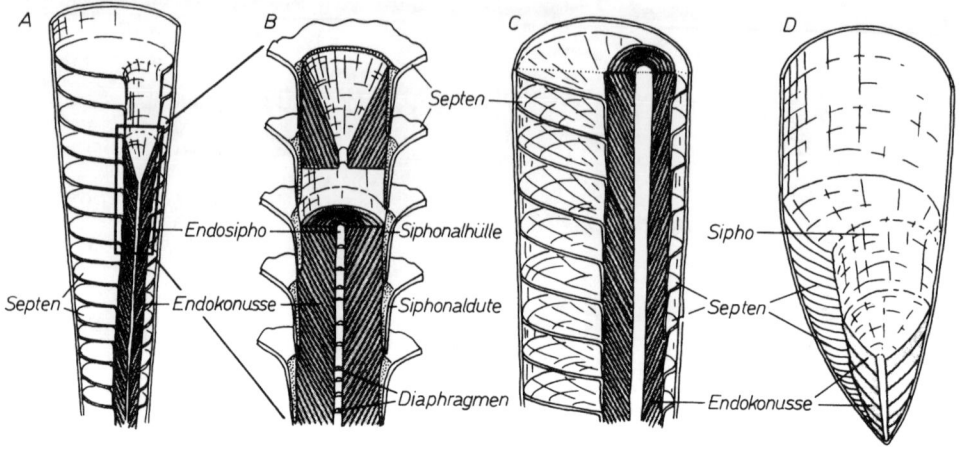

Abb. 267. Die Endosiphonalablagerungen der Endocerida. A: Schema eines Endoceriden-Phragmokons mit Sipho und Endosiphonalablagerungen; B: vergrößerter Ausschnitt, um den Bau der Endosiphonalablagerungen zu zeigen, schematisch; C: Verfüllung des Siphos durch Endokonusse am Beispiel von *Vaginoceras* (Ord.), × 1; D: apikale Sipho-Füllung am Beispiel von *Cassinoceras* (Ord.), × 0,3. Nach Z. G. Balaschov und C. Teichert.

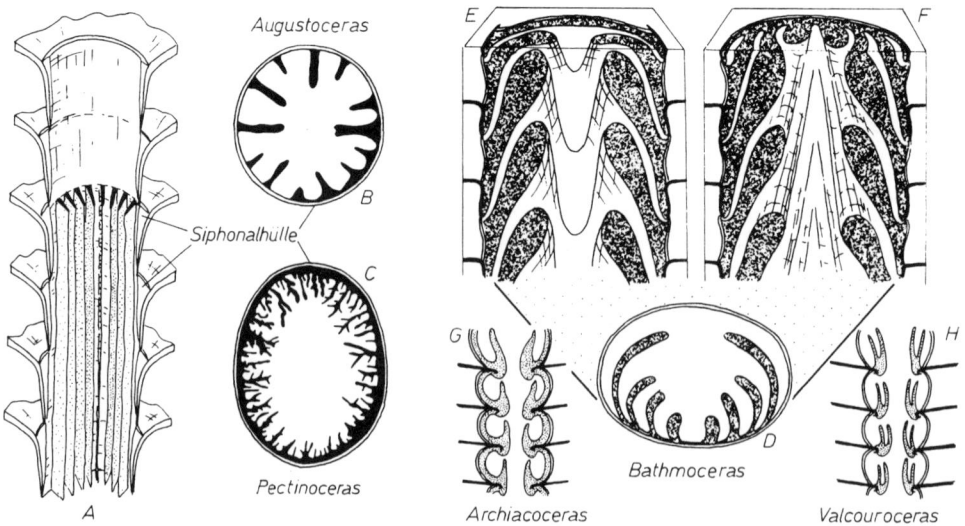

Abb. 268. Actinosiphonate Endosiphonalablagerungen bei Nautiloideen. A: Schema actinosiphonater Bildungen; B, C: Beispiele, B: Ord., × 14, C: Devon, × 3,5; D–F: actinosiphonate Bildungen bei *Bathmoceras* (Ord.), schematisch, D: Querschnitt, E: Blick von vorne, F: Blick von hinten; G, H: Längsschnitte durch actinosiphonate Bildungen, G: Devon, × 1, H: Ord., × 2,5. Nach C. Teichert et al.

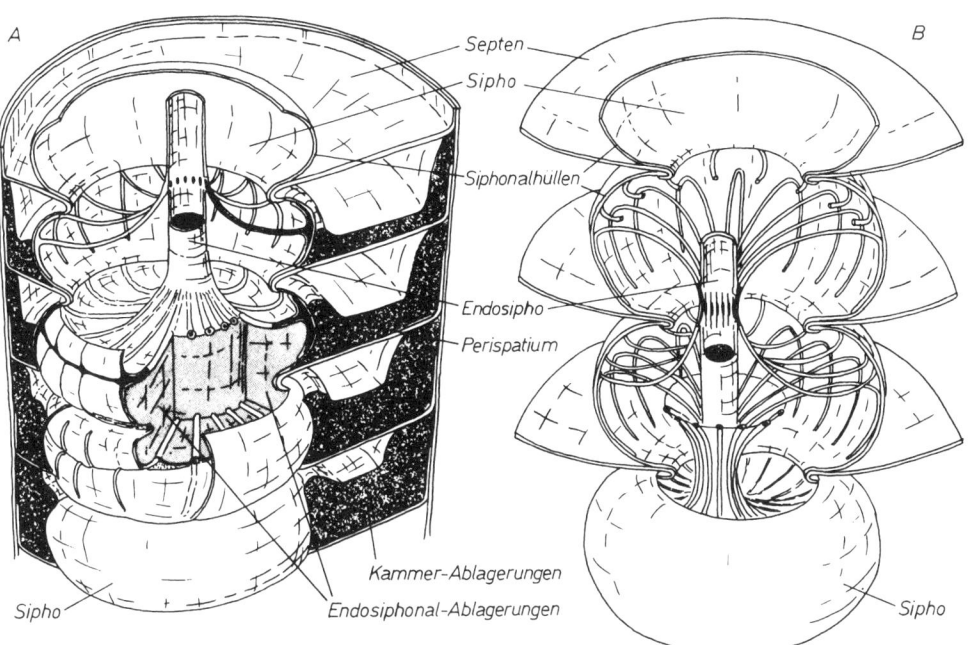

Abb. 269. Die annulosiphonaten Endosiphonalablagerungen der Actinocerida. A: Schema der Verfüllung des Siphos; Endosiphonalablagerungen hell gerastert; Perispatialräume schwarz. B: Schema des Röhrensystems im Inneren des Siphos. Nach C. TEICHERT.

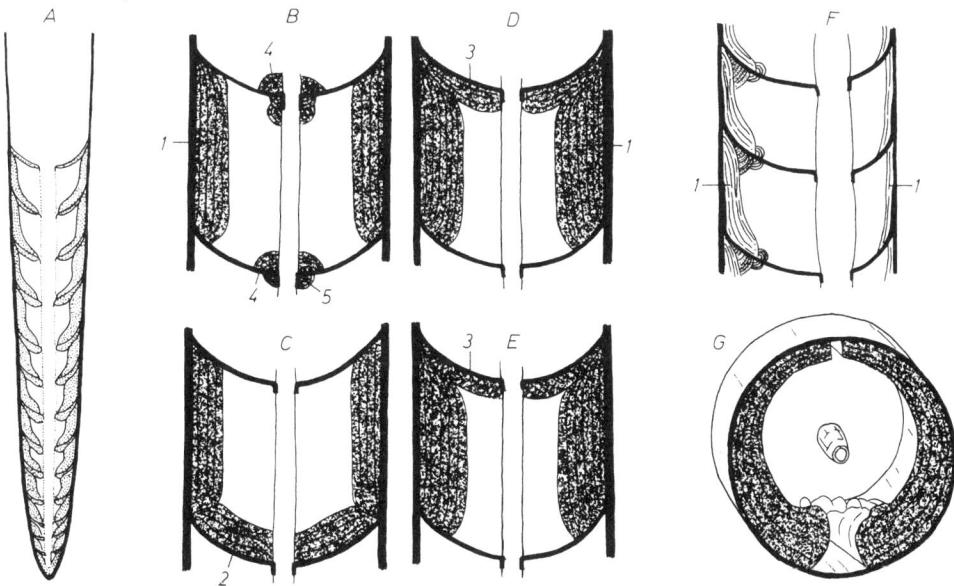

Abb. 270. Kammerablagerungen bei Nautiloideen. A: Schema der Kammerablagerungen am Beispiel von *Geisonoceras* (Ord. – Devon), × 0,3; B–E: Schemata unterschiedlicher Ablagerungstypen, 1: Wandablagerung, 2: episeptale Ablagerungen, 3: hyposeptale Ablagerungen, bei D und E mit unterschiedlicher Zuwachsrichtung, 4: episeptale Ringe um den Sipho, 5: hyposeptale Ringe um den Sipho; F: unterschiedliche, aber bilateral-symmetrische Kammerablagerungen bei *Stereoplasmoceras* (Ord.), × 1,5; G: schematisches Raumbild der Kammerablagerungen bei *Pseudorthoceras* (Devon – Perm), oben: „dorsaler", d. h. vorderer Spalt, unten: „ventraler", d. h. hinterer Spalt. Nach A. G. FISCHER & C. TEICHERT und C. TEICHERT et al.

Mündung abgewandte Septalfläche) und Ringe um die Durchtrittsstellen des Siphos durch die Septen unterscheiden. Auch die Kammerablagerungen sind zwar bilateral-symmetrisch, jedoch oft vorn („dorsal") und hinten („ventral") verschieden. Sie müssen die Gleichgewichtslage der Gehäuse erheblich verändert haben. Ob die Kammerablagerungen aus der Kammerflüssigkeit oder von Weichteilen in den Kammern abgeschieden wurden, ist unbekannt. Vereinzelt sind Gefäßeindrücke sowohl auf den Septalflächen als auch auf der Oberfläche der Kammerablagerungen beobachtet worden (Abb. 271).

Die anatomische Orientierung der Gehäuse hängt von der Rekonstruktion der Weichteile ab. Entsprechend den Verhältnissen bei *Nautilus* muß man davon ausgehen, daß der Beginn der Gehäuseröhre (d. h. der Apex) der Dorsalseite und die Mündung der Ventralseite entspricht. Der Trichter liegt hinten. Für ihn ist am Mündungsrand oft ein Sinus (Trichterbucht) ausgespart. Verbreitet, jedoch anatomisch unzutreffend, ist die Ansprache der Trichterseite als Ventralseite und der Gehäusemündung als Vorderseite (Abb. 272).

Gekrümmte oder spiralig aufgerollte Gehäuse, deren Trichterbucht, d. h. Hinterseite, auf der Gehäuseperipherie (Externseite) liegt, heißen exogastrisch, obwohl weder Trichter noch Mantelhöhle mit dem Magen identisch sind. Liegt der Trichter auf der konkaven Gehäuseseite, so nennt man die Gehäuse endogastrisch. Der Sipho liegt oft (jedoch keinesfalls stets) auf der Trichterseite, d. h. hinten. Deshalb werden Gehäuse, bei denen die Trichterbucht undeutlich oder nicht erhalten ist, oft allein aufgrund der Lage des Siphos als exo- oder endogastrisch gedeutet. Da indessen auch sichere Fälle bekannt sind, wo der Sipho vorne („dorsal") liegt, sind derartige Interpretationen oft willkürlich.

Außer dem Gehäuse und seinen Bestandteilen sind nur untergeordnet weitere Reste fossiler Nautiloideen erhalten. Kiefer, die auf Nautiloideen bezogen werden (Abb. 273), sind im Paläozoikum vereinzelt und ab der Trias häufiger nachgewiesen. Einige Funde stellen Oberkiefer (Rhyncholithen) dar, die den verkalkten Spitzen des Oberkiefers von *Nautilus* sehr ähnlich sind. Unterkiefer (Conchorhynchen) sind seltener. Häufiger als die Rhyncholithen sind Oberkiefer, deren Schaft durch Kanten drei- oder vierteilig ist (Rhyncoteuthen), was auf eine andersartige Kiefermuskulatur schließen läßt. Ob sie ebenfalls von Nautiloideen oder von einer noch unbekannten Cephalopoden-Gruppe herrühren, ist unbekannt. Die Kanten der Rhyncholithen und Rhyncoteuthen eignen sich zum Zerschneiden der Beute. Die abgeflachten Kauflächen quetschen. Andere Anpassungen der Kauflächen ermöglichen das Zerreißen oder das Stechen. Rhyncholithen, Conchorhynchen und Rhyncoteuthen bestehen aus Kalzit.

Als Einzelfund ist eine isolierte Nautiloideen-Radula aus dem Karbon nachgewiesen, die ähnlich gebaut ist wie die des rezenten *Nautilus* (Abb. 271 E).

Vom Weichkörper fossiler Nautiloideen sind keinerlei Reste erhalten geblieben. Strukturen in Wohnkammern, die durch Röntgenuntersuchungen sichtbar wurden, erlauben keine eindeutige Interpretation.

## 4. Ontogenie

Das Wachstum des Nautiloideen-Gehäuses beginnt mit der Anfangskammer (Proloculus) (Abb. 274). Ihre Gestalt hängt weitgehend vom Öffnungswinkel der Gehäuseröhre ab. Tonnenförmige Gehäuse mit breitem Öffnungswinkel besitzen meist eine kegelförmige Anfangskammer. Bei der Einrollung des Gehäuses kann sie zu einer englumigen Kappe reduziert werden. Verkürzte Anfangskammern werden oft vom Sipho bis an ihre dorsale Begrenzung durchstoßen. Die Dorsalwand ist dann manchmal zu einem sogenannten Siphonalbläschen ausgebeult. Um dieses herum ist eine narbenförmige Struktur, die Cicatrix, entwickelt. Stabförmige Gehäuse verengen den Apikalwinkel mit der Mündung der Anfangskammer. Diese ist deshalb oft eiförmig oder kugelig und von

Nautiloideen 245

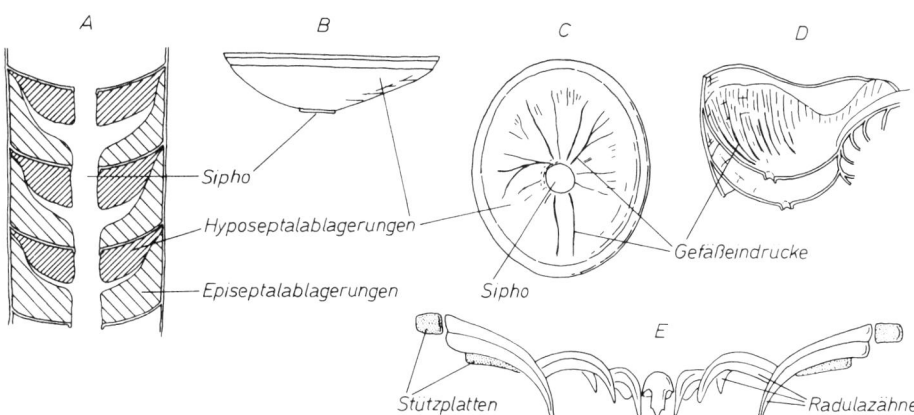

Abb. 271. Gefäßeindrücke und Radula bei Nautiloideen. A–C: Gefäßeindrücke auf Hyposeptalablagerungen bei *Leurocycloceras* (Ord. – Silur); A: Schema der Kammerablagerungen; B: Hyposeptalablagerungen einer Kammer von der Seite, × 1; C: Blick auf die Hyposeptalablagerungen mit den Gefäßeindrücken, × 1. Nach C. H. HOLLAND. D: Gefäßeindrücke auf der Kammerscheidewand eines rezenten *Nautilus*, × 0,5. Nach W. DEEKE. E: Nautiloideen-Radula *(Paleocadmus)*, Ob.-Karbon, × 15. Nach A. SOLEM & E. S. RICHARDSON.

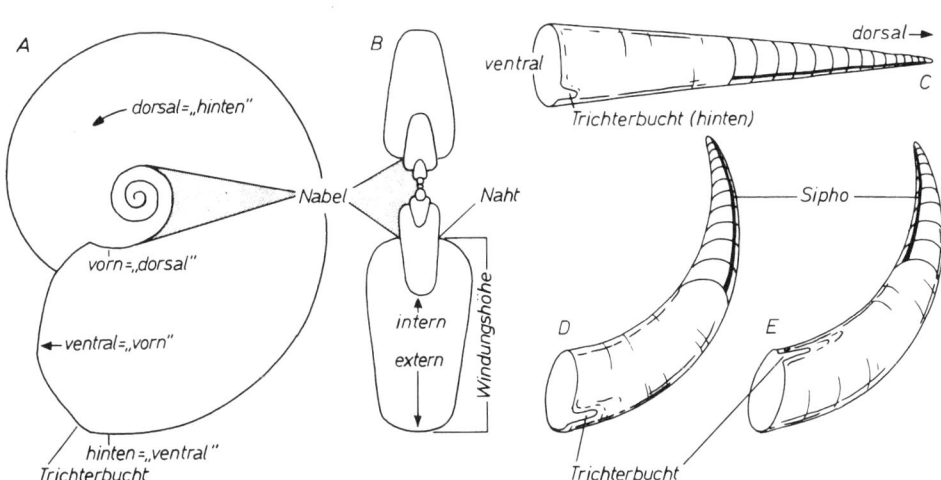

Abb. 272. Orientierung und Terminologie bei Nautiloideen-Gehäusen. A, B: Orientierung eines planspiralen Gehäuses; C: Orientierung eines stabförmigen Gehäuses; D, E: Orientierung gekrümmter Gehäuse; D: „exogastrisch", E: „endogastrisch". Nach C. TEICHERT.

17 Ziegler, Paläobiologie 2

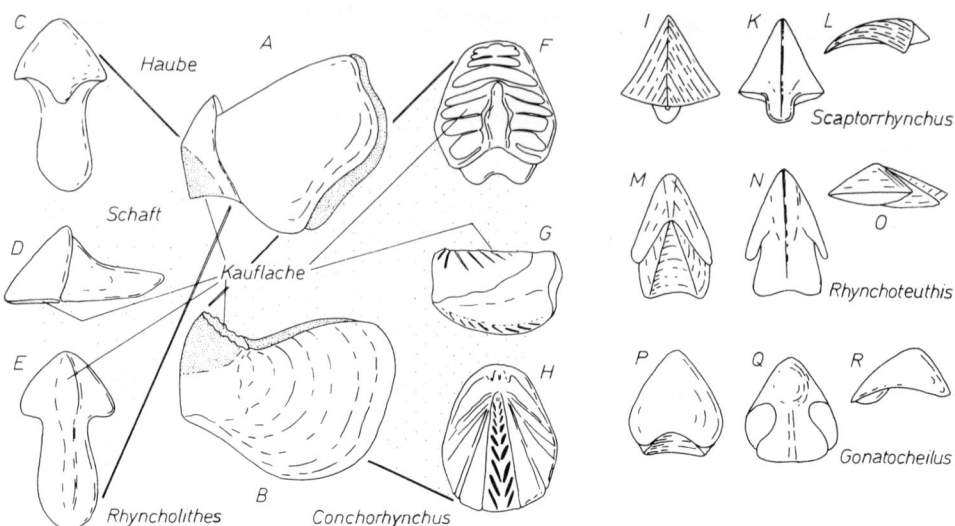

Abb. 273. Kiefer von Nautiloideen sowie (M–R) weiterer Cephalopoden zweifelhafter Zugehörigkeit. A, B: Oberkiefer (A) und Unterkiefer (B) von *Nautilus*, × 0,75, verkalkte Kieferspitzen sind punktiert; C–H: Kiefer von *Germanonautilus* (Trias), × 1, C–E: Oberkiefer, F–H: Unterkiefer, E, F: Blick auf die Kaufläche; I–L: Nautiloideen-Oberkiefer (Tert.), × 1, mit stechender Funktion; M–O: Cephalopodenkiefer (Jura), × 0,5, mit quetschender Funktion; P–R: Cephalopodenkiefer (Jura), × 1, mit reißender Funktion. Zuordnung von M–R zu den Nautiloideen zweifelhaft. Nach S. M. GASIOROWSKI und C. TEICHERT, R. C. MOORE & D. E. N. ZELLER.

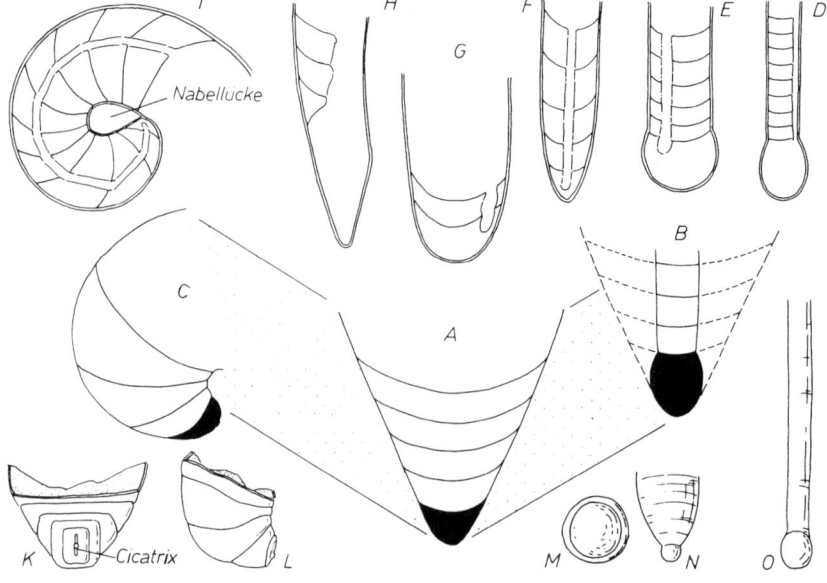

Abb. 274. Anfangskammern und Anfangsgehäuse der Nautiloideen. A–C: Schema der Veränderung der Form der Anfangskammern mit der Gehäuseform, A: breitkegelförmiges (brevikones) Gehäuse, B: spitzkegelförmiges (longikones) Gehäuse, C: spiralig eingerolltes Gehäuse; D–I: Beispiele von Anfangsgehäusen; D: *Bactrites* (Devon – Perm), × 10, E: *Orthoceras* (Ord.), × 12,5, F: *Trematoceras* (Trias), × 4, G: *Turoceras* (Silur), × 3, H: *Proterovaginoceras* (Ord.), × 0,35, I: *Syringoceras* (Trias), × 2,5; K, L: Anfangsgehäuse und Anfangskammer mit Cicatrix und Siphonalbläschen bei *Cenoceras* (Trias – Jura), × 2; M, N: Anfangskammer bei *Geisonoceras* (Ord. – Devon), × 20, × 10; O: Anfangskammer eines Orthoceraten, × 5. Nach O. H. SCHINDEWOLF und C. TEICHERT et al.

der Gehäuseröhre durch eine Einschnürung getrennt. Der Sipho reicht oft nicht oder nur ein kurzes Stück in eine solche Anfangskammer hinein.

Ob die Anfangskammer der fossilen Nautiloideen in einer Eihülle gebildet wurde, ob möglicherweise vor dem Schlüpfen der Jungtiere schon mehrere Kammern vorhanden waren oder ob das Anfangsgehäuse während eines planktischen Larvenstadiums entstand, ist unbekannt. Angesichts der Unterschiede bei den Anfangsstadien muß mit uneinheitlichen Verhältnissen gerechnet werden.

Für manche eurysiphonate Formen ist es bezeichnend, daß der apikale Teil der Gehäuseröhre vollständig vom Sipho erfüllt wird. Kammern entwickeln sich erst in einem späteren Stadium (Abb. 274 H). Hier ist die erste Kammer sicherlich nicht der Anfangskammer der übrigen Nautiloideen homolog.

Während bei manchen Nautiloideen das Jugendgehäuse ein verkleinertes Abbild des adulten Gehäuses ist, treten bei vielen Gattungen in der Ontogenie erhebliche Merkmalsänderungen auf (Abb. 275). Änderungen können betreffen: die Gehäuseform, die Mündungsform, die Lage des Siphos, den Feinbau der Siphonalduten und -hüllen sowie die Endosiphonal- und Kammerablagerungen. Typische Adultmerkmale sind verengte Wohnkammern und Mündungen.

Wie alt die einzelnen Nautiloideen werden konnten, ist unbekannt. Die (ebenfalls nur unzureichend bekannten) Verhältnisse bei *Nautilus* geben grobe Hinweise.

Bei einigen aberranten Typen wird das Jugendgehäuse entlang eines bestimmten Septums, das dann zur Gehäuserückwand wird, abgestoßen. Beim Abwurf des Jugendgehäuses wird die Siphonalröhre i. d. R. durch einen Pfropf verschlossen. Das Adultgehäuse kann sich erheblich vom Jugendgehäuse unterscheiden. Bei den Ascoceraten änderte sich mit der Gehäuseform und der Anordnung der Septen sicherlich auch die Orientierung der Tiere im Wasser (vgl. Abb. 276 D).

## 5. Phylogenie

Die Nautiloideen sind die ältesten Cephalopoden. Sie werden im allgemeinen von Monoplacophoren abgeleitet. Das kurz kegelförmige, breitkonische Gehäuse verkörpert somit die ursprüngliche Form. Die wichtigsten Ereignisse bei der Entstehung und in der Evolution der Nautiloideen sind der Erwerb und die Abwandlung des Auftriebs.

Die ältesten unzweifelhaften Nautiloideen (s. l.) stammen aus dem oberen Kambrium. Im Ordovizium nimmt die Mannigfaltigkeit sehr stark zu. Mehrere, morphologisch z. T. recht unterschiedliche Teilgruppen differenzieren sich teils im unteren, teils im mittleren Ordovizium. Im Devon treten erstmals die eigentlichen Nautilida auf. Zugleich erlöschen mehrere der anderen Teilgruppen; weitere werden nahezu bedeutungslos. Während die meisten Nautiloideen-Gruppen im Jungpaläozoikum aussterben (die Orthocerida ragen noch in die Trias hinein), erlangen die Nautilida eine beachtliche Diversität. Am Ende der Trias durchläuft die Gruppe eine scharfe Krise. Nur eine einzige Gattung überlebte und wurde zum Ausgangspunkt der jungmesozoischen Radiation.

Insgesamt kennt man etwa 800 Nautiloideen-Gattungen. Davon sind über 90 % paläozoisch. In der Trias kommen noch 33, im Jungmesozoikum 26, im Alttertiär 9 und im Jungtertiär 3 Gattungen vor (Abb. 277).

Die Orthocerida sind vermutlich die Wurzel, aus der im Altpaläozoikum die Bactritinen entstanden. Diese werden ihrerseits als die Vorfahren der Ammonoideen und der Belemniten (und damit der rezenten Dibranchiaten) betrachtet.

Die Mannigfaltigkeit (Diversität) spiegelt zugleich die Merkmalsentwicklung wider. Neben der Gehäuseform ist es in erster Linie der Sipho, der zahlreiche Abwandlungen aufweist. Durchmesser und Lage des Siphos, die Form der Siphonalduten, der Feinbau der Siphonalhülle und die Endosi-

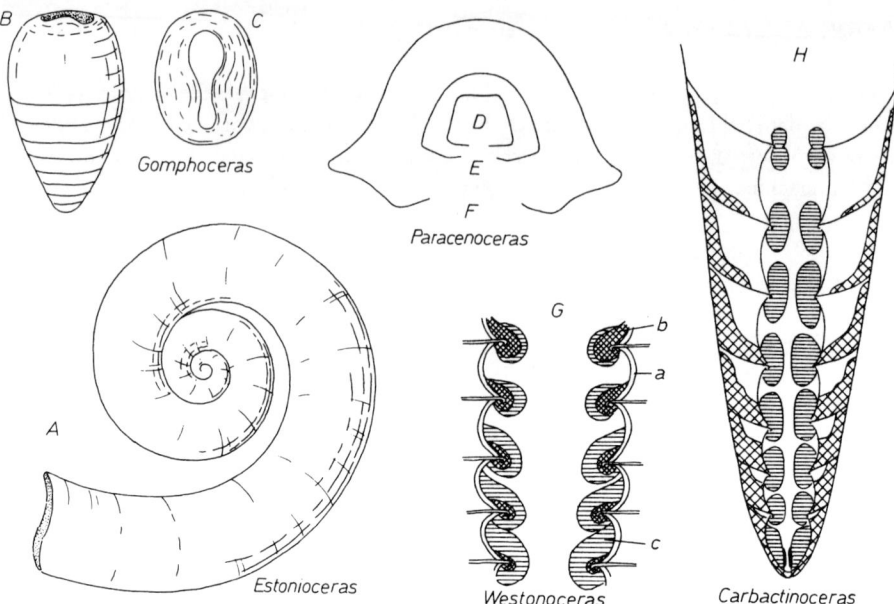

Abb. 275. Ontogenetische Veränderungen bei Nautiloideen. A: Veränderung der Gehäuseform (Ord.), × 0,35; B: Verengung der Wohnkammer als Adultmerkmal (Silur), × 0,25; C: verengte Mündung als Adultmerkmal, × 0,25; D–F: Veränderungen des Windungsquerschnitts (Jura – Kreide), × 0,25; G: Veränderungen der Endosiphonalablagerungen, schematisch, a: Siphonalhülle, b: Manschetten um die Siphonalduten, c: Wandablagerungen im Sipho; H: Veränderungen bei Endosiphonalablagerungen in Strichschraffur und Kammerablagerungen in Kreuzschraffur (Karbon), × 2. Nach B. KUMMEL und C. TEICHERT et al.

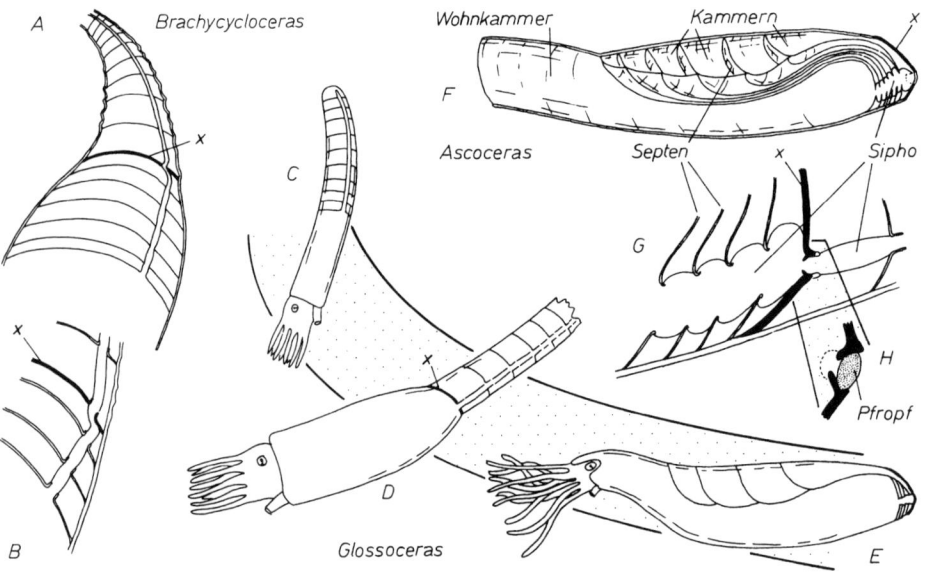

Abb. 276. Abstoßen (Trunkatur) jugendlicher Gehäuseteile bei Nautiloideen. A, B: Trunkatur bei Orthoceratiden, Karbon, × 0,2, × 0,35; C–H: Trunkatur bei Ascoceriden, C–E: Schema der Gehäuseentwicklung bei *Glossoceras* (Silur), E: × 1, F: Bau des adulten Gehäuses bei *Ascoceras* (Silur), × 0,5, G: vereinfachter Ausschnitt aus F mit noch ansitzendem Jugendgehäuse, × 2,5, H: Ausschnitt aus G, × 5. x: Septum, das nach der Trunkatur zur Gehäuserückwand wird. Nach W. M. FURNISH & B. F. GLENISTER und W. C. SWEET.

Nautiloideen 249

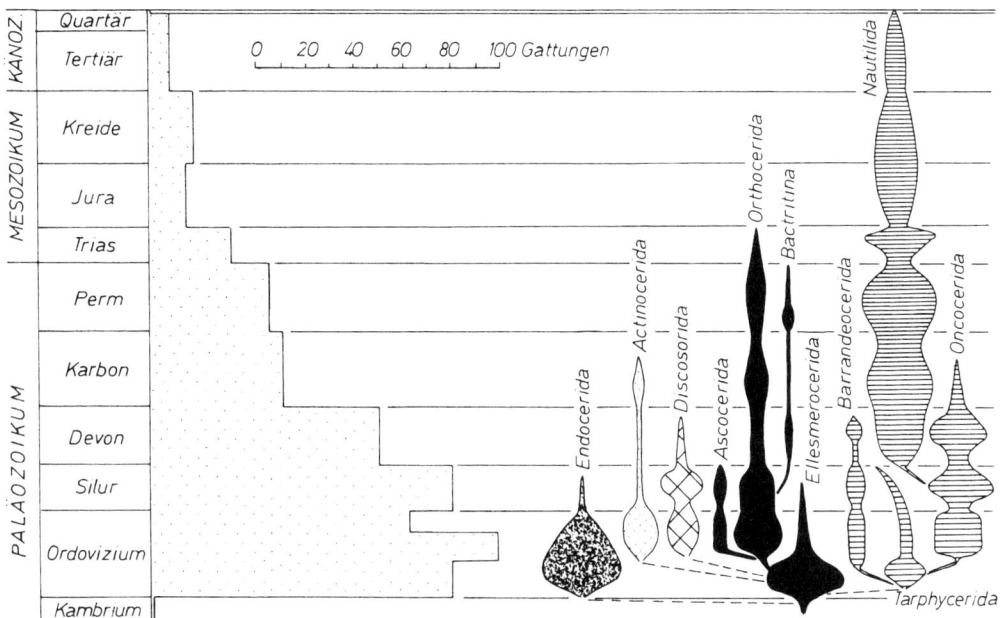

Abb. 277. Diversität (Zahl bekannter Gattungen) und Stammesgeschichte der Nautiloideen. Links: Diversität. Rechts: die Teilgruppen der Nautiloideen und ihre Mannigfaltigkeit vom Kambrium bis zur Gegenwart. Nach C. TEICHERT et al.

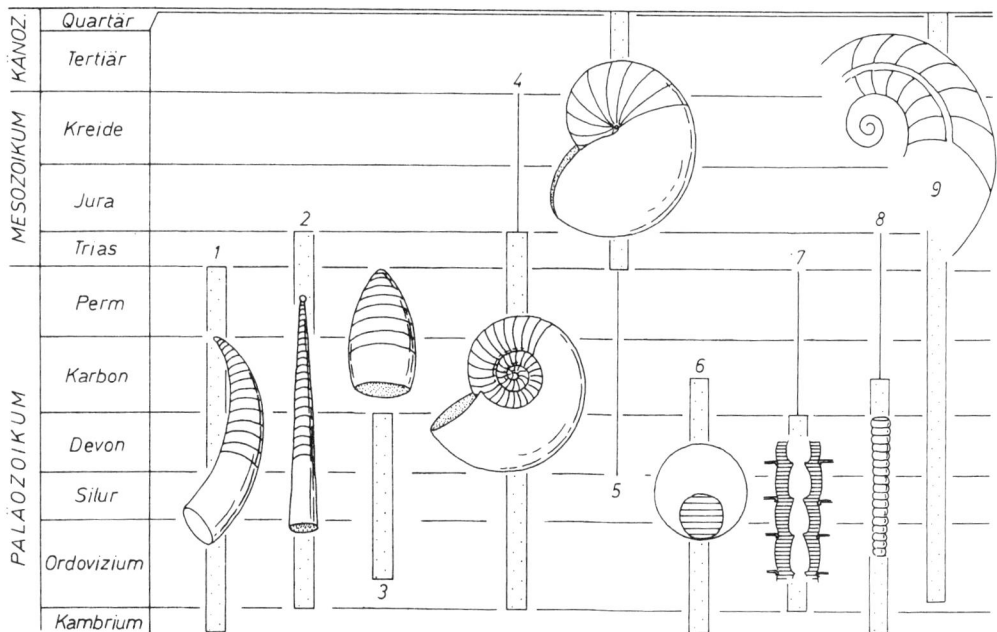

Abb. 278. Zeiten der Dominanz bestimmter Merkmale bei den Nautiloideen. 1–5: Gehäuseform, 1: gekrümmt, 2: stabförmig, 3: tonnenförmig, 4: planspiral weitnabelig, 5: planspiral engnabelig; 6–9: Sipho, 6: eurysiphonat, 7: Endosiphonalablagerungen, 8: Perlschnursipho, 9: Sipho stenosiphonat, leer und mehr oder weniger zentral.

phonalablagerungen wurden vielfältig und zum Teil konvergent variiert. Obwohl manche Baupläne im Paläozoikum über lange Zeiträume beibehalten und verfeinert wurden, bot anscheinend nur der relativ undifferenzierte Sipho der modernen Nautiloideen so viele Selektionsvorteile, daß sich seine Träger bis heute behaupten konnten.

Die verschiedenen Gehäusetypen lassen zu unterschiedlichen Zeiten Schwerpunkte in ihrer Verbreitung erkennen (Abb. 278). Gekrümmte Gehäuse reichen vom oberen Kambrium bis ins Perm, stabförmige vom unteren Ordovizium bis in die Trias und tonnenförmige vom mittleren Ordovizium bis ins Devon. Spiralig aufgerollte Gehäuse kennt man ab dem unteren Ordovizium. Im Paläozoikum sind sie überwiegend weit, ab dem Jura fast ausnahmslos eng genabelt. Obwohl für die Teilgruppen der Nautiloideen jeweils bestimmte Gehäuseformen bezeichnend sind, kommt es häufig vor, daß ähnliche Gehäuse in unterschiedlichen Gruppen konvergent erworben wurden. Selbst so einseitige Spezialisierungen wie das Abstoßen des Jugendgehäuses sind mehrfach und konvergent entstanden.

Der Höhepunkt der Entwicklung verschiedener Merkmalskomplexe fällt in unterschiedliche Zeitabschnitte. Auch hierbei sind jedoch Konvergenzen verbreitet. Der Sipho wird im Ordovizium am vielfältigsten variiert. Die Gehäuseform und die Mündung zeigen im Silur die größte Mannigfaltigkeit. Die Skulptur ist vom Devon bis in die Trias am üppigsten. Die Verfaltung der Septen ist in der Trias besonders intensiv. Der Erwerb verkalkter Kiefer ist anscheinend auf einige der jüngeren Nautilida (im wesentlichen ab Trias) beschränkt. Die Träger der Rhynchoteuthen kamen nur in Jura und Kreide vor.

## 6. Stratigraphie

Die Nautiloideen stellen im Paläozoikum vermutlich ein beachtliches Potential für stratigraphische Zwecke dar. Bisher sind jedoch viele der beschriebenen Arten und Gattungen von so wenigen Fundpunkten oder mit so wenig Material nachgewiesen, daß ihr wahres Vorkommen unsicher ist.

Nach den bisherigen Beobachtungen scheint es so, als ob vom Ordovizium bis zur Trias zahlreiche Gattungen auf kurze Zeitabschnitte (1–2 Stufen) beschränkt seien (Abb. 279). Manche Formen verbinden eine kurze Lebensdauer mit typischen Merkmalen und sind zugleich relativ häufig. Sie stellen deshalb, vor allem im Silur, brauchbare Leitfossilien dar. Der Leitwert der jungmesozoischen Nautiloideen ist anscheinend gering. Gut nutzbar sind jedoch im Jura und in der Unterkreide die Rhynchoteuthen (Abb. 280).

Gröbere stratigraphische Anhaltspunkte geben die zeittypischen morphologischen Trends sowie die Blütezeiten der einzelnen Teilgruppen.

## 7. Lebensweise

Die Nautiloideen zeigen im Paläozoikum eine so große Mannigfaltigkeit, daß mit sehr unterschiedlichen Anpassungen gerechnet werden muß. Obwohl der rezente *Nautilus* im Wasser schwebt und sich mit Hilfe seines Trichters fortbewegt, läßt sich dies sicher nicht auf alle Nautiloideen übertragen. Die ältesten Formen besaßen möglicherweise noch gar kein Gas in ihren Kammern. Durch ihre dichtstehenden Septen hatten sie vermutlich in keinem Fall genug Auftrieb, um zu schweben. Sie besaßen deshalb wohl auch noch keinen Trichter, sondern einen Kriechfuß (vgl. Abb. 281 A).

Stabförmige oder gekrümmte Gehäuse, deren Auftrieb zum Schweben ausreichte, hielten die Tiere in ihrer anatomisch richtigen Position (Abb. 281 B). Kopffuß (Arme) und Trichter waren nach unten, die an den Phragmokon angrenzende Dorsalseite nach oben orientiert. Ein Manövrie-

Nautiloideen 251

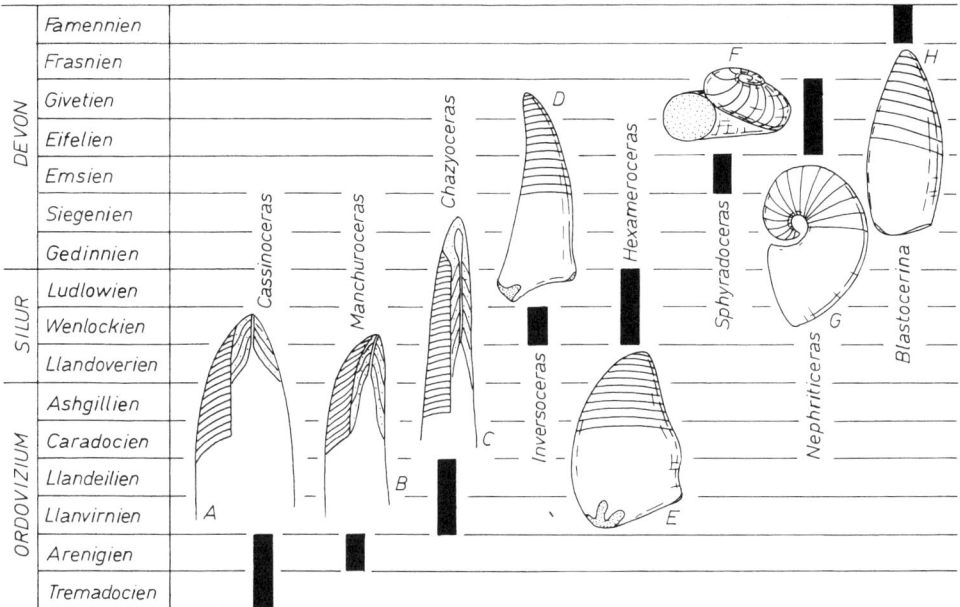

Abb. 279. Beispiele einiger Nautiloideen-Gattungen mit geringer Lebensdauer. A–C: Endocerida; D, E, H: Oncocerida; F, G: Barrandeocerida. A: × 0,1; B: × 0,25; C: × 0,1; D: × 0,5; E: × 0,3; F: × 0,5; G: × 0,35; H: × 0,5. Nach C. Teichert et al.

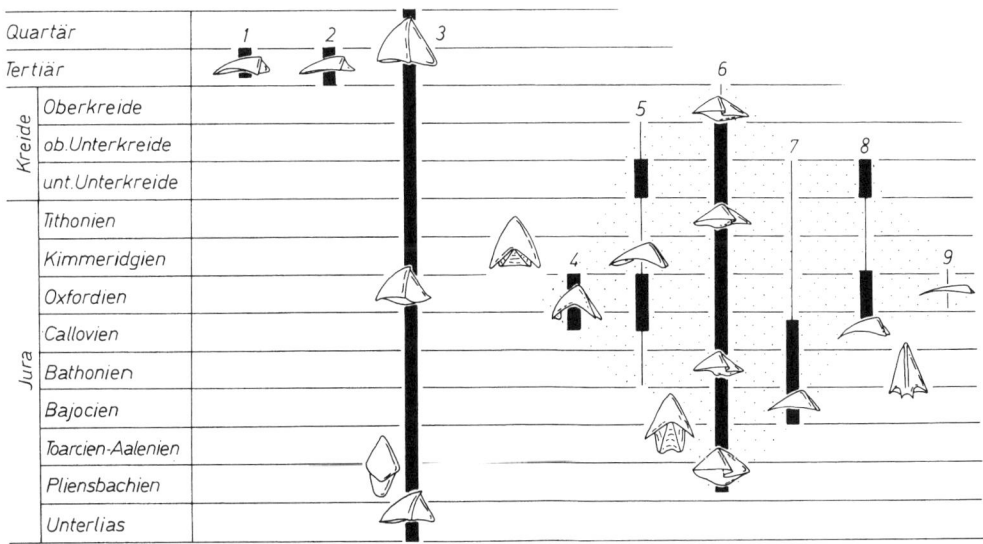

Abb. 280. Stratigraphische Verbreitung der Rhyncholithen und Rhynchoteuthen (punktiertes Feld) seit dem Jura. 1: *Scaptorrhynchus;* 2: *Acutobeccus;* 3: *Rhyncholithes;* 4: *Gonatocheilus oxfordiensis;* 5: *Gonatocheilus,* außer *G. oxfordiensis;* 6: *Hadrocheilus;* 7: *Mesocheilus;* 8: *Leptocheilus;* 9: *Leptocheilus excavatus.* Nach S. M. Gasiorowski.

ren in dieser Körperhaltung war allerdings nur schlecht möglich, doch dürften die tonnenförmigen Gehäuse überwiegend so zu denken sein (Abb. 281 G). Einen Vorteil bot in dieser Lage ein vom Kopffuß weit nach hinten abgesetzter Trichter (Abb. 281 F).

Zwei jeweils mehrfach konvergent eingeschlagene Wege gestatteten eine bessere Beweglichkeit. Ihnen ist gemeinsam, daß der Weichkörper so orientiert wurde, daß nun die Mantelhöhle nach unten und der Kopffuß vorwärts zeigten. Der Weichkörper lag dadurch waagrecht im Wasser; der Trichter konnte die Tiere horizontal fortbewegen. Stabförmigen Nautiloideen wurde eine horizontale Lage im Wasser dadurch ermöglicht, daß der Phragmokon durch Endosiphonalbildungen und (bzw. oder) Kammerablagerungen beschwert wurde (Abb. 281 C). Dieselbe Wirkung hatte die Verlagerung des Auftriebs auf die Vorderseite der Wohnkammer (Abb. 281 E). Auch durch die sogenannte exogastrische Einrollung (Abb. 281 H) wurde das Zentrum des Auftriebs senkrecht über die Vorderseite des Weichkörpers und damit über seinen Schwerpunkt gebracht.

Die Rekonstruktion der Körperhaltung wird in einzelnen Fällen durch Färbungsreste bestätigt. Von stabförmigen Gehäusen sind einseitige, vermutlich im Leben nach oben orientierte Farbspuren bekannt (Abb. 281 D). Bei tonnenförmigen Gehäusen hat man allseitige Musterung beobachtet.

Die Geschwindigkeit, mit der sich die Tiere fortbewegen konnten, ist unbekannt. Kriechende oder senkrecht treibende Formen waren sicherlich träger als solche, die horizontal schwammen. Ob aus besserer oder schlechterer Stromlinienform auf die Geschwindigkeit geschlossen werden darf, ist zweifelhaft, solange der Bau der Weichteile (Trichter, Arme usw.) nicht bekannt ist.

Alle Nautiloideen lebten im Meer. Vermutlich waren sie an normale Salinität gebunden; für Brackwasser-Toleranz gibt es keine schlüssigen Beweise. Ihre Ernährungsweise ist weitgehend unbekannt. Zwar dürfte sich ein großer Teil der Nautiloideen – ebenso wie *Nautilus* – von langsamen Beutetieren oder von Aas ernährt haben, doch ist es angesichts der Diversität wahrscheinlich, daß manche Formen auch andere Kost (z. B. Plankton) zu sich nahmen. Wegen des fleckenhaft gehäuften Vorkommens mancher Arten wird vermutet, daß diese gesellig lebten.

Die meisten Nautiloideen des Paläozoikums und Mesozoikums kommen vor allem in Flachwassersedimenten vor. Ob sie auch im Flachwasser lebten, läßt sich allein daraus nicht ableiten. Die Stabilität von Gehäuse, Septen und Siphonalhülle gegenüber dem Wasserdruck läßt jedoch Rückschlüsse auf die größtmögliche Tiefe zu, in der die Tiere existieren konnten. Die Mehrzahl der Gattungen scheint demnach den Schelf oder die oberflächennahen Bereiche der Hochsee bewohnt zu haben. Nur manche stabförmige Gehäuse und einige der modernen Nautiliden hielten einen höheren Wasserdruck aus (Abb. 282).

Ob die Tiere – wie der rezente *Nautilus* – zum bodenbezogenen Nekton gehörten oder das freie Wasser bevölkerten, ist meist nicht zu entscheiden. Es gibt Fälle, in denen regelhafte Gehäuseverletzungen auf ein Leben nahe dem Meeresboden deuten. Auch manche der einseitigen Färbungsmuster sind nur als Tarnung über dem Meeresboden verständlich. Gewisse Eindrücke auf Schichtflächen könnten von den Armen der Tiere herrühren und ebenfalls den Aufenthalt am Meeresgrund anzeigen. Andererseits deutet das Vorkommen stabförmiger Gehäuse in der altpaläozoischen Schwarzschiefer-Fazies – in der Benthos weitgehend fehlt – auf ein Leben im freien Wasser.

Eine deutliche Abhängigkeit des Vorkommens von der Meerestiefe ist auch von den Rhynchoteuthen bekannt. Unsicher ist allerdings, ob ihre Träger bodenbezogen oder im freien Wasser lebten (Abb. 283).

Viele der besser bekannten Nautiloideen sind flächenmäßig weit verbreitet. Andere sind auf bestimmte Regionen beschränkt. Ob sich hierin die Abhängigkeit von Umweltfaktoren (z. B. Temperatur) widerspiegelt, ist unklar. Manche Formen scheinen an eine bestimmte Fazies gebunden zu sein oder sie jedenfalls zu bevorzugen. Die Kenntnislücken sind jedoch noch groß.

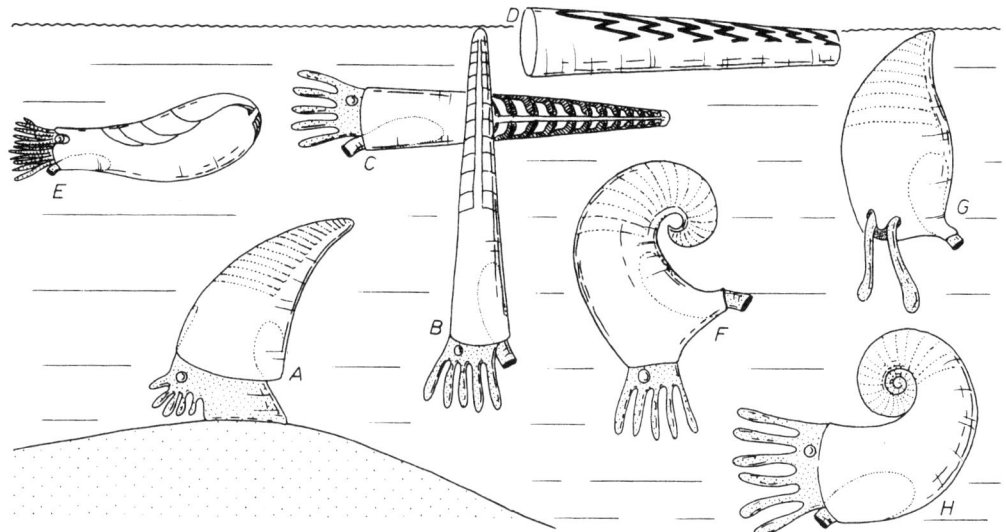

Abb. 281. Hypothetische Orientierung verschiedener Nautiloideen im Leben. A: *Plectronoceras* (Ob.-Kambr.), × 4; B: *Orthoceras* (Ord.), × 0,15; C, D: *Michelinoceras* (Ord. – Trias), C: mit Kammerablagerungen, × 0,25, D: mit einseitigem Farbmuster, × 0,7; E: *Ascoceras* (Silur), × 0,5; F: *Phragmoceras* (Silur), × 0,25; G: *Tetrameroceras* (Silur), × 0,4; H: *Uranoceras* (Silur), × 0,15.

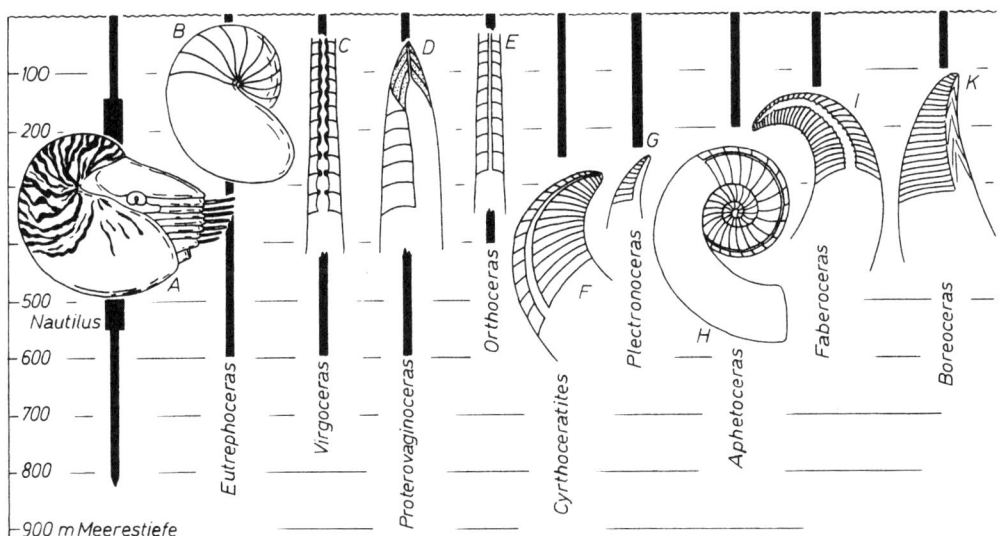

Abb. 282. Die Stabilität ausgewählter Nautiloideen-Gehäuse und die daraus abgeleitete maximale Tauchtiefe. Bei *Nautilus* ist die Hauptverbreitung mit breiter Signatur angegeben. A, B: Nautilida; C, E: Orthocerida; D, K: Endocerida; F: Oncocerida; G: Ellesmerocerida; H: Tarphycerida; I: Discosorida. A: Olig. – rez.; B: Jura – Mioz.; C. Silur; D: Ord.; E: Ord.; F: Devon, G: Ob.-Kambr.; H: Ord.; I: Ord.; K: Ord. Nach G. E. G. WESTERMANN.

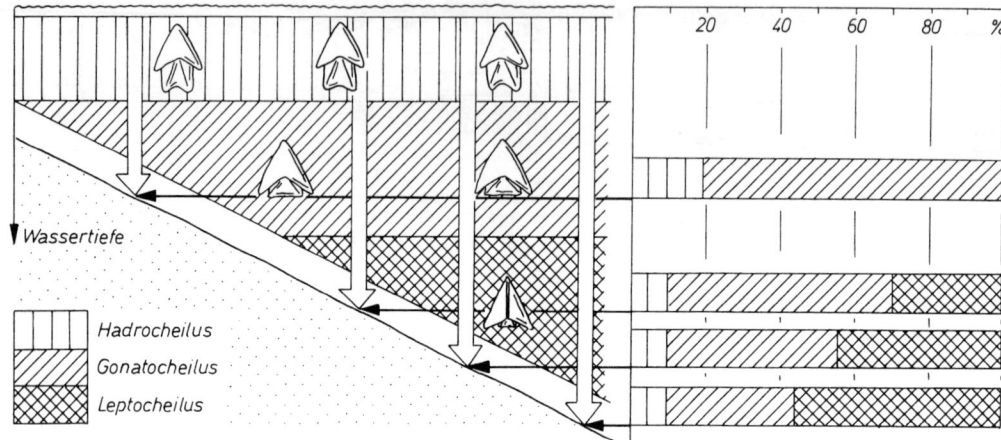

Abb. 283. Mutmaßliche Abhängigkeit einiger Rhynchoteuthen des Juras von der Meerestiefe. Rechts: charakteristische Rhynchoteuthen-Assoziationen, entstanden durch das Niedersinken isolierter Rhynchoteuthen nach dem Tode ihrer Träger. Links: daraus abgeleitete Tiefenverbreitung ausgewählter Rhynchoteuthen-Gattungen. Nach S. M. GASIOROWSKI.

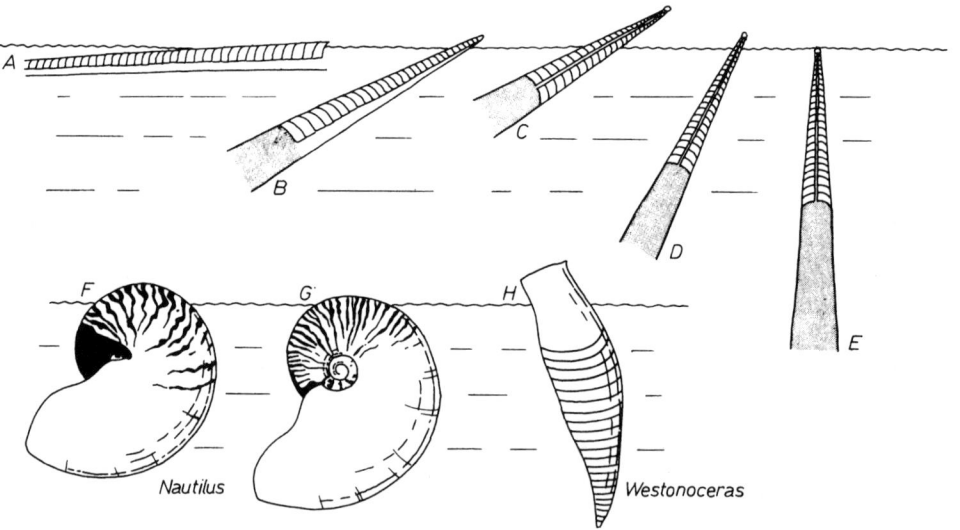

Abb. 284. Die Schwebstellung driftender Nautiloideen-Gehäuse. A, B: Endoceriden, schematisch, A: Wohnkammer und Gehäusespitze abgebrochen, B: Wohnkammer (gerastert) erhalten; C–E: Orthoceraten (schematisch) mit unterschiedlich langen Wohnkammern (gerastert). Bei A–E liegt der Rekonstruktion die Annahme zugrunde, daß sämtliche Kammern gasgefüllt sind. F: Schwebstellung eines leeres Gehäuses von *Nautilus pompilius*, × 0,15; G: Schwebstellung eines leeren Gehäuses von *Nautilus scrobiculatus*, × 0,2; H: vermutete Schwebstellung von *Westonoceras* (Ord.), × 0,25. Nach R. A. REYMENT und C. TEICHERT.

## 8. Fossilisation

Der Auftrieb durch die mindestens teilweise gasgefüllten Kammern hatte zur Folge, daß die Gehäuse abgestorbener Nautiloideen weit verfrachtet werden konnten. Ihre Orientierung beim Treiben (Abb. 284) hängt vom Ausmaß der Gasfüllung und Bau-Eigentümlichkeiten der Gehäuse ab. Es gibt jedoch auch zahlreiche Hinweise darauf, daß oft Lebens- und Einbettungsort nahe benachbart waren. Unter welchen Bedingungen das Verdriften leerer Gehäuse unterblieb, ist noch nicht ganz geklärt. Rasches Absinken wird bei Formen mit schweren Endosiphonal- oder Kammerablagerungen, bei stabförmigen Typen mit langer Wohnkammer – d. h. relativ geringerem Gasgehalt – sowie bei tonnenförmigen, gekrümmten oder evolut aufgerollten Gehäusen angenommen. Gutes Flottiervermögen hatten anscheinend stabförmige Gehäuse mit kurzer Wohnkammer sowie engnabelige planspirale Formen.

Beim Niedersinken auf den Meeresgrund trafen spiralige Gehäuse mit breitem Querschnitt mit der Externseite, stabförmige Gehäuse mit randlichem Sipho mit der Siphonalseite zuerst auf dem Boden auf (Abb. 285). Schlanke, spiralig aufgewundene Gehäuse legten sich nach der Grundberührung auf die Seite.

Durch Strömungen konnten stabförmige Gehäuse, bei denen der Gewichtsunterschied zwischen Wohnkammer und Phragmokon (z. B. wegen Endosiphonal- oder Kammerablagerungen) deutlich ausgeprägt war, längs eingesteuert werden (Abb. 286). Ob die Wohnkammer mit dem oder gegen den Strom zeigt, hängt von ihrer Ankerwirkung und vom Auftrieb des Phragmokons ab. Stabförmige Gehäuse, bei denen sich Wohnkammer und Phragmokon ähnlich verhielten, konnten quer zum Strom eingeregelt werden. Planspirale Formen zeigten mit der Mündung mit dem Strom. Bei der Verfrachtung waren die Wohnkammern am meisten gefährdet; sie gingen oft zu Bruch.

Da die Schale der Nautiloideen aus Aragonit besteht, ist sie leicht löslich. In ihrer ursprünglichen Substanz erhaltene Gehäuse sind selten. In Kalzit umgewandelte Gehäuse und kalzitisierte Endosiphonal- und Kammerablagerungen kommen häufiger vor. Weitaus vorherrschend ist jedoch die Überlieferung als Steinkern. Dabei ist es eine noch ungeklärte Frage, wie das Sediment die Kammern des Phragmokons füllen konnte. Manchmal dürfte es über die Siphonalröhre und durch Schwachstellen in der Siphonalhülle eingedrungen sein. Bei intaktem Sipho könnte die Schale selbst – die einen hohen Anteil an organischer Substanz enthält – durchlässig für Schlick geworden sein. Oft wird das Sediment auch Bruchstellen in der Schale als Weg benutzt haben.

Wo die Füllung der Kammern durch Sediment unterblieb, konnte in den Hohlräumen Kalzit auskristallisieren. Zuweilen bildeten sich Kristalltapeten, die sich manchmal nur schwer von intravitalen Kammerablagerungen unterscheiden lassen (Abb. 287).

Weitlumige Siphonen konnten leicht vom Sediment erfüllt werden. Nicht selten sind nur die Steinkerne der Siphonen erhalten geblieben, während das übrige Gehäuse zerstört wurde. Vor allem die isolierten Siphonen der Endoceriden und die „Perlschnursiphonen" mancher paläozoischer Nautiloideen (vgl. auch Abb. 266 G) sind so entstanden.

Die einzigen primär kalzitischen Hartteile von Nautiloideen sind die verkalkten Kiefer. Diese sind deshalb auch dort erhaltungsfähig, wo Aragonit schon gelöst wird. Wenn sich die Rhyncholithen und Rhynchoteuthen von treibenden Kadavern lösten und frei zu Boden sanken, trafen sie mit ihrer Wölbung auf den Grund auf. Hierbei vermischten sich die Kiefer von Tieren, die in unterschiedlichen Wasserschichten gelebt hatten.

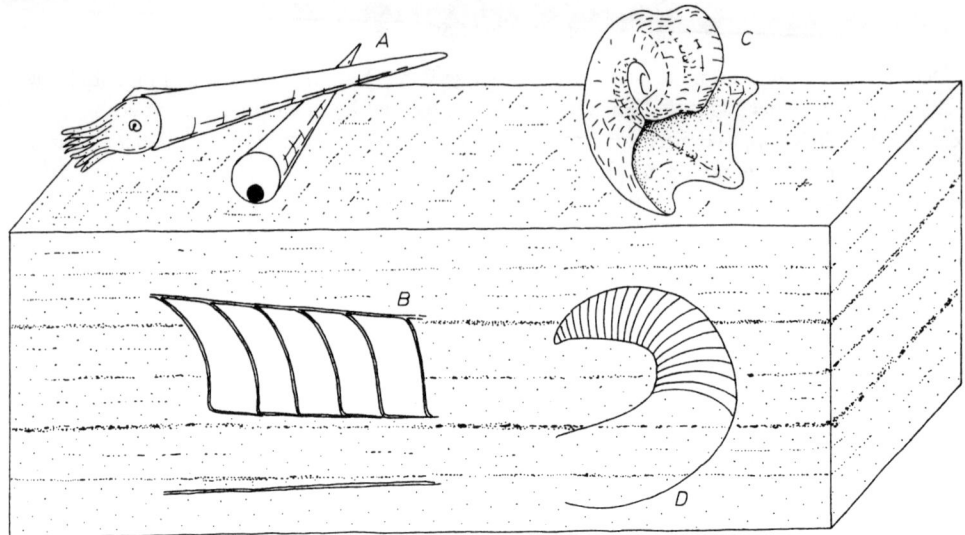

Abb. 285. Die Einbettung von Nautiloideen-Gehäusen. A: Einbettung eurysiphonater Nautiloideen mit randlichem Sipho (z. B. Endoceriden) mit dem Sipho nach unten; B: Schnitt durch ein mit dem Sipho nach unten eingebettetes *Endoceras* (Ord.), × 0,5; C: Einbettung breitmündiger, spiralig aufgerollter Nautiloideen (Beispiel: *Germanonautilus*, Trias, × 0,2) mit der Externseite nach unten; D: Einbettung eines gekrümmten Nautiloideen (Ord.), × 0,5, mit der Wohnkammer nach unten. Nach R. Mundlos, R. A. Reyment und A. Seilacher.

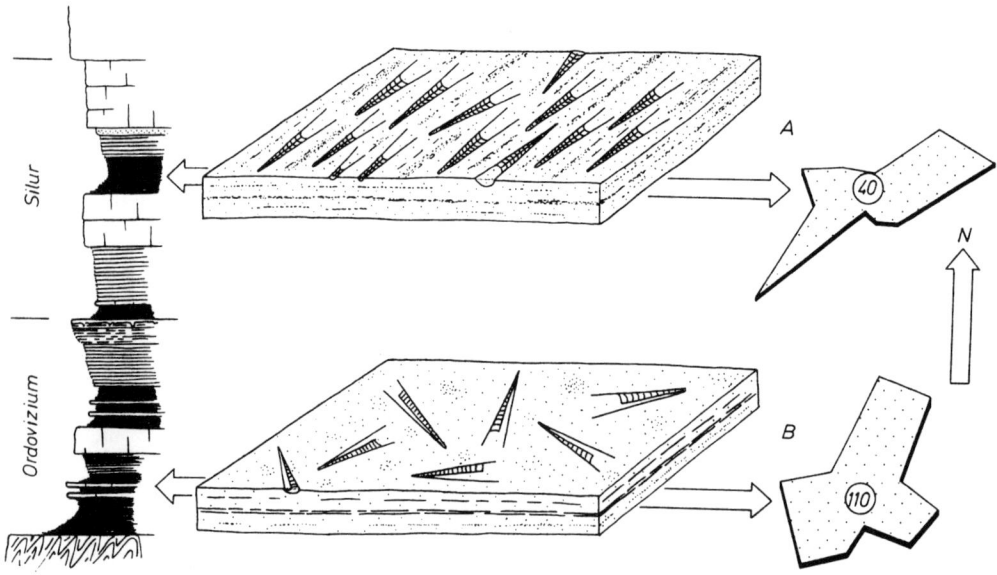

Abb. 286. Einsteuerung stabförmiger Nautiloideen an zwei Beispielen aus dem Altpaläozoikum des Oslo-Gebietes (Norwegen). A: gute Einsteuerung (kräftige Wasserbewegung) bei Orthoceraten im Silur; B: schlechte Einsteuerung (geringe Wasserbewegung) bei Endoceriden im Ordovizium. Ziffern: Anzahl vermessener Exemplare. Nach A. Seilacher & D. Meischner.

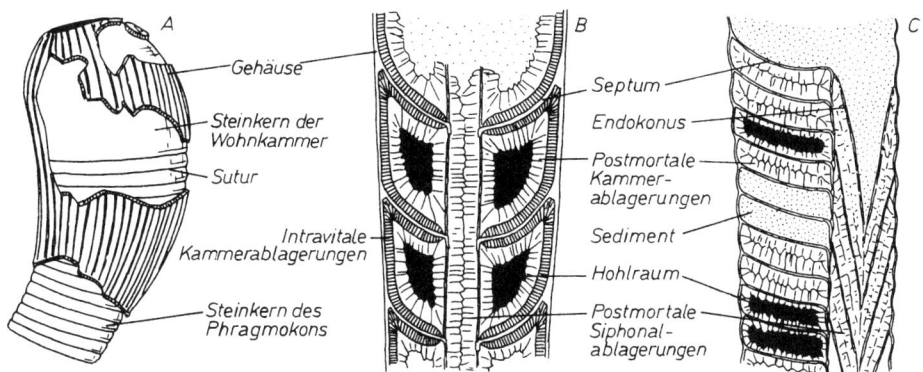

Abb. 287. Fossildiagenese bei Nautiloideen. A: Verhältnis von Schale zu Steinkern bei *Clathroceras* (Silur), × 0,5; B: Füllung des Phragmokons durch intravitale und postmortale Kammerablagerungen bei *Geisonoceras* (Ord. – Devon), × 0,8; C: (auch unvollständige) Füllung des Phragmokons durch Sediment und Kalzit bei *Anthoceras* (Ord.), × 3. Nach J. BARRANDE, R. H. FLOWER und C. TEICHERT & B. F. GLENISTER.

## 9. Gruppen-Übersicht

A. **Ellesmerocerida.** Gehäuse gekrümmt bis stabförmig. Septen dicht gedrängt. Sipho mäßig weit bis weit, meist randlich, i. d. R. ohne Endosiphonalablagerungen. Ohne Kammerablagerungen. Ob. Kambrium – Ordovizium. *Bathmoceras* (Abb. 268), *Ellesmeroceras*, *Plectronoceras* (Abb. 264, 281, 282).

B. **Endocerida.** Gehäuse stabförmig, seltener gekrümmt. Sipho weit, meist randlich, zylindrisch und mit trichterförmigen Endosiphonalablagerungen. Ohne Kammerablagerungen. Ordovizium, ?Silur. *Cassinoceras* (Abb. 267, 279), *Endoceras* (Abb. 285), *Vaginoceras* (Abb. 267).

C. **Actinocerida.** Gehäuse stabförmig. Sipho weit, mit bauchigen Abschnitten, die ein kompliziertes Kanalsystem beherbergen (Abb. 269). Mit Endosiphonal- und Kammerablagerungen. Ordovizium–Karbon. *Actinoceras*, *Carbactinoceras* (Abb. 275).

D. **Orthocerida.** Gehäuse stabförmig, seltener gekrümmt. Sipho mäßig eng bis eng, meist ± zentral mit zylindrischen bis bauchigen Abschnitten, oft mit polsterförmigen Endosiphonalablagerungen. Kammerablagerungen verbreitet. Ordovizium–Trias.
   1. Sipho mit zylindrischen Abschnitten: *Geisonoceras* (Abb. 260, 263, 270, 287), *Leurocycloceras* (Abb. 271), *Lyecoceras* (Abb. 263), *Michelinoceras* (Abb. 281), *Orthoceras* (Abb. 263, 264, 274, 281, 282), *Virgoceras* (Abb. 282).
   2. Sipho mit bauchigen Abschnitten: *Cyrtactinoceras* (Abb. 266), *Pseudorthoceras* (Abb. 270).
   3. Jugendgehäuse mit zylindrischen Abschnitten des Siphos, im Alter wird Jugendgehäuse abgeworfen, Siphonalabschnitte leicht bauchig: *Brachycycloceras* (Abb. 276).

E. **Ascocerida.** Gehäuse in der Jugend stabförmig, im Alter flaschenförmig. Jugendgehäuse wird abgestoßen. Septen im Altersgehäuse nach vorne verlagert. Ordovizium–Silur. *Ascoceras* (Abb. 276, 281).

F. **Discosorida.** Gehäuse tonnenförmig oder gekrümmt, i. d. R. kurz. Sipho mäßig weit, meist randlich, mit bauchigen Abschnitten. Siphonalhülle dick, kompliziert gebaut. Mit polsterförmigen und z. T. tütenförmigen Endosiphonalablagerungen. Kammerablagerungen selten. Ordovizium–Devon. *Alpenoceras* (Abb. 266), *Cinctoceras* (Abb. 259), *Faberoceras* (Abb. 266, 282), *Phragmoceras* (Abb. 257, 281), *Westonoceras* (Abb. 275, 284).

G. **Oncocerida.** Gehäuse tonnenförmig oder gekrümmt, selten stabförmig. Sipho mäßig weit, meist randlich, mit bauchigen Abschnitten. Siphonalhülle dünn, einfach gebaut. Mit polsterförmigen und z. T. actinosiphonaten Endosiphonalablagerungen. Kammerablagerungen selten. Ordovizium–Karbon. *Archiacoceras* (Abb. 268), *Cyrthoceratites* (Abb. 282), *Gomphoceras* (Abb. 257, 275), *Octamerella* (Abb. 259), *Pentameroceras* (Abb. 259), *Trimeroceras* (Abb. 259), *Welleroceras* (Abb. 261).

H. **Tarphycerida.** Gehäuse gekrümmt oder lose aufgerollt. Sipho mäßig eng bis eng, mit meist zylindrischen Abschnitten und unterschiedlicher Lage. Siphonalhülle dick. Meist weder Endosiphonal- noch Kammerablagerungen. Ordovizium–Silur. *Discoceras* (Abb. 257, 263), *Estonioceras* (Abb. 263, 275), *Lituites* (Abb. 257), *Ophioceras* (Abb. 260).

I. **Barrandeocerida.** Gehäuse gekrümmt oder lose aufgerollt. Sipho eng, mit zylindrischen bis bauchigen Abschnitten und unterschiedlicher Lage. Siphonalhülle dünn. Ohne Endosiphonalablagerungen, ohne Kammerablagerungen. Ordovizium–Devon. *Nephriticeras* (Abb. 279), *Peismoceras* (Abb. 257), *Uranoceras* (Abb. 263, 281).

K. **Nautilida.** Gehäuse zunächst meist lose aufgerollt, später eng genabelt. Sipho eng, meist mit zylindrischen Abschnitten, i. d. R. ± zentral, nur selten randlich. Siphonalhülle dünn. Ohne Endosiphonalablagerungen, ohne Kammerablagerungen. Devon-rezent.

1. Gehäuse nur gekrümmt, nicht eingerollt: *Rutoceras*.
2. Gehäuse weitnabelig: *Asymptoceras* (Abb. 260), *Domatoceras*, *Germanonautilus* (Abb. 273, 285), *Tainoceras*, *Tylonautilus*.
3. Gehäuse engnabelig, Septen nicht oder nur schwach verfaltet: *Cenoceras* (Abb. 274), *Eutrephoceras* (Abb. 257, 258, 282), *Liroceras* (Abb. 258), *Nautilus* (Abb. 247–256, 259, 260, 271, 273, 282, 284).
4. Gehäuse engnabelig, Septen stark verfaltet: *Aturia* (Abb. 262, 264), *Clydonautilus* (Abb. 261), *Siberionautilus* (Abb. 262).

L. Anhang: **Bactritina.** Gehäuse stabförmig. Sipho eng, randlich, mit zylindrischen Abschnitten, ohne Ablagerungen. Septum an der Durchtrittsstelle des Siphos zu einem Lobus verfaltet. Ordovizium–Perm. *Bactrites* (Abb. 264, 274). Die Gruppe leitet über sowohl zu den Ammonoideen als auch zu den Coleoideen.

Auswahl weiterführender Literatur:

W. BLIND (1976), J. DZIK (1981b), H. K. ERBEN, G. FLAJS & A. SIEHL (1969), A. G. FISCHER & C. TEICHERT (1969), S. M. GASIOROWSKI (1973), T. HAMADA, I. OBATA & T. OKUTANI (Hrsg.) (1980), U. LEHMANN (1976), H. RISTEDT (1971), A. SEILACHER (Hrsg.) (1975), H. B. STENZEL (1964), C. TEICHERT et al. (1964), C. TEICHERT & R. E. CRICK (1974), G. E. G. WESTERMANN (1973, 1977).

# Ammonoideen

## 1. Definition

Die Ammonoideen sind Cephalopoden mit äußerem Gehäuse, das meist planspiral aufgerollt ist. Sipho eng, unspezialisiert, meist extern, selten intern gelegen. Kammerscheidewände konkav oder konvex, stets randlich verfaltet.

## 2. Morphologie

Das Gehäuse der Ammonoideen (Abb. 288) ist in den meisten Fällen planspiral aufgerollt. Die Zahl der Windungen schwankt zwischen 3½ und über 12. Die größten Ammonoideen hatten einen Gehäusedurchmesser von über 2,5 m; die kleinsten ausgewachsenen Formen maßen knapp 1 cm. Die durchschnittliche Gehäusegröße der Ammonoideen nimmt vom Paläozoikum zum Jungmesozoikum immer mehr zu.

Die Aufrollung der Gehäuseröhre ist unterschiedlich. Es gibt Formen, bei denen sich die Umgänge nur wenig umfassen. Der Nabel – d. h. diejenige Strecke, die durch die jeweils letzte Windung umschlossen wird (vgl. Abb. 289) – ist dann weit. Bei anderen Arten umfassen sich die Umgänge sehr stark, und der Nabel ist eng. Auch der Querschnitt der Gehäuseröhre, d. h. die Höhe und Breite der Windungen (vgl. Abb. 290), können sehr unterschiedlich sein. Nabelweite, Windungshöhe und Windungsbreite (bzw. Windungsdicke) sind wichtige Merkmale zur Kenn-

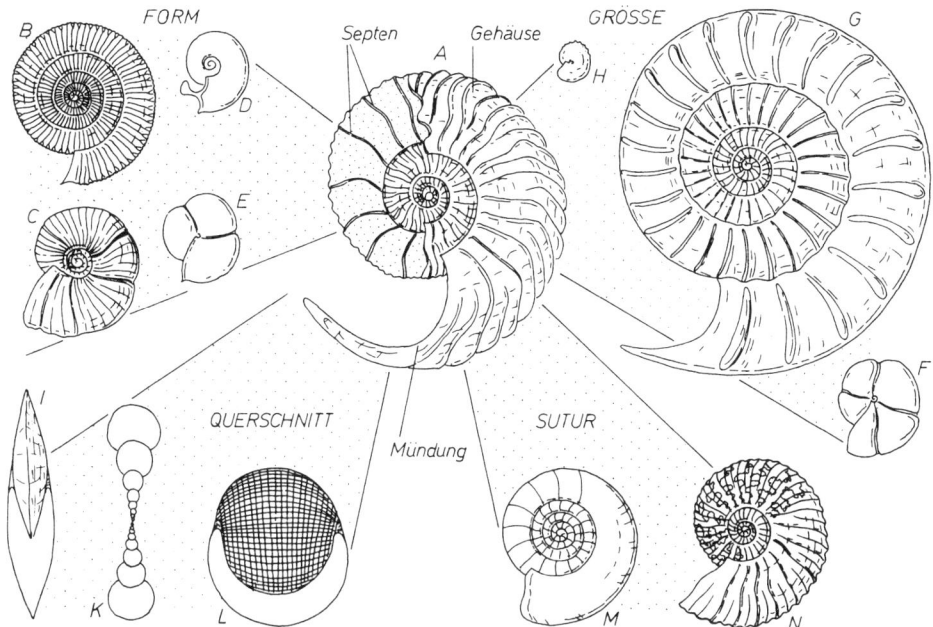

Abb. 288. Bauplan und Erscheinungsbild typischer Ammonoideen-Gehäuse. A: *Quenstedtoceras* (Mitteljura), × 1, mit skulptiertem Gehäuse, das an einer Windungshälfte aufgebrochen ist und den Blick auf die Kammern des Phragmokons freigibt; B–E: verschiedene Gehäuseformen, B: *Dactylioceras* (Unt.-Jura), × 0,4, mit weitnabeligem Gehäuse, C: *Pericyclus* (Karbon), × 0,5, mit mäßig engnabeligem Gehäuse, D: *Glochiceras* (Ob.-Jura), × 0,5, mit mäßig engnabeligem Gehäuse, E: *Epiwocklumeria* (Ob.-Devon), × 0,5, engnabelig, mit Einschnürungen; F–H: unterschiedliche Endgröße, F: *Cheiloceras* (Ob.-Devon), × 0,5; G: *Arietites* (Unt.-Jura), × 0,25, H: *Acanthoecites* (Ob.-Jura), × 0,5; I–L: Querschnitte, I: *Oxynoticeras* (Unt.-Jura), × 1, mit engnabeligem, hochmündigem, scheibenförmigem Gehäuse und zugeschärfter Externseite, K: *Paragastrioceras* (Perm), × 0,5, mit weitnabeligem, scheibenförmigem Gehäuse und rundlichen Windungen, L: *Crimites* (Perm), × 1, mit engnabeligem, niedermündigem, kugeligem Gehäuse; M–N: Suturen, M: *Anarcestes* (Mitteldevon), × 0,5, mit einfacher, unzerschlitzter Sutur, N: *Deshayesites* (Kreide), × 0,5, mit zerschlitzter Sutur. z. T. nach H. MAKOWSKI.

zeichnung der Gehäuseform. Sie werden in Prozenten des Durchmessers angegeben. Meßungenauigkeiten bedingen eine oft nicht unerhebliche Variationsbreite der Werte (vgl. Abb. 291).

Manche Ammoniten des Mesozoikums weichen in ihrer Gehäusegestalt weit von der Norm ab. Ihr Gehäuse kann ganz oder teilweise entrollt, geradegestreckt, knäuelförmig, hakenförmig oder in einer Raumspirale aufgewunden sein (Abb. 292, vgl. auch Bd. 1, S. 72, Abb. 78 und S. 74, Abb. 79).

Ein zur Kennzeichnung von Arten und Gattungen wichtiges Merkmal ist auch die Gehäuseskulptur. Bei vielen Ammonoideen trägt das Gehäuse ± kräftige Rippen, Höcker oder Dornen. Die Skulpturentwicklung zeitlich aufeinander folgender Ammonoideen gehorcht bestimmten Regeln, die vor allem bei den Jura-Ammoniten deutlich werden. Im Verlauf der Stammesentwicklung folgen auf einfache Rippen Gabelrippen. Die Zahl der Gabeläste wird vermehrt. Der Rippenspaltpunkt kann zum Nabel hin verschoben werden. Zusätzlich können die Rippen noch durch Knoten verziert werden. Der ursprünglich steife, geradlinige Verlauf der Rippen wird ebenfalls abgewandelt, indem sie sichelförmig geschwungen werden. Auch hier herrschen zunächst Einfach- und später Gabelrippen vor. Der zunehmenden Komplikation der Skulptur kann umgekehrt auch

260  Die Mollusken (Weichtiere)

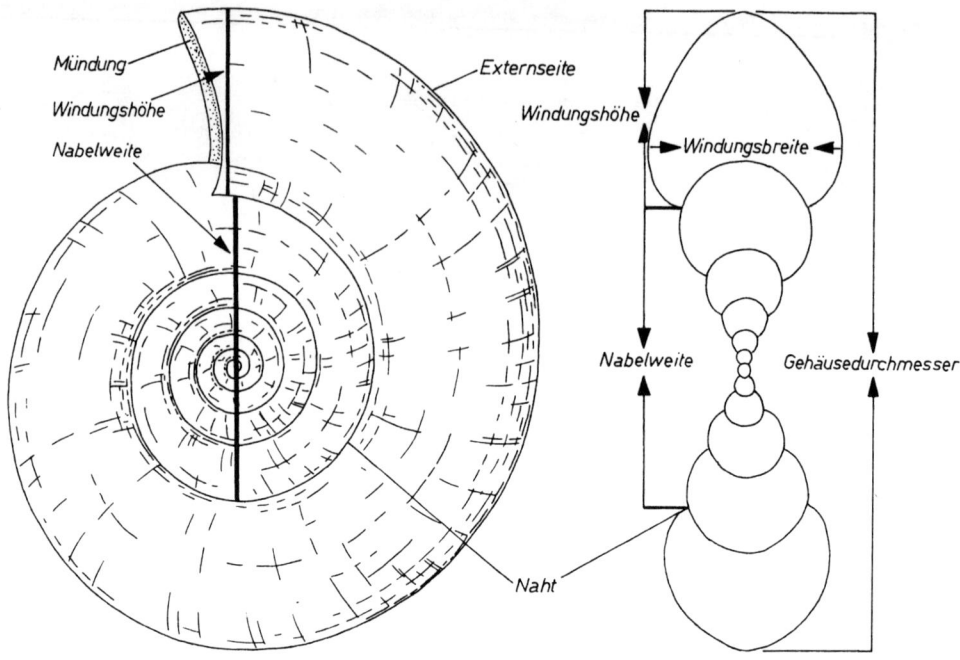

Abb. 289. Die Terminologie eines Ammonoideen-Gehäuses.

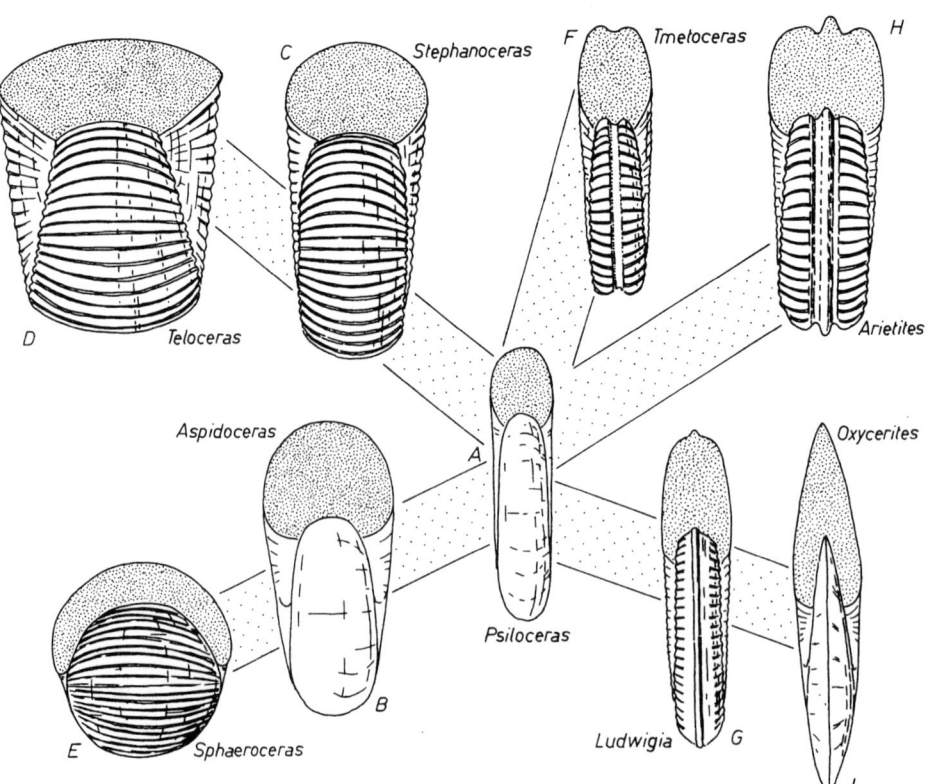

Ammonoideen

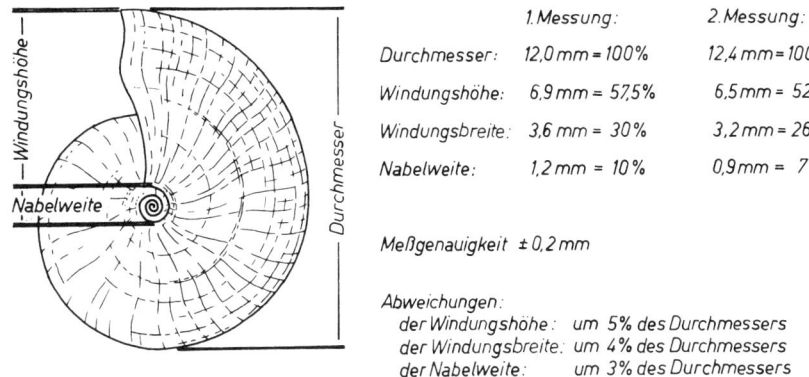

Abb. 291. Meßwerte und Meßungenauigkeiten bei Ammonoideen-Gehäusen.

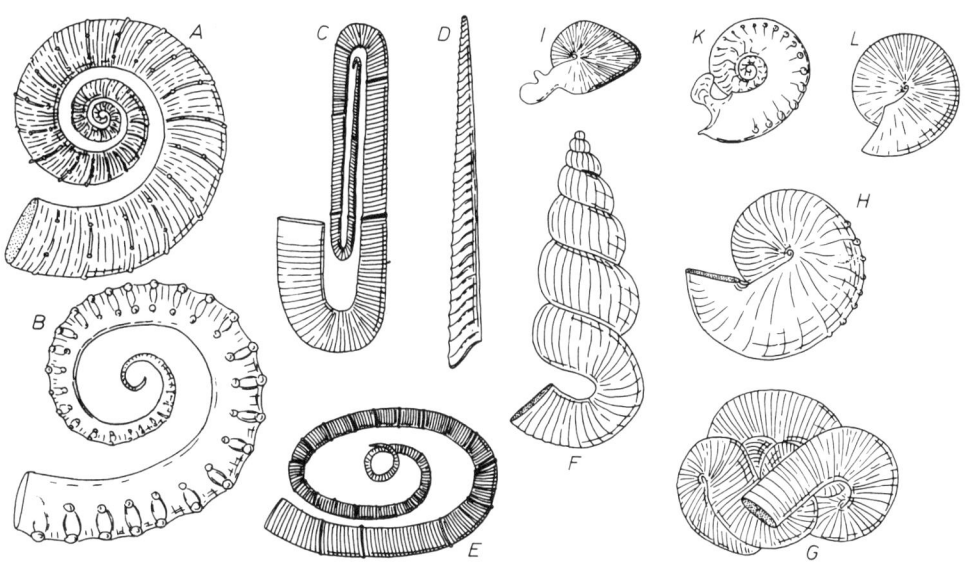

Abb. 292. Beispiele „heteromorpher" Ammonoideen. A: *Crioceratites* (Kreide), × 0,12; B: *Anisoceras* (Kreide), × 0,5; C: *Polyptychoceras* (Kreide), × 0,25; D: *Bochianites* (Jura – Kreide), × 0,25; E: *Scalarites* (Kreide), × 0,25; F: *Bostrychoceras* (Kreide), × 0,25; G: *Nipponites* (Kreide), × 0,4; H: *Hoploscaphites* (Kreide), × 0,5; I: *Oecoptychius* (Jura), × 0,75; K: *Paroecotraustes* (Jura), × 0,5; L: *Lobites* (Trias), × 0,5. Nach W. J. ARKELL et al.

←

Abb. 290. Windungsquerschnitt und Externseite am Beispiel jurassischer Ammonoideen. A: rundliche, schwach hochmündige Windung; B–E: breitmündige (niedermündige) Windungen; F–I: hochmündige Windungen. A–E: Externseite gerundet; F: Externseite gefurcht; G: Externseite gekielt; H: Externseite mit Kiel und Seitenfurchen; I: Externseite zugeschärft. A: × 0,75; B: × 0,35; C: × 0,3; D: × 0,25; E: × 1,5; F: × 0,6; G: × 0,3; H: × 0,25; I: × 0,4.

wieder eine Vereinfachung folgen. So gibt es Formen, deren Rippen in Knoten aufgelöst und schließlich ganz rückgebildet werden (Abb. 293). So vielfältig wie die Skulptur ist auch die Gestalt der Externseite (vgl. Abb. 290). Sie kann gerundet, zugeschärft oder eingefurcht sein. Wenn eine externe Zuschärfung von seitlichen Furchen oder Schultern begleitet wird, spricht man von einem Kiel.

Der letzte Abschnitt der Gehäuseröhre beherbergte den Weichkörper. Er heißt deshalb Wohnkammer. Deren Länge ist sehr unterschiedlich. Sie beträgt manchmal nur einen knappen halben Umgang, manchmal aber auch mehr als eine ganze Windung. Engnabelige Formen tendieren zu kürzerer, weitnabelige zu längerer Wohnkammer (Abb. 294), doch gibt es zahlreiche Ausnahmen und erhebliche Variabilität auch innerhalb eng verwandter Gruppen.

Das Ende der Wohnkammer ist die Mündung (Abb. 295) des Gehäuses. Nur selten ist sie undifferenziert oder auf der Externseite durch eine seichte Bucht gekennzeichnet. Oft springt die Externseite in einem Sporn (Rostrum) oder in einer Kapuze vor. Da entlang der Externseite – entsprechend den Verhältnissen bei *Nautilus* – der Verlauf des Trichters angenommen werden muß, bedeutet ein Externsporn eine erhebliche Einengung der Bewegungsfreiheit dieses Fortbewegungsorgans. Deshalb wird für diese Fälle auf einen paarigen Trichter geschlossen. Die Paarigkeit wird verständlich, wenn man annimmt, daß sich jeder der beiden Hautlappen, aus denen sich der *Nautilus*-Trichter aufbaut, zur Röhre einrollt (Abb. 296).

Bei manchen Ammonoideen kommen neben der Externseite – vereinzelt auch neben dem Nabel – sogenannte Parabelbildungen vor (Abb. 297). Es handelt sich hierbei um Schalenablagerungen, welche entlang periodischer Stillstandsphasen des Wachstums die Anwachsstreifung überlagern. Ihre Genese ist unklar. Auch ist unbekannt, ob sie zum Trichter oder zu anderen Weichteilen in funktioneller Beziehung standen.

Wenn der Trichter entlang der Externseite verläuft, dann entspricht diese der Hinterseite des Tieres. Die Ventralseite wird durch die Gehäusemündung, die Dorsalseite durch den Phragmokon markiert. Anderslautende Bezeichnungen (z. B. Externseite = „Ventralseite") sind anatomisch falsch und sollten, obwohl sie gängig sind, aufgegeben werden.

Ein lateraler Gehäusevorsprung an der Mündung wird als „Ohr" bezeichnet, das bei manchen Formen in einen schmalen Ohrstiel und eine breitere Ohrplatte gegliedert ist. Die Funktion der Ohren ist unbekannt (vgl. S. 276). Die Bucht zwischen dem Ohr und dem Nabel wird zuweilen als Augenbucht, diejenige zwischen Ohr und Externseite als Trichterbucht bezeichnet. Es ist jedoch unklar, welche Zusammenhänge zwischen den Ohren und den Weichteilen mit Armen bzw. zirrenbesetzten Hautringen bestanden (Abb. 298).

Die Verankerung des Weichkörpers in der Wohnkammer erfolgte an mehreren Stellen. Haftmuskeln waren ringförmig am dorsalen Ende der Wohnkammer befestigt. Bei Stillstandsphasen des Gehäusewachstums bildete sich dabei die sogenannte Muralleiste. Weitere Haftmuskeln waren vermutlich weiter ventralwärts vorhanden und bildeten dort ein Haftband. Die Retraktormuskulatur war paarig und im dorsalen Teil der Wohnkammer nahe dem Nabel zwischen Muralleiste und Haftband befestigt. Bei manchen Formen griff sie auf die Internseite der Windungen über und konnte dort in der Medianlinie an einer zweizipfeligen Anheftungsfläche verschmelzen. Weitere Muskeleindrücke wurden auf der Externseite beobachtet. Ihre Funktion ist unklar. Sie werden als

---

Abb. 294. Die Wohnkammerlänge bei Ammonoideen. Von der Regel „engnabelige Ammoniten haben kurze, weitnabelige lange Wohnkammern" gibt es viele Ausnahmen. Die Wohnkammerlänge kann innerhalb eng verwandter Formen (G–K) auch vom Gehäusedurchmesser abhängig sein. A: Unt.-Jura, × 0,35; B: Ob.-Jura, × 0,25; C: Unt.-Jura, × 0,25; D: Mitteljura, × 0,35; E: Ob.-Jura, × 0,2; F: Mitteljura, × 1,2; G–K: Ob.-Jura, × 0,4; L: Trias, × 0,35; M: Ob.-Jura, × 0,25; N: Ob.-Jura, × 0,15; O: Ob.-Kreide: × 0,75.

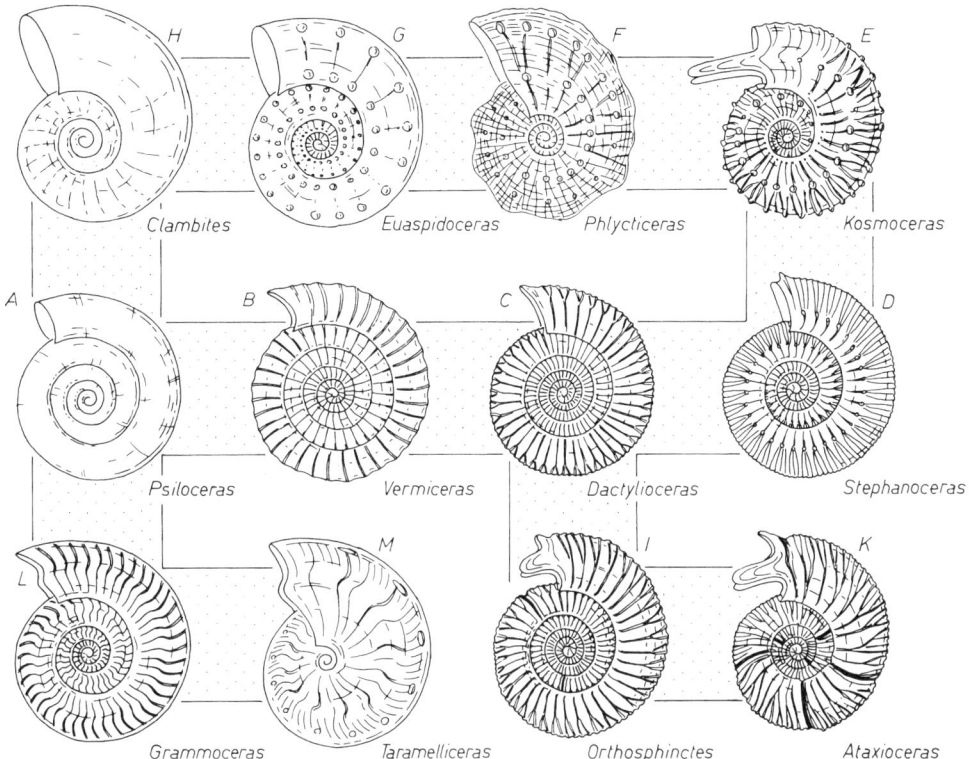

Abb. 293. Die Ammonoideen-Skulptur am Beispiel jurassischer Formen. A, H: nur Anwachsstreifen; B: steife Einfachrippen; C, D, I, K: steife Gabelrippen; E–G: Knoten; L: einfache Sichelrippen; M: gegabelte Sichelrippen. Der Komplikation der Skulptur kann sekundär auch eine Vereinfachung folgen. A: × 0,5; B: × 0,5; C: × 0,5; D: × 0,2; E: × 0,4; F: × 1; G: × 0,2; H: × 0,25; I: × 0,2; K: × 0,3; L: × 0,5; M: × 0,25.

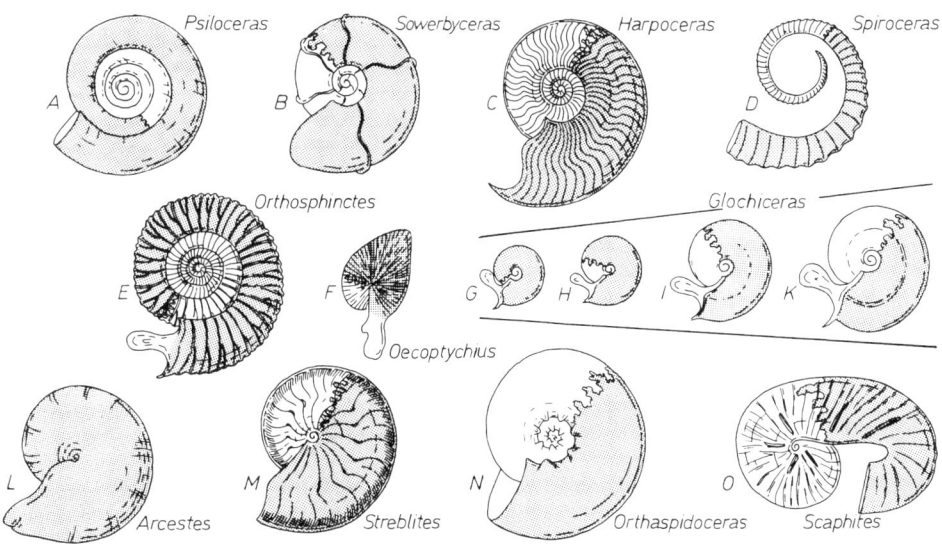

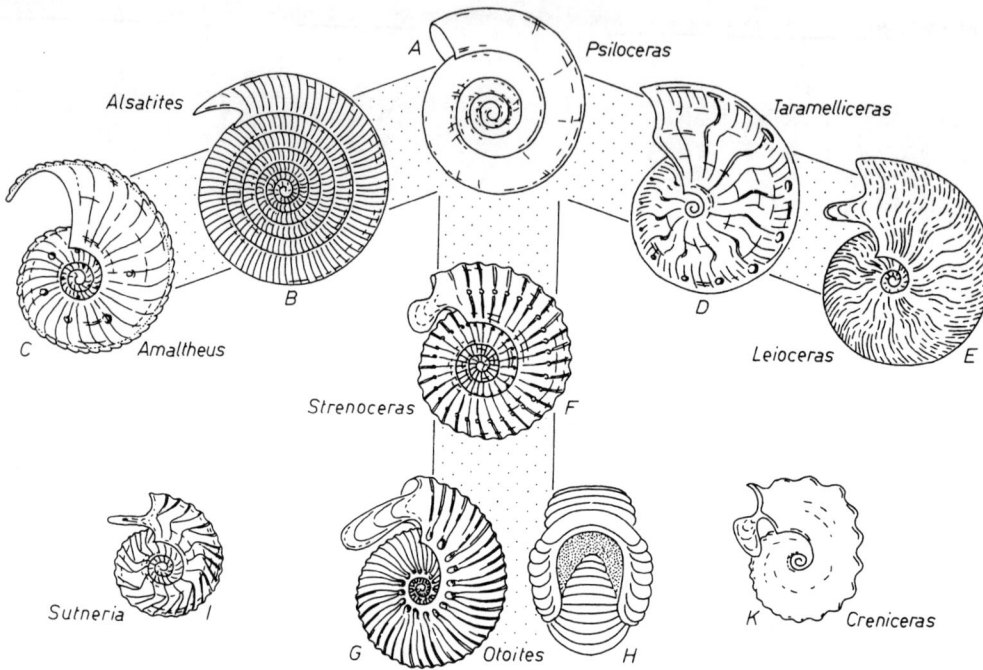

Abb. 295. Der Mundsaum bei jurassischen Ammonoideen. A: × 0,5; B: × 0,15; C: × 0,25; D: × 0,25; E: × 0,15; F: × 0,5; G, H: × 0,35; I: × 1; K: × 1.

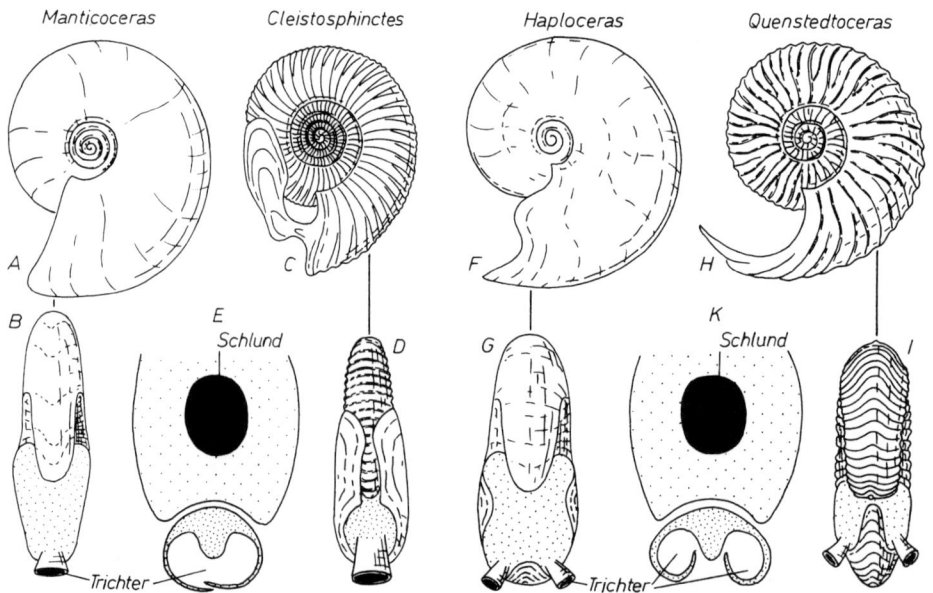

Abb. 296. Rekonstruktion des Trichters der Ammonoideen. A–E: unpaarer Trichter; F–K: paariger Trichter. A, B: Ob.-Devon, × 0,5; C, D: Mitteljura, × 0,7; E, K: schematischer Schnitt durch die Schlundregion und den Trichter bei unpaaren und paarigen Trichtern; F, G: Ob.-Jura, × 0,5; H, I: Ob.-Jura, × 0,5.

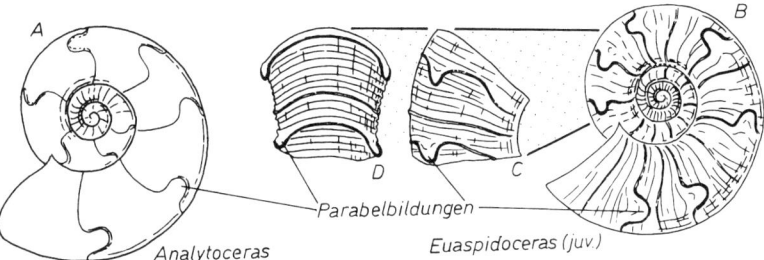

Abb. 297. Parabelbildungen bei Ammonoideen des Juras. A: Unt.-Jura, × 0,75; B: Ob.-Jura, × 0,75, C, D: × 1,5. Nach N. G. LUPPOV & V. V. DRUSCHTSCHITZ und A. MILLER.

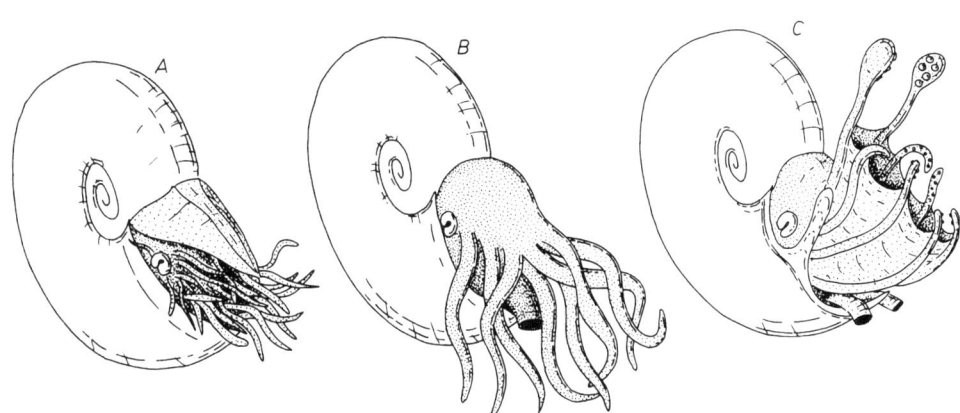

Abb. 298. Rekonstruktions-Möglichkeiten der Weichteile (speziell der Arme) bei Ammonoideen. A: Rekonstruktion mit Zirren in der Art von *Nautilus;* B: Rekonstruktion mit freien Armen in der Art der Teuthoideen; C: Rekonstruktion mit Armen, die durch ein Segel verbunden sind. An den „Ohren" sind spezialisierte Arme befestigt.

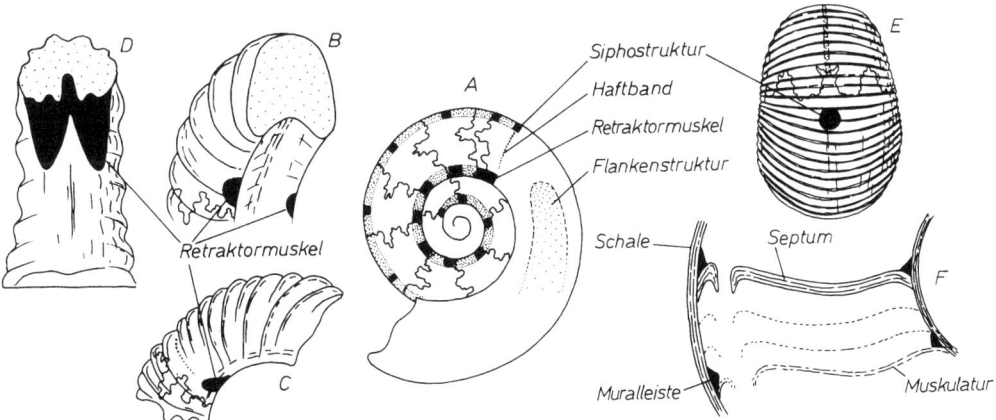

Abb. 299. Die Muskulatur der Ammonoideen. A: Strukturen am Steinkern, die auf Muskeln bezogen werden können, schematisch; B–D: Eindrücke der Retraktormuskeln am Steinkern, B: *Pleurolytoceras* (Unt.-Jura), × 1, C: *Quenstedtoceras* (Ob.-Jura), × 1, D: *Pleuroceras* (Unt.-Jura), × 0,5; E: Siphostruktur bei *Bomburites* (Mitteljura), × 0,75; F: Schema der Auflagerung der Haftmuskulatur auf der Muralleiste. Nach W. BLIND, R. JORDAN und H. MAKOWSKI.

Siphostruktur bezeichnet. Retraktormuskeln und Siphostruktur wurden beim Gehäusewachstum, das periodisch erfolgte, ventralwärts verlagert. Bei Stillstandsphasen des Wachstums entstanden deutliche Muskelansatzstellen. Diese sind durch – am Steinkern oft dunkler gefärbte – Streifen („Dunkle Bänder"), an denen die Muskulatur nur kurzzeitig angeheftet war, miteinander verbunden. Auch auf den Flanken der Wohnkammer wurde eine Struktur (Flankenstruktur) beobachtet, deren Funktion jedoch unklar ist (Abb. 299).

Der nicht von der Wohnkammer eingenommene Teil eines Ammonitengehäuses heißt Phragmokon. Er wird von Kammerscheidewänden (Septen) in Kammern gegliedert. Wie bei *Nautilus* dürfte ein Teil der Kammern gasgefüllt gewesen sein, weshalb der Phragmokon als Auftriebsorgan zur Kompensation des Körper- und Gehäusegewichtes betrachtet wird. Die Zahl der Kammerscheidewände je Umgang ist sehr unterschiedlich (Abb. 300). Sie nimmt meist mit dem Gehäusedurchmesser zu, doch gibt es viele Ausnahmen. Insgesamt können ausgewachsene Gehäuse weniger als 40 und mehr als 150 Kammern besitzen.

Die Kammerscheidewände wurden beim Wachstum des Gehäuses periodisch vom dorsalen (apikalen) Ende des Weichkörpers abgeschieden. Ihre Bildungsweise läßt sich nur indirekt erschließen. Vermutlich wurde zunächst eine Membran gebildet, auf welche das neue Septum aufgetragen wurde. Eine weitere Membran deckte es anschließend ab. Die beiden Membranen lassen sich nach ihrer Lage als apikale und adorale Septalmembran bezeichnen. Danach rückte der Weichkörper im Gehäuse vor. In den frei werdenden Raum wurde Kammerflüssigkeit abgeschieden. Nach einer bestimmten Strecke verankerte sich der Weichkörper, schied die Muralleiste aus und bildete wiederum eine Membran als Grundlage für das nächste Septum.

Mit der Gehäuseröhre war der Weichkörper entlang der Muralleiste an bestimmten Stellen anscheinend fester, an anderen nur locker verbunden. Die fester verankerten „Zugpunkte" bildeten für die apikale Septalmembran und das Septum selbst die Fixierung in der Gehäuseröhre. Zwischen ihnen wölbten sich die Membran- und Septalränder mündungswärts vor. Die Vorwölbungen des Septalrandes nennt man „Sättel", die relativ zurückgebliebenen Abschnitte des Septalrandes heißen „Loben". Den gesamten Septalrand, d. h. die Anwachslinie des Septums an der Gehäusewand, bezeichnet man als Sutur oder Lobenlinie (Abb. 301).

Bei den primitivsten Ammonoideen sind die Loben ebenso wie die Sättel gerundet. Möglicherweise war hier der gesamte Rand der Septalmembran fest in der Gehäuseröhre verankert.

Die Lobenlinie ist für die Ammonoideen ein überaus charakteristisches und zur Bestimmung vieler Gattungen unentbehrliches Merkmal. Eine ganzrandige, nur verfaltete Sutur heißt „goniatitisch". Bei gezacktem Lobengrund und ganzrandigen Sätteln spricht man von „ceratitischen" Suturen. Auf Loben und Sätteln zerschlitzte Lobenlinien heißen „ammonitisch". Die Zerschlitzungen werden als Inzissionen bezeichnet. Verfaltungs- und Zerschlitzungsgrad sowie Elementzahl sind vor allem abhängig von der Gehäusegröße, d. h. vom ontogenetischen Stadium (vgl. S. 273) und von der stammesgeschichtlichen Entwicklung (vgl. S. 279). Daneben unterliegen sie Beeinflussungen durch die Gehäuseform und durch Skulptureigentümlichkeiten. Eine exakte Ansprache der einzelnen Elemente der Lobenlinie, d. h. deren Homologisierung, ist nur auf morphogenetischer Basis möglich. Sie setzt das Studium der Ontogenie der Lobenlinie (vgl. S. 273) voraus. Trotzdem ist auch eine rein beschreibende Terminologie der Lobenlinie verbreitet.

Die Verfaltung der Septenränder ist nicht allein eine Folge der in der Ontogenie und Phylogenie immer komplizierter werdenden Fixierung des Weichkörpers in der Gehäuseröhre, sondern könnte zugleich die Versteifung des Gehäuses erhöht haben. Außerdem wurde dadurch die Oberfläche der Septalmembranen vergrößert, wodurch das Abpumpen der Kammerflüssigkeit erleichtert worden sein könnte. In Abhängigkeit vom Gehäusequerschnitt lassen sich unterschiedliche Typen der Septenabstützung unterscheiden, je nachdem, wie die Vorwölbungen der Sättel aufeinander zulaufen (Abb. 302).

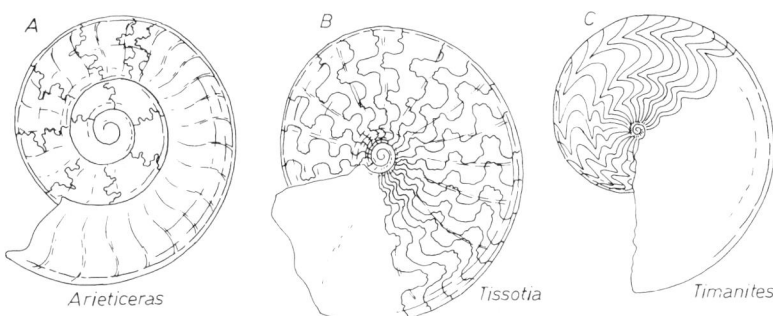

Abb. 300. Septenabstände und Zahl der Kammern im Phragmokon von Ammonoideen. A: Unt.-Jura, × 1,75; B: Ob.-Kreide, × 0,33; C: Ob.-Devon, × 0,5. Nach W. J. Arkell et al. und R. Jordan.

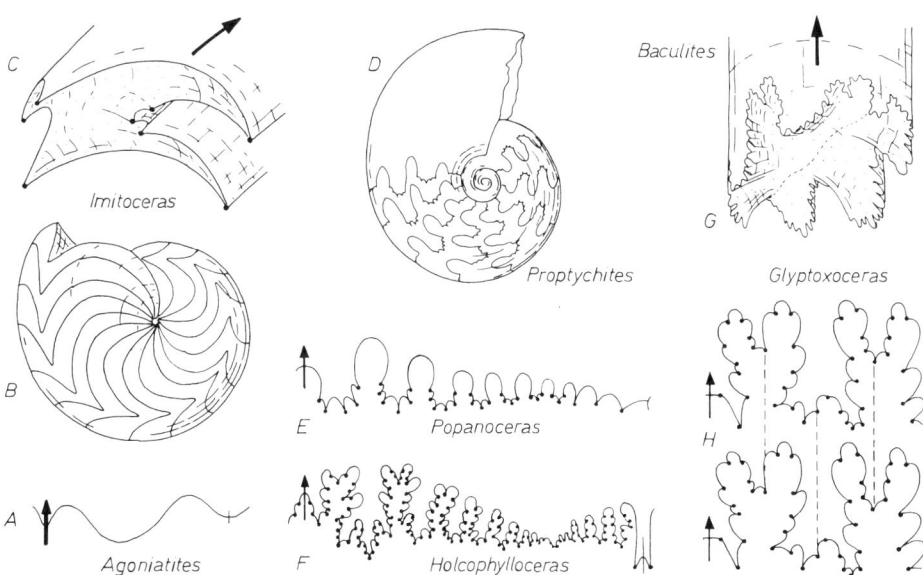

Abb. 301. Die Bildungsweise der Ammonoideen-Suturen. A: primitive Sutur, eventuell noch ohne „Zugpunkte"; B: *Imitoceras* (Karbon), × 0,5, goniatitische Sutur; C: Blick auf das letzte Septum von *Imitoceras*, × 0,75, der Pfeil zeigt in Mündungsrichtung, „Zugpunkte" schwarz; D: *Proptychites* (Trias), × 0,5, ceratitische Sutur; E: *Popanoceras* (Perm), × 2, „Zugpunkte" (schwarz) nur am Lobengrund; F: *Holcophylloceras* (Jura – Kreide), × 0,5, ammonitische Sutur, „Zugpunkte" greifen auf die Sättel über; G: *Baculites* (Kreide), × 0,75, Blick auf das letzte Septum, der Pfeil zeigt in Mündungsrichtung; H: *Glyptoxoceras* (Kreide), Schema der Replikation der Sutur. Nach A. Seilacher und G. E. G. Westermann.

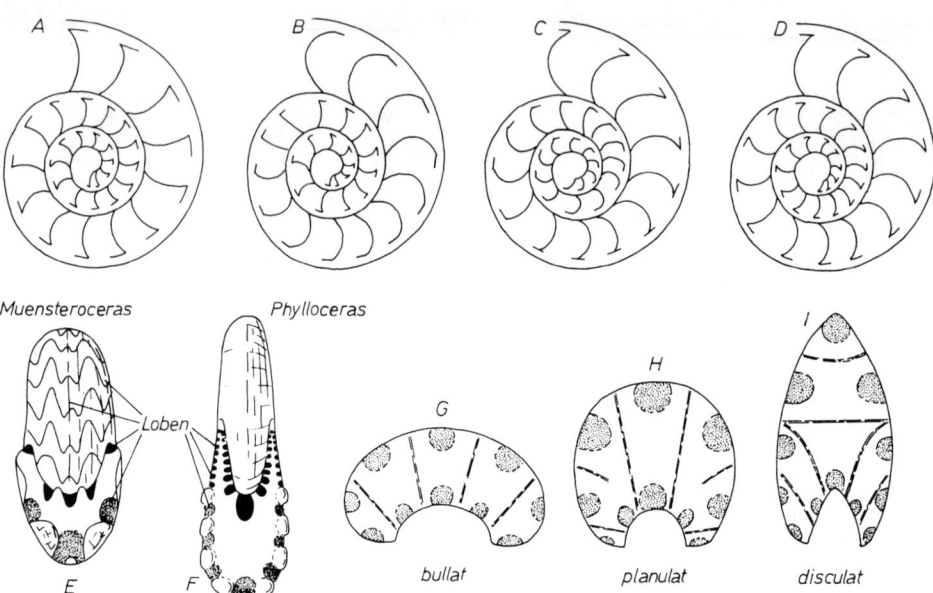

Abb. 302. Die Septalflächen bei den Ammonoideen. A–D: Septenwölbung, A: Septen konkav, Siphonalduten retrochoanitisch, B: Septen innen konkav, außen konvex, Siphonalduten retrochoanitisch, C: Septen konvex, Siphonalduten innen retro-, außen prochoanitisch, D: Septen konvex, Siphonalduten prochoanitisch; E, F: Blick auf Septalflächen mit den Loben (schwarz und punktiert) und Sätteln, E: Unt.-Karbon, × 0,9, F: Jura – Unt.-Kreide, × 0,5; G–I: drei Varianten der Septen„abstützung". Nach O. H. Schindewolf und G. E. G. Westermann.

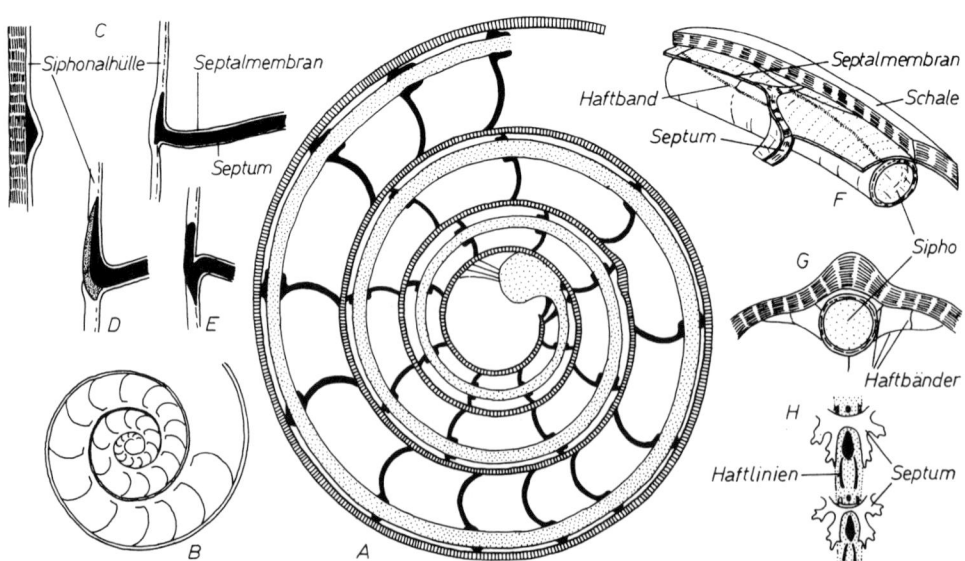

Abb. 303. Der Sipho der Ammonoideen. A: extern liegender (nur in den ersten Kammern zentraler) Sipho am Beispiel eines permischen Ammonoideen (man beachte die Richtung der Siphonalduten), schematisch; B: intern liegender Sipho der oberdevonischen Clymenien, schematisch; C–E: Bau der Siphonalhüllen und Siphonalduten, schematisch, C: *Stacheoceras* (Perm), die Siphonalhülle läuft unter den Siphonalduten durch, D: *Tetragonites* (Kreide), Siphonaldute mit kalkiger Auflagerung, Siphonalhülle nicht durchlaufend, E:

Bei den ältesten Ammonoideen sind die Septen zum Beginn des Phragmokons, d. h. zum Apex des Gehäuses, hin gewölbt (konkav). Schon im Devon treten Formen auf, bei denen nur die ersten Septen konkav, die übrigen jedoch konvex, d. h. zur Mündung hin gewölbt sind. Im Jungpaläozoikum werden die konvexen Septen die Regel; im Mesozoikum sind nur sie vorhanden. Die Wölbung der Septen könnte auf eine Änderung des Druckes im Phragmokon schließen lassen. Konkave Septen lassen sich dadurch erklären, daß der Druck in den Kammern des Phragmokons – wie bei *Nautilus* – niedriger war als im Weichkörper. Konvexe Septen deuten auf erhöhten Kammerdruck.

Die Kammern des Phragmokons werden vom Sipho durchzogen (Abb. 303). Dieser verläuft auf frühesten Stadien i. d. R. in der Kammermitte. Meist legt er sich jedoch an die Externseite an, wo er mit Haftbändern elastisch aufgehängt ist. Nur bei den oberdevonischen Clymenien rückt der Sipho an die Internseite. Wo der Sipho die Septen durchstößt, sind diese zu kurzen, röhrenförmigen Siphonalduten verlängert. Die Siphonalduten der ältesten Ammonoideen sind wie bei *Nautilus* zum Apex hin gerichtet, d. h. retrochoanitisch. Sie ändern jedoch im Jungpaläozoikum und in der Trias ihre Richtung; in Jura und Kreide sind sie prochoanitisch (Abb. 302). Der Merkmalswandel setzt in der Ontogenie auf äußeren Windungen zuerst ein; er verläuft somit palingenetisch.

Von Siphonaldute zu Siphonaldute spannt sich die Siphonalhülle. Sie bestand ursprünglich aus organischer Substanz (Konchiolin), in die Kalziumkarbonat und -phosphat in unterschiedlichem Ausmaß eingelagert sind. Im Vergleich zu den Siphonen der Nautiloideen ist der Sipho der Ammonoideen einfach und merkmalsarm. Die Siphonalhüllen aufeinander folgender Kammern sind manchmal durch die Siphonalduten getrennt (Abb. 303 E), manchmal bilden sie eine fortlaufende Röhre (Abb. 303 C). Siphonalhüllen und Septalmembranen gehen oft ununterscheidbar ineinander über. Bei einigen Ammonoideen hat man beobachtet, daß auf die Siphonalduten ringförmige, poröse Kalkmanschetten aufgelagert sind (Abb. 303 D).

Der Sipho dient der Entwässerung der Kammern. Seine Hülle muß deshalb permeabel gewesen sein und Kammerflüssigkeit abgepumpt sowie Gas in die Kammern abgegeben haben. Möglicherweise wurde diese Funktion durch die Septalmembranen dadurch unterstützt, daß diese Wasser wie Löschpapier aufgesogen und zum Sipho geleitet haben.

Die Struktur der aragonitischen Ammonoideen-Schale (Abb. 304) entspricht weitgehend derjenigen bei *Nautilus*. Eine äußere Prismenschicht wird von innen durch Perlmuttersubstanz unterlegt und dadurch verstärkt. Aus Perlmuttersubstanz bestehen auch die Septen zum überwiegenden Teil. Die Perlmuttersubstanz wurde über einen Flüssigkeitsfilm vom Mantel abgeschieden und wird aus stapelweise übereinander geschichteten Aragonitplättchen gebildet. Dort, wo der Weichkörper im Gehäuse verankert war, ist eine innere Prismenschicht entwickelt. Sie ist oft runzelig verfaltet, kleidet bei den Goniatiten als „Runzelschicht" große Teile der Gehäuseröhre aus, ist bei mesozoischen Formen jedoch oft auf die Internseite der Umgänge beschränkt. An den Runzeln, die materialsparend gebaut sind, dürfte der Weichkörper ein verbessertes Anhaften gefunden haben. Die innere Prismenschicht glättet ferner Unebenheiten der Skulptur und kann Kiele, Knoten und Rippen abkapseln, die damit zu Hohlkielen (vgl. Bd. 1, S. 48, Abb. 51), Hohlknoten und Hohlrippen werden.

In manchen Fällen wird die innere Prismenschicht noch von einer sogenannten Innenschale unterfangen (Abb. 304 G). Auch Auflagerung von Schalensubstanz von der Mündung her auf die Außenseite des Gehäuses kommt vereinzelt vor. Beim Weiterwachsen des Gehäuses wird die

←

*Nathorstites* (Trias), Siphonaldute ohne Auflagerung, Siphonalhülle nicht durchlaufend; F, G: Aufhängung des Siphos an der Schale; H: Strukturen der Schaleninnenfläche, die der Siphoaufhängung dienen. Nach U. BAYER, T. BIRKELUND, A. K. MILLER & A. G. UNKLESBAY und G. E. G. WESTERMANN.

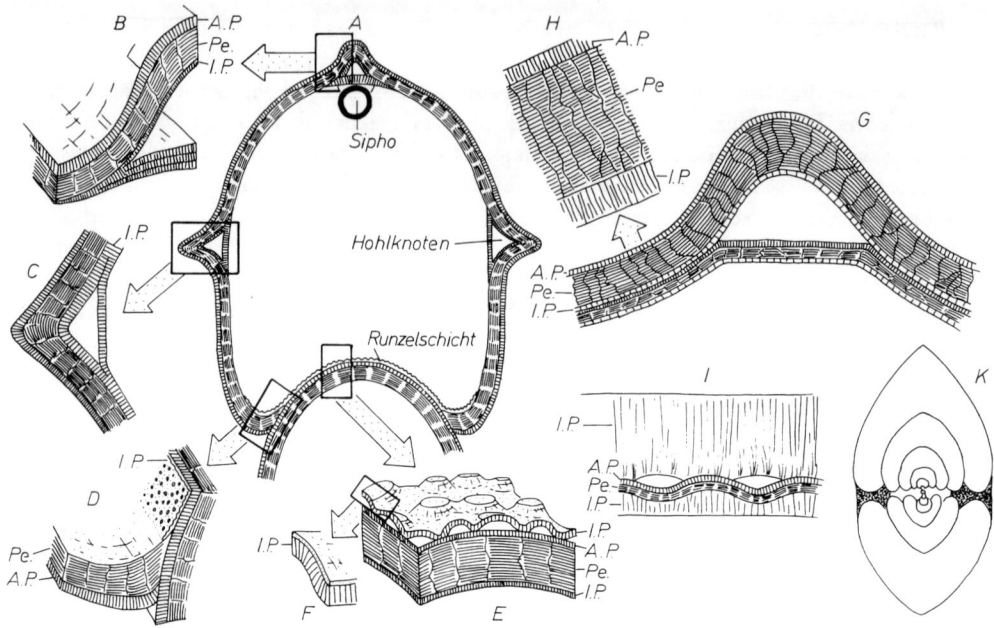

Abb. 304. Schalenstruktur der Ammonoideen. A–E: Schema des Gehäusebaus (A) und Schalenstrukturen an bestimmten Teilen des Gehäuses (B–E); F: als Runzelschicht entwickelte innere Prismenschicht, von einer organischen Membran überlagert; G: Gehäusebau bei *Dactylioceras* (Unt.-Jura), × 100, die innere Prismenschicht wird von einer Innenschale unterlagert; H: Ausschnitt aus der Normalschale von *Dactylioceras*, × 400; I: Gehäusebau von *Hypophylloceras* (Kreide), vergr., die Normalschale wird von einer mächtigen inneren Prismenschicht des nächsten Umgangs überlagert; K: Ablagerungen im Nabel von *Nathorstites* (Trias), × 1,5. A. P.: äußere Prismenschicht; I. P.: innere Prismenschicht; Pe.: Perlmutterschicht. Nach U. BAYER, T. BIRKELUND, H. K. ERBEN, M. K. HOWARTH und E. T. TOZER.

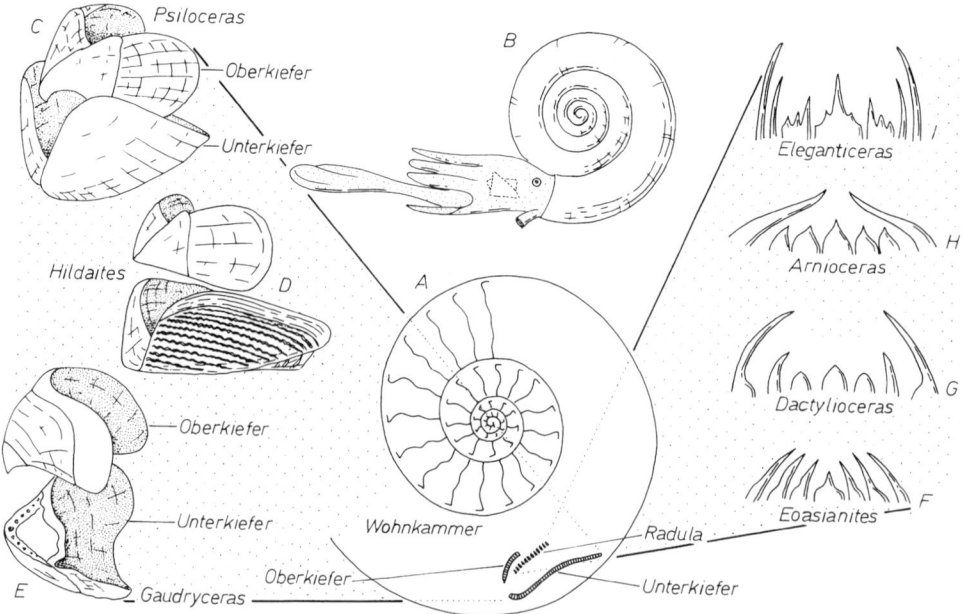

innere Windung von der Internseite der nächstäußeren Windung überdeckt. Nicht immer schmiegt sich diese ihrer Unterlage direkt an; bei manchen Formen werden Skulpturunebenheiten überwölbt. Vor allem bei mesozoischen Ammonoideen wird entlang der Internseite der Gehäuseröhre zur Materialersparnis oft nur die innere Prismenschicht ausgeschieden.

Vom Weichkörper der Ammonoideen sind keine genau deutbaren Strukturen bekannt geworden, wenn auch undeutlich erhaltene Reste als Kiemen, Eibehälter und Tintenbeutel angesprochen wurden. Die frei im Weichkörper liegenden Kiefer und die Radula blieben jedoch in manchen Fällen erhalten. Die wenigen bisher aufgefundenen Radulae sind von einheitlichem Typ. Auf einer Zahnquerreihe stehen sieben Zähne.

Die Oberkiefer sind relativ klein und rein chitinös. Von einer schnabelartigen Spitze gehen nach hinten zwei Seitenflügel aus, die durch eine meist (Abb. 305 C, D), aber nicht immer (Abb. 305 E) eingesenkte Brücke verbunden sind. Die Unterkiefer sind viel komplexer. Grundsätzlich bestehen sie aus einem relativ großen, schaufelförmigen, ebenfalls zweiflügeligen Gebilde. Zwischen den Flügeln von Ober- und Unterkiefer verlief der Schlund. Die primitiven, chitinösen Unterkiefer nennt man Anaptychen. Vor allem bei manchen Jura- und Kreide-Ammoniten sind die Anaptychen von außen mit einer zweiklappigen Kalzitauflage versehen. Diese wird als Aptychus bezeichnet. Aptychen verschiedener Ammonitengruppen zeigen unterschiedliche Skulptur und unterschiedliche Feinstrukturen. Ob die durch Aptychen verstärkten Unterkiefer noch allein im Dienst der Ernährung standen, ist ungewiß. Wegen der Ähnlichkeit mancher Aptychenumrisse mit zugehörigen Gehäusemündungen wird erwogen, ob sie sekundär Deckelfunktionen übernommen haben (Abb. 306).

## 3. Ontogenie

Da der Zuwachs bei den Ammonoideen am Mündungsrand erfolgt, trägt jedes Gehäuse die Spuren seiner Ontogenie an sich. Im Inneren des Nabels verborgen, sind die ontogenetischen Frühstadien vor der Zerstörung gut geschützt. Deshalb sind die Ammonoideen bevorzugte Objekte der ontogenetischen Forschung an Fossilien.

Das Wachstum beginnt mit der Anfangskammer (Protoconch, Embryonalkammer), die ihrerseits manchmal wieder ein kalottenförmiges Frühstadium erkennen läßt (Abb. 307 A–D). Die Anfangskammer hat bei den ältesten Ammonoideen einen Durchmesser von etwa 0,6–0,8 mm, bei jüngeren Formen von etwa 0,4 mm. Ihre Mündung ist i. d. R. verengt. Anschließend folgt ein Gehäuseabschnitt von etwa ¾ bis 1 Umgang, dessen Ende durch eine Verdickung („Einschnürung") einen Wachstumsstillstand anzeigt. In diesem Stadium besaß das Gehäuse wahrscheinlich bereits die ersten Septen.

Gedeutet wird dieser Befund unterschiedlich. Einerseits wird die Anfangskammer mit dem Embryonalstadium, das innerhalb der Eihülle durchlaufen wird, gleichgesetzt. Das innerste Gehäuse entspräche dann einem – möglicherweise planktischen – Larvenstadium, das eine Veligerlarve darstellen könnte (vgl. Abb. 307 F). Andererseits wird aus der oft nahezu kugeligen Gehäuse-

---

Abb. 305. Kiefer und Radula bei Ammonoideen. A: Lage der Kiefer und der Radula im Längsschnitt eines Ammoniten der Gattung *Eleganticeras* (Unt.-Jura), × 1,5; B: Rekonstruktion von *Psiloceras* (Unt.-Jura, × 0,5) mit der vermuteten Lage der Kiefer; C–E: Kiefer von Ammoniten, C: Unt.-Jura, × 3, D: Unt.-Jura, × 0,75, E: Ob.-Kreide, × 2,5; F–I: Radula der Ammonoideen, F: Karbon, × 4, G: Unt.-Jura, × 10, H: Unt.-Jura, × 35, I: Unt.-Jura, × 25. Nach U. LEHMANN und K. TANABE et al.

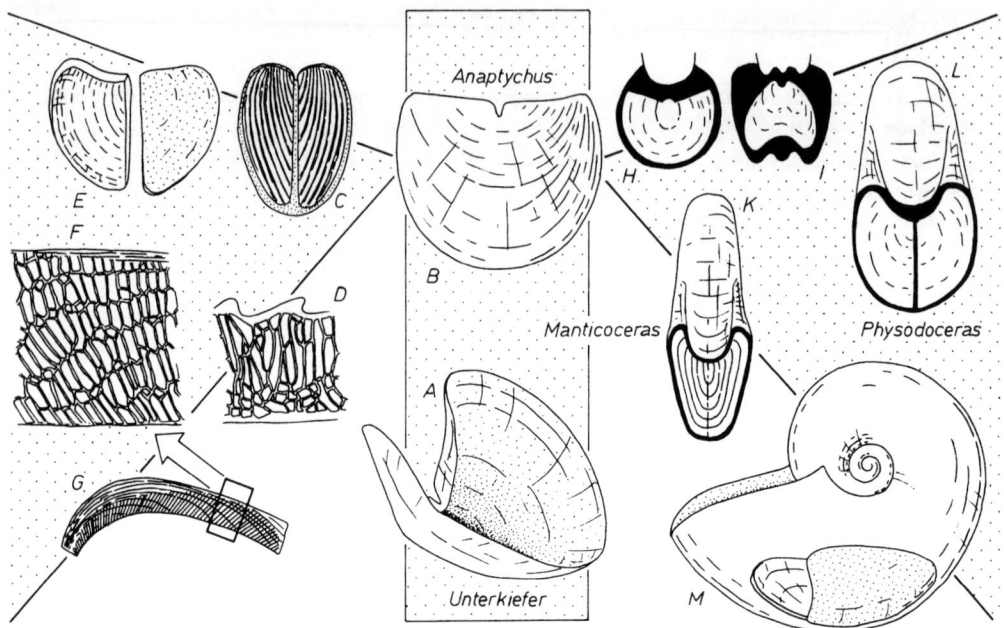

Abb. 306. Bau und Struktur der Aptychen. A, B: Unterkiefer (Anaptychus) von *Psiloceras* (Unt.-Jura), × 7,5; C–G: Struktur der Aptychen, C, D: *Lamellaptychus* (Jura – Kreide), × 0,5, × 7,5, E–G: *Laevaptychus* (Ob.-Jura), × 0,4, × 5, × 0,8; H–M: Anaptychen (H, I) und Aptychen (K–M) in der Wohnkammer von Ammonoideen, H–L: Die Elemente sind so vor die Gehäusemündung gerutscht, daß dies als „Verschlußstellung" erscheint, M: „Normallage" am Grund der Wohnkammer; H: *Lytoceras* (Jura – Kreide), × 0,25; I: *Arietites* (Unt.-Jura), × 0,25; K: Ob.-Devon, × 0,5; L, M: Ob.-Jura, × 0,25, × 0,3. Nach W. J. Arkell, B. Kummel & C. W. Wright, U. Lehmann und O. H. Schindewolf.

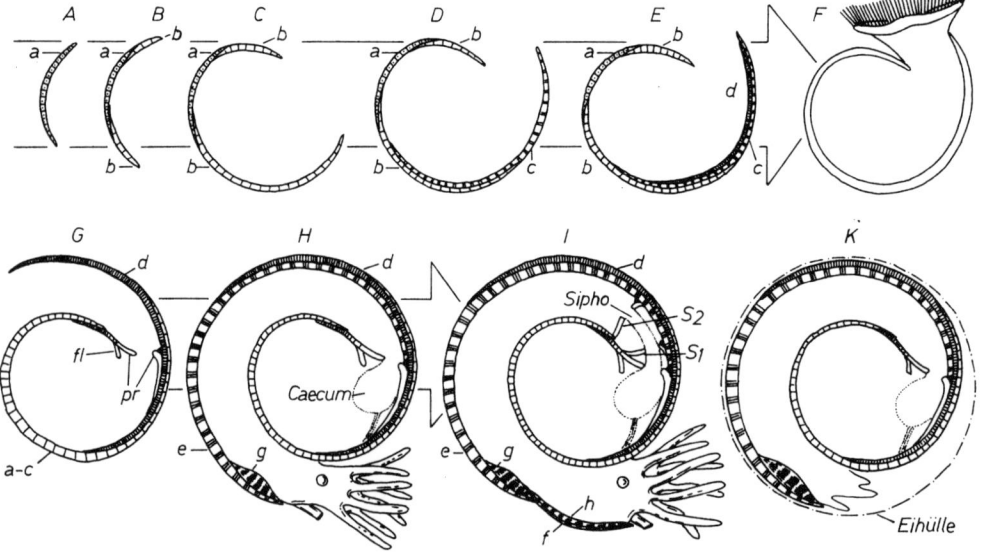

Abb. 307. Ontogenetische Frühstadien der Ammonoideen. A–E, G–I: Bildungsfolge der jugendlichen Gehäuseteile, a–d: prismatische Schalenschichten des embryonalen bzw. larvalen Gehäuseabschnitts, e, f: äußere Prismenschicht, g, h: Perlmutterschicht, fl: Flansch, pr: Proseptum, S1, S2: Septen; F: hypothetisches planktisches Larvenstadium; K: hypothetische Entwicklung in der Eihülle, × 40. Nach H. K. Erben, H. K. Erben, G. Flajs & A. Siehl und C. Kulicki.

gestalt am Ende des ersten Umgangs und der dort mit rezenten Cephalopodeneiern vergleichbaren Größe geschlossen, daß die Entwicklung bis hierher in der Eihülle erfolgte (vgl. Abb. 307 K).

Bei fast allen Ammonoideen ist die Anfangskammer in sich so gekrümmt, daß sie von der ersten Gehäusewindung umfaßt wird. Nur bei einigen der ältesten Ammonoideen ist die Krümmung schwach. Die erste Windung umschließt hier eine Nabellücke.

Die Anfangskammer wird durch das Proseptum abgeschlossen, das eingebaut wurde, als das Gehäuse knapp einen Umgang umfaßte. Der Rand des Proseptums, d. h. die Prosutur, ist deshalb nicht der Mündungsrand der Anfangskammer. Die Prosutur ist bei den ältesten Ammonoideen einfach ringförmig (asellat). Bei jüngeren Formen entwickelt sich ein externer Sattel, der zuerst breit (latisellate Prosutur), zuletzt schmal (angustisellate Prosutur) ist (vgl. Abb. 308). Das Proseptum wird vom Sipho durchbohrt, der mit einem angeschwollenen Blindsack (Caecum) in die Anfangskammer hineinreicht. Das Caecum ist durch Haftbänder, die Prosipho genannt werden, an der Innenwand der Anfangskammer befestigt.

Auf das Proseptum folgt, meist mit ganz kurzem Abstand, das Primärseptum. Dessen Rand ist die Primärsutur (Abb. 309). Diese springt bei den primitivsten Ammonoideen extern, intern und auf jeder Flanke (d. h. lateral) jeweils in einem Lobus (Externlobus E, Internlobus I, Laterallobus L) zurück. Bei den meisten Ammonoideen wird mit dem Wachstum des Gehäuses, d. h. mit zunehmender Länge der Septalränder, die Zahl der Loben durch Einfaltung der Sättel vermehrt. Loben, die zwischen dem Lateral- und dem Externlobus eingeschoben werden, heißen Adventivloben (A). Loben, die zwischen dem Intern- und dem Laterallobus entstehen, werden Umbilikalloben (U) genannt (Abb. 310). Die zeitliche Reihenfolge der Adventiv- bzw. Umbilikalloben wird durch Ziffern (z. B. $A_1$, $A_2$, $U_1$, $U_2$) angegeben (Abb. 311). Meist, jedoch nicht stets, bleiben später gebildete Loben kleiner als solche, die schon auf ontogenetisch früheren Stadien entstanden. Außer der Lobenentstehung durch Sattelspaltung können Teilloben auch dadurch gebildet werden, daß sich in einem Lobus ein Sattel aufwölbt.

Lobenlinien, die sich in ontogenetischen Spätstadien völlig gleichen, können eine grundsätzlich unterschiedliche ontogenetische Entwicklung durchlaufen haben. Ihre Elemente sind dann nicht homolog. Die Bezeichnungen für die Elemente der Lobenlinie müssen darauf Rücksicht nehmen.

Vor allem die mesozoischen, aber auch einige jungpaläozoische Ammonoideen erlangen im Verlauf der Ontogenie einen zusätzlichen Grad der Komplikation (vgl. Abb. 301). Entweder nur der Lobengrund oder Loben und Sättel können ab einem bestimmten ontogenetischen Stadium gezackt oder zerschlitzt sein. Geht die Zerschlitzung allein vom Lobengrund aus, so ist sie monopolar, und zwar auch dann, wenn sie im Verlauf der Ontogenie völlig auf die Sättel übergreift. Beginnt die Zerschlitzung gleichzeitig auf den Loben und auf den Sätteln, so nennt man sie bipolar.

Nur die paläozoischen Ammonoideen besitzen auf der Primärsutur allein Extern-, Intern- und Laterallobus. Bei den mesozoischen Formen sind schon auf der Primärsutur 1–3 weitere Elemente je Flanke vorhanden, die man als die Umbilikalloben 1–3 deutet. Die ontogenetische Entwicklung der Sutur ist bei den mesozoischen Ammonoideen demnach beschleunigt.

Das Wachstum des Ammonoideen-Gehäuses zeigt von Gattung zu Gattung erhebliche Unterschiede. Oft verändern sich die Proportionen im Verlauf der Ontogenie stark. Schalenverdickungen („Einschnürungen") lassen auf Wachstumsunterbrechungen schließen. Auch schwankende Septenabstände lassen sich durch unterschiedliche Wachstumsgeschwindigkeiten erklären. Während bei manchen Formen, vor allem den Riesenformen, ein lebenslanges Wachstum möglich ist, zeigen morphologische Veränderungen bei den meisten Ammonoideen das Wachstumsende an. Typische, wenn auch nicht in allen Fällen eindeutige Adultmerkmale sind u. a. eine Erweiterung des Nabels und bzw. oder das Erlöschen der Skulptur auf der Wohnkammer, die Bildung einer

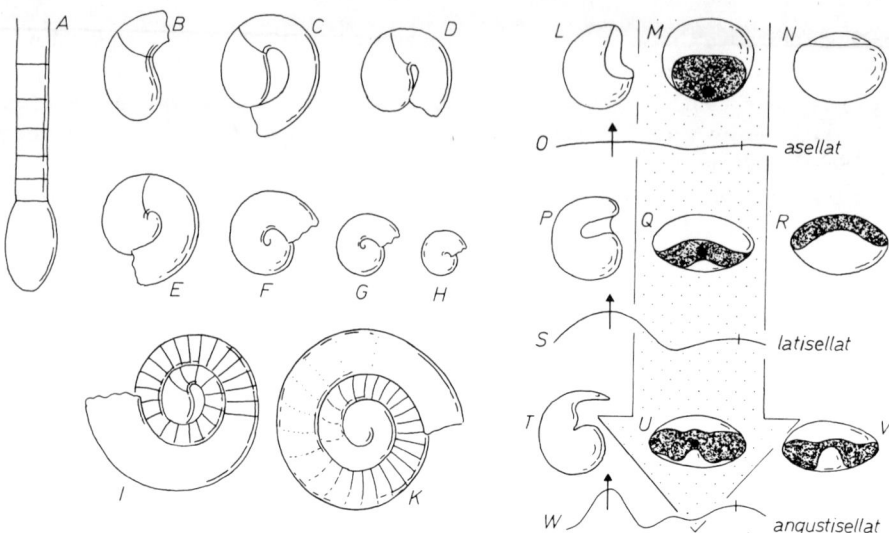

Abb. 308. Prosuturen und Anfangskammern der Ammonoideen. A–H: Entwicklung der Anfangskammern von den Bactriten (A) bis zu den mesozoischen Ammonoideen; A: *Lobobactrites* (Devon), × 8; B: *Gyroceratites* (Devon), × 12; C, D: *Anarcestes* (Devon), × 8; E: *Werneroceras* (Devon), × 8; F: Perm, × 10; G: *Paragastrioceras* (Perm), × 10; H: Unt.-Kreide, × 10. I, K: Innenstadien von Goniatiten mit (I) und ohne (K) Nabellücke; I: *Mimagoniatites* (Devon), × 4; K: *Agoniatites* (Devon), × 4. L–W: Schemata der Varianten der Prosutur und die dazu gehörenden Anfangskammern; L, P, T: Seitenansichten; M, Q, U: Frontalansichten; N, R, V: Externansichten der Anfangskammern; O, S, W: Prosuturen. Nach W. E. Ruschentsev und O. H. Schindewolf.

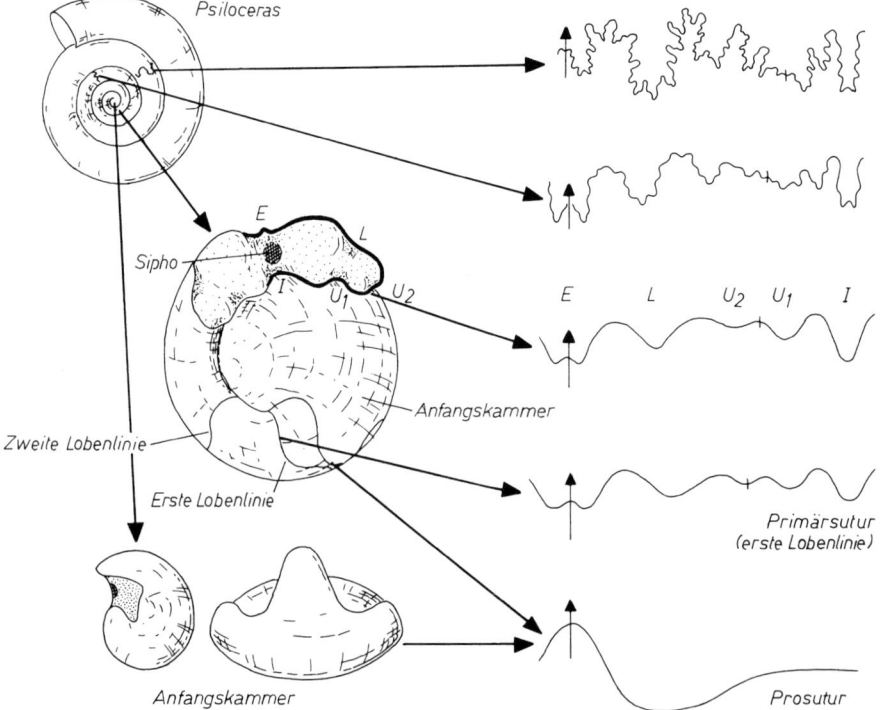

Abb. 309. Schema der Ontogenie der Lobenlinie der Ammonoideen. Man beachte den Unterschied zwischen Pro- und Primärsutur und die Zunahme von Zahl und Komplikation der Elemente der Sutur im Laufe des Gehäusewachstums.

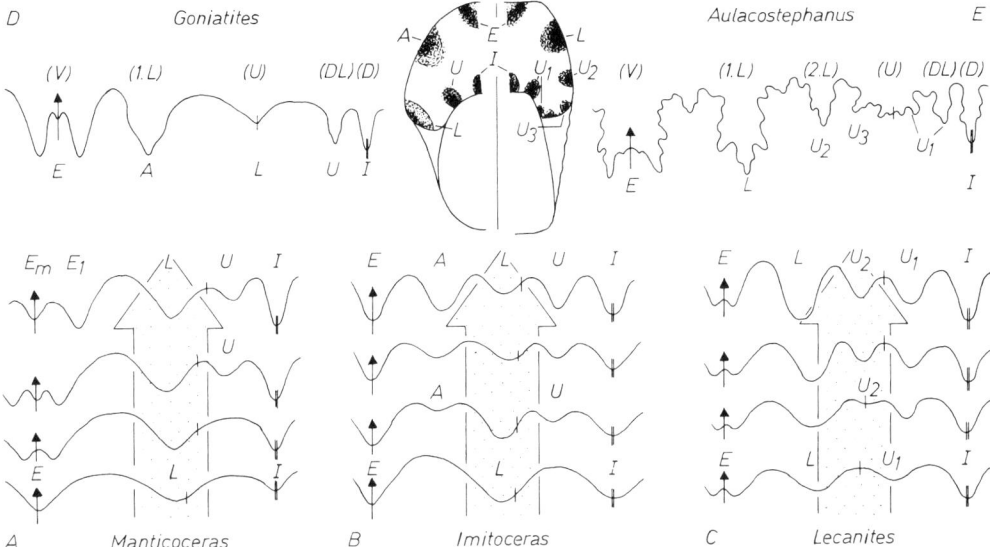

Abb. 310. Ontogenie und Terminologie der Lobenlinien der Ammonoideen. A–C: unterschiedliche Ontogenie dreier ähnlicher Suturen; A: Ob.-Devon; B: Ob.-Devon – Unt.-Karbon; C: Trias; die Suturen sind zum besseren Verständnis auf einheitliche Größe gebracht; Symbole: A: Adventivlobus, E: Externlobus, I: Internlobus, L: Laterallobus, U: Umbilikallobus. D, E: Vergleich der morphogenetischen mit einer rein deskriptiven Loben-Terminologie am Beispiel eines Goniatiten (D, Karbon) und eines Ammoniten (E, Jura). Die morphogenetischen Bezeichnungen stehen ohne, die rein deskriptiven mit Klammern; (D): „Dorsallobus", (DL): „Dorsolaterallobus", (V): „Ventrallobus", U wird auch als „Kehllobus" bezeichnet. Nach A. K. MILLER & W. M. FURNISH und O. H. SCHINDEWOLF.

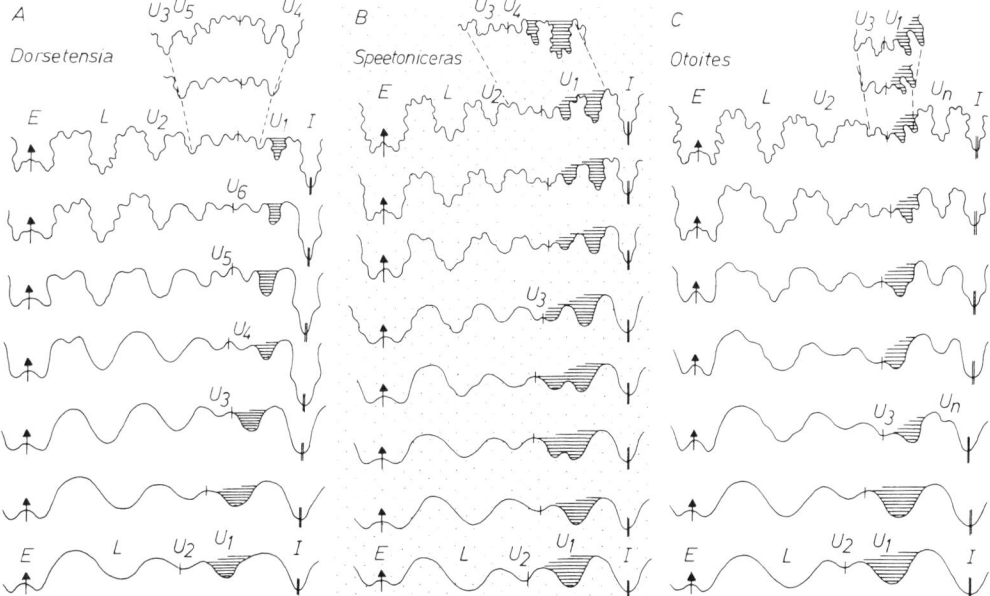

Abb. 311. Varianten der Ontogenie der Lobenlinie bei mesozoischen Ammonoideen. A: Mitteljura, normale Vermehrung der Zahl der Umbilikalloben; B: Unt.-Kreide, Spaltung des $U_1$ durch Hochwölbung eines Sattels; C: Mitteljura, Einschub eines $U_n$ zwischen $U_1$ und I. Die Lobenlinien sind zur besseren Vergleichsmöglichkeit auf einheitliche Größe gebracht. $U_1$ schraffiert. Nach O. H. SCHINDEWOLF.

komplizierten Gehäusemündung mit vorangehender Verdickung (Abb. 312) sowie stark verringerte Septenabstände (Lobendrängung).

Das Alter der Ammonoideen-Tiere und ihre Wachstumsgeschwindigkeit sind nur indirekt rekonstruierbar. Hilfsmittel sind Epizoen, die vom Ammonoideen überwachsen wurden, sowie die Bildungstemperatur von Septen (vgl. Bd. 1, S. 161, Abb. 180), die jahreszeitliche Schwankungen anzeigt. Hieraus kann man schließen, daß ein Septum ungefähr einige Wochen zu seiner Bildung benötigte. Bis zum Wachstumsende eines Ammonoideen dürften demnach 1 bis einige Jahre vergangen sein. Wie lange darüber hinaus die Tiere noch lebten, ist völlig unbekannt.

### 4. Dimorphismus

Von vielen Ammonoideen, vor allem des Juras, ist ein Dimorphismus bekannt. Kleine Gehäuse, deren Mündungen Ohren tragen, ähneln auf inneren Windungen großwüchsigen Formen mit ohrlosen Mündungen außerordentlich stark. Auffallend ist, daß beide Varianten oft nebeneinander vorkommen. Man hat diese Paare deshalb als die beiden Geschlechter einer Art gedeutet und die kleinen Formen als Männchen, die großen als Weibchen interpretiert. Neutraler werden die kleinen Formen als Mikroconche, die großen als Makroconche bezeichnet (Abb. 313). Mikroconche bleiben nicht nur kleiner als Makroconche, sondern besitzen auch weniger Windungen und damit weniger Kammern. Sie dürften ihr Wachstum demnach früher beendet haben.

Sexualdimorphismus kann jedoch nur dort postuliert werden, wo beide Partner absolut zeitgleich sind und wo die Evolution parallel verläuft. In den meisten beschriebenen Fällen liegen diese Voraussetzungen allerdings nicht vor.

### 5. Phylogenie

Die ältesten eindeutigen Ammonoideen sind aus dem unteren Devon (oberstes Siegenien) bekannt. Sie leiten sich von geradegestreckten Bactriten (vgl. S. 258) ab. Die Stammesentwicklung der Ammonoideen verläuft phasenhaft. Eine erste Blütezeit fällt ins jüngere Paläozoikum (Devon–Perm). Innerhalb dieses Zeitabschnittes durchlief die Gruppe am Ende des Devons eine scharfe Krise, als nur wenige Gattungen überlebten. Auch das Ende des Perms überdauerten nur wenige Formen. Eine zweite Entfaltungsphase fällt in die Trias, an deren Ende wiederum fast alle Entwicklungslinien ausstarben. Die dritte und umfangreichste Radiation setzte mit der Basis des Juras ein. In Zeiten weltweiter Transgressionen war die Diversität am höchsten. Regressionen schmälerten die Verfügbarkeit von Biotopen und damit auch die Mannigfaltigkeit der Ammonoideen. Am Ende der Kreide starb die Gruppe nachkommenlos aus (Abb. 314).

Insgesamt sind über 2000 Ammonoideen-Gattungen beschrieben, wobei die Zahl der Synonyme unterschiedlich beurteilt wird. Im Paläozoikum blieb die Formenfülle relativ gering. Die – abgesehen von den Bactriten – primitivste Gruppe sind die auf das Devon beschränkten Anarcestina mit etwa 70 Gattungen. Von ihnen leiten sich im Oberdevon die Goniatitina ab, die im Oberkarbon und Perm verbreitet sind, ins Mesozoikum jedoch nicht mehr hineinreichen. Die wesentlich formenärmeren Prolecanitina gehen auf frühe Goniatiten zurück. Sie reichen vom unteren Karbon bis in die Trias und bilden die Wurzel der mesozoischen Ammonoideen. Eine kleine und isolierte Gruppe mit etwa 30 Gattungen sind die auf das Oberdevon beschränkten Clymeniina.

Im Oberperm entwickelten sich aus den Prolecanitina die Ceratitina. Obwohl sie eine relativ kurzlebige Gruppe darstellen und am Ende der Trias ausstarben, brachten sie in der Trias eine

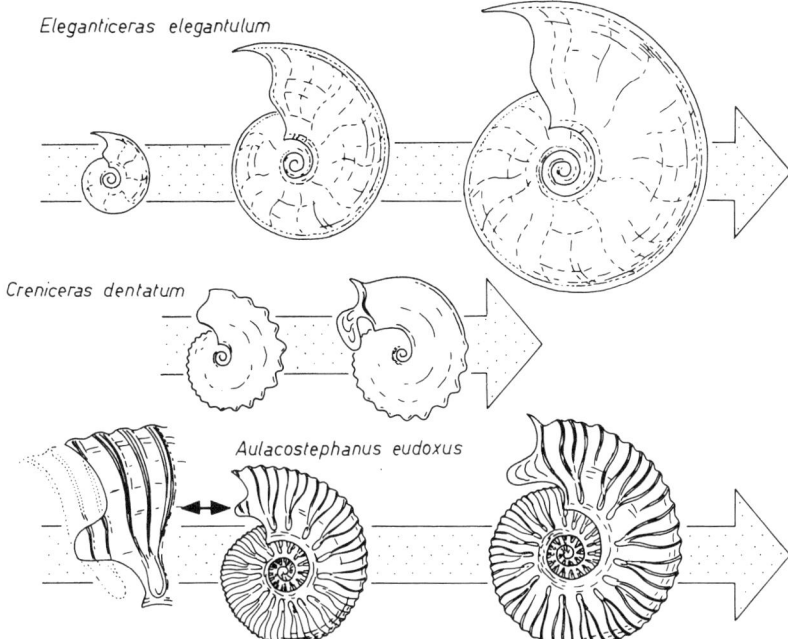

Abb. 312. Die Entwicklung des Mundsaumes in der Ontogenie jurassischer Ammonoideen. *Eleganticeras* (Unt.-Jura, × 0,5): Form des Mundsaumes ändert sich nicht; *Creniceras* (Ob.-Jura, × 1): „Ohr" und Einschnürung am Mundsaum sind Adultmerkmale; *Aulacostephanus* (Ob.-Jura, × 0,5): „Ohr" mit Rippenstücken schon im unerwachsenen Zustand vorhanden, Rippen werden beim Wachstum ergänzt, Einschnürung am Mundsaum und externer Kragen sind Adultmerkmale.

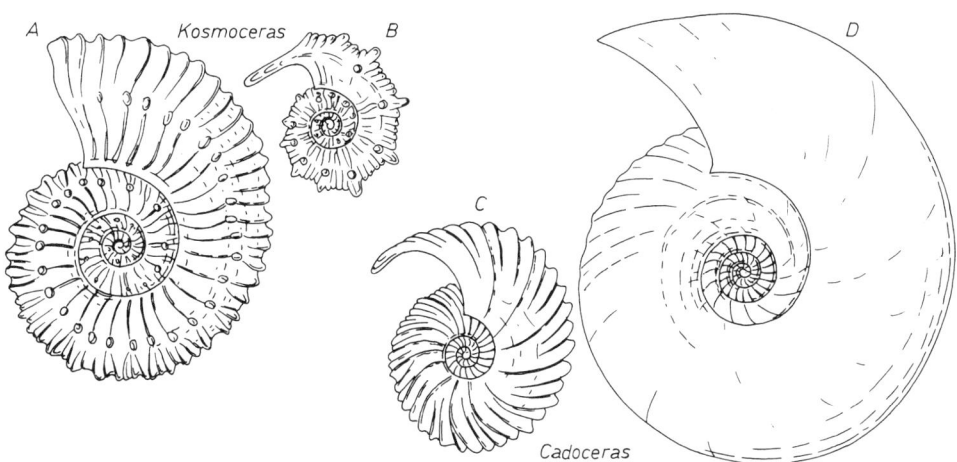

Abb. 313. Dimorphismus bei jurassischen Ammoniten. A, D: „Makroconche"; B, C: „Mikroconche". × 0,5. Nach H. Makowski.

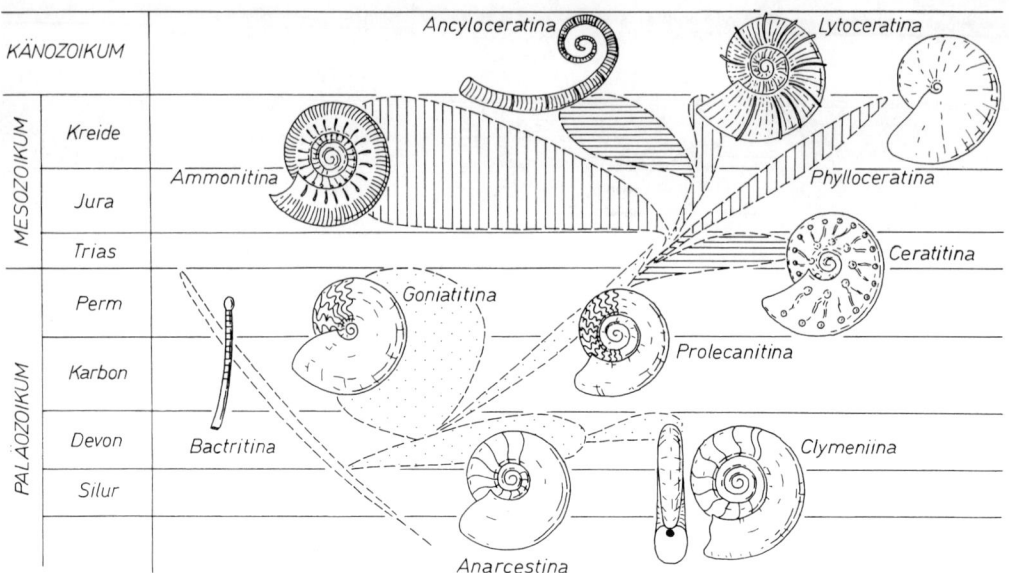

Abb. 314. Die Stammesgeschichte der Ammonoideen und die Verbreitung ihrer Hauptgruppen. Punktiert: Gruppen mit dreilobiger Primärsutur; waagrecht schraffiert: Gruppen mit vierlobiger Primärsutur; senkrecht schraffiert: Gruppen mit fünf- oder sechslobiger Primärsutur.

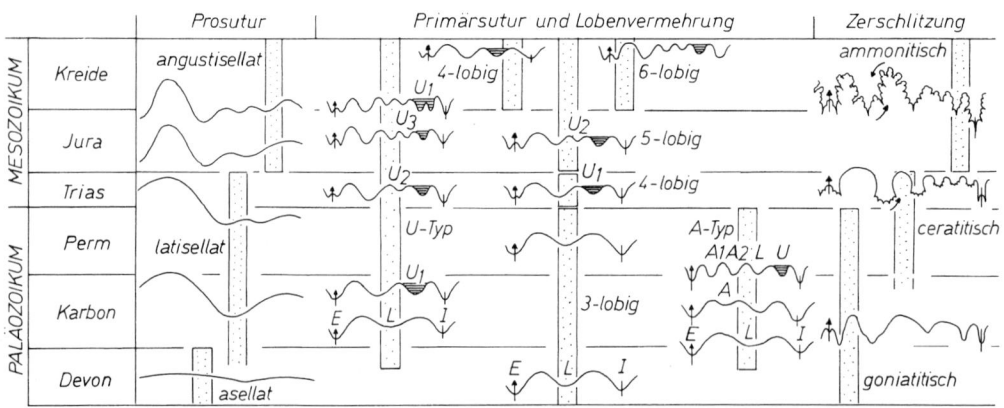

Abb. 315. Tendenzen in der Stammesgeschichte der Ammonoideen. Dargestellt ist das zeitliche Vorkommen der Varianten der Prosutur, der Elementzahl der Primärsutur, der Typen der Lobenvermehrung (A- oder U-Typ) sowie des Zerschlitzungsgrades. Nach J. Kullmann & J. Wiedmann und O. H. Schindewolf.

große Formenfülle hervor. Ebenfalls auf die Prolecanitina gehen die Vorläufer der Phylloceratina und Lytoceratina zurück. Beide Gruppen stellten in Jura und Kreide sogenannte Konservativstämme dar, deren Formenfülle und Merkmalswandel nicht erheblich waren. Die Herkunft der eigentlichen Ammonitina, die es dagegen im Jura und in der Kreide zu hoher Diversität brachten, ist nicht ganz klar, wird jedoch meist bei obertriassischen Lytoceratina gesucht. Die Ancyloceratina umfassen die für die Kreide bezeichnenden „aberranten" Ammonoideen sowie einige sekundär normal aufgerollte Formen. Wegen ihres unvermittelten Auftretens ist ihre Abstammung von den Lytoceratina nicht ganz gesichert.

In der Stammesgeschichte der Ammonoideen sind mehrere übergeordnete Trends nachweisbar (Abb. 315). Die Septen sind zuerst konkav, ab dem oberen Devon sind sie überwiegend konvex gewölbt. Die Siphonalduten sind ursprünglich retrochoanitisch, ab dem Karbon überwiegend prochoanitisch. Die Prosutur ist zunächst asellat, ab dem oberen Devon herrschen latisellate, ab dem Jura angustisellate Prosuturen. Die Primärsutur ist im Paläozoikum dreilobig, in der Trias vierlobig, ab dem Jura meist fünflobig (Ausnahmen sind in der Kreide die vierlobigen Ancyloceratina und einige sechslobige Lytoceratina). Die Adultsuturen sind im Paläozoikum überwiegend ganzrandig (goniatitisch), in der Trias meist monopolar (ceratitisch) und ab dem Jura i. d. R. bipolar (ammonitisch) zerschlitzt. Die durchschnittliche Gehäusegröße nimmt vom Paläozoikum bis zur Kreide kontinuierlich zu. Die Skulptur zeigt in vielen Fällen eine gesetzmäßige Tendenz zur Komplikation (Abb. 316), die allerdings oft durch sekundäre Rückschläge unterbrochen wird (vgl. S. 259 und Abb. 293).

Von Ammonoideen sind viele Evolutionslinien bekannt, in denen der Merkmalswandel durch zahlreiche Funde gut und kontinuierlich dokumentiert ist (Abb. 317). Oft klaffen jedoch zwischen dem Vorkommen ähnlicher Arten Überlieferungslücken, so daß der Verwandtschaftsgrad unterschiedlich interpretiert werden kann. Trotzdem haben die Ammonoideen viele Beispiele für Gesetzmäßigkeiten in der Evolution geliefert. Phylogenetische Größensteigerung ist häufig belegt (vgl. Abb. 318; Bd. 1, S. 90, Abb. 99). Auch für die allmähliche Veränderung einzelner Merkmale gibt es viele Beispiele (vgl. Bd. 1, S. 98, Abb. 109). Innere Umgänge spiegeln manchmal die Morphologie der Vorfahren wider (Palingenese, vgl. Abb. 317), manchmal nehmen sie Merkmale vorweg, die erst später das Erscheinungsbild der Adulten prägen (Proterogenese, Abb. 319; vgl. Bd. 1, S. 100, Abb. 113). Konvergenzen sind wegen der begrenzten konstruktiven Möglichkeiten häufig. Zuweilen treten gleichzeitig in verschiedenen Verwandtschaftskreisen ähnliche Merkmale auf, so daß der Eindruck zeitgebundener Modeerscheinungen entsteht.

Die Stammesgeschichte der jurassisch-kretazischen Ammonoideen wurde als Musterbeispiel einer phasenhaften Evolution gedeutet. Die Radiation an der Basis des Juras wurde als Typogenese, die Entwicklung während des Juras als Typostase und das Auftreten „aberranter" Formen in der Kreide als Typolyse bezeichnet (vgl. Bd. 1, S. 103). Das plötzliche Erscheinen der stabförmigen ältesten Ancyloceratina wird mit sehr rascher Umprägung des Merkmalsgefüges erklärt. Ein interessantes Phänomen bleibt die Wiedereinrollung des Gehäuses in einigen Seitenzweigen der Ancyloceratina.

Die Evolutionsgeschwindigkeit war innerhalb der Ammonoideen unterschiedlich. In manchen, vor allem den kräftig skulptierten Gruppen betrug die Existenzdauer der Arten nur wenige 100 000 Jahre. Glattschalige Arten persistieren bis zu einigen Jahrmillionen, wobei wahrscheinlich ist, daß die artunterscheidenden Merkmale hier nur nicht erkennbar sind. Bei morphologisch ähnlichen Arten des Karbons war die Lebensdauer um so kürzer, d. h. die Evolutionsgeschwindigkeit um so höher, je rascher sich die Umweltverhältnisse änderten.

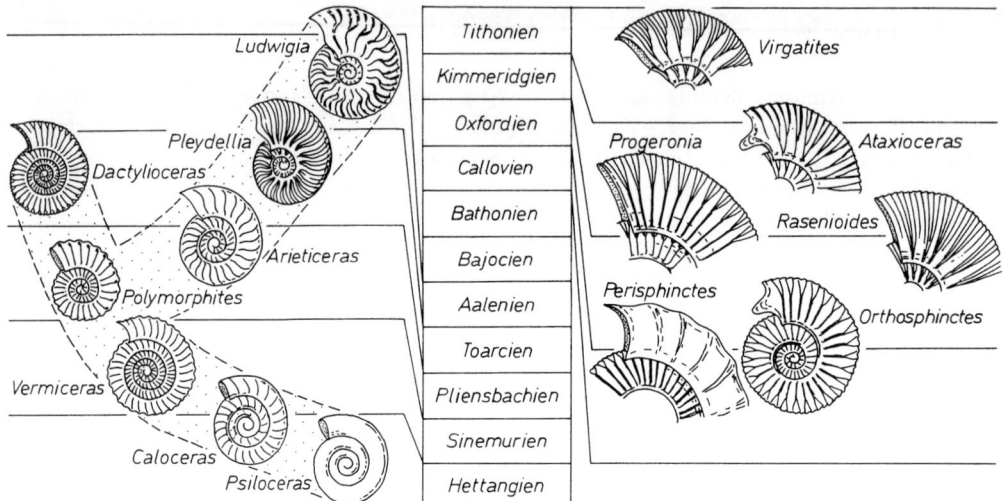

Abb. 316. Die Entwicklung der Skulptur in der Stammesgeschichte jurassischer Ammoniten. Die schematisch dargestellten Gattungen bilden keine Stammreihe, sondern verkörpern zeitlich aufeinander folgende Skulpturtypen. Links: Die Entwicklung von unberippten über einfach berippte Formen zu Gabelrippern sowie Entstehung der Sichelskulptur. Rechts: Varianten der Spaltrippen der Perisphinctiden.

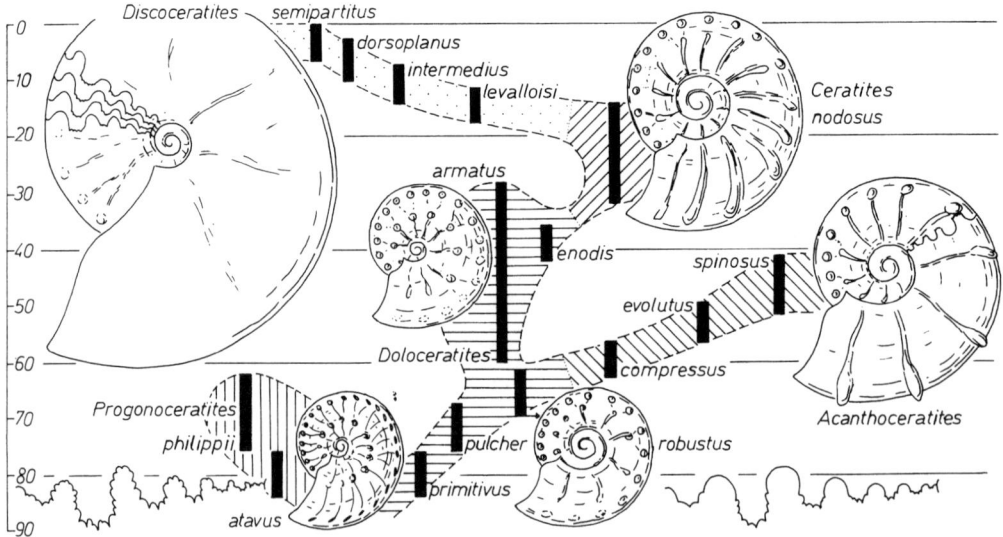

Abb. 317. Schematisierter und vereinfachter Stammbaum der Ceratiten im Germanischen Muschelkalk. Die Evolution führt von relativ kleinen Formen, deren Lobenlinie auch auf den Sätteln zerschlitzt ist, zu größeren Gehäusen mit typisch ceratitischer Lobenlinie. Die Skulptur ist zunächst regelmäßig zweispaltig (dichotom); sie führt zu einfachen, bei *Acanthoceratites* scharfen, bei *Ceratites* wulstigen Rippen. Der Maßstab links gibt die Profilmächtigkeit in Metern unter der Oberkante des Hauptmuschelkalks an. Zugrunde liegt ein Durchschnittsprofil in Südwestdeutschland. Nach M. URLICHS & R. MUNDLOS und R. WENGER.

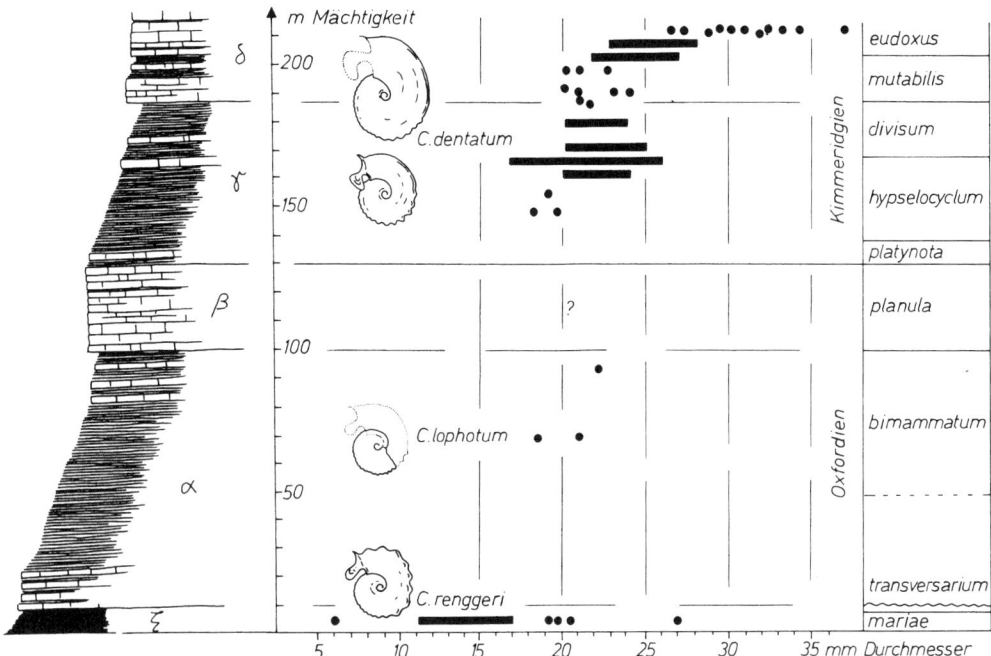

Abb. 318. Größenzunahme in der Evolution der Ammonitengattung *Creniceras* (Ob.-Jura). Außer der Gehäusegröße verändert sich auch die relative Höhe der Externzähne (vgl. Bd. 1, S. 66, Abb. 69) und ihre Erstreckung auf der Wohnkammer. × 0,5.

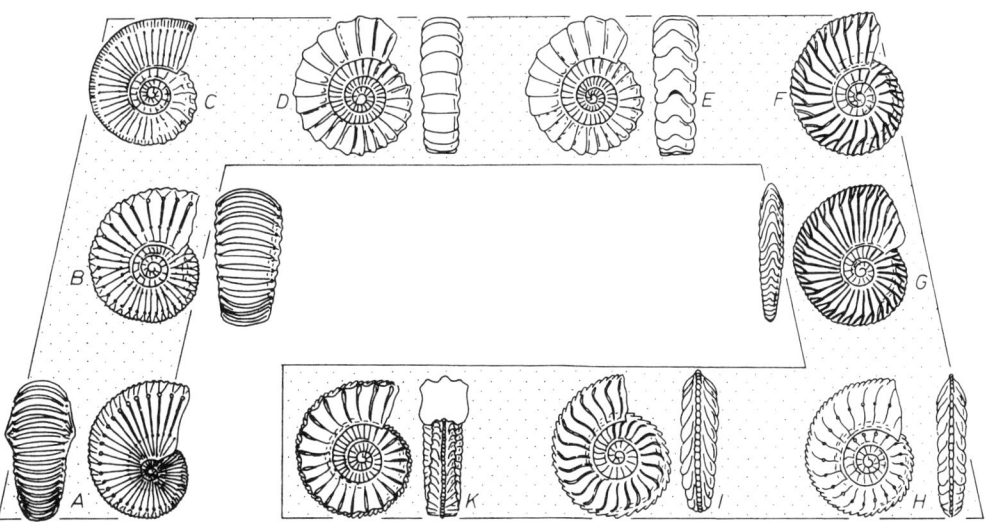

Abb. 319. Mutmaßliche Stammesgeschichte der unterjurassischen Ammonitengruppen der Liparoceraten und Amaltheen, schematisch. Man beachte das Übergreifen von Merkmalen, die zunächst auf inneren Windungen auftreten, auch auf Adultstadien (Proterogenese). A: *Liparoceras;* B–D: *Androgynoceras;* E: *Oistoceras;* F–H: *Amaltheus;* I, K: *Pleuroceras.* Nach M. K. HOWARTH.

## 6. Stratigraphie

Die Ammonoideen sind vom mittleren Devon bis zum Ende der Kreide wichtige Leitfossilien. Auf ihnen beruht ein großer Teil der Standard-Gliederung dieses Abschnittes der Erdgeschichte.

Im Paläozoikum Mitteleuropas werden im Devon und Karbon etwa 15 „Goniatiten-Stufen" unterschieden, die jeweils wieder in Zonen unterteilt werden können (vgl. Abb. 320). Obwohl die meisten Leitarten auf begrenzte Areale beschränkt sind, erlaubt die Verzahnung des Vorkommens mehrerer Ammonoideen eine nahezu weltweite Korrelation. In Perm und Trias bereitet der regionale Charakter der Faunen noch erhebliche Schwierigkeiten beim Vergleich der verschiedenen Zonenfolgen. Im Jura werden mit Hilfe von Ammonoideen etwa 50 Zonen unterschieden, die wiederum in vielen Fällen weltweit korrelierbar sind. Auf der Entdeckung des Leitwertes der jurassischen Ammonoideen beruhen die Biostratigraphie sowie der Zonenbegriff. Die Jura-Gliederung mit Hilfe von Ammonoideen ist sowohl von historischem Interesse als auch Modell für die stratigraphische Methodik. Die Ammonoideen der Kreide stellen ebenfalls wichtige Leitformen, doch ist die überregionale Bedeutung geringer als im Jura.

Ammonoideen-Zonen werden unterschiedlich definiert. Manchmal entsprechen sie der Lebensdauer der namengebenden Art (Abb. 321). Manchmal verkörpern sie das Häufigkeitsmaximum einer Art, das an verschiedenen Orten zu unterschiedlicher Zeit liegen kann (vgl. Bd. 1, S. 112, Abb. 126). Manchmal beginnt eine Zone mit dem ersten Auftreten der namengebenden Art; ihr Ende wird durch die Basis der nächstjüngeren Zone gegeben. Oft wird das Vorkommen ähnlicher Arten oder Faunen zu Zonen zusammengefaßt und die vertikale Erstreckung einzelner Arten dann als Subzone umschrieben (Abb. 322).

Die Bedeutung der Ammonoideen für die Stratigraphie ist eine Folge ihrer hohen Evolutionsgeschwindigkeit. Da diese jedoch von Art zu Art unterschiedlich ist, können gleichaltrige Arten einen recht unterschiedlichen Leitwert haben (vgl. Bd. 1, S. 115, Abb. 129). Etwas eingeschränkt wird die Brauchbarkeit für die Biostratigraphie ferner durch die Faziesabhängigkeit bzw. den Provinzialismus vieler Arten. In strandnahen Schelfablagerungen entspricht das Vorkommen der wenigen Arten meist nicht ihrer Lebensdauer. In Tiefseeablagerungen finden sich vor allem skulpturarme und deswegen schlecht unterscheidbare Formen. Die Sedimente des offenen Schelfs überliefern am ehesten die wahre Existenzdauer der Arten und geben zugleich die besten Korrelationsmöglichkeiten (Abb. 323).

## 7. Lebensweise

Die Lebensweise der Ammonoideen läßt sich nur indirekt rekonstruieren. Daß das Gehäuse mit dem Phragmokon nicht nur ein Schutzorgan war, sondern zugleich als hydrostatischer Apparat das Schweben im Wasser ermöglichte, dürfte feststehen. Da jedoch nicht bekannt ist, in welchem Verhältnis flüssigkeits- und gasgefüllte Kammern zueinander standen, lassen sich die Gleichgewichtslage und Körperhaltung im Wasser nur vermuten (vgl. Abb. 324).

Obwohl die Gehäuseform sicherlich Auswirkungen auf die Beweglichkeit und Bewegungsweise der Tiere hatte, lassen sich keine gesicherten Zusammenhänge erkennen. Nach verbreiteter Ansicht sollen Tiere mit schlankem Gehäuse und schmaler Externseite gewandte Schwimmer gewesen sein. Formen mit plumpen, dicken Gehäusen stellt man sich mehr passiv im Wasser treibend vor. Es sind jedoch nicht nur strömungsmechanische Faktoren, sondern auch das Volumen der Mantelhöhle und damit die Wirksamkeit des Trichters zu berücksichtigen. Wahrscheinlich hat die Mehrheit der Ammonoideen nur geringe Geschwindigkeiten erreicht. Eine glaubhafte Größenordnung liegt bei etwa 10 cm/sec (Abb. 325).

Alle Ammonoideen waren marin. Es ist anzunehmen, daß manche Arten mehr nahe dem Boden und andere eher im freien Wasser lebten. Dies läßt sich aus der unterschiedlichen Größe ihrer

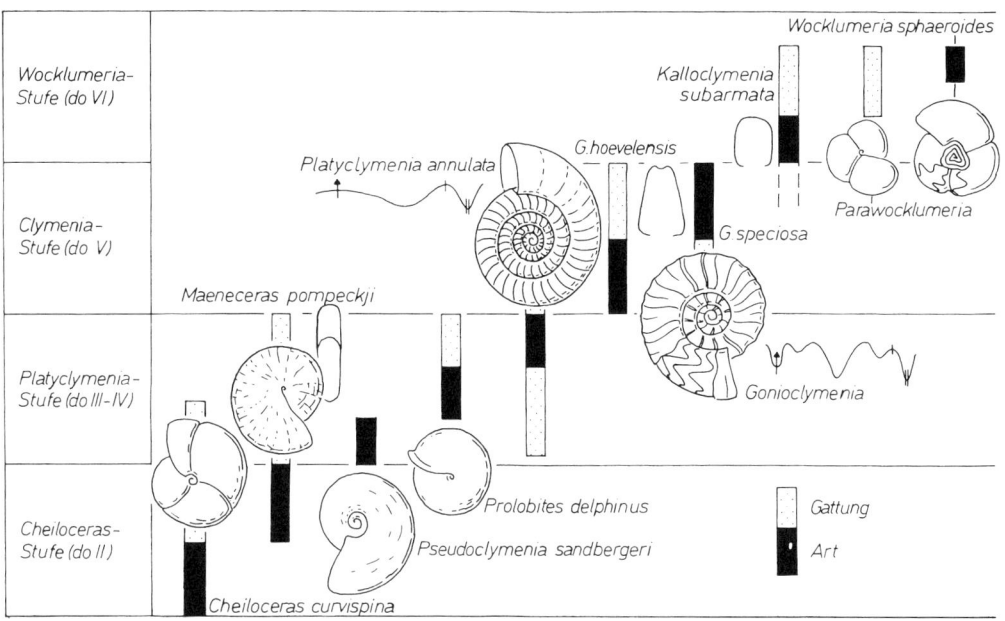

Abb. 320. Die stratigraphische Verbreitung einiger Ammonoideen im höheren Oberdevon (Famennien) des Rheinischen Schiefergebirges. Nach M. R. HOUSE.

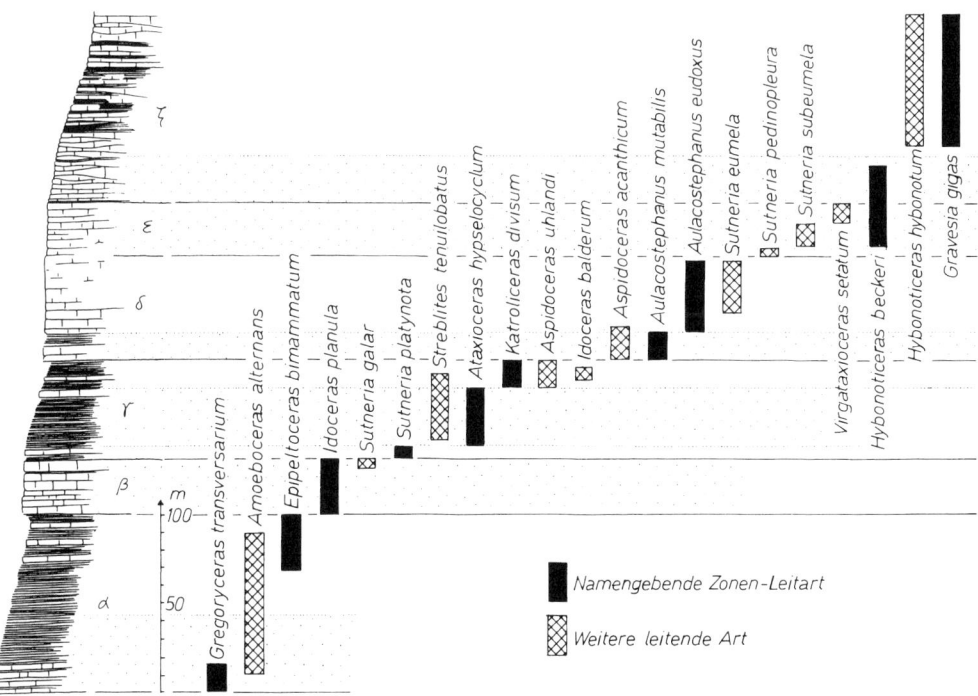

Abb. 321. Der Leitwert von Ammoniten des Oberjuras in Südwestdeutschland.

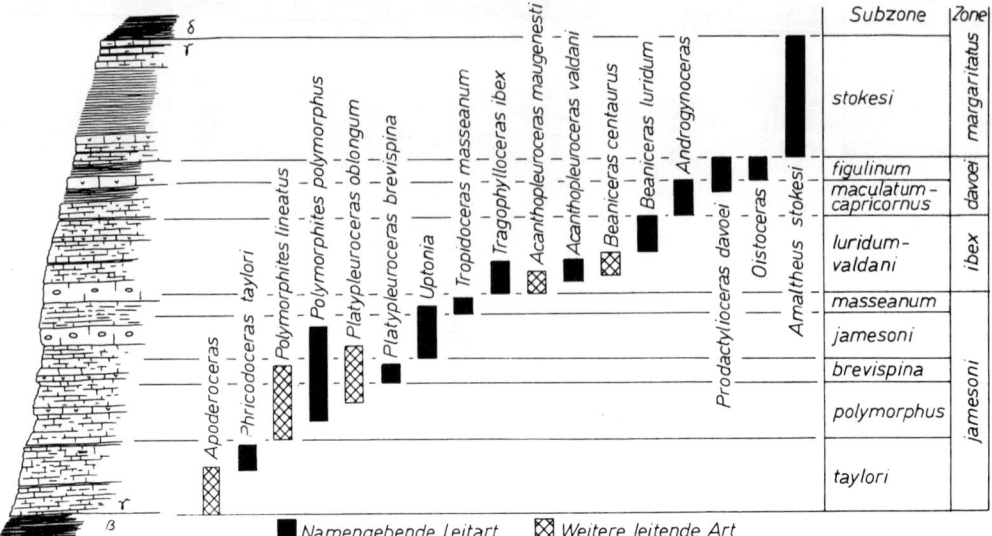

Abb. 322. Der Leitwert von Ammoniten des mittleren Unterjuras (Pliensbachien) in Südwestdeutschland. Das nachgewiesene Vorkommen wird als Subzone bezeichnet; mehrere Subzonen bilden eine überwiegend nach wissenschaftsgeschichtlichen Gesichtspunkten abgegrenzte Zone. Nach R. Schlatter.

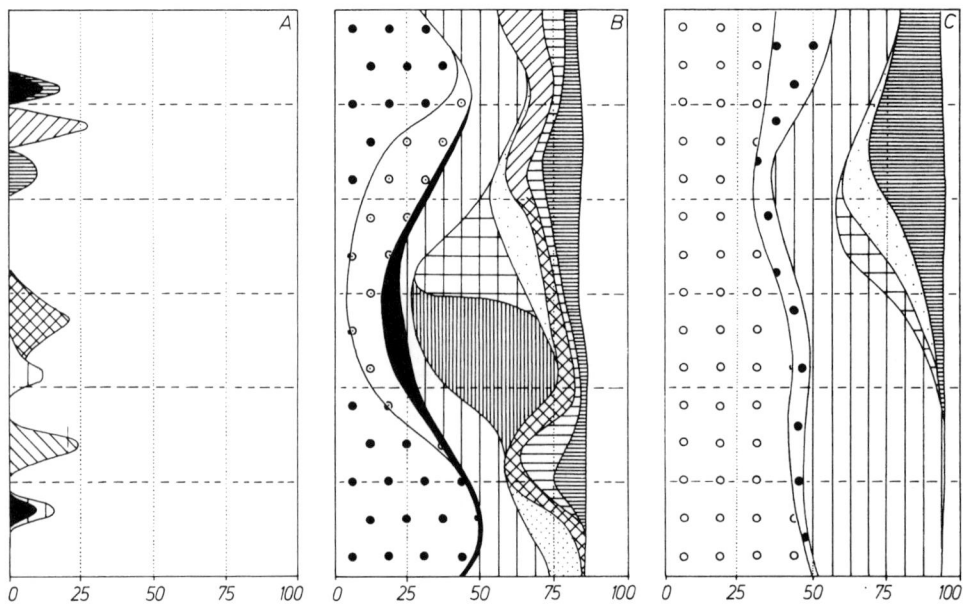

Abb. 323. Schema des Leitwertes von Ammonoideen in verschiedenen Faziesbereichen. Senkrecht: zeitliche Abfolge, gegliedert in 6 Zonen; waagrecht: Prozentsätze der Ammonoideen-Gattungen an der gesamten Makrofauna. Die unterschiedlichen Signaturen bezeichnen verschiedene Gattungen. A: Flachwasser-Biotop; B: tieferer Schelf; C: Biotop des offenen bzw. tiefen Ozeans.

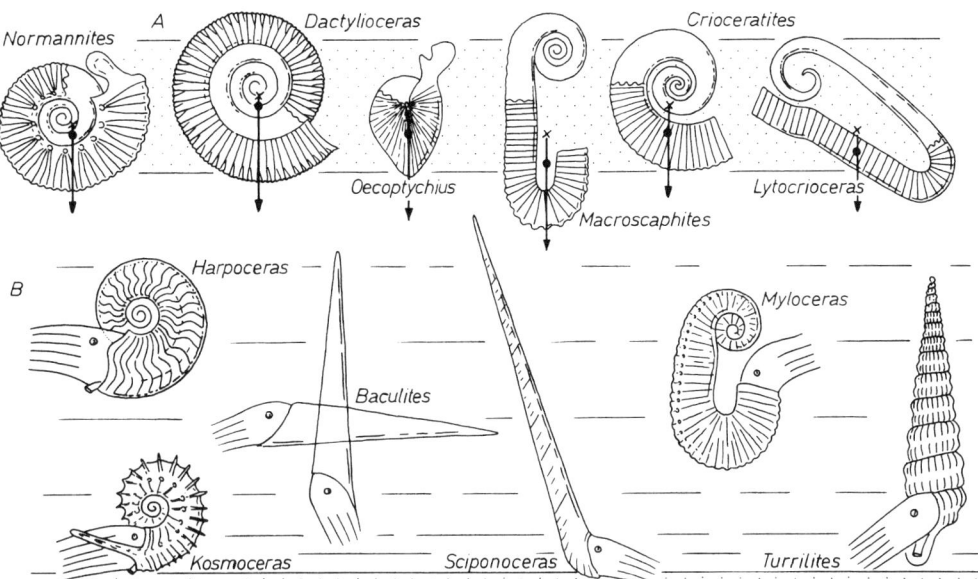

Abb. 324. Schweblage und Schwimmstellung bei Ammonoideen. A: Postmortale Schweblage unter der Annahme, daß alle Kammern gasgefüllt sind. Die Wohnkammer ist mit Skulptur, der Phragmokon ist weiß dargestellt. x: Zentrum des Auftriebs, ●: Schwerpunkt. *Normannites* (Mitteljura), × 0,3; *Dactylioceras* (Unt.-Jura), × 0,5; *Oecoptychius* (Mitteljura), × 0,75; *Macroscaphites* (Unt.-Kreide), × 0,3; *Crioceratites* (Unt.-Kreide), × 0,1; *Lytocrioceras* (Unt.-Kreide), × 0,2. Nach A. E. TRUEMAN. B: Vermutete Schwimmstellung einiger Ammoniten. *Baculites* (Ob.-Kreide), × 0,15; *Harpoceras* (Unt.-Jura), × 0,15; *Kosmoceras* (Mitteljura), × 0,25; *Myloceras* (Unt.-Kreide), × 0,25; *Sciponoceras* (Kreide), × 0,25; *Turrilites* (Ob.-Kreide), × 0,25. Nach H. C. KLINGER.

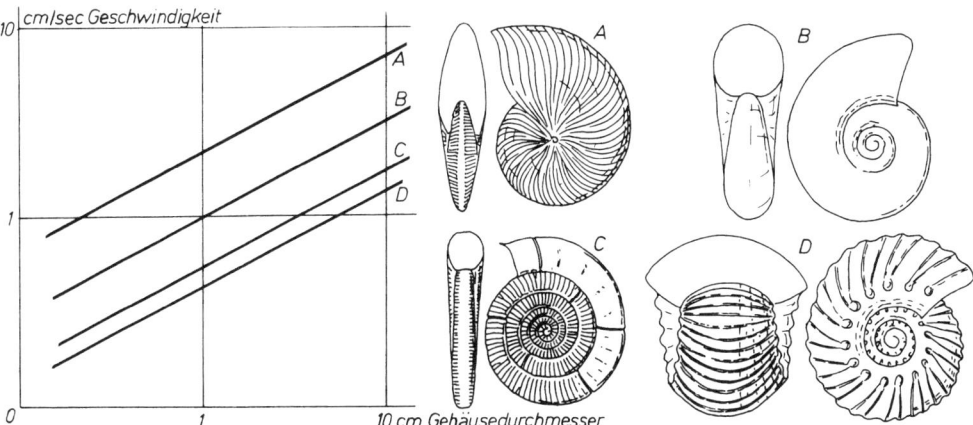

Abb. 325. Geschätzte Schwimmgeschwindigkeiten in Abhängigkeit von der Gehäuseform mesozoischer Ammonoideen. A: *Forbesiceras* (Ob.-Kreide), × 0,25, oxykon; B: *Lytoceras* (Jura–Kreide), × 0,25, platykon; C: *Mesosimoceras* (Ob.-Jura), × 0,15, serpentinikon; D: *Fagesia* (Ob.-Kreide), × 0,25, cadikon. Nach A. J. CHAMBERLAIN.

Areale und aus unterschiedlicher Faziesabhängigkeit ableiten. Bodennah lebende Ammonoideen sind oft an eine bestimmte Fazies gebunden oder dort besonders häufig. Es kommt auch vor, daß die Gehäusegröße in enger Abhängigkeit vom Lebensraum sehr unterschiedlich ist. Beispiele für kleinwüchsige Ammonoideen finden sich in manchen Tonen (vgl. jedoch S. 289) sowie in submarinen Spaltensystemen. Auch ein häufiges Auftreten von mechanisch verursachten, verheilten Gehäuseverletzungen deutet auf ein Leben nahe dem Meeresboden. Tiere des freien Wassers sind oft weit verbreitet und i. d. R. substratunabhängig.

Die Lebensweise mancher Ammonoideen scheint sich während der Ontogenie geändert zu haben. Von vielen Arten kennt man fast nur ausgewachsene Tiere. Da nicht anzunehmen ist, daß die Überlebensquoten der Ammonoideen höher waren als diejenigen rezenter Mollusken, können die Laichplätze und die Wohngebiete der Jungtiere nicht mit dem Areal der Adulttiere übereinstimmen. In einigen Fällen kennt man Jugendstadien in örtlich unterschiedlicher Menge. Zuweilen scheinen die Jungtiere das flache, strandnahe Wasser, machmal jedoch offene, küstenferne Meeresgebiete bevorzugt zu haben (Abb. 326).

Daß die Ammonoideen i. d. R. keine Bewohner des Flachwassers waren, ist schon aus dem Gehäusebau und der Verletzlichkeit bei Stürmen und Brandung zu vermuten. Es wird bestätigt durch ihr Fehlen oder ihre Seltenheit in typischen Flachwassersedimenten, wie z. B. Korallenriffen. Die größte Formenfülle herrschte im tieferen Schelf, d. h. zwischen ungefähr 50 und 250 m Meerestiefe (vgl. Bd. 1, S. 178, Abb. 203). Innerhalb dieses Bereiches läßt sich zuweilen, besonders deutlich in Oberjura und Unterkreide, eine Zonierung der Arten und Gattungen erkennen (Abb. 327, 328; vgl. auch Bd. 1, S. 177, Abb. 200). Dem Vordringen der Ammonoideen in die Tiefsee setzte die Stabilität des Gehäuses Grenzen. Die meisten Gehäuse dürften jenseits 400 bis 500 m Tiefe implodiert sein. Nur bestimmte skulpturarme Formen („leiostrake" Ammonoideen, wie z. B. Phylloceraten und Lytoceraten) könnten in der Lage gewesen sein, bis maximal 1000 m Tiefe zu tauchen. Es ist jedoch gerade bei diesen Typen nicht möglich zu unterscheiden, ob sie nahe dem Meeresboden oder als Hochseetiere lebten. Zusammenhänge zwischen dem Lebensort und der Gehäusegestalt sowie der vermuteten Fortbewegungsart wurden mehrfach angenommen, doch ist es noch nicht gelungen, zeitunabhängige Regelhaftigkeiten festzustellen.

Einen großen Einfluß auf die Verbreitung der Ammonoideen hatte anscheinend auch die Meerestemperatur. Seit dem Devon war die Diversität der Ammonoideen im tropischen Bereich am größten. Zeitweise (vor allem im höheren Jura) gab es auch erhebliche Unterschiede im Arten- und Gattungsbestand zwischen tropischen und polaren Meeren (Abb. 329). Provinzialismus bei Ammonoideen ist jedoch auch dort bekannt, wo klimatische Faktoren ausscheiden. Seine Ursachen sind oft unbekannt und vermutlich vielschichtig.

Soweit überprüfbar, waren alle Ammonoideen an normale Salinität gebunden. Es gibt keine überzeugenden Hinweise darauf, daß sie auch ins Brackwasser gegangen wären oder übersalzene Meeresbecken bewohnt hätten.

Die Nahrung der Ammonoideen ist nur unzureichend bekannt. Wegen ihrer Häufigkeit und ihrer Trägheit wird vermutet, daß sie zu den einfacheren Gliedern der Nahrungskette zählten. Einzelne Funde deuten auf Foraminiferen, Ostrakoden und kleinere Ammonoideen als Beutetiere. Die schaufelartigen Unterkiefer (Anaptychen und Aptychen) könnten das Aufnehmen der Nahrung vom Substrat erleichtert haben. In Analogie zum rezenten *Nautilus* dürfte auch das Aasfressen eine Rolle gespielt haben. Formen mit stark verengten Mündungen mögen mikrophag gewesen sein. Wahrscheinlich waren bei den Ammonoideen zahlreiche unterschiedliche Methoden des Nahrungserwerbs verwirklicht.

Feinde der Ammonoideen dürften vor allem die Wirbeltiere gewesen sein. Als Einzelfunde sind Gehäuse mit Bißspuren mariner Reptilien bekannt. Die Mehrzahl der Ammonoideen lebte jedoch unterhalb der Tauchtiefe der Reptilien. Deshalb dürften vor allem Fische ihre Feinde gewesen sein.

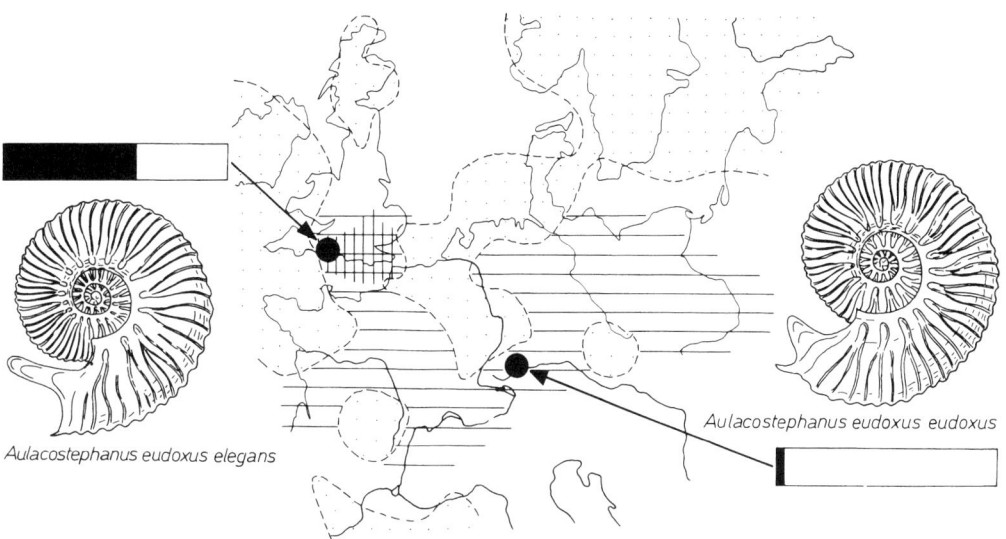

Abb. 326. Die unterschiedliche Häufigkeit von Ammoniten-Jugendstadien in verschiedenen Gebieten in einem Beispiel aus dem Oberjura. In der Karte schraffiert: Areale der Unterarten; im Diagramm schwarz: Prozentsatz der Jugendstadien.

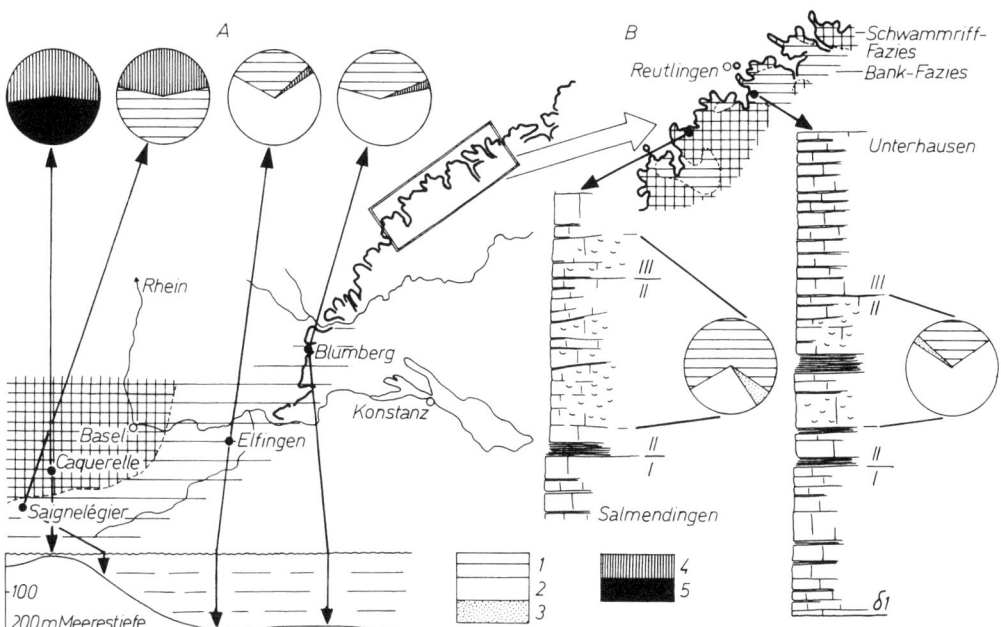

Abb. 327. Die Faziesabhängigkeit bei oberjurassischen Ammoniten. A: Bindung der Haplocerataceen an tiefere Meeresbereiche (in der Karte kariert: Flachwasserfazies); B: unterschiedliche Häufigkeit der Haplocerataceen in altersgleichen Faunen (in der Karte kariert: Schwammriff-Fazies). 1: Perisphinctiden; 2: Aspidoceratiden; 3: Haplocerataceen; 4: Pelecypoden, Gastropoden, Brachiopoden; 5: Korallen.

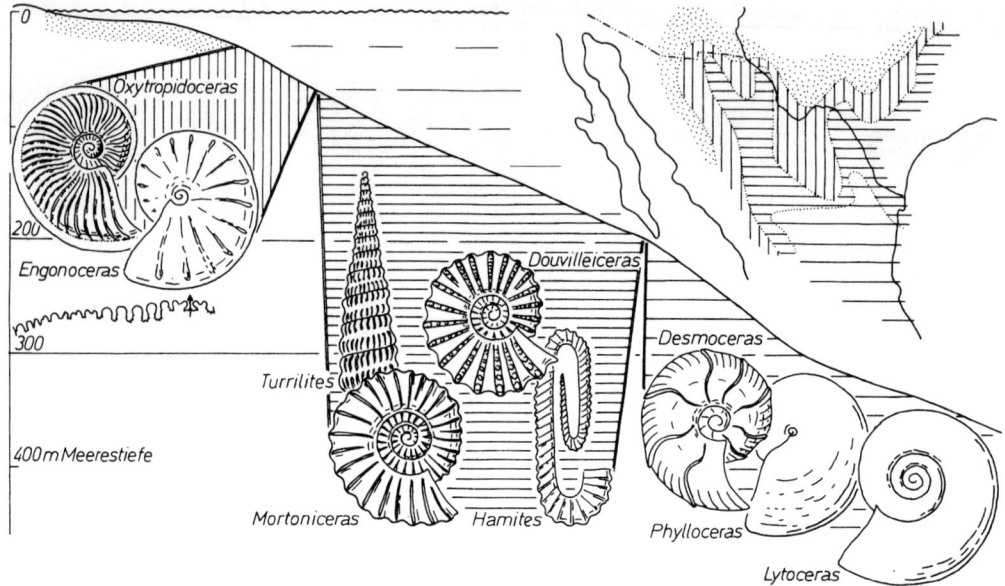

Abb. 328. Die bathymetrische Bindung einiger Ammonoideen in der Unterkreide (Albien) von Texas und Mexiko. *Desmoceras:* × 0,4; *Douvilleiceras:* × 0,25; *Engonoceras:* × 0,3; *Hamites:* × 0,4; *Lytoceras:* × 0,25; *Mortoniceras:* × 0,2; *Oxytropidoceras:* × 0,2; *Phylloceras:* × 0,2; *Turrilites:* × 0,2. Nach G. SCOTT.

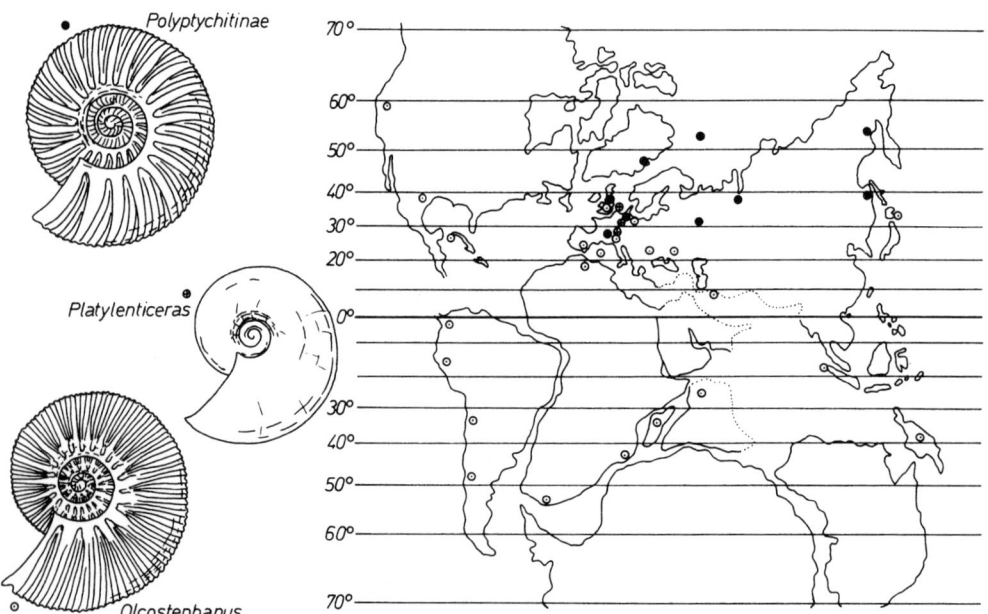

Abb. 329. Verbreitung und Arealgröße bei einigen Ammonoideen der Unterkreide (Valanginien). *Olcostephanus* (× 0,3) mit weltweiter Verbreitung; Polyptychitinae (× 0,3) als boreale Gruppe (vermutlich Anpassung an kühleres Wasser); *Platylenticeras* (× 0,3) mit kleinem Areal in Westeuropa. Nach P. F. RAWSON; Karte nach A. G. SMITH, J. C. BRIDEN & G. E. DREWRY.

Verbreitet sind Ammonoideen, deren Gehäuse von Räubern aufgeschnitten wurden (Abb. 330). Hierbei kommen vor allem größere Krebse in Frage. Viele Ammonoideen-Gehäuse zeigen verheilte Verletzungen, die jedoch nur zum Teil von Feinden, zum Teil auch von mechanischen Beschädigungen herrühren. Als Folge der Ausheilung tritt i. d. R. eine Skulpturanomalie auf.

## 8. Fossilisation

Das postmortale Geschehen war bei den Ammonoideen anscheinend uneinheitlich. Ein Teil der Gehäuse stieg nach dem Tode der Tiere auf, wurde verfrachtet und schließlich am Strand angeschwemmt. Dabei kam es zur Zertrümmerung und zur Anreicherung in Spülsäumen. Wie die Fasziesbindung vieler Arten zeigt, wurden jedoch auch viele Gehäuse am Lebensort eingebettet.

Weshalb vom Weichkörper der Ammonoideen weder genau deutbare Reste noch Lebensspuren oder Marken überliefert sind, ist rätselhaft. Auch unter günstigsten Fossilisationsbedingungen haben sich die Weichteile nicht erhalten. Daß sie jedoch beim Absinken der Kadaver auf den Grund oft noch vorhanden waren, zeigt das häufige Vorkommen der Kiefer (und in wenigen Fällen auch der Radula) in einer der mutmaßlichen Lebensposition entsprechenden Lage.

Beim Auftreffen der Gehäuse auf den Meeresboden setzte i. d. R. ihre Externseite – entsprechend der Schwimmlage – zuerst auf. Breite (cadikone) Gehäuse waren in dieser Lage stabil. Andere Typen kippten nach dem Entweichen des Gases im Phragmokon oft auf die Seite um. In vielen Fällen gibt es Hinweise auf eine Umlagerung der Gehäuse am Meeresboden. Dabei konnten Rollmarken entstehen, aus denen die Skulptur der Ammonoideen ersichtlich ist (Abb. 331). Auch eine Einsteuerung kommt vor. Die Gehäusemündung wirkte hierbei als Strömungsfalle.

Schalen-Erhaltung ist bei den Ammonoideen zwar nicht selten, doch ist die ursprüngliche Substanz (Aragonit) und Struktur nur in Einzelfällen überliefert. Verbreitet sind in Kalzit umgewandelte und dabei umkristallisierte Schalen. Werden kalzitisierte Schalen oder Schalenpartien angelöst, so können pyramidenförmige, schlechter lösliche Höcker zurückbleiben, die man „Conellen" nennt. Vor allem die innere Prismenschicht neigt zur Bildung von Conellen (Abb. 332). Die Regel ist allerdings die Auflösung der Schale und die Erhaltung allein des Steinkerns. Nur vereinzelt (in kalkarmen, bituminösen Tonen) ist zwar die Schale aufgelöst, das organische Periostrakum jedoch erhalten geblieben.

Der dichte Abschluß der Kammern des Ammonoideen-Phragmokons erschwerte die Bildung von Steinkernen. Während die Wohnkammer dem eindringenden Sediment offen stand, war eine Füllung der Kammern des Phragmokons zunächst nur durch Verletzungen oder durch den Sipho möglich. Da dieser bei den Ammonoideen sehr eng war, konnte ihn Sediment nur passieren, wenn er infolge einer Beschädigung im Anfangsteil des Gehäuses wie ein Durchzugskanal wirkte. Ferner muß man annehmen, daß die Schale selbst im Verlauf längerer Zeiträume porös wurde, wodurch feinstkörniges Sediment in die Kammern eindringen konnte.

Wenn das Sediment nicht in die Kammern des Phragmokons gelangte, wurden diese i. d. R. aus wässeriger Lösung von Kristalltapeten (meist aus Kalzit) ausgekleidet oder völlig von Kristallen erfüllt. Auch diejenigen Teile eines Gehäuses, die durch sekundäre Schalenlagen abgetrennt waren (Hohlkiele, Hohlknoten usw.), enthalten oft eine Kristallfüllung.

Innere Windungen von Ammonoideen liegen oft als Pyrit- oder Markasitsteinkerne vor. Vor allem in Tonen bzw. in Sedimenten mit $H_2S$-Anreicherung im Porenwasser ist dies der Fall. Auch das $FeS_2$ wurde aus wässeriger Lösung ausgeschieden. Solche Pyritkerne erfüllen nur selten den ganzen Phragmokon bis zur Wohnkammer. Sie täuschen bei oberflächlicher Betrachtung Zwergwuchs oder die Erhaltung von Jugendstadien vor.

In Sedimentationsräumen mit zeitweise kräftigen Bodenströmungen wurden bereits gebildete Steinkerne häufig wieder ausgespült. Dies ist entweder an Bewuchs auf dem Steinkern – nicht zu

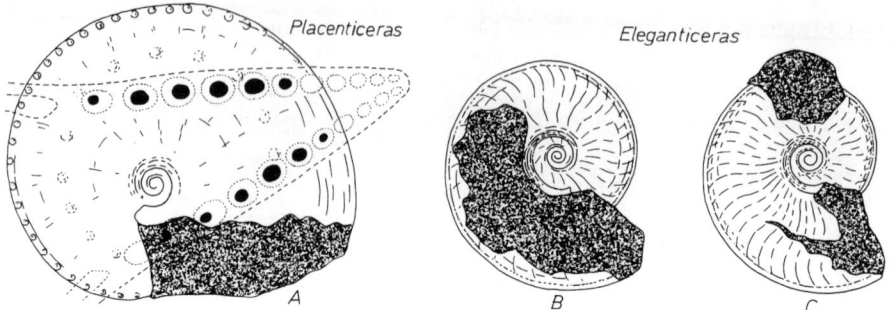

Abb. 330. Verletzungen an Ammonitengehäusen durch Freßfeinde. A: Bißverletzungen durch Mosasaurier (Ob.-Kreide, × 0,2), Schnauze des Reptils gestrichelt; B, C: Gehäuse, die vermutlich durch Raubkrebse aufgeschnitten wurden (Unt.-Jura, × 0,3, × 0,5). Nach E. G. KAUFFMAN & R. V. KESLING und U. LEHMANN.

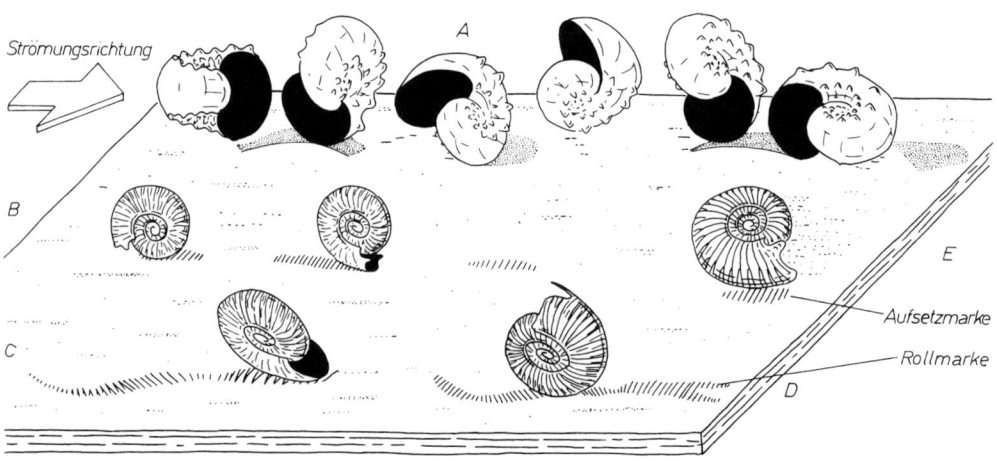

Abb. 331. Rollmarken bei Ammonoideen. Schema des Transports und der dabei entstehenden Marken im Oberjura von Solnhofen (Bayern). A: Rollmarken von *Aspidoceras;* Eindrücke entstehen durch die breite Externseite sowie durch die Knoten. B–D: Rollmarken von Perisphinctiden; B: Hochkant-Rollen; C: Torkeln mit unversehrter Mündung; D: Torkeln mit angebrochener Mündung. E: Aufsetzmarke eines Perisphinctiden, daneben das umgekippte Gehäuse. Nach A. SEILACHER.

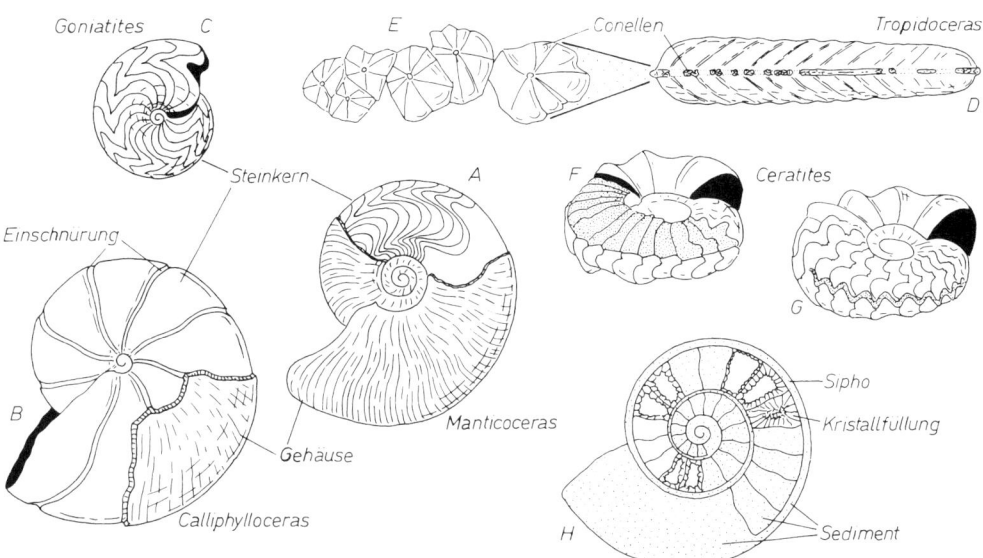

Abb. 332. Steinkernbildung bei Ammonoideen (vgl. Bd. 1, S. 48, Abb. 51). A, B: Verhältnis von Gehäuse mit Verdickungen (B) zum Steinkern, A: Ob.-Devon, × 0,5, B: Jura – Kreide, × 0,5; C: Steinkern-Erhaltung ohne Wohnkammer, mit sichtbaren Suturen, Karbon, × 1; D, E: Conellen als Lösungsreste der inneren Prismenschicht eines Hohlkielbodens (Unt.-Jura), × 0,5, × 2; F, G: Stufen der Füllung eines Ceratiten-Gehäuses (Trias), × 0,25; H: Schema der unterschiedlichen Kammerfüllungen eines Ammonoideen. Nach H. Hölder, A. K. Miller & W. M. Furnish, A. d'Orbigny, R. Schlatter und A. Seilacher.

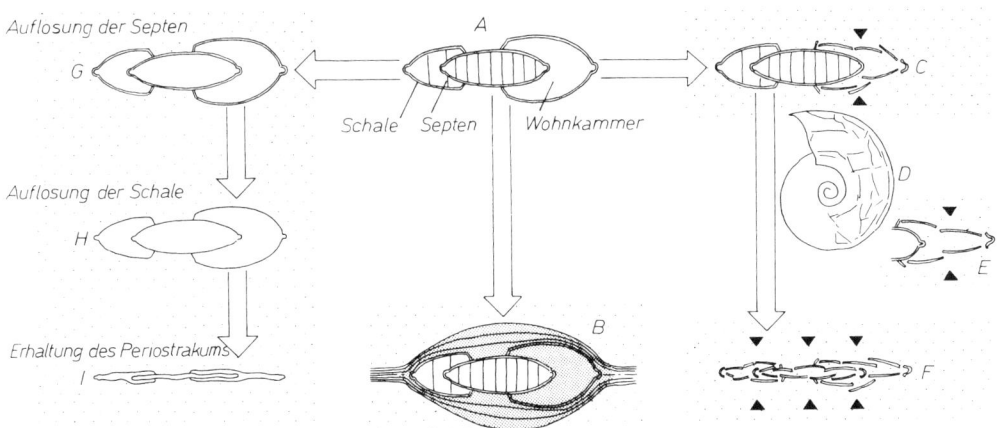

Abb. 333. Die Deformation von Ammonoideen (vgl. Bd. 1, S. 50, Abb. 53). A: Schema eines undeformierten Ammoniten; B: körperliche Erhaltung bei Einbettung in einer Konkretion, die auch die Wohnkammer ausfüllt; C–F: Verdrückung, Bruchdeformation; C–E: zuerst Deformation der Wohnkammer, Phragmokon wird noch durch die Septen stabilisiert, F: Deformation auch des Phragmokons; G, H: Lösung der kalkigen Skelett-Teile; I: flachgedrücktes Periostrakum. Die Vorgänge bei G–I spielen sich in sauerstoffarmen, stark sackenden Sedimenten (z. B. bituminösen Schiefertonen) ab. Nach A. Seilacher.

verwechseln mit Bewuchs auf dem Gehäuse, der diagenetisch bei der Auflösung der Schale im noch plastischen Sediment auf den Steinkern aufgeprägt wurde, – oder daran kenntlich, daß das Sediment des Steinkerns nicht mit seiner jetzigen sedimentären Umgebung übereinstimmt.

Ammonoideen-Steinkerne in wasserhaltigen, sackenden Sedimenten wurden deformiert (Abb. 333). Bei aufrechter Einbettung sind die Gehäuse oft elliptisch verformt. Lagen sie auf der Seite, so wird eine geringere Windungsbreite vorgetäuscht, als sie ursprünglich bestand (vgl. Bd. 1, S. 50, Abb. 53). Erfolgte die Kompaktion des Gesteins schon vor der Auflösung der Schale, so war meist Bruchdeformation die Folge. Die Bruchlinien (vgl. Bd. 1, S. 35, Abb. 37 B) sind weitgehend durch die Gehäuseform vorgegeben. Verbreitet sind Brüche entlang der Nabelkante, parallel zur Externseite, in Flankenmitte am Ort der größten Wölbung oder über der Peripherie der nächstinneren Windung. Die Schalenbruchstücke wurden bei der Sackung teleskopartig ineinander geschoben. Da die Septen dem Phragmokon größere Festigkeit gaben, als sie in der Wohnkammer bestand, begann der Zusammenbruch des Gehäuses mit der Wohnkammer.

Die schon primär kalzitischen Aptychen hatten oft ein vom Gehäuse unterschiedliches diagenetisches Schicksal. Sie blieben oft auch dort erhalten, wo die Aragonitschalen schon vor der Bildung von Steinkernen, d. h. frühdiagenetisch, aufgelöst wurden. Dies war besonders im kälteren und $CO_2$-reicheren Tiefenwasser der Ozeane der Fall. Deshalb werden die „Aptychen-Schiefer" – sicherlich manchmal fälschlicherweise – oft als Tiefwasserablagerungen angesprochen.

### 9. Gruppen-Übersicht

A. **Anarcestina.** Siphonalduten retrochoanitisch. Primärsutur dreilobig. Suturen goniatitisch. Sipho extern. Devon.
  1. Mit Nabellücke: *Anarcestes* (Abb. 288, 308), *Mimagoniatites* (Abb. 308).
  2. Ohne Nabellücke: *Agoniatites* (Abb. 301, 308), *Beloceras*, *Manticoceras* (Abb. 296, 306, 310, 332), *Prolobites* (Abb. 320), *Timanites* (Abb. 300).

B. **Clymeniina.** Siphonalduten retrochoanitisch. Primärsutur dreilobig. Suturen goniatitisch. Sipho intern. Ob.-Devon. *Clymenia*, *Gonioclymenia* (Abb. 320), *Parawocklumeria* (Abb. 320), *Platyclymenia* (Abb. 320), *Wocklumeria* (Abb. 320).

C. **Goniatitina.** Siphonalduten prochoanitisch. Primärsutur dreilobig. Lobenvermehrung nach dem A-Typ. Suturen goniatitisch oder stärker kompliziert. Sipho extern. Ob.-Devon – Perm.
  1. Suturen goniatitisch; Externlobus ohne Mediansattel: *Cheiloceras* (Abb. 288, 320), *Imitoceras* (Abb. 301, 310), *Sporadoceras*, *Tornoceras*.
  2. Suturen goniatitisch; Externlobus mit Mediansattel: *Adrianites*, *Agathiceras*, *Dimorphoceras*, *Eoasianites* (Abb. 305), *Gastrioceras*, *Goniatites* (Abb. 310, 332), *Muensteroceras* (Abb. 302), *Pericyclus* (Abb. 288), *Reticuloceras*, *Schistoceras*.
  3. Suturen ± zerschlitzt: *Cyclolobus*, *Perrinites*, *Popanoceras* (Abb. 301), *Thalassoceras*.

D. **Prolecanitina.** Siphonalduten prochoanitisch. Primärsutur dreilobig. Lobenvermehrung nach dem U-Typ. Suturen meist goniatitisch. Sipho extern. Karbon–Trias. *Medlicottia*, *Prolecanites*, *Pronorites*.

E. **Ceratitina.** Siphonalduten prochoanitisch. Primärsutur vierlobig. Lobenvermehrung nach dem U-Typ. Suturen goniatitisch oder stärker kompliziert, Zerschlitzung monopolar. Sipho extern. Perm–Trias. *Arcestes* (Abb. 294), *Ceratites* (Abb. 317, 332), *Choristoceras* (Bd. 1, S. 72, Abb. 78), *Clydonites* (Bd. 1, S. 72, Abb. 78), *Lobites* (Abb. 292), *Pinacoceras*, *Proptychites* (Abb. 301), *Ptychites*, *Trachyceras* (Bd. 1, S. 72, Abb. 78), *Tropites*, *Xenodiscus*.

F. **Phylloceratina.** Siphonalduten prochoanitisch. Primärsutur vierlobig (Trias) oder fünflobig (Jura – Kreide). Lobenvermehrung nach dem U-Typ. Suturen ammonitisch, bipolar zerschlitzt, mit blattförmigen Sattelenden. Internlobus zweispitzig. Sipho extern. Trias–Kreide. *Monophyllites*, *Phylloceras* (Abb. 302, 328).

G. **Lytoceratina.** Siphonalduten prochoanitisch. Primärsutur fünflobig oder (manchmal in der Kreide) sechslobig. Lobenvermehrung nach dem U-Typ. Suturen ammonitisch, bipolar zerschlitzt. Internlobus zerschlitzt, sehr kompliziert. Sipho extern. Jura–Kreide. *Lytoceras* (Abb. 306, 325, 328), *Tetragonites*.

H. **Ammonitina.** Siphonalduten prochoanitisch. Primärsutur fünflobig. Lobenvermehrung nach dem U-Typ. Suturen meist ammonitisch, bipolar zerschlitzt. Internlobus zerschlitzt, unkompliziert. Sipho extern. Jura–Kreide.
   1. Einfachrippen: *Arietites* (Abb. 288, 290, 306), *Polymorphites* (Abb. 316), *Psiloceras* (Abb. 290, 293, 294, 295, 305, 306, 309, 316).
   2. Steife Gabel- oder Bündelrippen: *Dactylioceras* (Abb. 288, 293, 305, 316), *Hoplites*, *Kosmoceras* (Abb. 293, 313, 324), *Olcostephanus* (Abb. 329), *Perisphinctes* (Abb. 316), *Stephanoceras* (Abb. 290, 293), *Virgatites* (Abb. 316).
   3. Einfache oder gegabelte Sichelrippen: *Arieticeras* (Abb. 300, 316), *Desmoceras* (Abb. 328), *Haploceras* (Abb. 296), *Harpoceras* (Abb. 294, 324), *Leioceras* (Abb. 295), *Oppelia*, *Taramelliceras* (Abb. 293, 295).
   4. Knotenskulptur dominierend: *Aspidoceras* (Abb. 290, 331), *Fagesia* (Abb. 325), *Schloenbachia*.
   5. Suturen sekundär vereinfacht: *Engonoceras* (Abb. 328), *Sphenodiscus*, *Tissotia* (Abb. 300).

I. **Ancyloceratina.** Siphonalduten prochoanitisch. Primärsutur vierlobig. Lobenvermehrung nach dem U-Typ. Suturen ammonitisch, bipolar zerschlitzt. Internlobus zerschlitzt, unkompliziert. Sipho extern. Oberster Jura–Kreide.
   1. Gehäuse „aberrant": *Baculites* (Abb. 301, 324), *Crioceratites* (Abb. 292, 324; Bd. 1, S. 74, Abb. 79), *Hamites* (Abb. 328), *Macroscaphites* (Abb. 324; Bd. 1, S. 74, Abb. 79), *Scaphites* (Abb. 294; Bd. 1, S. 74, Abb. 79), *Turrilites* (Abb. 324, 328; Bd. 1, S. 74, Abb. 79).
   2. Gehäuse „normal": *Deshayesites* (Abb. 288), *Douvilleiceras* (Abb. 328).

Auswahl weiterführender Literatur:

W. J. ARKELL et al. (1957), U. BAYER (1977), V. V. DRUSCHTSCHITZ & L. A. DOGUSCHAEVA (1981), H. K. ERBEN (1964), H. HÖLDER (1975), M. R. HOUSE & J. R. SENIOR (Hrsg.) (1981), W. J. KENNEDY (1977), W. J. KENNEDY & W. A. COBBAN (1976), C. KULICKI (1979), U. LEHMANN (1976), O. H. SCHINDEWOLF (1961–68), A. SEILACHER (Hrsg.) (1975), G. E. G. WESTERMANN (1971).

# Coleoideen (Dibranchiaten)

## 1. Definition

Coleoideen sind Cephalopoden, deren Skelett ins Körperinnere verlagert oder ganz reduziert ist.

## 2. Morphologie

Zu den Coleoideen gehören morphologisch so unterschiedliche Gruppen wie die Kalmare (Teuthoideen), die Sepien, die Kraken (Oktopoden) und die rein fossilen Belemniten. Wegen ihrer Tintendrüse werden sie als „Tintenfische" bezeichnet. Während das Innenskelett sehr unterschiedlich ist, lassen sich im Weichkörper viele Gemeinsamkeiten erkennen.

a) Anatomie der Weichteile

Die größten Coleoideen sind rezente Kalmare mit einer Gesamtlänge von 18 m. Die kleinsten Formen sind in ausgewachsenem Zustand nur 1 cm lang. Die Körperformen sind sehr unterschiedlich. Man kann einen Eingeweidesack, welcher der Dorsalseite entspricht, und einen davon abgesetzten Kopffuß, welcher ventral liegt, unterscheiden. Am Hinterrand des Tieres liegen die

Mantelhöhle und der Trichter. Am lebenden Tier ist die Hinterseite meist nach unten gerichtet; die Dorsoventralachse liegt waagrecht (Abb. 334).

Der Eingeweidesack ist sackartig, zylindrisch bis kegelförmig oder abgeflacht. Er kann ganz kurz sein oder den überwiegenden Teil der Körperlänge einnehmen. Er beherbergt den größten Teil des Verdauungstraktes, die Verdauungsdrüsen, die Exkretionsorgane, die Gonaden sowie eine große Tintendrüse. Diese fehlt nur bei einigen Tiefseebewohnern.

Der Kopffuß ist ventral in 8 oder 10 „Arme" gegliedert, die kranzförmig den Mund umgeben. Im Kopffuß ist ferner ein großer Teil des Nervensystems als Gehirn zentralisiert. Das hochentwickelte Gehirn ermöglicht den Coleoideen rasche Reaktionen und eine Vielzahl von Verhaltensweisen. Seitlich vom Gehirn sitzen die Augen. Sie besitzen Pupille, Linse, Glaskörper und Retina, sind sehr leistungsfähig und erlauben ein differenziertes Erkennen von Formen und Farben. In der Nähe des Gehirns liegen ferner Statozysten, d. h. Schweresinnesorgane, deren flüssigkeitsgefülltes Lumen aragonitische Statolithen enthält. Deren Länge kann bis über 2 mm betragen.

Die Arme sind undifferenziert oder differenziert und in 4 oder 5 Paaren vorhanden (Abb. 335). Von manchen fossilen Coleoideen sind nur 6 Arme beschrieben, doch ist zweifelhaft, ob die Überlieferung vollständig ist. Bei den Männchen sind 1 oder 2 Arme zur Übertragung der Spermien spezialisiert. Sie sind oft verkürzt, tragen einen Spermakanal und werden als Hectocotylus bezeichnet. Diese Begattungsorgane können die (von vorne gerechnet) ersten, dritten oder fünften Arme sein. Bei einigen Coleoideen lösen sie sich bei der Begattung vom Tier ab.

Viele Coleoideen zeichnen sich dadurch aus, daß ein Armpaar (von vorne gerechnet das vierte) stark verlängert und zu einem Paar Tentakelarmen umgebildet ist. Bei den Oktopoden haben oft alle 8 Arme das Aussehen von Tentakelarmen. Manchmal werden die Arme entweder nur an ihrer Basis oder bis weit zu den Spitzen hin durch eine Haut verbunden. Hierdurch entsteht ein kürzerer oder längerer Mundtrichter.

Die Arme tragen entweder auf ihrer ganzen Länge, auf bestimmten Abschnitten oder nur an ihrer Spitze Saugnäpfe. Diese sind oft rein häutige Gebilde, in denen durch die Muskulatur ein Unterdruck erzeugt wird, wodurch sie sich festsaugen. Bei manchen Coleoideen sind sie durch einen „Chitin"ring verstärkt, auf dem sich „Chitin"zähnchen erheben (Abb. 336). Zuweilen ist ein einzelner „Chitin"zahn besonders verlängert und hakenförmig eingekrümmt, während die übrigen Teile des Saugnapfes rückgebildet werden. Man nennt die größeren Varianten dieser Fanghäkchen Onychiten. Sie können mehrere Zentimeter lang werden. Die Saugnäpfe und Fanghäkchen sind i. d. R. in Reihen angeordnet, wobei je Arm 1, 2 oder 4 Reihen vorkommen können.

Der Schlund ist eng. Kurz hinter dem Mund sitzt ein Paar Kiefer aus Konchiolin, die schnabelartig ineinander greifen (Abb. 336). Ihre Seitenflügel umschließen den Vorderdarm. Die Radula ist bei den meisten Coleoideen gut entwickelt. In jeder Querreihe finden sich ein Mittelzahn, jederseits 3 Seitenzähne sowie ein Paar Seitenplatten. Bei der Gattung *Spirula* sowie bei vielen Cirromorpha ist die Radula reduziert.

An der Hinterseite des Weichkörpers, die im lebenden Tier im allgemeinen nach unten gerichtet ist, liegt die Mantelhöhle. Sie bildet sich dadurch, daß vom Dorsalrand des Eingeweidesackes eine Hautfalte ventralwärts wächst und dabei hinten eine Höhlung umschließt. Hier münden After, Exkretionsorgane sowie die Ausführungsgänge der Gonaden. Ferner liegt hier ein Paar Kiemen, was die Bezeichnung „Dibranchiata" erklärt.

In die Mantelhöhle strömt sauerstoffreiches Wasser durch eine Mantelspalte ein. Diese liegt am Hinterrand des Tieres und öffnet sich ventralwärts, d. h. am lebenden Tier im allgemeinen nach vorne. Eine zweite Öffnung dient dem Ausstoß des verbrauchten Atemwassers. Dies ist der Trichter. Er stellt ein Rohr dar, das aus zwei miteinander verwachsenen Hautlappen gebildet wird, und entsteht embryologisch aus dem Hinterabschnitt des Fußes. Er kann bewegt und gebogen werden. Eine häutige Klappe im Trichter wirkt als Ventil und verhindert den Einstrom von Wasser.

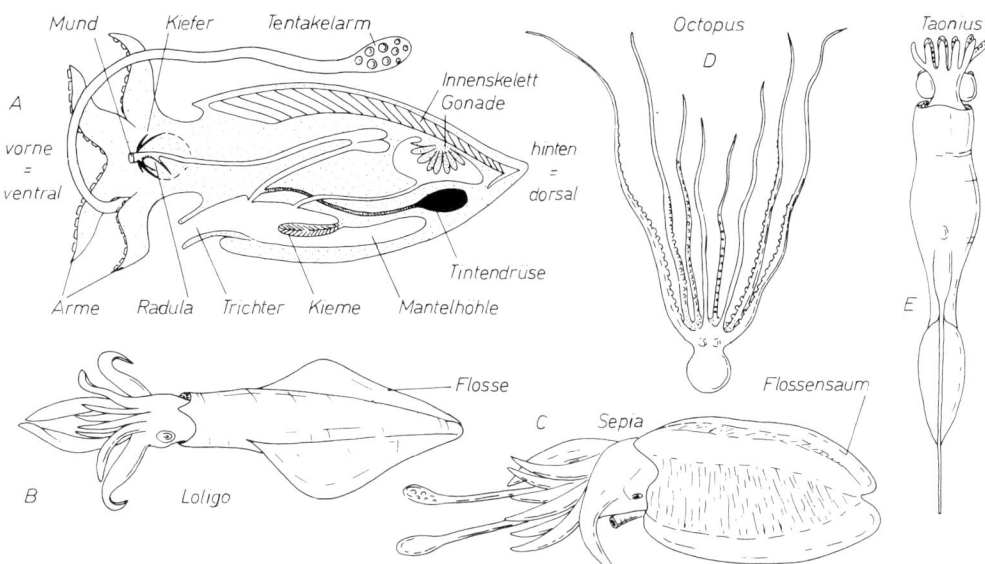

Abb. 334. Körperform und Bau des Weichkörpers der Coleoideen. A: Organisationsschema am Beispiel von *Sepia* (Eoz. – rez.), × 0,5; B–E: unterschiedliche Körperformen bei rezenten Coleoideen, B: „Torpedo"-Form mit 2 Flossen, × 0,3, C: „Flunder"-Form mit Flossensaum, × 0,4, D: kleiner Eingeweidesack, lange Arme, × 0,25; E: langer Eingeweidesack, kurze Arme, × 0,15. Nach O. Abel, G. Jatta, U. Lehmann und A. Naef.

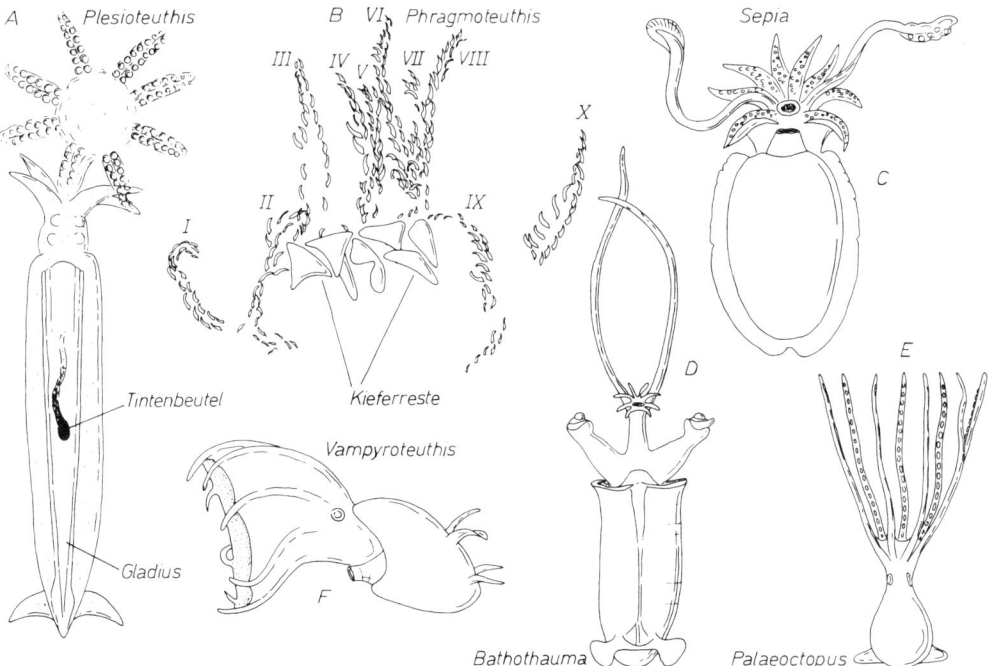

Abb. 335. Die Arme der Coleoideen. A: Abdrücke der 8 Arme mit dem daneben liegenden Kadaver einer oberjurassischen Gattung; Armabdrücke mit Saugnäpfen; Kadaver mit Gladius und Tintenbeutel; × 0,25. B: die allein erhaltenen zweireihigen Fanghäkchen von 10 Armen und Kieferreste bei einer triassischen Gattung, × 4. C, D, F: Zahl und Form der Arme bei rezenten Coleoideen; C: 8 Arme und zusätzlich 2 Tentakelarme, × 0,25; D: 8 verkümmerte und 2 verlängerte Arme, × 0,4; F: 8 gleiche Arme mit verbindender Haut, × 1,5. E: Rekonstruktion einer oberkretazischen Gattung mit 8 gleichen Armen, × 0,25. Nach O. Abel, K. W. Barthel, D. T. Donovan, P. Pfurtscheller und H. Rieber.

296    Die Mollusken (Weichtiere)

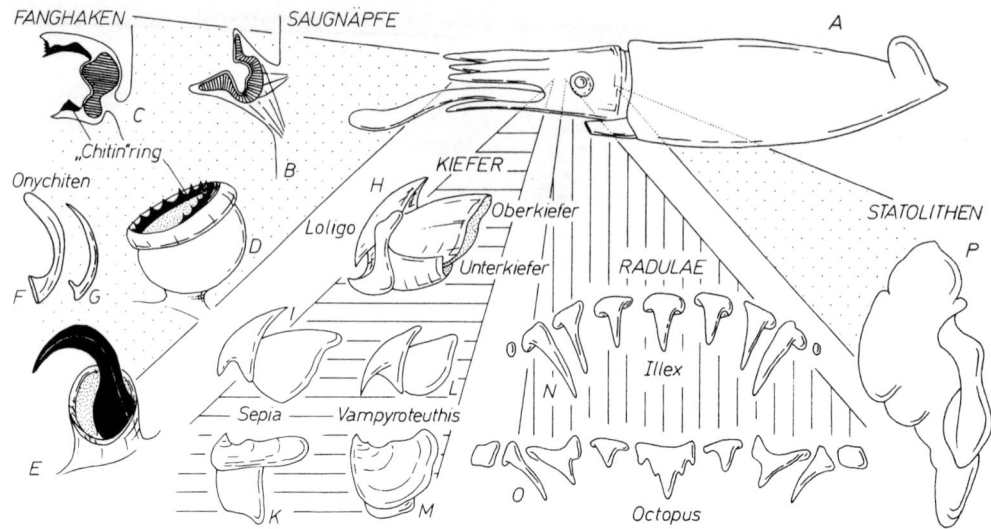

Abb. 336. Erhaltungsfähige Strukturen im Kopffuß der Coleoideen. A: Schema eines Coleoideen mit der Lage der unter B–P abgebildeten Organe. B–G: Saugnäpfe und Fanghäkchen; B: schematischer Schnitt durch einen Saugnapf; C: schematischer Schnitt durch einen Fanghaken; D: Saugnapf mit „Chitin"ring (schwarz), der Fanghäkchen trägt, × 4; E: einzelner Fanghaken, × 10; F, G: Onychiten (Unt.-Jura), × 0,5. H–M: Kiefer; H: × 0,6; I, K: × 1; L, M: × 1,2; I, L: Oberkiefer; K, M: Unterkiefer. N, O: Radulae, schematisch. P: Statolith (Tert.), × 20. Nach M. R. Clarke & J. E. Fitch, G. Jatta, P. Kaiser & U. Lehmann, A. Naef, F. A. Quenstedt und J. Thiele.

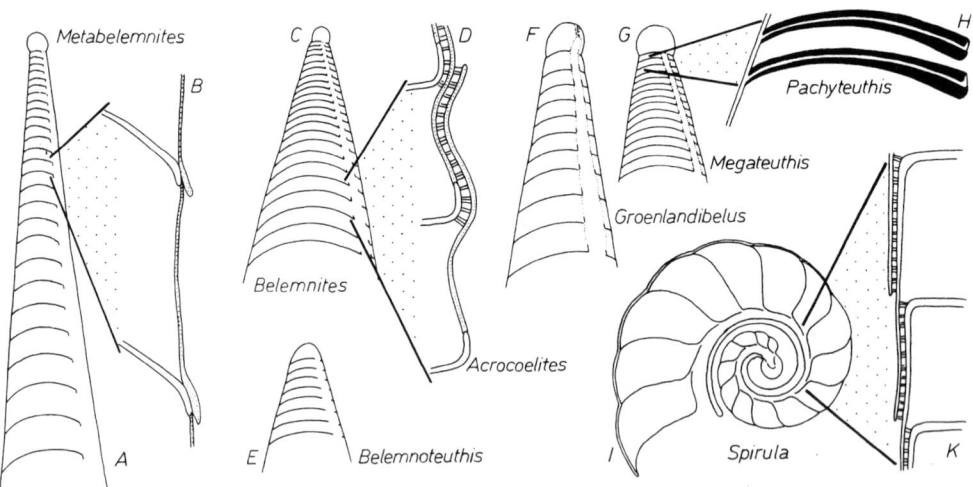

Abb. 337. Der Phragmokon der Coleoideen. A, B: Aulacoceride (Trias), A: Phragmokon mit Anfangskammer, Septen und Siphonalduten, × 5, B: Schema der Siphonalhüllen; C, D: Belemniten (Jura), C: Phragmokon mit Anfangskammer, Septen und Siphonalduten, × 5, D: Schema der Siphonalhüllen; E–G: Anfangskammern verschiedener Coleoideen, × 8, E: Jura, F: Ob.-Kreide, G: Jura; H: Kammerablagerungen bei Belemniten, Ob.-Jura – Unt.-Kreide, × 14; I, K: *Spirula* (rez.), I: Phragmokon mit Anfangskammer, Septen und Siphonalduten, × 2,5, K: Schema der Siphonalhüllen. Nach J. A. Jeletzky und I. Obata, K. Tanabe & Y. Fukuda.

Die Mantelspalte läßt sich bei manchen Coleoideen durch Knorpelknöpfe, die in Gruben der Trichterbasis greifen, so verschließen, daß kein Wasser ausströmt.

Das Auspressen des Wassers durch den Trichter wird durch die Muskulatur des sogenannten Muskelmantels bewerkstelligt, die meist sehr kräftig entwickelt ist. Hierdurch entsteht ein heftiger Rückstoß, welcher den Tieren die schnelle Fortbewegung ermöglicht. Die Biegsamkeit des Trichters gestattet zusätzlich das Manövrieren. Am Muskelmantel setzen außerdem paarige Flossen oder Flossensäume an. Sie dienen der Stabilisierung im Wasser und erlauben ein langsames Schwimmen. Bei den Belemniten scheinen die Flossen am Innenskelett inseriert gewesen zu sein (vgl. S. 299).

Unter der Haut der Coleoideen liegen Pigmentzellen, die oft einen raschen Farbwechsel gestatten. Ferner sind häufig Leuchtorgane vorhanden. Lichtquelle ist teils Eigenlicht, teils das Leuchten symbiontischer Mikroorganismen.

b) Hartteile

Die Hartteile, die bei vielen Coleoideen vorhanden sind, werden vom Mantel ausgeschieden. Sie sind jedoch innerlich, da die Schalenanlage in der Embryonalentwicklung von einer Mantelfalte überwachsen wird.

Nur die primitiven Coleoideen (Aulacoceraten, Phragmoteuthiden und Belemniten) besitzen noch einen kegelförmigen Phragmokon (Abb. 337). Bei einigen abgeleiteten Formen ist der Phragmokon eingekrümmt oder eingerollt. Zu einem sogenannten Schulp entlang der vorderen („dorsalen") Körperseite ist der Phragmokon der Sepien umgestaltet (Abb. 338). Bei den Teuthoideen und den Oktopoden ist der Phragmokon vollständig reduziert.

Die Anfangskammer des Phragmokons ist, soweit bekannt, meist kugelig und von den darauffolgenden Kammern durch eine Röhrenverengung getrennt. Nur bei den Phragmoteuthiden und Belemnoteuthiden ist sie napfförmig. Die Kammern des Phragmokons besitzen meist uhrglasförmige, zur Mündung hin konkave Scheidewände. Der Septenabstand ist bei den Belemniten und Phragmoteuthiden gering, bei den Aulacoceraten größer. Er ist dem Apikalwinkel des Phragmokons umgekehrt proportional. Beim Schulp der Sepien sind die Septen, die sehr dicht stehen und durch Pfeiler abgestützt werden, kopfwärts schräg vorgezogen. Sie schmiegen sich so der vorderen („dorsalen") Begrenzung des Schulps an. Bei manchen Aulacoceraten und Belemniten sind Ablagerungen auf den Septen (intrakammerale Bildungen) bekannt, die meist als intravital gedeutet werden.

Entlang dem Hinterrand (der „Ventralseite") des Phragmokons verläuft der Sipho. Er ist eng und beginnt bei manchen Formen mit einem aufgeblähten Caecum, das durch den Prosipho an der Rückwand der Anfangskammer befestigt wird. Meist ist diese jedoch durch eine Membran verschlossen, und der Sipho beginnt erst in der darauffolgenden Kammer. An den Durchtrittsstellen des Siphos durch die Septen sind diese zu röhrenförmigen Siphonalduten ausgezogen. Sie sind bei den Aulacoceraten prochoanitisch, bei den Belemniten, Phragmoteuthiden, den Sepien und bei *Spirula* retrochoanitisch.

Septen, Siphonalduten und die Wand des Phragmokons (die als Conothek bezeichnet wird) bestehen aus Aragonit und sind i. d. R. mehrschichtig. Die Conothek verlängert sich bei den Aulacoceraten zu einer kegelförmigen Wohnkammer. Bei anderen phragmokontragenden Coleoideen ist die Wohnkammer zu einem sogenannten Proostrakum entlang dem vorderen („dorsalen") Körperrand reduziert (Abb. 339). Man versteht hierunter ein aus Konchiolin gebildetes, zuweilen jedoch vollständig oder nur in Streifen mehr oder weniger durch Aragonit verstärktes blattförmiges Gebilde. Im lebenden Tier dürfte es weitgehend biegsam gewesen sein. Bei den Teuthoideen wird es Gladius („Hornblatt") genannt. Das Proostrakum der Belemniten ist einfach zungenförmig. Bei Phragmoteuthiden und Teuthoideen lassen sich eine Mittelzone und Seiten-

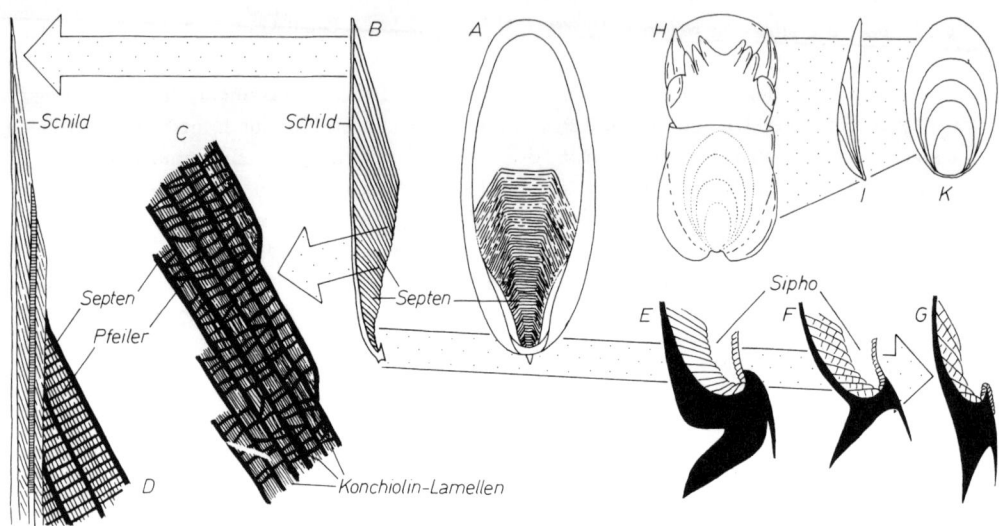

Abb. 338. Der Phragmokon (Schulp) der Sepioideen. A, B: Schema des Sepien-Schulps, × 0,5; C, D: Ausschnittsvergrößerungen mit dem Feinbau des Schulps, × 20, × 40; E–G: Anfangsstadien des Phragmokons (schwarz: „Rostrum"), E: *Belosepia* (Eoz.), × 0,5, F: *Sepia orbignyana* (rez.), × 8, G: *Sepia officinalis* (rez.), × 2,5; H–K: Embryonalstadium einer rezenten *Sepia* und embryonaler Schulp, × 4. Nach E. J. DENTON & J. B. GILPIN-BROWN und A. NAEF.

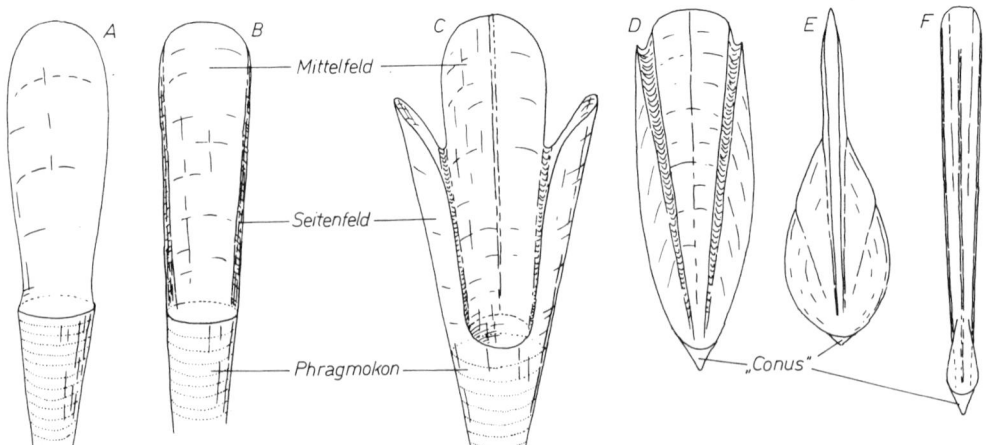

Abb. 339. Das Proostrakum der Coleoideen. A: Belemnit *Hibolithes* (Jura), × 0,5; B: *Belemnoteuthis* (Jura), × 0,5; C: *Phragmoteuthis* (Jura), × 1; D–F: Teuthoideen, D: *Loligosepia* (Jura), × 0,25, E: *Palaeololigo* (Jura), × 0,3, F: *Plesioteuthis* (Jura), × 0,25. Nach D. T. DONOVAN, T. ENGESER & J. REITNER und A. NAEF.

streifen unterscheiden, die in unterschiedlichem Ausmaß ausgebildet oder rückgebildet sein können. Das Proostrakum schließt an seinem apikalen Ende an den Phragmokon an, sofern ein solcher vorhanden ist. An seiner Stelle kann der Apex des Proostrakums jedoch auch zu einem Hohltrichter („Conus") umgebildet sein.

Um den Auftrieb des Phragmokons zu kompensieren und den Tieren eine horizontale Körperhaltung zu ermöglichen, sind bei vielen fossilen Coleoideen Skelettauflagen um den Phragmokon entwickelt (Abb. 340–341). Bei den Aulacoceraten bestehen sie anscheinend zu einem erheblichen Ausmaß aus schwammiger organischer Substanz mit eingelagertem Aragonit. Bei den Belemniten bestehen sie aus radialfaserigem Kalzit, der deutliche Anwachsstreifen erkennen läßt, und erreichen eine Länge von durchschnittlich 4–13, maximal über 50 cm. Die Form dieser beschwerenden Skelette ist unterschiedlich. Bei den Aulacoceraten und den Belemniten sind sie meist zylindrisch, kegelförmig oder keulenförmig. Bei den Aulacoceraten heißen sie „Telum", bei den Belemniten „Rostrum". Sie umgeben nicht nur den Phragmokon, dessen Kegel die sogenannte Alveole einnimmt, sondern reichen noch mehr oder weniger weit dorsalwärts (bzw. nach „hinten"). Die Phragmoteuthiden und einige Verwandte der Sepien besitzen den Rostren und Tela ähnliche, jedoch schwächer entwickelte Hüllschichten um die Phragmokone. Sie bestehen anscheinend aus Aragonit und können bei einigen Formen auf organische (wahrscheinlich konchiolinartige) Strukturen aufgelagert sein.

Die Spitze der Rostren bzw. Tela heißt Apex. Bei den Belemniten verläuft von der Anfangskammer des Phragmokons (d. h. der Spitze der Alveole) bis zum Apex eine sogenannte Apikallinie. Sie markiert die aufeinander folgenden Positionen des Apex beim Wachstum des Rostrums (vgl. S. 302). Sie kann in der Mitte der Rostren oder exzentrisch und gerade oder gebogen verlaufen. Die Oberfläche vieler Belemnitenrostren trägt am Apex mehr oder weniger deutliche, meist kurze Längsfurchen, die man als Apikalfurchen bezeichnet. Sie sind vor allem hinten („ventral" bzw. auf der Siphonalseite) und beiderseits der Vorderseite („dorsolateral") angeordnet. Wahrscheinlich dienten sie der Befestigung von Muskeln oder Bändern.

Längslinien lassen sich auch an den Seiten der Rostren beobachten. Sie werden als die Anheftungsspuren von Muskeln und Bändern der Flossen gedeutet. Manche Belemnitenrostren sind in der Medianlinie (meist hinten bzw. „ventral"; selten vorn bzw. „dorsal") eingefurcht. Diese Furchen sind entlang desjenigen Abschnitts, den die Alveole einnimmt, am besten entwickelt und heißen deshalb „Alveolarfurchen". Sie können jedoch weit über die Spitze der Alveole hinaus in Richtung auf den Apex des Rostrums verlängert sein. Bei einer Gruppe von Belemniten ist die Alveolarfurche zum Alveolarschlitz umgebildet. Die Weichteile, die in der Alveolarfurche befestigt waren (eventuell Flossenansätze), konnten hier direkt an der Conothek haften. Andererseits werden die Medianfurchen aber auch als Vertiefungen zur Aufnahme von Blutgefäßen gedeutet (Abb. 342).

Gefäßeindrücke sind von manchen Belemnitenrostren bekannt. Sie können von den seitlichen Längslinien ausstrahlen oder ein anastomosierendes Netz bilden.

Eine stark abweichende Skelettbildung ist bei der Oktopoden-Gattung *Argonauta* verwirklicht. Dort sondern bei den Weibchen die vordersten Arme eine dünne, spiralige, ungekammerte Schale aus Kalzit ab. Diese Schale, die nicht mit dem Weichkörper verwachsen ist, zeigt eine kräftige Skulptur. Sie dient den Tieren als Behälter für die befruchteten Eier (Abb. 343).

## 3. Ontogenie

Die rezenten Coleoideen sind getrenntgeschlechtig. Bei manchen Arten unterscheiden sich die Geschlechter kaum, bei anderen dagegen sehr stark. So sind die Männchen von *Argonauta* nur etwa

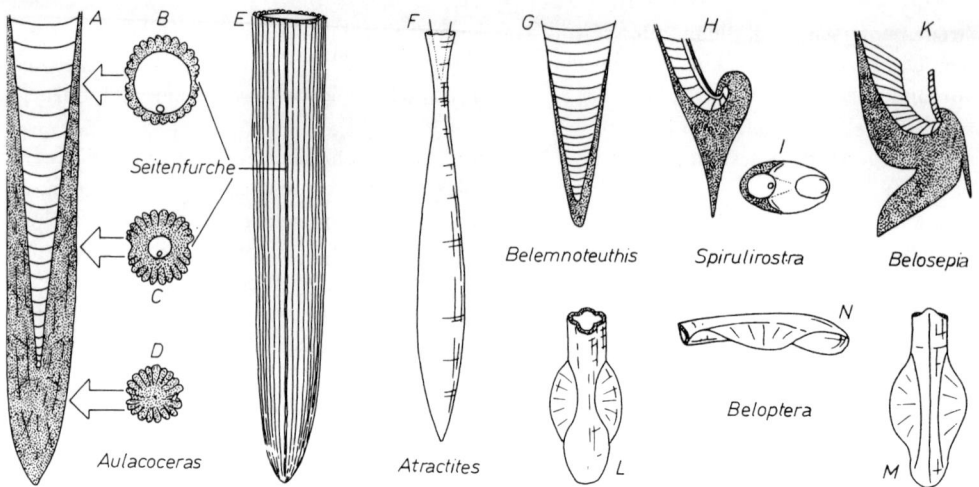

Abb. 340. Die Tela (A–F) der Aulacoceraten und rostrumähnliche Gebilde (G–N) jüngerer Coleoideen. A–D: Längs- und Querschnitte durch Phragmokon und Telum (punktiert) von *Aulacoceras* (Trias), × 0,3; E: Ansicht eines Telums von *Aulacoceras,* × 0,3; F: Telum von *Atractites* (Trias – Unt.-Jura), × 0,3; G: „Rostrum" (punktiert) von *Belemnoteuthis* (Jura), × 0,5; H, I: Schnitt (H) und Aufsicht (I) bei einem Jugend„rostrum" von *Spirulirostra* (Mioz.), × 1; K: Schnitt durch das Rostrum von *Belosepia* (Eoz.), × 0,5; L–N: „Rostrum" von *Beloptera* (Eoz.) von „ventral" (L), „dorsal" (M) und der Seite (N), × 0,75. Nach O. Abel, T. Engeser & J. Reitner, J. A. Jeletzky und A. Naef.

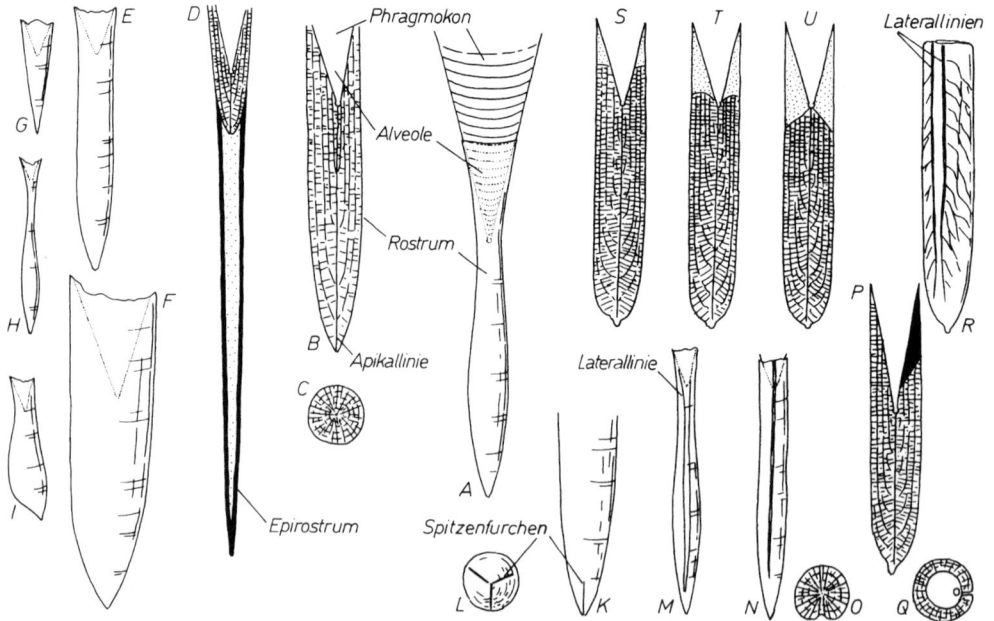

Abb. 341. Das Rostrum der Belemniten. A: Schema eines Rostrums mit dem Phragmokon; B, C: Längs- und Querschnitt durch *Belemnites* (Unt.-Jura), × 0,5; D: Längsschnitt durch *Salpingoteuthis* (Unt.-Jura) mit dem Epirostrum (schwarz), das eine organische Masse umhüllt, × 0,5; E–I: Bezeichnende Belemnitenrostren, E: *Belemnites* (Unt.-Jura), × 0,25, zylindrisch, F: *Acroteuthis* (Ob.-Jura – Unt.-Kreide), × 0,4, dick pflockförmig, G: *Nannobelus* (Unt.-Jura), × 0,4, kegelförmig, H: *Hastites* (Unt.-Jura), × 0,4, keulenförmig, I: *Duvalia* (Ob.-Jura – Unt.-Kreide), × 0,5, „aberrant"; K–Q: Furchen am Belemnitenrostrum, K, L: Spitzenfurchen (1

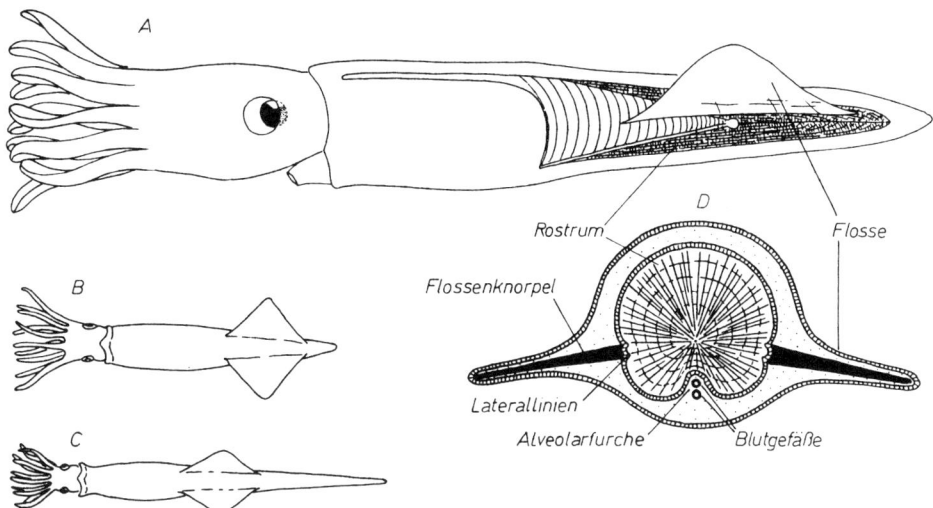

Abb. 342. Rekonstruktion der Weichteile der Belemniten aus dem Skelett. A: Schema eines Belemniten, von der Seite gesehen, Weichkörper transparent gedacht; B: Schema eines Belemniten mit kurzem Rostrum (z. B. *Homaloteuthis*, Mitteljura) von oben; C: Schema eines Belemniten mit Epirostrum (*Salpingoteuthis*, Unt.-Jura) von oben; D: schematischer Querschnitt durch einen Belemniten im Bereich des Rostrums. Nach O. ABEL, A. NAEF und G. R. STEVENS.

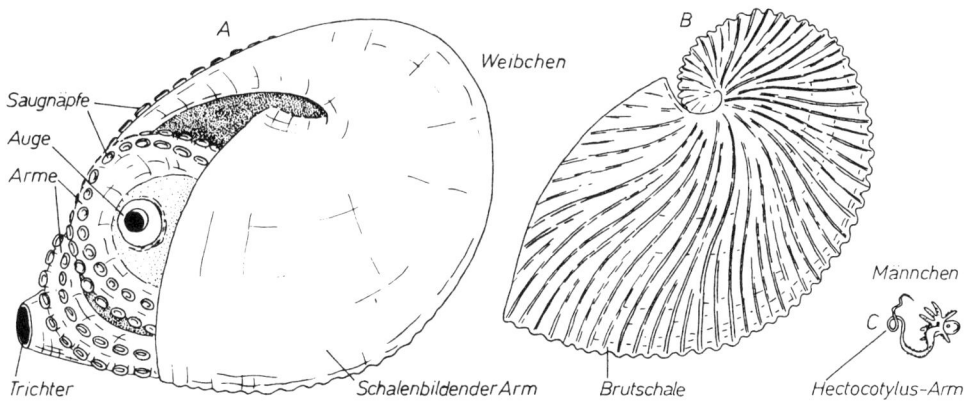

Abb. 343. *Argonauta*, Brutschale und Sexualdimorphismus. Tert. – rez., × 0,3. Nach A. NAEF.

„ventrale", 2 „dorsolaterale") bei *Odontobelus* (Jura), × 0,25, M: Laterallinien in Seitenansicht bei *Hibolithes* (Jura – Kreide), × 0,3, N, O: Alveolarfurche von „ventral" bei *Belemnopsis* (Jura), × 0,5, P, Q: Schnitte durch *Belemnitella* (Ob.-Kreide), um den Alveolarschlitz (in P schwarz) zu zeigen („Ventral"seite rechts), × 0,5; R: Gefäßeindrücke bei *Belemnitella*, × 0,5; S–U: nicht erhaltungsfähige (?organische) Strukturen in Belemnitenrostren der Oberkreide (punktiert), × 0,5, S: *Gonioteuthis quadrata*, T:. *G. granulata*, U: *Actinocamax verus*. Nach O. ABEL, A. NAEF und G. R. STEVENS.

1/10 bis 1/20 so groß wie die Weibchen. Bei *Sepia* stimmen Männchen und Weibchen in ihrer Größe weitgehend überein.

Die Geschlechtsreife wird meist mit etwa 1–2 Jahren erreicht. Die Männchen begatten die Weibchen, indem ihr Hectocotylus-Arm Spermien in die Mantelhöhle einführt. Die befruchteten Eier werden in Laichschnüren, Eibündeln oder Gelegen am Meeresgrund oder an treibenden Gegenständen befestigt. Sie sind meist groß, dotterreich und erlauben deshalb eine mehr oder weniger direkte Entwicklung der Jungtiere. Ein planktisches Larvenstadium wird nur bei wenigen Arten durchlaufen.

Viele rezente Coleoideen sterben nach der Eiablage. Sie werden somit meist nur etwa 2, höchstens 3 Jahre alt. Da sie eine z. T. erhebliche Körpergröße erreichen, müssen sie außerordentlich rasch wachsen.

Über das Alter, das Belemniten, Aulacoceraten und Phragmoteuthiden erreichten, ist nichts bekannt. Jugendstadien dieser Tiere sind nur von wenigen Orten in größerer Häufigkeit bekannt geworden. Möglicherweise deutet dies auf ein ebenfalls rasches Wachstum. Bei den Belemniten erlauben die Anwachslinien im Rostrum und der Verlauf der Apikallinie eine Rekonstruktion der jugendlichen Rostren. Deren Form kann zuweilen erheblich von der Gestalt der adulten Rostren abweichen. Stark vereinfacht lassen sich kegelförmige (conirostride), kürzere oder längere Jugendrostren von stark verlängerten keulenförmigen (clavirostriden) Jugendrostren unterscheiden (Abb. 344).

### 4. Phylogenie

Die ältesten Coleoideen kennt man aus dem Devon. Sie zeigen große Anklänge an die Bactriten (vgl. S. 258). Man darf deshalb eine unmittelbare Ableitung annehmen. Das unterscheidende Merkmal ist das Vorhandensein eines Telums, wodurch sich die Gehäuse als Innenskelette erweisen.

Die Stammesgeschichte der Coleoideen (Abb. 345) wird beherrscht vom Trend zur horizontalen Körperhaltung, die ein rasches Schwimmen erlaubt. Bei den älteren (paläozoischen und mesozoischen) Formen wird, vermutlich in mehreren parallelen Linien, der Auftrieb des Phragmokons durch Bildung eines beschwerenden Ausgleichsorgans (Telum bzw. Rostrum) kompensiert. Bei den jüngeren Coleoideen (ab Mesozoikum) ist es der Phragmokon, der um- oder abgebaut wird, was zum gleichen Ziel führt. Da das Skelett der Coleoideen zum Innenskelett geworden ist, verliert die Wohnkammer ihre Bedeutung. Sie wird bei den meisten Coleoideen zum Proostrakum umgebildet.

Vom Devon bis zum Ende der Trias waren die Aulacoceraten die herrschenden Coleoideen. In Jura und Kreide übernahmen die Belemniten diese Rolle. Entwicklungszentrum der Belemniten war die zentrale Tethys mit angrenzenden Schelfgebieten, d. h. vor allem Europa. Von hier aus breiteten sie sich in mehreren Wellen bis auf die Südhalbkugel aus. Dort hielten sich mehrfach Reliktgruppen über relativ lange Zeiträume (vgl. Bd. 1, S. 208, Abb. 240). Da von den Belemniten nur die Rostren gut bekannt sind, die jedoch nur wenig Rückschlüsse auf den Bau der Tiere gestatten, beschränkt sich das Wissen über die Evolution der ganzen Gruppe auf die Merkmalsveränderungen dieses einen Skelettelementes. Hier läßt sich ab dem mittleren Jura ein Trend zur verstärkten Entwicklung von Alveolarfurchen erkennen, der schon früh bis zum Alveolarschlitz führt (Abb. 346).

Unklar ist, ob die Belemniten von den Aulacoceraten abstammen oder auf die Phragmoteuthiden zurückgehen. Diese nur lückenhaft vom Karbon bis zum Jura nachgewiesene, vielleicht heterogene Coleoideen-Gruppe spielt wahrscheinlich in der Evolution der modernen Coleoideen eine entscheidende Rolle. Allerdings wird die Stammesgeschichte dieser Gruppen wegen der

Coleoideen (Dibranchiaten) 303

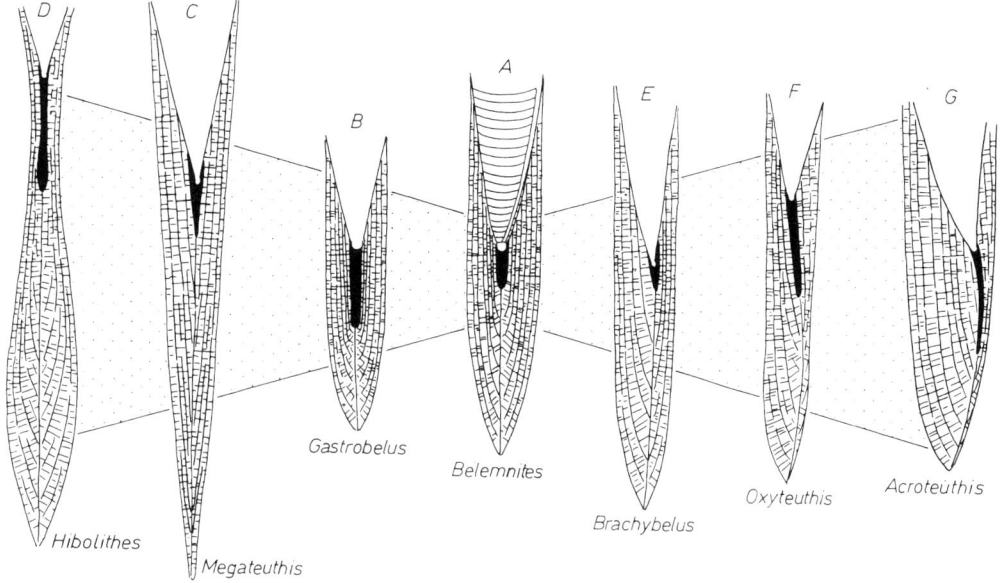

Abb. 344. Ontogenetische Veränderungen an Belemnitenrostren. Jugendrostren schwarz. Man beachte den Verlauf der Apikallinie. A: Unt.-Jura, × 0,5; B: Unt.-Jura, × 0,5; C: Mitteljura, × 0,25; D: Jura – Kreide, × 0,6; E: Jura, × 0,5; F: Unt.-Kreide, × 0,5; G: Ob.-Jura – Unt.-Kreide, × 0,4. Nach O. Abel, A. Naef und H. O. Schumann.

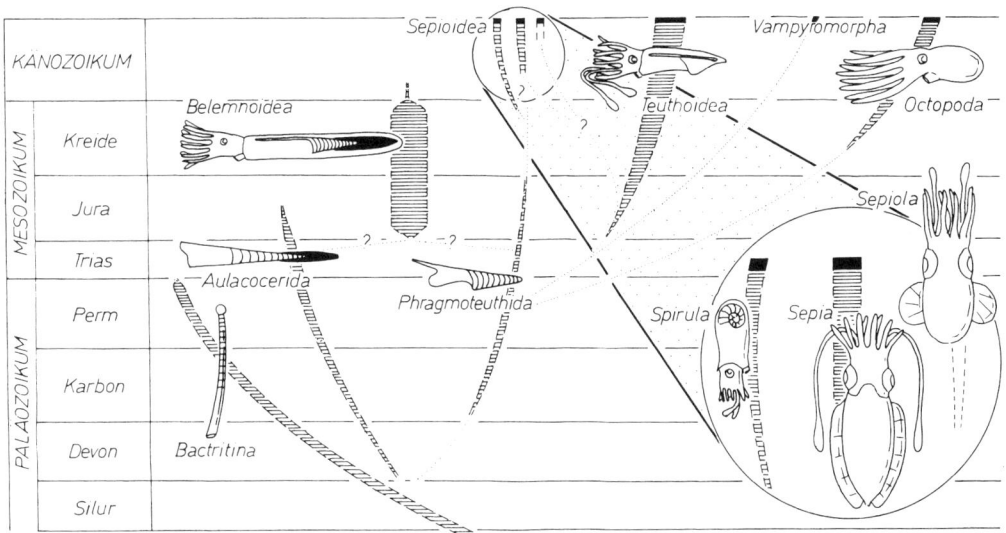

Abb. 345. Die mutmaßliche Stammesgeschichte der Coleoideen. Nach D. T. Donovan, P. Fioroni und J. A. Jeletzky.

304  Die Mollusken (Weichtiere)

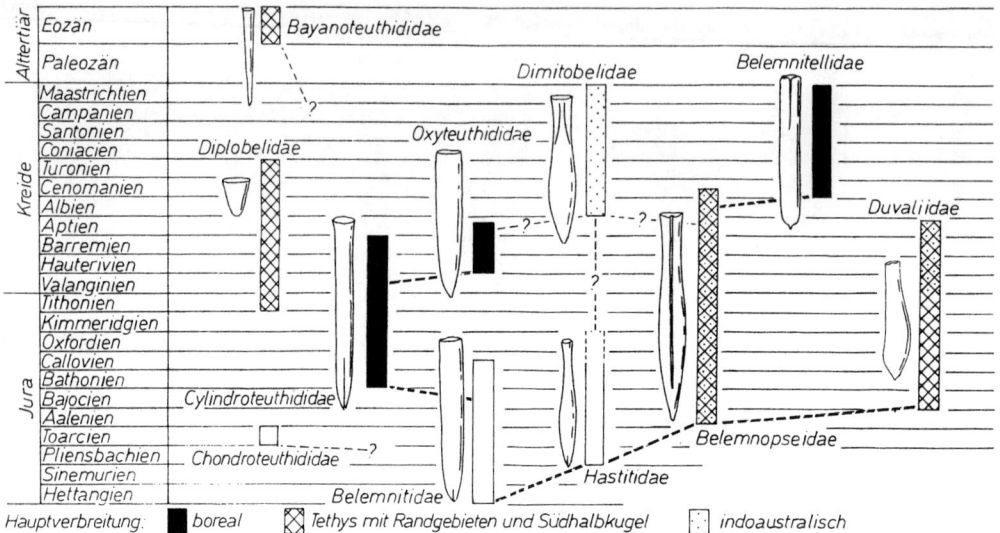

Abb. 346. Die stammesgeschichtlichen Beziehungen bei den Belemniten. Nach J. A. JELETZKY und G. R. STEVENS.

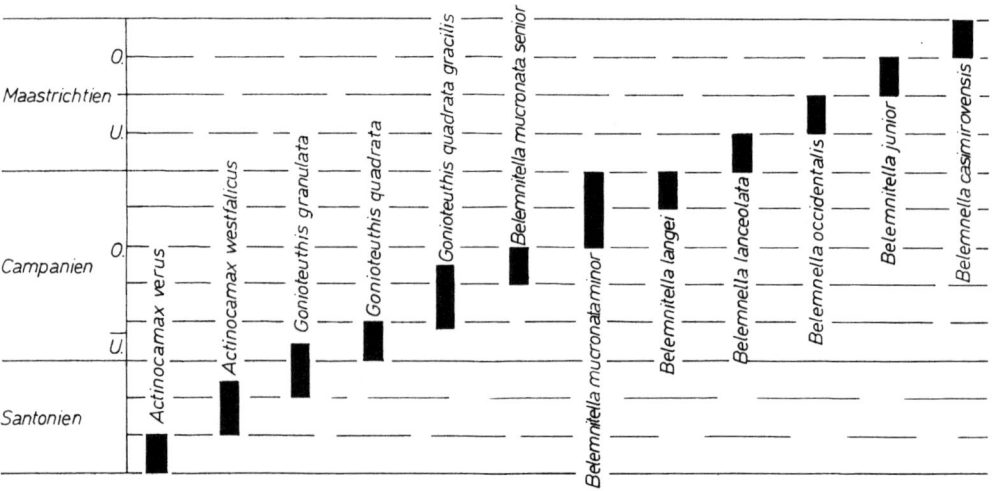

Abb. 347. Die stratigraphische Bedeutung von Belemniten in der nordwesteuropäischen Oberkreide. Nach E. G. KAUFFMAN.

Lückenhaftigkeit der Überlieferung sehr kontrovers beurteilt. Aus den Phragmoteuthiden dürften sich durch Verlust des Phragmokons die Teuthoideen entwickelt haben, die seit dem unteren Jura nachgewiesen sind. Eine parallele, jedoch vermutlich jüngere Entwicklung (gesicherte Vorläufer ab Oberkreide) stellen die Sepien und Spiruliden dar, bei denen der Phragmokon vielfach erhalten, wenn auch modifiziert, das Proostrakum jedoch reduziert ist. Beide Gruppen zeichnen sich gegenüber den Phragmoteuthiden auch dadurch aus, daß ihre Arme differenziert sind.

In der Reduktion des Skelettes zwar noch weiter fortgeschritten, in anderen Merkmalen (z. B. Differenzierung der Arme) jedoch ursprünglicher sind die Oktopoden. Sie müssen sich deshalb von den gemeinsamen Vorfahren früher als die Teuthoideen abgespalten haben. Nachgewiesen sind sie allerdings erstmals in der Oberkreide. An eine ähnliche Wurzel dürften auch die nur rezent bekannten Vampyromorpha anknüpfen.

## 5. Stratigraphie

Die einzigen Coleoideen von biostratigraphischer Bedeutung sind die Belemniten. Sie sind genügend häufig, kenntlich und verbreitet, um in Jura und Kreide als Leitfossilien in Frage zu kommen. Auch ihre Evolutionsgeschwindigkeit ist relativ hoch. Allerdings stehen die Belemniten, möglicherweise wegen ihrer Merkmalsarmut, gerade hierin den Ammoniten meist etwas nach, weshalb sie i. d. R. eine weniger detaillierte Gliederung liefern.

Im Jura und in der unteren Kreide werden die Belemniten vor allem dort mit gutem Erfolg als Leitfossilien eingesetzt, wo Ammoniten fehlen oder selten sind. In der höheren Oberkreide sind sie jedoch in weiten Gebieten, vor allem in der Schreibkreide-Fazies, die überlegenen Leitformen, auf denen die Standardgliederung beruht (Abb. 347).

## 6. Lebensweise

Die Coleoideen sind in ihrer Mehrzahl schnelle Schwimmer. Ihre überwiegende Körperhaltung mit horizontaler Dorsoventral-Achse und nach unten orientierter Hinterseite gestattet es den Tieren, sich waagrecht fortzubewegen. Den Antrieb liefert der Rückstoß des Wassers, das aus dem Trichter ausgepreßt wird. Die hauptsächliche Bewegungsrichtung ist deshalb rückwärts. Die Geschwindigkeit der Tiere kann dabei mehrere Meter pro Sekunde betragen. Flossen können den Antrieb unterstützen oder beim langsamen Schwimmen allein tätig sein. Sie dienen jedoch meist der Steuerung. Einen Richtungswechsel ermöglicht auch die Biegsamkeit des Trichters.

Die horizontale Körperhaltung der meisten Coleoideen wird durch einen balancierten Auftrieb ermöglicht. Dieser kann bei rezenten Formen durch den hydrostatischen Apparat des nach vorne gerückten Phragmokons *(Sepia)*, durch Fette und Öle oder durch eine wegen ihres Ammoniumchlorid-Gehaltes spezifisch leichte Körperflüssigkeit bewirkt werden. Der Auftrieb ist allerdings nicht stets Voraussetzung für ein pelagisches Leben. *Loligo*, dessen spezifisches Gewicht höher liegt als dasjenige des Meerwassers, verhindert ein Absinken durch ständiges Schwimmen. Die meisten Dauerschwimmer zeichnen sich durch torpedoförmige Gestalt aus (Abb. 348).

Die benthisch lebenden rezenten Coleoideen sind meist abgeflacht *(Sepia)* oder sackförmig gebaut *(Octopus)*. *Sepia* kann ihren Auftrieb durch Fluten bzw. Leerpumpen des Phragmokons regulieren. Die Tiere sind nachts, wenn sie schwimmen, leichter als tagsüber, wenn sie im Sediment eingewühlt sind (Abb. 349). *Octopus* lebt am Meeresboden zwischen Felsbrocken und in Felsritzen.

Die Tela und Rostren der Aulacoceraten und Belemniten kompensieren den Auftrieb der dorsal („hinten") liegenden Phragmokone. Ohne diese Kompensation wäre die Körperhaltung vermut-

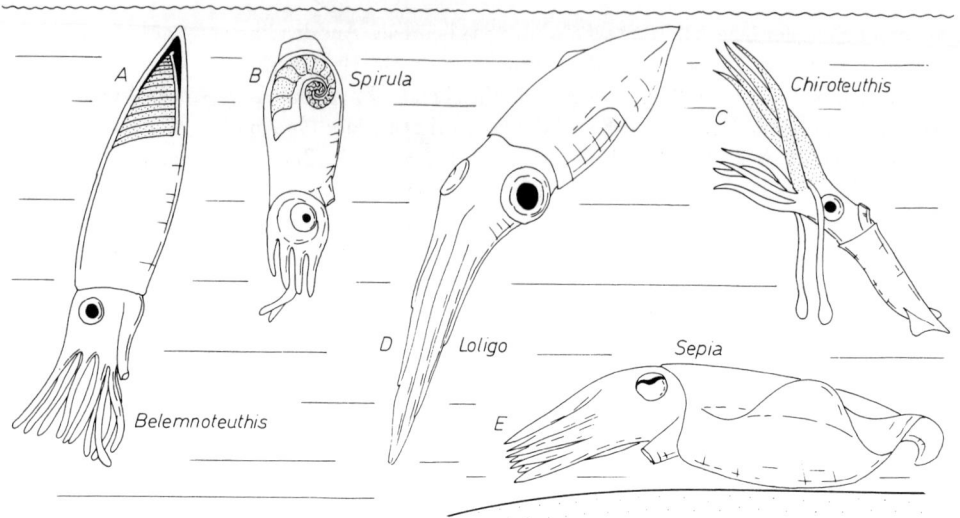

Abb. 348. Die Lebenshaltung einiger Coleoideen. A, B: Formen mit Auftrieb durch den Phragmokon (punktiert), A: Jura, × 0,25, B: Mioz. – rez., × 0,5; C: pelagische Form (rez.) mit Auftrieb (punktiert) in den Weichteilen, × 0,25; D: schnell schwimmende Form (rez.), × 0,5; E: bodenbezogene Form (Eoz. – rez.), × 0,5. Nach E. J. Denton & J. B. Gilpin-Brown, J. Roger und L. von Salvini-Plawen.

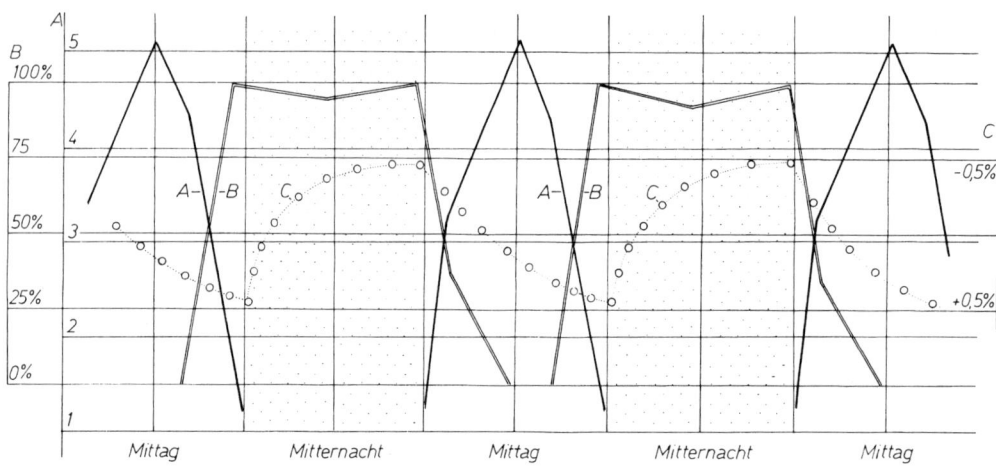

Abb. 349. Schema der Beziehungen zwischen Licht und Lebensweise bei *Sepia*. A: Lichtintensität (logarithmischer Maßstab); B: Anteil der nicht im Sediment eingegrabenen Individuen einer *Sepia*-Population; C: Gewichtsveränderung in % des Körpergewichtes. Negative Werte bedeuten Auftrieb. Nach E. J. Denton & J. B. Gilpin-Brown.

lich senkrecht, wie dies bei einigen rezenten Coleoideen (z. B. *Spirula*) beobachtet wird. Diese im Wasser hängenden Tiere sind allerdings keine schnellen Schwimmer, sondern mehr oder weniger passive Flottierer. Tela, Rostren sowie die zuweilen beobachteten Kammerablagerungen erlauben es, den Aulacoceraten und Belemniten eine ähnliche Lebensweise wie den Teuthoideen, die in ihrer Mehrzahl Dauerschwimmer sind, zuzuschreiben.

Die schnelle Fortbewegung gestattet vielen Coleoideen das Jagen ihrer Nahrung. Schnell schwimmende Formen der Hochsee erbeuten vor allem Fische sowie schwimmende Crustaceen und Schnecken. Langsamere und bodennah lebende Tiere stellen Krebsen, Muscheln und Seesternen nach oder fressen Aas. Daneben gibt es jedoch auch rezente Coleoideen, die sich von Plankton ernähren (z. B. viele Cirromorpha sowie *Spirula*). Die Beute kann mit Klebzellen an den Armen festgehalten oder von einem häutigen Mundtrichter eingefangen werden.

Feinde der rezenten Coleoideen sind vor allem Raubfische und Wale. Daß den Belemniten und Phragmoteuthiden Haie und marine Saurier (Ichthyosaurier) nachstellten, weiß man aus Funden von Fanghäkchen und (vereinzelt) Rostren im Wirbeltiermagen. Ein besonders exponierter und gefährdeter Körperteil der Belemniten scheint das „Hinter"ende mit dem Rostrum gewesen zu sein. Zerbissene Rostren sind örtlich verbreitet. Auch regenerierte Bißwunden sind bekannt (Abb. 350). Bei Gefahr stoßen die Coleoideen Sekret aus ihrer Tintendrüse aus. Hierdurch nehmen sie ihren Feinden sowohl die Sicht als auch die Orientierung durch den Geruchssinn. Bezeichnenderweise fehlen Tintendrüsen den Tiefseebewohnern und den durch das Gehäuse geschützten Nautiloideen und Ammonoideen. Dem Schutz dient auch das Einwühlen benthisch lebender Formen.

Die rezenten Coleoideen sind ausnahmslos marin. Nur wenige Arten ertragen einen etwas verminderten Salzgehalt; das stärker ausgesüßte Brackwasser meiden jedoch auch sie. Auch Belemniten, Phragmoteuthiden und Aulacoceraten scheinen rein marin gewesen zu sein. Die größte Mannigfaltigkeit weisen die rezenten Coleoideen in warmen und gemäßigten Meeren auf. Im kalten Wasser gibt es nur relativ wenige Arten (Abb. 351). Bei den Belemniten lassen sich Warmwasserbewohner von Formen der kühleren Meere („boreale" Faunenelemente des Juras und der Kreide) unterscheiden (vgl. Abb. 352).

Bewohner der Hochsee sind sowohl die schnellen Schwimmer als auch flottierende Tiere. Hierunter fallen die meisten Teuthoideen sowie *Spirula*. Manche Arten suchen zur Paarungs- und Laichzeit küstennähere Gewässer auf, wo sie jahreszeitlich in ganzen Schwärmen erscheinen. Bodennah lebende Organismen des Schelfs sind vor allem die Sepien und manche Oktopoden. Sie sind oft lichtscheu und halten sich tagsüber verborgen. Die Belemniten sind am verbreitetsten in Sedimenten des offenen Schelfs. Sie fehlen oft in strandnahen Ablagerungen (z. B. Riffen) und sind in pelagischen Sedimenten selten. Sie werden deshalb als neritische Schwimmer gedeutet, für die offene Ozeane Ausbreitungsschranken darstellten. Einige pelagische rezente Coleoideen sind bis in größere Tiefen vorgestoßen. Hierzu gehören die Riesenkalmare, die sich in 200 bis 400 m Tiefe aufhalten, sowie *Spirula*, deren Phragmokon einen Druck von 150 Atmosphären, entsprechend 1500 m Wassertiefe, aushält. Die tiefsten Nachweise lebender Coleoideen stammen aus mehr als 5000 m Tiefe. Viele pelagische Arten des tieferen Wassers unternehmen weite tägliche vertikale Wanderungen, indem sie ihren Beutetieren nachts in oberflächennahe Wasserschichten folgen. Für viele Tiefseecoleoideen sind Leuchtorgane bezeichnend.

Die Coleoideen sind Tiere mit hohem Sauerstoffverbrauch. Sie leben deshalb nur in gut durchlüftetem Wasser.

## 7. Fossilisation

Rezente Tintenfisch-Leichen schwimmen auf und können an der Meeresoberfläche verdriftet werden. Der Weichkörper zerfällt jedoch schon innerhalb weniger Tage. Ob Belemniten und

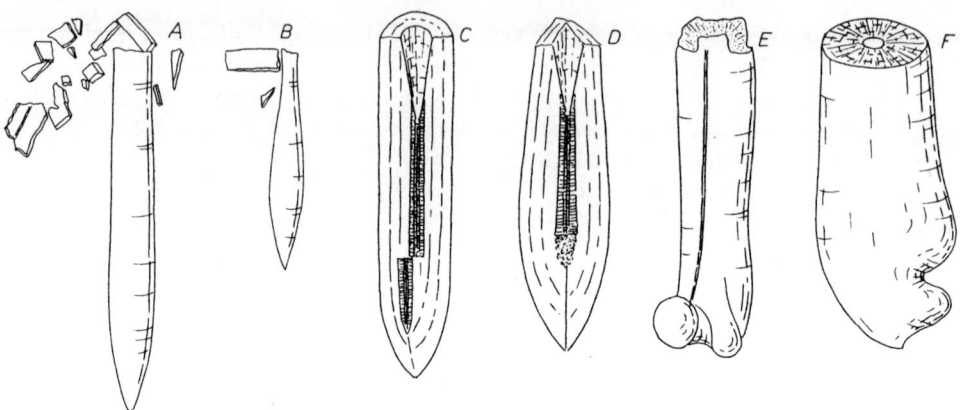

Abb. 350. Zerbissene und regenerierte Belemnitenrostren. A–E: *Hibolithes* (Ob.-Jura – Unt.-Kreide), × 1; F: *Duvalia* (Ob.-Jura – Unt.-Kreide), × 0,75. A, B, E, F: Ansicht; C, D: Schnitt. Nach O. ABEL und H. HÖLDER.

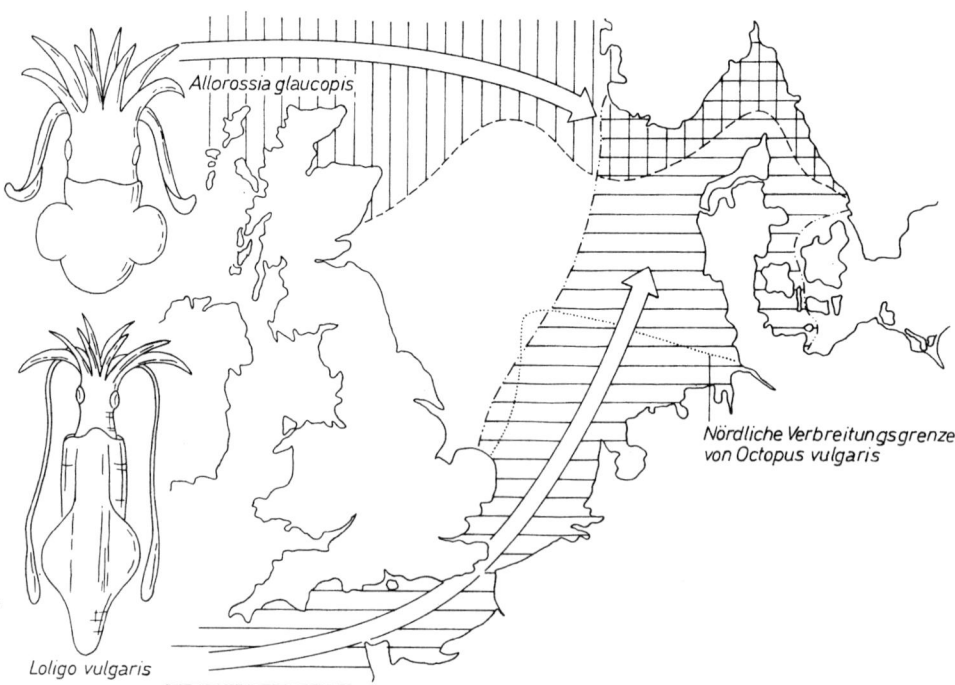

Abb. 351. Die Verbreitung rezenter Coleoideen in der Nordsee und ihre Abhängigkeit von der Meerestemperatur. Nördliche Art: *Allorossia glaucopis* (× 0,5). Südliche Arten: *Loligo vulgaris* (× 0,25) und *Octopus vulgaris*. Nach S. JAECKEL.

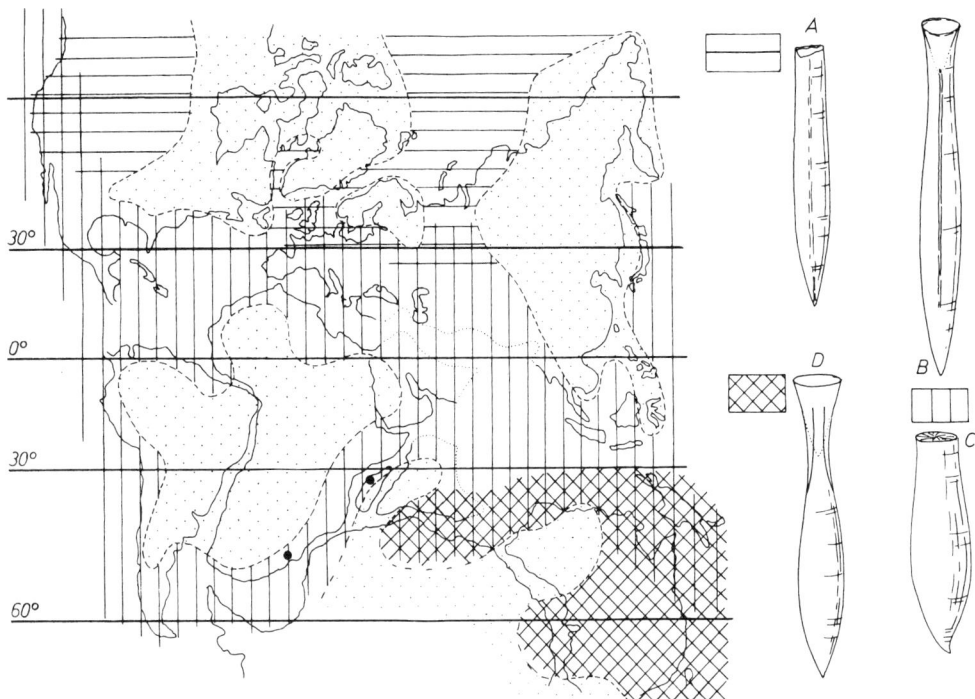

Abb. 352. Regionale Verbreitung der Belemniten der Unterkreide (Dimitobelidae ab Aptien) und mutmaßliche Temperaturabhängigkeit der borealen Fauna. Schwarze Punkte: Reliktvorkommen der Gattung *Belemnopsis*; A: Cylindroteuthidae und Oxyteuthidae; B: Belemnopseidae; C: Duvaliidae; D: Dimitobelidae. Nach G. R. STEVENS; Karte nach A. G. SMITH, J. C. BRIDEN & G. E. DREWRY.

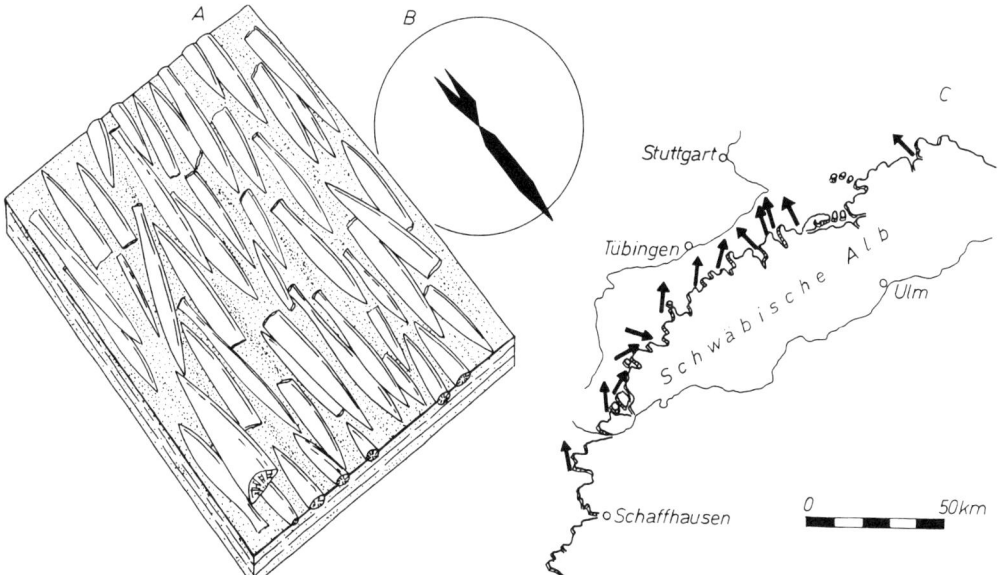

Abb. 353. Einsteuerung von Belemniten und ihre Auswertung zur Rekonstruktion von Strömungsrichtungen. A: eingeregelte Belemniten („Belemnitenschlachtfeld") im unteren Jura Südwestdeutschlands; B: Richtungsrose hierzu; C: Strömungsrichtungen, rekonstruiert nach der Einregelung von Belemniten, im Unterjura (oberes Unter-Toarcien) des Vorlandes der Schwäbischen Alb. Nach K. BRENNER & A. SEILACHER, O. F. GEYER und H. HÖLDER & H. STEINHORST.

Aulacoceraten nach dem Tode aufstiegen oder am Meeresboden zerfielen, ist unbekannt. Von Belemnoteuthiden des Oberjuras ist ein senkrechtes Treiben der Leichen nachgewiesen. Beim Auftreffen auf den Grund können die Arme Marken im Sediment hinterlassen (vgl. Abb. 335).

Die erhaltungsfähigen Hartteile der Sepien und Spiruliden sind luftgefüllt, treiben nach der Zersetzung der Leiche lange Zeit und können an entfernte Strände angespült werden. Die Gladii der Teuthoideen sowie die Skelette der Aulacoceraten und Belemniten sinken zum Grund. Rostren und Tela können dort von Strömungen erfaßt, umgelagert und angereichert werden („Belemnitenschlachtfelder"). Sie eignen sich, wenn sie eingesteuert sind, gut zur Rekonstruktion der Strömungsrichtungen (Abb. 353).

Die aragonitischen Skelettelemente der Coleoideen unterliegen rascher Auflösung. Phragmokone sind fast nur dort erhalten, wo sie als Steinkerne vorliegen. Noch vergänglicher ist das Proostrakum, das meist aus Konchiolin mit bloßer aragonitischer Verstärkung besteht. Dies erklärt die lückenhafte Überlieferung vieler Coleoideen-Gruppen. Besonders schlecht sind die Erhaltungsbedingungen der Oktopoden, da sie in felsigem und strömungsintensivem Biotop leben.

Die Tela der Aulacoceraten sind in vielen Fällen früh in Kalzit umgewandelt worden. Ihr schwammiger Aufbau führte oft zu bruchloser Verformung. Die Rostren der Belemniten waren entweder primär kalzitisch oder so strukturiert, daß die Umwandlung von Aragonit in Kalzit wohl noch zu Lebzeiten erfolgte. Die dabei entstehenden radialen Kalzitprismen sind charakteristisch für Belemnitenrostren und dürften primären Strukturen folgen. Bei manchen Arten waren Teile des Rostrums anders gebaut. Sie gingen bei der Diagenese in spezifischer Weise verloren (vgl. Abb. 341 S–U).

Am Meeresboden liegende Belemniten-Rostren boten Epizoen und Bohrorganismen einen geeigneten Untergrund (Abb. 354).

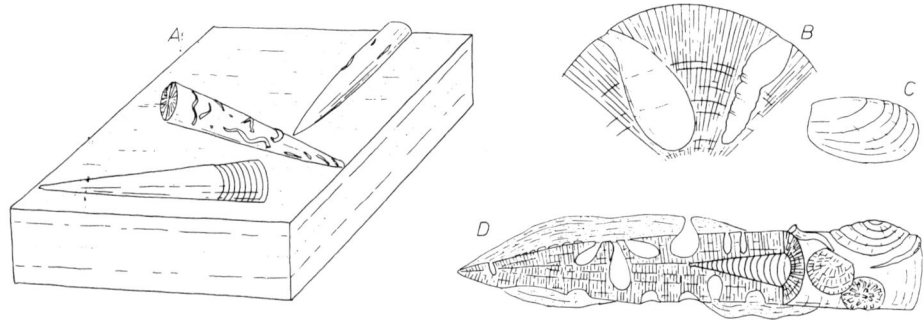

Abb. 354. Epizoen auf Belemnitenrostren. A: uneingeregelte, teilweise bewachsene Belemniten; B: Bohrlöcher einer Bohrmuschel (C); D: Schema des Bewuchses auf Belemnitenrostren. Man achte auf die Mehrphasigkeit des Bewuchses. Nach H. HÖLDER.

## 8. Gruppen-Übersicht

A. **Aulacocerida.** Mit Wohnkammer, Phragmokon und Telum. Vermutlich 10 gleiche Arme. Siphonalduten prochoanitisch. Anfangskammer kugelig, ohne Caecum. Devon–Jura. *Atractites* (Abb. 340), *Aulacoceras* (Abb. 340), *Metabelemnites* (Abb. 337).

B. **Belemnoidea.** Mit Phragmokon und Rostrum. Wohnkammer zu Proostrakum umgebildet. 10 gleiche Arme mit Fanghäkchen. Siphonalduten retrochoanitisch. Anfangskammer kugelig, ohne Caecum. ?Paläozoikum, Jura–Kreide, ?Eozän.

1. Rostren meist mit Spitzenfurchen, i. d. R. ohne Alveolarfurchen: *Acroteuthis* (Abb. 341, 344), *Belemnites* (Abb. 337, 341, 344), *Cylindroteuthis, Hastites* (Abb. 341), *Megateuthis* (Abb. 337, 344).
2. Rostren meist ohne Spitzenfurchen, dafür Alveolarfurchen oder -schlitze: *Belemnitella* (Abb. 341), *Belemnopsis* (Abb. 341), *Duvalia* (Abb. 341, 350).

C. **Phragmoteuthida** (s. l.). Mit Phragmokon und dünner rostrumähnlicher Auflage. Wohnkammer zu Proostrakum umgebildet. 10 gleiche Arme mit Fanghäkchen. Siphonalduten retrochoanitisch. Anfangskammer napfförmig (? ob stets), ohne Caecum. Karbon–Jura, ?Kreide. *Belemnoteuthis* (Abb. 337, 339, 340, 348), *Phragmoteuthis* (Abb. 335, 339).

D. **Vampyromorpha.** Ohne Phragmokon und Rostrum, mit Gladius. 8 gleiche Arme mit Saugnäpfen ohne „Chitin"ring. Rezent. *Vampyroteuthis* (Abb. 335, 336).

E. **Teuthoidea.** Ohne Phragmokon und Rostrum, mit Gladius. 10 Arme, davon 2 Tentakelarme. Arme tragen Saugnäpfe mit „Chitin"ring, oft auch mit Fanghäkchen. Jura – rezent. *Loligo* (Abb. 334, 336, 348, 351), *Plesioteuthis* (Abb. 335, 339).

F. **Sepioidea.** Meist ohne Proostrakum, manchmal mit Phragmokon und rostrumähnlichen Gebilden. Siphonalduten retrochoanitisch. Anfangskammer, wo gut entwickelt, kugelig, mit Caecum. 10 Arme, davon 2 Tentakelarme. Arme tragen Saugnäpfe mit „Chitin"ring, aber ohne Häkchen. Oberkreide – rezent.
1. Phragmokon kegelförmig oder spiralig eingerollt: *Groenlandibelus* (Abb. 337), *Spirula* (Abb. 337, 345, 348).
2. Phragmokon schulpartig: *Sepia* (Abb. 334, 335, 336, 338, 345, 348).
3. Phragmokon reduziert; z. T. mit gladiusähnlichem Proostrakum: *Sepiola*.

G. **Octopoda.** Skelett weitgehend reduziert. 8 gleiche Arme mit Saugnäpfen ohne „Chitin"ring. Körper oft sackförmig. Kreide – rezent.
1. Körper mit Flossen: cirromorphe Oktopoden, *Palaeoctopus* (Abb. 335).
2. Körper ohne Flossen: *Argonauta* (Abb. 343), *Octopus* (Abb. 334, 336).

Auswahl weiterführender Literatur:

O. Abel (1916), E. J. Denton & J. B. Gilpin-Brown (1973), P. Fioroni (1981), S. Jaeckel (1955), J. A. Jeletzky (1966), A. Naef (1922), M. Nixon & J. B. Messenger (Hrsg.) (1977), H. O. Schumann (1974), Ch. Spaeth (1975), G. R. Stevens (1965), M. J. Wells (1962).

# Pelecypoden
## (Lamellibranchiata, Bivalvia, Muscheln)

### 1. Definition

Die Pelecypoden sind Mollusken mit weichhäutigem Mantel (Conchiferen) und meist kurzer Dorsoventralachse. Weichkörper bilateral-symmetrisch, seitlich abgeflacht. Fuß i. d. R. gut entwickelt, keilförmig oder mit flacher Sohle. Schale zweiteilig, bestehend aus einer rechten und einer linken Klappe. Radula fehlt.

### 2. Morphologie

a) Anatomie der Weichteile

Der Weichkörper einer Muschel (Abb. 355) besteht aus einem seitlich zusammengedrückten Eingeweidesack, der ventral in den Fuß übergeht, und von dessen Dorsalseite ein paariger Mantel

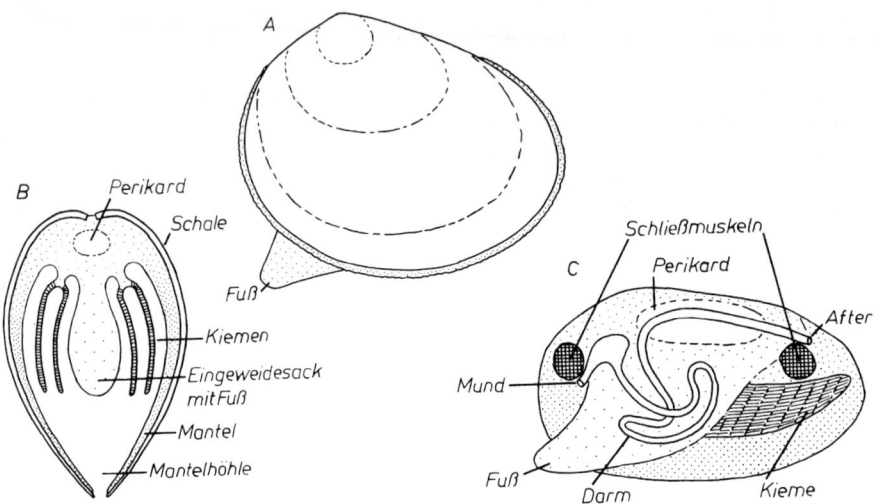

Abb. 355. Der Bauplan der Muscheln. A: Weichkörper (punktiert) in der Schale (vorne: links); B: schematischer Querschnitt; C: Schema der Lagebeziehungen der Weichteile, Schale, linke Kieme und linker Mantel entfernt (vorne: links). Nach T. J. Parker & W. A. Haswell und W. Stempell.

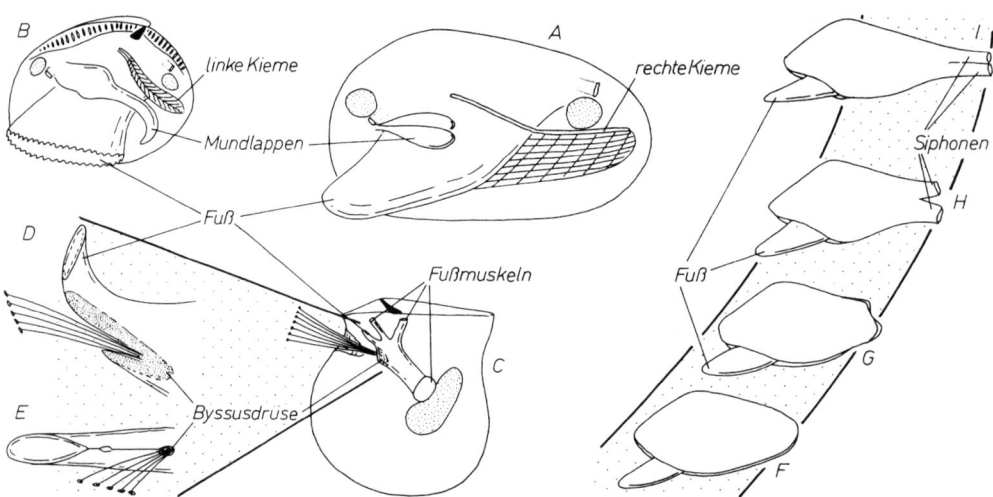

Abb. 356. Der Weichkörper der Muscheln. A: Schema der Lagebeziehungen der Weichteile, Schale, linker Mantel und linke Kieme entfernt; B: *Nucula* (Kreide – rez.), × 2,5, Schale und linker Mantel entfernt, man achte auf Kiemen, Mundlappen und Fuß; C–E: *Pinctada* (Mioz. – rez.), × 0,2, × 1, Fuß und Byssus; F–I: Schema der unterschiedlichen Verwachsung des Mantelrandes. Nach L. R. Cox und K. Hescheler.

entspringt. Der Mantel umgibt Eingeweidesack und Fuß auf allen Seiten und umschließt eine geräumige Mantelhöhle.

Eine Kopfregion ist nicht entwickelt. Der **Mund** liegt an der Vorderseite des Eingeweidesackes. Seine Ober- und Unterlippe können seitlich in zusammen vier Mundlappen verlängert sein. Dem Schlund fehlen Kiefer und eine Radula. Der Darm ist stark gewunden. Sein vorderer Abschnitt ist zu einem Magen erweitert. In ihn mündet eine paarige Mitteldarmdrüse. Der After liegt am Hinterende des Eingeweidesackes.

Das ursprünglich paarige **Coelom** ist i. d. R. in der Mittellinie zu einem einheitlichen Perikard verschmolzen, welches Herz und Enddarm umgibt. Die Nieren stehen mit dem Coelom durch einen Wimpertrichter in Verbindung. Ihre Ausführgänge öffnen sich seitlich neben der Fußbasis in die Mantelhöhle. Die Gonaden sind paarig und liegen im ventralen Teil des Eingeweidesackes. Ihre Ausführgänge münden neben den Nierenöffnungen. Die meisten Muscheln sind getrenntgeschlechtig.

Der **Fuß** ist ein ventraler Auswuchs des Eingeweidesackes (Abb. 356). Bei primitiven Formen (z. B. Nuculiden) endet er mit einer flachen Sohle. Meist ist er jedoch keil-, finger- oder zungenförmig. Selten (z. B. bei den Austern) ist er rückgebildet. An seinem Hinterrand liegt bei vielen Formen die Byssusdrüse, die der Fußdrüse der Schnecken entspricht. In ihr werden zähe Proteinfäden (Byssusfäden) ausgeschieden, die im Wasser erhärten und die in einer Rinne nach vorne geschoben werden. Mit ihrer Hilfe können sich die Tiere festheften. Der Fuß wird durch paarige Muskeln bewegt, die es ermöglichen, ihn vorzustrecken (Protraktoren) oder zurückzuziehen (Retraktoren).

Quer durch den Körper der Muscheln verlaufen die **Schließmuskeln.** Sie setzen sich aus rasch wirkenden Zugmuskeln und langsam und energiesparend wirkenden Sperrmuskeln zusammen.

Der paarige **Mantel** umhüllt Eingeweidesack und Fuß auf allen Seiten. Ursprünglich ist sein rechter und linker Lappen getrennt. Bei vielen Formen sind jedoch seine ventralen Ränder teilweise miteinander verwachsen. Vorne bleibt eine Öffnung für den Fuß ausgespart; hinten sind zwei Öffnungen vorhanden, die dem Einstrom und Ausstrom aus der Mantelhöhle dienen. Bei Tieren, die im Sediment vergraben leben, kann der Umkreis der hinteren Mantelöffnungen zu röhrigen Siphonen verlängert sein (Abb. 356). Der ventrale Sipho dient als Einströmsipho, der dorsale als Ausströmsipho. Beide Siphonen können von einer gemeinsamen Hülle umgeben sein.

Die **Mantelhöhle** schließt sich ventralwärts an den Eingeweidesack an und umgibt den Fuß. In ihrem hinteren Teil liegen die Kiemen (Abb. 357). Bei primitiven Formen (z. B. Nuculiden) sind sie paarige Kiemenblätter (protobranchiate Ausbildung). Meist gehen jedoch von paarigen Schäften Doppelreihen umgebogener Kiemenfäden aus. Beim filibranchiaten Typ sind sie getrennt oder höchstens durch Wimperbürsten verbunden. Die eulamellibranchiaten Kiemen bilden dadurch Gitter, daß die Fäden untereinander und daß ab- und aufsteigende Äste eines Fadens durch Gewebsbrücken verwachsen sind. Fili- und eulamellibranchiate Kiemen sind i. d. R. weit nach vorne verlängert; sie reichen bis nahe an die Mundöffnung. Die Kiemen sind mit Wimpern besetzt. Ihr Schlag treibt das Atemwasser durch die Kiemen. Weitere Wimpern filtrieren hierbei Plankton und anderes Geschwebe aus und leiten es zum Mund. Danach strömt das Wasser am After vorbei nach außen. Wegen der größeren Oberfläche ist die Pumpleistung der eulamellibranchiaten Kiemen weitaus höher als die der filibranchiaten. Stark abgewandelt ist der septibranchiate Kiemenbau der Poromyaceen. Hier spannt sich ein muskulöses Septum quer durch die Mantelhöhle, in dem eine Öffnung für den Fuß ausgespart ist und das Schlitze besitzt. Im Atemwasser enthaltene Nahrung wird in den Schlitzen abgefangen und gleitet auf dem Septum zum Mund.

Das **Nervensystem** der Muscheln ist einfach. Über oder neben dem Mund liegen paarige Zerebral- und Pleuralganglien, von denen Nervenbahnen zum Pedalganglion im Fuß und zum Viszeralganglion in der Analregion führen. Sinnesorgane finden sich vor allem dort, wo der

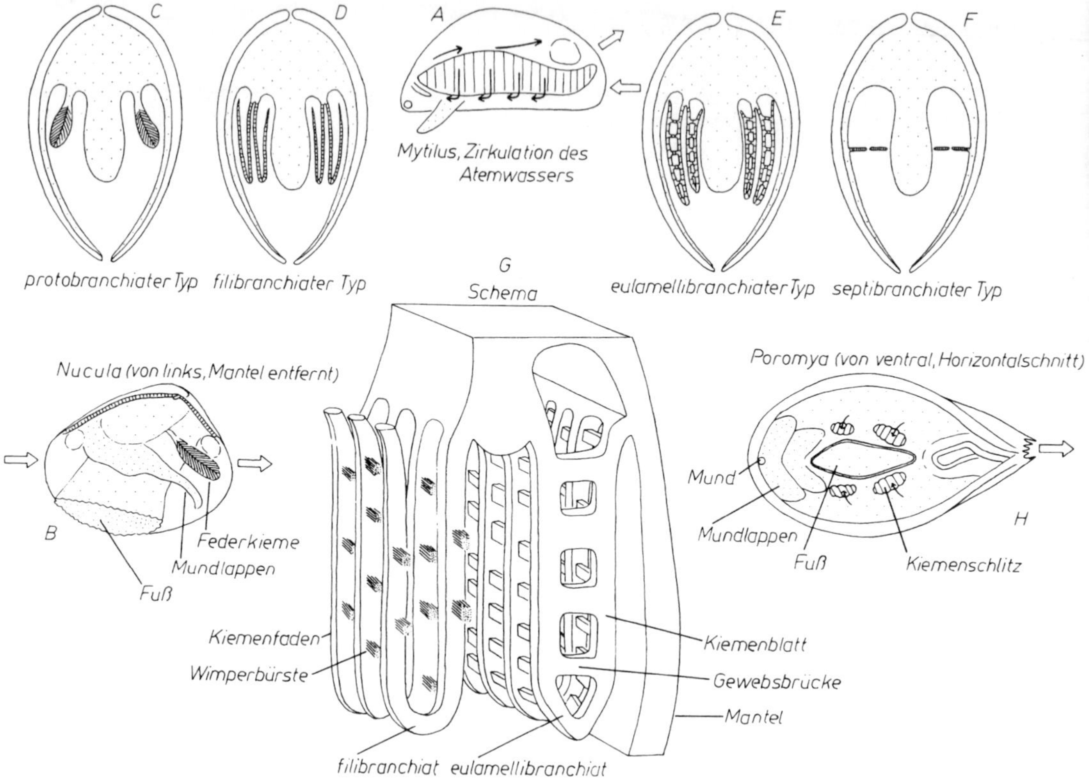

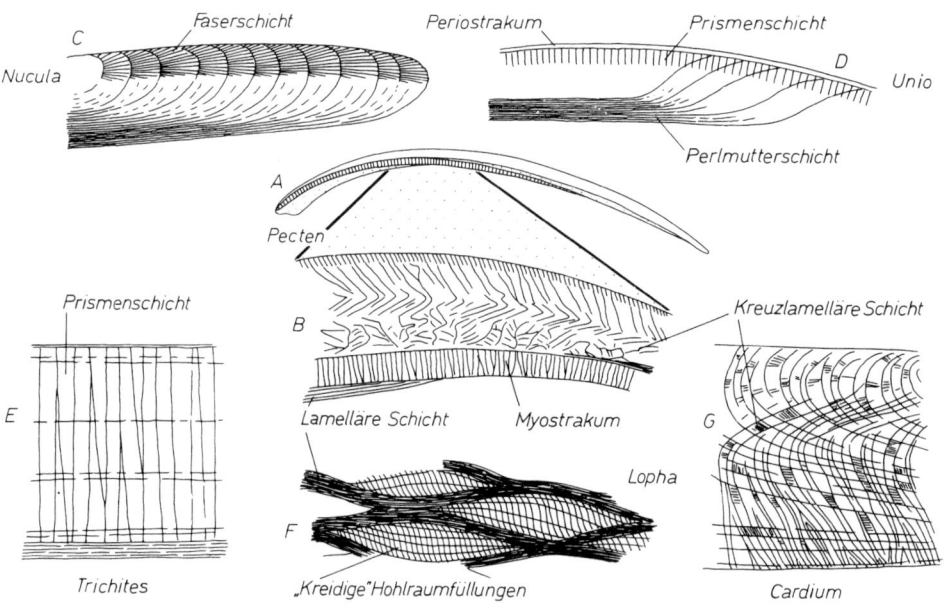

Abb. 357. Der Kiemenbau der Muscheln. A: Wasserzirkulation bei der Mehrzahl der Muscheln (Pfeile), × 0,5; B: Wasserzirkulation bei primitiven Muscheln (Pfeile), × 2,5; C–F: Schema der Kiementypen im Querschnitt; G: räumliches Schema des Baues der filibranchiaten und eulamellibranchiaten Kiemen; H: septibranchiate Kiemen bei *Poromya* (Kreide – rez.), × 5. Nach A. KAESTNER, A. LANG, J. H. ORTON und C. M. YONGE.

Weichkörper der Muschel an die Außenwelt tritt, d. h. vor allem auf dem Mantelrand und im Umkreis der Siphonen. Sie tasten, nehmen chemische Reize auf und sprechen teilweise auch auf Helligkeitsunterschiede an. Leistungsfähige Augen kommen nur vereinzelt vor. Ein Osphradium (chemisches Sinnesorgan) liegt am Hinterrand des Fußes.

b) Die Schale

Die **Schale** wird vom äußeren Mantelepithel ausgeschieden. Sie besteht in der für die Conchiferen typischen Weise aus mehreren Schichten (Abb. 358). Als äußerste Lage ist ein organisches Periostrakum entwickelt. Darunter folgt das kalkige Ostrakum, dessen Grundbausteine kleinste, in verschiedener Weise angeordnete Täfelchen sind (vgl. Abb. 225). Sie können zu Prismen oder Fasern übereinander geschichtet, zu Lamellen aneinander gefügt oder in gegenläufig geneigten Tafeln aufgestapelt sein.

Prismatische oder faserige Strukturen kennzeichnen das Außenostrakum. Sie kommen außerdem an den Muskelansatzstellen vor (Myostrakum), wodurch die Haftung des Weichkörpers verbessert wird. Das Innenostrakum ist oft durch einen lamellären Bau gekennzeichnet. Die Lamellen können sehr dünn (ca. 1 µm), einander streng parallel und durch organische Zwischenschichten gegliedert sein. Sie bilden dann die sogenannte Perlmutterschicht, die vor allem primitive Formen kennzeichnet. Der Perlmutterglanz fehlt, wenn die Lamellen dicker, dichter oder geneigt sind. Verbreitet sind kreuzlamelläre Strukturen, die große Teile des Ostrakums aufbauen können. Hierbei sind kleinste Täfelchen stapelförmig übereinander geschichtet, wobei benachbarte Stapel gegenläufig geneigt sind. Hierdurch wird eine Stabilität der Schale bewirkt, die weit höher als bei der prismatischen oder lamellären Struktur ist.

Der Schalenbaustoff ist ursprünglich Aragonit. Prismen des Außenostrakums und dichte lamelläre Strukturen können bei abgeleiteten Formen aus Kalzit bestehen. Kalzit wird meist nur im Außenostrakum, seltener (z. B. Pectiniden, Austern) im gesamten Ostrakum verwendet. Perlmutterschichten und das Myostrakum sind stets, kreuzlamelläre Strukturen fast immer aragonitisch.

Die Schalenoberfläche ist bei den Muscheln in unterschiedlicher Weise ornamentiert (Abb. 359). Fast stets sind Anwachslinien sichtbar. Stärkere **Skulpturen** heißen konzentrisch, wenn sie mehr oder weniger parallel zu den Anwachslinien verlaufen, oder radial, wenn sie senkrecht dazu stehen. Auch Schrägskulpturen kommen vor. Durch Überlagerungen kommen Gitterskulpturen und Höcker zustande. Periodische Auswüchse am Schalenrand können beim Fortbau der Schale unterfangen werden und hohle Stacheln bilden. Unterschiedliche Teile einer Muschelschale können verschieden skulptiert sein. Der Skulpturtyp ist innerhalb einer Art meist konstant.

Die Schale der Muscheln ist ein Schutzskelett. Sie ist meist einige cm lang. Die kleinsten Formen werden nur wenige mm, die größten über 1 m lang. Die Schale besteht aus zwei Klappen, einer rechten und einer linken (Abb. 360). Spiegelbildlich gleiche Klappen heißen gleichklappig. Bei ungleichklappigen Schalen sind die rechte und linke Klappe unterschiedlich geformt. Ungleichklappigkeit tritt vor allem bei festgehefteten Formen auf. Ursprünglich tritt der Byssus durch einen Spalt zwischen beiden Klappen nach außen. Oft ist er jedoch nach rechts verschoben. Der

←

Abb. 358. Schalenstrukturen bei Muscheln. A: Übersicht über die Schalenschichten am Beispiel von *Pecten* (Eoz. – rez.), × 1, weiß: Außenostrakum, punktiert: Innenostrakum, schraffiert: Myostrakum; B: Ausschnitt aus A, × 8; C–G: Beispiele von Schalenstrukturen, C: Kreide – rez., × 12,5, D: Trias – rez., × 10, E: Jura – Kreide, × 1,5, F: Trias – rez., × 2,5, G: Mioz. – rez., × 20; bei B, E und F sind die prismatischen, lamellären und kreuzlamellären Schalenschichten kalzitisch, alle übrigen Schalenschichten sind aragonitisch. Nach C. DECHASEAUX, A. G. EBERSIN, E. EHRENBAUM und W. SIEWERT.

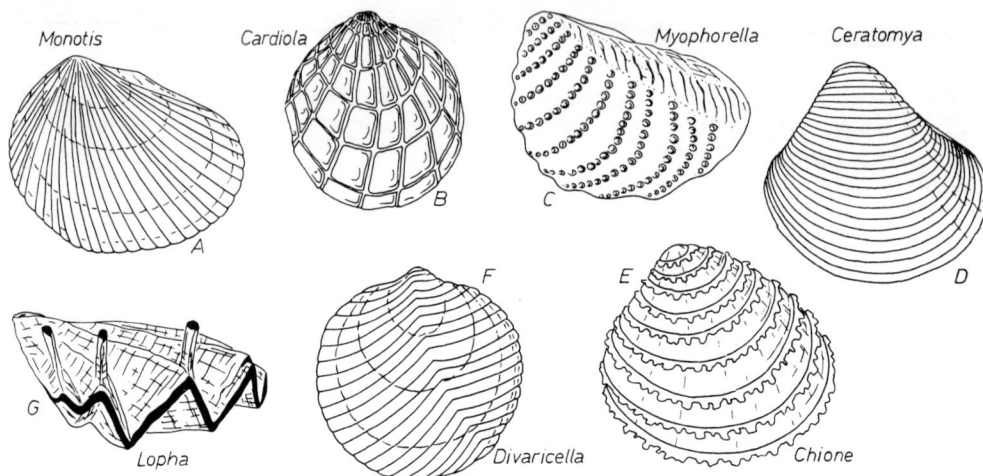

Abb. 359. Skulpturen bei Muscheln. A: Trias, × 0,5, radiale Rippen; B: Silur – Devon, × 0,8, Gitterskulptur; C: Jura – Kreide, × 0,5, Rippen aufgelöst zu Knotenreihen; D: Jura, × 0,5, konzentrische Rippen; E: Olig. – rez., × 1, konzentrische Wülste; F: Plioz – rez., × 1,5, winkelig geknickte Rippen; G: Trias – rez., × 0,5, Hohlstacheln am Klappenrand. Nach L. R. Cox et al., A. Franc und F. Haas.

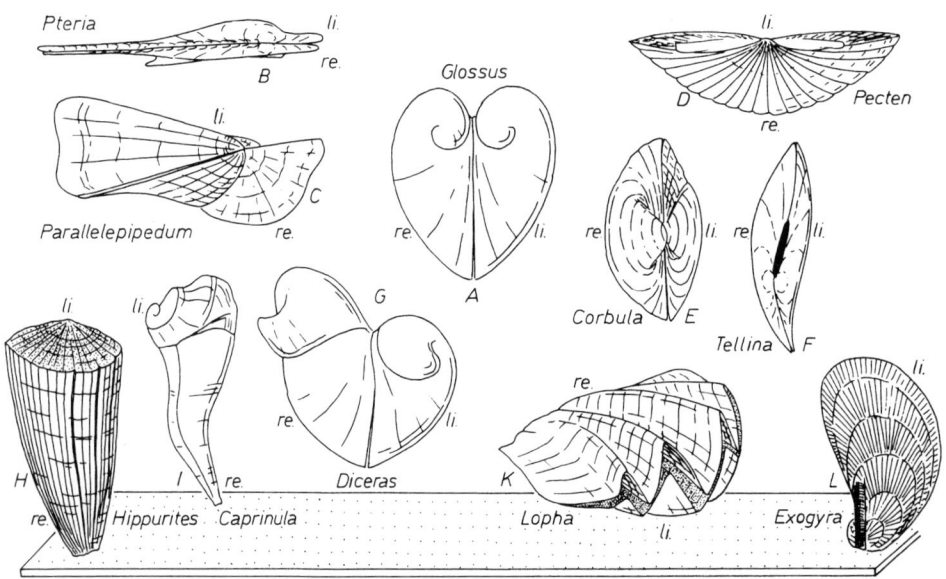

Abb. 360. Die beiden Klappen der Muschelschale. A: Gleichklappigkeit (Paleoz. – rez.), × 0,3. B–L: Ungleichklappigkeit; B, C: Anheftung mit Byssus; D: Schwimmen; E, F: Graben; G: vermutlich freies Liegen; H, I: Sessilität mit rechter Klappe; K, L: Sessilität mit linker Klappe; li: linke Klappe, re: rechte Klappe. B: Trias – rez., × 0,5; C: Eoz. – rez., × 0,4; D: Eoz. – rez., × 0,25; E: Kreide – rez, × 1,2; F: Tert. – rez., × 0,9; G: Jura, × 0,5; H: Ob.-Kreide, × 0,3; I: Kreide, × 0,15; K: Trias – rez., × 0,3; L: Jura – Kreide, × 1,5. Nach A. Franc und F. Haas.

Vorderrand der rechten Klappe trägt dann einen Ausschnitt für den Byssus. Zugleich ist die rechte Klappe oft flacher als die linke, weil sie dem Substrat angeschmiegt ist. Bei Muscheln, die mit der Schale selbst am Substrat festgewachsen sind, ist die untere Klappe (bei Austern die linke, bei Spondyliden und den meisten Rudisten die rechte) meist schüsselartig vertieft, die obere deckelförmig. Ungleichklappige Schalen kommen auch dann vor, wenn die Tiere sich auf einer Seite liegend durch das Substrat wühlen (z. B. bei den Telliniden).

Die Klappen der Muscheln sind i. d. R. vorne kürzer als hinten, d. h. ungleichseitig (Abb. 361). Gleichseitige Klappen sind vorne und hinten gleich lang. Sie treten besonders bei Pectiniden auf und erleichtern dort das Schwimmen mit horizontalem Schalenspalt (Kommissur). Auch bei echt benthischen Formen kommen sie nicht selten vor (z. B. *Glycymeris*).

Die dorsale Spitze einer Klappe und zugleich ihr ontogenetisch frühestes Stadium heißt Wirbel (Abb. 362). Dieser ist meist durch positiv allometrisches Wachstum des hinteren Klappenrandes nach vorn gekrümmt (prosogyr), seltener nach hinten (opisthogyr, z. B. bei *Trigonia*) oder, um 90° gedreht, in Richtung auf den Schalenspalt. Vorsprünge der Klappen vor und hinter dem Wirbel werden als Ohren (Öhrchen) bezeichnet. Ihre Aufgabe liegt teils darin, den Schloßrand zu verlängern und das Ligament aufzunehmen, teils darin, Schließmuskeln zu beherbergen. Eine Lunula ist ein abgegrenztes Feld vor dem Wirbel, eine Area ein solches hinter dem Wirbel. Eine Area stellt oft eine Anpassung an das Leben im Substrat dar, wobei der hintere Dorsalrand der Sedimentoberfläche angeschmiegt wird. Als Ligamentarea wird eine Fläche zwischen Wirbel und Kommissur bezeichnet.

Normalerweise können sich die Tiere völlig in ihre Schalen zurückziehen und beide Klappen entlang der Kommissur hermetisch schließen. Wenn jedoch lebenswichtige Organe ständig herausgestreckt werden, klaffen Teile des Schalenrandes. So verursacht der Durchtritt des Byssus bei manchen sessilen Formen ein Klaffen am Vorderrand der Klappen. Bei ständig vergraben lebenden Tieren klafft das Vorderende für den Grabfuß und das Hinterende für die ausgestreckten Siphonen. Bei Schwimmern klaffen die Klappen dort, wo die Wasserströme ausgestoßen werden.

Am dorsalen Rand sind die beiden Klappen durch ein **Ligament** verbunden (Abb. 363). Es ist eine elastische, meist unverkalkte, aus Proteinen bestehende zweischichtige Ausscheidung des Mantels, welche die Aufgabe hat, die Klappen zu spreizen (Abb. 364). Manchmal liegt das Ligament rein äußerlich und wirkt allein durch Zug. Oft ist es jedoch zwischen die beiden Klappenränder versenkt und verdickt. Seine äußere Schicht wirkt dann durch Zug, die innere durch Druck. Die innere Ligamentschicht kann sich von der äußeren lösen und als Resilium ganz nach innen verlagert werden. Ihre, meist dreieckige, Anheftungsstelle heißt Resilifer. Zuweilen ruht das Ligament in löffelförmigen inneren Schalenvorsprüngen (Chondrophoren). Das äußere Ligament liegt i. d. R. hinter dem Wirbel (opisthodetes Ligament). Die Rinne, in der es befestigt ist, heißt Nymphe. Bei manchen Formen ist es auf einer Ligamentarea teils vor, teils hinter dem Wirbel (amphidet) angeordnet. Ein Ligament, das parallel zum Schloßrand verläuft, ist parivinculär. Steht seine Längsachse senkrecht zur Klappenebene, ist es alivinculär. Ein mehrfach unterteiltes Ligament heißt multivinculär (Abb. 365).

Bei manchen vergraben lebenden Muscheln reicht die Elastizität des Ligamentes nicht aus, den Druck des Sedimentes beim Öffnen der Klappen zu überwinden. Diese Formen pumpen Wasser in die Mantelhöhle und pressen so die Klappen auseinander. Um dies zu ermöglichen, klaffen die Klappen auch in geschlossenem Zustand etwas. Bei ligamentlosen Arten (z. B. einigen Pholadiden) ist das Einpumpen von Wasser das einzige Mittel, um die Schale zu öffnen.

Antagonisten des Ligamentes sind die **Schließmuskeln.** Sie haben die Aufgabe, die Klappen zu schließen. Ursprünglich und in den meisten Fällen sind sie in Zweizahl vorhanden (Abb. 366). Wenn vorderer und hinterer Schließmuskel etwa gleich groß sind, heißen sie homomyar oder isomyar. Ihre Eindrücke sind auf der Innenseite der Klappen fast stets deutlich erkennbar. Um das

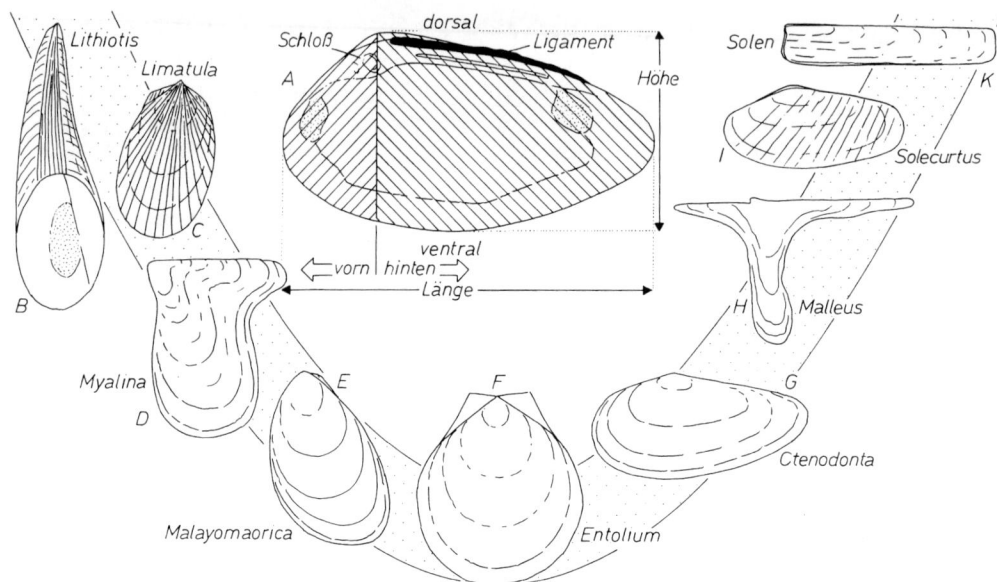

Abb. 361. Die Form der Klappen einer Muschelschale. A: Blick ins Innere einer rechten Klappe (vorne: links im Bild), schematisch. B–K: Beispiele der Form der Klappen; B–E, G–K: ungleichseitige Klappen; F: gleichseitige Klappe; B: rechte Klappe von innen; C–K: linke Klappen von außen. B: Unt.-Jura, × 0,1; C: Trias – rez., × 0,5; D: Karbon – Perm, × 0,3; E: Jura, × 0,75; F: Trias – Kreide, × 0,75; G: Ord., × 1; H: rez., × 0,2; I: Eoz. – rez., × 0,35; K: Eoz – rez., × 0,25. Nach L. R. Cox et al.

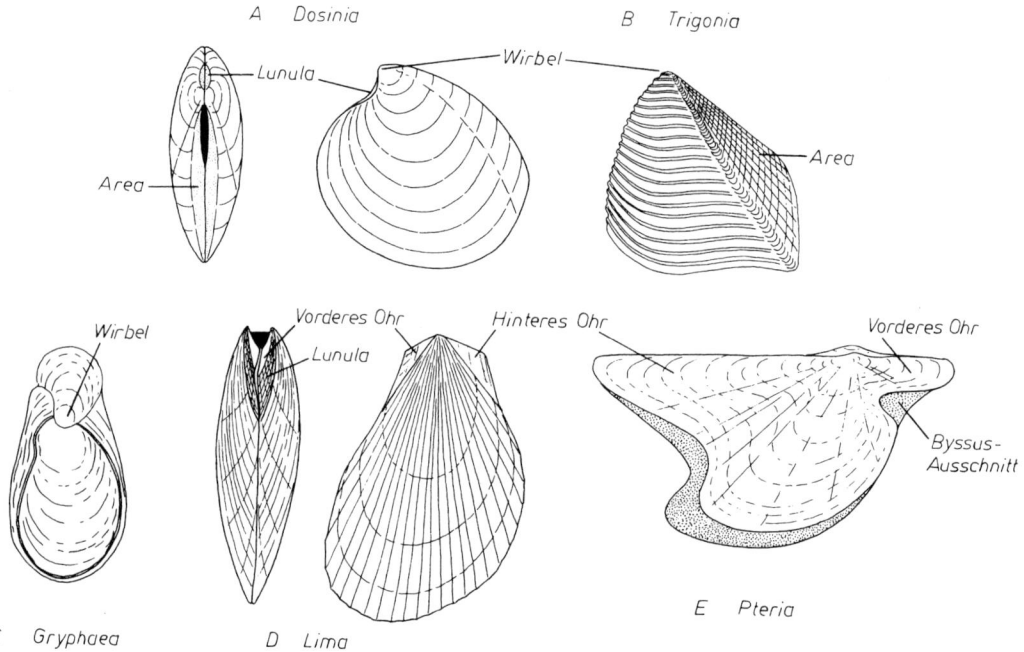

Abb. 362. Terminologie der Muschelklappen. A: Eoz. – rez., × 0,5; B: Trias – Kreide, × 0,35; C: Jura, × 0,5; D: Jura – rez., × 0,5; E: Trias – rez., × 0,5.

Pelecypoden

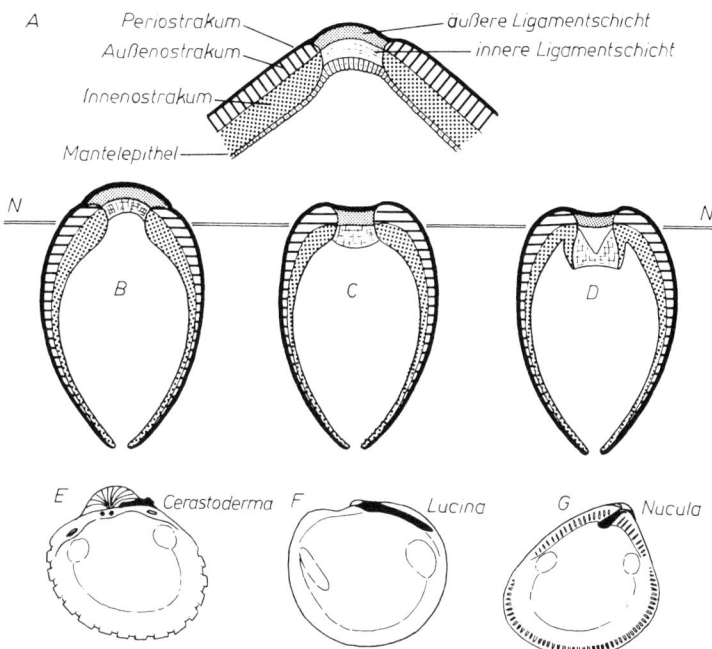

Abb. 363. Bau und Funktion des Muschel-Ligamentes. A: schematischer Querschnitt durch das Ligament; B–D: verschiedene Ligamenttypen im schematischen Querschnitt, N–N: Ligamentachse, entlang derer sich die Funktionsweise des Ligamentes ändert; E–G: zu B–D gehörende Beispiele des Ligamentes (schwarz), E: Olig. – rez., × 0,6, F: Ob.-Kreide – rez., × 0,4, G: Kreide – rez., × 2,5. Nach E. R. Trueman.

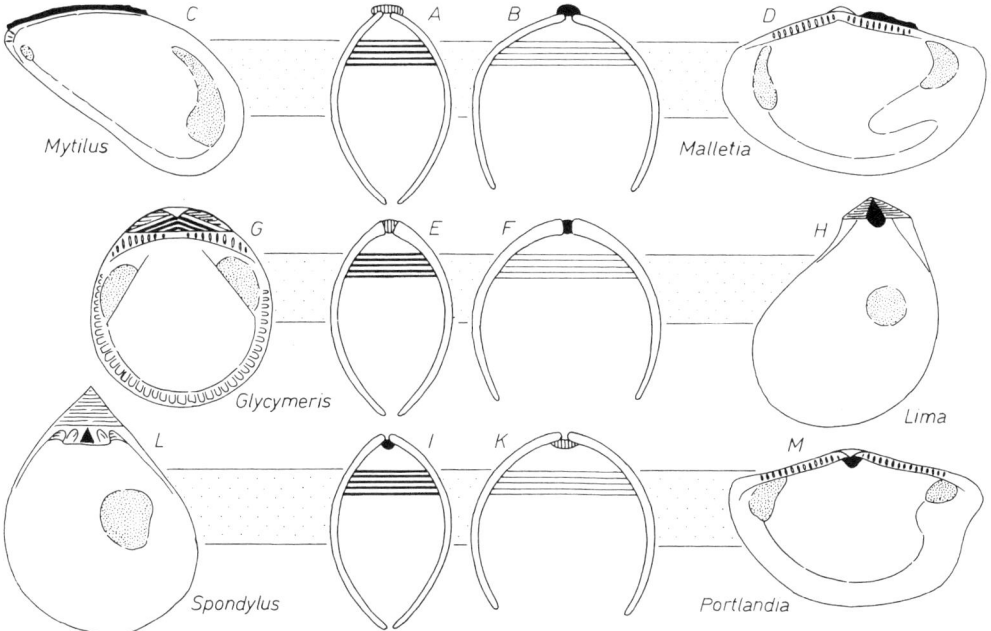

Abb. 364. Die Funktion von Ligament und Schließmuskeln der Muscheln an Beispielen. A–D: Ligament äußerlich, öffnet durch Zug; E–H: Ligament halb innerlich, auf einer Ligamentarea, öffnet durch Zug; I–M: Ligament innerlich, öffnet durch Druck. A, E, I: Klappen geschlossen, Schließmuskeln kontrahiert (schema-

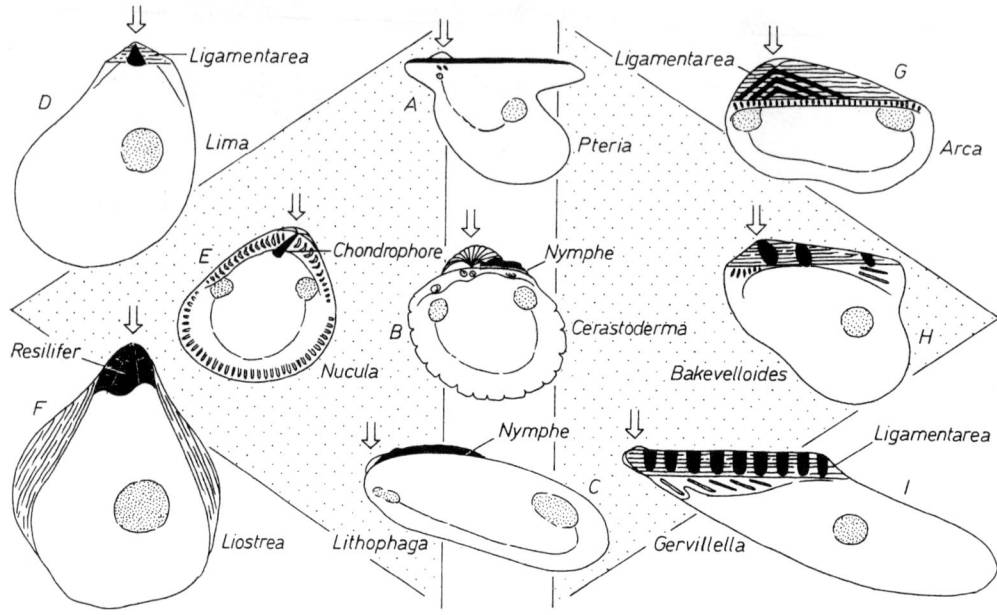

Abb. 365. Die unterschiedlichen Typen des Muschel-Ligamentes. A–C: äußeres, opisthodetes Ligament; D–F: halb innerliches und innerliches Ligament; G–I: unterteiltes Ligament. Die Pfeile zeigen auf den Wirbel. A: Trias–rez., × 0,25; B: Olig. – rez., × 0,6; C: Tert. – rez., × 0,75; D: Jura–rez., × 0,4; E: Kreide–rez., × 2,5; F: Trias – Jura, × 0,25; G: Jura – rez., × 0,3; H: Trias – Jura, × 0,5; I: Trias – Kreide, × 0,3.

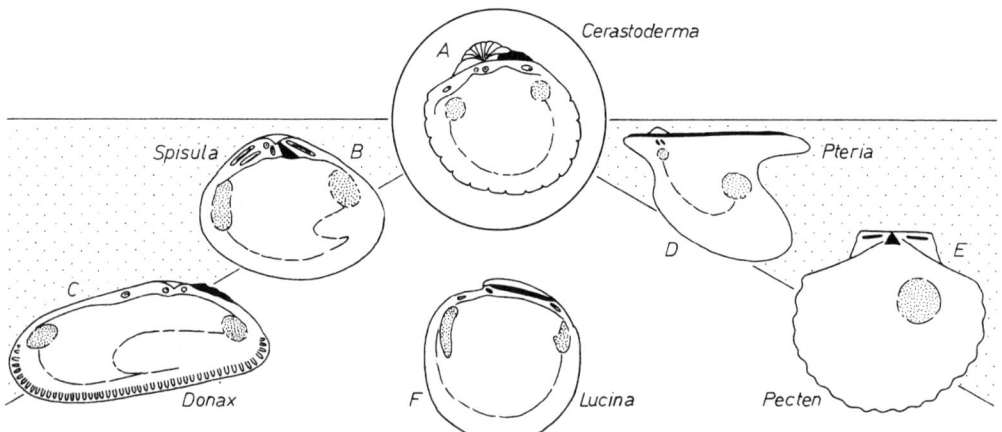

Abb. 366. Schließmuskeln und Mantellinie der Muscheln. A: Olig. – rez., Schließmuskeln homomyar, Mantellinie integripalliat; B, C: Schließmuskeln homomyar, Mantellinie sinupalliat, B: Tert. – rez., × 0,75, C: Eoz. – rez., × 1,5; D: Trias – rez., × 0,25, Schließmuskeln heteromyar, Mantellinie integripalliat; E: Eoz. – rez., × 0,2, Schließmuskeln monomyar; F: Ob.-Kreide – rez., × 0,4, vorderer Schließmuskel länglich, hinterer rundlich, Mantellinie integripalliat.

←

tisch); B, F, K: Klappen geöffnet, Schließmuskeln schlaff (schematisch). Schwarz: Ligament komprimiert; schraffiert: Ligament gedehnt; punktiert: Schließmuskeleindrücke. C, D, G, H, L, M: Beispiele der Lage des Ligamentes; C: Tert. – rez., × 0,5; D: Jura – rez., × 1; G: Kreide – rez., × 0,5; H: Jura – rez., × 0,4; L: Jura – rez., × 0,5; M: Tert. – rez., × 0,4.

Haften des Muskels an der Schale zu verbessern, ist diese im Bereich der Muskelansatzstellen oft prismatisch abgewandelt (Myostrakum, „helle Schicht"). Bei byssustragenden Formen treten die Haftfäden in der Nähe des vorderen Schließmuskels aus der Schale. Da beide Organe sich in ihrer Funktion behindern, sind die meisten mit dem Byssus verankerten Muscheln anisomyar. Ihr vorderer Schließmuskel ist entweder verkleinert (heteromyare Muscheln, z. B. *Mytilus*) oder ganz rückgebildet (monomyare Formen, z. B. Pectiniden). Bei Schalen, die vorne wesentlich länger sind als hinten, kann der vordere Schließmuskeleindruck der größere sein. Bei den Luciniden ist der vordere Schließmuskel länglich und schmal, um dem Fuß den Bau einer Schleimröhre (vgl. S. 341) zu ermöglichen.

Das **Schloß** der Muscheln besteht aus Schalenfortsätzen (Zähnen), die in Gruben der gegenüberliegenden Klappe greifen. Es wirkt beim Öffnen und Schließen als Scharnier und verhindert das gegenseitige Verdrehen der Klappen. Die Beanspruchung des Schlosses ist bei der Fortbewegung im Inneren des Sedimentes am größten. Ontogenetisch frühe Stadien (Prodissoconche) tragen kleine Kerbzähnchen, die senkrecht zum Schloßrand stehen (Abb. 367). Das definitive Schloß geht jedoch nicht aus ihnen hervor, sondern ist eine Neubildung aus schloßrandparallelen Primitivlamellen. Aus ihnen entstehen mit dem weiteren Wachstum die meisten der verschiedenen Typen des Muschelschlosses.

Im actinodonten Typ bleiben die schloßrandparallelen Lamellen mehr oder weniger unverändert erhalten und wachsen zu definitiven Leistenzähnen heran. Beim heterodonten Schloß wird der unter dem Wirbel gelegene Anteil der vorderen Primitivlamellen zu kurzen Kardinalzähnen umgestaltet. Der Rest der vorderen und die hinteren Primitivlamellen – sofern sie normal ausgebildet sind – werden zu leistenförmigen Seitenzähnen. Auf ähnliche Weise entsteht das schizodonte Schloß. Es unterscheidet sich vom heterodonten im wesentlichen nur dadurch, daß der linke, zentrale Kardinalzahn tief gespalten ist (und daß die Träger des schizodonten Schlosses ein perlmutriges statt porzellanartiges Innenostrakum besitzen).

Für das heterodonte und schizodonte Schloß werden morphogenetisch begründete Zahnformeln benutzt (Abb. 368). Zähne der linken Klappe tragen, ausgehend vom Innenrand des Schlosses, gerade, Zähne der rechten Klappe ungerade Ziffern. Die Lage vor (anterior) oder hinter (posterior) dem Wirbel wird durch die Symbole a (bzw. A) und p (bzw. P) bezeichnet. Kardinalzähne tragen arabische Ziffern und kleine Buchstaben, Seitenzähne römische Ziffern und Großbuchstaben. Die Zahnformel der rechten Klappe wird über, die der linken Klappe unter einem Bruchstrich eingetragen. Innerhalb der Heterodonten lassen sich zwei Gruppen unterscheiden. Der cyrenoide Typ trägt rechts eine innerste vordere Lamelle mit zentralem Kardinalzahn. Im lucinoiden Typ bildet die innerste vordere Lamelle der linken Klappe den zentralen Kardinalzahn (vgl. Abb. 369).

Das pachyodonte Schloß ist abgewandelt heterodont. Seine Kardinalzähne sind plump zapfenförmig und oft stark vergrößert. Bei Schalen, die mit der einen Klappe festgewachsen sind, erlauben die Zapfen des pachyodonten Schlosses der Deckelklappe oft kein Auf- und Zuklappen mehr, sondern nur noch ein Heben und Senken. Manche Gattungen besitzen neben den zapfenförmigen Schloßzähnen weitere, ähnliche Gebilde, an denen Schließmuskeln befestigt sind. Diese Fortsätze werden Myophoren genannt (Abb. 370).

Im taxodonten Schloß stehen zahlreiche, untereinander gleichartige Kerbzähnchen in einer fortlaufenden Reihe senkrecht zum Schloßrand oder leicht schräg (Abb. 371). Taxodonte Schlösser können stammesgeschichtlich ursprünglich sein; sie heißen dann ctenodont. Sind sie aus dem actinodonten Schloß dadurch abgeleitet, daß ursprünglich schloßrandparallel entstehende Zähne sich im Verlauf der Ontogenie immer stärker neigen, bis sie zuletzt senkrecht zum Schloßrand stehen, so nennt man sie pseudoctenodont (vgl. Bd. 1, S. 70, Abb. 76).

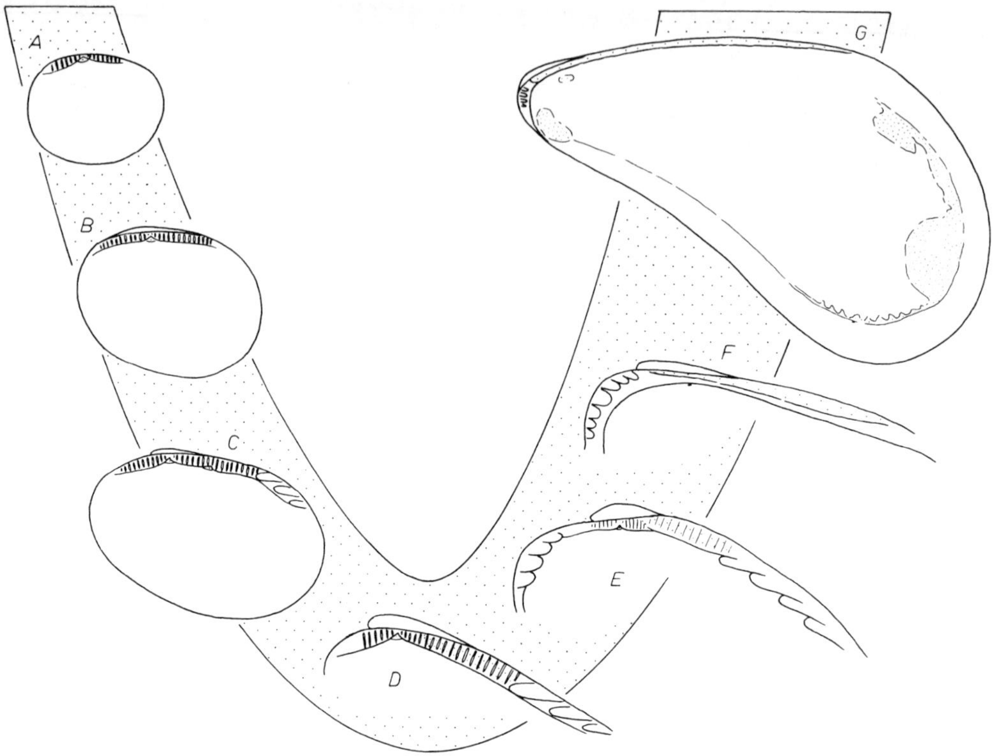

322     Die Mollusken (Weichtiere)

Abb. 367. Ontogenetische Frühstadien des Muschelschlosses am Beispiel von *Mytilus*. Der Prodissoconch trägt feine Kerbzähnchen, die senkrecht zum Schloßrand stehen (A); schloßrandparallele Lamellen (D–F) sind spätere Bildungen. Adultstadien von *Mytilus* (G, × 1) besitzen reduzierte Schloßzähne (dysodontes Schloß). Nach F. BERNARD.

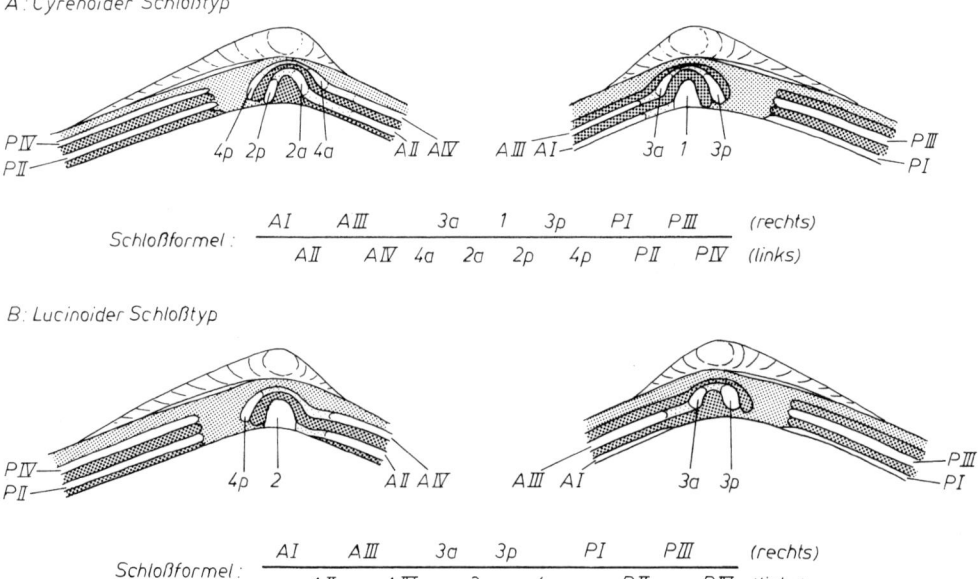

A: Cyrenoider Schloßtyp

Schloßformel: $\dfrac{AI \quad AIII \quad 3a \quad 1 \quad 3p \quad PI \quad PIII}{AII \quad AIV \quad 4a \quad 2a \quad 2p \quad 4p \quad PII \quad PIV}$ (rechts) (links)

B: Lucinoider Schloßtyp

Schloßformel: $\dfrac{AI \quad AIII \quad 3a \quad 3p \quad PI \quad PIII}{AII \quad AIV \quad 2 \quad 4p \quad PII \quad PIV}$ (rechts) (links)

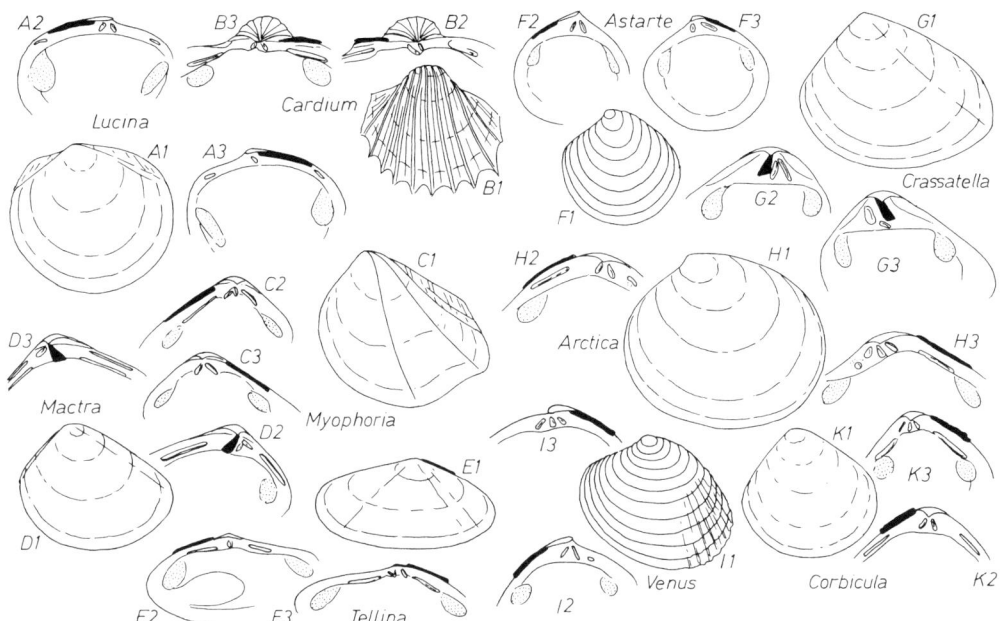

Abb. 369. Beispiele von Heterodonten-Schlössern. A, B, D–G: „lucinoide" Schlösser; C: schizodontes Schloß; H–K: „cyrenoide" Schlösser. A: Ob.-Kreide – rez., × 0,5; B: Mioz. – rez., × 0,4; C: Trias, × 1,5; D: Eoz. – rez., × 0,4; E: Tert. – rez., × 0,4; F: Jura – rez., × 1,8; G: Ob.-Kreide – rez., × 0,4; H: Unt.-Kreide – rez., × 0,4; I: Olig. – rez., × 0,5; K: Unt.-Kreide – rez., × 0,8. 1: linke Klappen von außen; 2: linke Klappen von innen; 3: rechte Klappen von innen.

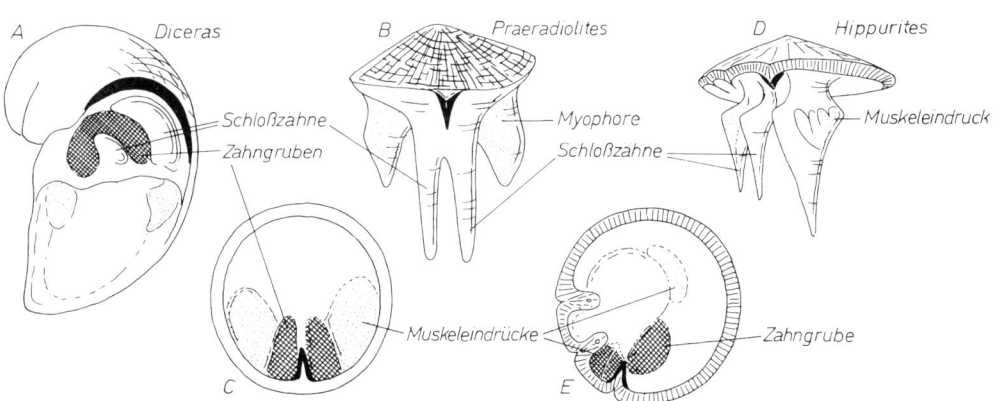

Abb. 370. Pachyodonte Muschelschlösser: A: Jura, × 0,5; B, C: Kreide, × 0,4; D, E: Ob.-Kreide, × 0,4. Nach C. Dechaseaux und W. F. Ptschelintsev.

Abb. 368. Schema des heterodonten Muschelschlosses. Links: Blick auf das Schloß linker Klappen; rechts: Blick auf das Schloß rechter Klappen; dunkler Punktraster: Zahngruben; weiß: Primitivlamellen bzw. Schloßzähne. Nach J. Haffer.

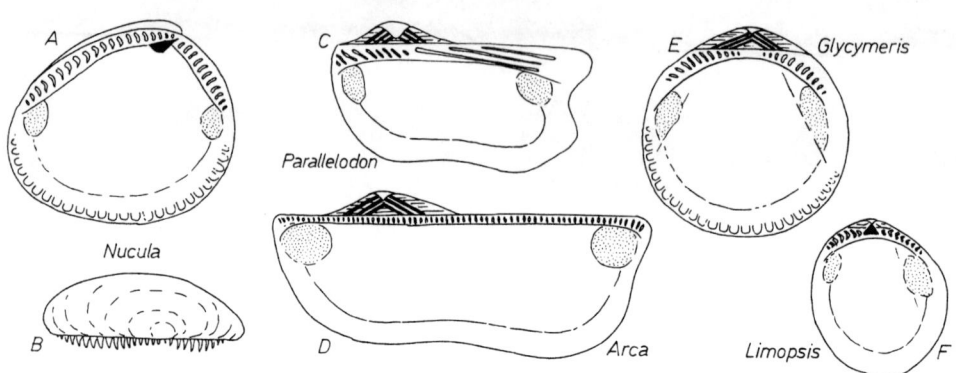

Abb. 371. Taxodonte Muschelschlösser. A, B: ctenodonte Schlösser; C–F: pseudoctenodonte Schlösser. Blick in die rechte Klappe. A, B: Kreide – rez., × 3; C: Ord. – Jura, × 0,3; D: Jura – rez., × 0,6; E: Kreide – rez., × 0,6; F: Jura – rez., × 1. Nach L. R. Cox et al. und A. Franc.

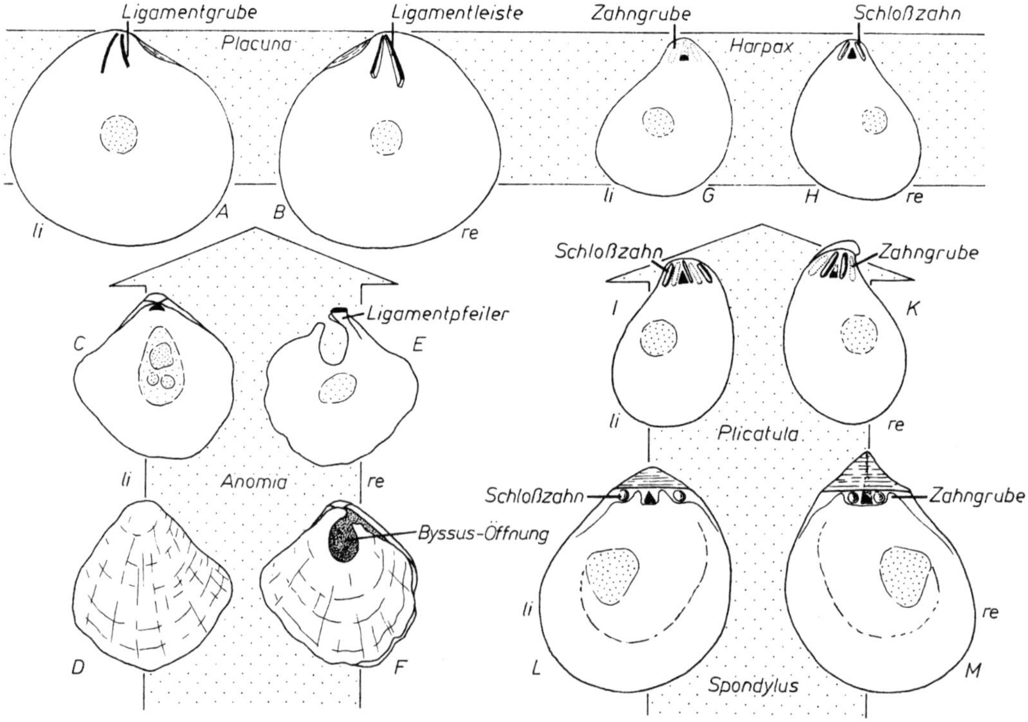

Abb. 372. Isodonte Muschelschlösser und ähnliche Ligamentträger. A–F: Ligamentleisten und -pfeiler bei Anomiiden; G–M: isodonte Schloßzähne bei Plicatuliden und Spondyliden. A, B: Eoz. – rez., × 0,3; C–F: Kreide – rez., × 0,3; G, H: Jura, × 0,75; I, K: Trias – rez., × 0,75; L, M: Jura – rez., × 0,5; li: linke Klappe, re: rechte Klappe, locker punktiert: Schließmuskeleindruck.

Das dysodonte Schloß ist durch die Reduktion der Schloßzähne gekennzeichnet. Es wird von anisomyaren Schließmuskeln begleitet. Beide Merkmale lassen sich aus dem epibenthischen sessilen Leben der Tiere und der daraus folgenden geringeren Beanspruchung des Scharniers ableiten. Bei einigen Anisomyariern ist allerdings als sekundäre Neubildung ein isodontes Schloß entstanden. Es trägt kräftige Zähne und Zahngruben, die symmetrisch beiderseits des internen Ligamentes liegen und ein Verdrehen der Klappen auch in stark bewegtem Wasser verhindern (Abb. 372).

Auch im desmodonten Schloß sind die Zähne reduziert. Kennzeichnend sind löffelförmige Fortsätze unter dem Wirbel. Teilweise sind sie Chondrophoren, auf denen das Ligament ruht; teilweise handelt es sich um Apophysen, an denen Fußmuskeln ansetzen (Abb. 373). Die Desmodonten sind homomyar und meist sinupalliat. Ihre Schloßreduktion ist die Antwort auf das Bohren oder ein hemisessiles Leben im Inneren des Sedimentes.

Die Schloßtypen kennzeichnen zum Teil stammesgeschichtlich zusammengehörige Gruppen. Ein Schloßtyp kann jedoch auch mehrfach in unabhängigen Linien auftreten. Beispiele sind das taxodonte und das desmodonte Schloß. Zu beachten sind ferner morphologische, nicht jedoch funktionelle Ähnlichkeiten zwischen Schloß- und Ligamentstrukturen (z. B. taxodontes Schloß und multivinculäres Ligament).

Weitere an der Innenseite der Klappen sichtbare Strukturen sind die Eindrücke der **Fußmuskeln**. Die Mehrzahl der Muscheln besitzt zwei Paare, die den beiden Schließmuskeln benachbart sind. Das hintere Muskelpaar wirkt als Retraktor, das vordere als Protraktor. Bei manchen Gattungen treten weitere Muskelpaare auf. Soweit bekannt, unterstützen sie den Retraktor, indem sie den zurückgezogenen Fuß dorsalwärts heben. Inwieweit die Fußmuskeln den metameren Dorsoventralmuskeln der Monoplacophoren homolog sind, ist unsicher. Ihre Zahl und Lage dürfte eher funktionell bestimmt sein und sich deshalb wohl kaum phylogenetisch ausdeuten lassen (Abb. 374).

Die Spurlinie der kleinen Muskeln, mit denen der Mantel in einigem Abstand vom Rand der Klappen festgewachsen ist, wird als **Mantellinie** bezeichnet. Sie verbindet i. d. R. die beiden Schließmuskeleindrücke. Bis zu ihr kann der Mantelsaum zurückgezogen werden. Ursprünglich beschreibt sie einen einfachen, dem Schalenrand parallelen Bogen (integripalliate Mantellinie). Sofern lange Siphonen ausgebildet sind, die ebenfalls zurückgezogen werden müssen, springt die Mantellinie im hinteren Schalenteil bogenförmig zurück (Abb. 366). Sie ist dann sinupalliat. Die Tiefe des Sinus ist von der Länge der Siphonen und damit davon abhängig, wie tief das Tier im Sediment eingegraben lebt.

Sinnesorgane hinterlassen in den Klappen rezenter Muscheln keine Eindrücke. Es ist jedoch denkbar, daß Gruben in eingefalteten „Stützpfeilern" der rechten Klappe einiger Rudisten Sinnes- oder Atemorgane beherbergten. In der Deckelklappe sind darüber zwei größere Öffnungen ausgespart, durch die frisches Wasser zu den Organen dringen konnte. Das Kanalsystem der Deckelklappe der Hippuriten dürfte dem Einsaugen von Wasser zum Heben des Deckels gedient haben, da das Ligament allein zum Öffnen wohl zu schwach war. Die Funktion des Hohlraumsystems, das bei den Capriniden in einer oder beiden Klappen auftritt, ist unbekannt (Abb. 375).

Bei einer Reihe grabender Muscheln sind außer den beiden Klappen **zusätzliche Skelettelemente** entwickelt. *Pholas* und Verwandte tragen dorsal symmetrisch angeordnete Schalenstücke. Die linke (kleinere) Klappe von *Corbula* wird durch eine unpaare Platte ergänzt. Zuweilen wird die Austrittsstelle der Siphonen durch Platten geschützt, oder die gesamten Siphonen werden von einer Kalkröhre umhüllt *(Clavagella, Penicillus)*. Bei *Gastrochaena* sind Schale samt Siphonen von einer Kalkhülle umgeben. Bei den Terediden (den „Schiffsbohrwürmern"), deren Schale bis auf kleine Rudimente im vorderen Körperteil rückgebildet ist, dienen die kalkigen „Paletten" dem Schutz der Siphonen (vgl. Abb. 376).

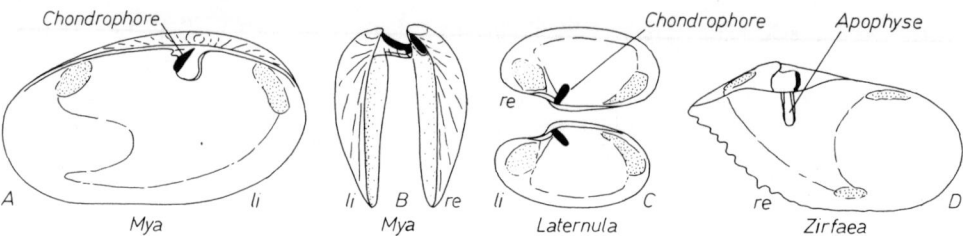

Abb. 373. Desmodonte Muschelschlösser. A, B: Olig. – rez., × 0,5; C: Ob.-Kreide – rez., × 0,4; D: Mioz. – rez., × 0,75; li: linke Klappe, re: rechte Klappe, schwarz: Ligament, punktiert: Schließmuskeleindrücke. Nach L. R. Cox et al. und A. G. Ebersin.

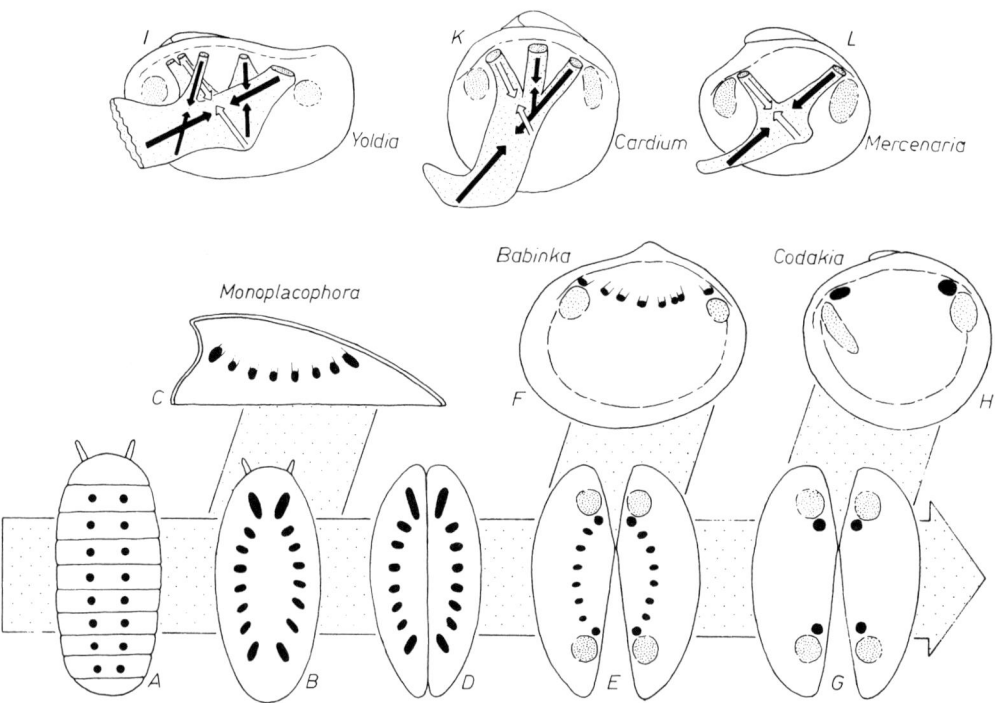

Abb. 374. Die Fußmuskulatur der Muscheln. A–H: hypothetische Ableitung der Muskeleindrücke von den Dorsoventralmuskeln der Monoplacophoren, A–E, G: schematisch, F: Ord., × 1,5, H: Jura – rez., × 0,3; I–L: Funktionsweise der Fußmuskulatur, I: Kreide – rez., × 1, K: Mioz. – rez., × 0,75, L: Olig. – rez., × 0,25. Bei I–L schwarz: Retraktoren, weiß: Protraktoren. Nach E. G. Driscoll, R. Horny und A. L. McAlester.

Abb. 376. Der Schalenbau der Pholadaceen und Clavagellaceen. A, B: zusätzliche Schalenstücke der Pholadiden, A: Kreide – rez., × 0,5, B: Eoz. – rez., × 1,5; C–F: Schale und Paletten der Terediden, C–E: Eoz. – rez., Schema des Weichkörpers, ca. × 0,5, Schale × 6, Palette × 6, F: Paleoz. – rez., × 1,5; G, H: Kalkröhre bei *Clavagella* (G, Ob.-Kreide – rez.), × 0,2, und *Penicillus* (H, Olig. – rez.), × 0,3. Nach E. Forbes & S. Hanley, F. Haas und R. D. Turner.

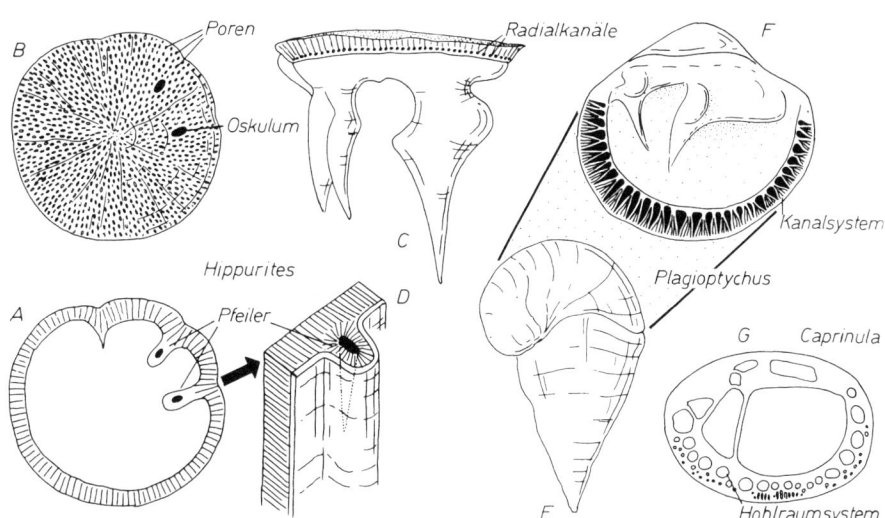

Abb. 375. Besonderheiten im Schalenbau der Rudisten. A–D: Kanalsystem der linken (freien) Klappe der Hippuriten (Oberkreide) und mögliche Sinnesorgane; A: Querschnitt durch die rechte Klappe (× 0,3); B: Aufsicht auf die linke Klappe (× 0,3), man beachte die Lage der Oskula über den Pfeilern; C: Kanalsystem der linken Klappe (× 0,3); D: Pfeiler der rechten Klappe (schematisch) und darin eingesenkte Grube, die möglicherweise ein Sinnesorgan trug. E–G: Hohlraum- und Kanalsystem in der Schale der Capriniden; E, F: Ob.-Kreide, × 0,3, × 0,6, zweiklappige Schale und Kanalsystem der linken (freien) Klappe; G: Kreide, × 0,6, Hohlraumsystem der linken (freien) Klappe. Nach C. Dechaseaux, F. Klinghardt und K. Vogel.

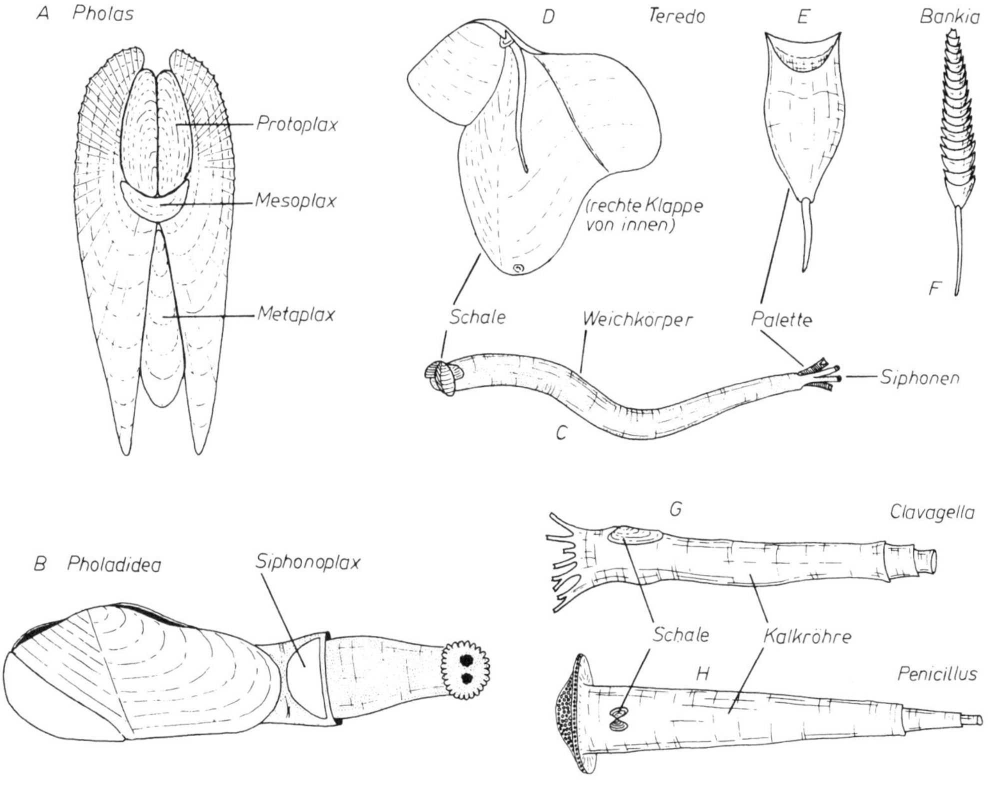

Wenn Fremdkörper zwischen Mantelepithel und Schale eindringen, so werden sie vom Mantel eingekapselt. Die Schalensubstanz, die um diese Partikel ausgeschieden wird, bildet **Perlen**. Die Struktur der Perlen (Kalzitprismen, Aragonitprismen, Perlmutter, „Porzellan") hängt von der Funktionsweise desjenigen Teils des Mantelepithels ab, an dem der Fremdkörper sitzt.

Die Merkmale, nach denen sich die Klappen der Muscheln **orientieren** lassen, leiten sich größtenteils aus der Anatomie der Weichteile ab. Die Klappen sind normalerweise vorne kürzer als hinten. Ihr Wirbel ist in den meisten Fällen vorwärtsgekrümmt (prosogyr). Ein äußeres, nicht amphidetes Ligament liegt stets hinten. Eine Byssus-Öffnung liegt stets vorne. Ist sie an eine der beiden Klappen gebunden, so ist dies die rechte. Sofern die beiden Schließmuskeln nicht gleich groß sind, ist fast stets der vordere verkleinert oder rückgebildet. Ein Mantelsinus liegt stets hinten.

### 3. Ontogenie

Die Mehrzahl der Muscheln ist getrenntgeschlechtig. Zwitter sind Ausnahmen, kommen jedoch in allen Großgruppen vor. Ein Dimorphismus männlicher und weiblicher Schalen ist auf wenige Einzelfälle beschränkt. Die meisten marinen Muscheln entlassen sehr zahlreiche Eier. Im Wasser befruchtet, wachsen sie zu Veligerlarven heran. Das planktische Larvenstadium dauert wenige Tage bis mehrere Wochen. Die Dauer wird von der Temperatur beeinflußt (vgl. Bd. 1, S. 121, Abb. 138). Bei *Ostrea edulis* steigt sie von 10 auf 18 Tage, wenn die Temperatur von 20 auf 16 °C sinkt. Durchschnittswerte sind von Art zu Art verschieden. Sie betragen bei *Crassostrea virginica* 1 Tag, bei *Mya arenaria* etwa 3 Wochen, bei *Mytilus edulis* bis 12 Wochen.

Schon die Veligerlarve trägt eine zunächst einheitliche Kappe aus Konchiolin, die sich früh längs der Medianlinie in zwei Klappen teilt. Diese können verkalken und besitzen ein Schloß, zwei Schließmuskeln und ein Ligament. Die larvale Schale heißt Prodissoconch (vgl. Abb. 377). Mit der Metamorphose sinken die Tiere zu Boden. Der Mantel vergrößert sich und die definitive Schale, der Dissoconch, beginnt unter dem Prodissoconch zu wachsen. Dieser bleibt manchmal als vergängliche Kappe auf der Spitze des Wirbels des Dissoconchs erhalten.

Die Schale der Muscheln wächst durch Anlagerung von Kalk am Rand der Klappen. Der Zuwachs gehorcht oft mathematischen Gesetzmäßigkeiten. Die Wölbung der Klappen folgt vielfach einer logarithmischen Kurve. Gleichseitige Klappen wachsen vorn und hinten mit gleicher Geschwindigkeit. Ungleichseitige Klappen verdanken ihre Form einem positiv allometrischen Wachstum des dorsalen Klappenrandes (vgl. Abb. 378).

Die Zuwachsraten lassen sich an den Anwachslinien auf der Oberfläche der Klappen ablesen (Abb. 379). Sie sind auch als Wachstumslinien im Querschnitt der Schale sichtbar. Wachstumsunterbrechungen können während saisonaler Klimaschwankungen und bzw. oder in Zeiten der Geschlechtstätigkeit auftreten. Da die Zuwachsraten mit zunehmendem Alter der Tiere abnehmen, zeigt eine Drängung der Wachstumsunterbrechungen am Klappenrand an, daß die Tiere ausgewachsen sind. Nur wenige Muscheln bleiben einjährig. Die meisten Arten sind mehrjährig. Marine Arten werden in ihrer Mehrheit 5–20 Jahre alt *(Mytilus edulis* z. B. 8–10 Jahre). Flußmuscheln erreichen ein wesentlich höheres Alter (mitteleuropäische Exemplare von *Margaritifera* werden 60–80 Jahre alt).

Bei polaren marinen und den meisten limnischen und fluviatilen Muscheln ist das planktische Larvenstadium unterdrückt. Die befruchteten Eier wachsen in der Mantelhöhle des Muttertieres zu Jungtieren heran (Brutpflege). Die Larven der Unioniden entwickeln im Muttertier zweiklappige Schälchen. Sie tragen ventral Greifhaken und werden als Glochidien bezeichnet. Sie heften sich an der Epidermis von Fischen fest, wo sie innerhalb von 2–10 Wochen ihre Metamorphose durchlaufen. In dieser Zeit ernähren sie sich parasitisch.

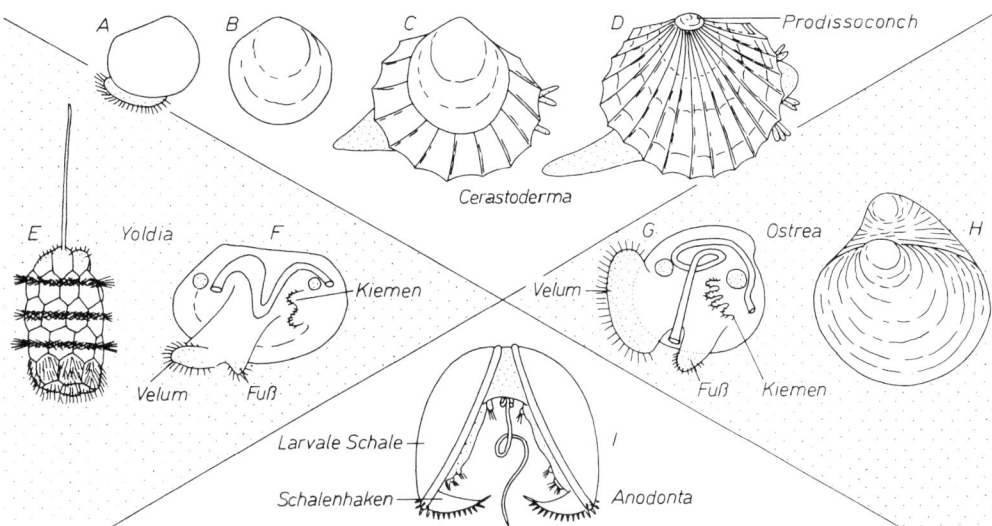

Abb. 377. Larvale Schalen und Prodissoconch der Muscheln. A–D: Entwicklung des Prodissoconchs von *Cerastoderma* (Olig. – rez.), A: × 100, B, C: × 50, D: × 15; E, F: Larven von *Yoldia* (Kreide – rez.), 45 Stunden bzw. 10 Tage alt, vergr.; G, H: Larve und Prodissoconch von *Ostrea* (Kreide – rez.), vergr.; I: Glochidium von *Anodonta* (Kreide – rez.), × 75. Nach G. A. Drew, W. Harms, R. T. Jackson, M. Lebour und H. F. Prytherch.

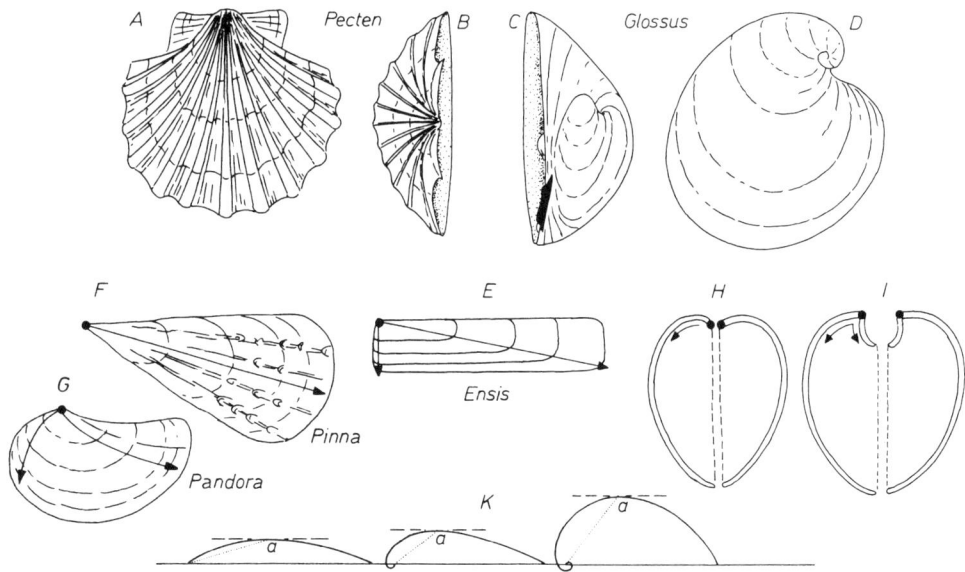

Abb. 378. Das Wachstum der Muschelklappen. A, B: Eoz. – rez., × 0,2, gleichmäßiges (isometrisches) Wachstum. C, D: Paleoz. – rez., × 0,4, positiv allometrisches Wachstum des dorsalen Klappenrandes. E–G: die vom Wachstumszentrum (schwarzer Punkt) ausgehenden, unterschiedlich starken Wachstumsintensitäten (Pfeile) führen zu unterschiedlichen Schalenformen, E: Eoz. – rez., × 0,25, F: Karbon – rez., × 0,15, G: Olig. – rez., × 1,25. H, I: Das Wachstum kann vom Wirbel (schwarzer Punkt) entweder nur vom Schloßrand fort (H) oder auch in Richtung auf den Schloßrand (I) erfolgen, schematisch. K: Logarithmische Spiralen mit unterschiedlichem Winkel a gegenüber einer Tangente, man beachte die Ähnlichkeit mit den Schnitten durch unterschiedlich gewölbte Muschelklappen. Nach L. Lison und C. P. Nuttall.

330  Die Mollusken (Weichtiere)

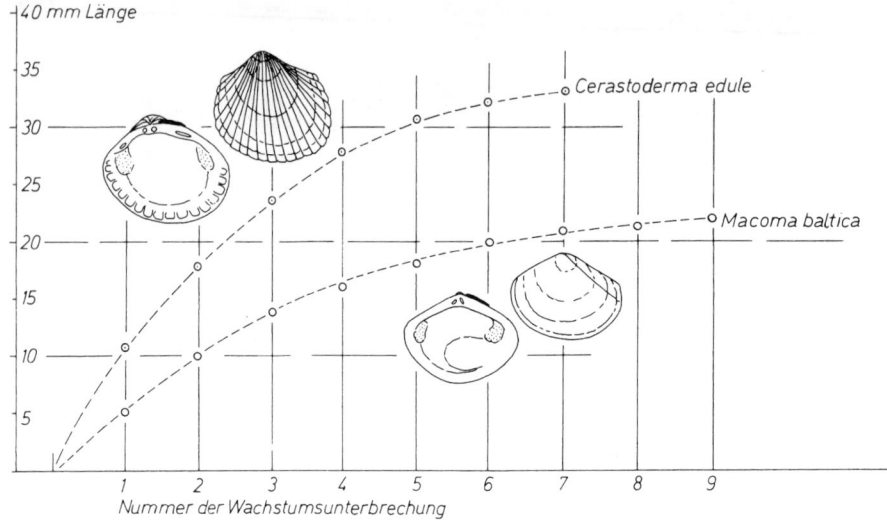

Abb. 379. Zahl der Wachstumsunterbrechungen und Abnahme des Zuwachses bei rezenten Nordsee-Muscheln. Muschelklappen × 0,5. Nach K. VOGEL.

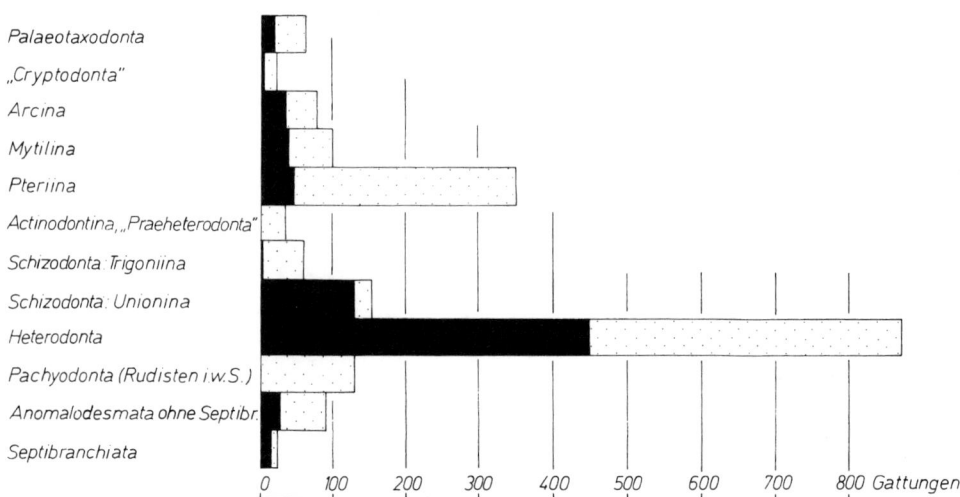

Abb. 380. Diversität (Gattungszahlen) der Hauptgruppen der Muscheln und das Verhältnis rezenter (schwarz) zu insgesamt bekannten Taxa. Daten nach L. R. COX et al.

## 4. Phylogenie

Die ältesten eindeutigen Muscheln sind ordovizisch. Bei einigen kambrischen Formen ist die Zugehörigkeit zu den Pelecypoden umstritten. Auch die Herkunft der Muscheln wird uneinheitlich beurteilt. Am wahrscheinlichsten erscheint ihre direkte Ableitung von frühen Monoplacophoren. Es wird jedoch auch vermutet, daß sowohl die Muscheln als auch die Scaphopoden auf Rostroconchiden zurückgehen, die ihrerseits in primitiveren Mollusken wurzeln. Auch eine polyphyletische Entstehung der Pelecypoden wird angenommen, wogegen jedoch die in wichtigen Merkmalen übereinstimmende Anatomie des Weichkörpers spricht.

Die Stammesgeschichte der Muscheln ist durch eine kontinuierliche Zunahme der Mannigfaltigkeit bis zur Gegenwart gekennzeichnet. Allerdings lassen die einzelnen Gruppen große Unterschiede erkennen (Abb. 380; vgl. Bd. 1, S. 104, Abb. 117). Rezent gibt es 20 000 Arten in etwa 750 Gattungen. Insgesamt sind über 2000 Gattungen bekannt.

Die Zweiteilung der Schale, die Möglichkeit, sie zu verschließen, und damit die Fähigkeit, das Eindringen von Schlamm zu verhindern, erlaubte die Besiedelung auch von Weichböden. Die eingeschränkte Beweglichkeit des Fußes führte zur Umbildung von Fußdrüsen zur Byssusdrüse. Primitive Muscheln werden deshalb als Tiere gedeutet, welche sich nahe der Sedimentoberfläche innerhalb des Substrates aufhielten und sich mindestens zeitweise mit Hilfe ihres Byssus anheften konnten. Entscheidend für die weitere Evolution wurde die Anpassung an Aufenthaltsort und Ernährungsweise.

Schon im Unterordovizium lassen sich zwei deutlich getrennte Entwicklungslinien unterscheiden. Eine Gruppe (Palaeotaxodonta, vgl. Bd. 1, S. 76, Abb. 83) zeigt nur unbedeutenden Evolutionsfortschritt. Sie behält ihre primitiven Merkmale (protobranchiate Kiemen, Nahrungsaufnahme mit Mundlappen vom Substrat, Vagilität) bis heute bei. Die zweite Gruppe (Actinodonten) läßt sich als Stammgruppe der übrigen Muscheln (eventuell mit Ausnahme der Anomalodesmata) deuten (Abb. 381). Ihre Weichkörperanatomie ist zwar weitgehend unbekannt; über den Bau des Fußes und der Mundlappen gibt es keine Anhaltspunkte. Der stammesgeschichtliche Erfolg der Actinodonten deutet jedoch darauf hin, daß sie schon früh filibranchiate Kiemen erwarben und damit zum Suspensionsfressen übergingen, welches ihnen neue Nahrungsquellen erschloß. Hierdurch wurde eine Besiedelung neuer Biotope und damit eine Vervielfachung der Artenzahl möglich.

Von den Actinodonten lassen sich die Pteriomorphen ableiten (Abb. 382). Sie sind die typischen Bewohner der Sedimentoberfläche und zeichnen sich durch die Anpassungen ans epibenthische Leben aus. Ihr Byssus ist meist kräftig entwickelt und i. d. R. zeitlebens in Funktion; der vordere Schließmuskel neigt zur Rückbildung; verbreitet ist die Tendenz zur Ungleichklappigkeit. Ab dem Ordovizium verlief die Evolution ihrer drei Hauptgruppen, der Arcina, der Mytilina und der Pteriina, getrennt. Am formenreichsten entwickelten sich die Pteriina (Abb. 383). Sie durchliefen im Mesozoikum ihre Blütezeit; viele bezeichnende Gruppen entstanden damals (z. B. Austern, Spondyliden) oder sind überhaupt darauf beschränkt (z. B. *Daonella, Inoceramus*). Vor allem die Pteriina waren es, die ab dem Jungpaläozoikum die Brachiopoden in ihren ökologischen Nischen ablösten. Ob sie allerdings direkte Nahrungskonkurrenten waren, ist umstritten.

Ebenfalls im Ordovizium scheinen sich aus den Actinodonten die Schizodonten und Heterodonten entwickelt zu haben. Im Kiemenbau und der Schalenstruktur primitiver, sind die Schizodonten im Jungpaläozoikum und frühen Mesozoikum weiter verbreitet als die Heterodonten. Ab dem Alttertiär verschwinden sie aus dem marinen Milieu fast völlig. Sie sind heute die herrschende Gruppe des Süßwassers, wohin sie im frühen Mesozoikum vordrangen. Ob die Süßwassermuscheln des Jungpaläozoikums ebenfalls hierher gehören, wird unterschiedlich beurteilt.

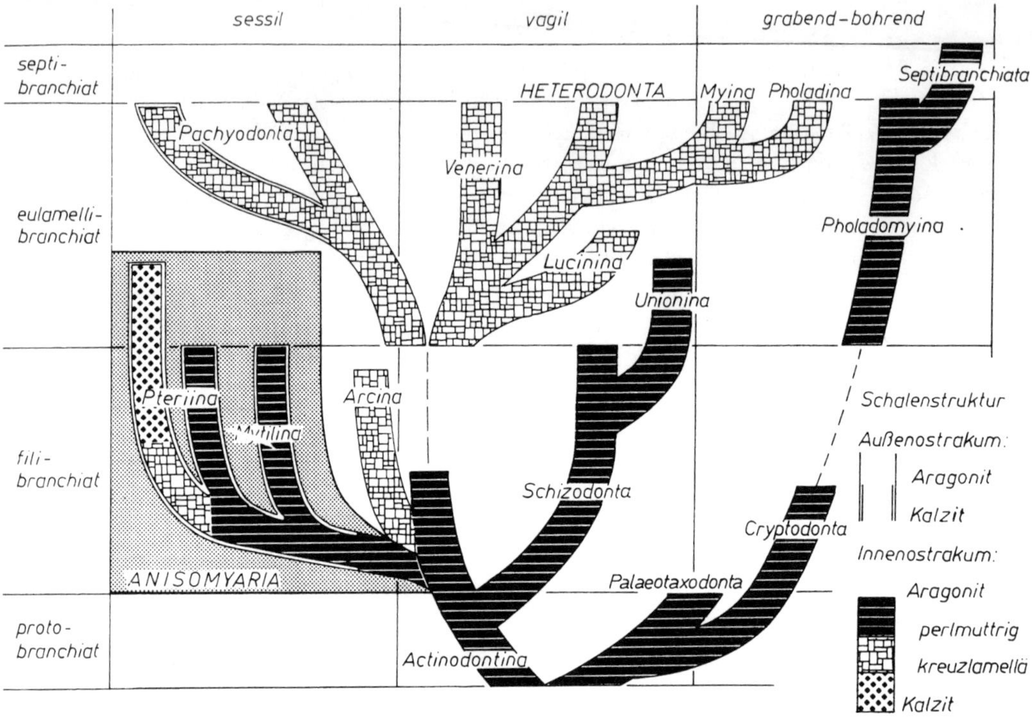

332　　　　　　　　　　　　　Die Mollusken (Weichtiere)

Abb. 381. Die stammesgeschichtliche Entwicklung von Kiemenbau, Schalenstruktur und Lebensweise bei den Muscheln. Nach N. D. Newell.

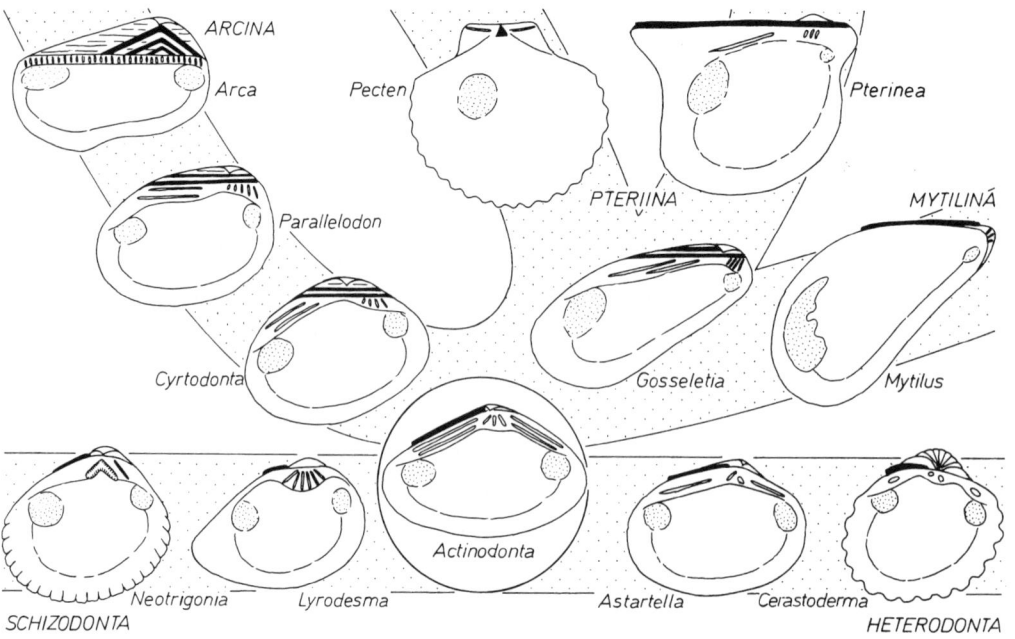

Abb. 382. Die Ableitung der Schlösser der Pteriomorpha (Arcina, Mytilina, Pteriina), der Schizodonta und der Heterodonta vom Actinodonten-Schloß. Nach K. Vogel.

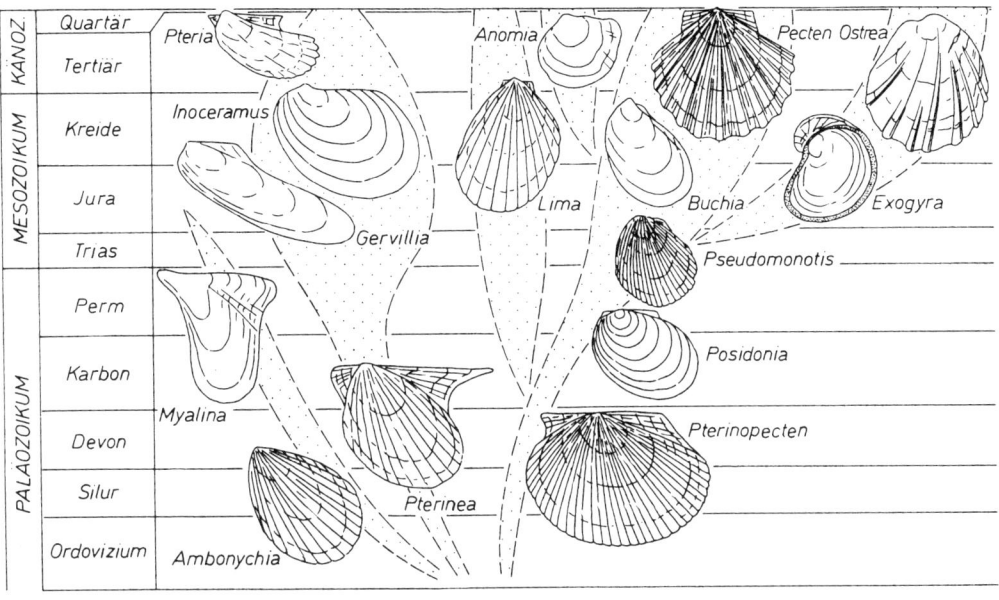

Abb. 383. Die Entfaltung und die Hauptgruppen der Pteriina.

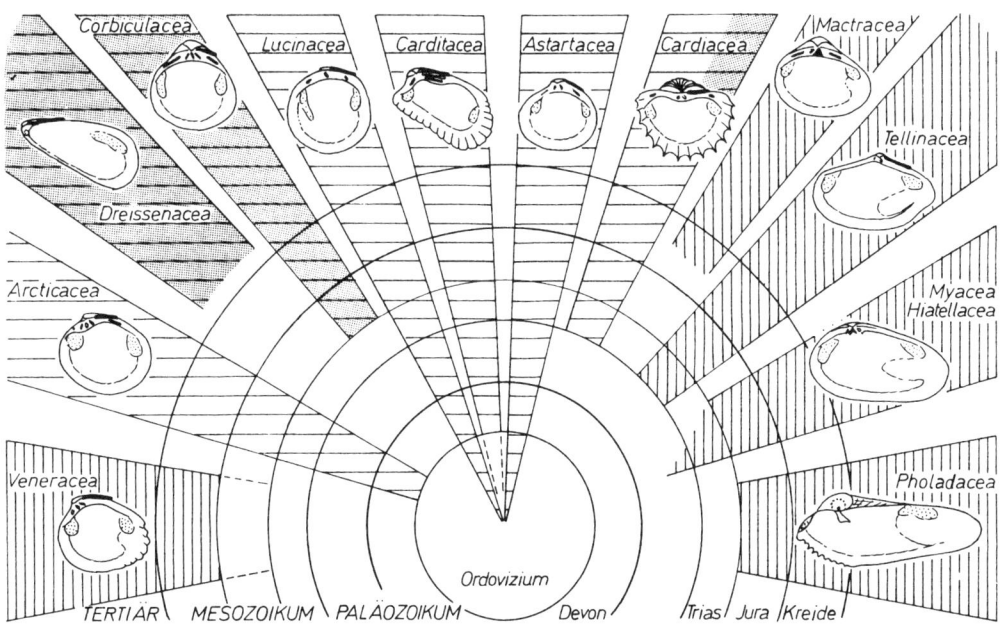

Abb. 384. Die Stammesgeschichte der heterodonten Muscheln. Senkrecht schraffiert: sinupalliat; waagrecht schraffiert: integripalliat; Punktraster: limnisch und brackisch.

Das Aufblühen der Heterodonten dürfte dem Erwerb eulamellibranchiater Kiemen zu verdanken sein. Erst ihre gesteigerte Pumpleistung gestattete im Verein mit der Ausbildung von Siphonen am hinteren Mantelrand das Eindringen in tiefere Sedimentschichten. Jetzt konnten die Tiere geschützt im Boden leben und zugleich ihre Nahrung aus dem freien Wasser beziehen. Die Heterodonten (und die Anomalodesmata) sind diejenigen sedimentbewohnenden Suspensionsfresser, bei denen diese Kombination am besten verwirklicht ist. Sie sind deshalb allen Konkurrenten (auch den Würmern) überlegen. Das erklärt ihren enormen Aufschwung seit dem Mesozoikum. Unklar bleibt die lange Anlaufphase ihrer Radiation vom Ordovizium bis zum Jura, sofern man nicht annimmt, daß der eulamellibranchiate Kiementyp erst spät, dann jedoch konvergent entstanden ist (Abb. 384).

Unklar sind auch die Zusammenhänge innerhalb der Pachyodonten. Einerseits läßt sich diese Gruppe von jurassischen Heterodonten ableiten. Andererseits wird sie über die paläozoischen Megalodonten auf Actinodonte zurückgeführt. Nach der zweiten Deutung wäre wahrscheinlich, daß die Pachyodonten filibranchiate Kiemen besaßen. Dies würde ihr epibenthisches Leben gut erklären, doch ist angesichts der aberranten Schalenformen auch eine andersartige Weichteilanatomie nicht auszuschließen.

Die Anomalodesmata sind seit dem Ordovizium nachweisbar. Ob sie in Actinodonten oder Palaeotaxodonten wurzeln, ist unklar. Die sicherlich heterogenen „Cryptodonten" könnten teilweise mit ihnen verwandt sein. Am formenreichsten waren die Anomalodesmata im Mesozoikum, wo sie im grabenden Endobenthos dominierten. Die Konkurrenz durch Heterodonte, die in dasselbe Milieu vorstießen (Myiden, Pholadiden), verursachte sowohl eine Abnahme der Mannigfaltigkeit als auch den Rückzug mancher Gattungen ins tiefe Wasser. Die hierfür typischen Septibranchiata erschienen in der Kreide. Andere Anomalodesmata sind epibenthisch geworden.

Die Stammesgeschichte der Muscheln wird von einer Vielfalt konvergenter Entwicklungen beherrscht. Die Umbildungen der Kiemen vom filibranchiaten zum eulamellibranchiaten Typ sind in mehreren parallelen Linien erfolgt. Auch die Veränderung der Schalenstruktur ereignete sich häufig konvergent (vgl. Abb. 385). Dasselbe gilt für die Evolution des Muschelschlosses, z. B. für das Auftreten taxodonter Kerbzähne, die Reduktion der Schloßzähne und die Bildung von Apophysen unter dem Wirbel. Ferner ist die Verlagerung des Ligamentes unter den Wirbel, die Entstehung des losgelösten Resiliums und die Ausbildung von Resilifer und Chondrophoren vielfach konvergent (vgl. Bd. 1, S. 76, Abb. 83). In paralleler Entwicklung ist außerdem die Verlängerung der Siphonen mit der Entstehung der sinupalliaten Mantellinie sowie das Festwachsen der Schale am Substrat erfolgt. Selbst die Reduktion des vorderen Schließmuskels als Folge der Anheftung mit dem Byssus hat mehrfach unabhängig stattgefunden. Die häufigen und zu unterschiedlichen Zeiten in unterschiedliche Richtung wirkenden Konvergenzen führten zu einer Vielzahl von sogenannten Spezialisationskreuzungen (vgl. Bd. 1, S. 93, Abb. 103, S. 95).

Einige Eigentümlichkeiten der Muschel-Phylogenie lassen sich durch die Annahme erklären, daß larvale oder jugendliche Merkmale beibehalten und, mit neuer Funktion versehen, weiterentwickelt wurden. Beispiele hierfür sind die Mundlappen, die sich vom larvalen Velum ableiten lassen, und die Ernährung durch Abfiltern suspendierter Partikel. Die Zweiklappigkeit der Schale könnte auf eine verzögerte Mineralisierung der Schale im Dorsalbereich zurückzuführen sein, die der jugendlichen Klappe Biegsamkeit verlieh und das Schließen gestattete. Der Byssus wird als Organ angesehen, das in der frühen postlarvalen Phase den Jungtieren das Festhaften ermöglichte und dadurch ihren Schutz vor der Verfrachtung erhöhte. Bei vielen Muscheln ist er zu einem lebenslang funktionstüchtigen Apparat geworden.

Pelecypoden 335

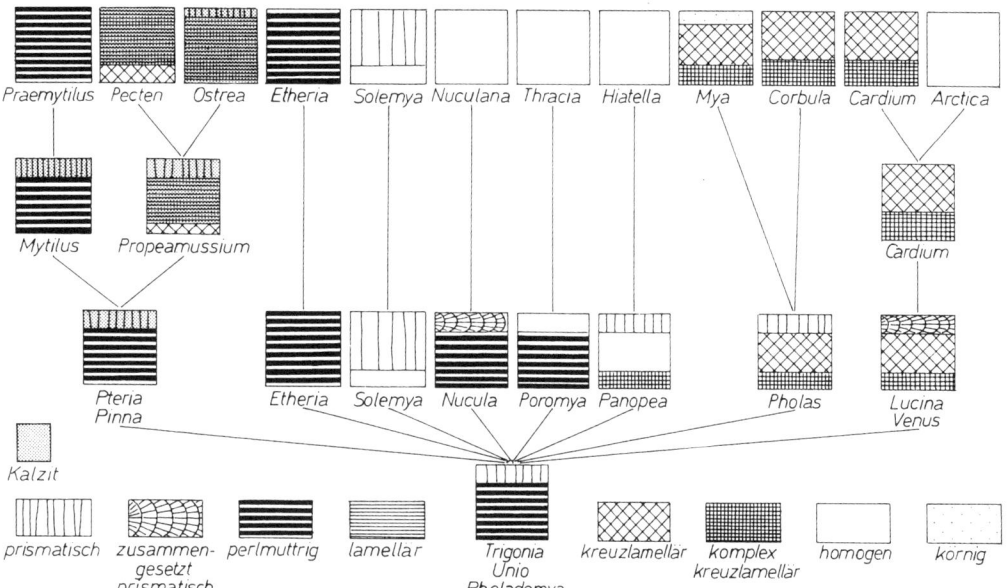

Abb. 385. Schema der Abwandlung der Schalenstruktur in der Stammesgeschichte der Muscheln. Die angegebenen Gattungen sind nicht als stammesgeschichtliche Bindeglieder, sondern als Beispiele zu verstehen. Nach J. D. TAYLOR.

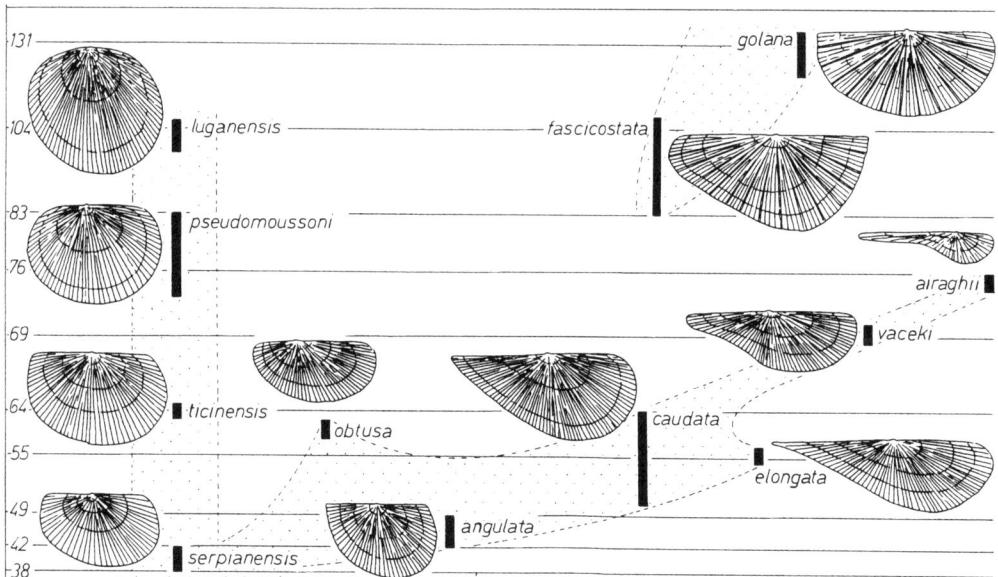

Abb. 386. Die stratigraphische Bedeutung einiger Arten der Gattung *Daonella*. Gezeigt wird das Vorkommen typischer Arten (schematisch) in einem 8 m mächtigen Profil in der Mitteltrias des Monte San Giorgio (Südtessin, Schweiz). Nach H. RIEBER.

## 5. Stratigraphie

Die meisten Muscheln sind schlechte Leitfossilien. Sie mutieren langsam; die einzelnen Arten leben also relativ lange (vgl. Bd. 1, S. 114, Abb. 128). Im Tertiär sind sie, zusammen mit den Gastropoden, trotzdem wichtig, weil andere Makro-Invertebraten weitgehend ausfallen. Es ist hier weniger der Leitwert der einzelnen Arten, der herangezogen wird, sondern die Zusammensetzung der gesamten Fauna. Altersunterschiede lassen sich, gleichbleibende ökologische Verhältnisse vorausgesetzt, statistisch erfassen. Besonders wichtig sind die in Annäherung an die Gegenwart steigenden Anteile noch lebender Arten. Allerdings erschweren die ökologische Bindung der Muscheln und die Herausbildung zoogeographischer Provinzen während des Tertiärs die überregionale Parallelisierung.

Rasch mutierende Gruppen sind selten. Beispiele sind die Daonellen der Trias (Abb. 386), die Gryphaeen des Juras (vgl. Bd. 1, S. 93, Abb. 102) und die Inoceramen der Kreide (Abb. 387). Einzelne Arten solcher Entwicklungsreihen können an Leitwert selbst gleichaltrige Cephalopoden übertreffen.

Auch unter den langsamer mutierenden Muscheln gibt es Formen mit gewissem Leitwert. Hierzu zählen u. a. die meisten Pachyodonten (Abb. 388) sowie einige Vertreter der Pteriina, die pseudoplanktisch oder nektisch leben (z. B. *Posidonia*). Diese Arten können mehr oder weniger horizontbeständige Massenvorkommen bilden, die jedoch mehr ökologisch-faziell als biostratigraphisch zu erklären sind.

Muscheln spielen auch für die Gliederung limnischer Sedimente in Karbon und Perm eine Rolle. Im limnisch-brackischen Jungtertiär und Pleistozän Südosteuropas sind die Dreissenaceen und einige Cardiaceen wichtig.

Ältere Parallelisierungsversuche zwischen der Alpinen und der Germanischen Trias beruhen auf bestimmten Muscheln (Abb. 389). Nur noch historisch interessant sind die meisten der im letzten Jahrhundert auf Muscheln (und Schnecken) begründeten „Stufen", so z. B. im Jura das „Diceratien", „Astartien", „Pterocerien" und „Virgulien".

## 6. Lebensweise

a) Fortbewegung

Die Mehrheit der Muscheln lebt vagil. Ihr Fortbewegungsorgan ist der Fuß. Er wird ausgestreckt und im Substrat verkeilt. Die Kontraktion der Retraktormuskeln des Fußes zieht dann das Tier nach vorne. Die primitiven Typen (Palaeotaxodonta, *Neotrigonia*) klemmen den Fuß durch Hochschlagen seines Randes im Substrat fest. Bei den meisten vagilen Muscheln (z. B. Heterodonta) schwillt der vordere Abschnitt des ausgestreckten Fußes infolge einer Blutstauung an und verankert sich dadurch (Abb. 390).

Spezielle Anpassungen zeigt *Cardium*. Seine Fußspitze kann hakenförmig eingekrümmt werden. Wird sie gegen das Substrat gestemmt und dann plötzlich gestreckt, so kann das Tier bis zu 50 cm nach rückwärts geschnellt werden. *Sphaerium* kann seinen Fuß abwinkeln, ihn um Pflanzenstengel schlingen und dadurch klettern. Außerdem kann sein Fuß einen Schleimfilm absondern, der das Tier beim Nachziehen der Schale verankert.

Das Einwühlen in das Sediment, das für die meisten Heterodonten und Anomalodesmata bezeichnend ist, erfolgt auf dieselbe Weise wie das Kriechen. Auch hier zieht der verkeilte Fuß das Tier nach. Die Geschwindigkeit ist sehr unterschiedlich und erlaubt die Unterscheidung träger Arten von schnell grabenden Formen. Letztere sind oft durch verlängerte Schalen ausgezeichnet und bewohnen vor allem Sedimente, die häufig umgelagert werden. Ein Beispiel ist *Donax*. Ein Tier von 25 mm Schalenlänge gräbt sich innerhalb von 4–5 Sekunden mit 3 Fußmuskelkontraktionen

Pelecypoden

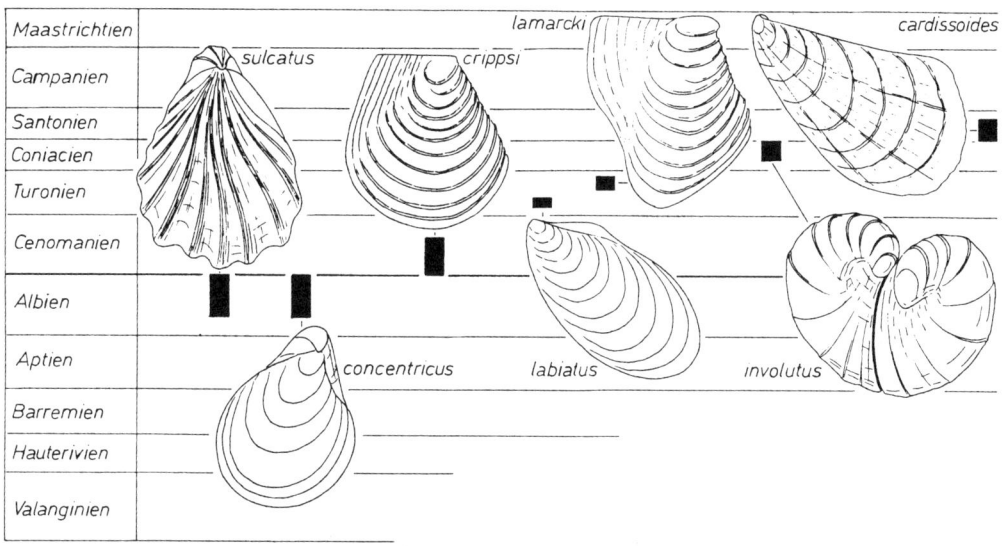

Abb. 387. Die stratigraphische Bedeutung einiger Arten aus der Familie der Inoceramidae in der Kreide Nordwesteuropas. Nach E. G. Kauffman und E. White.

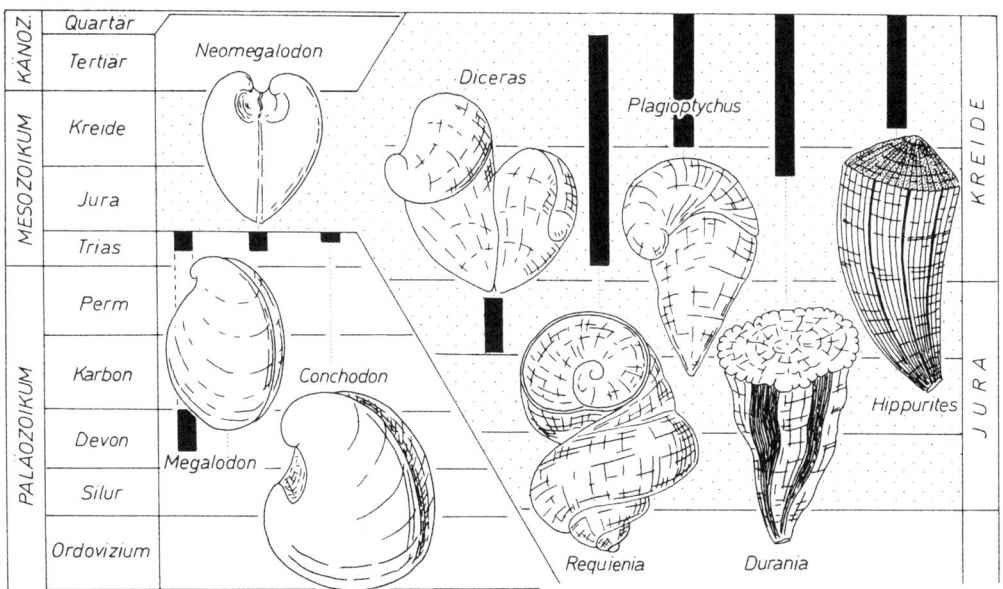

Abb. 388. Pachyodonte Muscheln und die stratigraphische Verbreitung einiger typischer Gattungen. Nach L. R. Cox et al.

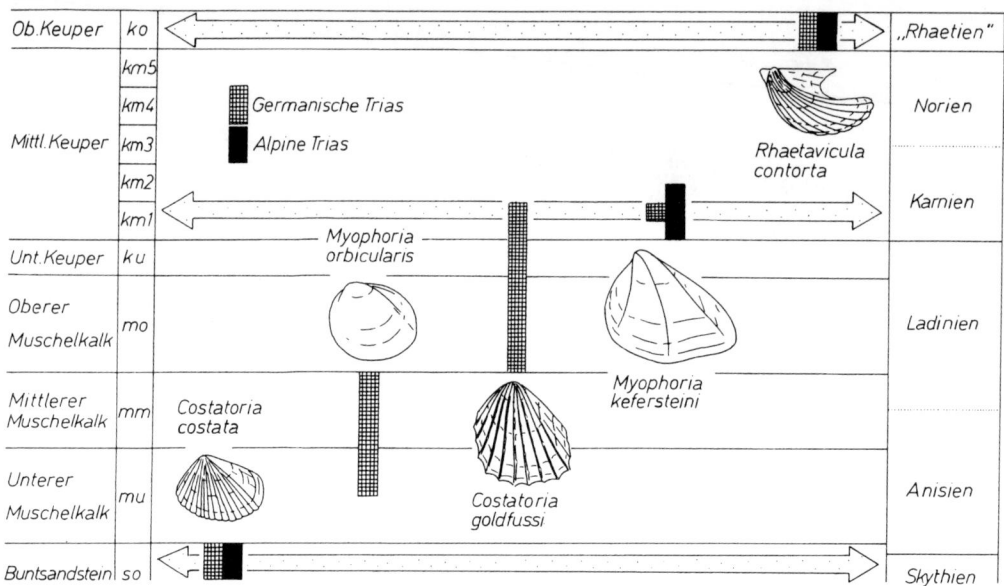

Abb. 389. Leitende Muscheln in der Germanischen Trias und ihre Bedeutung für die Korrelation mit der Alpinen Trias. Nach G. VON ARTHABER und M. SCHMIDT.

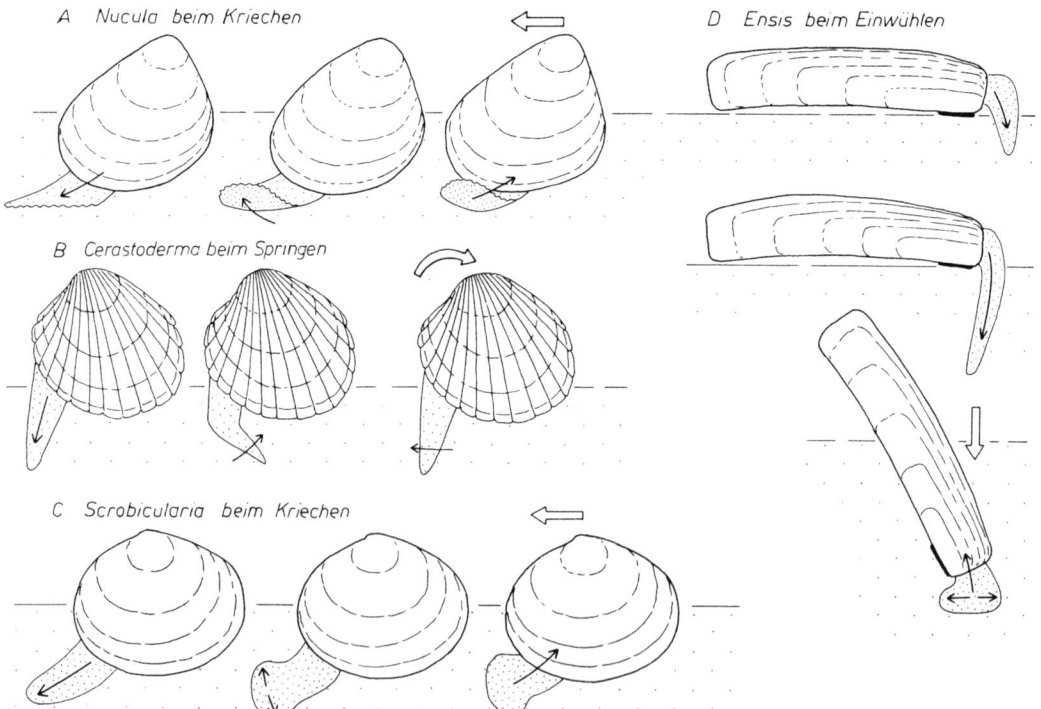

Abb. 390. Fortbewegungsmethoden bei Muscheln. A: Kreide – rez., × 2,5; B: Olig. – rez., × 0,75; C: Eoz. – rez., × 0,75; D: Eoz. – rez., × 0,35; punktiert: Fuß, die übrigen aus der Schale herausragenden Weichteile sind weggelassen. Nach D. NICOL und F. VLÈS.

ein. Viele vergraben lebende Tiere ziehen sich bei Gefahr tiefer ins Sediment zurück. Die durchschnittliche Einwühltiefe ist jedoch innerhalb einer Art ziemlich konstant, unterscheidet sich aber von Art zu Art sehr stark (Abb. 391).

Manche Formen sind zum Ortswechsel kaum noch fähig. Markierte Flußmuscheln saßen monatelang am selben Fleck. Werden vergraben lebende Tiere freigespült, so versuchen sie, sich wieder einzuwühlen. Manchmal ist dies nur noch Jugendstadien möglich. Alte Tiere sind oft hilflos und gehen zugrunde. Solche Arten schützen sich bei Gefahr, indem sie ihre Siphonen zurückziehen (z. B. *Mya*).

Das Bohren ist eine Abwandlung des Grabens. Jungtiere von *Pholas* saugen sich mit dem Fuß an der Unterlage fest, richten sich auf und pressen das Vorderende der Schale an das Substrat. Wechselseitige Kontraktionen des rechten und linken Fußretraktors bewirken drehende Pendelbewegungen des Tieres um seine Achse. Bei ausgewachsenen Tieren kontrahieren sich im Wechsel die beiden Schließmuskeln. Dadurch wird das Vorderende der Schale abwechselnd geöffnet und geschlossen, wobei die Randzähne der Schale das Substrat abkratzen. Bei *Zirfaea* wirkt nur ein Fußretraktor. Die Tiere drehen sich mit etwa 30 Muskelkontraktionen einmal um ihre Achse. Scharfe Zähne am Vorderrand der Schale wirken als Raspel. Die mechanisch bohrenden Muscheln (Pholadina, *Petricola*) fräsen so meist kreisrunde Bohrlöcher ins Substrat. Entsprechend der relativ geringen Härte der Schale bewohnen sie nur weiche oder lockere Gesteine (z. B. Tone, Torf, verwittertes Kristallin).

Extrem angepaßt sind die im Holz bohrenden Terediden. Bei ihnen ist die Schale bis auf ein zweiklappiges Rudiment von der Form einer Dreikantfeile am Vorderende des Tieres rückgebildet.

Ganz anders bohren *Lithophaga* und *Hiatella*. Die Tiere sondern aus Drüsen am Mantelrand Säure ab und ätzen damit Röhren ins Karbonatgestein. Der Querschnitt der Bohrlöcher hängt von der Schalenform ab. Er ist meistens oval (Abb. 392).

Einige wenige Muscheln können schwimmen. Sie schließen ihre Klappen sehr schnell, pressen das Wasser aus der Mantelhöhle und bewegen sich durch den Rückstoß fort. Limiden schwimmen mit senkrechtem, Pectiniden mit waagerechtem Schalenspalt, wobei die gewölbte rechte Klappe nach unten zeigt. Freies Schwimmen wird auch bei *Posidonia* und Verwandten vermutet, da doppelklappige Exemplare in bituminösen Sedimenten ohne Bodenleben verbreitet sind.

b) Sessilität

Muscheln mit gut entwickeltem Byssus leben sessil. Dieses Organ ist bei den meisten Pteriomorphen lebenslang, bei adulten Heterodonten nur selten (z. B. Dreissenaceen, *Tridacna*) funktionsfähig. Als Substrate kommen vor allem Hartböden in Betracht. Selten verankert ein Byssus seinen Träger auch im lockeren Sediment (z. B. Pinniden). Kleinere und leichte Schalen siedeln bevorzugt auf Tangen (z. B. manche rezente Pteriiden und vermutlich viele mesozoische Verwandte).

Einigen byssustragenden Muscheln ist es möglich, den Sitzplatz zu wechseln. *Mytilus* bricht dabei die Byssusfäden ab, streckt den Fuß weit aus, scheidet einen neuen Byssus aus und zieht an ihm die Schale nach. Um so 35 cm zurückzulegen, braucht das Tier mehrere Tage. *Chlamys* kann den Byssus lösen, umherschwimmen und sich dann wieder festsetzen. *Lima* baut sich mit Hilfe von Byssusfäden und Fremdkörpern ein Nest.

Die Siedlungsdichte byssustragender Muscheln ist oft enorm. *Mytilus* kann mit bis zu 30 000 Exemplaren je m² das Substrat bevölkern. Liassische Treibhölzer können vollständig von festgehefteten Inoceramen bedeckt sein.

Einige Muschelgruppen haften nicht mehr mit dem Byssus, sondern direkt mit der Schale am Substrat. Beobachtungen an der rezenten Auster zeigen den Vorgang, der vermutlich in ähnlicher

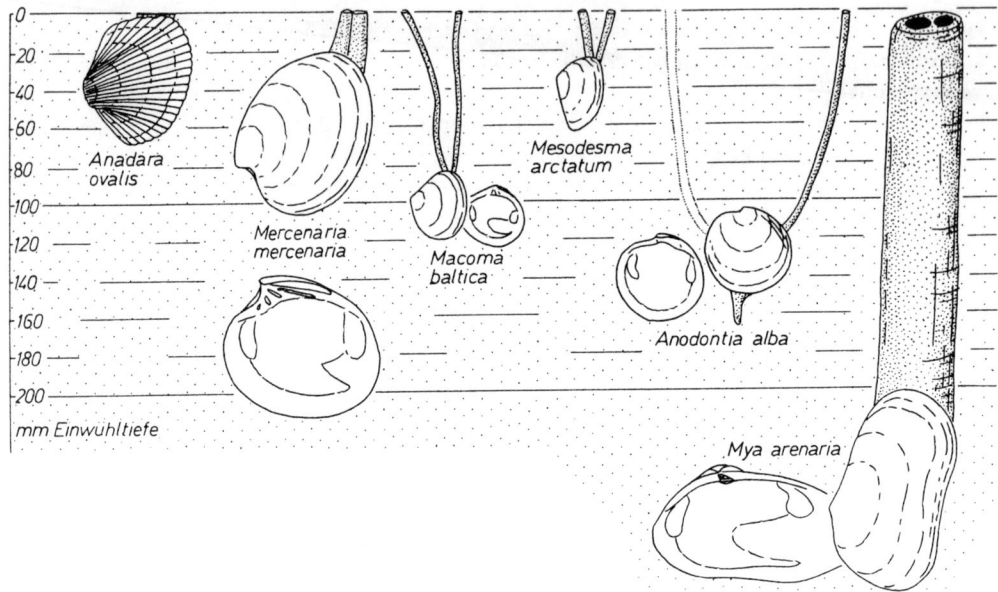

Abb. 391. Die Einwühltiefe einiger Muscheln (× 0,25) der nordamerikanischen Ostküste. Man achte auf den Zusammenhang zwischen Siphonenlänge, Einwühltiefe und Tiefe der Mantelbucht und auf die zu den Luciniden gehörende Ausnahme *(Anodontia)*. Nach S. M. STANLEY.

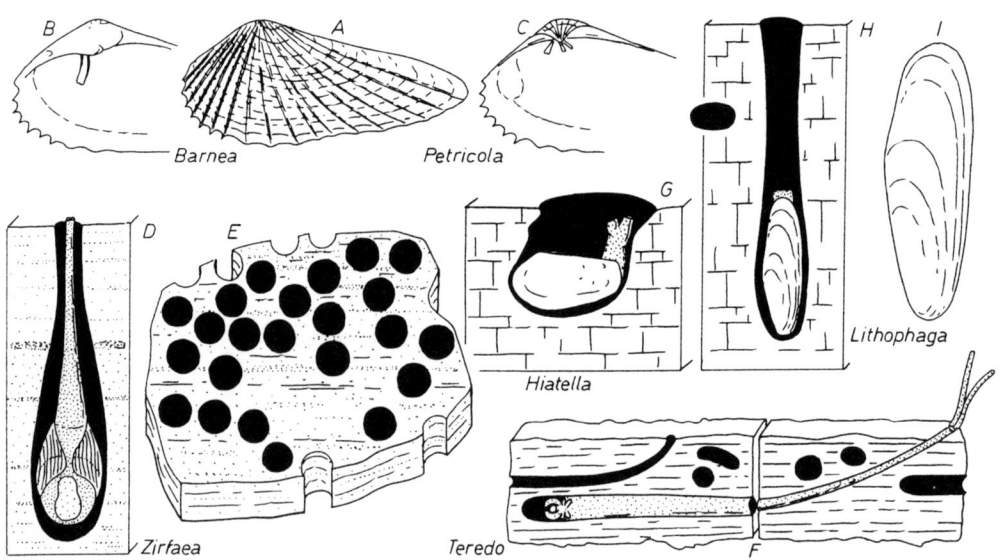

Abb. 392. Bohrmuscheln. A–F: mechanisches Bohren; G–I: chemisches Bohren. A–C: konvergent entstandene, das Raspeln ermöglichende Skulptur zweier rezenter Muscheln aus der Nordsee, × 0,8; D: rezente Bohrmuschel im Bohrloch, × 0,4; E: subfossile Bohrlöcher von *Barnea* oder *Petricola* im Torf des Nordseegrundes, × 0,25; F: „Schiffsbohrwurm" im angebohrten Holz, × 0,5; G: junge Bohrmuschel in den Anfangsstadien des Einbohrens, × 6; H: Bohrmuschel im Bohrloch (mit Querschnitt), × 0,4; I: Tert. – rez., × 0,8. Nach K. HESCHELER, W. HUNTER und W. SCHÄFER.

Weise auch bei anderen festgewachsenen Typen wiederkehrt. Schwimmlarven von 1–2 Wochen Alter nähern sich mit spiraligen Schwimmbewegungen dem Meeresboden. Sie strecken den in diesem Stadium noch wohlentwickelten Fuß weit aus. Wenn er den Grund berührt, heftet er sich mit seinem Byssus fest. Die Larve benutzt nun den Byssus als Anker und zieht sich an ihm hin und her, bis sie einen geeigneten Anheftungsplatz gefunden hat. Anschließend richtet sich das Tier senkrecht auf, streckt den Fuß aus, schließt die Klappen und quetscht dadurch den Inhalt der Byssusdrüse aus. Dann kippt die linke Klappe in das Sekret. Beim Fortbau der Schale schmiegt sich der Mantelrand an den Untergrund an und scheidet direkt auf ihn Kalk aus.

Klappen, die zeitlebens mit dem Untergrund verwachsen sind, folgen seinen Unebenheiten. Da der Schalenrand geschlossen werden muß, bildet auch die freie Klappe Strukturen des Substrats ab. So entsteht die allomorphe Skulptur (vgl. Bd. 1, S. 127, Abb. 146). Verbreitet ist, daß der Rand der festgewachsenen Klappe sich nach gewisser Zeit vom Untergrund abhebt (Abb. 393). Bei *Gryphaea* geschieht dies sehr früh, bei anderen Austern meist erst viel später. Ist das festgewachsene Schalenstück im Vergleich zur Gesamtgröße sehr klein, so kann die Schale vom Untergrund losbrechen. Die Tiere liegen dann frei am Boden. Da der Fuß (mindestens bei den Austern) jedoch längst rückgebildet wurde, können sie sich nicht mehr aktiv fortbewegen.

Sessile Muscheln sind oft orientiert angeheftet (vgl. Bd. 1, S. 154, Abb. 171). Ihr Hinterende mit den Siphonen oder den Ein- und Austrittstellen des Wasserstromes zeigt nach oben. Außerdem lassen manche festgewachsene Muscheln die Tendenz erkennen, die gesamte Schale über das Substrat zu erheben. Bei den Austern entstehen dadurch dicke grobblasige Klappen, bei manchen Rudisten konische Schalen, deren Wirbelteile durch Querböden abgetrennt sind (vgl. Bd. 1, S. 128/129, Abb. 147).

Die Fähigkeit zur Riffbildung ist von einer Reihe meist fossiler Muscheln bekannt. Hierbei setzen sich sessile Formen auf Artgenossen fest. *Placunopsis*-Riffe der Germanischen Trias werden 1–2 m hoch und enthalten durchschnittlich 25 Klappen auf 1 cm Mächtigkeit. Nimmt man die mittlere Lebensdauer der Tiere mit 4 Jahren an, so bildet sich ein Riff in etwa 10000 Jahren. Auch von Austern sind kleine Riffe bekannt. Wichtiger sind jedoch die kretazischen Rudistengesteine. Vor allem die Hippuritiden wuchsen in dichten Rasen. Oft siedelten Jungtiere auf den Schalen alter Individuen. So konnten sich kuppelförmige Riffklötze bilden, die mehrere Meter über ihre Umgebung hinausragten.

c) Ernährung

Muscheln sind mehrheitlich mikrophag, d. h. sie nehmen i. d. R. nur Partikel von weniger als 0,05 mm Durchmesser zu sich. Die Protobranchiaten (Palaeotaxodonta) sind Depositfresser und fegen beim Kriechen im Substrat mit ihren Mundlappen die Nahrung zum Mund. Sie besteht bei *Yoldia* aus Foraminiferen, Ostrakoden und kleinen Mollusken, bei anderen Nuculaceen auch aus Diatomeen. Soweit hintere Siphonen entwickelt sind, dienen sie in erster Linie der Atmung. In den Kiemen abfiltriertes Geschwebe ist nur Zusatznahrung.

Die Fili- und Eulamellibranchiaten sind Suspensionsfresser, die das Geschwebe in ihren Kiemen abfangen und zum Mund führen. Ihre Nahrung besteht vor allem aus Bakterien, Grünalgen, Diatomeen, Flagellaten, Protozoen und Larven höherer Tiere, auch der eigenen Art. Die geringe Pumpleistung filibranchiater Kiemen ermöglicht nur ein epibenthisches Leben oder ein Einwühlen, wenn das Hinterende die Sedimentoberfläche berührt. Erst die eulamellibranchiaten Kiemen gestatten den Tieren den Aufenthalt in tieferen Schichten des Sediments (vgl. S. 313). Lucinaceen bilden mit Hilfe ihres langgestreckten Fußes eine vorn liegende Schleimröhre, durch welche die Nahrung zugeführt wird (Abb. 394, D, E). Die mit ihnen verwandten Galeommatiden besitzen

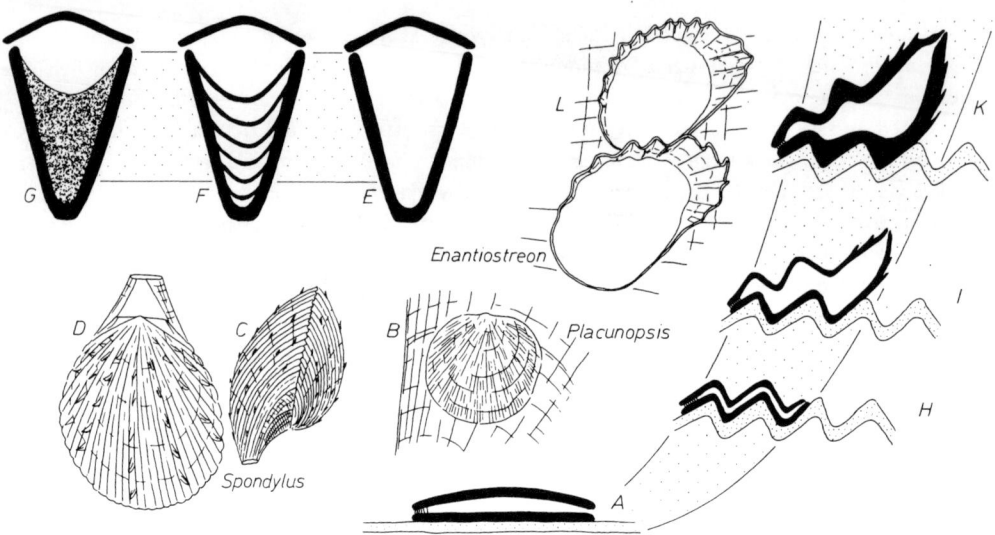

Abb. 393. Sessilität bei Muscheln. A, B: dem Substrat angeschmiegte, flach wachsende Formen, A: schematisch, B: Trias – Kreide, × 0,5; C–G: hoch wachsende Formen, C, D: Jura – rez., × 0,35, E: Schema einer hoch wachsenden Form mit offenem Schalenraum, freie Klappe als Deckel, F: festsitzende Schale durch Querböden unterteilt, G: festsitzende Schale massiv verfüllt; H–K: Schema der Entstehung der allomorphen (xenomorphen) Skulptur; L: Muscheln mit festgewachsener Wirbelregion und abgehobenem Adultteil, Trias, × 0,5. Nach A. SEILACHER und H. B. STENZEL.

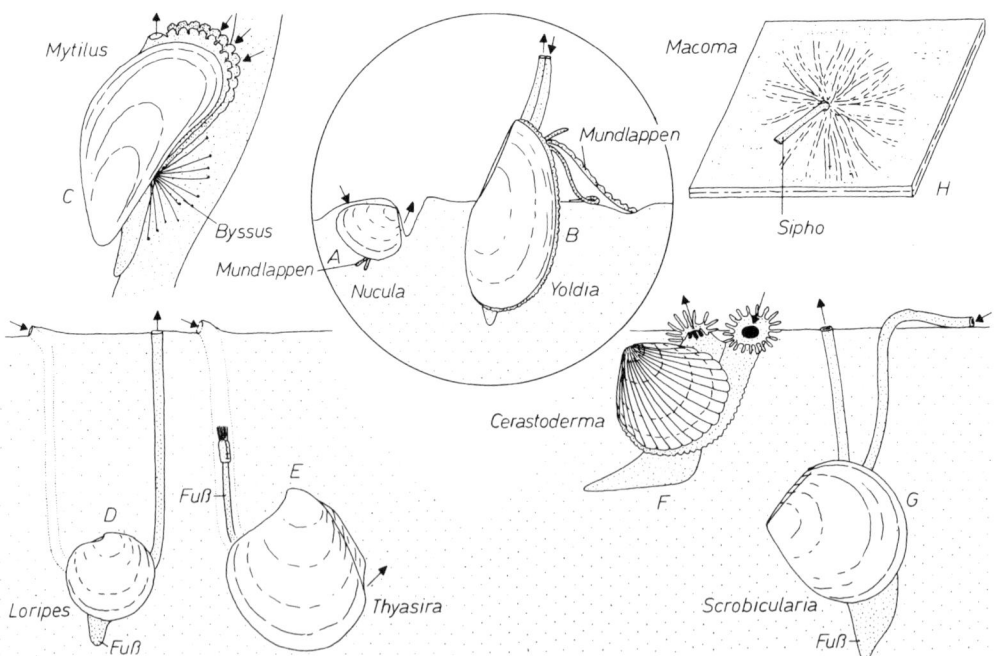

Abb. 394. Muscheln und ihre Ernährung. A, B: Depositfressen mit Mundlappen, A: Kreide – rez., × 1, B: Kreide – rez., × 0,8; C: epibenthisches Strudeln, Tert. – rez., × 0,5; D–F: endobenthisches Strudeln, D: Olig. – rez., × 1, E: Kreide – rez., × 1,25, F: Olig. – rez., × 0,5; G: Pipettieren, Eoz. – rez., × 0,6; H: Sipho beim Pipettieren mit Lebensspuren, × 0,5. Nach L. R. COX, E. G. KAUFFMAN, S. M. STANLEY und C. M. YONGE.

einen vorderen Einströmsipho, der dieselbe Funktion übernimmt. Die übrigen Heterodonten und die eulamellibranchiaten Anomalodesmata saugen die Nahrung zusammen mit dem Atemwasser durch eine hinten liegende Öffnung bzw. durch einen Sipho ein (Abb. 394 F, G). Im Normalfall werden die Siphonen bis an die Sedimentoberkante gestreckt, wo sie Geschwebe aufnehmen. Die Tellinaceen strecken den Einströmsipho über das Sediment hinaus und benützen ihn nach der Art eines Saugbaggers, um den organischen Film der Sedimentoberfläche abzusaugen. Hierbei verwerten sie auch Partikel bis 0,3 mm Durchmesser.

Zusätzliche Ernährung ist bei den Eulamellibranchiaten sehr selten. Die Terediden fressen die Holzspäne, die sie beim Bohren erzeugen. *Tridacna* enthält im ventralen Mantelrand große Mengen von Zooxanthellen, von deren Stoffwechselprodukten sie lebt.

Die Septibranchiaten fangen in den Spalten ihres Kiemenseptums wesentlich gröbere Partikel ab als die übrigen Muscheln. Sie nehmen Teilchen bis 2 mm Länge zu sich. Außer größerem Plankton fressen sie auch Stückchen von Polychaeten.

Die Exkremente der Muscheln sind Kotstränge, deren Querschnitt arttypisch zu sein scheint (Abb. 395). Beim Verlassen des Aftersiphos zerbrechen sie in Teilstücke. Diese sind bei *Modiolus* ca. 2 mm breite, 0,2 mm dicke und bis 6 mm lange, gekantete Streifen, bei *Nucula* ca. 0,02 mm dicke und bis 0,5 mm lange, längsgefurchte Würste und bei *Tellina* 0,4 mm dicke und 0,6 mm lange Pillen. Außer den Verdauungsrückständen wird auch das Geschwebe ausgeschieden, das die Tiere beim Filtrieren in den Kiemen aussondern und mit dem verbrauchten Atemwasser ausstoßen. Die Partikel werden vom Mantel eingeschleimt und zu Klümpchen verbacken. Bei vielen Muscheln werden diese Verunreinigungen durch schnelles Zuklappen der Schale aus der Mantelhöhle ausgestoßen (bei *Anodonta* bis 40 cm weit).

d) Habitat

Alle Muscheln leben im Wasser, die meisten im Meer. Ihr Vorkommen im einzelnen hängt in erster Linie von der Beschaffenheit des Substrates, in zweiter Linie von Wassertiefe, Temperatur und Salinität ab.

Auf Hartböden siedeln die meisten Pteriomorphen (viele Mytilina und Pteriina, einige Arcina) sowie viele Pachyodonte. Sie können sich hier mit dem Byssus oder der Schale verankern. Im Inneren von Hartböden leben vor allem die auf chemischem Wege bohrenden Muscheln. Weichböden in weitestem Sinn werden von den Palaeotaxodonten, Schizodonten, Heterodonten und Anomalodesmata bewohnt. Die Mehrzahl der hierher gehörenden Arten benötigt einen relativ festen Untergrund, wie z. B. schlickigen Sand oder Karbonatschlick. Einige Gattungen (z. B. *Pinna, Venus*) bevorzugen dabei sandigere, andere (z. B. *Cardium, Mya*) schlickigere Böden. In mesozoischen Karbonatschlicken waren manche Pholadomyaceen sowie die obertriassischen Megalodonten verbreitet. Sehr wasserhaltige, feinkörnige und weiche Schlicke werden von den Palaeotaxodonten und einigen Tellinaceen bevorzugt. An grobkörnige, instabile Substrate sind schnell grabende Formen (z. B. *Donax*, Soleniden) angepaßt.

Da die Beschaffenheit des Substrates wesentlich auch von der Strömungsgeschwindigkeit des Wassers abhängt, lassen viele Muscheln Präferenzen für bestimmte Strömungsgeschwindigkeiten erkennen (vgl. Bd. 1, S. 173, Abb. 197). Die Tiefe, bis zu der sich eine Muschel ins Sediment einwühlt, wird weitgehend von ihrer Ernährungsweise, der Pumpleistung ihrer Kiemen und der Länge ihrer Siphonen bestimmt (vgl. S. 325 und 341, Abb. 391).

Viele Muscheln sind gute Tiefen-Anzeiger, doch gilt dies nicht ohne Einschränkungen. Manche Formen ändern ihre bathymetrischen Ansprüche in Abhängigkeit von der Temperatur, der verfügbaren Nahrung oder dem Substrat. Die arktische Flachwassermuschel *Portlandia arctica* kommt deshalb in der Norwegischen Rinne in 200 bis 600 m und vor Irland und in der Biskaya in 1400 m

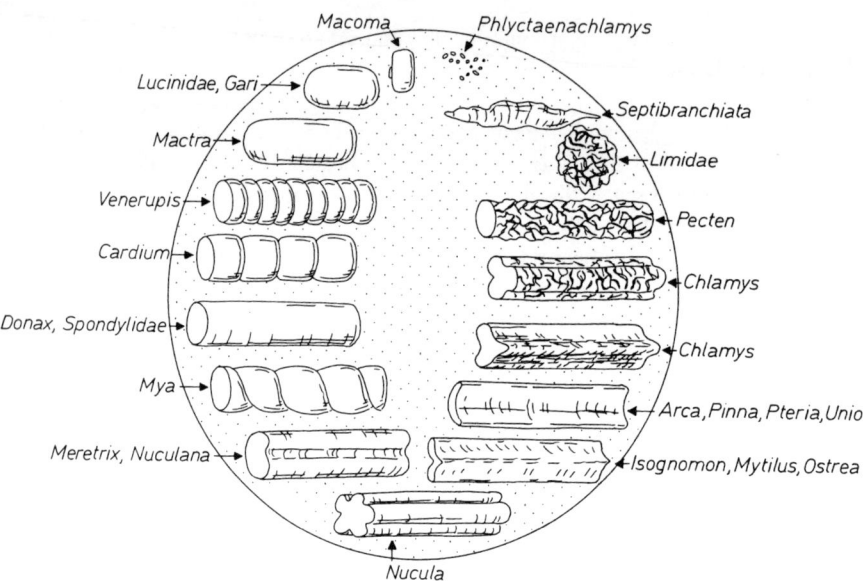

Abb. 395. Muschelkot. Schematisch nach K. Y. ARAKAWA.

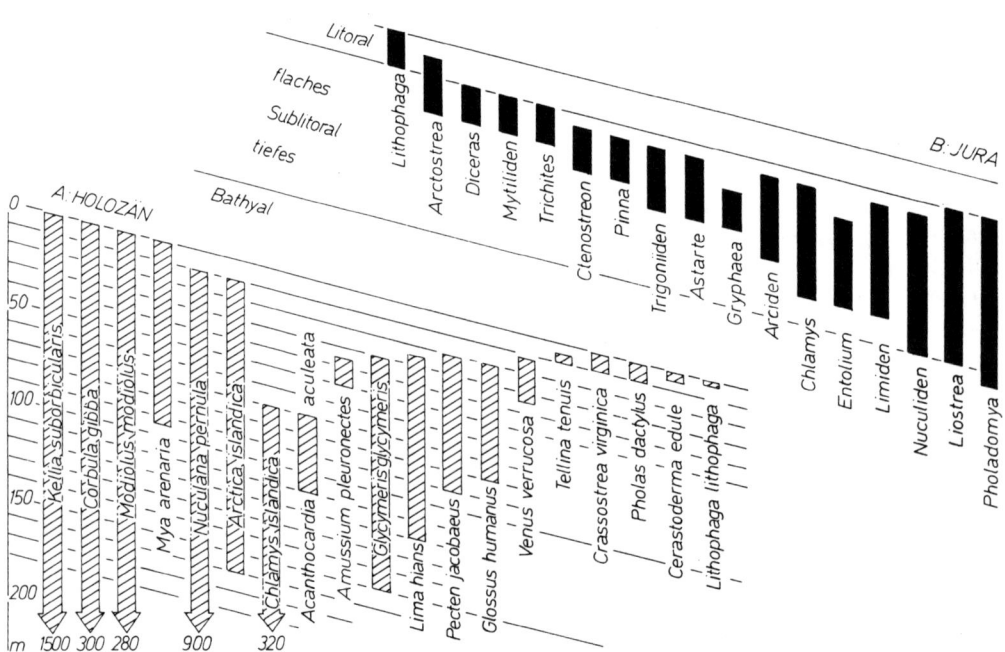

Abb. 396. Die Tiefenverbreitung von Muscheln. A: Vorkommen rezenter Arten (nach F. HAAS und J. WALTHER). B: Hauptsächliches Vorkommen einiger Gattungen im Jura.

Tiefe vor. Nahe verwandte Arten können unterschiedliche Meerestiefen bevorzugen (vgl. die Cardiiden *Acanthocardia* und *Cerastoderma* sowie die Austern *Arctostrea, Gryphaea* und *Liostrea* in Abb. 396). Im Laufe der Stammesgeschichte kann sich die Tiefenabhängigkeit erheblich ändern. So ist die mesozoische Flachwassergattung *Pholadomya* heute auf ein Tiefseerelikt beschränkt.

Eine typische Form des Gezeitenbereichs, d. h. des Litorals, ist die Bohrmuschel *Lithophaga*. Mit ihrer Hilfe läßt sich die Klifflinie, d. h. die Nordküste, des miozänen Molassemeeres in Süddeutschland verfolgen. Im flachen Sublitoral, also in einer Meerestiefe zwischen 1 und 50–70 m, erlangen die Muscheln ihre größte Mannigfaltigkeit. Innerhalb dieser Zone kennzeichnen die Mytiliden, die grob berippten Austern und die Pachyodonten die flachsten Bereiche. Darunter folgen viele Heterodonte, *Modiolus, Pinna*, viele Pteriaceen und die Masse der Trigonien. Unterhalb von etwa 25 m herrschen die Pectiniden, Limiden sowie viele Heterodonte. Auch frei liegende oder vagile Gattungen, wie *Gryphaea* und *Glycymeris*, sind hier zu finden. Im tiefen Sublitoral und unterhalb des Schelfbereichs nehmen die Muscheln an Arten- und Individuenzahl ab. Tiefseemuscheln sind relativ selten. Beispiele sind die Septibranchiaten, einige Heterodonte und viele Palaeotaxodonte.

Muscheln, die an treibenden Gegenständen festgeheftet oder frei schwimmend sind, können passiv auch dann in Tiefwassersedimenten eingebettet werden, wenn sie das Flachwasser bewohnen.

Die Wassertemperatur ist für viele Muscheln ein entscheidender Faktor. Jede Art ist an ein Temperatur-Optimum gebunden. Bei *Ostrea edulis* beträgt es ca. 15 °C. Höhere oder niedrigere Temperaturen werden in unterschiedlichem Ausmaß toleriert. Die Höchsttemperaturen für *Saccostrea cucullata* betragen 45 °C, für *Portlandia arctica* 4 °C. Arten, die im Litoralbereich leben, können z. T. Frost ertragen (z. B. *Mytilus edulis*). Formen des tieferen Wassers gehen i. d. R. beim Einfrieren zugrunde.

Die artenreichsten Gebiete in Gegenwart und Vergangenheit sind die Tropen. Am artenärmsten sind die Polargebiete (vgl. Abb. 397). Warmwassermuscheln sind durchschnittlich größer; ihre Schale ist dicker und reicher skulptiert.

Muscheln der Tropen sind dickschalige Pteriomorphen und Heterodonte, wie z. B. *Pinctada* (Abb. 397) oder *Tridacna*. Fossile Beispiele sind die Pachyodonten, Lithiotiden und *Trichites* (vgl. Bd. 1, S. 208, Abb. 241). Überwiegend im wärmeren Wasser leben heute die meisten Arcina, Pteriiden und Pectiniden. Den warmen und gemäßigten Klimagürtel kennzeichnen die Austern, Veneraceen und Solenaceen. Ans kalte Wasser sind manche Palaeotaxodonte angepaßt. Eine permische Kaltwasser-Gattung der Südhalbkugel ist *Eurydesma* (vgl. Bd. 1, S. 205, Abb. 236). Auch die rezenten *Arctica*- und *Astarte*-Arten sind an kühles Wasser gebunden. Ihre mesozoischen Verwandten kommen jedoch vorwiegend im Warmwasser vor. Unterschiedliche Ansprüche an die Temperatur kennt man auch von vielen eng miteinander verwandten rezenten Arten.

Manche Muscheln der Gegenwart sind stenohalin. Sie ertragen nur eine geringfügige Abnahme des Salzgehaltes auf etwa 28–30 ‰. Hierher gehören u. a. die meisten Palaeotaxodonten und Arcina sowie viele Pteriina und einige Heterodonte (z. B. *Arctica*). Andere Gattungen sind weniger empfindlich. Sie gehen bis in ein Brackwasser von ca. 10–15 ‰ Salzgehalt. Rezente Beispiele sind die Austern und ein großer Teil der Heterodonten (z. B. *Venus, Tellina, Pholas*). Einen bis auf wenige ‰ verringerten Salzgehalt ertragen nur wenige marine Formen (z. B. *Mya, Mytilus*). Die Zahl der Arten nimmt also vom marinen zum brackischen Bereich immer mehr ab (Abb. 398).

Reine Brackwasser-Arten sind selten. Sie haben sich aus marinen Formen in Randseen herausentwickelt. Ein Beispiel sind die Muscheln der jungtertiären „Paratethys", die noch heute deren Relikte bewohnen (die Cardiaceen-Gattungen *Adacna* und *Didacna* im Kaspischen Meer). Tiere, die im Brackwasser leben, bleiben oft kleiner als ihre vollmarinen Artgenossen, weil sie langsamer wachsen (Abb. 398; vgl. auch Bd. 1, S. 170, Abb. 192). Der optimale Salzgehalt kann im

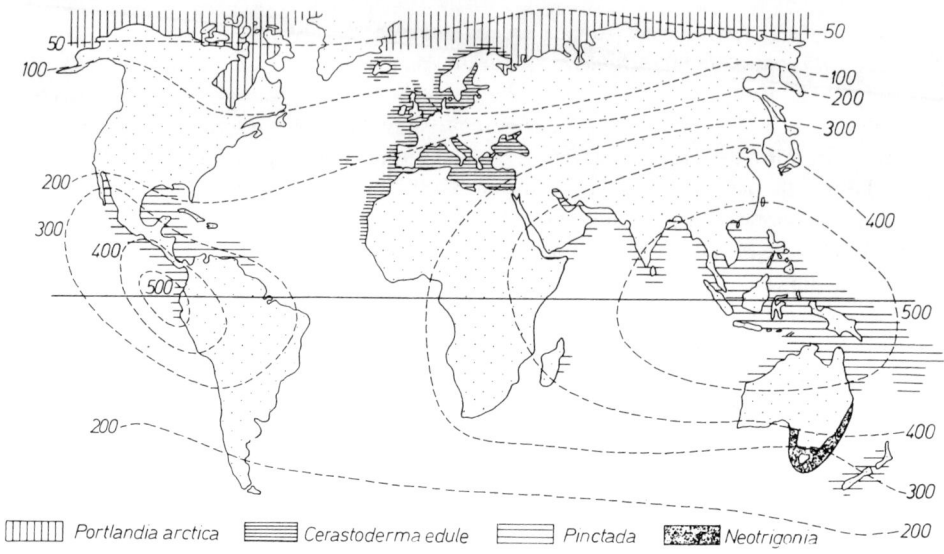

Abb. 397. Muscheln und Meerestemperatur. Linien gleicher Artenzahl sowie Verbreitung einiger Arten im Schelfbereich. Nach A. S. Jensen, L. Joleaud und J. Roger.

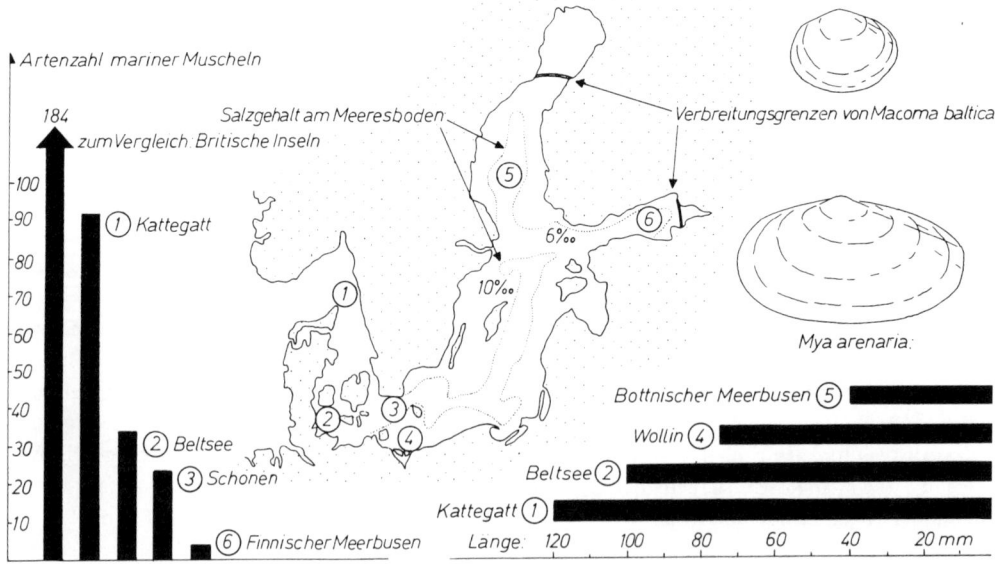

Abb. 398. Muscheln und Salinität. Links: Abnahme der Artenzahl mariner Muscheln mit der Abnahme der Salinität; rechts: Verbreitungsgrenzen von *Macoma baltica* (× 0,5) und Abnahme der Schalenlänge bei *Mya arenaria* mit der Abnahme des Salzgehaltes. Nach S. Jaeckel, A. S. Pearse & G. Gunter und S. G. Segerstråle.

Lebenszyklus der Tiere schwanken. So beträgt er bei *Ostrea edulis* während des Wachstums der Eier 31–35 ‰, während der Geschlechtstätigkeit nur 25–28 ‰. Bei *Crassostrea virginica* betragen die Werte 25–29 ‰ und 12–19 ‰. Arten derselben Gattung können sich gegenüber vermindertem Salzgehalt ganz unterschiedlich verhalten. *Portlandia* ist normalerweise stenohalin. Eine Art lebt jedoch in nordsibirischen Ästuaren bei nur 1 ‰ Salzgehalt.

Süßwassermuscheln unterscheiden sich von marinen Typen durch ihre meist dünneren Schalen. Die meisten Arten ertragen auch einen gewissen Salzgehalt. Das Maximum beträgt bei *Dreissena* 11 ‰, bei *Unio* und *Anodonta* jedoch weniger als 2 ‰. Im Gegensatz zu allen anderen Muscheln meidet *Unio* kalkhaltige Wässer. Manche Süßwassermuscheln ertragen Frost (*Anodonta* bis −5 °C). *Sphaerium* kann auch in Thermen bis 40 °C leben.

Die rezenten Süßwassermuscheln gehören vier unterschiedlichen ökologischen Gruppen an. Die Dreissenaceen sind sessile Byssusträger, die sich an Steinen und auf Pflanzen der Uferzone festheften. Fossile Byssusträger waren vermutlich die Süßwassermuscheln des limnischen Jungpaläozoikums. Mit der Schale selbst am Substrat befestigt ist *Etheria*, die auffallende Konvergenzen zu den Austern zeigt. Die Unioniden sind träge Endobenthonten. *Unio* lebt in Flüssen und Bächen, *Anodonta* im Stillwasser von Tümpeln und Seen. Eine ähnliche Lebensweise gilt für einige ins Süßwasser vorgedrungene Heterodonten-Gattungen (z. B. *Lymnocardium*). Fossil dürften ihnen einige der jungpaläozoischen Süßwassermuscheln entsprechen. Vagil epibenthische Typen sind die Corbiculaceen, die erst im Jura aus dem Meer ins Brackwasser vorstießen. *Sphaerium* kann sogar gelegentlich das Wasser verlassen und auf feuchtem Grund umherkriechen.

## 7. Fossilisation

Wie bei den meisten Invertebraten, so ist auch bei den Muscheln die Mortalität groß. Die Mehrzahl der Individuen einer Population stirbt vorzeitig, nur relativ wenige erreichen das adulte Stadium (vgl. Bd. 1, S. 30, Abb. 31). Nach dem Tod zersetzt sich der Weichkörper rasch, das Ligament wesentlich langsamer. Doppelklappige Exemplare sind deshalb autochthon oder nur wenig transportiert. Isolierte Klappen haben einen weiteren Transportweg hinter sich (Abb. 399).

Während der Verfrachtung erleiden die beiden Klappen ungleichklappiger Schalen oft eine Sonderung. Schalenvorsprünge (z. B. die Apophysen von Desmodonten) wirken als Anker. Leichte, flache Klappen haben eine hohe Schwebfähigkeit (vgl. Bd. 1, S. 37, Abb. 39). Transportierte Klappen sind oft daran kenntlich, daß vorspringende Teile angeschliffen sind und Facetten entstehen (vgl. Bd. 1, S. 37, Abb. 38). Beim Transport und während der Umlagerung gehen Muschelklappen häufig durch hartes Aufstoßen zu Bruch. Bruchschill aus Muschelschalen ist ein sicheres Anzeichen für die Brandungszone und den Bereich des starken grundberührenden Seegangs, d. h. für eine Meerestiefe von meist nicht mehr als 50 m.

Wegen ihrer oft regelmäßigen Schüsselgestalt werden Muschelklappen häufig eingeregelt. Verbreitet ist die Einkippung mit der Wölbung nach oben entsprechend der Einkippungsregel (vgl. Bd. 1, S. 38f., Abb. 40). Längliche Klappen können auch eingesteuert werden (Abb. 400). Muscheln bilden, vor allem seit der Trias, einen erheblichen Bestandteil der Schillbänke. Ihnen verdankt der Muschelkalk seinen Namen. Auch Muschelpflaster (vgl. Bd. 1, S. 44, Abb. 46) kommen seit dem Mesozoikum häufig vor.

Muscheln, die in Lebensstellung eingebettet werden, sind i. d. R. autochthon (vgl. Bd. 1, S. 35, Abb. 35). Bei der Kompaktion des Sedimentes können sie deformiert werden. Bekannt sind sowohl Bruchdeformation als auch bruchlose Deformation. Auch Scherung der beiden Klappen gegeneinander kommt vor. Ragen Teile der Schalen über die Sedimentoberfläche empor, so können sie durch Korrosion gekappt werden (Abb. 401).

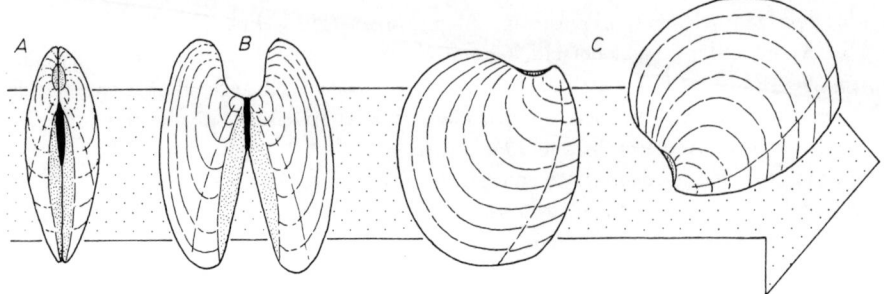

Abb. 399. Stufen des postmortalen Zerfalls einer Muschelschale.

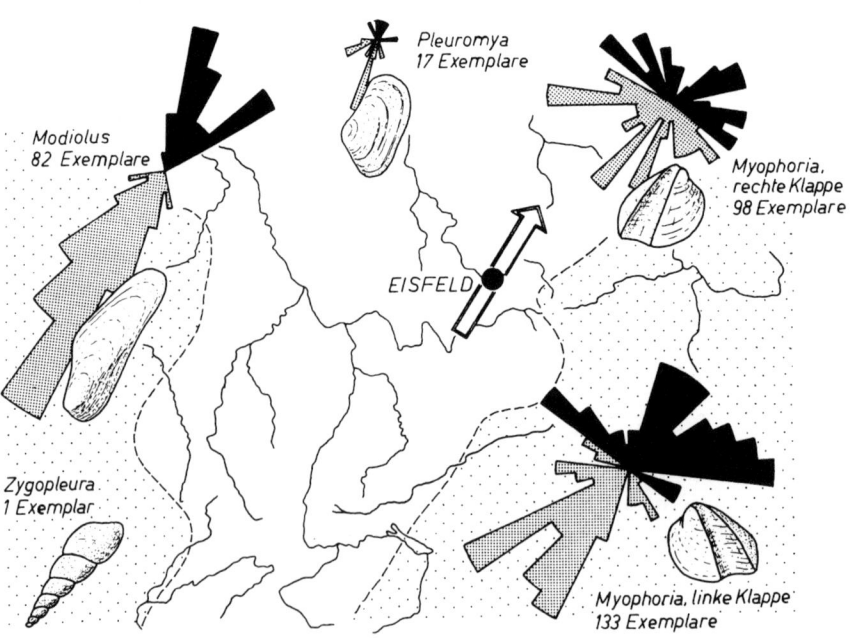

Abb. 400. Die Einsteuerung von Muscheln an einem Beispiel aus der Trias von Thüringen. Nach A. Seilacher.

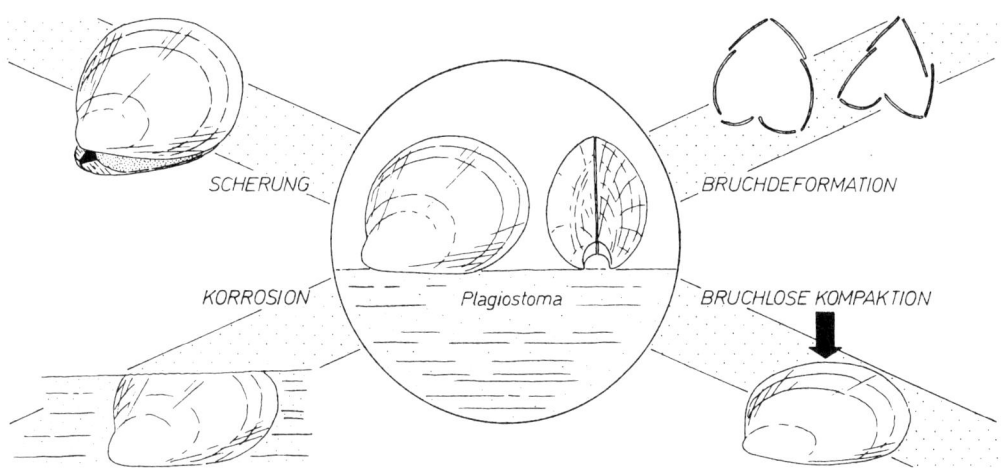

Abb. 401. Diagenetische Deformation von Muscheln am Beispiel von *Plagiostoma*. Im Zentrum: Lebensstellung von *Plagiostoma* (Trias – Kreide), × 0,2. Davon ausgehend vier in der Fossilisation häufig zu beobachtende Fälle. Z. T. nach A. Seilacher.

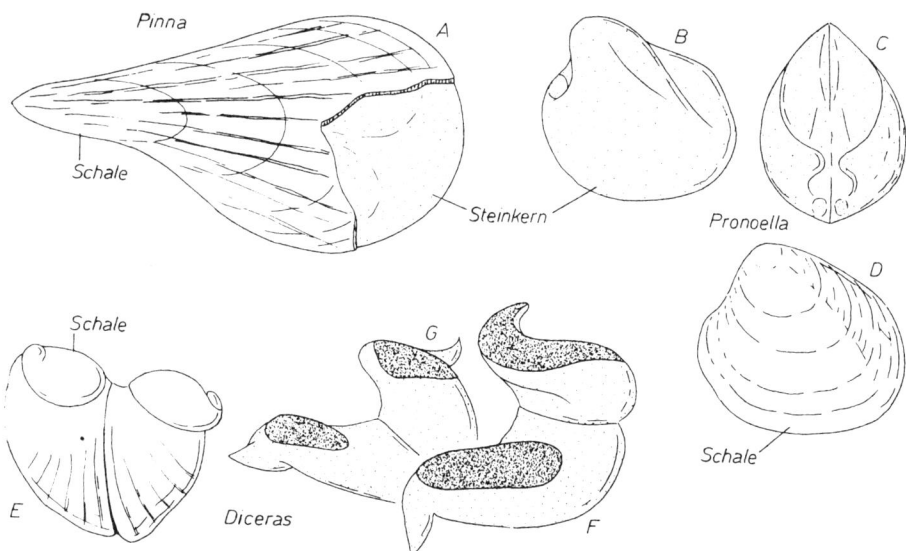

Abb. 402. Steinkernbildung bei Muscheln. A–D: Verhältnis von Schale zu Steinkern bei *Pinna* (Karbon – rez.), × 0,25, und *Pronoella* (Jura), × 0,5; E–G: Schale und unvollständiger Steinkern („fossile Wasserwaage") bei *Diceras* (Jura), × 0,5. Nach F. Bachmayer, L. R. Cox und W. F. Ptschelintsev.

Nach der Zersetzung der Weichteile werden eingebettete Muschelschalen vom Sediment gefüllt, so daß sie Steinkerne bilden. Bei dickschaligen Formen unterscheiden sich Schalenoberfläche und Steinkern oft erheblich (vgl. Bd. 1, S. 48, Abb. 50). Bei dünnschaligen Arten sind beide oft übereinstimmend skulptiert. Muschelklappen mit verlängertem Wirbel werden manchmal nur unvollständig vom Sediment ausgefüllt. Solche unvollständigen Steinkerne können als „fossile Wasserwaagen" dienen (Abb. 402).

Aragonitschalige Muscheln sind schlecht erhaltungsfähig. Selbst dort, wo das Karbonat nicht aufgelöst wurde, ist es meist in seiner Struktur verändert. Kalzitschaler sind besser und häufiger überliefert. Mytilina, Pteriina und Rudisten, deren Schale ganz oder teilweise aus Kalzit besteht, liegen oft mit ihren Klappen vor. Bei den anderen Gruppen überwiegt dagegen die Erhaltung als Steinkern. In lockeren oder verwitterten Gesteinen, in denen die Steinkerne zerstört sind, wird der Artenbestand einer Muschelfauna verfälscht. Dasselbe gilt dort, wo der Aragonit in der Diagenese so früh aufgelöst wurde, daß Aragonitschaler keine Steinkerne bilden konnten.

## 8. Gruppen-Übersicht

A. **Palaeotaxodonta.** Kiemen protobranchiat. Schale aragonitisch; Innenostrakum perlmuttrig oder homogen. Schloß ctenodont. Ordovizium – rezent.
  1. Mantellinie integripalliat: *Ctenodonta* (Abb. 361), *Nucula* (Abb. 356, 357, 358, 363, 365, 390, 394).
  2. Mantellinie sinupalliat: *Malletia* (Abb. 364), *Nuculana, Portlandia* (Abb. 364), *Yoldia* (Abb. 374, 377, 394).

B. **„Cryptodonta".** Kiemen rezenter Formen protobranchiat. Schale aragonitisch, ? ob perlmuttrig. Schloß rückgebildet. Ordovizium – rezent. *Cardiola* (Abb. 359), *Solemya*.

C. **Actinodontina.** Kiementyp unbekannt. Schale aragonitisch, ? ob perlmuttrig. Schloß actinodont. ?Kambrium, Ordovizium–Perm. *Actinodonta* (Abb. 382).

D. **Pteriomorpha.** Kiemen i. d. R. filibranchiat. Schale aragonitisch oder kalzitisch; Innenostrakum unterschiedlich. Schloß pseudoctenodont, dysodont, zahnlos oder isodont. Meist Byssusträger. Ordovizium – rezent.
  1. Arcina. Schloß pseudoctenodont. Schließmuskeln homomyar. Innenostrakum kreuzlamellär. Ligament mehrteilig. Ordovizium – rezent. *Anadara* (Abb. 391), *Arca* (Abb. 365, 371, 382), *Cyrtodonta* (Abb. 382), *Glycymeris* (Abb. 364, 371), *Limopsis* (Abb. 371), *Parallelepipedum* (Abb. 360), *Parallelodon* (Abb. 371, 382).
  2. Mytilina. Schloß dysodont oder zahnlos. Schließmuskeln anisomyar. Schale gleichklappig. Innenostrakum perlmuttrig. Ligament äußerlich, einheitlich. Devon – rezent. *Lithophaga* (Abb. 365, 392), *Modiolus* (Abb. 400), *Mytilus* (Abb. 357, 364, 382, 394), *Pinna* (Abb. 378, 402), *Trichites* (Abb. 358).
  3. Pteriina. Schloß dysodont, zahnlos oder isodont. Schließmuskeln anisomyar. Schale meist ungleichklappig. Innenostrakum unterschiedlich. Ligament äußerlich, mehrteilig, oder innerlich. Ordovizium – rezent.
    a) Meist ± gleichklappig. Ligament äußerlich. Innenostrakum aragonitisch, perlmuttrig (Ambonychiacea, Ordovizium–Jura): *Ambonychia* (Abb. 383), *Gosseletia* (Abb. 382), *Myalina* (Abb. 361, 383). Hierher gehören vermutlich manche Süßwassermuscheln des Jungpaläozoikums.
    b) Ungleichklappig. Ligament äußerlich oder innerlich. Innenostrakum aragonitisch, meist perlmuttrig (Pteriacea, Ordovizium – rezent):
      b1: Ligament äußerlich: *Pinctada* (Abb. 356), *Pteria* (Abb. 360, 362, 365, 366, 383), *Pterinea* (Abb. 382, 383), *Rhaetavicula* (Abb. 389);
      b2: Ligament innerlich: *Malleus* (Abb. 361);
      b3: Ligament in mehreren senkrechten Bändern: *Bakevelloides* (Abb. 365), *Gervillella* (Abb. 365), *Gervillia* (Abb. 383), *Inoceramus* (Abb. 383, 387), *Isognomon*.
    c) Meist ungleichklappig. Ligament äußerlich oder innerlich. Innenostrakum aragonitisch und meist porzellanartig oder kalzitisch (Pectinacea, Ordovizium – rezent):

c1: Ligament äußerlich: *Buchia* (Abb. 383), *Daonella* (Abb. 386), *Eurydesma* (vgl. Bd. 1, S. 205, Abb. 236), *Malayomaorica* (Abb. 361), *Monotis* (Abb. 359), *Pseudomonotis* (Abb. 383), *Posidonia* (Abb. 383), *Pterinopecten* (Abb. 383);

c2: Ligament innerlich, in dreieckiger, beiderseits offener Grube: *Chlamys* (vgl. Bd. 1, S. 64, Abb. 66), *Entolium* (Abb. 361), *Pecten* (Abb. 358, 360, 366, 378, 382, 383), *Propeamussium;*

c3: Ligament innerlich, in einer Klappe in offener, dreieckiger Grube, in der anderen Klappe in einem Tunnel versenkt unter dem Wirbel: *Enantiostreon* (Abb. 393), *Harpax* (Abb. 372), *Lithiotis* (Abb. 361), *Plicatula* (Abb. 372), *Spondylus* (Abb. 364, 372, 393), *Placunopsis* (Abb. 393).

d) Ungleichklappig. Ligament innerlich, rechts auf erhabenem Pfeiler oder auf divergierenden Leisten. Innenostrakum kalzitisch, oft perlmutterartig glänzend (Anomiacea, ?Perm, Kreide – rezent): *Anomia* (Abb. 372, 383), *Placuna* (Abb. 372).

e) Meist gleichklappig. Ligament halb innerlich unter dem Wirbel. Innenostrakum aragonitisch, porzellanartig (Limacea, Karbon – rezent): *Ctenostreon, Lima* (Abb. 362, 364, 365, 383), *Limatula* (Abb. 361), *Plagiostoma* (Abb. 401).

f) Ungleichklappig, links i. d. R. festgewachsen. Ligament innerlich in einer dreiteiligen Grube. Innenostrakum kalzitisch, lamellär (Ostreacea, ob. Trias – rezent): *Arctostrea, Crassostrea, Exogyra* (Abb. 360, 383), *Gryphaea* (Abb. 362), *Liostrea* (Abb. 365), *Lopha* (Abb. 358, 359, 360), *Ostrea* (Abb. 377, 383), *Saccostrea*.

E. **Schizodonta** (Praeheterodonta). Kiemen filibranchiat oder eulamellibranchiat. Schale aragonitisch; Innenostrakum meist perlmuttrig. Schloß typisch oder abgewandelt schizodont. Ordovizium – rezent.

1. Trigoniina (Schizodonta s. str.). Kiemen filibranchiat. Schloß typisch schizodont. Marin. Ordovizium – rezent. *Costatoria* (Abb. 389), *Lyrodesma* (Abb. 382), *Myophorella* (Abb. 359), *Myophoria* (Abb. 369, 389, 400), *Schizodus, Trigonia* (Abb. 362), *Neotrigonia* (Abb. 382).

2. Unionina. Kiemen eulamellibranchiat. Schloß abgewandelt. Süßwasser. Trias – rezent. *Anodonta* (Abb. 377), *Etheria, Margaritifera, Unio* (Abb. 358).

F. **Heterodonta.** Kiemen eulamellibranchiat. Schloß heterodont, desmodont oder zahnlos. Schale aragonitisch; Innenostrakum kreuzlamellär oder homogen. Ordovizium – rezent.

1. Lucinina. Schloß heterodont, lucinoid. Wasserzirkulation: Einstrom vorne, Ausstrom hinten. Ordovizium – rezent. *Anodontia* (Abb. 391), *Babinka* (Abb. 374), *Codakia* (Abb. 374), *Divaricella* (Abb. 359), *Galeomma, Loripes* (Abb. 394), *Lucina* (Abb. 363, 366, 369), *Kellia, Thyasira* (Abb. 394).

2. Astartedontina. Schloß heterodont, meist lucinoid. Wasserzirkulation: Ein- und Ausstrom hinten. ?Ordovizium, Devon – rezent.

a) Integripalliat. Mantel ventral offen. Skulptur meist konzentrisch (Astartacea, Crassatellacea, ?Ordovizium, Devon – rezent): *Astarte* (Abb. 369), *Astartella* (Abb. 382), *Crassatella* (Abb. 369).

b) Integripalliat. Mantel ventral offen. Skulptur meist radial (Carditacea, ?Ordovizium, Devon – rezent): *Cardita*.

c) Integripalliat. Mantel ventral weitgehend verwachsen, aber ohne Siphonen (Cyamiacea, Jura – rezent; Gaimardiacea, Tertiär-rezent): *Cyamium, Gaimardia*.

d) Meist integripalliat. Mantel ventral verwachsen, mit Siphonen. Skulptur meist radial (Cardiacea, Trias – rezent):

d1: homomyar. Schloß mit Seitenzähnen: *Acanthocardia, Cardium* (Abb. 358, 369, 374), *Cerastoderma* (Abb. 363, 365, 366, 377, 379, 382, 390, 394), *Lymnocardium;*

d2: homomyar. Schloß ohne Seitenzähne: *Adacna, Didacna;*

d3: anisomyar; riesenwüchsig: *Tridacna*.

e) Sinupalliat. Schloß kräftig. Ligament innerlich (Mactracea, Kreide – rezent): *Mactra* (Abb. 369), *Mesodesma* (Abb. 391), *Spisula* (Abb. 366).

f) Sinupalliat. Schloß schwach. Ligament äußerlich oder äußerlich und innerlich. Skulptur i. d. R. konzentrisch. Klappen rundlich, meist nur hinten klaffend (Tellinacea, Trias – rezent): *Donax* (Abb. 366), *Macoma* (Abb. 379, 391, 398), *Scrobicularia* (Abb. 390, 394), *Tellina* (Abb. 360, 369), *Solecurtus* (Abb. 361).

g) Sinupalliat. Schloß schwach. Ligament äußerlich. Skulptur i. d. R. konzentrisch. Klappen oft scheidenförmig, an beiden Enden klaffend (Solenacea, Kreide – rezent): *Ensis* (Abb. 378, 390), *Solen* (Abb. 361).

3. Venerina. Schloß heterodont, meist cyrenoid. Wasserzirkulation: Ein- und Ausstrom hinten. Devon – rezent.

a) Homomyar. Meist integripalliat. Kardinalzähne kurz, mit den vorderen Seitenzähnen ± verbunden (Arcticacea, Devon – rezent): *Arctica (= Cyprina,* Abb. 369), *Pronoella* (Abb. 402).

b) Homomyar. Meist integripalliat. Kardinalzähne kurz, von den vorderen Seitenzähnen getrennt (Corbiculacea, Jura – rezent): *Corbicula* (= *Cyrena*, Abb. 369), *Pisidium, Sphaerium*.

c) Homomyar. Integripalliat. Kardinalzähne schloßrandparallel verlängert (Glossacea, Trias – rezent): *Glossus* (= *Isocardia*, Abb. 360, 378).

d) Anisomyar. Integripalliat. Mit Byssus (Dreissenacea, Tertiär – rezent): *Congeria, Dreissena*.

e) Homomyar. Sinupalliat (Veneracea, Jura – rezent): *Chione* (Abb. 359), *Dosinia* (Abb. 362), *Mercenaria* (Abb. 374, 391), *Petricola* (Abb. 392), *Venus* (Abb. 369).

4. Myina. Schloß desmodont. Sinupalliat. Ligament kräftig. Perm – rezent.

a) Ligament äußerlich (Hiatellacea, Perm – rezent; Gastrochaenacea, Jura – rezent): *Cyrtodaria* (vgl. Bd. 1, S. 195, Abb. 223), *Gastrochaena, Hiatella* (Abb. 392), *Panopea*.

b) Ligament innerlich (Myacea, Jura – rezent): *Corbula* (Abb. 360), *Mya* (Abb. 373, 391, 398; vgl. Bd. 1, S. 193, Abb. 220).

5. Pholadina (Pholadacea, Adesmacea). Schloß desmodont. Sinupalliat; Schale manchmal rückgebildet oder mit akzessorischen Platten. Ligament reduziert. ?Karbon, Jura – rezent.

a) Schale umhüllt den größten Teil des Weichkörpers: *Barnea* (Abb. 392), *Pholadidea* (Abb. 376), *Pholas* (Abb. 376), *Zirfaea* (Abb. 373, 392).

b) Schale auf vordersten Teil des Weichkörpers beschränkt, Holzbohrer: *Bankia* (Abb. 376), *Teredo* (Abb. 376, 392).

G. **Pachyodonta**. Kiementyp unbekannt. Schloß pachyodont. Schale ursprünglich aragonitisch, später mit kalzitischem Außenostrakum. Silur – rezent.

1. Megalodontacea. Schale gleichklappig, anscheinend aragonitisch. Silur–Jura. *Conchodon* (Abb. 388), *Megalodon* (Abb. 388), *Neomegalodon* (Abb. 388).

2. Hippuritacea („Rudisten"). Schale meist ungleichklappig, mit dem Wirbel festgewachsen. Schale (ob stets?) mit kalzitischem Außenostrakum. Jura–Kreide.

a) Wirbel der freien Klappe randlich, oft spiral gedreht: *Caprina, Caprinula* (Abb. 360, 375), *Diceras* (Abb. 360, 370, 388, 402), *Plagioptychus* (Abb. 375, 388), *Requienia* (Abb. 388).

b) Wirbel der Deckelklappe zentral: *Durania* (Abb. 388), *Hippurites* (Abb. 360, 370, 375, 388), *Praeradiolites* (Abb. 370), *Radiolites*.

H. **Anomalodesmata**. Kiemen eulamellibranchiat oder septibranchiat. Schloß desmodont. Schale aragonitisch; Innenostrakum perlmuttrig. Ordovizium – rezent.

1. Pholadomyina. Kiemen eulamellibranchiat. Ordovizium – rezent.

a) Siphonen ohne Kalkröhre. Ligament äußerlich (Pholadomyacea, Ordovizium – rezent): *Ceratomya* (Abb. 359), *Pholadomya, Pleuromya* (Abb. 400).

b) Siphonen ohne Kalkröhre. Ligament ins Innere verlagert (Pandoracea, Trias – rezent): *Laternula* (Abb. 373), *Pandora* (Abb. 378), *Thracia*.

c) Siphonen mit Kalkröhre (Clavagellacea, Kreide – rezent): *Clavagella* (Abb. 376), *Penicillus* (Abb. 376).

2. Septibranchiata (Poromyacea). Kiemen septibranchiat. Kreide – rezent. *Cuspidaria, Poromya* (Abb. 357).

Auswahl weiterführender Literatur:

J. G. CARTER (1978), L. R. COX et al. (1969), L. SCH. DAVITASCHVILI & R. L. MERKLIN (Hrsg.) (1966), R. M. C. EAGAR (1978), A. FRANC (1960), F. HAAS (1926, 1931–55), N. J. MORRIS (1979), P. W. SKELTON (1979), S. M. STANLEY (1970, 1972, 1977), H. B. STENZEL (1971), J. D. TAYLOR (1973), K. VOGEL (1975), C. M. YONGE & B. MORTON (1980), C. M. YONGE & T. E. THOMPSON (Hrsg.) (1978).

# Rostroconchiden

## 1. Definition

Rostroconchiden sind Mollusken mit kurzer Dorsoventralachse, die wahrscheinlich zu den Conchiferen gehören. Weichkörper bilateral-symmetrisch, seitlich abgeflacht. Schale zweiteilig, der Länge nach in eine rechte und eine linke Klappe gegliedert, die jedoch im Dorsalbereich verschmolzen sind. Larvale Schale einteilig.

## 2. Morphologie

Die Rostroconchiden besitzen eine bilateral-symmetrische Schale. Sie besteht aus zwei Klappen, die dorsal miteinander verwachsen sind und den Weichkörper rechts und links umschließen. Die Körpergröße beträgt wenige Zentimeter. Ventral klafft zwischen den beiden Klappen ein schmaler Spalt. Vorne erweitert er sich zu einer kleineren oder größeren Öffnung. Hier wird die Durchtrittsstelle des Fußes oder eventuell eines byssusähnlichen Sekrets angenommen. Hinten ist ebenfalls eine Öffnung vorhanden, die bei manchen Formen am Ende eines verlängerten Rostrums liegt. Möglicherweise diente sie dem Ein- und Ausströmen von Wasser zur Versorgung der Kiemen, ähnlich wie bei den meisten Muscheln. Eine dritte Öffnung kommt bei einigen Arten am hinteren Ventralrand vor. Vielleicht war hier ein Auslaß für Unverwertbares und Nahrungsreste lokalisiert. Vereinzelt ist am Hinterrand der Schale eine ballonartige Erweiterung („Schleppe") beobachtet.

Das Schalenwachstum beginnt mit einem einklappigen, mützenförmigen Gebilde zwischen den Wirbeln der adulten Klappen. Die Schalenform ist rundlich oder länglich. Die Wirbel liegen bei manchen Arten mehr oder weniger in der Mitte der Dorsalseite, bei anderen sind sie nach vorne verschoben.

Die Schale ist kalkig, vermutlich primär aragonitisch, und besteht aus mehreren Schichten. Im Dorsalbereich der beiden Klappen laufen entweder alle oder nur die inneren Schalenschichten kontinuierlich von links nach rechts durch. Schloß oder Ligament fehlen. Beim Wachstum der Tiere und damit der Schale werden die beiden Klappen um eine Achse, die vor den Wirbeln dem Dorsalrand der Medianebene folgt, auseinander gebogen. Dabei können, vor allem hinter den Wirbeln, Brüche entstehen, die von innen her mit neuer Schalensubstanz unterlegt werden und so verheilen.

Bei vielen Rostroconchiden sind die beiden Klappen vor dem Wirbel durch eine interne, senkrecht angeordnete, unpaare Plattform, die als Pegma bezeichnet wird, unterfangen. Ihre Funktion ist unbekannt. Die Innenflächen der Klappen können, vor allem im vorderen Abschnitt, schräg stehende randliche Leisten oder Zähne tragen.

Die Innenseiten der Klappen tragen Muskeleindrücke, die als Spurlinien von Mantelmuskeln gedeutet werden. Vereinzelt sind auch Eindrücke bekannt, die von Retraktormuskeln des Fußes herrühren könnten. Schließmuskeln sind nicht nachweisbar. Die Rekonstruktion der Weichteile ist in hohem Maße hypothetisch. Sie lehnt sich eng an die Muschel-Anatomie an, ohne daß die vermuteten Ähnlichkeiten beweisbar wären.

## 3. Verwandtschaft, Phylogenie und Stratigraphie

Die Wurzel der Rostroconchiden ist unbekannt. Eine Ableitung von Monoplacophoren ist möglich, jedoch unbewiesen. Die Rostroconchiden sind vom Oberkambrium bis Oberperm bekannt. Verwandtschaftliche Beziehungen werden zu Muscheln und Scaphopoden angenommen.

Vor allem mit den Muscheln haben die Rostroconchiden viele Gemeinsamkeiten, z. B. die kurze Dorsoventralachse, die prinzipielle Zweiklappigkeit der Schale und das vermutete Fehlen eines Kopfes. Aus diesen Gründen wurde eine Ableitung der Muscheln (und der Scaphopoden) von den Rostroconchiden erwogen. Denkbar, aus stratigraphischen Gründen jedoch weniger wahrscheinlich, ist, daß die Rostroconchiden stark abgewandelte Muscheln sind.

Nach einer kurzen Phase der Aufspaltung in mehrere Gattungen im Oberkambrium und Unterordovizium erfuhren die Rostroconchiden bis zum Ende des Paläozoikums wenig Veränderungen. Vom Silur an sind nur wenige Gattungen (z. B. *Conocardium*) mit einigen Arten bekannt.

Im Oberkambrium und Unterordovizium scheint die Mehrzahl der Arten eine beschränkte vertikale Verbreitung aufzuweisen. Es ist allerdings noch nicht geklärt, ob die Rostroconchiden einen Leitwert besitzen, der über eine regionale Bedeutung hinausgeht.

### 4. Lebensweise

Da die Anatomie des Weichkörpers unbekannt ist, läßt sich die Lebensweise der Rostroconchiden nur mit Vorbehalten rekonstruieren. Es wird angenommen, daß manche Arten als endobenthische Depositfresser lebten. Arten mit stark verlängerter Schale könnten nach Art der Scaphopoden, kürzere Formen nach Art der Nuculiden das Sediment durchpflügt und darin enthaltene Nahrung mit einem Äquivalent der Mundlappen (vgl. S. 313) oder der Captacula (vgl. S. 355) aufgenommen haben. Arten mit abgeflachtem Vorderrand und weit nach vorn gerücktem Wirbel werden als

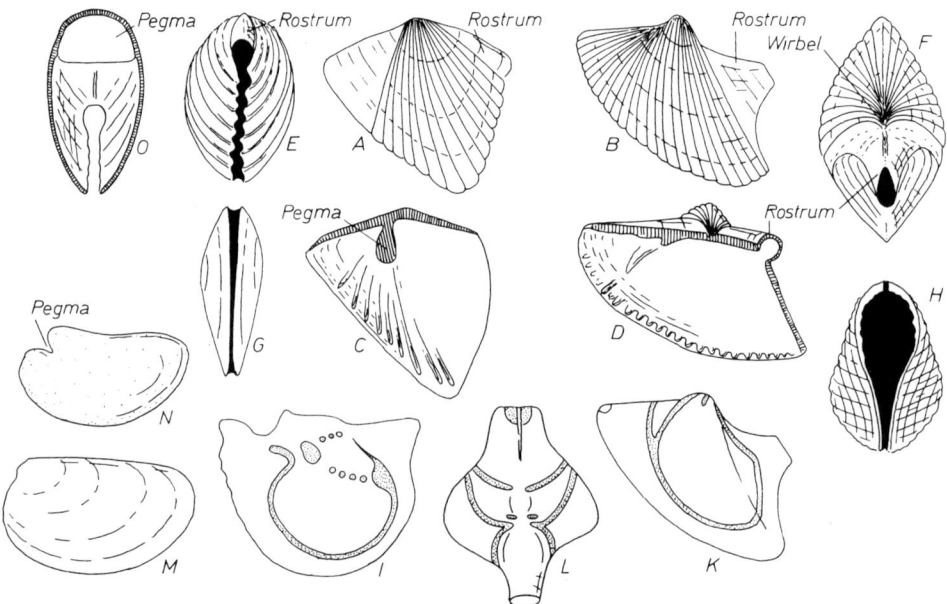

Abb. 403. Rostroconchiden. A, C, E, I, O: *Eopteria* (Ord.); B, D, F, H, K, L: *Conocardium* (Ord. – Perm); G, M, N: *Ribeiria* (Kambr. – Ord.). A, B, M: linke Klappe von außen; C, D: rechte Klappe von innen; E, F: Ansicht der Schale von hinten; G, H: Ansicht der Schale von ventral, Vorderseite oben; I, K, L: Muskeleindrücke; N: Steinkern; O: aufgebrochene Schale von innen nach vorne gesehen. A, C, E, O: × 2; B, D, K: × 1,25; G, M, N: × 2,5; I, L: × 1,6. Nach W. HIND; J. POJETA JR., J. GILBERT-TOMLINSON & J. H. SHERGOLD und J. POJETA jr. et al.

epibenthische Suspensionsfresser gedeutet. Bei ihnen wird eine ähnliche Verankerung und Lebensweise wie bei den Mytiliden vermutet.

Altpaläozoische Rostroconchiden scheinen auf Artebene an einen bestimmten Substrat-Typ (Karbonatschlick, klastische Sedimente) gebunden zu sein. Die Gruppe war rein marin. Die Tiere lebten im flachen Wasser und waren weltweit verbreitet.

### 5. Fossilisation

Die Rostroconchiden scheinen postmortal wegen ihres Lebens im flachen Wasser häufig umgelagert worden zu sein. Wie bei Muscheln kommen Schillbänke und flächenhafte Anreicherungen vor. Die Verschmelzung der beiden Klappen im Dorsalbereich verhindert bei der Zersetzung der Weichteile das Auseinanderfallen, das bei den Muscheln die Regel ist. Dafür wirkt die Dorsalregion als Schwächezone, entlang welcher die Schale leicht zerbricht.

Wegen der leichten Löslichkeit der Schalensubstanz sind die Rostroconchiden oft nur als Steinkerne erhalten. Das Pegma tritt hierbei als tiefer Einschnitt vor dem Wirbel deutlich in Erscheinung. Auch sekundäre Verkieselungen kommen vor.

Auswahl weiterführender Literatur:
R. M. Bonem (1982), J. Pojeta jr., J. Gilbert-Tomlinson & J. H. Shergold (1977), J. Pojeta jr. & B. Runnegar (1976), J. Pojeta jr. et al. (1972).

# Scaphopoden

## 1. Definition

Die Scaphopoden sind Mollusken mit weichhäutigem Mantel (Conchiferen) und langer Dorsoventralachse. Weichkörper bilateral-symmetrisch, ohne Spuren ursprünglicher Segmentierung, in röhrenförmiger, an beiden Enden offener Kalkschale. Statozysten vorhanden.

## 2. Morphologie

Der **Weichkörper** der Scaphopoden ist hoch getürmt, nach vorn konkav gekrümmt und besitzt eine lange Dorsoventralachse. Die Höhe des Körpers beträgt etwa 1–5 cm, vereinzelt bis 25 cm. An der konkaven Vorderseite entspringt der Mantel. Er ist nach hinten in paarige Lappen verlängert, die in der hinteren Medianlinie verwachsen sind und eine dorsal und ventral offene Mantelhöhle umschließen. Ventralwärts ragt aus ihr ein keilförmiger Fuß heraus, der distal bei manchen Formen zwei Seitenlappen, bei anderen einen sternförmig gezackten Schirm besitzt.

Der Kopf ist nur undeutlich abgesetzt. In seiner Mitte liegt der Mund. Um diesen entspringen lange, dünne und sehr bewegliche Fangfäden (Captacula). Die Radula ist stark spezialisiert. Sie besteht aus etwa 20 Querreihen von je 5 großen Zähnen. Der schlingenförmige Darm öffnet sich mit dem After in die Mantelhöhle. In diese münden auch ein Paar Nieren und die unpaare Gonade. Die Tiere sind getrenntgeschlechtig.

Kiemen fehlen. Die Atmung erfolgt durch die Körperoberfläche. Das Atemwasser strömt vom dorsalen Ende her in die Mantelhöhle ein und wird durch Kontraktionen des Fußes dort auch wieder ausgestoßen. Dabei wird auch der Kot aus der Mantelhöhle entfernt.

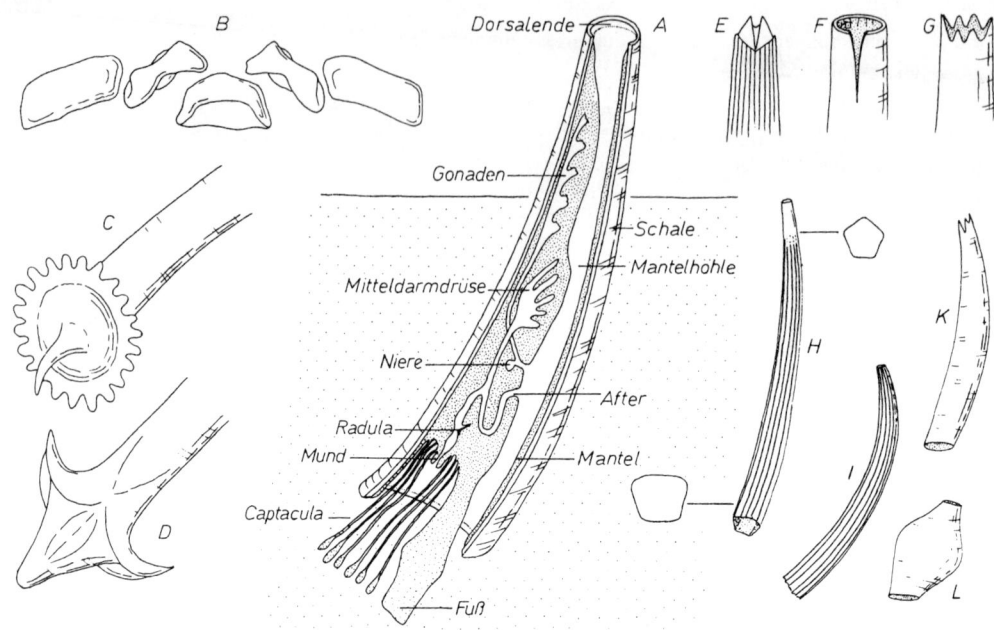

Abb. 404. Scaphopoden. A: Schema der Organisation und Lebensstellung; B: Radula von *Dentalium*, × 30; C, D: Ausbildung des Fußes, C: *Pulsellum* (Paleoz. – rez.), × 16, D: *Dentalium* (Kreide – rez.), × 6; E–G: dorsale Schalenöffnung rezenter Scaphopoden, E: *Dentalium calamus*, × 6, F: *Dentalium liodon*, × 6, G: *Siphonodentalium lobatum*, × 6; H–L: Beispiele von Scaphopoden, H: *Entalina* (Tert. – rez.), × 1,2, I: *Dentalium* (Kreide – rez.), × 0,5, K: *Siphonodentalium* (Paleoz. – rez.), × 1, L: *Cadulus* (Kreide – rez.), × 2,5. Nach E. FISCHER-PIETTE & A. FRANC, N. H. LUDBROOK und W. STEMPELL.

Die **Schale** ist röhrenförmig und entsprechend der Form des Weichkörpers leicht nach vorne konkav gekrümmt (Abb. 404). Entlang der konkaven Zone ist der Mantel an der Schale festgewachsen. Diese verengt sich dorsalwärts. Ihr Querschnitt ist meist rundlich, zuweilen auch abgerundet vier- oder fünfkantig. Beide Enden der Röhre sind offen. Die dorsale (engere) Öffnung ist zuweilen in einen abgesetzten Tubus verlängert; manchmal ist ihr hinterer Rand durch einen schlitzförmigen Einschnitt gegliedert; vereinzelt ist sie gezackt.

Die Schale besteht aus Aragonit, ist aus Periostrakum, kreuzlamellärem Außenostrakum und lamellärem Innenostrakum aufgebaut und zeigt so in ihrer Struktur weitgehende Übereinstimmung mit den heterodonten Muscheln. Ihre Oberfläche kann glatt, von schräg verlaufenden Zuwachslinien bedeckt oder längs gerippt sein.

### 3. Ontogenie

Die Larven der Scaphopoden leben wenige Tage lang planktisch. In dieser Zeit wird der Mantel als zweilappiges Gebilde angelegt, das später zu einer Röhre verwächst. Auch die embryonale Schale ist zweiteilig mit einer rechten und einer linken Klappe. Sie wird erst im Laufe des Wachstums röhrenförmig.

Beim Wachstum der Tiere wird die dorsale Mantel- und Schalenöffnung allmählich erweitert. Dabei wird Schalensubstanz resorbiert. Der Schalenzuwachs erfolgt an der ventralen Öffnung parallel zur Mündung.

## 4. Phylogenie und Stratigraphie

Die ältesten unzweifelhaften Scaphopoden sind aus dem Devon beschrieben. Funde aus dem Ordovizium sind umstritten. Im Jungpaläozoikum und Mesozoikum sind die Scaphopoden wenig formenreich; erst im Tertiär wird die Mannigfaltigkeit größer. Rezent sind wenige Gattungen (knapp 25 Gattungen und Untergattungen) mit 350 Arten bekannt.

Durch die bilaterale Symmetrie, die Paarigkeit der Mantellappen, die zweiteilige Schalenanlage, den keilförmigen Fuß und die Reduktion des Kopfes zeigen die Scaphopoden Verwandtschaftsbeziehungen zu den Muscheln. Ihnen stehen sie innerhalb der rezenten Conchiferen am nächsten. Die Scaphopoden sind mit ihrer Radula jedoch urtümlicher und können deshalb allenfalls von gemeinsamen Vorfahren, z. B. den Rostroconchiden, abstammen. Ein merklicher Evolutionsfortschritt seit dem Paläozoikum ist nicht feststellbar.

Stratigraphische Bedeutung haben die Scaphopoden nicht.

## 5. Lebensweise

Alle Scaphopoden sind marin. Rezente Formen sind an eine Salinität von mindestens 30 ‰ gebunden. Ihre Temperaturabhängigkeit ist gering.

Da Scaphopoden auf Kleintiere im Sediment Jagd machen, kommen sie überwiegend in Sandböden vor. Sie stecken bis auf ihr dorsales Ende im Sediment und durchpflügen dieses, indem sie ihren Fuß vorstrecken, ihn mit Seitenlappen oder Schirm verankern und sich durch Kontraktion des Fußmuskels nachziehen. Bei der Ortsbewegung ergreifen die Fangfäden ihre Beute (vor allem Foraminiferen, Muschelbrut und Diatomeen) und führen sie zum Mund. Beim Transport in den Magen wird sie durch die großen Radulazähne zerkleinert.

Da vor allem Foraminiferen in allen Meerestiefen vorkommen, sind auch die Scaphopoden bis zu 7000 m Tiefe vorgestoßen. Mehrheitlich kommen sie in tieferem Wasser vor; in der Strandzone leben nur wenige Arten.

## 6. Fossilisation

Der Aragonit der Scaphopodenschalen ist relativ leicht löslich. Da die Tiere überwiegend in Sanden, d. h. in Sedimenten mit meist guter Porenwasserzirkulation leben, unterliegt das Skelett frühzeitiger Zerstörung. Möglicherweise sind deshalb aus prätertiären Sedimenten so wenige Scaphopoden bekannt.

Auswahl weiterführender Literatur:

T. van Benthem Jutting (1931), E. Fischer-Piette & A. Franc (1968), N. H. Ludbrook (1960).

# Hyolithen

## 1. Definition

Hyolithen sind mutmaßliche Mollusken mit konischem, i. d. R. bilateral-symmetrischem, im Querschnitt oft abgeflachtem, am Apex geschlossenem Gehäuse, dessen Mündung von einem Operculum verschlossen wird. Soweit Kammern auftreten, werden sie nicht von einem Sipho durchzogen.

## 2. Morphologie

Als Hyolithen werden kleine bis mittelgroße, zwischen 0,1 und maximal 15 cm lange, meist bilateral-symmetrische, konische Gehäuse bezeichnet. Ihr Querschnitt ist meist abgerundet dreiseitig, seltener oval oder kreisförmig. Manchmal sind die Gehäuse geradegestreckt. Oft ist ihre flachere Seite jedoch schwach gekrümmt, so daß die Gehäuse etwas hornförmig werden. Vereinzelt ist durch die Krümmung des Gehäuses der Apex aus der Symmetrieebene herausgedreht. Dieser ist stets geschlossen und teils zugespitzt, teils gerundet, teils blasenartig erweitert. Der Apikalwinkel, d. h. der Öffnungswinkel des Gehäuses, liegt zwischen 10 und 40° (Abb. 405).

Am entgegengesetzten Gehäusepol liegt die Mündung. Sie ist bei manchen Formen auf der flacheren Gehäuseseite bogenförmig zu einer sogenannten Ligula verlängert. Bei anderen Formen schließt das Gehäuse ohne Vorsprung ab. Die Mündung kann durch ein Deckelchen (Operculum) teilweise oder völlig verschlossen werden. Das Operculum wird durch Muskeln bewegt, die auf der Innenseite Eindrücke hinterlassen (Abb. 406). Außerdem können die Opercula innen zapfenförmige Fortsätze („Schloßfortsätze") und leistenförmige Verstärkungen („Claviculae") tragen. Bei manchen Hyolithen greifen auf der Innenseite der Opercula, anscheinend an den Schloßfortsätzen, sichelförmige Anhänge („Helenen") an, die vermutlich hohl waren. Zwischen Operculum und Gehäuse treten sie nach außen und sind in Richtung auf den Apex und auf die flachere Gehäuseseite hin gekrümmt.

Das Innere der Gehäuse kann auf der kürzeren, oft konkaven Seite ein kurzes Längsseptum tragen. Auf der entgegengesetzten Gehäuseseite können ebenfalls Längsrippen vorhanden sein, die manchmal paarig sind. Quersepten schließen häufig im apikalen Teil des Gehäuses Kammern ab, die nicht durch einen Sipho oder eine ähnliche Struktur miteinander in Verbindung stehen. Die Kammerung erlaubte es dem Weichkörper, beim Wachstum seine Proportionen beizubehalten. Sie tritt deshalb vor allem bei Formen mit geringem Apikalwinkel und kaum bei solchen mit großem Apikalwinkel auf.

Auf der Innenseite des Gehäuses waren Muskeln befestigt. Diese hinterließen auf der kürzeren, oft konkaven Gehäuseseite paarige, querovale Eindrücke, die zuweilen mehrfach auftreten. Auf der längeren, flacheren Gehäuseseite können paarige Eindrücke zu unpaaren verschmelzen. Es ist umstritten, ob die Multiplikation der Muskeleindrücke beim Wachstum und periodischen Vorwärtsrücken des Weichkörpers entstand oder ob mehrere Muskelpaare vorhanden waren. Welche Funktion die Muskeln hatten, ob es sich um Mantelmuskulatur, Retraktionsmuskeln des Weichkörpers oder um Muskulatur der Opercula handelt, ist unklar.

Die Schale ist kalkig. Sie scheint ursprünglich aragonitisch gewesen zu sein. Sie war anscheinend zweischichtig und mindestens teilweise kreuzlamellär strukturiert. Sie stimmt damit weitgehend mit der Schale der conchiferen Mollusken überein.

Der Bau der Weichteile ist unsicher, da keine entsprechenden Funde vorliegen. Vereinzelte Sedimentfüllungen des Darmtraktes zeigen, daß dieser U-förmig gebogen war. Der eine Schenkel ist intensiv zickzackförmig verfaltet, der andere ist gestreckt. Man nimmt an, daß der gestreckte Darm-Schenkel dem Enddarm entsprach. Der After lag dann nahe den „Schloßfortsätzen" des Operculums und damit auf der vielfach kürzeren Gehäuseseite. Unklar bleibt allerdings, ob dies Anzeichen für einen wurmförmigen Weichkörper mit dorsal liegendem Enddarm oder einen hoch getürmten Eingeweidesack mit langer Dorsoventralachse sind (vgl. Abb. 407).

Da das Operculum auf der dem After abgelegenen Körperseite geöffnet werden konnte, muß dort der Fuß oder ein ihm entsprechendes Organ vermutet werden. Seine Bewegungsfreiheit war allerdings stark eingeschränkt. Möglicherweise ist der reduzierte Kopf mit den Captacula der Scaphopoden ein Modell, nach dem die Kopfregion der Hyolithen rekonstruiert werden kann.

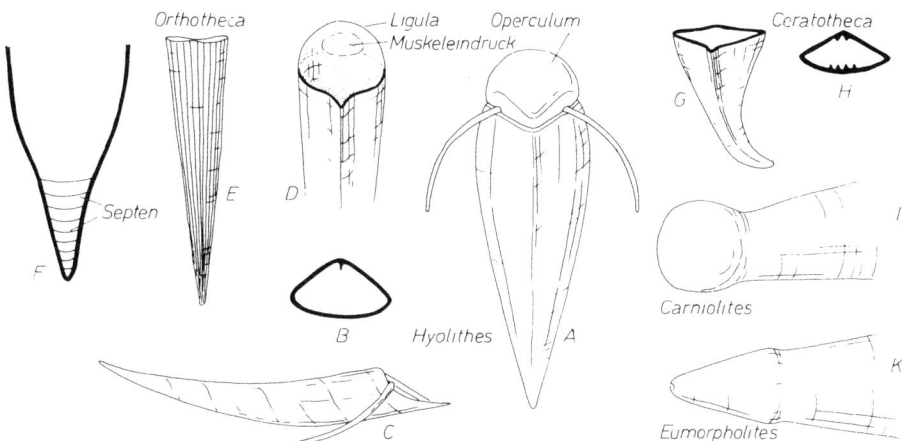

Abb. 405. Das Gehäuse der Hyolithen. A–C: Schema eines Hyolithen-Gehäuses am Beispiel von *Hyolithes* (Kambr. – Perm), × 2; D: Mündung, × 2; E, G, H: Gattungsbeispiele, E: Kambr. – Devon, × 1,5, G, H: Silur – Devon, × 1; F: Schema der Kammerung eines Hyolithengehäuses; I, K: Anfangsstadien von Hyolithengehäusen, I: Kambr. – Ord., × 60, K: Ord., × 60. Nach J. Dzik, D. W. Fisher, L. Marek & E. L. Yochelson und V. A. Syssoiev.

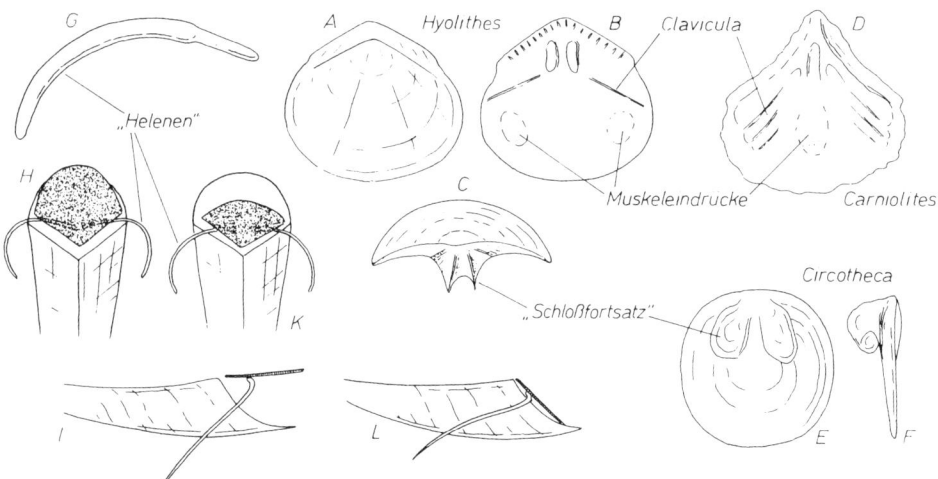

Abb. 406. Deckelstrukturen der Hyolithen. A: Operculum von außen; B, D, E: Operculum von innen; C: Operculum von der Seite; G: Anhänge (Helenen); H–L: Schemata geöffneter (H, I) und geschlossener (K, L) Opercula. A, B, C: Kambr. – Perm, × 4; D: Kambr. – Ord., × 5; E, F: Kambr., × 3,5; G: × 3,5. Nach J. Dzik, D. W. Fisher, L. Marek, B. Runnegar et al., V. A. Syssoiev und E. L. Yochelson.

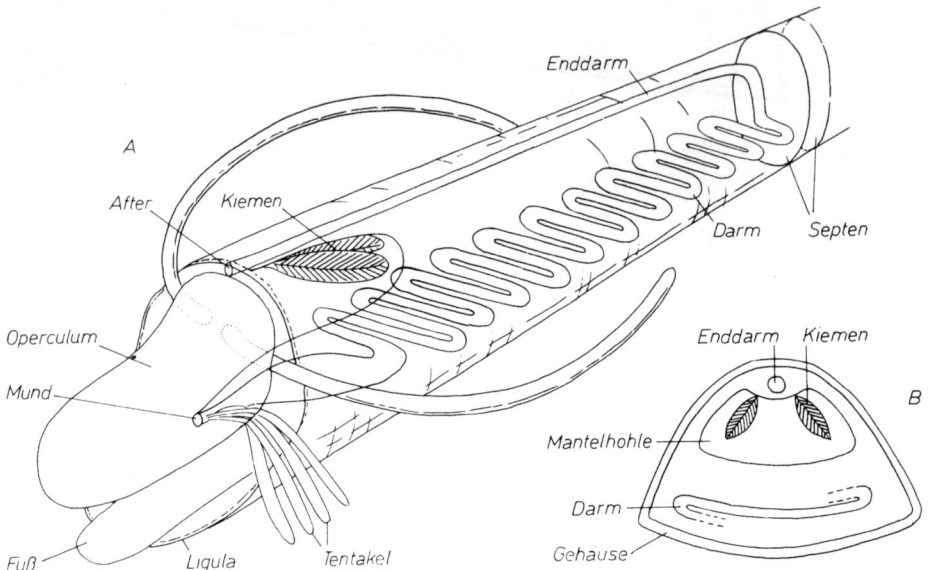

Abb. 407. Schematische Rekonstruktion der Weichteil-Anatomie der Hyolithen. A: halb durchsichtige Schrägaufsicht; B: Querschnitt. Nach L. Marek & E. L. Yochelson und B. Runnegar et al.

### 3. Ontogenie

Aus der unterschiedlichen Gestalt des Apex bei den Hyolithen wird geschlossen, daß auch die ontogenetische Entwicklung unterschiedlich verlief. Formen mit kugeligem Apex werden als Tiere gedeutet, die eine relativ lange Entwicklung innerhalb einer geräumigen Eihülle durchliefen. Arten mit zugespitztem Apex hatten vermutlich kleinere Eier, aus denen die Embryonen früher schlüpften, und ein längeres planktisches Larvenstadium. Daß die Larven Trochophora- oder Veligerlarven waren, ist hypothetisch.

Wachstumsstadien lassen sich an den Zuwachslinien des Gehäuses erkennen. Wie alt die Hyolithen-Tiere wurden, ist unbekannt.

### 4. Verwandtschaft, Phylogenie und Stratigraphie

Ob die Hyolithen Mollusken waren, ist umstritten. Ein verfalteter Darm und ein dorsal liegender After kommen bei den Sipunculiden vor (vgl. Bd. 1, S. 18, Abb. 16). Deshalb werden verwandtschaftliche Beziehungen der Hyolithen zu diesem Stamm vermutet. Den Sipunculiden fehlen jedoch Skelette, weshalb auch erwogen wird, die Hyolithen als eigenen, ausgestorbenen Stamm zu deuten, der mit den Sipunculiden eine gemeinsame Wurzel hat.

Andererseits stimmt die Schale in Bildungsweise und Struktur mit einer Mollusken-(Conchiferen-)schale überein. Trotz gewisser Schwierigkeiten läßt sich auch der Weichkörper so rekonstruieren, daß er dem Bauplan eines Mollusken nicht widerspricht. Es besteht deshalb kein zwingender Grund, die Hyolithen aus den Mollusken auszuklammern.

Wenn die Hyolithen Mollusken waren, gehören sie zu ihren ältesten Formen. Sie lassen sich von keiner der anderen Klassen ableiten und stellen vermutlich einen frühen, blind endenden Seitenzweig dar. Sie sind ab der Basis des Kambriums nachgewiesen. Ihre größte Häufigkeit fällt ins

Kambrium. Ab dem Ordovizium werden sie seltener. Vom Silur bis zum Perm sind nur noch vereinzelte Funde bekannt. Der schon im Kambrium vorliegende Bauplan wird bis zum Aussterben der Gruppe am Ende des Paläozoikums nicht weiter entwickelt.

Über die stratigraphische Verwertbarkeit der Hyolithen ist erst wenig bekannt.

### 5. Lebensweise

Die Hyolithen waren marine Tiere. Ihre Begleitfauna zeigt an, daß sie normale Salinität, normale Temperaturen und flaches Wasser beanspruchten. Ihre größte Häufigkeit haben sie in dunklen Schiefern, weshalb wahrscheinlich ist, daß sie bevorzugt auf relativ weichen Böden lebten.

Da keine Anzeichen dafür bestehen, daß die Gehäuse einen Auftrieb besaßen, ist eine planktische oder nektische Lebensweise der adulten Tiere nicht wahrscheinlich. Auch ein leistungsfähiger Fuß als Fortbewegungsorgan war vermutlich nicht vorhanden. Am meisten spricht dafür, die Tiere als träge, hemisessile Glieder der Epifauna zu deuten. Sie dürften auf ihrer flacheren Seite gelegen haben, die möglicherweise der Ventralseite entspricht. Ob die Helenen der Stabilisierung des Gehäuses dienten oder ob die Tiere mit ihrer Hilfe kurze Strecken zurücklegen konnten, ist unbekannt. Ein Festwachsen der Schale ist nirgends beobachtet.

Die Ernährung dürfte angesichts der vermuteten geringen Bewegungsfähigkeit überwiegend mikrophag gewesen sein. Ob sie als Strudeln oder Depositfressen erfolgte, ist unbekannt. Möglicherweise waren manche Hyolithen auch Sedimentfresser.

Auswahl weiterführender Literatur:

D. W. FISHER (1962), L. MAREK & E. L. YOCHELSON (1976), B. RUNNEGAR et al. (1975).

# Anhang: Tentakuliten

### 1. Definition

Tentakuliten sind kreisrunde, spitzkegelförmige Gehäuse unsicherer systematischer Zugehörigkeit. Am Apex sind die Gehäuse geschlossen. Ein Operculum fehlt. Soweit Kammern auftreten, werden sie nicht von einem Sipho durchzogen.

### 2. Morphologie

Als Tentakuliten im weiteren Sinn (Tentaculitiden, Cricoconariden) bezeichnet man kreisrunde, spitzkegelige Gehäuse, die 0,1–8 cm lang werden. Sie sind am dünnen Ende (Apex) geschlossen, am weiten offen. Im allgemeinen sind sie geradegestreckt, zuweilen an ihrer Spitze, selten in der gesamten Länge, gekrümmt. Ihr Apikalwinkel (Öffnungswinkel) beträgt 2–18° (Abb. 408).

Am Apex ist das Gehäuse entweder schwach tropfenförmig erweitert, oder es trägt eine nahezu kugelige Anfangsblase, die vom übrigen Gehäuse durch eine Einschnürung abgesetzt ist. Zuweilen ist ein Apikaldorn vorhanden. Die Apikalregion ist etwa 0,1–0,3 mm lang. Auf sie folgt ein juveniles Gehäusestadium, dessen Inneres bei einigen Gattungen durch Septen in Kammern unterteilt ist. Die Septen werden teils als dünne Querlamellen gebildet, teils sind sie zu dicken, mehrschichtigen Trichtern (Endokonusse) verstärkt. Sie legen sich mit einem muralen Teil an die

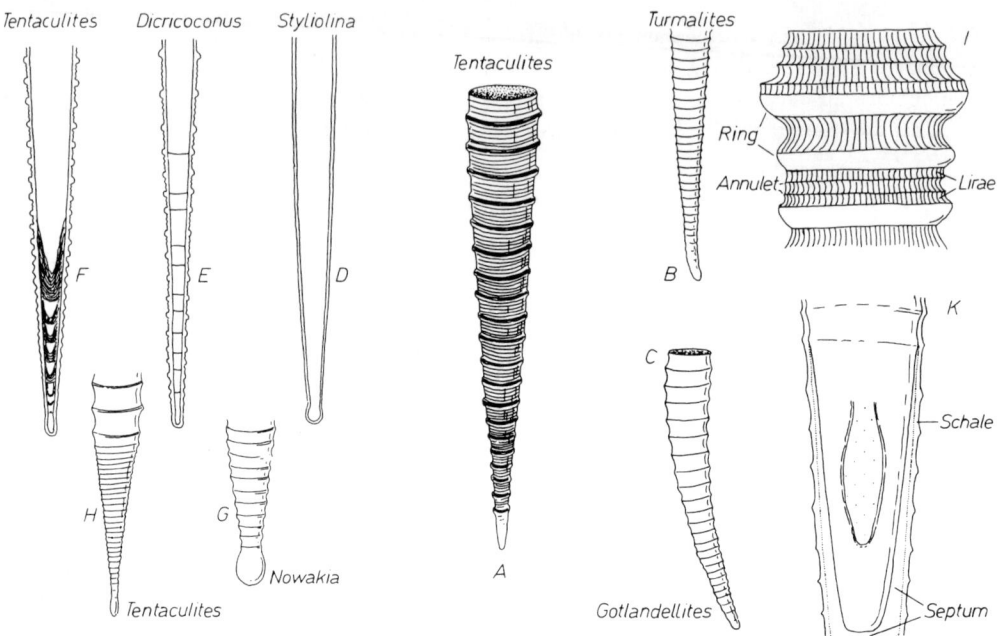

Abb. 408. Morphologie der Tentakuliten. A: Grundbauplan am Beispiel von *Tentaculites* (Silur – Devon), × 5; B, C: Krümmung des Gehäuses, B: Silur, × 20, C: Silur, × 25; D–F: ungekammerte und gekammerte Gehäuse im Längsschnitt, D: Silur – Devon, × 10, E: Silur – Devon, × 10, F: Silur – Devon, × 10; G, H: Anfangsstadien, G: Anfangsblase (Silur – Devon), × 22, H: schwach tropfenförmig erweitertes Anfangsstadium (Silur – Devon), × 10; I: Schema der Skulpturelemente; K: Eindruck unbekannter Bedeutung auf dem Steinkern der Wohnkammer eines Tentakuliten (× 30). Nach B. Bouček, K. Larsson und G. P. Ljashenko.

Gehäuseinnenwand an. Soweit überhaupt ausgebildet, sind etwa 5–10, maximal 20 Septen vorhanden. Ein Sipho oder eine ähnliche Struktur ist nicht einwandfrei nachgewiesen. Offenbar trennten die Septen apexnahe Gehäuseteile ab; der Weichkörper hatte keine Verbindung zu den Kammern.

Auf dem Muralteil des letzten Septums adulter Gehäuse ist ein unpaarer, bilateral-symmetrischer Eindruck vorhanden. Er deutet auf eine bilaterale Symmetrie des Weichkörpers hin. Seine Bedeutung ist unbekannt.

Das juvenile Stadium nimmt dort, wo es deutlich abgesetzt ist, etwa 20–30 (maximal 40) % der Gehäuselänge ein. Zur Mündung hin (d. h. distalwärts) folgt der adulte Gehäuseteil bzw. die sogenannte Wohnkammer. Diese zeichnet sich oft durch eine abweichende Skulptur aus und kann daran auch dort erkannt werden, wo eine Kammerung fehlt oder nicht zu beobachten ist. Skulpturelemente sind ringförmige Wülste verschiedener Stärke (Ringe 1. bzw. 2. Ordnung, „Großringe", „Kleinringe", „Annulette") sowie feine Längsstreifen (Lirae). Das Gehäuse öffnet sich in der Mündung. Ihr Rand ist ringförmig und undifferenziert. Ein Deckel (Operculum) ist nicht nachweisbar.

Die Schale ist kalzitisch, scheint jedoch sonst unterschiedlich gebaut zu sein. Für die Tentakuliten i. e. S. ist eine relativ dicke Schale bezeichnend. Sie wird außen und innen von einer dünnen organischen Schicht bedeckt und besteht aus kleinen, meist unregelmäßigen Täfelchen, die lagenhaft angeordnet sind. Verbreitet ist, daß Täfelchen trichterförmig zur Schaleninnenseite hin geneigt sind. Die Spitzen dieser Trichter bilden senkrecht die Gehäusewand durchziehende „Pseudopuncta". Auf der Schaleninnenseite ragen sie als Tuberkel hervor. Andere Gattungen (z. B. *Nowakia* und *Styliolina*) sind dünnschalig. Bei *Styliolina* ist eine Dreischichtigkeit der Kalkschale beobachtet, wobei die äußere und innere Schicht prismatisch, die mittlere lagenhaft strukturiert sind.

Der lagenhafte Bau der Schale sowie ihre Verstärkung und Reparatur von innen her machen es wahrscheinlich, daß sie von einem mantelähnlichen Gebilde abgeschieden wurde. Der Weichkörper dürfte auf den Innenraum des Gehäuses beschränkt gewesen sein. Sein Bau ist unbekannt; Röntgenaufnahmen pyritisierter Strukturen lassen sich unterschiedlich interpretieren.

### 3. Verwandtschaft und Phylogenie

Die verwandtschaftlichen Beziehungen der Tentakuliten zueinander und zu anderen Gruppen sind ungeklärt. Für eine Verwandtschaft mit den Mollusken sprach zunächst die Ähnlichkeit mit Pteropoden (vgl. S. 225). Die große zeitliche Lücke bis zur Entstehung dieser stark abgeleiteten Gastropoden-Gruppe (Oberdevon–Alttertiär) ist jedoch schwer zu deuten. Vermutete Übereinstimmungen mit den Cephalopoden beruhen auf der Kammerung und der wahrscheinlich fälschlichen Rekonstruktion eines Siphos bei den Tentakuliten. Die Summe der Merkmale erinnert zwar an Mollusken, gestattet jedoch keine Zuordnung zu einer der bekannten Molluskengruppen.

Auch Beziehungen zu den Anneliden wurden erwogen. Argumente dafür sind Ähnlichkeiten zu manchen Serpuliden-Röhren. Gründe dagegen sind die regelmäßigen Gehäuseformen, das durchgehende Fehlen jeglicher Anheftung und die mehrschichtige Schale. Die Schalenstruktur der Tentakuliten i. e. S. hat weitgehende Übereinstimmungen mit derjenigen gewisser artikulater Brachiopoden (vor allem der Strophomeniden). Zwar ist das zweiklappige Gehäuse der Brachiopoden selbst mit den Röhren der Tentakuliten nicht vergleichbar. Es könnten jedoch zu den mit den Brachiopoden verwandten Phoroniden Beziehungen bestehen.

Ob die dünnschaligen Dacryoconariden *(Nowakia, Styliolina* usw.), die später als die Tentakuliten i. e. S. auftreten und sich anscheinend durch Schalenstruktur und Anfangsblase unterscheiden, von diesen abstammen, ist unbekannt. Denkbar ist auch eine konvergente Entwicklung aus einer anderen, nicht identifizierbaren Wurzel.

Die ältesten Tentakuliten i. w. S. treten im unteren Ordovizium auf. Im höheren Silur treten neben die Tentakuliten i. e. S. noch die Dacryoconariden. Die größte Mannigfaltigkeit fällt in das obere Silur und ins Devon. Gegen Ende des Devons starben die Tentakuliten, anscheinend nachkommenlos, aus.

### 4. Stratigraphie

Tentakuliten sind im Silur und Devon gute Leitfossilien. Viele Arten haben allerdings ein regional begrenztes Vorkommen. Deshalb sind biostratigraphische Gliederungen mit ihrer Hilfe vorwiegend im regionalen Rahmen anwendbar (Abb. 409). Hier sind die einzelnen Arten jedoch im allgemeinen leicht kenntlich und häufig. Infolge ihrer hohen Evolutionsgeschwindigkeit kennzeichnen sie kurze Zeiträume. Zugleich sind sie oft auch von lithologischen Faktoren weitgehend unabhängig. Ihr Leitwert entspricht zum Teil demjenigen gleichaltriger Graptolithen, Conodonten oder Chitinozoen.

### 5. Lebensweise

Da die Organisation des Weichkörpers unbekannt ist, läßt sich die Lebensweise der Tentakuliten im wesentlichen nur aus ihrem Vorkommen ableiten. Tentakuliten i. e. S. waren Benthonten

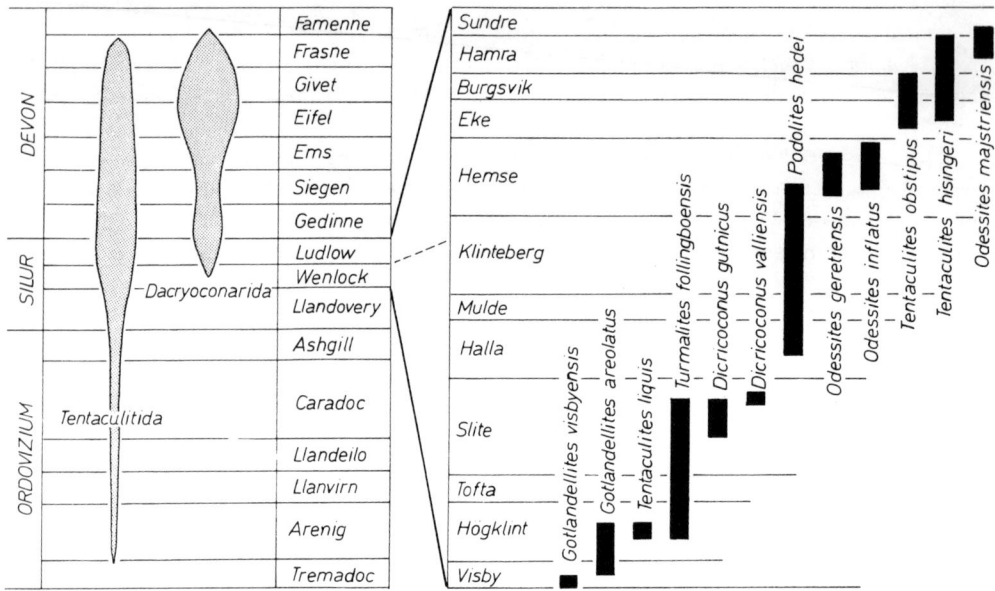

Abb. 409. Vorkommen und relative Häufigkeit der beiden Hauptgruppen der Tentakuliten (nach D. W. FISHER) und Leitwert einiger ausgewählter Tentakuliten-Arten im Silur der Insel Gotland (nach K. LARSSON).

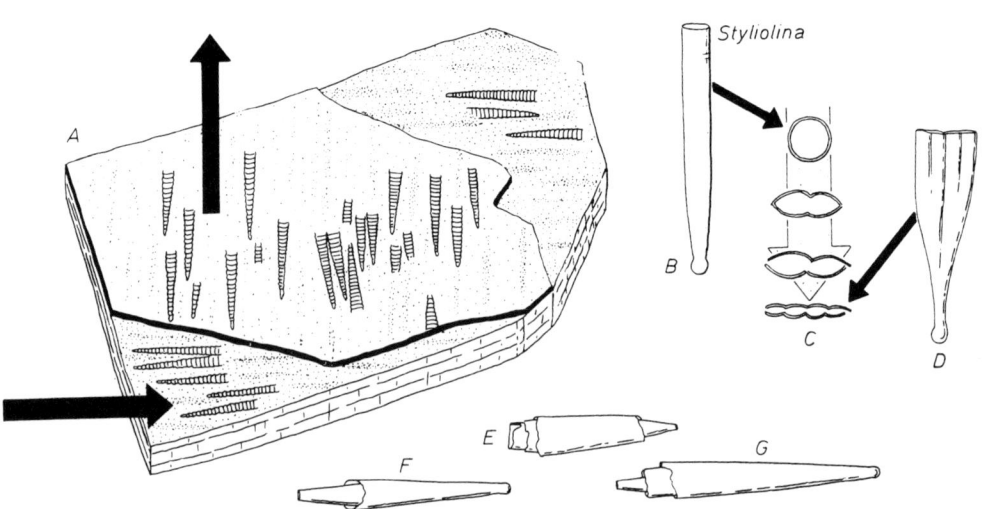

Abb. 410. Fossilisation der Tentakuliten. A: eigengesetzlich eingeregelte Tentakuliten. Die Pfeile zeigen unterschiedliche Strömungsrichtungen in zwei übereinander folgenden Niveaus an. Nach E. M. KINDLE. B–D: Verdrückung und Bruchdeformation am Beispiel von *Styliolina* (Silur – Devon), × 10. E–G: durch Strömung ineinander geschachtelte Gehäuse von *Metastyliolina* (Devon), × 7,5. Nach B. BOUČEK.

des marinen Schelfs. Als Substrat bevorzugten sie Weichböden, und zwar Mergel, mergelige Kalkschlicke und sandige Mergel. Auf reinen Tonen oder Kalken sowie auf Sanden und in Riffen waren sie selten. Sie waren anscheinend an ein mäßig bewegtes, gut durchlüftetes Wasser angepaßt, dessen Tiefe wenige Meter bis ca. 50–70 m betrug. Aus Bewuchs auf den Gehäusen wird geschlossen, daß die Lebensstellung senkrecht oder schräg war, wobei die Gehäusespitze im Sediment steckte. Hieraus wird als Ernährungsweise das Suspensionsfressen abgeleitet. Wie die Tiere sich eingruben und ob sie zum Ortswechsel fähig waren, ist unbekannt.

Die Dacryoconariden gelten als planktisch. Das leichte Gehäuse und die Faziesunabhängigkeit lassen diese Lebensweise als plausibel erscheinen. Die Art des Schwebens oder Schwimmens ist unbekannt.

### 6. Fossilisation

Gehäuse von Tentakuliten in Lebensstellung sind kaum nachgewiesen. Oft sind sie durch Strömungen verfrachtet, wobei sie zerbrachen, nach ihrer Größe sortiert und manchmal ineinander geschachtelt sowie häufig längs eingeregelt wurden. Mit ihrer Hilfe lassen sich Strömungsrichtungen gut feststellen (Abb. 410). Zusammengeschwemmte Tentakuliten können in gesteinsbildender Menge auftreten.

Die kalzitischen Gehäuse sind diagenetischen Veränderungen gegenüber ziemlich widerstandsfähig. Leere Gehäuse können bei der Kompaktion des Sediments zusammengedrückt werden, wobei charakteristische Längsbrüche auftreten. Auch Steinkernbildung ist bei Tentakuliten verbreitet.

Auswahl weiterführender Literatur:

W. BLIND (1969), B. BOUČEK (1964), D. W. FISHER (1962), K. LARSSON (1979).

# Literatur

ABEL, O. (1916): Paläobiologie der Cephalopoden aus der Gruppe der Dibranchiaten. – Jena (G. Fischer).
ABOTT, B. M. (1973): Terminology of stromatoporoid shapes. – J. Paleont., **47**; Lawrence.
ALLOITEAU, J. (1957): Contribution à la systématique des Madréporaires fossiles. – Paris (C. N. R. S.).
ANDERSON, O. R. & BÉ, A. W. H. (1978): Recent advances in foraminifera fine structure research. – Foraminifera, **3**; London.
ANKEL, W. E. (1936): Prosobranchia. – Die Tierwelt der Nord- und Ostsee, IX. $b_1$; Leipzig.
ARKELL, W. J. et al. (1957): Cephalopoda. Ammonoidea. – Treatise Invert. Paleont., Part L; Lawrence.
ARNOLD, Z. M. (1972): Observations on the biology of the protozoan *Gromia oviformis* DUJARDIN. – Univ. Calif. Publ. Zool., **100**; Berkeley.
ARTZNER, D. et al. (1979): A Systematic Illustrated Guide to Fossil Organic-walled Dinoflagellate Genera. – Life Sci. misc. Publ. ROM, **9**; Toronto.
BARTENSTEIN, H. (1979): Worldwide zonation of the Lower Cretaceous using benthonic foraminifera. – Newsl. Stratigr., **7**; Berlin/Stuttgart.
BAYER, F. M. (1956): Octocorallia. – Treatise Invert. Paleont., Part F; Lawrence.
BAYER, U. (1977): Cephalopoden-Septen. – N. Jb. Geol. Paläont. Abh., **154, 155**; Stuttgart.
BÉ, A. W. H. (1977): An Ecological, Zoogeographic and Taxonomic Review of Recent Planktonic Foraminifera. – In: A. T. S. RAMSAY (Hrsg.).
BEKLEMISCHEW, W. N. (1958–60): Grundlagen der vergleichenden Anatomie der Wirbellosen. – Berlin (VEB Deutsch. Verl. Wissensch.).
BENGTSON, S. (1981): *Atractosella*, a Silurian Alcyonacean Octocoral. – J. Paleont., **55**; Lawrence.
BENTHEM JUTTING, T. VAN (1931): Scaphopoda. – Die Tierwelt der Nord- und Ostsee, IX.$c_2$; Leipzig.
BERGQUIST, P. R. (1978): Sponges. – London (Hutchinson).
BETTENSTAEDT, F. (1979): Evolutionsfiguren. Phylogenetische Abläufe an abwandelnden Kleinforaminiferen in der Unter-Kreide Nordwest-Deutschlands. – Paläont. Z., **53**; Stuttgart.
BIGNOT, G. (1980): A la récherche de Bacteries fossiles. – Bull. trim. Soc. géol. Normandie, **67**; Le Havre.
BIRENHEIDE, R. (1978): Rugose Korallen des Devon. – Leitfossilien, **2**; Berlin/Stuttgart (Borntraeger).
BISCHOFF, G. C. O. (1978): Internal structures of conulariid tests and their functional significance, with special reference to Circonulariina n. suborder. – Senck. lethaea, **59**; Frankfurt.
– (1981): *Cobcrephora* n. g., representative of a new polyplacophoran order Phosphatoloricata with calciumphosphatic shells. – Senck. lethaea, **61**; Frankfurt.
BLIND, W. (1969): Die systematische Stellung der Tentaculiten. – Palaeontographica, A, **133**; Stuttgart.
– (1976): Die ontogenetische Entwicklung von *Nautilus pompilius* (LINNÉ). – Palaeontographica, A, **153**; Stuttgart.
BOERSMA, A. (1978): Foraminifera. – In: B. U. HAQ & A. BOERSMA (Hrsg.).
BONEM, R. M. (1982): Morphology and Paleoecology of the Devonian Rostroconch Genus *Bigalea*. – J. Paleont., **56**; Lawrence.
BONIK, K. (1978–79): Die Entstehung der Kieselalgen – ein stammesgeschichtliches Modell. – Natur u. Museum, **108, 109**; Frankfurt.
BOSCHMA, H. (1956): Milleporina and Stylasterina. – Treatise Invert. Paleont., Part F; Lawrence.
BOUČEK, B. (1964): The Tentaculites of Bohemia. – Prague (Acad. Sciences).
BOUILLON, J. & HOUVENAGHEL-CREVECŒUR, N. (1970): Etude Monographique du Genre *Heliopora* DE BLAINVILLE (Coenothecalia – Alcyonaria – Coelenterata). – Ann. Mus. Afrique centrale, sér. in 8°, Sci. zool., **178**; Tervuren.
BRONN, H. G. et al. (1859 ff.): Die Klassen und Ordnungen des Tierreichs. – Leipzig (Akad. Verlagsgesellsch.).
BUKRY, D. (1978): Biostratigraphy of Cenozoic marine sediments by calcareous nannofossils. – Micropaleont., **24**; New York.
BURCKLE, L. H. (1978): Marine Diatoms. – In: B. U. HAQ & A. BOERSMA (Hrsg.).

CAMPBELL, A. S. (1954): Radiolaria. – Treatise Invert. Paleont., Part D; Lawrence.
CARTER, J. G. (1978): Ecology and Evolution of the Gastrochaenacea (Mollusca, Bivalvia) with Notes on the Evolution of the Endolithic Habitat. – Bull. Peabody Museum, **41**; New Haven.
CASEY, R. E. (1977): The Ecology and Distribution of Recent Radiolaria. – In: A. T. S. RAMSAY (Hrsg.).
CHOLNOKY, B. J. (1968): Die Ökologie der Diatomeen in Binnengewässern. – Lehre (Cramer).
COLOM, G. (1965): Essais sur la biologie, la distribution géographique et stratigraphie des Tintinnoidiens fossiles. – Eclogae geol. Helvet., **58**; Basel.
CORNELL, W. C. (1970): The Chrysomonad Cyst-Families Chrysostomataceae and Archaeomonadaceae: Their Status in Paleontology. – Proc. N. Amer. paleont. Convent., **2**; Lawrence.
COX, E. R. (Hrsg.) (1980): Phytoflagellates. – Developm. Marine Biol., **2**; New York (Elsevier).
COX, L. R. (1960): Gastropoda. General Characteristics of Gastropoda. – Treatise Invert. Paleont., Part I; Lawrence.
COX, L. R. et al. (1969): Bivalvia. – Treatise Invert. Paleont., Part N; Lawrence.
COX, R. L. (1971): Dinoflagellate cyst structures: walls, cavities, and bodies. – Palaeontology, **14**; London.
CUIF, J. P. (1971): Structure et position systématique du genre *Heterastridium* REUSS 1865 (Hydrozoaire). – Geobios, **4**; Lyon.
– (1977): Arguments pour une relation phylétique entre les Madréporaires paléozoiques et ceux du Trias. Implications systématiques de l'analyse microstructurale des Madréporaires triasiques. – Mém. Soc. géol. France, n. s. **56**, mém. 129; Paris.
CUSHMAN, J. A. (1948): Foraminifera. Their classification and economic use. – 4. Aufl.; Cambridge, Mass. (Harvard Univ. Press).
DAVITASCHVILI, L. SCH. & MERKLIN, R. L. (Hrsg.) (1966): Spravotznik po Ekologii morskich Dvustvorok. – Moskva (Nauka).
– – (1968): Spravotznik po Ekologii morskich Brjuchonogich. – Moskva (Nauka).
DEBRENNE, F. (1964): Archaeocyatha. Contribution à l'étude des faunes cambriennes du Maroc, de Sardaigne et de France. – Notes Mém. Serv. géol. Maroc, **179**; Rabat.
DEFLANDRE-RIGAUD, M. (1957): A classification of fossil alcyonarian sclerites. – Micropaleont., **3**; New York.
DENFFER, D. VON et al. (1978): Lehrbuch der Botanik. – 31. Aufl.; Stuttgart (G. Fischer).
DENTON, E. J. & GILPIN-BROWN, J. B. (1973): Flotation mechanisms in modern and fossil cephalopods. – Adv. mar. Biol., **11**; London/New York.
DOFLEIN, F. & REICHENOW, E. (1949): Lehrbuch der Protozoenkunde. Erster Teil. Allgemeine Naturgeschichte der Protozoen. – 6. Aufl.; Jena (G. Fischer).
DOWNIE, C. (1973): Observations on the nature of the acritarchs. – Palaeontology, **16**; London.
DRUSCHTSCHITZ, V. V. & DOGUSCHAEVA, L. A. (1981): Ammoniti pod elektronnim Mikroskopom. – Moskva (Mosk. Univ.).
DZIK, J. (1981a): Larval development, musculature, and relationships of *Sinuitopsis* and related Baltic bellerophonts. – Norsk geol. Tidskr., **61**; Oslo.
– (1981b): Origin of the Cephalopoda. – Acta palaeont. Polon., **26**; Warszawa.
EAGAR, R. M. C. (1978): Shape and function of the shell: A comparison of some living and fossil bivalve molluscs. – Biol. Rev., **53**; Cambridge.
EATON, G. L. (1980): Nomenclature and homology in peridinialean dinoflagellate plate patterns. – Palaeontology, **23**; London.
EISENACK, A. (1963): Hystrichosphären. – Biol. Rev., **38**; Cambridge.
– (1974): Beiträge zur Acritarchen-Forschung. – N. Jb. Geol. Paläont. Abh., **147**; Stuttgart.
– (1976): Weiterer Beitrag zur Chitinozoen-Forschung. – N. Jb. Geol. Paläont. Mh., **1976**; Stuttgart.
ERBEN, H. K. (1964): Die Evolution der ältesten Ammonoidea. – N. Jb. Geol. Paläont. Abh., **120**; Stuttgart.
ERBEN, H. K., FLAJS, G. & SIEHL, A. (1969): Die frühontogenetische Entwicklung der Schalenstruktur ectocochleater Cephalopoden. – Palaeontographica, A, **132**; Stuttgart.
EVITT, W. R. et al. (1977): Dinoflagellate Cyst Terminology. – Geol. Survey Canada, paper 76–24; Ottawa.
FARINACCI, A. (Hrsg.) (1971): Proceedings of the II Planktonic Conference Roma 1970. – Roma (Tecnoscienza).
FEDOROWSKI, J. (1981): Carboniferous Corals: Distribution and Sequence. – Acta palaeont. Polon., **26**; Warszawa.
FENNINGER, A. & FLAJS, G. (1974): Zur Mikrostruktur rezenter und fossiler Hydrozoen. – Forsch.-Ber. Biomineral., **7**; Stuttgart/New York (Schattauer).
FIORONI, P. (1981): Die Sonderstellung der Sepioliden, ein Vergleich der Ordnungen der rezenten Cephalopoden. – Zool. Jb. Syst., **108**; Jena.

Fischer, A. G. & Teichert, C. (1969): Cameral deposits in cephalopod shells. – Paleont. Contrib. Univ. Kansas, **37**; Lawrence.
Fischer, J.-C. (1970): Révision et essai de classification des Chaetetida (Cnidaria) post-paléozoiques. – Ann. Paléont., **56**; Paris.
Fischer-Piette, E. & Franc, A. (1960): Classe des Polyplacophores. – In: P.-P. Grassé, Traité de Zoologie, **5**; Paris.
– – (1968): Classe des Scaphopodes. – In: P.-P. Grassé, Traité de Zoologie, **5**; Paris.
Fisher, D. W. (1962): Small conoidal shells of uncertain affinities. – Treatise Invert. Paleont., Part W; Lawrence.
Flügel, E. (1975): Fossile Hydrozoen – Kenntnisstand und Probleme. – Paläont. Z., **49**; Stuttgart.
Flügel, H. W. (1975): Skelettentwicklung, Ontogenie und Funktionsmorphologie rugoser Korallen. – Paläont. Z., **49**; Stuttgart.
– (1980): Einige Notizen zur Phylogenie der Rugosa. – Ann. Naturhist. Mus. Wien, **83**; Wien.
Fortey, R. A. & Holdsworth, B. K. (1971): The oldest known well-preserved Radiolaria. – Boll. Soc. paleont. Ital., **10**; Modena.
Franc, A. (1960): Classe des Bivalves. – In: P.-P. Grassé, Traité de Zoologie, **5**; Paris.
– (1968): Classe des Gastéropodes. – In: P.-P. Grassé, Traité de Zoologie, **5**; Paris.
Fretter, V. (Hrsg.) (1968): Studies in the Structure, Physiology and Ecology of Molluscs. – Sympos. zool. Soc. London, **22**; London.
Fretter, V. & Graham, A. (1962): British Prosobranch Molluscs. Their functional anatomy and ecology. – London (Ray Soc.).
Fretter, V. & Peake, J. (1975, 1978): Pulmonates. Vol. 1: Functional Anatomy and Physiology. Vol. 2A: Systematics, Evolution and Ecology. – London (Acad. Press).
Fry, W. G. (Hrsg.) (1970): The Biology of the Porifera. – Sympos. zool. Soc. London; **25**; London.
Gartner, S. (1977): Nannofossils and Biostratigraphy: An Overview. – Earth Sci. Rev., **13**; Amsterdam.
Gasiorowski, S. M. (1973): Les Rhyncholites. – Geobios, **6**; Lyon.
Geissler, U. (1971): Die Variabilität der Schalenmerkmale bei den Diatomeen. – Nova Hedwigia, **19**; Lehre.
Glaessner, M. F. (1971): The genus *Conomedusites* Glaessner & Wade and the diversification of the Cnidaria. – Paläont. Z., **45**; Stuttgart.
Glaessner, M. F. & Wade, M. (1966): The late precambrian fossils from Ediacara, South Australia. – Palaeontology, **9**; London.
Glaessner, M. F. & Walter, M. R. (1975): New Precambrian fossils from the Arumbera Sandstone, Northern Territory, Australia. – Alcheringa, **1**; Sydney.
Glezer, Z. I. (1970): Silicoflagellatophyceae. – In: Cryptogamic Plants of the USSR, **7**; Jerusalem (Israel Program Sci. Translat.).
Gocht, H. & Netzel, H. (1976): Reliefstrukturen des Kreide-Dinoflagellaten *Palaeoperidinium pyrophorum* (Ehr.) im Vergleich mit Panzer-Merkmalen rezenter *Peridinium*-Arten. – N. Jb. Geol. Paläont. Abh., **152**; Stuttgart.
Götting, K.-J. (1974): Malakozoologie. Grundriß der Weichtierkunde. – Stuttgart (G. Fischer).
Grassé, P.-P. (Hrsg.) (1948ff.): Traité de Zoologie. Anatomie, Systématique, Biologie. – Paris (Masson).
Gray, D. I. (1980): Spicule pseudomorphs in a new palaeozoic Chaetetid, and its sclerosponge affinities. – Palaeontology, **23**; London.
Greiner, G. O. G. (1974): Environmental factors controlling the distribution of recent benthonic Foraminifera. – Breviora Mus. comparat. Zool., **420**; Cambridge, Mass.
Grell, K. G. (1968): Protozoologie. – 2. Aufl.; Berlin (Springer).
– (1979): Cytogenetic systems and evolution in foraminifera. – J. Foram. Research, **9**; Washington.
Gutmann, W. F. (1974): Die Evolution der Mollusken-Konstruktion; ein phylogenetisches Modell. – Aufs. u. Reden senck. naturf. Ges., **25**; Frankfurt.
Haas, F. (1926): Lamellibranchia. – Die Tierwelt der Nord- und Ostsee, IX. d$_1$; Leipzig.
– (1931–55): Bivalvia (Muscheln). – In: H. G. Bronn et al. (Hrsg.).
Hadži, J. (1963): The Evolution of the Metazoa. – Internat. Ser. Monogr. pure and appl. Biol., Zool. Div., **16**; Oxford (Pergamon Press).
Hahn, G. et al. (1982): Körperlich erhaltene Scyphozoen-Reste aus dem Jungpräkambrium Brasiliens. – Geologica et Palaeontologica, **16**; Marburg/Lahn.
Hahn, G. & Pflug, H. D. (1980): Ein neuer Medusen-Fund aus dem Jung-Paläozoikum von Zentral-Iran. – Senck. lethaea, **60**; Frankfurt.
Hamada, T., Obata, I. & Okutani, T. (Hrsg.) (1980): *Nautilus macromphalus* in captivity. – Tokyo (Tokai Univ. Press).

HAQ, B. U. (1978a): Calcareous Nannoplankton. – In: B. U. HAQ & A. BOERSMA (Hrsg.).
– (1978b): Silicoflagellates and Ebridians. – In: B. U. HAQ & A. BOERSMA (Hrsg.).
HAQ, B. U. & BOERSMA, A. (Hrsg.) (1978): Introduction to Marine Micropaleontology. – New York (Elsevier).
HARLAND, W. B. et al. (Hrsg.) (1967): The Fossil Record. – London (Geol. Soc.).
HARRINGTON, H. J. & MOORE, R. C. (1956): Scyphomedusae. / Trachylinida. / Medusae of the Hydroida. – Treatise Invert. Paleont., Part F; Lawrence.
HARTMAN, W. D., WENDT, J. W. & WIEDENMAYER, F. (1980): Living and Fossil Sponges. Notes for a short course. – Sedimenta, 8; Miami.
HAY, W. W. (1977): Calcareous Nannofossils. – In: A. T. S. RAMSAY (Hrsg.).
HAYNES, J. R. (1981): Foraminifera. – London (MacMillan).
HEDLEY, R. H. & ADAMS, C. G. (Hrsg.) (1974ff.): Foraminifera. – London (Academic Press).
HELMCKE, J.-G. & KRIEGER, W. (1961ff.): Diatomeenschalen im elektronen-mikroskopischen Bild. – Braunschweig (Cramer).
HILL, D. (1972): Archaeocyatha. – Treatise Invert. Paleont., Part E 1 (2. Aufl.); Boulder/Lawrence.
– (1981): Rugosa and Tabulata. – Treatise Invert. Paleont., Part F (2. Aufl.); Boulder/Lawrence.
HILL, D. & WELLS, J. W. (1956): Hydrozoa – General Features. / Hydroida and Spongiomorphida. – Treatise Invert. Paleont., Part F; Lawrence.
HÖLDER, H. (1975): Forschungsbericht über Ammoniten. – Paläont. Z., 49; Stuttgart.
HOHENEGGER, J. & PILLER, W. (1975): Wandstrukturen und Großgliederung der Foraminiferen. – Sitz.-Ber. österr. Akad. Wiss., I, 184; Wien.
HOTTINGER, L. (1978): Comparative anatomy of elementary shell structures in selected larger foraminifera. – Foraminifera, 3; London.
– (Hrsg.) (1980): Rotaliid Foraminifera. – Schweiz. paläont. Abh., 101; Basel.
HOUSE, M. R. (Hrsg.) (1979): The origin of major invertebrate groups. – Syst. Assoc. spec. Vol., 12; London.
HOUSE, M. R. & SENIOR, J. R. (Hrsg.) (1981): The Ammonoidea. – Syst. Assoc. spec. Vol., 18; London.
HUCKRIEDE, R. (1967): *Archaeonectris benderi* n. gen. n. sp. (Hydrozoa), eine Chondrophore von der Wende Ordovicium/Silurium aus Jordanien. – Geologica et Palaeontologica, 1; Marburg/Lahn.
HUSTEDT, F. (1973): Kieselalgen (Diatomeen) – 5. Aufl.; Stuttgart (Franckh).
HYMAN, L. H. (1940–67): The Invertebrates. – New York (McGraw Hill).
JAECKEL, S. (1955): Cephalopoden. – Die Tierwelt der Nord- und Ostsee, IX. b$_3$; Leipzig.
JANSONIUS, J. (1970): Classification and Stratigraphic Application of Chitinozoa. – Proc. N. Amer. paleont. Convent., 2; Lawrence.
JANSONIUS, J. & JENKINS, W. A. M. (1978): Chitinozoa. – In. B. U. HAQ & A. BOERSMA (Hrsg.).
JELETZKY, J. A. (1966): Comparative Morphology, Phylogeny, and Classification of Fossil Coleoidea. – Paleont. Contrib. Univ. Kansas, Mollusca, 7; Lawrence.
JENKINS, R. J. F. & GEHLING, J. G. (1978): A review of the frond-like fossils of the Ediacara assemblage. – Rec. South Austral. Mus., 17; Adelaide.
JOUSÉ, A. P. (1978): Diatom biostratigraphy on the generic level. – Micropaleont., 24; New York.
KAESTNER, A. (1963ff.): Lehrbuch der Speziellen Zoologie. – Jena/Stuttgart (G. Fischer).
KALBE, L. (1973): Kieselalgen in Binnengewässern. – Neue Brehm-Bücherei, 467; Wittenberg.
KANDLER, O. (1981): Archaebakterien und Phylogenie der Organismen. – Naturwiss., 68; Berlin/Heidelberg.
– (Hrsg.) (1982): Archaebacteria. – Stuttgart (G. Fischer).
KAZMIERCZAK, J. (1980): Stromatoporoid Stromatolites: New insights into evolution of Cyanobacteria. – Acta palaeont. Polon., 25; Warszawa.
KENNEDY, W. J. (1977): Ammonite evolution. – In: A. HALLAM (Hrsg.), Patterns of evolution as illustrated by the fossil record. Developments Paleont. Strat., 5; Amsterdam (Elsevier).
KENNEDY, W. J. & COBBAN, W. A. (1976): Aspects of Ammonite Biology, Biogeography and Biostratigraphy. – Spec. Pap. Palaeontology, 17, London.
KLING, S. A. (1978): Radiolaria. – In: B. U. HAQ & A. BOERSMA (Hrsg.).
KNIGHT, J. B. et al. (1960): Gastropoda. Systematic descriptions. – Treatise Invert. Paleont., Part I; Lawrence.
KNIGHT, J. B. & YOCHELSON, E. L. (1960): Monoplacophora. – Treatise Invert. Paleont., Part I; Lawrence.
KOZLOWSKI, R. (1959): Les Hydroides ordoviciens à squelette chitineux. – Acta palaeont. Polon., 4; Warszawa.
– (1963a): Sur la nature des Chitinozoaires. – Acta palaeont. Polon., 8; Warszawa.
– (1963b): Nouvelles observations sur les Conulaires. – Acta palaeont. Polon., 8; Warszawa.
KRUMBEIN, W. E. (1971): Sedimentmikrobiologie und ihre geologischen Aspekte. – Geol. Rdsch., 60; Stuttgart.
KÜKENTHAL, W. (1925): Octocorallia. – In: W. KÜKENTHAL & TH. KRUMBACH (Hrsg.).

KÜKENTHAL, W. & KRUMBACH, TH. (Hrsg.) (1923 ff.): Handbuch der Zoologie. – Berlin (De Gruyter).
KULICKI, C. (1979): The Ammonite Shell: Its Structure, Development and Biological Significance. – Palaeontologia Polon., **39**; Warszawa.
LAPORTE, L. F. (Hrsg.) (1974): Reefs in Time and Space. – Spec. Publ. Soc. econom. Paleont. Miner., **18**; Tulsa, Okl.
LARSSON, K. (1979): Silurian tentaculitids from Gotland and Scania. – Fossils and Strata, **11**; Oslo.
LAUBENFELS, M. W. DE (1955): Porifera. – Treatise Invert. Paleont., Part E; Lawrence.
LAUFELD, S. (1974): Silurian Chitinozoa from Gotland. – Fossils and Strata, **5**; Oslo.
LECOMPTE, M. (1956): Stromatoporoidea. – Treatise Invert. Paleont., Part F; Lawrence.
LEE, J. J. et al. (1979): Symbiosis and the evolution of larger foraminifera. – Micropaleont., **25**; New York.
LEHMANN, U. (1976): Ammoniten. Ihr Leben und ihre Umwelt. – Stuttgart (Enke).
LEMCHE, H. & WINGSTRAND, K. G. (1960): Classe des Monoplacophores. – In: P.-P. GRASSÉ, Traité de Zoologie, **5**; Paris.
LÉVI, C. & BOURY-ESNAULT, N. (Hrsg.) (1979): Biologie des Spongiaires. – Coll. internat. C. N. R. S., **291**; Paris.
LINDSTRÖM, M. (1978): An octocoral from the Lower Ordovician of Sweden. – Geologica et Palaeontologica, **12**; Marburg/Lahn.
LINSLEY, R. M. (1978): Locomotion rates and shell form in the Gastropoda. – Malacologia, **17**; Ann Arbor.
LIPPS, J. H. (1970): Ecology and Evolution of Silicoflagellates. – Proc. N. Amer. paleont. Convent., **2**; Lawrence.
LOEBLICH JR., A. R. (1970): Morphology, Ultrastructure and Distribution of Paleozoic Acritarchs. – Proc. N. Amer. paleont. Convent., **2**; Lawrence.
– (1974): Protistan phylogeny as indicated by the fossil record. – Taxon, **23**; Utrecht.
LOEBLICH JR., A. R. & TAPPAN, H. (1964): Sarcodina, chiefly »Thecamoebians« and Foraminiferida. – Treatise Invert. Paleont., Part C; Lawrence.
LOEBLICH III, A. R. (1970): The Amphiesma or Dinoflagellate Cell Covering. – Proc. N. Amer. paleont. Convent., **2**; Lawrence.
LOEBLICH III, A. R. et al. (1968): Annotated index of fossil and recent silicoflagellates and ebridians with descriptions and illustrations of validly proposed taxa. – Mem. geol. Soc. Amer., **106**; Boulder, Col.
LUDBROOK, N. H. (1960): Scaphopoda. – Treatise Invert. Paleont., Part I; Lawrence.
MAREK, L. & YOCHELSON, E. L. (1976): Aspects of the biology of Hyolitha (Mollusca). – Lethaia, **9**; Oslo.
MARTINI, E. (1971): Standard Tertiary and Quarternary calcareous nannoplankton zonation. – In: A. FARINACCI (Hrsg.).
– (1977): Systematics, Distribution and Stratigraphical Application of Silicoflagellates. – In: A. T. S. RAMSAY (Hrsg.).
MASTERS, B. A. (1977): Mesozoic planktonic foraminifera. A World-wide review and analysis. – In: A. T. S. RAMSAY (Hrsg.).
MATTHES, H. W. (1956): Einführung in die Mikropaläontologie. – Leipzig (Hirzel).
MAURASSE, F. J. & M. R. (1979): Cenozoic Radiolarian Paleobiogeography: Implications concerning plate tectonics and climatic cycles. – Palaeogeogr., -climat., -ecol., **26**; Amsterdam.
MOORE, R. C. (Hrsg.) (1952 ff.): Treatise on Invertebrate Paleontology. – Lawrence (Univ. Kansas).
MOORE, R. C. & HARRINGTON, H. J. (1956): Scyphozoa. / Conulata. – Treatise Invert. Paleont., Part F; Lawrence.
MOORE, R. C., LALICKER, C. G. & FISCHER, A. G. (1952): Invertebrate Fossils. – New York (McGraw Hill).
MORI, K. (1968, 1970): Stromatoporoids from the Silurian of Gotland. – Stockholm Contrib. Geol., **19, 22**; Stockholm.
MORRIS, N. J. (1979): On the origin of the bivalvia. – In: M. R. HOUSE (Hrsg.).
MORTON, J. E. (1979): Molluscs. – 5. Aufl., London (Hutchinson).
MÜLLER, A. H. (1963 ff.): Lehrbuch der Paläozoologie. – Jena (G. Fischer).
MURRAY, J. W. (1973): Wall structure of some agglutinated Foraminifera. – Palaeontology, **16**; London.
NAEF, A. (1922): Die fossilen Tintenfische. – Jena (G. Fischer).
NEHER, J. & ROHRER, E. (1959): Bakterien in tieferliegenden Gesteinslagen. – Eclogae geol. Helvet., **52**; Basel.
NESTOR, H. (1981): The relationship between stromatoporoids and heliolitids. – Lethaia, **14**; Oslo.
NIERSTRASZ, H. F. & HOFFMANN, H. (1929): Aculifera. – Die Tierwelt der Nord- und Ostsee, IX. a; Leipzig.
NIXON, M. & MESSENGER, J. B. (Hrsg.) (1977): The Biology of Cephalopods. – Symp. zool. Soc. London, **38**; London.

OEKENTORP, K. (1980): Aragonit und Diagenese bei jungpaläozoischen Korallen. – Münster. Forsch. Geol. Paläont., **52**; Münster/Westf.
OLIVER JR., W. A. (1980): The relationships of the scleractinian corals to the rugose corals. – Paleobiology, **6**; Chicago.
ORLOV, JU. A. (Hrsg.) (1958–64): Osnovi Paleontologii. – Moskva (Akad. Nauk).
OSMÓLSKA, H. (Hrsg.) (1980): Third international symposium on fossil Cnidarians, Warszawa 1979. – Acta palaeont. Polon., **25**; Warszawa.
PAX, F. (1940): Antipatharia oder Dörnchenkorallen. – In: H. G. BRONN et al.
PELSENEER, P. (1935): Essai d'Ethologie Zoologique d'après l'étude des Mollusques. – Bruxelles (Acad. R. Belg.).
PESSAGNO JR., E. A. (1977): Radiolaria in Mesozoic Stratigraphy. – In: A. T. S. RAMSAY (Hrsg.).
PFISTER, TH. (1980): Systematische und paläoökologische Untersuchungen an oligozänen Korallen der Umgebung von San Luca (Provinz Vicenza, Norditalien). – Schweiz. paläont. Abh., **103**; Basel.
PFLUG, H. D. (1974): Vor- und Frühgeschichte der Metazoen. – N. Jb. Geol. Paläont. Abh., **145**; Stuttgart.
PIVETEAU, J. (Hrsg.) (1952–69): Traité de Paléontologie. – Paris (Masson).
POJETA JR., J. et al. (1972): Rostroconchia: A New Class of Bivalved Mollusks. – Science, **177**; Washington.
POJETA JR., J., GILBERT-TOMLINSON, J. & SHERGOLD, J. H. (1977): Cambrian and Ordovician Rostroconch Molluscs from Northern Australia. – Bull. Bur. Mineral Resources, Geol. Geophys., **171**; Canberra.
POJETA JR., J. & RUNNEGAR, B. (1976): The paleontology of rostroconch mollusks and the early history of the Phylum Mollusca. – U. S. Geol. Surv. prof. pap., **968**; Washington.
POKORNÝ, V. (1958): Grundzüge der zoologischen Mikropaläontologie. – Berlin (VEB Deutsch. Verl. Wissensch.).
RAMSAY, A. T. S. (Hrsg.) (1977): Oceanic Micropalaeontology. – London (Acad. Press).
RAVEN, C. P. (1966): Morphogenesis. The Analysis of Molluscan Development. – Oxford (Pergamon Press).
REES, W. J. (Hrsg.): (1966): The Cnidaria and their Evolution. – Sympos. zool. Soc. London, **16**; London.
REINHARDT, P. (1972): Coccolithen. – Neue Brehm-Bücherei, **453**; Wittenberg.
REMANE, J. (1971): Les Calpionelles. Protozoaires planctoniques des mers mésogéennes de l'epoque secondaire. – Ann. Guébhard, **47**; Neuchâtel.
– (1978): Calpionellids. – In: B. U. HAQ & A. BOERSMA (Hrsg.).
RHEINHEIMER, G. (1971): Mikrobiologie der Gewässer. – Stuttgart (G. Fischer).
RIDING, R. (1974): Stromatoporoid diagenesis: outline of alteration effects. – Geol. Mag., **111**; London.
RIEDEL, W. R. & SANFILIPPO, A. (1977): Cainozoic Radiolaria. – In: A. T. S. RAMSAY (Hrsg.).
RISTEDT, H. (1971): Zum Bau der orthoceriden Cephalopoden. – Palaeontographica, A, **137**; Stuttgart.
ROLLINS, H. B. & BATTEN, R. L. (1968): A sinus-bearing monoplacophoran and its role in the classification of primitive molluscs. – Palaeontology, **11**; London.
ROSS, CH. A. (1972): Paleobiological Analysis of Fusulinacean (Foraminiferida) shell morphology. – J. Paleont., **46**; Lawrence.
RUNNEGAR, B. et al. (1975): Biology of the Hyolitha. – Lethaia, **8**; Oslo.
RUNNEGAR, B. & JELL, P. A. (1976): Australian Middle Cambrian molluscs and their bearing on early molluscan evolution. – Alcheringa, **1**; Sydney.
RUNNEGAR, B. & POJETA JR., J. (1974): Molluscan Phylogeny: The Paleontological Viewpoint. – Science, **186**; Washington.
SALVINI-PLAWEN, L. VON (1971): Schild- und Furchenfüßer. – Neue Brehm-Bücherei, **441**; Wittenberg.
SARJEANT, W. A. S. (1974): Fossil and Living Dinoflagellates. – London (Acad. Press).
SCHAAF, A. (1981): Introduction à la morphologie évolutive: une application à la classe des Radiolaires. – N. Jb. Geol. Paläont. Abh., **161**; Stuttgart.
SCHALLREUTER, R. (1981a): Chitinozoen aus dem Sularpschiefer (Mittelordoviz) von Schonen (Schweden). – Palaeontographica, B, **178**; Stuttgart.
– (1981b): Mikrofossilien aus Geschieben. I. Melanoskleriten. – Der Geschiebesammler, **15**; Hamburg.
SCHAUB, H. (1981): Nummulites et Assilines de la Téthys paléogène. Taxinomie, phylogénèse et biostratigraphie. – Schweiz. paläont. Abh., **104, 105, 106**; Basel.
SCHINDEWOLF, O. H. (1961–68): Studien zur Stammesgeschichte der Ammoniten. – Abh. Akad. Wiss. Literat. Mainz, math.-naturwiss. Kl.; Mainz.
SCHMIDT, H. (1972): Die Nesselkapseln der Anthozoen und ihre Bedeutung für die phylogenetische Systematik. – Helgoländer wiss. Meeresuntersuch., **23**; Hamburg.
SCHOPF, J. W. (1971): Organically Preserved Precambrian Microorganisms. – Proc. N. Amer. paleont. Convent., **2**; Lawrence.
SCHRADER, H.-J. (1969): Die pennaten Diatomeen aus dem Obereozän von Oamaru, Neuseeland. – Beih. Nova Hedwigia, **28**; Lehre.

SCHRAM, F. R. & NITECKI, M. H. (1975): Hydra from the Illinois Pennsylvanian. – J. Paleont., **49**; Lawrence.
SCHUHMACHER, H. (1976): Korallenriffe. – München (BLV).
SCHUMANN, H. O. (1974): Die Belemniten des norddeutschen Lias gamma. – Geol. Jb., A, **12**; Hannover.
SCRUTTON, C. T. (1975): Hydroid-serpulid symbiosis in the Mesozoic and Tertiary. – Palaeontology, **18**; London.
– (1979): Early Fossil Cnidarians. – In: M. R. HOUSE (Hrsg.).
SEILACHER, A. (Hrsg.):Paläobiologie der Cephalopoden. – Paläont. Z., **49**; Stuttgart
SIMONSEN, R. (Hrsg.) (1979): Fifth Symposium on Recent and Fossil Marine Diatoms. – Beih. Nova Hedwigia, **64**; Lehre.
SKELTON, P. W. (1979): Preserved ligament in a radiolitid rudist bivalve and its implication of mantle marginal feeding in the group. – Paleobiology, **5**; Chicago.
SMITH, A. G. (1960): Amphineura. – Treatise Invert. Paleont., Part I; Lawrence.
SORAUF, J. E. (1972): Skeletal microstructure and microarchitecture in Scleractinia (Coelenterata). – Palaeontology, **15**; London.
– (1978): Original structure and composition of Permian rugose and Triassic scleractinian corals. – Palaeontology, **21**; London.
SPAETH, CH. (1975): Zur Frage der Schwimmverhältnisse bei Belemniten in Abhängigkeit vom Primärgefüge der Hartteile. – Paläont. Z., **49**; Stuttgart.
STAINFORTH, R. M. et al. (1975): Cenozoic planctonic foraminiferal zonation and characteristics of index forms. – Paleont. Contrib. Univ. Kansas, **62**; Lawrence.
STANLEY, S. M. (1970): Relation of Shell Form to Life Habits in the Bivalvia (Mollusca). – Mem. geol. Soc. Amer., **125**; Boulder, Col.
– (1972): Functional morphology and evolution of byssally attached bivalve Molluscs. – J. Paleont., **46**; Lawrence.
– (1977): Trends, rates, and patterns of evolution in the bivalvia. – In: A. HALLAM (Hrsg.), Patterns of evolution as illustrated by the fossil record. Developm. Paleont. Strat., **5**; Amsterdam (Elsevier).
STARR, M. P. et al. (Hrsg.) (1981): The Prokaryotes. A Handbook on Habitats, Isolation, and Identification of Bacteria. – Berlin (Springer).
STEARN, C. W. (1966): The Microstructure of Stromatoporoids. – Palaeontology, **9**; London.
– (1975): The stromatoporoid animal. – Lethaia, **8**; Oslo.
– (1980): Classification of the Paleozoic Stromatoporoids. – J. Paleont., **54**; Lawrence.
STENZEL, H. B. (1964): Living *Nautilus*. – Treatise Invert. Paleont., Part K; Lawrence.
– (1971): Oysters. – Treatise Invert. Paleont., Part N; Lawrence.
STEVENS, G. R. (1965): The Jurassic and Cretaceous Belemnites of New Zealand and a Review of the Jurassic and Cretaceous Belemnites of the Indo-Pacific Region. – New Zealand geol. Survey, palaeont. Bull., **36**; Wellington.
ST. JEAN JR., J. (1971): Paleobiologic Considerations of Reef Stromatoporoids. – Proc. N. Amer. paleont. Convent., **2**; Lawrence.
STODDART, D. R. & YONGE, SIR M. (Hrsg.) (1978): The Northern Great Barrier Reef. – Phil. Transact. R. Soc. London, Ser. A, **291**, Ser. B, **284**; London.
TAPPAN, H. (1980): The Paleobiology of Plant Protists. – San Francisco (Freeman).
TAPPAN, H. & LOEBLICH JR., A. R. (1973): Evolution of the Oceanic Plankton. – Earth-Sci. Rev., **9**; Amsterdam.
TAYLOR, J. D. (1973): The structural evolution of the bivalve shell. – Palaeontology, **16**; London.
TEICHERT, C. et al. (1964): Cephalopoda – General Features. Endoceratoidea – Actinoceratoidea – Nautiloidea – Bactritoidea. – Treatise Invert. Paleont., Part K; Lawrence.
TEICHERT, C. & CRICK, R. E. (1974): Endosiphuncular structures in Ordovician and Silurian Cephalopods. – Paleont. Contrib. Univ. Kansas, **71**; Lawrence.
THIELE, J. (1931, 1935): Handbuch der systematischen Weichtierkunde. – Jena (G. Fischer).
THIERSTEIN, H. R. (1976): Mesozoic calcareous nannoplankton biostratigraphy of marine sediments. – Marine Micropaleont., **1**; Amsterdam.
VOGEL, K. (1975): Forschungsbericht über Muscheln. – Paläont. Z., **49**; Stuttgart.
VOIGT, E. (1958): Untersuchungen an Oktokorallen aus der oberen Kreide. – Mitt. geol. Staatsinst. Hamburg, **27**; Hamburg.
– (1973): *Hydrallmania graptolithiformis* n. sp., eine durch Biomuration erhaltene Sertulariidae (Hydroz.) aus der Maastrichter Tuffkreide. – Paläont. Z., **47**; Stuttgart.
WADE, M. (1972): Hydrozoa and Scyphozoa and other Medusoids form the Precambrian Ediacara Fauna, South Australia. – Palaeontology, **15**; London.

WAGNER, W. (1963): Die Schwammfauna der Oberkreide von Neuburg (Donau). – Palaeontographica, A, **122**; Stuttgart.
WEBBY, B. D. (1980): Biogeography of Ordovician Stromatoporoids. – Palaeogeogr., -climat., -ecol., **32**; Amsterdam.
WELLS, J. W. (1956): Scleractinia. – Treatise Invert. Paleont., Part F; Lawrence.
WELLS, M. J. (1962): Brain and Behaviour in Cephalopods. – Stanford, Calif. (Stanford Univ.).
WENZ, W. (1938–44): Gastropoda. Teil I: Allgemeiner Teil und Prosobranchia. – Handb. Paläozool., **6**; Berlin (Borntraeger).
WENZ, W. & ZILCH, A. (1959–60): Gastropoda. Teil 2: Euthyneura. – Handb. Paläozool., **6**; Berlin (Borntraeger).
WERNER, B. (1967): *Stephanoscyphus* ALLMAN (Scyphozoa, Coronatae), ein rezenter Vertreter der Conulata? – Paläont. Z., **41**; Stuttgart.
WERNER, D. (Hrsg.) (1977): The Biology of Diatoms. – Oxford (Blackwell).
WESTERMANN, G. E. G. (1971): Form, Structure and Function of Shell and Siphuncle in Coiled Mesozoic Ammonoids. – Life Sci. Contrib. ROM, **78**; Toronto.
– (1973): Strength of concave septa and depth limits of fossil cephalopods. – Lethaia, **6**; Oslo.
– (1977): Form and function of orthoconic cephalopod shells with concave septa. – Paleobiology, **3**; Chicago.
WILLIAMS, G. L. (1977): Dinocysts. Their classification, biostratigraphy and palaeoecology. – In: A. T. S. RAMSAY (Hrsg.).
– (1978): Dinoflagellates, Acritarchs and Tasmanitids. – In: B. U. HAQ & A. BOERSMA (Hrsg.).
YOCHELSON, E. L. (1969): Stenothecoida, a proposed new class of Cambrian Mollusca. – Lethaia, **2**; Oslo.
– (1978): An alternative approach to the interpretation of the phylogeny of ancient mollusks. – Malacologia, **17**; Ann Arbor.
– (1979): Early radiation of Mollusca and mollusc-like groups. – In: M. R. HOUSE (Hrsg.).
YOCHELSON, E. L., FLOWER, R. H. & WEBERS, G. F. (1973): The bearing of the new Late Cambrian monoplacophoran genus *Knightoconus* upon the origin of the Cephalopoda. – Lethaia, **6**; Oslo.
YONGE, C. M. (1960): General characters of Mollusca. – Treatise Invert. Paleont., Part I; Lawrence.
YONGE, C. M. & MORTON, B. (1980): Ligament and lithodesma in the Pandoracea and the Poromyacea with a discussion on evolutionary history in the Anomalodesmata (Mollusca: Bivalvia). – J. Zool., **191**; London.
YONGE, C. M. & THOMPSON, T. E. (Hrsg.) (1978): Evolutionary Systematics of Bivalve Molluscs. – Phil. Transact. R. Soc. London, B, **284**; London.

# Personenregister

L: siehe Literaturverzeichnis S. 366 ff.

Abel, O. 217, 295, 300, 301, 303, 308, 311, L
Abott, B. M. 114, L
Adams, C. G. 60, L
Alloiteau, J. 130, 141, 152, 162, 163, L
Anderson, O. R. 60, L
Ankel, W. E. 176, 199, 203, 207, 217, 219, 220, 226, L
Appellöf, A. 232
Arakawa, K. Y. 344
Arkell, W. J. 159, 261, 267, 272, 293, L
Arnold, Z. M. 8, L
Arthaber, G. von 338
Artzner, D. 20, L

Baba, K. 218
Bachmayer, F. 349
Balaschov, Z. G. 242
Barghoorn, E. S. 10
Barnes, D. J. 129
Barrande, J. 257
Bartenstein, H. 60, L
Barthel, K. W. 295
Batten, R. L. 191, L
Bayer, F. M. 164, 166, 167, 168, 171, L
Bayer, U. 269, 270, 293, L
Bé, A. W. H. 26, 60, L
Beauvais, L. 152, 154, 159
Beklemischew, W. N. IV, L
Bengtson, S. 166, 171, L
Benthem Jutting, T. van 357, L
Bergenhayn, J. R. M. 185
Bergquist, P. R. 96, L
Bernard, F. 322
Bettenstaedt, F. 51, 60, L
Bignot, G. 10, L
Birenheide, R. 159, 163, L
Birkelund, T. 269, 270
Bischoff, G. C. O. 125, 188, L
Blind, W. 230, 232, 239, 258, 265, 365, L
Boas, J. E. V. 185
Boersma, A. 8, 57, 60, L
Bogdanovitz, A. K. 39
Bonem, R. M. 355, L
Bonik, K. 35, L
Bonse, H. 215
Boschma, H. 105, 107, L
Bouček, B. 362, 364, 365, L
Bouillon, J. 171, L
Bourne, G. C. 145
Boury-Esnault, N. 96, L
Bowsher, A. L. 217

Brandt, A. 118
Brenner, K. 309
Briden, J. C. 288, 309
Broch, H. 105
Brönnimann, P. 37
Bronn, H. G. IV, L
Brook, G. 149
Bukry, D. 25, L
Burck, C. 4
Burckle, L. H. 32, 35, L

Campbell, A. S. 7, 66, 68, L
Carlgren, O. 127
Carpenter, W. B. 39
Carter, J. G. 352, L
Casey, R. E. 66, L
Caster, K. 119
Chamberlain, A. J. 285
Chapman, F. 104
Cholnoky, B. J. 35, L
Chun, K. 79
Ciry, R. 43
Clarke, M. R. 296
Coates, A. G. 149
Cobban, W. A. 293, L
Colom, G. 69, L
Cornell, W. C. 8, L
Cox, E. R. 8, L
Cox, L. R. 196, 201, 207, 226, 312, 316, 318, 324, 326, 330, 337, 342, 349, 352, L
Cox, R. L. 20, L
Crick, R. E. 258, L
Cuif, J. P. 107, 152, 163, L
Cushman, J. A. 37, 49, 60, L

Davitaschvili, L. Sch. 226, 352, L
Dean, B. 227, 229
Debrenne, F. 98, 99, 100, 101, L
Dechaseaux, C. 315, 323, 327
Deeke, W. 245
Deflandre, G. 15, 21, 29
Deflandre-Rigaud, M. 171, L
Dehorne, Y. 110
Delage, Y. 119
Denffer, D. von 8, L
Denton, E. J. 230, 298, 306, 311, L
Doflein, F. 4, 8, L
Doguschaeva, L. A. 293, L
Donovan, D. T. 295, 298, 303
Downie, C. 16, 20, L

Drew, G. A. 329
Drewry, G. E. 288, 309
Driscoll, E. G. 326
Druschtschitz, V. V. 62, 98, 108, 265, 293, L
Duerden, J. E. 145
Dzik, J. 191, 258, 359, L

Eagar, R. M. C. 352, L
Eaton, G. L. 20, L
Ebersin, A. G. 315, 326
Ehrenbaum, E. 315
Eichler, R. 234
Eisenack, A. 16, 20, 72, 73, 75, 104, 169, L
Ellis, J. 105
Engeser, T. 298, 300
Erben, H. K. 258, 270, 272, 293, L
Eudes-Deslongchamps, E. 199
Evitt, W. R. 11, 13, 15, 20, L

Farinacci, A. 8, L
Fedorowski, J. 163, L
Fenninger, A. 106, 107, 115, L
Finks, R. M. 90
Fioroni, P. 303, 311, L
Fischer, A. G. IV, 135, 185, 243, 258, L
Fischer, F. P. 185
Fischer, J.-C. 116, L
Fischer-Piette, E. 181, 185, 188, 356, 357, L
Fisher, D. W. 359, 361, 364, 365, L
Fitch, J. E. 296
Flajs, G. 107, 258, 272, L
Flower, R. H. 191, 241, 257, L
Flügel, E. 107, 112, 114, 116, L
Flügel, H. W. 130, 133, 163, L
Fonin, V. D. 98
Forbes, E. 326
Fortey, R. A. 66, L
Fraas, E. 223
Franc, A. 181, 185, 188, 226, 316, 324, 352, 356, 357, L
Frech, F. 106
Fretter, V. 184, 185, 226, L
Fry, W. G. 96, L
Fukuda, Y. 296
Furnish, W. M. 248, 275, 291

Gardiner, J. S. 137
Gartner, S. 24, 25, L
Gasiorowski, S. M. 246, 251, 254, 258, L
Gehling, J. G. 172, 173, L
Geissler, U. 35, L
Geister, J. 158, 160
Gemeinhardt, K. 27
Geyer, D. 215
Geyer, O. F. 143, 154, 159, 160, 309
Gilbert-Tomlinson, J. 354, 355, L
Gilpin-Brown, J. B. 230, 298, 306, 311, L
Glaessner, M. F. 37, 121, 172, 173, L
Glenister, B. F. 248, 257

Glezer, Z. I. 27, 28, L
Gocht, H. 13, 15, 20, L
Göke, G. 62
Götting, K.-J. 184, L
Gonor, J. 218
Goreau, Th. F. 87
Grabert, B. 51
Graham, A. 226, L
Grassé, P.-P. IV, L
Gray, D. I. 96, 116, L
Greiner, G. O. G. 60, L
Grell, K. G. 8, 48, 60, L
Grospietsch, Th. 7
Gunter, G. 346
Gutmann, W. F. 184, L
Gygi, R. 160

Haas, F. 316, 326, 344, 352, L
Hadži, J. 77, 80, L
Haeckel, E. 61, 118, 119
Haecker, V. 62, 65
Haffer, J. 323
Hahn, G. 121, 125, L
Hall, J. 122
Hallam, A. L
Hamada, T. 234, 258, L
Hanley, S. 326
Haq, B. U. 8, 25, 28, L
Harland, W. B. IV, L
Harms, W. 329
Harrington, H. J. 121, 122, 125, L
Hartman, W. D. 87, 90, 96, L
Haswell, W. A. 312
Hatschek, B. 123
Hay, W. W. 25, L
Haynes, J. R. 60, L
Hedley, R. H. 60, L
Heider, K. 181
Helmcke, J.-G. 31, 32, 35, L
Hemleben, Ch. 43
Hennig, W. 7, 82, 174
Herm, D. 53
Hérouard, E. 119
Hescheler, K. 312, 340
Hill, D. 81, 101, 107, 115, 116, 127, 133, 134, 137, 138, 141, 142, 145, 148, 149, 151, 163, L
Hillebrandt, A. von 53
Hind, W. 354
Hinde, G. J. 92
Hölder, H. 291, 293, 308, 309, 310, L
Hötzl, H. 106, 115
Hoffmann, H. 188, L
Hofker, J. 44
Hohenegger, J. 42, 60, L
Holdsworth, B. K. 66, L
Holland, C. H. 245
Horny, R. 326
Hottinger, L. 60, L
House, M. R. IV, 283, 293, L

Houvenaghel-Crevecœur, N. 171, L
Howarth, M. K. 270, 281
Huckriede, R. 121, L
Hudson, R. G. S. 110
Hunter, W. 340
Hustedt, F. 32, 35, L
Hyman, L. H. IV, 82, L

Jackson, R. T. 329
Jaeckel, S. 207, 308, 311, 346, L
Janicki, C. 4
Jansonius, J. 72, 73, 75, L
Janus, H. 198, 199, 207
Jatta, G. 295, 296
Jeletzky, J. A. 296, 300, 303, 304, 311, L
Jell, P. A. 191, L
Jenkins, R. J. F. 172, 173, L
Jenkins, W. A. M. 72, 73, 75, !
Jensen, A. S. 346
Johansen, A. C. 220
Joleaud, L. 346
Jordan, R. 265, 267
Jousé, A. P. 35, L
Jux, U. 5

Kaestner, A. IV, 105, 123, 146, 176, 179, 181, 314, L
Kaiser, P. 296
Kalbe, L. 32, 35, L
Kandler, O. 10, L
Karsten, G. 19
Kauffman, E. G. 290, 304, 337, 342
Kawaguti, S. 218
Kazmierczak, J. 5, 114, L
Kennedy, W. J. 293, L
Kesling, R. V. 290
Keupp, H. 23
Kiderlen, F. 122, 123, 125
Kilian, E. F. 88
Kilias, R. 203
Kindle, E. M. 364
Klebs, G. 4
Kling, S. A. 66, L
Klinger, H. C. 285
Klinghardt, F. 327
Knight, J. B. 190, 191, 193, 194, 198, 199, 201, 202, 203, 205, 226, L
Knoll, A. H. 10
Kobelt, W. 198
Koch, G. von 164, 166, 174
Kolb, R. 88
Korobkov, I. A. 202, 205, 211, 217
Korschelt, E. 181
Kozlowski, R. 73, 75, 104, 107, 125, L
Krempf, A. 143
Krieger, W. 31, 32, 35, L
Krumbach, Th. IV, L
Krumbein, W. E. 10, L
Kühn, A. 4, 11, 15, 103
Kükenthal, W. IV, 79, 103, 168, 171, L

Kulicki, C. 272, 293, L
Kull, U. 10
Kullmann, J. 134, 278
Kummel, B. 248, 272

Lafuste, J. 134
Lahusen, J. 105
Lalicker, C. G. IV, 135, 185, L
Lang, A. 118, 198, 207, 314
Lang, W. D. 130, 139, 152
Laporte, L. F. 163, L
Larsson, K. 362, 364, 365, L
Laubenfels, M. W. de 82, 86, 96, L
Laufeld, S. 75, L
Lauterborn, R. 31, 32
Lebour, M. 329
Le Calvez, J. 46
Lecompte, M. 108, 110, 114, L
Lee, J. J. 60, L
Lehmann, R. 51
Lehmann, U. 234, 258, 271, 272, 290, 293, 295, 296, L
Lemche, H. 191, 199, L
Lévi, C. 96, L
Lindström, G. 149
Lindström, M. 171, L
Linsley, R. M. 215, 226, L
Lipps, J. H. 28, L
Lisitzin, A. P. 66
Lison, L. 329
Ljashenko, G. P. 362
Loeblich jr., A. R. 7, 8, 16, 20, 37, 38, 41, 42, 45, 46, 54, 60, L
Loeblich III, A. R. 20, 28, L
Ludbrook, N. H. 356, 357, L
Luppov, N. G. 265
Lutze, G. 56

Makowski, H. 259, 265, 277
Marek, L. 359, 360, 361, L
Marshall, S. M. 27
Martens, E. von 207
Martini, E. 24, 25, 28, L
Masters, B. A. 60, L
Matthai, G. 146
Matthes, H. W. 8, 57, L
Maurasse, F. J. 66, L
Maurasse, M. R. 66, L
Mayer, A. G. 79, 118
McAlester, A. L. 326
McClintock, C. 205
McIntyre, A. 26
Meischner, D. 256
Merklin, R. L. 226, 352, L
Messenger, J. B. 311, L
Meyer, H. A. 218
Miller, A. 265
Miller, A. K. 230, 269, 275, 291
Möbius, K. 218

Moore, R. C. IV, 7, 121, 122, 125, 135, 185, 246, L
Moret, L. 83
Mori, K. 110, 112, 114, L
Morris, N. J. 352, L
Morton, B. 352, L
Morton, J. E. 184, L
Müller, A. H. IV, 146, L
Münzing, K. 215
Mundlos, R. 256, 280
Murray, J. W. 42, 60, L
Mutvei, H. 230, 239
Myers, E. H. 48, 49

Naef, A. 227, 295, 296, 298, 300, 301, 303, 311, L
Neher, J. 10, L
Nestor, H. 114, L
Netzel, H. 13, 20, L
Newell, N. D. 332
Nicol, D. 338
Nierstrasz, H. F. 188, L
Nigrini, C. 62, 65
Nitecki, M. H. 104, 107, L
Nixon, M. 311, L
Nuttall, C. P. 329

Obata, I. 234, 258, 296, L
Oekentorp, K. 162, 163, L
Okutani, T. 234, 258, L
Oliver jr., W. A. 149, 163, L
Oppliger, F. 88
Orbigny, A. d' 291
Orlov, Ju. A. IV, L
Orton, J. H. 217, 314
Osmólska, H. 163, L
Ott, E. 92

Parker, G. H. 215
Parker, T. J. 312
Pax, F. 127, 143, 167, 174, L
Peake, J. 226, L
Pearse, A. S. 346
Pelseneer, P. 184, L
Pessagno jr., E. A. 66, L
Pfister, Th. 163, L
Pflug, H. D. 10, 121, 172, 173, L
Pfurtscheller, P. 127, 129, 295
Piller, W. 42, 60, L
Piveteau, J. IV, L
Plate, L. 185
Pojeta jr., J. 179, 181, 184, 354, 355, L
Pokorný, V. 8, L
Popofsky, A. 7, 62
Pourtalès, L. F. de 131, 132, 163
Pratz, W. 130
Prytherch, H. F. 329
Ptschelintsev, W. F. 202, 205, 211, 217, 323, 349
Pümpin, V. F. 159, 160

Quenstedt, F. A. 296

Ramsay, A. T. S. 8, L
Rasul, M. 16
Rauff, H. 85, 86
Rauzer-Chernousova, D. M. 43, 53, 57
Raven, C. P. 184, L
Rawson, P. F. 288
Rees, W. J. 80, L
Reichel, M. 54
Reichenow, E. 8, L
Reid, R. E. H. 83, 86, 92, 94
Reinhardt, P. 21, 23, 24, 25, L
Reitner, J. 298, 300
Remane, A. 118
Remane, J. 68, 69, 70, L
Renner, M. 185
Reschetnjak, V. V. 65
Reyment, R. A. 254, 256
Rheinheimer, G. 10, L
Richardson, E. S. 245
Richter, G. 176, 213
Riding, R. 108, 114, L
Rieber, H. 295, 335
Riedel, W. R. 66, L
Ristedt, H. 234, 258, L
Roger, J. 306, 346
Rohrer, E. 10, L
Rollins, H. B. 191, L
Romein, A. J. T. 23
Roniewicz, E. 147, 152, 154, 159
Ross, Ch. A. 60, L
Ruedemann, R. 123
Runnegar, B. 179, 181, 184, 191, 355, 359, 360, 361, L
Ruschentsev, W. E. 238, 241, 274

Salden, N. 34
Salvini-Plawen, L. von 181, 184, 306, L
Sanfilippo, A. 66, L
Sarjeant, W. A. S. 13, 20, L
Schaaf, A. 66, L
Schädel, K. 94
Schäfer, W. 82, 156, 217, 219, 223, 340
Schallreuter, R. 75, 169, 171, L
Schaub, H. 60, L
Schermer, E. 217
Schiemenz, P. 215, 218
Schindewolf, O. H. 134, 227, 246, 268, 272, 274, 275, 278, 293, L
Schlatter, R. 284, 291
Schmidt, H. 79, 80, L
Schmidt, M. 338
Schneidermann, N. 26
Schopf, J. W. 10, L
Schouppé, A. von 141
Schrader, H.-J. 35, L
Schram, F. R. 104, 107, L
Schrammen, A. 88
Schuhmacher, H. 158, 163, L
Schultze, M. S. 36

Schumann, H. O. 303, 311, L
Schuze, A. P. 34
Scott, G. 288
Scrutton, C. T. 80, 104, 107, 143, L
Segerstråle, S. G. 346
Seibold, E. 57
Seibold, I. 57
Seilacher, A. 256, 258, 267, 290, 291, 293, 309, 342, 348, 349, L
Senior, J. R. 293, L
Shergold, J. H. 354, 355, L
Siehl, A. 258, 272, L
Siewert, W. 315
Sigal, J. 53
Simonson, R. 35, L
Skelton, P. W. 352, L
Smith, A. G. 187, 188, 288, 309, L
Smith, S. 130, 139
Sokolov, B. S. 115
Solander, D. 105
Solem, A. 245
Sorauf, J. E. 139, 163, L
Soschkina, E. D. 145
Spaeth, Ch. 311, L
Sprigg, R. G. 118
Stacul, P. 141
Stainforth, R. M. 60, L
Stanley, S. M. 340, 342, 352, L
Starr, M. P. 10, L
Stearn, C. W. 108, 110, 114, L
Stehli, F. G. 59
Stein, F. 4
Steinhorst, H. 309
Steinmann, G. 106
Stempell, W. 176, 193, 194, 312, 356
Stenzel, H. B. 227, 229, 230, 258, 342, 352, L
Stevens, G. R. 301, 304, 309, 311, L
St. Jean jr., J. 114, L
Stoddart, D. R. 163, L
Strelkov, A. A. 61
Struwe, W. 159
Stumm, E. C. 115, 138, 141, 145, 148, 149
Sweet, W. C. 248
Syssoiev, V. A. 359

Taki, I. 185
Tanabe, K. 271, 296
Tappan, H. 7, 8, 16, 37, 38, 41, 42, 45, 46, 54, 60, L
Taylor, J. D. 335, 352, L
Taylor, J. W. 217
Teichert, C. 236, 237, 238, 239, 241, 242, 243, 245, 246, 248, 249, 251, 254, 257, 258, L
Thenius, E. 56, 143, 215
Thiele, J. 184, 194, 296, L
Thierstein, H. R. 25, L
Thompson, M. L. 43, 53
Thompson, T. E. 352, L
Tozer, E. T. 270

Trueman, A. E. 285
Trueman, E. R. 319
Turner, R. D. 326
Turnšek, D. 113, 159

Unklesbay, A. G. 269
Upshaw, C. F. 59
Urlichs, M. 280

Vacelet, J. 87, 92
Valenciennes, A. 228
Vaughan, T. W. 129, 131
Verbeek, J. W. 23, 24
Vlès, F. 338
Vogel, K. 327, 330, 332, 352, L
Voigt, E. 104, 107, 171, L
Voloshinova, N. A. 44

Waagen, W. 122
Wade, M. 121, 172, 173, L
Wagner, W. 94, 96, L
Walter, M. R. 173, L
Walther, J. 344
Waters, J. A. 49
Webby, B. D. 114, L
Webers, G. F. 191, L
Wedekind, R. 151
Wells, J. W. 81, 107, 127, 129, 131, 137, 138, 142, 145, 147, 148, 154, 156, 158, 163, L
Wells, M. J. 311, L
Wendt, J. W. 90, 92, 96, 213, L
Wenger, R. 280
Wenz, W. 198, 199, 201, 202, 203, 205, 207, 208, 213, 214, 217, 226, L
Werner, B. 79, 123, 125, L
Werner, D. 35, L
Westermann, G. E. G. 253, 258, 267, 268, 269, 293, L
White, E. 337
Wieczorek, J. 211
Wiedenmayer, F. 90, 96, L
Wiedmann, J. 278
Williams, G. L. 5, 16, 20, L
Willmann, R. 211
Wingstrand, K. G. 191, L
Woodland, W. 87
Wright, C. W. 272
Wrigley, A. 203

Yanagisawa, T. 29
Yaworski, W. I. 108
Yochelson, E. L. 179, 183, 184, 190, 191, 359, 360, 361, L
Yonge, C. M. 184, 196, 209, 314, 342, 352, L
Yonge, Sir M. 163, L

Zeller, D. E. N. 246
Zhuravleva, I. T. 98, 99, 100
Zilch, A. 218, 226, L

## Namensregister
### (Fossilien-, Pflanzen- und Tiernamen)

Kursiv gesetzte (schräggestellte) Seitenzahlen verweisen auf abgebildete Organismen

*Abida* 214
*Acalepha* 118
Acantharia, -ien 6–8
*Acanthaster* 161
*Acanthinocyathus* 98
*Acanthocardia* 344f., 351
*Acanthoceratites* 280
*Acanthochaetetes* 87
*Acanthochiton* 185, 187
*Acanthocystis* 7
*Acanthodesmia* 63
*Acanthoecites* 259
*Acanthopleuroceras* 284
*Acarinina* 53
*Acervulina* 54
*Achatina* 215, 222, 226
*Achnanthes* 34
*Acmaea* 220
Acritarcha 5, 14, 16–19
*Acrocoelites* 296
*Acropora* 147, 149, 154, 158, 160, 162
Acroporiden 153
*Acroteuthis* 300, 303, 311
*Actaeonella* 202, 225
Actaeonelliden 221
*Actinastrea* 152, 154, 162
Actiniaria, Actinien, 81, 126–128, 140, 143f., 150, 155, 157, 161
*Actinocamax* 300, 301, 304
*Actinoceras* 257
Actinocerida 243, 249, 257
*Actinodonta* 332, 350
Actinodonten, -ina 330–332, 334, 350
Actinopoda 8
*Actinosphaerium* 7
*Actinostola* 127
*Actinostroma* 108
*Actinostromaria* 113
*Actinostromina* 110
*Acutobeccus* 251
*Adacna* 345, 351
Adesmacea 352
*Adrianites* 292
*Agaricia* 158
*Agathammina* 39
*Agathiceras* 292
*Agoniatites* 267, 274, 292
*Ajacicyathus* 98, 99
*Alabamina* 36

Alcyonaria, -ier 164, 166, 169–171
*Alcyonium* 164, *166*, 171
Algen 1f., 17, 22, 52, 57, 93f., 101, 107, 111, 161, 188, 216
*Allogromia* 36, 59
Allogromiina 50, 55, 59
*Allorossia* 308
*Alpenoceras* 241, 257
*Alsatites* 264
*Alveolinella* 54
Alveolinen, -idae 50, 52, 54, 59
*Amaltheus*, Amaltheen *264, 281*, 284
*Amberleya* 205, 224
*Ambonychia* 333, 350
Ambonychiacea 350
*Ammobaculites* 57
*Ammodiscus* 38, 57, 59
*Ammonia* 48, 57, 59
Ammoniten 177, 259, 266, 271, 275, 277, 280f., 283, 287, 290f., 305
Ammonitina 278f., 293
Ammonoideen 182f., 226, 247, 258–293, 307
Amoebacea, Amöben 8, 50
*Amoeboceras* 283
Amphiastraeina 152–154, 162
Amphidiscophora 90, 95
Amphineura, -en 178–182
*Amphistegina* 41
*Amplexus* 133, 162
*Ampullarius* 198, 199
*Ampullina* 225
*Amussium* 344
*Anabarella* 179
*Anadara* 340, 350
*Analytoceras* 265
*Anarcestes* 259, 274, 292
Anarcestina 276, 278, 292
Ancyloceratina 278f., 293
*Ancylus* 226
*Ancyrochitina* 72, 75
*Androgynoceras* 281, 284
*Angochitina* 75
*Anisoceras* 261
Anisomyaria, -ier 325, 332
Anneliden 161, 178, 180, 189, 219, 363
*Annulofungia* 99
*Anodonta* 329, 343, 347, 351
*Anodontia* 340, 351
Anomalodesmata 330f., 334, 336, 343, 352

*Anomia* 324, 333, 351
Anomiacea 351
Anomiiden 324
*Anomocladina* 96
*Anoplosolenia* 23
*Anthoceras* 257
Anthozoa, -oen 78–81, 115f., 124, 126, 163, 169, 173
*Antiguastrea* 154
Antipatharia 80f., 173f.
*Antipathes* 174
*Antiphragmoceras* 257
*Aphetoceras* 253
*Aplysia* 225
Aplysiacea 225
*Apoderoceras* 284
*Aporrhais* 218, 219, 220, 221, 225
Araphideen 33
*Arca* 320, 324, 332, 344, 350
*Arcella* 7
Arcellinida, -en 7f.
*Arcestes* 263, 292
Archaebacteria 9
Archaeocoeniina 152–154, 162
*Archaeoconularia* 122
Archaeocyathiden 76, 91, 96–101
Archaeogastropoda, -en, 208–210, 212, 215, 219, 224
*Archaeolafoea* 104
*Archaeolynthus* 98
*Archaeonema* 10
*Archaeoscyphia* 90, 95
*Archaeosphaeroides* 10
*Archaesphaera* 5
*Archiacoceras* 242, 257
*Archinacella* 190
Arciden 344
Arcina 330–332, 343, 345, 350
*Arctica* 323, 335, 344f., 351
Arcticacea 333, 351
*Arctostrea* 344f., 351
*Arenoparella* 41
*Argonauta* 299, 301, 311
*Arianta* 214
*Arieticeras* 267, 280, 293
*Arietites* 259, 260, 272, 293
*Arion* 222, 226
*Arkhangelskiella* 23
*Arnioceras* 270
Arthropoden 6, 93
Artostrobiidae 65
*Ascoceras* 248, 253, 257
Ascoceraten 247
Ascocerida, -en, 240, 248f., 257
*Aspidiscus* 153f.
*Aspidoceras* 260, 283, 290, 293
Aspidoceraten 287
*Assilina* 39
Astartacea 333, 351

*Astarte* 323, 344f., 351
Astartedontina 351
*Astartella* 332, 351
*Astraeomorpha* 154
*Astraeospongium* 96
*Astrocoenia* 162
*Astroides* 127, 163
*Astrolithium* 7
*Astroporina* 112
*Astrosclera* 87, 96
*Astylospongia* 90, 96
*Asymptoceras* 237, 258
*Ataxioceras* 263, 280, 283
Athecata 105
*Atlanta* 213, 225
Atlantacea 225
*Atorella* 123
*Atractites* 300, 310
*Atractosella* 166
*Aturia* 238, 239, 258
*Augustoceras* 242
*Augustula* 194
*Aulacoceras* 300, 310
Aulacoceraten, -cerida, -ceriden 296f., 299f., 302f., 305, 307, 310
*Aulacophyllum* 142, 162
*Aulacostephanus* 275, 277, 283, 287
*Aulocystis* 145
*Aulographis* 65
*Aulopora* 148, 151, 163
Auloporina 163
*Aulospathis* 65
Austern 313, 315, 317, 331, 339, 341, 345, 347
*Avellana* 202

*Babinka* 326, 351
Bacillariophyta 2, 6, 29
Bacteriophyta 2
Bactriten, -ina, -inen 183, 247, 249, 258, 274, 276, 278, 302f.
*Bactrites* 239, 246, 258
*Bactroptyxis* 211, 224
*Baculites* 267, 285, 293
Badeschwamm 95
*Bakevelloides* 320, 350
Bakterien 2, 8–10, 107, 341
*Balanophyllia* 131, 163
*Bankia* 327, 352
*Barnea* 340, 352
Barrandeocerida, -en 240, 249, 251, 258
Basommatophora, -en 210, 221f., 226
*Bathmoceras* 242, 257
*Bathothauma* 295
*Bathrotomaria* 223
*Bathysiphon* 36, 38, 59
Bayanoteuthidae 304
*Bdelloidina* 54
*Beaniceras* 284
*Belemnella* 304

*Belemnitella* 300, 301, 304, 309
Belemnitellidae 304
Belemniten 247, 293, 296–305, 307–310
*Belemnites* 296, 300, 303, 311
Belemnitidae 304
Belemnoidea 303, 310
Belemnopseidae 304, 309
*Belemnopsis* 300, 301, 309, 311
Belemnoteuthiden 297, 310
*Belemnoteuthis* 296, 298, 300, 306, 311
*Belgrandia* 214, 215
*Bellerophon* 193, 203, 215, 224
Bellerophonten, -ina 191, 204, 208f., 224
*Beloceras* 292
*Beloptera* 300
*Belosepia* 298, 300
*Beltanella* 118
*Beroe* 79
*Berthelinia* 218, 225
*Biantholithus* 23
*Bidiscus* 23
Biraphideen 30
*Bithynia* 201, 220
Bivalvia 311
*Blastocerina* 251
Blaualgen 3
*Bochianites* 261
Bohrmuscheln, bohrende M. 310, 339f., 345, 352
Bohrschnecken 225
Bohrschwämme 89, 95
*Bolinus* 214
*Bolivina* 57
*Bomburites* 265
*Borelis* 54
*Boreoceras* 253
*Bostrychoceras* 261
*Botryostrobus* 65
*Braarudosphaera* 21
Brachiopoden 101, 113, 125, 152, 287, 331, 363
*Brachiospongia* 90
*Brachybelus* 303
*Brachycycloceras* 248, 257
*Bradybaena* 214
*Broinsonia* 24
Bryozoen 115, 161, 216
Buccinacea 225
*Buccinum* 196, 199, 207, 212, 220, 221, 223, 225
*Buchia* 333, 351
*Bulimina* 57, 59
*Buliminella* 38
Buliminiden 58
*Bulla* 194, 198, 225
*Bullia* 212, 217
*Burgundia* 112
*Bursachitina* 73
Buschschnecken 222

*Cadoceras* 277
*Cadulus* 356

Caenogastropoda, -en 209f., 212, 224f.
Calcarea 93f., 96
*Calceola* 142, 153, 162
*Calciosolenia* 21
Calcisphaeren 5f.
Calcispongea 96
*Calliphylloceras* 291
*Caloceras* 280
*Calocyclas* 61
*Calpionella* 68, 70
Calpionellen, -iden 67–70
*Calpionellites* 70
*Calpionellopsis* 70
Calyptoblastina 106
Calyptraeacea, -een 209f., 225
*Calyxhydra* 104
*Camarospongia* 82
*Campbelloceras* 239
*Campyloceras* 236
*Caninia* 134, 141, 152, 162
*Cannopilus* 27
*Cannosphaera* 65
*Cantrillia* 145
*Caprina* 352
Capriniden 325, 327
*Caprinula* 316, 327, 352
*Carbactinoceras* 248, 257
Cardiacea, -een 333, 336, 345, 351
*Cardiapoda* 213
Cardiiden 345
*Cardiola* 316, 350
*Cardita* 351
Carditacea 333, 351
*Cardium* 314, 323, 326, 335f., 343f., 351
*Carinaria* 213, 225
*Carniolites* 359
*Caryophyllia* 137, 152, 163
Caryophylliina 152–155, 163
*Casearia* 90
*Cassidaria* 201
*Cassidulina* 57
Cassidulinaceen 52
*Cassinoceras* 242, 251, 257
*Cassis* 203, 225
Caudofoveata 175, 177, 180–182
*Caulastrea* 146
*Cavolinia* 213
*Cellanthus* 44, 45
*Celyphia* 92, 96
*Cenoceras* 246, 258
Centrales 29f., 33f.
*Cepaea* 199, 207, 214, 222, 226
Cephalaspidea 225
Cephalopoda, -en, 175, 177–183, 189, 226, 244, 246f., 258, 273, 293, 336, 363
Ceractinomorpha 90, 95
*Cerastoderma* 319, 320, 329, 330, 332, 338, 342, 344–346, 351
Ceratiten 280, 291

*Ceratites* 280, 291, 292
Ceratitina 276, 278, 292
*Ceratium* 15, 17f., *19*
*Ceratolithoides* 24
*Ceratomya* 316, 352
*Ceratoporella* 87, 96
*Ceratotheca* 359
Ceriantharia 80–82
*Cerianthus* 82
Cerithiacea, -een 209f., 221, 224
*Cerithiella* 194
*Cerithium* 201
*Chaetetes* 96, *115*, *151*, 163
Chaetetiden 115f.
Chaetetina 163
*Chaetoderma* 181
Chaetognathen 155
Challengeriden 64
*Challengeron* 65
*Charniodiscus* 172
*Charonia* 203, 221, 225
*Charopa* 194
Charophyceae 2
*Chazyoceras* 251
*Cheiloceras* 259, 283, 292
*Chelodes* 187
*Chilodonta* 202
*Chilostomellina* 57
*Chione* 316, 352
*Chiroteuthis* 306
*Chitinoidella* 68
Chitinozoen 71–75, 363
*Chiton* 185, 187
*Chlamys* 339, 344, 351
Chlorophyceae 2, 6
Choanoflagellaten 6, 67, 76f., 89
Chondrophorida, -en 78, 119f.
Chondroteuthidae 304
*Chondrula* 214, 215
Choristiden 91
*Choristoceras* 292
Chrysomonadales 3, 67
Chrysophyta, -en 2–4, 6, 30
*Cibicides* 38, *57*, 60
Ciliata, -en 2, 52, 67
*Cinctoceras* 237, 257
*Circotheca* 359
Cirromorpha, cirromorphe Oktopoden 294, 307, 311
*Cisalveolina* 54
*Cladochitina* 75
*Cladochonus* 151
*Cladocoropsis* 106, 113
*Clambites* 263
*Clathroceras* 237, 257
*Clathrochitina* 75
*Clathrodictyon* 108, *112*
*Clathrulina* 7
*Clausilia* 202, *207*, *214*, 226

Clausiliiden 200, 206, 222
*Clavagella* 325f., *327*, 352
Clavagellacea, -een 326, 352
Clavaxinellida 90, 95
*Clavulina* 42
Clavulina 90, 95
*Cleistosphinctes* 264
*Climacammina* 41, *49*, 59
*Clinoceras* 237
*Clio* 213, 225
*Cliona* 95
*Clione* 225
Clionidae, -en 89, 93
*Clydonautilus* 238, 258
*Clydonites* 292
*Clymenia* 283, 292
Clymenien, -iina 268f., 276, 278, 292
*Cnemidiastrum* 94, 95
Cnidarier 78f., 115f., 169
Coccolithophorida, -en 6, 17, 20–22, 25f.
*Coccolithus* 22, 25
*Coccomonas* 4
*Cocculina* 224
Cocculinaceen, Cocculinina 209, 221, 224
*Cochlicopa* 214, 215
*Cochlodina* 214, 215
*Codakia* 326, 351
Coelenteraten 76f., 116, 182, 216
*Coeloptychium* 82, *90*, *91*, 95
Coenothecalia 171
Coleoideen 175, 177, 182f., 258, 293–311
Colliden 64
*Collozoum* 65
*Colomiella* 68
Colomielliden 69
*Colophyllia* 158
*Columbellina* 202
*Columella* 214
*Complexastrea* 146
Conacea, -ceen 219, 225
Conchiferen 177–180, 182, 187f., 192, 204, 311, 315, 353, 355, 357f., 360
*Conchodon* 337, 352
*Conchorhynchus* 246
*Congeria* 352
Conjugatae 2
*Conocardium* 354
*Conochitina* 72, 75
Conodonten 363
Conularien 80, 121–125
*Conus* 195, *201*, *207*, 221, 225
Copepoden 25, 52, 120
Corallimorpharia, -ier 128, 150, 161
*Corallistes* 90, 96
*Corallium* 166, *167*, 171
*Corbicula* 323, 352
Corbiculacea, -een 333, 347, 352
*Corbula* 316, 325, 335, 344, 352
Cornacuspongia 95

*Cornua* 27
*Coronochitina* 72
*Coryne* 104
*Corynella* 82, 92, 96
*Coscinocyathus* 99, 100
*Coscinodiscus* 31
*Costatoria* 338, 351
*Crassatella* 323, 351
Crassatellacea 351
*Crassicollaria* 68, 70
*Crassostrea* 328, 344, 347, 351
*Craterophyllum* 145
*Craticularia* 88, 95
*Creniceras* 264, 277, 281
*Crepidula* 203, 216, 217, 219, 221, 225
*Creseis* 213
*Cribrononion* 56
Cricoconariden 361
*Crimites* 259
Crinoideen 217, 219
*Crioceratites* 261, 285, 293
*Cruciplacolithus* 23
Crustaceen 52, 171, 188, 307
Cryptodonta, -e 330, 332, 334, 350
Cryptomonadales 3, 60
*Cryptoplax* 187
*Cryptoplocus* 211, 224
*Ctenidodinium* 15
*Ctenocella* 167
*Ctenodonta* 318, 350
Ctenophora, -en 76, 78f.
*Ctenostreon* 344, 351
*Culicia* 145
*Cuspidaria* 352
*Cuvierina* 213
Cyamiacea 351
*Cyamium* 351
Cyanophyceae, -een 2f., 10, 111, 114
*Cyathochitina* 72, 75
*Cyathopaedium* 139
*Cyathophyllum* 162
*Cyathoseris* 154
*Cyclagelosphaera* 23
*Cyclammina* 37, 57, 59
*Cycloceras* 236
*Cyclococcolithina* 26
Cyclocorallia 162
*Cyclogyra* 39, 41, 59
*Cyclolina* 38
*Cyclolites* 153f., 163
*Cyclolobus* 292
Cyclophoracea, -een 209, 222, 225
*Cyclophorus* 225
*Cyclorbiculina* 36
*Cyclotella* 31, 34
*Cylindrophyma* 82, 90, 96
Cylindroteuthidae 304, 309
*Cylindroteuthis* 311
*Cymatiogalea* 16

*Cymatoceras* 238
*Cypraea* 202, 225
Cypraeacea, -ceen 204, 209, 221, 225
*Cyprina* 351
*Cyrena* 352
*Cyrtactinoceras* 241, 257
*Cyrthoceratites* 243, 257
*Cyrtodaria* 352
*Cyrtodonta* 332, 350
*Cyrtolites* 190
*Cyrtonella* 190
Cyrtosoma 180f.
Cystiphyllina 140, 150, 162
*Cystiphyllum* 141, 162

Dacryoconarida, -en 363–365
*Dactylioceras* 259, 263, 270, 280, 285, 293
*Danoceras* 236
*Daonella*, Daonellen 331, 335, 336, 351
*Dasmosmilia* 142
Demospongea, -ien 83, 89–93, 95f.
*Dendritina* 41
Dendroceratida 95
*Dendrogyra* 158
*Dendrophyllia* 148, 156, 163
Dendrophylliina 152f., 163
*Dentalina* 57
*Dentalium* 356
*Deshayesites* 259, 293
*Desmoceras* 288, 293
*Desmochitina* 72, 73, 75
Desmodonte 325, 347
Desmophyceae 3
*Desmophyllum* 131
*Diacria* 213
Dialytina 96
Diasoma 180f.
*Diatoma* 31, 34
Diatomeae, -een 2f., 6, 17, 28–35, 40, 52, 64, 66, 171, 188, 191, 216, 341, 357
Dibranchiata, -en 183, 247, 293–311
*Dibunophyllum* 138, 139, 152, 153
*Diceras* 316, 323, 337, 344, 349, 352
*Dichocoenia* 158
Dicranocladina 90, 96
*Dicricoconus* 362, 364
*Dicroloma* 202
Dictyida 91, 95
Dictyoceratida 90, 95
*Dictyocha* 27, 29
*Dictyocoelia* 92
*Dictyocysta* 68
*Dictyoprora* 65
*Dictyospongia* 90
*Didacna* 345, 351
*Didymmorina* 90, 96
*Diexallophasis* 16
*Difflugia* 7
*Digonophyllum* 153, 162

Dimitobelidae 304, 309
Dimorphoceras 292
Dinobryon 3, 4
Dinoflagellatae, -en 3, 10–20, 28
Dinophyceae 3
Dinophysiales 11f., 16f.
Dinophysis 11
Dinophyta 3
Diodora 209
Diplobelidae 304
Diplochone 139
Diploctenium 154
Diploria 158, 160
Diplostroma 110
Diplotremina 41
Discoaster 23, 24
Discoceras 236, 239, 258
Discoceratites 280
Discocyclina 37
Discocyclinidae, -en 52, 60
Discohelix 213, 224
Discorbaceen 44
Discorbinella 46, 57
Discorbis 41, 57, 59
Discosorida, -en 240f., 249, 253, 257
Discus 214, 215
Disjectopora 112
Distephanus 27, 29
Distichophyllia 152, 154, 162
Distichopora 104, 105
Divaricella 316, 351
Docoderma 90
Dodecaspis 7
Dodikocyathus 99
Dörnchenkorallen 173f.
Dohmophyllum 133
Doloceratites 280
Domatoceras 258
Donax 320, 336, 343f., 351
Dorataspis 7
Dorsetensia 275
Doryderma 90, 96
Dosinia 318, 352
Douvilleiceras 288, 293
Drahomira 190
Dreissena 347, 352
Dreissenacea, -een 333, 336, 339, 347, 352
Drepanostoma 214, 215
Durania 337, 352
Duvalia 300, 308, 311
Duvaliidae 304, 309,

Ebria 29
Ebriaceen 12, 17, 28f.
Ebriophyceae 3
Echiniden 170
Echinodermen 113, 125
Echinomuricea 166
Echiuriden 180

Edwardsia 127
Eiffellithus 23, 24
Einsiedlerkrebse 106
Einzeller, einzellig 1, 6, 8, 10, 14, 20, 27, 29, 35, 60, 67, 74, 76, 93, 107
Eisenackitina 75
Eisenbakterien 8f.
Eleganticeras 270, 271, 277, 290
Ellesmeroceras 257
Ellesmerocerida 249, 253, 257
Ellipsactinia 106
Ellipsolithus 23
Ellobiophyceae 3
Elphidium, Elphidien 36, 38, 48, 57, 58f.
Emiliania 26
Enallopsammia 156
Enantiostreon 342, 351
Enaulofungia 92, 96
Endoceras 256, 257
Endocerida, -iden 240, 242, 249, 251, 253–257
Endolobus 239
Engonoceras 288, 293
Ensis 329, 338, 351
Entalina 356
Entelophyllum 141
Entolium 318, 344, 351
Eoasianites 270, 292
Eoastrion 10
Eobacterium 10
Eopteria 354
Eosphaera 10
Ephydatia 88
Epimenia 181
Epipeltoceras 283
Epistominella 57
Epithemia 32
Epitonium 205, 224
Epiwocklumeria 259
Eponides 57
Ericsonia 23
Erniograndis 172
Estonioceras 239, 248, 258
Etheria 335, 347, 351
Euacteonina 205
Euaspidoceras 263, 265
Euasterophora 90, 96
Eucyclus 199
Euglena 4
Euglenophyta, -en 2–4, 67
Euglypha 7
Eugyra 152
Eukaryota, -en 1f.
Eumorpholites 359
Eunicella 164
Euomphalus 198, 224
Euphemites 215, 224
Euplectella 90, 95
Eupsammia 152
Eurete 82, 95

*Eurydesma* 345, 351
*Eusiphonella* 94
*Euspongia* 90, 95
Eutaxicladina 90, 96
*Eutrephoceras* 236, 253, 258
*Exoconularia* 122, 125
*Exogyra* 316, 333, 351

*Faberoceras* 241, 253, 257
*Fagesia* 285, 293
*Fasciculithus* 23
*Fasciolites* 38, 54
*Favia* 146, 163
*Faviina*, -en 152–154, 163
*Favosites* 130, 151, 163
Favositina 163
*Ficus* 198
Fische 93, 107, 120, 155, 161, 233, 286, 307, 328
*Fischerina* 39, 46, 59
*Fissurella* 201, 221, 224
Fissurellidae, -en 209f., 224
*Flabellum* 129, 154, 163
Flagellatae, -en 2–6, 28, 50, 52, 55, 62, 64, 67, 89, 155, 171, 341
*Flosculinella* 54
Flußmuscheln 328, 339
*Foersteoceras* 236
Foraminifera, -en 3, 8, 35–60, 94, 191, 286, 341, 357
*Forbesiceras* 285
*Fordilla* 179
*Fragilaria* 34
*Frondicularia* 36, 46, 57, 59
*Fungia* 144, 145, 154, 163
*Fungiastraea* 154
Fungiina 152, 154, 163
*Fusulina* 53
Fusulinaceae 59
Fusulinella 43, 53
Fusulinen, -iden 40, 43, 50, 53, 58
Fusulinina, -inen 50, 52, 59

*Gaimardia* 351
Gaimardiacea 351
*Galaxea* 148, 163
*Galeomma* 351
Galeommatiden 341
*Gari* 344
Gartnerago 24
*Gastrioceras* 292
*Gastrobelus* 303
*Gastrochaena* 325, 352
Gastrochaenacea 352
Gastropoda, -en 74, 113, 115, 161, 171, 175–224, 287, 336, 363
*Gaudryceras* 270
*Gaudryina* 42, 51
*Geisonoceras* 237, 239, 243, 246, 257
*Geodia* 90, 96

*Gephyrocapsa* 21, 26
*Germanonautilus* 246, 256, 258
*Gervillella* 320, 350
*Gervillia* 333, 350
*Gibbula* 220, 221, 224
*Gisortia* 201, 225
*Glandulina* 41
*Glauconia* 205
*Glenobotryon* 10
*Globigerina* 38, 41, 53, 56, 60
Globigerinaceen 43f., 52, 55
Globigerinen, -iniden 25, 53, 58
*Globorotalia* 53, 56
*Globotruncana* 53
*Glochiceras* 259, 263
Glossacea 352
*Glossoceras* 248
*Glossus* 316, 329, 344, 352
*Glycymeris* 317, 319, 324, 344f., 350
*Glyptoxoceras* 267
*Gomphoceras* 236, 248, 257
*Gonatocheilus* 246, 251, 254
Goniatiten 153, 269, 274f., 282
*Goniatites* 275, 291, 292
Goniatitina 276, 278, 292
*Gonioclymenia* 283, 292
*Goniodoma* 11
*Goniophyllum* 141, 142, 162
*Gonioteuthis* 300, 301, 304
*Gonyaulax* 11, 13, 17
Gorgonaria, -ier 164–167, 169–171, 173
*Gorgonia* 167, 171
*Gosseletia* 332, 350
*Gotlandellites* 362, 364
Gotlandochitina 75
*Grammoceras* 263
*Graphularia* 168
Graptolithen 74, 153, 363
*Gravesia* 283
*Gregoryceras* 283
*Groenlandibelus* 296, 311
Gromida, -en 7f.
Grünalgen 341
*Gryphaea*, -aeen 318, 336, 341, 344f., 351
*Gunflintia* 10
*Guppyella* 37
Gymnoblastina 105
Gymnodiniales 16f.
*Gymnodinium* 11
Gymnosomata 225
*Gyraulus* 226
*Gyrineum* 202
*Gyroceratites* 274

*Hadrocheilus* 251, 254
Hadromerida 95
Haie 307
Haliotidae 209
*Haliotis* 194, 201, 203, 209, 216, 221, 224

*Halyphysema* 54
*Halysites* 139, 147, *149*, *151*, 163
Halysitina 163
*Hamites* 288, 293
*Hantkenina* 36, 60
*Haplistion* 90
*Haploceras* 264, 293
Haplocerataceen 287
Haplosclerida 90, 95
*Hapsiphyllum* 134, 162
Haptophyta 6
*Harpa* 201, 225
*Harpax* 324, 351
*Harpoceras* 263, 285, 293
*Hastites* 300, 311
Hastitidae 304
*Hattonia* 115
*Haustator* 205
*Hazelia* 90
*Helcion* 217, 220
*Helicella* 214
*Helicina* 222, 224
*Heliolites* 147, *149*, *151*, 163
*Heliolithus* 23
Heliolitina 163, 170
*Heliophyllum* 143, 162
*Heliopora* 147, 164, *168*, 171
Helioporiden 165, 169f.
*Heliospongia* 90, 95
Heliozoa, -en 6–8
*Helix* 199, 207, 208, 212, 222, 226
*Helminthochiton* 187
*Hemimenia* 181
*Hemisphaerammina* 54
*Heraultia* 179
*Hercochitina* 75
*Hercoglossa* 236, 239
*Hermesinum* 29
Heteractinellida, -en 91, 96
*Heterastridium* 106
Heterocontae 2, 6
Heterocorallia 134, 162
Heterodonta, -e 323, 330–332, 334, 336, 339, 343, 345, 347, 351
*Heterohelix* 53
Heterokorallen 132, 134, 150
*Heterophyllia* 134
*Heterophylloides* 134
Heteropoden 197, 204, 206, 210, 213, 216, 221, 225
Heterurethra 226
Hexacorallia 79–81
Hexactinellida, -en 83f., 89–91, 94f.
Hexactinosa 90, 95
*Hexagonaria* 133, 162
Hexakorallen 81, 115, 126–163, 169
*Hexameroceras* 251
*Hexaphyllia* 134, 162
*Hiatella* 335, 339, *340*, 352

Hiatellacea 333, 352
*Hibolithes* 298, *300*, 301, *303*, 308
*Hicetes* 161
*Hildaites* 270
*Hindia* 90, 96
*Hinia* 218, 219f., *223*, 225
*Hipponyx* 206, 207, 216, 225
Hippuritacea 352
Hippuriten, -iden 325, 327, 341
*Hippurites* 316, 323, 327, *337*, 352
*Hoegisphaera* 75
Holaxonia 165, 167, 171
*Holcophylloceras* 267
*Holcotrochus* 131
*Holopea* 205
*Holophragma* 133
*Homaloteuthis* 301
Homosclerophora 95
*Homotrema* 54
*Hoplites* 293
*Hoploscaphites* 261
Hornschwämme 84, 87, 91, 93, 95
*Huronispora* 10
*Hyalocylis* 213
*Hyalonema* 90, 95
Hyalospongea 95
*Hyalotragos* 82, 95
*Hybonoticeras* 283
*Hydatia* 201
*Hydnoceras* 90, 95
*Hydra* 103
*Hydractinia* 104
*Hydrallmania* 104
*Hydrobia* 220f., 225
Hydrocorallinen 105
Hydroidea, -een 78f., 102–107, 111, 118
Hydroidpolypen 161
Hydromedusen 102, 117f., 120
Hydrozoa, -en 78–81, 102, 115–117, 119f., 160, 169
*Hymenomonas* 22
Hyolitha, -en 179, 184, 357–361
*Hyolithes* 359
*Hypophylloceras* 270
*Hystrichokolpoma* 15
*Hystrichosphaera* 15
Hystrichosphaeren 12, 14

Ichthyosaurier 307
*Idalina* 41
*Idoceras* 283
*Illex* 296
*Imitoceras* 267, 275, 292
*Indonautilus* 236
*Inessocyathus* 98
Inoceramen, -iden 336, *337*, 339
*Inoceramus* 331, *333*, 350
Insekten 212
*Inversoceras* 251

*Involutina* 58
*Iridia* 42
Irregulares 101
*Isastrea* 148, 154
*Isidella* 166, 171
*Isis* 167, 171
*Isocardia* 352
*Isognomon* 344, 350
*Itieria* 211
*Itruvia* 211

*Janthina* 194, 213, 216, 221, 224
*Jerea* 90, 94, 96
*Junceella* 167

Käferschnecken 184
*Kakabekia* 10
*Kalamopsis* 36
Kalkalgen 3, 105, 113, 161
Kalkschwämme 83f., 87, 90-94, 96, 125
*Kalloclymenia* 283
Kalmar 293
*Karreriella* 57
*Katroliceras* 283
*Kellia* 344, 351
Keratosa 95
*Ketophyllum* 141, 142, 153, 162
*Kiaeroceras* 237
Kieselschwämme 84, 88, 93f.
*Kionotrochus* 137
*Kirengella* 190
*Knighticonus* 190
*Kodonophyllum* 141
Korallen 12, 93, 113, 125, 130, 135f., 143, 152, 155-161, 217, 286f.
*Kosmoceras* 263, 277, 285, 293
Kraken 293
Krebse 107, 155, 161, 171, 233, 289f., 307

*Labechia* 108, 112
Labechiiden 111
*Lacuna* 220
*Laevaptychus* 272
*Lagena* 38, 59
Lageniden 52
*Lagenochitina* 72, 75
*Lagynis* 42
*Lamellaptychus* 272
*Lamellastraea* 146
Lamellibranchiaten 311
Landschnecken 221f.
*Lanistes* 198
*Laomedea* 103
*Laternula* 326, 352
*Latirus* 205
*Latomeandra* 154
*Lecanites* 275
*Leioceras* 264, 293
*Leiosphaeridia* 16, 19

*Lemintina* 217
*Lenticulina* 41, 57, 59
*Lepidisis* 166
Lepidocyclinidae, -en 52, 60
*Lepidolina* 53
*Lepidozona* 185
*Leptastrea* 145
*Leptocheilus* 251, 254
*Leptoria* 146
*Leptoseris* 154
*Leuconia* 96
*Leucosolenia* 96
*Leurocycloceras* 245, 257
*Lima* 318, 319, 320, 333, 339, 344, 351
Limacea 351
*Limatula* 318, 351
Limidae, -en 339, 344f.
*Limopsis* 324, 350
*Lingulina* 41
*Linochitina* 73
*Liostrea* 320, 344f., 351
*Liparoceras*, Liparoceraten 281
*Liroceras* 236, 258
*Lithiotis*, Lithiotiden 318, 345, 351
Lithistiden 91
*Lithophaga* 320, 339, 340, 344f., 350
*Lithostrotion* 145, 152, 162
*Lithraphidites* 24
*Littorina* 176, 196, 216f., 220, 221f., 223, 225
Littorinacea 209, 225
*Lituites* 236, 258
*Lobiger* 218
*Lobites* 261, 292
*Lobobactrites* 274
Lobosa 6
*Loeblichia* 42, 59
*Loftusia* 59
*Loligo* 295, 296, 305, 306, 308, 311
*Loligosepia* 298
*Lonsdaleia* 152, 153, 162
*Lopha* 314, 316, 351
*Lophamplexus* 139
*Lophelia* 156
*Lophomonas* 4
*Lorenziella* 70
Loricata 184
*Loripes* 342, 351
*Loxonema* 224
Loxonematacea, -een 209f., 221, 224
*Lucina* 319, 320, 323, 335, 351
Lucinacea, -een 333, 341
Lucinidae, -en 321, 340, 344
*Lucinina* 332, 351
*Ludwigia* 260, 280
*Lunucammina* 42
Lychniskosa 90, 95
*Lychnocanium* 63
*Lyecoceras* 239, 257
*Lymnaea* 198, 212, 216, 226

*Lymnocardium* 347, 351
*Lyrodesma* 332, 351
Lyssakinosa 90, 95
*Lytoceras* 272, 285, 288, 293
Lytoceraten 286
*Lytoceratina* 278f., 293
*Lytocrioceras* 285

*Maclurites* 207, 224
Macluritina 209, 224
*Macoma* 330, 340, 342, 344, 346, 351
*Macroscaphites* 285, 293
*Mactra* 323, 344, 351
Mactracea 333, 351
*Madrepora* 153, 156, 163
Madreporaria 162
*Maeneceras* 283
*Magilus* 216, 217, 225
*Malayomaorica* 318, 351
*Malletia* 319, 350
*Malleus* 318, 350
*Manchuroceras* 251
*Manicinia* 154
*Manticoceras* 264, 272, 275, 291, 292
*Margarites* 222
*Margaritifera* 328, 351
*Marginopora* 51
*Marisa* 198
*Marthasterites* 24
Mastigophora 2
*Matthevia* 179
*Mazohydra* 104
*Meandrina* 148
*Meandrospira* 38
Mediales 33f.
*Medlicottia* 292
Medusen siehe Sachregister
*Megaglossoceras* 238
*Megalodon* 337, 352
Megalodontacea, Megalodonte 334, 343, 352
Megamorina 90, 96
*Megateuthis* 296, 303, 311
*Meladomus* 198
*Melanoporella* 169
*Melanopsis* 211
*Melanosteus* 169
*Melanostylus* 169
Melobesieae 160
*Melona* 169
*Menophyllum* 134
Mensch 195
*Mercenaria* 326, 340, 352
*Meretrix* 344
*Mesocheilus* 251
*Mesodesma* 340, 351
Mesogastropoda 224
*Mesokylix* 104
*Mesophyllum* 153
*Mesosimoceras* 285

*Metabelemnites* 296, 310
*Metacoscinus* 98
*Metaphragmoceras* 237
*Metastyliolina* 364
Metazoa, -en 76
Methanbakterien 8
*Michelinia* 151
*Michelinoceras* 253, 257
*Micula* 24
*Mikadotrochus* 205
*Miliola* 42, 59
Milioliden 39, 58
Miliolina, -en 39f., 44, 47, 50, 52, 54, 58f.
*Millepora* 104, 160
Milleporiden 105f.
*Millerella* 53
*Mimagoniatites* 274, 292
*Minouxia* 41
*Mirachitina* 169
*Mitraria* 202, 225
*Modiolus* 343–345, 348, 350
Mollusken 93, 106, 170f., 175–181, 184, 188f., 192, 219, 225f., 286, 311, 331, 341, 353, 355, 357f., 360, 363
*Monacha* 214
Monaxonida 89, 95
*Monodonta* 202
*Monophyllites* 292
Monoplacophora, -en 175, 177, 179–182, 187–191, 208, 247, 325f., 331, 353
Monopylea 60
Monoraphideen 30
*Monotis* 316, 351
*Montastrea* 158
*Montipora* 160
*Montlivaltia* 148, 152, 154, 163
*Mopsea* 167
*Mopsella* 166
*Mortoniceras* 288
Mosasaurier 290
*Muensteroceras* 268, 292
*Multiplicisphaeridium* 16
*Murchisonia* 215, 224
Murchisoniaceen 210
Murchisoniina 224
*Murex* 194, 202, 225
Muricacea, -ceen 214, 219, 225
Muriciden 200, 218f.
Muscheln 3, 161, 175, 177f., 180, 189, 212, 218, 307, 311–357
*Mussa* 141, 154
*Mya* 326, 328, 335, 339, 340, 343–345, 346, 352
Myacea 333, 352
*Myalina* 318, 333, 350
Mycetozoa 8
*Myiden* 334
*Myina* 332, 352
*Myloceras* 285
*Myophorella* 316, 351

*Myophoria* 323, 338, 348, 351
Mytiliden 344f., 355
*Mytilina* 330–332, 343, 350
*Mytilus* 314, 319, 321, 322, 328, 332, 335, 339, 342, 344f., 350
Myxomycetes 8
*Myxotheca* 48, 59

Nacktschnecken 107, 204
*Nannobelus* 300
*Nannoceratopsis* 11
Napfschnecken 191
*Nassarius* 206
Nassellaria, -ien 60–62, 64–66
*Nathorstites* 268, 270
*Natica* 176, 205, 207, 215, 225
Naticacea, -ceen 209, 219, 225
Naticiden 218
*Naticopsis* 207, 224
*Nausithoe* 123
Nautilida, -en 228, 247, 249f., 252f., 258
Nautiloideen 182f., 226, 235–257, 269, 307
*Nautilus* 175, 177, 226, 227, 228, 229, 230, 231, 232, 233–235, 237, 240, 244, 245, 246, 247, 250, 252, 253, 254, 258, 262, 265f., 269, 286
*Navicula* 34
*Naviculopsis* 27
*Neocoelia* 92
Neogastropoda 225
*Neomegalodon* 337, 352
*Neopilina* 180, 190
*Neoschwagerina* 53
*Neosphaeroconchidium* 65
*Neotrigonia* 332, 336, 346, 351
*Nephriticeras* 251, 258
*Nerinea* 202, 211, 224
Nerineacea, -ceen 204, 211f., 221, 224
*Nerinella* 201
*Nerita* 202, 224
Neritaceen 208–210, 221
Neritiden 200, 221
*Neritopsina*, -inen 209, 212, 224
*Neritopsis* 205
*Nipponites* 261
*Nitzschia* 34
*Noctiluca* 18
*Nodosaria* 38, 57, 59
Nodosariiden 58
*Nodosinium* 41
*Nonion* 36, 59
*Normannites* 285
Notaspidea 225
*Nowakia* 362, 363
*Nubeculinella* 54
*Nucula* 312, 314, 319, 320, 324, 335, 338, 342, 343f., 350
Nuculaceen 341
*Nuculana* 335, 344, 350
Nuculiden 313, 344, 354

Nudibranchia, -ier 204, 210, 216, 221, 226
Nummuliten, Nummulitidae, -en 39, 44, 52, 58f.
*Nummulites* 39, 44, 45, 46

*Ochromonas* 4
*Ochrosphaera* 22
Octactinellida, -en 91, 96
*Octamerella* 237, 257
Octocorallia (vgl. auch Oktokorallen) 79–81
Octopoda (vgl. auch Oktopoden) 303, 311
*Octopus* 295, 296, 305, 308, 311
*Oculina* 148, 153, 156, 163
*Odessites* 364
*Odontobelus* 300, 301
*Odostomia* 199, 225
*Oecoptychius* 261, 263, 285
*Oistoceras* 281, 284
Oktokorallen (vgl. auch Octocorallia) 147, 150, 161, 163–166, 168–171, 173
Oktopoden (vgl. auch Octopoda) 293f., 297, 299, 305, 307, 310
*Okulitchicyathus* 98
*Olcostephanus* 288, 293
*Oligoptyxis* 211
*Oligosphaeridium* 13
*Oliva* 225
*Olivella* 219
*Ollachitina* 75
Oncocerida, -ceriden 239f., 249, 251, 253, 257
*Operculina* 39, 44
*Ophioceras* 237, 258
Opisthobranchia, -ier 194f., 197, 206, 208–210, 212, 216, 218, 225
*Oppelia* 293
*Orbicyathus* 98
*Orbitoides* 37
Orbitoididae, -iden 52, 60
Orbitolinen, Orbitolinidae 52, 59
*Orbitolites* 51, 59
Orchocladina 90, 95
*Oriostoma* 207
*Orthaspidoceras* 263
*Orthoceras* 236, 239, 241, 246, 253, 257
Orthoceraten, Orthoceratiden 246, 248, 254
Orthocerida, -ceriden 240, 247, 249, 253, 257
*Orthonychia* 217
*Orthosphaeridium* 16
*Orthosphinctes* 263, 280
*Orthotheca* 359
Orthurethra 226
Ostrakoden 286, 341
*Ostrea* 328, 329, 333, 335, 344f., 347, 351
Ostreacea 351
*Otoites* 264, 275
*Ovalveolina* 54
*Oxycerites* 260
*Oxynautilus* 236
*Oxynoe* 218, 225

Oxynoticeras 259
Oxyteuthidae 304, 309
*Oxyteuthis* 303
*Oxytropidoceras* 288

Pachyodonta, -donte 330, 332, 334, 336f., 343, 345, 352
*Pachyseris* 148, 151
*Pachysphaera* 5
*Pachyteichisma* 82, 95
*Pachyteuthis* 296
Pachythecalina 150, 152, 162
*Pachythecalis* 152, 162
*Palaeoctopus* 295, 311
*Palaeololigo* 298
*Palaeoperidinium* 13
*Palaeosmilia* 152, 153
Palaeotaxodonta, -donte 330–332, 334, 336, 341, 343, 345, 350
*Palaeotextularia* 42
*Palaeotuba* 104
*Palaeozygopleura* 199
*Paleocadmus* 245
*Palmula* 49
*Palythoa* 160
*Pandora* 329, 352
Pandoracea 352
*Panopea* 335, 352
Pantopoden 107
*Paracenoceras* 248
*Parafusulina* 43, 53
*Paragastrioceras* 259, 274
*Parallelepipedum* 316, 350
*Parallelodon* 324, 332, 350
*Paranacyathus* 98
*Parastromatopora* 113
*Parathranium* 29
*Parawocklumeria* 283, 292
*Parisis* 166, 167, 171
*Paroecotraustes* 261
*Patella* 191, *194*, 195, *198*, *203*, 204, 216, *217*, 219, 220, 221, *223*, 224
Patellaceen 208
Patelliden 209f.
Patellina 209, 224
*Patellinella* 38
*Pavonina* 49
*Pavonitina* 37
*Pecten* 314, 315, *316*, *320*, *329*, *332*, *333*, 335, 344, 351
Pectinacea 350
Pectiniden 315, 317, 321, 339, 345
*Pectinoceras* 242
*Peismoceras* 236, 258
*Pelagiella* 179
Pelecypoda, -en 179–181, 184, 189, 287, 311–352
*Penicillus* 325f., *327*, 352
Pennales 29f., 33f.
Pennaten 30

*Pennatula* 166, *168*, 171
Pennatularia, -larien 124, 165f., 168–171, 173
*Pentameroceras* 237, 257
*Peracle* 213, 225
*Pericyclus* 259, 292
Peridiniales 11, 16f.
*Peridinium* 13, 17f.
Peripylea 60
*Perisphinctes* 280, 293
Perisphinctiden 287, 290
*Permonautilus* 236
*Perotrochus* 215, 224
*Perrinites* 292
Petalonamae 170, 172
Petalo-Organismen 80, 124, 170–173
*Petalosphaera* 21
*Petricola* 339, *340*, 352
*Phacellophyllum* 139
*Phacoceras* 236
*Phacotus* 6
Phaeodarien 27, 60, 64f.
Phaeophyceae 2
*Phalium* 203
Pharetronen, Pharetronida, -en 91–93, 96
*Pharetrospongia* 92
*Pharyngella* 65
Pharyngellen 64
*Phillipsastrea* 133
*Phloioceras* 236
*Phlyctaenachlamys* 344
*Phlycticeras* 263
Pholadacea, -ceen 326, 333, 352
*Pholadidea* 327, 352
Pholadiden 317, 326, 334
Pholadina 332, 339, 352
*Pholadomya* 335, 344f., 352
Pholadomyacea, -een 343, 352
Pholadomyina 332, 352
*Pholas* 325, *327*, 339, 344f., 352
*Phormostichoartus* 65
Phoroniden 363
*Phragmoceras* 236, 253, 257
Phragmoteuthida, -iden 297, 299, 302f., 305, 307, 311
*Phragmoteuthis* 295, 298, 311
*Phricodoceras* 284
*Phylloceras* 268, 288, 292
Phylloceraten 286
Phylloceratina 278f., 292
*Phymatella* 82, 96
*Physa* 198, 226
*Physodoceras* 272
Phytomonadina, -en 2, 4–6, 17, 89
*Piersaloceras* 237
*Pila* 198
Pilzsporen 74
*Pinacoceras* 292
*Pinctada* 312, 345f., 350
*Pinna* 329, 335, 343–345, *349*, 350

Pinniden 339
*Pinnularia* 30, *31, 32, 34*
*Pisidium* 352
*Placenticeras* 290
*Placiphorella* 185
*Placosmilia* 154
*Placuna* 324, 351
*Placunopsis* 341, *342*, 351
*Plagioptychus* 327, *337*, 352
*Plagiostoma* 349, 351
*Plagiothyra* 202
*Planorbarius* 199
Planorbiden 210
*Planorbis* 212, 226
Plathelminthen 180
*Platyceras* 198, 224
Platyceratiden 219
*Platyclymenia* 283, 292
*Platygyra* 146, 154, 163
*Platylenticeras* 288
*Platypleuroceras* 284
Plectellariaceen 62f.
*Plectodiscus* 119
*Plectostroma* 110
*Plectroninia* 92, 96
*Plectronoceras* 239, 253, 257
*Plesioteuthis* 295, 298, 311
*Pleurobrachia* 79
*Pleuroceras* 265, 281
*Pleurodictyum* 151, 153, 161, 163
*Pleurolytoceras* 265
*Pleuromya* 348, 352
*Pleurophyllia* 152, 162
*Pleurosigma* 31, 32
*Pleurotomaria* 196, 223, 224
Pleurotomariaceen 221
Pleurotomarien, Pleurotomariiden 208 f., 216, 221, 223
Pleurotomariina 209, 224
*Pleydellia* 280
*Plicatula* 324, 351
Plicatuliden 324
*Pocillopora* 154
*Podamphora* 29
*Podolites* 364
*Podorhabdus* 23
Poeciloslerida 95
*Poikilofusa* 16
Polychaeten 74, 93, 343
*Polyderma* 5
*Polydiexoidina* 53
Polymastigina 2, 4, 6
*Polymorphina* 41
*Polymorphites* 280, 284, 293
Polyplacophora, -en 175, 177–182, 184–189, 191
Polyptychitinae 288
*Polyptychoceras* 261
*Pomatias* 222, 225
*Pontosphaera* 21

*Popanoceras* 267, 292
*Porcellia* 198
Poriferen 76, 80, 89, 91, 93
*Porites* 148, 154, 158, 160, 163
*Poromya* 314, 335, 352
Poromyacea, -ceen 313, 352
*Portlandia* 319, 343, 345–347, 350
*Posidonia* 333, 336, 339, 351
*Potamides* 224
Potamiidae 221
*Potoceras* 238
*Praealveolina* 54
*Praebulimina* 46
Praeheterodonta 330, 351
*Praemytilus* 335
*Praeradiolites* 323, 352
Prasinophyceen 5f., 16f.
*Prediscosphaera* 24
*Prinsius* 23
*Prochaetoderma* 181
*Prodactylioceras* 284
*Profusulinella* 53
*Progeronia* 280
*Progonoceratites* 280
Prokaryota 1f.
*Prolecanites* 292
Prolecanitina 276, 278f., 292
*Prolobites* 283, 292
*Pronoella* 349, 351
*Pronorites* 292
*Propachastrella* 90, 96
*Propeamussium* 335, 351
*Proplina* 190
*Proptychites* 267, 292
Prosobranchia, -ier 194f., 197, 206, 208f., 212, 215, 221f., 224
*Proterovaginoceras* 246, 253
Protisten 1–3, 67, 69
Protociliata 2
Protomonadina 2, 4, 6, 76, 89
Protophyten 1, 16
*Protospongia* 90, 95
Protostomier 175, 180
Protozoen 1, 6, 76, 341
*Protulophila* 104
*Psaligonyaulax* 15
*Psammosphaera* 36, 59
*Pseudoclymenia* 283
*Pseudocoenia* 154
*Pseudomonotis* 333, 351
*Pseudorthoceras* 243, 257
*Pseudoschwagerina* 53
*Psiloceras* 260, 263, 264, 270, 271, 272, 280, 293
*Pteria* 316, 318, 320, 333, 335, 344, 350
Pteriacea, -ceen 345, 350
Pteriiden 339, 345
Pteriina 330–333, 336, 343, 345, 350
*Pterinea* 332, 333, 350

*Pterinopecten* 333
Pteriomorpha, -en 331f., 339, 343, 345, 350
*Pterocera* 202, 225
*Pterochitina* 72, 75
Pterocorallia 162
*Pteroeides* 168
Pteropoden 197, 204, 210, 212f., 216, 219, 221, 224f., 363
*Ptomatis* 215, 224
*Ptychites* 292
*Ptychomphalus* 201
*Ptygmatis* 202, 211, 224
Pulmonata, -en 194f., 197, 204, 206–210, 212, 215f., 226
*Pulsellum* 356
*Puncturella* 209
*Pupilla* 214, 222, 226
*Pyramidella* 225
Pyramidellacea 225
Pyramidelliden 219
*Pyrgo* 57
Pyrrhophyta 2f., 17, 62

*Quadrum* 24
*Quenstedtoceras* 259, 264, 265
*Quinqueloculina* 38, 57, 59

Radiolaria, -ien 3, 8, 27f., 52, 60–66, 191
*Radiolites* 352
*Radix* 217
*Ramochitina* 75
*Ramsaysphaera* 10
*Rangea* 172
*Raphidodinium* 15
*Raphistoma* 198
*Raphoneis* 34
*Rasenioides* 280
*Reedsoceras* 238
Regulares 101
*Reinholdella* 41, 60
*Remaniella* 70
*Renilla* 168
Reptilien 286, 290
*Requienia* 337, 352
Reticularea 8
*Reticuloceras* 292
Reticulosa 90f., 95
*Retiophyllia* 152
*Retusa* 199
*Rhabdammina* 38
*Rhabdocyatella* 98
*Rhabdocyclus* 162
*Rhabdosella* 68
*Rhabdosphaera* 25f.
*Rhaetavicula* 338, 350
*Rhaphidonura* 63
*Rhipidogyra* 153f.
Rhizomorina, -en 90, 93–95
Rhizopoda, -en 2f., 6

*Rhizostomites* 118
Rhodophyceae 2
*Rhopalomenia* 181
Rhyncholithen 244, 251, 255
*Rhyncholithes* 246, 251
*Rhynchoteuthis* 246
*Ribeiria* 354
Riesenkalmare 307
Riffkorallen 3, 113, 155, 159f.
Rippenquallen 76
*Rissoa* 225
Rissoacea, -ceen 209, 216, 221f., 225
*Robertina* 60
Robertinaceen 52
*Robustocyathus* 99
*Rosalina* 41
Rostroconchida, Rostroconchiden 177, 179f., 184, 331, 353–355, 357
Rotalgen 115, 160
*Rotalia* 59
Rotaliaceen 44
Rotaliiden 58
Rotaliina 52, 54, 59
*Rothpletzia* 206, 216
*Rucinolithus* 24
Rudisten 317, 325, 327, 330, 341, 350, 352
*Ruedemannoceras* 241
*Rugoglobigerina* 53
Rugosa, -en 81, 113, 126, 128, 132–136, 138, 140–145, 148–153, 155f., 161f.
*Rumina* 199, 226
*Rupertina* 54
*Rutoceras* 258

*Saccammina* 42, 59
*Saccodendron* 54
Saccoglossa 218, 225
*Saccospyris* 63
*Saccostrea* 345, 351
*Sagenachitina* 75
*Salpingoeca* 4
*Salpingoteuthis* 300, 301
Sarcinulina 163
Sarcodina 2
Saurier 307
Scalacea, -ceen 209, 213, 224
*Scalarites* 261
*Scaphander* 194, 201
*Scaphites* 263, 293
Scaphopoda, -poden 175, 177, 179–181, 184, 331, 353–358
*Scaptorrhynchus* 246, 251
*Scenella* 179, 190
Schiffsbohrwürmer 325, 340
*Schistoceras* 292
Schizodonta, -donten 330–332, 343, 351
*Schizodus* 351
Schleimpilze 8
*Schloenbachia* 293

Schnecken 93, 175, 177f., 189, 192, 195, 197, 200, 204, 208, 210, 212, 216–219, 221f., 224f., 235, 307, 313, 336
*Schwagerina* 43
Schwamm, Schwämme 3, 40, 57, 76, 80, 82, 87–89, 93–95, 97, 101, 111, 216, 287
Schwarze Korallen 173
Schwefelbakterien 8f.
*Sciponoceras* 285
Scleractinia, -ier 81, 126–128, 131f., 135–137, 140–145, 148–150, 152–159, 161f.
Scleraxonia 165, 167, 171
Sclerospongia, -ien 84, 87, 91, 96, 105, 111, 116, 150, 169
*Sclerothamnus* 90
*Scolymia* 158
*Scrobicularia* 342, 351
Scyphomedusen 117f., 120, 124
Scyphopolypen 117, 121–124
Scyphozoa, -zoen 78–81, 117, 124, 144
Seeanemonen 126, 128, 161
Seefedern 165
Seesterne 161, 307
*Sepia* 295, 296, 298, 302, 303, 305, 306, 311
Sepien 293, 297–299, 305, 307, 310
Sepioidea, -deen 298, 303, 311
*Sepiola* 303, 311
*Septemchiton* 187
Septibranchiata, -en 330, 332, 334, 343–345, 352
*Seriatopora* 154
Serpuliden 161, 363
*Siberionautilus* 238, 258
Sigmatosclerophora 95
*Sigmoilina* 57
Sigmurethra 226
Silicoflagellata, -en 6, 27–29
*Sinuitopsis* 190
*Sinuspira* 201
*Siphocampe* 65
*Siphonalia* 201, 225
*Siphonaria* 203, 226
*Siphonides* 49
*Siphonochitina* 72, 75
*Siphonodentalium* 356
Siphonophorida, -en 78f., 117, 119f.
*Siphostichartus* 65
*Siphostroma* 110
Sipunculiden 161, 180, 360
*Solecurtus* 318, 351
*Solemya* 335, 350
*Solen* 318, 351
Solenacea, -ceen 345, 351
Soleniden 343
*Soleniscus* 198, 202, 224
*Solenochilus* 237
Solenogastren, -gastres 175, 177, 180–182
Solenoporaceen 115, 160
*Solenosmilia* 156
*Solidula* 194

*Sorites* 37
*Sowerbyceras* 263
*Speetoniceras* 275
Sphaeractinoidea 111f.
*Sphaerium* 336, 347, 352
*Sphaeroceras* 260
*Sphaerochitina* 72
Sphaerocladina 90, 96
Sphaeromorpha, -en 14, 17
*Sphenodiscus* 293
Sphinctozoa, -zoen 91–93, 96
*Sphyradoceras* 251
*Spiniferites* 15
*Spinigera* 202
*Spiratella* 213, 225
*Spirillina* 36, 49, 60
Spirillinen 52
*Spiroceras* 263
*Spirocyrtis* 63, 65
*Spiroloculina* 39
*Spiroplectinata* 51
Spirosclerina 90, 96
Spirosclerophora 95
*Spirula* 294, 296, 303, 306, 307, 311
Spiruliden 305, 310
*Spirulirostra* 300
*Spisula* 320, 351
Spondylidae, -liden 317, 324, 331, 344
*Spondylus* 319, 324, 342, 351
Spongien 76f., 80, 89
*Spongilla* 90, 95
Spongilliden 89, 91
*Spongophyllum* 139, 162
*Sporadoceras* 292
*Sporadopyle* 90
Sporozoa 2
Spumellaria, -ien 60–66
Staatsquallen 117
*Stacheoceras* 268
*Stachyodes* 112
*Stauria* 133, 153, 162
*Stellispongia* 92
Stenoglossa, -en 209f., 212, 219
*Stenosemella* 68
Stenothecoida 183f.
*Stenothecoides* 179, 183
*Stephalia* 119
*Stephanoceras* 260, 263, 293
*Stephanocoenia* 158
*Stephanolithion* 23
*Stephanoscyphus* 123
*Stereolasma* 139, 162
*Stereoplasmoceras* 243
Stickstoffbakterien 8
*Stictostroma* 108
*Stiliger* 218
*Stokesoceras* 241
*Stomphia* 127
*Streblites* 263, 283

*Strenoceras* 264
*Streptacis* 199
Streptosclerina 90, 96
*Striatopora* 141
*Stromatopora* 108
*Stromatoporella* 87, 108, 110
Stromatoporen 87, 105, 107–114, 159
Stromatoporoidea, -oiden 80, 112
Strombacea, -ceen 209, 221, 225
Strombiden 200, 208, 216
*Strombodes* 153
*Strombus* 202, 207, 215, 221, 225
Strophomeniden 363
*Struthiolaria* 219
*Stylaster* 104, 105
Stylasteriden 105, 106
*Stylina* 148, 163
Stylinina 152, 154, 163
*Styliola* 213
*Styliolina* 362, 363, 364
Stylommatophora, -en 210, 222, 226
*Subalveolina* 54
*Subergorgia* 167, 171
*Suberites* 90
Subulitacea, -ceen 209f., 224
*Subulites* 215, 224
*Succinea* 214, 222, 226
Suctorien 67
Süßwassergastropoden 211
Süßwasserpulmonaten 216
Süßwasserschnecken 210, 221
Süßwasserschwämme 88f., 95
*Surirella* 32
*Sutneria* 264, 283
*Sycon* 96
*Symmetrocapulus* 199
*Symphyllia* 146
*Synaptophyllum* 148
*Synastrea* 154
*Synura* 3
*Syringaxon* 138
*Syringoceras* 246
*Syringopora* 113, 148, 151, 163
*Syringostromella* 110
*Systematophora* 15

Tabulata, -en, 113, 116, 128, 132, 138–141, 145, 147–151, 153, 155f., 161, 163, 170
tabulate Korallen 115
Tabulozoen 87, 114–116
Taenioglossen 210, 212, 219
*Tainoceras* 258
Tang(e) 55, 182, 188, 221, 339
*Taonius* 295
*Taramelliceras* 263, 264, 293
Tarphycerida, -ceriden 240, 253, 258
*Tasmanites* 5, 16
*Telesto* 164
*Tellina* 316, 323, 343–345, 351

Tellinacea, -ceen 333, 343, 351
Telliniden 317
*Teloceras* 260
*Tenagodus* 217
*Tentaculites* 362, 364
Tentaculitida, -en 361, 364
Tentakuliten 184, 361–365
*Terebra* 201, 225
Terediden 325f., 339, 343
*Teredo* 327, 340, 352
*Tetilla* 90, 96
Tetrabranchiata 228
Tetracladina, -en 90f., 93f., 96
Tetracorallia 162
Tetractinomorpha 90, 96
Tetradiina 163
*Tetradium* 151, 153, 163
*Tetragonites* 268, 293
*Tetrameroceras* 253
*Tetranodoceras* 237
Tetraxonida 91, 96
Teuthoidea, -deen 265, 293, 297f., 303, 305, 307, 310f.
*Textularia* 38, 42, 57, 59
Textulariina, -inen 50, 54, 58f.
Thalamida 96
*Thalassoceras* 292
*Thalassophysa* 65
*Thamnasteria* 148, 154, 163
*Thaumantias* 118
Thecaphora 106
Thecata 106
*Thecia* 153, 163
*Thecosmilia* 148, 163
Thecosomata 225
Thekamöben 7f., 40
*Theodoxus* 201, 220, 224
*Thericium* 203, 223
*Thiara* 205, 224
*Thorosphaera* 21
*Thracia* 335, 352
*Thyasira* 342, 351
*Tibia* 202, 225
*Timanites* 267, 292
Tintenfische 293, 307
Tintinniden 67–69
*Tintinnidium* 68
*Tintinnopsella* 68, 70
*Tissotia* 267, 293
*Tmetoceras* 260
*Tolypammina* 54
*Tonna* 214, 225
Tonnacea, -ceen 209f., 214, 219, 225
*Tornoceras* 292
*Trachyceras* 292
Trachylinida 78f., 117
*Tragophylloceras* 284
*Trapezophyllum* 141
*Tremacystia* 92, 96

*Trematoceras* 246
Trepostomata 115
*Tretomphalus* 48
Triaxonida 95
*Triblastula* 15
*Tribrachiatus* 23
*Triceraspyris* 63
*Triceratium* 31
*Trichia* 214
*Trichites* 314, 344f., 350
*Tridacna* 339, 343, 345, 351
*Trigonia* 317, *318*, 335, 351
Trigonien, -iiden 344f.
Trigoniina 330, 351
Trilobiten 101, 125
*Triloculina* 39, *41*, 57
*Trimeroceras* 237, 257
*Tripteroceras* 236
Tripylea 60
*Triticites* 43, 53
Trochaceen 208, 216, 221
*Trochammina* 57
Trochiden 208–210, 221
Trochina 209, 224
*Trochocyathus* 137, 163
*Trocholina* 38, 60
*Trochonema* 198, 224
Trochonemataceen 210
*Trochus* 196, *201*, 224
*Tropidoceras* 284, *291*
*Tropites* 292
*Tryblidium* 190
*Trypanosoma* 4
Trypanosomiden 6
*Tryplasma* 139, 162
*Tubipora* 164, *166*, *168*, 171
Tubiporiden 165
*Tubularia* 103
*Tumulicyathus* 98
Turbellarien 180
*Turbinaria* 137
*Turbo* 207, 224
*Turmalites* 362, 364
*Turoceras* 246
*Turricula* 198
*Turrilites* 285, *288*, 293
*Turris* 225
*Turritella* 199, 216, 219, *223*, 224
*Tuscarora* 65
Tuscaroren 64
*Tuyloceras* 241
*Tylonautilus* 258

*Ufimia* 134, 162
*Umbellosphaera* 25f.
*Umbellula* 168, 171
*Umbraculum* 225
*Unio* 314, 335, 344, 347, 351
Unioniden 328, 347

Unionina 330, 332, 351
*Uptonia* 284
*Uranoceras* 239, *253*, 258
Urmollusken 180f.
*Uvigerina* 41, 57, 59
Uvigeriniden 58

*Vaginella* 213
*Vaginoceras* 242, 257
*Valcouroceras* 242
*Vallonia* 214, 215
*Valvata* 220f., 225
Valvatacea, -ceen 209f., 225
*Valvulina* 57, 59
*Valvulinera* 42
Vampyromorpha 303, 305, 311
*Vampyroteuthis* 295, *296*, 311
*Velella* 119
Veneracea, -ceen 333, 345, 352
Venerina 332, 351
*Venerupis* 344
*Ventriculites* 94, 95
*Venus* 323, 335, 343–345, 352
*Verbeekina* 53
Vermetiden 216, 219
*Vermetus* 217, 224
*Vermiceras* 263, 280
*Verruculina* 82, *90*, 95
*Verthocyathus* 98
*Vertigo* 202, 214, 222
*Veryhachium* 16
*Vestinautilus* 236
*Vicinesphaera* 5
Vielzeller 80, 96, 175
*Virgataxioceras* 283
*Virgatites* 280, 293
*Virgoceras* 253, 257
*Visitator* 205
*Vitrea* 214, 215, 222
Vivipariden 210
*Viviparus* 199, 207, 208, *211*, 219–221, 225
*Voluta* 194, 221
Volutacea 225
*Volva* 201
*Volvacyathus* 99
Volvocales 6
*Volvox* 5, 89
*Volzeia* 152

*Waagenophyllum* 141
Wale 307
Wasserschnecken 221
Weichtiere 175
*Welleroceras* 238, 257
*Werneroceras* 274
*Westonoceras* 248, *254*, 257
*Wetzeliella* 15
Wiederkäuer 195
*Winnipegoceras* 239

Wirbeltiere 6, 286, 307
*Wocklumeria* 283, 292
Wurm, Würmer 107, 161, 175, 178, 180, 233, 334

Xanthophyta 2, 6
*Xenodiscus* 292

*Yabeina* 53
*Yoldia* 326, 329, 341, 342, 350

*Zaphrentites* 152, 162
*Zebrina* 214
*Zippora* 220
*Zirfaea* 326, 339, 340, 352
Zoantharia 80
Zoanthiniaria, -ier 81, 126f., 150, 160f.
*Zonites* 222, 226
Zooxanthellen 3, 12, 55, 58, 60, 64, 105, 129, 140, 155, 157, 171, 343
*Zygodiscus* 24
*Zygopleura* 224, 348

## Sachregister

Aasfresser 219, 286
Abdomen 62
Acanthostyl 87
Achse 6, 164–171, 173f., 196f., 204, 235, 353
Achsenfaden 2
Achsenkanal 84, 86, 95
Achsenstab, -stäbe 4, 165, 170f.
actinodont 321, 350
Actinopharynx 126
actinosiphonat 240, 242, 257
Adradien 117f.
Adventivloben 273, 275
Ästheten 185f., 189
After 175–177, 185f., 189f., 192, 195, 200, 206, 210, 217, 294, 312f., 355f., 358, 360
Aftersipho 343
agglutinierend, agglutiniert 7, 40, 42, 44, 50, 54f., 57–59, 67, 80
ahermatypisch 149, 153, 155–157, 163
Alarfossula 132, 134
Alarsepten 132
alivinculär 317
alloisostroph 197
allomorphe Skulptur 341f.
alveolär 37
Alveolarfurche 299, 301f., 311
Alveolarschlitz 299, 301f., 311
Alveole(n) 40, 43, 299f.
ammonitisch 266f., 278f., 292f.
Amphiaster 86
amphidet 317, 328
Amphidisk 86, 95
Amphiesma 12
Amphiox 85
Amphistrongyl 85
Amphitriaen 86
Ampullen 104f.
Anakrophoren 79
Anaptychen 271f., 286
Anfangsblase 361–363
Anfangskammer (vgl. auch Embryonalkammer) 35, 47, 50, 244, 246f., 271, 273f., 296f., 299, 310f.
angustisellat 273f., 278f.
anisomyar 321, 325, 350, 352
Anisorhizen 79
Annulet(te) 362
annulosiphonat 240, 243
Antapex 11
antapikal 12
Antapikalplatten 11
Antapikalpol 11

Anthoblast 145
Anthocaulus 145
Anthocyathus 145
Antispadix 227f.
Apex 3, 11f., 62, 182, 184, 189, 191f., 196f., 200, 206, 244, 269, 299, 357f., 360–362
Apikalfurchen 299
Apikallinie 299f., 302f.
Apikalplatten 11
Apikalpol 11
Apikalporus 11
Apikalwinkel 121, 297, 358, 361
Apophyse(n) 185–187, 325f., 334, 347
Aporrhyse(n) 88f.
Aptychen 271f., 286, 292
Aptychen-Schiefer 292
Aragonit, aragonitisch 40, 44, 52, 58, 60, 67, 84, 91, 102, 105–107, 109, 111, 114f., 126, 128, 130, 150, 161–163, 169, 171, 177f., 182, 184, 186, 188f., 191, 206, 222, 231, 240, 255, 269, 289, 292, 294, 297, 299, 310, 315, 328, 332, 350–353, 356–358
Archaeopyle 14f.
Archaeozyte(n) 80, 88
Area 317, 318
Arme 182, 250, 252, 262, 265, 294f., 299, 301, 305, 307, 310f.
Articulamentum 179, 185–187
Ascon 77, 83f., 91
asellat 273f., 278f.
Asterolith(en) 20f.
Astogenese 144
Astrorhize(n) 87, 107–111
Atoll 157
Atrium 80, 82, 84, 89
Auftrieb 180, 247, 250, 252, 255, 266, 285, 299, 302, 305f., 361
Auge(n) 176f., 195, 226–229, 262, 294, 301, 315
Augenfleck 4
Aulos 136, 138
Aureole(n) 30
Ausguß 200f.
Ausschnitt 200f.
Außenostrakum 177, 179, 206, 315, 319, 332, 352, 356
Außenwand 97–101
autotroph, Autotrophie 3, 6, 8, 18, 25, 33
Autotuben 109–111
Autozoide 165
Axopodien 6–8
Axostyle 47

Barriereriff 157
Basalkörper 4
Basalkörperchen 2
Bathyal 344
Bathymetrie, bathymetrisch 65, 94, 156, 158, 234, 288, 343
Belemnitenschlachtfeld 309f.
benthisch, Benthonten, Benthos 18, 25, 33, 55, 59f., 74, 102, 113, 186, 252, 305, 307, 317, 325, 331, 334, 341f., 347, 354f., 363
bilamellär 45, 59f.
Bildungsfach 82
Binnenfach, -fächer 126–128, 132, 161
Bioherm 57, 94, 100
Biomuration 107
Biostrom 113
bipolar 273, 292f.
bithalam 37
Blase 71
Blastozoid(e) 102, 119f.
Blastula 77
Blutgefäße 231, 299, 301
Blutgefäßsystem 175
bohren(d) 93, 111, 219, 325, 339f., 343, 352
Bohrlöcher 218f.
Bohrorganismen 161, 310
brackisch 33, 59, 64, 157, 212
Brackwasser 25, 28, 55, 91, 106, 157, 188, 220f., 252, 286, 307, 345, 347
Brandungsriff 160
Bruchschill 347
Brutpflege 208, 328
Brutschale 301
Byssus 312f., 315–318, 321, 324, 328, 331, 334, 339, 341–343, 347, 350, 352f.
Byssusdrüse 312f., 331, 341

Caecum 231f., 272f., 297, 310f.
Caltrop 85
Candelaber 86
Capitulum 62
Captacula 354–356, 358
Carina(e) 71f., 74, 135
catenulat 149
cavate Zysten 14
ceratitisch 266f., 278f., 280
Ceratolith 21
cerioid 147–149
Chel(ae) 86, 90
Chitin, chitinös 1, 71, 78, 102, 104–107, 116, 119, 121, 124, 169, 177, 271, 294, 296, 311
Chitinhülle 7
Chlorophyll 1–3, 6, 8, 10, 12, 20, 27, 30
Choanoderm 80, 84, 89, 93
Choanosom 83f., 88
Chomata 43
Chondrophoren 317, 320, 325f., 334
chorate Zysten 12f.
Chromatophor(en) 1, 3f., 6, 11f., 20f., 27, 31

Chromosomen 47
Chrysolaminarin 2f., 20, 27
Cicatrix 231f., 244, 246
Cingulum 10, 13
Clausilium 206
Claviculae 358f.
Clavul 86
Coccolithen 20–26
Coccosphaere(n) 20, 25
Coelom 175, 177, 180, 313
Coenenchym 147–149, 163
Coenosark 102, 104, 111, 128, 144f., 147f., 164–166, 173f.
Coenosteum (-ea) 107–111, 113f., 147f.
Coenotuben 109f.
Columella 132, 136–139, 148, 151, 197, 222
Conchorhynchen 244
Conellen 289, 291
Conothek 297, 299
Conus 298f.
Copula 71, 73
Corallum 147
Cortex 83f., 92, 165–167
Costae 136, 147f.
Criccocaltrop 86
ctenodont 321, 324, 350
Cyanophyceenstärke 2

Dactyloporen 104f.
Dactylozoid(e) 102, 104f., 119f.
Deckel 71, 73, 105, 122, 140, 142, 150, 162, 165, 184, 197, 204, 206f., 210, 218, 222, 224–226, 271, 321, 325, 342, 352, 358f., 362
deckelförmig 317
Deformation 70, 125, 291f., 347, 349, 364
dendroid 107, 147f., 160
Depositfressen, Depositfresser 191, 341f., 354, 361
Dermalmembran 83
Dermalpore(n) 83, 88
Desmen 84
desmodont 325f., 351f.
Desmonemen 79
Deuteroporen 44
Devon 33, 42, 50, 52, 54, 59, 74, 90, 95, 111, 113, 119, 130, 133f., 138, 141–143, 145, 147–150, 153, 159, 161, 169, 182, 184, 190f., 198f., 202, 205, 207f., 210, 215, 224f., 236–239, 241–243, 246f., 250f., 253, 257–259, 264, 267–269, 274–276, 279, 282f., 286, 291f., 302, 310, 316, 350f., 357, 359, 362–364
Diactin 86
Diancister 86
Diaphanothek 43
Diaphragma, -phragmen 103, 105, 121, 123, 240, 242
Diapsid 86
Diatomeenschlamm 35
Diatomite 35

Dichocaltrop 85
Dichotriaen 85
dictyid 86
Didymoclon 85, 96
Digitaltentakel 227f.
Dimorphismus 47, 276f., 328
diploid 30, 47–49
Dissepimentarium 140, 150, 162
Dissepimente 97, 100f., 109, 130, 135f., 138–141, 147f., 162
Dissoconch 328
Diversität 66, 74, 112, 147, 149, 151, 156, 158, 191, 208, 210, 247, 249, 252, 276, 279, 286, 330
Doppelskelett(e) 27f.
Doppelstäbchen 31
Dorsallobus 275
Dorsolaterallobus 275
dorsomyar 240
Dorsoventralmuskeln 180, 182, 200, 204, 325f.
dysodont 322, 325, 350

Ei(er), -hüllen, -zellen 74, 89, 178, 186, 189, 206, 208, 233f., 247, 271–273, 302, 328, 360
Eingeweidesack 175, 192–195, 197, 200, 206, 208, 226, 235, 293–295, 311–313
einkippen, Einkippung 222, 347
Einkippungsregel 347
einregeln, Einregelung 222, 255, 309, 347, 364f.
einsteuern, Einsteuerung 222, 255f., 289, 309, 347f.
Ektoderm 76f., 79, 89, 105, 116–118, 123, 128f., 136, 141, 165, 169, 173f.
ektodermal 102, 124
Ektoplasma 1, 7f., 35, 60, 62
Ektozyste 14
Embryo, Embryonen 47–50, 76
Embryonalkammer 45, 51, 271
endogastrisch 244f.
Endokonus(se) 240, 242, 257, 361
Endoplasma 1, 7f., 35, 44, 60, 62
Endosipho 240–243
Endosiphonalablagerungen 240–243, 247–250, 255, 257f.
Endosiphonalbildungen 252
Endozyste 14
Entoderm 76f., 79, 89, 102, 116–118, 123, 129, 174
Eozän 3, 7f., 15, 17, 22f., 36–38, 41f., 48f., 51f., 64, 129, 131, 146–149, 153, 167, 198f., 201–203, 205, 217f., 223, 236, 295, 298, 300, 304, 306, 310, 315f., 318, 320, 323f., 326, 329, 338, 342
Epibionten 161
Epiphragma 206
Epirostrum 300f.
Epirrhyse 88f.
Epithek 109, 136, 138, 140, 150, 162
Epitheka 11–14, 30–32

Epithel, Epithelien 76, 80, 97, 109, 230–232, 315, 319, 328
Epityche(n) 14, 16f.
Epizoen 93, 276, 310
Epizyste 13
Erdöl 9
Erdölgeologie 52
Erdrotation 144
Ernährung 3, 6, 8, 18, 52, 64, 93, 102, 155, 171, 188, 195, 216, 252, 271, 307, 331, 334, 341–343, 361, 365
Euaster 86, 90, 96
eulamellibranchiat 313f., 332, 334, 341, 343, 351f.
euryhalin 18, 55
eurysiphonat 240, 247, 249, 256
Eurytelen 79
eurytherm 25, 55
Euthek 136, 138
Eutrophierungsgrad 34
Evolution, evolutiv 16f., 22, 42, 50, 52, 62, 125, 149, 153, 183, 187, 208, 210f., 214, 247, 276, 279–282, 302, 305, 331, 334, 357, 363
Exkremente 219, 343
exogastrisch 244f., 252
Externlobus 273, 275, 292
extratentakuläre Knospung 144f.
Exumbrella 116f.

Facetten 347
Faeces (vgl. auch Exkremente) 220
Fangarme 175
Fanghäkchen 294–296, 307, 310f.
Fasern(n) 8, 84, 92, 95f., 109f., 114f., 162, 169, 177, 204, 315
Faserschicht 314
Faserskelett 92
Faserzüge 91
Faulschlamm 9
fecal pellets (vgl. auch Kotpillen) 219
Fibrillen 2, 128, 130, 204
filibranchiat 313f., 331f., 334, 341, 350f.
Filopodien 6–8
Fleckenriff 157, 160
Fleischfresser 195, 200, 221
Florideenstärke 2
Flosse(n) 192, 197, 216, 225f., 295, 297, 299, 301, 305, 311
fluviatil 328
folios 147f., 160
Foramen 30, 43, 230f.
Fortbewegung 2, 6, 18, 52, 175, 178, 197, 212, 215f., 219, 228, 252, 262, 297, 305, 307, 336, 361
Fortpflanzung 12, 14, 22, 28, 30, 47, 50, 55, 62, 102, 105, 120, 140, 144, 178, 210, 233
fossile Wasserwaage 349f.
Fossula 132, 134
Fraßspuren 216
Freßbauten 78

Frustel 30
Fühler 176f., 195f., 207, 215, 218, 225f.
Fukoxanthin 2, 20, 27
Fulturae 132, 135
Fuß 175f., 178, 180, 182, 185f., 188–190, 192, 197, 203f., 206f., 212, 215–218, 221f., 225f., 228, 250, 294, 311–315, 317, 325, 329, 331, 336, 338f., 341f., 353, 355–358, 360f.
Fußdrüse 313
Fußmuskeln 188–190, 197, 203, 312, 325f., 336, 357
Fußplatte 136, 170
Fußscheibe 78, 123, 126, 128f., 136, 155

Gaize 95
Galerie(n) 109f.
Gallerte 12, 60f., 77, 118
Gallerthülle 4
Gallertschicht 76, 116
Gamet(en) 22, 30, 47–50, 52
Gamont 47–50
Ganglion, Ganglien 176f., 192f., 226, 313
Gastralfilamente 117f.
Gastralmembran 83
Gastralpore(n) 83, 88
Gastralraum 76, 78, 80f., 103, 126, 144
Gastraltasche 122, 126, 128
Gastroporen 104f.
Gastrozooid(e) 102, 104f., 119f.
Gastrula 76f.
Gefäßeindrücke 244f., 299, 301
Gegenseitensepten, -septum 132f.
Gegenseptum 132–134, 136
Gehäuse 4f., 20, 32, 35, 37–40, 43f., 46f., 49–52, 55, 58, 67–71, 75, 170, 177, 180, 182, 184, 192, 196–201, 203f., 206f., 210f., 215f., 218–241, 244–250, 252–262, 266, 269–274, 276, 279, 281f., 285f., 289–293, 357–363, 365
Gehirn 294
Geißel(n) 2–6, 10f., 18, 20f., 27, 29, 47, 93
Geißelansatzstellen 15
Geißelepithel 84
Geißelkammern 83f., 87–89, 101, 111
Gemmulae 89
Generationswechsel 22, 47–50, 78, 144, 178
Geschlechtszellen 126
Gewinde 196, 201, 203
Gift 18, 195, 219
Giftstoffe 9
Gitter 91, 95
Gitterkugel 8, 62
Gitterschale 61
Gitterskelett 60, 62
Gladius 295, 297, 310f.
Glochidien 328f.
Golgi-Apparat 1, 20
Gonade(n) 105f., 117f., 126, 129, 132, 173, 176f., 180–182, 186, 189f., 192, 195, 208–210, 212, 227f., 294f., 313, 355f.
goniatitisch 266f., 278f.

Gonophoren 102–104
Gonozoid(e) 102, 105, 119
Gorgonin 165, 171, 173
Granulae 109
granulär 109, 111, 114, 161f.
Großsepten 128, 132f.
Gründungspolyp(en) 165, 168, 171
Gürtel 10–12, 14, 178f., 182, 185f., 188
Gürtelbänder 30f.
Gürtelfurche 12

Haftepithel 231
Haftmuskeln, -muskulatur 228, 230–232, 235, 240, 262, 265
Hals 71f., 74
haploid 30, 47–49
Haplonemen 79
Haptonema 6, 20f.
Hauptseptum 132–134, 136
Hectocotylus 294, 301f.
Helenen 358f., 361
Hemiaster 86, 95
Hemidisk 86
hemipelagisch 25
hemisessil 175, 361
herbivor 191, 195
hermatypisch 149, 155–159, 161–163
Heterococcolith(en) 20–23
heterodont 321, 323, 351, 356
heteromyar 320f.
heterostroph 197, 199, 208
heterotroph 3, 6, 8f., 18, 25, 28, 33
Hexactin 86, 95
hexactinellid 84, 86, 88
Hexadisk 86
Hexaster 86, 95
Hochmagnesiumkalzit 40
Holococcolith(en) 20–22
Holothek 109
homöostroph 197, 199
homomyar 317, 320, 325, 350–352
Horn, hornig 80, 165f., 170, 173, 177, 192, 207, 210, 222
Hornblatt 297
Hülle(n) 3f., 7, 12, 14, 20, 67, 69, 71, 124
Hüllskelett 7, 121, 124f.
Hufeisenfacette 222
hyalin 35, 40, 42–45, 50, 52, 54f., 58f., 67
Hydranth 102f., 105
Hydrocaulus 102f.
Hydrorhiza 102, 111
Hydrothek 102f., 105f.
hyperstroph 197f., 207
Hypostrakum 185f.
Hypotheka 11–14, 30–32
Hypozyste 13

Inductura 204
Inkohlung 9

Innenostrakum 177, 179, 206, 315, 319, 321, 332, 350–352, 356
Innenwand 97–101
integripalliat 320, 325, 333, 350–352
Interkalarplatten 11
Interkalarstreifen 12 f.
Internlobus 273, 275, 292 f.
Internodalglied(er) 165 f., 170 f.
Interradien, interradial 117 f., 124
Intervallum 97–100
intrakammeral 297
intratentakuläre Knospung 144, 146
Inzission(en) 266
isodont 324 f., 350
isomyar 317

Jahresrhythmen 144
Jura, jurassisch 6, 11, 15, 17, 23, 37–39, 41, 46, 49 f., 52, 54, 57, 69 f., 82, 88, 90–96, 106, 113, 115 f., 118, 137, 146, 148, 152–154, 159 f., 169, 196, 198 f., 201 f., 205, 207, 210–213, 223–226, 236, 246, 248, 250 f., 253 f., 259, 261–265, 267–272, 275–277, 279–287, 290–293, 295 f., 298, 300–306, 308–311, 315 f., 318, 320, 323 f., 326, 334, 336 f., 342, 344, 347, 349–352

Kämmerchen 35, 37, 50
Känozoikum, känozoisch 3, 14, 16, 18, 25, 52, 90, 94, 104, 112, 143, 149 f., 153 f., 157, 166, 183, 187, 190, 209, 222, 249
Kalk, kalkig 12, 19 f., 25, 42, 44, 55, 57–59, 67, 69, 78, 80, 84, 87, 91, 96 f., 101, 105–107, 109, 113 f., 116, 136, 140, 155, 161, 165 f., 171, 173, 175, 177 f., 182, 184, 186 f., 197, 204, 206 f., 210, 222, 224, 228, 231, 240, 246, 250, 255, 269, 291, 315, 325–328, 341, 347, 352 f., 355, 358, 363, 365
Kalkfasern 92, 115
Kalkhüllen 92, 325
Kalkkrusten 3, 9, 94, 105
Kalkplatten, -plättchen 6, 20, 182, 184, 186 f.
Kalkröhre 325, 327, 352
Kalkschale, -schaler, kalkschalig 50, 55, 58 f., 178, 182, 204, 355
Kalkskelett 22, 84, 92, 95 f., 104–106, 162 f.
Kalksklerite 80
Kalkspiculae 92, 181
Kalkstacheln 178, 182, 186
Kalküberzug 5
Kallus 71 f.
Kalymma 60 f.
Kalzioblasten 128–130
Kalzit, kalzitisch 20, 25, 40, 47, 58, 67, 84, 91, 97, 105–107, 109, 111, 114, 126, 128, 150, 161–163, 165, 177, 189, 191, 206, 222, 244, 255, 257, 271, 289, 292, 299, 310, 315, 328, 332, 335, 350–352, 362, 365

Kalzitschaler 52
Kalziumphosphat 121, 124 f., 240, 269
Kambrium 5 f., 16 f., 37 f., 50, 59, 62, 76, 78, 80, 89–91, 95 f., 98, 100 f., 106, 111, 118, 120, 124, 147, 150, 161, 163, 173, 179, 180, 182, 184, 190 f., 208, 224, 239, 247, 249 f., 253, 257, 331, 350, 353 f., 359–361
Kammer(n), kammerig, Kammerung 8, 30, 35–37, 40, 43–47, 49–51, 71, 74, 80, 84, 93, 109, 226, 230–233, 235, 240, 244 f., 247 f., 250, 254 f., 259, 266–269, 276, 282, 285, 289, 291, 296 f., 357–359, 361–363
Kammerablagerungen 243–245, 247 f., 252, 255, 257 f., 307
Kammerlumen 35, 235, 240
Kammerporen 84
Kammerscheidewände (vgl. auch Septen) 226, 231, 235, 238, 258, 266
Kanal, Kanäle 44 f., 80, 84, 87–89, 96, 109, 168, 186, 201
Kanalisierung 101
Kanalsystem 44 f., 88, 93 f., 111, 257, 325, 327
Kanalwand, -wände 76, 88
Karbon 8, 16, 38 f., 41–43, 49 f., 52 f., 59, 74, 87, 90 f., 95 f., 105, 111, 116, 133 f., 138, 141, 145, 152 f., 162, 198 f., 202, 210, 215, 217, 225, 236–239, 244 f., 248, 257, 259, 267 f., 271, 275 f., 279, 282, 291 f., 302, 311, 318, 329, 336, 349, 351 f.
Karbonat, karbonatisch 25, 28, 66 f., 101, 105, 128, 240, 269, 339, 343, 350, 355
Karbonatfällung 9
Karbonatplattform 58
Kardinalfossula 132, 134
Kardinalseptum 132
Kardinalzähne 321, 351 f.
karnivor 188
Kehllobus 275
Kelch(e) 87, 97, 100–102, 113, 128 f., 132, 136 f., 140, 142, 144, 146–150, 157, 161–163, 165 f., 217
Kelchbasis 124
Kelchdecke 217
Kephalis 62
Keriothek 40, 43
Kern(e) 3 f., 11, 21, 35, 47, 62
Kernmembran 1
Ketten 71
Kettenbildung 73 f.
Kiefer 176 f., 195, 225, 227–229, 233, 244, 246, 250, 255, 270 f., 289, 294–296, 313
Kiel 261 f., 289, 291
Kieme(n) 175 f., 180–183, 185 f., 189 f., 192 f., 195, 200, 203, 208, 210, 218, 222, 224–228, 271, 294 f., 312–314, 329, 331 f., 334, 341, 343, 350–353, 355, 360
Kiemenrinne 186
Kiesel, kieselig 3, 8, 55, 355
Kieselgur 35

Kieselnadeln 95
Kieselpanzer 29
Kieselsäure 8, 19, 30, 40, 60, 66, 84
Kieselsäurekrusten 9
Kieselsäureschüppchen 3
Kieselsäureskelett 28
Kieselsäurestäbe 27
Kieselschüppchen 7
Kieselskelett 6, 12, 95
Kieselspangen 27
Kieselspiculae 87, 91, 95 f., 115
Klappe, klappig 177, 180, 183 f., 218, 311, 315–318, 320 f., 323–330, 334, 339, 341 f., 347 f., 350–356, 363
Klebzellen 76, 79, 307
Kleinsepten 128, 132 f.
klinogonal 92, 109
Kloakalhöhle 80
Knospe(n) 103, 145, 147, 168
Knospung 102 f., 119, 124, 144, 146 f., 164, 171, 178
Kokon 71, 73, 206
Kolonie 5, 8, 14, 60, 62, 78, 80, 97, 101 f., 104 f., 107, 111, 115, 117, 119 f., 126–128, 132 f., 144, 147–151, 153, 155–157, 161–166, 169–171, 173
Kommensale, kommensalisch 6, 111, 113, 171
Kommissur 177, 192, 317
Konchiolin 177 f., 206, 230 f., 241, 269, 294, 297–299, 310, 328
Kopf 176 f., 180, 185 f., 189, 192, 195, 197, 204, 226, 313, 354 f., 357 f.
Kopffuß 226–229, 231, 250, 252, 293 f., 296
Kopfkappe 227–229, 231
koprophag 219
Kormidien 119
Korrelation 74, 282, 338
Korrosion 58, 347, 349
Kot 220
Kotpillen (vgl. auch fecal pellets) 25, 219
Kotstränge 343 f., 355
Kragen 67–69, 71 f.
Kragengeißelzellen 80, 83, 88 f., 101
Krankheit(en) 6, 9
Kreide, kretazisch 6, 13, 15, 17, 21–23, 27 f., 31, 33, 37–39, 41 f., 46, 50–54, 58, 61 f., 64, 69 f., 82, 87, 90–92, 95 f., 106, 111, 116, 131, 142, 146–148, 152 f., 166 f., 169–171, 182, 185, 187, 196, 198 f., 201–203, 205, 207, 210–212, 217, 219, 221–226, 238, 248, 250, 259, 261 f., 267–272, 274–276, 279, 282, 285 f., 288, 290–293, 295 f., 300–305, 308–312, 314–316, 318–320, 323 f., 326 f., 329, 336–338, 341 f., 349, 351 f., 356
kreuzlamellär 178, 204–206, 314 f., 332, 335, 350 f., 356, 358
Kriechspuren 217
Kristallite 40, 58
Kutikula 175, 178, 181 f., 184–186

Labialtentakel 227 f.
labyrinthisch 40
Längsfurche 11 f.
Längsgeißel 11
Längsmuskeln, -muskulatur 82, 124, 126, 132, 140, 163, 186
Lagerstätten 9
Lakunen 175
lamellär 44 f., 150, 161 f., 178, 205 f., 314 f., 335, 351, 356
Lamellen 44, 121, 204 f., 231, 315, 322
Lamina(e) 108 f., 111, 114
laminar 107 f.
Laminarin 2
Larve(n), larval 74, 89, 93, 125, 140, 145, 155, 171, 178, 180, 189, 197, 206, 233, 247, 271 f., 302, 328 f., 334, 341, 353, 356, 360
Laterallobus 273, 275
Lateralsepten, -septum 132–134
Latilamina(e) 108 f., 114
latisellat 273 f., 278 f.
Lazeration 144
Lebensspuren 78, 150, 216, 289, 342
Leitformen 52, 91, 282, 305
Leitfossilien 22, 52, 69, 74, 125, 153, 212, 250, 305, 336, 363
Leitwert 18, 153, 250, 282–284, 336, 354, 363 f.
Leucon 77, 83 f.
Leukosin 2
Lias 22, 33, 116
Ligament 180, 184, 231, 317–320, 324–326, 328, 334, 347, 350–353
Ligament-Area 317, 319 f.
Ligula 358–360
limnisch 3, 6, 18 f., 33, 55, 59, 64, 178, 212, 220, 328, 336, 347
Lirae 362
Litoral 344 f.
Loben, Lobus 226, 235, 238, 258, 266–268, 273, 275, 278, 292 f.
Lobendrängung 276
Lobenlinie 266, 273–275, 280
Lobopodien 6 f.
Lößschnecken 212, 214, 222
Logen 105, 111
Loricae 67 f.
Lunarrhythmen 143 f.
Lunge(n) 175, 195, 210, 222, 225 f.
Lunula 317 f.
Lychniske(n) 86, 91, 95
lychniskid 86
lyssakid 86

maeandroid 147 f., 153 f.
Magen 79, 176, 195, 225, 229, 244
Magenleisten (vgl. auch Mesenterien) 78, 117, 124, 126
Magenraum 78, 102, 116–118, 120, 126, 136, 163, 168, 173

Magnesium-Kalzit 58
Makroconch 276f.
Makronukleus 6, 68
Makropolypar 149
makulat 109, 114
Mamelonen 108f.
Manschette(n) 240f., 248, 269
Mantel 175–180, 183–186, 188–190, 192, 200, 204, 212, 225, 227, 229, 231f., 269, 294, 297, 311–315, 317, 319, 325, 328, 343, 351, 355–357, 363
Mantelbucht 340
Mantelepithel 177, 185, 232
Mantelhöhle 175–177, 182, 192f., 195f., 200, 203, 208, 210, 216, 222, 224–229, 244, 252, 282, 294f., 302, 312f., 317, 328, 339, 343, 355f., 360
Mantellinie 320, 325, 334, 350
Mantelmuskeln 353, 358
Mantelrand 177f., 186, 200, 204, 226, 312, 315, 334, 339, 341, 343
Mantelrinne 185f., 189
Manubrium 116
marin 3, 6, 8, 18f., 25, 33, 55, 59, 64, 74, 91, 101, 106, 120, 125, 155, 157, 170, 174, 182, 188, 219f., 222, 233, 282, 307, 328, 345f., 355, 357, 361
Marken 289f., 310
Medianspalt 14
Meduse(n) 77f., 80f., 102, 105f., 116f., 119f., 126
Meeresleuchten 18
Meerestiefe 25f., 57f., 64, 66, 94, 100, 155f., 158, 188, 221, 233, 253f., 286–288, 345, 357
Megaclon 85, 96
megalosphärisch 44, 46–49
Megaskleren 84, 91, 95f.
Meiose 47
Melanosklerite 169
melanosphärisch 109f., 114
Membran 25, 30, 40, 43, 266, 268–270, 297
Mesenterialfilamente 126
Mesenterien (vgl. auch Magenleisten) 78, 80–82, 102, 124, 126, 129, 140, 143, 150, 163–165, 168f., 173f.
Mesoderm 76
Mesogloea 76, 79, 116–118, 123, 129, 165
Mesohyl 80, 84, 89
Mesoplax 327
Mesostrakum 186f.
Mesozoikum, mesozoisch 3, 14, 16–18, 25, 52, 58, 64, 78, 90f., 94, 104–107, 109–116, 128, 143, 149f., 153f., 166, 170, 183, 187, 190, 208–210, 212, 221, 247, 249f., 252, 258f., 269, 271, 273–276, 285, 302, 331, 334, 339, 343, 345, 347, 357
Metamesenterien 126f., 129, 161
Metamorphose 178, 186, 208, 328
Metaplax 327
Mikrocaltrop 86
Mikroconch 276f.

mikrogranular 40, 42, 44, 50, 59, 67, 97
Mikrohexactin 86
Mikronukleus 6, 68
mikrophag 120, 286, 341, 361
Mikropolypar 147, 149
mikroretikulat 110
Mikrorhabd(e) 86, 95
Mikrorhabdulith 21
Mikroskleren 84, 86, 90f., 95f.
mikrosphärisch 44, 46–49
Miozän 27–29, 31–33, 37, 41, 44, 48f., 51f., 54, 64f., 131, 145, 148, 152, 173, 185, 187, 196, 201–203, 207, 215, 218, 236, 238f., 253, 300, 306, 312, 315, 323, 326
Mitochondrien 1
Mitteldarmdrüse 176f., 192f., 195, 197, 313, 356
Mizellen 20, 25
Molassemeer 345
Monaxon, monaxon 84–87, 89, 91, 95f.
monolamellär 45, 59
monomyar 320f.
monopectinat 210
monopodial 102f.
monopolar 273, 292
monothalam 36f.
Mortalität 347
Morula 77
Mündung(en) 4, 35f., 40f., 43, 49, 52, 71f., 105, 165, 196f., 200–204, 206, 208, 210, 216, 222, 224f., 228, 230f., 235–237, 240, 244, 247f., 250, 255, 259f., 262, 267, 269, 271–273, 276, 286, 289f., 356–359, 362
Mündungsklappen 121, 124
Mukopolysaccharid 40
multispiral 206f.
multivinculär 317, 325
Mumien 95
Mund 79, 81, 102f., 116–118, 120, 122, 126, 132, 163, 173, 175–177, 185f., 189f., 192, 219, 226, 294f., 312–314, 341, 355–357, 360
Mundarme 117
Mundlappen 312–314, 331, 334, 341f., 354
Mundrohr 116f.
Mundsaum 231f., 264, 277
mural 361
Muralleiste 231–233, 235, 239f., 262, 265f.
Muralteil der Septen 362
Muschelkalk 280, 338, 347
Muskelmantel 297
Myoneme 8
Myophoren 321, 323
Myostrakum 206, 315f., 321

Nabel 40, 197, 199, 222, 235, 245, 250, 258, 260f., 270, 273, 292
Nabellücke 231f., 246, 273f., 292
Nahrung 52, 55, 69, 93, 155, 170f., 174, 219, 233, 286, 307, 313, 331, 334, 341, 343, 353f.
Nahrungskette 22, 286

Nahrungsquelle 219
Naht 43, 196f., 235, 238, 245, 260, 262, 271
nektisch 336, 361
Nekton 252
nekto-planktisch 78
Nektosom 119
Nematophoren 102
Nephridium 176f.
neritisch 18, 307
Nervenkommissuren 226
Nervensystem 177, 189, 192, 224f., 294, 313
Nesselkapseln 105, 107, 150, 161
Nesselzellen 78, 102, 107, 116, 120
Niere(n) 177, 180, 182, 185f., 189f., 192f., 208–210, 212, 224–228, 313, 355f.
Nodalglied(er) 165f., 170
Nucleus 206
Nummulitenkalk 58
Nymphe 317, 320

Oberkiefer 227–229, 244, 246, 270f., 296
Oberkreide 3, 24, 52f., 58, 116, 153, 170f.
ökostratigraphisch 214
Öltröpfchen 31, 33
Ösophagus 195
Ohren 262, 265, 276f., 317f.
Okulartentakel 227f.
Oligozän 15f., 22, 27, 31f., 37, 39, 46, 65, 137, 145f., 196, 199, 201, 205, 207, 215, 237, 253, 316, 319f., 323, 326, 329, 338, 342
ontogenetisch, Ontogenie 44, 50, 89, 97, 101, 117, 126, 128, 131, 133, 137, 140, 143f., 150, 174, 178, 186, 189, 206, 235, 244, 247f., 266, 269, 271–275, 277, 286, 299, 303, 328, 356, 360
Onychiten 294, 296
Operculum (vgl. auch Deckel) 71, 197, 206f., 222, 357–362
opisthodet 317, 320
opisthogyr 317
Oraltubus 71
Ordovizium 14, 16, 37f., 50, 59, 62, 69, 72, 74, 78, 80, 90f., 95f., 111, 115f., 122, 130, 133, 138, 147–150, 153, 162f., 169, 171, 180, 182, 184, 187, 190f., 198, 205, 207f., 210, 215, 224, 236–239, 241–243, 245–248, 250f., 253, 256–258, 318, 324, 326, 331, 334, 350–352, 354, 357, 359, 361, 363, 364
orientierte Anheftung 341
orthochoanitisch 241
orthogonal 109
Oskulum 80, 82, 84, 87, 89, 327
Osphradium 177, 192f., 195, 200, 315
Ostie(n) 88f.
Ostrakum 204, 206, 315

pachyodont 321, 323, 352
Paläozoikum, paläozoisch 3, 5f., 9, 14, 17f., 22, 40, 43, 50, 52f., 62, 78, 84, 90f., 95f., 104, 107, 109–113, 115f., 120, 126, 132, 138, 143, 147,
149–151, 153, 166, 169f., 179, 183f., 187–191, 208–210, 219, 244, 247, 249f., 252, 255f., 258, 269, 273, 276, 279, 282, 302, 310, 331, 334, 347, 350, 354f., 357, 361
Paleozän 3, 22f., 27–29, 33, 37–39, 41f., 46, 51–54, 105, 176, 201f., 205, 207, 215, 217, 236, 238f., 316, 326, 329, 356
Paletten 325–327
paliforme Loben 132, 136f.
Palingenese, palingenetisch 269, 279
Palus, Pali 132, 135f.
Panzer 12, 14, 20, 25, 30, 33, 40
Panzerplatten 15
Paragaster 80
Paramylum 2–4
Parapodien 197
Parasiten, parasitisch, Parasitismus 3, 6, 9, 18, 93, 171, 195, 208, 219, 328
Paratethys 345
Parathek 136, 138, 144
Parenchym 84, 88
Paries, Parietes 97
parivinculär 317
Partialtod 147
Patch-reef 157
paucispiral 206f.
Pegma 353–355
Pektin 6
Pektinmembran 30
pelagisch 64, 69, 107, 117, 120, 204, 216, 221, 305–307
Pellicula 4, 230f.
Pellis 97
Pentactin 86
Pentalith(en) 20f.
Periderm 102, 104f., 107, 119, 121–124
Perikard 176f., 181, 185, 209, 312f.
Perinotum 178f., 182, 186f.
Periostrakum 178f., 186, 189, 204, 289, 291, 314f., 319, 356
Perispatialräume 240
Perispatium 243
Peristom 102
Perithek(en) 107, 109
Perlen 328
Perlmutter, Perlmutterschicht, -substanz 178, 204f., 230–233, 239, 269f., 272, 314f., 328
perlmuttrig 189, 224f., 235, 321, 332, 335, 350–352
Perlschnursipho 241, 249, 255
Perm 3, 17, 37–39, 41f., 46, 49f., 52f., 59, 90, 95f., 111, 115f., 134, 138, 141, 147, 150, 162f., 184, 198, 202, 215, 224f., 236f., 239, 243, 246, 250, 258f., 267f., 274, 276, 282, 292, 318, 336, 345, 350–354, 359, 361
Perradien 117f.
Pfeiler 108f., 114, 144, 297f., 327, 351
Pflanzenfresser 221
Pflaster 224, 347

Pfropf 13, 35, 71–73, 247f.
phaceloid 147f., 160
phosphatisch 121
Photosynthese, photosynthetisch 3, 6, 8, 10, 12, 20, 25, 27f., 30, 64, 155
Phragmokon 226, 235, 238, 240, 242, 250, 252, 255, 257, 259, 262, 266f., 269, 282, 285, 289, 291f., 296–300, 302, 305–307, 310f.
Phykoërythrin 2
Phykozyan 2
Phyllotriaen 86
phylogenetisch, Phylogenie 3, 6, 17, 22, 28, 30, 33, 40, 50, 62, 69, 74, 89, 101, 105, 111, 116, 124, 147, 150, 169f., 178, 187, 189, 208, 247, 266, 276, 279, 302, 325, 331, 334, 353, 357, 360, 363
Phytoplankton (-Gift) 18, 22, 28, 33
Pinakoderm 80, 84, 89
Pinul 86
pipettieren 342
planktisch, Plankton 17–19, 22, 25, 33, 35, 52f., 55f., 58–60, 64, 66, 69, 74, 140, 171, 174, 178, 186, 189, 206, 210, 213, 221, 233, 247, 252, 271f., 302, 307, 313, 328, 343, 356, 360f., 365
Planula 140, 145
Plasma 1f., 4, 6, 12, 20, 30, 40, 44, 47, 50, 52, 64, 67
Plasmabrücke 31
Plasmafäden 12, 31
Plasmafortsätze 2, 6, 27
Plasmakragen 4
Plasmapfropf 35
Plasmastrang 4, 12
Plasmodien 8
Plastiden 1–4, 20
Plastogamie 47, 49
Plattformriff 157
Pleistozän 7, 15f., 35, 65, 145, 153, 185, 201, 212, 222, 336
Pleuren 30f.
Pleuridien 169
pleuromyar 240
Pliozän 8, 21, 44, 65, 141, 176, 199, 201f., 205, 207, 217, 316
plocoid 147f.
Podostyle 35f.
Pol 35, 71, 76
Polierschiefer 35
Polymorphismus 102
Polyp(en) 77f., 80f., 102–105, 111, 116f., 119f., 124, 126–129, 132, 136, 140, 144–148, 157, 162–166, 168f., 171, 173f.
Polypar(e) 147, 149
polythalam 36f.
Pore(n), Porus 5, 12–14, 16, 30f., 33, 35, 40, 42, 44, 71f., 84, 88, 96f., 99, 101, 128, 130, 136, 147, 150, 163, 327
Porenpfropf 44
Porzellan, porzellanartig 40, 42, 44, 231, 321, 328, 350f.

Porzellanschaler, porzellanschalig 44, 50f., 54f., 57–59
Postcingularplatten 11
Postike(n) 88f.
POURTALÈS'sche Regel 131f., 163
Praecingularplatten 11
Präkambrium 3, 6, 9f., 14, 17, 74, 78, 80, 120, 124, 170, 172f., 180
Primärpolyp(en) 165, 170
Primärsepten 35, 128f., 132, 137, 162, 273
Primärsutur 273f., 278f., 292f.
Primitivlamellen 321, 323
prismatisch 189, 204–206, 231, 235, 272, 315, 321, 335, 363
Prismen 177, 310, 315, 328
Prismenschicht 230–233, 239, 269–272, 289, 291, 314
Proboscis 102f.
prochoanitisch 268f., 279, 292f., 297, 310
Prodissoconch 321f., 328f.
Proloculus 35, 40, 244
Proostrakum 297–299, 302, 305, 310f.
Proseptum 272f.
Prosipho 273, 297
prosogyr 317, 328
Prosoma 71f.
Prosutur 273f., 278f.
Proterogenese 279, 281
protobranchiat 313f., 331f., 341, 350
Protocoenosteum 108f.
Protoconch 197, 199, 206, 208, 271
Protomesenterien 126f., 129, 140
Protoplasma 1, 31, 35f., 40, 60, 62
Protoplax 327
Protraktoren 313, 325f.
proximate Zysten 12f.
pseudoctenodont 321, 324, 350
pseudoplanktisch 107, 221, 336
Pseudopodien 2, 6, 8, 35, 44, 46f., 52, 55, 60f., 64
Pseudopuncta 362
Pseudosepten 114
Punctae 5
Purpurdrüse 225
Pylom(e) 5, 14, 130

Quallen 116
Quartär 18, 33, 54
Querfurche 10–12, 14
Quergeißel 11, 18

Radialhörner 28
Radialkanäle 106, 117f.
Radiation 210, 247, 276, 279, 334
Radiolarit 66
Radula 175–178, 181f., 185f., 188–190, 194f., 204, 210, 216, 219, 222, 224f., 227–229, 233, 244f., 270f., 289, 294–296, 311, 313, 355–357
Räuber 120, 175, 219, 289
ramos 147–149

Raphe(n) 30, 32 f.
Raphenrinne 30
Raub(-fische) 307
Raub(-schnecken) 218 f.
Regenerationsvermögen 93, 144, 171
Regression 276
Rekristallisation, Rekristallisierung 58
reptoid 147 f.
Resilifer 317, 320, 334
Resilium 317, 334
Retikulationsfelder 12 f.
Retikulationsleisten 12 f.
Retikulum 1
Retraktionsmuskel(n) 228, 231
Retraktoren 313, 325 f., 336, 339, 353, 358
Retraktormuskel(n) 230, 240, 262, 265 f.
retrochoanitisch 231, 240, 268 f., 279, 292, 297, 310 f.
Rhabde 84
Rhabdoclon 85
Rhabdoide 79
Rhaphe(n) 30, 32 f.
Rhax 86
Rhizocaulom 102, 105
Rhizoclon 85, 95 f.
Rhizopodien 6, 8
Rhopalien 117 f.
Rhyncholithen 244, 251, 255
Rhynchoteuthen 244, 250-252, 254 f.
Richtungsfach, -fächer 82, 126, 140, 174
Riff(e) 74, 93, 101, 113, 116, 156 f., 159-161, 171, 174, 286 f., 307, 341, 365
Riffbildner 155
Riffkalk 161
Riffschutt 160 f.
Rifftypen 157
Ring 362
Ringfurche 3
Ringkanal 117 f.
Rollmarken 289 f.
Rostrum 262, 298-303, 305, 307 f., 310 f., 353 f.
Ruderplättchen 78 f.
Rückstoß 120, 228, 233, 297, 305, 339
Rundlochfacette 222
Runzelschicht 269 f.

Sagittalnaht 11 f., 14
Salinität 18, 25, 28, 33, 55, 157, 170, 210, 220 f., 252, 286, 343, 346, 357, 361
Salzgehalt 345-347
saprophag 33
saprophytisch 9
Sarkodictyum 61
Sarkomatrix 61
Sarkophlegma 61
Sarkosepten 126
Sarul 86
Sattel 235, 238, 266-268, 273, 275, 280, 292
Saugnäpfe 294-296, 301, 311

Saumriff 157
Schale 8, 30 f., 35 f., 40, 42-45, 52, 55, 58-60, 67, 113, 170, 175-180, 182-186, 188-192, 197, 200, 204, 206, 216, 219, 221 f., 224-226, 231, 233-235, 239, 255, 257, 262, 265, 268 f., 272, 289, 291 f., 297, 299, 301, 311 f., 315-318, 321, 325-329, 331, 334, 336, 338 f., 341-343, 345-357, 360-363
Schalenbau 40, 50
Schalenfortsätze 33
Schalenstrukturen 42, 50, 58, 189, 205 f., 230, 239, 269 f., 315, 331 f., 334 f., 363
Schalensubstanz 35, 40, 197, 204, 208
Schalenvorsprünge 35
Scheidewände 297
Schillbänke 224, 347, 355
schizodont 321, 323, 351
Schizont 47-50
Schleimröhre 321, 341
Schleimschicht 5
Schleppe 353
Schließmuskel(n) 180, 183 f., 218, 312 f., 317, 319-321, 324-326, 328, 331, 334, 339, 350, 353
Schlitz 196, 200 f., 210, 224
Schlitzband 200 f.
Schloß 180, 184, 318, 321-326, 328, 332, 334, 350-353
Schloßfortsatz 358 f.
Schloßrand 317, 329, 352
Schloßzähne 321-325, 334
Schlund 227-229
Schlundrinne 82, 126, 161, 163 f., 173 f.
Schlundrohr 81, 126, 129, 144, 163 f., 173
Schott 121, 123
Schüppchen 3, 7, 20
Schulp 297 f., 311
Schwärmer 5, 22, 62
Schwebfähigkeit 222, 347
Schweblage 285
Schwimmflosse(n) 192, 197, 225 f.
Scopul 86
Sedimentfressen, -fresser 361
Segel 119
Segmentierung, segmentiert 180, 186, 188 f., 228, 355
Seitensepten, -septum 132-134
Sekundärsepten 35, 128 f., 132 f.
Septalfläche 244
Septalkanäle 44 f.
Septalostium 123
Septalporen 43
Septaltrichter 122-124
Septen, Septum 35, 43-45, 55, 59 f., 81, 97-102, 115, 121-124, 126, 128-137, 139-141, 144, 147 f., 150-153, 161-163, 169, 180, 182, 191, 226, 230-235, 238-244, 247 f., 250, 252, 257-259, 265-269, 271-273, 276, 279, 291 f., 296-298, 313, 343, 358-362
septibranchiat 313 f., 332, 352

Septothek 136, 138, 144
sessil, Sessilität 22, 25, 52, 54, 89, 91, 94, 101, 113, 120, 125, 155, 170, 175, 216f., 219, 316f., 325, 339, 341f.
Sexualdimorphismus 206, 276, 301
Siebmembran 30
Siebplatte 44
Siebpore 30
Siedlungsdichte 55f., 339
Siedlungsflecken 55
Sigma, Sigmata 86, 90, 95
Sigmaspir(en) 86, 90, 95
Silur 14, 16f., 38, 42, 50, 54, 72, 74, 87, 90, 111–113, 115, 122, 133, 138, 141f., 145, 148–150, 153, 169, 171, 190, 193, 198, 201, 203, 205, 207, 215, 217, 224, 236f., 239, 241, 245f., 248, 250f., 253, 256–258, 316, 352, 354, 359, 361–364
Sinnesorgane 117, 186, 192, 313, 315, 325, 327
sinupalliat 320, 325, 333f., 350–352
Sinus 189, 191, 200f., 210, 224, 235, 244, 325, 328
Sipho 182, 195f., 200, 207, 215, 218f., 226f., 229–233, 236, 238–245, 247–250, 255–258, 265f., 268–270, 273f., 289, 291–293, 297–299, 312f., 315, 317, 325, 327, 334, 339–343, 351f., 357f., 361–363
Siphon 71f., 74
Siphonaldute(n) 230–233, 238, 240–242, 247f., 268f., 279, 292f., 296f., 310f.
Siphonalhülle 230f., 240–243, 247f., 252, 255, 257f., 268f., 296
Siphonalkanal 200
Siphonalstruktur 201, 224f.
Siphonoglyphen 126
Siphonoplax 327
Siphonosom 119
Siphonozoid(e) 165
Skelett 3, 6–8, 27f., 50, 60–62, 64, 66, 78, 80, 84, 87–89, 91–93, 95f., 101, 104–108, 110f., 114–116, 120f., 124, 126, 128–130, 132, 136, 140, 144, 146f., 153, 155, 157, 161–163, 165, 167–169, 171–174, 178, 180, 185f., 188, 204, 291, 293, 295, 297, 299, 301f., 305, 310f., 315, 325, 357, 360
skelettlos 3, 7, 12, 17, 30, 78, 80, 95, 102, 105f., 150, 155, 161
Skelettopal 80, 84
Skelettspangen 27
Skelettstäbe 28
Sklerakoma 61
Skleren 84
Sklerenchym 140
Sklerite 80, 163, 165–167, 169, 171
Skleroblasten 80, 84
Sklerodermit(e) 128–130, 132, 161
skulptiert, Skulptur 12–14, 55, 71, 121f., 124, 186, 200, 204f., 210, 221–223, 225, 250, 259, 262f., 266, 269, 271, 273, 279f., 282, 285f., 289, 293, 299, 315f., 340, 345, 350f., 362

solenial 171
Solenien 164f.
solitär 60, 80, 127, 135, 142, 144, 148f., 155, 157, 162, 178
Spadix 227f.
spätig 162
Spermatophoren 228
Spermien 2, 294, 302
Sphaeraster 86
Sphärolith, sphärolithisch 92, 107, 111, 128, 130, 135, 233
Spiculae 8, 60, 62, 80, 84–87, 89, 91f., 95f., 111, 115, 181f., 185
spikulär 27, 62f., 96
Spikularskelett 27, 62
Spikulit 95
Spindel 197, 199f., 203f., 211, 224
Spindelfalten 202, 204, 211, 225
Spindelmuskel 200, 203f.
Spiralfurchung 178, 180, 189
Spiralisierung 192f., 197
Spiralkanäle 44f.
Spiralseite 38, 40
Spiraster 86f.
Spirozysten 79
Spirul 86
Spongin 84, 91, 95
Sponginfasern 95
Spongoblasten 84
Spongocoel 80
Sporangien 17
Sporen 17, 111
Spülsaum 289
Stärke 1–3, 6, 10, 12
Stamm 169
Statolithen 294, 296
Statozyste(n) 176f., 182, 184, 188, 294, 355
Stauractin 86
Steinkern 58f., 183f., 203, 212, 222–224, 230f., 255, 257, 265f., 289, 291f., 310, 349f., 355, 362
stenobath 65
stenohalin 55, 345, 347
stenosiphonat 240, 249
Stenotelen 79
stenotherm 25
Stereom 140
Stereoplasma 140f., 161
Sternspuren 78
Sterraster 86
Stiel 7, 89, 145, 165f., 169f.
Stock, Stöcke 89, 102, 111, 115
Stolonen 37, 102, 104f., 147f., 164–166
stolonial 103, 144, 164, 171
Stomadaeum 126
Stratigraphie, stratigraphisch 18, 22, 28, 33, 52–54, 64f., 69f., 74, 91, 101, 105f., 111, 113, 116, 124, 152–154, 166, 169f., 187, 189, 191, 211–213, 250f., 282, 304f., 335–337, 353f., 357, 360f., 363

Streptoneurie 192
Strobilation 117, 124, 144
Strömungsgeschwindigkeit 343
Strontiumsulfat 8
strudeln, Strudler 101, 155, 171, 219, 342, 361
Stützklappe 206f., 216
Stützpfeiler 325
Styl 85
Sublitoral 344f.
submarin 120
Subumbrella 116–118, 120
Süßwasser 91, 106, 120, 175, 210, 221, 331, 347, 350f.
Süßwasserdiatomeen 34
Süßwasserplankton 19, 25
Süßwasserschnecken 210
Sulcus 12f.
Suspensionsfressen, -fresser 331, 334, 341, 355, 365
Sutur 12f., 196f., 231, 235, 238, 257, 259, 266f., 273–275, 279, 291–293
Suturallamellen 186
Sycon 83f.
Symbionten 55
symbiontisch 3, 60, 64, 105, 140, 155, 171, 297
Symbiose 58, 93, 107, 161
sympodial 102f.
Synapticulae 97, 132, 135f., 150, 163
Synapticulothek 136, 138, 144
Synzytium 84
Systegnosis 235

Tabellae 140
Tabula 100
Tabulae 84, 87, 97f., 101, 109f., 114, 130, 132, 136, 138–140, 147
Tabularium 139f.
Täfelchen 12–14, 178, 204, 206
Täfelung 11, 14, 17
Taeniae 97
taeniogloss 176, 210
Tafeln 204, 206
Tagesrhythmen 143
taxodont 321, 324f., 334
Tectorium 43
Tectum 40, 43
Tegmentum 179, 185f., 188
Tektin 40, 47, 50, 55, 59f.
Telmatoblasten 84
Teloconch 197, 208
Telum 299f., 302, 305, 307, 310
Temperatur 9, 18f., 25f., 29, 33, 55f., 58, 64, 66, 69, 93, 105f., 155–159, 170, 221, 233f., 252, 276, 286, 308f., 328, 343, 345f., 357, 361
Tentakel 76f., 79–81, 102f., 107, 116–120, 122–124, 126, 128f., 132, 136, 140, 144, 150, 155, 161–163, 165, 173, 175, 182, 189, 195, 203f., 226–229, 233, 360
Tentakelarme 294f., 311

Tentakelfänger 155
Terminalpolyp(en) 147, 149
Tertiär 17, 21–24, 28, 33, 35, 39, 50, 53f., 58, 80, 82, 90, 104f., 107, 116, 166f., 187, 201f., 208, 210–212, 224–226, 239, 246f., 296, 301, 316, 320, 323, 331, 336, 342, 345, 351f., 356f., 363
Tethys 113, 302
Tetraclon 85, 96
Tetraxon, tetraxon 84–86, 95f.
thamnasterioid 148, 153f.
Theka, Theken 12–14, 19, 29f., 33, 35, 136
Thekalstrukturen 147
Thorax 62
Tiefe (vgl. auch Meerestiefe) 18, 25, 28, 33, 64, 93, 101, 106, 113, 174, 221, 233, 252, 286, 307, 343, 345, 357, 365
Tiefenabhängigkeit 345
Tiefenbereiche 170
Tiefenstufe 57, 65
Tiefenverbreitung 344
Tiefenzonierung 64, 155, 158
Tiefsee 25, 35, 57f., 64, 66, 93, 155, 170, 191, 282, 286, 294, 307, 345
Tiefwasser 64, 221, 292
Tintenbeutel 271, 295
Tintendrüse 293–295, 307
Torf 9, 340
Torsion 180, 192f., 195, 206, 208–210
Tox 86
Trabekel, Trabeculae 83f., 115, 128, 130, 132, 138, 140, 150, 161–163
trabekulär 136, 144, 152f.
Treibhölzer 339
Triaen 85
Trias, triassisch 17, 39, 41f., 50, 52, 59, 82, 91–93, 95f., 106, 111, 116, 124, 150, 152f., 162, 168, 170f., 191, 193, 199, 203, 205, 207, 215, 217, 224f., 236, 238, 244, 246f., 250, 253, 256f., 261f., 267, 269f., 275f., 279, 282, 291f., 295f., 300, 302, 315f., 318, 320, 323f., 335–338, 341–343, 347–349, 351f.
Trichter 175, 180, 182, 227–229, 235, 244, 250, 252, 262, 264, 282, 294f., 297, 301, 305
Trichterbucht 229, 237, 244f., 262
Trider 85, 96
Trimorphismus 47f.
Tripel 35
Tripod 85, 96
Trochophora-Larve 178, 180, 186, 360
Trophozoid 145
Trunkatur 248
Tuben, Tubus 40f., 114, 356
Tubuli 97
Tunnel 43
Tylostyl 87
Typogenese 279
Typolyse 279
Typostase 279

Umbilicus 197
Umbilikalkanal 45
Umbilikalloben 273, 275
Umbilikalseite 38–40
Umgang 196f., 200, 206, 226, 232, 235, 258, 262, 270f., 273
Umkristallisation, Umkristallisierung 25, 107, 161, 289
Umschlag 196, 199, 204, 235
Uncinat 86
Unterkiefer 227–229, 244, 246, 270–272, 286, 296

vagil, Vagilität 52, 188, 212, 331, 336, 345
vakuolat 110
Vakuole(n) 2, 4, 7, 18, 27, 31, 60f., 64
VALENCIENNES'sches Organ 228
Valven 30, 185–187
Varix, Varizen 200, 203, 225
Veligerlarve(n) 178, 180, 206, 271, 328, 360
Velum 117f., 120, 329, 334
Ventrallobus 275
ventromyar 240
Verformung 310
verkieselt, Verkieselung 58, 95, 161f., 355
Verletzungen 290
Vermehrung 9
Vesikel 71
Villi 109
Vinculum 241
Vortex 136

Wachstumsunterbrechungen 328, 330
Wallriff 157
Wand 129f., 136, 139–141, 144, 147, 161, 163, 165, 240
Wandablagerungen 241, 243, 248
Wasserbewegung 58, 157, 170
Weidegänger 175, 195, 216
Weiden 219
Weidespuren 217
Wimper(n) 2, 67f., 155, 157, 178, 212
Wimperbürsten 313f.
Wimperplättchen 78
Wimpertrichter 313
Wirbel 184, 317f., 320f., 325, 328f., 334, 341f., 350–355
Wohnbauten 78
Wohnkammer 226–228, 230f., 235, 237f., 240, 244, 247f., 252, 254–257, 262, 266, 270, 272f., 281, 285, 289, 291f., 297, 302, 310f., 362

Xanthophylle 2, 12
xenomorphe Skulptur 342

Zähne 123, 321, 325, 353
Zahngruben 321, 323–325
Zechstein 9
Zelle(n) 1, 3, 5f., 8, 10, 12, 14, 20, 22, 25, 27–30, 47, 50, 60, 64, 67, 76, 80, 111, 126, 165, 173, 178f., 200
Zellkern 1f., 4, 6, 8, 31, 36, 60f.
Zellkolonie 8, 111
Zellmembran 1f., 27, 30
Zellorganelle 1f.
Zellpol 35
Zellteilung 14f., 22, 27f., 30, 32
zellulär 110
Zellulose 1, 3f., 6, 10, 12, 14, 19f.
Zellulosehülle 12
Zellulosepanzer 10, 12
Zelluloseschüppchen 20
Zellvolumen 29
Zellwand 1
Zentralkapsel 8, 62
Zentralkapselmembran 60f.
Zentralstrang 165, 167, 173f.
zentrifugal 61f.
Zentriol 2
zentripetal 61f.
zerschlitzt, Zerschlitzung 259, 266, 273, 278, 292f.
Zilien 68
Zirkalitoral 93
Zirren 226f., 229, 265
Zone(n) 22, 152, 282–284
Zonierung 33, 159, 286
Zoosporen 2, 5
Zugpunkte 266f.
Zwergwuchs 289
Zwischenfächer 126f., 132, 161
Zwischensprossung 114
Zwitter 177, 197, 206, 217
Zygote 30, 47–49
Zyklopyle 14, 16f.
Zyste(n) 1, 3–6, 12–20, 28f., 44, 46f., 49
Zystenhülle 4, 12
Zystenstadien 28
Zystenstadium 12, 14
zytologisch 47, 62
Zytopyge 68
Zytostom 68